▶ 인강으로 합격하는

발송배전기술사

[기출+예상문제집]

Professional Engineer Generation Transmission and Distribution

양재학, 김재구, 구본우, 정일재, 공영초, 김재봉 지음

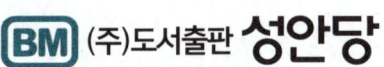
BM (주)도서출판 성안당

고도의 정보사회로 나아가는 지금, 최고 수준의 전기기술은 다양한 분야에서 그 핵심을 이루고 있습니다. 이에 전기인들의 역할은 더욱 더 중요하게 대두되고 있습니다.

본서는 발송배전기술에 대한 참고 이론뿐만 아니라 업무상 기본개념 및 시험문제에 대한 내용을 폭 넓게 수록하여 현장 기술자와 수험자들로 하여금 자료 정리와 습득에 필요한 시간과 노력을 대폭 감소시킬 수 있도록 다음 사항에 중점을 두어 집필하였습니다.

❶ 발전소·변전소·송배전선로 설계 및 감리·기획 시 관련된 설비를 주된 내용으로 응용력을 기를 수 있도록 고차원의 내용을 담았습니다.

❷ 출제된 문제 위주로 살펴봤을 때 1999년도 57회 시험부터 최근까지 일정 기간을 두고 다시 출제되는 경향이 뚜렷하여 25년간 주요 출제문제의 해석도 대폭 보완하였습니다.

❸ 최근 안전분야가 중점적으로 다루어지면서 이에 대한 내용도 일부 포함시켜 그 이해도를 높이고 응용력을 키울 수 있도록 정리하였습니다.

상권	하권
• 발전공학(분산형 전원 포함) • 전력계통공학 • 배전공학	• 송전공학 • 변전공학(보호계전시스템 포함)

발송배전기술사 시험의 최근 출제경향을 자세히 분석해 보면 위에서 설명하였듯이 기출문제 중 중요문제는 일정 기간을 두고 반복적으로 다시 출제되고 있습니다. 계산 관련 문제는 기본적이고 필수적인 것이 많이 출제되고 있으며, 분산형 전원에 대한 내용도 신규 문제로 출제되고 있습니다.

Preface

    이에 학습 시 주제별로 구성된 문제를 전체적으로 필기해 보면 출제문제의 맥락을 충분히 파악할 수 있을 것입니다. 그리고 동영상 강의를 통해 내용을 숙지한 후 스스로 요약·정리하고, 기억의 고리를 활성화시키도록 MIND MAPPING 작업을 하면서 자신의 현장 경험을 첨가한다면 생생하고 완벽한 답안을 정리할 수 있을 것입니다.

    특히 이 책으로 전기인들이 국가적인 부의 창출에 기여할 기회와 설계기획부터 Fool proof 안전을 현장에 적용할 수도 있을 것으로 생각됩니다. 가장 최근의 관심인 분산형 전원의 전력계통연계 및 전력부하 증가와 저장(ESS)에 대한 기본지식을 축적하기에 좋은 책이라 자평합니다. 또한, 국내 엔지니어링에서 부족한 개념설계 부분을 많이 거론하여 기술력 향상에 노력하였으며, 대학교의 참고 교재로도 손색이 없을 것으로 생각됩니다.

    부디 이 책을 열심히 탐독하여(讀書百遍其義自見 의지로) 목표를 향해 차분하게, 그리고 배려있는 학습(수험자의 가족 및 회사에 대한 배려)을 하며 전기인으로서의 자부심을 한껏 누리시길 기원합니다.

    마지막으로 이 책의 출간을 위해 협조를 아끼지 않은 성안당 여러분들에게 심심한 감사를 드립니다.

2025년 저자 일동

시험 가이드

GUIDE

시험정보

01 개요

전기는 편리하고 깨끗한 에너지이지만 전기의 생산, 수송, 사용에 이르기까지의 모든 설비는 전기특성에 적합하게 시공되어야만 위험성을 배제할 수 있다. 이에 안전한 전기시설을 위하여 전문지식과 풍부한 실무경험을 겸비한 전문인력을 양성하기 위해 자격제도를 제정하였다.

02 수행 직무

발송배전설비의 계획과 운영, 발전설비, 송전설비, 배전설비, 변전설비 등 발송배전에 관한 설계, 시공, 감리 등의 기술업무를 수행하고 전기안전관리에 대한 지도를 담당한다.

03 진로 및 전망

○ 한국전력공사를 비롯한 전기공사업체, 전기기기 제조업체, 신호보안장치의 제조 및 설비업체, 발전소, 철도청, 지하철공사 등에 진출할 수 있으며 일부는 전기시설 설계업체, 감리업체 등을 직접 운영하기도 한다.

○ 모든 산업에서 기초가 되는 전기를 안전하게 사용하기 위해서는 배전선로의 신·증설 그리고 개·보수 공사의 기초가 되는 도면설계 및 공사감독에 전문가의 손길이 필수적이라 할 수 있다. 그러므로 전력수요의 확정에 대응하고 전력공급의 신뢰도를 높이기 위해서도 관련 자격증 소지자의 역할이 커지고 있는데 발송배전기술사는 발전설비, 송배전설비 등에 대한 설계·감리 등을 담당하는 최고의 기술자로 대우를 받을 수 있으며 전기, 전자, 전력, 통신 관련 분야 등 활동범위가 넓다. 또한, 「송유관 사업법」에 의해 송유관 사업에의 안전관리책임자로 고용될 수 있다.

04 시행처

한국산업인력공단 http://www.q-net.or.kr

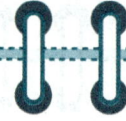

GUIDE 시험 가이드

05 관련 학과

대학의 전기공학, 전기제어공학 등 전기 관련 학과

06 시험과목

발송배전설비의 계획과 운영, 발전설비, 송전설비, 배전설비, 변전설비, 기타 발송배전에 관한 사항

07 검정방법

- 필기 : 단답형 및 주관식 논술형(매 교시당 100분, 총 400분)
- 면접 : 구술형 면접(30분 정도)

08 합격기준

100점을 만점으로 하여 60점 이상

09 출제경향

- 발송배전과 관련된 실무경험, 일반지식, 전문지식 및 응용능력
- 기술사로서의 경영관리·지도관리능력, 자질 및 품위

10 출제기준

주요 항목	세부 항목
1. 발송배선 일반	(1) 전력수요관리(수요상정, 부하관리, 예비율, 첨두부하억제 등) (2) 계통연계 및 운영(loop 운용, 광역연계, 분산형 전원연계 등) (3) 전원계획(계통 및 입지 계획, 전원의 종류 및 특징 등) (4) 발전소 기획(타당성 조사, 민자 발전사업 등) (5) 환경대책(발전소와 송배전 계통의 환경대책 등) (6) 전기회로 및 전기기기 일반 이론 (7) 전력설비 건설사업 관리에 관한 사항 (8) 신규전력공급에 관한 사항
2. 발전공학	(1) 수력발전 • 수력발전의 원리 등 • 수차의 종류 및 특성 등 • 낙차와 유량, 수력발전설비 등 • 양수발전소의 원리 및 특성 등 (2) 화력발전 • 화력발전의 원리 등 • 열 사이클과 효율 등 • 화력발전설비(보일러, 급수장치, 과열기, 절탄기, 공기예열기, 집진장치 등) (3) 발전기의 종류와 특성 등 • 증기터빈 발전기, 가스터빈 발전기 등 (4) 발전기의 여자방식, 냉각방식, 가능출력곡선, 단락비 등 (5) 열병합발전, 복합발전, PFBC, CFBC, IGCC 등 (6) 원자력발전 • 원자력발전설비의 종류와 특성 등 • 원자력발전의 안전성과 장단점 등 (7) 신재생에너지에 의한 발전기술(연료전지, 바이오메스, 태양광, 풍력, 조력 등) (8) 발전소 소내 전력설비 등

주요 항목	세부 항목
3. 송전공학	(1) 교류 송전계통의 특성 　• 가공 송전선로 및 지중 송전선로의 구성 　• 선로정수와 코로나 등 　• 집중 및 분포 정수회로, 송전용량의 이해 　• 중성점 접지방식과 유도장해 등 　• 이상전압의 발생원인과 방지대책 등 　• 절연협조 (2) 직류송전(HVDC) 　• 직류송전의 특성과 장단점 등 　• 직류송전 개폐장치 등 　• 직류송전 설비의 구성 등 　• 기타 직류송전 관련 기술 및 설비 등 (3) 신송전기술(초고압전력 케이블의 종류 및 전기적 특성 등)
4. 변전공학	(1) 변전소 설비 계획 　• AIS 변전소와 GIS 변전소의 특성 　• 변전소 원방 감시 제어 　• 변전소 설계(모선 구성방법, 접지, 부대설비 등) 　• 변압기의 종류, 결선, 냉각방식, 시험방법 등 　• 변압기의 병렬운전 조건 등 　• 개폐장치, CT/VT, 모선의 종류 및 특성 등 (2) 보호계전 시스템 (3) 디지털 변전 등 변전 신기술(전력 IT 기술 등) (4) 전기철도 변전설비

주요 항목	세부 항목
5. 배전공학	(1) 배전계통의 구성, 배전방식 등 　• 배전선로의 관리와 보호 　• 배전계통의 플리커 및 전압 안정대책 　• 배전계통 설계 　• 배전계통의 접지설계 (2) 배전계획 (3) 배전자동화 등 배전 신기술 (4) 부하설비 (5) 전기철도 선로 등
6. 전력계통공학	(1) 전력계통 계획 및 운용, 제어 　• 전력조류 계산 　• 전력계통의 경제적 운용 　• 계통 운용 및 제어 　• 고조파 해석 및 방지대책 등 (2) 전력계통의 안정도 　• 고장해석 및 단락용량 경감대책 등 　• 전력계통의 신뢰도 　• 전력계통 안정화 대책 (3) 전력설비 정전예방 및 진단기술 (4) 계통 신기술(FACTS, 전력 IT 기술 등) (5) 스마트그리드 및 분산형 전원의 계통 연계기술 (6) 발전소 제어설비 등
7. 신기술 동향 등	(1) 원가절감, 생산성 향상, 신재료, 신기술 개발 　및 공정개선에 관한 사항 등 (2) 발송배전분야 주요 시사 이슈 등

시험 가이드

합격전략

1교시	• 시험시간 100분 동안 13문제 중 10문제 정도를 선별하여 답안지를 작성하며 그 중 7문제는 거의 완벽하게 작성한다. • 3문제 정도는 문제를 분해해서 10점 정도를 획득한다 생각하고 답안지를 작성한다. • 1문제당 1페이지에서 1.5페이지 정도로 분량을 선정하고 답안지를 작성한다.
2교시	• 시험시간 100분 동안 6문제 중 4문제를 선별하여 답안지를 작성하되, 그 중 3문제는 거의 완벽하게 답안지를 작성한다. • 1문제는 문제를 분해해서 25점 정도를 획득한다 생각하고 답안지를 작성한다. • 1문제 안에는 그림 1개와 표 1개 이상을 포함하여 답안지를 작성한다. • 1문제당 2페이지에서 3페이지 정도로 분량을 선정하고 답안지를 작성한다.
3교시	• 시험시간 100분 동안 6문제 중 4문제를 선별하여 답안지를 작성하되, 그 중 3문제는 거의 완벽하게 답안지를 작성한다. • 1문제는 문제를 분해해서 25점 정도를 획득한다 생각하고 답안지를 작성한다. • 1문제 안에는 그림 1개와 표 1개 이상을 포함하여 답안지를 작성한다. • 1문제당 2페이지에서 3페이지 정도로 분량을 선정하고 답안지를 작성한다.
4교시	• 시험시간 100분 동안 6문제 중 4문제를 선별하여 답안지를 작성하되, 그 중 3문제는 거의 완벽하게 답안지를 작성한다. • 1문제는 문제를 분해해서 25점 정도를 획득한다 생각하고 답안지를 작성한다. • 1문제 안에는 그림 1개와 표 1개 이상을 포함하여 답안지를 작성한다. • 1문제당 2페이지에서 3페이지 정도로 분량을 선정하고 답안지를 작성한다.

암기비법

반복과 연상기법을 다음과 같이 실행하여 끊임없이 적극적으로 실천한다.

1. 자기 전에 그날 공부한 내용을 1문제당 2분 이내로 빠른 시간 내에 소리내어 읽어본다.
2. 다음날 일어나서 다시 한번 전날 학습한 내용을 되새기며 형광펜으로 밑줄 친 내용을 읽어본다.
3. 학습 전 어제와 그제 공부한 내용을 반드시 30분 정도 되새겨 본다.
4. 스마트폰에 본인이 공부한 내용을 촬영하여 화장실이나 대중교통 이용 시 반복하여 읽는다.
5. 업무 중 휴식 시간에 자신이 학습한 내용을 연상하며 되새겨 본다.
6. 직장 동료들이나 가족들 간의 대화에도 면접에 필요한 논리적인 대화를 할 수 있도록 연습하고 자신이 학습한 내용을 상대방에게 설명할 수 있도록 훈련한다.

※ 기술사 2차는 면접시험으로 언어능력, 특히 표현력이 부족하여 곤란한 경우가 많으므로 평상시에 연습해 두어야 한다.

시험 가이드

시험지침

01 시험장 입장

- 시간 : 오전 8시 30분(가능한 대중교통 이용)
- 준비물 : 점심(초콜릿, 생수, 비타민, 껌 등), 공학용 계산기, 원형 자, 필기도구(검정색 4개), 신분증, 수험표 등

02 시험 시작

(1) 1교시 : 9:00~10:40(100분) → 13문제 중 10문제 필수 작성
  - 20분간 휴식 : 이 시간에 본인이 기록한 것을 빠르게 전체적으로 본다.

(2) 2교시 : 11:00~12:40(100분) → 6문제 중 4문제 필수 작성
  - 1시간 점심시간(12:40~13:40) : 식사를 빠르게 하고 남은 시간에 본인이 기록한 것을 빠르게 전체적으로 본다.

(3) 3교시 : 13:40~15:20(100분) → 6문제 중 4문제 필수 작성
  - 20분간 휴식 : 이 시간에 본인이 기록한 것을 빠르게 전체적으로 본다.

(4) 4교시 : 15:40~17:20(100분) → 6문제 중 4문제 필수 작성
  - 시험이 끝난 후 조용히 집으로 귀가하여 시험 본 내용을 꼼꼼히 작성할 것

답안 작성의 모든 것

01 답안지 작성방법

(1) 답안지는 230mm × 297mm 전체 양면 14페이지로 22행 양식이다(용지
가 매우 우수한 매끄러운 용지임).

(2) 필기도구 : 검정색의 1.0mm 또는 0.7~0.5mm 볼펜이나 젤펜 사용(본인
의 감각에 맞게 선택)

(3) 1교시 답안지 작성법
답안지 작성 전에 전략을 세운다. 10문제를 선택하여 목차를 문제지나
답안지의 제일 앞장에 간단히 작성한다.
→ 답안지에 신속히 작성(25점 형태로 오버페이스 금지)하되 잘못 기재
한 내용이 있으면 두 줄을 그어 지우고 진행한다.

(4) 2~4교시 답안지 작성법
답안지 작성 전에 전략을 세우는데 4문제를 선택하여 목차를 문제지나
답안지의 제일 앞장에 간단히 작성한다.
→ 답안지에 신속히 작성(25점 형태로 일부 오버페이스 가능)하되 잘못
기재한 내용이 있으면 두 줄을 그어 지우고 진행한다.

02 답안 작성 노하우

기술사 답안은 논리적 전개가 확실한 기획서와 같은 형식으로 작성하는 것이 효율적이다.

다음은 기본적인 답안 작성 방법으로 문제 형식에 맞춰 응용하며 연습하면 완성도 높은 답안을 작성할 수 있을 것이다.

(1) 서론

개요는 출제의도를 파악하고 있다는 것이 표현되도록 핵심 키워드 및 배경, 목적을 포함하여 작성한다.

(2) 본론

① 제목 : 제목은 해당 답안의 헤드라인이다. 어떤 내용을 주장하는지 알 수 있도록 작성한다.

② 답변 : 문제에서 요구하는 내용은 꼭 작성하여야 하며, 필요에 따라 사례 및 실무 내용을 포함하도록 작성한다.

③ 문제점 : 내가 주장하는 논리를 펼 수 있는 문제점에 대하여 작성하도록 하며, 출제 문제에 해당하는 정책, 법적 사항, 이행사항, 경제·사회적 여건 등 위주로 작성한다.

④ 개선방안 : 작성한 문제점에 대한 개선방안으로 작성한다.

※ 본론 전체의 내용은 다음을 염두에 두고 작성한다.

- 내가 주장하는 바의 방향이 맞는가
- 각 내용이 유기적으로 연계되어 있는가
- 결론을 뒷받침할 수 있는 내용인가

(3) 결론

전문가의 식견(주장)이 담긴 객관적인(과도한 표현 지양) 문장이 되도록 작성하며, 본론에서 제시한 내용에 맞게 작성한다.

03 답안 작성 시 체크리스트

기술사 답안 작성 후 다음 항목들을 체크해 본다면 답안 작성의 방향을 설정할 수 있을 것이다.

- ☑ 출제의도를 파악했는가?
- ☑ 문제에 대한 다양한 자료를 수집하고 이해했는가?
- ☑ 두괄식으로 답안을 작성했는가?
- ☑ 나의 논지가 담긴 소제목으로 구성했는가?
- ☑ 가독성있게 핵심 키워드와 함축된 문장으로 표현했는가?
- ☑ 전문성(실무내용)있는 내용을 포함했는가?
- ☑ 적절한 표 또는 삽도를 포함했는가?
- ☑ 논리적(스토리텔링)으로 답안을 구성했는가?
- ☑ 논지를 흩트리는 과도한 미사여구가 포함됐는가?
- ☑ 임팩트 있는 결론인가?
- ☑ 나만의 답안인가?

04 답안지 작성 시 글씨 쓰는 요령

(1) 세로획은 똑바로, 가로획은 약 25도로 우상향하는 글씨체로, 굳이 정자체를 고집할 이유는 없고 채점자들이 알 수 있는 얌전한 글씨체로 쓴다. 그리고 세로획이 자기도 모르게 다른 줄을 침범하는 경우가 있는데, 이는 채점자에게 안 좋은 이미지를 줄 수 있다. 또한, 가로로 작성하다 보면 답안지 양식의 테두리를 벗어나는 경우에도 채점자에게 안 좋은 이미지를 줄 수 있다.

(2) 글씨의 크기와 작성
   ① 답안지 양식에서 가로 줄 사이 정중앙에 글을 쓴다.
   ② 수식은 두 줄을 이용하여 답답하지 않게 쓴다.

③ 그림의 크기는 5줄 이내로 나타낸다.
④ 복잡한 표는 시간이 많이 소요되므로 간략한 표로 나타낸다.

답안지 작성 예

문1. 저압 전로에서 특별저압에 대한 ~	
답)	
1. 개요	
(1)	
(2)	
①	
②	
2. 특성	테두리를 벗어나지 말 것
(1) 1 방법	
①	
㉮	
(2) 2 방법	
①	
㉮	

답안지 양식

아래한글에서 다음 답안지 양식을 인쇄하여 답안지를 작성하는 연습을 한다. [위 : 20mm, 머리말 : 8.0mm, 왼쪽 : 21.0mm, 오른쪽 : 25.0mm, 제본 : 0.0mm, 꼬리말 : 3.0mm, 아래쪽 : 15.0mm(A4 용지)]

CONTENTS 차례

발전공학

CONTENTS

CONTENTS 차 례

PART 02 전력계통공학

CONTENTS

CONTENTS 차 례

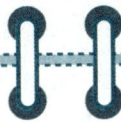

CONTENTS

배전공학

"할 수 있다고 믿는 사람은 그렇게 되고,
할 수 없다고 믿는 사람 역시 그렇게 된다."

– 샤를 드골 –

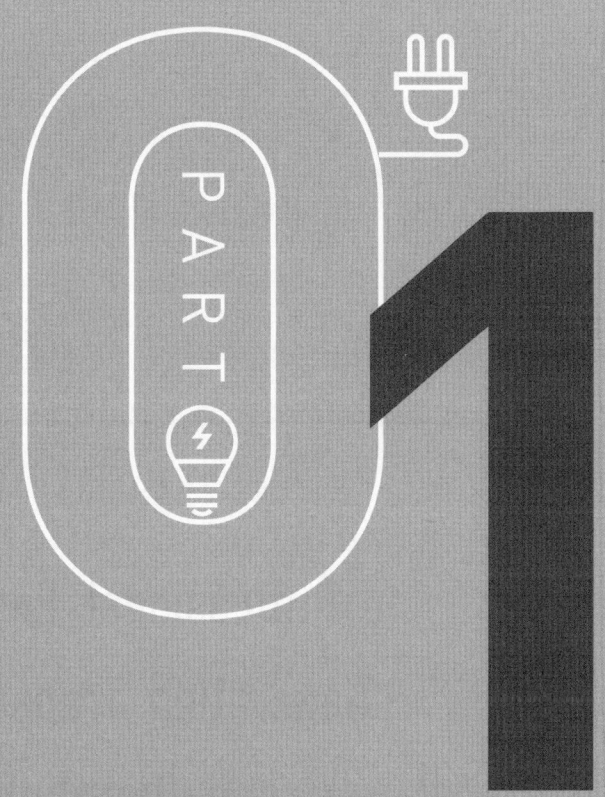

발전공학

Professional Engineer
Generation Transmission
and Distribution

수력발전

SECTION 01 수력발전의 기본

001 1일 부하변동과 발전소 운용의 특징 및 기저부하, 중간부하, 첨두부하 담당발전소의 요구조건에 대하여 각각 설명하시오.

data 발송배전기술사 19-118-4-4 / 발송배전기술사, 전기응용기술사, 전기안전기술사, 건축전기설비기술사 출제예상문제

comment 발송배전기술사 19-118-4-4는 발송배전기술사 시험 19년 118회 4교시 4번 문제를 의미하므로, 학습 시 참고하도록 한다.

답안 1. 1일 부하변동과 발전소 운용의 특징

(1) 다음 그림과 같은 일일 부하곡선 중 부하변동과 담당발전소 운용으로 공급력을 분담한다.

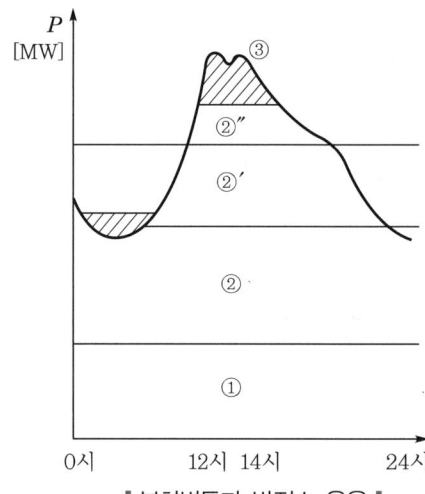

① : 기저부하 담당공급력(원자력, 대용량 석탄, 자류식 수력)

②, ②′, ②″ : 중간부하 담당공급력(석유, LNG 복합화력, 열효율 38% 미만 석탄)

③ : 첨두부하 담당(저수지식 및 조정지식 수력발전, 양수발전, 첨두용 석유화력발전, 가스터빈, 내연력 발전)

▨ : 하단의 빗금 친 부분은 심야 경부하 시의 양수용 전력분담

∥ 부하변동과 발전소 운용 ∥

(2) 부하대별 적정 설비비중

① 현재 전원개발에 적용하고 있는 총설비용량 중 설비비중은 나라별로 특성에 따라 상이하다.

② 우리의 경우는 경제·사회·기술적 변수를 고려하여 기저부하설비 50 ~ 60%, 중간부하설비 25 ~ 30%, 첨두부하설비 15 ~ 20% 정도를 기준으로 하고 있다.

2. 기저부하 담당발전소의 요구조건

(1) 24시간 계속되는 부하 또는 주어진 기간 중 최소 부하수준으로 운전하는 발전소

(2) 연평균 70% 내외의 이용률로 운전되는 설비로서, 주로 연료비가 작은 원자력과 대용량 석탄설비로 구성됨

(3) 고정비가 다소 높더라도 연료비가 저렴하여 경제성에 유리할 것

(4) 연속운전에도 고장이 적을 것

(5) 전부하 부근에서 열효율이 높을 것

(6) 건설비가 높아도 운전 시에 발생하는 통상적 경비가 적을 것

3. 중간부하 담당발전소의 요구조건

(1) 일부하곡선의 중간부하를 공급하는 발전소

(2) 1일 기동 및 정지(양호한 기동정지) 기능이 있을 것

(3) 기동이 신속하고, 기동손실이 적을 것

(4) 양호한 기저부하 운전특성이 있을 것

(5) 경제성

   고정비 및 연료비가 기저부하설비와 첨두부하설비의 중간일 것

(6) 빠른 부하변화특성이 있을 것

(7) 부하의 변동에 대해 부하추종하기 위하여 약 5% 이상의 부하변화에서도 운전이 가능할 것

(8) AFC 운전이 가능할 것

(9) 출력조절이 쉬운 중용량의 석탄화력발전소 또는 LNG 복합화력발전소일 것

(10) 평일 12시간 이상 지속되는 부하를 담당할 수 있을 것

(11) 연평균 40 ~ 60% 정도로 운전되는 설비로서, 중유 또는 석탄화력이 이 시간대의 부하를 담당할 것

4. 첨두부하 담당발전소의 요구조건

(1) 일부하곡선에서 단시간에 요구하는 첨두부하를 감당할 것

(2) 평일 12시간 미만 발생되는 부하를 담당할 것

(3) 연평균 30% 미만의 이용률로 운전되는 설비로서, 주로 수력, 내연력(디젤엔진, 가스터빈 등), 양수발전설비 등이 이에 속함

(4) 운전비(연료비 등)가 다소 높더라도 건설비(고정비)가 낮아 경제성에서 유리할 것

(5) 기동 정지가 용이하고 급격한 부하변동에 대응해 연소량 조절이 용이한 설비일 것

(6) 열효율이 저하돼도 설비비가 경제적일 것

002 수력발전소의 종류를 운용방법에 따라 분류하고 설명하시오.

data 발송배전기술사 18-114-3-2 / 발송배전기술사, 전기응용기술사, 전기안전기술사, 건축전기설비기
술사 출제예상문제

답안 **1. 개요**

하천유량을 어떻게 사용하느냐에 따른 수력발전소 분류로 운용방법에 따라 아래와
같이 5가지로 구분된다.

2. 유입식 발전소

(1) 최대 사용수량의 범위 내에서 하천의 자연유량을 인공적으로 조절하지 않고 그대
로 발전에 이용하는 방식이다.

(2) 건설비가 타 방식보다 싸다.

(3) 발생전력은 자연유량에 따라 달라지므로 부하변화에 응해서 원활한 전력공급이
불가능한 결점이 있다.

(4) 하천수량이 풍부한 지역에서 이용한다.

(5) 조정지나 저수지가 없어 최대 사용수량 이상은 무효방류된다.

3. 조정지식 발전소

(1) 수로의 도중 또는 취수구 앞에 조정지를 설치하여 하천으로부터의 취수량과 발전
에 필요한 수량과의 차를 조정지에 저수 또는 방출함으로써 부하변동에 대응할
수 있다.

(2) 하천의 취수량보다 발전소 최대 수량을 상당히 크게 할 수 있다.

(3) 피크분담용으로 발전이 사용된다(피크 발전소).

4. 저수식 발전소

계절적인 하천의 유량변동에 대응하여 풍수기에 물을 저장한 후 갈수기에 방출한다.

5. 조력발전(tidal power generation)

(1) 조수간만의 수위차를 이용한 수력발전방식이다.

(2) 조력발전의 원리

① 조석을 동력원으로 하여 해수면의 상승하강 현상(밀물, 썰물)을 이용해 전기
를 생산하는 발전방식으로, 시화호 조력발전소가 이에 해당한다(세계 최대
용량 : 254MW).

② 강한 조석이 발생하는 큰 하구나 만에 조력댐을 설치하여 조지(조력저수지)를 만들고 조력댐에서 얻어지는 외해 수위와 조지 내의 수위차를 이용하여 발전한다.

(3) 종류

① 단류식

ㄱ 창조식 : 밀물 시 외해와 조지의 수위차(水位差)에 따라 발전을 하고 썰물 시 조지의 물을 방류하는 발전방식

ㄴ 낙조식 : 밀물 시 수문을 열어 조지를 채운 후 수문을 닫고, 썰물 시 외해와 조지의 수위차에 따라 발전하는 방식

② 복류식 : 외해와 조지의 수위차가 발생하면 밀물과 썰물의 양쪽 방향으로 발전하는 방식

6. 양수식 발전소

(1) 풍수 시의 잉여전력 또는 심야 잉여전력을 이용하여 물의 저수지 또는 조정지 등에 양수 후 첨두부하 시 하류로 보내어 발전하는 발전소

(2) 대형 수력으로 심야부하의 피크 Shifting용 및 주파수 조정용 등에 활용한다.

(3) 양수발전소의 종류

① 조정지형

② 저수지형

(4) 양수용 펌프에 소요되는 전력

$$P = \frac{9.8QH}{\eta} [\text{kW}]$$

여기서, Q : 양수량[m^3/s]

H : 총양정[m]

η : 효율($\eta = \eta_m \eta_p \eta_t \eta_g$)

(5) 양수발전의 효율

comment 이 자체로도 기출문제 배점이 10점, 25점이다.

① 양수전력량 $W_p = P_p \cdot T_p$

② 양수전력 $P_p = \frac{9.8 Q_p H_p}{\eta_p \eta_m}$

③ 저수량 $V = Q_p \times 3600 \cdot T_p [\text{m}^3]$이므로, $T_p = \dfrac{V}{3600\,Q_p}$

여기서, Q_p : 양수량[m^3/s], T_p : 양수계속시간[h]

④ 한국의 운용 중 양수발전의 저수지용량은 최대 발전력으로 환산 시 5 ~ 6시간 정도이다.

⑤ 따라서, 양수전력량 W_p는 다음과 같다.

$$W_p = P_p \cdot T_p = \frac{9.8\,Q_p H_p}{\eta_p \eta_m} \cdot T_p = \frac{9.8\,Q_p H_p}{\eta_p \eta_m} \times \frac{V}{3600\,Q_p} = \frac{9.8\,V H_p}{3600\,\eta_p \eta_m}\,[\text{kWh}]$$

⑥ 순양수식인 경우 양수량(Q_p)이 저수 후 발전 시 사용되는 유량(Q_g)이 된다.

㉠ $Q_p = Q_g$

㉡ 발전전력량 $W_g = \dfrac{9.8\,V H_g \,\eta_t\, \eta_g}{3600}\,[\text{kWh}]$

⑦ 양수발전소의 종합효율

$$\eta = \frac{\text{발전전력량}}{\text{양수전력량}} = \frac{W_g}{W_p} = \frac{9.8\,V H_g \,\eta_t\, \eta_g}{3600} \bigg/ \frac{9.8\,V H_p}{3600\,\eta_p \eta_m}$$

$$= \frac{H_g}{H_p}\,\eta_m\, \eta_p\, \eta_t\, \eta_g$$

$$= \eta_m\, \eta_p\, \eta_t\, \eta_g \frac{H_0 - H_{l\,g}}{H_0 + H_{l\,p}}$$

여기서, η_m : 전동기효율, η_p : 펌프효율

η_t : 수차효율, η_g : 발전기효율

$H_g = H_0 - H_{l\,g}$: 유효낙차[m]

$H_p = H_0 + H_{l\,p}$: 유효양정[m](전양정)

H_0 : 총낙차[m]

$H_{l\,p}$, $H_{l\,g}$: 양수 시 손실낙차, 발전 시 손실낙차[m]

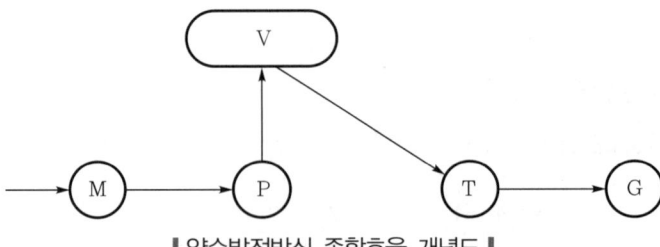

▮ 양수발전방식 종합효율 개념도 ▮

003 수력발전소에서 낙차의 종류와 손실수두에 대하여 설명하시오.

(data) 발송배전기술사 17-113-1-1 / 발송배전기술사 출제예상문제

답안 **1. 낙차의 종류 4가지**

    (1) 총낙차(H_G)

        수로의 취수구 수면과 방수구 수면과의 위치수두의 차

    (2) 정낙차(H_{St})

        ① 발전기의 수차 전부가 정지하고 있을 때 상수조(head tank) 수면과 방수위
           수면과 위치수두의 차

        ② 반동수차의 정낙차 : 방수위까지

        ③ 충동수차의 정낙차 : 수차의 최저점까지

    (3) 겉보기낙차(apparent head)

        수차가 운전하고 있을 때의 상수조(또는 조압수조) 수면과 방수위 수면과의 위치
        수두의 차

    (4) 유효낙차(H)

        유효낙차(전수두) = 총낙차 − 손실낙차

$$H = H_G - h_{l1} - h_{l2} - h$$

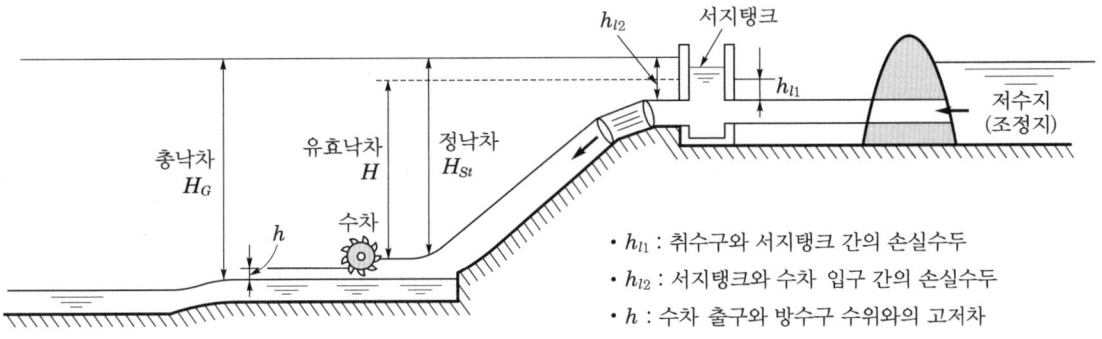

- h_{l1} : 취수구와 서지탱크 간의 손실수두
- h_{l2} : 서지탱크와 수차 입구 간의 손실수두
- h : 수차 출구와 방수구 수위와의 고저차

  2. 손실수두

    (1) 정의

        손실수두란 유수가 취수구로부터 방수로에 이르는 동안 낙차의 손실을 말한다.

(2) h_{l1}, h_{l2}, h

 ① h_{l1} : 취수구와 서지탱크 간의 손실수두

 ② h_{l2} : 서지탱크와 수차 입구 간의 손실수두

 ③ h : 수차 출구와 방수구 수위와의 고저차

3. 발전기 출력과 낙차와의 관계(즉, 유효낙차의 적용)

(1) 발전기의 출력식

발전기 출력식 $P = 9.8\,QH\eta_g\eta_t$에서 효율을 상수로 보면 $P = k_1 QH$가 된다.

(2) 유량과 낙차의 관계

 ① 토리첼리식에 의해 유속과 낙차의 관계는 $v = \sqrt{2gH}$가 된다.

 ② 유량과 낙차의 관계는 $Q = Av[\mathrm{m}^3/\mathrm{s}] = A\sqrt{2gH} = k_2 H^{1/2}$이 된다.

(3) 출력과 낙차의 관계

$P = k_1 H\,k_2 H^{1/2} = k H^{3/2}$가 되어 결국 출력은 낙차 H의 $\dfrac{3}{2}$승에 비례한다.

SECTION 02 수력학 법칙

004 동수력학에서 연속의 정리와 베르누이의 정리를 설명하시오.

(data) 발송배전기술사 19-117-1-4·16-110-1-10 / 발송배전기술사 출제예상문제

답안 1. **연속의 법칙(질량보존의 법칙)**

(1) 개요

유체의 운동은 유동, 와동, 파동이 있고 유동은 층류, 난류로 구분되며 수력발전의 수계(水系)는 유동을 난류로 해석한다.

(2) 유체에 대한 질량보존의 법칙이다.

(3) 연속방정식

유량 $Q = A \times V$ ··· 식 1)

여기서, Q : 체적유량[m³/s]

A : 배관의 단면적$\left(= \dfrac{\pi D^2}{4}\right)$[m²]

V : 유속[m/s]

D : 관경[m]

① 수압관 또는 수로의 물의 흐름은 물의 양 Q[m³/s], 유수의 단면적 A[m²], 평균유속이 V[m/s]일 때 $Q = AV$[m³/s]가 된다.

② 이때, 다음 그림처럼 유입점 A, 유출점 B의 수량은 동일하다는 원리이다.

③ 즉, Q[m³/s]$= A_1 \times V_1 = A_2 \times V_2$

$$\therefore \frac{V_1}{V_2} = \frac{A_2}{A_1}$$

식의 의미는 '단위시간당 단면 A를 통과하는 체적유량 Q는 관경에 관계없이 일정하다'라는 의미이다.

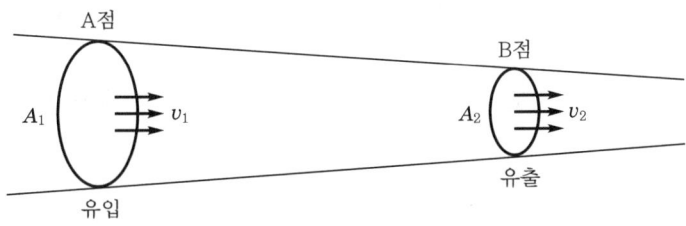

‖ 연속의 원리 ‖

11

2. 베르누이의 정리

에너지, 수두, 압력으로 표현할 수 있고 아래는 수두로 표현한 것이다.

(1) 정의

완전유체가 한 유선을 따라 자연운동(중력만이 외력으로 작용하는 것)을 할 경우 각 유선의 운동에너지 + 위치에너지 + 압력에너지의 합은 일정하다는 의미이다.

(2) 에너지 보존의 법칙으로 설명되는 베르누이의 정리(유체를 물(水)로 가정할 경우)

유체역학의 기호표현과 발전공학의 기호표현이 약간 다르다는 것을 주의해야 한다(즉, z와 h는 위치수두를 말하는 동일한 표현이며, $\gamma = w$로 물의 비중량으로도 동일하게 사용됨).

(3) 에너지 보존법칙에 의거 A점 에너지와 B점 에너지

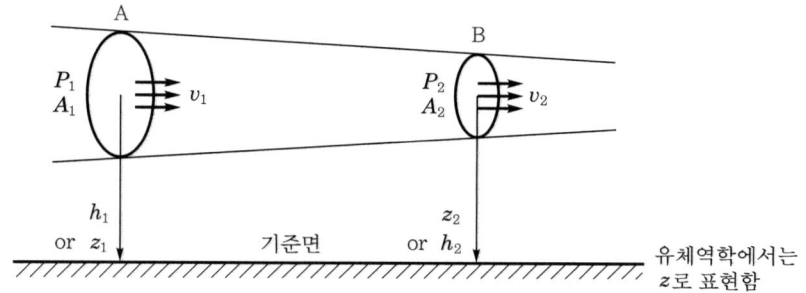

$$\gamma Q Z_1 + Q P_1 + \frac{\gamma Q v_1^2}{2g} = \gamma Q Z_2 + Q P_2 + \frac{\gamma Q v_2^2}{2g}$$ ································· 식 2)

(4) 위 내용을 간략히 하면 다음과 같다.

$$\gamma Q Z_1 + Q P_1 + \frac{\gamma Q v_1^2}{2g} = \gamma Q Z$$ ································· 식 3)

$$\gamma Q Z = 1000 \,\mathrm{kg/m^3} \times 9.8 \,\mathrm{m/s^2} \times Q[\mathrm{m^3/s}] \times Z[\mathrm{m}]$$

$$= 9.8 Q Z [\mathrm{kW}]$$ ································· 식 4)

여기서, $\gamma Q Z_1$: 위치 Power, 기준면에서 h의 높이에 있는 유수(流水)가 갖는 1초당 위치에너지

$Q P_1$: 위의 유체가 갖는 유량의 압력 Power, 1초당 압력에너지

$\dfrac{\gamma Q v_1^2}{2g}$: 위의 유체가 갖는 유량의 운동 Power, 1초당 운동에너지

(5) 정수압과 동수압의 관계

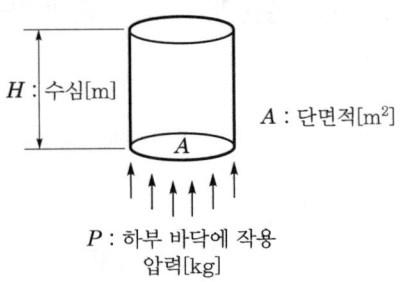

① 정수압은 수주의 하부에 작용하는 무게와 같으므로, $P = wAH$

그러므로, 압력의 세기 $p = \dfrac{P}{A} = wH\,[\text{kg/m}^2]$

② 동수압은 물의 질량 $m\,[\text{kg}]$과 중력가속도 $g\,[\text{m/s}^2]$의 관계가 $m = \dfrac{w}{g}$이고,

속도 $v\,[\text{m/s}]$이므로, 물의 단위체적당 운동에너지는 $\dfrac{1}{2}mv^2 = \dfrac{w\,v^2}{2g}$

(6) 식 3)의 양변에 γQ를 나누면

$$Z + \frac{P}{\gamma} + \frac{v^2}{2g} = \text{const} \quad\cdots\cdots\cdots\cdots\cdots\cdots\cdots\cdots\cdots\cdots\cdots\cdots\cdots \text{식 5)}$$

식 5)의 의미는 위치 E + 압력 E + 속도 E의 합은 1초당 γQZ와 같다는 것이다.

여기서, Z : 위치수두(H_h)

$\qquad \dfrac{P}{\gamma}$: 압력수두(H_P)

$\qquad \gamma QZ$: 총수력

$\qquad \gamma$: 물의 비중량$(= 1000\text{kg}_\text{f}/\text{m}^3)$

$\qquad \dfrac{v^2}{2g}$: 속도수두(H_v)

(7) 결과적으로 발생되는 동력은 식 4)와 같고, 또 효율 η를 고려하면

$P = 9.8\,QH\eta\,[\text{kW}]$

단, 수두 Z를 기호 H로 표현한 방법이다.

005 수력발전에서 사용하는 흡출관(draft tube)의 기능과 베르누이의 정리를 이용한 원리에 대하여 설명하시오.

data 발송배전기술사 21-124-1-12 / 발송배전기술사 출제예상문제

답안 **1. 흡출관(draft tube)의 기능**

(1) 러너와 방수면 간의 정낙차를 유효하게 이용한다.

(2) 러너로부터 방출된 물이 가지고 있는 운동에너지를 위치에너지로 회수함으로써 흡출관 출구에서의 폐기손실을 줄인다.

2. 베르누이의 정리를 이용한 흡출관(draft tube)의 원리와 토마계수

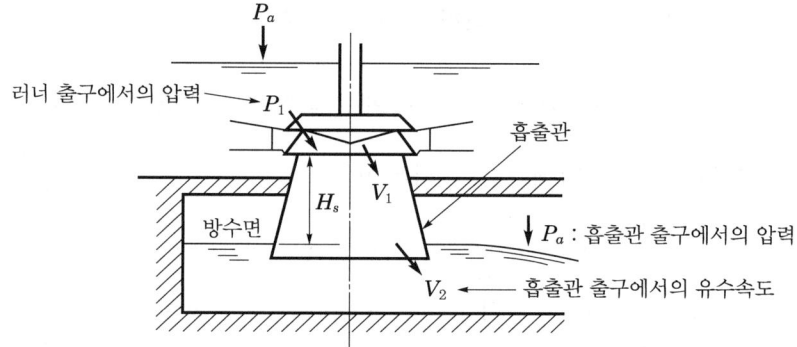

(1) 베르누이의 정리를 적용한 흡출관 적용

① $\dfrac{P_1}{w} + H_s + \dfrac{V_1^{\,2}}{2g} - \xi\dfrac{V_1^{\,2}}{2g} = \dfrac{P_a}{w} + \dfrac{V_2^{\,2}}{2g}$

$\rightarrow \dfrac{P_1}{w} + H_s + \dfrac{V_1^{\,2}}{2g} = \dfrac{P_a}{w} + \dfrac{V_2^{\,2}}{2g} + \xi\dfrac{V_1^{\,2}}{2g}$

여기서, $P_1[\mathrm{kg/m^2}]$, $V_1[\mathrm{m/s}]$: 러너 출구에서의 압력 및 유수의 속도

$P_a[\mathrm{kg/m^2}]$, $V_2[\mathrm{m/s}]$: 흡출관 출구에서의 압력(대기압) 및 유수의 속도

$H_s[\mathrm{m}]$: 흡출고

ξ : 러너 출구로부터 흡출관까지의 손실계수

$\xi\dfrac{V_1^{\,2}}{2g}[\mathrm{m}]$: 러너 출구로부터 흡출관까지의 손실수두

② 위 식을 변형하면 다음과 같다.

$H_s + \left(\dfrac{v_1^{\,2}}{2g} - \dfrac{v_2^{\,2}}{2g} - \xi\dfrac{v_1^{\,2}}{2g}\right) = \dfrac{P_a}{w} - \dfrac{P_1}{w}$

㉠ 즉, 러너 출구에서의 압력 P_1을 낮게 유지함으로써 압력수두가 커진다.

㉡ 또한, 회수 가능한 유효낙차 H_s가 커진다.

③ 흡출관 출구에서의 폐기 속도수두 $\dfrac{V_2{}^2}{2g}$을 줄이기 위하여 아래쪽으로 갈수록 단면을 크게 만든다.

④ 러너 출구로부터 흡출관까지의 손실수두 $\xi\dfrac{V_1{}^2}{2g}$을 줄일수록 역시 회수 가능한 유효낙차, 즉 흡출고 H_s가 커진다.

⑤ 그러나 흡출고를 너무 높게 하면 흡출관 내 유속 증가로 압력이 저하되어 캐비테이션 발생빈도가 증가한다.

(2) 흡출고와 토마계수(Thoma coefficient) 및 캐비테이션 관계

comment 배점 10점에서는 생략 가능하지만 별도로 토마계수란 문항이 나올 수 있다. 왜냐하면 소방기술사 겸 발송배전기술사도 상당수 있기 때문이다.

① 위 식에서 알 수 있듯이 흡출고 H_s는 대기압의 압력수두인 $\dfrac{P_a}{w}=10.33\mathrm{m}$를 넘을 수는 없다.

② 흡출고는 특유속도에 따라서 다르기는 하지만 캐비테이션의 발생 때문에 더욱 제약을 받게 되는데 흡출고에 따른 캐비테이션의 발생을 나타내는 계수를 캐비테이션계수 또는 토마계수(Thoma's coefficient)라 하며 다음과 같다.

$$\sigma=\frac{H_a-H_v-H_s}{H}\fallingdotseq\frac{H_a-H_s}{H}$$

여기서, H : 유효낙차[m]

H_a : 대기압에 상당하는 수두[m]

H_v : 현재 물의 증기압에 상당하는 수두($\fallingdotseq 0$)[m]

H_s : 흡출고[m]

③ 흡출고를 낮은 크기에서 높여가면 어떤 높이에서부터 캐비테이션이 발생하기 시작하는데, 이처럼 캐비테이션이 발생하여 효율이 저하하기 시작하는 순간의 토마계수를 임계토마계수 σ_c라 한다.

④ 흡출고 H_s가 클수록 또는 토마계수가 작을수록 캐비테이션이 잘 발생하므로 흡출고를 지나치게 높게 잡지 않아야 하는데 일반적으로 토마계수는 임계토마계수보다 약간 큰 값이 된다.

$\sigma\fallingdotseq 1.2\sigma_c$

⑤ 이상에서 흡출고는 캐비테이션을 고려하여 6 ~ 7m 이하로 하며, 비속도가 큰 저낙차의 대용량 수차에서는 2 ~ 3m 정도로 제한된다.

⑥ 토마계수(캐비테이션계수)가 작을수록 캐비테이션이 잘 일어난다.

006 대기압에서 토리첼리의 정리식을 유도하고, 수조낙차의 유효높이 20m에서 수압관으로 흐르는 분출속도[m/s]와 유량(Q)을 구하시오. (단, 유속계수는 0.96이고, 수압관 출구단면적은 5m² 로 함)

data 발송배전기술사 23-131-1-4 / 발송배전기술사 출제예상문제

답안 **1. 토리첼리식 유도**

(1) 아래 그림과 같이 단면적 ❶을 가진 수조에서 하부의 측벽에 있는 아주 작은 구멍, 즉 오리피스 ❷로부터 분출하는 물의 속도 v_2를 유도하는 것이다. 베르누이의 정리로 하면 다음과 같다.

$$h_1 + \frac{P_1}{w_1} + \frac{v_1^2}{2g} = h_2 + \frac{P_2}{w_2} + \frac{v_2^2}{2g} \quad \text{.. 식 1)}$$

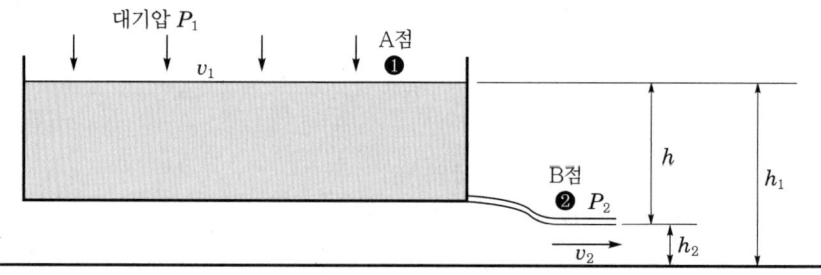

∥토리첼리의 정리 개념도∥

(2) ❶지점과 ❷지점의 대기압은 같고($P_1 = P_2$), 또 밀도 차이가 없으므로 $w_1 = w_2$ 가 된다.

(3) 연속의 정리에 의하여 A점의 면적은 B점보다 매우 커서 A점의 속도는 B점보다 매우 늦어 무시된다(즉, $v_1 \fallingdotseq 0$).

(4) 따라서, 식 1)을 정리하면 다음과 같다.

$$\left(\frac{P_1}{w} - \frac{P_2}{w}\right) + \left(\frac{v_1^2 - v_2^2}{2g}\right) + \left(h_1 - h_2\right) = 0 + \frac{-v_2^2}{2g} + h = 0 \quad \text{..................... 식 2)}$$

여기서, h_1, h_2 : ❶점, ❷점의 낙차, g : 중력가속도

$$\therefore \ \frac{v_2{}^2}{2g} = h$$

(5) 실제로, 오리피스 구멍을 통하여 유출되는 유속 v_2는 B점의 보정계수와 마찰 등을 고려한 유속계수(C_V)를 고려하면 유속 $v_2 = C_V\sqrt{2gh}$ 이다.

여기서, C_V : B점(분출구)의 보정계수와 마찰 등을 고려한 유속계수로,

$0.72 \sim 0.98$ 정도

2. 분출속도와 유량

(1) 분출속도

$$v = C_V\sqrt{2gh} = 0.96\sqrt{2 \times 9.8 \times 20} = 19\,\mathrm{m/s}$$

(2) 유량

$$Q = Av = 5\,\mathrm{m}^2 \times 19\,\mathrm{m/s} = 95\,\mathrm{m}^3/\mathrm{s}$$

SECTION **03** 수차의 특성

007 수차의 종류 중 펠톤수차의 구조, 출력 및 효율을 설명하시오.

data 발송배전기술사 17-111-4-3 / 발송배전기술사 출제예상문제

답안 1. 개요

(1) 수차의 정의

물이 가진 위치수두(h), 압력수두$\left(\dfrac{P}{w}\right)$, 속도수두$\left(\dfrac{v^2}{2g}\right)$ 세 종류의 에너지를 기계적 에너지로 바꾸는 기계이다.

(2) 펠톤수차의 원리

노즐에서 분사되는 물을 러너 주변과 버킷에 적용시켜 그 충격력으로 회전력을 얻는 수차이다.

2. 수차의 종류 및 적용 낙차

종류			유효낙차[m]	에너지 변환방식	적용
충동형	펠톤수차		200 ~ 1800	위치 E → 운동 E	강릉수력
반동형	프란시스수차		50 ~ 530	위치 E → 압력 E	화천, 소양강, 충주, 대청
	프로펠러수차	고정형	3 ~ 90		–
		카플란	3 ~ 90		춘천, 의암, 청평
		원통형	3 ~ 20		팔당(조력발전용)
	사류수차(데리아수차)		40 ~ 200		안동
	가역펌프수차	프란시스	30 ~ 600		우리나라의 양수식은 프란시스식임
		사류	20 ~ 180		
		프로펠러	20 이하		

3. 펠톤수차의 구조

(1) 러너

디스크와 버킷으로 구성된다.

(2) 노즐

단면이 원형인 관으로 중앙에 니들이 있어 이것을 전·후진시켜 버킷에 분사되는 유량조절로 수량을 조정한다.

(3) 디플렉터

노즐에서 분사되는 물의 방향을 변환 또는 니들을 닫아서 수압관 내 부하차단 시 수격압 상승을 10% 감소시키고 속도 상승을 억제시킨다.

(4) 제트브레이크

러너의 속도 상승을 억제(제동작용)한다.

(5) 케이싱

하부에 노즐이 취부되며 충분한 강도가 필요하다.

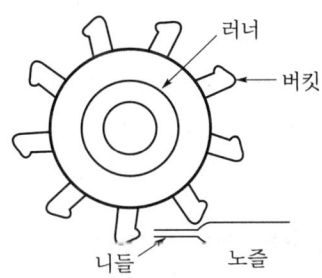

┃ 펠톤형 수차러너 ┃

(6) 비속도가 낮아 고낙차 지점에 적합하다.

(7) 러너 주위의 물은 압력이 가해지지 않으므로 누수방지의 문제는 없다.

(8) 마모부분의 교체가 비교적 용이하다.

4. 펠톤수차의 출력 및 효율

(1) 수차의 효율 정의

$$\eta = \frac{P}{P_i} \times 100[\%] = \frac{2\pi nt}{9.8QH} = \frac{\omega t}{9.8QH}$$

여기서, P : 수차의 기계적 출력, P_i : 이론수력[kW], n : 회전속도[rps]

Q : 유량[m³/s], H : 유효낙차[m], t : 시간[s]

(2) 펠톤수차의 최고 효율은 $\frac{u}{v_1} = \frac{1}{2}$ 일 때이다.

여기서, v_1 : 제트의 분사속도, u : 러너의 운동속도

(3) 실제 효율은 0.44 ~ 0.48 정도이다.

(4) 출력변화에 대한 효율 저하가 작다.

(5) 노즐수를 여러 개로 사용할 때는 그 사용개수를 조절할 수 있어 고효율 운전이 가능하다.

008 수차 종류별 무구속 속도의 범위와 무구속 속도에 영향을 미치는 요소를 설명하시오.

data 발송배전기술사 21-125-1-4 / 발송배전기술사 출제예상문제

답안

1. 무구속 속도가 발생하는 원인 및 정의

(1) 수차운전 중 갑자기 부하 급감 시 조속기가 동작해서 유량을 감소시키도록 니들 밸브, 안내날개가 폐쇄될 때까지 압력과잉으로 되어 수차의 회전수는 상승한다.

(2) 회전수 상승에 따라 러너 내에서 유수의 마찰손실이나 수차 및 발전기의 기계적 손실 증가로 일정한 최고 속도에 달하면 그 이상 상승이 없다. → 이와 같이 지정된 유효낙차에서 발전기의 부하를 차단할 경우 수차 회전수의 상승한도를 말한다[즉, 포화 이유 : 손실(마찰손, 풍손)에 의한 속도제한 발생].

(3) 부하 차단 시에도 유속은 순간 차단이 불가하다.

2. 수차의 종류별 무구속 속도의 범위

수차의 종류	정격회전수에 대한 무구속 속도[%]	비속도(N_s)	비고
펠톤수차	150 ~ 200	12 ~ 23	사용낙차 H가 기준낙차 H_0보다 높은 경우 무구속 속도는 $\left(\dfrac{H}{H_0}\right)^{\frac{1}{2}}$에 비례하여 증가
프란시스수차	160 ~ 220	50 ~ 350	
사류수차	180 ~ 230	120 ~ 300	
프로펠러수차	200 ~ 250	200 ~ 900	
카플란수차	210 ~ 240	200 ~ 900	

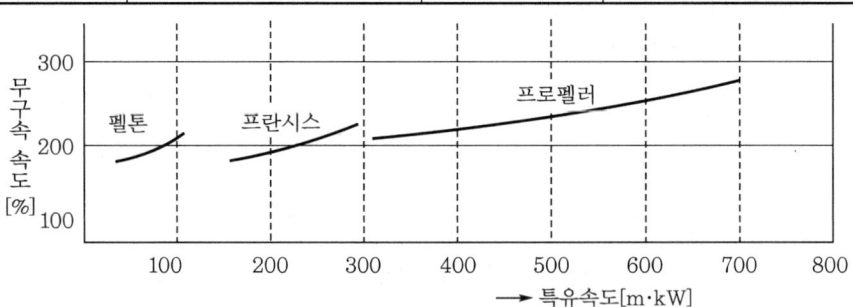

┃ 무구속 속도와 특유속도 ┃

3. 무구속 속도에 영향을 미치는 요소

(1) 수차의 종류

(2) 낙차 : 낙차 H의 제곱근에 비례한다.

(3) 수구개도

(4) 비속도 : 비속도가 높을수록 높은 경향이 있다.

009 수력발전에서 조압수조(surge tank)의 기능과 종류에 대하여 설명하시오.

data 발송배전기술사 20-120-1-9 / 발송배전기술사 출제예상문제

답안 **1. 조압수조(surge tank)**

(1) 정의

압력수로와 수압관을 접속하는 장소에 자연수면을 가진 수조

(2) 기능

① 수격작용 흡수(부하의 급격한 변화 시)

② 서징작용 흡수(수차의 사용유량 변동 시)

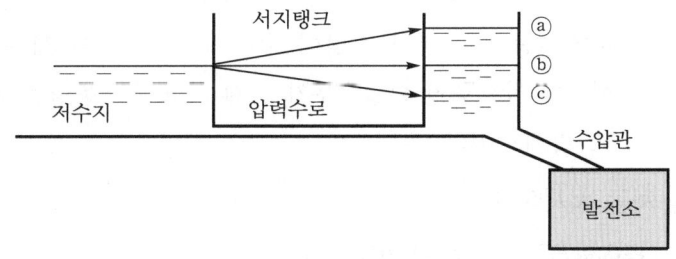

▌ 조압수조의 서징작용 ▌

(3) 서징작용

① 부하가 차단되면 수차의 유입이 정지되므로 조압수조 내의 수위가 상승해서 ⓐ로 된다.

② 저수지 수위보다 조압수조의 수위가 높아져서 조압수조 → 저수지로 물이 흐른다.

③ 이후 저수지쪽의 수위가 조압수조보다 높아져서 저수지 → 조압수조로 물이 흐른다.

④ '①・②・③'의 과정을 되풀이하여 수로 내의 마찰손실에 의해 최종적으로 수위는 ⓑ에 도달한다. 즉, 급격한 부하증감에 따라 조압수조 내의 수위가 시간과 더불어 상하로 진동하는 현상을 말한다.

2. 서지탱크의 종류

(1) 단동 서지탱크

① 수조와 수로를 연결해준 가장 간단한 구조이다.

② 수로의 유속변화에 대한 움직임이 둔하여 큰 용량의 수조가 필요하다.

③ 수격흡수가 확실하고 수면의 승강이 완만하여 발전소 운전이 안정적이다.

(2) 수실 서지탱크

① 수조의 상하단에 수실을 설치한 구조이다.

② 수조부분은 단면적을 작게 해 차동 서지탱크의 라이저에 상당하는 역할을 한다.

③ 수조는 부하변동에 의한 서징을 억제하고 수량의 과부족은 수실로서 조정한다.

④ 저수지의 이용수심이 크고 지형에 따라 직립 원통형 수조를 설치할 수 없는 수실의 모양을 적당히 맞추어서 시공한다.

(3) 제수공 서지탱크

① 차동 서지탱크의 라이저를 제거하고 수조와 수로를 제수공으로 결합한 것이다.

② 수격작용을 충분히 흡수할 수는 없다.

③ 부하변동으로 생긴 수량이 수조에 들어갈 때 제수공에 의해서 마찰손실을 생기게 함으로써 손실수두가 크게 되고 수조용량을 작게 할 수 있으며 간단하고 경제적이다.

(4) 차동 서지탱크

comment 실제 작용이 가장 많다.

① 수조 내부에 수로 단면적의 $10 \sim 70\%$의 단면을 갖는 라이저를 세워서 이것과 수로를 직결함과 동시에 수로와 수조를 작은 구멍(포트)으로 연결한 구조이다.

② 부하가 급증하면 라이저 내의 수위가 응동하여 수로 내 유수의 속도가 신속하게 부하의 변동에 적응한다. → 수로의 과부족은 포트를 통해서 행해지고 진동은 $1 \sim 2$회 정도에서 평형된다.

③ 구조가 복잡한 대신 수격의 감쇠가 빠르고 수조용량도 단동식의 50%이다.

④ 주파수 조정용 발전소에 적합하다.

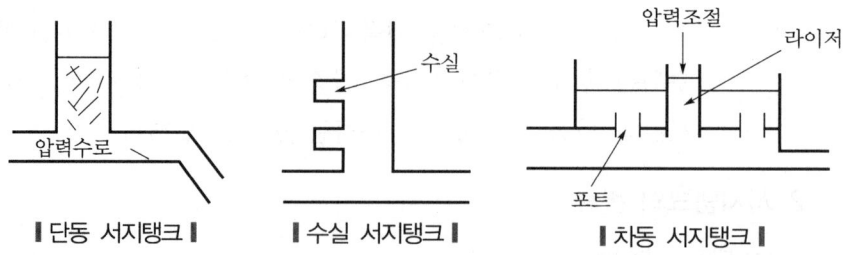

‖ 단동 서지탱크 ‖   ‖ 수실 서지탱크 ‖   ‖ 차동 서지탱크 ‖

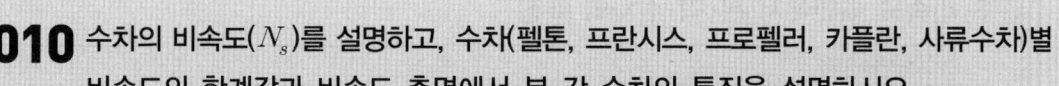

010 수차의 비속도(N_s)를 설명하고, 수차(펠톤, 프란시스, 프로펠러, 카플란, 사류수차)별 비속도의 한계값과 비속도 측면에서 본 각 수차의 특징을 설명하시오.

data 발송배전기술사 18-115-2-3 / 발송배전기술사 출제예상문제

답안

1. 수차의 비속도의 정의

수차의 특유속도란 어떤 러너와 기하학적으로 닮은 러너를 가상하여 이것을 단위낙차 1m의 위치에서 단위출력 1kW를 발생하기 위한 1분당 필요한 회전수로서, 단위는 [m·kW]이다.

$$N_s = N \frac{P^{\frac{1}{2}}}{H^{\frac{5}{4}}} [\text{m} \cdot \text{kW}]$$

여기서, N : 수차의 징격회전수[rpm]

H : 유효낙차[m]

P : 수차의 정격회전수에서의 정격출력[kW]

2. 수차(펠톤, 프란시스, 프로펠러, 카플란, 사류수차)별 비속도의 한계값

‖ 수차의 여러 가지 형식과 비속도(특유속도) 및 사용한계 ‖

물의 작용형태에 의한 분류	수차의 종류		적용 낙차 범위[m]	N_s의 한계값		비고
충동형	펠톤수차		200 ~ 1800	$12 \leq N_s \leq 23$		위치에너지 → 운동에너지
반동형	프란시스수차		50 ~ 530	$N_s \leq \dfrac{20000}{H+20}+30$	고속도 65 ~ 150	위치에너지 → 압력에너지
					중속도 150 ~ 250	
					저속도 250 ~ 350	
	사류(斜流)수차		40 ~ 200	$N_s \leq \dfrac{20000}{H+20}+40$	150 ~ 250	
	프로펠러 수차	고정날개형	3 ~ 90	$N_s \leq \dfrac{20000}{H+20}+50$	350 ~ 800	
		가동날개형 (kaplan)	3 ~ 90			
		원통형 (tubular)	3 ~ 20			
	펌프수차	프란시스형	30 ~ 600	양수발전소용으로 표 중의 각 형식과 동일	표 중의 각 형식과 동일	
		사류형	20 ~ 180			
		프로펠러형	20 이하			

3. 비속도 측면에서 본 각 수차의 특징

수차의 종류	특징	비고
펠톤수차	• 비속도가 낮아 고낙차 지점에 적합하다. • 러너 주위의 물은 압력이 가해지지 않으므로 누수방지의 문제는 없다. • 마모부분의 교체가 비교적 용이하다. • 출력변화에 대한 효율 저하가 작다. • 노즐수를 여러 개로 사용할 때는 그 사용개수를 조절할 수 있어 고효율 운전이 가능하다.	충동 수차
프란시스 수차	• 적용할 수 있는 낙차의 범위가 가장 넓다. • 구조가 간단하고 가격이 싸다. • 고낙차 영역에서 펠톤수차에 비해 고속도로 되어 수차발전기가 소형이어서 경제적이다.	
사류수차	• 변낙차, 변부하에 대하여 수차특성이 우수하다. • 프란시스수차에 비해 무구속 속도가 낮다. • 프란시스수차의 저낙차 범위에 사용하면 효율이 좋다. • 효율특성이 평탄해서 낙차·부하의 변동에 유리하다. • 카플란수차에 비해 고낙차에 따른 날개에 작용하는 하중이 작기 때문에 조작기구가 작고 손실도 작다. • 수차러너는 프란시스수차와 카플란수차의 중간적인 구조이다. • 높은 양정(揚程, 70m 정도)에서의 펌프운전이 가능하며 효율의 저하도 방지 가능하다.	반동 수차
카플란 수차	• 비속도가 커서 저낙차 지점에 유리하여 수차, 발전기를 소형화할 수 있다. 단, 흡출고를 낮게 취하기 때문에 토목공사비가 비싸진다. • 날개를 분해할 수 있어 제작, 수송, 조립이 용이하다. • 초저낙차지점에서 튜블러 수차의 형태로 사용이 가능하다. • 낙차·부하의 변동에 대하여 효율 저하가 작다. • 물의 유입방향에 따라 러너날개를 변화시키기 때문에 부분부하에 대한 효율은 좋다. • 날개와 날개의 간격이 넓어지므로 수차에 유입한 이물질에 의한 장해는 없다. • 가동날개이므로 수차의 구조가 복잡하다.	
프로펠러 수차	• 비속도가 커서 저낙차지점에 유리하다. • 날개를 분해할 수 있어 제작, 수송, 조립이 용이하다. • 초저낙차지점에서 튜블러 수차의 형태로 사용이 가능하다. • 고정날개형은 구조가 간단해서 가격도 싸다.	

011 기하학적 상사(geometry similarity)의 의미를 기술하고, 실제 수차와 기하학적 상사인 수차의 비속도(specific speed)식을 유도하시오.

data 발송배전기술사 18-116-2-4 / 발송배전기술사 출제예상문제

답안

1. 기하학적 상사(geometry similarity)의 의미

(1) 기하학적 상사란 모형이 원형에 상응하는 기하학적 변수의 비가 같을 경우를 말한다.

(2) 기하학적으로 러너모양이 같으면 수차의 특성이 같아진다.

(3) 기하학적 상사를 수차에 적용하는 목적과 기하학적 상사의 의미

① 실제 수차의 특성을 알아보기 위하여 기하학적으로 러너모양이 같은 소형 수차를 제작한다.

② 주어진 낙차와 유량에 따라 가장 효율이 좋고 운전이 안정하며 고장이 적은 수차를 선정하기 위하여 수차의 특성을 알아보기 위한 것이다.

2. 수차 비속도의 의미

수차의 특유속도란 어떤 러너와 기하학적으로 닮은 러너를 가상하여 이것을 단위낙차 1m의 위치에서 단위출력 1kW를 발생하기 위한 1분당 필요한 회전수로서, 단위는 [m·kW]이다.

$$N_s = N \frac{P^{\frac{1}{2}}}{H^{\frac{5}{4}}} [\text{m} \cdot \text{kW}]$$

여기서, N : 수차의 정격회전수[rpm], H : 유효낙차[m]

P : 수차의 정격회전수에서의 정격출력[kW]

3. 실제 수차와 기하학적 상사인 수차의 비속도(specific speed)식의 유도

실제 수차를 1번, 상사의 수차를 2번으로, 설계유량을 각각 Q_1, $Q_2[\text{m}^3/\text{s}]$, 러너의 지름을 D_1, $D_2[\text{m}]$, 낙차를 H_1, $H_2[\text{m}]$로 설정할 때 속도, 유량, 출력, 회전수와 비속도 관계를 이용하여 유도한다.

(1) 러너의 주변속도($V = \sqrt{2gH}$: 토리첼리의 정리에 의함)의 비

$$\frac{V_1}{V_2} = \frac{K_1 H_1^{\frac{1}{2}}}{K_2 H_2^{\frac{1}{2}}} \rightarrow \frac{V_1}{V_2} = \left(\frac{H_1}{H_2}\right)^{\frac{1}{2}}$$

(2) 유량 $\left(Q = AV = \dfrac{\pi D^2}{4}V\right)$의 비$\left(\text{연속의 법칙에 의함, } K_3 = \dfrac{\pi}{4}\right)$

$$\frac{Q_1}{Q_2} = \frac{K_3 V_1 D_1{}^2}{K_3 V_2 D_2{}^2} = \left(\frac{V_1}{V_2}\right)\left(\frac{D_1}{D_2}\right)^2 = \left(\frac{H_1}{H_2}\right)^{\frac{1}{2}}\left(\frac{D_1}{D_2}\right)^2$$

(3) 출력($P = 9.8\,QH$, 베르누이의 정리에 의함)의 비

$$\frac{P_1}{P_2} = \frac{K_4 H_1 Q_1}{K_4 H_2 Q_2} = \left(\frac{H_1}{H_2}\right)^{\frac{1}{2}}\left(\frac{D_1}{D_2}\right)^2\left(\frac{H_1}{H_2}\right) = \left(\frac{H_1}{H_2}\right)^{\frac{3}{2}}\left(\frac{D_1}{D_2}\right)^2, \quad K_4 = 9.8\,\text{N/m}^3$$

$$\therefore \ \frac{D_2}{D_1} = \left(\frac{H_1}{H_2}\right)^{\frac{3}{4}}\left(\frac{P_2}{P_1}\right)^{\frac{1}{2}}$$

(4) 회전수와 비속도 관계로부터 비속도(N_s)의 최종적 유도

① $V = \pi DN \rightarrow N = \dfrac{1}{\pi} \cdot \dfrac{V}{D}$

여기서, $K_5 = \dfrac{1}{\pi}$로 하여 식을 정리하면

$$\frac{N_1}{N_2} = \frac{K_5 \dfrac{V_1}{D_1}}{K_5 \dfrac{V_2}{D_2}} = \left(\frac{V_1}{V_2}\right)\left(\frac{D_2}{D_1}\right) = \left(\frac{H_1}{H_2}\right)^{\frac{1}{2}}\left(\frac{H_1}{H_2}\right)^{\frac{3}{4}}\left(\frac{P_2}{P_1}\right)^{\frac{1}{2}} = \left(\frac{H_1}{H_2}\right)^{\frac{5}{4}}\left(\frac{P_2}{P_1}\right)^{\frac{1}{2}}$$

② $P_2 = 1\,\text{kW}$, $H_2 = 1\,\text{m}$이면, 특유속도(N_s)에 대한 정의로부터 $N_2 = N_s$가 된다.

$$\frac{N}{N_s} = H^{\frac{5}{4}}\left(\frac{P_2}{P_1}\right)^{\frac{1}{2}}$$

$$\therefore \ \text{비속도(특유속도)} \ N_s = N\frac{P^{\frac{1}{2}}}{H^{\frac{5}{4}}}\,[\text{m} \cdot \text{kW}]$$

012 수차의 성능이나 특성을 나타내는 수차의 비속도(특유속도)에 대하여 다음 사항을 설명하시오.

1. 수차 종류에 따른 N_s(비속도)의 한계값
2. 비속도와 낙차와의 관계

3. $N_s = N \cdot \dfrac{P^{\frac{1}{2}}}{H^{\frac{5}{4}}}$ 의 식 유도

(**data**) 발송배전기술사 20-121-3-2 / 발송배전기술사 출제예상문제

답안 1. 수차(펠톤, 프란시스, 프로펠러, 카플란, 사류수차)별 비속도의 한계값

‖ 수차의 여러 가지 형식과 비속도(특유속도) 및 사용한계 ‖

물의 작용형태에 의한 분류	수차의 종류		적용 낙차 범위[m]	N_s의 한계값			비고
충동형	펠톤수차		200 ~ 1800	$12 \leq N_s \leq 23$			위치에너지 → 운동에너지
반동형	프란시스수차		50 ~ 530	$N_s \leq \dfrac{20000}{H+20}+30$	고속도	65 ~ 150	위치에너지 → 압력에너지
					중속도	150 ~ 250	
					저속도	250 ~ 350	
	사류(斜流)수차		40 ~ 200	$N_s \leq \dfrac{20000}{H+20}+40$		150 ~ 250	
	프로펠러 수차	고정날개형	3 ~ 90	$N_s \leq \dfrac{20000}{H+20}+50$		350 ~ 800	
		가동날개형 (kaplan)	3 ~ 90				
		원통형 (tubular)	3 ~ 20				
	펌프수차	프란시스형	30 ~ 600	양수발전소용으로 표 중의 각 형식과 동일		표 중의 각 형식과 동일	
		사류형	20 ~ 180				
		프로펠러형	20 이하				

비속도(특유속도, specific speed) $N_s = N \dfrac{P^{\frac{1}{2}}}{H^{\frac{5}{4}}}$ [m · kW]

여기서, N : 수차의 정격회전수[rpm]

H : 유효낙차[m]

P : 수차의 정격회전수에서의 정격출력[kW]

2. 수차의 비속도(특유속도)와 낙차와의 관계

(1) 정의

수차의 특유속도란 어떤 러너와 기하학적으로 닮은 러너를 가상하여 이것을 단위 낙차 1m의 위치에서 단위출력 1kW를 발생하기 위한 1분당 필요한 회전수로서, 단위는 [m · kW]이다.

(2) 비속도와 출력

$P = 9.8QH = 9.8(Av)H = 9.8AH(\pi Dn) \rightarrow n \propto N_s$ 이므로 $N_s \propto P$의 관계

(3) 비속도와 낙차 H의 관계

동일 출력 시 $H \propto \dfrac{P(\text{일정})}{N_s}$의 반비례관계이다.

(4) 비속도가 낮은 경우 H가 높은 경우로서, Cavitation 발생확률은 감소한다.

(5) 유효낙차 H가 낮은 경우에는 높은 비속도를 가진 수차를 적용해야 동일 출력이 발생한다.

3. $N_s = N\dfrac{P^{\frac{1}{2}}}{H^{\frac{5}{4}}}$ 식 유도

* Chapter 01 - 문제 011의 답안 '3.' 내용을 참조한다.

---

013 수차의 비속도(특유속도)에 대하여 다음을 설명하시오.

1. 개념 및 비속도 관계식 유도(유량, 출력, 회전수의 관계) (단, 러너의 유량은 Q [m³/s], 러너의 지름은 D[m], 유효낙차는 H[m], 러너의 주변속도는 V[m/s]이며, 유속계수 C_v는 1.0으로 가정함)

2. 각 수차 종류별 비속도 범위와 수차 선정 시 비속도 응용방법

data 발송배전기술사 23-131-4-1 / 발송배전기술사 출제예상문제

답안 1. 개념 및 비속도 관계식의 유도(유량, 출력, 회전수의 관계)

(1) 기하학적 상사(geometry similarity)의 의미

① 기하학적 상사란 모형이 원형에 상응하는 기하학적 변수의 비가 같을 경우를 말한다.

② 기하학적으로 러너모양이 같으면 수차의 특성이 같아진다.

③ 기하학적 상사를 수차에 적용하는 목적과 기하학적 상사의 의미

    ㉠ 실제 수차의 특성을 알아보기 위하여 기하학적으로 러너모양이 같은 소형 수차를 제작하여 주어진 낙차와 유량에 따라 가장 효율이 좋고 운전이 안정적이다.

    ㉡ 고장이 적은 수차를 선정하기 위하여 수차의 특성을 알아보기 위한 것이다.

(2) 수차 비속도의 의미

① 정의 : 수차의 특유속도란 어떤 러너와 기하학적으로 닮은 러너를 가상하여 이것을 단위낙차 1m의 위치에서 단위출력 1kW를 발생하기 위한 1분당 필요한 회전수로서, 단위는 [m·kW]이다.

② 표현식

$$N_s = N \frac{P^{\frac{1}{2}}}{H^{\frac{5}{4}}} [\text{m·kW}]$$

여기서, N : 수차의 정격회전수[rpm], H : 유효낙차[m]

       P : 수차의 정격회전수에서의 정격출력[kW]

(3) 실제 수차와 기하학적 상사인 수차의 비속도(specific speed)식의 유도

실제 수차를 1번, 상사의 수차를 2번으로, 설계유량을 각각 Q_1, $Q_2 [\text{m}^3/\text{s}]$, 러너의 지름을 D_1, $D_2 [\text{m}]$, 낙차를 H_1, $H_2 [\text{m}]$로 설정 시 속도, 유량, 출력, 회전수와 비속도 관계를 이용하여 유도한다.

① 러너의 주변속도($V = \sqrt{2gH}$: 토리첼리의 정리에 의함)의 비

$$\frac{V_1}{V_2} = \frac{K_1 H_1^{\frac{1}{2}}}{K_2 H_2^{\frac{1}{2}}} \rightarrow \frac{V_1}{V_2} = \left(\frac{H_1}{H_2}\right)^{\frac{1}{2}}$$

② 유량$\left(Q = AV = \frac{\pi D^2}{4} V\right)$의 비$\left(\text{연속의 법칙에 의함, } K_3 = \frac{\pi}{4}\right)$

$$\frac{Q_1}{Q_2} = \frac{K_3 V_1 D_1^2}{K_3 V_2 D_2^2} = \left(\frac{V_1}{V_2}\right)\left(\frac{D_1}{D_2}\right)^2 = \left(\frac{H_1}{H_2}\right)^{\frac{1}{2}}\left(\frac{D_1}{D_2}\right)^2$$

③ 출력($P = 9.8QH$, 베르누이의 정리에 의함)의 비

$$\frac{P_1}{P_2} = \frac{K_4 H_1 Q_1}{K_4 H_2 Q_2} = \left(\frac{H_1}{H_2}\right)^{\frac{1}{2}}\left(\frac{D_1}{D_2}\right)^2\left(\frac{H_1}{H_2}\right) = \left(\frac{H_1}{H_2}\right)^{\frac{3}{2}}\left(\frac{D_1}{D_2}\right)^2, \quad K_4 = 9.8 \text{N/m}^3$$

29

$$\therefore \frac{D_2}{D_1} = \left(\frac{H_1}{H_2}\right)^{\frac{3}{4}} \left(\frac{P_2}{P_1}\right)^{\frac{1}{2}}$$

④ 회전수와 비속도 관계로부터 비속도(N_s)의 최종적 유도

    ㉠ $V = \pi DN \rightarrow N = \frac{1}{\pi} \cdot \frac{V}{D}$

    여기서, $K_5 = \frac{1}{\pi}$ 로 하여 식을 정리하면

$$\frac{N_1}{N_2} = \frac{K_5 \dfrac{V_1}{D_1}}{K_5 \dfrac{V_2}{D_2}} = \left(\frac{V_1}{V_2}\right)\left(\frac{D_2}{D_1}\right) = \left(\frac{H_1}{H_2}\right)^{\frac{1}{2}} \left(\frac{H_1}{H_2}\right)^{\frac{3}{4}} \left(\frac{P_2}{P_1}\right)^{\frac{1}{2}} = \left(\frac{H_1}{H_2}\right)^{\frac{5}{4}} \left(\frac{P_2}{P_1}\right)^{\frac{1}{2}}$$

    ㉡ $P_2 = 1\,\text{kW}$, $H_2 = 1\,\text{m}$이면, 특유속도(N_s)에 대한 정의로부터 $N_2 = N_s$가 된다.

$$\frac{N}{N_s} = H^{\frac{5}{4}} \left(\frac{P_2}{P_1}\right)^{\frac{1}{2}}$$

$$\therefore \text{비속도(특유속도)} \ \ N_s = N \frac{P^{\frac{1}{2}}}{H^{\frac{5}{4}}} [\text{m} \cdot \text{kW}]$$

2. 각 수차의 종류별 비속도 범위와 수차 선정 시 비속도 응용방법

(1) 수차의 여러 가지 형식과 비속도(특유속도) 및 사용범위(한계)

    ＊ Chapter 01 – 문제 012의 답안 '1.' 내용의 표를 참조한다.

(2) 비속도의 응용방법

  ① 수차 회전속도의 결정

    ㉠ 특유속도 결정 : 유효낙차에 따라 수차 결정요소로 특유속도(N_s)를 사용한다.

    ㉡ 유량 $Q[\text{m}^3/\text{s}]$를 파악한다.

    ㉢ 이론수력 검토 : $P = 9.8QH[\text{kW}]$

    ㉣ 수차 회전수 임시설정 : $N_s = N \times \dfrac{P^{\frac{1}{2}}}{H^{\frac{5}{4}}}$ 에서 $N = N_s \dfrac{H^{\frac{5}{4}}}{P^{\frac{1}{2}}} [\text{rpm}]$

    여기서, N_s : 수차의 특유속도$[\text{m} \cdot \text{kW}]$, P : 출력

            H : 유효낙차

    ㉤ 동기발전기의 회전수 공식을 응용하여 ㉣과 비교 검토한다.

ⓗ 따라서, 극수 $p' = \dfrac{120f}{N}$ 에서 산출되는 수차에서 짝수를 구하되, 큰 쪽의 짝수를 구한다.

  예 $p = 2.3$ 정도이면 극수 p를 4극으로 정한다.

ⓢ 최종적으로 수차발전기 회전수를 설정한다.

  상기 ⓗ의 극수 p를 산출한 결과에 의해, $N = \dfrac{120f}{p}$ 를 구한다.

  즉, 비속도 한계치가 수차의 비속도보다 큰 경우 수차의 회전수로 결정한다.

② 캐비테이션 발생과 미발생 조건을 검토한다.

③ 상사법칙의 응용으로 다음을 구할 수 있다.

  ㉠ 임펠러 직경의 결정

  ㉡ 회전수 변경 시 유효전력량과 무효전력량 및 서징 여부 검토 등

---

014 수력발전설비의 수차(water turbine)에서 발생하는 공동현상(cavitation phenomena)과 화력발전설비에서 발생하는 비등현상(ebullition phenomena)을 정의하고, 상평형선도(typical phase diagram)를 이용하여 공통점과 차이점을 설명하시오.

014-1 수차의 공동현상(cavitation) 발생원인 및 영향, 방지대책에 대하여 설명하시오.

(**data**) 발송배전기술사 20-120-1-12·19-119-4-2 / 발송배전기술사 출제예상문제

(**답안**) **1. 공동현상(cavitation phenomena)**

(1) 정의

물에 잠기는 기계부분의 표면 및 표면 근처에서 물이 완전히 차지 않는 빈 곳이 생길 경우 유수의 압력이 그 부분의 포화증기압 이하일 때, 기포가 생겨 기포가 이동되다가 고압에 달했을 때, 유체에 기포가 발생하면서 Crack음과 충격을 주는 현상

(2) 원인

① 기포의 발생 : 베르누이의 정리에 의해 유체의 압력이 포화공기압 이하일 경우 발생한다.

② ①의 원인으로 발생한 기포가 유수를 따라 운반되다가 어떤 부분에서 고압력

영향으로 기포의 터짐과 충격 기포는 액체화되고 Crack음을 내면서 큰 충격을 그 부근에 주게 된다.

③ 러너날개 형상 부적합

④ 수차의 비속도(특유속도)가 클 때

⑤ 흡출압력이 높을 때, 흡출고가 높을 때

⑥ 부분부하나 과부하 시

(3) 캐비테이션의 영향(장해)

① 수차의 진동, 소음

② 흡출관 입구에서 수압의 변동이 심해짐

③ 수차 효율, 출력, 유효낙차 저하

④ 발전기 난조 발생

⑤ 수명 저하

⑥ 유수에 접한 수차의 러너나 버킷 등에 부식은 다음의 개소에 많이 발생함 (가장 주의할 사항임)

    ㉠ 펠톤수차는 니들팁과 버킷

    ㉡ 프란시스수차는 러너날개 출구의 이면

    ㉢ 프로펠러수차는 날개 바깥, 주변 끝의 이면 및 노즐 팁 등에 많이 발생

(4) 캐비테이션의 대책

① 수차의 비속도를 너무 크게 하지 말 것(한계속도 이하로 결정)

② 흡출고를 너무 높게 하지 말 것(흡출고 : draft head)

③ 침식에 강한 재료(스테인리스강, 특수강)로 러너를 제작한 것

④ 러너의 표면을 매끄럽게 가공할 것

⑤ 관지름을 증가시킬 것

⑥ 과도한 부분부하, 과부하 운전을 피할 것

⑦ 캐비테이션 발생부분에 대기압을 넣어서 진공을 피할 것

⑧ 캐비테이션계수(토마계수)를 적정하게 정할 것

$$\sigma = \frac{H_a - (H_v + H_s)}{H}$$

여기서, H_a : 대기압에 상당하는 수두[m]

        H_v : 물의 증기압에 상당하는 수두[m]

        H_s : 흡출고[m], H : 유효낙차[m]

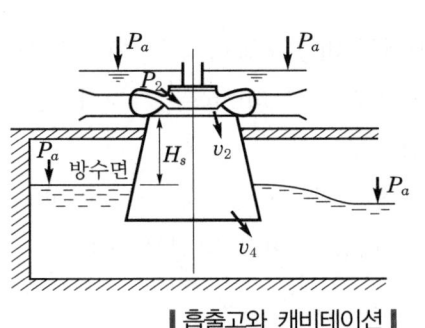

- P_a : 대기압
- H_s : 흡출고

∥흡출고와 캐비테이션∥

㉠ σ가 클수록, 흡출고가 작을수록 캐비테이션은 발생하지 않음

㉡ 흡출고는 이론적으로 10.33m까지 가능하나 실제로 6 ~ 7m 정도임

㉢ 저낙차용 대용량 수차의 흡출고는 2 ~ 3m 정도임

2. 비등현상(ebullition phenomena : 끓음[에버리션] 피노미나)

(1) 정의

금속과의 공유면에서 물이 증발하는 현상

(2) 비등곡선

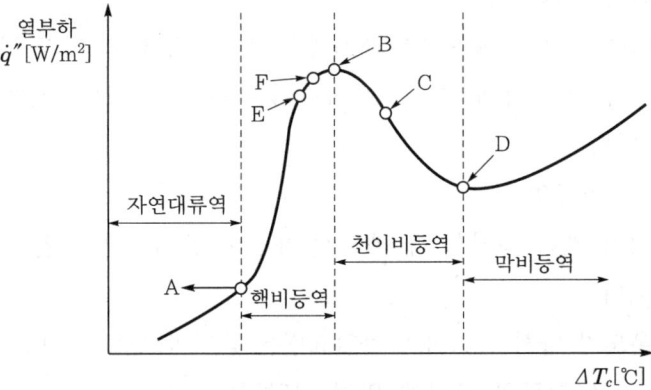

A : 비등개시점
B : 최대 열부하점(burn out)
C : 천이점
D : 최소 열부하점
E : 임계 열부하점
F : 최대 열전달률점

∥1기압 물의 Boilling curve도∥

① 표면열유속 $\dot{q}''$는 ΔT_e에 의한다.

② ΔT_e

㉠ 금속표면온도와 포화온도의 온도 차이이다.

㉡ 표현식

$$\Delta T_e = T_s - T_{sat}[℃]$$

여기서, T_s : 금속표면온도

T_{sat} : 포화온도

(3) 보일러 전열면에서의 비등(boiling)의 진행과 영역구분

① Pool boiling과 Flow boiling 두 가지가 있는데, Pool boiling의 경우는 네 가지 영역으로 구분이 가능하다.

② 비등 진행 : 자연대류 → 핵비등 → 천이비등 → 막비등 순서로 발생한다.

　ⓐ 자연대류 : 비중 차이로 발생한 대류

　ⓑ 핵비등

　　• Subcool 비등 : 포화온도 이하이지만 비등 시작으로 백금선 전열면에 기포가 발생한다.

　　• 포화핵비등 : 수온이 포화온도에 도달하면 기포의 발생은 활발하면서 수면이 기포에 의해 교란된다.

　　　예 전기포터에서 부글부글 끓는 현상

　ⓒ 천이비등

　　• 최대 열부하점 : 백금 대신 구리선, 철을 사용할 경우 금속표면온도가 올라가 막비등 전에 금속선이 타서 끊어지고 이것을 Burn-out이라 하며 최대 열부하를 나타낸다.

　　• 천이비등 : 앞의 그림의 B점과 D점을 지나 열부하 감소 시 핵비등과 막비등이 공존하는 상태이며, 열부하가 낮아지면 온도차가 커지는 특이영역을 말한다.

　ⓓ Film(막) 비등역

　　• 열부하가 계속 증가할 때 백금선 표면이 증기막으로 완전히 뒤덮이는 영역이다.

　　• 표면온도가 다시 증가하여 가열표면은 증기막으로 덮이며 이 층을 통과하는 열은 전도와 복사에 의해 전달된다.

　　• 열부하는 계속 상승하여 최대 열부하를 갖게 된다.

　　• 복사 열전달이 전도 열전달보다 중요하게 취급되는 구간이다.

(4) 보일러에서의 비등

① 자연순환 보일러의 비등현상 : Subcool 비등과 포화핵비등 현상이 나타난다.

② 강제순환 보일러 및 초임계압 보일러의 비등현상 : 임계 열부하점 이하에서 나타난다.

3. 공동현상과 비등현상의 공통점과 차이점

(1) 공동현상과 비등현상의 온도와 압력분포도

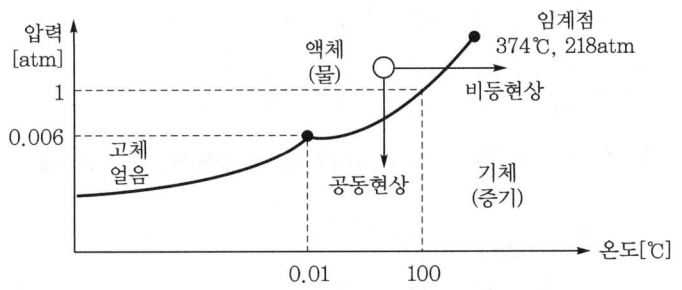

(2) 공동현상과 비등현상의 비교

구분		공동현상	비등현상
공통점		• 기포 발생 • 기포에 의한 악영향 발생	
차이점	원인	급격한 압력변화	열공급
	변화	등온변화	등압변화
	속도	급격히 발생	현열·잠열때문에 서서히 변화
	대책	압력변화 억제	열공급 제어

---

015 수차에서 발생하는 캐비테이션(cavitation)에 대하여 개념, 문제점, 방지대책에 대하여 설명하시오.

data 발송배전기술사 19-117-2-4 / 발송배전기술사 출제예상문제

답안 1. 공동현상(cavitation phenomena)

  * Chapter 01 - 문제 014의 답안 '1.' 내용을 참조한다.

2. 캐비테이션의 계수(토마계수)

(1) 캐비테이션의 발생을 나타내는 계수 σ를 캐비테이션 또는 토마계수라고 부른다.

(2) 표현식

$$\sigma = \frac{H_a - (H_v + H_s)}{H}$$

여기서, H_a : 대기압에 상당하는 수두[m], H_s : 흡출고[m]

H_v : 물의 증기압에 상당하는 수두[m], H : 유효낙차[m]

(3) 앞의 식을 고쳐 쓰면 다음과 같다.

$$\frac{P_2}{w} = \frac{P_a}{w} - H_s - \left(\frac{v_2^2}{2g} - \xi \frac{v_2^2}{2g} - \frac{v_4^2}{2g} \right)$$

(4) 이 식에서 우변의 괄호 안은 흡출관에서 회수된 에너지분을 가리키는 것으로, 이것을 $\eta_d \left(\dfrac{v_2^2}{2g} \right)$ 로 나타낸다.

여기서, η_d : 흡출관의 효율

(5) 위 식의 좌변 $\dfrac{P_2}{w}$ 가 너무 낮으면 이른바 캐비테이션을 일으킨다.

(6) 이것을 막기 위하여 흡출고를 6 ~ 7m 이하로 하고 비속도가 큰 수차에서는 2 ~ 3m 이하로 한다.

(7) 일반적으로 낙차가 비교적 높은 경우에는 원추형이, 저낙차로서 유량이 많은 경우에는 엘보형이 많이 쓰이고 있다.

(8) 흡출관의 형태와 높이는 수차효율 및 캐비테이션과 밀접한 관계가 있으므로 신중하게 검토할 필요가 있다.

(9) 흡출고 H_s 는 이론적으로는 수주높이의 10m까지 가능하지만 이것이 너무 높으면 캐비테이션이 발생하기 쉬워지기 때문에 실제로는 6 ~ 7m 이하로 하고, 특히 저낙차의 대용량 수차에서는 2 ~ 3m 정도로 설계하고 있다.

---

016 수력발전소에 대하여 다음을 설명하시오.

1. 흡출관(draft tube)
2. 토마계수(Thoma's factor)와 캐비테이션과의 관계(베르누이의 정리를 이용하여 설명)

data 발송배전기술사 23-129-2-6 / 발송배전기술사 출제예상문제

답안 1. 흡출관(draft tube)의 정의 및 종류, 사용개소

(1) 흡출관(draft tube)의 정의

① 충동식인 펠톤수차에서는 노즐로부터 대기 중으로 물을 분사하여 압력수두를 대부분 속도수두로 바꾼다. 이때, 펠톤수차는 고낙차에 적용되기 때문에 버킷을 지난 다음 방수면까지의 손실수두는 거의 무시할 수 있을 정도이다.

② 반동식 수차의 경우 충동력도 있지만 유수의 방향이 바뀌는 것에 의한 반동력을 이용하여 러너를 회전시킨다. 이때, 프란시스수차 등의 반동식 수차는 적용 낙차가 작으므로 수차의 러너 출구로부터 방수면까지를 관으로 연결하고, 여기에 물을 충만시켜서 흘려줌으로써 러너 출구로부터 방수면까지의 낙차도 유효하게 이용할 수가 있는데 바로 그 접속관을 흡출관이라 한다.

(2) 흡출관(draft tube)의 종류
① 원추 직관형
② 무디형
③ 하이드로 콘형
④ 직각형 곡관형
⑤ 엘보형

(3) 사용개소
① 원주형 : 일반적으로 소용량 낙차가 높은 경우
② 엘보형 : 저낙차로서 유량이 많은 경우

2. 토마계수(Thoma's factor)와 캐비테이션의 관계(베르누이의 정리를 이용하여 설명)

(1) 흡출관의 기능
① 러너와 방수면 간의 정낙차를 유효하게 이용한다.
② 러너로부터 방출된 물이 가지고 있는 운동에너지를 위치에너지로 회수함으로써 흡출관 출구에서의 폐기손실을 줄인다.

(2) 원리

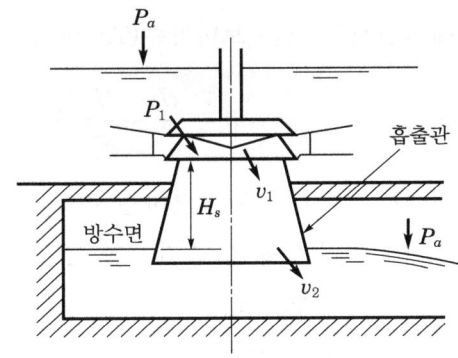

① 베르누이의 정리를 적용하면 다음과 같은 식이 된다.

$$\frac{P_1}{w} + H_s + \frac{v_1^2}{2g} = \frac{P_a}{w} + \frac{v_2^2}{2g} + \xi\frac{v_1^2}{2g}$$

여기서, $P_1[\text{kg/m}^2]$, $v_1[\text{m/s}]$: 러너 출구에서의 압력 및 유수의 속도

$P_a[\text{kg/m}^2]$, $v_2[\text{m/s}]$: 흡출관 출구에서의 압력(대기압) 및 유수의 속도

$H_s[\text{m}]$: 흡출고

$\xi\dfrac{v_1^2}{2g}[\text{m}]$: 러너 출구로부터 흡출관까지의 손실수두

② 위 식을 정리하면 다음과 같다.

$$H_s + \left(\frac{v_1^2}{2g} - \frac{v_2^2}{2g} - \xi\frac{v_1^2}{2g}\right) = \frac{P_a}{w} - \frac{P_1}{w}$$

㉠ 러너 출구에서의 압력 P_1을 낮게 유지함으로써 압력수두가 커진다. 즉, 회수 가능한 유효낙차 H_s가 커진다.

㉡ 흡출관 출구에서의 폐기속도수두 $\dfrac{v_2^2}{2g}$을 줄이기 위하여 아래쪽으로 갈수록 단면을 크게 만든다.

㉢ 러너 출구로부터 흡출관까지의 손실수두 $\xi\dfrac{v_1^2}{2g}$을 줄일수록 역시 회수 가능한 유효낙차, 즉 흡출고 H_s가 커진다.

(3) 흡출고[토마계수(Thoma's coefficient)와 캐비테이션]

① 위 식에서 알 수 있듯이 흡출고 H_s는 대기압의 압력수두인 $\dfrac{P_a}{w} = 10.33\,\text{m}$를 넘을 수는 없다.

② 흡출고는 또한 특유속도에 따라서 다르기는 하지만 캐비테이션의 발생 때문에 더욱 제약을 받게 되는데 흡출고에 따른 캐비테이션의 발생을 나타내는 계수를 캐비테이션계수 또는 토마계수(Thoma's coefficient)라 하며 다음과 같다.

$$\sigma = \frac{H_a - H_v - H_s}{H} \fallingdotseq \frac{H_a - H_s}{H}$$

여기서, H_a : 대기압에 상당하는 수두[m]

H_v : 현재 물의 증기압에 상당하는 수두($\fallingdotseq 0$)[m]

H_s : 흡출고[m]

H : 유효낙차[m]

③ 흡출고를 낮은 크기에서 높여가면 어떤 높이에서부터 캐비테이션이 발생하기 시작하는데, 이처럼 캐비테이션이 발생하여 효율이 저하하기 시작하는 순간의 토마계수를 임계토마계수 σ_c라 한다.

④ 즉, 흡출고 H_s가 클수록 또는 토마계수가 작을수록 캐비테이션이 잘 발생하므로 흡출고를 지나치게 높게 잡지 않아야 하는데 일반적으로 토마계수는 임계토마계수보다 약간 큰 값이 된다.

$\sigma \fallingdotseq 1.2\sigma_c$

⑤ 이상에서 흡출고는 캐비테이션을 고려하여 6 ~ 7m 이하로 하며, 비속도가 큰 저낙차의 대용량 수차에서는 2 ~ 3m 정도로 제한된다.

⑥ 토마계수(캐비테이션계수)가 작을수록 캐비테이션이 잘 일어난다. 즉, 흡출고 H_s가 클수록 캐비테이션이 잘 발생하므로 흡출고를 지나치게 높게 잡지 않을 것 또는 토마계수를 크게 할 것

---

017 수차발전기의 회전속도 결정방법을 설명하고, 다음 조건을 이용하여 수차발전기 회전수를 결정하시오.

[계산조건]
유효낙차 110m, 사용수량 20.3m³/s, 수차효율 87%, 주파수 60Hz

$$N_s = \frac{20000}{H+20} + 30[\text{m} \cdot \text{kW}]$$

(data) 발송배전기술사 21-124-3-3 / 발송배전기술사 출제예상문제

(답안) **1. 수차발전기의 회전속도 결정방법**

일반적으로 발전기는 회전수가 높을수록 경제적이므로 수차는 가능한 회전수가 높은 것을 선정함이 바람직하다.

(1) 낙차(H)의 파악

(2) H에 따른 수차의 종류 및 특유속도 관계를 파악(펠톤, 프란시스, 사류, 프로펠러)한다.

① 낙차와 수차의 종류 관계 파악

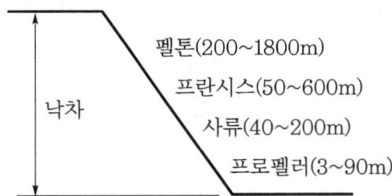

② 특유속도와 수차의 종류

수차의 종류 \ 특유속도	한계치	특유속도 범위[m·kW]
펠톤수차	$12 \leq N_s \leq 23$	12 ~ 23
프란시스수차	$N_s \leq \dfrac{20000}{H+20} + 30$	65 ~ 350
사류수차	$N_s \leq \dfrac{20000}{H+20} + 40$	150 ~ 250
프로펠러수차	$N_s \leq \dfrac{20000}{H+20} + 50$	350 ~ 800

③ 수차의 종류에 따른 특유속도의 한계치 검토

　　㉠ 수차발전소에서 유효낙차에 따라 수차의 종류를 결정하는 요소로서 특유속도가 사용된다.

　　㉡ 저낙차 발전소는 N_s가 큰 형식의 수차를 사용하고, 고낙차 발전소는 N_s가 작아도 문제없다.

　　㉢ 유효낙차가 높은 지점에 특유속도가 큰 수차를 사용하면 캐비테이션 현상이 발생하는 경우가 있다.

(3) 특유속도 결정

유효낙차에 따라 수차결정요소로 특유속도(N_s)를 사용한다.

(4) 유량 $Q[\text{m}^3/\text{s}]$를 파악한다.

(5) 이론수력 검토

　　$P = 9.8QH\,[\text{kW}]$

(6) 수차 회전수 임시 설정

　　$N_s = N \times \dfrac{P^{\frac{1}{2}}}{H^{\frac{5}{4}}}$ 에서

　　$N = N_s \dfrac{H^{\frac{5}{4}}}{P^{\frac{1}{2}}}\,[\text{rpm}]$

여기서, N_s : 수차의 특유속도[m·kW]

　　　　　H : 유효낙차, P : 출력

(7) 동기발전기의 회전수 공식을 응용하여 '(6)'과 비교 검토한다.

(8) 따라서, 극수 $p' = \dfrac{120f}{N}$ 에서 산출되는 수차에서 짝수를 구하되, 큰 쪽의 짝수를 구한다.

　예 $p = 2.3$ 정도이면 극수 p를 4극으로 정한다.

(9) 최종적으로 수차발전기 회전수를 설정한다.

　상기 '(7)'의 극수 p를 산출한 결과에 의해, $N = \dfrac{120f}{p}$를 구한다.

2. 수차발전기의 회전속도 계산

[계산조건]
- 유효낙차 110m, 사용수량 20.3 m³/s, 수차효율 87%
- 주파수 60 Hz, $N_s = \dfrac{20000}{H+20} + 30[\text{m} \cdot \text{kW}]$

(1) 낙차(H)의 파악 : 110m

(2) H에 따른 수차의 종류 및 특유속도 관계를 파악한다.

　① $N_s = \dfrac{20000}{H+20} + 30[\text{m} \cdot \text{kW}]$이므로

　② 수차의 종류 : 프란시스수차

　③ 유효낙차 : 65 ~ 350m

(3) 비속도 한계치

$$N_s = \frac{20000}{H+20} + 30 = \frac{20000}{110+20} + 30 = 183.85\,\text{m} \cdot \text{kW}$$

(4) 유효전력

$$P = 9.8\,QH\eta = 9.8 \times 20.3\,\text{m}^3/\text{s} \times 110\,\text{m} \times 0.87 = 19038\,\text{kW}$$

(5) 회전수

$$N = N_s \times \frac{H^{\frac{5}{4}}}{P^{\frac{1}{2}}} = 183.8 \times \frac{110^{\frac{5}{4}}}{19038^{\frac{1}{2}}} = 450\,\text{rpm}$$

(6) 회전수 보정

　① 극수 $p = \dfrac{120f}{N} = \dfrac{120 \times 60}{474} = 15.2$

　　∴ 짝수인 16극을 선택한다.

　② 최종 회전수 $N = \dfrac{120f}{p} = \dfrac{120 \times 60}{16} = 450\,\text{rpm}$

3. 캐비테이션 검토

(1) 실제 비속도 산출

$$N_s = N \times \frac{P^{\frac{1}{2}}}{H^{\frac{5}{4}}} = 450 \times \frac{19038^{\frac{1}{2}}}{110^{\frac{5}{4}}} = 174.3\,\mathrm{m \cdot kW}$$

(2) 따라서, 조건에서 비속도 한계치 $N_s = 183.85\,\mathrm{m \cdot kW}$이므로 실제 비속도는 한계치의 비속도보다 작아서 캐비테이션이 발생하지 않는다.

---

018 입축형 수차발전기의 추력베어링 설치위치에 따른 종류를 열거하고 설명하시오.

(data) 발송배전기술사 20-121-1-3 / 발송배전기술사 출제예상문제

답안

1. 수차발전기의 설치방식

수차발전기는 일부 소형기를 제외하고는 대부분 축이 세로로 놓이는 종축형(수축형 또는 입축형)을 사용한다.

구분	종축형(입축형)	횡축형
낙차 이용도	줄어들지 않는다.	수차 설치점 이하의 낙차 이용이 곤란하다.
기기 및 건물높이	높아진다.	낮아진다.
기초 굴착량	많다.	적다.
대형기기의 안전성, 견고성	유리	불리
홍수위 상승에 대한 안전성	유리	불리
일반적 적용	중·대용량	소용량·고낙차

2. 추력의 개념

(1) 추력이란 뉴턴의 제2운동법칙과 제3운동법칙으로 설명되는 반작용의 힘이다.

(2) 계에서 물질을 움직이거나 가속할 때 물질은 그 반대방향으로 같은 힘을 작용하는데 이 힘이 물체에 작용할 때의 힘이다.

3. 용량이 큰 수차발전기 형태와 추력(推力) 베어링

(1) 수직형 또는 우산형이다.

(2) 이 형태에서는 회전자의 축이 수직으로 되어 있으며, 이 축의 밑으로 나온 부분이 이 수차의 축과 직접 연결된다.

(3) 수직형은 회전자의 윗부분에 전체의 중량을 지탱하는 추력(推力) 베어링이 있다.

(4) 우산형은 회전자 밑에 추력베어링이 있고 일반적으로 회전자의 상부에는 안내베어링이 없다.

(5) 이에 반해 상부에도 안내베어링을 가지고 있는 것을 준우산형이라고 한다.

(6) 양수발전기의 추력베어링

① 양수발전기의 발전전동기는 일반적인 수차발전기에 비해서 시동·정지의 횟수가 많고 가열과 냉각이 반복되기 때문에 이에 견디는 코일이 필요하다.

② 추력베어링은 좌우 양쪽의 회전을 할 수 있는 구조를 가지고 있어야 한다.

4. 수직형 수차발전기의 특징

(1) 수직형 발전기는 고정자 틀의 구조, 축의 설계 등의 측면에서 기계적으로 유리한 점을 가지고 있어 대형 대용량 발전기로 적합하다.

(2) 수직형의 경우에는 필요한 속도조절장치를 발전기의 회전자 자체에 전부 부담시키도록 설치하는 것이 보통이며, 회전자의 무게와 지름도 크다.

SECTION **04** 조속기와 속도조정률 및 속도변동률

019 수차의 전기식 조속기와 기계식 조속기를 비교하고, 조속기의 속도조정률과 속도변동률에 대하여 설명하시오.

(data) 발송배전기술사 19-118-3-1 / 발송배전기술사 출제예상문제

답안 **1. 조속기의 기능**

(1) 발전기가 정상상태로 운전 중 사고 등으로 갑자기 출력이 감소하면 회전속도가 상승한다. 또, 반대로 갑자기 출력이 증가하면 회전속도는 감소한다.

(2) 출력의 증감에 관계없이 수차의 회전수를 일정하게 유지하기 위해서는 출력의 변화에 따라서 수차의 유량을 자동적으로 할 수 있게 한 장치를 조속기(governor)라고 한다.

2. 수차의 전기식 조속기와 기계식 조속기의 비교(조속기의 종류 및 개략도)

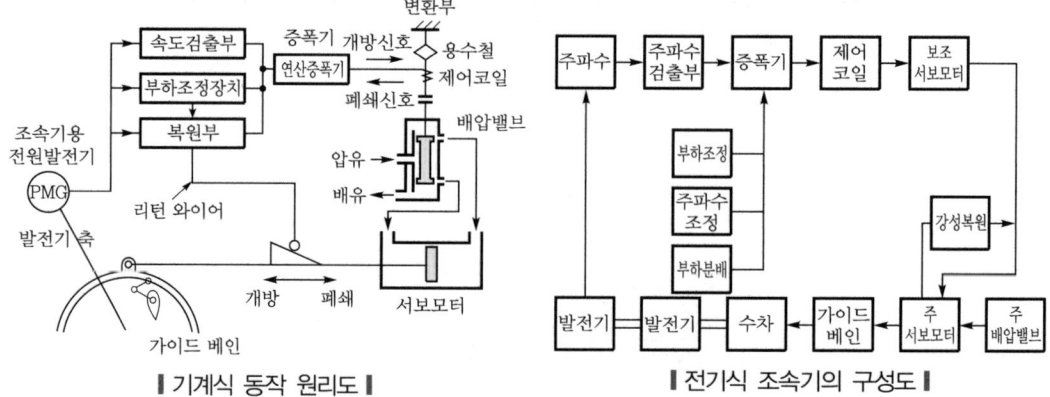

‖ 기계식 동작 원리도 ‖　　　　　　　‖ 전기식 조속기의 구성도 ‖

(1) 기계식 조속기(MHC : Mechanical Hydraulic Control)

① 터빈축에 직결되거나 또는 기어로 접속되어 회전하는 원심추의 원심력의 변화에 대응하여 제어유 계통의 유압변화를 일으키고, 이것에 의하여 서보모터를 구동시켜서 입력밸브나 가이드 베인을 조절하는 방식이다.

② 조속기는 스피더(속도검출부), 배압밸브, 서보모터, 복원기구, 압유장치 등으로 구성된다.

③ 스피더는 수차나 터빈의 회전속도의 변화를 검출하는 부분이다.

④ **동작원리** : 회전속도가 변화하면 원심추에 작동하는 원심력이 변화하여 용수철과의 평형이 파괴되고, 그 결과 활동환(滑動環)을 상하시켜서 회전속도 편차를 검출한다.

⑤ 배압밸브는 스피더에 의해 검출된 속도변화를 부동간을 통해서 받아가지고 서보모터에 공급하는 압유를 적당한 방향으로 전환하는 밸브이다.

⑥ 서보모터는 배압밸브로부터 제어된 압유로 동작하여 펠톤수차일 경우에는 니들밸브, 반동수차일 경우에는 안내날개를 개폐해서 수구개도(水口開度)를 바꾸어 준다.

⑦ 복원기구는 부하가 변화하면 서보모터로 수구개도를 조정하지만 수차, 발전기 등에는 상당한 관성이 있기 때문에 그 동작에 시간적인 지연이 따르기 마련이다.

⑧ 이 때문에 정규속도로 되는 사이에 수구개도의 조정이 지나친 현상을 일으켜서 수차는 회전속도의 승강을 되풀이하여 이른바 난조를 초래하게 되는데 이것을 방지하기 위한 기구가 곧 복원기구이다.

(2) 전기식 조속기(EHC : Electro Hydraulic Control)

① 계통주파수의 변화에 따라 자력이 증감하는 전기적 회로를 이용하여 레버의 위치를 변경하고, 이것에 의하여 압유의 동작으로 입력밸브를 여닫는다.

② 기계식 조속기는 마찰 등으로 인하여 불감대가 비교적 크지만 전기식 조속기는 문제가 없다.

③ 기계식 조속기는 사용연수가 지날수록 불감대가 증가하거나 기름의 온도변화에 따라 Dash pot time이 변화하지만 전기식에서는 이러한 문제점이 없다.

④ 전기식에서는 스피더의 회전질량의 불평형이나 기어, 벨트 등의 힘의 전달이 불균형을 이루는 문제점이 없다.

⑤ 부하 차단 시 부동시간을 짧게 할 수 있다.

⑥ 전기식에서는 Actuator의 위치를 기계식과 같이 제한 없이 마음대로 선정할 수 있다.

⑦ 전기식 조속기는 회전속도의 변화를 전기적으로 검출하고, 속도(부하) 조정장치, 복원부 및 증폭부에 전기신호를 사용한다.

⑧ 그 후 전기적 신호를 기계적인 동작으로 변환하는 변환부에 의해 배압밸브를 작동시켜 기계식 조속기의 결점인 감도와 속응성을 크게 개선한 것이다.

3. 조속기와 속도조정률 및 속도변동률과의 상호연관성

(1) 속도조정률

① 동기발전기가 병행운전하고 있을 경우 각 발전기의 유효전력의 분담은 원동기의 속도특성으로 결정된다.

② 즉, 아래 왼쪽 그림에서와 같이 수차는 부하가 증가하면 회전수가 저하하는 특성이 있다. 이 때문에 특성곡선의 횡축에 대한 경사각도가 큰 것일수록 회전수가 변동하였을 때 부하의 변동은 작아진다.

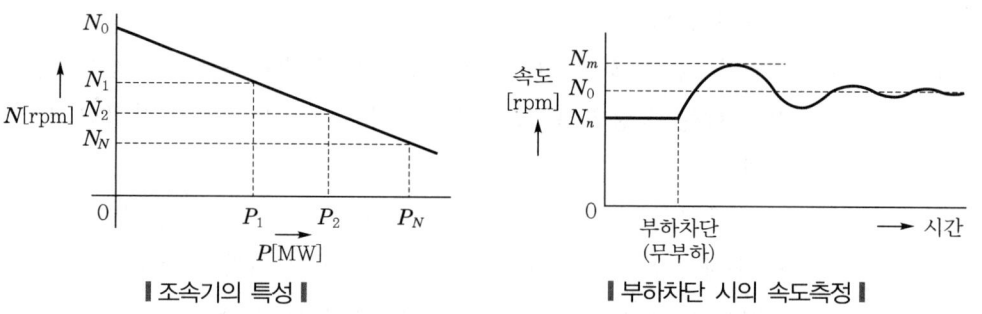

▌조속기의 특성 ▌　　　　　　　　▌부하차단 시의 속도측정 ▌

③ 속도조정률(speed regulation)

㉠ 어떤 유효낙차에서 임의의 출력으로 운전 중인 수차의 조속기에 조정을 가하지 않고 직결된 발전기의 출력을 변환시켰을 때 정상상태에서 회전속도의 변화분과 발전기출력의 변화분과의 비이다.

$$\delta = \frac{\dfrac{N_1 - N_2}{N_N}}{\dfrac{P_2 - P_1}{P_N}} \times 100[\%]$$

㉡ 식에서 부하변화 전의 발전기출력 P_2를 $P_2 = P_N$, 부하변화 후의 발전기 출력 $P_1 = 0$이라고 하면, δ의 식인 $\delta = \dfrac{N_0 - N_N}{N_N} \times 100[\%]$와 일치한다.

(2) 속도변동률(speed variation)

① 부하변동으로 수차의 속도가 조정되어 새로운 상태에 따른 속도에 안정될 때까지의 사이에 과도적으로 도달하게 될 최대 속도는 관성, 변동부하의 크기, 조속기 특성, 특히 그 부동시간과 폐쇄시간 등에 관계하게 된다.

② 일반적으로 다음과 같은 식으로 표시되는 δ_m을 속도변동률이라고 한다.

$$\delta_m = \frac{N_m - N_n}{N_n} \times 100[\%]$$

여기서, N_m : 최대 회전속도[rpm]

N_n : 정격 회전속도[rpm]

(3) 상호연관성

① 속도조정률은 조속기의 특성을 나타낸 것으로서, 이 값이 작다는 것은 동일한 부하변화에 대해 주파수 변화가 작다는 것을 나타내어 결국 조속기의 동작이 민감하다는 것을 뜻한다.

② 보통 이 δ의 값은 수력발전기에서 전기조속기는 3 ~ 5%, 화력발전기에서는 4 ~ 5% 정도이다.

③ 계통주파수의 자동제어를 할 경우 일정한 부하를 분담해야 할 발전소 수차의 δ는 크게, 반대로 주파수 조정용 발전소처럼 발전력의 변동을 크게 해서 부하의 변동부분을 분담하지 않으면 안 되는 것은 이 δ를 작게 해 줄 필요가 있다.

④ 속도변동률이 커진다는 것은 수차, 발전기의 원심력에 대한 기계적인 내력이 리든지 발전기전압의 상승에 대한 절연내력이라는 점에서 좋지 않기 때문에 전부하를 차단하였을 경우에는 이 δ_m의 값은 30% 이하가 되도록 설계하는 것이 좋다.

---

020 정격출력 240MW, 수차발전기가 60MW의 출력으로 60Hz 전력계통에 접속되어 운전하고 있다. 계통의 주파수가 59.5Hz로 갑자기 낮아졌다면 이 발전기의 출력을 구하시오. (단, 이 수차발전기의 속도조정률은 4%이고 직선특성을 가짐)

data 발송배전기술사 20-120-1-13 / 발송배전기술사 출제예상문제

답안 1. 속도조정률(speed regulation)

(1) 정의

임의의 출력으로 운전 중인 발전기터빈(수차 또는 증기 터빈)의 조속기에 아무런 조정을 가하지 않고 직결된 발전기의 출력을 변환시켰을 때 정상상태에서의 회전속도의 변화분과 발전기출력의 변화분과의 비

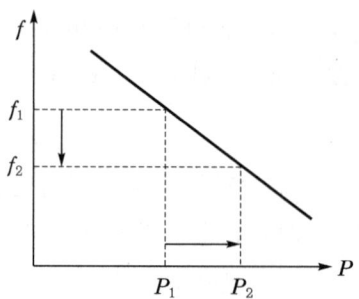

(2) 표현식

$$\delta = \frac{\dfrac{N_1 - N_2}{N_n}}{\dfrac{P_2 - P_1}{P_n}} \times 100[\%] \quad (N \propto f \text{하므로 } N = kf \text{로 변환})$$

$$= \frac{\dfrac{kf_1 - kf_2}{kf_n}}{\dfrac{P_2 - P_1}{P_n}} \times 100[\%] = \frac{\dfrac{\Delta f}{f_n}}{\dfrac{\Delta P}{P_n}} \times 100[\%]$$

2. 발전기의 출력계산

$$\delta = \frac{\dfrac{kf_1 - kf_2}{kf_n}}{\dfrac{P_2 - P_1}{P_n}} \times 100[\%] = \frac{\dfrac{60 - 59.5}{60}}{\dfrac{P_2 - 60}{240}} \times 100 = 4\%$$

$$\frac{0.5}{60} \times 100 = 4 \times \frac{P_2 - 60}{240}$$

$$\therefore \ P_2 = 110\,\text{MW}$$

021 조속기의 속도조정률과 속도변동률에 대하여 설명하고, 정격출력 40000kW의 수차발전기가 60Hz의 전력계통에 접속되어 전부하, 정격주파수로 운전 중에 있을 때, 이 계통에 접속되어 있던 일부의 부하가 갑자기 차단되어 주파수가 60.2Hz로 상승하였을 때 발전기출력[kW]을 계산하시오. (단, 수차발전기의 속도조정률은 4%라 하고 조속기 특성은 직선이라고 함)

022 발전기의 속도조정률과 속도변동률을 설명하시오.

data 발송배전기술사 24-132-1-6 · 23-130-3-2 / 발송배전기술사 출제예상문제

답안 1. 속도조정률(speed regulation)

(1) 정의

임의의 출력으로 운전 중인 발전기의 조속기에 아무런 조정을 가하지 않고 직결된 발전기의 출력을 변화시켰을 때 정상상태에서 회전속도의 변화분과 발전기 출력의 변화분과의 비

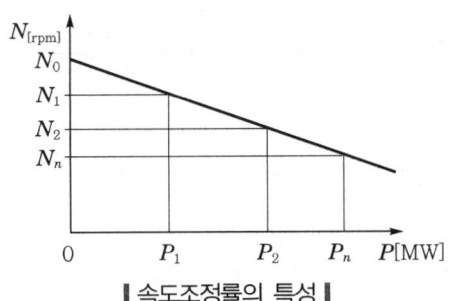

┃ 속도조정률의 특성 ┃

(2) 표현식

$$\delta = \frac{\dfrac{N_1 - N_2}{N_n}}{\dfrac{P_2 - P_1}{P_n}} \times 100 = \frac{\dfrac{f_1 - f_2}{f_n}}{\dfrac{P_2 - P_1}{P_n}} \times 100 = \frac{\dfrac{\Delta f}{f_n}}{\dfrac{\Delta P}{P_n}} \times 100 = \frac{\Delta f\, P_n}{\Delta P\, f_n} \times 100\,[\%]$$

.... 식 1)

여기서, N_2 : 부하변화 전(발전기출력 P_2)의 회전수[rpm]

$\quad\quad\ N_1$: 부하변화 후(발전기출력 P_1)의 회전수[rpm]

$\quad\quad\ P_2$: 부하변화 전의 발전기출력[MW]

$\quad\quad\ P_1$: 부하변화 후의 발전기출력[MW]

$\quad\quad\ P_n,\ N_n$: 정격 시의 출력[kW], 속도[rpm]

N_0 : 무부하 시의 속도[rpm]

f_2 : 부하변화 전의 주파수[Hz]

f_1 : 부하변화 후의 주파수[Hz]

Δf : 주파수 변화량

f_n : 정격주파수[Hz]

ΔP : 출력변화량

(3) 주파수와 출력 및 속도조정률의 관계

식 1)에 의하여 $\delta = \dfrac{\Delta f \cdot P_n}{\Delta P \cdot f_n} \times 100 [\%]$

(4) 계통특성 정수와 속도조정률과의 관계

속도조정률 $\delta = \dfrac{\Delta f \cdot P_n}{\Delta P \cdot f_n} \times 100 [\%]$에서 $\Delta P = \dfrac{\Delta f \cdot P_n}{\delta \cdot f_n}$ [MW]을 계통특성 정수

의 공식 $\left(K = \dfrac{\Delta P}{\Delta f} \right)$에 대입하고 수하특성을 고려하면 다음과 같다.

$$K = -\frac{\Delta P}{\Delta f} = \frac{\dfrac{\Delta f \cdot P_n}{\delta \cdot f_n} \times 100}{\Delta f} = -\frac{100\% \times P_n}{\delta[\%] \times f_n} \text{ [MW/Hz]} \quad \cdots\cdots\cdots\cdots\cdots \text{식 2)}$$

(5) 의미

① 조속기의 특성을 나타내는 수치로서, 작다는 것은 동일한 부하변화에 대하여 주파수변화가 작다는 것이다.

② 그 값이 작다는 것은 조속기의 동작이 민감함을 뜻하고 속응성이 우수한 조속기이다.

(6) 속도조정률의 적용

① 주파수 조정용 발전소는 작은 주파수 변화(Δf)에 대하여 큰 출력의 변동(ΔP)이 필요하므로 속도조정률 δ의 값은 작은 값이 요구된다.

② 주파수 조정용 발전소는 일정한 출력의 변동(ΔP)에서 큰 주파수변화(Δf)가 필요하므로 속도조정률 δ의 큰 값이 요구된다.

③ 발전원별 조정률 값

㉠ ESS : 2%

㉡ 가스터빈 : 4 ~ 5%

㉢ 화력 : 5 ~ 6%

㉣ 원자력 : 8%

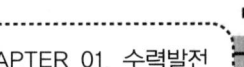

2. 속도변동률(speed variation)

(1) 정의

정격회전수, 일정 출력으로 운전되고 있는 원동기(수차나 터빈)가 순간적으로 무부하 시 상승한 최대 회전수(N_m)와 정격회전수(N_n)의 차이를 정격회전수로 나누어 [%]로 표시한 것이다.

(2) 수식

$$\delta_m = \frac{N_m - N_n}{N_n} \times 100\,[\%]$$

$$\therefore\ N_m = N_n(1 + \delta_m)$$

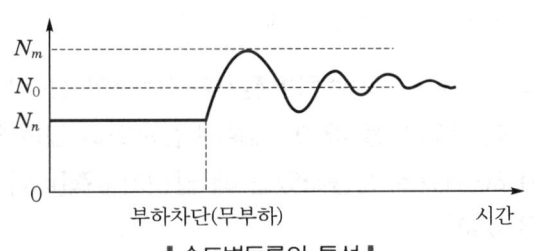

┃ 속도변동률의 특성 ┃

(3) 속도변동률을 크게 했을 경우의 장점

① 발전기 설계 시 발전기 자체 고유의 GD^2을 채용할 수 있어 경량·소형화가 가능하다.

② 가이드베인 폐쇄시간을 길게 할 수 있어 조속기 용량, 전동기 용량이 작아도 된다.

③ 부동시간, 폐쇄시간을 길게 한 경우 아래와 같은 장점이 있다.

  ㉠ 부하차단 시 수격압 경감으로 수압철관, 수차 Casing의 설계수압을 낮출 수 있다.

  ㉡ 기타 수격압과 관련된 설계압력을 낮출 수 있다.

④ 상기 사항의 종합적용으로 발전소건물 축소, 소형화가 가능하므로 건설비가 경감된다.

(4) 속도변동률을 크게 했을 경우의 단점

회전수 증가, GD^2의 감소에 의한 단점은 아래와 같다.

① 주파수변동이 커져(고유 GD^2을 채용 시 주파수변동은 더욱 커지므로) 단독 운전에 불리하다.

② 조속기의 안정성 저하 : 특히 관로 시정수가 큰 발전소에는 단독운전 시 조속기의 안정성은 더욱 저하된다.

③ 과도안정도 저하 : GD^2이 작아지므로 과도리액턴스가 커져 과도안정도는 저하되는 악영향을 초래한다.

④ 소내 전원의 전압 및 주파수가 상승되어 과전압·과여자 현상이 발생하는데 방지를 위해 소내 전원을 발전기 모선에서 타 전원으로 절체한다.

⑤ 회전부분의 응력이 증가되어 발전기 회전부의 피로강도를 고려해야 된다.

(5) 속도변동률을 작게 하는 방법

① 전부하 차단 시에도 30% 이하의 속도변동률일 것

② 속응성이 우수한 조속기 사용

③ 조속기의 부동시간, 폐쇄시간을 감소시킬 것

④ 플라이 휠 효과를 크게 설계할 것

3. 정격출력 40000kW의 수차발전기가 60Hz의 전력계통에 접속되어 전부하, 정격주파수로 운전 중에 있을 때 이 계통에 접속되어 있던 일부의 부하가 갑자기 차단되어 주파수가 60.2Hz로 상승하였을 때 발전기출력[kW]의 계산(단, 수차발전기의 속도조정률은 4%)

(1) 속도조정률 공식 이용방법

① $\delta = \dfrac{\dfrac{N_1 - N_2}{N_n}}{\dfrac{P_2 - P_1}{P_n}} \times 100[\%]$에서 $P_n = P_2 = 40000\,\mathrm{kW}$이고 속도 $N \propto f$ 이다.

② 발전기출력 : $\delta = \dfrac{\dfrac{N_1 - N_2}{N_n}}{\dfrac{P_2 - P_1}{P_n}} \times 100 = \dfrac{\dfrac{60.2 - 60}{60\mathrm{Hz}}}{\dfrac{40 - P_1}{40\mathrm{MW}}} \times 100$

$= \dfrac{0.2 \times 40 \times 100}{60\,(40 - P_1)} = \dfrac{\dfrac{40}{3}}{40 - P_1} = 4\%$

$\therefore\ P_1 = 36.67\,\mathrm{MW} = 36667\,\mathrm{kW}$

(2) 계통의 특성정수를 이용하는 방법

① 계통정수 : $K = -\dfrac{\Delta P}{\Delta f} = \dfrac{100\% \times P_n}{\delta[\%] \times f_n} = \dfrac{40000\,\mathrm{kW}}{4\%} \times \dfrac{100\%}{60\mathrm{Hz}} = 16666\,\mathrm{kW/Hz}$

② 출력변동분 : $\Delta P = -K\Delta f = -16666\,\mathrm{kW/Hz} \times 0.2\mathrm{Hz} = -3.333\,\mathrm{kW}$

$\therefore\ $발전기출력 $= 40000 - 3333 = 36667\,\mathrm{kW}$

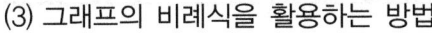

(3) 그래프의 비례식을 활용하는 방법

① 속도조정률 : $\delta = \dfrac{f_0 - f_n}{f_n} \times 100\,[\%]$에서

$$f_0 = f_n\left(1 + \frac{\delta}{100}\right) = 60\left(1 + \frac{4}{100}\right) = 62.4\,\mathrm{Hz}$$

② 변동된 발전기출력 P'

㉠ 수하그래프의 비례되는 크기를 이용한다.

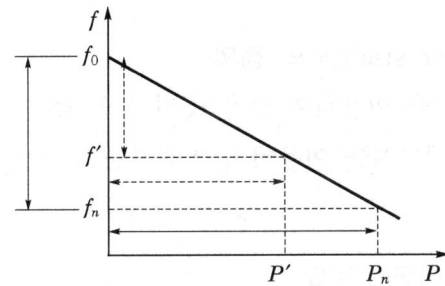

점선 화살표에 해당하는 주파수와 점선 출력은 비례관계 → 실선 화살표에 해당하는 주파수와 실선 출력은 비례관계

㉡ 변동된 발전기출력 P' : $\dfrac{f_0 - f_n}{P_n} = \dfrac{f_0 - f'}{P'}$에서

$$\frac{62.4 - 60}{40000} = \frac{62.4 - 60.2}{P'}$$

$$\therefore\ P' = \frac{2.2}{2.4} \times 40000 = 36667\,\mathrm{kW}$$

SECTION **05** 양수발전

023 전력계통에서 양수발전소의 필요성과 물의 이용방식에 따른 종류를 설명하시오.

(**data**) 발송배전기술사 22-127-1-11 / 발송배전기술사 출제예상문제

(답안) **1. 양수발전(pumping-up power station)의 정의**

심야 또는 경부하 시 잉여전력을 이용하여 낮은 곳의 물을 높은 곳으로 퍼올려서 첨두부하 시에 이 물의 위치에너지를 이용하여 발전하는 방식이다.

2. 양수발전의 필요성

(1) 전력계통 운용상 첨두 수요공급력 필요

① 수력자원의 한계성(첨두용으로 양호한 수력개발의 한계)

② 총수요 증가에 따른 첨두수요용 발전설비의 증가가 요구됨

③ 첨두공급력의 단위용량 대형화 필요

(2) 비첨두 시 잉여전력의 활용

① 대체 신기술의 실용화 지연으로 인한 전력저장수단

② 중간·저부하 담당발전소의 효율 향상

(3) 전력계통의 신뢰도 향상

계통 불안정 시 대처, 전력수급의 안정성 증진

(4) 부하추종성이 강한 발전원

① 주파수 조정용 발전소로 적용이 용이하다.

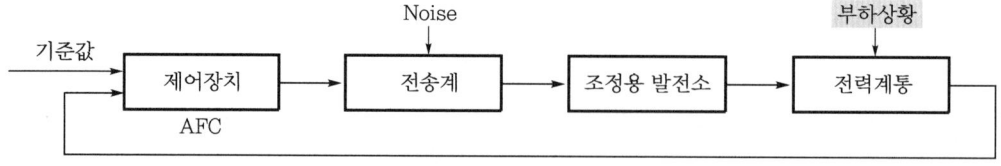

▌P-F control에서의 조정용 발전소 개념도 ▌

② 부하추종성이 타 발전방식보다 크다.

㉠ 수력 및 양수 발전방식의 경우 : 100%MW/min

㉡ 화력발전소의 경우 : 5%MW/min

③ 화력이나 원자력계통의 사고 시 등 전력수급 불균형 시 필요한 속응성이 있고 건설비가 싼 발전소를 일정량(약 15%) 보유해야 할 경우에서 양수발전소가 적합하다.

(5) 발전원가의 절감

① 고효율 발전전력량을 저장 재활용

② 저효율 발전설비를 대체하는 효과(발전설비의 효율적 운용에 기여)

(6) 계통전압의 조절

① 무효전력의 지역 간 평형유지

② 계통손실의 감소

③ 조상설비로 운용 가능

(7) DSM(수요관리)의 Peak shifting 기능도 보유하므로 부하율 향상 효과가 있다.

3. 물의 이용방식에 따른 종류

comment 배점 10점은 다음의 (1)만 기록해도 된다.

(1) 물의 이용방식에 따른 분류

① 순양수식 : 양수된 물로만 발전하는 것으로, 한국의 대표방식임(청평, 삼랑진, 무주, 청송, 양양)

② 혼합양수식 : 자연 유하량과 양수량으로 발전함(안동 양수)

(2) 시설방식에 따른 분류

① 조정지식

② 저수지식

(3) 기계배치(형식)에 따른 분류

① 별치식 : MG 별도 배치(M : 모터, G : 발전기, P : 펌프, T : 수차터빈)

② 직결식(탠덤식) : MG 공동사용

③ 펌프수자식(가역식) : MG, PT 공동

(4) 펌프수차형식에 따른 분류 : 프란시스형, 프로펠러형, 사류형

(5) 속도제어에 따른 분류 : 정속기, 가변속기

(6) 기동방식에 따른 분류 : 기동권선, 기동전동기, 사이리스터 기동

(7) 운전방식에 따른 분류

① 일간조정식 : 1일 단위로 야간의 경부하 시에만 양수하고 주간에 발전하는 방식으로, 현재 우리나라에서는 일간조정식 운용만 하고 있다.

② 주간운용식 : 야간뿐만 아니라 주말, 공휴일 등의 경부하 시에도 양수를 하여 주간에 발전하는 방식이다.

---

024 양수발전소의 효율은 70% 수준이다. 그럼에도 불구하고 양수발전소를 운용하는 이유를 설명하고, 양수발전소의 경제적 운용[최적 양수(pumping) 및 발전(generation)] 방법에 대하여 설명하시오.

(data) 발송배전기술사 18-115-4-6 / 발송배전기술사 출제예상문제

답안 **1. 양수발전소 운용의 이유**

(1) 전력에너지 저장장치의 기능

① 전력수급 특징상 전력 공급과 소비는 동시적으로 이루어져야 하고 첨두부하에 적당한 설비용량(공급예비력)이 있어야 되므로 전력저장장치의 여러 종류 (BESS, SMES, CAES, 증기저장 등)에 비해 현실적으로 가장 실용성이 높다.

② 화력발전소의 열효율 향상과 전체적인 발전원가의 절약 기능이 있다. 즉, 첨두부하 대책용 발전소의 일환이기도 하다.

(2) 잉여전력의 소화 및 피크부하 시 공급전원으로서의 역할

(3) 변동부하에 대한 대응 공급력으로서의 역할

① 변동부하에 대한 추종능력이 크다(100MW/min).

② 오전 시간대에 급속부하 증가 및 점심시간대의 급속부하 격감 시(대전력 계통에서는 400만kW 정도로 감소) 후수 공급력으로서의 역할을 한다.

③ 주파수 변동에 대응한 규정 주파수 유지부하 추종성이 강한 발전원이다.

④ 주파수 조정용 발전소로 적용이 용이하다.

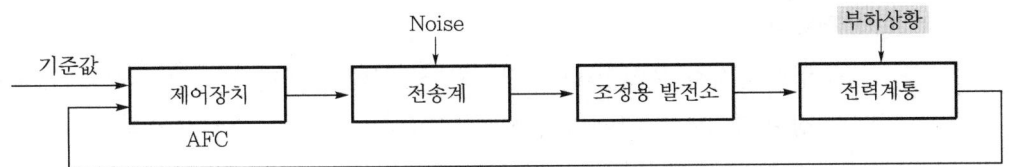

▌ P-F control에서의 조정용 발전소 개념도 ▌

⑤ 부하추종성이 타 발전방식보다 크다.

㉠ 수력 및 양수 발전방식의 경우 : 100%MW/min

㉡ 화력발전소의 경우 : 5%MW/min

⑥ 화력이나 원자력 계통의 사고 등 전력수급 불균형 시에 필요한 속응성이 있고 건설비가 싼 발전소를 일정량(약 15%) 보유해야 할 경우에 적합하다.

(4) DSM(수요관리)의 Peak shifting 기능도 보유하므로 부하율 향상 효과가 있다.

(5) 전력계통의 신뢰도 향상

① 계통 불안정 시 대처

② 전력수급의 안정성 증진

(6) 무효전력 공급력으로서의 역할

① 무효전력의 공급 및 수전에 의해서 계통전압을 조정하고 조상설비를 절감

② 계통전압의 조정

③ 무효전력의 지역 간 평형유지

④ 계통손실의 감소

(7) 운전예비력으로서의 역할

수요의 증감 시와 피크 시의 공급력으로서 AFC 운전 등으로 계통의 신뢰도 향상에 기여한다.

(8) 전력계통의 종합운전효율 향상에서의 역할

① 수·화력, 원자력을 합리·경제적으로 운용한다.

② 계통 전체로서의 운전효율을 향상시킨다.

(9) 경제적 역할

① 저능률 화력발전소를 정리시켜 연료비 절감, 가장 운전비가 높은 화력발전소의 기동·정지 횟수를 감소시켜 기동손실을 감소시킨다.

② 타사로부터 저가인 전력을 융통성 있게 수전하여 양수에 사용하고, 자사의 운전비가 높은 화력발전소의 출력은 제한시켜 연료비의 절감과 동시에 화력발전소 전체 효율을 향상시킨다.

(10) 경제성

① 양수발전소 운영경비(A)와 경부하 시에 잉여전력을 위치에너지로 바꾸어 저장한 후 Peak 시에 발전하여 얻어지는 전화력군의 경비절감액(B)을 비교하여 경제성을 판단한다.

② $A < B$이면 경제성이 있다.

(11) 양수발전의 운용으로 얻어지는 경제적 효과

① 저효율 화력 대처에 의한 연료비 경감

② 화력의 기동·정지 횟수 감소에 의한 손실 감소

③ 계통의 운전예비력 분담에 의한 타 발전설비의 효율 향상

④ 무효전력 공급에 따라 조상설비 감소

⑤ 댐식 수력발전소의 저수량 회복

2. 양수발전소의 경제적 운용[최적 양수(pumping) 및 발전(generation) 방법]

(1) 경제양수의 정의

전력생산원가가 낮은 발전기가 생산한 전력으로 양수를 실시하고, 전력생산원가가 높은 발전기로 발전해야 하는 전력을 양수발전기로 대체하면 전력계통 전체 에너지비용을 절감할 수 있게 운영하는 양수발전시스템을 말한다.

(2) 경제양수의 특성

① 양수발전기 운영을 통해 에너지비용을 절감하기 위해서는 단기(일일 혹은 주간) 부하의 변동폭이 일정 수준 이상으로 커야 한다.

② 양수과정에서 에너지손실이 발생하므로 양수한 에너지가 대체하게 되는 발전기의 발전비용에 양수발전 종합효율을 곱한 비용이 양수에 필요한 총에너지비용보다 커야 한다.

③ 아래의 조건을 충족할 경우에 경제양수가 가능하다.

양수비용 < 대체발전비용×양수발전 종합효율

④ 경제양수는 일일 혹은 주간 단위로 운영되는 것이 일반적이며 양수를 실시하는 시간과 발전하는 시간의 전력가격 차이가 일정 수준 이상일 경우에 가능하다.

(3) SMP를 통한 경제양수 가능성

① 경제양수는 양수비용과 대체발전비용의 비율이 일정 수준 이상일 때 가능하다.

② 아래의 조건을 만족할 경우 경제양수가 가능하다.

양수비용 < 대체발전비용×양수발전 종합효율

③ 현재 전력시장가격은 한계발전기의 변동비에 의해 결정되므로 경제양수조건은 아래와 같은 식으로 근사될 수 있다.

양수시점의 SMP < 발전시점의 SMP × 양수발전 종합효율

④ 위 식을 정리하면 아래와 같은 식을 얻을 수 있다.

$$\frac{1}{\text{양수발전 종합효율}} < \frac{\text{발전시점의 SMP}}{\text{양수시점의 SMP}}$$

⑤ 위 식 좌변의 양수발전 종합효율을 평균값인 78%로 두었을 때 1.28의 상수 값을 가진다.

⑥ 위 식의 우변을 편의상 양수발전의 경제성 계수라고 부르기로 한다.

⑦ 아래의 식을 만족할 경우 경제양수가 가능한 것으로 볼 수 있다.

$$\text{경제성 계수} = \frac{\text{일일 최고 SMP}}{\text{일일 최저 SMP}} > 1.28$$

(4) 수급양수

① 경제양수가 불가능한 상황에서도 안정적 전력공급을 위해 양수발전기운영이 요구될 수 있다.

② 양수발전기의 투입 없이는 안정적인 전력공급을 위한 발전능력 및 예비력을 확보하기 어려운 것으로 예측될 경우 계통운영자의 판단에 의해 양수발전기 운영이 이루어지는데 이를 일반적으로 수급양수라고 한다.

(5) 양수발전방식별 경제성 검토

① 경제성 분석(economic analysis)은 공공사업의 비용과 편익을 사회적 입장에서 측정한다.

② 이에 따라 경제적 수익률(economic rate return)을 계산함으로써 그 타당성 여부를 결정하는 분석방식을 말한다.

③ 이는 사회 전체의 입장이 아닌 개별사업자의 입장에서 실제 비율과 편익을 추정하고, 이에 따른 재무적 수익률(financial rate of return)을 계산하여 그 타당성을 평가하는 재무분석과 대비되는 개념이다.

④ 따라서, 양수발전운영에 대한 경제성 분석도 사회적 비용관점에서 접근하는 것이 바람직하다.

⑤ 경제성 분석에 있어 사회적 비용의 검토사항

㉠ 전력계통 운영 전반을 포괄하는 사회적 비용관점에서는 양수발전의 경제성 분석에 에너지비용 및 정전비용을 모두 포함시키는 것이 합리적이다.

ⓛ 수급양수에 대하여 경제성이 없다는 오해가 발생하는 이유 중 하나는 정전 비용은 고려하지 않고, 에너지 비용만을 고려하기 때문이다.

ⓒ 수급양수 상황에서 양수발전기를 가동하지 않을 경우 전력공급이 중단될 것으로(혹은 수급이 불안해질 것으로) 예측되는 상황이기 때문에 양수발전기가 대체하는 발전비용은 정전비용(Value Of Load ; VOLL)으로 볼 수 있다.

ⓔ 정전비용은 일반적으로 발전비용에 비해 매우 크기 때문에 수급균형을 맞추기 위해 양수발전을 시행하는 것은 경제성을 확보한다고 볼 수 있다. 즉, 경제양수와 수급양수 모두 사회적 비용관점에서 경제성이 확보되는 것이다.

ⓜ 다만, 예비력 부족이 정전과 직결될 것인가에 대한 논점에서는 이견이 존재할 수 있으므로 수요예측 정확도 등의 불확실성을 고려한 경제성 평가 기준수립이 필요할 것이다.

(6) 재무분석과 수익성 시장설계

① 수익성 분석 시 발전사업자 자체적인 수익성은 다음 식에 의할 수 밖에 없다. 양수시점의 전력시장가격 < (양수발전시점의 전력시장가격×양수발전 종합 효율)

② 양수발전운영을 통한 발전회사의 수익은 사회적 비용의 증감과 정확하게 일치하지는 않으며, 양수발전기의 정산규칙 및 전력시장가격 결정방법 등에 영향을 받는다.

③ 경쟁적 환경에서 발전사업자가 소유한 양수발전기의 합리적 입찰을 유도하기 위해서는 발전사업자의 이윤 추구행위가 사회적 비용 감소로 연결되게 하는 정교한 시장설계가 필요하다.

025 양수발전소는 저수지용량에 따라 운전시간이 달라진다. 운전시간에 따른 양수발전소의 운전방식에 대하여 설명하시오.

(data) 발송배전기술사 17-111-1-7 / 발송배전기술사 출제예상문제

답안

1. 개요

양수발전은 심야 경부하 시에 잉여전력을 이용하여 상부 저수지에 양수 후 Peak 시에 이 물을 이용해서 발전함으로써 계통 전체적으로서 발전원가를 낮추기 위한 첨두부하 대책용 발전소이다.

2. 운전방식에 따른 분류

(1) 일간조정식

1일 단위로 야간의 경부하 시에만 양수를 하고 주간에 발전하는 방식으로, 현재 우리나라에서는 일간조정시만 운용하고 있다.

(2) 주간운용식

야간뿐만 아니라 주말, 공휴일 등의 경부하 시에도 양수를 하여 주간에 발전하는 방식이다.

3. 양수발전의 기능과 특징

(1) 잉여전력의 소화 및 피크부하 시 공급전원으로서의 역할

(2) 운전예비력으로서의 역할

(3) 변동부하에 대한 대응 공급력으로서의 역할

(4) 전력계통의 종합운전효율 향상에서의 역할

(5) 무효전력 공급력으로서의 역할

(6) 경제적 역할

① 저능률 화력발전소를 정리시켜 연료비 절감, 가장 운전비가 높은 화력발전소의 기동, 정지횟수를 감소시켜 기동손실을 감소시킨다.

② 타사로부터 저가인 전력을 융통성 있게 수전하여 양수에 사용하고, 자사의 운전비가 높은 화력발전소의 출력은 제한시켜 연료비의 절감과 동시에 화력발전소 전체 효율을 향상시킨다.

026 낙차 50m의 상부 저수지에 매초 30m³ 수량을 4시간 연속해서 양수하여 발전할 경우 아래 항목을 구하시오. (단, 낙차손실은 고저차의 4%, 펌프·전동기의 종합효율은 75%, 수차·발전기의 종합효율은 80%라고 함)
1. 양수용 전력량
2. 조정지용량
3. 발전전력량
4. 양수발전효율

data 발송배전기술사 23-129-1-2 / 발송배전기술사 출제예상문제

답안 **1. 양수용 전력량**

$$W_m = \frac{9.8\,Q_p H_p\,T}{\eta_m \eta_p} = \frac{9.8 \times 30\mathrm{m}^3/\mathrm{s} \times (50\mathrm{m} + 50 \times 0.04\mathrm{m}) \times 4\mathrm{h}}{0.75} = 81536\,\mathrm{kWh}$$

여기서, Q_p : 펌프의 유량$[\mathrm{m}^3/\mathrm{s}]$

H_p : 펌프의 양정$[\mathrm{m}]$

T : 시간$[\mathrm{h}]$

$\eta_p \cdot \eta_m$: 펌프·전동기의 종합효율을 말하며 0.75임

$\eta_t \cdot \eta_g$: 수차·발전기의 종합효율로, 0.8임

2. 조정지용량

$$V = Q_p[\mathrm{m}^3/\mathrm{s}] \times 3600\mathrm{s/h} \times 4\mathrm{h} = 432000\,\mathrm{m}^3$$

3. 발전전력량

$$W_g = \frac{9.8\,V H_g \times \eta_t \eta_g}{3600}\,[\mathrm{kWh}]$$

$$= \frac{9.8 \times 432000 \times (50 - 50 \times 0.04) \times 0.8}{3600}$$

$$= 45158.4\,\mathrm{kWh}$$

4. 양수발전효율

$$\eta = \frac{W_g}{W_p} = \eta_m \eta_p \eta_t \eta_g \frac{H_g}{H_p} = 0.75 \times 0.8 \times \frac{50 - 50 \times 0.04}{50 + 50 \times 0.04} = 55.4\%$$

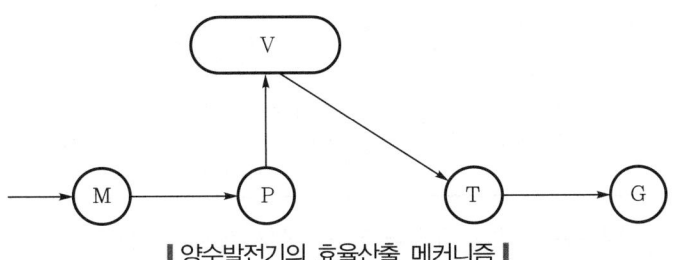

┃ 양수발전기의 효율산출 메커니즘 ┃

027 가변속 양수발전소에 대하여 다음을 설명하시오.
1. 가변속 양수발전소의 특징
2. 가변속 양수발전소의 종류 및 장단점 비교

(data) 발송배전기술사 23-130-2-1 / 발송배전기술사 출세예상문세

답안 **1. 가변속 양수발전소의 특징**

(1) 양수 시 펌프회전수를 변화시키면 효율을 크게 저하시키지 않고도 전력의 조절이 가능하다.

(2) 효율 저하 없이 전력을 조절할 수 있으므로 양수 시 AFC 운전이 가능하다.

(3) 펌프의 회전수를 변화시키면 효율을 크게 저하시키지 않고 전압을 자유롭게 조정할 수 있다.

(4) 양수발전 시 수위차 변화에 대하여 고효율 운전이 가능하다.

(5) 저출력 시 캐비테이션을 억제할 수 있으며, 감발은 30%까지 가능하다.

(6) 운전 시 특징 구분

항목		내용	비고
정상 운전 시 특징	양수운전 시	부하조정(AFC) 가능	운전상태 최적화
	발전운전 시	• 운전영역의 확대 　(낙차변동/경부하) • 부분부하 시의 효율 향상 • 수압맥동의 저감	
그 외 운전 시 특징	양수기동	부하 급변량의 저감	전기측(발전기) 특성에 의한 특징임
	조상운전	손실의 저감	
	계통병입	• 위상조절이 용이 • 저속에서 병입 가능	

항목	내용	비고
과도상태 (단시간의 특성)	• 순동 예비로서의 이용 • 계통의 과도안정도 향상 • 탈조현상이 없는 시스템 • 계통전압 유지	전기측(발전기) 특성에 의한 특징 (이때, 관성에너지를 유효 이용함)

(7) 일반 양수발전기와 가변속 양수발전시스템의 비교

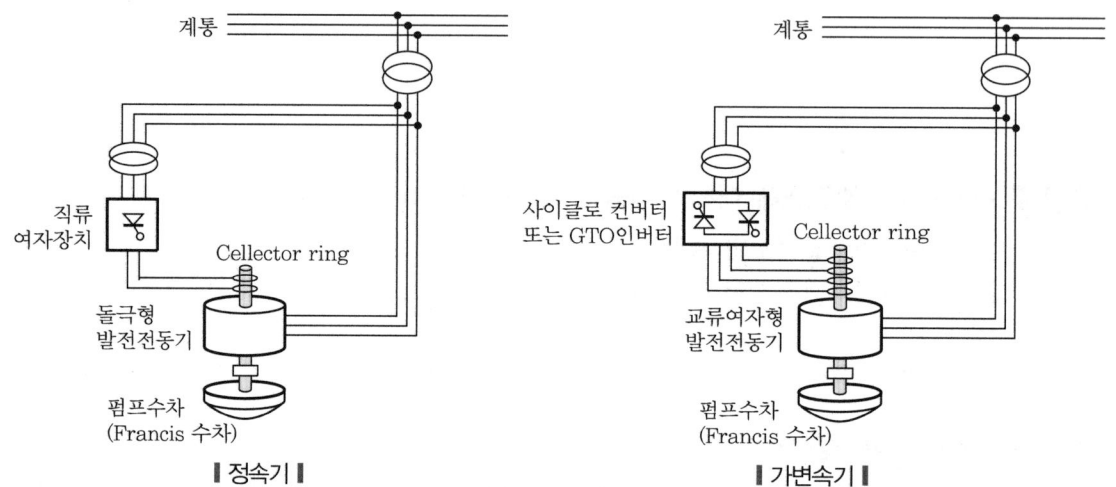

구분	일반 양수	가변속 양수
고정자 입력	60Hz	60Hz
회전자 입력	직류	0 ~ ±수[Hz](cyclo-converter)
회전자 구조	돌극형	원통형
슬립링	2개(+, −)	4개(a, b, c, d)
회전속도	일정	가변
기동장치	별도 필요	자기기동

2. 가변속 양수발전소의 종류 및 장단점 비교

가변속 양수발전(AS-PSH)은 출력속도를 조절할 수 있는 발전설비이다. 발전기와 모터구동법에 따라 이중 공급 유도모터(DFIM)와 컨버터 공급 동기모터(CFSM) 방식으로 나뉜다.

(1) 가변속 양수발전소의 발전기-모터 구동방식에 따른 종류

구분	이중 공급 유도모터 (DFIM : Double Feeder Induction Motor)	컨버터 공급 동기모터 (CFSM : Converter Feeder Synchronous Motor)
원리	회전자전류의 주파수 조정	BTB VSC로 주파수 조정

구분	이중 공급 유도모터 (DFIM : Double Feeder Induction Motor)	컨버터 공급 동기모터 (CFSM : Converter Feeder Synchronous Motor)
구성	• 모터 : 고정자는 전력계통에 직결, 회전자는 슬립링을 이용하여 컨버터에 연결 • 컨버터 : 계통과 병렬연결	• 모터 : 고정자가 컨버터와 직렬연결 • 컨버터 : 계통과 직렬연결
가변속 운전	회전자전류의 주파수 조정을 통해 고정자 주파수와 전압은 그대로 유지	모터-발전기의 주파수가 전력망 별로 다양하게 나타남

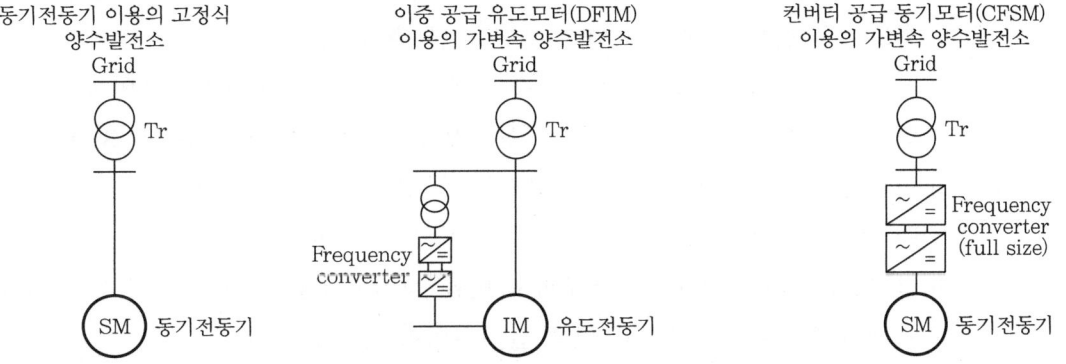

┃ 고정식과 가변속 양수발전소의 비교 개념도 ┃

(2) 가변속 양수발전소의 종류별 장단점 비교

① DFIM 타입의 장단점

장점	단점
• 경제성 : Full converter가 불필요하므로 상대적인 경제적 우위가 있다. • 컨버터 손실 : 손실이 작고, 고효율이다. • 경제적 규모 : 100MW 이상의 설비에 활용성이 크다. • 적용 : 대규모, 유량의 변동성이 큰 경우에 유리하다.	• 출력변동폭 : 제한적이다. • 경제적 규모 : 100MW 미만에서는 경제성이 떨어진다.

② CFSM 타입의 장단점

장점	단점
• 출력변동폭 : 기준출력의 0 ~ 100% 조정 가능하다. • 경제적 규모 : 100MW 미만에서는 경제성이 우수하다. • 적용 : 소규모인 100MW 미만에 유리하다.	• 경제성 : Full converter가 필요하여 비용 증가를 수반하므로 상대적인 경제성에서는 불리하다. • 컨버터 손실이 크다.

028 가변속 양수발전에 대하여 설명하시오.

data 발송배전기술사 20-122-1-3 / 발송배전기술사 출제예상문제

답안 1. 개요

(1) 원자력발전의 비중이 증가함에 따라서 심야에 계통 조정능력이 부족하게 되어 계통 전력조정을 필요로 하나, 현재의 양수발전소는 계통과 동기한 일정한 회전속도로 운전하기 때문에 AFC 운전을 할 수 없다.

(2) 따라서, 펌프입력은 회전속도의 3승에 비례한다는 특성에 의해 펌프의 회전속도를 변화시켜 양수 시의 AFC 운전이 가능하게 한 기술이 가변속 양수발전 System이다.

(3) 이것은 Power electronics의 고전압, 대용량화 기술과 제어장치의 고속연산 Digital 제어기술의 결합에 의해 가능해진 기술이다.

(4) 발전전동기의 회전자에 가변주파수 변환장치(SFC)를 사용해서 회전수를 제어하여 출력속도를 조절할 수 있는 발전설비이다.

(5) 가변속 양수는 계통의 이상상태에서도 운전을 계속 할 수 있어야 하며, 특히 여자회로에 발생하는 과전압·과전류에도 견뎌야 하기 때문에 지락단락 등 전압저하 시에도 변환기가 동작 가능하도록 설계되어 있다.

(6) 현재 전 세계에서 총 18개의 가변속 양수발전소가 운영되고 있으며, 이 가운데 11개는 일본에 있고, 나머지 7개는 유럽에 있다.

2. 가변속 양수발전의 필요성

(1) 일반 양수발전 기동 시에는 큰 토크가 발생하고 원활한 기동이 곤란하여 가변속이 필요하다.

(2) 계통에 양수발전을 병입할 경우에 원활한 계통주파수 및 전압동기화를 위해 필요하다.

(3) 운전정지 시 회생제동이 가능하다.

(4) 현재 양수발전소는 발전 시에는 임의로 출력조정이 가능하지만 양수 시에는 항상 일정한 전력을 필요로 하며 계통 사정으로 부하가 많아지면 양수를 중지하는 방법으로 운전하므로 가변속 양수발전의 필요성이 있다.

(5) 기존 양수발전은 출력 변동폭이 작고, 양수 시 소비전력이 고정된 게 단점이었다. 이에 출력속도를 조절할 수 있는 가변속 양수발전이 필요하다.

(6) 현재의 양수발전소는 펌프수차의 문제점 개선이 가능하다.

① 원자력의 비중 증가로 심야에 계통 전력조정능력이 부족하게 되어 양수운전 시 계통 전력조정을 필요로 한다.

② 현재의 양수발전소는 펌프수차가 고정인 펌프로 가이드베인 개도를 조정하여 도 소요동력이 변화되지 않아 전압조정이 불가능하고 효율만 저하한다.

③ 이 문제점을 개선할 수 있는 양수 시 AFC 효과를 발휘하는 가변속 양수가 필요하다.

3. 가변주파수 변환장치(SFC : Static Frequency Convertor) 운전방법

comment 단독으로 배점 10점 예상된다.

(1) 전동기 운전

① 전력의 흐름은 전력계통에서 동기전동기로 발생한다.

② 양수 최소 기동 시 전동기로써 전력계통 병입순간까지의 모드에 사용한다.

(2) 발전기 운전

① 전력의 흐름은 동기발전기에서 전력계통으로 발생한다.

② 유효전력을 전력계통으로 보내며 발전제동 시 발생되는 잉여전력을 회생 가능하다.

4. 가변속 양수의 원리

comment 단독으로 배점 10점 예상된다.

기본원리는 양수 시에 펌프의 회전수를 조절하여 토출압력을 조정함으로써 양수동력을 가감할 수 있으므로 부하조절이 가능하다.

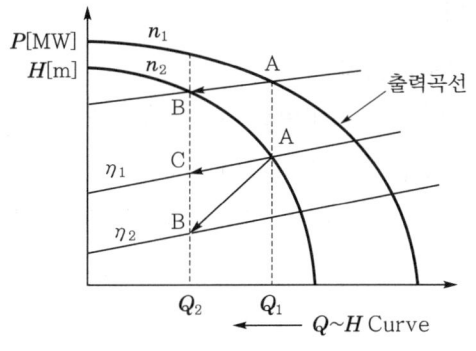

A : 종래 방식의 운전점(정속기)
B : 회전속도를 $n_1 \sim n_2$로 변환할 경우의 운전점(가변속)
C : 안내날개를 닫았을 때 운전점
$Q \propto N, \ H \propto N^2$
$\therefore \ P \propto N^3$

▮ Pump 특성곡선 ▮

(1) 가변속 양수발전 운전 원리

① 가변속기 회전자의 회전속도가 느린 경우($\omega_r < \omega_1$) : 회전자의 회전방향으로 ω_2가 되는 각속도의 회전자계를 부여하여 계통주파수에 맞춘다(이때, $\omega_r + \omega_2 = \omega_1$).

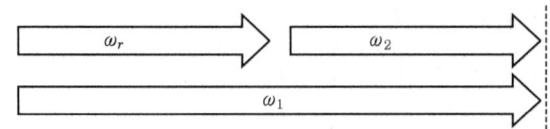

② 회전자의 회전속도가 빠른 경우($\omega_r > \omega_1$) : 회전자의 회전방향과 역방향으로 각속도 ω_2의 회전자계를 부여하여 계통주파수(ω_1)에 맞춘다(이때, $\omega_r - \omega_2 = \omega_1$).

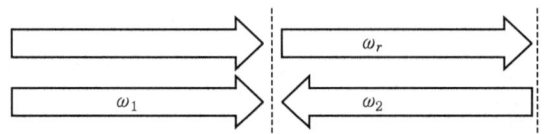

(2) 정속기 운전

① 돌극형의 회전자 계자권선에 여자장치로부터 직류를 공급하여 동기속도(정격 회전속도)로 운전한다.

② ω_1(계통 주파수의 각속도)$= \omega_r$(회전자의 각속도)

5. 가변속 양수발전의 운영방식

comment 단독으로 배점 10점 예상된다.

발전기와 모터 구동법에 따라 이중 공급유도모터(DFIM)와 컨버터 공급동기모터(CFSM) 방식으로 나뉜다.

(1) 이중 공급유도모터(DFIM) 방식

① 일본, 유럽 등이 도입하고 있는 DFIM은 회전자 전류의 주파수를 조정해 고정자 주파수, 전압은 유지하면서 동기속도의 ±10% 안에서 가변속운전이 가능하다.

② 주파수로 출력을 제어한다.

(2) 컨버터 공급동기모터(CFSM) 방식

① CFSM은 동기모터가 정격 컨버터를 통해 전력망에 연결되는 방식이다.

② 주로 100MW 미만 소형 발전장치에 활용된다.

③ **장점** : 출력 변동폭을 0 ~ 100%로 자유롭게 조절이 가능하다.

④ **단점**

㉠ 컨버터 구축에 따른 비용 부담이 발생한다.

㉡ 전력소비가 많은 상황에서 실효성은 감소한다.

㉢ 상대적으로 컨버터 손실률이 높아 100MW 이상 양수발전시설에는 적용이 어렵다.

6. 회전수 제어 특성

comment 단독으로 배점 10점 예상된다.

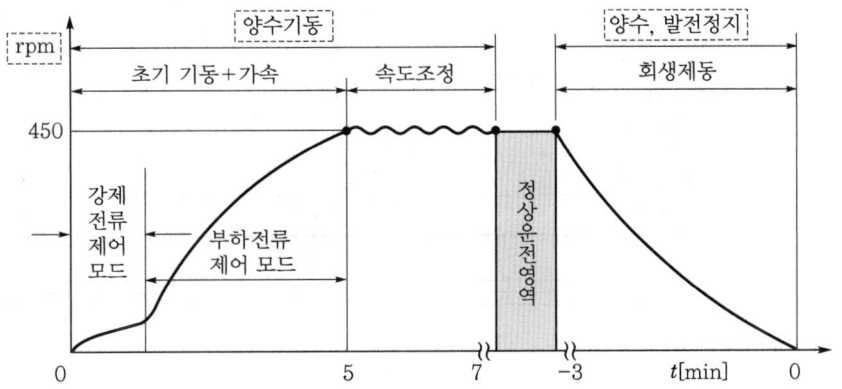

7. 가변속 양수발전 System의 1차 주파수 제어방식과 2차 여자방식

comment 단독으로 배점 10점 예상된다.

(1) 1차 주파수 제어방식

전원측(발전기 고정자측)에서 주파수를 바꾸는 방식이다.

(2) 2차 여자방식

① 2차측(발전동기 회전자측)에서 주파수 변환장치로 여자전류의 주파수를 제어하여 회전속도를 바꾸는 방식이다.

② 주파수 변환장치의 용량을 대폭 저감시킨다.

③ 주파수 변환장치의 용량은 발전전동기의 20 ~ 30% 정도로 대응한다.

8. 가변속 양수발전의 기기구성

comment 단독으로 배점 25점 예상된다.

(1) 정속기의 기기구성

주회로, 발전전동기, 주파수 변환기, 제어장치, 보호장치

(2) 가변속 기기가구성

① 교류리액터 : 과도현상 억제, 고장전류 제한

② 차단기 : 사고전류 차단, SFC 보호

③ SFC Tr : 전력변환, 고장전류 제한

④ 정류기 : AC를 DC로 변환

⑤ 인버터 : DC를 AC로 변환

⑥ 냉각장치

(3) 정속기와 가변속기의 비교

구분	정속기(일반 양수)	가변속 양수
고정자 입력	60Hz	60Hz
회전자 입력	직류	교류
회전자 구조	돌극형	원통형
슬립링	2개(+, −)	4개(a, b, c, n)
회전속도	일정	가변
기동장치	별도 필요	자기기동

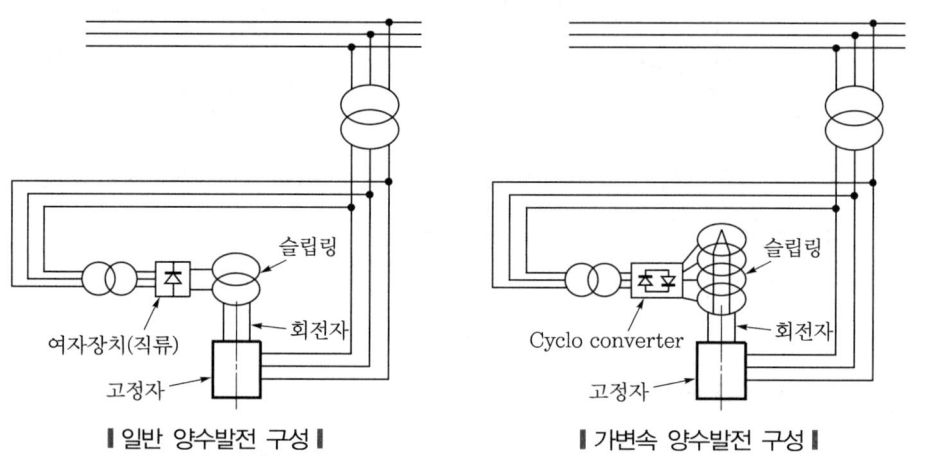

┃ 일반 양수발전 구성 ┃　　　　┃ 가변속 양수발전 구성 ┃

9. 가변속 양수의 효과(장점)

comment 중요한 내용으로, 단독으로 배점 25점 예상된다.

가변속기는 회전속도를 변화시켜 펌프수차의 효율곡선상의 최적 회전속도, 즉 낙차 출력에 대응한 적정 회전속도로 운전할 수 있기 때문에 다음과 같은 효과를 기대할 수 있다.

(1) 발전 또는 펌핑 모드 시 기존 양수발전보다 빠른 출력변동이 가능한 것이 가장 큰 장점이다.

(2) 계통 안정성을 유지하면서 유연성까지 갖춰 순간 출력조정으로 양수 중 예비력 제공이 가능하다.

(3) 양수 시 AFC 효과
　① 가변속기가 계통의 상태에 따라 조정하는 부하로 AFC 운전이 가능하다.
　② 펌프의 회전수를 변화시키면 효율을 크게 저하시키지 않고 전압을 자유롭게 조정이 가능하다.
　③ 즉, 가변속 양수를 채택하면 양수 시 AFC 운전이 가능해진다.

(4) 양수 시 입력 조정이 가능하다(일반형은 불가능).

(5) 발전 운전 시에도 회전속도를 변화시키면 발전출력 변화폭을 증가시킬 수 있다.

(6) 스위치 변화(양수 ⇔ 발전)에 대해 고효율 운전이 가능하다.

(7) **부분부하 발전효율의 향상**

일본의 경우 발전기효율은 정격의 $\frac{1}{2}$ 출력 시 정속기와 비교하여 약 3% 높아진다.

(8) **양수 시, 병·해열 시의 계통 동요 완화효과**

가변속기와 정속기 비교 시 가변속기의 양수운전시간이 많다. 이것은 가변속기가 양수 시에 AFC 용량 확보와 정속기의 병·해열 시의 계통 동요를 완화시킬 수 있어 정속기에 우선해서 운전하기 때문이다.

(9) 현재의 양수발전은 약 50% 이하로 출력감발이 어려우나 가변속은 약 30%까지 출력감발이 가능하다.

(10) 전력을 변화시킬 수 있으며 그 속도도 기존의 10 ~ 100배로 매우 빠르다.

① 이것은 계통 내의 부하급변에 재빨리 응답할 수 있다는 것을 의미한다.

② 주파수 제어성능이 현격하게 향상되어 기동 후 정격운전까지의 시간단축에도 효과적이다.

(11) 여자제어에 의해 유효·무효 전력을 독립제어할 수 있다.

(12) 계통외란에 있어서 문제가 되는 탈조현상도 원리적으로 회피 가능하며, 일반적으로 계통교란 발생 시 전력동요의 크기도 작게 억제할 수 있다.

(13) 기존 양정에 의한 일정한 양수동력을 회전속도에 변화를 주어 가변시킬 수 있기 때문에 주파수 조정능력이 부족한 야간에 계통운용상 중요한 조정력이 된다.

(14) 펌프수차의 특성으로서 양수운전, 발전운전 모두 댐수위의 변화 및 입·출력 변화에 따라 최고 효율이 되는 최적 회전속도가 변하지만, 이에 맞게 속도를 제어함으로써 효율이 향상되고 출력의 변화폭도 크게 얻을 수 있다.

(15) 가변속 양수기에서 회전속도의 변화는 정격의 ±10% 정도 이하이지만, 기존의 동기기와 동등 이상의 계통제어성능을 가지며, 특성상 동기기에 준하는 것으로 간주할 수 있다.

(16) 자기기동이 가능하므로 발전전동기가 불필요하다.

(17) 전력의 역류가 가능하여 회생제동에 이용할 때 제동속도가 증가한다.

(18) 진동, 캐비테이션 저감에 의한 운전범위의 확대

　① 정속기가 진도에 의해 제약을 받는 저출력, 저낙차에서도 가변속기는 운전이 가능해지며 운전범위가 확대된다.

　② 저출력 시 캐비테이션 장해를 극복할 수 있다.

(19) 한 대로 여러 대 기동이 가능하므로 경제적이다.

(20) 계통에 미치는 영향이 작고, 대용량 적용이 가능하다.

(21) 보수의 경제성

　① 마모량의 저감 - 진동의 반감에 의한 효과

　② 가변속기의 운전시간은 정속기보다 약 20 ~ 30% 많으나 수차러너의 캐비테이션이나 각 부품의 마모량이 최적 회전속도운전에 의한 효과로 인해 캐비테이션의 저감은 정속기보다 낮다.

(22) 기존 양수발전의 단점인 '사업성 개선'에 도움이 될 것으로 기대된다.

(23) 펌핑사유에 따라 비용을 나누는 식으로 계통안정에 대한 기여도가 증가한다.

10. 단점

(1) 가장 중요한 수익성이 약하다.

(2) 양수발전은 정산단가, 양수비용 차액이 꾸준히 감소하면서 만성적자이다.

(3) 이러한 만성적자 탈피가 가능하나 전력정책의 적극적인 방향전환이 요구된다.

11. 기술상 고려사항

comment 단독으로 배점 10점 예상된다.

(1) 스위칭소자의 발열에 대한 냉각을 고려할 것

(2) 제어범위에 대한 여유

　여유각, 중첩각, 제어각에 여유를 둘 것

(3) 고장전류가 과부하 내량 이하가 되도록 정류 리액터 용량의 과부하내량을 고려할 것

(4) 고조파, 노이즈에 대한 전력품질 대책 수립을 고려할 것

12. 향후 전망

(1) 향후의 양수 발전소는 고낙차, 대형화가 진행될 것이다.

(2) 가변속 양수발전 System의 활용에 의해 신뢰도 확보로 캐비테이션이나 마모의 저감이 가능하며 수차 점검수리의 간략화나 수리주기의 연산화 등에 의해 보수비용의 Cost down에 큰 효과를 기대한다.

(3) 일본 오키나와현의 PILOT 해수 양수발전소와 같은 해수 양수에서 가변속 양수발전시스템을 적용하는 것이 예상된다.

(4) 자연에너지 발전의 도입을 추진할 경우 변동흡수 용의, 이른바 커다란 축전지로서의 능력도 기대되고 있다.

(5) 영국의 DTU(Demand Turn Up, 전력 저수요 시간대 수요를 높여 계통 안정성을 확보하는 서비스)처럼 추가 수요창출도 마련해 볼 수 있다.

(6) 현재 REC를 1.5 적용하여 운전 시 경제적 이득이 작으나, 향후에는 운영예비력 REC 적용으로 별도의 경제성을 높일 것으로 예상한다.

memo

CHAPTER

02

화력발전

SECTION 01 기력발전의 기본

001 화력발전소의 분류에 대하여 설명하시오.

data 발송배전기술사 출제예상문제

답안 1. 개요

(1) 화력발전소의 정의

연료(벙커-C유, 석탄, 가스 등)를 연소시켜 발전하는 방식의 발전소이다.

(2) 기력발전과 내연력발전으로 대별된다.

2. 기력발전

(1) 기력발전의 개요

연료를 보일러에서 연소시켜 작업매체인 물을 가열하여 증기를 만들며, 이 증기로 증기터빈을 회전시켜 터빈과 연결된 발전기에서 전기를 생산하는 방식으로, 사용연료에 따라 분류된다.

(2) 기력발전의 계통도

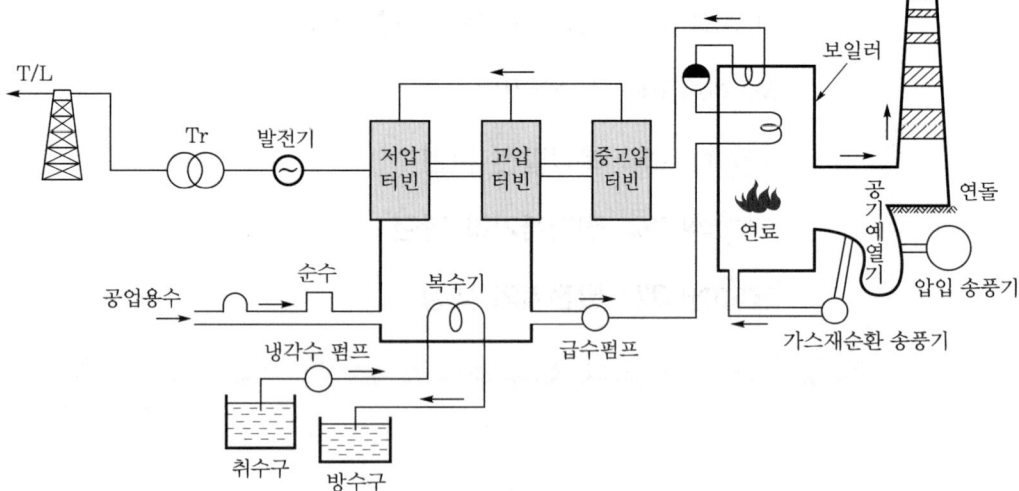

(3) 기력발전소의 사용연료에 따른 분류

① 중유전소 발전소(환경대책에도 사용됨)

㉠ 사용연료 : 벙커-C유

㉡ 벙커-C유가 갖출 특성 : 저유황분(1.6% 이하)으로 공해문제로 인하여 96년 7월 이후 울산발전소를 시작으로 0.4% 이하의 저유황유 사용규제를 정부에서 하였다(울산화력, 평택, 영남, 여수).

② LNG 발전소

㉠ 사용연료 : 기력발전연료 중 가장 청결한 LNG(액화천연가스)

㉡ LNG 공급상 차후 문제점에 대비하여, 건설 당시 중유도 연료로 사용할 수 있도록 설계된 발전소(평택, 인천화력 등)가 있다.

③ 석탄 발전소(유연탄 발전소, 무연탄 발전소)(환경대책에도 사용됨)

㉠ 수입탄인 유연탄을 일정 부하(45% 이하)에서 유연탄 연속연소가 곤란하므로 보조연료로 중유나 경유계통의 액체연료를 사용한다.

㉡ 최근 보령 3·4호기 이후부터는 33% 이상 출력에서 유연탄을 연소하도록 설계한다.

④ 무연탄 발전소(환경대책에도 이용됨)

㉠ 국내 가정용이나 산업용으로 처리 곤란한 무연탄을 석탄산업 합리화 차원에서 적자를 감수하면서 발전에 사용한다.

㉡ 보조연료 : 중유로, 최소한 30% 이상 혼소시킨다(서천, 영동, 군산).

3. 내연력발전

(1) 내연력발전의 개요

연료의 연소열을 직접 발전에 이용하는 방식으로, 열의 이용방법에 따라 디젤기관을 이용한 내연발전과 가스터빈을 이용한 가스터빈으로 분류된다.

(2) 내연력발전의 분류

① 내연발전

㉠ 실린더 내 연료연소 → 팽창가스 이용 → 피스톤 왕복 → 기계력 → 발전기

㉡ 사용연료 : 소규모는 디젤을, 발전용은 벙커-A유를 사용한다.

② 가스터빈발전

㉠ 외부에서 공기를 흡입, 압축 후 연소기에 보내 연소시킨다.

㉡ 고온·고압의 연소가스를 터빈에 보내면 팽창하면서 터빈을 회전시킨다.

© 터빈과 연결된 발전기로 전력을 생산한다.

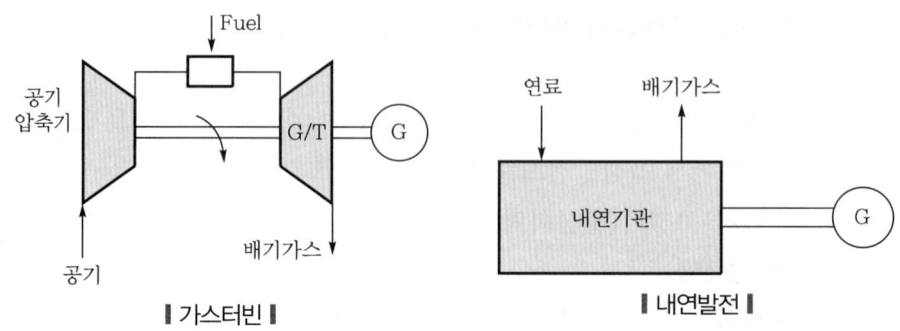

┃ 가스터빈 ┃   **┃ 내연발전 ┃**

4. 복합화력(combined cycle)

(1) 가스터빈 + 증기터빈의 조합

(2) 가스터빈을 돌리고 나온 배기가스(약 500℃)를 폐열 회수하는 방식이다.

(3) 복합발전의 계통도

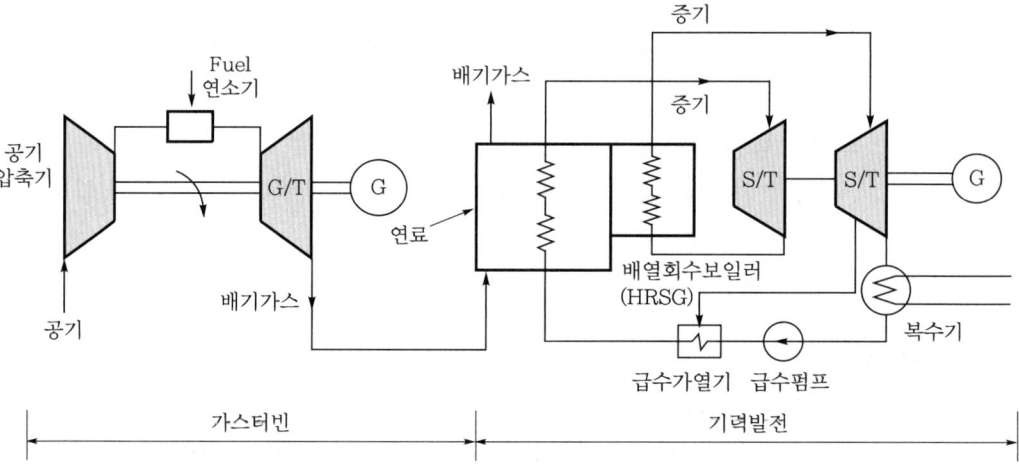

002 열의 일당량에 대하여 설명하고, 1kWh가 860kcal임을 설명하시오.

data 발송배전기술사 출제예상문제

답안 **1. 열의 일당량**

(1) 단위 : kcal

(2) 1kcal란 표준기압에서 순수한 물을 14.5℃에서 15.5℃로 높이는 열량

(3) 열의 일당량

단위열량 전부가 기계적 일로 변환한 경우 이 일의 양을 말한다(즉, 1kcal의 해당하는 일의 양임).

$$W = JQ \rightarrow Q = \frac{1}{J} \cdot W = A W$$

여기서, W : 일[kg · m]

Q : 열량[kcal]

J : 열의 일당량, 427kg · m/kcal

A : 일의 열당량, $\frac{1}{J} = \frac{1}{427}$ kcal/kg · m

2. 1kWh의 열량 환산

(1) $1\text{kWh} = 10^3\text{W} \times 3600\text{s} = 3.6 \times 10^6 \text{W} \cdot \text{s} = 3.6 \times 10^6 \text{J}$

(2) 1cal $= 4.185$J이므로, $1\text{kWh} = \dfrac{3.6 \times 10^6}{4.185} \fallingdotseq 860\text{kcal}$

(3) 전력량과 열량의 관계는 $1\text{kWh} = 860\text{kcal}$이다.

(4) 영국의 단위로는 1BTU를 사용한다.

1kcal $= 3.963$ BTU

1BTU $= 0.252$ kcal

003 열역학의 기본법칙에 대하여 설명하시오.

data 발송배전기술사 출제예상문제

답안 **1. 열역학의 제0법칙**

(1) 정의

서로 다른 물체를 접촉할 때 고온물체는 열을 방출하고 저온물체는 열흡수가 되어 온도차가 없어지는 것으로, 열평형법칙이다.

(2) 특징

① 열에너지는 높은 곳에서(고온) 낮은 곳(저온)으로 흐른다.

② 고온물체와 저온물체가 합치면 열평형을 이루고 온도는 동일하다.

2. 열역학 제1법칙

(1) 정의

열과 일은 본질적으로 같으며 일과 열, 열과 일은 변환이 가능한 것으로, 에너지 보존의 법칙이라고도 한다.

(2) 특징

$$Q = A\,W$$
$$W = J\,Q$$

여기서, Q : 일의 열당량[kcal/kg·m]

W : 일[kg·m]

J : 열의 일당량[kg·m/kcal]

3. 열역학 제2법칙

(1) 에너지의 흐름이나 형태의 변화에 대한 방향성을 가리키는 경험의 법칙으로서, 자연상태에서 열은 고온의 물체로부터 저온의 물체로 이동하나, 저온의 물체에서 고온의 물체로의 이동은 불가능하다는 법칙이다.

(2) 개념도

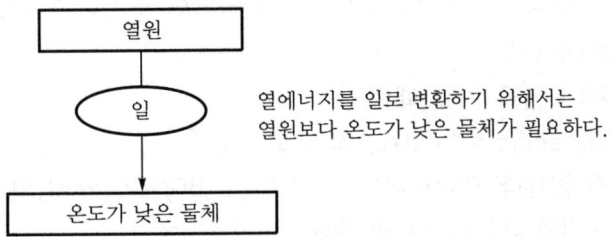

열에너지를 일로 변환하기 위해서는
열원보다 온도가 낮은 물체가 필요하다.

(3) 특징

① 열을 일로 변환할 때 낮은 저온물체의 일부 열은 버려야 한다(열기관).

② 사이클 과정에서 열이 일로 모두 변형하는 것은 불가능(비가역적 과정)하다.

4. 열역학 제3법칙

(1) 정의

① 어떤 계를 절대온도 0도에 이르게 할 수 없는 것이다.

② 즉, 계의 절대온도 0도에 도달이 불가하다.

(2) 특징

① 엔트로피 공식

$$S_t = \int_0^t C_P \frac{dT}{T}$$

여기서, C_P : 정압비열

② 균일 엔트로피는 절대온도 0도에서 T^3에 비례한다.

004 열과 일과의 관계에 대하여 다음 항목으로 구분하여 설명하시오.
1. 내부에너지
2. 물체에 열을 가할 때의 일
3. 현열(sensible heat)과 잠열의 구분
4. 어떤 물체에 외부로부터 극히 적은 열량 dQ[kcal]의 수학적 표현
5. 엔탈피와 내부에너지의 관계

data 발송배전기술사 출제예상문제

답안 1. 내부에너지

(1) 물질이 갖는 전에너지 중 운동에너지와 위치에너지를 뺀 것이다.

(2) 보통 정지 중인 물체의 에너지는 '0'이다.

(3) 열적 상태변화 전후에 있어서 위치에너지의 변화는 무시할 수 있으므로 열현상을 취급할 경우에는 주로 내부에너지로만 취급한다.

2. 물체에 열을 가할 때의 일

어떤 물체에 열을 가하면 그 물체 내에 축적될 내부에너지는 증가하게 되지만 그와 동시에 외부에 대해서도 일을 하게 된다.

3. 현열(sensible heat)과 잠열의 구분

이 내부에너지를 증가시킨 열량의 일부는 물체의 온도를 높여 주기 위해서 사용된다. 이때의 현열(sensible heat)과 잠열의 구분은 다음과 같다.

(1) 현열(sensible heat)

① 어떤 물체에 열을 가하면 그 물체 내에 축적될 내부에너지가 증가하나 그와 동시에 외부에 대해서도 일을 하게 된다.

② 이 내부에너지를 증가시킨 열량의 일부는 물체의 온도를 높여주기 위해 사용되는데 이 열을 현열이라 한다.

(2) 잠열(latent heat)

현열상태에서 다른 부분의 열을 융해, 증발 등의 상태변화를 일으키기 위해서 사용되는 열을 말한다.

4. 어떤 물체에 외부로부터 극히 적은 열량 dQ[kcal]의 수학적 표현

(1) dQ를 주었을 때 그 물체의 내부에너지 U[kcal]는 dU만큼 증가하고 또한 외부에 대하여 dW[kg·m]의 일을 하게 된다.

(2) '(1)'의 내용을 열역학 제1법칙을 이용하여 설명하면 다음 식과 같고 이를 열역학 제1법칙의 수학적 표현으로 하면 $dQ = dU + AdW$[kcal]가 된다.

(3) 이때, 그 물체가 외부에 대하여 한 일이란 외력 P[kg/cm^2]에 대항해서 용적 dV만큼 증가시킨 것과 같으므로 $dW = PdV$이다.

따라서, $dQ = dU + APdV$[kcal]가 된다.

(4) 기체 1kg에 대해서는 내부에너지를 u[kcal/kg], 비용적을 v[m^3/kg], 기체 1kg당 열량을 dQ[kcal/kg]라고 하면,

$$dQ = du + APdv \text{[kcal/kg]} \quad\cdots\cdots\cdots\cdots\cdots\cdots\cdots \text{식 1)}$$

(5) 그런데 일반적인 수학 관계식에서 $dPv = Pdv + vdP$이다.

$$\therefore \ Pdv = dPv - vdP \quad\cdots\cdots\cdots\cdots\cdots\cdots\cdots\cdots \text{식 2)}$$

(6) 식 2)를 식 1)에 대입하면

$$dQ = du + APdv \text{[kcal]} = du + AdPv - vdP = d(u + APv) - AvdP \quad\cdots\cdots \text{식 3)}$$

5. 엔탈피와 내부에너지의 관계

(1) 엔탈피 $i = u + APv$ $\quad\cdots\cdots\cdots\cdots\cdots\cdots\cdots\cdots\cdots\cdots\cdots \text{식 4)}$

(2) 식 4)는 $dQ = di - AvdP$로 되므로 $di = dQ + AvdP$이다. $\quad\cdots\cdots\cdots \text{식 5)}$

(3) 결과적으로 엔탈피 = (내부에너지 + 기계적 에너지)와 같이 합으로 표현할 수 있다.

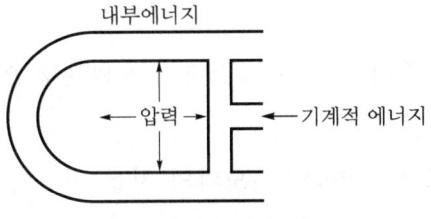

┃ 엔탈피의 개념도 ┃

(4) 상기 식 4) 엔탈피의 개념은 그림과 같으며, 엔탈피는 화력발전소의 열 계산상 중요한 것이 되며, APv는 기체 1kg이 일정한 압력 P에 대하여 비체적 v를 차지하기 위해서 외부에서 하는 일이다.

(5) 결론적으로, 압력 일정이라는 조건하에서 열을 가했을 경우에 식 5)에서 $dP = 0$이므로 $dQ = di$로 되어 이로부터 가해 준 열량은 그 물체의 엔탈피 증가와 같다는 것을 알 수 있다.

(6) 일반적으로 보일러 등에서 기수가 열량을 받을 때의 현상에서는 실용상 위의 관계가 성립한다고 말할 수 있다.

005 기력발전의 증기의 성질에 관한 주요 용어를 10개 이상 간략히 설명하시오.

(data) 발송배전기술사 출제예상문제

답안 주요 용어 설명

(1) 포화온도

760mmHg 일정 압력하에서 물을 가열할 경우 온도는 상승 안 되고 증발하는데 소비되는 온도(760mmHg 가열 시 100℃ 상승 후 정지)

(2) 포화수

포화온도하의 물

(3) 증발

포화수를 가열했을 때 증기로 변화하여 체적이 팽창하는 현상을 말한다.

(4) 습증기

물이 전부 증발할 때까지 가한 열은 물을 증기로 변화시키는데 소비되며 온도는 그대로 있다. 이 상태에서 수분과 증기가 같이 함유된 증기이다.

(5) 건조포화증기

습증기를 다시 가열하여 수분이 전혀 없을 때의 증기이다.

(6) 과열증기

건조포화증기를 다시 가열하면 포화온도 이상의 증기가 된 것이다.

(7) 과열도

포화온도와 과열증기온도와의 차를 말한다.

(8) 건조도

습증기 1kg 속에 χ[kg]의 건조증기와 $(1-\chi)$[kg]의 수분이 포함됐을 때의 χ를 건조도라 한다.

(9) 습도

$(1-\chi)$를 습도라 한다.

(10) 임계온도와 임계압력

① 374℃이면서 임계압력이 225.6kg/cm²가 되면 포화증기와 포화수가 같은 상태로 증발없이 접증기로 된다.

② 초임계압은 임계압력 이상의 압력을 말한다.

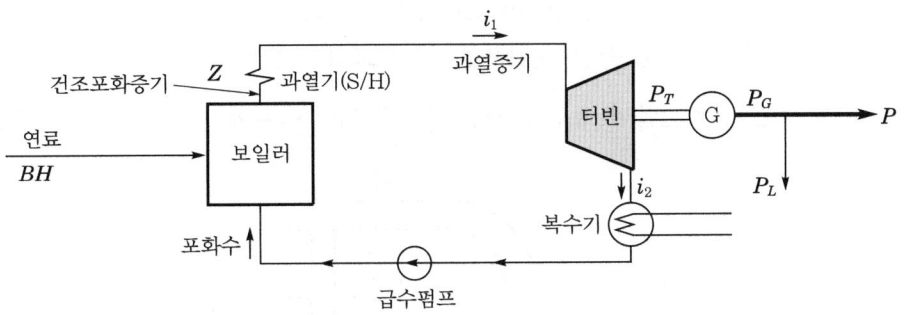

┃일반적인 증기터빈사이클의 장치선도 ┃

006 엔탈피(enthalpy)와 엔트로피(entropy)에 대하여 비교 설명하시오.

data 발송배전기술사 출제예상문제

답안 1. 엔탈피(enthalpy)

(1) 정의

증기 또는 물이 보유하는 단위중량 1kg당 전열량[kcal]

(2) 표현식

$$i = u + APv[\text{kcal/kg}]$$

여기서, i : 엔탈피[kcal/kg], u : 내부에너지[kcal/kg]

A : 일의 열당량[kcal/kg·m], P : 압력[kg/cm²]

v : 비체적[m³/kg]

(3) 습증기의 엔탈피

$i' = i + \gamma[\text{kcal/kg}]$

(4) 건조포화증기의 엔탈피

$i'' = i' + \chi\gamma[\text{kcal/kg}]$

(5) 과열증기의 엔탈피

$i = i' + \gamma + C_p t_s [\text{kcal/kg}]$

여기서, i' : 0℃에서 비등점까지의 액체열[kcal/kg]

χ : 증기의 건조도

C_p : 평균정압비열[kcal/℃ · kg]

γ : 증발열[kcal/kg], t_s : 과열도[℃]

(6) 엔탈피란 엔탈피(내부에너지+기계적 에너지) = $u + APv$ 합으로 표현할 수 있다.

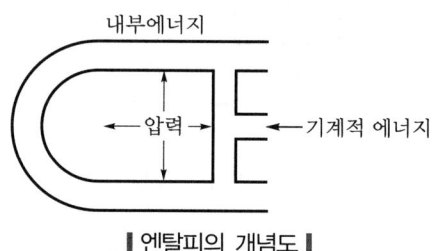

내부에너지

압력 ←── 기계적 에너지

‖ 엔탈피의 개념도 ‖

2. 엔트로피(entropy)

(1) 정의

기준상태(온도 T_0[K])에서 어떤 상태(온도 T[K])에 이르는 동안 물체에 일어난 열량의 변화를 그때의 절대온도로 나눈 것이다.

(2) 단위 : [kcal/kg · K]

(3) 표현식

$$S = \int_{T_0}^{T} \frac{dQ}{T}$$

여기서, S : 엔트로피[kcal/kg · K]

dQ : 증가열량[kcal/kg]

3. 엔탈피 및 엔트로피의 적용[대표적으로 $i - S$ 선도(몰리에르 선도를 예로 함)]

(1) 특징

① 단열변화가 수직선으로 표시된다(등엔트로피 변화).

② 노즐의 드로틀링 팽창은 수평선으로 표시된다(등엔탈피 변화).

(2) 적용

증기터빈의 효율을 계산한다.

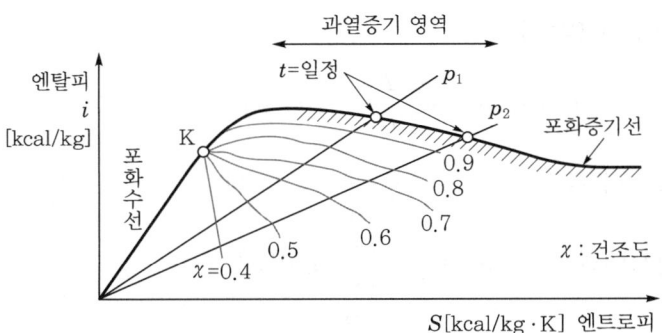

과열증기 영역

t=일정 p_1

p_2 포화증기선

엔탈피 i [kcal/kg]

K

포화수선

0.9
0.8
0.7

χ=0.4 0.5 0.6

χ : 건조도

S[kcal/kg·K] 엔트로피

‖ $i-S$ 선도 ‖

PART 01 PART 02 PART 03 APPENDIX 부록

007 기력발전소의 열효율에 영향을 미치는 요소들에 대하여 설명하시오.

data 발송배전기술사 19-118-1-3 / 발송배전기술사 출제예상문제

답안 1. 기력발전의 기본적인 블록도와 $T-S$ 선도

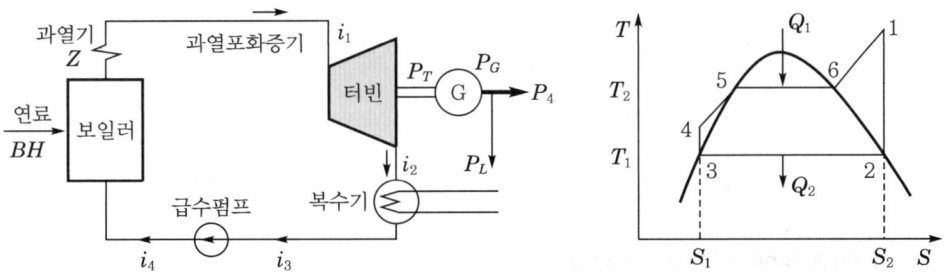

과열기 Z

과열포화증기 i_1

연료 BH 보일러

터빈 P_T G P_G → P_4

P_L

급수펌프 복수기 i_2

i_4 i_3

T Q_1 1

T_2 5 6

T_1 4
3 Q_2 2

S_1 S_2 S

단, B : 연료의 소비량[kg/h], Z : 발생증기량[kg/h], H : 연료의 발열량[kcal/kg]
P_T : 증기터빈 출력[kW], $i_1 \sim i_4$: 각 부분의 증기 또는 급수의 엔탈피[kcal/kg]
P_G : 발전기 출력[kW], P_L : 소내용 전력[kW]
P_4 : 발전기 출력에서 소내용 전력을 뺀 정미공급전력[kW]

reference

열손실 개략값

(1) 보일러 손실 : 12%

(2) 터빈기계 손실 : 1%

(3) 복수기 손실 : 47%

(4) 보조기 동력손실 : 2%

2. 각 경우의 열효율

(1) 발전단 열효율 $\eta = \dfrac{860 P_G}{BH} \times 100 \, [\%]$

(2) 보일러 효율 $\eta_b = \dfrac{(i_1 - i_4)Z}{BH} \times 100 \, [\%]$

(3) 열사이클 효율 $\eta_c = \dfrac{i_1 - i_2}{i_1 - i_3} \times 100 \, [\%]$

(4) 증기터빈 효율 $\eta_t = \dfrac{860 P_T}{(i_1 - i_2)Z} \times 100 \, [\%]$

(5) 터빈실 효율 $\eta_{tr} = \dfrac{860 P_T}{(i_1 - i_3)Z} \times 100 \, [\%]$

(6) 연료소비율 $f = \dfrac{B}{P_G} = \dfrac{860}{H\eta} \, [\text{kg/kWh}]$

(7) 열소비율 $J = \dfrac{BH}{P_G} = \dfrac{860}{\eta} \, [\text{kcal/kWh}]$

(8) 증기소비율 $Z = \dfrac{Z}{P_G} = \dfrac{Z}{P_T \eta g} \, [\text{kg/kWh}]$

(9) 발전기효율 $\eta_g = \dfrac{P_G}{P_T} \times 100 \, [\%]$

(10) 소내율 $l = \dfrac{P_L}{P_G} \times 100 \, [\%]$

(11) 송전단효율 $\eta_L = \dfrac{860 P_G}{BH}\left(1 - \dfrac{P_L}{P_G}\right) \times 100 = \eta(1 - l) \, [\%]$

3. 열효율에 미치는 영향요소

(1) 증기특성

증기압력, 증기온도, 추기단수, 급수온도

(2) 손실

터빈 · 보일러 · 발전기 손실, 열사이클 손실

4. 증기특성의 개선으로 인한 열효율 향상대책

향상방안	문제점	대책
터빈 입구의 증기압력 증가	• 터빈마찰, 부식 증가 • 수분함유량 증가로 건도 감소	초임계압 채용
터빈 입구의 증기온도 상승	• 신소재 개발 필수 • 재료의 열적 제한	재열재생 열사이클 적용
터빈 출구의 증기압력 감소	• 대기압 이하로 유지 • 수분함유량 증가 • 공기누설문제	

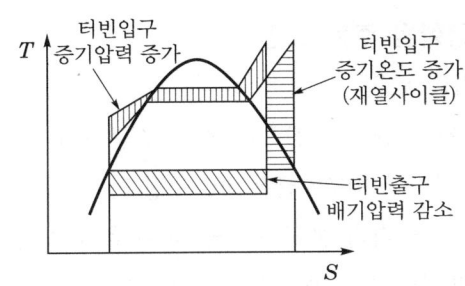

▌증기특성의 개선으로 인한 열효율 향상대책 ▌

5. 화력발전소에서 전반적인 열효율 향상방법

설비측면의 향상대책	운영측면의 향상대책	설계측면의 향상대책
• 복수기의 진공도 향상 • 사용증기의 고온·고압화 • 연소가스의 열손실 감소 • 연료 연소법의 향상 • 열 Cycle의 개선	• 소내 소비전력 절감 • 기동−정지 비용 절감 • 저부하 운전효율의 향상	• 단위기용량 증대 • 복합 Cycle 채용 • 열이용의 다원화(열병합) • 자동제어 도입(AGC)

6. 발전소의 종합열효율(열효율의 4인자에 대한 유기적 관계)

$$\eta = \eta_B \, \eta_c \eta_T \, \eta_g$$

여기서, η_B : 보일러 효율

η_c : 열사이클 효율

η_T : 터빈 효율

η_g : 발전기 효율

008 기력발전에서 열효율에 영향을 미치는 요소를 설명하시오.

data 발송배전기술사 21-125-1-6 / 발송배전기술사 출제예상문제

답안 **1. 열효율 산출방법**

(1) 열효율 $= \dfrac{\text{발전량[kWh]} \times 860\text{kcal/kWh}}{\text{연료사용량[kL]} \times \text{연료의 발열량[kcal/kL]}} \times 100[\%]$

(2) 송전단 열효율은 발전량에서 소내 전력량을 뺀 전력량으로 산출한다.

2. 열효율에 영향을 주는 요인

(1) 효율증가의 요인

① 단위기 용량이 커질수록 효율이 증가한다(일반적으로 60MW 용량에서는 31% 수준이나 500MW급은 40% 정도).

② 증기의 압력과 온도가 높을수록 효율이 증가한다(초임계압 발전소가 아임계압 발전소보다 효율이 1 ~ 2% 높음).

(2) 효율감소의 요인

① 설비의 성능효율은 경년에 따라 서서히 감소한다.

② 이용률이 작을수록 발전효율이 저하$\left(\dfrac{1}{2} \text{부하 : 정격부하보다 약함} \right)$한다.

③ WSS 및 DSS 기동에 따른 열효율 감소요인이 작용(열손실 증가)한다.

3. 기력발전에서 열효율 향상대책

(1) 터빈입구의 증기압력 증가 : 초임계압 적용

문제점은 수분함유량이 증가하므로 건도가 감소되고, 터빈 마찰, 부식 증가 현상이 수반된다.

(2) 터빈입구의 증기온도 증가 : 재열사이클 적용

문제점으로는 재료의 열적 제한이 있어 신소재 개발이 필요하다.

(3) 터빈출구의 증기압력 감소 : 재생사이클 적용

문제점으로는 공기누설문제, 대기압 이하의 상태로 운영하고 수분함유량이 증가한다.

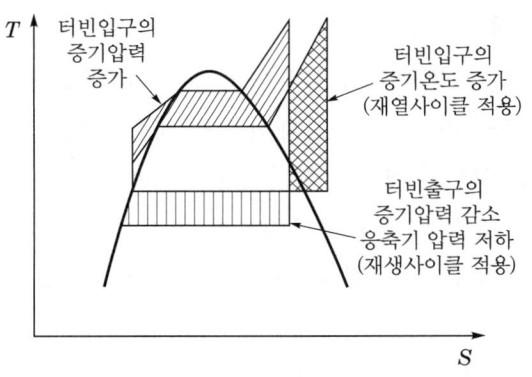

┃ 재생 · 재열 사이클을 적용한 열효율 향상 ┃

009 화력발전소의 열효율에 영향을 미치는 요소가 무엇인지를 쓰고, 설비적 측면과 운영적 측면에서의 열효율 향상대책에 대하여 설명하시오.

(data) 발송배전기술사 18-116-4-3 / 발송배전기술사 출제예상문제

답안 **1. 화력발전소의 열효율에 영향을 미치는 요소**

(1) 증기 특성

증기압력, 증기온도, 추가 단수, 급수 온도

(2) 손실

터빈 · 보일러 · 발전기 손실, 열사이클 손실

(3) 발전기의 종합 열효율(열효율의 4인자에 대한 유기적 관계)

$$\eta = \eta_B\, \eta_c \eta_T\, \eta_g$$

여기서, η_B : 보일러 효율, η_c : 열사이클 효율

η_T : 터빈 효율, η_g : 발전기 효율

2. 설비 · 설계 측면에서의 열효율 향상대책

(1) 복수기의 진공도 향상

① 복수기 진공도 향상으로 열낙차가 커져서 터빈통과 증기의 유속 증대에 의한 Cycle 효율이 향상된다.

② 복수기의 진공도가 너무 크면 다음과 같은 현상이 나타난다.

ㄱ 배기용적이 커짐

ㄴ 터빈 최종단의 유출속도의 증대로 배기손실이 증대

ㄷ 복수기 규모가 증대하는 문제점이 있어 진공도를 95% 정도로 할 것

③ 다음 그림의 경우와 같이 진공 Pump를 채용하면 $T-S$ 선도의 빗금친 부분은 열의 일면적 증대부분이므로 이로써 열효율이 향상됨을 알 수 있다.

④ 복수기에 의한 연속 세정장치 등을 설치한다.

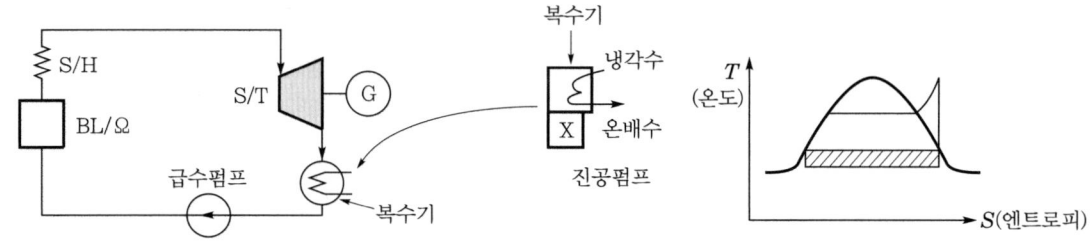

❘ 복수기의 진공도 향상 ❘

(2) 사용증기의 고온·고압화

① 증기압력온도를 높일수록 열효율이 향상된다(관류식 BLR 채용).

② 고온증기의 사용으로 재료의 균열(creep) 등 문제점이 발생한다.

③ 관류식 BLR의 특징

ㄱ 급속시동에 적합하다.

ㄴ 연료비를 절약할 수 있다.

ㄷ 드럼이 없고 수관이 가늘어 중량이 가볍다.

ㄹ 임계압력(225atm), 임계온도(374.15℃) 이상되면 포화수가 증기로 되는 현상을 이용한 것이다.

ㅁ 관류식 보일러는 급수가 절단기, 증발관, 과열관 통과 사이에 열이 흡수되어 직접 과열증기가 된다.

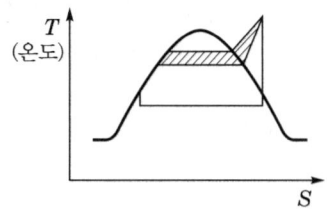

❘ 관류식 BLR 사용에 의한 열효율 향상 ❘

(3) 연도가스 열손실의 감소

① **절탄기 사용** : 과열기를 통과한 연소가스의 여열을 이용하여 급수를 예열함으로써 열효율 향상 및 연료를 절약한다(약 4 ~ 11%).

② **공기예열기 사용** : 절단기를 통과한 연소가스의 열로 공기를 예열하여 열효율을 향상시킨다.

(4) 연료연소법의 향상

① 가압유동상식(PFBC), 미분탄 연소방식을 채용하여 열효율을 향상시킨다.

② 자동제어장치(ABC 연소법)를 설치하여 완전연소한다.

(5) 열 Cycle의 개선

① 재생·재열 Cycle의 채용으로 열효율을 향상시킨다.

② 열효율 $\eta = \dfrac{A_w}{Q_r + A_w}$ 이므로 그림의 (a) : (b)해보면 $\eta_a < \eta_b$로 열효율은 현저히 상승한다.

여기서, A_w : 사이클 면적에 해당하는 열량

Q_r : 보일러가 하는 열량

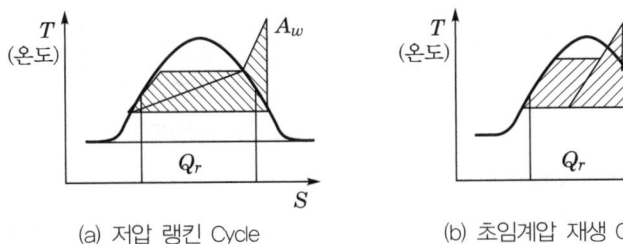

(a) 저압 랭킨 Cycle   (b) 초임계압 재생 Cycle

▎**열 Cycle의 개선에 의한 열효율 향상** ▎

(6) 단위기의 용량 증대

단위기용량을 대용량화한 경우 운전제어의 집중화 가능으로 배연손실 및 복수기 손실 감소로 열효율이 향상된다.

(7) 자동제어의 도입

Computer에 의한 자동제어 System을 도입하여 최적 제어를 실시(AGC 적용)한다.

(8) 복합 Cycle 발전의 채용

① 증기터빈 + 가스터빈이 복합 Cycle 방식 채용으로 열효율이 향상된다.

② 대형기력 열효율 : 39%

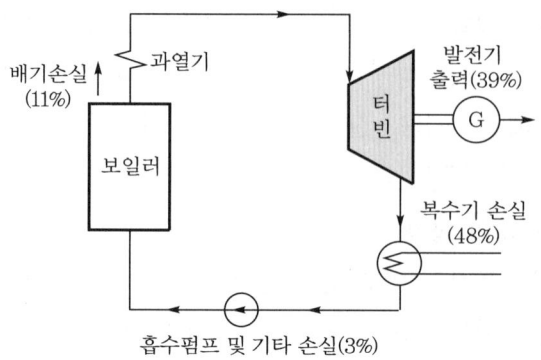

❚ 기력 발전계통도 ❚

③ 복합사이클 열효율 : 43%

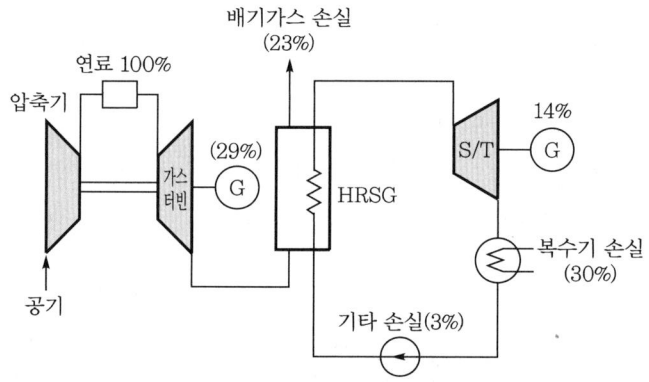

❚ 복합사이클 발전계통도 ❚

(9) 열 이용의 다원화 – 열병합 발전

① 동일 연료원으로부터 열과 전기를 동시 생산하여 공급하는 방식으로, 에너지를 효율적으로 이용한다.

② 일반 기력발전의 복수기 냉각손실을 열교환기를 이용하여 다시 열에너지를 재이용하는 방식이다.

③ 저압 증기를 생산공정이나 지역난방의 열원으로 사용한다.

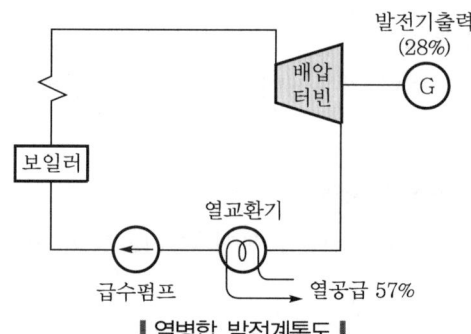

❚ 열병합 발전계통도 ❚

3. 운영측면의 향상 대책

(1) 소내 소비전력의 절감

① 고효율 전동기 사용(VVVF)

② 진상용 콘덴서 설치

③ 각종 Fan motor의 속도제어($P \propto V_3$에 의한 VVVF 적용으로 에너지 saving)

여기서, P : 출력[kW], V : 풍속[m/s]

(2) 기동정지 비용의 절감

① 기동정지 횟수 감소

② 정지 시 Bottle-up 방식 운영으로 기동비용 최소화

(3) 저부하 시 운전효율 향상

① 저부하 시 Throttle loss 절감을 위해 감압운전

② 경제부하배분에 의한 적정 부하운전

(4) 일반사항

① 폐열회수 냉동기 설치

② 누설증기 방지

③ 고장지속시간 단축

④ 적정연료 사용

⑤ Heat pump 공급 System 적용

4. 열효율 향상 대책요약

설비측면의 향상 대책	운영측면의 향상 대책	설계측면의 향상 대책
• 복수기의 진공도 향상 • 사용증기의 고온 · 고압화 • 연소가스의 열손실 감소 • 연료 연소법의 향상 • 열 Cycle의 개선	• 소내 소비전력 절감 • 기동-정지 비용 절감 • 저부하 운전효율의 향상	• 단위기용량 증대 • 복합 Cycle 채용 • 열 이용의 다원화(열병합) • 자동제어 도입(AGC)

5. 향후 전망

최근 화력발전소의 열효율 향상을 위한 기술 추세로는 점차 Computer에 의한 전자동화, 단위기의 대규모화, 증기조건의 초초임계압화 등이 주류가 되고 있다. 우리나라 전체 전력계통의 규모 및 입지적 제약성으로 단위기용량의 대규모화에는 한계가 있고 전자동화, 복합화, 열병합 등의 측면에서 많은 진전이 보일 전망이다.

010 최대 출력 200MW, 평균부하율 85%로 운전하고 있는 화력발전소가 있다. 이 발전소에서 15일간에 1.6×10^4kL의 중유를 소비하였다고 하면 이 발전소의 발전단 열효율 및 연료소비율은 각각 얼마인지 구하시오. (단, 중유의 발열량은 10000kcal/L라고 함)

(**data**) 발송배전기술사 20-120-3-6 / 발송배전기술사 출제예상문제

(**답안**) **1. 기력발전의 기본적 블록도와 $T-S$ 선도**

　Chapter 02 - 문제 007의 답안 '1.' 내용을 참조한다.

2. 각 경우의 열효율

(1) 발전단 열효율 $\eta = \dfrac{860 P_G}{BH} \times 100 \, [\%]$

(2) 보일러 효율 $\eta_b = \dfrac{(i_1 - i_4)Z}{BH} \times 100 \, [\%]$

(3) 열사이클 효율 $\eta_c = \dfrac{i_1 - i_2}{i_1 - i_3} \times 100 \, [\%]$

(4) 증기터빈 효율 $\eta_t = \dfrac{860 P_T}{(i_1 - i_2)Z} \times 100 \, [\%]$

(5) 터빈실 효율 $\eta_{tr} = \dfrac{860 P_T}{(i_1 - i_3)Z} \times 100 \, [\%]$

(6) 연료소비율 $f = \dfrac{B}{P_G} = \dfrac{860}{H\eta} \, [\mathrm{kg/kWh}]$

(7) 열소비율 $J = \dfrac{BH}{P_G} = \dfrac{860}{\eta} \, [\mathrm{kcal/kWh}]$

(8) 증기소비율 $Z = \dfrac{Z}{P_G} = \dfrac{Z}{P_T \eta g} \, [\mathrm{kg/kWh}]$

(9) 발전기효율 $\eta_g = \dfrac{P_G}{P_T} \times 100 \, [\%]$

(10) 소내율 $l = \dfrac{P_L}{P_G} \times 100 \, [\%]$

(11) 송전단효율 $\eta_L = \dfrac{860 P_G}{BH}\left(1 - \dfrac{P_L}{P_G}\right) \times 100 = \eta(1-l) \, [\%]$

(12) 전력량의 열량 환산

$$1\text{kWh} = 1000\text{W} \times 3600\text{s} \ (또, \ \text{Ws} = \text{J}, \ \text{J} = 0.24\text{cal})$$

$$= 1000 \times 3600 \times 0.24\text{cal}$$

$$= 860\text{kcal}$$

(13) 전력의 열량 환산

$$1\text{kW} = \frac{1\text{kW h}}{\text{h}} = \frac{860\text{kcal}}{\text{h}} = 860\text{kcal/h}$$

3. 풀이

(1) 발전단 열효율

$$\eta = \frac{860P_G}{BH} = \frac{860 \times 발전기출력[\text{kW}]}{연료소비량[\text{kg/h}] \times 연료발열량[\text{kcal/kg}]}$$

$$\left(\frac{\text{kW}}{\text{kcal/h}} = \frac{\text{kW}}{\text{kW}} \right)$$

(2) 연료소비율

'(1)'에서 B를 아래 식에 대입하면

$$f = \frac{B}{P_G} = \frac{\dfrac{860P_G}{H\eta}}{P_G} = \frac{860}{H\eta} [\text{kg /kWh}]$$

(3) 보일러입력(시간당 발열량) 계산

$$BH = \frac{1.6 \times 10^4 \text{kL}}{15 \times 24\text{h}} \times (10 \times 10^6) = 444.44 \times 10^6 \text{kcal/h}$$

(4) 발전단 열효율 계산

$$\eta_g = \frac{860P_g[\text{kW}]}{BH} = \frac{860 \times (200 \times 10^3) \times 0.85(부하율)\text{kcal/h}}{444.44 \times 10^6 \text{kcal/h}} \times 100$$

$$= 32.895\%$$

(5) 연료소비율 계산

$$f = \frac{B}{P_G} = \frac{1.6 \times 10^4 \times 10^3 \text{L}}{15 \times 24\text{h}} \times \frac{1}{200 \times 10^3} = 0.222\text{L/kWh}$$

011 랭킨사이클(Rankine cycle)의 $T-S$ 선도를 사용하여 복수기 진공도 변화에 따른 증기터빈의 효율변화에 대하여 설명하시오.

data 발송배전기술사 18-116-1-9 / 발송배전기술사 출제예상문제

답안

1. 랭킨사이클의 정의

랭킨사이클은 카르노 사이클의 등온과정을 등압과정으로 바꿔서 증기터빈에 적합하도록 개량한 것인데 증기를 작동유체로 사용하는 기력발전소의 가장 기본적인 사이클이다.

2. 랭킨사이클의 장치선도 및 $T-S$ 선도와 $P-V$ 선도

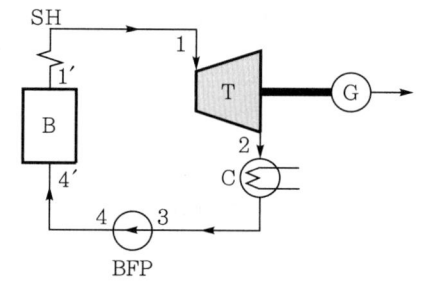

▮ 장치선도 ▮

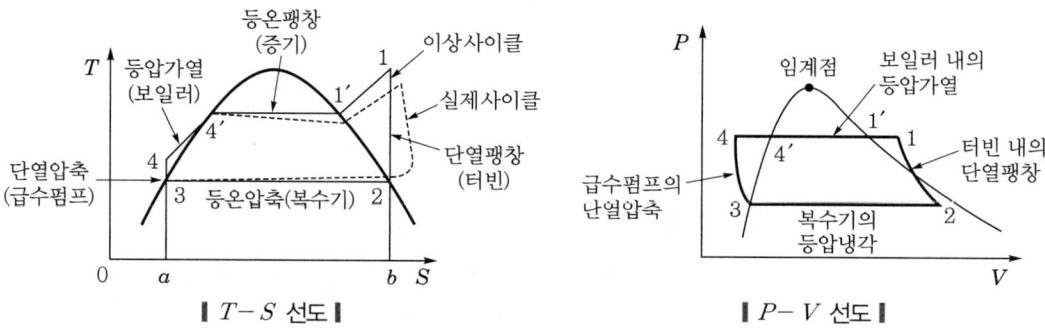

▮ $T-S$ 선도 ▮　　　　　▮ $P-V$ 선도 ▮

3. 터빈효율

$$\eta = \frac{\text{면적} \; 3-4-4'-1'-1-2-3}{\text{면적} \; a-4-4'-1'-1-b-a} = \frac{(i_1-i_2)-(i_4-i_3)}{i_1-i_4} \fallingdotseq \frac{i_1-i_2}{i_1-i_3}$$

여기서, i_1 : 터빈 입구에서 증기의 엔탈피[kcal/kg]

　　　　i_2 : 터빈 출구에서 증기의 엔탈피[kcal/kg]

　　　　i_3 : 보일러 입구에서 물이 지닌 엔탈피[kcal/kg]

　　　　i_4 : 급수펌프(BFP) 출구에서 물이 지닌 엔탈피[kcal/kg]

4. 랭킨사이클의 열효율 향상 방안

(1) 기본개념식

$$\eta = 1 - \frac{Q_2}{Q_1} = 1 - \frac{T_2}{T_1} = 1 - \frac{P_2}{P_1}$$

여기서, Q_1, Q_2 : 터빈 입구, 출구의 열량

(2) 터빈 입구 온도를 상승시킨다.

제약조건은 고온재료의 강도측면을 고려할 것

(3) 터빈 입구의 온도를 높인다.

① 터빈 출구부근의 압력 저하 시 증기 중의 습도가 높아져 손실이나 터빈 부식의 원인이 된다.

② 압력 $175kg/cm^2$ 이상에서 초기압 상승효과가 포화되는 경향이 있다.

(4) T S 선도를 이용하여 복수기의 진공도를 높여 효율을 상승시킨다. 즉, 터빈 출구의 배기압력을 낮게 한다.

① 이때, $T-S$ 선도의 변화는 다음 그림에서 음영처리한 부분만큼 효율이 상승 된다.

② 즉, 터빈효율은 그림의 음영처리한 면적을 제외한 면적에서 복수기에서 버려 지는 열량을 포함하여 음영을 칠한 부분만큼 열효율은 상승한다.

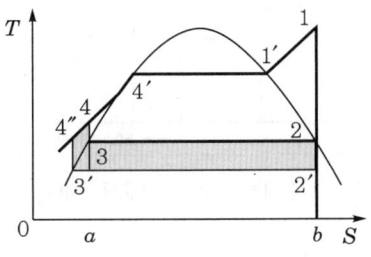

┃진공도 증가 시의 $T-S$ 선도┃

③ $1-2'-3'-4''-4-4'-1'$ 의 면적이 $1-2-3-4-4'-1'$ 의 면적보다 증가 함을 의미한다.

④ **제약조건** : 냉각수(하천수나 바닷물)의 온도로 제한받는다.

012 대형 기력발전소에 적용되는 재생사이클과 재열사이클을 비교 설명하시오.

data 발송배전기술사 출제예상문제

구분 항목	재생사이클	재열사이클
정의	• 증기터빈에서 팽창 도중에 있는 증기를 일부 추기하여 그것이 갖는 열을 급수가열에 이용한 것 • Regenerative cycle	• 어느 압력까지 터빈에서 팽창한 증기를 보일러에 되돌려 재열기로 적당한 온도까지 재과열시킨 다음 다시 터빈에 보내 팽창시킨 사이클 • 터빈 내부손실을 경감시켜 열효율 증가
장치선도		
$T-S$ 선도		
효과	랭킨사이클에서는 복수기에서 냉각수로 빼앗기는 열량이 많은 단점을 보완하여 열효율을 향상시킴	재열증기는 그 압력이 낮지만 온도가 비교적 높아지므로 팽창중점에서 습도가 작아져서 어느 정도 열효율을 향상시킴
기타	• 추기단수는 4 ~ 6단 정도 • 대용량은 9단임	대용량 터빈에서는 2단 이상 재열

013 화력발전소에서 재생·재열 Cycle의 $T-S$ 선도를 그리고, 각 과정이 발전소의 어느 부분에 해당하는지 설명하시오.

(data) 발송배전기술사 출제예상문제

[답안] 1. 개요

기력발전소의 열사이클 증진 방안으로, 재생·재열 Cycle을 사용한다.

(1) 재열 Cycle

터빈의 내부손실을 경감시켜 효율을 향상시키는 방법

(2) 재생 Cycle

열효율(증기터빈에서 팽창 도중에 있는 증기 일부의 추기에 의한)을 열역학적으로 증진시키는 방법

(3) 재생·재열 Cycle

재열 Cycle 및 재생 Cycle의 서로 저촉되지 않는 양자의 특징을 이용하여 전 Cycle의 효율을 증진시키는 방법

2. 장치선도 및 $T-S$ 선도(1단 재열, 2단 추기의 경우)

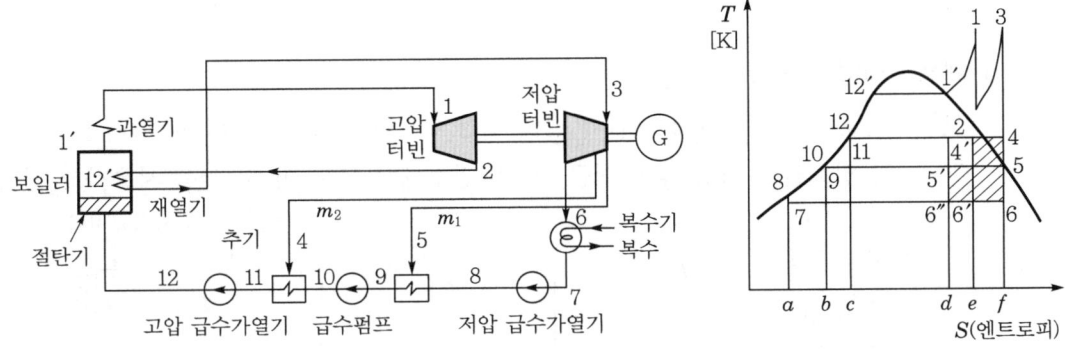

3. 과정

구분	과정	발전소의 해당부분
$1 \rightarrow 2, 6$	단열팽창	고압 터빈 내에서 과열증기가 팽창하면서 일을 하고, 압력·온도 모두 저하되어 습한 포화증기가 됨
$2 \rightarrow 3$	재열	고압 증기터빈 내에서 일을 한 증기를 보일러로 돌려보내 재열기로 가열시킨 후 다시 저압 터빈으로 보내어 나머지 일을 하도록 하는 과정

구분	과정	발전소의 해당부분
4, 5	추기	저압 터빈에서 팽창 도중의 증기 일부를 추기하여 그것이 갖는 열을 급수가열에 이용하는 과정
$3 \rightarrow 6$	단열팽창	터빈 내에서 과열증기가 팽창하면서 일을 하는 과정
$6 \rightarrow 7$	등압방열	터빈 내에서 일을 한 증기가 복수기에서 냉각되어 물이 되는 과정
$7 \rightarrow 8$ $9 \rightarrow 10$ $11 \rightarrow 12$	단열압축	급수펌프에서 물을 압축하여 포화수를 압축수로 만드는 과정
$8 \rightarrow 9$ $10 \rightarrow 11$	급수가열	압축수를 터빈에서 추기한 증기로 가열하는 과정 – 급수가열기 이용
$12 \rightarrow 12'$	등압수열	압축수를 보일러 내에서 가열하여 포화수를 거쳐 포화증기로 만드는 과정
$12' \rightarrow 1'$	등압수열	포화증기를 과열기로 과열시켜 과열증기로 만드는 과정

4. 효율

$$\eta = \frac{\text{일에 상당한 열량}}{\text{보일러에서 수열한 열량}} = \frac{\text{면적 } 81212344'5'5''6''8}{\text{면적 } c1212'123fc}$$

엔트로피 $ds = \dfrac{dQ}{T}$ 이 식으로부터 $dQ = T \cdot ds$ 로 되어, $T - S$ 선도 내의 면적이 열량을 나타낸다.

5. 재생 · 재열 Cycle의 특징

재생 · 재열 Cycle은 아래 그림과 같이 실용 Cycle 중 Carnot cycle에 가장 가까운 Cycle로, 열효율이 가장 높아 최근 기력발전소에서 모두 이 Cycle을 사용하고 있다.

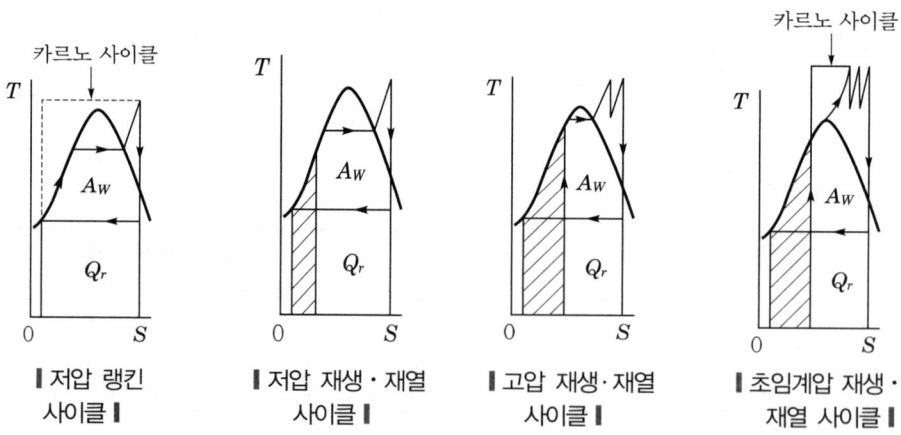

‖ 저압 랭킨 사이클 ‖ ‖ 저압 재생 · 재열 사이클 ‖ ‖ 고압 재생 · 재열 사이클 ‖ ‖ 초임계압 재생 · 재열 사이클 ‖

014 화력발전소의 열효율 향상을 위한 열회수장치의 종류를 나열하고, 설치효과에 대하여 설명하시오.

data 발송배전기술사 20-120-2-6 / 발송배전기술사 출제예상문제

답안 1. 열회수장치 각각의 위치

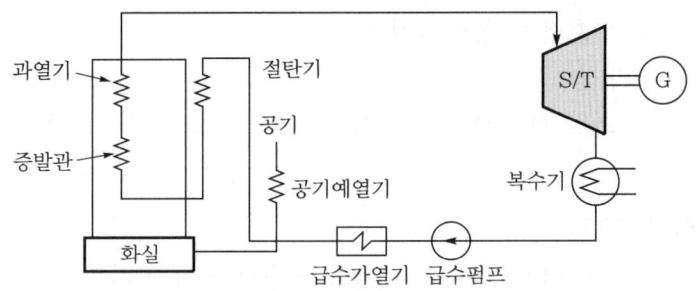

(1) 과열기

보일러 내 증발수관 다음에 설치

(2) 절탄기

과열기 다음 단의 연도에 설치

(3) 공기예열기

연도의 다음 위치에 설치

(4) 복수기

터빈의 바로 다음 단에 설치

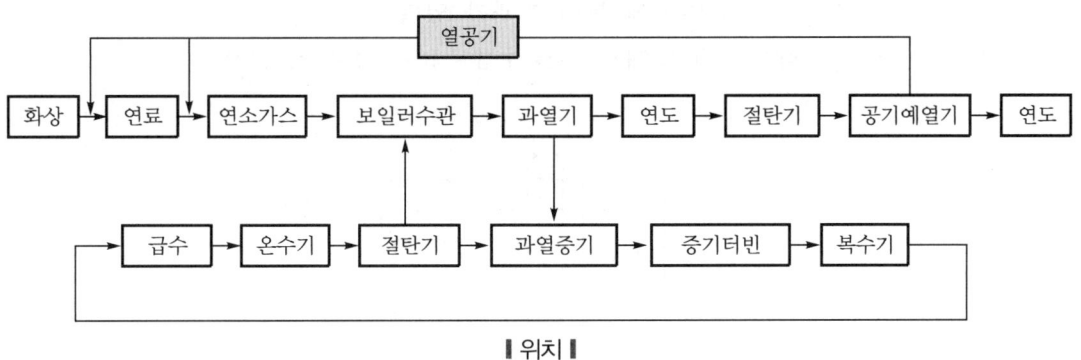

▌위치▐

2. 열회수장치 각각의 종류와 설치효과

(1) 절탄기(economizer) → 열회수장치

① 위치 및 역할 : 보일러 본체 및 과열기를 통과한 연도의 배기가스인 여열을

이용해서 보일러에 공급되는 급수를 가열함으로써 연료소비량을 줄이고 증발량을 증가시켜서 열효율을 향상시키는 여열회수장치로서, 연도에 설치한다.

② 절탄기 사용의 이점(설치효과)

    ㉠ 연료를 4 ~ 11% 절감시킨다.

    ㉡ 드럼이나 수관에 대한 열응력을 경감시킨다.

    ㉢ 관벽에 부착되는 스케일을 경감시킨다.

    ㉣ 열효율을 향상시킨다.

③ 기타

    ㉠ 초임계압 보일러에서는 직경 50mm 정도의 강관을 굽혀서 만든다.

    ㉡ 급수온도는 100 ~ 225℃, 출구온도는 140 ~ 310℃ 정도이다.

(2) 공기예열기

① **위치 및 역할** : 연도의 폐열을 이용하여 찬 공기를 예열하여 노 내에 송풍시키고 또는 연료의 건조에 이용하는 장치로, 예열된 공기의 온도는 150 ~ 350℃이고, 연도의 뒤쪽에 설치한다.

② 공기예열기의 이점(설치효과)

    ㉠ 노 내의 연소효율이 높아진다.

    ㉡ 가연물(可燃物)의 손실이 감소하고, 연소량이 증가하여 연료절약이 가능하다.

    ㉢ 연소속도가 증가하고 연소실의 이용률이 높아진다.

    ㉣ 과잉 공기량이 적어지고, 불완전연소로 인한 매연 발생이 축소된다.

    ㉤ 연소실의 형태가 간단하다.

    ㉥ 노 내의 온도가 높아지므로 복사 전열면을 통해서 흡수되는 열량이 증가한다.

    ㉦ 저질연료의 연소에 특히 효과가 있다.

    ㉧ 공기예열기에 의해서 연료가 5 ~ 10% 정도 절약된다.

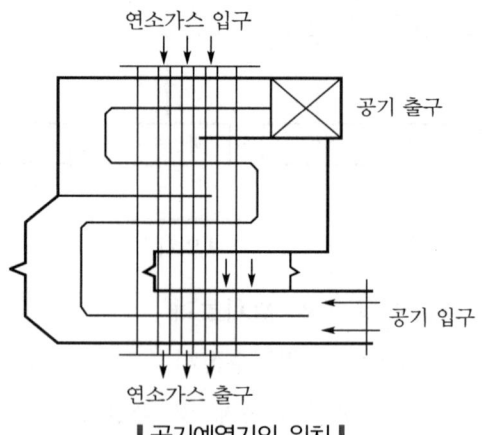

┃ 공기예열기의 위치 ┃

(3) 급수가열기 → 열회수 장치

① 재생사이클에서 터빈의 도중에서 증기의 일부를 추출하여 보일러 급수를 가열하면 보일러에서의 열손실을 줄이게 되어 열효율을 높이는 장치이다.

② 급수가열기는 개방형과 밀폐형의 두 가지가 있는데, 개방형은 가열증기와 피가열수가 혼합되는 형이며, 밀폐형은 관 내에 급수를 통과시키고 외부에 증기를 통과시키는 수관형 열교환기이다.

③ **설치효과** : 열효율이 향상(재생사이클)되고, 복수기용량의 저감효과가 있다.

(4) 복수기(condenser)

① **위치** : 증기터빈에서 사용한 배기의 열을 회수하는 위치에 있다.

② **설치효과** : 증기터빈에서 일을 한 증기를 그 배기단에서 냉각시켜서 터빈배기단에 진공상태를 만들어 배기압을 저하시켜 증기의 열낙차를 크게 하여 터빈출력을 증가시키고, 증기를 복수로서 회수하는 장치이다.

③ **복수기의 종류** : 표면복수기, 증발복수기, 분사복수기 등이 있으며, 가장 많이 사용되는 것은 표면복수기이다.

④ **설치위치** : 터빈의 배기단

(5) 과열기

① 보일러 상부에 설치한다.

② 포화증기를 가열해서 과열증기로 만드는 장치이다.

③ **설치효과** : 과열증기를 터빈에 사용하면 증기밀도와 증기소비량이 감소하고, 마찰손실이 작아져서 터빈날개를 손상시키지 않고 효율이 상승한다.

015 기력발전에서 적용하는 열효율 향상기기에 대하여 다음 사항을 설명하시오.
   1. 기기의 종류
   2. 장치선도를 그리고 설치위치를 표시

data 발송배전기술사 24-132-1-3 / 발송배전기술사 출제예상문제

답안 1. 기력발전의 열효율 향상기기

   * Chapter 02 - 문제 014의 답안 '2.' 내용을 참조한다.

2. 장치선도의 작도 및 설치위치 표시

   * Chapter 02 - 문제 014의 답안 '1.' 내용을 참조한다.

SECTION 02 보일러 연소장치

016 자연순환보일러(natural circulation boiler)의 원리, 순환비(circulation ratio), 순환력 증가방법에 대하여 설명하시오.

data 발송배전기술사 21-124-1-6 / 발송배전기술사 출제예상문제

답안 1. 자연순환보일러(natural circulation boiler)의 원리, 순환비(circulation ratio), 순환력

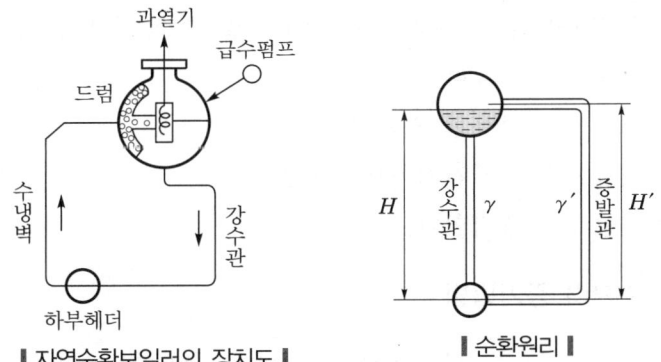

┃ 자연순환보일러의 장치도 ┃ ┃ 순환원리 ┃

┃ 자연순환 시 압력과 비중량 ┃

(1) 순환력의 발생원리

비가열부인 강수관의 물과 가열부인 증발관의 기수혼합물의 밀도(비중) 차이로 순환력이 발생한다.

(2) 순환력 크기

$$F = \Delta P \times A = (\gamma H - \gamma' H') A = (\rho g H - \rho' g H') A \, [\text{N}]$$

$$\gamma = \rho g, \quad P = \gamma H$$

여기서, γ : 물의 비중량

γ' : 증기의 비중량

$\rho,\ \rho'$: 물·증기의 밀도

g : 중력가속도

$H,\ H'$: 강수관(보일러의 높이), 증발관의 위치수두

(3) 순환비

① 표현식

$$순환비 = \frac{상승관\ 출구의\ 기수혼합물(증기+물)\ 유량}{상승관\ 출구의\ 증기유량}$$

② 큰 순환비의 의미 : 위의 표현식에서 알 수 있듯 다음의 의미이다.

㉠ 보유수량이 많다.

㉡ 보일러가 보유한 열관성이 크다.

㉢ 기동·정지 시간이 길어진다.

㉣ 열손실이 증가한다.

2. 보일러의 순환력 증가방법

$$F = \Delta P \times A = (\gamma H - \gamma' H')A = (\rho g H - \rho' g H')A\,[\mathrm{N}]$$

(1) 압력변화 ΔP 증가

① 증발관의 열흡수량에 비례하여 열흡수는 증가되고 부피 증가로 이어지며 밀도(ρ') 감소의 결과로 나타나서 밀도차$(\rho - \rho')$는 증가되면서 압력변화는 증가한다.

② 보일러 높이(H)가 증가한다.

(2) 사용압력 제한

사용압력 증가 시 비중량 차이가 감소하여 순환력이 감소하므로 $180\mathrm{kg/cm^2}$ 한도 내일 것

(3) 보일러 튜브 관경 A의 증가

보일러 튜브 관경을 크게 하고 직관으로 배치하여 마찰손실 및 유동저항을 감소시킨다.

017 강제순환식 보일러와 관류식 보일러의 특징 및 장단점에 대하여 설명하시오.

018 발전용 보일러의 종류 및 표준석탄화력에 주로 쓰이는 관류형 보일러방식의 원리, 구성 및 장단점에 대하여 설명하시오.

(data) 발송배전기술사 18-115-2-6 · 17-112-3-1 / 발송배전기술사 출제예상문제

[답안]

1. 보일러의 목적

연료의 연소로 그 열의 복사, 전도, 대류를 이용하여 수관 내의 물을 규정된 압력과 온도의 증가를 만드는 장치(연소가스 온도를 1500 ~ 1600℃로 하여 증기를 과열증기화)이다.

2. 강제순환식 보일러

드럼형 방식인 자연순환식 보일러와 강제순환방식 중 한 종류이다.

(1) 보일러압력이 180기압 이상이 되면 물과 증기의 비등 차이가 작아 순환불량이 되므로 보일러가 과열·소손될 우려가 있어, 보일러 강수관 도중에 관수순환펌프를 설치하여 강제적으로 순환시키는 보일러이다.

(2) 적용

삼천포 #1 · 2 · 3호기, 서천 #1 · 2호기, 서울화력 #5호기의 보일러 등

(3) 강제순환형 보일러의 구성

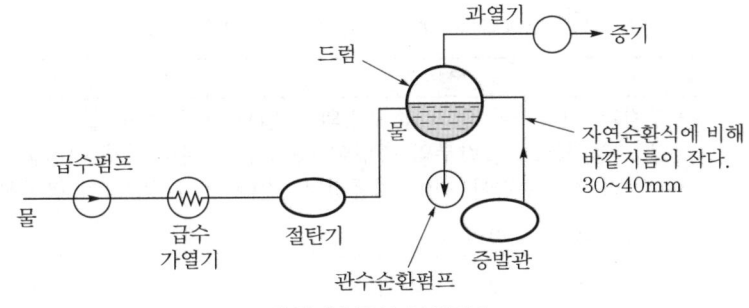

‖ 강제순환식 보일러 ‖

(4) 강제순환보일러의 특징(장단점을 자연순환식과 비교하여 설명)

장점	단점
• 자연식보다 보일러 높이가 낮아 건설이 용이하고, 형상선택 자유도가 큼 • 증발관 지름 축소 가능 • 보일러의 기동, 정지 빠름	• 보일러 전체 구조가 섬세하고 운전이 고난도임 • 보일러수 순도 유지가 중요함(보수유지) • 순환펌프용 동력이 소요됨

장점	단점
• 물의 순환이 고르기 때문에 증발수관 각 부의 열부하 균일화 가능 • 사고 시에 화로를 급냉시킬 수 있음	• 순환펌프는 회전기계이므로 보수에 유의

3. 관류형 보일러(석탄화력에서 기저부하용임)

(1) 원리 및 구성

① 증기압력이 외계압력($225kg/cm^2$) 이상이 되면 물과 증기가 혼합된 비등현상이 없어지고 포화수로부터 바로 증기가 된다(잠열구간이 없음).

② 급수펌프로 유입된 급수가 절탄기, 증발관, 과열기가 하나의 직관으로 연결되어 물이 통과하는 사이 직접 과열증기로 되는 형식이다.

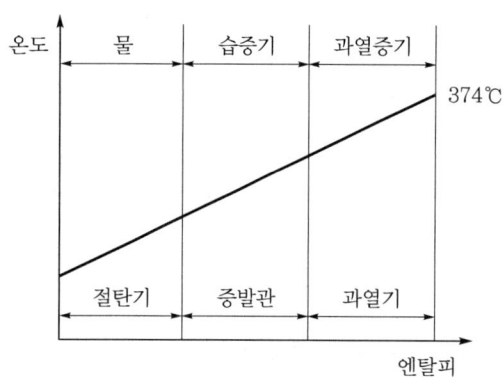

❙ 관류식 보일러의 $T-S$ 선도 ❙

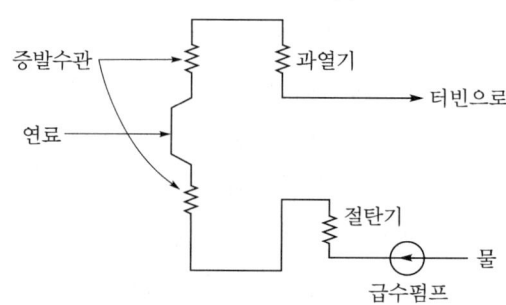

❙ 관류식 보일러의 증기발생 과정 및 구성 ❙

(2) 관류형 보일러(one-through type)의 특징(장단점)

장점	단점
• 드럼과 대형관이 없고 소구경의 전열관을 사용하므로 압력부의 중량이 축소됨 • 보일러 보유수량이 적어 기동정지시간에 제약이 작음(드럼형의 $\frac{1}{8} \sim \frac{1}{5}$ 시간) • 보유수량, 금속부 열용량이 작아 부하변동에 대한 응답이 양호함 • 연료비 절약 • 보수에 소요되는 기기절약 • 급수펌프로 강제순환에 의한 전열관보일러수 공급이므로 순환불량에 의한 전열사고는 완전방지됨	• 급수 중 불순물이 들어가기 쉬우므로 급수처리가 어려움 • 제어방식이 복잡하고 정도의 자동제어장치가 소요됨 • 수관 내 압력강하가 크므로 급수펌프에서 소비되는 보유수량이 적어 부하급변에 따른 응답성이 나쁨

(3) 관류식의 적용

① 밴슨보일러 : 울산 #1·2·3호기, 부산 #3·4호기의 보일러 등

② 슐처보일러

㉠ 한전 표준화력 보일러로 초임계압을 활용한 것이다.

㉡ 보령화력 #3·4·5·6호기 및 신규건설 화력발전, 삼천포 #5·6호 등

4. 드럼형과 관류형의 비교

구분	드럼형	관류형
기수분리 및 보일러수 저장	드럼	Separator 및 Collection vessel
보일러 순환	전부하영역에서 순환수 Pump 이용	대략 30% 이하에서만 순환
운전압력	대체로 200kg/cm^2 이하 (아임계압)	초임계압용(225기압, 374℃)
기동시간 및 정지 시 열손실	가동시간이 오래 걸리고, 열손실이 큼(12시간 이상)	DSS에 적합, 기동시간이 작고 정지 시 열손실 작음(5~6시간)
Plant 효율 및 보일러 효율	낮음	높음
급수조건	보통	까다로움
급수설비	Blow down 장치소요	복수탈염 장치소요

발전기 운전관계
/부하분담,
/발전방식,
/사이클 관련
	정압운전, 보일러 추종제어,
	첨두부하용, 터빈 추종제어,
	열병합 발전,
	복합발전의 랭킨사이클
		• 변압운전, 중간부하용의 전원에
		  적합
		• 보일러·터빈 협조제어, 기저부
		  하용임
		• 차후 민간화전에 확대 예상

5. 관류형 보일러와 Drum형 보일러의 제어방식 비교

comment 시험장에는 생략 가능하나 향후 예상문항이다.

관류형 Boiler의 제어방식	Drum형 Boiler의 제어방식

• 보일러·터빈 협조제어방식
• 출력설정치, 자동주파수 조정장치의 신호
  주파수신호로부터 유닛출력의 요구지령에
  의하여 터빈 및 보일러의 추종제어하는 방
  식(변압방식)
	터빈 증기량의 변화를 검출해서 보일러 입력
	을 조작하는 방식(정압운전)

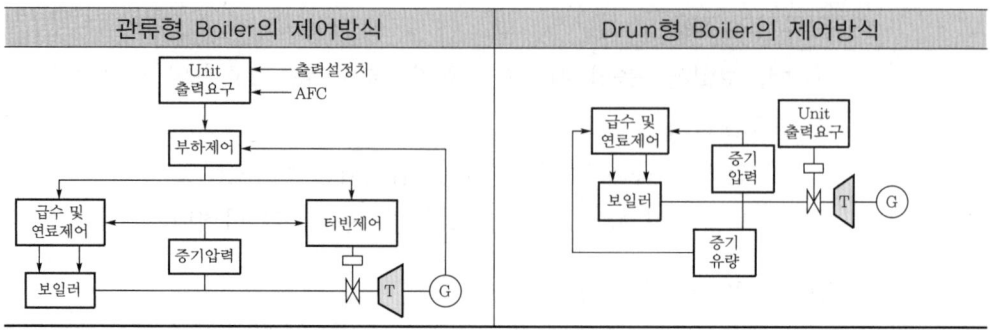

관류형 Boiler의 제어방식	Drum형 Boiler의 제어방식

019 화력발전소의 보일러 설계 시 고려하는 열부하율과 1000MW급의 보일러 연소방식에 대하여 설명하시오.

(data) 발송배전기술사 17-112-4-4 / 발송배전기술사 출제예상문제

답안 **1. 화력발전소의 보일러 설계 시 고려하는 열부하율의 개념과 고려사항**

(1) 열부하율의 정의 구분

① 버너지역 열부하율[kcal/m² · h]

㉠ $FHI/Burner = \dfrac{\text{연료입열[kcal/h]}}{\text{버너지역 면적[m}^2\text{]}}$

㉡ 버너 주위면적에 대한 시간당 투입연료 입열량의 비

㉢ 대향 연소방식이 적용되면서 연소용 공기가 버너를 통해 직접 노 내로 공급되어, 융착(slagging)이 발생될 수 있으므로, 버너 중간, 각 버너 사이의 간격, 끝단 버너와 수관벽(wall)과의 가격 등을 제한하기 위한 인자이다.

② 노 평면열부하율[kcal/m² · h]

㉠ $FHI/PA = \dfrac{\text{연료입열 또는 순수입열[kcal/h]}}{\text{노 평면[m}^2\text{]}}$ (FHI : Fuel Heat Input)

㉡ 노 단면에 투입되는 연료입열(FHI) 또는 순수입열(NHI)

㉢ 회 융착 특성을 평가하는 기준으로 융착성이 높을수록 열부하율은 낮게 설계한다.

③ 유효투영면 열부하율[kcal/m² · h]

㉠ $NHI/EPRS = \dfrac{\text{순수입열[kcal/h]}}{\text{유효투영 복사면[m}^2\text{]}}$ (NHI : Net Heat Input)

ⓒ 투영면적에 대한 시간당 투입 순수입열량의 비

ⓒ 대류 전열면에서의 융착을 방지하기 위한 인자이다.

④ 노 체적 열부하율[kcal/m³ · h]

ⓐ $FHI/Volume = \dfrac{연료입열[kcal/h]}{노\ 체적[m^2]}$

ⓒ 노 체적에 대한 시간당 투입연료 입열량의 비

ⓒ 적절한 노 내 체류시간과 미연탄소분 및 질소화합물 발생을 최소화하도록 최상부 버너부터 과열기 하부까지의 높이를 결정한다.

(2) 열부하율의 개념

① 보일러의 형상과 크기를 결정하는 주요인

② 석탄의 연소특성과 석탄회의 발생특성

③ 완전연소를 위한 적정 노 내 체류시간 확보

④ 수관벽(wall tube)의 적정온도 및 노 출구가스 적정온도(fegt) 유지

⑤ 회융착현상(slagging) 및 질소산화물(NO_x) 발생의 극소화 등을 고려

⑥ 안정적인 운전성이 확보될 수 있도록 적정의 열부하율

(3) 증기조건

초초임계압 증기조건을 채택한다.

(4) 보일러

관류형, 초초임계, 1단 재열식, 평형통풍식, 옥내형으로 미분탄 전소설비로 2Pass 및 대향 연소방식(opposed firing)을 적용한다.

(5) 보일러 설계 시 고려사항

① 사용 석탄규격과 증기생산출력에 의한 보일러 노 내 크기, 버너용량, 전열면적 및 전열면 배치

② 국내 석탄화력 보일러의 저열량탄 연소

③ 낮은 석탄등급으로 역청탄 50%와 아역청탄 50% 혼소개념을 적용

2. 보일러의 연소방식

(1) 연소방식의 전체 개념

① 보일러에 설치된 버너의 위치와 연료분사방향에 따라 수평 연소식, 코너연소식, 수직 연소식으로 구분된다.

② 이는 연료의 종류에 따라 연소의 특성이 다르므로 각기 다른 연소방식을 적용한다.

(2) 수평 연소식

① 그림과 같이 연소실 측면에 버너를 설치하는 방식이다.

② 버너 주위의 보일러 튜브 배치가 용이하고, 짧은 화염으로 짧은 시간 내에 연소가 완료되는 연료, 가스, 유연탄 등의 고휘발분 연료를 연소하는 보일러에 적용한다.

③ 각 버너로 공급되는 연소용 공기는 선회시켜 공급한다.

④ 종류

  ㉠ 연소실 한쪽(전면 또는 후면)에만 버너를 설치하는 단면연소방식

  ㉡ 연소실 전·후면 양쪽에 설치하는 대향 연소방식

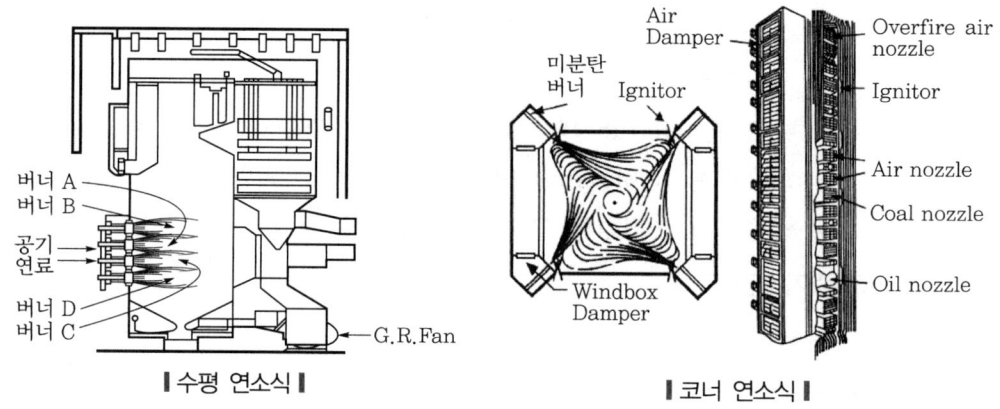

‖수평 연소식‖   **‖코너 연소식‖**

(3) 코너 연소식

① 연소실의 4모서리에 버너를 설치하여 연소하는 방식이다.

② 연소실로 분사된 연료가 연소실 중앙에서 둥근 Fire ball을 그리면서 연소한다.

③ 부하변동 시에도 가상원이 크게 변동되지 않아 다른 연소방식에 비해 연소실 내의 열분포변동이 작아 균일한 열흡수가 이루어진다.

④ 그러나 각 코너에서 연소실로 분사되는 연료량 또는 공기량이 불균일하면 가상원(fire ball)이 편향되어 수냉벽의 과열을 초래한다.

⑤ 버너분사각도 조절장치를 설치하여 버너의 분사각도를 조정하면 화염의 위치를 상·하로 조정할 수 있어 증기의 온도를 조정할 수 있다.

⑥ 노 내 주연소영역 상부로 공기를 공급하는 화염 상부측에 공기노즐을 설치하여 질소산화물을 감소시킬 수 있다.

3. 1000MW급 보일러 연소방식

(1) 대향 연소방식과 코너 연소방식이 있으며 1000MW급은 대향 연소방식을 사용한다.

(2) 대향 연소방식 사용의 특성

① 연소실 전후면에 버너를 설치한다.

② 버너 연소공기를 개별조정을 통하여 화염을 조절한다.

③ 열분포 개선이 가능하다.

④ 1000MW급 초초임계압에 적용 : 주증기온도 600℃ 이상, 재열증기온도 610℃ 이상 기존 초임계압에 비해 2% 이상 효율이 높고 CO_2 감축량이 32만톤이다.

4. 국내 1000MW(100만kW)급 석탄화력의 현황과 터빈

(1) 현황

① 국내의 1000MW급 석탄화력발전소는 현재 4개 발전회사에서 8개 운용 중이다.

② 기존 신규화력(500MW)과 비교해 주증기압력은 259bar, 온도는 613℃로 상향된다.

③ 발전효율은 45% 증대, 연료량 절감, CO_2 감소 등 고효율 저탄소 발전을 실현 가능하다.

④ 저열량탄 연소범위를 확대해 연료비를 절감시키는 것이 가능하다.

⑤ 친환경발전소 구현을 위해 환경설비의 법적 기준보다 NO_x 20ppm, 분진 $5mg/Sm^3$, SO_x 20ppm으로 상향 적용이 가능하다. 80만톤 규모의 옥내 저탄장을 신설해 16종의 석탄을 구분, 저탄능력을 향상 및 주위 환경개선에도 기여한다.

⑥ 대용량 초초임계압 보일러로 기존 500MW급 대비하여 1000MW급은 증기온도, 압력이 격상됨에 따라 대향 연소방식, 고온재료에 적용한다.

⑦ 광범위한 연료성상에 따른 혼소를 고려해 전열면 배치 및 형태, 열부하율, 노출구 온도 등 충분한 설비신뢰성이 확보되도록 설계된다.

⑧ 기존 석탄화력대비 성능보증사항인 주증기량은 2500t/h로 2배 증가됐으며 저열량탄 연소에 따른 보일러효율은 2% 정도 저하된 것이 특징이다.

⑨ 보일러 크기는 기존 발전소보다 2배 정도 상향 설계된다.

(2) 터빈

① 1000MW급 증기터빈은 고압·중압·저압 터빈 2개, 발전기가 한 축에 연결돼 있고 특징적인 것은 고압 터빈과 중압 터빈이 분리돼 있다.

② 터빈형식은 직렬, 재생, 재열, 복수식이다.

③ 단수는 고압 터빈 노즐단 2개, 날개 6단, 중압은 12단, 저압은 20단으로 구성된다.

④ 날개의 재질은 12크롬강, 최종단은 티타늄으로 설계되었다.

⑤ 정격출력까지 기동시간은 냉간기동(cold) 14시간, 열간기동(hot) 7.5시간으로 기존설비보다 평균 4 ~ 6시간 정도 많이 소요된다.

⑥ 저압 터빈 최종익을 기존 40인치에서 50인치로 증대 및 티타늄강으로 설계되었다.

⑦ 침식방지를 위해 날개 끝부분에서 약 300mm 정도 티타늄 실드를 부착했으며 정격출력을 안정적으로 운전하고 있다.

---

020 석탄화력발전소에 옥내 저탄장이 있는 경우 운탄설비의 구성요소와 기능에 대하여 설명하고, 컨베이어에 설치되는 보호, 감시 및 안전장치에 대하여 설명하시오.

(data) 발송배전기술사 21-124-3-4 / 발송배전기술사 출제예상문제

(답안) **1. 운탄설비의 구성요소와 기능**

(1) 운탄설비란 선박·육상으로 운반된 석탄을 하역 및 저장하고, 저장된 석탄을 저장조까지 상탄하는 설비를 말한다.

(2) 구성요소

① **하역기(ship unloader)** : 석탄운반선에서 석탄을 하역하는 설비

② **컨베이어 벨트(conveyor belt)** : 석탄을 이동하는 설비

　㉠ 구동장치

　㉡ 역회전 방지장치

　㉢ 장력유지장치

　㉣ 아이들러 : 마찰감소 및 벨트 늘어짐 방지장치

③ **시료 채취설비(sampling house)** : 하역 석탄의 성분분석용도로 일부 시료 채취설비

④ **석탄 계량설비(belt scale)** : 석탄중량을 측정하는 설비

⑤ 저탄 및 상탄기(stacker/reclaimer) : 석탄을 저장하고 원탄저장조로 상탄하는 설비

⑥ 절편분리기(magnetic separator)
　ㄱ 석탄 중의 철편분리장치
　ㄴ 소규모는 영구자석을 이용하고, 대규모는 전자석을 이용한다.

⑦ 석탄혼탄설비(coal blending facility) : 2종류의 석탄혼합설비

⑧ 괴탄분리기(vibrating screen) : 50mm 이하 석탄을 분리시키는 장치

⑨ 분쇄기(crusher) : 50mm 이상의 괴탄을 분쇄시키는 설비

⑩ 분배설비(mobil tripper) : 상탄되는 원단을 원탄저장조에 분배하는 설비

2. 컨베이어 보호감시, 안전장치

(1) 컨베이어벨트 이탈스위치

한쪽으로 지나치게 이탈 시 벨트를 정지시킨다.

(2) 속도 릴레이스위지

저속도로 지나치게 낮게 이송 시 석탄이 밀려 유실되는 것을 방지한다.

(3) Chute block 리밋 스위치

컨베이어 끝부분의 Chute가 막혀 석탄이 유실됨을 방지한다.

(4) 비상정지스위치

보행로를 따라 비상정지용 와이어 로프를 설치한다.

3. 석탄취급설비에서 저탄 시의 문제점과 대책

comment '3.'의 내용 자세가 25년도부터 가점 출제될 것으로 예상한다.

(1) 개념

① 석탄을 장기간 저탄 시 석탄입자가 공기와 접촉해 원만한 산화작용으로 유기물 분해열이 발생해 약 250℃ 이상에 달하면 자연열화가 시작된다.

② 저탄 시의 또 하나의 문제점으로는 탄진 발생, 배수에 따른 환경장해이다.

(2) 자연발화요인

① 저탄장의 자연발화요인

내적 요인	외적 요인	비고
입도분화성	온도	자연발화 가능성은 유기물 물질이 분해가 잘 되는 저품위탄이 높으며, 주로 대량, 장기간 저탄(貯炭) 시 높음
수분함유량	습도	
비표면적	기압	
탄성분 조성	산소농도	

② 자연발화에 미치는 제요인

    ㉠ 석탄의 휘발분 및 산소함유량과 산소흡수량 : 탄화도가 낮은 탄일수록 휘발분 산소함유량이 높고, 자연발화 위험이 크다.

    ㉡ 온도, 산화시간과 산소흡수량 : 고온일수록 산화속도, 산소흡수속도가 빨라진다.

    ㉢ 석탄입자와 산소흡수속도 : 탄입도가 작을수록 크나, 1mm 이하일 경우 거의 일정하다.

    ㉣ 통기성 : 통기성이 원활하면 산화작용은 되나 축열이 없어 방열로 자연발화 없다.

    ㉤ 황화철의 영향 : 황철광이 집중 존재 시 자연발화 위험이 높다.

(3) 자연발화대책

① 공기차단에 의한 산화방지법

    ㉠ 저탄 Pile 압축 : 저탄 Pile 압축으로 Pile 내부에 공기유통을 줄여 산화억제

    ㉡ 수중저탄 : 사용 전에 수분제거의 문제점이 있어 대용량에는 사용안 함

    ㉢ 불활성 가스밀봉 : N_2, CO_2 등의 불활성 가스로 SILO 등에 밀폐저장하는 방법

② 냉각법

    ㉠ 통기통 설치방법 : 탄 Pile 내 종·횡의 통기통 설치로 발화를 억제하고 대용량에는 곤란

    ㉡ 살수방식 : 석탄산화에 의한 온도 상승, 축열을 살수로 억제하는 방식, 사용경험 많음

③ 저탄장 위치검토 : 석탄 Pile 내부의 온도 상승 촉진이 없도록 배수성이 양호한 지반과 보일러 시설 등의 열원에서 영향을 받지 않는 위치에 저탄장을 설치

④ 저탄장 관리상 주의

    ㉠ 저탄 Pile 높이를 20m 이내로 규제하여 압축열을 경감

    ㉡ 장기 저탄 시에는 주기적으로 Pile 이동

    ㉢ Pile 내에 열전대를 설치하여 항상 축열상태를 점검함으로써 자연발화에 대처

(4) 환경공해대책

석탄화력발전에서 발생되는 환경공해 중(SO_x 발생, NO_x 발생, CO_2 발생, 분진, 온배수, 소음) 저탄에 따른 환경공해로는 탄진과 배수의 악영향을 들 수 있다.

① 탄진의 요인

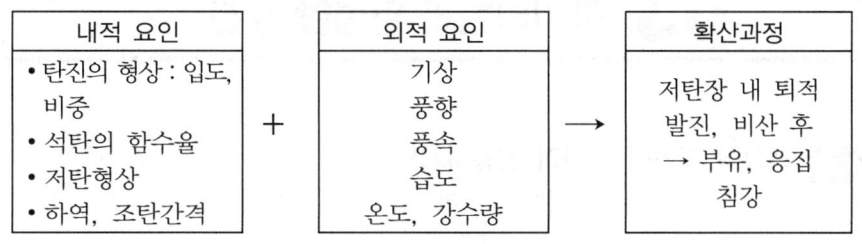

내적 요인	외적 요인	확산과정
• 탄진의 형상 : 입도, 비중 • 석탄의 함수율 • 저탄형상 • 하역, 조탄간격	기상 풍향 풍속 습도 온도, 강수량	저탄장 내 퇴적 발진, 비산 후 → 부유, 응집 침강

▌ 탄진 발생요인과 확산과정 ▌

② 탄진의 영향

　　㉠ 1차 영향 : 탄진비상으로 공기오염

　　㉡ 2차 영향 : 부유탄진에 의한 인체 및 생활환경 오염과 침강에 의한 생태계 오염 등

③ 탄진 대책

　　㉠ 옥내 저탄법 중 SILO 같은 용기 내 저장

　　㉡ 하탄과 습탄의 완전밀폐화된 Belt conveyer에 의함

　　㉢ 일반적인 방법에는 ㉠ · ㉡ 방법상 경제성이 문제되어 탄 Pile의 표면처리, 풍속조절 설비 및 작업조건의 개선 등에 의함

(5) 배수의 영향과 대책

① 영향

　　㉠ 생활환경의 오염 : 지하수 등 취수원 오염

　　㉡ 농산물 : 해수오염으로 빛의 투과율 저하에 의한 해초류 발육 억제, 플랑크톤의 생성 억제

② 원인

　　㉠ 저탄장의 배수 발생은 탄진 비산방지용 살수에 의한 것

　　㉡ 강우 시 발생되는 배수 등

③ 대책

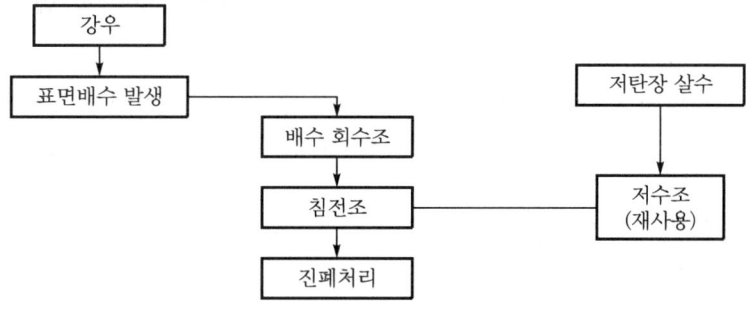

021 배압식 터빈에 대하여 설명하시오.

data 발송배전기술사 17-112-1-10 / 발송배전기술사 출제예상문제

답안 **1. 열병합 발전시스템의 에너지 경제성**

열병합 발전(cogeneration)이란 하나의 에너지원으로부터 열과 전기 등 두 가지 이상의 유효한 에너지를 생산하여 이용하는 System을 말한다.

2. 증기터빈에 의한 열병합 발전방식 중 배압식 터빈과 추기 배압터빈방식

(1) 배압식 터빈(아래 그림 참조)

① 복수기가 없는 터빈으로 증기를 대기압 이하로 팽창시키지 않고 일정한 압력 까지만 떨어뜨려 발전을 이용한 다음 증기를 타 목적의 작용증기로 이용하는 방식이다.

② **적용** : 제철소 공장용, 기타 생산공장의 작업용 증기에 이용

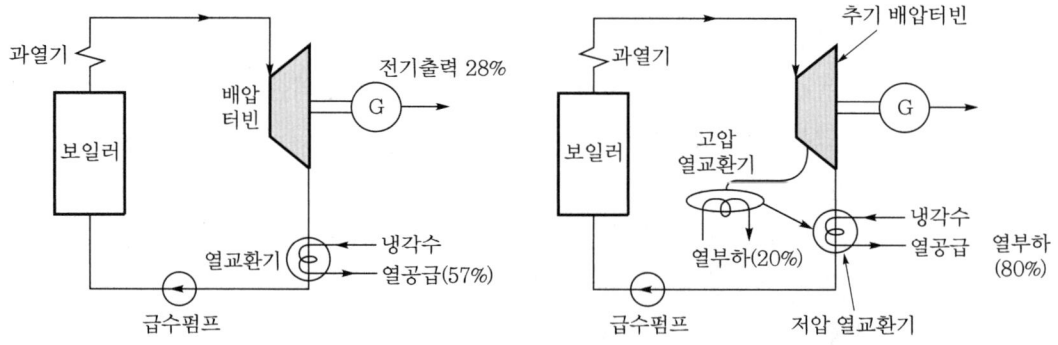

▌ 배압식 터빈 및 추기 배압식에 의한 열병합 발전의 예 ▌

(2) 추기 배압터빈방식

필요에 따라 추기한 후의 나머지 증기를 복수기에 유도하지 않고, 대기압 이상의 압력으로 배기시켜, 압력의 작업용 증기로 사용하는 방식이다.

3. 배압터빈방식의 특징

(1) 설비가 간단하여 초기 투자비가 저렴하다.

(2) 열전비는 터빈 제작 시 배기압력에 의해 결정된다.

(3) 운전 중 열공급량과 전기출력의 비율조정이 어렵다.

(4) 배압터빈방식 적용 시 유리한 경우

　① 전기수요와 열수요가 평행하게 변하는 경우

　② 열부하가 일정하고 단일압력의 저압 증기가 필요한 경우

(5) 지역난방용 열병합설비로 채택 시 설비이용률이 낮아진다.

(6) 하절기에 터빈 배기열 처리가 곤란하다.

---

022 기력발전에 사용되는 추기복수식 터빈과 추기배압식 터빈에 대하여 각각 설명하시오.

data 발송배전기술사 20-122-1-2 / 발송배전기술사 출제예상문제

답안 **1. 개념도의 비교**

추기식은 저압 증기 활용 여부에 따라 추기복수식과 추기배압식으로 구분한다.

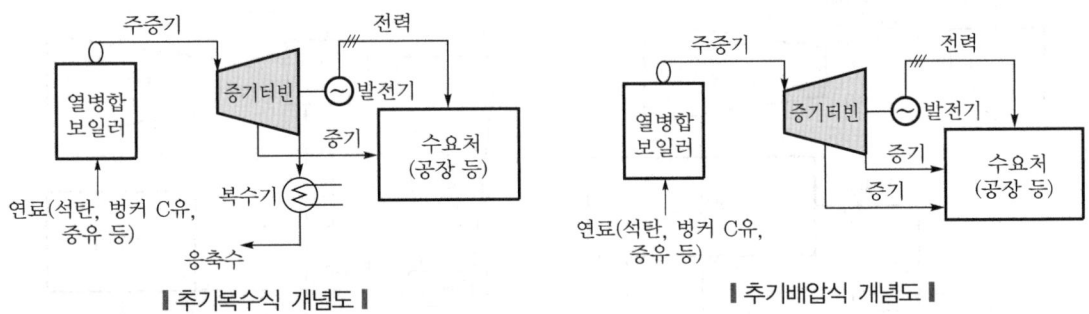

┃ 추기복수식 개념도 ┃　　　　　　　　　　　　┃ 추기배압식 개념도 ┃

2. 추기복수식

(1) 고압의 증기만 필요로 하는 경우 추기 이후 남은 터빈 내 증기를 매우 낮은 압력까지 팽창시켜 전력을 얻고 복수기에서 냉각시킨다.

(2) 전력위주의 생산을 하기 때문에 종합효율은 낮다.

3. 추기배압터빈방식

(1) 필요에 따라 추기한 후의 나머지 증기를 복수기에 유도하지 않고, 대기압 이상의 압력으로 배기시켜, 압력의 작업용 증기로 사용하는 방식이다.

(2) 고압과 저압의 상이한 압력 및 온도의 증기가 공정에 필요한 경우 고압 증기는 추기방식으로, 저압 증기는 배압방식으로 얻는다.

(3) 열전비의 조절이 가능하나 배압방식에 비해 효율은 낮아진다.

4. 종합효율 비교

배압방식(열전비와 종합효율이 높음) > 추기방식 > 추기복수식

reference

증기터빈에 의한 열병합 발전방식 중 배압식 터빈과 추기배압터빈방식

Chapter 02 - 문제 021의 답안 '2 · 3' 내용을 참조한다.

023 국내 발전소의 냉각시스템에서 일과성 냉각시스템(once through cooling system)과 재순환 냉각시스템(recirculation cooling system)의 주요 구성에 대하여 설명하시오.

data 발송배전기술사 18-116-1-2 / 발송배전기술사 출제예상문제

답안 1. 발전소의 냉각시스템 비교

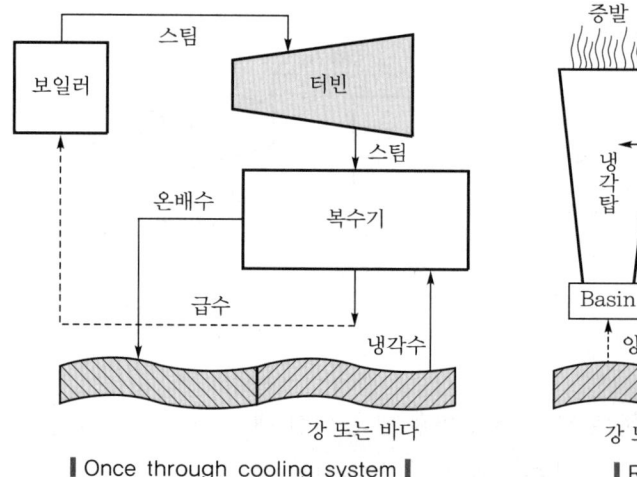

| Once through cooling system | | Recirculation cooling system |

2. 일과성 냉각시스템(once through cooling system)

(1) 개념

① 국내 화력발전소에서 일반적으로 적용하는 냉각시스템이다.

② 냉각수로는 주로 바닷물을 사용하고 있으며, 터빈 출구의 줄기와 냉각수가 열교환하여 바다에 버리는 방식이다.

③ 취수원으로부터 펌프로 올린 냉각수를 복수기 또는 열교환기로 보내어, 여기서 열이 전달되고 복수기 내에서 증발열을 흡수한 냉각수가 주변으로 직접 방출되는 방식이다.

(2) 구성설비

① Condenser(복수기)

㉠ 복수 및 복수설비는 증기터빈에서 작동한 증기를 냉각수를 사용해서 응축하여 복수하고 이 복수를 다시 보일러의 급수로서 이용할 수 있게 하는 설비이다.

㉡ 일종의 열교환기로, 증기를 물로 만들어 주는 설비이다.

㉢ 복수설비의 목적은 증기터빈으로부터 배출된 증기를 배기실에 직결된 복수기 내에서 냉각하여 그 증발열을 빼앗아서 복수시킴과 동시에 배기압을 증가시켜서 가능한 한 증기의 열낙차를 크게 해서 증기터빈출력을 증대시키는 것이다(열효율 향상).

② 냉각수 펌프(CWP) : 냉각수를 취수원으로부터 방수 시까지 압력을 담당한다.

③ 수로

㉠ 냉각수가 이동할 수 있는 통로, 화력발전소에는 복수기 냉각수를 끌어들이는 취수로와 배출하는 방수로가 있다.

㉡ 수로형식에는 펌프압송식, 도수로식, 2단식이 있다.

④ 오물제거장치(screen)

㉠ 냉각수 중에 쓰레기, 오물, 나무조각, 조개 등의 각종 이물질을 제거하기 위해 취수구에 스크린을 설치한다.

㉡ 스크린에는 격자형(格子形)인 고정식 트래시 랙(trash rack)과 금(金)으로 된 회전형 스크린이 있다. 먼저 트래시 랙에서 큰 이물질의 유입을 막은 후 회전형 스크린에서 작은 이물질을 제거한다.

⑤ 프라이밍 펌프(priming pump)

㉠ 순환수 계통은 냉각수의 순환력을 증대시켜 순환수 펌프 소비동력을 절감할 수 있도록 사이펀(syphon)이 형성되어 있다.

㉡ 운전 중 수실에 유입된 냉각수 온도 및 압력 변화로 수 실내에 공기를 발생시켜 복수기 성능을 저하시키고 순환수계통의 사이펀 형성을 방해하므로 이를 제거하기 위해 프라이밍 펌프가 설치된다.

123

⑥ 해수 냉각수 펌프

    ㉠ 유닛 정지 후에도 각종 기기들의 냉각을 위하여 보조 냉각수 계통은 정지하지 않는다.

    ㉡ 따라서, 열교환기(heat exchange)로 해수를 공급하기 위해 순환수 펌프를 계속 운전하는 경우 동력소비가 커지게 된다.

    ㉢ 동력소비력을 절감하기 위해 용량이 작은 해수 냉각수 펌프(sea water cooling water pump)가 취수구에 설치되어 있다.

⑦ 데브리 필터(debris filter, 찌꺼기 여과장치)

    ㉠ 복수기 냉각수(해수)와 함께 유입되는 이물질과 조개 등으로 복수기 튜브가 폐쇄되어 발생되는 빈번한 출력 감발, 발전정지 및 조개 부착과 서식으로 인한 복수기 튜브 손상과 진공 저하를 막기 위해 찌꺼기를 여과하는 장치이다.

    ㉡ 데브리 필터는 복수기 입구측 순환수관마다 1개씩 설치되어 있다.

⑧ 복수기 튜브 세정장치(tube leaning system taprogge system) : 복수기 튜브 내에 부착된 이물질을 운전 중 튜브 내경보다 조금 큰 스폰지 볼을 냉각수와 함께 튜브에 통과시키면서 튜브 내의 부착물을 청소하는 설비이다.

⑨ 복수기 역세 계통

    ㉠ 복수기에 냉각수 흐름이 한 방향으로만 흐르는 경우에 냉각수와 함께 유입된 이물질, 조개 등이 튜브입구를 막아 냉각효과를 방해하게 된다.

    ㉡ 따라서, 운전 중 단시간에 냉각수 흐름을 반대방향으로 되게 하여 이물질, 조개 등을 복수기 밖으로 제거하는 장치이다.

3. 재순환 냉각시스템(recirculation cooling system)

(1) 발전소의 온배수 환경 파괴요소를 감소시키기 위해서 냉각수를 바다나 강으로 버리지 않고 다시 회수하여 Cooling tower에서 냉각하여 재사용하는 방식이다.

(2) 일과성 냉각시스템과는 달리 폐열을 주변환경으로 직접 내보내지 않고 재순환시키는 시스템으로, 냉각수로 또는 냉각운하, 냉각못, 냉각탑이 널리 사용 중이다.

① **냉각수로 또는 냉각운하** : 냉각수로나 냉각운하를 이용하여 장거리의 수로나 운하를 거치면서 대기가 냉각된 후 인근 해역으로 방수하거나 재순환시키는 방식

② **냉각못** : 인공적으로 넓은 연못을 만들어 온배수가 주변 수역으로 도달하기 전에 열을 상실하는 완충역할로, 이 연못을 취수원인 동시에 열방출원으로 이용한 방식

(3) 주요 구성요소

① Condenser(복수기)

② Cooling tower(냉각탑) : 압축기, 응축기, 온도식 팽창밸브 및 증발기로 구성

　　㉠ 습식 냉각탑 : 자연통풍식 냉각탑 + 보조통풍식 냉각탑

　　㉡ 건식 냉각탑

　　　• 냉각핀 또는 벌집 모양의 금속구조물로 된 방열기로 더운 물을 보내고 공기를 통과시켜 간접적으로 냉각하는 방식

　　　• 냉각수가 공기와 직접 접촉하지 않고 증발손실이 없음

③ CWP : 냉각수 펌프

④ Basin : 물이 잠시 머무는 계류장치

⑤ 쿨링 Fan

comment 배점 10점용으로는 많은 내용이므로 요약하여 기록하고, 향후 25점으로 다시 출제될 가능성이 있다.

---

024 최근 발전소에 설치되고 있는 냉각수 심층 취·배수 시스템의 계통구성 및 주요 특성에 대하여 설명하시오.

data 발송배전기술사 18-116-3-2 / 발송배전기술사 출제예상문제

답안 1. 개요

(1) 발전소의 온배수에 의한 영향은 인근 해역의 온도를 상승시켜 연안수역의 해양 물리특성 변화, 해수의 열불균형 등의 환경장해를 발생시킨다.

(2) 환경대책의 일환으로 이러한 영향을 최소화하기 위해 도입된 것이 심층 취·배수 시스템이다.

(3) 심층 취·배수는 터널이나 파이프를 통해 해변에서 수 km 떨어진 곳으로부터 물을 끌어들이거나 방류하는 것을 지칭한다.

2. 심층 취·배수 시스템의 계통구성

comment 현대건설 심층 취·배수 공법을 참조하였다.

(1) 구성도

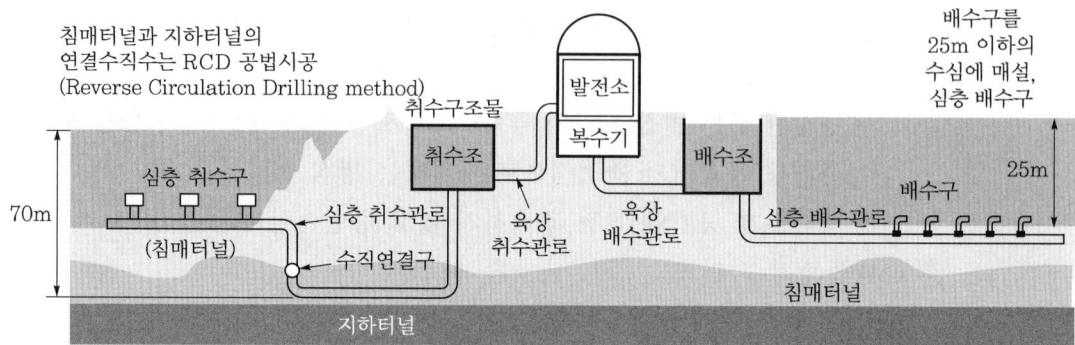

(2) 심층 취·배수 동작 메커니즘

① 심층 취수구 → ② 심층 취수관로 → ③ 취수조 → ④ 취수구조물 → ⑤ 육상 취수관로 → ⑥ 복수기 → ⑦ 육상 배수관로 → ⑧ 배수조 → ⑨ 심층 배수관로 → ⑩ 심층 배수구

(3) 구성설비

① 취수구

　㉠ 심해에서 냉각수를 취수하는 곳

　㉡ 역할 : Velocity cap 등으로 취수구에 이물질이 유입되는 것을 방지

② 수중 취수터널 : 심층에서 취수된 물을 취수조로 이동

③ 취수조 : 심층에서 취수된 물을 저장하는 수조

④ 스크린 : 취수조에서 취수펌프로 물이 유입될 때 이물질을 제거하기 위한 장치

⑤ 취수펌프 : 취수에서 방류까지 압력 담당

⑥ 복수기 : 증기를 물로 바꾸어 주는 설비

⑦ 배수조 : 배수된 물을 저장하는 수조

⑧ 배수구 및 배출헤드 : 25m 이하의 수심에 매설하여 온배수를 심해에 배출

⑨ 수중 배수터널 : 배수조로부터 배수를 배출헤드까지 보내주는 역할

3. 주요 특성

(1) 저온의 냉각수 취수 및 초기 희석효과를 통한 온배수 영향의 최소화

심층 취수로 온배수의 온도를 낮추고 심해로 방출하므로 온배수 영향을 최소화할 수 있다.

(2) 수온 상승영역 최소화로 해양생태계에 대한 악영향의 최소화

기본의 방식은 표면배수에 따른 수온 상승으로 해양생태계에 생태변화 및 환경파괴가 우려되었으나, 냉각수 심층 취·배수 시스템은 이를 방지한다.

(3) 매립면적 최소화로 해양환경의 보전

지형변화나 환경파괴가 비교적 작은 침매터널(immersed tunnel, 육상에서 제작한 구조물을 가라앉혀 물속에서 연결시켜 터널을 만드는 토목공법)로 시공하여 환경영향을 최소화시킨다.

(4) 해양 부유생물의 유입 최소화로 발전소 운영의 안정성 확보

심층 취수이므로 조개류 및 해양생물의 흡착이 최소화되어 발전소 운영이 안정된다.

(5) 기존 발전소의 재순환온도를 저감시킨다.

(6) 복수기에서의 복수효과가 상승한다.

---

025 디젤엔진, 가스엔진, 가스터빈을 사용한 열병합 발전시스템의 구성도를 그려서 설명하고, 이들 원동기를 적용한 열병합 발전시스템의 특징을 비교표로 나타내시오.

data 발송배전기술사 18-115-3-2 / 발송배전기술사 출제예상문제

답안 1. 디젤엔진, 가스엔진, 가스터빈을 사용한 열병합 발전시스템의 구성도

구분	계통도	용도 및 특징
디젤엔진 방식	연료 → 디젤엔진 → G → 전기 / 폐열회수 → 난방·급탕·냉방	• 중·소 규모 적용 가능 • 기동 및 정지가 용이하나, 공해문제가 발생 가능성이 있음 • 열회수율이 가스엔진에 비하여 낮음 • 기기 가격이 상대적으로 낮음
가스터빈 방식	연료 → 가스터빈 → G → 전기 / 폐열보일러 → 증기·온수	• 전력소요가 상대적으로 큰 경우에 적합함 • 기동 및 정지가 용이하며 Peak-cut에 최적 • 폐열은 전량 폐열보일러로 회수 가능

구분	계통도	용도 및 특징
가스엔진 방식	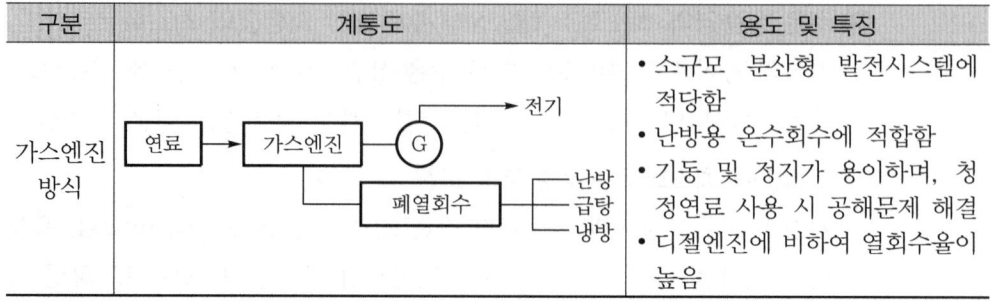	• 소규모 분산형 발전시스템에 적당함 • 난방용 온수회수에 적합함 • 기동 및 정지가 용이하며, 청정연료 사용 시 공해문제 해결 • 디젤엔진에 비하여 열회수율이 높음

2. 디젤엔진, 가스엔진, 가스터빈을 사용한 열병합 발전시스템의 특징 비교

구분	디젤엔진	가스엔진	가스터빈
적용범위	15 ~ 10000kW	15 ~ 10000kW	500 ~ 100000kW
	소·중 규모(~ 1000kW)	소·중 규모(~ 1000kW)	중규모(5000kW)
연료	등유, 경유, A중유	LP가스, LNG(도시가스)	등유, 경유, A중유, LNG, LPG
시동시간	10초 이내	15초 이내	40초 이내
배열온도	배기가스 450℃ 전후	배기가스 500 ~ 600℃	배기가스 450 ~ 550℃
	냉각수 70 ~ 75℃	냉각수 85℃ 전후	
가격	쌈	약간 쌈	비교적 비쌈
소음	95 ~ 105dB	디젤보다 약간 작음	고조파역에서 높음
	소형 ~ 대형		방음커버가 필요함
진동	큼	큼	중
배출가스	1000 ~ 1300ppm	1000 ~ 2200ppm	150 ~ 300ppm
발전효율	30 ~ 38%	25 ~ 35%	20 ~ 30%
종합효율	80%	80%	80%
기타 특징	• 발전효율이 높아, 전기수요가 큰 수용가에 적합 • 연료단가가 쌈 • 실적이 풍부 • 배기가스 처리가 필요 • 소음, 진동 큼 • 냉각수 온도가 낮음 • NO$_x$ 배출에 따른 환경문제 • 열회수율도 40 ~ 45% 정도로 높고 적용규모가 넓어 선택폭이 넓음	• 디젤엔진과 가스터빈의 중간 정도의 특징 • 주로 증기와 온수를 다량 소요하는 중·소용 • 배가스가 깨끗하므로 열회수율이 40 ~ 50%로 높음 • 정격운전 시에만 발전효율이 우수하고, 정격운전상태를 벗어나면 발전효율 저하됨 • 보수가 용이함 • 저소음, 저진동	• 발전효율이 낮으나(20 ~ 30%) 열의 회수율(45 ~ 55%)이 높아 대량의 증기가 필요한 공장지역의 냉·난방에 적합 • 대량의 배출가스가 발생되므로 500℃ 가까운 고압 증기를 얻을 수 있음 • 소형, 경량, 컴팩트화 • 냉각수가 불필요 • 저소음, 저진동

3. 열병합 발전 System의 열효율 비교

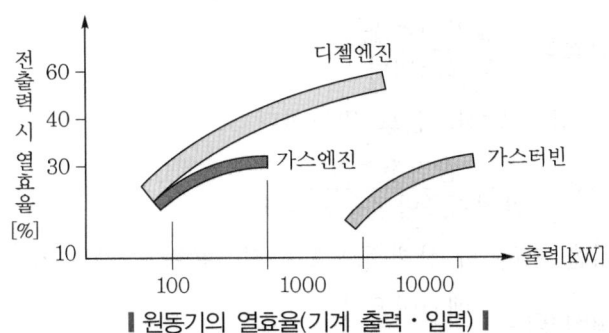

‖ 원동기의 열효율(기계 출력·입력) ‖

---

026 열병합 발전시스템의 에너지 효율을 평가하기 위해 사용되는 아래 평가지표에 대하여 각각 설명하시오.

1. 발전효율
2. 부하율
3. 배열이용률
4. 종합효율
5. 열병합 의존율

(data) 발송배전기술사 21-123-1-4 / 발송배전기술사 출제예상문제

답안 **1. 개요**

(1) 열병합 발전시스템이란 석유·석탄·가스 등의 연료로 터빈형 엔진을 구동하여 전기와 열을 동시에 생산하는 시스템을 말한다.

(2) 에너지 효율

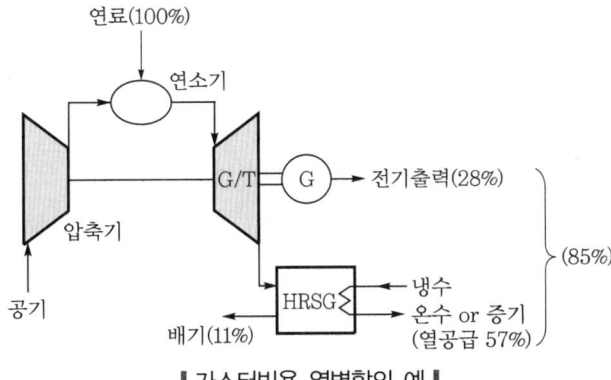

‖ 가스터빈용 열병합의 예 ‖

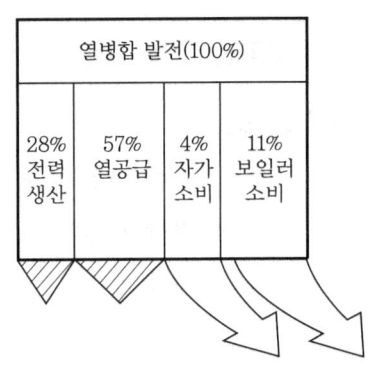

‖ 가스터빈용 열병합의 열정산도 ‖

2. 에너지 효율 평가지표

(1) 발전효율 = $\dfrac{\text{발전전력량}}{\text{연료소비량}}$

연간 평균 발전효율로 평가한다.

(2) 부하율 = $\dfrac{\text{발전전력량}}{\text{발전기용량} \times \text{운전시간}}$

부하율 저하 시 상대적으로 발전기용량 증가로 효율이 저하된다.

(3) 배열이용률 = $\dfrac{\text{배열이용량}}{\text{연료소비량}}$

배열이용률 저하 시 종합효율이 저하된다.

(4) 종합효율 = $\dfrac{\text{발전전력량} + \text{배열이용량}}{\text{연료소비량}}$

열병합 발전시스템의 전체 효율을 평가한다.

(5) 열병합 의존율

① 전력의존율 = $\dfrac{\text{발전전력량}}{\text{연간 전력수요량}}$

② 열의존율 = $\dfrac{\text{배열이용량}}{\text{연간 전력수요량}}$

(6) 열전비 = $\dfrac{\text{열출력비}}{\text{전기출력비}}$

---

027 열병합 발전의 효율표시방법에 대하여 설명하시오.

(data) 발송배전기술사 22-126-2-5 / 발송배전기술사 출제예상문제

답안 1. 개요

(1) 열병합 발전은 열과 전기를 함께 생산하는 발전설비를 말한다.

(2) 열병합 발전의 효율은 열과 전기를 같이 사용하여 효율을 70% 이상까지 증가시킨다.

2. 열병합 발전의 효율표시방법

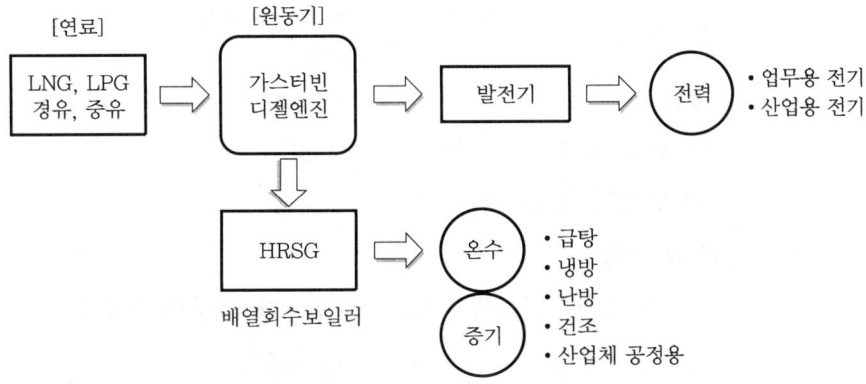

‖ 열병합 발전시스템의 구성 ‖

(1) 종합효율

$$종합효율 = 발전효율 + 증기열효율 = \frac{전기출력열량 + 증기출력열량}{연료소비량}$$

(2) 엑서지(exergy) 효율(열역학적 효율)

① 에너지 효율을 단순 열량이 아닌 에너지의 유용성, 즉 이용가치를 고려한
효율이다.

② 수식 : 엑서지 효율 $= 열량\left(1 - \dfrac{주변 \ 절대온도}{매체 \ 절대온도}\right)$

전기는 100% 열교환, 증기는 열손실이 발생한다.

③ 예시 : 열전비 2 : 1, 150℃ 증기를 100kcal/h 공급하는 순수 배압터빈, 보일
러효율 90%, 발전효율 95%인 경우로 주위온도 15도인 경우 엑서지 효율

　㉠ 열전비 2 : 1 증기 100kcal/h → 전기발생량은 50kcal/h

　㉡ 연료투입열량 → $\dfrac{100+50}{0.9 \times 0.95} = 175.44 kcal/h$

　㉢ 단순열효율 → $\dfrac{150}{175.44} = 85.4\%$

　㉣ 증기엑서지 → $100kcal/h \times \left(1 - \dfrac{273+15}{273+150}\right) = 31.9 kcal/h$

　㉤ 엑서지효율 → $\dfrac{50+31.9}{175.44} = 46.7\%$

(3) PURPA 효율(공익사업정책규제법(PURPA))

① PURPA 규정에 의해 정의된 열병합 발전소의 효율이다.

② 증기출력을 전기출력의 절반으로 간주한다.

③ PURPA 효율 $= \dfrac{\text{전기출력} + \text{증기출력} \times 0.5}{\text{연료입력}}$

④ 종류

    ㉠ 단순 보일러 설비의 PURPA 효율

    ㉡ 열병합 발전설비의 PURPA 효율

(4) 전기출력효율

① 순수하게 전기를 생산하는 데 들어간 열량의 효율을 계산하는 방법

② 전기출력효율 $= \dfrac{\text{전기출력}}{\text{열병합 연료입력} - \text{증기생산 연료입력}}$

---

028 열병합 발전의 장점 및 다음 그림에 표시된 주요 기기를 이용하여 중대형 열병합 복합발전기(GT+ST)의 계절별 운전방식에 대하여 설명하시오. (단, HTR : 열교환기, condenser : 복수기, HRSG : 배열회수보일러, deaerator : 탈기기, feedwater tank : 급수저장탱크)

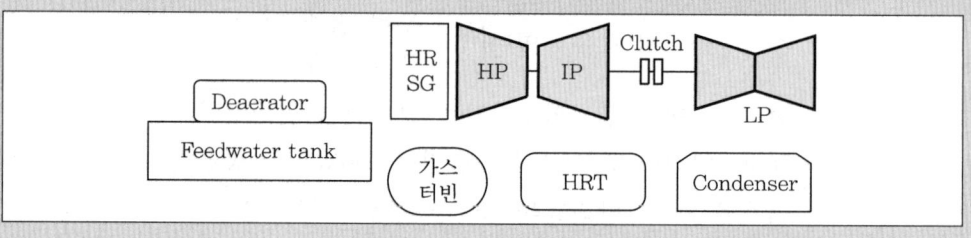

data 발송배전기술사 23-130-3-1 / 발송배전기술사 출제예상문제

답안 **1. 열병합 발전의 장점**

(1) 열병합 발전(cogeneration)이란 하나의 에너지원으로부터 열과 전기 등 두 가지 이상의 유효한 에너지를 생산하여 이용하는 System을 말한다.

(2) 즉, 석유나 LNG 등을 연소하여 연소된 열을 피스톤엔진이나 가스터빈 등을 사용해서 동력이나 전력으로 변환하고, 그 배열을 프로세스(공정) 증기 또는 냉난방, 급탕 등의 열원으로서 이용하는 System이다.

(3) 개별 열공급 시설에 비해 에너지 절감효과가 크다.

전기생산 후의 배열을 지역난방에 재활용함에 따른 종재의 발전소 열효율이 38 ~ 40% 정도였으나, 이 시스템은 70 ~ 80% 이용효율로 되어 전체적으로 볼 때 에너지 Saving 효과는 크다.

(4) 연료사용 감소 및 열생산 일원화를 통한 집중관리로 대기오염의 공해가 감소한다.

① 단일오염에 대한 집중적인 관리와 전기집진기(E_p) 등 고성능 오염배출 방지설비 가동으로 인하여 기존 중앙난방에 비하여 대기오염 개선효과가 크다.

② 예로써, 우리나라 신도시 일산의 경우 58% 대기오염 감소효과를 얻을 수 있다.

(5) 기존 중앙난방에 비해 열관리 요원 및 시설유지비 감소로 경제적인 난방방식이다.

(6) 굴뚝없는 쾌적한 주거환경 조성으로 주민들에게 호응도가 높다.

(7) 일반진기 사업자와 열병합 추진자측의 장점 비교

일반전기 사업자의 장점	열병합 추진자측의 장점
• 부하율 개선 : 하절기 첨두 발전설비의 이용률 저하 효과 • 전원개발 투자비 분담 • Load center에 설치하여 특정지역 전력 계통에 기여하므로 송전설비비, 전력손실 대폭 감소 • 공급신뢰도 향상 효과(전원확보대책)	• 공정상 증기가 필요요할 경우에는 온도와 압력을 높혀 부수적으로 전기생산 • 부생자원(폐가스, 펄프 등) 활용 가능 • 고율의 전기요금을 적용받는 업체는 전기요금 경감 가능

2. 중대형 열병합 복합발전기(GT+ST)의 계절별 운전방식

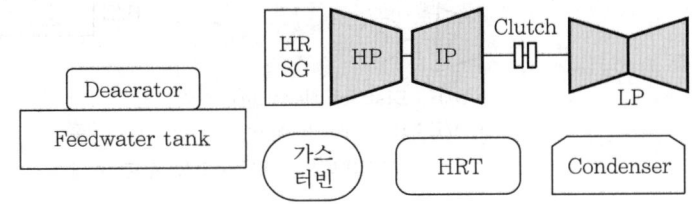

(1) 열부하 추종방식

① 전기생산과 열공급을 실시하는 것으로, 열부하에 맞추어 설비운전이 제어된다.

② 주로 겨울철에 운전된다.

(2) 전기부하 추종운전

① 열공급이 중단되고 전기만 생산하는 운전방식이다.

② 주로 여름철에 운전된다.

(3) 열부하 추종운전방식의 종류(모드 Ⅰ, 모드 Ⅳ)

① 모드 Ⅰ(normal operation mode)

㉠ 배열회수 보일러에서 발생된 증기로 배압터빈을 구동하여 전기를 생산하고 배기증기로 지역난방에 열공급을 담당한다.

㉡ 복수터빈은 동기 클러치로 분리시켜 운전하지 않는다.

㉢ 열병합 발전의 주종을 이루는 운전방법으로, 연간 약 5000 ~ 6000시간 정도로 운전이 예상된다.

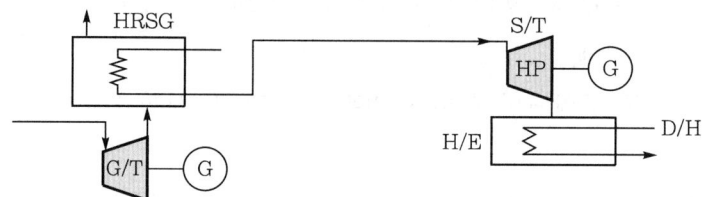

┃ 열부하 추종운전방식 모드 Ⅰ ┃

② 모드 Ⅳ(steam turbine by pass operation mode)

㉠ 배열회수 보일러에서 발생한 증기를 전량 지역난방용 열로 공급한다.

㉡ 증기터빈은 운전되지 않는다.

㉢ 겨울철 혹한기에 열부하가 최대로 요구되어 배압터빈 추기 및 보존 열원에 의한 열공급으로 감당할 수 없을 때 실시한다.

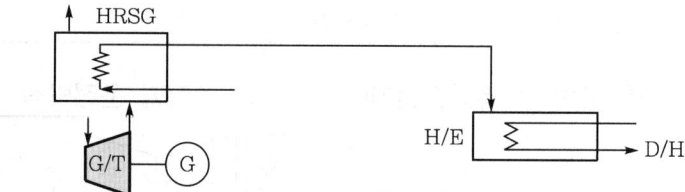

• D/H : District Heating : 지역난방
• H/E : Heat Exchanger : 지역난방 열교환기

┃ 열부하 추종운전방식 모드 Ⅳ ┃

(4) 전기부하 추종운전방식

① 모드 Ⅱ(simple cycle operation mode)

㉠ 가스터빈 단독 운전방식, 즉 전기만 생산하는 방식이다.

㉡ 열부하가 없는 하절기에 증기터빈 고장 시 또는 가스터빈 기동 시의 운전이 이에 해당된다.

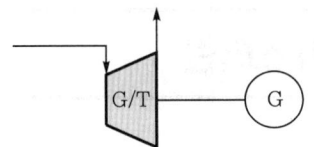

② 모드 Ⅲ(condencing mode)

　ⓐ 배압터빈과 복수터빈을 모두 운전하는 방식이다.

　ⓑ 주로 열부하가 없는 하절기에 적용되며 전기생산이 최대로 된다.

　ⓒ 연간 약 2000 ~ 3000시간 정도 운전이 예상된다.

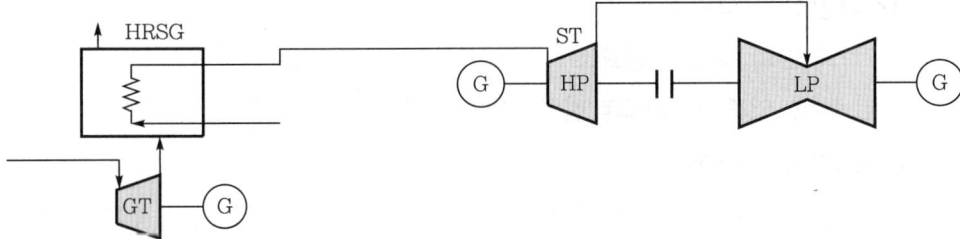

　여기서, HRSG : Heat Recovery Steam Generator, 배열회수 보일러
　　　　　GT : Gas Turbine, 가스터빈
　　　　　ST : Steams Turbine, 증기터빈
　　　　　HP : High Pressure turbine, 고압 터빈
　　　　　LP : 저압 터빈

029 가스터빈의 열효율을 $P-V$ 선도를 이용하여 설명하고 이용 가능한 에너지 면적을 표시하시오.

data 발송배전기술사 17-113-1-6 / 발송배전기술사 출제예상문제

답안 **1. 가스터빈의 동작원리**

(1) 가스터빈의 주요 구성요소

압축기, 연소기, 가스터빈 및 발전기 등

(2) 동작원리와 행정

① 압축기에서 공기의 압축 → ② 연소기에서 연료와 압축공기를 가열 →
③ 연소기에서 연소 → ④ 가스터빈에는 연소된 고온·고압의 연소가스가 팽창
→ ⑤ 방열(배기)하는 5행정으로 이루어져 있다.

(3) 장치도 및 작동유체의 흐름도

다음 그림과 같이 압축, 가열 및 연소, 팽창의 4요소로 되어 있다.

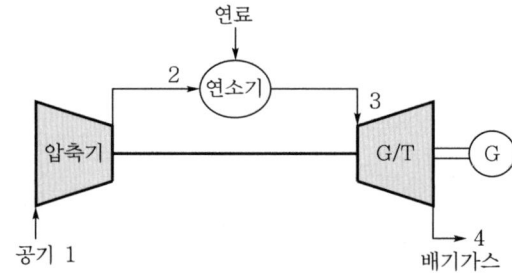

▌장치도 ▌

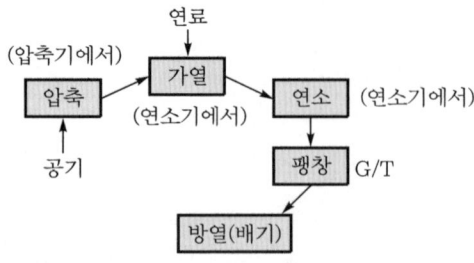

▌작동유체의 흐름도 ▌

2. 가스터빈의 열효율의 $P-V$ 선도상 해석

(1) $P-V$ 선도

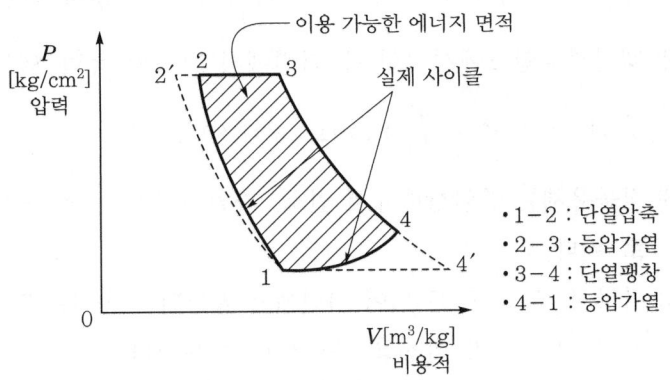

① 1 - 2 단열압축(상온 ~ 400℃) : 압축기

② 2 - 3 정압연소(400 ~ 1500℃) : 연소기

③ 3 - 4 단열팽창(1500 ~ 500℃) : 터빈

④ 4 - 1 정압방열(500℃ ~ 상온) : 배기

(2) 가스터빈의 열효율

$$\frac{P-V \text{ 선도상의 } 1\text{-}2\text{-}3\text{-}4\text{의 실제 사이클과정의 면적}}{P-V \text{ 선도상의 } 1\text{-}2'\text{-}3\text{-}4'\text{-}1\text{의 이론적 사이클과정의 면적}}$$

3. 이용 가능한 에너지 면적

‘2’의 ‘(1)’ $P-V$ 선도에서 실선에 포함된 면적이다.

4. 가스터빈의 $P-V$ 선도 및 $T-S$ 선도에서 동작원리 설명

comment 참고로 설명한 것이다.

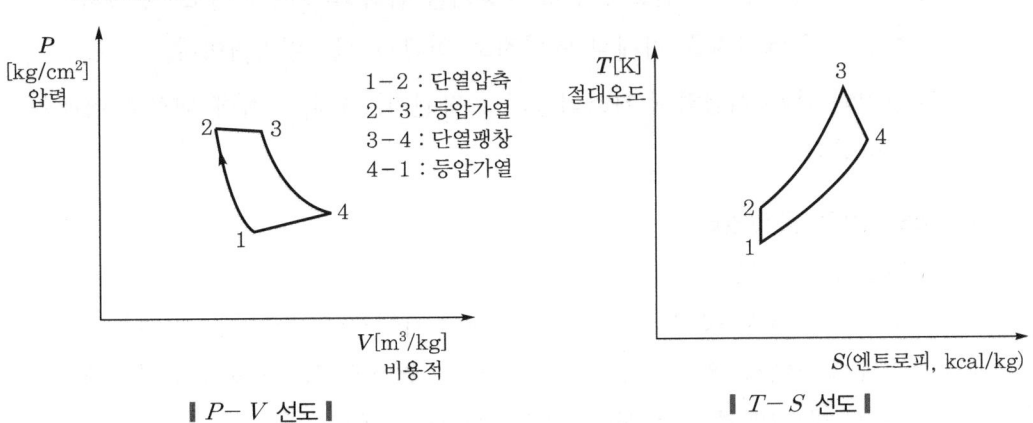

┃ $P-V$ 선도 ┃ ┃ $T-S$ 선도 ┃

137

(1) 여기서, 압축 과정에서 요하는 일, 곧 압축기를 구동하는 동력 P_c는 압축기 내 가스의 체적을 V_c라 하고, 압력의 변화를 dp라 하면 $P_c = \int_1^2 V_c dp$로 된다.

(2) 팽창과정인 3에서 4일 때 터빈에서 발생될 동력 P_t는 터빈 내 가스의 체적을 V_t라 하면 $P_t = \int_3^4 V_t dp$로 구해진다.

(3) 작동유체는 증압상태에서 연소, 가열되어 2 - 3의 변화를 하게 되므로 $V_t > V_c$로 된다.

(4) 따라서, $P_t > P_c$로 되어 터빈에서 발생되는 동력은 압축기를 구동하는 동력보다 커서 $P_t - P_c$가 발전용 동력으로 이용된다.

(5) 즉, 앞의 그림 $P - V$ 선도에서 1 - 2 - 3 - 4로 둘러싸인 면적에 해당하는 것이 이용 가능한 에너지이다.

---

030 개방 사이클 가스터빈과 밀폐 사이클 가스터빈에 대하여 설명하시오.
1. 가스터빈 발전방식에서 개방형 사이클과 밀폐형 사이클을 비교하여 설명하시오.
2. 가스터빈 발전방식의 개방형 사이클과 밀폐형 사이클에 대하여 설명하시오.
3. 가스터빈 발전방식에서 개방형 사이클과 밀폐형 사이클을 비교하여 설명하시오.

data 발송배전기술사 23-129-3-4 · 21-125-2-1 · 18-114-2-1 / 발송배전기술사 출제예상문제

답안 **1. 개요**

(1) 가스터빈은 공기와 연소가스 또는 공기를 압축 후 가열 · 연소 · 팽창시켜 기체가 보유한 열에너지를 기계적 에너지로 변환시키는 열기관이다.

(2) 상기와 같은 개념하에 가스터빈의 동작원리, 특징, 종류에 대하여 아래와 같이 기술한다.

2. 가스터빈의 동작원리

(1) 가스터빈의 행정

① 압축기에서 공기의 압축 → ② 연소기에서 연료와 압축공기를 가열 → ③ 연소기에서 연소 → ④ 가스터빈에는 연소된 고온 · 고압의 연소가스가 팽창 → ⑤ 방열(배기)하는 5행정으로 이루어져 있다.

(2) 장치도 및 작동유체의 흐름도

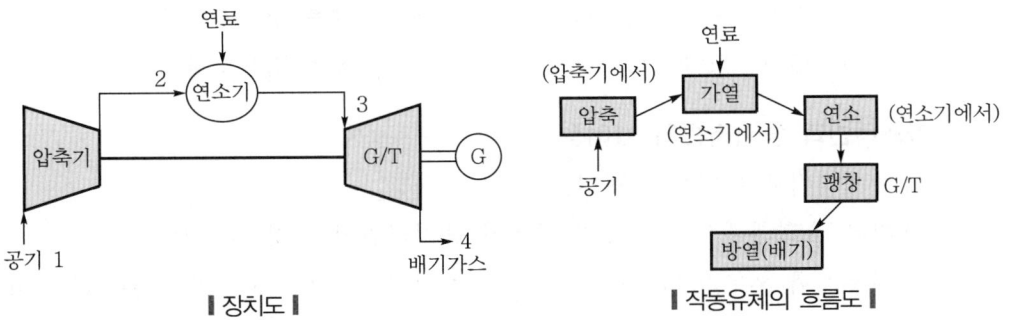

┃ 장치도 ┃   ┃ 작동유체의 흐름도 ┃

(3) 가스터빈의 $P-V$ 선도 및 $T-S$ 선도

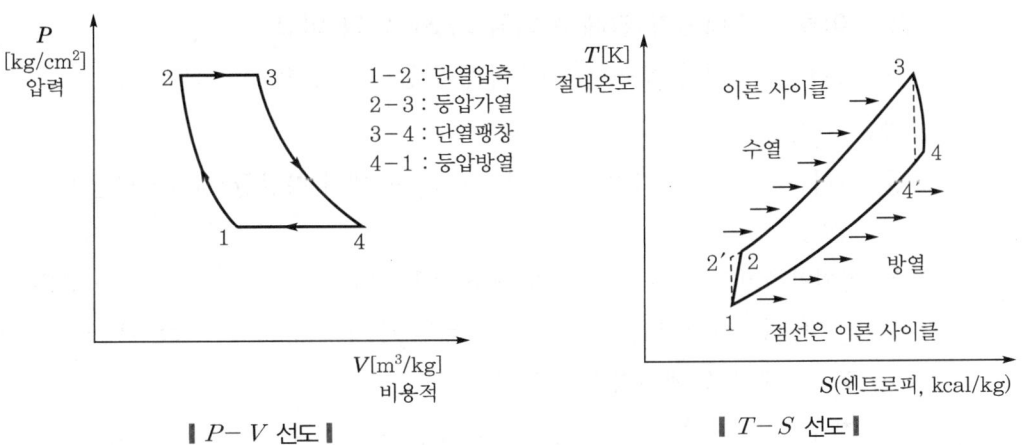

┃ $P-V$ 선도 ┃   ┃ $T-S$ 선도 ┃

3. 가스터빈의 특징(장단점)

(1) 장점

① 운전조작이 간편하다.

② 구조가 간단하고 운전에 대한 신뢰도가 높다.

③ 기동정지가 용이하다.

④ 물처리가 필요 없고 냉각수 소용용량이 적어도 된다.

⑤ 설치장소를 비교적 자유롭게 선정 가능하다.

⑥ 건설기간이 비교적 짧다.

(2) 단점

① 가스온도가 고온이므로 값이 고가인 내열재가 필요하다.

② 열효율은 대형 기력 또는 내연력에 비해 떨어진다.

③ Cycle 공기량이 많아 이것을 압축 시 에너지 소비량이 떨어진다.

④ 가스터빈의 종류에 따라서, 성능이 외기온도의 영향을 받는다.

 ㉠ 대기온도가 성능기준보다 15℃ 이상 낮은 경우 : 출력 증가

 ㉡ 대기온도가 성능기준보다 15℃ 이상 높은 경우 : 출력 감소

4. 가스터빈과 증기터빈의 차이점

(1) 증기터빈보다 단수가 작다.

(2) 같은 출력대에서 유동체의 통로가 증기터빈의 그것보다 커진다.

(3) 작동매체 온도가 600 ~ 1500℃로, 증기터빈보다 높고, 또한 온도가 열효율에 미치는 영향이 크다.

5. 개방 사이클 가스터빈과 밀폐 사이클 가스터빈의 비교

(1) 작동유체의 기계적 운동에 충동식과 반동식 터빈으로 구분된다.

(2) 개방 사이클 가스터빈

 ① 사이클의 종류가 다양한데, 단순한 Cycle에서 복잡한 재생·재열 Cycle까지 있다.

 ② 공기압축기로 압축 → 공기가 연소실에 유입 → 연료와 연소 후 → 고온·고압의 가스는 가스터빈으로 유입 → 터빈 내에서 팽창 → 가스터빈을 회전시킨 후 → 배기로 배기가스가 방출된다.

 ③ 터빈출력 중 $\frac{2}{3}$ 는 공기압축기에 소요되어 유효출력은 $\frac{1}{3}$ 이다.

 ④ 단기출력은 3000 ~ 40000kW 정도이다.

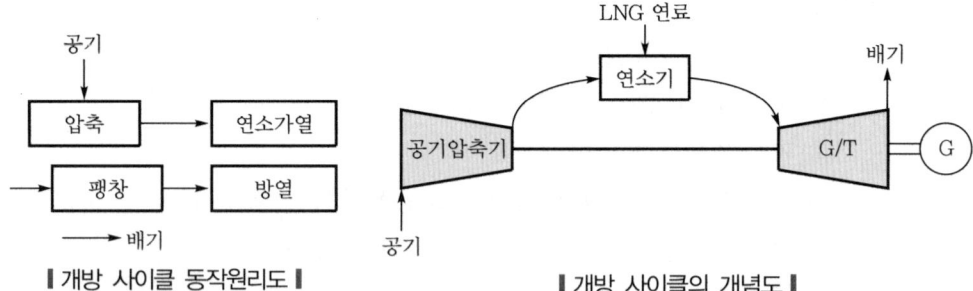

| 개방 사이클 동작원리도 |　　　　　| 개방 사이클의 개념도 |

(3) 밀폐 사이클 가스터빈

 ① 전체 사이클은 증기터빈과 유사하다.

 ② 임의 압력채용이 가능하다.

 ③ 대출력에 적합한 방식이다.

 ④ 연소가스와 압축기에서 나온 공기는 서로 혼합되지 않는다.

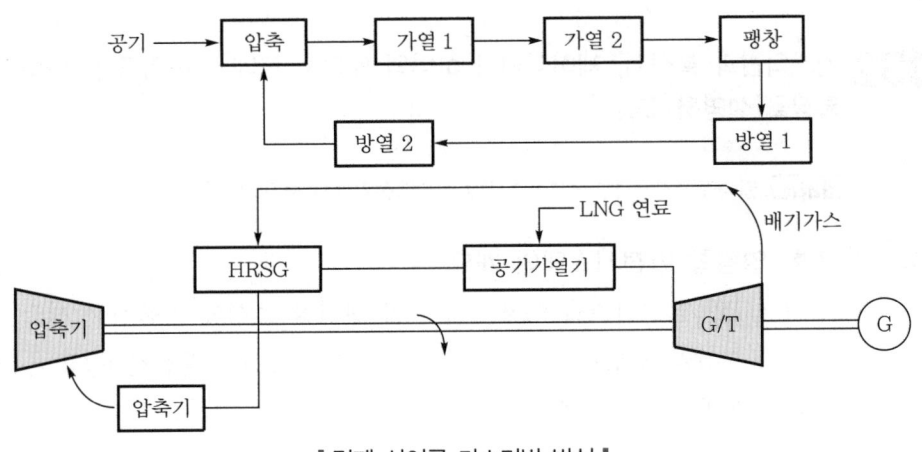

┃ 밀폐 사이클 가스터빈 방식 ┃

031 가스터빈의 특징과 장단점 및 동작원리에 대하여 설명하시오.

(**data**) 발송배전기술사 21-123-4-2 / 발송배전기술사 출제예상문제

답안 **1. 개요**

(1) 가스터빈은 공기와 연소가스 또는 공기를 압축 후 가열·연소·팽창시켜 기체가
    보유한 열에너지를 기계적 에너지로 변환시키는 열기관이다.

(2) 상기와 같은 개념하에 가스터빈의 동작원리, 특징, 종류에 대하여 아래와 같이
    기술한다.

2. 가스터빈의 동작원리

* Chapter 02 - 문제 030의 답안 '2.' 내용을 참조한다.

3. 가스터빈의 특징(장단점)

* Chapter 02 - 문제 030의 답안 '3.' 내용을 참조한다.

4. 가스터빈과 증기터빈의 차이점

* Chapter 02 - 문제 030의 답안 '4.' 내용을 참조한다.

5. 가스터빈의 종류

* Chapter 02 - 문제 030의 답안 '5.' 내용을 참조한다.

032 가스터빈과 발전기, 제어장치가 하나의 패키지 형태인 마이크로 가스터빈(MGT)의 특징을 설명하시오.

data 발송배전기술사 16-110-1-11 / 발송배전기술사 출제예상문제

답안 1. 소형 열병합 발전시스템의 개요

청정원료인 천연가스를 이용하여 열과 전기를 동시에 이용하는 시스템으로 고효율 에너지 절약시스템으로, 에너지 효율이 75 ~ 90%로 발전전용(35 ~ 40%)보다 월등히 커 에너지 절약효과가 크다.

2. 구조

다음과 같이 5가지 구성으로 구분되어 있다.

(1) Power head

① 천연가스나 디젤의 연료에너지로부터 기계적 동력을 발생시키는 역할을 한다.

② 통상의 가스터빈 엔진에다 열효율 재고를 위하여 열교환기가 결합된 형태이다.

(2) 고속 발전기

Power head 축과 기계적인 커플링을 통해 연결되어 Power head에서 전달되는 기계적 동력을 전기출력으로 변환시켜주는 역할을 한다.

(3) 전력 제어기

전기출력을 상용 교류전력으로 정류·변환시키는 역할을 한다.

(4) Power head와 발전기 사이의 기구

① 저속 발전기(일반적으로 1800 또는 3600rpm)인 경우에는 감속 Gearbox를 통하여 동력을 전달한다.

② 고속 발전기의 경우에는 Gearbox를 필요로 하진 않으나 발전기까지 더해진 긴 회전축의 동적 안정성 확보를 위하여 이른바 Flexible coupling을 통하여 동력을 전달한다.

(5) Flexible coupling은 그 자체의 유연한 구조에 기인하여 동력은 전달하되 진동은 전달하지 않는 특수 체결구조를 말한다.

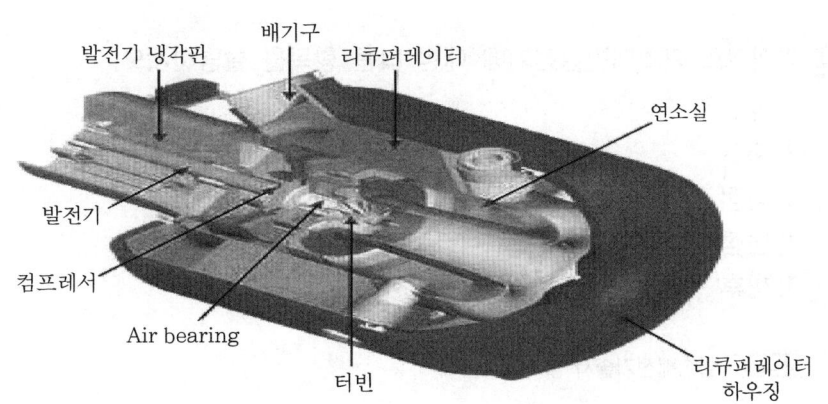

발전기 냉각핀   배기구   리큐퍼레이터   연소실

발전기
컴프레서
Air bearing
터빈
리큐퍼레이터 하우징

3. Micro 가스터빈발전기의 주요 특징

(1) 분산형 초소형 열병합시스템이다.

(2) 가동부품의 소형화, 소형 사이즈, 가벼운 자중, 고효율, 적은 배기가스

(3) 공기베어링 채택으로 유지관리가 단순화되어 큰 장점이 있다.

(4) 재생사이클 시스템 적용으로 배열을 회수하는 성능이 우수하며 효율이 향상된다.

(5) 원격 PC 제어가 가능하다.

(6) 다양한 연료 사용

　　LNG, LPG, 메탄, 에틸렌, 바이오가스

(7) 우수한 운전, 기동 특성

　　25000 ~ 40000rpm으로 기동하여 4분 만에 정격출력에 도달한다.

(8) 설치가 용이하다.

(9) 인버터기술의 활용이 우수하다.

(10) 제어장치 계통연계의 성능이 우수하다.

033 마이크로 가스터빈발전기에 대한 다음 항목을 설명하시오.
1. 개요
2. 구조
3. 장점
4. 단점
5. 향후 전망

(**data**) 발송배전기술사 출제예상문제

[답안] 1. 개요

(1) Micro gas TBN의 출현배경

냉전 이후 군수용을 민수화하는 과정에 1000kW 이하의 소형으로 가스터빈엔진이 초소형으로 개발된 발전기이다.

(2) Macro power의 Gas 터빈

24만kW(최신 화력용에서)급이다.

(3) 가솔린엔진, 디젤엔진보다 NO_x 배출물이 적으며, 최근의 기술진보로 열효율 향상 및 가격 저하가 이루어져 최근에 관심을 많이 얻고 있는 발전기이다.

(4) 소형인데다, NO_x 배출물이 거의 없어 분산형 전원으로 적용하기가 용이하다.

(5) 청정원료인 천연가스를 이용하여 열과 전기를 동시에 이용하는 시스템으로 고효율 에너지 절약시스템으로, 에너지효율이 75 ~ 90%로 발전전용(35 ~ 40%)보다 월등히 커 에너지 절약효과가 크다.

2. 구조

* Chapter 02 - 문제 032의 답안 '2.' 내용을 참조한다.

3. 장점

(1) 분산형 초소형 열병합시스템이다.

(2) 가동부품의 소형화, 소형 사이즈, 가벼운 자중, 고효율, 적은 배기가스

(3) 공기베어링을 채택해 유지관리의 단순화로 다음과 같은 큰 장점이 있다.

① 공기베어링은 로터가 회전할 때 스스로의 회전력에 의해 로터와 베어링과의 사이에 공기막을 형성하여 로터를 부상시키는 방식이다. 이것은 Micro 가스터빈의 큰 장점이다.

② 로터가 베어링에 접촉하지 않은 상태로 회전하여 윤활유계통을 생략할 수

있어 장치가 간단해지고, 소음이 작으며, 오일의 보급, 교환 등의 정기적인
유지보수가 불필요하다.

(4) 재생사이클 시스템 적용으로 배열의 회수하는 성능이 우수하며 효율이 향상된다.

① 가스터빈의 배기가스는 통상 500℃ 이상의 고온이므로 열손실이 많아 재생사
이클을 이용한다.

② 배기가스열을 이용하여 연소기에 들어가는 공기를 열교환기에서 배기가스와
열교환하여 예열시키는 방식을 채용하여 열효율이 높다.

③ 종래의 100kW 이하의 G/S 발전기의 열효율은 15%이나 재생사이클을 채용한
마이크로 G/S 발전기의 열효율은 25 ~ 33% 정도이다.

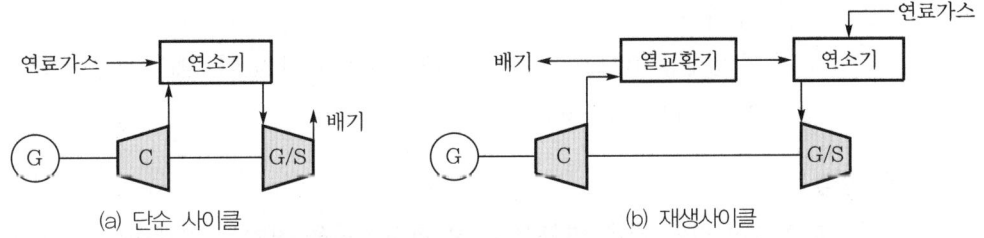

┃단순 사이클과 재생사이클 가스터빈 발전의 구성도 ┃

(5) 원격 PC 제어 가능

(6) 다양한 연료 사용

LNG, LPG, 메탄, 에틸렌, 바이오가스

(7) 우수한 운전, 기동 특성

25000 ~ 40000rpm으로 기동하여 4분 만에 정격출력에 도달한다.

(8) 설치가 용이함

중량이 가스엔진의 약 $\frac{1}{2}$ 정도로 설치가 용이하다.

(9) 인버터기술의 활용이 우수함

① 일반 발전기의 회전수 제약 : 계통의 주파수를 일정하게 유지하기 위해 특정
회전속도를 상시 유지시켜야 된다.

② Macro power 가스터빈의 회전수 : 회전속도가 매우 높아(3600rpm 정도) 주파
수에 맞는 특정 회전수를 얻기 위해서 감속기를 사용하는 것이 대부분이다.

③ Micro 가스터빈 회전수는 1분간에 수만회 회전하는 속도로 직접 발전기에
전달하여 → 고주파 전류 발생 → 정류 → 직류 → 인버터로 60Hz 교류변환
하므로 감속기가 불필요하고 회전수에 제약이 없다(다음 그림 참조).

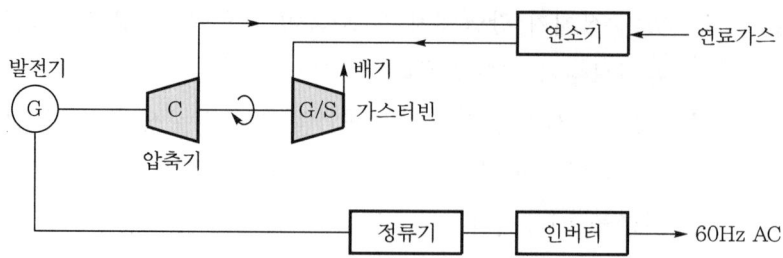

④ G/S + 압축기 + 발전기를 일축한 구조로 간단하다.

(10) 제어장치계통 연계의 우수한 성능

① 마이크로 프로세스를 사용하여 제어기능을 소프트웨어로 실현하므로 제어성
능이 우수하다.

② 계통연계장치(보호 relay 등)가 일체화되어 있어, 배전계통에 분산형 전원으
로서 연계가 용이하다.

4. 단점

(1) 피스톤 엔진의 경우 왕복운동 및 회전운동을 거치는 기계적인 한계로 인해 일반
적인 가스터빈에 비하여 부하추종속도에서 불리하다.

(2) 통상 최고 출력대비 50% 이상의 범위에서만 추종이 가능한 운전특성으로 인해
정속도로 운영해야 효율적이다.

(3) 크기가 작아질수록 다음의 단점이 발생한다.

① 액체의 점성효과 발생으로 효율 저하

② 연료의 화학반응시간 조정 곤란

③ 점화를 위한 공기와 연료의 비율조정 곤란

④ 고속도 회전 시의 로터로 인한 마찰열 및 손실 완화대책이 특히 요구됨

⑤ 배기가스 처리문제가 있음

5. 향후 전망

(1) 열효율을 향상시키는 것이 최우선 과제이고, 용량의 대용량화(현재 1000kW 미
만용만 개발된 상태임)를 위해 전력전자, 메카트로닉스, 전기공학, 유체역학,
금속학 등 관련된 학문의 유기적인 적용 검토가 절실하다.

(2) 특히 소형 분산형 전원에 새로운 강자로도 향후 두각을 나타낼 것으로 생각된다.

SECTION 05 복합발전 관련

034 화석연료 사용에 따른 환경문제는 국가적으로 시급한 대책 마련이 요구되고 있다. 화력발전소에서의 공해방지대책에 대하여 설명하시오.
1. 석탄화력발전소의 대기오염물질과 저감대책에 대하여 설명하시오.
2. 화력발전소 건설계획 시 환경적으로 고려해야 할 사항과 관련 대책을 설명하시오.

data 발송배전기술사 23-130-1-2 · 21-125-3-1 · 16-110-2-6 / 발송배전기술사 출제예상문제

답안 1. 개요(화력발전소 가동에 따른 환경적 특징)

(1) 산업발전으로 전력수요가 급증함에 따라 대용량, 화력·수력·원자력 발전설비가 증대되면서 환경에 미치는 영향이 날로 증대되고 있다.

(2) 지구온난화 대책에 의한 온실가스 감축회의 등을 통한 대기오염의 영향을 심각히 고려해 볼 때 발전방식으로 CO_2 저감대책의 방안이 강구된 발전설비가동이 요구된다.

(3) 또한, CO_2 규제안에 CO_2 배출량의 규제를 전제로 한 산업설비구성은 우리나라 산업전반에 걸쳐 막대한 영향을 초래할 것이다.

(4) 발전설비가동에 따른 환경적 특징

① 광역성 : 시간·공간적 환경에 미치는 범위가 매우 광대함

② 대량성 : 발전용 연료 자연냉각수 등 대량 공급이 필요함

③ 다양성 : 예측 가능한 모든 환경장해요소를 다양하게 포함하고 있음

(5) 특히, 최근 미세먼지로 인한 국민적 관심이 고도로 높아져서 국민건강측면에서 큰 사회적 이슈로 화력발전의 환경장애문제가 거론되고 있다.

(6) 화력발전소에 발생하는 공해

① 배연에 포함된 SO_x, NO_x 등 매진오염

② 변압기, 통풍기의 소음

③ 복수기의 냉각에 의한 온배수 등

2. 석탄 및 중유발전소 설비가동에 따른 환경장해요인과 대책

(1) SO$_x$(황산화물) 배출의 영향과 대책

① 영향

    ㉠ SO$_x$는 수분과의 친화력으로 황산을 생산하여 건축물 금속의 부식

    ㉡ 산성비의 원인

    ㉢ 폐의 순환기장해 발생

② 대책

    ㉠ LNG 발전소 건설 증대

    ㉡ 중유의 경우 0.4% 이하의 초저유황유를 사용(정부규제사항)한다. 이것은 연료의 단계에서 SO$_x$를 제거하는 중질유 탈유법에 의한 것이다.

    ㉢ 석탄발전의 경우 그림과 같은 배연탈황 설비가동(한국은 습식 석회석 석고법)과 IGCC의 실용화, PFBC의 확대적용 등을 한다.

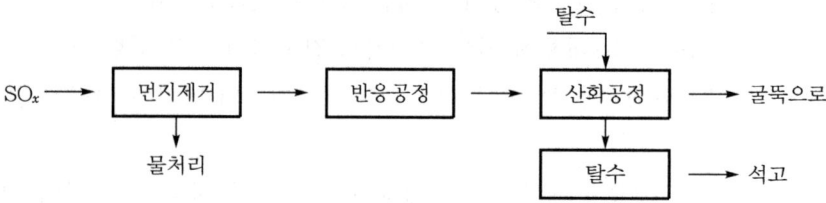

┃ 탈유 프로세스 개요도 ┃

(2) NO$_x$(질소산화물) 배출의 영향과 대책

① 영향

    ㉠ NO$_x$ 배출로 대기 중에 0.01ppm 미량에도 기관지염이 발생한다.

    ㉡ 산성비, Smog의 원인이고 오존층이 파괴된다.

② 대책 : 3단계 대책을 아래와 같이 시행한다.

    ㉠ 제1단계 : 연료개선으로서, 연료의 단계에서 질소함유량을 축소시킨다.

    ㉡ 제2단계 : 연소단계로서, 연소단계에서 가능한 NO$_x$의 발생량을 적게 한다. 그 방법으로는 다음과 같다.

        • 2단 연소

        • 저 NO$_x$ 버너설치

        • 배기가스 재순환

        • 연소조건의 개선(1300℃ 이하 연소) 등

    ㉢ 제3단계 : 배연탈초로서, 마지막에 배출된 가스에 포함된 NO$_x$를 제거하는 배연탈초 기술을 적용한 것이다.

- 배연탈초법 : 건식법과 습식법이 있고, 공정이 간단한 암모니아를 환원제로 사용하는 건식의 선택적 접촉환원법(선택 촉매환원법 → 80% 이상 탈질)의 사용이 많다.
- 선택적 접촉환원법의 배연탈초법의 공정

$$4NO + 4NH_3 + O_2 \longrightarrow 4N_2 + 6H_2O$$

$$2NO + 4NH_3 + O_2 \longrightarrow 3N_2 + 6H_2O$$

ⓔ 차후 NO_x 제거기술 추진방향 : 상기와 같은 여러 방법은 현재 일부 화력에서 실용화하고 있으나 2차적인 공해 발생 우려가 있어, 열플라스마를 운용한 NO_x 제거기술이 확대되어 사용될 전망이다.

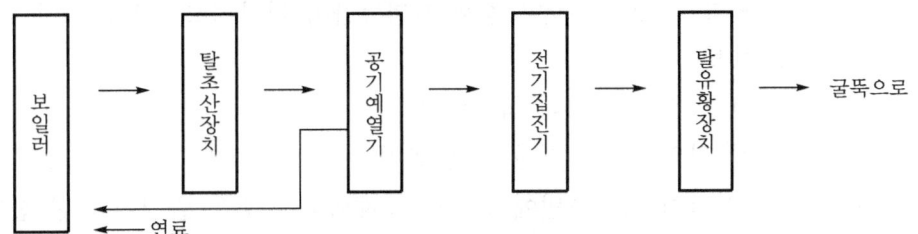

┃탈초·탈유 장치의 배치도┃

(3) CO_2 배출의 영향과 대책

① 영향

　ⓐ 발생열량의 크기에 따라 비례한다.

　ⓑ 지구온난화의 주된 원인이다.

② 대책

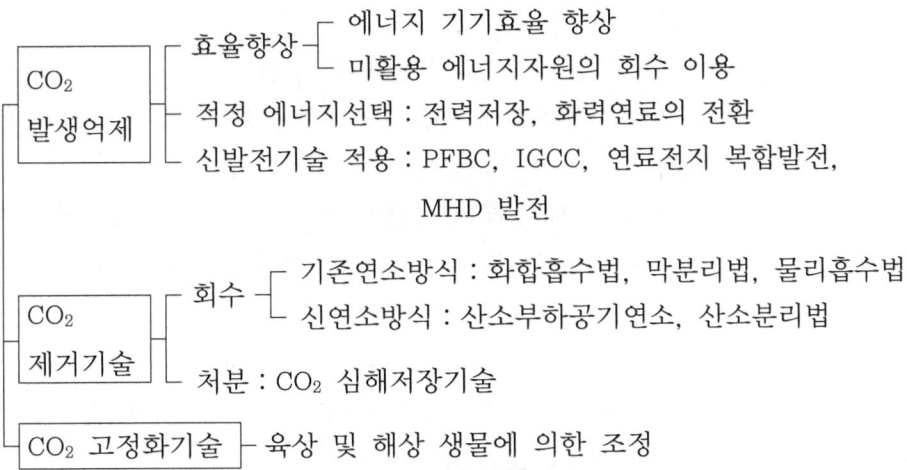

(4) 분진배출의 영향과 대책

① **영향** : 석탄의 경우는 피부질환, 안질환 재료의 침식, 도장의 변색 등 생활 피해를 준다.

② **대책** : 집진장치 설치가동(주로 기계식과 코로나 방전을 이용한 전기식 병용)

   ㉠ 전기집진기(electrostatic precipitator)는 코로나방전으로 매진입자를 (-)로 대전시켜, (+)의 집진전극에 흡수하는 코트렐집진을 말한다.

   ㉡ 기계식 집진기는 보일러가스를 원통 내에 회전시켜 회입자를 침착시키는 사이클론 집진기를 주로 사용한다.

(5) 소음의 환경적 영향과 대책(화력발전소 종류의 전체에 적용시킴)

① **영향** : 50dB 이상일 경우 작업능률이 저하되고 스트레스의 원인이 된다.

② **대책**

   ㉠ 발전소 주위의 녹지대화

   ㉡ 작업원 근무시간 적정 조정

   ㉢ 특히 가스터빈에서 가장 문제화되는 소음 발생에 대한 산업안전보건법 규정을 준수하도록 발전기에 소음기 사용(팽창형 소음기, 공명형 소음기)

(6) 진동 영향 및 대책

① 소규모 발전설비로서 특히 진동의 영향이 많다.

② 대책으로는 방진고무를 사용하고 철저한 방진대책을 적용한다.

③ 방음커버를 몸체에 부착한다.

(7) 온·배수

① **영향**

   ㉠ 복수기, 온·배수의 발생에 의한다.

   ㉡ 인근수역 온도가 상승하고 생태계에 영향을 미치며 어류생산이 감소한다.

② **대책**

   ㉠ 건설 당시 생태계 영향이 작은 곳으로 취수구, 양수구를 설치한다.

   ㉡ 배수 시에는 중금속화합물을 제거한다(폐수처리 장치시설 사용).

   ㉢ 바이패스 혼합법, 심층취수 방수법 등

      • 바이패스 혼합법 : 복수기에 바이패스를 설치해서, 취수냉각수의 일부를 복수기에 통과시키지 않고, 직접 방수로에 흘려서 온·배수와 혼합시켜 배수온도를 낮추는 방법

- 심층취수 방수법 : 배출된 온·배수를 심층의 바닷물인 찬물을 이용하여, 심층의 바닷물을 바다표면에 취수한 후 온·배수를 바다표면에 방수하는 방식

035 석탄화력발전소에서 집진장치의 설치목적과 종류를 설명하시오.

data 발송배전기술사 17-111-1-8 / 발송배전기술사 출제예상문제

답안

1. 집진장치의 설치목적(개요)

(1) 전기식 집진장치(EP)란 발전소에서 연도로 나가는 배기가스 중에서 분진, 그을음 등을 분리포집하는 장치를 말한다.

(2) 미분탄 연소발전소에서는 석탄을 미분으로 만들어 부유상태에서 연소시킬 때 비산회(fly ash)의 발생이 있는데 이를 회수시키는 환경공해대책의 일환이다.

2. 집진장치의 구비조건

(1) 입자의 크기에 무관하게 집진성능이 우수할 것

(2) 부하변동에 관계없이 효율이 높을 것

(3) 구조 및 조작이 간단하고 고장이 적을 것

(4) 가격이 싸고 운전보수가 적을 것

3. 종류

(1) 기계식

① 수세식 : 물로 적신 축축한 판을 설치하여 회진을 부착시키는 방법

② 원심력식 : 원심력을 이용해 집진

(2) 전기식

코트렐 집진기로, 연도 속에 정·부의 전극을 두고 이것에 직류 고전압을 인가하여 회진을 대전시켜서 집진극에 흡입채취

036 화력발전소에서 미세먼지 저감을 위해 사용하는 집진기에 대하여 다음 내용을 각각 설명하시오.

1. 관속식 집진기의 원리
2. 저온 전기집진기와 고온 전기집진기의 설치위치를 그림으로 표현하고 특징을 비교하시오.

data 발송배전기술사 21-124-4-4 / 발송배전기술사 출제예상문제

답안 **1. 관속식 집진기**

(1) 사이클론(원심식) 집진기로 탈황설비 내부에 설치하여 집진효율을 향상시킨 설비

(2) 기존 탈황설비를 개조시켜 SO_x, 먼지, 미스트 제거효율 향상

(3) 석탄화력 배출가스 처리과정

① 보일러(석탄연소) → ② 탈질설비(NO_x 제거) → ③ 전기집진기(먼지 1차 제거) → ④ 탈황설비(SO_x 제거 및 먼지 2차 제거, 관속식 집진기가 탈황설비 내부에 있음, 황산화물 제거율 98% 정도, 먼지 83% 추가 제거) → ⑤ 굴뚝(배출농도 실시간 측정 전송)

(4) 탈황설비 동작순서

① 난류기(SO_x 제거율 향상) → ② 3단 스프레이(가스와 처리제의 접촉효율 향상) → ③ 관속식 집진기(먼지, mist 제거율 향상)

(5) 원리(원심력과 혼합 및 확산의 물리적 특징을 이용)

① 원심력 이용 : $F = ma = \dfrac{mv^2}{r}$

ⓖ 큰 먼지입자는 원심력이 커서 더 멀리 회전한다.

ⓛ 작은 입자의 먼지는 원심력이 작아 반경이 작은 회전하는 원리로 먼지를 구분하여 분리한다.

② 관성충돌, 직접 차단, 확산의 원리 이용

ⓖ 먼지입자가 큰 경우는 관성충돌

ⓛ 조금 작은 경우는 직접 차단

ⓒ 더 작은 경우는 초기 입자의 흐름선을 따라 유동하면서 브라운운동의 입자 궤적으로 확산에 의해 필터에 부착됨

③ 국내 적용 : 태안화력

2. 전기식 집진장치(EP)

(1) 2차적으로 회분을 정전기효과로 제거한다(기계식 효율 85 ~ 95%, 전기식 효율은 95 ~ 98%).

(2) 저온 전기집진기와 고온 전기집진기의 설치위치

구분	운전온도	설치위치
저저온 전기집진기 (Lower Temperature ESP)	100	가스가열기 뒤쪽
저온 전기집진기 (Low Temperature ESP)	140	공기예열기 뒤쪽
고온 전기집진기 (High Temperature ESP)	320 ~ 420	공기예열기 앞쪽

(3) 특징 비교

구분	장점	단점
저저온 전기집진기 (Lower Temperature ESP)	• 유입가스량 감소로 후단 설비 크기를 작게 할 수 있다. • 전기저항치 감소로 집진효율이 향상된다.	운전온도 감소로 저온부식이 우려되어 내부식성 재질을 채택해야 한다.
저온 전기집진기 (Low Temperature ESP)	• 실제적인 처리가스량이 적다. • 설치·운전경험이 많아 설비의 신뢰성이 높다. • 설치비가 적다.	• 석탄의 종류 및 성상에 따라 집진율의 변화가 크다. • 저유황탄의 사용 시 집진성능이 저하된다.
고온 전기집진기 (High Temperature ESP)	• 전기저항에 대한 영향이 작고, 집진성능이 양호하다. • 광범위한 탄에 사용이 가능하다. • 공기예열기입구의 분진량이 적다.	• 실제 처리가스량이 많다. • 설치규모가 크다. • 고온 처리이므로 기기 및 구조물 설치 시 주의가 요구된다.

153

037 최근 수명 연한이 도래한 일부 석탄화력발전소 폐지의 대안으로 천연 LNG 발전소 건설이 증가되고 있다. LNG 발전소의 특징에 대하여 설명하시오.

data 발송배전기술사 24-133-2-2 / 발송배전기술사 출제예상문제

답안 1. LNG 냉열 복합발전소

  (1) LNG 냉열 복합발전의 개념

    ① LNG는 −162℃ 이하의 저온에서 수송·저장하는 연료로서, 사용할 때에는 외부에서 열을 가해서 기화·가열하게 된다.

    ② LNG는 메탄가스(CH_4)가 주성분인 천연가스를 수송 및 저장이 용이하게 −162℃로 냉각액화되면 체적이 $\frac{1}{600}$로 감소한다.

    ③ 기화·승온 과정에서 LNG 온도가 외계온도보다 낮으므로, 외계를 고온열원, LNG를 저온열원으로 해서 에너지를 유용하게 할 수 있는 발전 System이다.

    ④ LNG가 기화할 때 냉열에너지(200kcal/kg)를 열원으로 해서 터빈발전기로 전기를 생산한다.

    ⑤ LNG의 기화과정 시 열매체(프로판이나 프레온)를 응축시키고 해수에 의한 열흡수가 되면 열매체(프로판이나 프레온)가 팽창하면서 터빈발전기를 회전시키는 원리이다.

  (2) LNG 냉열발전의 종류별 특징

    ① LNG 냉열발전의 복합사이클 : LNG를 저온열원으로 해서 에너지를 유효하게 한 랭킨사이클 System의 에이다.

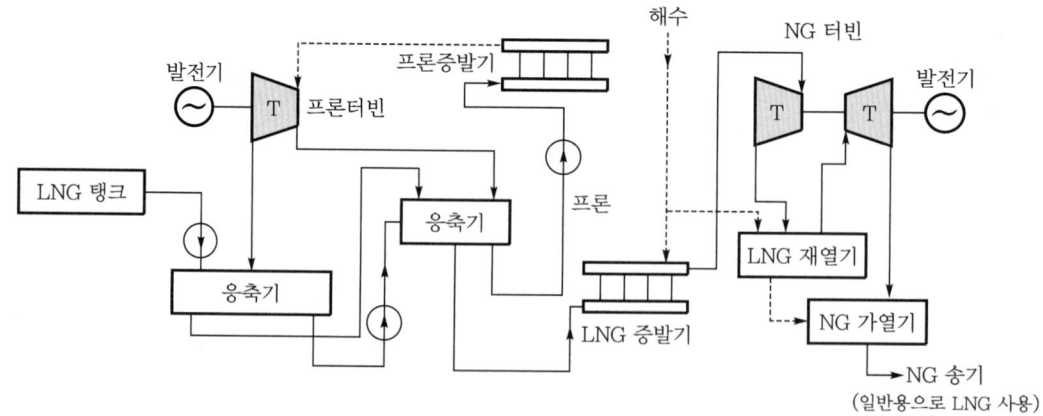

      ⓐ 프론(fron R-23)을 작동유체로 하는 랭킨사이클과 LNG를 직접 팽창시키는 사이클을 조합시켜서, 냉열발전 후의 천연가스(NG)는 발전용 및 일반의 연료사용이 가능하다.

      ⓑ 즉, -162℃의 LNG는 해수를 고온열원으로 하는 Fron을 사용한 랭킨사이클의 응축기(복수기)의 냉각에 사용한다.

      ⓒ 직접 팽창사이클 + 랭킨사이클의 조합방식이다.

      ⓓ 통합 열교환기 : 응축기와 LNG 기화기를 1대로 냉각과 가열을 동시에 처리한다.

      ⓔ 설비비를 절약할 수 있는 동시에 출력 증대의 효과가 있다.

② LNG 냉열발전의 직접 팽창사이클(LNG 직접 팽창)

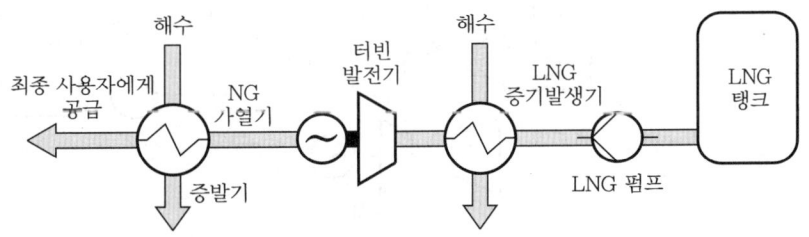

      ⓐ 기화과정 : 액체 LNG → 기체 LNG의 과정으로 바닷물로 기화시키면서 냉열이 발생한다.

      ⓑ 터빈구동 : 다음에 LNG 증발기 내에서 해수로 기화, 가열하여 천연가스(NG)를 터빈 내에 팽창시켜 회전에너지를 발생시켜 발전하는 방식이다.

      ⓒ 가열과정 : 히터(가열기)로 일정 온도까지 내린 후 도시가스로 송출한다.

      ⓓ 송출압력(NG 송기압력)이 높을 경우 발전에 이용되는 압력차가 작아져서 효율이 저하된다.

③ LNG 냉열발전의 랭킨사이클

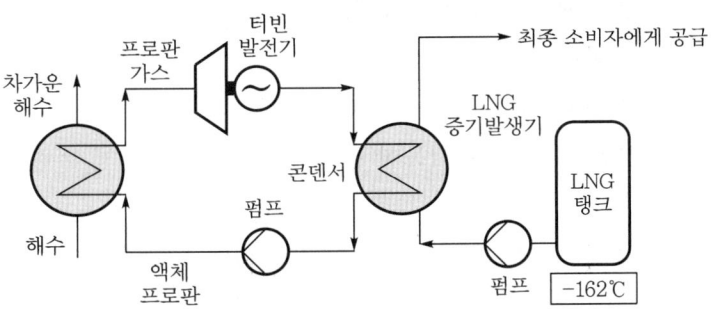

    ㉠ 작동유체 : 프로판, 프레온이 LNG에 의해 차가운 상태로 된다.

    ㉡ 기화기 : LNG 냉열을 이용하여 기화기에서 프로판을 응축(차가운 온도 전달)시킨다.

    ㉢ 증발기 : 차가운 액체상태의 프로판을 따듯한 바닷물로 가스화시켜 터빈을 구동한다(바닷물이 작동매체에 작용하여 냉열을 흡수함, 즉 바닷물이 냉열을 흡수함).

    ㉣ 출력은 크나 매체의 특성이 복잡하여 운전에 대한 검토가 필요하다.

  ④ LNG 냉열발전의 브레이튼 사이클

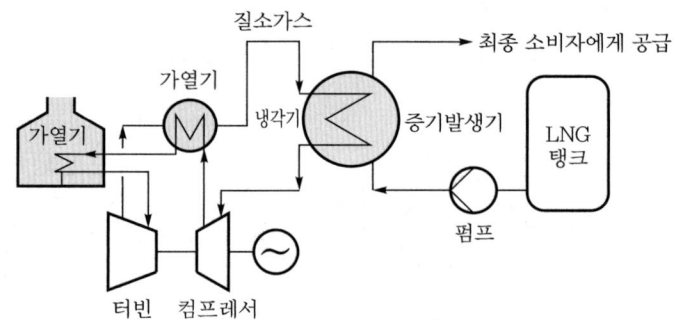

    ㉠ 작동매체 : LNG 최저 온도에서도 응축되지 않는 질소가스

    ㉡ LNG의 냉열로 압축기에 공급되는 질소가스를 냉각하여 유효출력을 증대시킨다.

    ㉢ 기화기 : 터빈출구의 더운 가스로 LNG를 기화시킨다.

    ㉣ LNG 시스템 단독으로 단독운전이 되지 않아 터빈발전기 계통과 LNG 발전의 부하변동 등에 의한 적절한 세어가 어렵다.

(3) LNG 냉열발전의 일반적 특징

  ① 해수의 온도가 높을수록 고출력이다.

  ② 온·배수의 영향이 없다.

  ③ 무공해의 Clean 에너지이다.

  ④ 발전출력의 조정은 LNG 유량으로 한다.

  ⑤ 별도의 연료를 사용하지 않고, 기존 바닷물에 버려지는 냉열을 이용한 발전이다.

  ⑥ 정지 시에도 LNG 기화능력이 있어 가스송출이 가능하다.

2. LNG 복합발전소

(1) (대표적으로) 배기재연 복합사이클

① 계통구성도

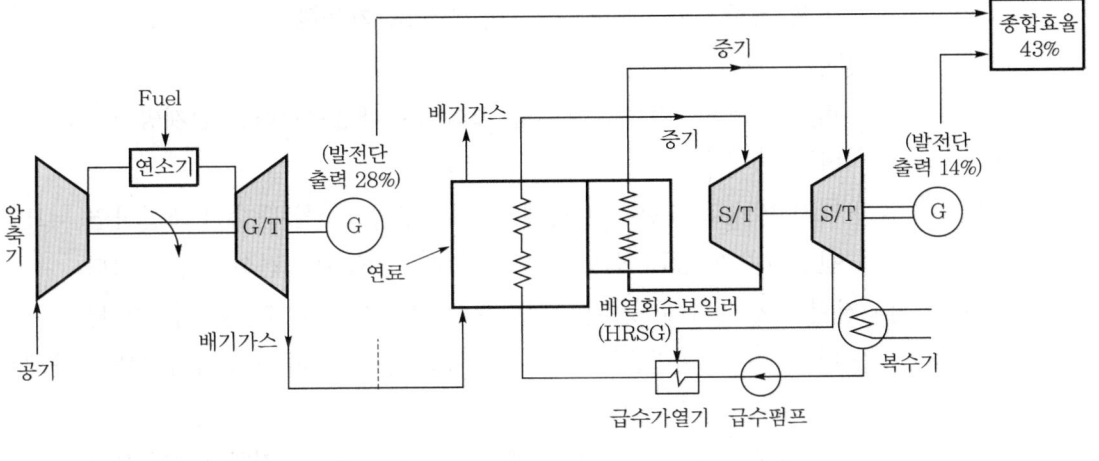

② 발전원리 : 가스터빈(G/T)의 배기가스를 배열회수 보일러(HRSG)에 보내어 증기 생산 후 스팀터빈(S/T)을 구동함으로써, G/T 구동에 의한 발전 + S/T 구동에 의한 발전방식이다.

(2) LNG 복합사이클 발전의 특징

① 장점

㉠ 열효율이 높음 : 플랜트 전체의 열효율은 송전단에서 41 ~ 43% 이상이다. 즉, 복합 Cycle의 설계효율은 G/T 입구온도가 1100℃인 경우 43%로, 대형 기력발전소의 40%보다 높다. 현재의 가스터빈의 입구온도가 1100℃급에서 열효율이 43% 정도이다.

㉡ 부분 부하효율이 좋다.

• 각각 독립된 소용량 발전설비의 집합체로 구성되므로, 긴급정지의 경우 타 기기에 비해 출력강하가 작다.

• 여러 대 설치하므로 경부하 시에는 운전대수를 줄여서 효율 저하를 방지할 수 있다.

㉢ 기동시간이 짧고 부하변동에 따른 추종성이 우수하다.

• 가스터빈의 장점을 살려 쉽게 기동·정지를 할 수 있다.

- 부하변동에 따른 추종성이 풍부하여 중간부하 담당화력으로서의 대응성이 우수하다.
- 소용량이므로, 기동정지시간이 짧아 600MW급 기력의 최단 2.5시간에 비해 복합사이클에서는 1시간 정도로 가능하다.

② 플랜트 구성이 단순하다.

- 비교적 소용량의 단위설비를 조합해서 대용량화하는 설계방식으로 건설하고 있다.
- 각각 별개로 확립된 기술에 의하여 구성요소를 단순히 조합하면 되므로 건설단가가 종래 화력에 비해 70% 정도이며 건설공기도 짧다.

⑩ 전력수요 증가에 맞추어 설비운전 개시시간을 조정할 수 있다.

- 먼저 가스터빈만으로 발전하고 수요 증가에 따라 증기터빈을 추가해서 건설운전할 수 있다.
- 즉, 수요의 증가에 따라 단계적으로 건설하여 운전함으로써 용량을 자유롭게 단기간 내에 증가시킬 수 있어 전원개발계획의 유연성을 높일 수 있다.

ⓑ 기존의 단일 증기사이클에 비하여 온·배수량이 적다.

- 냉각수의 필요성이 종래의 50 ~ 70% 정도로 해역 환경에 영향을 작게 할 수 있다.
- 냉각수량도 적어 건설입지의 선정이 자유롭다.

ⓢ 자체 단독운전이 가능하여 비상용 전원에 적합하다.

② 단점

⊙ 배기량이 많아지기 때문에 NO_x 등의 배기대책이 필요하다.

ⓛ 소음대책이 필요하다.

ⓒ 불순물이 적은 양질의 연료를 필요로 한다.

038 복합화력발전의 종류, 배열회수방식의 원리 및 특징에 대하여 설명하시오.

data 발송배전기술사 24-132-4-3 / 발송배전기술사 출제예상문제

답안 **1. 개요**

복합발전이란 증기터빈에 의한 기력발전방식에 기력 이외의 방식(가스터빈, MHD, 연료전지 등)을 조합시켜 종합적인 열효율 향상을 도모하는 방식이며, 가장 많이 사용되는 것이 가스터빈 + 증기터빈 방식이다.

2. 원리

(1) 단일 Cycle에서는 도달할 수 없는 저온영역까지 에너지를 두 개 이상의 Cycle을 이용함으로써 고효율 Cycle이 실현된다.

(2) 복합발전방식이 열효율

① 개념도

$$Q_0 \xrightarrow{\eta_1} \boxed{} \xrightarrow{Q_1} \boxed{\eta_2} \xrightarrow{Q_2} \cdots \cdots \xrightarrow{Q_{n-1}} \boxed{\eta_n} \rightarrow Q_n$$

② 복합사이클 터빈계의 열효율

$$\eta_T = 1 - \prod_{i=1}^{n}(1-\eta_i) \quad \cdots\cdots \text{식 1)}$$

③ 전체 열효율

$$\eta = \eta_{gas}\, \eta_T$$

3. 복합화력발전의 종류

(1) Gas 터빈과 스팀터빈의 조합복합발전

① 가스터빈(G/T)의 배기가스를 배열회수 보일러(HRSG)에 보내어 증기생산 후 S/T를 구동하여, G/T 구동에 의한 발전 + S/T 구동에 의한 발전방식이다.

② 단일 Cycle에서는 도달할 수 없는 저온영역까지 에너지를 두 개 이상의 Cycle을 이용함으로써 고효율 Cycle을 실현한다.

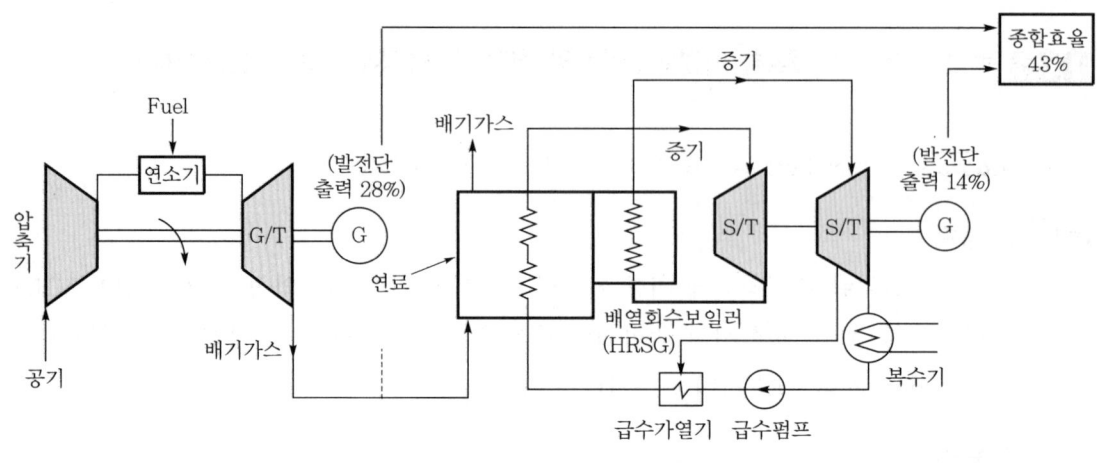

▌배기재연 복합사이클 계통도 ▌

(2) IGCC(석탄 가스화 복합발전)

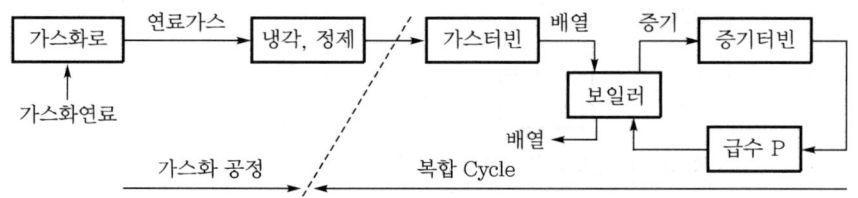

① 석탄을 가스화하는 공정과 복합 Cycle 발전공정으로 구성된다.

② 석탄을 가스화하여 가스터빈연료로 사용하며 열효율은 46% 정도이다.

(3) LNG 냉열이용 복합발전

① LNG는 −162℃ 이하의 저온에서 수송·저장하는 연료로서, 사용 시에는 외부에서 열을 가해서 기화·가열하게 된다.

② 이 기화·승온 과정에서 LNG 온도가 외계온도보다 낮으므로, 외계를 고원열원, LNG를 저온열원으로 해서 에너지를 유용하게 할 수 있는 발전 System이다.

③ LNG를 저온열원으로 해서 에너지를 유효하게 한 랭킨사이클 System이다.

④ 프론(fron R-23)을 작동유체로 하는 랭킨사이클과 LNG를 직접 팽창시키는 사이클을 조합시켜서, 냉열발전 후의 천연가스(NG)는 발전용 및 일반의 연료 사용이 가능하다.

⑤ -162℃의 LNG는 해수를 고온열원으로 하는 Fron을 사용한 랭킨사이클의 응축기(복수기)의 냉각에 사용한다.

⑥ LNG 증발기 내에서 해수로 기회, 괴열히여 천연가스(NG)를 터빈 내에 팽창시켜 회전에너지를 발생시켜 발전하는 방식이다.

(4) PFBC(Pressurized Fluidized Bed Combustion) 복합발전

① 압축공기로 저질탄 연료를 유동상태에서(직경 5 ~ 6mm 정도) 부유시킨 다음 석회석과 모래를 혼합해 연소시켜 증기를 발생시켜서 증기터빈을 가동시킨 후 배기가스를 이용하여 가스터빈을 가동시켜 발전하는 시스템(공기압축은 5 ~ 10kg/cm^2)이다.

② 탈유황장치가 불필요한 복합발전방식이다(열효율은 43% 정도).

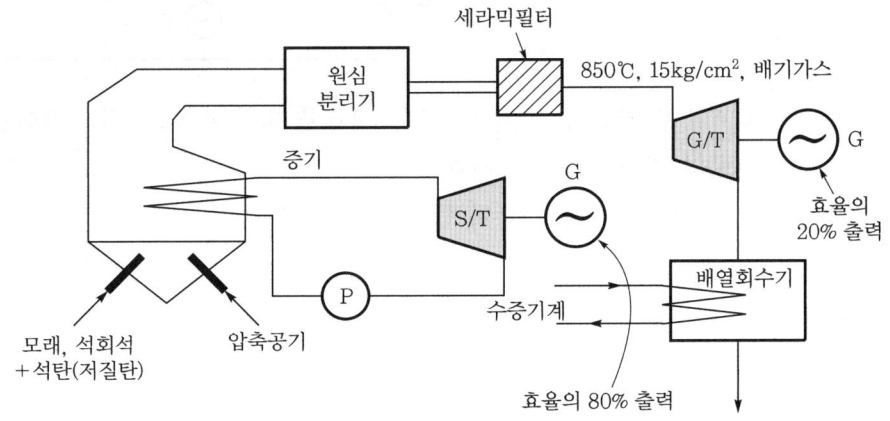

‖ PFBC(Pressurized Fluidized Bed Combustion) 복합발전 ‖

(5) 연료전지 복합발전

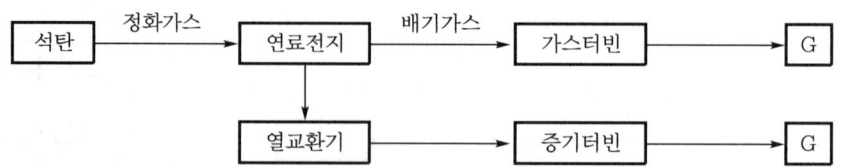

① 연료전지에서 나온 배기가스로 가스터빈을 구동·발전시키며 한편으로는 배열회수 열교환기에서 증기를 발생시켜 증기터빈을 구동·발전시킨다.

② 45% 이상의 고효율이다.

(6) MHD-기력복합발전 System

① MHD 복합발전은 기력발전소의 톱퍼로서 MHD 발전을 이용하는 방식으로, MHD input 온도가 약 3000K, 배기온도 약 2000K으로서 발전소 종합효율이 50% 정도인 시스템이다.

② 기본구성

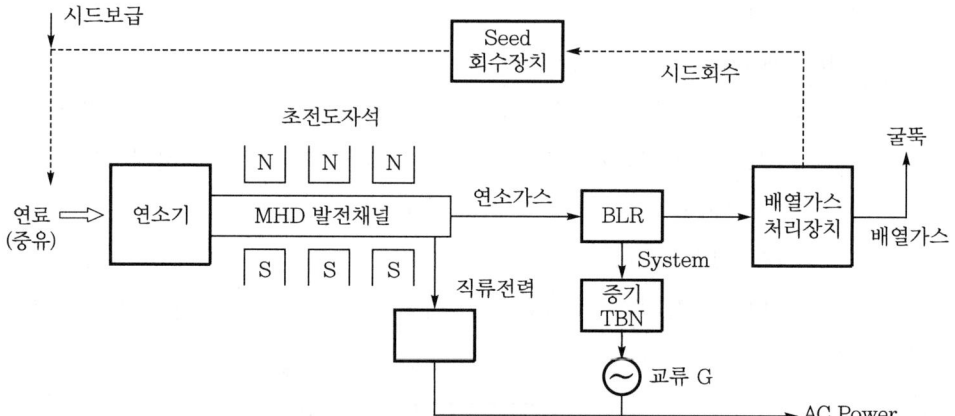

③ 고효율이 가능하다(증기터빈은 열효율 39 ~ 40%, MHD 복합은 50%임).

④ 연료의 다양화가 가능하다.

⑤ 고온부의 회전체를 갖지 않는 발전방식이다.

4. 배열회수방식별 원리 및 특징

방식 구분	구성도	원리 및 특징
배열 회수		• 원리 : 가스터빈의 배기가스를 배열회수 열 교환기(HRSG)에 도입하여 그 열회수에 의해서 증기가 발생함 • 특징 – 가스터빈이 고온화될수록 열효율이 상승하고 비율이 큼(열효율 43% 정도) – 기동시간이 짧음 – 증기터빈의 단독운전은 불가능함 – Plant 출력에 비해 온배수량이 적음 – 기설 Plant의 Replace에 적당함 – 가스터빈의 출력비가 큼 – 가장 간단한 사이클로 많이 사용됨 – 일축형, 이축형, 다축형이 있음
배기 조연		• 원리 : G/T 배기가스에 소량의 연료를 추가하여 재연소함 • 특징 – 조연량이 많으면 증기출력이 증가 – 최적 조연량 설정이 필요함 – 기동시간이 약간 증가함
배기 재연		• 원리 : G/T의 고온배열(400 ~ 550℃)된 Gas를 연소용 공기로 이용하고 Gas 중의 잔유탄소를 재연소함 • 특징 – 운전제어계가 복잡하고 증기터빈의 출력비가 큼 – 보일러에서 사용되는 연료는 가스터빈과 무관하게 사용됨 – 열효율은 가스터빈의 배기가스를 최대로 사용하는 증기 Plant로 하는 경우 최대임 – 배기가스의 잔존산소량이 적어지므로 보일러에 연소공기 보충이 필요(통풍기 설치)함 – 증기터빈의 단독운전 가능(100% 용량의 통풍기 설치 시) – 온배수량은 종래의 화력보다 적음 – 기설 Plant의 Replace가 곤란함

방식 구분	구성도	원리 및 특징
과급 보일러 Cycle	압축기 G/T G 연료 보일러 공기 S/T 열교환기 G 배기 C 급수펌프 급수가열기	• 원리 : G/T의 배기가스를 이용하여 1차적으로 열교환기를 가압 후 열교환기를 나온 배기의 배열로 보일러의 급수를 가열함 • 특징 – (가압보일러+급수가열)의 방식 – 운전제어가 복잡함 – 가압보일러 및 내압구조가 필요함 – 증기터빈 단독운전 안 됨 – 보일러의 사용연료는 가스터빈에 의해 제약이 있음

039 복합사이클(combined cycle) 발전플랜트의 기본개념과 특징에 대하여 설명하시오.

data 발송배전기술사 21-123-1-5 / 발송배전기술사 출제예상문제

답안 1. 복합사이클(combined cycle) 발전플랜트의 기본개념

(1) 2개 이상의 발전방식을 조합시켜 전체적인 발전효율을 향상시킨 시스템이다.

(2) 발전원리

가스터빈(G/T)의 배기가스를 배열회수 보일러(HRSG)에 보내어 증기를 생산한 후 스팀터빈(S/T)을 구동시켜, G/T 구동에 의한 발전 + S/T 구동에 의한 발전방식이다.

(3) 복합사이클 구성에 따른 전체 사이클의 효율

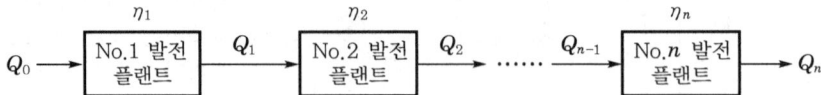

① 복합사이클 터빈계의 열효율 : $\eta_T = 1 - \prod_{i=1}^{n}(1 - \eta_i)$

② 전체 열효율 : $\eta = \eta_{\text{gas}} \, \eta_T$

2. 복합발전의 특징

(1) 장점

① 열효율이 높음 : 복합 Cycle의 설계효율은 G/T 입구온도가 1100℃인 경우 43%로 대형 기력발전소의 40%보다 높다.

② 부분부하 운전 시 열효율 저하가 작음 : 복합화력 출력감발에 따라 G/T를 한 대씩 정지시킬 수 있고 운전 중인 G/T는 최대 출력을 내므로 효율 저하가 작다.

(2) 단점

① 최대 출력이 외기온도에 따라 변화한다.

　㉠ 대기온도가 성능기준온도 15℃보다 낮은 경우 출력이 증가한다.

　㉡ 대기온도가 성능기준온도 15℃보다 높은 경우 출력이 감소한다.

② 사용연료에 따른 성능변화가 심하다. 연료가스가 직접 터빈에 유입되므로, 연료에 따라 터빈성능이나 HRSG에 많은 영향을 미친다.

③ 청정연료 미사용 시의 문제점

　㉠ 터빈날개 부식

　㉡ 연료 미연분 부착으로 열효율 저하

　㉢ 저온 부식에 의한 열효율 저하

　㉣ 질소분이 많은 연료 사용 시 연소온도가 높으면 과잉공기로 다량의 질소산화물 배출

④ 배기량이 많아서 NO_x 등의 배기공해대책이 필요하다.

⑤ 소음대책이 필요하다.

---

040 증기 사이클과 가스터빈 사이클을 조합하는 복합발전에 대하여 구성도를 그리고 특징에 대하여 설명하시오.

(data) 발송배전기술사 24-133-1-4 / 발송배전기술사 출제예상문제

답안 **1. 개요**

　* Chapter 02 - 문제 038의 답안 '1.' 내용을 참조한다.

2. 원리

　* Chapter 02 - 문제 038의 답안 '2.' 내용을 참조한다.

3. 복합화력발전의 종류

* Chapter 02 - 문제 038의 답안 '3./(1)' 내용을 참조한다.

4. 복합발전의 특징

* Chapter 02 - 문제 039의 답안 '2.' 내용을 참조한다.

---

041 석탄가스화 발전소에서 연료열량을 Q_0, 가스터빈 입력열량을 Q_1, 가스터빈 출구열량을 Q_2, 증기터빈 입력열량을 Q_3, 증기터빈 출구열량을 Q_4 라고 할 때 석탄가스화계의 효율까지 고려한 전체 열효율을 계산하시오.

data 발송배전기술사 20-121-1-2 / 발송배전기술사 출제예상문제

답안 **1. 복합사이클 구성에 따른 전체 사이클 효율**

(1) 개념도

$$Q_0 \rightarrow \boxed{\eta_1} \xrightarrow{Q_1} \boxed{\eta_2} \xrightarrow{Q_2} \cdots\cdots \xrightarrow{Q_{n-1}} \boxed{\eta_n} \rightarrow Q_n$$

(2) 복합사이클 터빈계의 열효율

$$\eta_T = 1 - \prod_{i=1}^{n}(1 - \eta_i) \cdots\cdots\cdots\cdots\cdots\cdots \text{식 1)}$$

(3) 전체 열효율

$$\eta = \eta_{\text{gas}}\, \eta_T$$

2. 열효율 산출

(1) 각 단계별 효율 산출

① 연료에서 가스화하는 전환 열효율

$$\eta_{\text{gas}} = \frac{Q_1}{Q_0}$$

② 가스터빈의 효율

$$\eta_{GT} = \frac{Q_1 - Q_2}{Q_1}$$

③ 증기터빈의 효율

$$\eta_{ST} = \frac{Q_3 - Q_4}{Q_3}$$

④ 따라서, 터빈계의 효율은 식 1)에 의하여

$$\eta_T = 1 - \prod_{i=1}^{n}(1 - \eta_i)$$

$$= 1 - (1 - \eta_{GT})(1 - \eta_{ST})$$

$$= 1 - \left(1 - \frac{Q_1 - Q_2}{Q_1}\right)\left(1 - \frac{Q_3 - Q_4}{Q_3}\right) \quad \text{········· 식 2)}$$

(2) 또한, 가스화계도 포함된 효율이 전체 효율이므로 다음과 같이 된다.

$$\eta = \eta_{\text{gas}}\, \eta_T \quad \text{··································· 식 3)}$$

(3) 그러므로 각 부분의 열량을 Q_i로 나타내면서 식 2)를 식 3)에 대입하면 열효율 η는 다음과 같다.

$$\eta = \eta_{\text{gas}}\, \eta_T$$

$$= \frac{Q_1}{Q_0} \times \left\{1 - \left(1 - \frac{Q_1 - Q_2}{Q_1}\right)\left(1 - \frac{Q_3 - Q_4}{Q_3}\right)\right\}$$

$$= \frac{Q_1}{Q_0}\left(1 - \frac{Q_2 Q_4}{Q_1 Q_3}\right)$$

042 석탄가스화 복합발전(IGCC : Integrated Gasification Combined Cycle)에 대하여 설명하고, 기존 석탄화력발전과 구별되는 특징을 설명하시오.

043 IGCC(Integrated Gasification Combined Cycle)와 IGFC(Integrated Gasification Fuel Cell Combined Cycle)에 대하여 설명하시오.

(data) 발송배전기술사 23-131-1-6·20-122-4-1 / 발송배전기술사 출제예상문제

답안 1. IGCC 구성과 원리

(1) 구성도

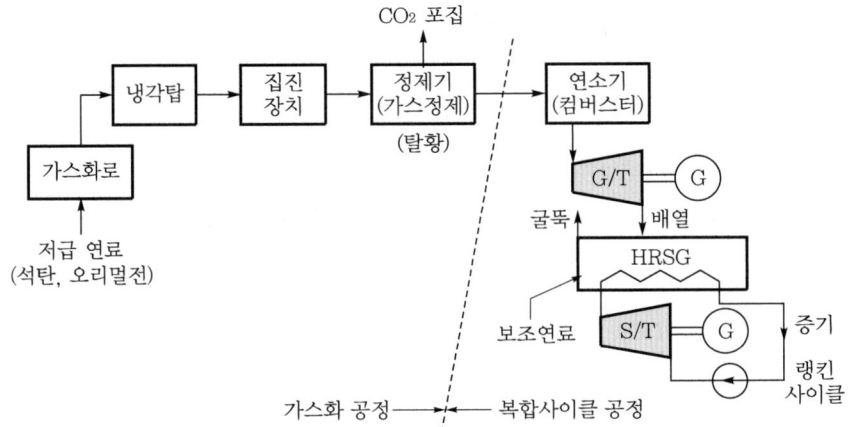

(2) IGCC의 원리

합성가스의 생성기술은 저질석탄을 고압·고온하에 증기 및 공기(산소)와 반응 시 CO, H₂, CO₂, CH₄, N₂ 등의 혼합 합싱가스를 생싱한다.

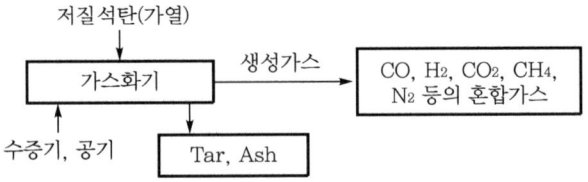

2. 기존 석탄화력발전과 구별되는 특징(IGCC의 장단점)

(1) 장점

① IGCC 발전소는 석탄을 고온·고압에서 연소시켜 얻은 일산화탄소와 수소가 주성분인 합성가스를 정제한 연료로 만들어 가스터빈과 증기터빈을 돌리는 고효율 친환경 발전시스템으로, 발전효율이 40%로 기존보다 높은 효율을 구

현할 수 있고(한국형은 향후 효율을 70%까지) 유해물질과 오염물질이 거의 나오지 않는다는 최대 장점이 있다.

② 진보된 G/T 기술의 1500℃급 G/T를 이용할 경우 52% 초과되는 효율도 예상 된다.

③ 저질연료(석유, 코코스, 천연아스팔트, 석탄, 중질유)에도 적용할 수 있어 연료전지와 조합 시 발전단 효율은 55% 이상 가능하다.

④ 대기오염물질(NO_x, 분진, SO_x)의 배출량이 감소되고, 고효율에 의한 이산화 탄소 배출량이 감소되는 환경특성이 매우 우수하다.

⑤ 온·배수량도 30% 감소되어 환경성능이 매우 우수하다(기존 석탄화력 대비 물 사용량도 20 ~ 40% 가량 줄일 수 있음).

⑥ IGCC는 이산화탄소 포집설비와 연계 시 기존 석탄화력에 비해 저비용으로 이산화탄소를 제거할 수 있어 약 15%의 발전단가 감소가 가능하다.

⑦ 따라서, 환경제약 극복요소가 크다(연소 시 SO_2 해결 등으로 입지 확보가 일반 화력보다 우수).

⑧ 연료공급, 가격의 안정성이 높다.

⑨ 미분탄기 불요로 동력소모가 작다.

⑩ 기존 발전설비와 달리 연료를 연소하기 전에 공해물질을 쉽게 제거할 수 있어 황산화물, 질소산화물, 먼지를 청정연료인 LNG 수준까지 줄일 수 있다.

⑪ IGCC 기술의 핵심인 석탄가스화 기술은 발전시스템에 적용하는 것뿐만 아니라 합성가스인 대체천연가스(SNG), 청정연료(DME), 수소 등을 생산할 수 있다(현재 국내에서 포스코가 전남 광양에 연간 50만 톤 생산규모의 SNG플랜트를 건설 중).

⑫ 또한, 암모니아, 메탄올, 요소, 비료 등 화학원료를 생산하는 기술로 확대되고 있는데(중국은 석탄화학플랜트 약 30여 기 운영 중), 전기생산과 다양한 연료 및 원료를 동시에 생산하는 병산(poly generation) 시스템을 구축할 경우 비용절감과 에너지 전환효율이 향상된다.

⑬ 더 나아가 석탄액화(CTL) 플랜트와 연계해 액체연료를 생산할 수 있어 석유 대체도 가능하다.

⑭ 아울러 합성가스를 연료전지에 공급해 전력을 생산하는 석탄가스화 연료전지(IGFC) 개발, 이산화탄소의 포집 및 저장기술(CCS) 개발 등 다양한 연계기술과의 접목이 가능하다.

(2) IGCC의 단점

　① 가스화로 및 냉각, 정제 등의 가스화 공정상 설비가 복잡하여 제어가 복잡하다.

　② 대형화가 필요하여 경제성이 일반 발전방식보다 뒤진다(공정분류 : 가스화공정 + 복합사이클).

　③ 가스화 공정 시 가스터빈에 유입된 가스에 의한 터빈의 부식과 가스화로의 Scale 등의 퇴적작용이 발생한다.

　④ 운영 안정화와 저비용화가 필요하다.

3. IGFC(Integrated Gasification Fuel Cell Combined Cycle)

(1) 구성

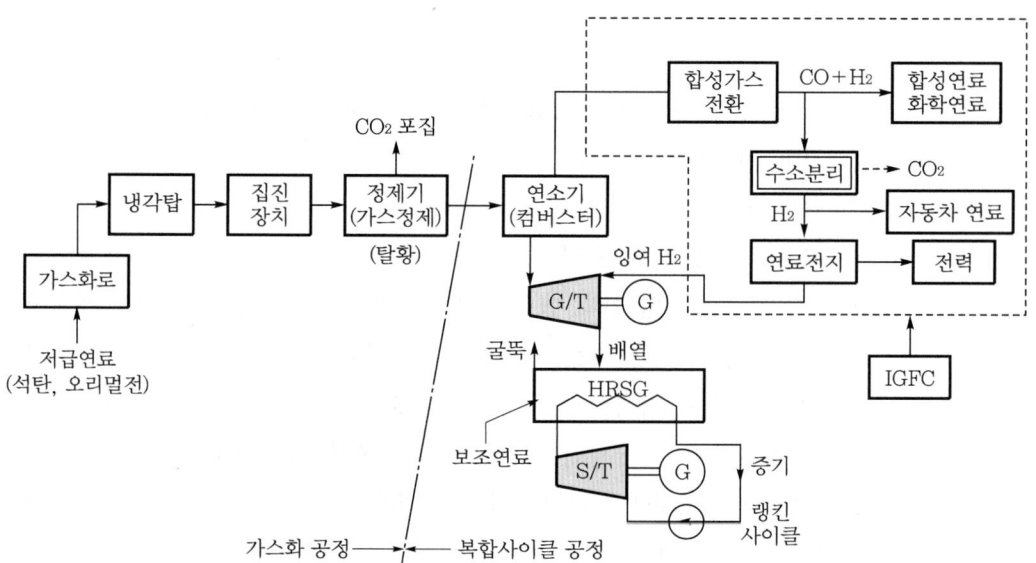

(2) 원리

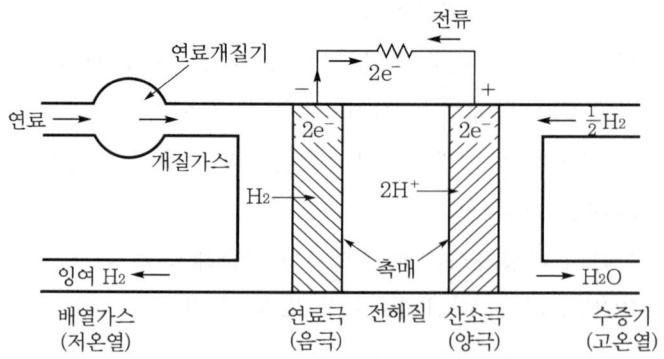

① IGCC 가스화 공정에서 발생된 CO, H_2에서 수소를 분리하여 연료전지로 전력을 생산한다.

② 연료전지의 원리

    ㉠ 연료극 : $H_2 + 촉매 \rightarrow 2H^+ + 2e^-$

    ㉡ 산소극 : $\frac{1}{2}O_2 + 2H^+ + 2e^- \rightarrow H_2O$

    ㉢ 최종반응식 : $H_2 + \frac{1}{2}O_2 \rightarrow H_2O + 전력 + 열(241.8J)$ (고온열, 수증기 발생)

③ IGCC 복합화력 연료전지의 종류 중 MCFC, SOFC, PEMFC에 적용한다.

구분	제2세대형 (용융탄산염형, MCFC)	제3세대형 (고체 전해질형, SOFC)	제4세대형 (고체 고분자형, PEMFC)
전해질	리튬–나트륨계 탄산염 리튬–칼륨계 탄산염	지르코니아계 세라믹스 (지르코니아 ZrO_2 산화칼슘의 혼합물 등)	고분자막
작동온도	650 ~ 700℃	900 ~ 1000℃	70 ~ 90℃
연료	천연가스 석탄가스화 가스	천연가스 석탄가스화 가스	수소 메탄올(개질) 천연가스(개질)
발전효율	45 ~ 60%	45 ~ 65%	30 ~ 40% (개질가스 사용의 경우)
용도	• 분산배치형 • 대용량 화력 대체형	• 수용가 근처 • 분산배치형	• 수용가 근처, 전기자동차용 • 분산배치형
특징	• 고발전 효율 • 내부개질이 가능	• 고발전 효율 • 내부개질이 가능	• 저온에서 작동 • 고에너지 밀도 • 이동용 동력원 및 소용량 전원에 적합

(3) IGFC의 특징

① 장점

    ㉠ 고효율 발전

    ㉡ 다양한 저급 원료를 활용할 가능성이 매우 크다.

    ㉢ 친환경적이다(SO_x, NO_x 저감).

    ㉣ 수소연료 생산 기지화 가능성이 크다.

    ㉤ CO_2를 포집하여 별도로 처리할 수 있다.

② 단점

    ㉠ 고가, 대형, 초기 투자비용이 증가한다.

    ㉡ 연료전지와 IGCC의 복합설비로 제어가 복잡하다.

ⓒ 연계 System의 최적화, System의 고효율화 방안이 요구된다.

ⓔ 운영안전화 및 저비용화가 요구된다.

4. 비교

구분	IGCC (석탄가스화 복합발전)	IGFC (석탄가스화 연료전지 복합발전)
발전시스템	 GT + ST	 GT + ST + 연료전지(FC)
효율	약 50%	약 60%
환경효과	이산화탄소 15% 저감	이산화탄소 25% 저감
국내 적용	서천화력에 300MW 운전 중	• PEMFC나 SOFC나 MCFC의 경우에는 수소 뿐만 아니라 일산화탄소도 연료로 함 • 20년부터 현재 태안화력에서 합성가스-수소연료전지 연계운전 테스트 중임

---

044 석탄은 여러 이점으로 화력발전용 연료로서, 그 이용이 확대되고 있다. 이러한 화력발전의 연료이용의 고도화, 다양화 및 깨끗한 석탄이용기술(clean coal technology) 측면에서 석탄을 활용한 대표적인 발전방식에 대하여 설명하시오.

data 발송배전기술사 24-133-4-6 / 발송배전기술사 출제예상문제

답안 1. COM(Coal Oil Mixture)

(1) 정의

석탄을 미세하게 분쇄하여 중유와 거의 같은 양식으로 혼합해서 액화 연료로한 석탄과 중유의 혼합 발전용 연료이다.

(2) 특징

① 연료의 탱크수송, 저장, 파이프에 의한 수송이 가능하여 석탄에 비해 취급이용이하다.

② 회처리 설비가 필요하지 않다.

③ 환경적인 문제 발생에 대한 일종의 대안이다.

2. IGCC

＊ Chapter 02 - 문제 043의 답안 '1·2' 내용을 참조한다.

3. IGFC(Integrated Gasification Fuel Cell Combined Cycle)

＊ Chapter 02 - 문제 043의 답안 '3.' 내용을 참조한다.

4. PFBC(Pressurized Fluidized Bed Combustion)

(1) 개념

저질탄 연료를 유동상태에서(직경 5 ～ 6mm 정도) 부유시킨 다음 석회석과 모래를 혼합시켜 연소함으로써 탈유황장치가 불필요한 복합발전방식이다.

(2) 원리

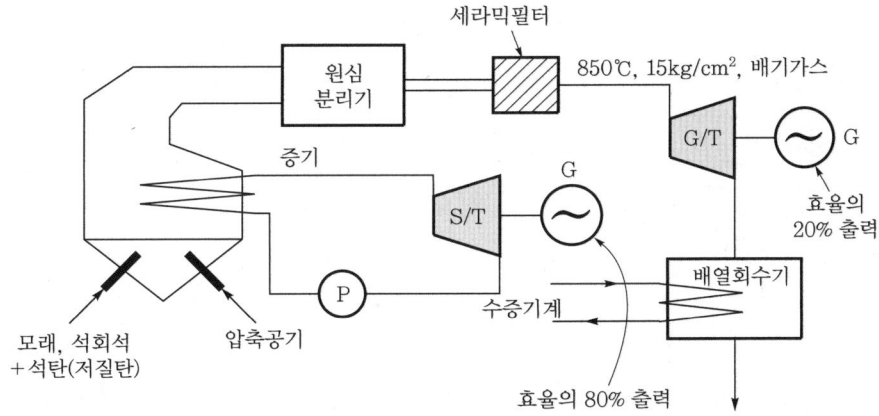

(3) 특징

① 공기압축은 5 ～ 10kg/cm^{2}이다.

② 열효율은 43%이다.

③ 가스터빈 + 증기터빈 복합으로 열효율이 높다.

④ 탈유황장치와 통풍장치가 필요하지 않다.

⑤ 입지공간의 확보가 일반 화력보다 쉽다.

⑥ 분탄을 만들 필요가 없어 소내 전력이 절감되어 송전효율도 증가된다.

⑦ 연료가 다양하다(고질탄, 저질탄, 석탄폐석 등).

⑧ 환경 안정성이 크다(탈유황장치 불필요).

$$CaCO_3 + 열 \rightarrow CaO + CO_2 \rightarrow CaO + SO_2 + \frac{1}{2}O_2 \rightarrow CaSO_4(석고 \ 생성)$$

⑨ 미분탄기가 불필요하고 보일러의 소형화가 가능하다.

⑩ 유동층에서 연소된 가스가 직접 가스터빈에 유입되므로, 터빈날개 부식이 심하여 3 ~ 4년에 1회씩 터빈날개 교체작업이 필요하다.

⑪ 전열관 마모, 부식이 발생한다.

⑫ 탈초 대책이 요구된다.

⑬ Scale merit가 작다.

⑭ **적용** : 국내 동해화력 20만kW 2기

SECTION 06 전기자기학 관련

045 전류와 자계와의 관계를 나타내는 암페어의 주회적분법칙에 대하여 설명하시오.

data 발송배전기술사 24-133-1-1 / 발송배전기술사, 건축전기설비기술사 출제예상문제

답안 1. 암페어의 주회적분법칙에 대한 개념 및 관계식 유도

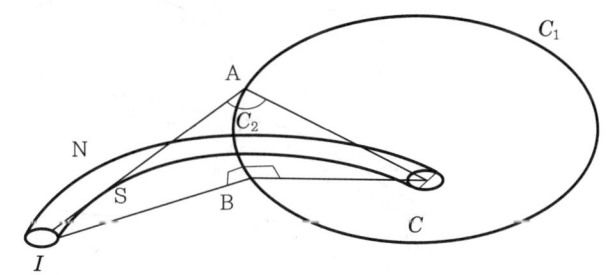

‖ Ampere의 주회적분 ‖

(1) 그림과 같이 I의 전류회로와 쇄교하는 임의의 폐곡선 C를 따라 단위정자극을 운반할 경우 전류와 등가인 막대자석 NS에 의한 자계를 H라 하고 폐곡선 C 위의 두 점 A·B를 등가 막대자석의 양면에 극히 가깝게 잡으면 곡선 C_1을 따라 A에서 B까지 단위정자극을 운반하는 데 소요되는 일은 $W = \int_{C_1} H \cdot dl$이다.

(2) 막대자석 양측의 2점 A·B 간의 자위차는 점 A·B를 면에 무한히 접근시킬 경우 이므로 자위차는 다음과 같다.

$$U = \frac{K}{\mu_o} \cdot I$$

(3) $\int_{C_1} H \cdot dl = \int_{C_1 + C_2} H \cdot dl$

즉, $\oint_C H \cdot dl = \frac{K}{\mu_o} \cdot I$

(4) MKS 단위계에서는 $\frac{K}{\mu_o}$가 1이 되도록 자계의 단위를 정하므로 적분으로 C와 N개의 전류가 쇄교할 경우에는 $\oint H \cdot dl = NI$의 관계식이 성립한다.

(5) $\oint H \cdot dl = NI$ 식은 전류와 자계의 관계를 양적으로 결부시키는 중요한 기본정리의 하나로 Ampere의 주회적분법칙이라 한다.

(6) 다음 그림과 같이 N회의 코일인 경우에서 Ampere의 주회적분법칙을 설명하면, 앞의 그림과 같이 폐곡선 C상에서 정자극 운반 시의 경우와 같은 것이다.

$$\int Hdl = \sum_{n=1}^{n} NI$$

여기서, N : 횟수

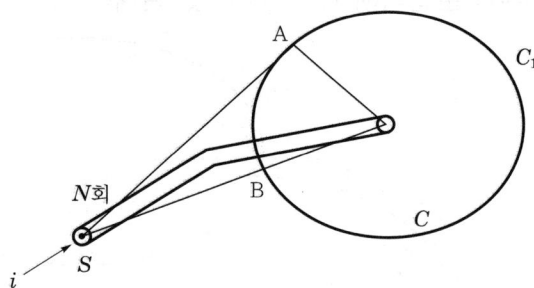

2. 무한 직선전류에 의한 자계의 세기

(1) $\oint H \cdot dl = NI[\text{AT}]$에서 $H \cdot l = I[\text{A}]$이고, 자계 $H = \dfrac{I}{l}[\text{AT/m}]$가 된다. 무한 직선전류이므로 N횟수는 1이다.

(2) 아래 그림과 같이 $r[\text{m}]$ 떨어진 점의 자계세기는

$H = \dfrac{I}{l}[\text{AT/m}]$에서 $l = 2\pi r$이 되어 $H = \dfrac{I}{2\pi r}[\text{AT/m}]$이다.

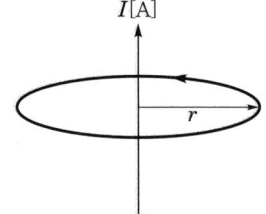

▮ 무한장 직선전류에 의한 자계 ▮

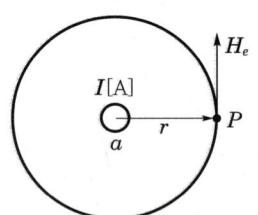

▮ 직선전류에 의한 자계 ▮

(3) 즉, 무한 직선전류에 의한 자계의 세기는 거리에 반비례한다.

3. 원형 코일에 의한 자계의 세기

(1) 비오-사바르의 법칙에 의하여 원형 코일 중심의 자계는 $dH = \dfrac{Idl}{4\pi r^2}\sin\theta[\text{AT/m}]$이다.

(2) $\theta = 90°$이므로 $dH = \dfrac{I \, dl}{4\pi r^2} \sin 90° = \dfrac{I \cdot dl}{4\pi r^2}\,[\text{AT/m}]$

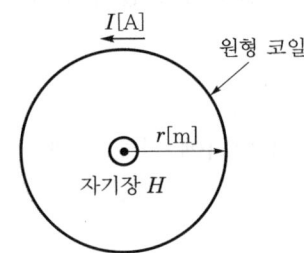

(3) 그러므로 원형 코일 둘레길이에 해당하는 자계 H는 주회적분하여 자계를 구하면 다음과 같다.

$$H = \int_0^{2\pi r} \frac{I\,dl}{4\pi r^2} = \frac{I}{4\pi r^2} \int_0^{2\pi r} dl$$

$$= \frac{I}{4\pi r^2} \big[\, l \,\big]_0^{2\pi r} = \frac{I}{4\pi r^2}(2\pi r) = \frac{I}{2r}\,[\text{AT/m}]$$

046 전류와 자계의 세기에 관한 비오-사바르의 법칙(Biot-Savart's law)에 대해 설명하시오.

data 발송배전기술사 18-116-1-7 / 발송배전기술사, 건축전기설비기술사 출제예상문제

답안 ♂ 비오-사바르의 법칙과 자계

(1) 정의

비오-사바르의 법칙이란 전류 I가 흐르는 폐회로 C 중 미소부분 $\overline{\text{AB}}\,(dl)$에 의한 임의의 점 P의 자계는 $dH = \dfrac{I\,dl}{4\pi r^2}\sin\theta\,[\text{AT/m}]$이다.

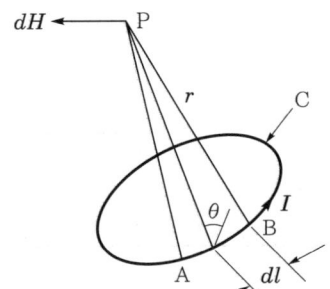

여기서, r : dl[cm]와 점 P 사이의 거리
θ : 전류방향과 r이 이루는 각도
l[cm] : 도체 전체의 길이

(2) 자계의 방향

점 P와 dl의 관계로 결정되며 면에 수직으로 암페어의 오른손법칙에 의한 방향이다.

(3) 자계의 크기

앞의 비오−사바르의 법칙에 의해 전체 임의의 전류도선에 의한 자계는 다음과 같다.

$$H = \int_l dH = \frac{I}{4\pi} \int_l \frac{dl}{r} \sin\theta \, [\text{AT/m}]$$

(4) 적용

① 암페어의 주회적분법칙에 의한 자계 : 도체가 대칭성을 갖는 경우에 자계산출 시
② 비오−사바르법칙에 의한 자계 : 도체가 임의의 불규칙한 형태에서 자계산출 시

---

047 플레밍의 법칙을 발전기 및 전동기 원리와 연계하여 설명하시오.

data 발송배전기술사 21−123−1−11 / 발송배전기술사, 건축전기설비기술사 출제예상문제

답안

구분	플레밍의 오른손법칙	플레밍의 왼손법칙
정의	자계 내에서 도체가 운동을 할 때 유기되는 기전력의 방향을 결정하는 법칙	전류와 자계 간에 작용하는 힘의 방향을 결정하는 법칙으로, 힘을 결정하는 법칙
표현식	$\dot{E} = \dot{v} \times \dot{B}\, l \sin\theta \,[\text{V}]$ 여기서, $E[\text{V}]$: 유기기전력 　　　$B[\text{Wb/m}]$: 자속밀도 　　　$v[\text{m/s}]$: 도체 운동속도 　　　θ : 자계와 도체(전류)가 이루는 각	$\dot{F} = \dot{I} \times \dot{B}\, l \sin\theta \,[\text{N}]$ 여기서, $F[\text{N}]$: 전자력 　　　$B[\text{Wb/m}]$: 자속밀도$(B = \mu H)$ 　　　$H[\text{AT/m}]$: 자화력 　　　$I[\text{A}]$: 전류 　　　$l[\text{m}]$: 자계 중의 도체길이
적용	발전기	전동기
벡터도와 개념도	엄지는 F의 방향(속도) 검지는 B 방향(자속방향) 중지는 e 방향(유기기전력 방향)	여기서, F : 로렌츠의 힘

048 Faraday의 전자유도법칙(law of electromagnetic induction)을 설명하시오.

data 발송배전기술사 18-115-1-1 / 발송배전기술사, 건축전기설비기술사 출제예상문제

답안 Faraday의 전자유도(law of electromagnetic induction) 3법칙

(1) Faraday의 법칙

① 임의의 폐회로 C를 쇄교하는 자속 ϕ[Wb]가 시간 dt[s] 동안에 $d\phi$[Wb]만큼 변화하면 그 폐회로에는 쇄교자속의 변화량에 비례하는 기전력 $\left(e = \dfrac{d\phi}{dt}\right)$ 이 유기된다.

② 쇄교자속 $d\phi$의 원천이 영구자석의 이동일 경우(아래 그림의 자석의 이동^{move}) 역기전력에 의한 전류 $-di$ [A]가 흐른다.

③ 쇄교자속 $d\phi$의 원천이 $di^{②}$일 경우

  ㉠ 전류의 변화를 방해하는 반작용 $-di$ 때문에 $di^{①}$의 변화는 갑자기 일어날 수 없다.

  ㉡ Coil에서 전류는 갑자기 바뀔 수 없으며 전압보다 위상이 90° 뒤진다.

  ㉢ Coil에 전원을 인가한 순간에 전류는 Zero라고 볼 수 있고, 이 의미는 회로가 개방상태라는 것이다.

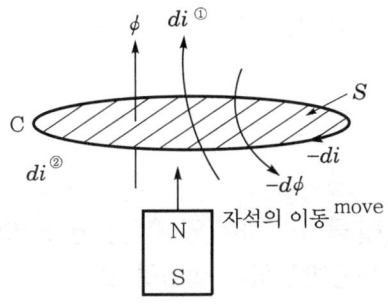

(2) Lenz의 법칙

위 그림과 같이 자석이 이동할 때 유기기전력의 방향은 그 유기기전력에 의해서 전류가 흐르게 될 때 형성되는 자속이 처음의 쇄교자속의 변화를 방해하는 방향 ($-d\phi$)으로 된다.

(3) Neumann의 법칙

① N턴수를 가진 폐회로의 인덕턴스를 L[H], 전류의 변화를 di[A]라 하면 쇄교 자속 $N\phi$는 $N\phi = Li$이다. (여기서, N : 권수(turn))

$\therefore$ 유기기전력 $e = -N\dfrac{d\phi}{dt} = -L\dfrac{di}{dt}$ [V]

② 위 식은 패러데이의 개념과 렌츠가 방향에 관하여 규정한 개념을 노이만이 수식화한 것으로서, 패러데이-노이만의 식이라 부르기도 한다.

---

reference

교류자기회로 코일에 시변자속 인가 시 유도기전력의 응용(전자유도법칙의 응용)

(1) 변압기에서의 응용

① 교류자기회로 코일 : 전자유도법칙의 대표적인 형태로 변압기를 말한다.

② 유기기전력의 방향에 따른 전계를 E[V/m], 그 방향 미소길이를 dl[m]라 하면 기전력은 다음과 같이 전계를 폐회로를 따라 일주 적분한 표현으로 나타낼 수 있다.

$$e = -N\frac{d\phi}{dt} = -L\frac{di}{dt} = \oint_c E\, di \text{ [V]}$$

③ 자속의 순시치는 $\phi(t) = \phi_m \cos\omega t$ [Wb]이며, 자속을 미분한 것이 유기기전력(e)이므로 위상은 자속보다 $90°$ 뒤진다.

즉, $e = -N\dfrac{d\phi}{dt} = -N\phi_m \dfrac{d}{dt}\cos\omega t = \omega N\phi_m \sin\omega t = V_m \sin\omega t = \sqrt{2}\, V\sin\omega t$ [V]

④ 유기기전력의 실효치 $V = \dfrac{\omega N\phi_m}{\sqrt{2}} = \dfrac{2\pi f N\phi_m}{\sqrt{2}} = 4.44 f N\phi_m$ [V]

(2) 기타 전자유도법칙의 응용 예

발전기, 전동기, 적산전력계 등

---

049 파동방정식은 매질을 이동하며 일어나는 전자파의 특성을 해석할 수 있다. 맥스웰방정식을 이용하여 파동방정식을 설명하시오.

data 건축전기설비기술사 18-115-4-4 / 발송배전기술사, 건축전기설비기술사 출제예상문제

답안 1. 맥스웰방정식(Maxwell-equation)

(1) 정의

맥스웰방정식[Maxwell 방정식(方程式), Maxwell's equations]이란 전기와 자기의 발생, 전기장과 자기장, 전하밀도와 전류밀도의 형성을 나타내는 4개의 편미분 방정식을 말한다.

(2) 맥스웰법칙의 구분

이름	미분형 맥스웰방정식 (적분형 맥스웰방정식)	의미
맥스웰 제1법칙 (앙페르-맥스웰 회로법칙)	$\dot{\nabla} \times H = kE + \varepsilon\dfrac{\partial E}{\partial t}$ $\left(\oint_c H \cdot dl = I + \dfrac{d\phi_E}{dt}\right)$ 혹은 $\dot{\nabla} \times \dot{H} = J + \dfrac{\partial D}{\partial t}$ $\left(\oint_C \dot{H} \cdot dl = NI\,[\mathrm{AT}]\right)$ $*\dfrac{\partial D}{\partial t}$: 전속밀도의 시간적 변화	[미분형] • 회전자계는 전도전류와 변위전류에 의해 발생 • 전도전류(밀도)뿐만 아니라 전속밀도의 시간적 변화, 즉 변위전류(밀도)도 그 주위에 회전자계를 형성함 [적분형] • 자계를 선적분하면 전류와 같음(앙페르 주회 적분 법칙) • 전류 주위의 자계를 회전방향에 따라 일주 적분하면 그 원천인 전류의 크기와 동일(앙페르 회로)
맥스웰 제2법칙 (패러데이의 전자기유도법칙)	$\dot{\nabla} \times \dot{E} = -\dfrac{\partial B}{\partial t}$ $\left(\oint_C E \cdot dl\right.$ $=-\dfrac{d}{dt}\oint_S B \cdot dS$ $\left.혹은 \; e=-N\dfrac{d\phi}{dt}\right)$	[미분형] • 회전전계는 자속의 변화를 반대하는 방향으로 발생 • 자속의 시간적 변화가 있으면 그 주위에 회전전계가 형성됨 [적분형(패러데이의 법칙)] • 자속의 변화를 반대하는 방향으로 역기전력 발생 • 쇄교자속의 변화량에 비례하여 자속의 변화를 방해하는 방향으로 역기전력이 유기됨
맥스웰 제3법칙 (가우스법칙)	$\nabla \cdot D = \rho$ $\left(\int_S D \cdot dS\right.$ $\left.=\int_V \rho \cdot dV = Q_C\right)$	[미분형] • 고립전하가 존재함 • 전속밀도의 발산은 체적전하밀도의 크기와 같음 [적분형] • 폐곡면 내의 전속의 합은 내부전하량과 같고, 전속밀도의 발산은 불연속임(가우스 법칙) • 단, 전하가 없는 공간에서는 전속밀도의 발산도 없음
맥스웰 제4법칙 (가우스 자기법칙)	$\nabla \cdot B = 0$ $\left(\int_S B \cdot dS = 0\right)$	[미분형] 고립전하(磁荷)는 존재하지 않으며 자속밀도의 발산은 0임 [적분형] 폐곡면 내 자속의 합은 항상 0임

┃ 맥스웰법칙에 적용되는 기호 ┃

기호	의미	단위
∇	발산연산자[발산 Nabla]	1/m
$\dot{\nabla}$	Gradient(기울기)	
$\dot{\nabla} \times$	회전연산자[회전 나블라]	1/m
∇^2	라플라시안	–
$\dot{H}$	자계(강도)	A/m
$\dot{E}$	전계	V/m
J	전류밀도	A/m^2
∂D	전속밀도의 편미분	C/m^2
∂t	시간의 편미분	–
$\oint_C$	주회적분	–
B	자속밀도	Wb/m^2
I	전류	A
dS	곡면 S에 대한 미분 수직 벡터 요소	m^2
dV	곡면 S에 둘러싸인 부피 미분요소	m^3
dl	곡면 S의 둘레의 미분 벡터요소	m
N	턴수(코일이 감기는 횟수)	–
ρ	자유전하밀도	C/m^2
$\oint_S$	면적에 대한 주회적분	–

2. 맥스웰방정식을 이용한 파동방정식의 유도

(1) 유도

① 맥스웰 제1법칙인 $\dot{\nabla} \times \dot{H} = kE + \varepsilon \dfrac{\partial E}{\partial t}$ 의 양변을 Curl하여 파동방정식을 유도한다.

㉠ 좌변은 $\nabla \times \dot{\nabla} \times \dot{H} = \nabla(\nabla \cdot H) - \nabla^2 H = -\nabla^2 H \; (\because \nabla \cdot H = 0)$

㉡ 우변은 $k \nabla \times E + \varepsilon \dfrac{\partial \nabla \times E}{\partial t} = -k\mu \dfrac{\partial H}{\partial t} - \varepsilon\mu \dfrac{\partial^2 H}{\partial t^2}$

$\therefore \nabla^2 H = k\mu \dfrac{\partial H}{\partial t} + \varepsilon\mu \dfrac{\partial^2 H}{\partial t^2}$

② 맥스웰 제2법칙인 $\dot{\nabla} \times \dot{E} = -\dfrac{\partial B}{\partial t}$ 의 양변을 Curl하여 파동방정식을 유도한다.

'①'과 같은 방법으로 $\nabla^2 E = k\mu \dfrac{\partial E}{\partial t} + \varepsilon\mu \dfrac{\partial^2 E}{\partial t^2}$ 가 된다.

(2) 파동방정식의 활용

① 전자파이론 : 속도, 방향(포인터 벡터 $\dot{P} = \dot{E} \times \dot{H}$)

② 진행파의 투과반사 : 특성 임피던스, 이상전압 해석

③ 장거리 송전선로 해석 : 분포정수회로 → 감쇄정수, 위상정수

④ 표피효과 : 표피효과 두께는 파동방정식으로부터 유도

⑤ 발전기, 변압기, 전동기 등 대부분의 전기기기에 응용

⑥ 전력의 생산, 운송, 소비하는 영역까지 거의 모든 구간에 적용되는 법칙

⑦ 전자파가 인체에 미치는 영향의 해석에도 활용함

---

050 변위전류 및 변위전류가 포함된 맥스웰방정식(암페어법칙)을 설명하시오.

data 발송배전기술사 23-130-1-4 / 발송배전기술사, 건축전기설비기술사 출제예상문제

답안 **1. 변위전류**

(1) 정의

유전체나 진공 등에 흐른다고 가상한 전속밀도의 시간적 변화율에 의한 전류를 말한다.

(2) 개념도

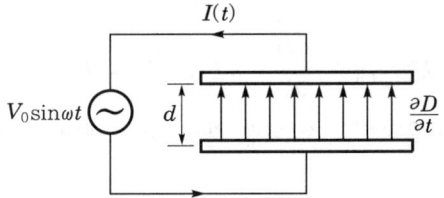

2. 변위전류가 포함된 맥스웰방정식(암페어법칙)

(1) 변위전류밀도

① $j_d = \dfrac{\partial D}{\partial t} = \varepsilon \dfrac{\partial E}{\partial t} \, [\mathrm{A/m^2}]$ (순시치)

② 변위전류밀도란 전속밀도의 시간적 변화율을 의미한다.

(2) 미분형 전류연속의 법칙

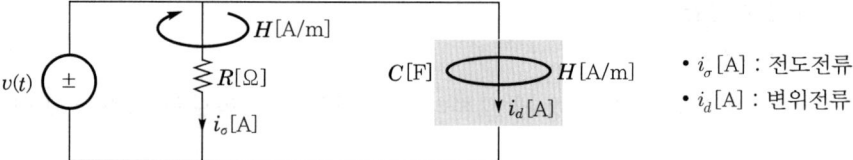

$$\mathrm{div}\,j = \dot{\nabla} \cdot j = -\frac{\partial \rho}{\partial t}\,[\mathrm{C/m^3 \cdot s}]$$

$$\therefore\ \dot{\nabla} \cdot j + \frac{\partial \rho}{\partial t} = \dot{\nabla} \cdot j + \dot{\nabla} \cdot \frac{\partial \dot{D}}{\partial t} = \dot{\nabla} \cdot \left(j + \frac{\partial \dot{D}}{\partial t}\right) = 0$$

즉, 전류밀도 $j\,[\mathrm{A/m^2}]$의 발산은 공간체적전하 $\rho\,[\mathrm{C/m^3}]$의 시간적 감소율과 같다.

(3) 미분형 암페어법칙의 변형과 변위전류가 포함된 맥스웰방정식(암페어법칙)

① 도체의 암페어법칙 : $\dot{\nabla} \times \dot{H} = j_\sigma\,[\mathrm{A/m^2}]$

이 식의 의미는 전도전류(j_σ)에 의한 회전자계($\dot{\nabla} \times \dot{H}$)가 발생한다는 것이다.

② '①'은 벡터(벡터회전, 즉 rot)이며 이를 다시 발산(div)하면

$\dot{\nabla} \cdot (\dot{\nabla} \times \dot{H}) = \dot{\nabla} \cdot j_\sigma = 0\,\mathrm{A/m^2}$로서, 항상 0이라는 의미이다.

③ 공간체적전하 $\rho\,[\mathrm{C/m^3}]$의 시간적 감소가 있는 경우에 위의 식은 다음처럼 변형이 되어야 한다.

즉, $\dot{\nabla} \cdot (\dot{\nabla} \times \dot{H}) = \dot{\nabla} \cdot j_\sigma + \frac{\partial \rho}{\partial t} = \dot{\nabla} \cdot \left(j_\sigma + \frac{\partial \dot{D}}{\partial t}\right) = 0$

④ $\nabla \times H = j_\sigma + \frac{\partial D}{\partial t} = \sigma E + \frac{\partial D}{\partial t} = j_\sigma(\text{전도전류밀도}) + j_d(\text{변위전류밀도})$

위 식을 '변위전류에 관한 맥스웰법칙'이라고 한다.

051 투자율(permeability)과 유전율(permittivity)에 대하여 설명하시오.

1. 유전율(permittivity, ε)과 투자율(permeability, μ)을 비교하여 설명하시오.
2. 전기재료의 전기적 고유특성 3가지(도전, 절연, 유전)에 대하여 설명하시오.
3. 유전율, 투자율, 도전율 및 저항률에 대하여 설명하시오.

data 발송배전기술사 22-127-1-1·19-119-1-1, 건축전기설비기술사 21-124-1-5 / 발송배전기술사, 건축전기설비기술사, 전기안전기술사, 전기응용기술사 출제예상문제

답안 **1. 도전율 = 전도율(conductivity) ↔ 저항률**

(1) 균일한 단면적을 가지는 직선상 도체의 저항 R은 그 길이 l에 비례하고 단면적 S에 반비례한다. 즉, $R = \rho\dfrac{l}{S}$이 된다. 도전률과 저항률은 역수관계이다.

(2) 여기서, 비례상수 ρ는 물질의 단위면적, 단위길이당의 저항을 의미하고 이를 체적 고유저항이라 하며 물질의 종류 및 온도에 의하여 결정되는 값이다.

(3) 단위질량의 물질을 균일한 단면적을 가지는 단위길이당으로 늘렸을 때의 저항으로서 물질의 고유저항을 표시할 수도 있는데 이를 질량 고유저항이라고 한다.

(4) 따라서, 이들 사이는 비중×체적 고유저항 = 질량 고유저항의 관계가 성립한다.

(5) 일반적으로 고유저항이라 하면 체적 고유저항을 의미하며 이를 비저항(resistivity 또는 specific resistance)이라고 부른다.

(6) 한편 고유저항의 역수를 도전율이라 하는데 이는 1913년 국제전기표준회의(IEC)에서 정한 표준연동$\left(20℃,\ 길이\ 1m,\ 1mm^2의\ 균일단면적을\ 갖는\ 표준연동의\ 저항을\ \dfrac{1}{58}\ Ω/m \cdot mm^2,\ 밀도\ 8.89g/cm^3\right)$을 100%로 하여, 이와 비교하여 백분율로 표시한다.

(7) 따라서, 도전율 $C[\%]$와 고유저항 ρ 사이에는 다음의 관계식이 성립한다.

$$\rho = \frac{1}{58} \times \frac{100}{C}\ [Ω/m \cdot mm^2]$$

(8) 도전율은 일반적으로 재질의 순도가 높을수록 크고, 다른 원소의 함유율이 증가할수록 저하하는 경향이 있다.

2. 투자율(permeability)

(1) 자성체 자화의 세기 J는 자성체 내 자계 H에 비례하므로 $J = \chi H$라 할 수 있다.

(2) 여기서, 비례상수 χ를 자화율(sus-ceptibility)이라고 하는데 이 χ는 자성체의 재질에 따라 정해진다.

(3) 자속밀도 B는 $B = \mu_0 H + J = \mu_0 H + \chi H$가 되고, 여기서, $\mu_0 + \chi = \mu$라고 하면 $B = \mu H$의 관계가 성립되는데 이 μ를 자성체의 투자율이라 한다.

여기서, μ_0 : 진공이나 공기 중의 투자율, $\mu_0 = 4\pi \times 10^{-7}[\text{H/m}]$, $\mu = \mu_0 \mu_s$

(4) μ와 진공 중의 투자율 μ_0와의 비, 즉 $\mu_s = \dfrac{\mu}{\mu_0} = 1 + \dfrac{\chi}{\mu_0}$를 그 자성체의 비투자율 (relative permeability)이라 하고, $\dfrac{\chi}{\mu_0}$를 비자화율(relative susceptibility)이라 한다.

(5) 한편 강자성체 이외의 물질에 대하여는 투자율 μ, 자화율 χ가 일정 상수로 취급되지만 강자성체에서는 자기포화현상으로 일정불변의 상수가 되지 못한다.

3. 유전율(dielectric constant, permittivity)

(1) 유전율(誘電率, permittivity) 또는 전매상수의 의미

① 전하 사이에 전기장이 작용할 때 그 전하 사이의 매질이 전기장에 미치는 영향을 나타내는 물리적 단위[F/m]이다.

② 매질이 저장할 수 있는 전하량을 말한다.

(2) 유전율의 특성

① 자속밀도를 D, 전계의 세기를 E라 하면 $D = \varepsilon E$의 관계로 나타내어지는 비례정수는 $\varepsilon = \varepsilon_0 \varepsilon_r$로 표시된다.

여기서, ε_0 : 진공의 유전율로서, esu 단위계에서는 1, MKS 유이(有理)단위계

에서는 $\dfrac{10^7}{4\pi C^2}$ 임

② 유전율 $\varepsilon = \varepsilon_s \varepsilon_0$

㉠ ε_s : 비유전율로서, 매질에 따라 다른 상수(relative permittivity)

㉡ ε_0 : 진공의 유전율($8.85 \times 10^{-12}\text{F/m}$) $= \dfrac{10^7}{4\pi C^2}[\text{F/m}]$

㉢ C : 빛의 속도($3 \times 10^8 \text{m/s}$)

㉣ 비유전율(ε_s)은 콘덴서의 전극 간을 측정하려고 하는 유전체로 가득찬 경우와 진공인 경우의 정전용량의 비로 구한다.

③ 유전체에 전계를 가하게 될 때 원자 또는 분자의 분극에 의해 유전체 내부의 전계는 진공의 경우보다 작아져서 더 많은 정전에너지를 보유할 수 있게 된다.

④ 단위전위경도에 대하여 단위체적당 저장되는 정전에너지의 물리적양을 유전율이라 한다.

⑤ 동일 양의 물질에서 유전율이 더 높으면 더 많은 전하를 저장하므로 유전율이 높을수록 전기장의 세기(E)가 감소($D = \varepsilon E$에서 ε이 증가하면 동일한 D에서 전계 E는 감소)한다.

⑥ 높은 유전율을 가진 물질을 축전기에 넣은 유전체로 사용하면, 축전기의 전기용량이 커진다.

(3) 유전율의 적용 예

① 쿨롱법칙의 적용 : $F = \dfrac{1}{4\pi\varepsilon_0} \times \dfrac{Q_1 Q_2}{r^2} \, [\text{N}]$

② 도체의 표면전계 세기 : $E_0 = \dfrac{\sigma}{2\varepsilon_0} \, [\text{V/m}]$

※ 전기적 고유특성 3가지란 도전율, 투자율, 유전율을 의미한다.

4. 절연체(우수 절연체의 요구특성)

(1) 저항 R이 큰 물체일 것

(2) 절연내력이 우수할 것

(3) 고전계에서 전기적 열화억제특성이 우수할 것

(4) 물, 기름, 화학약품 등이 절연체 외피에 침투하지 않고, 재성이 높을 것

(5) 열팽창, 수축 및 케이블 등을 포설 시 굴곡에 손상을 입지 않을 것

(6) 도체의 발생열로 인한 열적 열화특성이 우수할 것

052

도체에 전류가 흐르면 자속이 생겨 도체와 쇄교하게 된다. 반지름 r[m]의 직선상 도체에 전류 I가 흐르고 있을 경우 이 도체의 내부와 외부의 단위길이당 자속쇄교수를 구하시오.

data 발송배전기술사 18-116-2-6 / 발송배전기술사, 건축전기설비기술사 출제예상문제

답안 1. 도체 외부의 쇄교자속수

(1) 개념도

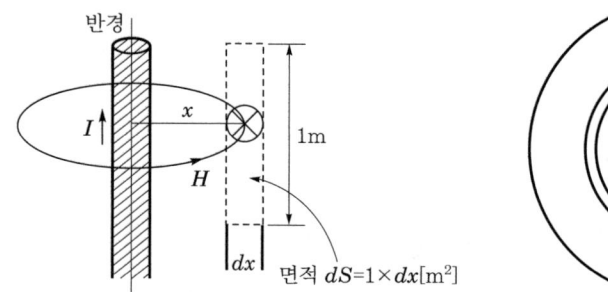
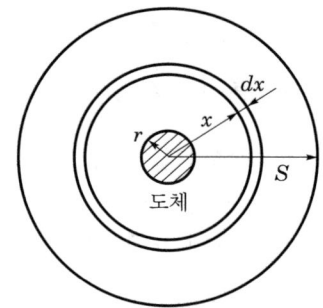

(2) 자계(H) 혹은 자계의 세기

직선도체에 통전 시 도체 외부에는 자계가 형성되며, 도체 중심에서 거리 x점의

자계는 $H = \dfrac{I}{2\pi x}$ [A/m]이다.

(3) 쇄교자속수 $d\Phi_0$

전류 I[A]와의 쇄교자속수 $d\Phi_0$는 권수 $N = 1$회이므로

자속밀도 $B = \mu H = \dfrac{\mu I}{2\pi x}$ [Wb/m²]

자속 $d\phi = B ds = \dfrac{\mu I}{2\pi x} dx$ ($\because ds =$ 길이 1m 주변의 단면적 $= 1 \times dx$)

$d\Phi_0 = N d\phi = 1 \times d\phi = 1 \times B\,ds = \dfrac{\mu I}{2\pi x} dx$ [Wb · T/m]

(4) 도체 외부의 쇄교자속수 Φ_0

위 그림와 같이 도체반경 r로부터 거리 s인 점 간의 도체 외부의 쇄교자속수 Φ_0는 다음과 같다.

$\Phi_0 = \displaystyle\int_r^s d\phi_0 = \int_r^s \dfrac{\mu I}{2\pi x} dx = \dfrac{\mu I}{2\pi}[\ln x]_r^s = \dfrac{\mu I}{2\pi}\ln\dfrac{s}{r}$ [Wb · T/m]

2. 도체 내부의 쇄교자속수

(1) 도체 내부의 점거리 x인 내부의 전류 i_x는 단면적에 비례하므로,

$I : i_x = \pi r^2 : \pi x^2$이므로

$i_x = \dfrac{x^2}{r^2} I [\mathrm{A}]$

(2) 도체 내부의 자계 $H = \dfrac{i_x}{2\pi x} = \dfrac{I}{2\pi r^2} x \,[\mathrm{A/m}]$

(3) 자속밀도 $B = \mu H = \dfrac{\mu I}{2\pi r^2} \cdot x \,[\mathrm{Wb/m^2}]$

(4) 자속 $d\phi = B\,ds = \dfrac{\mu I}{2\pi r^2} \cdot x\,dx \,[\mathrm{Wb}], \quad ds = 1 \times ds = dx \,[\mathrm{m^2}]$

(5) 전류 $i_x \left(= \dfrac{x^2}{r^2} I \right)$와 쇄교자속수 $d\phi_i$

① 자속 $d\phi$가 전류 i_x와의 쇄교자속수 : $d\phi \times \dfrac{r^2}{r^2}$

(∵ $d\phi_i$는 반경 r인 원통 내부에 해당하는 부분만 쇄교하므로)

② 권수 $N = 1$이므로

$d\phi_i = N \times d\phi \times \dfrac{x^2}{r^2} = \dfrac{\mu I}{2\pi r^4} x^3 dx \,[\mathrm{Wb \cdot T/m}]$

(6) 도체 내부의 쇄교자속수 Φ_i

$\Phi_i = \displaystyle\int_0^r d\phi_i = \dfrac{\mu I}{2\pi r^4} \int_0^r x^3 dx = \dfrac{\mu I}{2\pi r^4} \left[\dfrac{x^4}{4} \right]_0^r = \dfrac{\mu I}{8\pi} \,[\mathrm{Wb \cdot T/m}]$

3. 직선도체의 전(全) 쇄교자속수

(1) $\Phi =$ 내부자속수 + 외부자속수 $= \Phi_i + \Phi_0 = \dfrac{\mu I}{8\pi} + \dfrac{\mu I}{2\pi} \ln \dfrac{s}{r} \,[\mathrm{Wb \cdot T/m}]$

여기서, $\mu = \mu_0 \mu_s \fallingdotseq \mu_0 = 4\pi \times 10^{-7} [\mathrm{H/m}]$

(∵ 외부는 공기 중이고, 내부가 비자정체이면 비투자율 $\mu_s \fallingdotseq 1.0$)

(2) $\Phi = \dfrac{4\pi \times 10^{-7} I}{8\pi} + \dfrac{4\pi \times 10^{-7} I}{2\pi} \ln \dfrac{s}{r}$

$= \left(0.5 + 2\ln \dfrac{s}{r} \right) I \times 10^{-7} [\mathrm{Wb \cdot T/m}]$

053 정전계와 정자계의 대응관계에 대하여 설명하시오.

data 발송배전기술사, 건축전기설비기술사 출제예상문제

답안

전계(electric field)	자계(magnetic field)
전하량 Q[C]	자하량, 자극의 세기 m[Wb]
+, − 분리 가능	N, S 분리 불가
Coulomb의 법칙 $F = \dfrac{1}{4\pi\varepsilon_0}\dfrac{Q_1 \cdot Q_2}{r^2}$ [N] 전계비례상수, 쿨롱상수 : $k = \dfrac{1}{4\pi\varepsilon_0} = 9 \times 10^9$	Coulomb의 법칙 $H = \dfrac{1}{4\pi\mu_0}\dfrac{m_1 m_2}{r^2}$ [N] 자계비례상수, 쿨롱상수 : $k = \dfrac{1}{4\pi\mu_0} = 6.33 \times 10^4$
유전율 $\varepsilon = \varepsilon_0\varepsilon_s$[F/m] 진공 또는 공기의 유전율 $\varepsilon_s = 8.855 \times 10^{-12}$F/m	투자율 $\mu = \mu_0\mu_s$[H/m] 진공 또는 공기의 투자율 $\mu_0 = 4\pi \times 10^{-7}$H/m
힘과 전계와의 관계식 : $F = QE$[N]	힘과 자계와의 관계식 : $F = mH$[N]
전기력선 $N = \dfrac{Q}{\varepsilon}$개, 전속 Q개	자기력선 $N = \dfrac{m}{\mu}$개, 자속(ϕ)은 m개
전속밀도 $D = \dfrac{Q}{S}$[C/m^2]	자속밀도 $B = \dfrac{\phi}{S}$[Wb/m^2]
$D = \varepsilon E = \varepsilon_0\varepsilon_s E$[C/m^2]	$B = \mu H = \mu_0\mu_s H$[Wb/m^2]
쿨롱의 법칙 : 정전력 $F = k\dfrac{Q_1 Q_2}{r^2} = \dfrac{Q_1 Q_2}{4\pi\varepsilon_0 r^2} = 9\times 10^9 \times \dfrac{Q_1 Q_2}{r^2}$ [N]	쿨롱의 법칙 : 자기력 $F = k\dfrac{m_1 m_2}{r^2} = \dfrac{m_1 m_2}{4\pi\mu_0 r^2} = 6.33\times 10^4 \times \dfrac{m_1 m_2}{r^2}$ [N]
전계(전장, 전기장)의 세기 $E = \dfrac{Q}{4\pi\varepsilon_0 r^2} = 9 \times 10^9 \times \dfrac{Q}{r^2}$ [V/m]	자계(자장, 자기장)의 세기 $H = \dfrac{m}{4\pi\mu_0 r^2} = 6.33 \times 10^4 \times \dfrac{m}{r^2}$ [AT/m]
전위의 세기 $V = \dfrac{Q}{4\pi\varepsilon_0 r} = 9 \times 10^9 \times \dfrac{Q}{r}$ [V]	자위의 세기 기자력 $= NI$[AT]
전속밀도 $D = \dfrac{Q}{S} = \dfrac{Q}{4\pi r^2}$[C/m^2] • 공기 : $D = \varepsilon_0 E$[C/m^2] • 유전체 : $D = \varepsilon E = \varepsilon_0\varepsilon_s E$[C/m^2]	자속밀도 $B = \dfrac{\Phi}{S} = \dfrac{m}{4\pi r^2}$[Wb/m^2] • 공기 : $B = \mu_0 H$[Wb/m^2] • 유전체 : $B = \mu H = \mu_0\mu_s H$[Wb/m^2]
전하가 한 일 $W = QV$[J]	자속이 한 일 $W = \Phi I$[J]
전계에너지 $W = \dfrac{1}{2}QV = \dfrac{1}{2}CV^2 = \dfrac{Q^2}{2C}$ [J]	자계에너지 $W = \dfrac{1}{2}LI^2$ [J]
단위체적당 전계에너지 $W = \dfrac{1}{2}ED = \dfrac{1}{2}\varepsilon E^2 = \dfrac{D^2}{2\varepsilon}$ [J/m^3]	단위체적당 자계에너지 $W = \dfrac{1}{2}BH = \dfrac{1}{2}\mu H^2 = \dfrac{B^2}{2\mu}$ [J/m^3]

054 전기회로와 자기회로의 대응관계에 대하여 설명하시오.

data 발송배전기술사, 건축전기설비기술사 출제예상문제

답안 자기회로와 전기회로의 대응관계

전기회로	자기회로
전류 I[A]	자속 ϕ[Wb]
전기저항 R[Ω]	자기저항 R_m[AT/Wb]
기전력 E[V]	기자력 NI[AT]
도전율 σ[℧/m]	투자율 μ[H/m]
$E = IR$[V]	$NI = \phi R_m$[AT]
$R = \dfrac{l}{\sigma S}$[Ω]	$R_m = \dfrac{l}{\mu S}$[AT/Wb]

(1) 전기회로에는 누설전류가, 자기회로에는 누설자속이 생길 수 있다.

(2) 손실

전기회로(줄열), 자기회로(히스테리시스 손실, 와전류 손실)

SECTION 07 발전기의 특성

055 동기발전기의 동작원리와 구조를 설명하고, 회전계자형을 채택하는 이유에 대하여 설명하시오.

data 발송배전기술사 19-117-2-5 / 발송배전기술사 출제예상문제

답안 1. 동기발전기의 구조

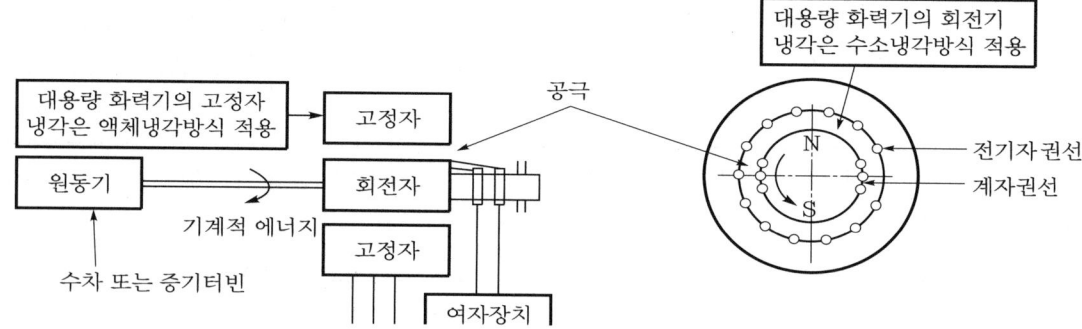

(1) 전기자(고정자= stator) 및 고정자(전기자)의 결선

① 목적 : 기전력의 발생

② 철심 : 규소강판을 성층 철심

③ 권선 : 연동선을 절연하여 Slot(홈)에 배열(일반적으로 분포권의 단절권으로 배열)

④ Y결선 : Y결선의 이유

ㄱ Y접속의 상전압이 선간전압의 $\dfrac{1}{\sqrt{3}}$ 이 되고, 전기자권선 절연에 있어서 제작이 유리하다.

ㄴ 중성점을 인출하여 접지하고 발전기에 유효한 보호장치를 만들 수 있으므로 기계의 보호에 유리하다.

ㄷ 발전기 각 상의 기전력에서는 자기포화나 전기자반작용 등으로 인한 제3 고조파 순환전류가 흐르지 않는다.

ㄹ 이상전압 방지대책으로 유리하다.

(2) 계자(회전자, rotor)

교류전동기는 자극이 고정되어 있고 전기자가 회전하므로 회전전기자형이나 동

기발전기는 전기자를 고정(stator)하고 자극을 돌려도 발전이 되므로 회전계자형을 취급한다.

① 목적 : 자속의 발생
② 계자철심 : 연강판의 성층 철심
③ 계자권선 : 동선을 절연시킨 계자철심에 Winding

2. 동기발전기의 원리와 유기기전력

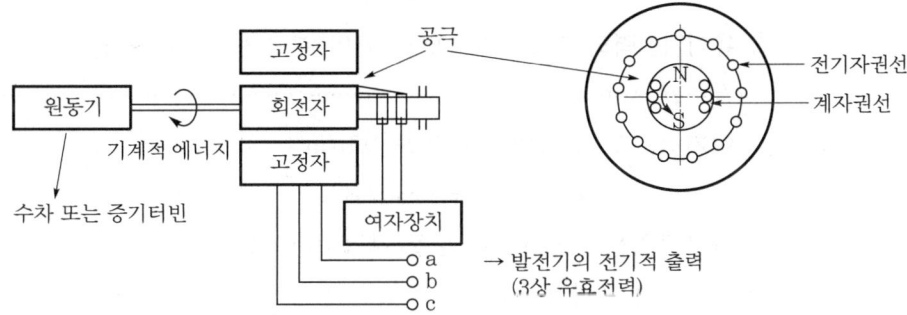

(1) 그림과 같이 회전자권선에 직류전원을 공급하여 여자시킨 다음 원동기에 연결된 축으로 회전자를 일정 속도로 회전시킨다.

(2) 고정자인 전기자권선이 자속을 끊어, 즉 자속 ϕ는 돌아가는 계자인 회전계자에서 발생하는데, 고정자는 그림처럼 외부에 있으니 결국 자속이 끊어지는 형태이고 이로써 플레밍의 왼손법칙과 패러데이의 법칙, 맥스웰방정식에 의해 각 상에 교류기전력을 유기시킨다.

(3) 이때, 고정자권선은 Y결선으로 되어 있기 때문에 3상 교류기전력이 유기된다.
즉, $\dot{E}_a = E\angle 0°$, $\dot{E}_b = E\angle -120°$, $\dot{E}_c = E\angle -240° = E\angle 120°$

(4) 이 기전력을 슬립링을 통하여 외부회로에 접속하며, 또한 자속을 만드는데 직류전원이 필요하다.

(5) 이러한 원리로 그림과 같이 회전계자를 동작시키면 교류전력이 발생한다.

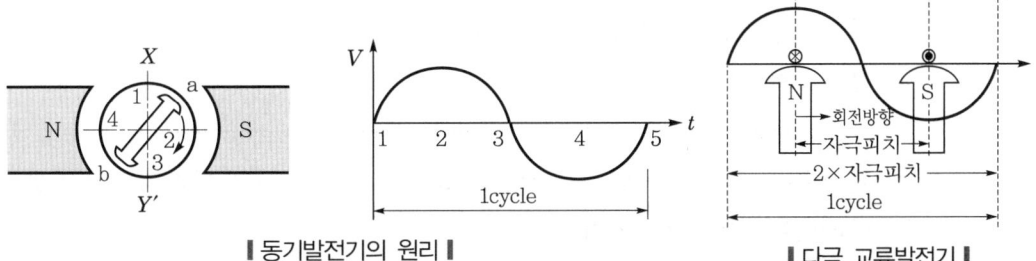

┃ 동기발전기의 원리 ┃   ┃ 다극 교류발전기 ┃

(6) 유기기전력의 크기

① 전기자권선에 유도되는 기전력의 순시치 e[V]는 플레밍의 오른손법칙에 의해 다음과 같다.

$$e = v \times Bl \quad\text{·····························}\quad \text{식 1)}$$

여기서, B : 자속밀도[Wb/m²]

l : 도체길이[m]

v : 도체 이동속도[m/s]

② **유기기전력의 파형** : 자속밀도 B의 분포와 같게 된다.

$$B = B_m \sin\omega t \,[\text{Wb/m}^2] \quad\text{·····················}\quad \text{식 2)}$$

여기서, B_m : 최대 자속밀도[Wb/m²]

ω : 각속도, $2\pi f$[rad/s]

③ 자구피치를 τ[m]라 하면 2τ가 1주기이므로

$$v = 2\tau f \,[\text{m/s}] \quad\text{···························}\quad \text{식 3)}$$

④ 따라서, 유기기전력 e는 $e = v \times Bl = (2\tau f) \cdot B_m \sin\omega t \cdot l$ ············ 식 4)

⑤ **매극의 자속 ϕ** : 자속밀도가 정현파로 분포된 경우에 자속밀도 평균치로서,

$$\phi = B_a \cdot \tau l = (2/\pi) B_m \cdot \tau l$$

$$\tau l = \frac{\phi}{(2/\pi) B_m} \quad\text{·····················}\quad \text{식 5)}$$

⑥ 이것을 식 4)에 대입하고 최대치를 구하면, $E_m = f \pi \phi$[V] ············ 식 6)

⑦ 정현파 전압에서 기전력 실효치를 E[V]라 하면

$$E = \frac{E_m}{\sqrt{2}} = \frac{\pi f \phi}{\sqrt{2}} = 2.22 f \phi \quad\text{·················}\quad \text{식 7)}$$

⑧ 한 개의 양 코일변이 자극피치만큼 감겨 있으면 양 코일변에 유도되는 기전력 사이의 위상차는 π가 되므로 양 코일변의 기전력이 서로 합해 지도록 직렬로 접속한 코일의 양단에 나타나는 기전력 E는

$$E = 4.44 f \phi \,[\text{V}] \quad\text{························}\quad \text{식 8)}$$

⑨ 직렬로 접속된 1상의 코일권선계수를 K_w라 하고, 권선수를 N이라 하면 1상의 유기기전력은

$$E = 4.44 K_w \cdot f \cdot N \cdot \phi \,[\text{V}] \quad\text{··················}\quad \text{식 9)}$$

⑩ 식 9)는 공극의 자속밀도가 정현파 분포인 경우 E가 유기기전력의 실효치를 나타내는 기본식이 된다.

3. 회전계자를 사용하는 이유

(1) 계자를 직류 저압으로 가압하면 고압인 전기자를 회전하는 것보다 절연처리가 유리하고, 구조가 간단하다.

(2) 전기자는 교류 고압인데 고정시키므로 절연과 대전력 단자의 접속인출이 쉽다.

(3) 회전계자형은 전기자가 고정되므로 전기자 단자에 발생한 고전압을 Slip 링 없이 간단히 외부로 연결해 가압한다.

(4) 전기자권선은 전압이 높고 결선이 복잡하며, 대용량으로 되면 전류도 커지고, 3상 권선의 경우에는 4개의 도선을 인출하여야 하므로 구조적으로 복잡하므로 계자를 회전하는 방법이 유리하다.

(5) 계자회로는 직류의 저압 회로이므로 소요동력도 작고, 인출도선도 2개만 있어도 된다.

(6) 계자가 철의 분포가 많으므로, 전기자보다 계자를 회전시키는 것이 기계적 강도 측면에서 유리히다.

(7) 전기자는 권선을 많이 감아야 하므로 회전자로 하면 부피가 커진다.

(8) 직류의 저전압, 소전류가 계자권선에 통전되므로 Brush를 통한 인출이 용이 하다.

(9) 직류의 저전압, 소전류가 계자권선에 통전되므로 소요전력이 작다.

(10) 고장 시 과도안정도를 높이기 위한 방법 중 하나로서, 회선자의 관성(M)을 크게 하기 쉽다.

(11) 전기자를 회전시킬 때보다 제작과 경제성 면에서 유리하다.

---

056 3상, 50Hz, 6극, Y결선 동기발전기가 계자전류 3A에서 단자전압 1000V로 운전 중이 다. 이 발전기를 60Hz로 운전할 경우, 발전기 단자전압을 구하시오. (단, 동기속도와 계자전류는 50Hz로 운전했을 때와 동일)

(data) 발송배전기술사 18-114-1-11 / 발송배전기술사 출제예상문제

답안 **1. 주어진 조건에서의 기지량**

(1) 동기속도 N이 동일하다.

(2) 계자전류가 동일하므로 $\phi = LI$에서 주파수 변화 후의 자속도 동일하다.

2. 동기발전기의 유기기전력

$$E = 4.44f\,\phi_m\,N\cdot K_dK_f[\mathrm{V}]$$

여기서, K_dK_f : 발전기의 분포권, 단절권의 계수

3. 발전기의 유기기전력과 단자전압의 관계

$E = IX_d + V_t$ 에서 무부하 시의 단자전압으로 간주하면 $I = 0$ 에서

$E = V_t$

즉, '무부하상태의 발전기 유기기전력과 단자전압은 동일하다.'라는 의미이다.

4. 50Hz에서 60Hz로 운전 시 단자전압

$E = 4.44f\,\phi_m\,N\cdot K_dK_f[\mathrm{V}]$ 에서 주파수에 비례한 유기기전력이 된다.

$$\therefore\ E_{f=60} = V_{t.\ f=60} = \frac{6}{5}\times 1000 = 1200\,\mathrm{V}$$

---

057 동기발전기에서 전기자코일에 유도되는 기전력의 크기를 계산하시오. (단, 자속밀도 $B[\mathrm{Wb/m^2}]$, 전기자도체의 유효길이 $l[\mathrm{m}]$, 도체의 이동속도 $v[\mathrm{m/s}]$, 평균 자속밀도 $B_a = \dfrac{2}{\pi}B_m$, B_m : 최대 자속밀도)

(data) 발송배전기술사 23-130-1-5 / 발송배전기술사 출제예상문제

답안 1. 전기자도체 유기기전력의 순시치

$$e = 2v\,Bl[\mathrm{V}]$$

여기서, B : 자속밀도$[\mathrm{Wb/m^2}]$

2. 속도(v)

$v = \omega r = 2\pi f\,r\,[\mathrm{m/s}]$

3. 자속밀도(B)

$$B = B_m \sin\omega t = \frac{\phi}{S} = \frac{\phi}{2rl}\,[\mathrm{Wb/m^2}]$$

4. 유기기전력 e

(1) 순시 최대치 $e = 2vBl = 2 \times 2\pi f r \times \dfrac{\phi}{2rl} \times l = 2\pi f \phi[\text{V}]$

양 코일변의 기전력이 서로 합해지도록 직렬로 접속한 코일의 양단에 나타나는 기전력이 e이다.

(2) 실효치 $E = \dfrac{e}{\sqrt{2}} = \dfrac{2\pi f \phi}{\sqrt{2}} = 4.44 f \phi[\text{V}]$

5. 권선수 N과 권선계수 K를 적용한 유도되는 기전력

$$E = 4.44 K f \phi N[\text{V}]$$

---

reference

패러데이의 법칙을 이용한 유도되는 기전력

(1) 순시 실효치

$$e = n\frac{d\phi}{dt} = n\frac{d(\phi_m \sin \omega t)}{dt} = \omega n \phi_m \cos \omega t = 2\pi f n \cdot \phi_m \cos \omega t[\text{V}]$$

(2) 실효치

$$E = \frac{2\pi f n \cdot \phi_m}{\sqrt{2}} = 4.44 f n \phi_m[\text{V}]$$

(3) 권선수 N과 권선계수 K를 적용한 유도되는 기전력

$$E = 4.44 K f \phi N[\text{V}]$$

---

058 다음과 같은 조건일 때 원통형 동기발전기의 벡터도를 그리고, 전기자저항을 고려한 출력식에 대하여 설명하시오.

[조건]
- E : 1상의 내부 유기기전력
- I : 전기자전류
- X_s : 전기자권선 동기리액턴스
- δ : 부하각
- V : 1상의 단자전압
- R_a : 전기자권선저항
- θ : 역률각
- $\alpha = \tan^{-1}\dfrac{R_a}{X_s}$: 전기자권선 임피던스각

data 발송배전기술사 19-119-2-6 / 발송배전기술사 출제예상문제

답안 1. 원통형 동기발전기의 등가회로와 벡터도

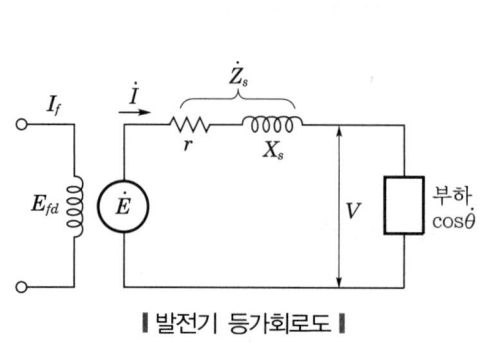

┃ 발전기 등가회로도 ┃

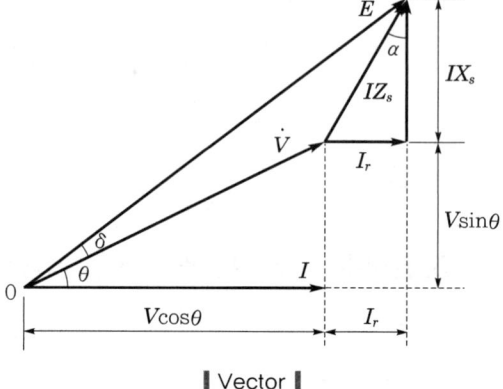

┃ Vector ┃

2. 전류식 및 전압식 표현

(1) 전류식

① 유기기전력 : $E = V + IZ_s$ [V]

② 전류 : $I = \dfrac{E - V}{Z_s}$ [V]

③ 단자전압 : $V = V\varepsilon^{-j\delta} = V(\cos\delta - j\sin\delta)$ [V]

$$\therefore\ I = \frac{E - V(\cos\delta - j\sin\delta)}{r + jX_s} = \frac{[E - V\cos\delta + jV\sin\delta](r - jX_s)}{r^2 + X_s^{\,2}}$$

$$= \frac{r(E - V\cos\delta) + VX_s\sin\delta}{Z_s^{\,2}} + j\left(\frac{VX_s\cos\delta - EX_s}{Z_s^{\,2}}\right) [\text{A}]$$

(2) 전압식(벡터도에 의한)

$$E = (V\cos\theta + I \cdot r) + j(V\sin\theta + IX_s) [\text{V}]$$

3. 출력식

(1) 유효분

$P = EI$ 에서 유효분

$$P = E \times \frac{[\,r(E - V\cos\delta) + VX_s\sin\delta\,]}{Z_s^{\,2}} \quad (r = Z_s\sin\alpha,\ X_s = Z_s\cos\alpha \text{를 대입})$$

$$= E \times \frac{Z_s E\sin\alpha - VZ_s\cos\delta\sin\alpha + VZ_s\cos\alpha\,\sin\delta}{Z_s^{\,2}}$$

$$= \frac{EV}{Z_s}\sin\delta \quad (r \ll X_s \text{이면}\ \alpha = 0)$$

(2) 무효분

$P = EI$에서 무효분

$$Q = E \times \frac{(-jEX_s + jV\cos\delta \cdot X_s)}{Z_s^2} \quad (X_s = Z_s\cos\alpha \text{를 대입})$$

$$= j\frac{EV\cos\delta \cdot \cos\alpha - E^2 \cdot \cos\alpha}{Z_s} \quad (r \ll X_s \text{이면 } \alpha = 0)$$

$$= j\frac{E(V\cos\delta - E)}{Z_s}$$

---

059 발전기를 전력계통에 병입하여 운전하고자 할 때 발전기의 병렬운전조건을 제시하고, 계통병입절차 및 동기검정방법을 설명하시오.

060 동기발전기의 병렬운전조건이 일치하지 않을 때 발생하는 문제점에 대하여 설명하시오.

data 발송배전기술사 19-118-2-1·18-115-4-1 / 발송배전기술사, 건축전기설비기술사, 전기응용기술사, 전기안전기술사 출제예상문제

답안 1. 개요

(1) 동기발전기 병렬운전은 동기발전기를 동일 모선에 연결하여 운전하는 것이다.

(2) 터빈발전기나 수차발전기는 1회전 중에 원동기의 회전력이 균일한 경우라서 병렬운전에는 비교적 문제가 작다.

(3) 왕복기관으로 운전하는 디젤기관은 병렬운전 시 더욱 회전력을 이용하는 기계가 아니므로 병렬운전조건을 충분히 검토해야 한다.

2. 발전기의 병렬운전 5가지 조건

comment 주어진 점수에 맞게 요약 정리하여 1.5페이지 정도로 기록하도록 한다.

(1) 기전력의 크기가 다른 경우의 문제점 및 현상

comment 별도로 배점 10점으로 출제가 예상된다.

① 양기 간에 무효전력의 이동이 생겨 전압이 같아지는 균압작용이 발생한다.

② 이때, 전기자저항에 의한 약간의 유효전력의 이동, 즉 손실이 증가하고 온도가 상승한다(즉, 전압차에 의한 무효순환전류 발생).

③ 벡터도

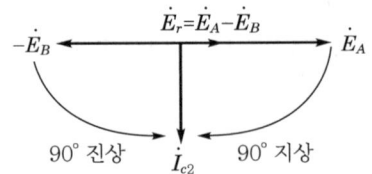

④ 무효순환전류(무효횡류) : $\dot{I}_{c2} = \dfrac{\dot{E}_A - \dot{E}_B}{j2X_d} = -j\dfrac{\dot{E}_r}{2X_d}$

즉, $\dot{I}_{c2}$ 는 $\dot{E}_r = \dot{E}_A - \dot{E}_B$ 보다 90° 지상이다.

⑤ A기 : I_{c2}는 90° 지상전류 → 감자작용 → E_A 감소, 역률 감소

[기전력이 큰 발전기 → 감자작용(유도성) → 전압 감소]

B기 : I_{c2}는 90° 진상전류 → 증자작용 → E_B 증가, 역률 증가

[기전력이 작은 발전기 → 증자작용(용량성) → 전압 증가]

결과적으로는 양기의 전압이 같아진다. 즉, 균압작용

⑥ **확인방법** : 전압계로 검출한다.

⑦ **대책** : 횡류 보상장치 내의 자동전압조정기(AVR)를 적용하여 출력전압을 항상 정격전압과 일정하게 유지할 수 있도록 횡류 보상장치를 설치한다.

(2) 기전력의 위상이 같을 것(엔진속도 조정으로 조건에 맞춤)

① 기전력의 위상이 다를 경우(A·B기 간에 위상차 δ 발생 시) 동기화전류로 인한 영향은 다음과 같다.

㉠ 위상이 다를 경우 : 순환전류(유효횡류)가 발생하면,

- 위상이 늦은 발전기는 부하가 감소되고, 회전속도를 증가시킨다.
- 위상이 빠른 발전기는 부하가 증가되어, 회전속도가 감소되며, 두 발전기 간의 위상이 같아지도록 작용한다.
- 위상이 빠른 발전기는 부하 증가로 과부하가 발생할 우려가 있다.

㉡ 양기 간에는 위상차에 해당하는 유효전력의 이동이 생겨 동기화 현상이 있다.

ⓒ 회로도와 벡터도

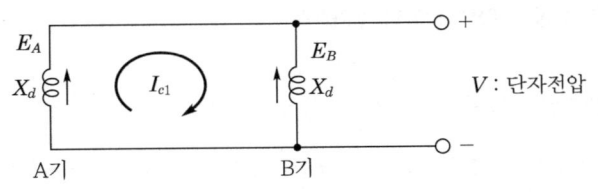

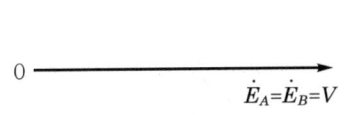

▌위상차 발생 전의 벡터도 ▌

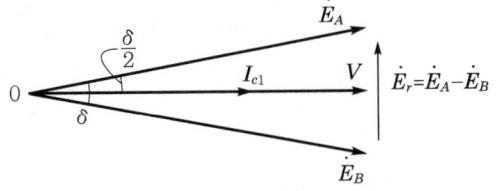

▌위상차 발생 후의 벡터도 ▌

ⓓ 유효순환전류(유효횡류) $\dot{I}_{c1}$의 동기화전류는 $\dot{I}_{c1} = \dfrac{\dot{E}_A - \dot{E}_B}{j2X_d} = -j\dfrac{\dot{E}_r}{2X_d}$

여기서, $\dot{I}_{c1}$은 양단 간 전압차 $\dot{E}_r$보다 90° 지상이고, $E_r = 2E_A\sin\dfrac{\delta}{2}$ 이므로

$$I_{c1} = \frac{E_r}{2X_d} = \frac{E_A}{X_d}\sin\frac{\delta}{2}$$

ⓔ 수수(授受)전력

- $P_A = -P_B = VI_{c1} = E_A I_{c1}\cos\dfrac{\delta}{2} = \dfrac{E_A^2}{X_d}\sin\dfrac{\delta}{2}\cos\dfrac{\delta}{2} = \dfrac{E_A^2}{2X_d}\sin\delta$

- A기 : 위상이 늦어진다.

- B기 : 위상이 빨라진다. → 위상이 일치한다(동기화).

ⓕ 동기화력(synchronizing power) : $P_S = \dfrac{dP_A}{d\delta} = \dfrac{E_A^2}{2X_d}\cos\delta$

- 동기화력이 클수록 빨리 안정된다.

- $\delta = 0°$ → $P_S =$ 최대

- $\delta = 90°$ → $P_S = 0$(안정 한계)

ⓖ 이때의 속도제어계는 다음 블록선도와 같다.

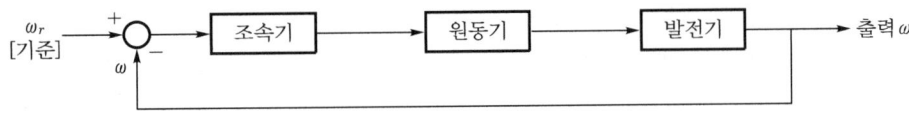

② 확인방법 : 동기검정기(synchroscope)를 사용하여 계통의 위상일치 여부를 검출한다.

reference

기전력의 위상이 다른 경우의 추가해석

(1) 위상이 앞선 G_1은 위상이 뒤진 G_2에 전력 $P = EI_s \cos\dfrac{\delta}{2} \fallingdotseq E \cdot \dfrac{E\sin\dfrac{\delta}{2}}{x_s} \cdot \cos\dfrac{\delta}{2} = \dfrac{E^2}{2x_s}\sin\delta$
를 공급하여 자동적으로 E_1과 E_2를 동위상으로 유지하는 동기화전류가 흐른다.

(2) G_1, G_2의 두 발전기가 유기기전력이 같고, 동위상으로 병렬운전 중 G_1의 속도가 조금 상승하는 경우가 발생되면 아래의 벡터도와 같다.

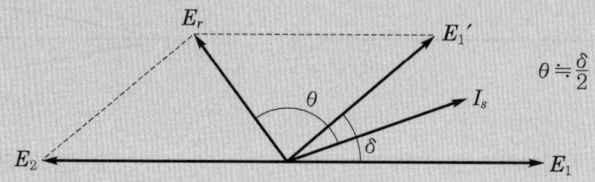

∥유기기전력의 위상이 다를 경우 동기화전류 벡터도∥

(3) G_1, G_2의 관계

발전기 G_1	발전기 G_2
• E_1이 $E_1{'}$로 δ만큼 앞섬 ↓	• E_2 변동 없음 ↓
• 합성 기전력 E_r로 인해 $\dfrac{\pi}{2}$ 만큼 뒤진 I_S 흐름 ↓	• 합성기전력 E_r로 인해 I_S 흐름 ↓
• I_S와 $E_1{'}$는 거의 동위상 ↓	• I_S와 E_2는 거의 π 위상차 ↓
• G_1의 부하 : $E_1{'}I_S$만큼 증가하여 회전속도 감소	• G_2의 부하 : E_2I_S 유효분만큼 감소하여 회전속도 상승

(4) **동기화전류(synchronizing current)**
위상이 앞선 G_1은 위상이 뒤진 G_2에 전력을 공급하여 자동적으로 E_1, E_2를 동일한 위상으로 유지하도록 작용하는 유효전류

(5) **동기화력[synchronizing power, I_S 동기화전류(同期化 電流(s : synchronous)]**
위상차가 δ의 변화를 0이 되도록 작용하는 I_S(동기화전류)에 의한 전력

① 수수전력 발생 시 동기화력(synchronizing power) : $P_S = \dfrac{dP_A}{d\delta} = \dfrac{E_A{}^2}{2X_d}\cos\delta$

② 동기화력이 클수록 빨리 안정된다.
    ㉠ $\delta = 0° \rightarrow P_s =$ 최대
    ㉡ $\delta = 90° \rightarrow P_s = 0$ (안정한계)

(6) 양기 간에는 위상차에 해당하는 유효전력의 이동이 생겨 동기화 현상이 있다.

① 순환전류 I_S에 의해 A발전기는 $E_A I_S \cos\dfrac{\delta}{2}$ 만큼 증가하고, B발전기는 $-E_A I_S \cos\dfrac{\delta}{2}$ 만큼 감소한다.

② 이때의 수수전력 : $P = EI_s \cos\dfrac{\delta}{2} \fallingdotseq E \cdot \dfrac{E\sin\dfrac{\delta}{2}}{x_s} \cdot \cos\dfrac{\delta}{2} = \dfrac{E^2}{2x_s}\sin\delta$

$\left(\text{삼각함수 공식 중 } \sin\dfrac{\delta}{2}\cos\dfrac{\delta}{2} = \dfrac{\sin\delta}{2}\right)$

㉠ A기 : 위상이 늦어진다.

㉡ B기 : 위상이 빨라진다. → 위상이 일치한다(동기화).

(3) 기전력의 주파수가 같을 것

① 기전력의 주파수가 동일하지 않을 경우의 문제점

㉠ 주기적인 고조파횡류(동기화전류)가 발생한다.

㉡ 난조(hunting)의 원인이 된다.

• 다른 경우 : 기전력의 크기가 달라지는 순간이 반복하여 생기게 된다.

• 무효횡류가 두 발전기 간을 교대로 주기적으로 흐르게 되어 난조의 원인이 된다.

• 난조가 심하면 탈조(step out)에까지 이른다.

㉢ 발전기 단자전압 상승(최대 2배) → 권선가열 → 소손

② 대책 : 조속기(governor) 적용으로 부하 및 엔진회전수에 따라 엔진속도를 조정할 수 있도록 연료분사량을 조절한다.

(4) 기전력의 파형이 같을 것

① 파형이 틀린 경우 : 위상이 같아도 파형이 틀린 경우

㉠ 각 순간의 순시치 차이에 의해 고조파 무효순환전류(횡류)가 발생한다.

㉡ 즉, 두 발전기의 기전력의 실효치가 같고 동위상이라 하여도 파형이 다르면 각 순시에 기전력의 크기가 같지 않기 때문에 고조파 무효순환전류가 흐른다.

㉢ 전력손실이 발생한다.

㉣ 순환전류가 크면 전기자권선의 저항손 증가로 과열의 원인이 된다(이상온도 상승).

② 영향 : 이 무효횡류는 전기자의 동손을 증가시키고, 파열의 원인이 된다.

(5) 기전력의 상순이 같을 것

 ① 다를 경우 단락사고가 발생하는데 어느 순간에는 선간단락상태가 발생한다.

 ② 확인방법 : 상회전 방향 검출기로 파악한다.

(6) 동기발전기용 원동기의 병렬운전조건

 ① **균일한 각속도** : 병렬운전 중인 발전기의 회전수가 같다고 하여도 1회전 중 각속도가 균일하지 않으면 순시적으로 기전력의 크기와 위상차가 발생하여 고조파횡류가 흐르게 된다.

 ② **적당한 속도조정률** : 부하의 변동에 대하여 부하의 분담을 원활하게 하려면 적당한 값의 속도조정률을 가져야 한다.

 ③ 조속기가 적당한 불감도를 가져야 한다.

3. 계통병입절차 및 동기검정방법

동기검정기를 이용한 계통병입절차 및 동기검정방법

(1) 여자기용 차단기(exciter field breaker)를 투입한다.

(2) 수동 전압조정기(70M)로 발전기 단자전압을 정격전압까지 상승시킨 다음 편차를 0으로 맞춘다.

(3) AVR을 자동위치(90R)로 한다.

(4) Synchro 스위치를 켠다(병입조건 확인을 위한 전압계, 주파수계, 동기검정기가 작동함).

 ① 발전기측 전압은 자동전압조정기의 설정값을 변경시켜 조정

 ② 발전기측 주파수 조정은 터빈속도로 조정

 ③ 발전기측 위상의 조정은 터빈속도, 즉 터빈에 유입되는 증기의 양으로 조정

(5) 동기검정기 지침이 시계방향(fast)으로 회전하여 12시 5분 전 위치에 왔을 때 차단기를 투입한다(동기검정기에서 시계방향은 발전기측 위상이 진상임을 뜻함).

(6) 계통병입이 되면 출력을 초기부하까지 증발(增發)시킨다. 발전기가 병입된 후 출력을 즉시 초기부하까지 상승시켜 역전력계전기에 의한 발전기 비상정지를 방지해야 한다.

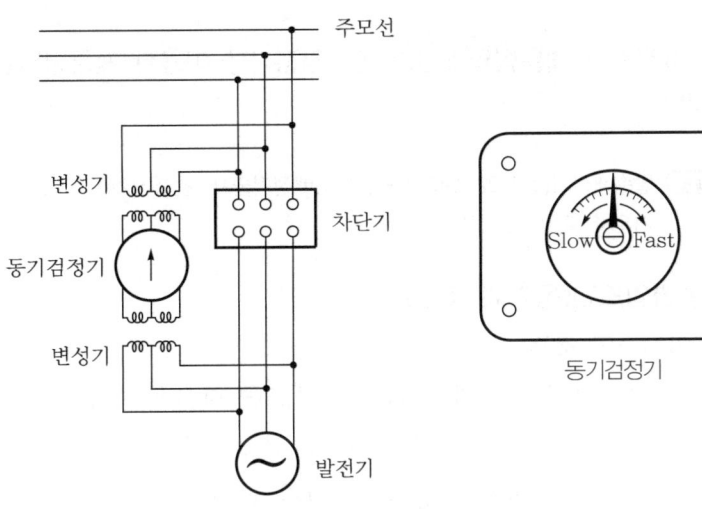

▌발전기 제어반의 Synchroscope ▌

(7) Speed matching(회전속도의 조정)

　① Manual : Raise/Lower 명령이용 → 속도를 증감

　② Automatic

　　㉠ 2 ~ 12rpm의 슬립주파수를 선택한다.

　　㉡ 요즘 발전기들은 주로 자동으로 터빈속도를 선택된 주파수에 의해 계통주
파수보다 높게 유지시킨다.

---

reference

1. 동기검정(同期檢定, synchronism detection)의 용어 해석
　① 하나의 전력계통에 다른 전력계통 또는 동기기를 병렬연결하는 경우 양자의 주파수, 전압과 위상
의 크기를 비교 검출하는 것을 말한다.
　② 동기화란 회전수가 상이한 발전기가 동일 계통에 연결됨을 의미하는 것으로서, 병입하는 발전기와
상용측 발전기 간에 전기적 회전축의 위치가 동일해지면서 회전이 완전히 일치하는 현상이다.

2. 동기검증기의 동작특성
　① 동기검증기는 교류발전기의 병렬운전 등에 사용되며 2계통의 전압 위상차를 표시하는 일종의
위상계이다.
　② 일반적으로 사용되고 있는 것은 회전자계 가동 철편형 계기인데 지침은 360° 회전할 수 있으며
발전기측의 전압으로 회전자계를 만들고 모선측의 전압으로 가동철편을 자화한다.
　③ 모선측과 발전기측의 주파수와 위상이 일치한 때 눈금의 중앙에 지침이 정지한다.
　④ 발전기측의 주파수가 모선측보다 높은 경우는 시계방향으로 지침이 회전하며 반대로 낮은 경우는
반시계방향으로 회전한다.
　⑤ 주파수차가 2 ~ 3Hz 이상으로 되면 가동부의 관성때문에 지침은 어떤 위치에서 적게 진동한다.
　⑥ 주파수가 같으면 양 전압 간의 위상차를 지시하는 위상계로서 동작한다.

061 동기발전기의 계통병입조건과 동기검정기를 이용한 계통병입절차에 대하여 설명
하시오.

data 발송배전기술사 22-127-1-5 / 발송배전기술사, 건축전기설비기술사, 전기안전기술사, 전기응용
기술사 출제예상문제

답안 **1. 계통병입조건(동기화 조건)**

(1) 발전기의 조건

① 기전력의 크기가 같을 것. 다르면 다음의 현상이 발생한다.

㉠ 차전압으로 인한 무효순환전류 발생

㉡ 전기자반작용 증자 및 감자 발생

㉢ 전압 균등화 작용 : $E_a = E_b$

② 기전력의 위상이 같을 것. 다르면 다음의 현상이 발생한다.

㉠ 위상차로 인한 유효순환전류 발생

㉡ 수수전력 발생, $P = \dfrac{E_a^{\,2}}{2X_s}\sin\delta$

③ 기전력의 주파수가 같을 것

④ 기전력의 파형이 같을 것(제작사항)

⑤ 기전력의 상회전방향이 같을 것(투입 시 확인)

(2) 원동기의 조건

① 균일 각속도를 가질 것

② 적당한 속노소성률을 가질 것

2. 계통병입절차(수동, 자동)

(1) 발전기 정격전압 형성

여자기용 차단기 투입 → AVR로 발전기 단자전압을 정격전압까지 상승

(2) 동기화

① Synchro 스위치를 On하여 전압계, 주파수계, 동기검정기 작동 확인

② 동기검정기로 계통과 발전기 전압, 주파, 위상 동기화 확인

③ 전압은 AVR 조정으로, 주파수 및 위상은 터빈속도(증기량, 수량)로 조정

(3) 투입 시

① 12시 투입 : 동기검정기가 Fast 방향회전 시 12시 5분 전 위치에 차단기 투입

② 계통병입 시 출력을 초기 부하까지 증발(增發)(발전량을 증가)

(4) 주의사항

① 역전력 차단을 아래와 같이 검토한다.

   ⊙ Fast는 발전기측 위상이 앞선 상태 투입을 의미하며 터빈에 충분한 증기가 공급되는 상태이다.

   ⓒ Slow 회전 시 병입되면 유입증기량이 적어 역전력 계전기에 의해 비상정지 가능성이 있다.

② 병입 후 출력을 초기 부하까지 상승시킨다.

   ⊙ 역전력 계전기에 의한 비상정지를 방지한다.

   ⓒ Main 증기압력 저하로 드럼수위가 상승한다.

③ 병입 시 허용 위싱차는 10도 이내로 한다.

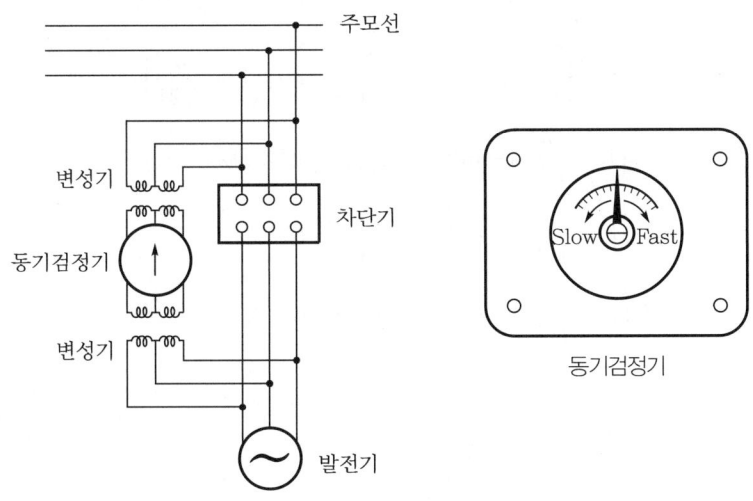

▮ 발전기 제어반의 Synchroscope ▮

062 정격주파수 60Hz, 계통에서 발전기 A(정격출력 40MW, 속도조정률 2%), 발전기 B(정격출력 30MW, 속도조정률 3%), 발전기 C(정격출력 20MW, 속도조정률 4%)가 병렬운전하여 90MW의 부하에 전력을 공급하고 있다. 이때, 갑자기 부하가 75MW로 감소하는 경우 각 발전기의 출력과 계통주파수를 구하시오.

data 발송배전기술사 21-124-4-3 / 발송배전기술사 출제예상문제

답안 1. 문제의 데이터 요약

구분	정격출력[MW]	속도조정률[%]
발전기 A	40	2
발전기 B	30	3
발전기 C	20	4

2. 각 발전기가 무부하일 때 무부하 시 주파수 산출

속도조정률 $\delta = \dfrac{N_x - N_0}{N_0} \times 100 = \dfrac{f_x - f_0}{f_0} \times 100 [\%]$

$\therefore \ f_x - f_0 = \dfrac{\delta f_0}{100}, \ f_x = f_0 + \delta \dfrac{f_0}{100} = f_0\left(1 + \dfrac{\delta}{100}\right)$

(1) $f_a = f_0\left(1 + \dfrac{\delta}{100}\right) = 60\left(1 + \dfrac{2}{100}\right) = 61.2\,\mathrm{Hz}$

(2) $f_b = f_0\left(1 + \dfrac{\delta}{100}\right) = 60\left(1 + \dfrac{3}{100}\right) = 61.8\,\mathrm{Hz}$

(3) $f_c = f_0\left(1 + \dfrac{\delta}{100}\right) = 60\left(1 + \dfrac{4}{100}\right) = 62.4\,\mathrm{Hz}$

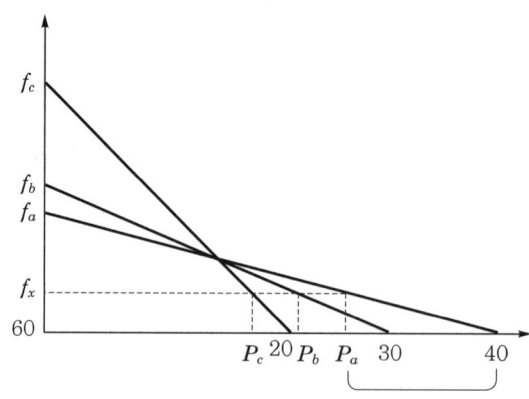

┃ 각 발전기별 부하분담과 주파수 비례식 그래프 ┃

3. 75MW 부하에서의 각 발전기 출력 및 주파수 산출

계통 특성정수로 속도조정률을 간략히 정리하면

$$\delta = \frac{\Delta f \cdot P_n}{\Delta P \cdot F_n} \times 100[\%] = \frac{100 P_n}{K_G F_n}$$ 식을 이용할 수 없다.

왜냐하면 발전기가 병렬운전이므로 각 발전기의 비례식을 이용해야 하기 때문이다.

(1) 그래프에서 A발전기의 비례식

$$\frac{f_x - 60}{40 - P_a} = \frac{f_a - 60}{40} = \frac{1.2}{40} = 0.03 \rightarrow f_x = 0.03(40 - P_a) + 60$$

(2) 그래프에서 B발전기의 비례식

$$\frac{f_x - 60}{30 - P_b} = \frac{f_b - 60}{30} = \frac{1.8}{30} = 0.06 \rightarrow f_x = 0.06(30 - P_b) + 60$$

(3) 그래프에서 C발전기의 비례식

$$\frac{f_x - 60}{20 - P_b} = \frac{f_b - 60}{20} = \frac{2.4}{20} = 0.12 \rightarrow f_x = 0.12(20 - P_b) + 60$$

(4) 병렬운전이므로 f_x값은 동일하여 관계를 구하면 다음과 같다.

① $0.03(40 - P_a) + 60 = 0.06(30 - P_b) + 60 = 0.12(20 - P_b) + 60$

∴ $(40 - P_a) = 2(30 - P_b) = 4(20 - P_c)$

② $P_a = 40 - 4(20 - P_c) = -40 + 4P_c \rightarrow$ 계산 시 부호에 주의를 요한다.

③ $P_b = 30 - 2(20 - P_c) = -10 + 2P_c \rightarrow$ 계산 시 부호에 주의를 요한다.

(5) 각 발전기의 출력산출

① $P_a + P_b + P_c = 75\,\text{MW}$

즉, $(-40 + 4P_c) + (-10 + 2P_c) + P_c = 75$

∴ $P_c = \frac{125}{7}\,\text{MW}$

② $P_a = -40 + 4P_c = -40 + 4 \times \frac{125}{7} = \frac{220}{7}$

③ $P_b = -10 + 2P_c = -10 + 2 \times \frac{125}{7} = \frac{180}{7}$

즉, $\frac{125}{7} + \frac{220}{7} + \frac{180}{7} = 75\,\text{MW}$

(6) 계통주파수 f_x 산출

$$f_x = 0.06(30 - P_b) + 60 = 0.06\left(30 - \frac{180}{7}\right) + 60 = 60.257\,\text{Hz}$$

063 동기발전기에 대하여 아래 내용을 설명하시오.
1. 병렬운전조건 및 그 조건이 맞지 않을 경우 나타나는 현상
2. 동기발전기에서 회전계자를 사용하는 이유
3. 전기자권선을 Y결선하는 이유

(data) 발송배전기술사 23-129-1-7 / 발송배전기술사, 건축전기설비기술사, 전기안전기술사, 전기응용 기술사 출제예상문제

(comment) 배점 10점으로는 무리한 문제이나 작성기술이 탁월한 수험자는 유리하다.

답안 **1. 동기발전기의 병렬운전 5대 조건**

(1) 기전력의 크기가 같을 것

① 다를 경우 횡류 발생으로 양기 간에 무효전력의 이동이 생겨 전압이 같아지는 균압작용이 발생한다.

② 전기자저항에 의한 약간의 유효전력이 이동한다.

③ 손실이 증가하고 온도가 상승한다.

(2) 기전력의 위상이 같을 것

다를 경우 동기화전류 발생으로, 위상차에 해당하는 유효전력의 이동이 생겨 동기화 현상이 발생한다.

(3) 기전력의 주파수가 같을 것

다를 경우에 동기화전류가 교대로 주기적으로 흐른다. 즉, 난조(교대로 주기적)의 원인이다.

(4) 기전력의 파형이 같을 것

다를 경우에 고조파 무효순환전류가 흐르며, 순환전류가 크면 전기자권선의 저항 손 증가로 과열의 원인이 된다.

(5) 상회전 방향이 같을 것

다를 경우에 어느 순간에 단락상태로 되어 큰 사고를 유발한다.

2. 동기발전기에서 회전계자를 사용하는 이유

(1) 계자를 직류 저압으로 가압하면 고압인 전기자를 회전하는 것보다 절연처리가 유리하고, 구조가 간단하다.

(2) 전기자는 교류 고압인데 고정시키므로 절연과 대전력 단자의 접속인출이 쉽다.

(3) 회전계자형은 전기자가 고정되므로 전기자단자에 발생한 고전압을 Slip 링 없이 간단히 외부로 연결해 가압한다.

(4) 전기자권선은 전압이 높고 결선이 복잡하며, 대용량으로 되면 전류도 커지고, 3상 권선의 경우 4개의 도선을 인출해 구조적으로 복잡하므로 계자를 회전하는 방법이 유리하다.

(5) 계자회로는 직류의 저압 회로이므로 소요동력도 작고, 인출도선도 2개만 있어도 되기 때문이다.

(6) 계자가 철의 분포가 많으므로, 전기자보다 계자를 회전시키는 것이 기계적 강도 측면에서 유리하다.

(7) 전기자는 권선을 많이 감아야 하므로 회전자로 하면 부피가 커진다.

(8) 직류의 저전압, 소전류가 계자권선에 통전되므로 Brush를 통한 인출이 용이하다.

(9) 직류의 저전압, 소전류가 계자권선에 통전되므로 소요전력이 작다.

(10) 고장 시 과도안정도를 높이기 위한 방법 중 하나로서, 회선자의 관성(M)을 크게 하기 쉽다.

(11) 전기자를 회전시킬 때보다 제작과 경제성 면에서 유리하다.

3. 전기자권선을 Y결선하는 이유

(1) 발전기 각 상의 기전력에서는 자기포화나 전기자반작용 등으로 인하여 제3고조파 또는 그 배수의 고조파가 포함되는 일이 있고, 이들이 접속했을 때 고조파의 순환전류를 발생시켜서 손실이 증가하게 된다.

(2) 단자 선간전압은 △결선의 경우에 비하여 Y접속의 상전압이 $\dfrac{선간전압}{\sqrt{3}}$ 이 되고 전기자권선 절연에 있어 제작이 유리하다.

(3) Y결선으로 하면 중성점을 인출하여 접지하고 발전기에 유효한 보호장치를 만들 수 있으므로 기계의 보호에 유리하다.

(4) Y접속으로 하면 상의 유기기전력 중 제3고조파 및 그 배수조파가 발생하고 순환전류는 흐르지 않으므로 △접속과 같은 해로운 동손 및 발열의 증가가 없고 출력의 감소는 작다.

064 3상 교류 동기발전기를 전력회사의 계통에 병입시켜 병렬로 운전하고자 한다. 다음 물음에 답하시오.

1. 계통병입을 위한 투입조건
2. 동기 투입조건이 만족될 경우 램프 L_1, L_2, L_3의 상태
3. 병입발전기의 기전력 크기가 계통전압의 크기와 다를 경우 발생하는 현상
4. 병입발전기의 위상이 계통전압의 위상과 다를 경우 발생하는 현상

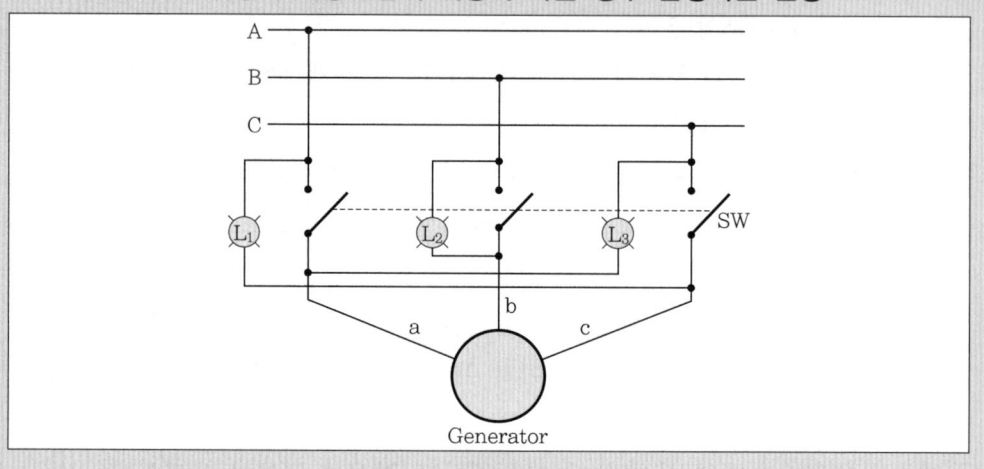

data 발송배전기술사 21-125-2-2 / 발송배전기술사, 건축전기설비기술사, 전기안전기술사, 전기응용
기술사 출제예상문제

답안 1. 계통병입을 위한 투입조건

발전기	원동기
• 기전력의 크기가 같을 것 • 기전력의 위상이 같을 것 • 기전력의 주파수가 같을 것 • 기전력의 파형이 같을 것 • 기전력의 상회전 방향이 같을 것	• 균일 각속도를 가질 것 • 적당한 속도조정률을 가질 것

2. 동기투입조건이 만족될 경우 램프 L_1, L_2, L_3의 상태(동기검정기 동작상태를 말함)

   (1) 위상이 일치할 경우

   L_2는 소등, L_1, L_3는 같은 밝기로 점등한다.

   (2) 위상이 다를 경우

   ① 병입 시 b > B보다 위상이 앞선 경우로 해석 시

   ② 위상차가 $0 < \delta < 60°$인 경우는 L_1 밝기 > L_3 밝기 > L_2 밝기순서

3. 병입발전기의 기전력 크기가 계통전압의 크기와 다를 경우 발생하는 현상

　　* Chapter 02 - 문제 060의 답안 '2./(1)' 내용을 참조한다.

4. 병입발전기의 위상이 계통전압의 위상과 다를 경우 발생하는 현상

　　* Chapter 02 - 문제 060의 답안 '2./(2)' 내용을 참조한다.

---

065 동기발전기의 병렬운전 시 기전력의 크기(전압)가 다를 경우 발생되는 현상에 대하여 설명하시오.

(data) 발송배전기술사 16-110-1-2 / 발송배전기술사, 건축전기설비기술사, 전기안전기술사, 전기응용 기술사 출제예상문제

(답안) 1. 동기발전기의 병렬운전조건

　　* Chapter 02 - 문제 061의 답안 '1./(1)' 내용을 참조한다.

2. 기전력의 크기가 다를 경우의 현상

　　* Chapter 02 - 문제 060의 답안 '2./(1)' 내용을 참조한다.

---

066 예비전원설비(KDS 31 60 20)에 따른 발전기의 용량산정식을 일반부하와 소방부하 (PG법)로 나누어 설명하시오.

(data) 발송배전기술사 22-126-1-7 / 발송배전기술사, 건축전기설비기술사, 전기안전기술사, 전기응용 기술사 출제예상문제

(comment) 배점 10점에 다소 무리가 있는 복합문제를 질문한 것이다. 문제선택 시 회피전략을 구사하도록 한다.

(답안) 1. 예비전원설비(KDS 31 60 20)에 따른 발전기의 용량산정식

　　(1) 발전기용량산정은 다음과 같이 계산할 수 있으며, 해당 건축물의 소방부하, 비상 부하 및 그 밖의 정전 시 운전에 필요한 부하 등의 특성을 고려하여 산정할 수 있다.

$$GP \geq \left\{ \sum P + (\sum P_m - PL) \times a + (PL \times a \times c) \right\} \times k$$

여기서, GP : 발전기용량[kVA]

P : 전동기 이외 부하의 입력용량 합계[kVA]

$\sum P_m$: 전동기부하용량 합계[kW]

PL : 전동기부하 중 기동용량이 가장 큰 전동기부하용량[kW]

　　단, 동시에 기동될 경우 이들을 더한 용량으로 함

a : 전동기의 kW당 입력용량계수(a의 추천값은 고효율 1.38, 표준형

　　1.45)

　　단, 전동기 입력용량은 각 전동기별 효율, 역률을 적용하여 입력용량

　　을 환산 가능함

c : 전동기의 기동계수

k : 발전기 허용전압강하계수

(2) 발전기용량 계산식의 요소 설명

① 입력용량(P)의 구체적 설명

　ⓐ 입력용량(고조파 발생부하 제외) : $P = \dfrac{부하용량[\text{kW}]}{부하효율 \times 역률}$

　ⓑ 고조파 발생부하의 입력용량합계[kVA]

　　• UPS의 입력용량 : $P = \dfrac{부하용량[\text{kW}]}{\text{UPS 효율}} \times \lambda + 축전지 충전용량$

　　※ 축전지 충전용량은 UPS 용량의 6 ~ 10% 적용

　　• 입력용량(UPS 제외) : $P = \dfrac{부하용량[\text{kW}]}{효율 \times 역률} \times \lambda$

　　※ λ(THD 가중치)는 KS C IEC 61000-3-6의 [표 6]을 참고함

　　단, 고조파 저감장치를 설치할 경우에는 가중치 1.25를 적용할 수 있음

② 전동기의 기동계수(c)

　ⓐ 직입 기동 : 추천값 6(범위 5 ~ 7)

　ⓑ Y-△ 기동 : 추천값 2(범위 2 ~ 3)

　ⓒ VVVF(인버터) 기동 : 추천값 1.5(범위 1 ~ 1.5)

　ⓓ 리액터 기동방식의 추천값

구분	탭(tap)		
기동계수(c)	50%	65%	80%
	3	3.9	4.8

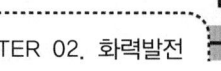

③ k : 발전기 허용전압강하계수는 관련 표를 참조한다.

단, 명확하지 않은 경우 1.07 ~ 1.13으로 할 수 있다.

2. PG법

(1) 발전기용량 계산 검토(PG₁ ~ PG₄) 중 최댓값의 용량 선정

① PG₁ : 정상운전상태에서 부하의 설비기동에 필요한 발전기용량

② PG₂ : 최댓값을 갖는 전동기의 기동 시 전압강하를 고려한 발전기용량

③ PG₃ : 최댓값을 갖는 전동기를 마지막으로 기동할 때 필요한 발전기용량

④ PG₄ : 고조파 부하를 감안한 경우의 발전기용량

(2) 용량 계산

PG 방식 공식 구분	계수
$$PG_1 = \frac{\sum P_L}{\eta_L \times Pf_L} \times \alpha \,[\text{kVA}]$$	• $\sum P_L$: 부하의 출력합계[kVA] • Pf_L : 부하의 종합역률 • η_L : 부하의 종합효율 • α : 부하율, 수용률 고려한 계수(1.0)
$$PG_2 = P_n \times \beta \times c \times X_d \times \frac{100 - \triangle V}{\triangle V}\,[\text{kVA}]$$	• P_n : 최댓값을 갖는 전동기출력[kW] • β : 전동기출력 1kW에 대한 시동 [kVA](불분명 시 : 7.2 적용) • C : 기동방식에 따른 계수(직입 1.0, Y−△ 0.67, 리액터 0.6) • X_d : 발전기 초기 과도리액턴스 (0.2 ~ 0.25) • V : 허용전압강하율(일반 0.25, 비상용 승강기 0.2)
$$PG_3 = \left(\frac{\sum P_L - P_n}{\eta_L} + P_n \times \beta \times c \times pf_s\right) \times \frac{1}{\cos\varPhi}$$	• pf_s : P_n 전동기 기동 시 역률(0.4) • $\cos\varPhi$: 발전기역률(0.8)
$$PG_4 = PG_1 + (2 \sim 2.5)P_c[\text{kVA}]$$	• P_c : 고조파 발생부하

067 예비전원설비(자가발전설비)용량선정 기준 및 방법을 설명하고, 아래 조건에 대한 자가발전설비용량을 계산하시오. (단, KDS 31.60.20 : 2021 개정 기준)

> [조건]
> - G_p : 발전기용량[kVA]
> - $\sum P$(전동기 이외 부하의 입력용량합계[kVA])
>   - 부하집계(고조파 발생부하 제외) : 500kW(부하효율 80%, 역률 0.8)
>   - 부하집계(UPS는 미적용되었으며, 기타 고조파 발생부하) : 100kVA(고조파 저감장치를 설치하였으며, 가중치 $\lambda = 1.25$, 고조파 발생부하의 효율 = 1로 봄)
> - $\sum P_m$ (전동기 부하집계[kW]) : 1000kW
>   - P_L(전동기 부하 중 기동용량이 가장 큰 전동기 부하용량[kW]) : 100kW(리액터 기동방식, 기동계수는 1.5 적용)
>   - 전동기의 kW당 입력용량계수 : 1.3
> - K(발전기 허용전압강하계수) : 1.2 적용

data 발송배전기술사 23-130-2-2 / 발송배전기술사, 건축전기설비기술사, 전기안전기술사, 전기응용기술사 출제예상문제

답안 **1. 예비전원설비(자가발전설비)용량선정 기준 및 방법**

　Chapter 02 - 문제 066의 답안 '1.' 내용을 참조한다.

2. 발전기 용량계산

$$GP \geq [\sum P + (\sum P_m - PL) \times a + (PL \times a \times c)] \times k$$

여기서, GP : 발전기용량[kVA]

(1) $\sum P$: 전동기 이외 부하의 입력용량 합계[kVA]

　① 일반부하

　　㉠ 부하집계(고조파 발생부하 제외) : 500kW(부하효율 80%, 역률 0.8)

　　㉡ $P_1 = \dfrac{\text{부하용량}[kW]}{\text{효율} \times \text{역률}} = \dfrac{500}{0.8 \times 0.8} = 781.25\,kVA$

　② 고조파 부하(UPS 부하 제외된 고조파 발생부하) P_2

　　㉠ 고조파 발생부하 : 100kW(가중치 $\lambda = 1.25$, 효율 = 1)

　　※ 계산 조건에서 UPS는 미적용이므로 주의할 것

$$\text{ⓛ} \quad P_2 = \frac{\text{부하용량}}{\text{효율} \times \text{역률}} \times \lambda + \text{축전지용량(UPS용량의 10\%)}$$

$$= 100 \times 1.25 + 0 = 125\,\text{kVA}$$

③ $\sum P = ① + ② = 781.25 + 125 = 906.25\,\text{kVA}$

(2) $\sum P_m$: 전동기 부하용량 합계[kW]

① $\sum P_m$(전동기 부하집계[kW]) : 1000kW

② P_L(전동기 부하 중 기동용량이 가장 큰 전동기 부하용량[kW])

 ⓐ 최대 기동전동기용량 : 100kW

 ⓑ 전동기의 kW당 입력용량 환산계수 a : 1.3(즉, 전동기의 kW당 입력용량 계수)

 ⓒ 리액터 기동방식의 기동계수 c : 1.5 적용

(3) 발전기 허용전압강하계수 K : 1.2 적용

(4) 발전기 용량

$$GP \geq \{\sum P + (\sum P_m - PL) \times a + (PL \times a \times c)\} \times k$$

$$\geq \{906.25 + (1000 - 100) \times 1.3 + (1000 \times 1.3 \times 1.5)\} \times 1.2$$

$$\geq 2725.5\,\text{kVA}$$

(5) 따라서, 표준용량과 여유분을 고려하여 3000kVA로 설정한다.

---

068 부하역률이 진상 및 지상일 경우 동기기의 전기자반작용에 대하여 각각 설명하시오.

(data) 발송배전기술사 16-110-2-2 / 발송배전기술사, 건축전기설비기술사, 전기안전기술사, 전기응용 기술사 출제예상문제

답안 **1. 전기자반작용의 정의**

전기자반작용이란 전기자전류에 의한 자속이 계자자속에 영향을 미치는 현상을 말한다.

2. 전기자반작용의 발생원인

(1) 3상 동기발전기의 전기자권선에 평형 3상 교류전류가 흐르면, 동기전동기와 같이 동기속도로 회전하는 회전자계가 발생한다.

(2) 이 회전자계는 항상 계자의 자극과 일정한 위치를 유지하면서 회전하고, 그 대부분을 계자의 기자력에 직접 영향을 주어 전기자의 유기기전력에 영향을 미치며, 일부는 전기자권선, 즉 자기 자신에게만 쇄교하는 자속을 만든다.

(3) 따라서, 전기자권선에 의해 만들어지는 리액턴스 X_s는 계자와 쇄교하는 부분인 전기자반작용 리액턴스 X_a와 전기자 자신에게만 쇄교하는 누설리액턴스 X_l로 구분된다.

즉, $X_s = X_a + X_l$로 이루어져 있다.

(4) 동기발전기의 전기자반작용은 전기자전류의 크기뿐 아니라 유기기전력과 계자극과의 위치, 유기기전력과 전기자전류의 위상관계 등에 따라 다르게 나타난다.

3. 부하의 역률과 위상에 따른 동기기의 전기자반작용(부하는 전기자에 연결되어 있기에 부하전류와 전기자전류의 위상을 동일하게 취급함)

전기자반작용은 발생전압과 계자위치 및 전기자전류의 위상관계에 따라 크게 3가지로 구분된다.

(1) 전기자전류(부하전류)가 유기기전력(E_0)과 동상일 경우

① 전기자전류가 유기기전력과 동상일 경우 계자의 위치는 다음 그림과 같이 전기자권선 직하에 위치할 때이다.

② 따라서, 전기자에 의한 기자력 F_a는 횡축방향으로 작용하므로 이것을 횡축반작용 또는 교차자화작용이라 한다.

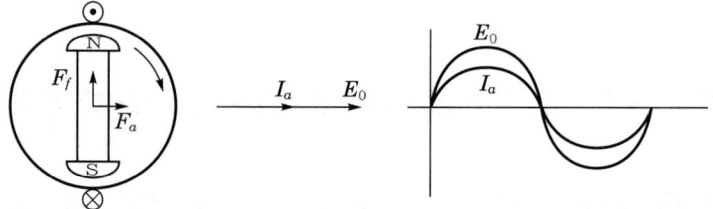

▮ 횡축반작용 또는 교차자화작용 ▮

(2) 전기자전류(부하전류)가 유기기전력(E_1)보다 $\frac{\pi}{2}$[rad](90°) 뒤질 경우

① 다음 그림과 같이 계자극과 전기자권선이 90° 상차를 가질 때이다.

② 따라서, 계자기자력 F_f와 전기자권선전류에 의한 기자력 F_a는 벡터적으로 180°의 상차를 가지므로 전기자기자력은 직축 반작용을 하게 된다.

③ 이때, 주계자극의 기자력을 감소시키는 방향으로 작용한다.

④ 따라서, 이를 감자작용이라고 하며, 이때의 유기기전력 E_1은 E_0보다 작은 값을 가진다.

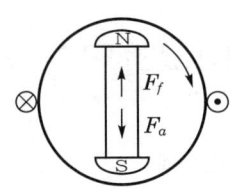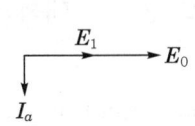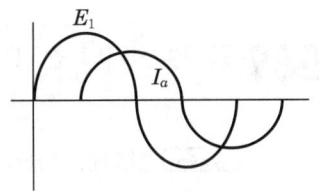

┃ 직축 반작용 ┃

(3) 전기자전류(부하전류)가 유기기전력(E_2)보다 $\dfrac{\pi}{2}$[rad](90°) 앞설 경우

① 아래 그림과 같이 계자극과 전기자권선이 90° 상차를 가진다.

② 따라서, 계자기자력 F_f와 전기자권선전류에 의한 기자력 F_a는 같은 방향이
된다.

③ 전류의 방향이 전기자전류가 유기기전력보다 90° 뒤질 때의 방향과 반대가 된다.

④ 따라서, 전기자에 의한 기자력 F_a는 주계자극에 의한 기자력 F_f를 증가시키
는 방향으로 작용하게 된다.

⑤ 이를 자화작용 또는 증자작용이라고 하며, 이때의 유기기전력 E_2는 E_0보다
큰 값을 가진다.

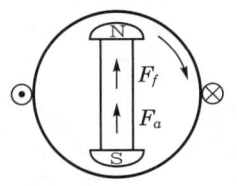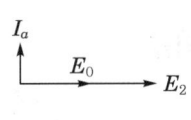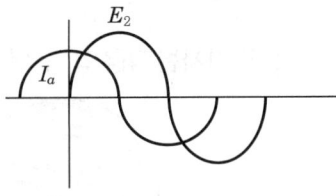

┃ 자화작용 또는 증자작용 ┃

(4) 기전력과의 관계

R부하	전기자자속과 주자속이 직각	기전력의 크기 약간 감소
L부하	전기자자속과 주자속이 반대방향	기전력 감소
C부하	전기자자속과 주자속이 같은 방향	기전력 증가

069 동기발전기의 전기자반작용의 영향과 대책에 대하여 설명하시오.

data 발송배전기술사 18-115-1-7 / 발송배전기술사 출제예상문제

comment 배점 10점이면 정의와 표의 벡터도의 내용을 구분해 기록하면 된다.

답안 **1. 동기발전기의 전기자반작용**

(1) 정의

전기자반작용이란 전기자에 전류가 흐르면 그 전류에 의해 생기는 자계가 주자극 (자극의 자속)에 영향을 미치는 것으로 계자기자력에 영향을 주는 작용을 말한다 (즉, 전기자전류의 작용에 의한 영향).

(2) 발생사유

① 터빈발전기의 원통형 회전자의 경우 계자권선은 분포권으로 기자력의 분포는 계단적이나 전기자에 전류가 흐르면 상회전 방향으로 동기속도로 회전하는 회전기자력 F_a가 발생한다.

② 이때, 주계자의 기전력 E_f는 계자슬롯수가 많으면 정현파에 가깝게 된다.

2. 전기자반작용의 구분 및 역률

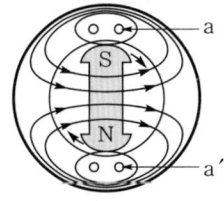 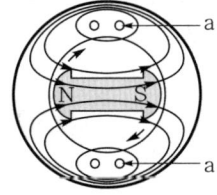 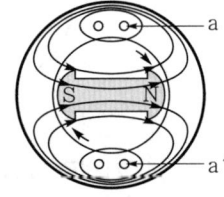

(a) 횡축 반작용   (b) 감자작용   (c) 증자작용

(1) 횡축 반작용(교차자화작용)

① 동기발전기에서 유도기전력과 전기자전류가 동상(역률이 1)인 경우로서, 그림 (a)와 같이 aa′ 코일에 최대 전류가 흐르게 된다.

② 전기자전류에 의한 자속의 방향이 계자자속의 방향과 90° 각을 이루며 횡축으로 작용하므로 횡축 반작용 또는 교차자화작용이라 한다.

(2) 직축 반작용(감자작용)

① 동기발전기에서 전기자전류가 유도기전력보다 90° 뒤진, 즉 유도성 부하인 경우 그림 (b)와 같이 자극축과 90° 뒤진 방향에 있는 aa′ 코일에 최대 전류가 흐르게 된다.

② 전기자전류에 의한 자속의 방향이 계자자속의 방향과 반대가 되어 계자자속을 감소시키므로 감자작용 또는 전기자전류에 의한 반작용의 기자력이 자극축과 반대방향으로 작용하므로 직축 반작용이라 한다.

(3) 직축 반작용(증자작용)

① 동기발전기에서 전기자전류가 유도기전력보다 90° 앞선, 즉 용량성 부하인 경우 그림 (c)와 같이 자극축과 90° 앞선 방향에 있는 aa′ 코일에 최대 전류가 흐르게 된다.

② 전기자전류에 의한 자속의 방향이 계자자속과 같은 방향이 되어 계자자속을 증가시키므로 증자작용 또는 전기자전류에 의한 반작용의 기자력이 자극축과 같은 방향으로 작용하므로 직축 반작용이라 한다.

3. 전기자반작용에 따른 발전기 특성에 미치는 영향과 대책(즉, 전기자반작용 부하의 역률관계)

구분	도해	벡터도	특성
I_a가 E와 동상인 경우 : 유효전류에 의한 전기자반작용(역률 1인 경우)	[횡축 반작용-동상]	I : 전기자전류 E : 유기기전력 • 영향 : 전기자반작용에 의한 영향은 없음 • 대책 : 해당 없음	• 전기자전류에 의한 회전기자력(F_a)은 주계자 기자력(F_f)과 $\frac{\pi}{2}$만큼 뒤떨어짐 • 주계자에 대하여 교차자화작용(횡축 반작용) : $I\cos\theta$ • F_f와 F_a의 합성 기자력은 F_r로 되어 정현파 자속분포가 형성됨
I_a가 E보다 $\frac{\pi}{2}$ 뒤진 경우 : 무효전류에 의한 전기자반작용 [감자작용 (demagneti -zation)] (역률 0인 경우)	[직축 반작용-지상]	• 영향 : 전기자반작용에 의한 영향은 없음 • 대책 : 해당 없음	• F_f와 F_a는 π만큼 떨어짐 • F_a는 감자작용(직축 반작용)을 함 : $I\sin\theta$ • 합성 기자력 F_r은 F_f보다 작아지므로 유기기전력 E는 E_0보다 감소함 • 즉, 기전력에 대하여 90° 늦은 전류가 통하는 도체의 위치는 자극과 전기각으로 90°의 상차가 있으므로 코일의 중심축과 자극의 중심축은 일치함 • 뒤진 전류이므로 전류가 발생하는 자속은 주자극과 반대이므로 감자작용을 함

구분	도해	벡터도	특성
I_a가 E보다 $\dfrac{\pi}{2}$ 앞선 경우 : 무효전류에 의한 전기자반작용 [자화작용 (magnetiza -tion)] (역률 0인 경우)	[직축 반작용-진상]	• 영향 : 계통 전압 상승, 발전기 자기여자 현상 • 대책 – 발전기 저여자 운전 – 동기조상기 무효전력 흡수 – 분로리액터 투입 – 발전기 단락비 증대 – 발전기용량 증가(발전기 자기여자현상 극복)	• F_a는 F_f와 같은 위치에 생김 • F_a는 증자작용(직축 반작용)을 함 • 합성 기자력 F_r은 F_f보다 증가하므로 E는 E_0보다 증가함 • 증자작용으로 단자전압 상승

070 전기자반작용 현상을 발전기와 전동기로 구분하여 설명하고, 동기조상기의 원리를 전기자반작용 현상을 들어 설명하시오.

(data) 발송배전기술사 22-126-1-5 / 발송배전기술사 출제예상문제

답안 **1. 전기자반작용 현상에 대한 발전기와 전동기 측면의 구분**

(1) 정의

전기자반작용이란 전기자에 전류가 흐르면 그 전류에 의해 생기는 자계가 주자극 (자극의 자속)에 영향을 미치는 것으로 계자기자력에 영향을 주는 작용을 말한다 (즉, 전기자전류의 작용에 의한 영향).

(2) 발생사유

① 터빈발전기의 원통형 회전자의 경우 계자권선은 분포권으로 기자력의 분포는 계단적이나 전기자에 전류가 흐르면 상회전 방향으로 동기속도로 회전하는 회전기자력 F_a가 발생한다.

② 이때, 주계자의 기전력 E_f는 계자 슬롯수가 많으면 정현파에 가깝게 된다.

(3) 발전기와 전동기의 전기자반작용 비교

전압과 전류의 위상	부하	$\cos\theta$	동기발전기 적용	동기전동기 적용
E와 I_a가 동상	저항	1.0	교차자화작용 (횡축 반작용)	–
E가 I_a보다 $\dfrac{\pi}{2}$ 앞선 경우	유도성 부하	lagging	감자작용 (직축 반작용)	증자작용 (직축 반작용)
E가 I_a보다 $\dfrac{\pi}{2}$ 뒤진 경우	용량성 부하	leading	증자작용 (직축 반작용)	감자작용 (직축 반작용)

[비고] 동기전동기와 동기발전기의 전기자반작용은 당연히 반대현상이 나타난다.

2. 전기자반작용 현상을 이용한 동기조상기(synchronous compensator)의 원리

comment 동기조상기 단독문제로 배점 10점 예상된다.

(1) 동기조상기란 동기전동기를 무부하로 운전해서 전기자반작용에 기인하는 위상특성을 이용하여 신상 빛 시상 무효선력을 연속석으로 공급하는 소상기기이다.

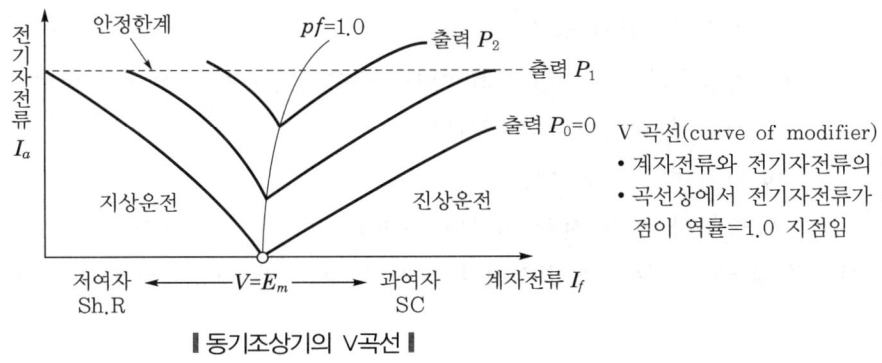

V 곡선(curve of modifier)
- 계자전류와 전기자전류의 관계곡선
- 곡선상에서 전기자전류가 최소인 점이 역률=1.0 지점임

┃동기조상기의 V곡선┃

(2) 수식

$$V = I_a \cdot jX_L + E_m$$

(3) 동기조상기의 운전방법

comment 동기발전기가 아닌 동기전동기를 이용한 동기조상기에 주의해야 한다.

① 무부하상태로 단자전압 V를 일정하게 운전한다.

② 저여자운전(부족여자, 약여자, 지상운전)

 ㉠ E_m 감소, I_a는 지상성분이 되며 전류가 증가($\because$ V 일정)한다.

ⓛ 부하가 적게 걸리는 심야에 계자회로의 저항을 넣어서 지상전류를 취한다. 즉, 리액터 역할을 한다.

ⓒ 지상운전 : 전기자반작용 감자작용으로 무효전력소비

ⓔ 공극 내의 자속 감소 → 일정 자속유지를 위해 증자작용이 필요 → 지상 전기자전류 증가함

ⓜ 계통으로부터 지상 무효전력을 흡수하는 리액터 역할을 한다.

ⓗ 단자전압을 하강시킨다.

ⓢ 경부하 시 또는 무부하 시 수전단 전압이 상승할 경우에 적용한다.

③ **과여자운전(진상운전, 강여자)**

㉠ E_m 증가, I_a는 진상성분이 되며 전류가 증가한다.

ⓛ 부하가 많이 걸리는 주간에 계자회로의 저항을 빼내어 진상전류를 취한다. 즉, 콘덴서 역할을 한다.

ⓒ 진상운전 : 전기자반작용 증자작용으로 무효전력공급

ⓔ 공극 내의 자속 증가 → 일정 자속유지를 위해 감자작용 필요 → 진상 전기자전류가 증가

ⓜ 계통으로부터 진상 무효전력을 흡수하는 콘덴서 역할을 한다. 즉, 계통에 지상 무효전력을 공급한다.

ⓗ 단자전압을 상승시킨다.

ⓢ 중부하 시 수전단 전압이 저하할 경우에 적용한다.

(4) 연속제어가 가능하나 회전기로서 가격 및 유지·보수 비용이 비싸다.

---

071 동기발전기 가능출력곡선(capability curve)을 이용하여 동기발전기의 운전제한 조건 및 운전 시 주의사항을 설명하시오.

(**data**) 발송배전기술사 18-114-4-1 / 발송배전기술사 출제예상문제

(**답안**) 1. 개요

발전기를 구성하는 도체, 절연체는 온도 상승의 한도가 있어, 발전기운전은 온도 상승 한도범위 내에서 제한된다. 이것을 나타내는 가능출력곡선은 운전영역한계를 종축을 무효분으로, 횡축을 유효분으로 표시하고 있다.

2. 운전 제한 조건(발전기 운전영역한계 결정요인)

(1) 전류 제한
전기자전류, 계자전류의 정격 제한

(2) 안정도 제한
다른 발전기와 동기화력이 정(正)일 것 $\left(\dfrac{dP}{d\delta} > 0 \right)$

(3) 여자기 제한
잔류전압 제한

(4) 보호장치 제한
과전류, 과전압, 저여자 등의 발전기 보호장치 제한

(5) 누설자속에 의한 단부철심 과열
터빈발전기의 진상운전전압

(6) 회전자 직경, 길이 제한
원심력에 의한 기계적 강도 제한

(7) 단락비 및 냉각방식에 의한 제한
단락비 대소 여부, 수소냉각 여부

3. 가능출력곡선과 발전기 운전영역의 근거식

(1) 발전기 운전영역 고찰 근거식

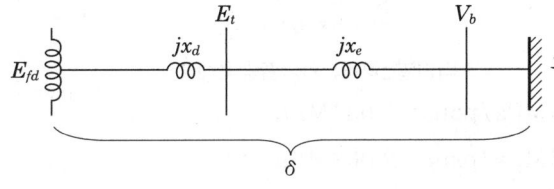

여기서, x_d : 동기 리액턴스
E_{fd} : 발전기 배후전압
x_e : 선로 및 변압기의 등가 리액턴스
δ : 상차각
V_b : 무한대 모선전압

❚ 1기 무한대 계통 ❚

① 정태안정도 곡선 : $P = \dfrac{E_{fd} \cdot V_b}{x_d + x_e} \sin \delta$

② 정태안정 극한상태는 $\delta = 90°$이므로 $\dfrac{dP}{d\delta} = 0$에서부터

$$P = \frac{E_{fd} \cdot V_b}{x_d + x_e} \sin \delta$$

$$Q = \frac{x_e}{(x_d + x_e)^2} E_{fd}^{\,2} - \frac{x_d}{(x_d + x_e)^2} V_b^{\,2}$$

③ 위 식과 같이 무효전력은 2차 함수로 되어서 E_{fd}를 소거하면

$$\left(\text{즉, } E_{fd} = \frac{P(x_d + x_e)}{V_b}\text{를 대입}\right)$$

$$Q = \frac{x_e}{V_b} \times P^2 - \frac{x_d}{(x_d + x_e)^2} V_b^2 \text{으로 유효전력 } P\text{의 2차 함수로 표현된다.}$$

④ 다시 식을 정리하면, $P^2 + \left\{Q - \frac{E_t^2}{2}\left(\frac{1}{x_e} - \frac{1}{x_d}\right)\right\}^2 = \left\{\frac{E_t^2}{2}\left(\frac{1}{x_e} + \frac{1}{x_d}\right)\right\}^2$

㉠ 원점 : $\left(0, \frac{1}{2}\left(\frac{1}{x_e} - \frac{1}{x_d}\right)E_t^2\right)$ (단, E_t : 발전기 단자전압)

㉡ 반지름 : $\frac{1}{2}\left(\frac{1}{x_e} + \frac{1}{x_d}\right)E_t^2$

따라서, 이를 도시하면 다음 그림과 같은 원과 반지름이 된다.

(2) 가능출력곡선

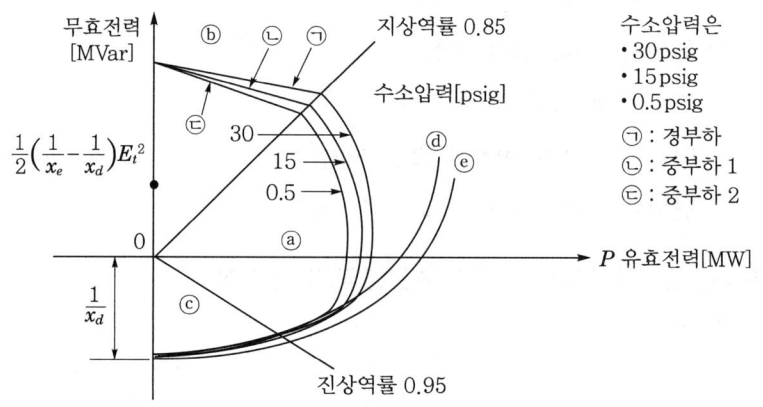

┃ 터빈발전기의 가능출력곡선 ┃

- $15\,\text{psig} \times 0.0689476\,\text{MPa/psig} = 1.034\,\text{MPa}$
- $30\,\text{psig} \times 0.0689476\,\text{MPa/psig} = 2.068\,\text{MPa}$

(3) 운전영역의 곡선 해석

① 곡선 ⓐ : 발전기 출력에 의한 제한되는 범위 → 전기자권선의 온도 상승에 의한 제한

② 곡선 ⓑ : 계자권선의 온도 상승에 의한 제한

③ 곡선 ⓒ : 고정자 단부의 온도 상승에 의한 한계 → 진상 운전영역 범위

④ 곡선 ⓓ : 정태안정도에 의해 제한되는 범위

⑤ 곡선 ⓔ : 동태안정도의 한계

곡선 ⓐ의 변화는 수소냉각식의 경우에서 수소압력의 대소에 따라 위의 그림과 같이 변화됨을 표현할 수 있다.

4. 운전 시 주의사항

(1) 냉각방식에 의한 제한

일반적으로 수소냉각방식에 의하며 수소압력에 따라 정격출력이 제한된다.

(2) 안정도에 의한 제한

① 정태안정도에 의해 제한되는 범위(곡선 ⓓ의 경우)

　　㉠ 발전기의 정태안정도는 $P = \dfrac{E_f V_b}{X_d + X_e} \sin\delta$ 에서 송전계통에 운전 시 정태

　　안정도 한계를 초과하여 운전하는 것은 불가능하다.

　　㉡ 따라서, 정태안정도 곡선이 종축과 교차하는 $\dfrac{1}{x_d}$ 과 같은 거리를 통하므로

　　진상영역에서의 여유는 작다.

② 동태안정도에 의해 제한되는 범위 : 곡선 ⓔ의 경우로, 즉 초속응 AVR 또는 조속기에 의한 진상부분의 무효출력 증가에 따른 제한이다.

(3) 온도에 의한 제한

① 발전기 출력에 의해 제한되는 범위 : 곡선 ⓐ의 경우

　　㉠ 정격역률 부근의 운전에서는 전기자전류의 크기에 의한 전기자권선의 온도 상승이 문제된다.

　　㉡ 따라서, 역률의 범위상 지상 0.85 ~ 진상 0.95로 하여 발전기출력을 제한한다.

② 발전기의 지상 무효출력에 의해 제한되는 범위 : 곡선 ⓑ의 경우

　　㉠ 발전기의 정격역률(대개 0.85) 이하의 지상 영역에서는 지상 무효전류에 의한 발전기의 감자작용으로 발전기 전압이 저감되면 이를 보상하기 위해 계자전류 증가 → 계자권선 온도 상승 → 발전기 지상 무효전력을 제한해야 됨

　　㉡ 계자전류를 공급하는 여자기의 출력에 의해서도 제한된다.

③ 발전기의 진상 무효출력에 의해 제한되는 범위 : 곡선 ⓒ의 경우

　　㉠ 역률이 95%를 넘는 진상 영역에서는 계자전류가 감소하므로 고정자 단자로부터의 누설자속이 통하는 자로(磁路)의 포화가 없어져서 누설자속이 증가한다.

　　㉡ 이 누설자속이 고정자에 대해 동기속도로 회전하므로 고정자 단부에 와류손 및 히스테리시스손이 발생하여 고정자 단부의 온도 상승이 발생한다.

　　㉢ 따라서, 이 온도 상승에 의하여 발전기의 진상 무효출력은 제한받는다.

072 터빈발전기의 가능출력곡선을 나타내고, 전압제어를 위한 무효전력 공급원으로서의 발전기를 설명하시오.

data 발송배전기술사 20-120-2-5 / 발송배전기술사 출제예상문제

comment 발전기 가능출력곡선의 종합정리이므로 핵심문항 중의 하나로서 매우 중요하다.

답안 **1. 개요**

터빈발전기의 가능출력곡선이란 발전기를 구성하는 도체, 절연체는 온도 상승의 한도가 있어, 발전기운전은 온도 상승 한도범위 내에서 제한된다. 이것을 나타내는 가능출력곡선은 운전영역한계를 종축은 무효분, 횡축은 유효분으로 표시하고 있다.

2. 가능출력곡선과 발전기 운전영역의 근거식

* Chapter 02 - 문제 071의 답안 '3·4' 내용을 참조한다.

3. 전압제어를 위한 무효전력 공급원

(1) 발전기의 무효전력 공급제어

① 전압조정의 원리 : $E = 4.44 k_w f w \phi_m \propto \phi_m \propto I_f$

계자전류로 공극 내 자속을 조정하여 전기자권선에 쇄교하는 자속을 변화시켜 유기기전력 크기를 조절한다.

발전기의 지상운전	발전기의 진상운전
발전기전압(E) > 계통의 전압(V)인 상태	발전기전압(E) < 계통의 전압(V)인 상태
발전기에서 계통으로 지상무효전력 공급(I_1)	계통의 무효전력을 발전기가 무효전력 흡수(I_3)
발전기 강여자운전으로 유기기전력 증가(E_1)	발전기 저여자운전으로 유기기전력 감소(E_3)

② 발전기의 일정 유효전력 운전(V, $P =$ 일정) 시 전압조정방법

comment 별도로 배점 10점용 기출출제

㉠ 여자전류 I_f의 변화로 E, Q의 변화

㉡ 이때의 전압, 전류, 무효전력 간의 벡터도

- E_1 : I_1(지상전류)일 때의 유기기전력

  Q_1 : 지상 무효전력(강여자)

- E_2 : I_2(동상전류)일 때의 유기기전력

  $Q_2 = 0$

- E_3 : I_3(진상전류)일 때의 유기기전력

  Q_3 : 진상 무효전력(저여자)

- E_4 : 동기화력 $P_{s4} = 0$(안정한계점)
- E_5 : 유효전력 P의 부족 → 탈조

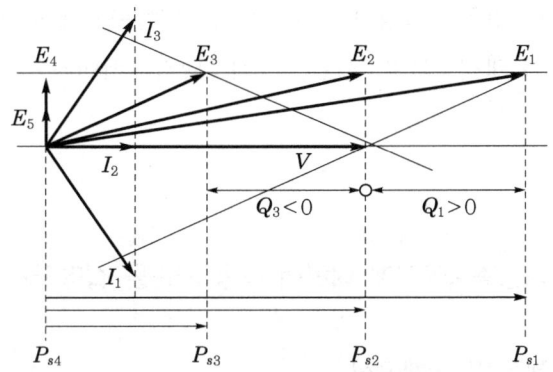

(2) 발전기의 무효전력운전 제한요소

① 지상운전 → 계자권선 온도 상승에 의한 제한 : 계통 중부하 시 강여자운전을 할 때 계자전류 증가로 계자권선의 온도 상승이 있으므로, 여자기의 출력한 계, 냉각능력에 따라 발전기의 출력이 제한된다.

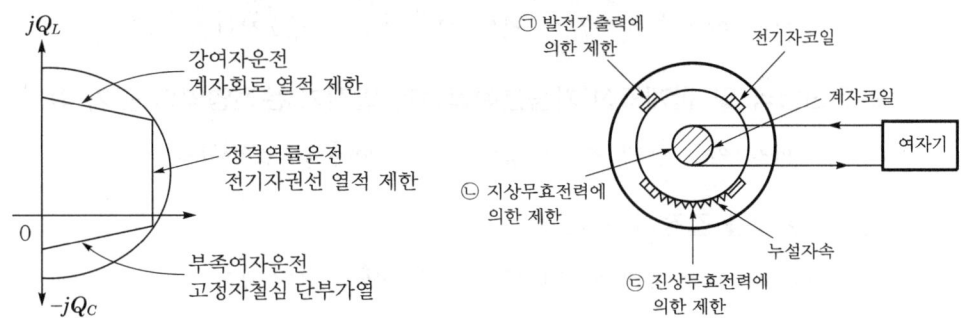

② 발전기의 진상운전 : 고정자 철심 단부 온도 상승에 의한 제한

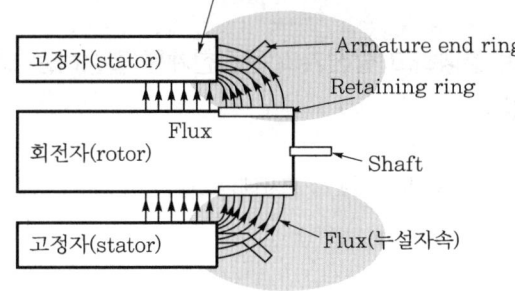

래미네이션이란 대상이 되는 물체에 1겹 이상의 얇은 레이어를 덧씌워 표면을 보호하고 강도와 안정성을 높이는 기술(일종의 코팅기술)

㉠ 지상운전 시(과여자운전) : Retaining ring(회전자 말단을 감싸는 링) 포화 → 자기저항 증가 → 누설자속 감소 → 고정자 단부 과열 없음

ⓛ 진상운전 시(저여자운전) : Retaining ring 불포화 → 자기저항 증가 없음
→ 누설자속 증가 → 고정자 단부 과열

ⓒ 영향 : 고정자 단부 과열, 진상운전 제한, 발전기출력 제한, 안정도 저하

ⓔ 대책 : UEL 제한, 차폐, 냉각, 저여자운전 제한

---

073 발전기 가능출력곡선에 대하여 다음 사항을 설명하시오.
1. 정의
2. 운전영역 및 한계곡선
3. 출력한계를 결정하는 요인

data 발송배전기술사 24-132-3-3 / 발송배전기술사 출제예상문제

답안 1. 발전기 가능출력곡선의 정의(개요)

＊ Chapter 02 - 문제 072의 답안 '1.' 내용을 참조한다.

2. 운전영역 및 한계곡선(가능출력곡선과 발전기 운전영역의 근거식)

＊ Chapter 02 - 문제 071의 답안 '3 · 4' 내용을 참조한다.

3. 출력한계를 결정하는 요인

＊ Chapter 02 - 문제 072의 답안 '3.' 내용을 참조한다.

---

074 발전기 가능출력곡선에 대하여 설명하고 발전기의 운전한계를 결정하는 요인 중 열적 제한요인에 대하여 설명하시오.

data 발송배전기술사 20-122-3-4 / 발송배전기술사 출제예상문제

답안 1. 개요

발전기를 구성하는 도체, 절연체는 온도 상승의 한도가 있어, 발전기운전은 온도 상승 한도범위 내에서 제한된다. 이것을 나타내는 가능출력곡선은 운전영역한계를 종축은 무효분, 횡축은 유효분으로 표시하고 있다.

2. 발전기 운전영역한계 결정요인

* Chapter 02 - 문제 071의 답안 '2.' 내용을 참조한다.

3. 가능출력곡선과 발전기 운전영역의 근거식

* Chapter 02 - 문제 071의 답안 '3.' 내용을 참조한다.

4. 발전기 운전영역의 한계(제한요소, 제한값이 주어지는 요인) 중 열적 제한요인

(1) 발전기출력에 의해 제한되는 범위 : 곡선 ⓐ의 경우

① 정격역률 부근의 운전에서는 전기자전류의 크기에 의한 전기자권선의 온도 상승이 문제가 된다.

② 따라서, 역률의 범위상 지상 0.85 ~ 진상 0.95로 하여 발전기출력을 제한 한다.

(2) 발전기의 지상 무효출력에 의해 제한되는 범위 : 곡선 ⓑ의 경우

① 발전기의 정격역률(내개 0.85) 이하의 시상 엉역에서는 지상 무효전류에 의한 발전기의 감자작용으로 발전기전압이 저감되면 이를 보상하기 위해 계자전류 증가 → 계자권선 온도 상승 → 발전기 지상 무효전력을 제한해야 됨

② 계자전류를 공급하는 여자기의 출력에 의해서도 제한된다.

(3) 발전기의 진상 무효출력에 의해 제한되는 범위 : 곡선 ⓒ의 경우

① 역률이 95%를 넘는 진상 영역에서는 계자전류가 감소하므로 고정자 단자로부 터의 누설자속이 통하는 자로(磁路)의 포화가 없어져서 누설자속이 증가한다.

② 이 누설자속이 고정자에 대해 동기속도로 회전하므로 고정자 단부에 와류손 및 히스테리시스손이 발생하여 고정자 단부의 온도 상승이 발생된다.

③ 따라서, 이 온도 상승에 의하여 발전기의 진상 무효출력은 제한받는다.

075 대용량 터빈발전기의 용량에 따른 냉각방식을 구분하고, 수소냉각방식의 채용 이유 및 수소냉각방식 채용에 따른 안전상의 대책을 설명하시오.

data 발송배전기술사 21-124-4-5 / 발송배전기술사 출제예상문제

comment 발전기 냉각방식의 총정리임

답안 1. 터빈발전기의 냉각방식 개요

(1) 터빈발전기의 설계용량

$$P = K \times D^2 \times L \times N \, [\text{kVA}]$$

여기서, K : 출력계수

D : 고정자 철심 내경

L : 회전자 직경

N : 회전수

(2) 출력을 증가시키기 위한 여건

① D 및 L 증가 : 기계 · 전기 · 열적 제약

② 회전수 N 의 증가 : 정해져 있음

③ K 의 증가 : 냉각효과 개선

(3) 냉각방식은 공냉식, 수소냉각, 수냉식과 직접식, 간접식으로 구분된다.

2. 수소냉각방식의 채용 이유 및 단점

(1) 손실감소

① 발전기의 전손실의 40 ~ 50%를 차지하는 풍손이 공기냉각식에는 발생된다.

② 수소의 비중이 공기의 7%이므로 풍손은 공기냉각방식의 $\frac{1}{10}$ 로 손실감소된다.

즉, 수소는 공기에 비해 밀도가 낮아 좁은 틈새에도 유체역학적 손실이 작다.

(2) 냉각효율 상승으로 발전기출력 상승(가능출력곡선상 수소의 압력 증가로 출력 증가 예상)

① 수소의 열전도성은 공기의 7배 정도로, 권선의 온도가 같을 경우 발전기의 정격출력은 공기식에 비해 20 ~ 25% 증가(다음 그림 참조)

② 수소압력이 2.1kg/cm²일 때 공기식에 비해 정격출력은 20 ~ 25% 증가한다 (가능출력곡선상 수소의 압력 증가로 출력 증가).

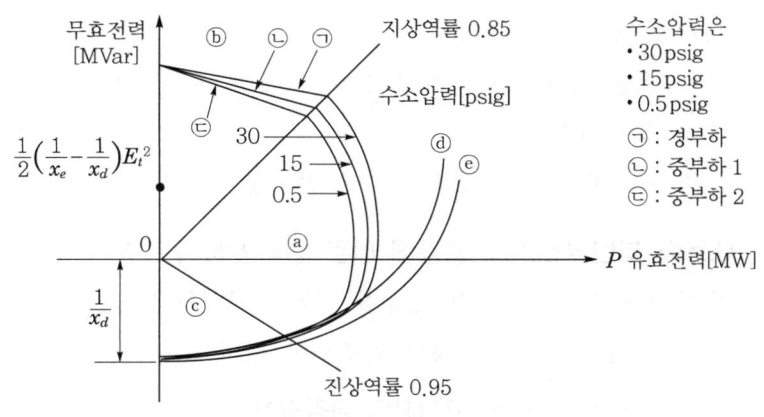

┃ 터빈발전기의 가능출력곡선 ┃

㉠ 곡선 ⓐ : 발전기출력에 의한 제한되는 범위 → 전기자권선의 온도 상승에 의한 제한

㉡ 곡선 ⓑ : 계자권선의 온도 상승에 의한 제한

㉢ 곡선 ⓒ : 고정자 단부의 온도 상승에 의한 한계 → 진상 운전영역 범위

㉣ 곡선 ⓓ : 정태안정도에 의해 제한되는 범위

㉤ 곡선 ⓔ : 동태안정도 한계

곡선 ⓐ의 변화는 수소냉각식의 경우에서 수소압력의 대소에 따라 그림 같이 변화됨을 표현할 수 있음

(3) 코로나 손실 감소 및 화재의 위험성 축소 수소가스 중에는 먼지나 습기가 없으므로 코로나 손실 감소 및 화재의 위험성을 축소시킬 수 있다.

(4) 밀폐구조를 사용해 소음 및 오염이 감소한다.

(5) 냉각기의 열량이 적으므로 냉각수량이 감소한다.

(6) 공기보다 비열이 크고 열전달계수가 커서 냉각효율이 우수하다(비열은 공기의 14배, 냉각능력은 공기의 3 ~ 6배).

(7) 발전기 효율을 1% 증가시킬 수 있다. 즉, 공기보다 밀도가 낮다(공기의 7%). – 풍손 감소, 효율 증가

(8) 수소의 비중이 작아, 공기식에 비해 소음이 작다.

(9) 안정도 향상 및 효율곡선이 평탄해진다. 부하변동이 심한 경우 권선 중의 고온부에서 흡수된 열을 수소가 빨리 제거하여 안정도가 향상된다.

(10) 산소가 없으므로 설비의 열화가 작아 권선수명이 연장된다.

(11) 수소냉각방식의 단점

① 폭발 위험, 경보장치 필요 : 순도 90% 이하 시 경보

② 고가이다.

③ 수소냉각방식 채용에 따른 안전상의 대책 수립을 확실히 해야 된다.

3. 대용량 터빈발전기의 용량에 따른 냉각방식의 구분

(1) 대형 발전기를 운용할 경우는 열화의 악영향을 받는 발전기의 고정자, 회전자에 대한 냉각방식을 적정히 검토해야 된다.

(2) 발전기용량에 따른 고정자의 냉각방식

구분	공기냉각	수소냉각	물냉각
용량	300MVA (내열절연 시 500MVA)	600MVA (직접 냉각)	대용량
설비	열교환기	수소가스 봉인장치 수소 감지장치	누수감지장치
냉각방법	간접 냉각	간접 냉각	직접 냉각(도체와 냉각매체가 직접 열전달)

(3) 고정자 냉각방식

① 수소냉각 : 고정자 철심과 권선의 냉각은 발전기 회전자축의 양단에 있는 팬에 의해서 냉각용 수소가스를 철심 내의 Duct를 통해 내부 혹은 외부로 흐르게 하여 발전기를 냉각시킨다.

② 고정자 수냉각방식

㉠ 물의 열흡수능력은 공기의 약 50배이고 압력이 $3kg/cm^2$인 수소의 12.5배가 되므로 대용량기에는 수냉각식을 많이 적용하고 있다.

㉡ 이 방식은 고정자권선의 소선을 중공(中空)으로 하여 이 가운데로 직접 물을 통과시켜 냉각(냉각매체를 도체 내부에 순환시켜 열을 직접적으로 제거)시킨다.

㉢ 소선 일부를 중공도선으로 하는 방식과 소선 전부를 중공도선으로 하는 방식이 있다.

㉣ 냉각효과가 가장 우수하다.

㉤ 발전기 체적, 중량이 증가하고 가격이 고가이다.

㉥ 대용량 제작이 가능하다.

③ 종류

㉠ 1경로방식 : 냉각수가 발전기 인출단자측에서 공급되어 터빈측으로 배수되고 효과가 우수하다.

㉡ 2경로방식 : 냉각수의 공급 및 회수가 터빈측에 있고 500MVA 이하로 한다.

(4) 냉각구조에 따른 분류

① 개방, 반개방 자기통풍형

② 폐쇄통풍형

③ 전폐형

4. 회전자의 수소냉각방식

(1) 수소냉각을 적용한다.

(2) 1800 ~ 3600rpm 회전을 장시간 운영하므로 당연히 수소냉각을 하여 열방산을 쉽게 할 수 있다.

(3) 구분

① 단부공급형(end feed, radial flow type) : 회전자 양단에 설치된 Blower/Fan에 의해 축방향으로 가스를 주입하여 반경방향으로 공극에 배기되는 방식

② 공극공급형(air gap pick up형, diagonal flow type) : 회전자 표면 웨지에서 회전에 의해 슬롯 내부로 유입되어 크리페이지 블록에서 두 방향으로 갈라져 슬롯 하부를 거쳐 반대측으로 경사져 흐르는 냉각방식

5. 수소냉각방식 채용에 따른 안전상의 대책

운용상 대책	기술상 대책

• 수소의 압력을 높게 하고 수소가스 누설방지
  – 수소의 압력을 대기압보다 높게 하여, 산소의 침입방지, 수소와 산소의 화학결합에 의한 폭발방지 유지(수소가스압 0.5 psig)
  – 가스누출에 대한 주의
• 수소가스 누설 감지
  – 외부 발전실에 수소탐지기(hydrogen gas detector) 설치
  – 수소의 압력 감시
  – 급격한 압력 저하 또는 수소탐지기 동작 시 비상정지 후 보수
	• 수소가스 교체 시 절차 준수
	  – 발전기 하부에서 CO_2 가스 투입, 상부에서는 수소가스를 뽑아서 대기로 방출
	  – 발전기에 CO_2 가스로 완전 충전 시 상부로부터 수소가스를 투입하며 하부에서는 충전된 CO_2 가스를 배출시킴
	• 수소냉각기의 설치는 가급적 수직 방향식을 선택

운용상 대책	기술상 대책
• 수소순도 측정기(hydrogen gas purity mester) 사용 　– 공기 중에 수소가 10% 이상 포함 또는 수소가스 중에 공기가 20 ~ 30% 포함 시에 Spark가 발생되면 폭발함 　– 수소순도 측정기를 사용하여 수소의 순도가 85% 이하가 되면 경보를 발하게 한 후 발전기는 비상정지시킨 후 수소 Gas를 교체시킴 • 수소냉각 발전기의 방폭구조화	• 수소가스 봉입은 가급적 위 첫번째 간접치환법을 사용하여 운전 중에도 치환이 가능하도록 함 　– 직접 치환법 　　ⓐ 진공펌프로 공기를 배출하고 수소를 봉입하는 방법 　　ⓑ 운전 중의 가스교체가 곤란함 　– 간접 치환법 : CO_2를 이용, 하부에서 CO_2 가스 주입, 상부에서는 수소 Gas 방출 후, 반대로 수소가스 충전시킴으로써 운전 중에도 치환이 가능함

6. 안전장치

(1) 수소폭발방지

① 수소 Seal ring 시스템 설치

② 수소농도 97% 이상 유지(연소범위 4 ~ 75%)

③ 수소사용량 $40Nm^3/D$ 이상 시 누설확인

④ 발전기 초기 기동 시 불활성인 CO_2 퍼징

⑤ 수소가스 측정기를 설치하고, 누설 시 운전 시퀀스와 연동

(2) 전기용품안전기준(KC 60034–3) : 터빈형 용기 특별 요구사항

① 수소공급 순도 : 전 부피의 99% 이상

② 슬립링과 결합 여자기 : 폭발성 수소 – 공기 혼합물 축적 방지

③ 공급라인 : 자동정지 밸브 원격지 밸브

④ 환기시설을 구비할 것

⑤ 실링 기름 공급과 수소압력 확인

076 대용량 발전기의 진상운전 목적과 진상운전 시 고려할 사항에 대하여 설명하시오.

(data) 발송배전기술사 17-112-2-6 / 발송배전기술사 출제예상문제

답안 **1. 개요**

(1) 최근의 전력계통에서는 전력용 콘덴서의 확충, 초고압 장거리 송전선 및 고압
케이블의 증설에 따라 선로의 대지정전용량이 커지며, 또한 수용가에서도 역률개
선 대책으로 콘덴서를 설치하고 있기 때문에 심야 등의 경부하 시에는 이들의
영향에 의해 계통 전압이 크게 상승하게 된다. 이것을 적정하게 억제하기 위하여
동기기의 V특성을 이용하여 발전기를 저여자로 해서 계통의 진상무효전력을
흡수하는 운전이 행하여지는데 이것을 진상운전이라 한다.

(2) 즉, 진상운전이란 발전기의 유도기전력에 진상전류가 유입되면 증자작용을 행하
는 결과가 되어, 계통의 진상전류가 발전기에 흡수되이, 송전선에는 진상전류가
흐르지 않게 되어 수전단전압 상승을 억제시키는 발전기의 운전방법을 말한다.

2. 진상운전의 목적

(1) 안정성

① 진상무효전력 흡수에 의한 정전압 송전 유지

② 상차각에 의한 계통 안정성 유지

(2) 경제성

계통의 조상설비 투입비용 절감, 조상설비 투자 감소효과, 즉 발전기의 진상운전
은 특별한 설비비가 들지 않으며, 발전기의 조상용량이 크므로 수전단 부근에
있는 터빈발전기를 진상운전하게 되면 상당한 효과를 기대할 수 있기 때문에
무효전력의 제어수단으로서 대단히 유용하다.

(3) 경부하 시 충전용량에 의한 페란티 현상을 억제(수전단 전압 평형 유지)한다.

3. 진상운전 시 고려사항

(1) 발전기 고정자의 단부과열

① 저여자 운전 시 계자전류가 작아져 발생자속 ϕ가 감소되어 지지환이 포화되
지 않는다.

② 따라서, 누설자속이 커져 고정자 단부에 와전류로 인한 고정자 단부의 과열이
발생한다.

③ 전기자권선의 진상이 되어, 전기자반작용에 의해 증자작용이 발생하고 누설자속이 증가한다.

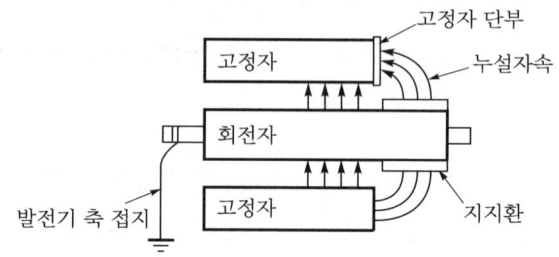

(2) 안정도 저하

① $E = 4.44 f \phi N k_w$에서 ϕ의 감소는 내부기전력 E의 감소로 이어져서, 위상각 $(\delta \rightarrow \delta')$이 증대된다.

② 동기화력 감소로 안정도가 저하된다. 즉, $\dfrac{dP}{d\delta} = \dfrac{V_s V_r}{x} \cos\delta$에서 δ가 δ'로 증가되면($\cos\delta > \cos\delta'$) 동기화력은 감소한다.

③ 이때 계통동요가 발생되면 발전기가 탈조하기 쉽다.

④ 최근의 화력발전기는 속응도가 높은 자동전압조정기(AVR)를 설치하고, 부족여자제한장치(UEL : Under Excitation Limiter)를 포함하고 있기 때문에 다소의 계통동요로부터 불안정하게 되는 일은 거의 없다.

⑤ 진상운전을 자주하는 발전기는 단부 점검을 하여 국부 과열 등의 이상 여부를 확인할 것

(3) 소내 전압 저하

① 진상운진을 하면 발진기 진입의 저하에 따라 발전소 내의 모선전압이 서하된다.

② 모선에는 많은 보조기용 전동기(펌프, 냉각수 펌프, 제어장치 등)가 연결되어 있어 전압이 저하하면 토크 부족으로 과부하상태가 된다($T \propto V^2$).

③ 전동기는 일반적으로는 10%까지의 전압강하를 허용할 수 있지만, 전압변동과 케이블의 전압강하분을 고려해서 진상 시의 소내 모선전압의 저하한도를 5% 정도로 해서 운용할 것

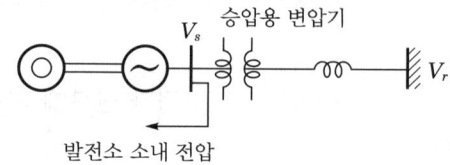

발전소 소내 전압

4. 진상운전 시 유의사항

진상운전은 발전기의 특성상 무리가 없는 범위 내에서 행하여야 하며, 실제 계통 시험을 통하여 문제점을 확인하는 것이 필요하다.

(1) 운용범위의 설정

① 진상운전의 범위는 발전기 단부의 온도 상승, 정태안정도 한계 검토결과 및 출력 가능곡선에서 우선 허용운전한계를 구하고 여기에 대해 적당한 여유를 보아 계통측에서 요구하는 부하와 균형이 맞는 운전범위를 설정하는 것이 좋다.

② 일반적으로 정격부근의 진상운전의 폭은 안정도 및 온도 상승 문제로 저부하 영역의 폭에 비해 작게 하는 것이 보통이다.

③ UEL은 운용범위의 약간 아래쪽으로 설정하고 정태안정도 한계에 대해 여유가 있는 것을 확인한다.

(2) 운전상의 주의사항

진상운전은 여자전류를 감소시키는 것뿐이므로 특수한 조작은 필요로 하지 않지만 운전 중에는 다음 사항에 대하여 주의하도록 한다.

① 소내 전압 저하로 인하여 보조전동기가 과부하되지 않도록 한다.

② 발전기전압, 무효전력, 자동전압조정기(AVR)의 출력 등에 주의한다.

③ 계통사고 등 이상상태가 발생한 경우는 즉시 진상운전을 중지하고 신속히 증자하여 운전의 안정화를 향상시킨다.

④ 진상운전의 빈도가 잦은 발전기는 단부 점검을 행하여 국부과열 등 이상이 없는가를 확인해 두는 것이 좋다.

077 발전기 축전류의 발생원인과 방지대책에 대하여 설명하시오.

(data) 발송배전기술사 19-117-1-1 / 발송배전기술사 출제예상문제

(comment) 배점 25점으로 향후 출제될 가능성이 높아 25점 형태로 해석한다. 그림은 1개 정도 인터넷을 이용하여 수험자 스스로 기록하길 바란다.

답안 1. 개요

(1) 축전압의 정의

발전기의 운전 중 양 베어링 사이에 발생한 미소전압(직류 축전압 발생, $V = 20\text{V}$ 정도, 에너지는 작음)을 말한다.

(2) 축전압에 의해 베어링에 전류가 흐르면 주축의 저널(journal) 부분의 유막이 국부적으로 파괴되어 베어링 소손사고로 발전된다.

(3) 따라서, 베어링은 한쪽 또는 양쪽 모두 절연시키고 있다.

2. 축전류의 발생원인

(1) 정전기

① 발전기 축 – 대지와의 정전용량에 계통에서 발생된 마찰정전기가 모여 축전압이 발생된다.

② 정전기 원인

㉠ 증기와 터빈 블레이드와 마찰(증기입자가 동익 또는 축과 마찰 시 입자는 부전하, 축은 정전하)

㉡ 이물질 및 습증기 분사

㉢ 드라이브 벨트의 정전기

㉣ 이물질이 윤활유에 부유

(2) 자기불평형

① 공극편차에 의한 자기불평형에 의한 축전압이 발생한다.

② 자기불평형의 원인

㉠ 회전자 편심

㉡ 고정자 철심 변형

㉢ 분할 고정자 철심 이음매의 불균형

(3) 전자기 축전압

① 회전자와 고정자 자계의 결합에 의한 축전압이 발생한다.

② 발전기 계자전압의 맥류분 등에 의한다.

③ 전자기불평형의 원인

　　㉠ 축의 회전자계

　　㉡ 케이싱 고정자계

　　㉢ 회전자, 고정자 자계 결합

　　㉣ 부품 자화 및 잔류자기

　　㉤ 계자회로 중의 권선 접지사고 발생에 의한다.

(4) 자화된 축이 베어링 내에서 회전함에 따른 국부전압 발생에 의한 것

(5) 외부 전압의 품질

　　정지 여자시스템의 스위칭에 따른 고조파로 축전압이 발생한다.

3. 발전기에 미치는 영향

(1) 부분방전 진행

　　축전압 발생 → 축전류 발생 → 발열 → 유막 열화 → 절연열화 → 부분방전(베어링 유막 절연파괴 → 축전류 대지로 순환 → 절연 회복 → 축전류 순환의 과정 반복)

(2) 베어링 마모

(3) 전기부식

(4) 출력 저하, 경제적 손실

4. 축전류 방지대책

(1) 절연 베어링을 사용하여 축전류 흐름을 차단한다.

(2) 마찰 정전하 또는 계자전압의 맥류분 등에 의한 발생된 축전압 상승을 방지한다.

　　축전지 장치에 의해 발전기 축을 접지하여 전하를 방전한다.

(3) 그라운드 링

(4) 도전성 윤활유를 사용한다.

(5) 축전류 모니터링 장치를 설치한다.

(6) 축전압에 의한 터빈발전기에 악영향 방지(자기회로에 의한 축전류 방지)

　　① 발전기 컬렉터측 베어링을 H_2 Seal(수소냉각계통 밀봉장치) 시행

　　② 여자기를 대지와 절연시행

(7) 자기회로 불평형에 의한 발생원인의 제거

　　발전기 제작 시 메이커측에서 방지대책을 적용하여 축전류 발생을 억제한다.

078 발전기 제동권선(damper winding)의 구조와 역할에 대하여 설명하시오.

data 발송배전기술사, 건축전기설비기술사 출제예상문제

답안
1. 개념
(1) 동기기의 회전자에 위치하며, 자극편의 Slot 안에 설치한 단락환을 말한다.
(2) 동기발전기에서 난조현상의 방지 등을 위하여 회전속도를 일정하게 유지하기 위한 권선이다.

2. 구조
(1) 제동권선은 동 또는 놋쇠 봉으로 되어 있고 자극두(磁極頭)의 표면 가까이에 장치하고 봉[구형(九刑) 또는 각형(角形)]은 양단에서 농형 권선모양으로 단락환에 접속되어 있다.
(2) 이 접속점의 저항을 작게 하고 더욱 기계적 강도를 증가시키기 위해서 설비를 제조할 때 특히 주의하여 은(銀)을 이용하고 있다.
(3) 단락환은 보통 자극편의 양 외측에 나와 있고 기계적 강도를 위해 연강환(軟鋼環)을 첨가하여 볼트를 조인다.

3. 역할(또는 효과)
(1) 난조방지
  ① 기계적인 플라이휠과 비슷한 작용을 전기적으로 수행한다.
  ② 발전기가 어떤 이유로 속도가 변할 경우 제동권선에는 전류가 발생하고, 이 전류에 의해 동력을 발생시켜 속도의 변화를 막아준다.
  ③ 즉, 속도가 감속하면 속도 증가의 방향으로 에너지가 작용하고, 반대로 속도가 증가하면 속도를 감소시키는 방향으로 에너지가 작용하여 난조를 방지시킨다.
(2) 교류로 기동하는 경우 유도전동기의 농형 권선으로서 기동토크를 발생시키는 일(즉, 발전전동기의 기동 용이)
(3) 송전선의 불균형 단락의 이상전압을 방지한다.
(4) 불평형 부하 시 전류 및 전압 파형의 개선
  ① 단상 혹은 불균형 부하 시의 역상분에 의한 역회전의 전기자반작용을 흡수한다.
  ② 따라서, 전기자 유도전압 파형의 비뚤어짐 및 진동의 발생을 방지한다.

③ 즉, 불평형 전류의 역상분 흡수 및 고장전류를 제한한다.

(5) 안정도의 증진

---

079 계통에 연계되어 병렬운전 중인 발전기 A, B에서 임의 역률의 부하를 공급할 때 다음에 대하여 설명하시오.

1. 무효전력 배분
2. 유효전력 배분
3. 발전기 조속기의 특성에 따른 부하의 배분관계

(data) 발송배전기술사 13-101-2-2 / 발송배전기술사 출제예상문제

답안 **1. 무효전력 배분**

(1) 발전기는 전기에너지를 발생시킴과 동시에 전력계통의 전압을 유지하는 데 기여한다.

(2) 발전기는 일반적으로 정격출력에서 85 ~ 90% 정도의 역률에 상당하는 무효전력을 공급할 수 있다.

(3) 최근의 발전기는 거의 대부분이 자동전압조정기(AVR)를 갖추고 있어서 여자전류를 제어해서 단자전압을 일정하게 유지하고 있다.

(4) 여기서, 각각에 해당되는 발전기가 어느 정도까지 무효전력량을 공급해주어야 적당한가의 문제가 남아 있다.

(5) 발전기를 필요 이상으로 저여자로 계속 운전하고 있으면 발전기의 내부 유기기전력이 작으므로 계통에 단락 등 사고가 일어나면 계통전압이 현저하게 저하하게 되고, 이밖에 발전기 고정자단에 누설자속이 증가해서 과도한 온도 상승이 일어날 염려가 있으므로 특히 주의하여야 한다. → 저여자운전의 주의점

(6) 즉, 발전기의 무효전력 배분문제는 각 해당되는 발전기 성능 및 계통 전압에 관련해서 적절한 무효전력공급이 각 발전기마다 이루어져야 할 것이다.

2. 유효전력 배분

(1) 발전기의 유효전력 배분은 계통의 주파수 유지와 경제부하 배분(ELD)이라는 두 가지 목적을 달성하도록 이루어져야 한다.

(2) 따라서, 2대의 발전기 중 어느 1대의 발전기에서 유효전력을 지나치게 분담한다는 것은 경제성 측면에서 적절하지 못하고, 각 발전기의 특성 정수에 적절한 출력배분이 이루어져야 한다.

(3) 이러한 유효전력을 적절히 배분하기 위해서는 다음과 같이 부하의 자기제어 특성 및 조속기 프리운전(GF), 자동주파수제어(AFC) 그리고 경제 부하배분 특성에 알맞게 운전이 제어되어야 한다.

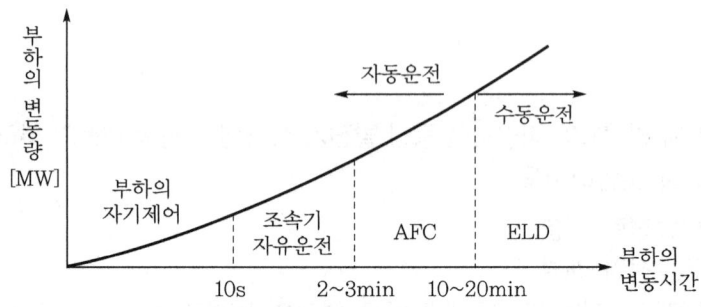

3. 발전기 조속기의 특성에 따른 부하의 배분관계

(1) 각 해당되는 발전기에서 적절한 유효전력의 배분이 이루어지기 위해서는 다음과 같이 각 발전기에서 유효출력의 배분이 이루어져야 한다.

(2) 이를 위해서 다음의 내용을 먼저 파악한다.

① 속도조정률(speed regulation)

ㄱ 의미 : 임의의 출력으로 운전 중인 발전기의 조속기에 아무런 조정을 가하지 않고 직결된 발전기의 출력을 변화시켰을 때 정상상태에서의 회전속도의 변화분과 발전기 출력 변화분과의 비

ㄴ 표현식

$$\delta = \frac{\dfrac{N_1 - N_2}{N_n}}{\dfrac{P_2 - P_1}{P_n}} \times 100 = \frac{\dfrac{f_1 - f_2}{f_n}}{\dfrac{P_2 - P_1}{P_n}} \times 100$$

$$= \frac{\dfrac{\Delta f}{f_n}}{\dfrac{\Delta P}{P_n}} \times 100 = \frac{\Delta f \, P_n}{\Delta P \, f_n} \times 100 [\%] \quad \cdots\cdots\cdots\cdots\cdots\cdots\cdots\cdots 식\ 1)$$

여기서, N_1 : 부하변화 후(발전기출력 P_1)의 회전수[rpm]

N_2 : 부하변화 전(발전기출력 P_2)의 회전수[rpm]

N_n : 정격 시 속도[rpm]

N_0 : 무부하 시 속도[rpm]

P_1 : 부하변화 후의 발전기출력[MW]

P_2 : 부하변화 전의 출력[MW]

P_n : 정격 시 출력[kW]

f_1 : 부하변화 후의 주파수[Hz]

f_2 : 부하변화 전의 주파수[Hz]

f_n : 정격주파수[Hz]

Δf : 주파수 변화량

ΔP : 출력변화량

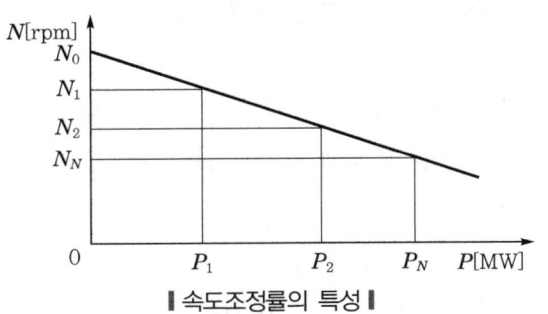

┃ 속도조정률의 특성 ┃

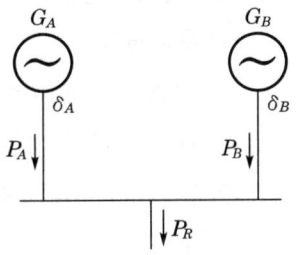

┃ 2대 발전기의 유효전력배분 ┃

ⓒ 주파수와 출력 및 속도조정률의 관계 : 식 1)에 의하여

$$\delta = \frac{\Delta f \cdot P_n}{\Delta P \cdot f_n} \times 100[\%]$$

② 계통 특성정수와 속도조정률과의 관계

㉠ 속도조정률 $\delta = \dfrac{\Delta f \cdot P_n}{\Delta P \cdot f_n} \times 100[\%]$에서 $\Delta P = \dfrac{\Delta f \cdot P_n}{\delta \cdot f_n}$[MW]을

계통 특성정수의 공식$\left(K = \dfrac{\Delta P}{\Delta f}\right)$에 대입하면 다음과 같다.

㉡ $K = \dfrac{\Delta P}{\Delta f} = \dfrac{\dfrac{\Delta F \cdot P_n}{\delta \cdot f_n} \times 100}{\Delta f} = \dfrac{100[\%] \times P_n}{\delta[\%] \times f_n}$[MW/Hz] ·············· 식 2)

(3) 식 2)에 의해 각각의 발전기정수

$$K_A = \frac{100[\%] \times P_{nA}}{\delta_A[\%] \times f_n}[\text{MW/Hz}], \quad K_B = \frac{100[\%] \times P_{nB}}{\delta_B[\%] \times f_n}[\text{MW/Hz}]$$

(4) 따라서, 위 오른쪽 그림과 같이 2대의 발전기에서 부하에 유효전력을 공급하기 위해서는 각각의 발전기는 다음과 같은 방법에 의해서 유효전력을 배분시켜 주어야 한다.

$$P_A = \frac{K_A}{K_A + K_B} \cdot P_R[\text{MW}]$$

$$P_B = P_R - P_A[\text{MW}]$$

여기서, P_R : 부하에서 필요한 전력

080 발전기 회전자 권선의 층간 단락 확인방법을 운전 중인 경우와 정지 중인 경우로 구분하여 설명하시오.

data 발송배전기술사 22-127-3-4 / 발송배전기술사, 건축전기설비기술사 출제예상문제

답안 1. 운전 중인 경우 → Probe coil(프로브 코일, 서칭 코일)법

(1) 측정원리

발전기 공극(air gap)에 Probe coil을 설치하여 회전자 각 Slot의 누설자속을 감지, 비례하여 발생되는 전압을 분석해 회전자 권선 단락을 시험하는 방법이다.

(2) 판정(단락 시 계자자속 검출)

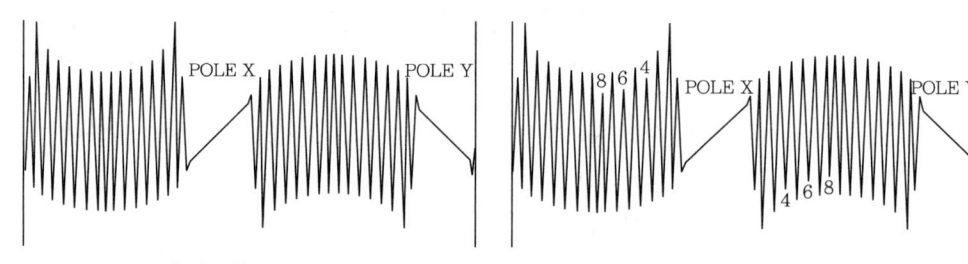

┃양호한 상태┃　　　　　　┃불량한 상태 : 4·6·8번 Turn 간 단락┃

2. 정지 중인 경우

(1) 분담전압 측정법

① **시험목적** : 회전자 인출상태(정지)에서 코일 층간 단락 여부 및 단락위치를 확인한다.

② **시험방법** : 인가전압은 직류를 사용하면 좋으나 곤란할 경우 교류 20 ~ 30V 정도를 Collector ring에 인가하여 정밀급 Tester로 극간 및 코일 간 전압을 측정한다.

③ **판정** : 전압편차가 극간 2%, 코일 5% 이내이면 양호한 것으로 판정한다.

(2) 임피던스 측정법

① 원리

㉠ 발전기 회전자의 단락은 권선에 구심력이 작용하는 순간, 즉 기기가 정격 속도로 운전 중 또는 정지하는 과정 중에 발생하기 쉽다.

㉡ 또한, 정지 시에는 접촉저항이 높을 수 있기 때문에 영구단락이 아닌 한 분담전압시험으로 정확한 고장을 판단하기는 어렵고 한 개의 단락된 권선에서 유기된 역전류는 전체 권선의 기자력과 반대로 작용하기 때문에 리액턴스를 상당량 감소시킨다.

　　ⓒ 이때, 돌극기의 경우 권선 1개의 단락은 극 전체의 리액턴스를 상쇄한다.

　　ⓔ 따라서, 권선단락을 감지하는 데에는 저항측정보다 임피던스(리액턴스) 측정방법이 더욱 효과적이므로 발전기 운전 중 계자전압, 전류가 간헐적으로 Hunting할 경우에 회전자의 단락 유무를 판정하는 방법이다.

　② 시험방법

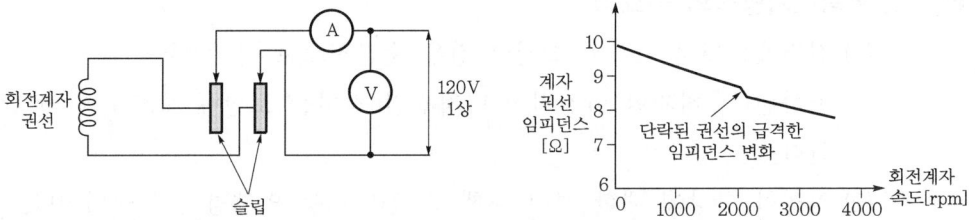

reference

임피던스 측정법의 전원용량

(1) 단상 120V, 60Hz 허용한도 내에서 최대 전류인가가 가능한 전압접지가 되지 않은 절연변압기를 사용한다.

(2) 절연변압기는 계자권선의 접지고장이 발생하였을 경우 고장부 확대 손상을 방지한다.

　　㉠ 계자권선 절연저항시험(권선 접지 시 임피던스 시험 중단, 접지점 탐색시험 적용)

　　㉡ 그림과 같이 접지되지 않은 전원을 계자권선에 연결

　　㉢ 속도계(speed gun) 준비 : 임피던스와 속도의 관계 측정

　　㉣ 고정자 권선의 정격 무부하전압(VFNL)에 필요한 전류의 75%를 초과하지 않는 범위 내에서 최대 허용전류를 계자권선에 공급할 수 있도록 전압조정

　　㉤ 발전기를 정지상태에서부터 정격속도까지 100rpm 간격으로 천천히 속도를 상승시키면서 인가전압과 전류를 측정

　③ 판정 : 회전속도 대 임피던스 곡선을 구한 뒤 5%의 급격한 변화 또는 10%의 점진적 변화는 권선단락의 징후가 있다고 판정한다(권선 완전 단락 시 임피던스가 급격히 변하지 않는 단점).

(3) 서지인가법(RSO : Recurrent Surge Oscillograph)

　① 시험목적 : 회전자 인출상태에서 코일 층간 단락 여부 확인

　② 시험방법 : 분담전압 Check 목적과 동일하며 RSO 장비를 Collector ring 양단에 접속 서지전압을 인가하여 감쇠파형을 분석함으로써 단락 여부 확인

　③ 판정 : 건전한 회전자의 파형과 상호 비교함

081 안정도를 증진시키는 방법 중 속응여자방식(quick response excitation system)에 대하여 설명하시오.

data 발송배전기술사 22-128-1-12 / 발송배전기술사 출제예상문제

답안 1. 속응여자방식의 필요성

(1) 전력계통에서 고장이 발생할 경우 순간적으로 단락전류는 증가하여 안정도는 저하된다. 하지만 발전기의 단자전압 강하를 보상해 줌으로써 안정도는 증가한다.

(2) 안정화 향상에 대한 여러 대책 중 전압변동 억제방식의 방법이다.

(3) 고장 시 전압이 저하할 때 즉각 응동하여 전압을 급속히 증가시켜 주는 장치이다.

2. 속응여자방식의 특성

(1) 역률이 낮은 단락전류에 의해 전기자반작용(armature reaction)이 생겨 급속히 여자전류가 증가하여, 동기화력을 강하게 하고, 높은 전압과 높은 값의 응답을 갖는 여자기에 의해 빠른 응답을 주는 전압조정방식이 속응여자방식이다.

(2) 여자기의 빠른 응답은 계자권선(field winding)을 여러 개의 병렬회로로 나누어 각 회로에는 외부에서 직렬저항을 연결하거나 분리된 여자(pilot exciter)를 사용함으로써 얻을 수 있다.

(3) 초속응여자방식은 정상전압(ceiling voltage)이 높고(1000V), 전압상승률이 큰 (3000 ~ 7000V/s) 전력계통 안정화에 필수적인 요소이다.

(4) 높은 Ceiling 전압은 평상시 보다 더 큰 여자기를 요하며, 만약 매우 빠른 계자의 강제접촉기를 갖는 반작용 전압조정장치를 사용한다면 AC 계통에서 고장이 발생했을 때 더욱 효과적이다.

(5) 초속응기 조정장치의 시간지연은 감응요소가 동작하는 시간과 고속도계전기가 동작하는 시간을 합친 것으로서, 3cycle(0.05s)이 보통이다.

(6) PSS 부가 시 속응여자방식의 효과가 더 증대된다.

3. 속응여자방식별 전압상승률 및 정상전압 비교

구분	전압상승률[V/s]	정상전압[V]
일반기	30 ~ 50	–
속응기	300 ~ 700	350 ~ 500
초속응기	3000 ~ 7000	1000

4. 속응여자기 설계 시 고려사항

(1) 여자기의 계자권선을 분할권으로 한다.

(2) 여자기의 정격전압을 높게 설계한다.

(3) 자기회로 철심을 성층구조로 하고 포화점을 높인다.

(4) 회전속도를 높게 하고, Air gap을 작게 한다.

(5) 전기자권선의 기자력(ampere turn)을 크게 한다.

5. PSS와 같이 사용하는 이유

(1) 저주파 진동현상으로 속응여자기의 속응성에 의해 제동력이 감소한다.

(2) 따라서, 속응 AVR + PSS 같이 사용할 때 양의 제동력(정제동)이 다음 그림과 같이 발생한다.

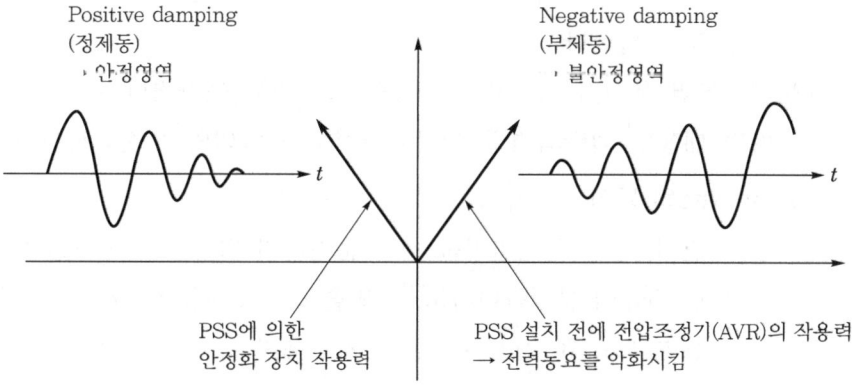

┃ 정제동 영역 및 부제동 영역에 대한 PSS의 효과 ┃

082 화력발전소에서는 주말 기동정지, 일일 기동정지 등에 따른 설비운전의 신축성을 주기 위하여 터빈 바이패스(by-pass) 계통을 채용한다. 다음에 대해 설명하시오.
1. 터빈 바이패스 계통도
2. 터빈 바이패스 운전의 목적
3. 보일러 형식별 터빈 바이패스 운전의 특징

data 발송배전기술사 19-117-3-1 / 발송배전기술사 출제예상문제

답안 1. 개요

(1) 계통운영에 있어 화력발전소의 주말 기동정지(WSS : Weekly Start & Stop), 일일기동정지(DSS : Daily Start & Stop), 주기운전(cycling mode) 방식 등을 실시할 때 기동 및 부하변동 등에 대응하여 증기를 터빈을 By-pass 시켜서 운전하는 것을 말한다.

(2) 왜냐하면 우선적 기저부하를 담당하고 있는 원자력발전소의 비중이 증가함에 따라 대용량 석탄화력발전소는 기저부하 이외의 운전방식이 요구되고 있다.

(3) By-pass의 특성
① 터빈의 트립 시 보일러를 계속 운전하기 위하여 By-pass 설비를 구비한다.
② 터빈 Trip이 발생하더라도, 터빈을 By-pass함으로써 보일러는 계속 운전이 가능하므로, 조속한 재기동이 가능해지고, 수질관리에 문제가 없어진다.

2. 터빈 바이패스 계통도

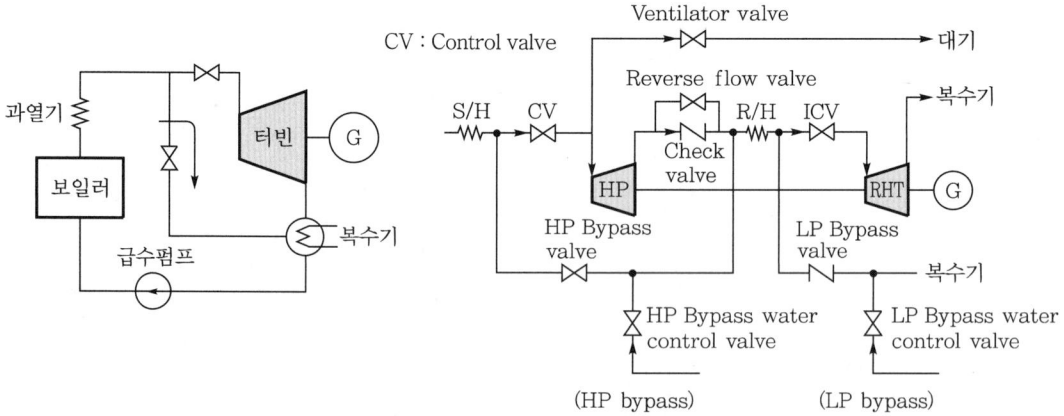

3. 바이패스 운전의 목적

(1) 기동 및 부하특성(load change) 개선

① 바이패스 계통을 사용하면 보일러의 연소율이 증가한다.

② 보일러 출구 증기온도를 높게 유지하여 터빈예열시간을 단축시킨다.

③ 보일러에는 최소 유량 이상의 유량이 통과하므로 보일러의 연소 안정을 가져와 저부하 연속운전이 가능하다.

(2) 고형입자에 의한 터빈침식(solid particle erosion) 감소

① 보일러에서 유입되는 이물질을 복수기로 직접 배출하므로 터빈의 침식이 감소한다.

② 과열기, 재열기에서 연속적인 냉각증기를 통과시키므로 튜브 내면의 산화물 생성을 감소시킨다.

(3) 계통 안정성에 기여

① 일반적인 방식으로는 보일러가 추종하기 어려운 부하 변동폭에 대하여서도 양호한 응답특성을 얻을 수 있다.

② 계통 사고 시 재열증기 조절밸브(ICV)의 동작에 부가하여 안전밸브의 대용으로 사용함으로써 보일러에서 터빈으로 증기유입을 감소시킨다.

(4) 보일러·터빈 분리운전

기동 시 터빈이 정지되더라도 보일러 단독운전이 가능하므로 보일러 재기동에 따른 지연을 방지할 수 있다.

4. 드럼형 및 관류형 보일러의 터빈 바이패스 운전 특징

(1) 관류형 보일러

① 기동 시 보일러에서 발생한 증기가 터빈에 유입될 수 없는 경우

② 정상 운전 중 터빈의 부하가 급격히 감소하는 경우. 단, 보일러수의 유동안정을 위하여 최저 부하는 정격출력의 30% 정도로 제한된다.

③ 정지 시 보일러부하와 터빈부하의 차이가 있는 경우나 최저 부하가 정격출력의 30% 이하로 되는 경우 증기의 일부 또는 전부를 터빈 바이패스 계통을 이용하여 복수기로 회수한다.

(2) 드럼형 보일러

① 보일러를 기동하여 증기유량이 규정치가 될 때까지는 증기를 HP, IP 및 LP 터빈을 바이패스하여 복수기로 회수한다.

② 규정 증기량이 되면 고압 터빈만 바이패스하여 운전하다가 일정 부하 이상이 되면 정상적인 증기통로를 통하여 운전한다.

083 사선상태에서 고전압 회전기기(발전기, 전동기)의 고정자권선 절연진단방법에 대하여 설명하시오.

data 발송배전기술사 19-118-3-6 / 발송배전기술사 출제예상문제

답안 **1. 개요**

(1) 고전압 회전기기의 절연진단은 주로 상태예방진단으로 진단한다.

(2) 회전기는 절연상태에서 회전 관성력이 있어 정지기보다 열악하다.

(3) 절연구조와 절연열화 진행 및 절연방법

① **절연구조** : 철심코아의 절연구조는 함침수지와 Mica(운모)로 구성된다.

② **절연열화** : 절연구조 안에 이물질, 보이드, 돌기에 의해 열화진행 후 부분방전이 발생하여 전면방전된다.

③ 절연코일 사이에는 층간 단락발생 방지를 위해서 층간절연을 할 것

④ 구조상 코아 내부에 절연코일이 내포된 구조이므로 철심(코아)에는 접지단락 발생 방지를 위하여 대지절연을 할 것

⑤ 코일-end부는 상간 단락처리할 것

2. 최대 사용전압이 7kV를 초과하는 회전기의 절연내력 시험전압과 시험방법

▌회전기 및 정류기의 절연내력(KEC 133) ▌

종류		시험전압	시험방법
발전기 · 전동기 · 조상기 · 기타 회전기 (회전변류기를 제외함)	최대 사용전압 7kV 이하	최대 사용전압의 1.5배의 전압 (500V 미만으로 되는 경우에는 500V)	권선과 대지 사이에 연속하여 10분간 가함
	최대 사용전압 7kV 초과	최대 사용전압의 1.25배의 전압 (10500V 미만으로 되는 경우에는 10500V)	

3. 열화 진단순서와 진단방법

(1) DC 내압시험

① **목적** : 권선 표면의 오손, 흡습상태 파악

② **측정방법** : 직류 전압을 인가 후 전류 – 시간 특성으로 절연상태 평가

③ **측정원리**

㉠ 발생전류를 분석한다.

• 순시충전전류(즉, 변위전류) : 전자 및 이온 분극에 의한 전류

- 흡수전류 : 쌍극자, 공간전하 분극 전류
- 누설전류 : 절연물 내부표면으로 실제로 전하가 이동하여 생기는 전도 전류

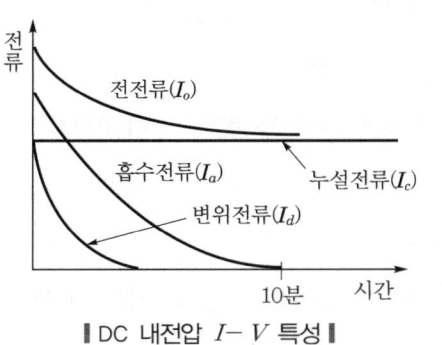

┃DC 내전압 $I-V$ 특성┃ ┃누설전류의 변화┃

ⓒ 성극비를 구한다.
- 성극지수 = 전류의 감쇠율(누설전류의 시간변화지수)
- $\dfrac{R_{10}(10분\ 후\ 절연저항)}{R_1(1분\ 후\ 절연저항)} = \dfrac{I_1(1분\ 후\ 누설전류)}{I_{10}(10분\ 후\ 누설전류)} > 1.5$

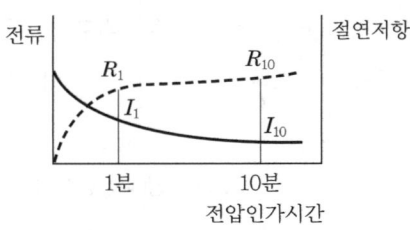

④ 판단기준 : 성극비, 누설전류, Kick 현상 유무로 판단한다.

구분	양호	주의	불량
성극비	1 이상	0.4 이하	0.25 이하
누설전류	$0.1\mu A$ 이하	$0.01 \sim 1\mu A$	$1\mu A$ 이상

(2) AC 내전압시험

① 목적 : 절연체 내부 열화판정

② 측정방법 : 교류전압을 인가 후 $I-V$ 특성으로 절연상태 평가

③ 측정원리

ⓐ 부분방전 시 전류 급증을 측정

ⓑ 전류증가율 : $\Delta I = \dfrac{I-I_0}{I_0} \times 100 [\%]$

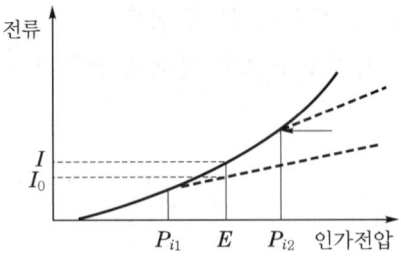

- P_{i1} : 미소공극 내 부분방전에 기인한 인가전압
- P_{i2} : 미소공극 내 섬락에 기인한 인가전압

┃ AC 내전압법에 의한 교류전류 – 진압($I - V$) 특성 ┃

(3) 유전정접시험

① **목적** : 절연체 내부 열화판정

② **측정방법** : 가변저항 및 콘덴서를 사용하는 셰링브리지를 이용하는 측정장치로, 유전체 손실각 측정을 셰링브리지 평형조건을 이용($\Delta \tan\delta_2 = \tan\delta_E - \tan\delta_0$)

㉠ 유전체손실 $W_d = VI\tan\delta (\fallingdotseq VI\cos\theta)$, 측정장치로는 가변저항 및 콘덴서를 사용하는 Schering bridge 회로가 사용된다.

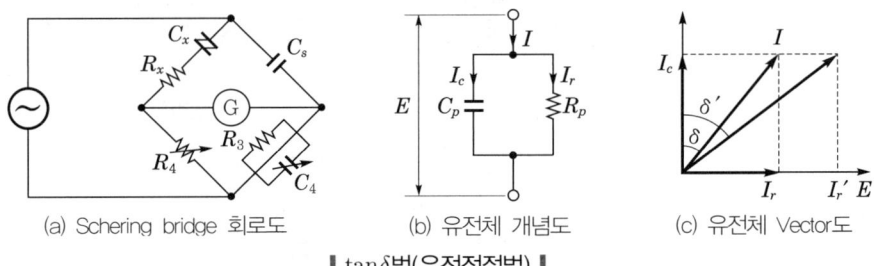

(a) Schering bridge 회로도　　(b) 유전체 개념도　　(c) 유전체 Vector도

┃ $\tan\delta$법(유전정접법) ┃

㉡ **측정** : 평형용 가변저항 R_4 및 평형용 가변콘덴서 C_4의 값을 조정하여 브리지의 평형이 얻어졌을 때

$$C_x = \frac{R_4}{R_3} \times C_s$$

$$R_x = \frac{C_4}{C_s} \times R_3 \text{이므로}$$

$$\tan\delta = \omega \cdot \frac{R_4}{R_3} \times C_s \cdot \frac{C_4}{C_s} \times R_3 = \omega C_4 R_4$$

$$\therefore \ \tan\delta = \omega C_x \cdot R_x = \omega C_4 R_4$$

단, 위 회로도에서 C_x 및 R_x는 각각 발전기의 절연체의 등가 직렬 정전용량 및 직렬저항을 나타내며, C_s는 무손실의 표준 콘덴서 정전용량이다.

③ 측정원리

㉠ 상용주파 교류전압 인가 시 휘트스톤 브리지를 이용하여 유전체 손실을 측정한다.

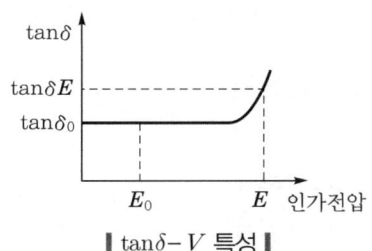

┃ $\tan\delta - V$ 특성 ┃

㉡ 유전정접과 유전손실 발생원인 : 누설전류, 유전분극, 부분방전에 의해 손실발생

㉢ 유전정접(유전체 역률)

$$\tan\delta = \frac{I_r}{I_c} = \frac{\text{저항성분 손실}}{\text{유전체 손실}} = \frac{(V^2/R)}{\omega CV^2} = \frac{1}{\omega CR}$$

㉣ 유전체 손실 : $W_d = I_c \cdot \tan\delta \cdot E = \omega CE^2 \cdot \tan\delta$

(4) 부분방전시험

① 목적 : 절연체 내부 열화판정

② 측정방법 : 고정자 권선에 셰링브리지를 연결하여 교류전압을 인가하여 측정

③ 측정원리 : 커플링 커패시터로 권선유입 잡음을 제거한 후 신호를 커플링 유닛에 보내어 증폭한 후 디지털 부분방전 측정기(TES71)로 방전크기와 패턴을 분석한다.

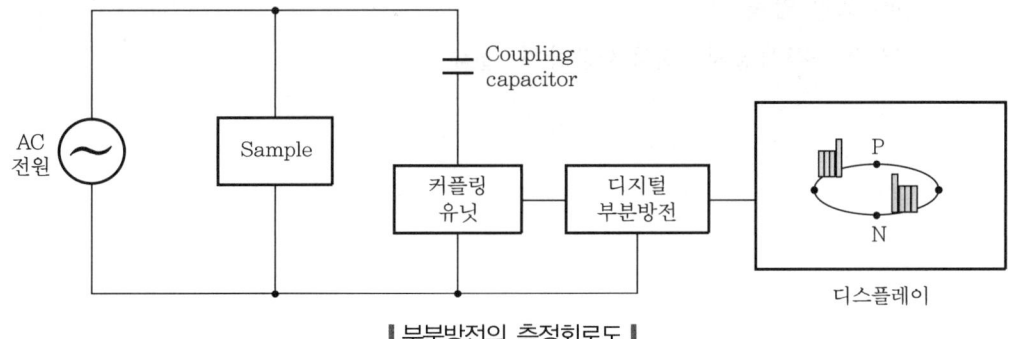

┃ 부분방전의 측정회로도 ┃

084 대용량 화력발전소의 증기터빈 발전기의 진동원인 및 영향을 쓰고, 진동방지를 위한 설계 시 고려사항을 설명하시오.

data 발송배전기술사 22-128-1-4 / 발송배전기술사 출제예상문제

답안 **1. 증기터빈 발전기의 진동원인**

　　(1) 전기적 원인

　　　　① 임계속도 근처 진동

　　　　② 발전기 자기적 불균형 – 축전압

　　　　③ 공진 : SSR, 기계-전기시스템 공진, 저주파공진

　　　　④ 발전기 비동기 투입

　　(2) 기계적 원인

　　　　① 축 편심

　　　　② 베어링 볼트 이완

　　　　③ 유막 불균형

2. 설계 시 고려사항

　　(1) 각 부 공극길이 일정

　　(2) 자기 평형 – 고조파, 불평형 부하, 중성점 전압 생성 방지

　　(3) 로터 무게중심과 기하학적 중심 일치

　　(4) 축의 길이를 너무 길게 하지 않음

　　(5) 임계속도 조정

　　(6) 오일 압력 유지

　　(7) 진동감시장치, 진동저감장치 설치

085 SSR(Sub Synchronous Resonance)에 대하여 다음 사항을 설명하시오.
1. 개념
2. 원인 및 문제점
3. 대책
4. 국내 발생 가능성

data 발송배전기술사 20-121-2-5 / 발송배전기술사 출제예상문제

답안 **1. 개념**

(1) 차동기 공진현상이란 전기계통과 기계계통의 공진현상을 말한다.

(2) 전력계통에서의 직렬공진으로 인해 시스템 주파수보다 낮은 주파수에서 공진발생 시 이 저주파의 진동과 발전기 및 터빈의 기계적 진동주파수가 공진되어 발전기나 터빈 축의 진동이 확대되는 현상이다.

(3) 기본주파수 이하의 단일 혹은 복수 주파수에서 임의의 한 발전기와 이를 제외한 나머지 전력계통이 에너지를 주고받는 상태로서, 이때의 주파수를 차동기주파수라 하며 이 저주파의 진동과 발전기 및 터빈의 기계적 진동주파수가 공진되어 발전기나 터빈 축의 진동이 확대되는 현상이다.

2. 원인 및 문제점 – 발생원인

(1) 직렬공진이론에 의한 차동기공진(SSR) 발생

① 장거리 전력계통에서 임피던스가 기본파 공진조건에 도달할 때 차동기공진(SSR)이 발생한다.

② 이때, 전류가 최대가 된다.

(2) 전력계통 본래의 구조적 특성에 의한 자연 동요모드(natural mode of oscillation)와 특정설비나 제어기에 의해 나타나는 강제 동요모드(forced mode of oscillation)에 의한 차동기공진(SSR) 발생

① 자연 동요모드 : 직렬콘덴서가 설치된 송전선로에서 발생하는 자연주파수가 자연 동요모드의 대표적 예로, 송전선로에 설치된 직렬콘덴서의 C성분과 그 선로의 L성분이 조합하여 자연주파수(natural frequency)가 해당 송전선로에 발생한다.

$$\omega_n = \sqrt{\frac{1}{LC}} = \omega_B \sqrt{\frac{X_C}{X_L}}$$

여기서, ω_B : 전력계통의 규정주파수

X_L과 X_C : 각각 유도리액턴스와 용량리액턴스

② 주파수 동요현상에 의한 저주파의 진동과 발전기 및 터빈의 기계적 진동주파수가 공진에 의한 SSR 발생

   ㉠ 자연주파수는 발전기의 회전자에 나타나게 된다.

   ㉡ 회전자 자체가 가지는 터빈-발전기 축의 비틀림 모드와 상호작용하여 차동기 주파수에서 에너지를 주고 받을 수 있는 조건을 형성하여 발전기 축 파손과 같은 사고를 야기한다.

(3) 고성능 여자기 적용에 따른 SSR 발생

① 특정의 전력계통 운전조건에서 지속적으로 발생하는 $0.1 \sim 2\text{Hz}$ 동요를 의미하며, 전력수요 급증에 의한 발전기 단위용량의 증가 등 전력설비의 확장으로 인해 계통규모가 대형화되어 계통리액턴스가 증가하게 되고, 이로 인하여 전력계통의 안정도 여유가 감소하게 된다.

② 이를 보상하기 위하여 발전기 전압의 신속한 변동이 가능한 고성능 여자기를 대형 발전기에 채용하여 전력계통의 안정도 여유를 증가시키고 있다.

③ 속응여자기의 채용은 동기화 토크를 증가시키는 효과가 있어 과도안정도의 개선에는 유리하나 제동토크를 감소시킴으로써 작은 외란에도 발전기의 동요가 지속되는 저주파 진동현상을 유발하게 된다.

(4) 저주파 진동의 종류 및 주파수

① 광역진동모드(inter-area oscillation mode)

   ㉠ 전력계통 내 다수의 발전기군들이 지역적으로 서로 진동하는 것이다.

   ㉡ 동요주파수는 약 $0.1 \sim 0.8\text{Hz}$ 정도이다.

② 지역진동모드(local oscillation mode)

   ㉠ 하나의 발전기가 나머지 전력계통에 대하여 동요하는 것이다.

   ㉡ 동요주파수는 약 $0.5 \sim 2\text{Hz}$ 정도이다.

3. 대책

최종 목적은 계통 고유주파수를 변경하여 관심발전기에서 SSR이 발생하지 않도록 회피하는 것이다.

(1) PSS 적용(500MVA 이상의 발전기는 의무적으로 적용)한다.

(2) 송전용량 증대/안정도 향상을 위해 송전선로에 직렬 커패시터(TCSC)를 설치하여 운용한다.

(3) 직렬보상량의 제한, 일반적으로 50% 미만을 권장하며 SSR 위험이 높을 경우 그보다 작은 값으로 한다(보상량 제한).

(4) 차동기전류를 제한할 수 있는 필터를 설계하여 적용한다.

　① 필터의 일반적인 위치는 발전기와 Step-up 변압기 사이 또는 직렬 커패시터와 병렬로 설치한다.

　② 필터는 기본적으로 'RLC' 소자들이 병렬로 설치된 구조이며 차동기성분의 전류를 제한하기 위하여 고임피던스 특성을 갖는다.

(5) 차동기공진을 예방하기 위하여 발전기 여자시스템을 개선한다. 차동기공진을 감시하는 센서의 설치와 발견된 차동기공진에 빠른 댐핑을 제공하는 회로설계를 적용한다.

(6) 일정 크기 이상의 차동기성분 전류를 감시하거나, 발전기·터빈 측의 속도변화를 감시하여 SSR 진동을 감시하는 보호계전기를 설치하고 진동이 감지될 때 발전기가 탈락하는 보호시스템을 구성한다.

(7) 전력전자소자로 조작되는 설비를 통하여 계통의 유효임피던스를 빠르게 변경시켜 공진주파수 대역을 회피한다.

4. 국내 발생 가능성

(1) 가능성이 있다.

(2) 우려 구간

　대용량 장거리 선로, 영동지역[345kV 신제천, 신영주 변전소에 TCSC 설치(2019년)]

　(동해 ~ 신제천[TCSC 설치] ~ 신충주 ~ 신영주[TCSC 설치] ~ 울진)

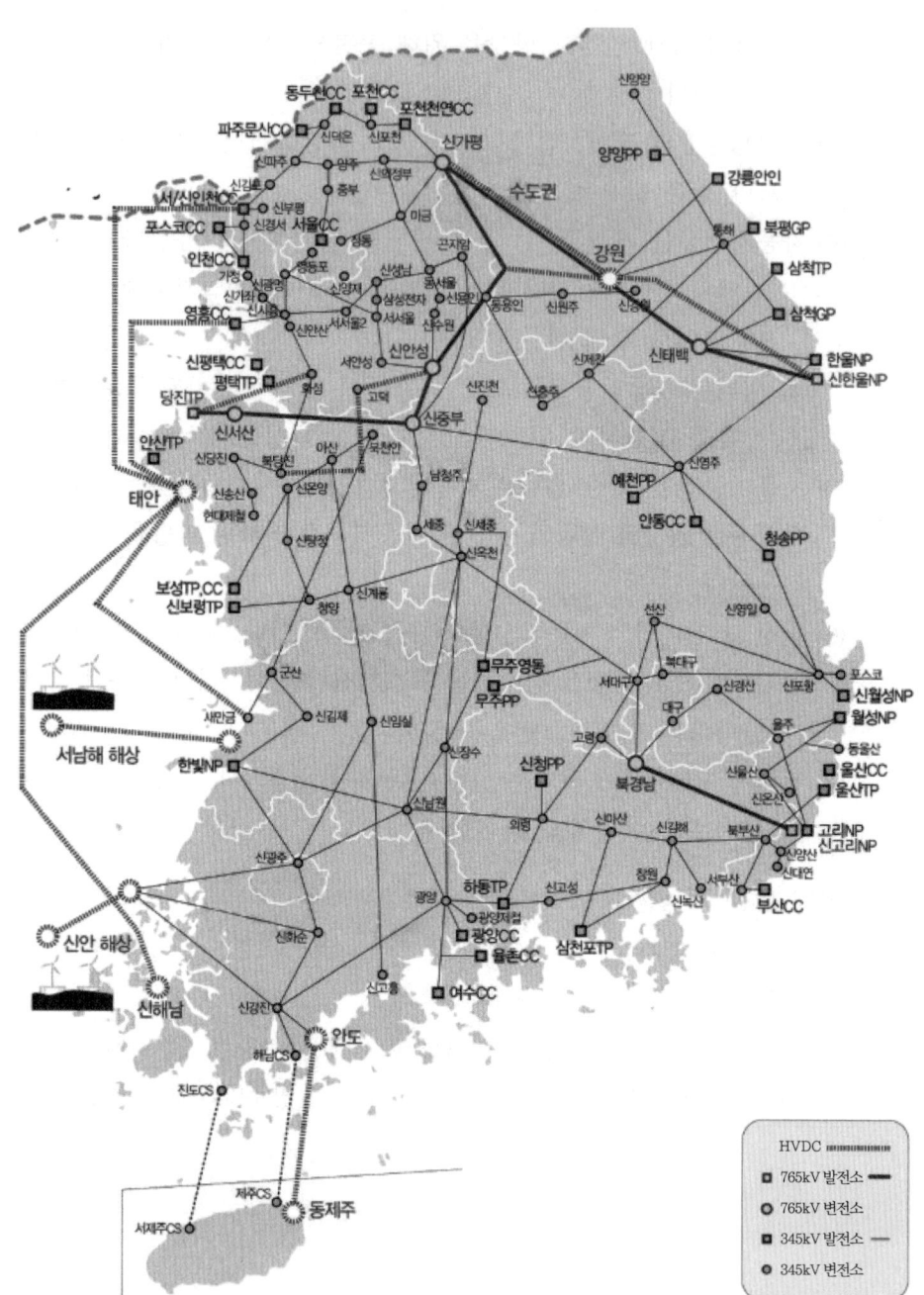

[참고] • 육지계통의 HVDC는 500kV 계통임
 • 신한울 원전 S/S ~ 신가평 S/S변환소 ~ 동서울 변환소(하남에 위치함) 500kV HVD 건설 중
  – 신한울 원전 S/S ~ 양평변전소까지는 4회선(가공 4회선) ~ 신가평 S/S변환소까지 가동
   2회선 이후 지중 2회선
  – 양평변전소 ~ 동서울 변환소까지는 가공 2회선 이후 지중 2회선
 • 신제천 S/S와 신영주 S/S에는 TCSC가 설치 운전 중

▌한국의 송전계통 개략도(345kV 이상) ▌

comment 발송배전기술사는 주로 이 계통에서 과업을 수행한다.

086 전력계통 안정화 장치(PSS : Power System Stabilizer)에 대하여 설명하시오.

086-1 발전기의 여자설비를 제어하는 전력계통 안정화장치의 설치목적과 동작원리를 설명하시오.

data 발송배전기술사 23-129-1-10 · 20-121-1-13 / 발송배전기술사 출제예상문제

답안 **1. 개요**

(1) 전력계통 안정화 장치(PSS : Power System Stabilizer)는 전력계통에서 발생하는 0.1 ~ 2Hz의 미소외란 발생 시 저주파 동요를 억제하여 발전기 및 전력계통을 보호하기 위한 장치(적용 : 500MVA 이상의 동기발전기)

(2) 전력동요를 억제하기 위한 안정화 보조신호를 발전기 여자시스템의 자동전압 조정장치(AVR)에 부가하도록 하는 발전기 보조제어장치

2. PSS의 작용 개념도

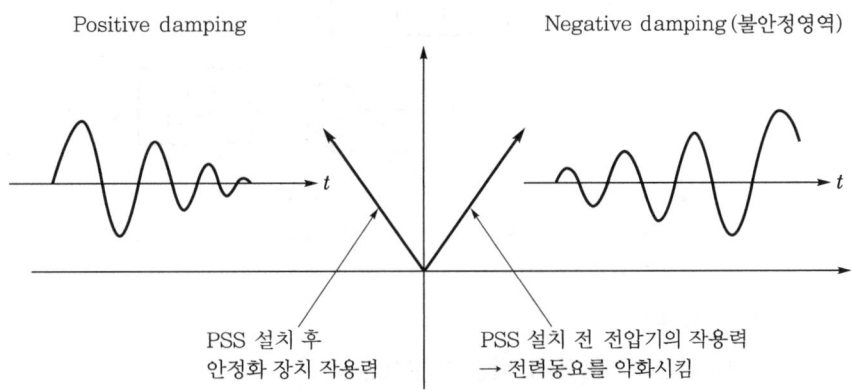

Positive damping   Negative damping(불안정영역)

PSS 설치 후 안정화 장치 작용력

PSS 설치 전 전압기의 작용력 → 전력동요를 악화시킴

┃PSS 적용 시 영역표시┃

3. 설치목적

(1) 동기발전기에 초속응여자방식을 적용하면 발전기계자의 자속응답 지연으로 인한 기계적 부제동현상(negative damping)이 발생하여 이에 따른 저주파 진동을 억제한다.

(2) 계통동요 발생 시 발전기 출력진동 방지

① 발전기 회전자의 회전속도 및 발전기의 전기적 출력, 기계적 출력을 연속적으로 감시하여, 계통동요 시 발전기의 가속력을 계산한다.

② 이에 상승된 동요억제력을 산출하여 기존의 AVR에 신호를 주어 계자력을 강화시켜 발전기의 여자전류를 제어함으로써 출력의 진동현상을 방지한다.

261

(3) 전력계통의 안정도 향상

부제동 현상을 제거하기 위한 각 속도편차(ΔW), 주파수편차(Δf), 출력편차(ΔP) 등의 보조안정화 신호는 진상과 지상 회로망에서 위상지연을 보상하여 안정화 장치의 작용력인 동적 작용력이 안정영역에 존재하게 하여 진동감소 및 전력계통의 안정도를 향상시킨다.

(4) 기계적 부제동 현상을 개선하기 위해 각속도 편차, 주파수 편차, 가속전력 등의 보조안정화 신호를 이용한 전력안정화장치(PSS : Power System Stabilizer)를 적용하여 저주파 진동동안의 제동현상을 향상시켜 동기발전기의 안정도를 향상시키고 있다.

(5) SSR(Sub Synchronous Resonance) 억제대책의 일환이다.

4. PSS의 동작원리

(1) 구성도

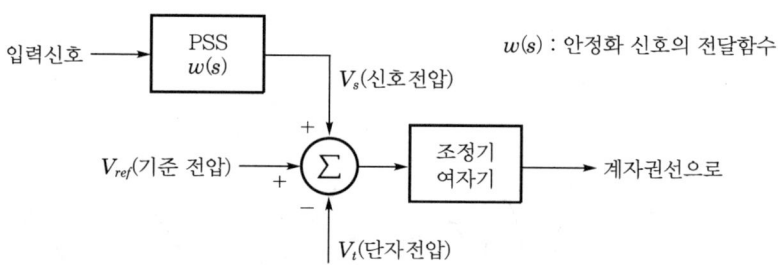

- 여자기 : 계자권선에 직류 여자전류를 공급하여 자속 생성
- AVR : 조절기(regulator) + 자동전압생성

(2) 동작원리

① 발전기계통에서 외란이 발생할 경우

㉠ 발전기 단자전압(V_t) 변화 시 발전기 기준전압(V_{ref})과 ΔV의 오차 발생 → AVR로 신호 전송 → 여자기의 여자전류 제어

㉡ 발전기 계자권선의 인덕턴스(L_f)에 의해 계자전압(E_f)을 변화시키는 자속의 응답이 지연되어 위상지연이 발생한다.

② AVR의 작용력이 불완전한 경우

㉠ 발전기의 기계적 진동이 크게 발생한다. 즉, 부제동(不制動, negative damping) 현상이 발생한다.

㉡ 여자기 제어 속응성(전기적 시스템) ≠ 조속기 속도제어속응성(기계적 시스템)

③ 이러한 부제동(不制動) 현상은 발전기 여자 제어방식의 시정수를 작게 하여 응답속도를 빠르게 한다.

④ 계통의 부하 급변 시 전압변화를 보상하여 정상전압을 유지시키는 속응여자
제어방식의 역할을 구현한다.

---

reference

보조안정화 신호의 종류(PSS 입력신호)

(1) 발전기 단자전압 V_t

(2) 유효전력 변화분 ΔP

(3) 주파수 변화분 Δf

(4) 속도 변화분 Δw

(5) 발전기 가속력

---

087 돌극형(salient pole) 동기발전기(synchronous machine)에 대하여 다음 사항을 설명하시오.

1. 횡축 · 직축 동기리액턴스를 설명하시오.
2. 등가회로의 벡터도를 그리고, 출력 방정식[P(유효분), Q(무효분)]을 유도하시오. (단, 권선저항 등은 무시 가능)
3. 전력–상차각 곡선($P-\delta$)을 그리시오.
4. 돌극기에서의 Reluctance torque를 설명하시오.
5. 안정도 측면에서 원통형 동기발전기와 비교하시오.

data 발송배전기술사 22-128-4-1 / 발송배전기술사 출제예상문제

답안 1. 횡축 · 직축 동기리액턴스에 대한 설명

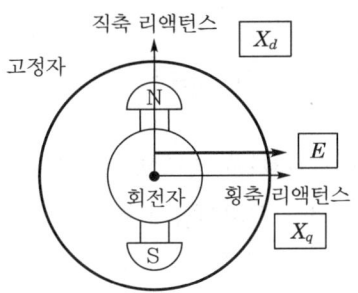

(1) 리액턴스의 분리 이유

직축과 횡축의 철심과의 거리가 다르기 때문에 자속이 전기자에 미치는 영향이 다르게 되므로 리액턴스를 직축과 횡축으로 분리한다.

(2) 직축 리액턴스(X_d)

회전자의 직축으로 전기자에 미치는 자속의 영향을 동기화한다.

(3) 횡축 리액턴스(X_q)

횡축으로 전기자에 미치는 자속의 영향을 등가화한다.

보통 $X_d > X_q$

2. 등가회로의 벡터도 작도 및 출력 방정식[P(유효분), Q(무효분)]의 유도

(1) 돌극기의 출력을 구하는 Vector도

① 돌극기의 출력은 2반작용법(횡축, 직축 반작용)에 Vector도를 다음과 같이 구하다. 이때, 전기저항 r은 무시한 Vector이다.

$I\cos\delta$: 유기기전력과 동상의 전류분으로 횡축 반작용을 함

$I\sin\delta$: 유기기전력보다 90° 늦거나 또는 앞선 전류분이 되어 직축 반작용을 함

② Two reaction method : 유기기전력에 대하여 임의의 위상각을 가진 전류 또는 기자력을 둘로 나누어 생각하는 방법

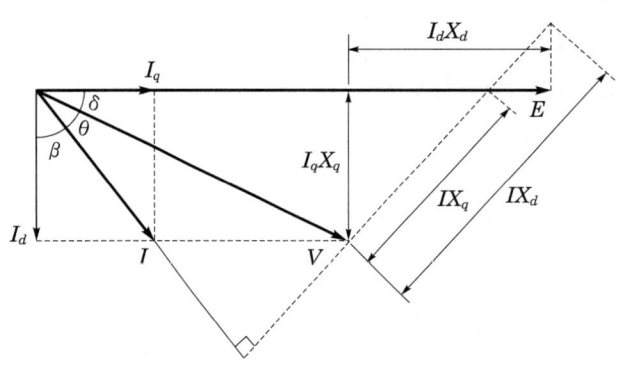

- E : 유기기전력
- V : 단자전압
- I : 전기자전류
- $I_d X_d$: 직축 Reactance 전압강하
- $I_q X_q$: 횡축 Reactance 전압강하
- $I X_d$: 전기자전류의 직축 Reactance 전압 강하
- $I X_q$: 전기자전류의 횡축 Reactance 전압 강하
- q : quadrature
- d : direct
- δ : 유기기전력과 단자전압의 사이각, 즉 부하각
- θ : 역률각

‖돌극기의 출력을 구하는 Vector도‖

(2) 출력 방정식[P(유효분), Q(무효분)]의 유도

① Vector에 의한 단자전압의 분해

상기 Vector에 의해서, $V\cos\delta = E - I_d X_d$ ················· 식 1)

$$V\sin\delta = I_q X_q$$

② 여기서, $I_q X_q$가 전류 I_q보다 위상이 90° 앞선다(∵ 리액턴스는 90° 진상임).

$I_d X_d$가 전류 I_d보다 위상이 90° 앞선다(∵ 리액턴스는 90° 진상임).

③ 식 1)에 의하여 $I_d = \dfrac{E - V\cos\delta}{X_d}$, $I_q = \dfrac{V\sin\delta}{X_q}$ .... 식 2)

④ 전류

　㉠ 유효분 : $I\cos\theta = I_d\sin\delta + I_q\cos\delta$

　㉡ 무효분 : $I_a\sin\theta = I_d\cos\delta - I_q\sin\delta$

⑤ 발전기 유효출력 P 산출(그림의 vector도에 의해 구함)

　㉠ $P = VI_q\cos\delta + VI_d\sin\delta$

　㉡ 식 2)를 대입하면

$$P = V\cos\delta \cdot \frac{V\sin\delta}{X_q} + V\sin\delta \cdot \frac{E - V\cos\delta}{X_d}$$

$$= \frac{V^2}{X_q}\sin\delta\cos\delta + \frac{VE\sin\delta}{X_d} - \frac{V^2\cos\delta\sin\delta}{X_d}$$

$$= \frac{EV\sin\delta}{X_d} + \frac{V^2(X_d - X_q)}{X_q X_d}\sin\delta\cos\delta$$

$$\therefore \text{유효전력 } P = \frac{EV}{X_d}\sin\delta + \frac{V^2(X_d - X_q)}{2X_d X_q}\sin2\delta \quad .... \text{식 3)}$$

⑥ 발전기 무효출력 Q 산출(그림의 vector도에 의해 구함)

$$Q = VI\sin\theta = VI_d\cos\delta - VI_q\sin\delta$$

$$= V\left(\frac{E - V\cos\delta}{X_d}\right)\cos\delta - V\left(\frac{V\sin\delta}{X_q}\right)\sin\delta$$

$$= \frac{EV}{X_d}\cos\delta - V^2\left(\frac{\sin^2\delta}{X_q} + \frac{\cos^2\delta}{X_d}\right)$$

3. 전력-상차각 곡선($P - \delta$)의 작도

$P = \dfrac{EV\sin\delta}{X_d} + \dfrac{V^2(X_d - X_q)}{2X_d X_q}\sin2\delta$를 곡선으로 표시하면 다음과 같다.

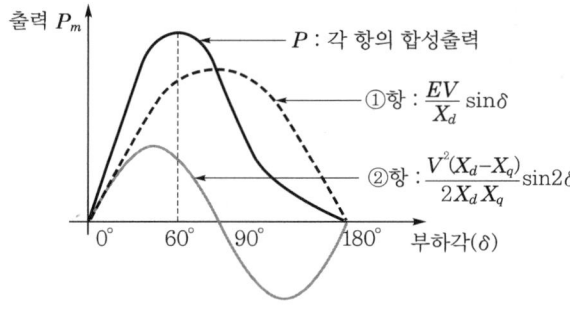

┃ 돌극기의 출력 특성곡선 ┃

265

$\delta = 60°$ 부근에서 돌극기의 출력이 최대가 되는 이유는 다음과 같다.

(1) 식 3)의 δ변화에 따른 출력 P의 변화를 고찰한다.

(2) 그림과 같이 식 3)의 ①항은 점선의 곡선과 같이 변화되고, ②항은 옅은 실선의 곡선과 같이 변화된다.

(3) 대체로 $\delta = 60°$일 때 그림과 같이 최대 출력이 생긴다.

4. 돌극기에서의 Reluctance torque

(1) 돌극기 출력식이 $P = \dfrac{EV}{X_d}\sin\delta + \dfrac{V^2(X_d - X_q)}{2X_q X_d}\sin2\delta$에서 제1항은 계자전류가 0일 때, 즉 $E = 0$인 경우에 없어진다.

(2) 위 식의 제2항은 E에는 무관계하므로 무여자의 경우에도 선로에서 여자를 받아 그대로 존재한다.

(3) 즉, 이것을 Reluctance torque(혹은 reaction torque)라 하며, 직축 리액턴스 X_d와 횡축 리액턴스 X_q가 같지 않는데서 생기는 특징이다.

(4) X_d, X_q의 차이에 의해 발생하는 전력이나 토크로 2배의 주파수를 가진다.

(5) 이것을 응용하여 여자권선 없이 동기속도로 회전하는 반동전동기(reaction motor)가 이 회전력을 이용한 것이다.

(6) 즉, 동기발전기 기동에도 이용하고 돌극기 저위상각에서 안정도 우수요인이 된다.

(7) 자기저항을 최소로 하려는 방향으로 발생한다.

(8) (직축 자속) > (횡축 자속)이므로 직축에서 횡축 방향으로 토크를 가진다.

5. 안정도 측면에서 원통형 동기발전기와 비교(비돌극기와 돌극기의 특성 비교)

항목	비돌극기(화력발전기)	돌극기(수력발전기)
출력식	$P = \dfrac{EV}{X_s}\sin\delta$	$P = \dfrac{EV}{X_d}\sin\delta + \dfrac{V^2(X_d - X_q)}{2X_q X_d}\sin2\delta$
출력곡선		

항목	비돌극기(화력발전기)	돌극기(수력발전기)
최대 출력 및 상차각	90도에서 최대 출력	60도에서 최대 출력
안정도	안정도를 고려한 상차각 : 45 ~ 60도 • 발전기 자기여자현상이 큼 • 시송전 불리 • 과도 변동에 대한 속응성 우수 • 릴럭턴스 토크 없음 • 우리나라는 화주수종으로 원통형으로 안정도 고려해도 크게 영향 없음	안정도를 고려한 상차각 : 30도 • 발전기 자기여자현상이 작음 • 시송전 유리 • 과도 변동에 대한 속응성 우수 • 릴럭턴스 토크로 동기화 유지에 유리 • 우리나라는 화주수종으로 원통형으로 안정도 고려해도 크게 영향 없음

088 수차발전기와 터빈발전기의 아래 항목에 대한 차이점을 비교하여 설명하시오. (회전수와 극수, 회전자구조, 발전기 형식, 단락비, 출력특성)

(data) 발송배전기술사 24-133-1-2 / 발송배전기술사 출제예상문제

답안 수차발전기와 터빈발전기의 차이점 비교

항목	수차발전기	터빈발전기
회전수와 극수	특유속도 N_s에 따라 한계가 있어 회전수가 낮음 • 회전수 : 150 ~ 1200rpm • 극수 : 6극 ~ 48극	터빈발전기는 고속기일수록 효율이 높고 소형 경량임 • 회전수 : 1800, 3600rpm • 극수 : 2극, 4극
회전자 구조	• 극수가 많아 돌극형 • 돌극형은 설계 용이, 경제적임 • 제동권선이 내장되어 있음	• 고속기이므로 원심력에 대한 강도상 원통형이 많음 • 직경이 작고 축장이 긺
발전기 형식	종축형(우산형) • 우산형의 경우 축받이의 간략화로 발전기 높이 저감 • 중량경감(10 ~ 15% 정도)의 효과있어 많이 채용	구조상 횡축형
단락비	• 일반적으로 장거리 T/L 접속상 충전 용량 관계상 SCR은 큼 • 단락비(SCR)=1.0 ~ 1.2	• 단락비가 비교적 작음 • 단락비=0.6 ~ 0.8

항목	수차발전기	터빈발전기

출력특성	• $P = \dfrac{EV}{X_d}\sin\delta + \dfrac{V^2(X_d - X_q)}{2X_d X_q}\sin 2\delta$
	
	 • 출력곡선
	
	 • 최대 출력은 상차각이 60°일 경우임
	 • 안정도를 고려한 상차각은 $\delta = 30°$ 근방임
	 • Reaction torque가 발생함
	   – 돌극기 출력식
	
	 $P = \dfrac{EV}{X_d}\sin\delta$
	
	 $\quad + \dfrac{V^2(X_d - X_q)}{2X_d X_q}\sin 2\delta$
	
	 에서 제1항은 계자전류가 0일 때, 즉 $E = 0$인 경우 출력은 없고 제2항은 무여자 시에도 계통에서 여자를 받아 출력이 존속됨. 이것은 X_d와 X_q가 다르기에 발생함(X_d, X_q : 직축, 교축 리액턴스)
	   – 여자권선 없이 동기속도로 회전하는 반동전동기(reaction motor)의 원리에서 회전력은 이것을 이용한 것임
		• $P = \dfrac{EV}{X_s}\sin\delta$
		
		 • 출력곡선
		
		 • 최대 출력은 상차각이 90°일 경우임
		 • 안정도를 고려한 상차각은 $\delta = 45 \sim 60°$

---

089 계통에 연계되어 운전되는 발전기의 기술규격 결정 시 고려되어야 할 항목과 각 항목이 계통운용에 미치는 영향에 대하여 설명하시오.

(data) 발송배전기술사 22-127-4-2 / 발송배전기술사 출제예상문제

답안 **1. 계통연계 발전기 기술규격 결정 시 고려항목**

    (1) 기술적 특성

        ① 발전기 단락비 : 100MW급 이상의 원통형 터빈발전기는 0.35 이상, 돌극형 수차발전기는 1.0 이상

② 차과도 리액턴스(X_d'') : 계통 안정도와 고장전류를 고려할 것

(2) 한전협의 계통연계 기술기준과 기술적 협조사항

① 보호방식과 동기화

② 접속점 설계, 전력기기 물리적 배치

③ 제어특성, 통신 및 경보 설비

④ 개폐 및 격리설비

⑤ 고장수준과 고장제거시간

⑥ 인터록 및 상호 Trip 설비

⑦ 절연협조 및 낙뢰보호

⑧ 계량설비

(3) 기술적 요구사항

① **발전기 무효전력** : 지상역률 0.9에서 진상역률 0.95 범위 내 무효전력 공급성능 유지

② **전압변동** : 정격단자전압의 ±5% 범위 내 정격출력으로 연속 운전능력

③ **주파수변동**

㉠ 58.5 ~ 61.5Hz 범위 내 정격출력으로 연속운전

㉡ 57.5 ~ 58.5Hz 범위에서 최소 20초 이상 정격출력 유지

㉢ 57Hz 미만에서 발전기 차단허용

④ **전력품질**

㉠ 상간 전압 불평형률 : 비동기상태에서 1% 이하 유지

㉡ 고조파 전압 왜형률 : 5% 이하 유지

⑤ **발전기 안정 정지**

⑥ **보호 및 계전 시스템**

⑦ **통신 및 감시, 계량설비 구축**

㉠ 보호계전, SCADA, 특수보호설비 등을 위한 통신설비 구축

㉡ KPX 발전기 감시 및 발전량 계량설비 구축

⑧ **여자기 계통 성능 유지(20MVA 이상 동기발전기)**

㉠ 응답비 : 정지형 2.0 이상, 회전정류기형 0.5 이상

㉡ 정상전압(ceiling voltage)

• 정지형 : 정격여자전압의 1.5배 이상

• 회전정류기형 : 정격여자전압의 1.2배 이상

⑨ AVR 설치(20MVA 이상 동기발전기)

   ⊙ 정상전압을 설정치 ±0.5% 이내 유지

   ⓒ 단자전압 고정설정치 ±2% 이하 변동 시 자동 조정기능 정지 기능

   ⓒ AVR 보상한도 : 직축 동기 임피던스의 10% 이내

⑩ 20MVA 이상의 동기발전기에는 PSS(계통안정화장치)를 설치한다.

⑪ 20MVA 이상의 동기발전기에서 요구되는 조속기 성능은 다음과 같다.

   ⊙ 영구 속도조정률 : 2.5 ~ 7.5%

   ⓒ 속도 응동 불감대(dead band) : ±36mHz 이하

2. 계통 운영에 미치는 영향과 대책

(1) 절연협조 : 한전계통 접지와의 협조

① 1선 지락 시 비접지계통에서는 건전상의 전압이 $\sqrt{3}$ 배 상승한다.

② 1선 지락 시 유효접지계통에서는 건전상의 전압이 1.21 ~ 1.25배 상승한다.

③ 따라서, 절연협조 실패 시 과전압으로 기기의 절연열화로 인한 부분방전이 발생하여 계통전력기기의 고장으로 이어진다.

④ 유효접지 기능을 상실한다.

(2) 보호협조

① 비정상 전압에 대한 분산전원 분리시간

   ⊙ 전압 중 어느 값이나 다음 표와 같은 비정상 범위 내에 있을 경우 분산형 전원은 해당 분리시간(clearing time) 내에 한전계통에 대한 가압을 중지 하여야 한다.

┃ 비정상 전압에 대한 분산형 전원 분리시간 ┃

전압범위[1] (기준전압[1]에 대한 백분율[%])	분리시간[2][s]
$V < 50$	0.5
$50 \leq V < 70$	2.00
$70 \leq V < 90$	2.00
$110 < V < 120$	1.00
$V \geq 120$	0.16

[주] 1. 기준전압은 계통의 공칭전압
    2. 분리시간이란 비정상상태의 시작부터 분산형 전원의 계통가압 중지까지의 시간, 필요할 경우 전압범위 정정치와 분리시간을 현장에서 조정할 수 있어야 함

   ⓒ '⊙'의 시행이 안 될 경우는 연계발전기 탈락 시 계통전압이 저하된다.

② 비정상 주파수에 대한 분산전원 분리시간

　　㉠ 계통주파수가 아래 표와 같은 비정상 범위 내에 있을 경우 분산형 전원은 해당 분리시간 내에 한전계통에 대한 가압을 중지하여야 한다.

┃ 비정상 주파수에 대한 분산형 전원 분리시간 ┃

분산형 전원용량	주파수 범위[Hz]	분리시간[주][초]
용량무관	$f > 61.5$	0.16
	$f < 57.5$	300
	$f < 57.0$	0.16

[주] • 분리시간이란 비정상 상태의 시작부터 분산형 전원의 계통가압 중지까지의 시간을 말하며, 필요할 경우 주파수 범위 정정치와 분리시간을 현장에서 조정할 수 있어야 함
　　• 저주파수 계전기 정정값을 조정할 경우에는 한전계통 운영과의 협조를 고려하여야 함

　　㉡ '㉠'의 시행이 안 될 경우는 연계발전기 탈락 시 계통주파수가 저하한다.

(3) 동기화

다음 표와 같이 동기화가 안 될 경우에는 순환전류가 발생하고 탈조가 발생하며 동기화가 실패한다.

┃ 계통연계를 위한 동기화 변수 제한범위 ┃

분산형 전원 정격용량 합계[kW]	주파수 차 (Δf, Hz)	전압 차 (ΔV, %)	위상각 차 ($\Delta \Phi$, °)
0 ~ 500	0.3	10	20
500 초과 1500 미만	0.2	5	15
1500 초과 20000 미만	0.1	3	10

(4) 전력품질

① DC 유입제한 → 철심 포화, 고조파 발생, 과열, 용량 저하

② 역률 유지로 전력손실 감소, 전압변동 감소, 유효전력 공급 한계 유지

③ 플리커 제한규정을 준수시켜 전압변동 감소와 설비 오동작을 방지하도록 할 것

④ 고조파로 인한 과열방지 및 용량 저하와 오동작이 없도록 할 것

⑤ 순간 전압변동이 가능한 작게 유지할 것

(5) 유효전력 제어능력 성능을 유지하도록 다음의 조정을 행할 것

① 급출력 감소 조정

② 주파수 조정

③ 출력의 상한 조정

④ 유효전력 증감률 조정

(6) 무효전력 공급능력 성능유지

① 실패 시 전압 안정도 저하, 순환정전 우려

② 아래 그림과 같이 2가지 요구조건에 적합하도록 계통을 운영할 것

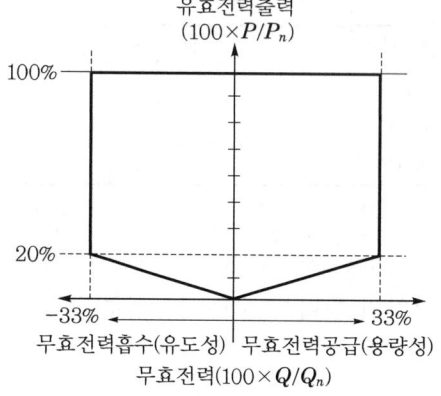

유효전력출력
$(100 \times P/P_n)$

무효전력흡수(유도성) 무효전력공급(용량성)
무효전력$(100 \times Q/Q_n)$

‖ 유효전력 출력에 따른 무효전력 공급범위 ‖

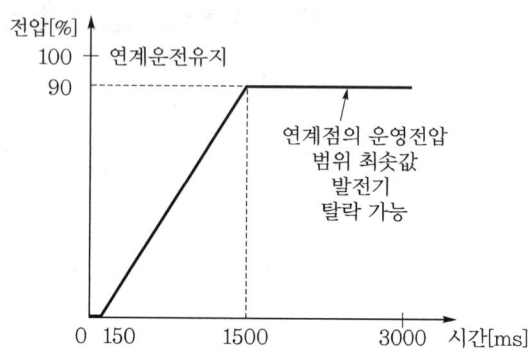

전압[%]

연계운전유지

연계점의 운영전압
범위 최솟값
발전기
탈락 가능

시간[ms]

‖ LVRT 저전압 사고 시 연계유지 전압범위 요구조건 ‖

090 발전소 건설을 위한 타당성 조사방법에 대하여 설명하시오.

(data) 발송배전기술사 19-117-4-3 / 발송배전기술사 출제예상문제

답안 1. 개요

(1) 최근 전력사업은 전 세계적으로 급격한 전력수요의 증가, 공급예비율의 저하 등으로 발전소 건설에 주력하고 있으며 대용량 발전소는 계통의 중추적 위치에 있고 중요도가 높으며 많은 투자비가 소요되므로 기술·경제적으로 충분한 타당성 조사를 해야 한다.

(2) 또한, 향후 신규 발전소건설의 기본방향은 발전원의 특성을 감안한 발전연료의 다원화로 전력의 안정적 공급, 국내 가용자원의 적극 활용, 전력공급의 신뢰성과 경제성 향상 및 환경 오염물질 발생 최소화에 초점을 두고 있다.

2. 타당성 조사(feasibility study) 방법

(1) 기술적 측면의 부하예측

① 신설하고자 하는 발전소에 연결된 Network의 Energy 예측, Load 예측, 최대 수요예측을 한다.

② 전력수요예측방법

　㉠ 장기수요상정 : 10 ~ 15년 정도의 장기간의 수요상정

　㉡ 단기수요상정 : Micro방법, Macro방법(시계열적 방법, 회귀분석방법)

(2) System의 검토

① 신설발전소에 연결예정인 기운전 중이거나 건설 중인 발전소나 T/L을 검토한다.

② 발전용 장기 연료수급계획 검토 : 사용하고자 하는 연료가 발전소의 수명연한 (20 ~ 30년) 동안 계속적인 공급이 부적당한 경우 대체연료 공급계획을 검토한다.

③ 전원개발계획 수립을 위한 전산화 프로그램을 활용(WASP, MNI 등)한다.

④ 발전소 가동 시의 계통안정도, 전력조류 및 전압조정방법, 송전 T/L 손실 등을 검토한다.

⑤ 가스터빈, 복합화력, 신재생 발전 등의 발전소형식을 검토한다.

⑥ 발전소 내 계통의 기본설계 검토 : 발전량, 연계선로 전압 Level, 소내 계통전압 Level 등

(3) 현장답사 위치선정

① 냉각용수의 취수 및 방수, 급수

② 연료의 반입문제

　㉠ 석유·천연가스의 경우 : Pipe line 연결, 인입위치

　㉡ 고체연료인 경우 : 접안시설, 벨트 컨베이어 시설, 연료 야적장 시설

③ 발전소의 건물 기초 및 주기기의 기초를 설치하기 위한 지질검사 시행

④ 발전소 위치의 홍수 가능성, 해일 가능성 여부 검토

⑤ 기존 또는 계획상의 전력계통의 T/L과 연결방법, 비용

⑥ 발전소 내의 중량물 인입방법(도로, 철도, 강 등)

⑦ 환경에 미치는 영향(대기오염, 석탄, 먼지 등)

⑧ 증설계획상 충분한 공간

(4) 환경보존대책

① 환경장해의 종류

㉠ 대기오염(분진, 유독가스 등)

㉡ 오배수로 인한 해안 연안 생태계의 파괴

㉢ 악취, 진동, 소음 등으로 인한 지반의 침하

㉣ 지하수 이용으로 인한 지반의 침하

㉤ 토양의 오염

② 환경대책

㉠ 설비측면

• 환경적으로 무해한 발전설비운용(IGCC, PFBC, LNG 복합발전, 연료전지 복합발전)

• 높은 굴뚝에 의한 배기의 확산 방지

• 고성능 전기집진기의 설치

• 수질·정화시설 설치

• 탈황설비(FGD), 탈초설비(SCR)

• 이산화탄소 포집설비(CCS)

㉡ 운용측면

• 기상조건의 조사, 감시체제의 운용

• 배연 탈황기술의 향상과 보급

• 연료의 저유황화, 저유황 중유의 사용

㉢ 계획 시 최적입지를 선정하여 철저한 환경영향평가

(5) 플랜트 Layout 및 예비설계

① 장래증설계획, 연료인입, 냉각수 취수 및 방수 등을 고려하여 발전 Plant 시설의 배치

② 개략적인 설계는 투자규모를 결정하기 위해 필요하다. 보일러 및 보조기기, P & I, 전기설비(변압기, 개폐기 등), Switch yard, 연료공급시설, 취수 및 방수 설비, 관리건물, 사무실 및 창고 등

(6) 견적 및 계약

① 주기기 및 보조기기의 Package를 구매상의 편리성을 고려해 결정

② 건설 Package

③ 설계, 엔지니어링, 감리비 포함

(7) 실행 Schedule 작성

① 과학적 공정관리로 진도 Check를 위하여 PERT/CPM 작성

② 작성원칙 : 공정원칙, 단계원칙, 활동원칙, 연결원칙

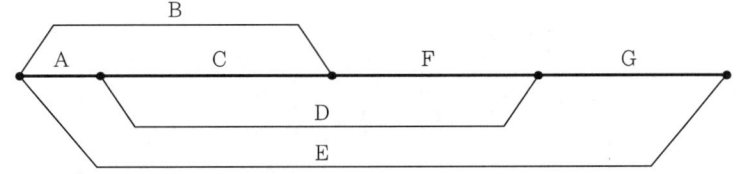

- A~G : 각 단위요소작업
- A, C, G, F : Critical pass

▮ PERT/CPM 작성의 예 ▮

(8) 투자재원 및 경제성 분석

① 최소 경비분석법(LCA : Least Cost Analysis)

㉠ 주어진 기본 투자계획안보다 Alternative(2개 이상) 투자계획안과의 차이를 현가로 계산한 Net cash flow를 구하여 Discount rate(어음할인율)가 큰 쪽이 투자상 유리하다는 것이다.

㉡ 즉, 여러 가지 안을 검토하여 사업기간 전체에 걸쳐 현재 가치로 환산한 비용이 최소가 되는 안을 선택한다(비용 : 자본비 + 운전유지비 + 연료비).

② 내부 수익률법(IRR : Internal Rate Return)

㉠ 재정적 내부 수익률법(FIRR : Financial Internal Rate Return)

- 우리나라에서 적용하고 있다.
- Cost(자본비 + 운전유지비 + 연료비) 및 Benefit를 Financial IRR로 환산하여 Net cash flow를 계산했을 때 FIRR이 클수록 투자상 유리하다.

㉡ 경제적 내부 수익률법(EIRR : Economic Internal Rate Return)

- Cost와 Benefit를 현가로 환산, Net cash flow를 계산하여 EIRR을 구하고 EIRR이 클수록 유리한 투자를 하는 것이다.
- 장부상의 수치뿐만 아니라 실상황에서 발생하는 요소를 모두 감안하여 종합적으로 경제성을 검토한다.

예 댐건설 시 관광단지 조성으로 지역경제 활성 등

memo

CHAPTER

03

원자력 발전

SECTION 01 원자력 발전 용어 관련

001 원자력 발전에 관한 다음 용어를 설명하시오.
1. 붕괴열
2. 전자볼트(eV : electron volt)
3. α선(alpha radiation)

(data) 발송배전기술사 19-119-1-13 / 발송배전기술사 출제예상문제

[답안] 1. 붕괴열

(1) 정의

원자로는 정지한 뒤에도 핵분열 생성물로부터 상당한 시간동안 β선이나 γ선의 방사가 행해질 때 발생하는 열을 말한다.

(2) 특성

① 안전성과 직결 : 붕괴열을 제거하는데 실패 시 수소발생으로 수소폭발이 발생한다.

② 발열량 : 사고 직후는 정상운전 열출력의 7%, 1일 경과 후가 되면 0.5%로 감소한다.

③ 반감기가 장시간인 물질은 발열이 오랫동안 유지된다.

(3) 원자로에서는 정지 후에도 이 붕괴열을 제거하기 위한 설비가 요구된다.

(4) 원자력 발전에서 붕괴열의 제거방법

① 비상 노심 냉각시스템(ECCS)

② 원자로 격리 냉각시스템(RCIC)

③ 잔열제거시스템(DHRS)

2. 전자볼트(eV : electron volt)

(1) 정의

전위 $V[\text{V}]$, 전하량 $Q[\text{C}]$일 때의 에너지

$W = QV[\text{CV} = \text{J}]$

$W = eV = 1.602 \times 10^{-19}\text{C} \times 1\text{V} = 1.602 \times 10^{-19}\text{J}$

(2) 중성자의 분류와 전자볼트

① 고속 중성자 : 0.5MeV

② 중속 중성자 : 1 ~ 500keV

③ 저속 중성자 : 1keV 이하

④ 열중성자 : 0.025eV

3. 방사성 붕괴

원자핵 중에서 불안정한 원자핵은 α선, β선 및 γ선과 같은 방사선을 방출하며 안정한 원자핵으로 바뀐다.

(1) α선(alpha radiation)과 α붕괴

① 불안정한 원자핵에서 양자 2개와 중성자 2개, 즉 헬륨 원자핵 $_2He^4$의 방출을 α선이라고 하는데 물질에 잘 흡수되는 성질을 갖고 있다.

② 원자번호 : -2(즉, 원자번호는 2 감소)

③ 질량수 : -4(즉, 질량수는 2 감소)

④ 알파선 대책 : 헬륨 원자핵의 흐름, 종이 한 장으로도 차폐 가능

(2) β 붕괴

① 안정한 원자핵에 비하여 중성자가 많은 원자핵은 중성자가 양자로 바뀌면서 전자 1개를 방출하는데 이를 β선이라 한다.

② 원자번호 : $+1$(즉, 원자번호는 1 증가)

③ 질량수 : 불변(단, 전자의 질량은 무시)

④ 베타선 대책 : 전자의 흐름으로 얇은 금속판으로 차폐 가능

(3) γ 붕괴

① 원자핵의 에너지가 안정상태보다 여분이 있을 때 여분의 에너지를 전자파로서 방출하는데 이를 γ선이라 한다.

② 원자번호 및 질량수는 변화하지 않는다.

③ 감마선 대책 : 파장이 매우 짧은 전자파로 두꺼운 납이나 콘크리트로 차폐 가능

002 원자력 발전의 감속재와 냉각재의 구비요건을 설명하시오.

1. 원자력 발전소에서 사용하는 감속재의 역할, 구비조건 및 종류를 설명하시오.
2. 원자력 발전에서 감속재(moderator)의 역할, 구비조건, 종류에 대하여 각각 설명하시오.
3. 원자력 발전에서 냉각재(coolant)의 역할, 구비조건, 종류에 대하여 설명하시오.

data 발송배전기술사 24-132-1-9 · 23-131-1-5 · 22-126-1-3 · 17-113-1-13 / 발송배전기술사 출제예상문제

답안 1. 감속재

(1) 역할

핵분열로 인하여 약 2MeV의 고속 중성자를 0.025eV의 열중성자로 에너지를 저감시키는 물질이다.

(2) 감속재의 구비조건

① 산란 단면적(ΣS)이 클 것

② 산란에 의한 에너지 손실률($S\xi$)이 클 것

③ 중성자 흡수단면적(ΣA)이 작을 것

④ 원자번호가 작을 것(작을수록 산란이 큼)

⑤ 위의 '①·②'에서 감속능($\Sigma S \cdot \xi$)이 클 것

⑥ 위의 '①·②·③'에서 감속률($\Sigma S \cdot \xi / \Sigma A$)이 클 것

(3) 종류 : 경수, 중수, 흑연, 산화베릴륨

① 경수(H_2O)

㉠ 경수는 약간 중성자 흡수 단면적이 높으나 양호한 감속물질이다.

㉡ 값이 싸서 냉각재를 겸할 수 있는 이점이 있다.

② 중수(D_2O)

㉠ 중수는 1회 충돌에서의 중성자 에너지 감속도는 경수보다 작으나 열중성자 흡수단면적이 대단히 작다.

㉡ 중수를 감속재로 사용하면, 원자로 연료를 천연우라늄으로 사용 가능하다.

2. 냉각재

(1) 정의

핵연료 내에서 발생한 열을 밖으로 빼내어 노 내의 온도를 적당한 값으로 유지시키는 것이다.

(2) 구비조건

① 중성자 흡수가 적을 것

② 비열이 높을 것(열전도성이 상대적으로 낮음)

③ 밀도와 점도가 낮을 것

④ 융점이 낮을 것

⑤ 비점이 높을 것

⑥ 사용온도에서 분해되지 않을 것

⑦ 타 물질반응이 없을 것

(3) 냉각재의 종류

① 물(중수, 경수)

㉠ 비열이 높고 열전도성도 비교적 좋으며, 점도가 낮아서 적당함

㉡ 중수는 고가임

㉢ 경수는 얻기 쉬워 값도 싸나, 결점으로는 비점이 낮아 고압을 걸어서 사용할 것

② 액체금속

㉠ Na과 Bi는 융점과 열중성자 흡수단면적의 점에서 대단히 좋음

㉡ 열전도성이 높고, 중압이 낮으며 중량, 비열이 크고, 열과 방사선에 우수함

---

003 가압수형 원자로(PWR)와 비등수형 원자로(BWR)에 대하여 설명하시오.

data 발송배전기술사 18-114-4-2 / 발송배전기술사 출제예상문제

답안 1. 원자로의 종류

원자로의 종류		연료	감속재	냉각재	비고
가스냉각로(GCR)		천연 우라늄	흑연	탄산가스	영국서 개발
경수로	비등수형 (BWR)	농축 우라늄	경수	경수	미국 GE
	가압수형 (PWR)	농축 우라늄	경수	경수	미국 WH

원자로의 종류	연료	감속재	냉각재	비고
중수로 (PHWR, CANDU)	천연 우라늄 농축 우라늄	중수	탄산가스 경수, 중수	캐나다에서 개발
고속 증식로(FBR)	농축 우라늄 플로토늄	–	나트륨, 칼륨합금	프랑스, 러시아, 일본 등에서 실용화단계

2. 가압수형 원자로(PWR)

(1) 개요

① 가압수형 원자로(PWR : Pressurized Water Reactor)는 저농축 우라늄(3 ~ 5%)을 연료로 하고 경수를 감속재와 냉각재로 사용한 원자로이다.

② 냉각재의 물이 비등하지 않도록 노 전체를 압력용기에 수용해서 원자로의 압력용기 내부압력은 $160kg/cm^2$로서 경수의 비등을 억제하고 있다.

③ 높은 압력을 가함으로써 경수의 포화온도를 높이고 증기조건을 좋게 함으로써 발전소 전체의 효율을 높이려는 것이다.

④ **우리나라의 적용** : 월성 원전 외 국내 원전은 전부 PWR 방식이다.

(2) 원리

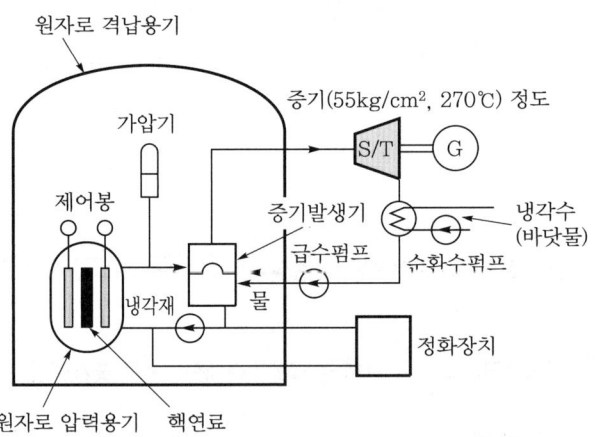

① 연료는 저농축 우라늄, 감속재와 냉각재는 경수(H_2O)로 되어 있다.

② 노심에서 발생한 열을 효과적으로 빼내기 위해 노심출구 부근에서는 다소 국부적인 비등을 허용하나 증기중량비 7%(체적률 32%) 이하로 억제함과 동시에 냉각재를 고온(320℃)으로 하기 위하여 $160kg/cm^2$로 가압한다.

③ 이 때문에 냉각수의 원자로 출입구 온도는 각각 약 320℃, 290℃로 되고 있다.

④ 이 고압 가압수를 열교환기의 1차측에 유도해서 2차측(증기발생기)에 온도 269 ~ 274℃, 압력 약 55 ~ 60kg/cm² 증기를 만들고 이것으로 증기터빈을 구동해서 발전하고 있다.

(3) 특징

① 장점

㉠ 열사이클은 1차와 2차로 나누고 있으므로, 방사능에 대한 차폐는 1차 회로 망으로도 되고, 2차의 증기계에는 현재, 화력 발전소에 사용되고 있는 발전기기와 같은 것을 사용할 수 있다.

㉡ 열 Cycle이 간접식이어서 방사능을 띤 증기가 터빈측에 유입이 안 되어 보수점검이 용이하다.

㉢ 가압수를 사용하므로, 출력밀도가 높고, 노심으로부터 끄집어내는 열출력 이 크다.

㉣ 노의 반응은 큰 부의 온도계수를 지니기 때문에 안전성은 좋은 편이다.

② 단점

㉠ 증기발생기를 포함하는 간접 사이클이기 때문에 계통이 복잡하다.

㉡ 가압수를 사용하므로 압력용기 및 배관의 두께가 두꺼워져서 가격이 비싸다.

㉢ 증기발생기가 있으며, 간접 Cycle로 계통이 복잡하다.

㉣ 중수로에 비해 전환비(CR : Conversion Ratio)가 작다.

---

reference

전환비

$$R = \frac{\text{생산된 새로운 연료의 양}}{\text{소비된 연료(U}^{235}\text{)의 수량}}$$

(1) $R > 1$인 것 → 증식로, $R \leq 1$인 경우 → 전환로

(2) 경수로 $R \fallingdotseq 0.5$

(3) 고온 가스로 $R = 0.6 \sim 0.8$

(4) 중수로 $R = 0.8 \sim 1.0$

(5) 고온 증식로 $R = 1.2 \sim 1.3$

---

3. 비등수형 원자로(BWR)

(1) 개요

노심에서 비등을 일으킨 증기가 직접 터빈에 공급되는 직접 사이클을 이용한 원자로이다.

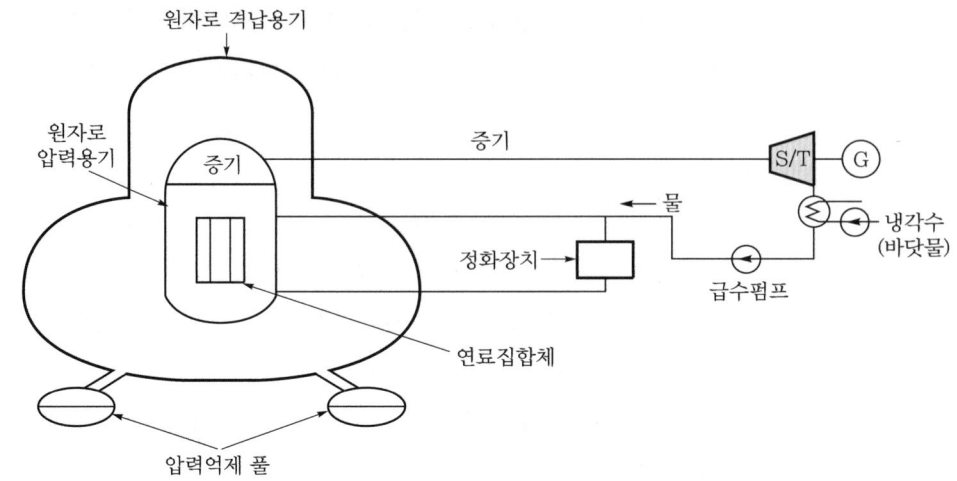

┃ BWR의 계통도 ┃

(2) 특징

① 장점

㉠ 원자로의 내부증기는 직접 터빈에서 이용하므로 증기발생기가 필요없다.

㉡ 순환 Pump로서 급수 Pump만 있으면 되므로, 그만큼 소요동력도 적다.

② 단점

㉠ 노심에서 비등을 일으킨 증기가 직접 터빈에 공급되는 직접 사이클을 이용하므로 누출증기 방지처리에 고도의 기술이 요구되며, 보수점검이 어려운 편이다.

㉡ BWR은 PWR에 비해 노심의 출력밀도가 낮아, 노출력의 원자로에서는 노심 및 압력용기가 커진다.

㉢ BWR은 원자로 용기 내에 기수분리기와 증기건조기가 설치되므로 그것만큼 원자로 용기가 커진다.

(3) 기타

① 연료로서 저농축 우라늄(2 ~ 3%)을 필요로 한다.

② 국내에는 미적용되었다.

4. 중수감속 냉각형 원자로(PHWR 또는 CANDU)

comment 참고로 알아두길 바란다.

(1) 개요

연료는 천연우라늄을 사용하고, 감속재로는 중수를 사용하며, 냉각재에는 중수 또는 경수를 적용하는 원자로로서, 천연우라늄을 사용할 수 있어 농축시설을 갖춘 선진국에 의존할 필요가 없어, 개발도상국에게 매력있는 원자로이다.

(2) 특징

① 장점

　　㉠ 천연우라늄을 직접 발전용 연료로 사용하므로 연료비가 적고, 농축시설이
　　　　불필요하다.

　　㉡ 중수는 중성자의 흡수가 적으면서, 감소비가 아주 빠르다.

② 단점

　　㉠ 고가의 중수 사용으로 누출을 최소한으로 억제할 필요가 있다.

　　㉡ 중수에 포함된 2중 수소에 의한 방사능 문제를 고려해야 된다.

　　㉢ 중수가 고가이다.

　　㉣ 경수로에 비해 노심이 커진다.

③ 기타

　　㉠ 공명흡수 탈출 화률이나 열중성자 이용률이 높기 때문에 비균질로에서
　　　　천연우라늄을 연료로서 사용할 경우 흑연 감속의 경우보다 노가 작아진다.

　　㉡ 월성에 채택되었다.

　　㉢ 연료전환비가 높아 향후 핵무기 및 핵잠수함의 핵연료 생산에 매우 기대된
　　　　다(미국의 통제로 진행 안 되고 있음).

　　㉣ 종류 : 압력용기방식과 압력관 방식이 있다.

5. 가압경수로(PWR)와 가압중수로(PHWR 또는 CANDU)의 비교

(1) 계통도 비교

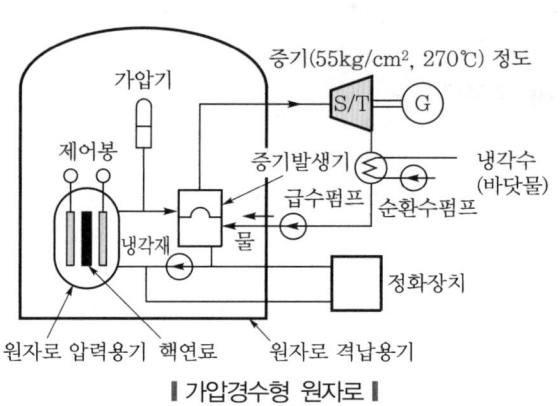

∥ 가압경수형 원자로 ∥

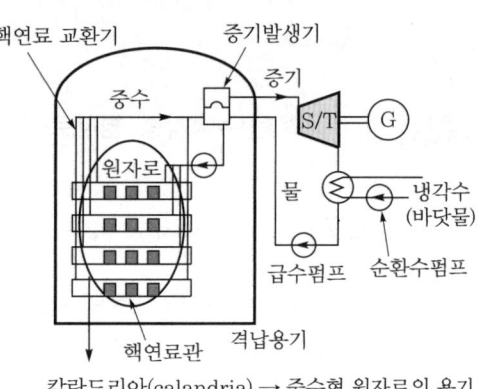

∥ 가압중수로 원자로 ∥

(2) 사용연료 및 배치

① 경수로는 저농축 우라늄(3 ~ 4%) 연료봉을 수직 배치한다.

② 중수로는 천연우라늄 연료봉을 수평 배치(즉, 가동 중에도 원전 중지 없이 가동)한다.

(3) 감속재·냉각재 및 핵연료 교체

① 경수로는 경수, CANDU는 중수(D_2O)를 이용한다.

② 경수로는 정지 시에, 중수로는 운전 중에 연료 교체가 가능하다.

(4) 원자로의 크기

중수로 > 경수로

(5) 핵연료의 전비가 크다.

① 경수로 : $R ≒ 0.5$

② 중수로 : $R = 0.8 ~ 1.0$

(6) 1차 냉각재의 압력

① 경수로 : 160기압

② 중수로 : 100기압

---

004 경수감속 가압수형 원자로(Pressurized Water Reactor ; PWR)와 중수감속 가압중수형 원자로(Canadian Deuterium Natural Uranium Reactor ; CANDU)에 대하여 설명하시오.

004-1 중수감속 중수냉각형 원자로에 대하여 설명하시오.

data 발송배전기술사 21-123-3-2·17-111-2-4 / 발송배전기술사 출제예상문제

답안 1. 국내 사용하는 원자로의 종류

원자로의 종류		연료	감속재	냉각재	비고
경수로	가압수형 (PWR)	농축 우라늄	경수	경수	미국 WH
중수로 (PHWR, CANDU)		천연 우라늄 농축 우라늄	중수	탄산가스 경수, 중수	CANADA에서 개발

2. 전환비(CR : Conversion Ratio) 비교

(1) $R = \dfrac{\text{생산된 새로운 연료의 양}}{\text{소비된 연료}(\text{U}^{235})\text{의 수량}}$

(2) 원자로 종류별 R값

① $R > 1$인 것 → 증식로, $R \leq 1$인 경우 → 전환로

② 경수로 : $R \fallingdotseq 0.5$

③ 중수로 : $R = 0.8 \sim 1.0$

④ 고온 가스로 : $R = 0.6 \sim 0.8$

⑤ 고온 증식로 : $R = 1.2 \sim 1.3$

3. 중수감속 냉각형 원자로(PHWR 또는 CANDU)

* Chapter 03 – 문제 003의 답안 '4.' 내용을 참조한다.

4. 가압경수로(PWR)와 가압중수로(PHWR 또는 CANDU)의 비교

* Chapter 03 – 문제 003의 답안 '5.' 내용을 참조한다.

SECTION 02 원자로의 종류

005 APR-1400 원자력 발전소의 개요 및 특징에 대하여 설명하시오.

(data) 발송배전기술사 17-112-1-8 / 발송배전기술사 출제예상문제

[답안] **1. APR-1400(Advanced Power Reactor 1400)의 개요**

(1) APR-1400이란 Advanced Power Reactor 1400으로, 용량 140만kW급(1400MW) 한국형 신형 경수로 원자력 발전소를 말한다.

(2) 2010년 기준으로 제3세대 원전 중 가장 경제적인 원전으로서, 신고리 3·4호기에 처음 적용되어, 신고리 3호기는 16년 12월 상업운전을 시작하였다.

(3) APR-1400 건설현황

신한울 1·2호기, 신고리 5·6호기, 신한울 3·4호기 등에 총 8기가 설계되었고, UAE 1~4호기에도 적용되어 건설 중이다.

(4) 가동률 90%, 설계수명 60년, kW당 건설단가 2300달러 수준으로 효율 및 경제성이 높은 시스템이다.

2. 특징

구분	내용
안전성	• 설계 내진강도 　– APR-1400 원전의 내진설계값은 0.3g임 　– 리히터 규모 7.0의 지진까지 견딤 　– 이전에는 0.2g, 리히터 규모 6.5 지진까지 견딜 수 있었음 • 비상노심 냉각계통의 물이 원자로 용기에 직접 주입되는 방식을 채택함 　– 중력과 같은 자연력에 의해 냉각수를 끊임없이 공급할 수 있는 장치로, 2대의 냉각수조와 4대의 열교환기가 설치됨 • 중요한 밸브들을 데이터베이스화하고 안전조치시간의 획기적 단축을 실현함 • 주제어실의 최첨단화 및 안전설비의 최고도화 　– 주제어실은 인간공학설계 수많은 정보를 가공 및 처리하여 최적의 상태로 정보를 제공함 　– 안전설비를 4중화하고 물리적으로 4분면 격리설계를 적용함
설비 규모	• 원자로형 가압경수로의 설비용량 1400MW급 • 설계수명 60년 • 내진설계기준 SSE 0.3g

구분	내용
주요 성능	• 이용률 평균 90% 이상 • 불시 정지횟수 0.8회/년 이하 • 부하탈락요건 100% 부하탈락 시 소내 부하유지기능 • 재장전 주기 18개월
안전성	• 노심손상빈도 10/RY • 원자로건물 손상빈도 10/RY 이하 • 작업자 피폭 선량 1man-SV/RY 이하 • 열적 여유도 10% 이상 • 발전소 정전 대처시간 최소 8시간 • 원자로 건물 PS 콘트리트 건물
원자로 건물	• 형식 원통 프리스트레스 콘크리트 : 내경 45.7m, 높이 76.4m • 정상운전온도 48.9℃
터빈· 발전기	• 터빈형식 : 6유로, 직열, 52″ LSB • 터빈회전수 : 1800rpm • 발전기형식 : 동기, 4극 • 전압 : 22kV, 3상 주파수 60Hz
모듈화	원자로 건물 격납철판 공사 등을 한번에 시공·설치할 수 있게 모듈화

006 다음 SMR(Small Modular Reactor)의 특징에 대하여 각각 설명하시오.

1. 수냉각 SMR
2. 소듐냉각 고속로 SMR
3. 용융염료 SMR

006-1 소형 모듈원자로(small modular reactor)의 종류와 특징, 적용분야에 대하여 설명하시오.

(data) 발송배전기술사 23-131-3-2·22-126-1-1 / 발송배전기술사 출제예상문제

답안 **1. SMR 개요**

(1) 개념

대형 원전을 소형 및 일체형으로 제작한 원자로로, 용량 300MW 이하이다.

(2) 대형 원전과 SMR 비교

대형 원전	구분	SMR
1200 ~ 1600MW	노심출력	100 ~ 300MW
100만개	부품수	1만개(모듈)
100만년에 한 번	중대사고 확률	10억년에 한번
반경 1600m	비상대피구역	반경 300m
48개월	건설공기	24개월
10조원(2기 기준)	건설비용	1조원

2. SMR의 구조

(1) 일체형 구조

증기발생기, 냉각펌프, 가압기 등이 원자로용기에 내장된 구조이다.

(2) 연결배관이 없음

기기연결용 배관이 없기 때문에 대형 냉각재 상실고장이 없다.

3. SMR의 종류(대표적)

(1) 수냉각 SMR

① 냉각재, 감속재 : 물 사용

② 일체형 : 증기발생기, 가압기, 냉각펌프 등

③ 높은 용융점, 세라믹 연료 사용, 기술 안전성

④ 한국현황 : Smart 원자로

(2) 소듐냉각 고속로 SMR(SFR)

① 냉각재 : 소듐

② 고속 중성자 핵분열

③ 열전도도, 전열성능 우수

④ 온도 : 880도

⑤ 기존 경수로 및 중수로와 달리 고속 중성자를 이용해 핵분열을 일으키고 이때 발생하는 열을 액체 나트륨으로 냉각할 때 생성된 증기로 전기를 생산한다.

⑥ 2024년 현재 미국에서 345MW급의 SFR을 테라파워 회사에서 미국 와이오밍 주 소도시 케머러에 건설 계획 중으로 관심이 매우 지대하다.

⑦ 한국현황 : 150MW PGSFR을 연구 중이다.

(3) 용융염료 SMR(MSR)

① 핵연료 : 우라늄, 플루토늄 + 불소·염소 화합물

② 피복관 없이 고온 핵연료가 열전달 매체로 사용

③ 제어봉 없이 핵연료 주입량을 조절해 출력제어 가능

④ 한국현황 : 소형 장주기 노심 설계, 용융염 특성 분석 등

(4) 헬륨 냉각재형 SMR(HTGR)

① 흑연 감속재를 포함하여 사고 시 급격한 진행을 방지한다.

② 고온열을 통한 수소 생성, 합성연료, 공정열을 공급 가능하다.

③ 고온에서 원자로 부품의 장기간 유지가능 여부 연구가 필요하다.

4. SMR의 특징

항목	대형 원전	SMR
부지면적	APR 1400 기준 573m²/MWe	대형 원전 대비 절반 정도
운영탄력성	주로 대용량 출력 고정(기저부하)	분산전원 및 부하추종 운전 가능
안전성	대형 사고 이력 있음 (체르노빌, 후쿠시마)	소형화, 피동형으로 사고발생위험 대폭 감소
건설위험	현장작업 비중이 높아 건설위험 증가	공장작업 비중이 높아 건설위험 감소
응용분야	발전용	발전용, 담수, 수소생산, 공정열, 선박추진 등

(1) 태양광, 풍력의 가동 여부에 따라 자유롭게 출력 조정을 할 수 있고, 발전과정에서 온실가스가 발생하지 않아 탄소중립에도 부합한다.

(2) 신재생에너지 간헐성은 미래에서 엄청난 제약이 있으나 소형 원전을 병행하면 극복이 가능하다.

(3) LNG보다는 소형 원전을 재생에너지와 결합 가능한 가장 이상적인 탄소중립의 시나리오에 부합된 원전이다.

(4) 자연에너지를 활용해 연료비가 들지 않는데다 발전과정에서 탄소를 배출하지 않아 기후위기시대에 제격이다.

(5) 모든 에너지원은 강점과 약점을 동시에 지닌 것에 대한 현실적인 대안이 된다.

① 신재생에너지는 날씨와 계절에 따라 발전량이 들쭉날쭉하기 때문이다.

② 이를 '간헐성'이라고 한다.

③ 전력생산의 안정성은 신재생에너지의 수많은 장점을 상쇄하는 커다란 약점이다.

④ 태양, 풍력은 발전시간과 발전하지 않는 시간의 발전량 격차가 심각하게 발생한다.

⑤ 태양광인 경우 우리나라에서 24시간 중 평균 3.6시간 발전한다.

(6) 신재생의 간헐성을 보완하기 위해 LNG를 수급계획에서 늘리려는 상황에서 LNG 대신 소형 원전으로 신재생을 메이크업하면 우리가 원하는 탄소중립을 빠르게 이룰 수 있다.

(7) 송·배전 인프라는 전력시장에서 중요한 변수이므로 이에 대응하기가 용이하다.

(8) SMR의 장점

① 신재생 + 소형 원전 = 탄소중립 완벽 구현

② 스마트로 해외 소형 원전시장 공략

③ 소형 모듈 원자로(SMR – 이하 소형 원전)를 신재생에너지와 함께 쓴다면 간헐성을 극복 가능

④ 소형 원전은 출력 조절이 자유롭고 안전성까지 확보돼 재생에너지를 보완하기 위한 유연성 전원으로서 적격

⑤ 냉각수를 위해 해안가에 설치해야 하는 대형 원전과 달리 소형 원전은 내륙에도 설치 가능

⑥ LNG 대신 소형 원전을 쓰면 이상적인 탄소중립이 됨

⑦ 기존 원전보다 최대 1000배 안전함, 사람 없어도 중력원리로 원자로 냉각

⑧ 스마트 안전성의 핵심은 '피동안전계통'을 접목한 시스템의 특별한 장점이 있음

    ㉠ 능동안전계통 : 사고가 났을 때 운전원이 개입하거나 전력을 공급해야 작동하는 전력계통

    ㉡ 피동안전계통 : 자연의 원리인 중력에 의해 물이 유입되어 원자로를 냉각시키는 원리가 적용된 안전계통의 원리를 적용함

    ㉢ 2011년 사고가 발생했던 후쿠시마 원전은 능동안전계통이 적용된 사례임 물도 있었고, 펌프도 있었지만 쓰나미로 펌프작동에 필요한 전기가 끊어지면서 사고가 발생함

    ㉣ 스마트는 가만히 내버려 두어도 밸브만 열리면 중력을 통해 자동으로 물이 들어가기 때문에 원자로를 안전하게 지킬 수 있음

    ㉤ 즉, 사고 시에도 이러한 원리로 물이 유입될 수 있어 후쿠시마와 같은 사고가 날 수 없음

    ㉥ 스마트는 '스텝 바이 스텝' 원리를 적용한 설계로, 사고발생 가능성을 대폭 감소시킴

        • 사고가 날 수 있는 요인들을 설계단계에서 삭제

        • 그래도 사고가 날 경우 피동안전계통으로 대응 가능함

    ㉦ 최악의 경우 연료가 녹더라도 컨테인먼트(containment) 빌딩 안에 방사성 물질을 가두는 3단계 원리를 적용함

reference

컨테인먼트

원자력 시설이 사고날 경우 방사성 물질이나 핵분열 생성물이 대기 중 또는 다른 환경에 방출되지 않도록 폐쇄하기 위하여 시설의 주요 기기(특히 원자로)를 둘러싸는 기밀의 각 구조물을 설치하는 것

◎ 한국형 소형 원전 스마트는 안전성이 대형 원전의 최소 100배, 최대 1000배 뛰어남. 미국 국립번개안전연구원(NLSI)에 따르면 낙뢰를 맞을 확률은 28만분의 1인데 반해 대형 원전 사고확률이 100만분의 1로 알려진 점을 고려하면 원전사고확률이 벼락맞을 확률보다 훨씬 낮은 셈임

⑨ 공사기간 대폭 단축과 공사비의 괄목할 만한 감소

　ㄱ 원전사업은 건설비를 비롯해 초기 투자비가 차지하는 비중이 상당히 큼

　ㄴ 해외 원전의 경우 원전 1기당 수십억 ~ 100억 달러 이상 건설비가 소요됨

　ㄷ 대형 원전이 콘크리트 타설부터 건설완료까지 50개월 걸리는데 비해 소형 원전은 3년 안쪽(36개월)으로 신설이 가능함

　ㄹ 스마트 원자로는 건설기간이 짧고 초기 투자비가 적어 사업리스크 감소 가능

　ㅁ 스마트는 모듈화공법을 통해 건설비용이 10억 달러 안팎으로 적게 들고 제작기간도 단축 가능함

⑩ 소형 원전은 버려야 하는 열에너지가 상대적으로 적기 때문에 공기냉각이 가능(이 이유로 사막 등 오아시스에도 건설 가능) → 전쟁 시 전투지에서도 적용 가능할 것임

⑪ 태양광, 풍력설비가 분산된 지역 중심마다 소형 원전의 투입 가능, 즉 부지 제약이 작아 기존 송·배전망 활용이 가능함

⑫ 화력, 가스를 통틀어 전 세계 발전소의 96.5%가 소형 모델이라 송·배전망도 많고 소형 용량에 적합

⑬ 입지제약이 없는 소형 원전을 기존 화력발전소나 가스발전소 자리에 대체시키면 새롭게 인프라를 구축하는 비용 등을 절약 가능

⑭ 기존 송·배전망을 그대로 활용하고 있어 전력망 인프라 비용도 축소됨

⑮ 결과적으로 향후 해외 원전시장에서 경쟁력을 확보할 수 있음

5. SMR 적용분야

(1) 추진 에너지원

해양용, 군함, 항공모함, 우주용 전력

(2) 신재생에너지 발전설비와의 유연한 연계, 부하추종 능력 강화

(3) 전력수요지 인근의 분산형 전력으로 전력공급 가능

(4) 고온 증기열을 이용한 수소 생산

(5) 다목적 활용

지역난방, 해수 담수화, 산업용 열공급

(6) 군사무기와 병합발전

레이저 무기의 전력공급(레이저 함포 등)

(7) 생성되는 플로토늄으로 핵무기 개발 등

---

007 화력 발전소와 원자력 발전소의 동기속도를 설명하고, 동기속도가 다른 이유와 화력 발전소에서 재생사이클을 설명하시오.

data 발송배전기술사 22-126-1-13 / 발송배전기술사 출제예상문제

답안 1. 화력 발전소와 원자력 발전소의 동기속도

(1) 주파수

$$f = \frac{P}{2} \times \mathrm{rps} \left(= \frac{\mathrm{rpm}}{60} \right)[\mathrm{Hz}]\text{에서 } N_s = \frac{120f}{P}[\mathrm{rpm}]$$

2극당 1Hz의 유기기전력을 발생시킴을 의미한다.

(2) 초당 발전소의 동기기 회전수

$$n = \frac{2}{P} \times f[\mathrm{rps}]$$

여기서, P : 자극수, f : 주파수 $[\mathrm{Hz}]$

(3) 분당 발전소의 동기속도

$$N_s = \frac{2}{P} \times f \times 60[\mathrm{rpm}] = \frac{120f}{P}[\mathrm{rpm}]$$

(4) 의미

발전기의 계자가 1분간 회전하는 속도[rpm]

(5) 동기속도는 교류를 전원으로 하는 회전기에 있어서 자계에 교류전류를 인가할 때, 고정자에 생기는 회전자계의 회전속도를 말하며, 또한 동기발전의 회전자인 계자가 회전하는 1분간의 속도를 말한다.

2. 화력 발전소와 원자력 발전소의 동기속도가 다른 이유

(1) 화력 발전소는 2극을 사용하므로 동기속도 $N_s = \dfrac{120 \times 60}{2} = 3600\,\text{rpm}$

(2) 원자력 발전소는 4극을 사용하므로 동기속도 $N_s = \dfrac{120 \times 60}{4} = 1800\,\text{rpm}$

(3) 동기속도가 다른 이유

① 원자력 발전소는 핵분열의 열을 증기발생기를 통해 증기(포화증기 사용)로 얻는 방식으로 증기조건이 아래 표와 같이 화력 발전(과열증기 사용)보다 불리하다.

② 동일한 전기적 출력을 위해서는 4극을 원자력에서 사용하여 비록 회전수는 화력기의 50%이나 회전자계 발생은 화력기와 동일하게 할 수 있다.

‖ 화력기와 원자력기의 증기조건 등 비교 ‖

구분	증기온도	증기압	극수·회전수, 속도조정률	효율
화력	540℃ 과열증기	250kg/cm^2	2극, 3600rpm, 5 ~ 6%	40%
원자력	280℃ 포화증기	70kg/cm^2	4극, 1800rpm, 8%	33%

③ 이런 조건 때문에 원자력의 증기터빈 규격이 화력기보다 크며, 증기량이 많아진다.

3. 화력 발전소에서 재생사이클

(1) 재생사이클의 정의

증기터빈에서 팽창도중에 있는 증기를 일부 추기하여 그것이 갖는 열을 급수가열에 이용한 것(regenerative cycle)이다.

(2) 장치선도와 $T-S$ 선도

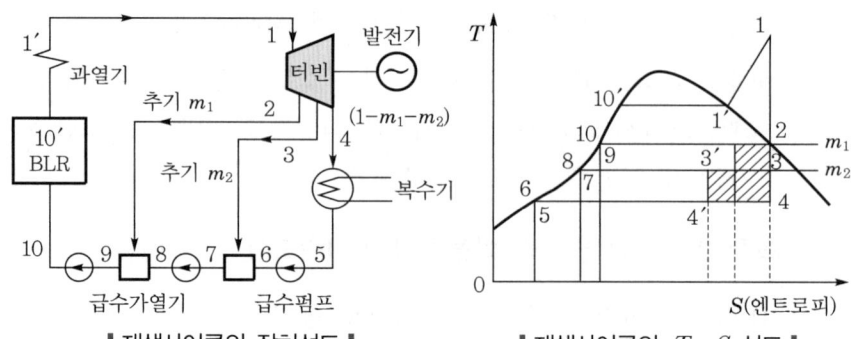

▌재생사이클의 장치선도 ▌ ▌재생사이클의 $T-S$ 선도 ▌

(3) 행정

① 1 → 2(터빈) : 단열팽창

② 2 → −2′(터빈) : 1단 추기 $m_1/1-m_1$

③ 2′ → 3(터빈) : 단열팽창 $1-m_1$

④ 3 → 3′(터빈) : 2단 추기 $m_2/1-m_1-m_2$

⑤ 3′ → 4(터빈) : 단열팽창 $1-m_1-m_2$

⑥ 4 → 5(복수기) : 등압압축

⑦ 5 → 6(급수펌프) : 단열압축

⑧ 6 → 7(급수가열 1) : $1-m_1-m_2+m_2$

⑨ 7 → 8(급수펌프) : 단열압축

⑩ 8 → 9(급수가열 2) : $1-m_1+m_1=1$

⑪ 9 → 10(급수펌프) : 단열압축

⑫ 10 → 10′(보일러) : 등압가열

⑬ 10′ → 2(보일러) : 등압팽창

(4) 효율

$$\eta = \frac{AW}{Q_b} = \frac{AW_t - AW_p}{Q_b}$$
$$= \frac{(i_1-i_2)+(1-m_1)(i_2-i_3)+(1-m_1-m_2)(i_3-i_4)-AW_p}{i_1-i_{10}}$$

여기서, i : 각 부분의 엔탈피[kcal/kg]

　　　　m : 각 부분에서 추기되는 증기량[kg]

　　　　$W_t,\ W_p$: 터빈의 일, 급수 펌프의 일

Q_b : 보일러가 공급하는 열량

$$W = JQ, \quad Q = \frac{1}{J}W = AW$$

W : 일$[\text{kg} \cdot \text{m}]$, Q : 열량$[\text{kcal}]$

A : 일의 열당량$= \dfrac{1}{J} = \dfrac{1}{427}\,\text{kcal/kg} \cdot \text{m}$

J : 열의 일당량$= 427\text{kg} \cdot \text{m/kcal}$

(5) 특징

① 랭킨 사이클에서는 복수기에서 냉각수로 빼앗기는 열량이 많은 단점을 보완하여 열효율을 향상시킨다.

② 추기 단수 증가 시 열효율 증대가 있어 보통 추기단수는 4 ~ 6단 정도로 한다 (대용량은 9단임). 어느 단수 이상 시 포화된다.

③ 보일러의 입력을 동일하게 조정 시 터빈의 출력이 증가하여 효율이 증가한다.

SECTION **03** 원자력 발전원리와 폐기물 관리

008 핵융합(nuclear fusion)과 핵분열(nuclear fission)을 이용한 발전원리와 특징을 각각 비교하여 설명하시오.

data 발송배전기술사 21-124-1-7 / 발송배전기술사 출제예상문제

답안 1. 핵융합(nuclear fusion)과 핵분열(nuclear fission)을 이용한 발전원리 비교

(1) 핵융합 발전원리

두 개의 가벼운 수소원자를 융합시켜 질량수가 많은 헬륨으로 변하면서 발생되는 에너지로, $E = mc^2$에 해당된다.

(2) 핵분열 발전원리

우라늄에 저속 중성자를 충돌시켜 두 개의 새로운 핵종으로 분열되면서 발생하는 에너지인 결합손실에너지로, $E = mc^2$에 해당된다.

2. 핵융합(nuclear fusion)과 핵분열(nuclear fission)의 발전 특징 등 비교

구분	핵융합	핵분열
원리	핵의 융합반응(태양)	핵의 분열반응(원자력발전)
재료	중수소, 삼중수소	우라늄
반응식	$D + T \rightarrow {}^4He + n + 17.6\,[MeV]$	$U^{235} + n \rightarrow A + B + 2.5n + 200\,[MeV]$
특징	• 기술개발 단계 • 친환경, 무한에너지 • 고효율 • 플라스마 관리용기 필요	• 실용화 • 고준위 폐기물 발생 • 상대적 저효율
연료 1g의 에너지	석유 8톤 $\left(\text{질량이 우라늄의 } \dfrac{1}{47} \text{이므로}\right)$	석유 2톤

reference

핵융합과 핵분열의 개념 비교

(1) 그림 같이 질량수가 작은 원자, 예들 들어 중수소 D와 삼중수소 T가 서로 융합해서 헬륨 ^{4}He를 발생하는 핵융합반응(D-T 반응)에서는 0.019amu의 질량이 남아돌게 되어 이에 상당하는 에너지 (약 18MeV)가 방출된다.

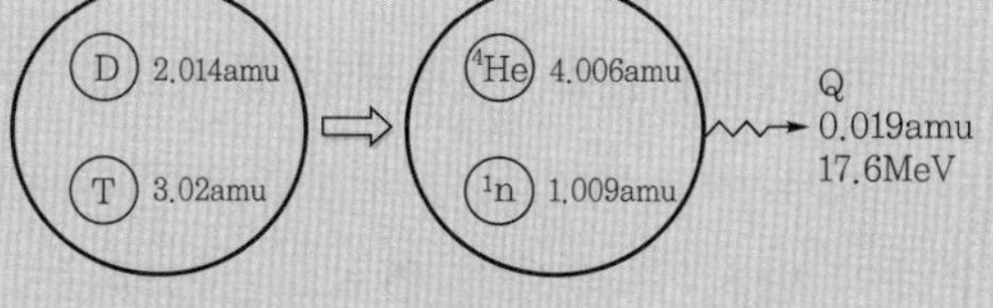

┃ 핵융합으로 개발될 에너지(D-T 반응) ┃

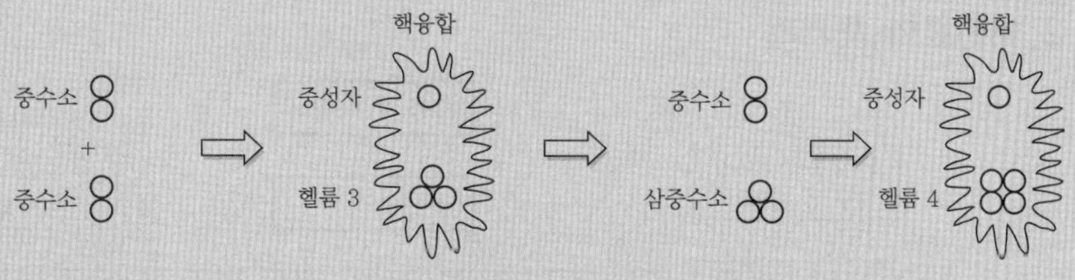

┃ 핵융합 개념도 ┃

(2) 핵융합 발전소 계통도

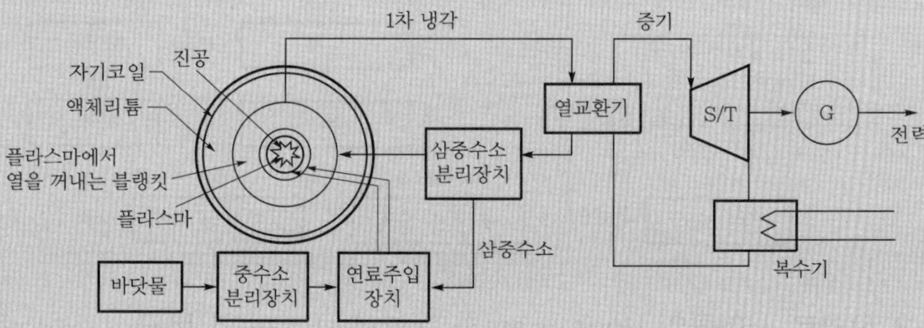

┃ 핵융합 발전소 계통도(예) ┃

(3) 핵분열 개념도

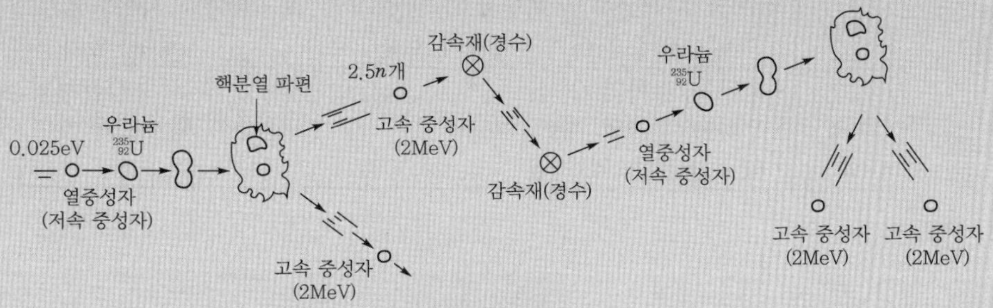

┃ 핵분열 연쇄반응 ┃

009 원자력 발전의 핵연료 주기(nuclear fuel cycle)에 대하여 설명하시오.

(data) 발송배전기술사 18-114-2-2 / 발송배전기술사 출제예상문제

답안 **1. 핵연료 사이클(주기)**

우라늄 광석을 채굴하여 농축, 가공해서 핵연료를 만들고 핵연료를 원자로에서 사용한 후 재처리(再處理)해서 불필요한 부분을 제거함과 동시에 핵반응으로 생성된 플루토늄을 회수하여 다시 가공시켜 연료로 사용하는 일련의 순환과정을 말한다.

2. 핵연료의 재처리

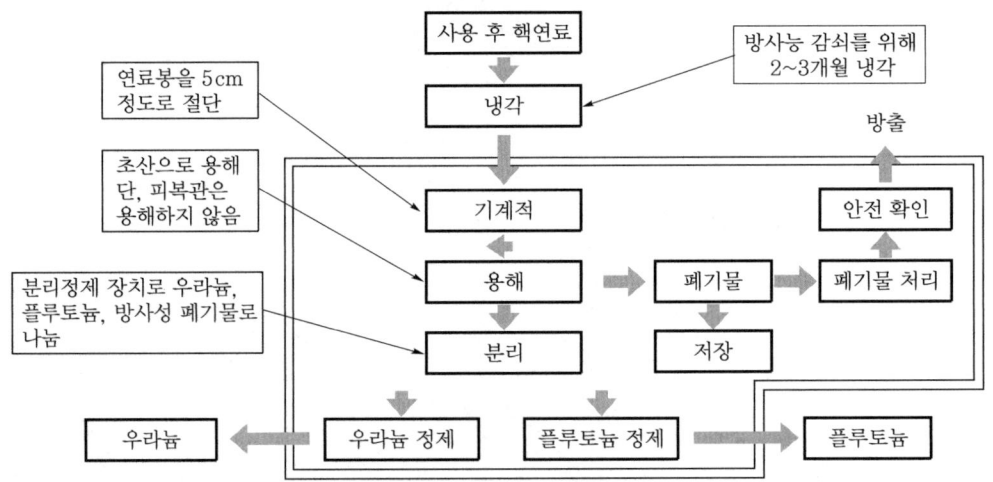

3. 핵연료 사이클의 Up-stream과 Down-stream의 비교

구분	Up-stream	Down-stream
개념	핵연료 사이클에서 핵연료로 가공되어 원자로에 들어가기까지의 흐름	핵연료 사이클에서 원자로에서 사용된 후의 처리과정
과정	• 우라늄 광석의 입석 • 우라늄 광석의 제련, 농축 • 연료집합체로의 가공	• 사용 후 연료집합체의 재처리(再處理) • 방사성 폐기물의 처리, 처분

SECTION **04** 원자력 발전소의 안전 개념

010 원자력 발전소의 다중 방호벽에 의한 안전개념에 대하여 설명하시오.

(data) 발송배전기술사 17-111-3-3 / 발송배전기술사 출제예상문제

답안 1. 원자로 안전설계의 개념

(1) 다중성

① 한 계열의 기능 상실 시 똑같은 기능을 발휘하도록 타 계열이 본래의 기능을 발휘하도록 기능을 갖는 설비를 2계열 이상으로 해서 설치한다.

② 즉, 같은 기능을 가진 설비를 2개 이상 중복 설치한다.

(2) 독립성

① 1계열 사고로 타 계열의 기능에 영향이 미치지 않을 것

② 즉, 2개 이상의 계통 또는 기기(각각의 기능이 동일하거나 다른 경우 포함)의 기능이 한 가지 원인에 의해 상실 또는 저해되지 않도록 물리·전기적으로 상호분리하여 독립 설치한다.

(3) 다양성

한 가지 기능을 달성하기 위하여 성질이 다른 계통이나 기기를 2개 이상 설치한다.

(4) 견고성

원자력 발전소의 안전성 관련 구조물이나 기기 및 설비는 지진 등 예상되는 각종 정상, 비정상 상태에서도 그 구조적 건전성을 유지할 것(내진설계)

(5) 운전 중 상시 점검 가능

안전성 기능을 확인하기 위하여 운전 중에서도 항상 점검이 가능하여야 한다.

(6) 고장 시 안전한 방향으로 작동

어떤 원인에 의해 설비 본래의 기능이 상실될 때 발전소가 안전한 방향(fail to safe)으로 유도되도록 설계한다.

(7) 연동기능

설비 또는 기기의 오동작 등에 의한 손상 및 사고를 방지하기 위하여 정해진 조건이 만족되지 않으면 기기가 동작하지 못하도록 한다.

(8) 완전한 설계기능 발휘

(9) 설비의 손상 완화

2. 다중 방호(또는 심층방어) 개념

(1) 정의

① 먼저 이상상태의 발생을 가능한 한 방지한다.

② 이상상태가 발생하였을 때에는 이의 확대를 최대한 억제한다.

③ 만일 이상상태가 확대되어 큰 사고로 진전되었을 때에는 그 영향을 최소화하고, 주변 주민을 보호하도록 사고지점에 따른 모든 단계마다 적절한 방어체계를 구축한다.

(2) 심층방호 또는 다중 방호의 구체적 레벨

① 제1레벨 : 이상상태 발생 방지

② 제2레벨 : 이상의 확대 및 사고에의 진전 방지

③ 제3레벨 : 주변 환경에의 방사성 물질의 방출 방지

(3) 국제적으로 확장된 2개념

원자력 발전의 안전성 확보가 발전소 주변에만 한정되는 문제가 아니라는 개념에서 근년 국제적으로 2단계 더 늘려서 대형 사고 발생 후의 전국적인 범위에의 파국방지까지 대비해야 한다는 개념이다.

① 제4레벨 : 과혹사고의 Management

② 제5레벨 : 원자력 방재의 정비

3. 원전 다중 방호(심층방호) 설계의 개념

(1) 개념도

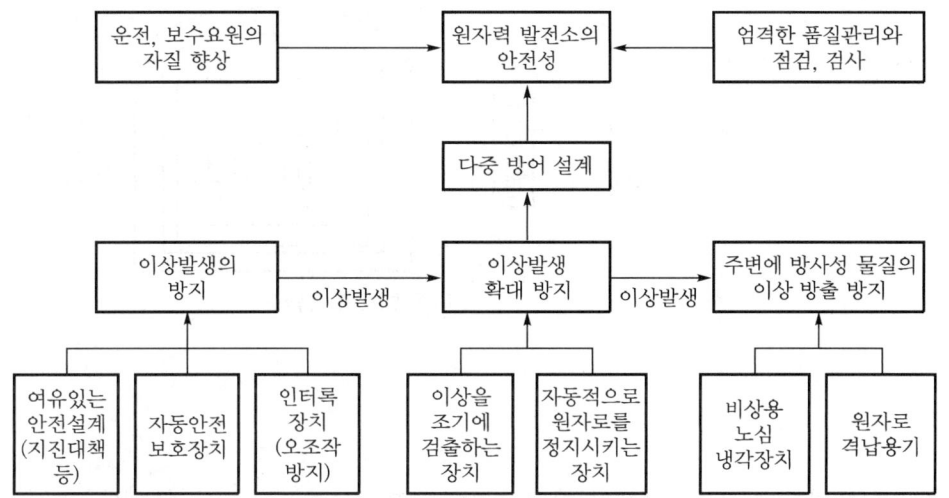

(2) 주변의 주거밀도

① 원자로 중심반경 800m 이내는 주거지역이 없을 것

② 원자로 중심반경 1500m 이내는 주거밀도가 낮을 것

4. 다중 방호벽

(1) 개념

방사성 물질이 외부로 누출되는 것을 방지하기 위해서 여려 겹으로 방호벽을 설치하는 것으로, 우리나라 원자로 중 대다수를 차지하고 있는 경수로는 다섯 겹으로 되어 있다.

(2) 방법

① 제1방호벽(펠릿, 핵연료 피복관) : 연료 펠릿부분의 방호벽으로, 지르코늄 합금의 금속관(피복관)에 밀봉시켜 1차적으로 방사성을 방호

② 제2방호벽(원자로 압력용기) : 연료피복관의 방호벽으로, 2차적으로 방사성을 방호

③ 제3방호벽(차폐콘크리트) : 원자로 용기부분의 방호벽으로, 3차적으로 방사성을 방호

④ 제4방호벽(격납용기) : 원자로 건물 내벽부분의 방호벽으로, 4차적으로 방사성을 방호

⑤ 제5방호벽(원자로 건물) : 원자로 건물의 외벽부분의 방호벽으로, 5차적으로 방사성을 방호

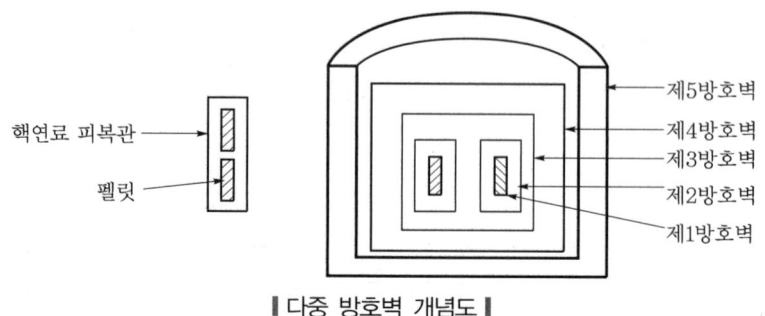

┃다중 방호벽 개념도 ┃

011 원자로의 보호대책에 대하여 설명하시오.

(data) 발송배전기술사 19-119-2-1 / 발송배전기술사 출제예상문제

답안 **1. 개요**

(1) 안정성 확보의 기본목표

① 일반 개개인은 원전가동으로 생활과 건강에 현저한 추가위험을 받지 않을 정도의 보호를 한다.

② 원전가동으로 인한 사회적 위험은 전력생산의 타 방식의 위험도 이하이며, 나 사회석 위험에 현저한 추가위험을 주지 말 것

(2) 방사선 보호의 기본원칙

① 방사선 특이성 : 인위적 소멸이 불가능하고 인체 내 방사선 물질의 강제배율은 어려우며, 유전성이 있고, 5감으로 느끼지 못한다.

② 3대 기본원칙

㉠ 거리 : 거리의 제곱에 반비례하여 감쇠

㉡ 차폐 : 방사선원과의 차폐물에 의해 감쇠

㉢ 시간 : 방사선을 받는 시간 단축

2. 원자로 안전설계의 기본방침

* Chapter 03 - 문제 010의 답안 '1.' 내용을 참조한다.

3. 원자로의 보호대책

(1) 원자로 고유의 안전성 확보(개요)

① 원자로 그 자체가 고유한 안전한 성질을 갖고 있고, 사고발생 방지를 위한 안전대책들이 마련되어 있어야 된다.

② 원자로는 어떠한 원인으로 핵분열 반응이 갑자기 증가하여 원자로 내의 온도가 급상승하면, 핵분열 반응이 자연히 억제되어 온도가 내려가는 그림과 같은 원자로 고유의 안전성이 있다.

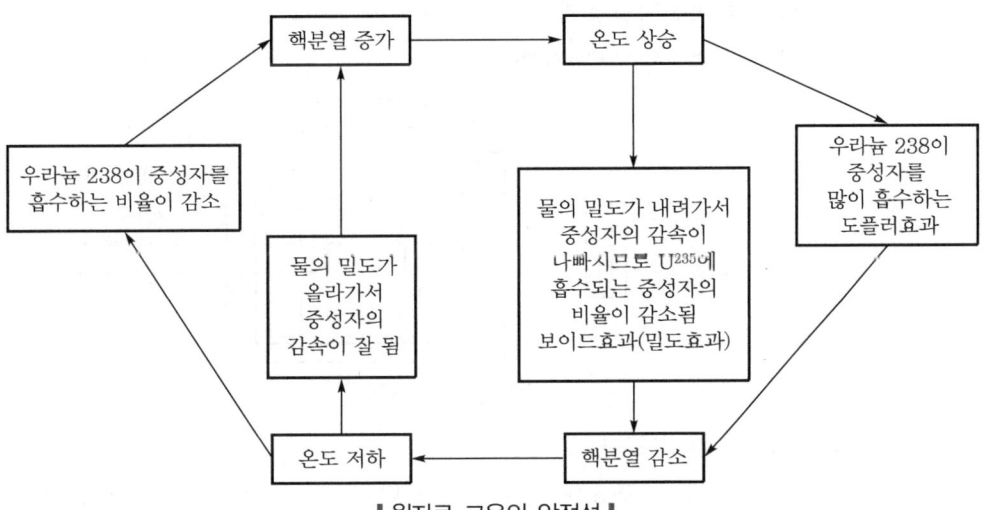

▌원자로 고유의 안전성 ▌

(2) 심층방어의 Level을 적용한 안전성 확보

① **심층방어의 개념** : 먼저 이상상태의 발생을 가능한 방지하되, 그렇게 해도 이상상태가 발생할 경우 이의 확대를 최대한 억제시켜 더 큰 사고로 진전할 경우에도 그 영향의 최소화 및 주민보호를 할 수 있게, 사고의 진행단계 전체 과정에서 적정한 방어체계를 갖추는 것이다.

② 레벨별 방어체계

　㉠ 제1레벨 : 이상상태의 발생을 가능한 방지

　㉡ 제2레벨 : 이상상태의 확대 및 사고의 진전을 방지

　㉢ 제3레벨 : 주변 환경에 대한 방사성 물질의 방출을 방지

　㉣ 제4레벨 : 과혹사고의 관리

　㉤ 제5레벨 : 원자력 방재를 정비

③ 원자로 중심 반경 800m 이내는 주거지역이 없을 것

④ 원자로 중심 반경 1500m 이내는 주거밀도가 낮을 것

(3) 다중 보호벽 설치

① 제1방호벽(펠릿, 핵연료 피복관) : 연료체(펠릿)를 지르코늄 합금의 금속관(피복관)에 밀봉

② 제2방호벽 : 원자로 압력용기

③ 제3방호벽 : 차폐콘크리트

④ 제4방호벽 : 격납용기

⑤ 제5방호벽 : 원자로 건물

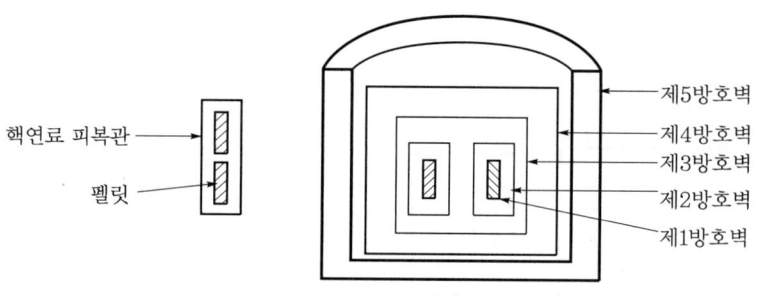

┃다중 방호벽 개념도┃

(4) 긴급정지(스크럼)장치

① 원자로 내에 중성자 측정장치를 다수 배치해서 상시 감시한다.

② 이상이 검출되면 경보를 내어 운전원이 대응조치를 취하게 하거나, 대응조치가 늦어지면 자동적으로 제어봉이 삽입되어서 노 내의 반응을 정지시키는 장치이다.

③ 가압경수로에는 제어봉이 비정상 상태일지라도 중성자를 흡수하는 붕소용액을 대량으로 주입하는 Back-up 정지장치를 작동시켜 원자로가 확실하게 정지가 되게 한다.

(5) 비상용 노심 냉각장치(ECCS : Emergency Core Cooling System)

① 1차 냉각계 파손으로 냉각수 소멸 또는 증기발생기가 세관파단으로 냉각수 감소 시의 사고를 상정해서 마련한 장치이다.

② 비상상태에는 대량의 물을 일시에 주입해서 원자로를 완전히 물에 담가서 냉각하는 장치(ECCS)이다.

③ ECCS는 냉각수 파이프가 파손으로 물이 통할 수 없어 연료가 과열해서 피복

손강 등 최악의 사태가 발생되어도 즉시 자동적으로 다른 계통을 통해 물이 공급되어 노심을 냉각하게 되어 있다.

④ 가압 경수형 원자로에는 '③'의 기능을 하도록 축압 주입계, 고압 주입계, 저압 주입계 3계통이 설치되어 있다.

(6) 비상용 전원

① 긴급 시나 정전 시에 제어계, 긴급 냉각계, 보조냉각계, 환기계 등 안전상 불가결한 계통에 전력을 공급하도록 하고 있다.

② 일반적으로 디젤발전기를 사용한다.

(7) 내진설계

원전부하의 정밀조사로 여러 해 동안 시행하여 지반이 두꺼운 암반 위에 자연재해를 견딜 수 있는 설계를 시행한다.

---

012 원자력 발전의 안전성 확보를 위한 심층방어 개념과 원자로 사고예방대책에 대하여 설명하시오.

data 발송배전기술사 18-115-3-6 / 발송배전기술사 출제예상문제

답안 1. 심층방어의 개념

* Chapter 03 - 문제 010의 답안 '2.3' 내용을 참조한다.

2. 원자로 사고예방대책

(1) 원자로 고유의 안전성 확보

① 원자로 그 자체가 고유한 안전한 성질이 갖고 있고, 사고발생 방지를 위한 안전대책들이 마련되어 있어야 된다.

② 원자로 고유의 안전성은 다음 그림과 같이 설명되고, 원자로는 어떠한 원인으로 핵분열 반응이 갑자기 증가하여 원자로 내의 온도가 급상승하면, 핵분열 반응이 자연히 억제되어 온도가 내려가는 그림과 같은 원자로 고유의 안전성이 있다.

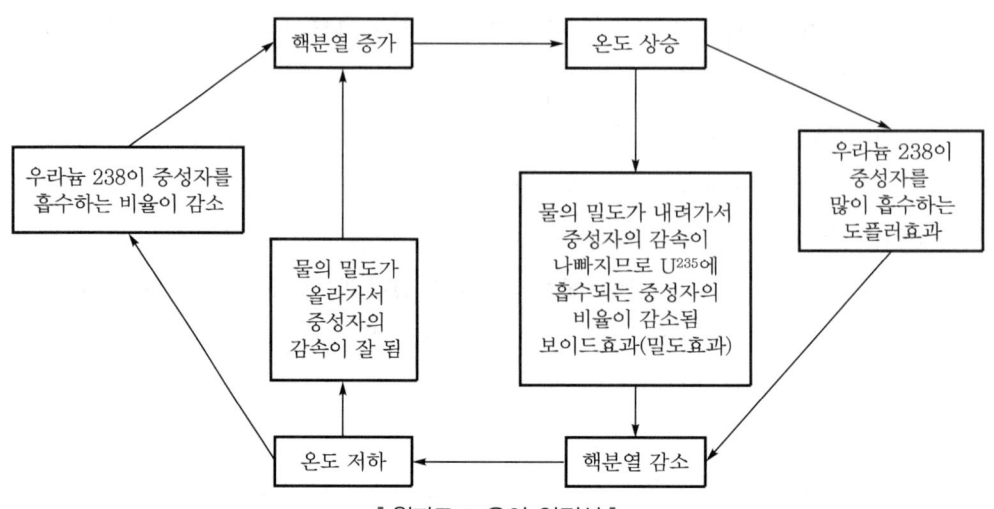

∥ 원자로 고유의 안전성 ∥

(2) 다중 보호벽 설치

① **제1방호벽(펠릿, 핵연료 피복관)** : 연료체(펠릿)를 지르코늄 합금의 금속관(피복관)에 밀봉

② **제2방호벽** : 원자로 압력용기

③ **제3방호벽** : 차폐콘크리트

④ **제4방호벽** : 격납용기

⑤ **제5방호벽** : 원자로 건물

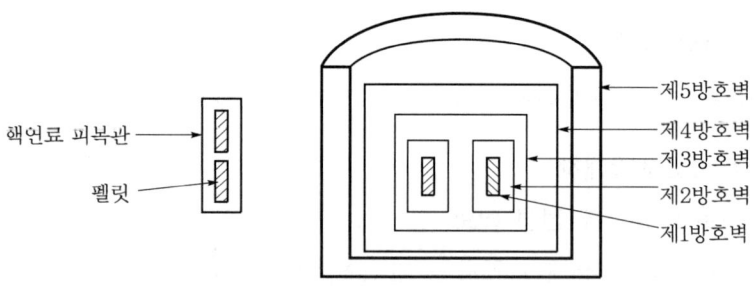

∥ 다중 방호벽 개념도 ∥

(3) 안전성의 3가지 레벨 선정

① **제1레벨** : 이상상태 발생 그 자체를 방지하는 데 목적이 있다.

② **제2레벨** : 이상상태 발생 시 그 종사자 및 인근 주민에게 피해를 방지하는 것을 목적으로 한다.

③ **제3레벨** : 최악의 경우를 가상한 사고를 가정하여, 공학적 안전 System을 확보함으로써 일반인을 방사능으로부터 보호하는 목적이다.

(4) 긴급정지(스크럼)장치

원자로 내에 중성자 측정장치를 다수 배치해서 상시 감시하고, 이상이 검출되면 경보를 내어 운전원이 대응조치를 취하게 하거나, 대응조치가 늦어지면 자동적으로 제어봉이 삽입되어서 노 내의 반응을 정지시키는 장치이다.

(5) 비상용 노심냉각장치(ECCS : Emergency Core Cooling System)

1차 냉각계 파손으로 냉각수 소멸 또는 증기발생기가 세관파단으로 냉각수 감소 시의 사고를 상정해서 비상상태에는 대량의 물을 일시에 주입해 원자로를 완전히 물에 담가서 냉각하는 장치(ECCS)

(6) 비상용 전원

긴급 시나 정전 시에 제어계, 긴급 냉각계, 보조냉각계, 환기계 등 안전상 불가결한 계통에 전력을 공급하도록 하고 있다.

(7) 내진설계

원전부하의 정밀조사로 여러 해 동안 시행하여, 지반이 두꺼운 암반 위에 자연재해를 견딜 수 있는 설계를 시행한다.

3. 원자로 안전설계의 개념 적용

＊ Chapter 03 - 문제 010의 답안 '1.' 내용을 참조한다.

013 원자력 발전소의 안전대책에 대하여 설명하시오.

(data) 발송배전기술사 21-125-3-3·21-124-2-3 / 발송배전기술사 출제예상문제

[답안] 1. 원자로 안전설계의 기본방침

＊ Chapter 03 - 문제 010의 답안 '1.' 내용을 참조한다.

2. 보호대책의 기본목표

(1) 일반 안전목표

개인, 사회, 환경을 효과적으로 보호

(2) 방사선 안전목표

방사능과 방사선으로부터 종사자 및 주민의 보호

(3) 기술 안전목표

사고발생확률 극소화

3. 원자로 고유의 안정성 확보

(1) 개념

원자로에서 핵분열반응이 갑자기 증가 시 원자로 내 온도가 급상승하면 핵분열
반응이 자연히 억제되어 온도가 내려가는 자기제어성의 성질이다.

(2) 자기제어성 성질

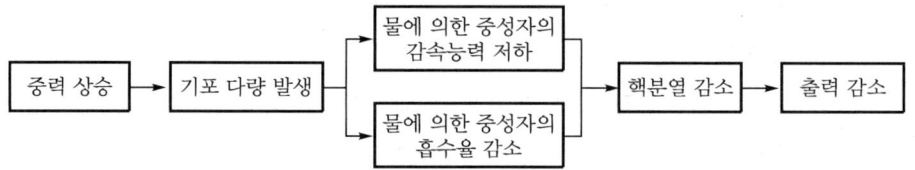

① 도플러효과로 공명흡수 탈출확률이 저하되어 다음의 메커니즘으로 핵분열이
억제된다.

핵분열 증가 → 핵연료 온도 상승 → 공명흡수영역 확대 → 중성자 흡수
증대 → 핵분열 억제

② 보이드효과로 저속 중성자 생성이 억제되어 다음의 메커니즘으로 핵분열이
억제된다.

핵분열 증가 → 물온도 상승 → 기포 증가, 물밀도 감소 → 중성자 감속
저하 → 핵분열 억제

(3) 4인자 공식

1개 중성자가 핵분열 시 증식되는 배율을 결정하는 공식이다.

$$k = \eta(\text{중성자 재생률}) \times \varepsilon(\text{핵분열 효과}) \times p(\text{공명흡수 탈출화율}) \times f(\text{열중성자 이용률})$$

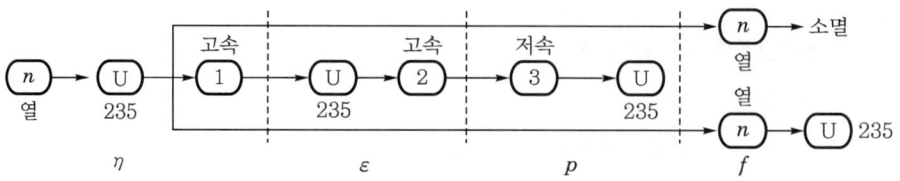

4. 심층방어의 Level을 적용한 안전성 확보

(1) 심층방어의 개념

먼저 이상상태의 발생을 가능한 방지하되, 그렇게 해도 이상상태가 발생할 경우 이의 확대를 최대한 억제시켜 더 큰 사고로 진전할 경우에도 그 영향의 최소화 및 주민보호를 할 수 있게, 사고의 진행단계 전체 과정에서 적정한 방어체계를 갖추는 것이다.

(2) 레벨별 방어체계

① 제1레벨 : 이상상태의 발생을 가능한 방지

② 제2레벨 : 이상상태의 확대 및 사고의 진전 방지

③ 제3레벨 : 주변 환경에 대한 방사성 물질의 방출 방지

④ 제4레벨 : 과혹사고의 관리

⑤ 제5레벨 : 원자력 방재 정비

(3) 개념도

(4) 기본개념

① **다중성** : 이중으로 설치

② **다양성** : 성질이 다른 기기로 설치

　　예 비상전원 : 비상발전기 + ESS

③ **독립성** : 1개의 고장이 다른 기기로 파급 방지, 물리·전기적 분리설치

④ **견고성** : 내진 등 구조적 안정성 유지

⑤ **Fail to safe** : 고장 시 안전한 방향으로 작동

　　예 제어봉 자동투입

⑥ **연동기능** : 정해진 조건에 동작하도록 인터록

⑦ **시험성** : 운전 중에도 시험이 가능하도록 설계

(5) 다중 보호벽 설치

① 개념

  ㉠ 방사성 물질이 발전소 외부로 누출되는 것을 방지하는 목적으로 복수개의 방호벽을 설치한다.

  ㉡ 원자로 중심 반경 800m 이내는 주거지역이 없을 것

  ㉢ 원자로 중심 반경 1500m 이내는 주거밀도가 낮을 것

② 설치

  ㉠ 제1방호벽 : 펠릿, 핵연료관 피복관(지르코늄)−연료체(펠릿)를 지르코늄 합금의 금속관(피복관)에 밀봉

  ㉡ 제2방호벽 : 원자로 압력용기(철)

  ㉢ 제3방호벽 : 차폐 콘크리트벽

  ㉣ 제4방호벽 : 격납용기(콘크리트)

  ㉤ 제5방호벽 : 건물 외벽(콘크리트)

    • α선 : 헬륨 원자핵의 흐름, 종이로도 차폐 가능

    • β선 : 전자의 흐름, 얇은 금속판으로 차폐 가능

    • γ선 : 전자파, 콘크리트로 차폐

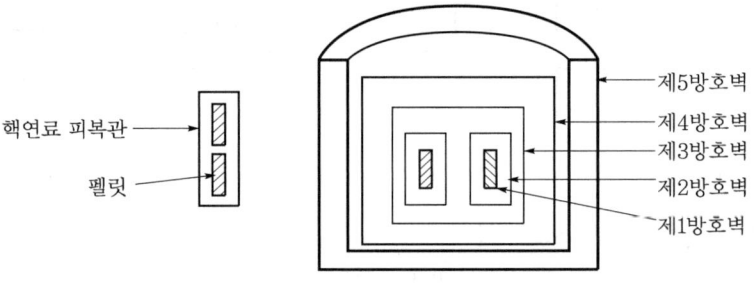

▌다중 방호벽 개념도▐

(6) 긴급정지(스크럼)장치

① 원자로 내 이상 시 제어봉이 자체 무게로 자동투입되어 중성자를 흡수하고 원자로를 정지하는 장치로, Fail safe 기능를 구비한다.

② 원자로 내에 중성자 측정장치를 다수 배치해서 상시 감시한다.

③ 이상이 검출되면 경보를 내어 운전원이 대응 조치를 취한다.

④ 대응조치가 늦어지면 자동적으로 제어봉이 삽입되어 노 내의 반응을 정지시키는 장치이다.

⑤ 가압경수로에는 제어봉이 비정상 상태일지라도 중성자를 흡수하는 붕소용액

을 대량으로 주입하는 Back-up 정지장치를 작동시켜 원자로가 확실하게 정지가 되게 한다.

---

reference
백업장치
제어봉이 부동작 시에도 붕소용액을 대량으로 주입하는 백업 정지장치

---

(7) 비상용 노심 냉각장치(ECCS : Emergency Core Cooling System)

comment 배점 10점으로 기출에 많이 출제된다.

① 1차 냉각계 파손으로 냉각수 소멸 또는 증기발생기가 세관파단으로 냉각수 감소 시의 사고를 상정해서 마련한 장치이다.

② 즉, 1차 냉각계 배관 파단 시 대량의 물을 동시 주입해서 원자로를 냉각시키는 장치이다.

③ 비상상태에는 대량의 물을 일시에 주입해서 원자로를 완전히 물에 담가서 냉각하는 장치이다.

④ ECCS는 냉각수 파이프가 파손으로 물이 통할 수 없어 연료가 과열해서 피복손강 등 최악의 사태가 발생되어도 즉시 자동적으로 다른 계통을 통해 물이 공급되어 노심을 냉각하게 되어 있다.

⑤ 가압경수형 원자로에는 '④'의 기능을 하도록 축압 주입계, 고압 주입계, 저압 주입계 3계통이 설치되어 있다.

(8) 비상용 전원

① 긴급 시나 정전 시에 제어계, 긴급 냉각계, 보조냉각계, 환기계 등 안전상 불가결한 계통에 전력을 공급하도록 하고 있다.

② 일반적으로 디젤발전기를 사용한다.

③ 이중화 비상용 전원 설치 : 가스터빈, ESS 등

④ 해안가 대형 쓰나미 발생 시 Black out 대비(침수대비) 제어계통에 완벽한 시설이 필요하다.

(9) 내진설계

원전부하의 정밀조사로 여러 해 동안 시행하여 지반이 두꺼운 암반 위에 자연재해를 견딜 수 있는 설계를 시행한다.

(10) 사고예방설비

① **원자로 보호계통** : 실제 신호에만 정지하도록 다중 논리회로(2 out of 3)를 설계한다.

② 원자로 정지계통 : 1개는 제어봉, 1개는 붕산주입계통으로 이중화한다.

③ 비상 노심 냉각계통 : 노 내 축적열과 붕괴열 제거목적으로 독립계통으로 다중 설치한다.

(11) 사고완화설비

① 원자로 격납건물 : 철근 콘크리트조

② 원자로 격납건물 살수계통 : 사고 시 건물 내 압력 저하, 방사성 물질 제거

③ 공기 재순환계통 : 공기 재순환하여 필터링

④ 비상가스 처리계통 : 깨끗한 공기만 외부 배출

SECTION 05 원자력 발전과 화력 발전의 비교

014 원자력 발전소와 화력 발전소에 대한 다음 내용을 각각 설명하시오.
1. 원자력 발전소와 화력 발전소의 출력밀도, 증기조건, 사용연료, 방사능 대책 비교
2. 원자력 발전소의 안전설계 개념

data 발송배전기술사 21-124-2-3 / 발송배전기술사 출제예상문제

답안 1. 원자력 발전소와 화력 발전소의 비교

구분	원자력 발전소	화력 발전소
출력밀도 (단위체적당 출력)	높음(200MeV) ^{235}U 1g	낮음(4.2eV) 석탄 3ton
증기조건	• 증기압 : 60 ~ 70kg/cm^2 • 증기온도 : 270도, 포화증기 • 열효율 : 33%	• 증기압 : 250kg/cm^2 • 증기온도 : 540도, 과열증기 • 열효율 : 40%
사용연료	우라늄	석탄, 석유, 가스
방사능대책 (공해대책)	폐기물 방사능 대책 필요	• SO_x, NO_x, CO_2 발생 • 석회에 소량의 방사능 있음

2. 원자력 발전의 안전설계 개념

(1) 원자로 안전설계의 기본방침

① 다중성 : 한계열의 기능 상실 시 똑같은 기능을 발휘하도록 타 계열이 본래의 기능발휘 필요

② 독립성 : 한계열 사고로 타 계열의 기능에 영향이 미치지 않을 것

③ 고장 시 안전한 방향으로 작동

④ 운전 중 상시점검 : 운전 중에도 항상 점검 가능하며 안전신뢰도를 확보할 것

⑤ 내진설계

⑥ 완전한 설계기능 발휘

⑦ 설비의 손상 완화

(2) 보호대책의 기본목표

① 일반 안전목표 : 개인, 사회, 환경을 효과적으로 보호

② 방사선 안전목표 : 방사능과 방사선으로부터 종사자 및 주민의 보호

③ 기술 안전목표 : 사고발생확률 극소화

(3) 원자로 고유의 안정성 확보

　　* Chapter 03 - 문제 013의 답안 '3.' 내용을 참조한다.

(4) 심층방어의 Level을 적용한 안전성 확보

　　* Chapter 03 - 문제 013의 답안 '4.' 내용을 참조한다.

CHAPTER

04

분산형 전원

SECTION **01** 태양광 발전

001 태양광 발전시스템 설계절차를 간단히 설명하고, 다음 계산 조건을 이용하여 태양광 설치에 필요한 모듈수 및 최종 설치용량을 구하시오.

[계산 조건]
- 설치 예정용량 : 약 500kW
- 모듈 정격용량 : 300W
- 모듈 개방전압 : 38V/모듈
- 모듈 개방전압 온도계수 : −0.4%/℃
- 인버터 최대 허용전압 : 1000V
- 일사강도 : 1kW/m²
- 태양전지 동작 최저 온도/표면온도 : −20/25℃

data 발송배전기술사 18-114-4-3 / 발송배전기술사, 건축전기설비기술사, 전기응용기술사 출제예상 문제

답안 1. 시스템계획 수립 전 갖추어야 될 기초자료

(1) 연간 일조량 분포도

(2) 순간풍속 및 최대 풍속

(3) 최저 온도 및 최고 온도

(4) 지정장소의 오염 노화원 유무

(5) 최대 폭설 시의 폭설량

(6) 설치장소의 지질조사 기록

2. 설계 시 필요한 기초자료 7개항

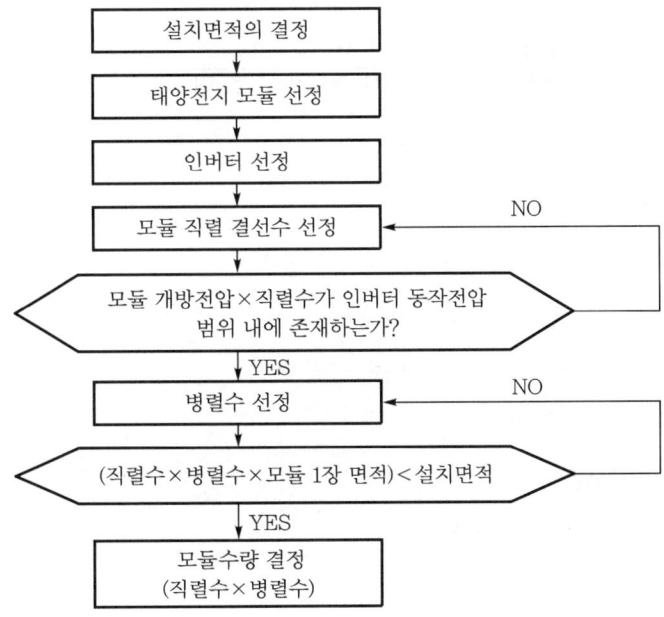

```
                    도입 목적·이유
                         │
                         ▼
용도·부하의 상정          시스템 형식              설치장소
• 설치대상 및 용도의      • 시스템 구성의 선정      • 설치장소의 선정
  상정            ──▶    • 시스템 형식의 선정 ──▶  • 설치방식의 선정
• 부하의 특성 파악        • 시스템 구성기기의       • 방위각·경사각의 선정
• 부하량의 산정            선정                    • 설치 가능 면적의 상정
                                                        │
                                                        ▼
                    주변장치의 선정            태양전지 어레이 설계
                    • 주변장치의 선정          • 태양전지 모듈의 선정
설치비용의 계산  ◀── • 주변장치의 설치장소 ◀── • 어레이 용량의 계산
                      선정                    • 지지대의 설계
                    • 전력간선도 작성
```

3. 태양광 발전시스템의 설계순서

```
              설치면적의 결정
                   │
                   ▼
            태양전지 모듈 선정
                   │
                   ▼
              인버터 선정
                   │
                   ▼
          모듈 직렬 결선수 선정  ◀────── NO
                   │                      │
                   ▼                      │
      모듈 개방전압×직렬수가 인버터 동작전압 ─┘
          범위 내에 존재하는가?
                   │ YES
                   ▼
              병렬수 선정  ◀────── NO
                   │                │
                   ▼                │
   (직렬수×병렬수×모듈 1장 면적)<설치면적 ─┘
                   │ YES
                   ▼
             모듈수량 결정
            (직렬수×병렬수)
```

4. 태양광 설치에 필요한 모듈수 및 최종 설치용량

(1) 모듈 표면온도 −20℃의 개방전압(V_{oc})과 최대 동작전압(V_{mpp})

① 최저 온도 개방전압 V_{oc}(−20℃ − 겨울철)

$$= 모듈개방전압(V_{oc}) \times \{1+(개방전압\ 온도계수 \times 온도변화)\}$$

$$= 38 \times \{1+(0.004 \times 45)\} = 44.84V$$

여기서, 45 : 온도변화로, 20+25℃

② 최대 온도 동작전압 V_{oc}(25℃ − 여름철)

= 모듈동작전압(V_{oc}) × {1+(동작전압온도계수×온도변화)}

= 38 × {1+(0.004×(25−25)} = 38V

③ 모듈 표면온도가 최대 시 최소 개방전압 상태의 수치로 정하므로 38V로 정한다.

(2) 직렬 모듈수

① 인버터 최곳값/겨울철 개방전압 V_{oc}(-20℃)

= 1000/44.84 = 22.3 (22개 직렬모듈 필요)

② 인버터 최곳값/여름철 개방전압 V_{oc}(20℃)

= 760/38 = 20 (20개 직렬모듈 필요)

여기서, 760 : PCS 최저 전압데이터가 없어 임의로 760V로 선정

③ 직렬 모듈수 중 작은 값으로 정한다(20개).

(3) 모듈 병렬수

$$N_P = \frac{\text{PCS 1대 정격출력[W]} \times 1.05}{\text{최소 직렬수} \times \text{모듈 1대의 최대 출력}}$$

$$= \frac{500 \times 10^3 \times 1.05}{20 \times 300} = 87.5$$

∴ 87개

(4) 직렬 1개 용량 = 모듈 정격용량 × 직렬수

= 300 × 20 = 6000W

(5) 총모듈수 = 직렬 모듈수 × 모듈 병렬수

N = 20 × 87 = 1740개

(6) 최종 설치용량

1740 × 300W/모듈 = 522kW

002 태양광 발전시스템에서 독립형과 계통연계형을 비교 설명하시오.

(data) 발송배전기술사 19-118-1-11 / 발송배전기술사, 건축전기설비기술사, 전기응용기술사 출제예상 문제

답안 **1. 독립형과 계통연계형 태양광 발전시스템의 개념 비교**

(1) 독립시스템

① 상용 전원과는 독립된 System이다.

② 상용 전력계통과 연계되지 않고 독립된 전원으로 이용되는 시스템으로 잉여 전력 저장용 축전지를 구비한 시스템이다(PV-BAT-INV로 구성됨).

③ 적용 : 오지, 섬 등 상용 전원을 연결하기 곤란한 장소

(2) 연계형 시스템

① 태양광 발전에서 생산된 직류전력을 인버터를 거쳐 교류로 변환한 다음 상용 교류전력망과 연계하는 방식으로, 인버터에 동기화기술이 요구되는 시스템 이다(PV-INV로 구성).

② 절환 System : 광발전력이 부족한 경우에만 사용계측으로 절환하는 백업 System이다.

③ 병렬연계형 System : 상용 전력과 상시접속으로 완전연계형 시스템이다.

㉠ 양방향 조류연계 : 역조류되는 System

㉡ 한방향 조류연계 : 역조류 안 되는 System

④ Source 공급방식에 따른 구분 : 하이브리드 방식, 상용 전원과의 완전연계방식

⑤ 적용 : 대형 발전소

2. 구성 및 장단점의 비교

구분	독립형	계통연계형
구성	DC/DC 컨버터 / 인버터 태양전지배열판 → 충방전제어장치 → 부하 축전지 ∥독립형 시스템∥	태양전지배열판 → INV → 연계보호장치 → 부하 상용전원 ∥완전 연계형 시스템∥
장점	• 공간적 제약 없음 • 섬에 설치 • BAT 사용으로 전력품질 우수 • 전력운용 효율성 우수	• BAT가 없어 시스템 설치비용 낮고 간단함 • 대용량도 가능 • 전력거래 가능

구분	독립형	계통연계형
단점	• BAT 설치로 발전단가 높음 • 배터리 유지·보수 필요 • 전력거래 불가능한 소용량	• 발전량이 일정치 않음 • Interconnection 장치 복잡 • 단독운전 방지장치 필요

003 태양광 발전시스템에서 인버터의 역할과 인버터 회로 절연방식인 아래의 3가지 방식을 설명하시오.

> 상용주파 절연변압기 방식, 고주파 변압기 절연방식, 트랜스리스(trans less) 방식

data 발송배전기술사 18-115-1-5 / 발송배전기술사, 건축전기설비기술사, 전기응용기술사 출제예상 문제

답안 1. 태양광 발전시스템에서 인버터의 역할

태양광 발전시스템의 주요 구성부분

(1) Module

태양에너지를 전기에너지로 변환하는 설비

(2) 인버터(PCS)

① 직류를 교류로 변성하는 설비

② 태양광 발전을 사용할 수 있는 전압의 형태로 공급

③ 발진시스템의 최적 효율을 유지

④ 전력계통에 연계 시 효율적으로 운영할 수 있도록 하는 장치

2. 태양광 인버터 Stage(구성 및 기능)

(1) PCS의 구성

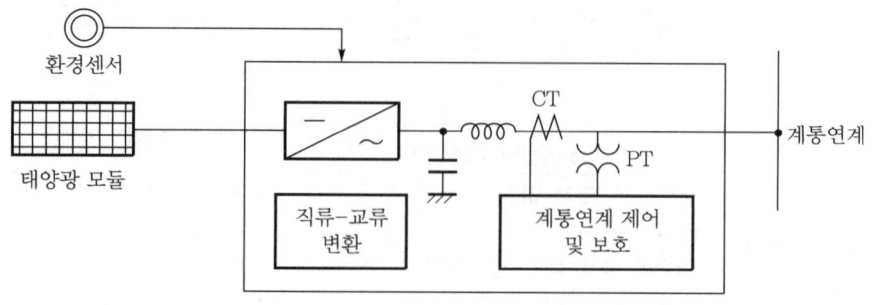

PCS → MPPT 제어 및 진단

(2) 인버터의 기능

① 자동 ON/OFF 기능

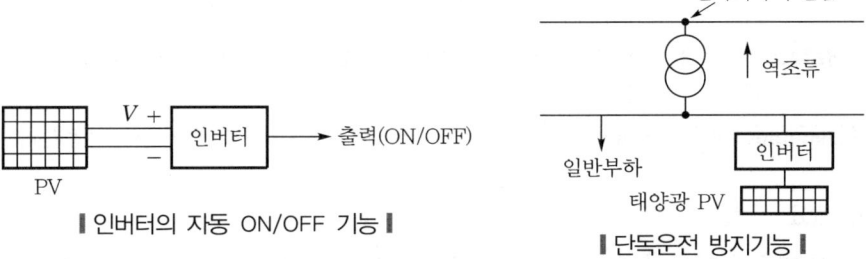

‖ 인버터의 자동 ON/OFF 기능 ‖   ‖ 단독운전 방지기능 ‖

    ㉠ 일출 후 입사강도 증가 시 인버터 입력운전전압이 발생하면 인버터는 ON 동작한다.

    ㉡ 일몰 시 입사강도 저하로 인버터 입력전압이 저하가 발생되면 운전은 자동적으로 정지된다.

    ㉢ 메이커에 따라 운전전압의 최소 ~ 죄대가 정해져 있다.

② 단독운전 방지 기능

③ 계통연계 제어

④ 전력 품질유지 수행

⑤ MMPT(최대 전력 추종제어)

3. 인버터 회로의 절연방식

방식	회로도	개념
트랜스리스 (trans less) 방식	DC-DC DC-AC PV 컨버터 인버터	태양전지의 직류출력을 DC-DC 컨버터로 승압하고 인버터에서 상용 주파의 교류로 변환하는 방식임
상용 주파 절연변압기 방식	PV 인버터 상용 주파 절연변압기	태양전지 직류출력을 상용 주파의 교류로 변환한 후 변압기로 절환하는 방식
고주파 변압기 절연방식	PV 고주파 고주파 컨버터 인버터 인버터 절연변압기	• 태양전지의 직류출력을 고주파의 교류로 변환한 후 소형의 고주파변압기로 절연함 • 그 후 일단 직류로 변환하고 재차 상용 주파의 교류로 변환하는 방식

004 태양광 발전시스템에서 인버터의 단독운전 방지를 위한 수동적 검출방식과 능동적 검출방식에 대하여 설명하시오.

data 발송배전기술사 20-120-1-11 / 발송배전기술사, 건축전기설비기술사, 전기응용기술사 출제예상 문제

comment 아래 내용에서 밑줄 친 부분만 기록해도 된다(전기응용기술사 기출문제임).

답안 1. 개요

(1) 단독운전이란 한전계통의 일부가 한전계통의 전원과 전기적으로 분리된 상태에서 분산형 전원에 의해서만 가압되는 상태를 말한다.

(2) <u>단독운전 상태란 연계된 계통의 고장이나 작업 등으로 인해 분산형 전원이 공통 연결점을 통해 한전계통의 일부를 가압하는 상태이다.</u>

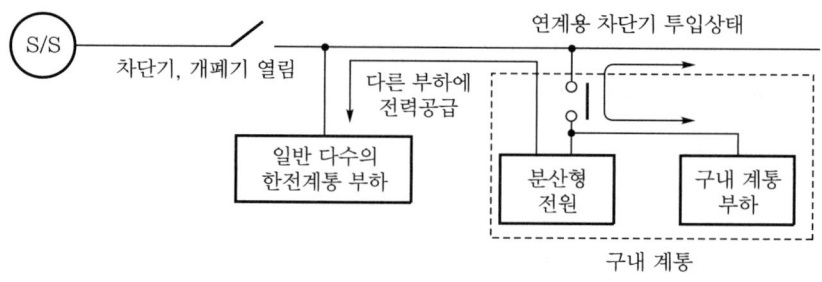

∥ 단독운전상태 ∥

(3) 단독운전 방지기준

「분산형 전원 배전계통 연계기술기준」 제17조 단독운전

2. 태양광 시스템의 기본구성과 Power conditioner(인버터)

(1) 기본구성도

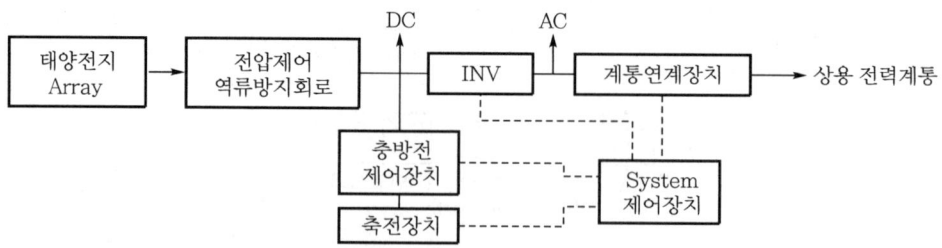

① 주요 구성은 컨버터, 인버터, 출력필터, 연계개폐기 등으로 구성되어 있다.

② 태양전지의 직류출력을 교류로 변환하여 전력을 공급하는 인버터부와 계통 측 이상있을 때 장치를 안전하게 정지시키는 계통연계 보호장치부로 구성된다.

(2) Power conditioner(INV : 인버터)

① 인버터는 태양전지에서 출력된 직류전력을 교류전력으로 변환하고 교류계통으로 접속된 부하설비에 전력을 공급한다. 사업자용은 전력계통에 역송전하는 장치이다.

② 파워컨디셔너에서 수동적 방식과 능동적 방식 2종류의 단독운전 방지기능이 내장된다.

3. 인버터의 단독운전 방지기능

(1) 단독운전 방지기능

① 단독운전 발생 시 해당 분산형 전원 연계시스템은 이를 감지하여 단독운전 발생 후 최대 0.5초 이내에 한전계통에 대한 가압을 중지해야 한다.

② PV 시스템이 계통과 연계되어 있는 상태에서 계통측에 정전이 발생하는 경우 전력공급이 계속되면 보수점검자에게 위험을 초래할 수 있으므로 단독운전방지기능이 설치되어 안전하게 정지할 수 있도록 한다.

(2) 단독운전 검출방식

① 간접검출방식 중 수동적 방식

㉠ 수동적 방식은 연계운전에서 단독운전으로 이행될 때 전압파형, 위상 등의 변화를 감지하여 단독운전을 검출한다(검출시한 0.5초 이내).

㉡ 수동적 방식은 전력계통상의 파라미터값을 이용하여 판단하는 방법으로 구현이 쉽고 설치비가 저렴하나, 불검출 영역(NDZ : Non-Detection Zone)이 존재하는 단점이 있다.

㉢ Power가 Mismatch되면 전압과 주파수의 변동을 야기시키고, 전압과 주파수가 일정 영역(window) 밖으로 벗어나면 Islanding 발생으로 검출한다. 그러나 Power mismatch가 작아 Window 영역 안에 전압과 주파수가 존재하면 검출이 불가능하다.

㉣ 계통에 연계하는 파워컨디셔너는 상시 역률 1에서 운전되어 전압과 전류는 전부 동상에서 유효전력만 공급하고 있다.

㉤ 단독운전상태로 되면 그 순간부터 무효전력도 포함해서 공급해야 하므로 전압위상이 급변한다. 이때, 전압위상의 급변을 검출하는 것이 전압위상 도약검출방식이다.

ⓑ 전압위상 도약검출방식에서는 계통에 접속되어 있는 변압기의 돌입전류 등에서 오작동하지 않도록 고안되고 있다.

ⓢ 수동적 방식의 종류는 아래 표와 같다.

종별	개요
전압위상 도약검출방식	• 단독운전 이행 시 파워컨디셔너 출력이 역률 1 운전에서 부하의 역률에 변화하는 순시 전압위상의 도약을 검출한다. • 단독운전 이행 시에 위상변화가 발생하지 않는 때는 검출되지 않는다. • 오동작이 작고 실용적이다.
제3차 고조파전압 급증 검출방식	• 단독운전 이행 시 변압기의 여자전류 공급에 동반하는 전압변형의 급변을 검출한다. • 부하로 되는 변압기와의 조합 때문에 오동작의 확률이 비교적 높다.
주파수 변화율 검출방식	주로 단독운전 이행 시에 발전전력과 부하의 불평형에 의한 주파수의 급변을 검출한다.

② 간접검출방식 중 능동적 방식(검출시한 0.5 ~ 1초)

㉠ 능동적 방식은 항상 인버터에 변동요인을 부여하여 연계운전 시 그 변동요인이 나타나지 않고, 단독운전 시에만 나타나도록 하여 이상을 검출하는 방식이다.

㉡ 수동적 검출방법의 단점을 보완하기 위하여 개발된 검출방법으로서, 전력계통에 임의의 변동을 가하고 그 응답특성으로 판단하는 방법이다.

㉢ 구체적인 방법은 PCS 출력전압 변동방식, 주파수 이동방식, 무효전력 주입방식 등이 있으며, 검출성능은 우수하나 구현이 어렵다는 것이 단점이다.

㉣ 계통에 임의의 변동을 가하는 것이므로 품질 등의 문제가 발생할 가능성이 있다.

㉤ 파워컨디셔너의 출력전압의 주기를 일정 기간마다 변동시키면 상시는 계통측의 백파워가 크기 때문에 출력주파수는 변화하지 않고, 무효전력의 변화로서 나타난다.

㉥ 단독운전상태에서는 일정 주기마다 주파수의 변화로서 나타나므로 이 주파수의 변화를 조속히 검출해 단독운전의 판정을 행하여 오작동을 방지하기 때문에 주기를 변동시킨 때만 출력의 변동을 검출하는 방법을 취하는 것도 있다.

ⓢ 능동적 방식의 종류는 아래 표와 같다.

종별	개요
주파수 시프트 방식	파워컨디셔너의 내부발진기에 주파수 바이어스를 부여해 두고 단독운전 시에 나타나는 주파수 변동을 검출한다.
유효전력 변동방식	• 파워컨디셔너의 출력에 주기적인 유효전력 변동을 부여해 두고 단독운전 시에 나타나는 전압, 전류 혹은 주파수변동을 검출한다. • 상시 출력이 변동하는 가능성이 있다.
무효전력 변동방식	파워컨디셔너의 출력에 주기적인 무효전력 변동을 부여해 두고 단독운전 시에 나타나는 주파수 변동 등을 검출한다.
부하변동방식	파워컨디셔너의 출력과 병렬로 임피던스를 순시적 또한 주기적으로 삽입하여 전압 혹은 전류의 급변을 검출한다.

---

005 태양광 발전소의 인버터 효율과 이를 대표하는 최대 효율, 유로효율, CEC(California Energy Commission) 효율을 설명하시오.

(data) 발송배전기술사 22-128-1-3 / 발송배전기술사, 건축전기설비기술사, 전기응용기술사 출제예상 문제

(답안) **1. 태양광 발전시스템의 효율 3가지 대분류**

(1) 모듈변환효율

$$PV \; 모듈효율[\%] = \frac{출력전력(W_P)}{모듈면적[m^2] \times 1000W/m^2} \times 100[\%]$$

(2) 인버터 출력효율(전환효율)

최대 효율, 유로효율(η_{EURO}), 캘리포니아효율(CEC)

(3) 태양광 발전효율

$$태양광 \; 발전효율[\%] = \frac{인버터 \; 출력전력[W]}{태양전지용량[W]}$$

2. 태양광 발전소의 인버터 효율(전환효율)

(1) 정의

태양광 발전의 에너지 변환효율은 입사된 빛에너지(P_{in})에 대한 발생된 전기에너지(P_{out})비의 값이다.

(2) 표현식

$$\eta_{con} = \frac{P_{AC}\ 입력전력}{P_{DC}\ 입력전력}\ (직류\ 중\ 교류로\ 변환되는\ 비율,\ 변환효율)$$

3. 인버터의 최대 효율

(1) 태양전지의 전기적 특성(즉, $I - V$ 특성)

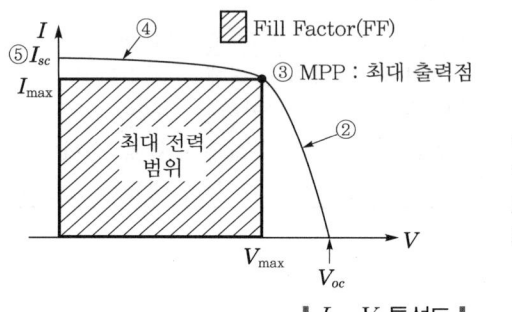

∥ $I - V$ 특성도 ∥

(2) V_{oc} : 개방전압(open-voltage)

① 회로가 개방된 상태에서 태양전지 양단에 나타나는 전압이다.

② 무한대 임피던스의 상태에서 빛을 받았을 때 태양전지 양단의 전압이다.

③ 개방전압은 셀전압의 최대 전압 차이며, 셀을 통해 전달되는 전류가 없을 때 발생한다.

(3) I_{sc} : 단락전류(short-current)

① 단락 시 나타나는 전류이다.

② 외부저항이 없는 상태에서 빛을 받았을 때 나타나는 역방향(음의 값)의 전류이다.

③ 이상적인 셀은 최대 전류값이 광자여기에 의한 태양전지에서 생성한 전체 전류이다.

(4) 충진계수(Fill Factor ; FF)

① 정의 : 태양광 Cell의 집광으로 광전자효과로 빛이 전기에너지로 변환할 때 태양전지의 출력값에 대한 동작출력값의 비율이다.

② 표현식 : $FF = \dfrac{P_{max}}{P_T} = \dfrac{I_{MPP} \times V_{MPP}}{I_{sc} \times V_{oc}}$

여기서, I_{MPP} : 최대 출력동작전류

V_{MPP} : 최대 동작점(MPP)에서 최대 출력동작전압($V_{MPP} < V_{oc}$)

③ 태양전지의 특성을 나타내는 척도로서, V_{oc}, I_{sc}, FF를 사용한다.

(5) 태양광 인버터의 최대 효율

$$\eta = \frac{P_{\text{out}}}{P_{\text{in}}} = \frac{I_{\max} \times V_{\max}}{P_{\text{in}}} = \frac{I_{sc} \times V_{oc} \times FF}{P_{\text{in}}}$$

4. 전환(conversion)효율 중 유로효율(η_{EURO})

(1) 현재 국내 기준이다.

(2) 빛 조사량(기후, 계절, 주변온도, 지역)에 따라 출력변화에 따른 가중치를 적용한 효율이다.

① 유럽의 기후에 대해 가중된 동적 효율로, 인버터의 성능 비교에 사용한다.

② 평균동작 효율에서 평가한다.

(3) 수식

$$\eta = \sum_{e} K_e \cdot \eta_e = 0.03\eta_{5\%} + 0.06\eta_{10\%} + 0.13\eta_{20\%} + 0.1\eta_{30\%} + 0.48\eta_{50\%} + 0.2\eta_{100\%}$$

① K_e 기중치 : 인버터 출력 및 효율변화에 따른 가중치

② 5% 효율은 반영하고 75% 효율은 미반영한다.

5. 전환(conversion)효율 중 캘리포니아효율(CEC)

(1) 캘리포니아의 태양광 조사강도데이터를 적용한 효율이다.

(2) 수식

$$\eta = 0.04\eta_{10\%} + 0.05\eta_{20\%} + 0.12\eta_{30\%} + 0.21\eta_{50\%} + 0.53\eta_{75\%} + 0.05\eta_{100\%}$$

5% 효율은 미반영이나 75% 효율은 반영되어 효율이 더 반영된 것이다.

006 태양광 발전시스템에서 바이패스 다이오드(bypass diode)와 역전류 방지 다이오드 (blocking diode)에 대하여 설명하시오.

007 태양광 모듈 구성 시 설치하는 바이패스와 블로킹(blocking) 소자의 설치목적 및 회로 구성에 대하여 각각 설명하시오.

(data) 발송배전기술사 21-124-1-1·17-113-1-11, 건축전기설비기술사 15-106-1-9, 전기응용기술사 18-115-4-3 / 발송배전기술사, 건축전기설비기술사, 전기응용기술사 출제예상문제

(comment) 배점 25점에 대비하도록 종합한 것이므로 배점 10점은 목적과 회로구성만을 기록해도 된다.

(답안) **1. 바이패스 다이오드**

(1) 바이패스 다이오드와 역전류 방지 다이오드의 구성

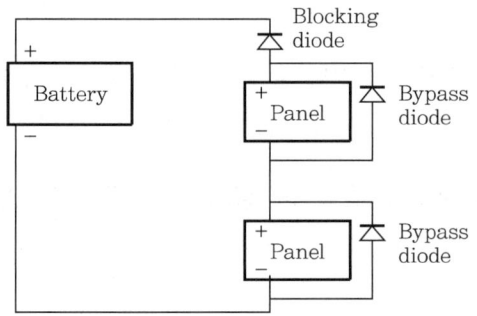

(2) 바이패스 다이오드(bypass diode)

방지모듈에 출력감소 최소화 및 출력 불균형 대비

① 개념

　ㄱ 셀과 병렬로 접속하여 음영된 셀에 흐르는 전류를 바이패스하는 다이오드

　ㄴ 음영(그늘)이 생겨 특정 셀이 전력을 발생하지 못하면 그 셀의 전류가 감소하고 직렬로 연결된 전체 셀의 전류흐름을 막게 되어 모듈 전체 전력손실(열)이 발생한다.

② 음영(그늘)의 영향

　ㄱ 그 부분의 셀은 전기를 생산하지 못하고 저항이 증가하게 된다.

　ㄴ 그늘진 셀에 직렬로 접속된 다른 셀들의 모든 전압이 인가된다.

　ㄷ 그늘진 셀은 발열[핫스폿(hot spot)]하는데 셀이 고온이 되면 셀과 그 주변의 충진재가 변색되어 음영 셀의 파손 등을 일으킬 수 있다.

③ 바이패스 다이오드의 설치목적

　　㉠ Hot spot 제거

　　　• 그림자 등 음영에 따른 전지의 전류가 작게 발생한다.

　　　• 전류원이 개방되고 기존 전류가 R_p에 인가되어 과열이 발생해 음영 셀이 파손되는데 이를 방지하기 위하여 바이패스 다이오드를 설치한다.

　　　• 바이패스 설치 시 V_{sh}에 의해 정동작하여 바이패스 역할을 한다.

　　　• 음영 셀의 파손현상을 막고 나머지 정상적인 셀들의 전류를 원활히 하기 위함이다.

　　　• 일정 셀수마다 셀 직렬마디에 병렬로 바이패스 다이오드를 설치한다.

　　㉡ 효율 증가 : 바이패스 다이오드 설치 시 최대 효율이 개선된다.

④ 회로구성

　　㉠ Reverse bias 상태로 설치한다.

　　㉡ 설치장소에 따른 구성

　　　• Module별 설치

　　　• String과 String 사이에 설치

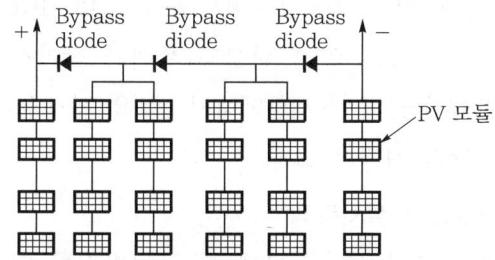

┃String과 String 사이 설치된 Bypass diode 회로구성┃

　　　• 바이패스 다이오드가 단락 고장 시 순환전류에 의한 화재방지용 퓨즈를 설치할 것

⑤ 바이패스 다이오드의 위치

　　㉠ 태양전지 모듈 후면의 Junction box에 위치한다.

　　㉡ 바이패스 다이오드를 두 개 또는 세 개 셀군으로 묶어서 2 ~ 3개의 바이패스 다이오드를 정크션 박스 안에 설치한다.

⑥ 바이패스 다이오드의 설치용량

　　㉠ 모듈 내의 셀 직렬전류의 1.5 ~ 2배 정도를 기준으로 한다.

　　㉡ 내압 1000V/15A를 사용한다.

331

2. Blocking diode(역전류 방지 다이오드)의 설치목적과 회로구성

모듈 및 회로로 전류가 역류나 돌아 들어가는 것을 방지

(1) 개념

① 어레이 내의 스트링(회로)과 스트링(회로) 사이에 전압불균형 등의 원인으로 병렬접속한 스트링 사이에 전류가 흐르면 어레이에 악영향을 미치는 것을 방지한다.

② 태양전지 모듈에 그늘 : 그 스트링 전압이 낮아져 부하가 되는 것을 방지

③ 야간에 축전지 전력이 태양전지 모듈쪽으로 흘러들어 소모되는 것을 방지

(2) 위치

역류방지(blocking diode) 다이오드를 스트링마다 설치한다.

(3) 설치규정

① 스트링이 2개 이상일 경우 역전류 방지 다이오드를 접속함에 설치하도록 규정

② 작은 규모의 계통 연계형 태양광 발전소는 (스트링의 숫자가 적고 유입되는 전류가 작아) 모듈이 어느 정도의 역전류에 견딜 수 있도록 제작되어 있다.

③ IEC 61730-2 및 IEC 60364-7-712.431.101에 의거 2시간 동안 1.35배의 전류인 과전류로 인한 위험의 우려가 작아진다.

④ 한국에너지공단의 「신재생에너지 설비의 지원 등에 관한 지침」 : 단락전류 I_{sc}의 2배 이상의 정격을 요구

(4) Blocking diode의 설치목적

① 스트링별 출력전압 차이에 따른 순환전류 억제

② 야간 저발전량에 따른 역조류 방지

(5) Blocking diode의 회로구성

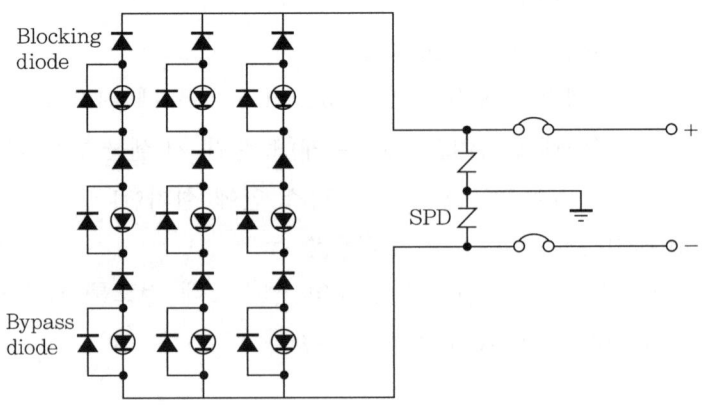

008 KEC 규정에 의한 무인발전소 시설의 설치기준을 쓰시오.

(data) 발송배전기술사 18-114-1-10 / 발송배전기술사, 건축전기설비기술사, 전기응용기술사 출제예상 문제

(comment) • 실제 배점 10점은 '1'의 내용만 기록하면 되고 나머지는 향후 배점 25점 답안이다.
• KEC 351.8 사항이다.

(답안) 1. 발전소의 운전에 필요한 지식 및 기술원이 그 발전소에서 상주 감시를 하지 아니하는 발전소는 다음의 어느 하나에 의하여 시설하여야 한다.

(1) 원동기 및 발전기 또는 연료전지에 자동부하조정장치 또는 부하제한장치를 시설 시

① 해당되는 발전소의 종류

㉠ 수력 발전소, 풍력 발전소, 내연력 발전소, 태양전지 발전소

㉡ 연료전지 발전소(출력 500kW 미만으로서, 연료개질계통설비의 압력이 100kPa 미만의 인산형의 것)

② '①'의 경우에서 전기공급에 지장을 주지 아니하고 또한 기술원이 그 발전소를 수시 순회하는 경우

(2) 원격감시 제어하는 제어소로 제어되는 수력 발전소, 풍력 발전소, 내연력 발전소, 연료전지 발전소 및 태양전지 발전소(발전제어소에 기술원이 상주하여 감시하는 경우)

2. 위 '1'에 규정하는 발전소는 비상용 예비전원을 얻을 목적으로 시설하는 것 이외의 기준

(1) 다음과 같은 경우에는 발전기를 전로에서 자동적으로 차단하고 또한 수차 또는 풍차를 자동적으로 정지하는 장치 또는 내연기관에 연료 유입을 자동적으로 차단하는 장치를 시설할 것. 단, '①', '②' 또는 '③'의 경우 수차의 무구속회전이 정지될 때까지의 사이에 회전부가 구조상 안전하고 또 이 사이에 하류에 방류로 인한 인체에 위해를 미치지 않으며 또한 물건에 손상을 줄 위험이 없을 경우에는 '①', '②' 또는 '③' 경우에, 발전기를 자동적으로 무부하 또는 무여자(無勵磁)로 하는 장치를 시설하는 경우에는 '③'의 경우에, 수차의 스러스트 베어링이 구조상 과열의 우려가 없는 경우에는 '④'의 경우의 수차를 자동적으로 정지시키는 장치의 시설을 하지 아니하여도 된다.

① 원동기 제어용의 압유장치의 유압, 압축 공기장치의 공기압 또는 전동 제어장 치의 전원전압이 현저히 저하한 경우

② 원동기의 회전속도가 현저히 상승한 경우

③ 발전기에 과전류가 생긴 경우

④ 정격출력이 500kW 이상의 원동기(풍차를 시가지, 그 밖에 인가가 밀집된 지역에 시설하는 경우에는 100kW 이상) 또는 그 발전기 베어링의 온도가 현저히 상승한 경우

⑤ 용량이 2000kVA 이상의 발전기 내부에 고장이 생긴 경우

⑥ 내연기관의 냉각수 온도가 현저히 상승한 경우 또는 냉각수의 공급이 정지된 경우

⑦ 내연기관의 윤활유 압력이 현저히 저하한 경우

⑧ 내연력 발전소의 제어회로전압이 현저히 저하한 경우

⑨ 시가지, 그 밖에 인가 밀집지역에 시설하는 것으로서, 정격출력이 10kW 이상 의 풍차의 중요한 베어링 또는 그 부근의 축에서 회전 중에 발생하는 진동의 진폭이 현저히 증대된 경우

(2) 다음의 경우에 연료전지를 자동적으로 전로로부터 차단하여 연료전지, 연료 개질계 통 설비 및 연료기화기에의 연료의 공급을 자동적으로 차단하고 또한 연료전지 및 연료 개질계통 설비의 내부의 연료가스를 자동적으로 배제하는 장치를 시설할 것

① 발전소의 운전제어장치에 이상이 생긴 경우

② 발전소의 제어용 압유장치의 유압, 압축공기장치의 공기압 또는 전동식 제어 장치의 전원전압이 현저히 저하한 경우

③ 설비 내의 연료가스를 배제하기 위한 불활성 가스 등의 공급압력이 현저히 저하한 경우

(3) 다음의 경우에 앞 '1의 (2)'의 발전소에서는 발전제어소에 경보하는 장치를 시설 할 것. 단, '③' 또는 '④'의 경우에 수력 발전소 또는 풍력 발전소의 발전기 및 변압기를 전로에서 자동적으로 차단하고 또한 수차 또는 풍차를 자동적으로 정지 하는 장치를 시설하는 경우에는 발전제어소에 경보하는 장치의 시설을 하지 아니 하여도 된다.

① 원동기가 자동정지한 경우

② 운전조작에 필요한 차단기가 자동적으로 차단된 경우(차단기가 자동적으로 재폐로된 경우를 제외함)

③ 수력 발전소 또는 풍력 발전소의 제어회로 전압이 현저히 저하한 경우

④ 특고압용의 타냉식 변압기(他冷式變壓器)의 온도가 현저히 상승한 경우 또는 냉각장치가 고장인 경우

⑤ 발전소 안에 화재가 발생한 경우

⑥ 내연기관의 연료유면이 이상 저하된 경우

⑦ 가스절연기기(압력의 저하에 따라 절연파괴 등이 생길 우려가 없는 것을 제외함)의 절연가스의 압력이 현저히 저하한 경우

(4) 앞 '1의 (2)'의 발전소에 대하여는 발전제어소에 다음의 장치를 시설할 것. 단, '④'의 차단기 중 자동재폐로 장치를 한 고압 또는 25kV 이하인 특고압의 배전선로용의 것은 이를 조작하는 장치의 시설을 하지 아니하여도 된다.

① 원동기 및 발전기, 연료전지의 부하를 조정하는 장치

② 운전 및 정지를 조작하는 장치 및 감시하는 장치

③ 운전 조작에 상시 필요한 차단기를 조작하는 장치 및 개폐상태를 감시하는 장치

④ 고압 또는 특고압의 배전선로용 차단기를 조작하는 장치 및 개폐를 감시하는 장치

SECTION 02 풍력발전과 연료전지

009 풍력발전기의 종류와 풍력발전설비의 설치에 관한 기준사항들을 설명하시오.

(data) 발송배전기술사 21-123-2-2 / 발송배전기술사, 건축전기설비기술사, 전기응용기술사 출제예상 문제

답안 1. 개요

(1) 풍력발전이란 풍차로 바람의 운동에너지를 터빈의 기계적 에너지로 변환시켜, 발전기를 구동하고 전력을 얻는 발전방식이다.

(2) 최근 육상 풍력발전의 소음진동으로 인한 민원문제, 대규모 풍력단지의 조성한계 등의 이유로 국내뿐만 아니라 전 세계적으로도 해상 풍력의 필요성이 확대되고 있는 추세이다.

(3) 이러한 풍력발전과 관련하여 발전기 선정 시 고려사항과 풍력터빈 구조 및 정지 징치 시실기준은 다음과 같다.

2. 풍력발전기 선정 시 고려사항

(1) 개념

① 풍차날개(blade)가 바람의 운동에너지를 회전력으로 변환하고 동력전달장치를 통해 발전기로 전달되면 발전기는 전기에너지로 변환하여 전력계통에 공급하게 된다.

② 일반적으로 대용량 풍력터빈에서는 간접구동에 의한 유도발전기와 직접 구동에 의한 동기발전기로 구분되어 적용된다.

(2) 유도발전기

① 증속기를 통해 증속된 회전토크로 발전기를 회전시켜 전력계통에 연결하는 방식이다.

② 농형 유도발전기 : 출력특성상 운전폭이 매우 좁은 문제가 있다.

③ 권선형 유도발전기 : 풍속의 변화에 대해 출력변동이 심하고 효율이 낮다.

④ 이중 여자유도발전기

    ㉠ 현재 가장 일반화된 것으로, 슬립효과를 이용하여 강풍에서 균일한 품질의 출력을 얻을 수 있다.

    ㉡ 어떠한 역률조건에서도 운전이 가능하다.

    ㉢ 유효전력과 무효전력을 분리하여 제어가 가능하다.

    ㉣ 최근의 간접 구동형 대형 풍력발전기에서 대부분 사용된다.

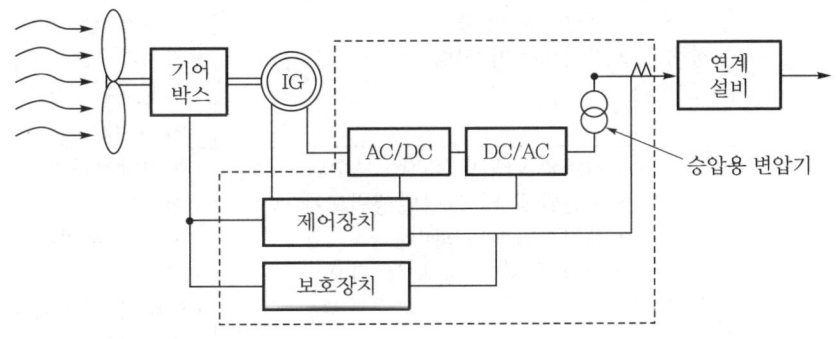

(3) 동기발전기

  ① 가변속 정전압 운전이 가능하다.

  ② 전력변환장치에 의한 정전압 정주파수 변환이 가능하며 터빈 선택폭이 넓다.

  ③ 다극기 제작에 의한 기어없는 형태의 발전기가 가능하며 높은 역률특성이 있다.

  ④ 가격이 고가이다.

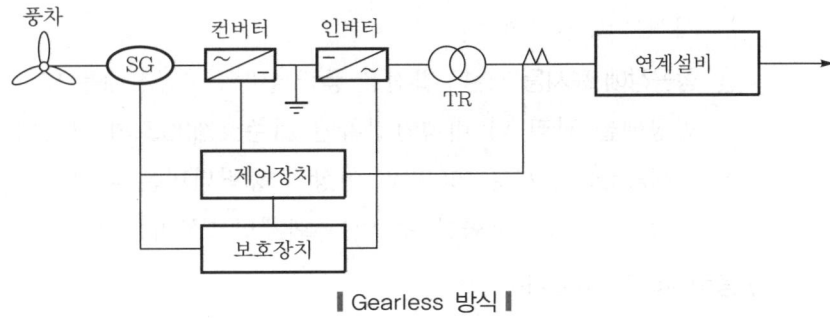

‖ Gearless 방식 ‖

(4) 기어 유무에 따른 분류

구분	기어식	기어레스식
구성	회전자 → 기어장치 → 유도발전기(정전압/정주파수) → 인버터 → 전력계통 	회전자 → 동기발전기(가변전압/가변주파수) → 인버터 → 전력계통
장점	• 장시간 Know-how로 신뢰도가 높음 • 계통연계가 용이 • 제작비용이 저렴	• 기어 등 기계제품의 생략으로 내부 구조가 간단하여 유지보수 용이 • 기어가 없어 소음 발생이 적음 • 역률제어가 가능하며 출력에 관계없이 고역률(20MW급도 있음)
단점	• 기어의 마모로 유지·보수의 어려움 • 소음발생 및 고장발생빈도가 높음 • 유지관리비용 과다 • 저출력 시 역률 보상 필요	• 동기발전기의 부피가 커서, 설치가 어려움 • 중량이 무거워서 지지물 구조가 커져야 함 • 인버터 사용으로 계통연계 시 고조파 발생 • 발전기가 외부에 노출되어 절연문제 우려

3. 풍력발전설비의 시설기준

(comment) 이 시설 기준 자세가 다른 분야 기술사 시험에서 배점 25점으로 자주 출제되는 부분이다.

(1) 일반사항

① 나셀 등의 접근 시설 : 나셀 등 풍력발전기 상부시설에 접근하기 위한 안전한 시설물을 강구할 것

② 항공장애 표시등 시설 : 발전용 풍력설비의 항공장애등 및 주간장애표지는 「항공장애물 관리 및 비행안전확인 기준」 제33조의 규정에 따라 시설할 것

③ 화재방호설비 시설 : 500kW 이상의 풍력터빈은 나셀 내부의 화재 발생 시, 이를 자동으로 소화할 수 있는 화재방호설비를 시설할 것

(2) 풍력설비의 시설기준

① 간선의 시설기준

㉠ 풍력발전기에서 출력배선에 쓰이는 전선은 CV선 또는 TFR-CV선을 사용하거나 동등 이상의 성능을 가진 제품을 사용할 것

㉡ 전선이 지면을 통과하는 경우에는 피복이 손상되지 않게 별도의 조치를 취할 것

ⓒ 기타 사항 및 단자와 접속은 전기저장장치의 규정에 따름

② **풍력터빈의 구조** : 전기설비기술기준 제169조의 풍력터빈의 구조에 적합한 것은 다음의 요구사항을 충족할 것

㉠ 풍력터빈의 선정에 있어서는 시설장소의 풍황(風況)과 환경, 적용 규모 및 적용 형태 등을 고려하여 선정할 것

㉡ 풍력터빈의 유지·보수 및 점검 시 작업자의 안전을 위한 다음의 잠금장치를 시설요함

- 풍력터빈의 로터, 요 시스템 및 피치 시스템에는 각각 1개 이상의 잠금장치를 시설할 것
- 잠금장치는 풍력터빈의 정지장치가 작동하지 않더라도 로터, 나셀, 블레이드의 회전을 막을 수 있어야 함

㉢ 풍력터빈의 강도계산은 다음 사항을 따라야 한다.

- 최대 풍압하중 및 운전 중의 회전력 등에 의한 풍력터빈의 강도계산 시 조건
  - 사용조건 : 최대 풍속, 최대 회전수
  - 강도조건 : 하중조건, 강도계산의 기준
  - 피로하중
- 위의 강도계산은 다음 순서에 따라 계산할 것
  - 풍력터빈의 제원(블레이드 직경, 회전수, 정격출력 등)을 결정
  - 자중, 공기력, 원심력 및 이들에서 발생하는 모멘트를 산출
  - 풍력터빈의 사용조건(최대 풍속, 풍력터빈의 제어)에 의해 각 부에 작용하는 하중을 계산
  - 각부에 사용하는 재료에 의해 풍력터빈의 강도조건
  - 하중, 강도조건에 의해 각부의 강도계산을 실시하여 안전함을 확인
- 위의 강도계산개소에 가해진 하중의 합계는 다음 순서에 의하여 계산하여야 한다.
  - 바람에너지를 흡수하는 블레이드의 강도계산
  - 블레이드를 지지하는 날개축, 날개축을 유지하는 회전축의 강도계산
  - 블레이드, 회전축을 지지하는 나셀과 타워를 연결하는 요 베어링의 강도계산

(3) 풍력터빈을 지지하는 구조물의 구조 등

전기설비기술기준 제172조에 의한 풍력터빈을 지지하는 구조물은 다음과 같이 시설할 것

① 풍력터빈을 지지하는 구조물의 구조, 성능 및 시설조건은 다음에 의한다.

   ㉠ 풍력터빈을 지지하는 구조물은 자중, 적재하중, 적설, 풍압, 지진, 진동 및 충격을 고려할 것. 단, 해상 및 해안가 설치 시는 염해 및 파랑하중에 대해서도 고려할 것

   ㉡ 동결, 착설 및 분진의 부착 등에 의한 비정상적인 부식 등이 발생하지 않게 고려할 것

   ㉢ 풍속 변동, 회전수 변동 등에 의해 비정상적인 진동이 발생하지 않도록 고려할 것

② 풍력터빈 및 지지물에 가해지는 풍하중의 강도계산방식은 다음에 의한다.

   ㉠ $P = CqA$

      여기서, P : 풍압력[N], C : 풍력계수

            q : 속도압[N/m^2], A : 수풍면적[m^2]

   ㉡ 풍력계수 C는 풍동실험 등에 의해 규정되는 경우를 제외하고, 「건축구조설계기준」을 준용할 것

   ㉢ 풍속압 q는 다음의 계산식 혹은 풍동실험 등에 의해 구할 것

    • 풍력터빈 및 지지물의 높이가 16m 이하인 부분 : $q = 60\left(\dfrac{V}{60}\right)^2 \sqrt{h}$

    • 풍력터빈 및 지지물의 높이가 16m 초과하는 부분 : $q = 120\left(\dfrac{V}{60}\right)^2 \sqrt[4]{h}$

      – V는 지표면상의 높이 10m에서의 재현기간 50년에 상당하는 순간 최대 풍속[m/s]으로 하고 관측자료에서 산출함

      – h는 풍력터빈 및 지지물의 지표에서의 높이[m]로 하고 풍력터빈을 기타 시설물 지표면에서 돌출한 것의 상부에 시설 시 주변의 지표면에서의 높이로 함

   ㉣ 수풍면적 A는 수풍면의 수직투영면적으로 함

   ㉤ 풍력터빈 지지물의 강도계산에 이용하는 지진하중은 지역계수를 고려할 것

   ㉥ 풍력터빈의 적재하중은 컷아웃 시, 공진풍속 시, 폭풍 시 하중을 고려할 것

③ 풍력터빈을 지지하는 구조물 기초는 당해 구조물에 '②의 ㉠'에 의해 견디어야 하는 하중에 대하여 충분한 안전율을 적용하여 시설할 것

(4) 풍력터빈 정지장치 시설기준

comment 이 항 자체가 배점 10점으로 다른 기술사 시험에 여러 번 출제되었다.

① 정지장치는 자동정지의 장치를 시설하는 것이다.

② 이상상태 종류별 풍력터빈 자동정지장치를 설치하는 경우

    ㉠ 풍력터빈의 회전속도가 비정상적으로 상승 시

    ㉡ 풍력터빈의 컷아웃 풍속이 발생된 경우

    ㉢ 풍력터빈의 베어링 온도가 과도하게 상승할 때 다음의 경우

        • 정격출력이 500kW 이상인 원동기 사용 시

        • 풍력터빈은 시가지 등 인가가 밀집해 있는 지역에 시설된 경우 100kW 이상

    ㉣ 풍력터빈의 주요 베어링 또는 그 부근의 축에서 회전 중에 발생하는 진동이 과도하게 증가 시 시가지 등 인가가 밀집해 있는 지역에 시설된 것으로 정격출력 10kW 이상의 풍력터빈

    ㉤ 제어용 압유장치의 유압이 과도하게 저하된 경우 용량 100kVA 이상의 풍력발전소를 대상으로 함

    ㉥ 압축공기장치의 공기압이 과도하게 저하된 경우 용량 100kVA 이상의 풍력발전소를 대상으로 함

    ㉦ 전동식 제어장치의 전원전압이 과도하게 저하된 경우 용량 100kVA 이상의 풍력발전소를 대상으로 함

---

010 풍력발전의 풍력에너지(이론출력), 출력계수, 주속비의 정의 및 관계식을 설명하시오.

data 발송배전기술사 19-119-1-11 / 발송배전기술사, 건축전기설비기술사, 전기응용기술사 출제예상 문제

답안 1. 풍력에너지(이론출력)

(1) 날개가 받는 힘에는 양력과 항력이 있고, 두 힘의 벡터합으로 회전력이 발생되어 날개의 축과 연결된 발전기에 전력이 생산되고 이를 전력계통이나 부하측에 공급한다.

(2) 이때, 유체의 운동에너지(바람에너지)는 다음과 같다.

$$P_w = \frac{1}{2}mv^2 = \frac{1}{2}(\rho Av)v^2 = \frac{1}{2}\rho A v^3 [\text{W}]$$

여기서, m : 질량

v : 풍속[m/s]

ρ : 공기밀도(1.225kg/m^3)

A : 로터의 단면적[m^2]

2. 풍력발전의 출력과 출력계수

(1) 풍력발전의 출력

$$P = k_1 k_2 k_3 k_4 \cdot \frac{1}{2}\rho A V^3 [\text{W}] = P_b\, k_2 k_3 k_4$$

$$= P_w \times (C_p \times \eta_a \times \eta_g \times \eta_c) = P_b \times \eta_a \times \eta_g \times \eta_c$$

예 바람의 운동에너지가 100이면 최종 출력은 25% 된다는 의미

여기서, A : 공기흐름 단면적으로서 $\pi r^2 [\text{m}^2]$

          (r : 회전자인 풍차의 반경[m])

      P_b : 블레이드의 운동에너지

$$P_b = \frac{1}{2}\rho Av^3 \times C_p$$

C_p : 출력계수

k_1 : Blade eff(날개의 효율$=C_p$), 약 0.4

k_2 : Mechanical eff(기계의 효율, 증속기 효율$=\eta_a$), 약 0.9

$k_3 = \eta_g$, $k_4 = \eta_c$: 발전기효율(약 0.8), 제어장치효율(약 0.9)

(2) 풍차의 출력계수(power 계수 : C_p)

① 풍차로 끄집어 낼 수 있는 에너지의 풍력에 대한 비율

② 이론상 풍차의 풍력에 대한 실제 출력의 비

③ 표현식 : $C_p = \dfrac{\text{실제의 출력(풍력)}}{\dfrac{1}{2}\rho A V^3}$

④ 바람에너지가 운동에너지로 변환되는 비율계수, 즉 출력계수를 고려한 값이다.

⑤ Bet's limit : 출력계수의 이론상 최대치로 0.59

⑥ 프로펠러 Type의 출력계수 : 0.45

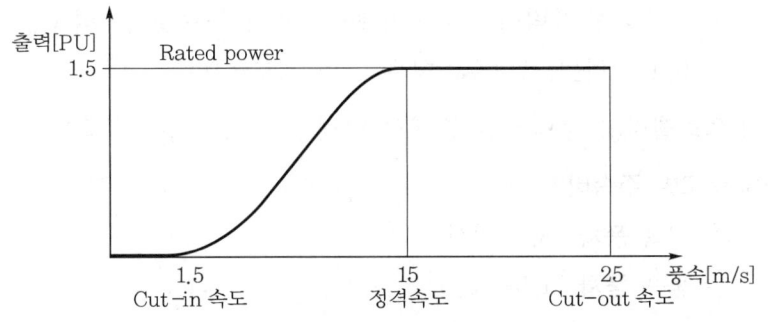

┃ 풍속과 출력 관계곡선 ┃

3. 주속비(TSR : Tip Speed Ratio)의 정의 및 관계식

(1) 정의

발전기의 Blade 선단속도와 풍속의 비$\left(\lambda = \dfrac{\pi D n}{V}\right)$

① 날개 끝속도(blade 선단속도)와 풍속(V)의 비율

② 정격풍속

　　㉠ 시동풍속(cut-in) : 3m/s

　　㉡ 정격풍속 : 15m/s

　　㉢ 정지풍속(cut-out) : 25m/s

(2) 선단속도(tip speed)

풍력터빈의 Blade 끝에서의 회전속도로서, 이는 풍력터빈의 성능을 나타내는 중요한 요소이다.

(3) 선단속도비

① 풍속에 대한 선단속도의 비를 선단속도비(TSR)라 한다.

② 표현식 : $\lambda = \dfrac{\pi D n}{V}$

　여기서, D : 블레이드의 지름

　　　　　n : 블레이드의 회전속도[rps]

　　　　　V : 바람의 유입속도

(4) 풍력터빈의 출력계수와 주속비 관계

① 풍력터빈의 출력계수는 주속비에 따라 달라진다.

② 최대의 출력이 나타나는 최적의 주속비가 존재한다.

③ 수평축형 풍력터빈의 출력계수는 실제 프로펠러형의 C_p는 0.45, 수직축형은 0.4 이하(사보니우스형은 0.15 정도)이다.

(5) 프로펠러형 풍력터빈 중에서 양력형의 경우에는 주속비가 5 ~ 10 범위이다.

(6) 속도별 주속비

① 고속 풍차 : 3.5 이상

② 중속 풍차 : 1.5 ~ 3.5

③ 저속 풍차 : 1.5 이하

011 우리나라 전력계통에 신규로 연계될 때 요구되는 풍력발전기(2MW 이상)의 형식과 해당 발전기의 특성을 설명하시오.

(data) 발송배전기술사 17-111-1-1 / 발송배전기술사, 건축전기설비기술사, 전기응용기술사 출제예상문제

답안 풍력발전기(2MW 이상)의 형식과 해당 발전기의 특성

(comment) 2014년 104회에도 출제되었다.

구분	유도발전기	동기발전기
원리	유도전동기에 기계력을 가해서 전동기와 같은 회전방향으로 동기속도보다 빠르게 돌리면 이 전동기는 발전기가 되며, 이를 유도발전기라 함	원동기에 접속된 회전자가 고정자 안에서 회전하면 고정자 권선과의 사이에 전자유도법칙이 성립되어 기전력이 발생됨
특성 및 적용특징	• 회전자속을 민들기 위한 어자전류는 발전기가 연결되어 있는 전원에서 공급을 받음 • 따라서, 유도발전기는 단독으로 발전할 수 없음 • 부하에 따라 출력이 일정하지 않고 소용량이므로 상용전력을 이용함	• 정상상태에서 동기속도로 운전하는 교류발전기 • 전압 및 주파수의 조정이 필요하고, 일정량의 출력을 필요로 함

012 풍력발전의 특징, 풍차의 출력계수와 주속비, 적용 시 고려사항을 설명하시오.

(data) 발송배전기술사 18-114-3-1 / 발송배전기술사, 건축전기설비기술사, 전기응용기술사 출제예상 문제

답안 1. 풍력발전의 특징

(1) 풍력발전의 일반적 장점

① 무공해, 재생가능한 에너지 자원

㉠ 바람의 속도가 일정하고, 풍량이 많은 장소에 설치할 경우 고효율 운전도 가능하다.

㉡ 지상 1km 이상에 연의 형태로 풍력발전기를 설치하여 장난감 요요동작의 원리를 활용 시 상당한 무한 에너지원으로 차후 활용이 가능하다.

② 에너지 수용의 다양성에 적용하기 쉽다.

③ 대규모 발전은 어려우나 낙도, 해안지방, 산간지역에선 유용한 에너지이다.

(2) 풍력발전의 일반적 단점

① 풍속과 풍향이 수시로 변하기 때문에 일정 출력을 기대할 수 없다.

② 육지에 건설운용 시 철새의 이동통로 방해로 민원발생이 많다.

③ 낙뢰피해가 다수 발생할 수 있다.

2. 풍차의 출력계수(power 계수)와 주속비(TSR : Tip Speed Ratio)

(1) 풍차의 출력계수(power 계수)

① 이론상 풍차의 풍력에 대한 실제 출력의 비이다. 즉, 풍차로 끄집어 낼 수 있는 에너지의 풍력에 대한 비율이다.

② 풍차의 출력계수(power 계수 : C_p) 표현식은 다음과 같다.

풍력발전의 출력 $P = k_1 k_2 k_3 k_4 \cdot \dfrac{1}{2} \rho A V^3 [\mathrm{W}]$

$$= P_b k_2 k_3 k_4$$

$$= P_w \times (C_p \times \eta_a \times \eta_g \times \eta_c) = P_b \times \eta_a \times \eta_g \times \eta_c$$

예 바람의 운동에너지가 100이면 최종 출력은 25%가 된다는 의미

여기서, A : 공기흐름 단면적으로서, $\pi r^2 [\mathrm{m}^2]$

(r : 회전자인 풍차의 반경[m])

P_b : 블레이드의 운동에너지

$$P_b = \dfrac{1}{2} \rho A v^3 \times C_p$$

345

C_p : 출력계수

k_1 : Blade eff(날개의 효율= C_p), 약 0.4

k_2 : Mechanical eff(기계의 효율, 증속기 효율= η_a), 약 0.9

$k_3 = \eta_g$, $k_4 = \eta_c$: 발전기효율(약 0.8), 제어장치효율(약 0.9)

ㄱ 바람에너지가 운동에너지로 변환되는 비율계수, 즉 출력계수를 고려한 값이다.

ㄴ Bet's limit : 출력계수 C_p의 이론상 최대치로 0.593이다.

ㄷ 실제 플로펠러형의 C_p는 0.45, 사보니우스형은 0.15 정도이다.

(2) Tip Speed Ratio(TSR : 주속비)

① **정의** : 풍력발전기의 Blade 선단 속도와 풍속의 비$\left(\lambda = \dfrac{\pi D n}{V}\right)$

② 선단속도(tip speed)란 풍력터빈의 Blade 끝에서의 회전속도로서 이는 풍력 터빈의 성능을 나타내는 중요한 요소이다.

③ 풍속에 대한 선단속도의 비를 선단속도비(TSR)라 한다.

$$\lambda = \frac{\pi D n}{V}$$

여기서, D : 블레이드의 지름

n : 블레이드의 회전속도[rps]

V : 바람의 유입속도

④ 풍력터빈의 출력계수는 주속비에 따라 달라지며, 최대의 출력이 나타나는 최적의 주속비가 존재한다.

⑤ 수평축형 풍력터빈의 출력계수는 $0.45 \sim 0.48$, 수직축형은 0.4 이하이다. 프로펠러형 풍력터빈 중에서 양력형의 경우에는 주속비가 $5 \sim 10$ 범위이다.

⑥ **속도별 주속비**

ㄱ 고속풍차 : 주속비는 3.5 이상

ㄴ 중속풍차 : 주속비는 $1.5 \sim 3.5$

ㄷ 저속풍차 : 주속비는 1.5 이하인 경우

⑦ TSR은 날개수에 의해 정해지며, Rotor 효율과 밀접히 관련된다.

⑧ 일반적으로 TSR이 높을수록 Rotor 효율이 커지며, 조건은 과속도되지 않게 해야 한다.

⑨ 날개 3개가 적합하도록 설계된 경우에 날개가 2개로 되면 Tip 속도가 가속도 된다.

⑩ TSR은 무작정 클수록 좋은 것이 아니며, 또한 과도한 풍속으로 인한 TSR의 증가는 성능계수의 하락으로 이어지고 이로서 자체적인 실속(passive stoll) 발생효과를 유발한다.

3. 적용 시 고려사항

(1) 풍속의 불안정성으로 인한 ESS와 연계된 발전시스템이 소요된다.

① 국지적·유동적인 요인으로 바람의 속도가 불균일 및 기복이 심하다.

② 한국의 경우 평지, 수용가 부근에는 설치장소가 거의 존재하지 않는다.

③ 출력변동이 심하고 예측곤란으로 계통연계 시 축전설비가 반드시 필요하므로 ESS와 연계된 발전시스템이 소요된다.

(2) 소음문제

① 풍속이 7 ~ 8m/s 정도일 때 가장 큰 문제

② 날개가 바람 가르는 소리, 증속기의 소음 등

③ 일본의 경우 풍력발전 가동 시 집단정신 이상현상(특유의 저소음으로 인한)으로 사회문제로 민원이 발생되기에 민가에 설치를 금지한다.

(3) 육지에 건설운용 시 철새의 이동통로 방해로 민원발생이 많아 철저한 제반 환경조사 후 이상 없을 경우 풍력발전단지를 선정한다.

(4) 낙뢰피해가 다수 발생할 수 있어 철저한 서지억제대책이 매우 필요하다.

① 블레이드의 FRP 사용

② 블레이드가 금속재료인 경우 접지

③ 피뢰철탑 설치

(5) 계통연계문제

소규모일 경우는 배전연계지침에 의거하고, 대규모 풍력단지일 경우(해상풍력)는 송전연계지침에 의한다.

(6) 경제성

해상풍력 또는 육상풍력 여부를 파워그리드와 연계할 때 거리에 따른 송전 및 배전 건설비용에 대한 경제성을 검토한 후 결정한다.

(7) 풍력발전기 종류별 적용 유효성 평가

① 기어형 : 증속기 있는 방식으로 유고발전기 사용

② 기어레스형 : 증속기가 없는 방식으로 동기발전기 사용

(8) 용량의 적정성

(9) 항공장애에 대한 대책 등

013 풍력발전의 출력제어방식에 대하여 설명하시오.

(data) 발송배전기술사 18-114-1-3 / 발송배전기술사, 건축전기설비기술사, 전기응용기술사 출제예상 문제

(comment) 실제 답은 '1'과 '3'을 요약해 기록하도록 한다.

답안 1. 풍력발전 출력제어 구성도

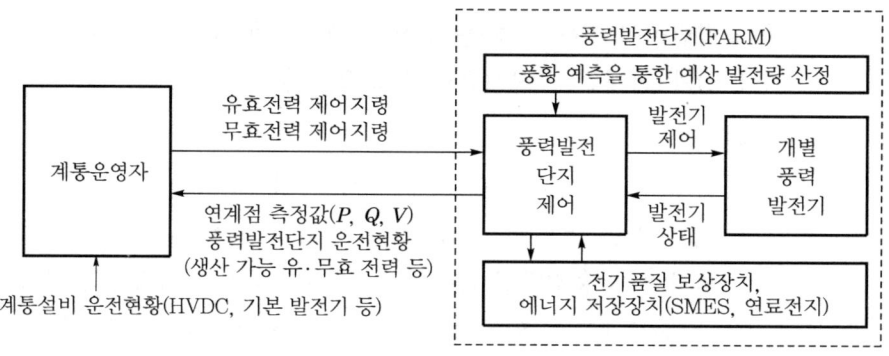

2. 풍력발전기 출력제어 구성요소

(1) 기계장치부

① 바람으로부터 회전력을 생산하는 Blade(회전날개), Shaft(회전축)를 포함한 Rotor(회전자)

② 변환하는 증속기(gearbox) (gearless형 증속기 없음)

(2) 전기장치부

발전기 및 기타 안정된 전력을 공급하도록 하는 전력안정화 장치로 구성된다.

(3) 제어장치부

① 풍력발전기가 무인운전이 가능하도록 설정하고 운전한다.

② Control system 및 Yawing & Pitching controller

③ Monitoring system : 원격제어로 지상에서 시스템을 감시하며 그 방식은 다음 과 같다.

㉠ Yawing controller

㉡ Pitching controller

㉢ Stall control

3. 풍력발전의 출력제어방식

(1) Yawing controller

바람방향으로 향하도록 블레이드의 방향조절

(2) Pitch control 방식

① 개념 : Pitching controller에 의해 날개의 경사각(pitch) 조절로 능동적 출력 제어

② 원리

㉠ 블레이드의 경사각 제어

㉡ 정격풍속에서 일정한 출력이 발생하도록 제어하는 방식

㉢ 풍속에 따라 날개의 경사각을 조정하여 출력을 제어하는 방법

㉣ 정격풍속 이상 : Pitch 감소

㉤ 정격풍속 이하 : Pitch 증가

③ 특징

㉠ 적정 출력을 능동적으로 제어 가능

㉡ 제동 시 공기역학방식으로 기계적 충격이 작음

㉢ 장기간 운전 시 유압장치 실린더와 회전자 간 기계적 링크의 손상 우려

㉣ 풍속 급변 시 순간적 Peak 발생으로 시스템 손상 발생 가능

㉤ MW급 이상 대형 풍력발전에 적용

(3) Stall(失速) control 방식

① 개념 : Stall controller를 이용하여 한계풍속 이상이 되었을 때 양력이 회전날 개에 작용하지 못하도록 날개의 공기역학적 형상에 의한 제어

② 원리

㉠ 풍차날개 설계 시 정격풍속 이상에서 발전기 출력이 증가하지 않게 공기 역학적 형상에 의한 제어방식

㉡ 한계풍속 이상이 되면 날개에 양력이 작용하지 않도록 하여 정지시키는 방식

③ 특징

㉠ Pitch 방식보다 운전효율이 높음

㉡ 기계적 링크가 없어 유지·보수는 유리하나 능동적 제어가 불가능

㉢ 과출력 발생 가능

㉣ 풍속 급변 시 순간적인 피크 발생으로 시스템 손상 가능

㉤ 제동효과가 나쁘고 중소형 풍력발전에 적용

4. 풍력발전단지 출력제어방식(참고사항)

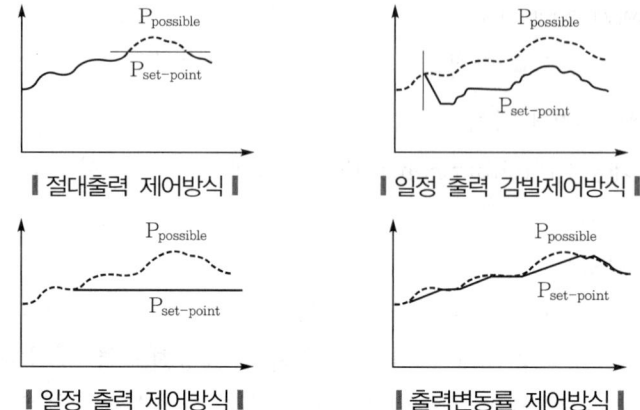

| 절대출력 제어방식 | 일정 출력 감발제어방식 |

| 일정 출력 제어방식 | 출력변동률 제어방식 |

(1) 절대출력 제어방식

① 풍력발전단지의 출력의 절대량을 제한

② 정격용량의 20 ~ 100% 범위에서 특정출력량 이하로 풍력발전단지의 출력을 제한

③ 계통에서 대규모 풍력발전단지에 연계된 송전선로의 과부하를 방지

(2) 일정 출력 감발제어방식

① 전력계통의 예비력 확보를 위해 풍력발전단지의 가능한 최대 출력량에서 일정 부분을 감발하여 운전

② 수급균형의 역할을 풍력발전단지에서 수행하도록 하기 위해 풍력발전단지의 유효전력출력을 일정 부분 줄이고 운전하는 방안

(3) 일정 출력 제어방식

① 어느 시점에서 풍력발전단지의 출력을 계속 유지

② 풍속이 감소할 경우 적용되지 않음

③ 풍속이 증가 시 풍력발전단지의 출력을 해당 시점의 수준으로 유지하는 목적

(4) 출력변동률 제어방식

① 풍속의 급격한 변화에 따라 풍력발전단지의 출력이 변동할 때 출력변동속도를 계통운영자가 정한 값으로 제한함

② 풍력발전단지가 연계운전 시 급격하게 출력이 증가하는 것을 제한하는 목적

③ 풍속 감소로 출력이 감소하는 경우에는 적용하지 않음

④ 일정 출력감발제어 시 자체적인 예비력이 확보된 상황에서 출력감발속도를 제한할 수 있음

014 전력시장운영규칙에 따른 국내 풍력발전기의 순시전압 저하 시 유지성능에 대하여 설명하시오.

(data) 발송배전기술사 20-121-1-6 / 발송배전기술사, 건축전기설비기술사, 전기응용기술사 출제예상문제

답안 **1. 풍력발전기 순시전압 저하 시 유지성능**

신재생에너지발전기 중 풍력발전기는 인근 계통 고장 시 전압 저하상황에서 다음에 맞게 연계운전 유지가 가능해야 한다.

(1) 고장 시 순시전압 저하 0pu에서 150ms 지속

(2) 고장제거 후 0.9pu까지 회복전압에서 1500ms 지속

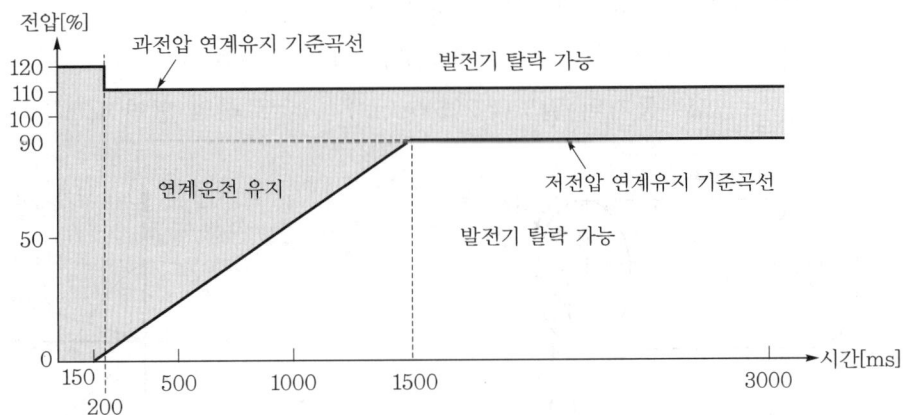

┃ LVRT 저전압 사고 시 연계유지 전압범위 요구조건 ┃

2. 용량에 따른 분리시간 적용

비정상 전압 및 비정상 주파수에 대한 분산형 전원 분리시간(2023.11.28. 기준)

전압범위 (기준전압[1]에 대한 백분율%)	운전지속시간[3][초]	분리시간[2][초]
$V < 50$	0.15	0.5
$50 \leq V < 70$	0.16	2.0
$70 \leq V < 90$	1.5	2.0
$110 < V < 120$	0.2	1.0
$V \geq 120$	–	0.16

[주] 1) 기준전압은 계통의 공칭전압을 말한다.
    2) 분리시간이란 비정상 상태의 시작부터 분산형 전원의 계통가압 중지까지의 시간을 말하며, 필요할 경우 전압범위 정정치와 분리시간을 현장에서 조정할 수 있어야 한다.
    3) 운전지속시간이란 비정상 상태의 시작부터 분산형 전원의 계통가압 중지 전까지 운전을 유지해야 하는 최소한의 시간을 말한다. 분산형 전원은 운전지속시간 동안 분산형 전원의 정격을 초과한 출력을 발생하여서는 안 되며, 계통전압 및 주파수의 변동으로 인해 연속적으로 범위조건이 변경되는 경우 변경된 조건으로 운전지속 및 분리할 수 있어야 한다.

015 항력형 풍차와 양력형 풍차의 동작원리를 비교하여 설명하시오.

data 발송배전기술사 24-133-1-3 / 발송배전기술사, 건축전기설비기술사, 전기응용기술사 출제예상
문제

답안 1. 프로펠러형 작동원리

(1) 개념도

다음 그림의 설명을 참조한다.

(2) 공기 등에 유체의 운동에너지는 이론적으로 다음과 같다.

$$P = \frac{1}{2}mV^2 = \frac{1}{2}(\rho A V)V^2 = \frac{1}{2}\rho A V^3$$

여기서, P : 출력[W], m : 질량[kg], V : 평균풍속[m/s]

ρ : 공기의 밀도(1.225kg/m³), A : 로터의 단면적[m²]

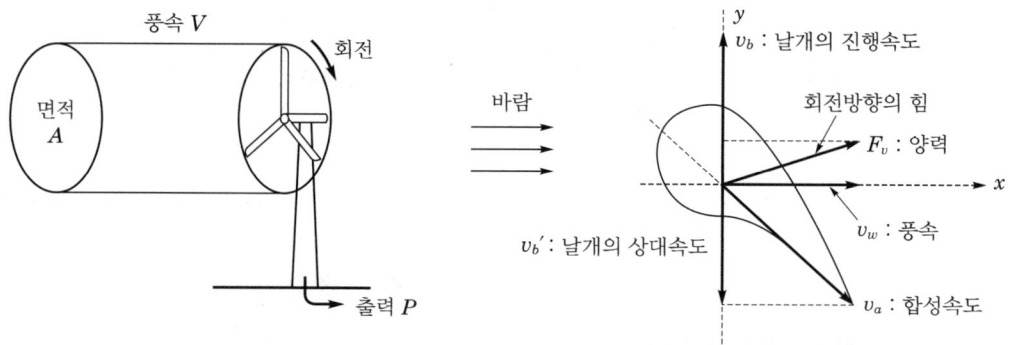

∥ 바람의 운동에너지 ∥

(3) 풍차의 출력은 공기의 밀도 및 바람을 받아서 회전하는 로터의 단면적에 비례하고 풍속의 3제곱에 비례해서 증대하기 때문에 바람이 셀수록 또한 풍차가 대형화할수록 큰 출력을 얻을 수 있다.

(4) 그러나 바람이 세면 셀수록 좋다고만 할 수 없다. 바람이 너무 세면 풍차나 발전기에 큰 부담을 주게 되므로 일반적으로 정격출력 이상의 발전은 하지 않도록 하고 있다.

(5) 실제로 바람이 갖는 파워를 풍차로 모두 끄집어 낼 수 있다는 것은 풍차 후방의 공기가 완전히 정지한다는 것을 의미하므로 물리적으로는 불가능한 것이다.

2. 항력

(1) 바람이 불 때 그 바람이 미는 힘(추력)에 대항하는 반작용으로서 작용하는 힘이다.

(2) 항력은 바람의 동압이라고도 말할 수 있는 풍속의 제곱에 비례하고 바람을 받는 물체의 수풍면적에 비례한다.

(3) 같은 면적이라도 바람을 받는 그 물체의 면의 모양에 따라서 항력의 크기가 달라진다.

(4) 가령 아래 그림의 반원통에서는 오목면의 항력은 볼록면의 항력의 2배 정도로 되기 때문에 회전을 하게 되는 것이다.

(5) 그러나 항력형의 풍차는 바람보다 빨리 움직일 수 없으므로 저회전으로서 그 효율은 최대 15% 정도 밖에 되지 않는다.

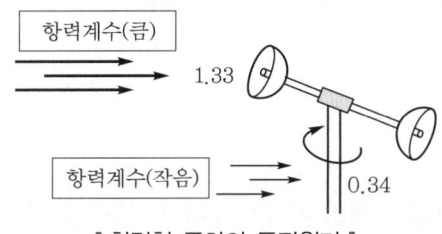

┃ 항력형 풍차의 동작원리 ┃

3. 양력

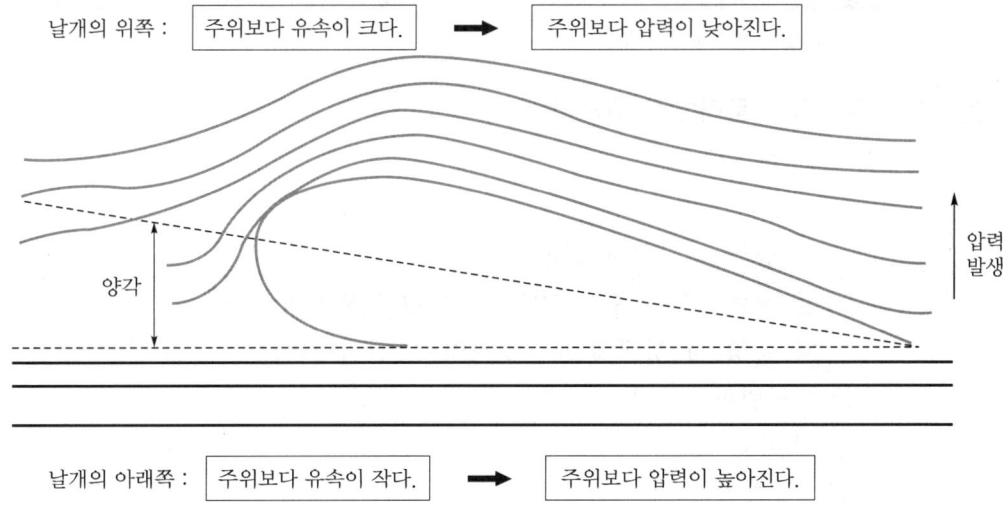

┃ 양력형 풍차의 동작원리도 ┃

(1) 물체를 들어 올리는 힘으로서, 위 그림에 보인 바와 같이 비행기의 날개처럼 생긴 풍차의 날개에 바람이 부딪치면 날개의 윗면을 흐르는 공기는 아랫면보다 빨리 흐르게 된다.

(2) 에너지의 보존법칙에 따라 '속도의 제곱과 압력의 합은 일정하다.'는 관계로, 공기의 유속이 빠른 날개의 윗면에서는 유속이 느린 아랫면보다 압력이 낮아져서 날개에는 위로 들어 올리는 양력이 작용하게 되는 것이다.

(3) 풍차의 날개에 바람이 부딪치기 시작하면 날개는 바람에 밀려서 항력에 의한 회전을 시작하고 회전하게 되면 양력이 작용하게 된다.

(4) 이 힘이 다시 날개를 가속해서 회전속도를 높이게 되는 것이다.

(5) 이렇게 해서 프로펠러형이나 다리우스형과 같은 양력형의 풍차는 고속으로 회전해서 큰 양력을 얻게 되므로 발전기를 구동하는데 적합해서 최근에는 50%를 넘는 고효율의 풍차도 개발되고 있다.

---

016 육상풍력과 해상풍력 개발 시 환경친화적 풍력발전이 되기 위해 고려해야 할 사항과 환경훼손을 최소화하기 위한 방안에 대하여 설명하시오.

(data) 발송배전기술사 22-127-3-5 / 발송배전기술사, 건축전기설비기술사, 전기안전기술사, 전기응용 기술사 출제예상문제

답안 **1. 환경친화적 풍력발전 고려사항**

(1) 육상풍력 환경영향

① 생태계

㉠ 동식물 서식지 훼손

㉡ 풍력발전기 주변 500m 내외에 조류에의 영향

㉢ 운영 시 생태계 교란 : 진입로, 산림파괴

② 지형변화 및 훼손

③ 경관 부조화

④ 환경적 영향

㉠ 소음과 저주파

㉡ 진동

㉢ 그림자

㉣ 기류변화

㉤ 결빙

㉥ 경관 등

⑤ 소음·진동관리법에 의한 소음기준

    ㉠ 인근에 학교·종합병원·공공도서관 등 주거지역이 있는 '가군'의 소음기준은 아침/저녁 50dB, 주간 55dB, 야간 45dB 이하이다.

    ㉡ 이 밖의 지역인 '나군'은 아침/저녁 60dB, 주간 65dB, 야간 55dB 이하이다.

    ㉢ 풍력발전소가 '나군'인 산속에 건설돼도 인근에 민가나 마을이 있으면 '가군' 소음기준을 적용하여 야간소음기준으로 55dB이 아닌 45dB 이하를 적용받는다.

⑥ 소음과 저주파에 대한 구체적 영향

    ㉠ 풍력발전시설에서 발생하는 소음은 지면으로부터 40m 이상에서 발생하는 특성이 있다.

    ㉡ 이 때문에 지면 근처에서 발생하는 차량이나 철도 소음보다 '영향 반경'이 크다.

    ㉢ 특히 저주파 음은 파장이 커서 넓은 지역까지 전파된다.

    ㉣ 풍력발전소음의 종류

      • 풍력터빈 블레이드가 회전하며 발생하는 공력소음

      • 증속기(gear box), 발전기(generator) 등에서 발생하는 기계소음 (mechanical noise)

    ㉤ 공력소음이 기계소음에 비해 일반 사람들에게 더 많은 영향을 준다.

    ㉥ 풍력발전소음은 주파수에 따라 고주파 소음, 중간주파 소음, 저주파 소음으로 나눈다.

      • 모든 소음은 풍력터빈 블레이드의 속도와 부하에 영향을 크게 받는다.

      • 고주파 소음은 휘파람소리와 같은 높은 주파수의 음

      • 중간 주파수 소음은 보통 말소리와 같은 중간 높이의 음

      • 저주파 소음은 웅~웅 소리와 같은 낮은 음

    ㉦ 풍력발전소음에서의 주파수 특성 분포도

      • 100~500Hz 사이의 저주파대역에는 기계소음이 주발생원이다.

      • 소음의 메인 주파수인 500~1000Hz대에서는 공기와의 작용으로 발생되는 블레이드 소음이 주로 차지한다.

      • 1000~1500Hz 주파수대는 나셀로부터의 기계소음과 블레이드소음이 함께 포함된다.

      • 2000~8000Hz대는 공력소음이 대부분 차지한다.

(2) 해상풍력의 환경영향

① 조류충돌에 따른 조류 사망

② 해상공사 시 부유토사의 확산거리, 하부구조물 설치로 인한 해수유동변화 및 퇴적물 이동

③ 운영 시 소음 및 진동

④ 공사 및 운영 시 수중소음 발생으로 인한 어패류 및 해양포유류 등에 미치는 영향

⑤ 공사 및 운영 시 환경변화요인(부유사, 퇴적물 이동현상 등) 및 발생될 수 있는 영향(전자기장, 수중소음, 서식지 파괴 등)이 해양생물의 서식공간, 회피이동 및 생리적 반응에 미치는 영향

⑥ 공사 및 운영 시 발생하는 수중소음이 해양생물에 미칠 수 있는 영향

⑦ 케이블 공사 시 부유토사의 확산

⑧ 하부구조물의 어초효과에 따른 어패류의 위집효과

⑨ **경관장해** : 수려한 경관, 특색 있는 자연경관지역의 경관장해 등

2. 환경훼손을 최소화하기 위한 방안

(1) 소음 목표로는 풍력 프로젝트 소음의 국제적 가이드라인/규격 평균값인 야간 40dB, 주간 45dB을 적용한다.

① 주거지역 1km와 도로·공공시설 500m 등의 기준이격거리로 둔다.

② 소음 발생원인 발전기기에 대한 소음감소 기술 적용으로 설계소음 목표 준수, 풍력터빈 배치의 최적화 및 저소음 운전모드 등의 저소음 시스템을 적용한다.

③ 이해 당사자들의 사진참여 확대 등 종합직인 접근빙법을 적용한다.

④ 공사 시에는 항타로 인한 충격소음 등을 고려하여 최고 음압레벨(peak SPL)을, 운영 시에는 풍력발전기로 인한 연속소음 등을 고려하여 음압레벨(SPL)을 평가단위로 선정하여 영향예측을 실시하여야 한다.

⑤ 기초구조물 공사 시 소음영향을 최소화하는 시공방법을 적용한다.

⑥ 파일 항타작업에 소프트 스타트(soft start) 절차를 사용하고, 사전음향경고장치(ADD : Acoustic Deterrent Devices), 버블커튼, 수중 소음댐퍼(HSD : Hydro Sound Damper) 등을 적용한다.

⑦ 운영 시 타워진동 감소를 위해 진동에 강건한 구조물을 사용하고 진동을 흡수할 수 있는 완충재를 장착한다.

(2) 조류영향에 대한 대책

배치계획 최적화, 충돌차단시스템(DT-bird 등) 등

① 중요한 보존지역과 민감도가 높은 지역은 피해서 풍력단지를 조성한다.

② 민감한 서식지를 보호하기 위한 선행작업을 검토, 시행한다.

③ 가급적 번식시기와 같은 민감한 기간을 피하도록 공사계획을 수립한다.

④ 조성지역에 서식하는 종에 대한 서식지 향상 방안을 고려한다.

⑤ 현장지역에 대한 정보를 충분히 제공할 수 있는 현장직원을 고용하고 특별히 민감한 지역에서는 관련 분야의 생태학자를 고용한다.

⑥ 풍력발전기 간의 배치공간 최적화를 통해 개발공간을 최소화한다.

⑦ 조류의 주요 비행경로와 풍력발전기가 서로 수직이 되게 배치하지 않고 평행을 이루게 하며 풍력발전기 사이로 조류가 이동하기 수월하도록 통로를 배치한다.

⑧ 풍력발전기 날개의 가시성을 높이도록 대조적인 색상 또는 UV페인트 등을 날개에 도색하여 충돌 위험성을 감소시킨다.

⑨ 조류의 청각적 경고(팀지/충돌 컨트롤 모듈, 충돌 회피 모듈, 정지 컨트롤 모듈)를 실시하여 충돌위험성을 감소시킨다.

⑩ 통신 또는 송전케이블은 해저 및 지하에 설치한다.

⑪ 높은 위치에 설치하는 변류기(deflector) 등은 조류 이동이 많은 구역을 피하도록 한다.

⑫ 헬리콥터·선박 및 사람에 의한 방해를 최소화하도록 유지·보수 계획을 신중히 정하도록 한다.

⑬ 협의, 인허가 조건 또는 입안을 통해 개발 후 모니터링 계획을 시행하도록 한다. 조류 관련 모니터링(조류 충돌방지시설 등 발전사업으로 인한 영향 저감시설의 효과 검증 등)을 지속적으로 실시하여야 한다.

(3) 해상풍력발전 개발사업이 해양 동·식물에 미치는 영향을 최소화하기 위한 방안을 마련하였는지 검토하여야 한다.

① 법정보호종 등의 이동·번식 시기를 고려한 공사기간 설정, 케이블 매설깊이 조절, 부유사 최소화 공법 적용 등

② 공사 및 운영 시 발생하는 수중소음이 해양생물에 미칠 수 있는 영향을 저감시키기 위해 대책(소음·진동 항목 참조)을 마련하였는지 검토하여야 함

(4) 입지회피지역 인근을 대상으로 입지 검토 시 회피지역의 경계선으로부터 완충구역을 두고 충분한 이격거리를 확보한다.

해상풍력 발전시설의 입지회피지역은 세계유산지역(한국의 갯벌) 등 국제적 보호구역(유네스코 생물권보전지역의 해상·갯벌 핵심구역 및 해상·갯벌 완충구역, 람사르습지), 습지보호지역, 해양보호구역, 자연공원, 천연보호구역, 국내·외 법정 보호종의 집단번식지 등이 있다.

---

reference

공력소음과 기계소음

(1) 공력소음
   ① 풍력터빈 블레이드와 바람 사이에서의 상호작용에 의해 발생되는 공력소음은 유입난류소음(inflow turbulence noise), 순음형 소음(tonal noise) 및 블레이드 자체 소음(airfoil self-noise)으로 구분된다.
   ② 유입난류소음 : 터빈 블레이드와 대기난류 간의 상호작용에 의한 압력변동으로 발생된다.
   ③ 순음형 소음 : 증속기, 발전기, 냉각팬(cooling fan) 등에서 방사되어 인접부에서 들을 수 있는 소음이다.
   ④ 블레이드 자체 소음 : 주로 회전하는 터빈 블레이드와 공기흐름 간의 마찰에 의해 발생한다.

(2) 기계소음
   ① 풍력발전기의 기계소음은 증속기, 허브(hub), 커플링(coupling), 발전기 등의 트랜스미션체인(transmission chain) 시스템에서 주로 발생된다.
   ② 증속기는 마찰과 진동에 의해 충격을 받아 소음을 일으키고 베어링(bearing)의 마찰과 진동도 역시 소음을 발생시킨다. 또한, 회전요소들의 언밸런스도 소음을 만든다.
   ③ 예를 들면 증속기와 발전기를 연결하는 고속축의 정렬방향이 좋지 않으면 25 ~ 30Hz의 소음이 발생한다.
   ④ 기계소음에는 냉각 팬, 발전기, 증속기, 나셀 및 허브와 같은 기계적 구조물 자체에서 발생되는 소음도 포함된다.

---

017 원거리 대규모 해상풍력발전소의 계통연계를 위한 해상 및 육상 전력망 구성방법의 종류 및 특징을 각각 설명하시오.

data 발송배전기술사 21-124-1-8, 건축전기설비기술사 18-116-2-4 / 발송배전기술사, 건축전기설비기술사, 전기응용기술사 출제예상문제

답안 1. 개요

해상풍력설비란 해상에 존재하는 바람에너지를 이용하여 기계에너지로 변환하고 다시 전기에너지를 생산하는 친환경 에너지원이다. 대형 프로젝트로서 대기업에서 상당히 관심을 갖고 추진하는 대형 사업이다(1기당 60억 ~ 100억 정도).

2. 해상풍력단지 전력시스템의 구성

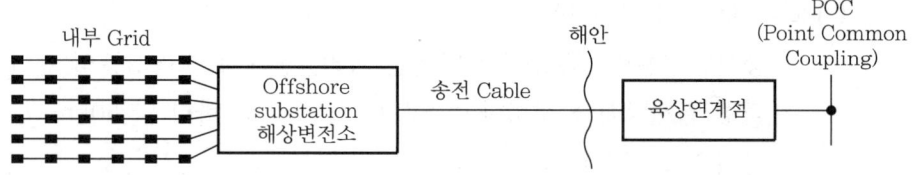

(1) 내부전력망

① 구성 : 내부 풍력터빈과 해저케이블로 구성

② 해저케이블 정격전압 : 35kV 이하

③ 해저케이블은 풍력터빈 사이, 풍력터빈과 해상변전소를 연결한다.

(2) 외부전력망

① 해저케이블 정격전압 : 35 ~ 600kV

② 해상변전소와 육상변전소를 연결하며, 내부전력망 케이블보다 길이가 길고 무겁다.

3. 내부전력망

(1) 내부망 구성

내부전력망의 피더구조는 해상풍력단지의 규모, 신뢰도에 따라 형태가 다양하며 효율, 비용, 신뢰도를 종합적으로 검토해 선정한다.

(2) 내부망의 종류

방사형	루프형(환상형)	Star형	혼합형
• 가장 일반적 구성 • 해상변전소에서 원거리 시 케이블 직경 감소 • 고장점 이후 풍력터빈 출력정지	• 터빈 간 루프 구성 • 케이블 추가로 초기 투자비용 증가 • 동일 정격의 해저케이블 필요	• 1개의 터빈으로 모여서 해상변전소로 송전 • 고장중단 터빈 최소화 • 간선 증가	• 내부그리드 고장 시 풍력터빈의 냉난방 및 통신시스템 전원공급 • 대형 풍력단지 적용

4. 외부전력망

(1) 외부전력망의 구성방식

① 풍력단지용량, 육상에서 떨어진 거리, 연계될 전력계통의 전압을 고려하여 적정 연계방식을 선정하고 HVAC, HVDC(먼 바다 약 50km 이상에서 적용) 방식으로 구성된다.

② 배전전압 이용 및 송전전압 이용의 외부망 특징 비교

구분	구조도	특징
송전급 HVAC		• 내부그리드 전압을 승압하여 (해상변전소에서 33/154 ~ 181kV) 계통연계 • 단지용량이 크고 육지와 거리가 먼 바다일 경우
송전급 HVDC 1형		• 해상변전소에 HVDC 시스템을 추가설치(순변환 : AC/DC) • DC로 송전된 전력을 육상에서 AC로 역변환 • 대용량 장거리에 적용
송전급 HVDC 2형		• 풍력터빈에서 DC를 생산 • 직류 HVDC로 송전 • 육상에서 교류변환 • 대용량 장거리에 적용
배전급 MVAC		• 내부 Grid 전압으로 배전계통 연계 • 해상변전소 필요없음 • Wind farm 용량이 작고, 육지와의 거리가 가까울 경우

(2) 외부전력망 전압

해상변전소와 육상변전소 간 연계하는 전압으로 다음 표와 같이 용량에 따라 구분된다.

발전소 최대 송전용량	전압
20MW 이하	22.9kV
500MW 이하	154kV
1000MW 이하	345kV 또는 154kV
1000MW 초과	345kV 이상

018 부유식(floating) 해상풍력발전시스템의 형식을 분류하고, 장단점을 설명하시오.

(data) 발송배전기술사 20-121-1-1 / 발송배전기술사, 건축전기설비기술사, 전기응용기술사 출제예상
문제

답안 **1. 정의**

부유식 해상풍력이란 풍력발전설비를 물위에 떠 있게 하여 설치비용과 시간을 절감
시킨 해상풍력발전방식(풍력발전시스템을 수면에 부유시킨 시스템)이다.

2. 고정형에 대비한 부유식의 장점

(1) 제작 유리, 기초 토목공사비의 경제성

(2) 양질 바람의 활용도 유리, 용량 증가, 유지·보수 유리

3. 고정형 분류

구분		모노파일	중력식	트라이포트	자켓
특징	적용수심	10 ~ 30m	0 ~ 15m	20 ~ 40m	20 ~ 50m
	지반조건	연약지층	단단한 지층	연약지층	연약지층
예상출력		1 ~ 2MW	1 ~ 2MW	1 ~ 2MW	2.5MW

4. 부유식 해상풍력방식별 종류 및 장단점

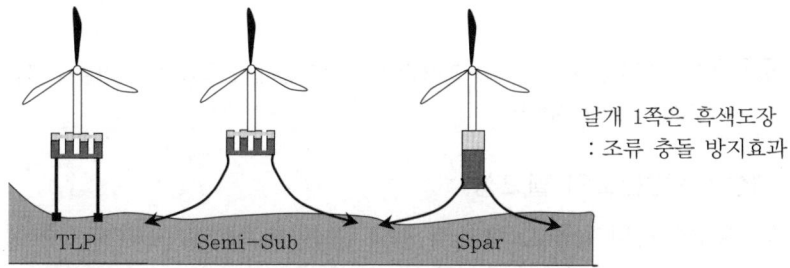

날개 1쪽은 흑색도장
: 조류 충돌 방지효과

TLP   Semi-Sub   Spar

형식＼비교항	개념	중량·출력	수심한계	특징
인장계류식 TLP (Tension Leg Platform)	계류용 줄(line)의 장력을 이용	저, 5 ~ 10MW	30 ~ 300m	• 장점 : 소형 경량 • 단점 : 계류시스템 필요

형식 \ 비교항	개념	중량 · 출력	수심한계	특징

반잠수식
(semi
-submergible)
	부유체의
	부력과
	계류시스템을
	이용한 방식
		고,
		5 ~ 10MW
			50m	• 장점
				– 간편 설치, 모션성능
				– 안정성이 있는 우수한
				  형태
				– 중수심용 풍력발전시스
				  템의 플랫폼으로 적합
				• 단점 : 강재 부식

원통형 (spar)	흡수를 깊게 적용시켜 안정성을 확보하는 방식	중, 5 ~ 10MW	100 ~ 700m	• 장점 : 구조 간단 • 단점 – 대수심 설치비용 큼 – 모션설치 곤란

5. 한국의 적용 현황

울산 → Semi−sub형, Spar형 적용

5MW×40기 = 200MW

---

019 우리나라 해상풍력발전소의 필요성, 발전량, 출력조절방법, 장단점에 대하여 설명하시오.

(data) 발송배전기술사 22-128-3-3 / 발송배전기술사, 건축전기설비기술사, 전기안전기술사, 전기응용기술사 출제예상문제

답안 1. 해상풍력발전소의 필요성

(1) 육상풍력의 단점은 다음과 같고 이를 해소하는 차원에서 해상풍력이 필요하다.

① 환경파괴 등의 비판

② 소음 및 진동 등으로 인한 민원발생

③ 인허가 지연으로 사업 애로

④ 대규모 풍력단지 조성한계

(2) 해상풍력발전소의 필요성

① 대형화가 가능하고, 방대한 설치장소

② 대규모 풍력단지의 조성 가능

③ 주기적이고 강한 바람

④ 소음과 시각적인 위압감 해소

⑤ 경쟁력 있는 한국조선, 해상플랜트 등의 연관 산업과 접목 가능

⑥ 어류와 해저생물의 서식지 및 철새들의 쉼터 역할

2. 해상풍력발전소의 발전량

(1) 풍력발전의 출력

＊ Chapter 04 - 문제 010의 답안 '2.' 내용을 참조한다.

(2) Tip Speed Ratio(TSR : 주속비)

＊ Chapter 04 - 문제 010의 답안 '3.' 내용을 참조한다.

3. 해상풍력발전소의 출력조절방법

(1) 날개각 제어(pitch control)

① 정격속도 이상 시 날개각을 유압기나 전동기로 제어하여 출력을 조정하는
방식이다.

② 섬세한 제어가 필요하다.

③ 장단점

장점	단점
• 날개피치각을 제어하는 방식으로서, 적정 출력을 능동적으로 제어가 가능함 • 피치각의 회전(feathering)에 의한 공기역학적 제동방식을 사용하여 기계적 충격없이 부드럽게 정지 및 계통투입 • 계통투입 시 전압강하나 유입전류(in-rush) 최소화가 됨	• 날개피치각 회전을 위한 유압장치 실린더와 회전자 간의 기계적 링크부분의 장기적 운전 시 마모부식 등에 의한 유지보수 필요 • 외부풍속이 빠르게 변할 경우 제어가 능동적으로 이루어지지 않아 순간적인 Peak 등이 발생할 우려 있음

(2) 실속제어(stall control) 방식

① 블레이드의 공기역학적 형상을 이용한 속도제어방식

② 실속이란 바람의 속도를 잃어버린다는 뜻으로, 날개표면에서 바람이 박리되어 바람의 에너지가 기계에너지로 바뀌지 못하게 되어 출력이 떨어진다.

③ 바람의 속도가 너무 빠르면 블레이드 파손의 우려가 있으므로 피치제어나 스톨제어를 한다.

④ 장단점

장점	단점
• 회전날개의 공기역학적 형상에 의한 제어방식으로 회전자를 이용하므로 Pitch 방식보다 많은 발전량을 생산함(고효율 실현) • 유압장치와 회전자 간의 기계적 링크가 없어 장기운전 시에도 유지·보수가 불필요함	• 날개피치각에 의한 능동적 출력제어 결여로 과출력 발생 가능성 있음 • 회전날개피치각이 고정되어 있어 비상제동 시 회전자 끝부분만이 회전되어 제동장치로서 작동하게 되어 제동효율이 저효율이고, 동시에 유압제동장치가 작동해야 하므로 주축 및 기어박스에 충격이 가하여 짐 • 계통 투입 시 전압강하나 In-rush 전류로 인한 계통영향 우려가 있음

(3) Yaw control

① 블레이드의 방향을 바람방향으로 조정하여 출력제어하는 방법

② **요잉각** : 바람과 블레이드 정면과의 각도

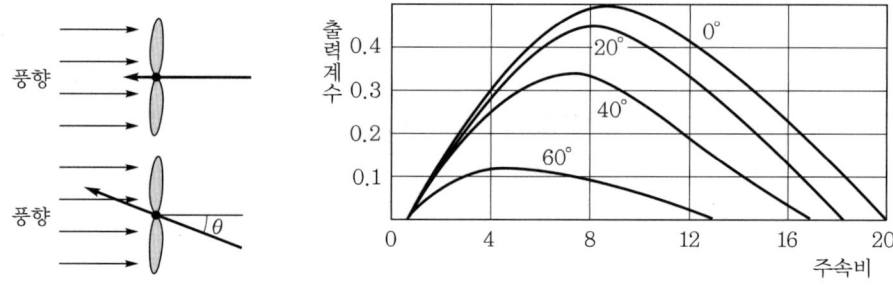

(4) MPPT 제어(최대 출력 추종 제어)

① P & O 방식 : 최대 전력점을 추종하기 위해 변화량을 조정하는 방식

② In cond 방식 : 출력을 미분 시 0이 되는 지점이 최대 출력이라고 가정하고 조정

③ RCC(Ringing Choke Converter) 방식

㉠ 플라이백 방식의 한 종류

㉡ 포워드 방식 스위칭 소자가 ON일 때 전력을 1차측에서 2차측으로 전달시키는 회로방식

㉢ 회로구성이 단순하고 안정적인 제어를 할 수 있기 때문에 많은 스위칭 전원에 채용되고 있음

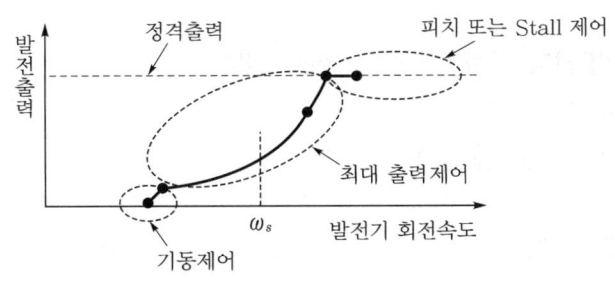

┃ 풍력발전기 속도와 출력 ┃

4. 해상풍력발전소의 장단점

(1) 장점

① 양질의 바람으로 육상풍력보다 고출력이 가능

② 육상풍력보다 설치가 양호(특수운반선으로 운반 후 조립)

③ 대용량 풍력발전이 가능하여 효율 증가

④ 환경파괴가 육상보다 양호

⑤ 독립된 섬과의 연계 가능

⑥ REC가 높은 편

⑦ 관련 산업 발달

(2) 단점

① 고가(구조물, 해양변전소, 해저케이블 고가)

② 해양환경평가 필요

③ FRT 제어 필요

④ **출력 변동** : 날씨, 바람에 민감

⑤ 부식 발생

⑥ 지중송전선로일 경우 충전전류 검토 필요

⑦ 인체감전영향 검토할 필요있음

020 해상풍력발전에 대하여 다음 사항을 설명하시오.

1. 필요성
2. 시스템 구성도 및 원리
3. 문제점
4. 출력조정방법

data 발송배전기술사 24-132-4-2 / 발송배전기술사, 건축전기설비기술사, 전기응용기술사, 전기안전기술사 출제예상문제

답안 **1. 필요성**

(1) 육상풍력의 단점은 다음과 같고 이를 해소하는 차원에서 해상풍력이 필요하다.

① 환경파괴 등의 비판

② 소음 및 진동 등으로 인한 민원 발생

③ 인허가 지연으로 사업 애로

④ 대규모 풍력단지 조성 한계

(2) 해상풍력발전소의 필요성

① 대형화가 가능하고, 방대한 설치장소

② 대규모 풍력단지의 조성이 가능

③ 주기적이고 강한 바람

④ 소음과 시각적인 위압감 해소

⑤ 경쟁력 있는 한국조선, 해상플랜트 등의 연관 산업과 접목 가능

⑥ 어류와 해저 생물의 서식지 및 철새들의 쉼터 역할

⑦ 사업측면에서 국가에서 REC 수치를 높게 하므로 다른 사업의 경제적 효과가 매력적임(은행자금을 이용한 건설비와 발전 시의 이자비용 등의 감가삼각을 고려한 자금의 투자처로서 매력적인 사업으로 기업의 관심이 큼)

2. 시스템 구성도 및 원리

(1) 시스템의 구성도

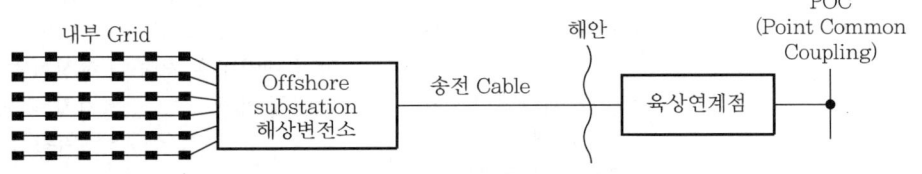

① 내부망 구성과 종류

    ㉠ 구성 : 내부 풍력터빈과 해저케이블로 구성

    ㉡ 해저케이블 정격전압 : 35kV 이하

    ㉢ 해저케이블은 풍력터빈 사이, 풍력터빈과 해상변전소 연결

    ㉣ 내부전력망의 피더구조는 해상풍력단지의 규모, 신뢰도에 따라 형태가 다양하며 효율, 비용, 신뢰도를 종합적으로 검토 선정함

    ㉤ 종류

방사형	루프형(환상형)	Star형	혼합형
• 가장 일반적 구성 • 해상변전소에서 원거리 시 케이블 직경 감소 • 고장점 이후 풍력터빈 출력정지	• 터빈 간 루프 구성 • 케이블 추가로 초기 투자비용 증가 • 동일 정격의 해저케이블 필요	• 1개의 터빈으로 모여서 해상변전소로 송전 • 고장중단 터빈 최소화 • 간선 증가	• 내부그리드 고장 시 풍력터빈의 냉난방 및 통신시스템 전원공급 • 대형 풍력단지 적용

② 해상변전소(offshore substation)

    ㉠ 일반적 구성 : 상부 구조물 + 하부 구조물 + 기초

    ㉡ 상부 구조물 구성 : AC/DC에 필수적 전기설비, 저압 및 고압 설비, 크레인 Heli deck로 구성

    ㉢ 종류 : 컨테이너 데크형, 반폐쇄형, 완전폐쇄형으로 구분

    ㉣ 송전방식은 순변환장치 및 역변환장치가 소요되어 단거리 송전구간에서는 경제성이 뒤지는 HVDC보다 HVAC 송전방식으로 운영

    ㉤ 효율적 에너지 전송

    ㉥ 풍력단지의 규모가 크거나 육지와의 거리가 먼 경우 설치

ⓐ 상부 구조물의 형태 및 특성

구분	컨테이너 데크형	반폐쇄형	완전폐쇄형
특징	• 구간별 독립컨테이너 • 컨테이너 간 공조설비 복잡 • 기기 배치면적이 큼 • 해상환경에 유리 • 설비별 인터페이스 어려움	• 컨테이너와 건물 조합 • 주변압기 실외 설치 • 변압기 냉각비용 저렴 • 염해대책 필요	• 건물 내 배치 • 주변압기는 실내 설치 • 해상환경에 유리 • 기기 최적 배치 가능 • 극악환경을 고려한 형
기술력/비용	높음/3순위	중간/2순위	낮음/1순위

③ 외부전력망

　㉠ 해저케이블 정격전압 : 35 ~ 600kV

　㉡ 해상변전소와 육상변전소를 연결하며, 내부전력망 케이블보다 길이가 길고 무겁다.

구분	구조도	특징
송전급 HVAC		• 내부그리드 전압을 승압하여 (해상변전소에서 33/154 ~ 181kV) 계통연계 • 단지용량이 크고 육지와 거리가 먼 바다일 경우
송전급 HVDC 1형		• 해상변전소에 HVDC 시스템을 추가설치(순변환 : AC/DC) • DC로 송전된 전력을 육상에서 AC로 역변환 • 대용량 장거리에 적용

④ 진송선로

　㉠ Cable : MI 케이블(Mass Impregnated cable), XLPE

　㉡ HVDC, HVAC로 구분

　㉢ 용량, 거리, 전압에 따라서 적정 연계방법을 고려할 것

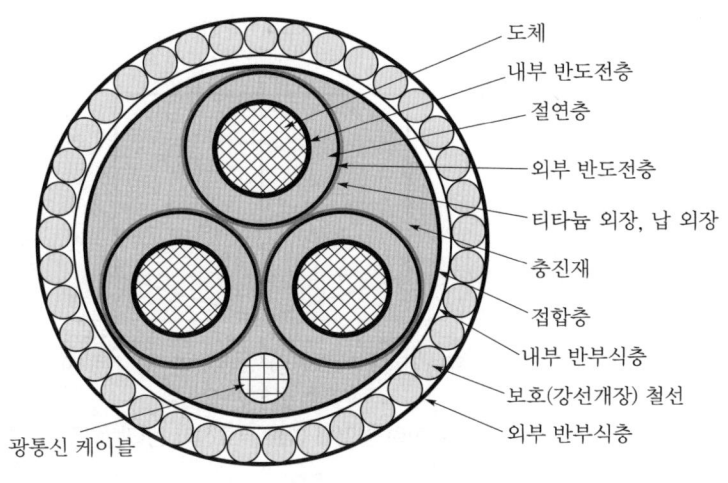

도체
내부 반도전층
절연층
외부 반도전층
티타늄 외장, 납 외장
충진재
접합층
내부 반부식층
보호(강선개장) 철선
외부 반부식층
광통신 케이블

‖ MI 해저케이블 구조 ‖

(2) 풍력발전의 원리

    * Chapter 04 - 문제 010의 답안 '2·3' 내용을 참조한다.

3. 문제점

(1) 고가(구조물, 해양변전소, 해저케이블 고가)

(2) 해양환경평가 필요

(3) FRT 제어 필요

(4) **출력 변동** : 날씨, 바람에 민감

(5) 부식 발생

(6) 지중송전선로일 경우 충전전류 검토 필요

(7) 인체감전 영향 검토할 필요 있음

4. 해상풍력발전소의 출력조절방법

(1) 날개각 제어(pitch control)

(2) 실속제어(stall control) 방식

(3) Yaw control

(4) MPPT 제어(최대 출력 추종제어)

(5) **FRT에 의한 출력제어**

    분산형 전원의 송전계통 연계기준에서 규정한 다음 그림의 재생에너지 발전기의
전력계통 지원에 관한 요구조건을 만족해야 한다.

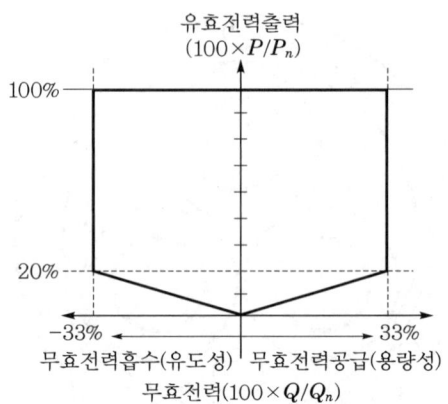

❘ 유효전력 출력에 따른 무효전력 공급범위 ❘

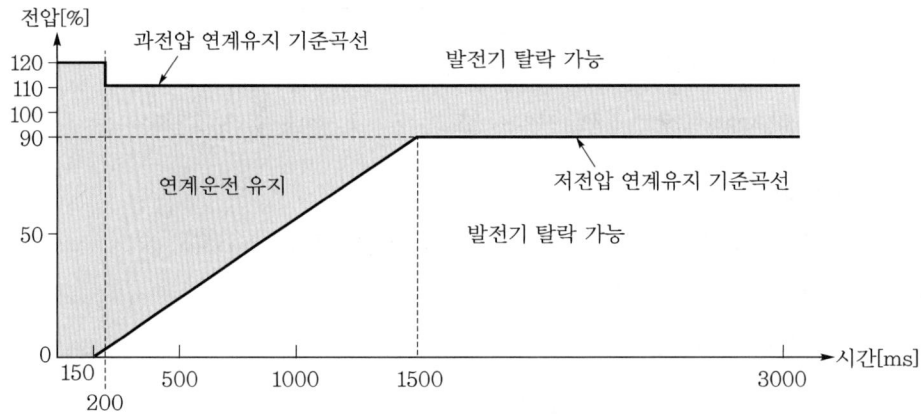

❘ LVRT 저전압 사고 시 연계유지 전압범위 요구조건 ❘

(6) ESS와의 연계를 통한 출력안정화는 다음의 2가지 방법을 검토해야 한다.

① 출력평활제어

② 정출력제어

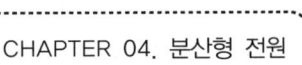

021 수소에너지 제조기술, 저장기술 및 이용기술을 설명하고, 수소생산방식별 종류를 설명하시오.

data 발송배전기술사 22-127-2-2 / 발송배전기술사, 건축전기설비기술사, 전기응용기술사 출제예상문제

답안 **1. 수소에너지 관련 전반적인 구성**

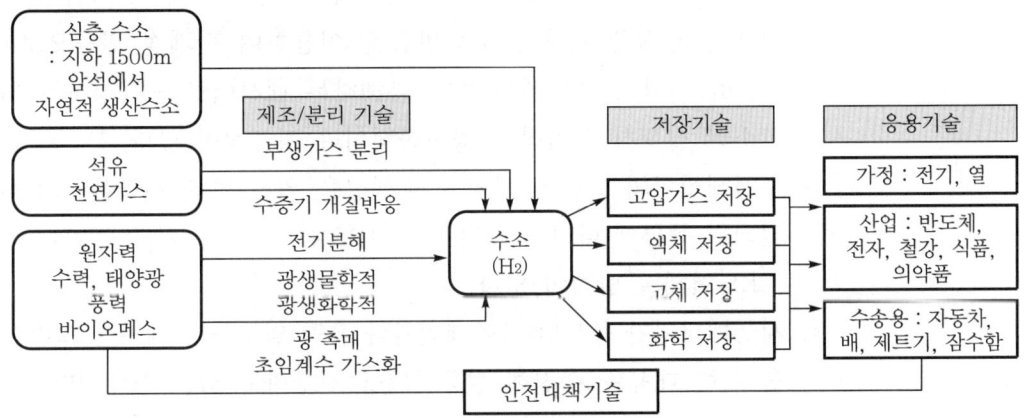

2. 수소의 제조·생산 기술 분류

　(1) Green 수소제조

　　① 원료 : 물

　　② 특성 및 구분

　　　㉠ 수전해 수소제조

　　　　• 전기로 물분해 : 재생에너지(태양광, 풍력 등)를 이용한 물분해에너지를 사용하여 수전해함

　　　　• 소금물 전기분해 과정에서 수소 발생

　　　　$2NaCl + 2H_2O \rightarrow 2NaOH + Cl_2 + H_2$

　　　㉡ 광촉매 수소제조

　　　　• 광촉매반응에서 직접적인 수소 발생

　　　　• 전기에너지 없이 광촉매 이용한 수소 발생

　　　　• $1m^2$당 4L 생산 실험성공, 물(바다, 호수 등)에 뜨는 형태의 광촉매 플랫폼 기술을 이용한 그린수소제조로 큰 관심을 받고 있음

ⓒ 생물학적 기술이용의 수분해 수소제조
- 태양에너지 중 일정한 파장의 빛을 흡수하여 물과 유기물로부터 수소를 발생시킬 수 있는 미생물을 이용하는 기술
- 광합성 직접 물분해, 광합성 간접 물분해, 바이오메스를 이용하는 혐기 발효, 광합성 발효, 가스를 이용하는 전환반응 등으로 구분

ⓔ 저온 열화학사이클에 의한 수소제조 : 열화학적 물분해 수소제조방법은 3300K 이상의 온도에서 수행되는 직접 열분해과정을 산화환원이 용이한 매개체 물질을 사용한 화학반응을 이용하여 단계적 반응으로 나누어 1300K 이하의 온도에서 물을 분해하는 폐사이클을 구성하는 기술

ⓜ 산소만 발생하여 가장 환경친화적이나 경제성이 낮다.

ⓑ 수전해설비의 효율이 낮아 수소생산을 위해 많은 전력을 사용한다.

ⓢ 전해질 종류에 따라 고분자전해질(PEM), 고체산화물(SOEC), 알카라인(AE) 전해질 방식이 있다.

ⓞ 재생에너지가 풍부한 북아메리카나 유럽 일부 지역에서는 그린수소생산을 위한 대용량 수전해 실증사업을 진행하고 있는 상태이다.

(2) Blue 수소(개질수소)

① **원료** : 천연가스

② **특성**

ⓐ 수증기 촉매개질(SMR : Steam Methane Reforming) → 천연가스 투입

ⓑ 고온·고압화 수증기와 화학반응 천연가스에서 개질기로 수소추출 :
$$CH_4 + H_2O(500℃) \rightarrow CO + 3H_2$$

ⓒ 탈황장치(HDS : Hydrogen Desulfurizatin System) : 탄화수소 제거 및 스팀 개질기 촉매(니켈)에 치명적인 황 제거역할

ⓓ 고온 전환반응기(HTS : High Temperature Shift Reactor)에서 수소생산 :
$$CO + H_2O(1000℃) \rightarrow CO_2 + H_2$$

ⓔ 장점 : 천연가스의 공급이 원활할 경우 충분히 생산 가능

ⓑ 단점 : 이산화탄소 발생으로 CCS 설비 필요

ⓢ 생산과정 중 발생하는 이산화탄소를 대기로 방출하지 않고 포집 및 저장기술인 CCS 기술을 이용해 이산화탄소를 따로 저장

ⓞ 그레이수소 대비 친환경성이 높음

(3) Gray 수소(부생수소)

① **원료** : 석유, 석탄, 나프타

② 특성

㉠ 석유화학공정 부산물로 발생

㉡ 정유화학공정 및 제철과정에서 발생하는 부생가스 내에서 분리하는 방법

㉢ 프로판에서 프로필렌 생산과정에서 수소 발생 : $C_3H_8 \rightarrow C_3H_6 + H_2$

㉣ 현재 생산되는 수소의 약 96%는 화석연료로부터 수소를 생산하는 그레이수소

㉤ 장점 : 추가설비투자 없고, 높은 경제성

㉥ 단점 : 대량생산 한계

㉦ 천연가스의 주성분인 메탄과 고온의 수증기를 촉매화학반응을 통해 수소와 이산화탄소를 만들어내는데, 약 1kg의 수소를 생산하는 데 이산화탄소 10kg을 배출

㉧ 신재생에너지로부터 전력을 생산하는 단가가 높아 아직까지는 그린수소를 생산 시 경제·기술적 한계로 현재는 그레이수소를 주로 사용

3. 수소에너지의 저장기술

(1) 기체수소 저장

① 현재는 수소를 저장 및 운송할 때 기체수소를 고압으로 압축하여 저장탱크에 보관하며, 저장한 탱크를 화물차로 운반, 활용하고 있다.

② 기체수소의 저장방식은 수소를 많이 저장하지 못하여 효율성이 떨어지는 단점이 있다.

(2) 액화수소 저장

① 수소를 액화상태로 저장할 경우 기체수소의 800배나 부피가 작기 때문에 운송에 있어서 800배의 효율을 낼 수 있게 된다.

② 고효율인 만큼 기체수소를 액화시키려면 영하 253도까지 온도를 낮춰야 한다.

③ 이 상태로 유지하고 운반까지 해야 하기 때문에 아직까지는 기술력의 부족으로 시장에서 사용하지 못하고 있다.

(3) 고체수소 저장

① 고체수소 저장방식의 경우 메탈합금과 열화학반응을 통해 고체에 저장시키는 방식이다.

② 저장탱크가 필요 없다는 부분에서 가장 단순하면서 안전한 방법이지만 무게가 많이 나가는 이유로 일반적으로 사용하지 못하고 잠수함에 사용되는 등 사용범위에 제한이 있다.

4. 수소수송기술

comment 한국산업기술진흥협회 자료 중에서 참조했다.

(1) 수소운송방식의 분류

수소운송 상태	운송방식	적합한 운송조건 및 특징
기체 운송	배관	• 소규모, 단거리에 대해 연속공급 시 • 대규모, 장거리에 대해 연속공급 시 • 수소운송량이 적고 소비지가 수소생산시설과 인접하여 배관 건설비용이 사용량 대비 효율성이 있을 때 주로 사용 • 배관공급압력은 20bar 내외이며 건설비용은 대략 10억 원/km 내외 • 부생가스로부터 부생수소생산이 가능한 울산, 여수 및 대산과 같은 석유화학단지를 중심으로 집중적으로 구축됨(전체 배관길이는 약 200km) • 해외에서는 배관을 통한 대량의 수소를 값싸게 공급하기 위하여 배관공급압력을 100bar까지 증가시키면서 수명을 50년으로 목표한 배관 재질 및 설치에 대한 기술개발을 진행 중
	튜브 트레일러	중소규모, 중장거리에 간헐적 공급 시
액체 운송	액화 / 탱크로리	• 액화 제조 및 저장 시설과 연계될 경우 • 중대규모, 중장거리에 공급할 경우 • 액화 시 소요되는 전력에 의한 온실가스 배출량 증가에 대한 고려가 필요 • 수소를 대기압 기준 영하 253℃까지 냉각하여 액체상태로 탱크로리를 통해 운송하는 방식 • 상용화된 기술로 1 ~ 2bar 압력 이하로 대량운송이 가능하다는 장점과 고압 관련 규제회피가 가능하며 대도시 내 수소공급에 적합한 방식 • 단점 : 상용화하는 데 많은 전력이 소비되며 이에 따른 온실가스 배출량이 많음
	액상 / 탱크로리, 선박	• 액상 물질(암모니아, 액체유기금속 등) 제조시설과 연계될 경우 • 중대규모, 중장거리에 공급할 경우 • 상온·상압과 유사한 온도 및 압력 조건하에서 유·무기 화합물을 이용하여 액상형태로 저장된 수소를 운송하는 기술 • 액화에 따른 단점을 극복할 방법이 액상화합물 형태로 수소를 운송하는 방법 • 장점 : 액체상태로 대량의 수소를 운송할 수 있음 • 수소저장소재가 액상 유기화합물인 경우 통상적으로 Liquid Organic Hydrogen Carrier(LOHC)로 명명 • 대표적인 LOHC의 예로는 Methyl-cyclohexane(MCH), N-methyl carbazole, Dibenzyltoluene의 수소화된 화합물 등이 있으며, 유기화합물 이외에 유·무기 복합체 등이 있음

수소운송 상태	운송방식	적합한 운송조건 및 특징
액체 운송	액상	탱크로리, 선박	• 톨루엔에 수소를 첨가하여 MCH형태로 전환한 후 이송하여 수소 수요처에 구축된 탈수소화 플랜트를 통해 수소를 재생 산하고, 다시 톨루엔으로 전환함으로써 수소 운송사이클이 형성되는 기술 • Toluene-MCH(methylcyclohexane) 사이클을 이용한 수소 저장, 재방출 촉매 및 시스템에 대한 연구를 수행 • 수소를 톨루엔에 저장하고, 이를 선박을 이용해 일본까지 운 송하는 실증 프로젝트를 수행 중 • 액상 암모니아를 이용한 대용량 수소 저장·방출 기술로서 아래 그림의 개념임 • 액상 암모니아를 이용해 대규모 선박에 운송하는 방식으로 한국이 산유국으로 발전될 가능성이 대단히 높은 기술임

(2) 액상 암모니아를 이용한 대용량 수소 저장·방출 기술

① 개념도

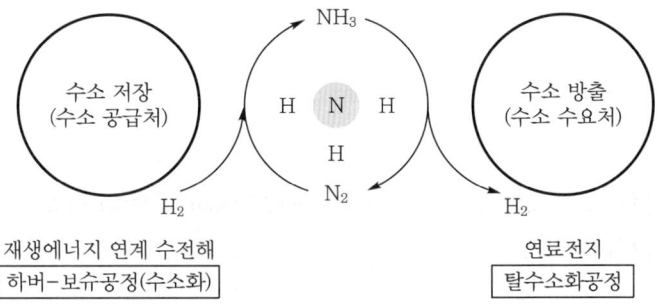

┃ 액상 암모니아를 이용한 대용량 수소 저장·방출 기술개념 ┃

② 액상 암모니아를 이용한 대용량 수소운송 및 저장기술의 특성

ㄱ 액상 화합물로 수소를 대량 운송하는 방법으로는 암모니아수로 만든 후
   개념도와 같이 수소로 분리한다.

ㄴ 암모니아를 이용한 수소운송기술은 암모니아를 수소캐리어로 활용하는
   기술로서, 상온·상압과 유사한 온도 및 압력 조건하에서 액상 암모니아를
   운송하고 저장하여 필요 시 암모니아를 분해해서 수소를 생산할 수 있다.

ㄷ 암모니아는 부피대비 수소저장용량이 약 120kg-H_2/m^3이며, 이 값은 동
   일 무게비율을 갖는 액화수소의 수소저장밀도(60kg-H_2/m^3)보다 약 2배
   높은 수치이다.

ㄹ 암모니아는 끓는점이 약 -33℃로 액화에 필요한 에너지가 낮고 액화
   (25℃, 8bar)가 용이한 물질이므로 저압 압력용기에 저장이 가능하다.

ⓜ 동시에 LPG와 유사한 상변화 특성이 있어 현존하는 암모니아 저장 및 이송 인프라를 사용할 수 있어 잠재적으로 경제성을 확보할 수 있는 장점이 있다.

ⓑ 수소와 질소로부터 암모니아를 생산하는 공정은 이미 상업화된 하버−보슈 공정이 있고 암모니아 분해를 통해 수소를 생산하는 공정에 대한 기술개발이 진행되고 있다.

ⓢ 해외에서는 이미 상업화되어 암모니아로부터 생산된 수소를 이용한 연료전지 발전사업이 진행되고 있다.

ⓞ 일본은 호주에서 태양광으로 생산된 전기에너지를 활용하여 수전해 기술을 통해 물로부터 생산된 수소와 공기로부터 분리된 질소를 이용하여 암모니아를 합성하는 프로젝트를 추진 중이며, 이를 통해 생산된 액상 암모니아를 LPG 선박에 저장 후 일본으로 운송하는 계획을 추진하고 있어 파일럿 설비가 2019년부터 운영중이다.

022 연료전지 중 고체산화물 연료전지(SOFC : Solid Oxide Fuel Cell)의 특성과 장단점에 대해 설명하시오.

data 발송배전기술사 19-118-4-1 / 발송배전기술사, 건축전기설비기술사, 전기응용기술사 출제예상문제

답안 1. 동작원리

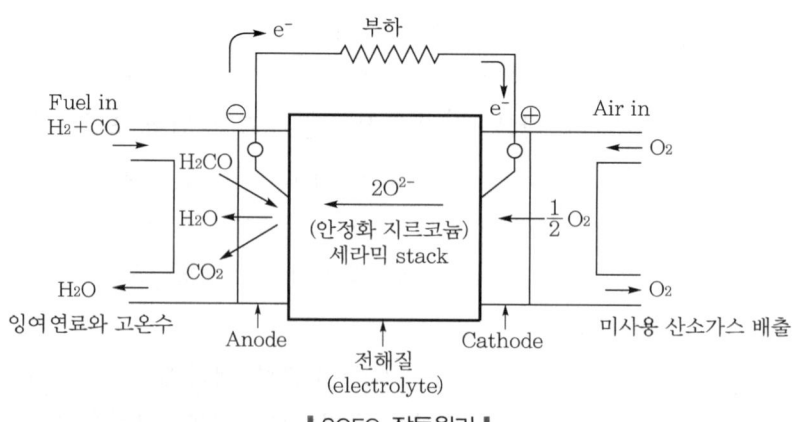

┃SOFC 작동원리┃

(1) SOFC의 공기극에서는 산소가 전선으로 전달된 전자와의 환원반응에 의해 산소 이온이 되어 고체산화물 전해질(8% YSZ) 내부로 이동하며, 연료극에서 수소는 산소이온과 산화반응을 통해 열(heat)과 물(H_2O)을 생성한다.

(2) 탄화수소연료의 경우 이산화탄소(CO_2) 또는 일산화탄소(CO)를 만든다. 즉, 스팀 개질장치에서는 $CH_4 + H_2O \rightarrow 3H_2 + CO$로 수소와 일산화탄소 발생 후 $CO + H_2O \rightarrow H_2 + CO_2$ 생성한다.

(3) 그리고 전자 e^-가 회로를 통해 양극으로 이동하여 전류를 흐르게 한다.

(4) 연료극 반응(anode)에서는 산소이온과 수소가 반응하여 $H_2 + O^{2-} \rightarrow H_2O + 2e^-$ 되어 $E_1 = 0.83V$가 발생한다.

(5) 공기극 반응(cathode)에서는 산소가 산소이온이 되어 YSZ 전해질 속으로 들어가 반응은 $\frac{1}{2}O_2 + 2e^- \rightarrow O^{2-}$, $E_1 = 0.40V$

(6) 전체반응 시 Cell당 발생전압

$$H_2 + \frac{1}{2}O_2 \rightarrow 2H_2O$$

$$E = E_1 + E_2 = 0.83 + 0.4 = 1.23V$$

(7) 기본 작동원리란 산소 이온전도성 전해질과 그 양면에 위치한 공기극(양극) 및 연료극(음극)으로 이루어져 있어, 공기극에서 산소의 환원반응에 의해 생성된 산소이온이 전해질을 통해 연료극으로 이동하고, 다시 연료극에 공급된 수소와 반응함으로써 물을 생성할 경우, 연료극에서 전자가 생성되고 공기극은 전자가 소모되므로 두 전극을 서로 연결하여 전류를 발생시키는 것이다.

2. SOFC(Solid Oxide Fuel Cell)의 특성

comment 11개 항목 중 6개 항목 정도만 기록해도 된다.

(1) 3세대 연료전지로 불리는 고체산화물 연료전지(SOFC)는 산소 또는 수소 이온을 투과시킬 수 있는 고체산화물을 전해질로 사용하는 연료전지이다.

(2) 탄화수소를 직접 전기변환시킬 수 있다.

(3) SOFC의 연료극(anode)과 공기극(cathode)은 다공성 전극으로 구성되어 있으며 Anode는 YSZ에 니켈을 혼합한 물질이며, Cathode는 란타넘 스트론튬 망가나이트(LSM)가 지르코니아 전해질과의 호환성 때문에 사용되고 있다.

(4) SOFC는 구성재료가 세라믹이기 때문에 전극 단면을 MCFC처럼 크게 할 수 없으며, 단위전지당의 출력이 MCFC보다 한 자리수가 낮은 관계로 중간규모 정도의 고효율 전원으로 기대되고 있다.

(5) SOFC는 수소와 탄화수소를 자유롭게 연료로 사용할 수 있고 고체산화물형이며 작동온도가 연료전지 중 가장 높은 600 ~ 1000℃(가장 큰 특징임)이다.

   ① 고온(약 1000℃)에서 작동되므로 구성요소의 대부분이 세라믹 및 내열성 금속으로 구성된다.

   ② 이 온도에서는 수소와 일산화탄소의 전기·화학적 산화반응이 일어나고 촉매 없이 연료가 개질된다.

   ③ 운전온도 1000℃에서 금속재료의 적당한 열적·기계적 강도를 요구하기 때문에 가스누출방지가 가장 중요한 과제이다.

(6) SOFC 시스템

   ① Anode는 니켈-지르코늄 세라믹 합금

   ② 고분자 중합체(membrane)의 고체 전해질

   ③ Cathode는 안정된 산화이트륨으로 된 지르코늄

   ④ 발전의 기본단위인 세라믹 셀, 셀의 결합체인 스택, 스택이 구동을 할 수 있도록 해주는 기계장치류(mechanical-BOP), 전기장치류(electrical-BOP)로 구성된다.

(7) SOFC의 전해질

   ① 안정화된 산화이트륨으로 가스가 스며들지 않은 산이온이 효율적으로 접촉하고 있는 얇은 산화지르코늄[고체상태의 비디공성 고체산화물의 혼합물(ZrO_2 + Y_2O_3) 전해질]을 사용한다.

   ② 산소이온(O^{2-})을 투과시킬 수 있는 고체산화물(세라믹 조밀층)로 되어 있고, 고체산화물은 8% YSZ(Yttria Stabilized Zirconia, 8% Y_2O_3-ZrO_3-이트륨을 포함하는 지르코늄 산화물)을 주로 사용한다.

   ③ 전해질은 액체가 아닌 고체 고분자 중합체(membrane)로서 다른 연료전지와 구별된다.

   ④ 고열을 사용하므로, 재료 간의 열팽창 차이에 의한 기계적 변형 방지가 필요하다.

(8) 기하학적인 모양에 따라 원통형, 평판형, 일체형 등으로 구분한다.

(9) SOFC는 연료를 산화시켜 수소를 탄화수소(hydrocarbon)로 만든다.

(10) 인산형 및 알칼리형 연료전지시스템과 비슷하게 멤브레인을 이용하는 연료전지는 촉매로 백금을 사용하나 SOFC는 촉매가 없어, 부식문제가 없고 일산화탄소 농도와 무관하다.

(11) 상업적으로 발전설비, 자동차 등의 응용을 위해 개발 중이다.

3. SOFC의 장점

comment 16개 항목 중 10개 항목 정도만 기록해도 된다.

(1) 출력밀도가 크므로 소형화가 가능하며, 기술이 인산형과 유사하여 응용기술의 적용이 쉽다.

(2) 구성요소가 모두 고체이므로 취급이 간편하고, 다양한 형태의 제작이 가능하다.

(3) 시스템이 간단하고 저비용화로 산업용으로 비교적 빠른 시기에 적용될 것으로 보인다.

(4) 산업용보다는 출력이 작고 연간 가동시간이 짧다.

(5) 도서 벽지나 항시 전원이 필요한 장소에 적합하다.

(6) 탄화수소를 직접 연료로 사용하고 CO로부터 안전하다.

(7) 급속한 기동 및 정지에 따른 셀의 파괴와 작동온도로 인해 무게와 부피의 최소화가 가능하여 군사용 등에 사용하고 고출력 밀도가 가능하다(향후 레이저 무기의 전원에 사용 등).

(8) 연료전지 가운데 가장 효율(55%, 열병합발전 시 90%)이 높고 공해가 적다.
   ① 운전온도는 약 500 ~ 1000도로 열병합발전 가능
   ② 고온의 가스를 배출하기 때문에 폐열을 이용한 열복합발전이 가능

(9) 고온에서 작동 동작온도가 높으므로
   ① 연료전지에 가스터빈과 연계한 복합시스템이 가능(효율 60 ~ 80% 정도)
   ② 동작온도가 높아 전체적인 내부개질이나 가스터빈에서 폐열을 회수하므로 발전효율 향상
   ③ 고가의 백금촉매를 사용하지 않아 부식문제 없고 전해질 제어, 외부 개질기 도입 등의 단점 없음
   ④ 전극반응이 원활하고 전기출력이 큼(MCFC 대비 보다 고온)
   ⑤ 고온에서 작동하기 때문에 귀금속 촉매가 필요 없으며, 직접 내부 개질을 통한 연료공급 가능

(10) 분해성 혹은 부식성 액체를 사용하지 않으므로 보수가 용이하다.

(11) 일산화탄소 농도와 무관하다(인산형이나 알칼리형은 부식문제로 1000ppm 이하의 일산화탄소 농도이어야 함).

(12) 액체전해질의 경우와 달리 두 전극 사이의 압력차이에 견딜 수 있다.

(13) 연료전지 중에서 가장 효율이 높고, 공해가 적다.

(14) MCFC와는 달리 환원전극에 CO_2를 가할 필요 없다.

(15) Bipolar plate(분리막) 고온에 견디는 원통형 스택과 연계되어 산화와 환원 분위기에서 우수한 안정성이 있다.

(16) 전기전도도 및 열전도도가 세라믹보다 우수한 금속분리막을 사용할 수 있으므로 저가이고, 큰 면적으로 제작하기가 용이하다.

(17) 군사용 드론에 적용 시 가솔린엔진보다 소음이 매우 작아 은밀한 군사작전수행에 큰 도움이 된다.

4. SOFC의 단점

(1) 작동온도가 낮아질 경우 충분한 출력을 얻을 수 없다.

(2) 고온에서 작동하므로 주변재료 선택에 한계가 있다.

(3) 작동온도가 낮아질 경우 충분한 출력을 얻을 수 없다.

(4) 산화전극쪽의 산화분위기에 의한 금속의 산화로 인해 비저항이 상승한다.

(5) 모든 구성품이 고체로 되어 있어 연료와 공기가 새지 않게 밀봉하는 것이 어려우며 고온에서 운전하므로 시동과 정지의 절차가 복잡하고 시간이 많이 소요된다.

(6) 저온작동을 위해서는 낮은 이온전도도를 보상하기 위해 전해질 막이 얇아야 한다. 따라서, 전해질 막이 얇아지면 기계적 물성이 저하한다.

reference

1. SOFC 응용분야

구분	응용분야	특징
휴대용	휴대전원용	• 무게와 부피의 최소화로 군사용 등에 사용 • 고출력 밀도가 가능함
수송용	보조전원용	• 자동차(2kW급), 트럭, 선박(수백kW급) 비행기에 응용 • 급속한 지동과 정지에 따른 셀의 파괴와 작동온도가 높음
발전용	가정용 발전용 (1 ~ 10kW)	• 도서 벽지나 항상 전원이 필요한 장소 • 산업용보다 출력이 작고 연간 가동기간이 작음 • 시스템이 간단해야 하고 비용이 낮을 것
	중규모 발전용 (100 ~ 1000kW)	• 산업용으로 빠른 시기에 적용될 것임 • 대용량으로 요구되므로 중대형 스택제조기술이 필요
	대형 분산발전용 (수MW 이상)	• 고신뢰도와 저제조비용이 요구됨 • 연료전지에 가스터빈과 연계한 복합시스템이 가능 (효율 60 ~ 80% 정도)

[비고] 1. 국내 여러 회사들이 5 ~ 150kW급 세라믹 셀과 스택제조기술 상용화 준비 중
   2. 외국은 250kW급 효율 55% 수명 1만 시간 운용 중

2. 연료전지 종류(재료 및 각 종류별 특성)

구분	1세대형 (인산형, PAFC)	제2세대형 (용융탄산염형, MCFC)	제3세대형 (고체 전해질형, SOFC)	제4세대형 (고체 고분자형, PEMFC)
전해질	인산수용액 H_3PO_4	리튬-나트륨계 탄산염 리튬-칼륨계 탄산염	지르코니아계 세라믹스 (지르코니아 ZrO_2 산화칼슘의 혼합물 등)	고분자막
작동온도	200℃	650~700℃	900~1000℃	70~90℃
연료	천연가스(개질) 메탄올(개질)	천연가스 석탄 가스화 가스	천연가스 석탄 가스화 가스	수소 메탄올(개질) 천연가스(개질)
발전효율	35~42% 정도	45~60%	45~65%	30~40% (개질가스 사용의 경우)
용도	• 분산배치형 • 수용가 근처	• 분산배치형 • 대용량 화력 대체형	• 수용가 근처 • 분산배치형	• 수용가 근처, 전기 자동차용 • 분산배치형
특징	실용화에 가장 가까움	• 고발전 효율 • 내부개질이 가능	• 고발전 효율 • 내부개질이 가능	• 저온에서 작동 • 고에너지 밀도 • 이동용 동력원 및 소용량 전원에 적합
현재의 개발상황	• 5000kW 및 11000kW급 플랜트의 운전시험 완료 • 실용화 단계 • 지역공급용 연료전지로서 설치, 운전	• 1000kW급 파일럿 플랜트 및 200kW급 내부개질형 스택의 연구개발 실시 중 • 소규모(100~250kW) 개발로 발전주식회사에서 실증시험 중	• 기초 연구단계 • 향후 도심부에 적응 기대성이 높음 • 시범용 고분자전해질형 연료전지의 전원에 의한 자동차는 실험결과 우수성이 입증되므로 향후 자동차용에 응용가능성이 매우 큼	• 수kW 가정용 • 수십kW 빌딩용 전원의 개발 실시 중 • 수kW의 모듈 개발 중

SECTION 03 전기저장장치

023 에너지 저장장치(ESS : Energy Storage System)에 대하여 다음을 설명하시오.
1. 분산전원에서 에너지 저장의 필요성
2. 용도에 따른 에너지 저장장치의 분류
3. 슈퍼 커패시터(super capacitor)의 에너지 저장 원리와 종류

data 발송배전기술사 23-131-3-4 / 발송배전기술사, 건축전기설비기술사, 전기응용기술사 출제예상 문제

답안 1. 분산전원에서 에너지 저장의 필요성

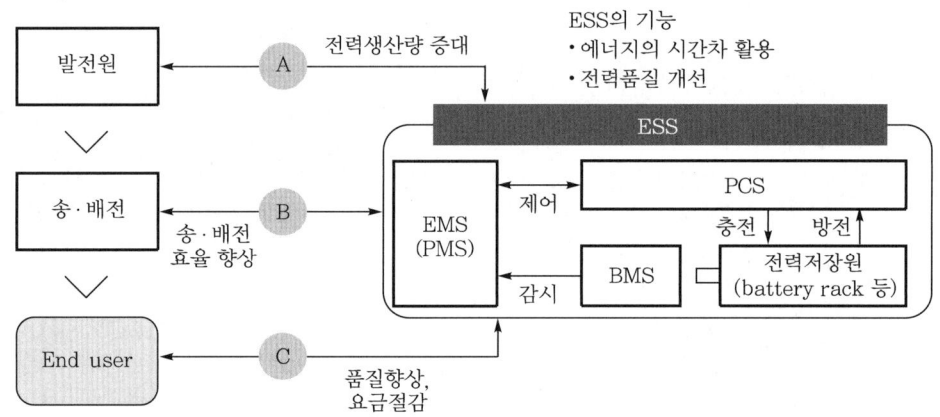

ESS의 구성

┌ 전력저장원 : 리튬이온전지(LiB), NaS(나트륨 유황전지), RFB(레독스 흐름전지), 슈퍼 커패시터, 플라이 휠, 압축공기저장
└ PCS : AC 계통과 DC 배터리 간의 연계를 위한 전력변환시스템

(1) 주파수 조정
① 규정주파수 초과 시 충전하고, 규정주파수 미달 시 방전으로 주파수를 조정한다.
② 적용 : 전력공급 계통

(2) 신재생출력의 안정
① 신재생에너지 불안정 해소(에너지 발생의 간헐성)로 출력의 평활화를 도모한다.

② 심야에 풍력발전 생성에너지를 충전하고, 주간의 중부하 시간에는 방전하며 경부하 시간에 충전한다.

③ 적용 : 풍력 및 태양광

(3) 피크감소

① 경부하 시 충전, 중부하 시 방전으로 발전소 및 변전소의 투자지 절감

② 경부하 시 심야발전량을 이용하여 충전, 주간발전량이 부족할 때 방전으로 부하의 평활화 도모

③ 적용 : 가정, 빌딩

2. 용도에 따른 에너지 저장장치의 분류

(1) 발전용

① 잉여전력을 저장한 후 첨두부하 시 공급, 부하 급변 시 순동예비력(1차)을 활용하여 주파수 안정화

② 전력부하이동(피크 shifting) 및 최대 부하 감소(peak cut)

③ 전력계통 보조서비스

구분	내용
주파수 조정 및 예비력 서비스	발전소에서 주파수 조정을 위해 약 5%를 예비력으로 보유, 이러한 주파수 조정용량을 ESS로 대체하게 되면 국가편익 발생
전압관리	Voltage management로 전압안정도 향상
자체기동서비스	Black start로 외부의 상용전원이 정전 시, 원자력 발전시스템에서 특별히 필요한 시스템임(power to restart a generating station may come from an onsite standby generator)

④ 발전소의 SPS 운전 조건 완화용

(2) 주파수 조정용 ESS : 발전소나 대형 변전소 야유 부지 안에 설치함

① 발전전력의 Time shifting

㉠ 발전전력의 피크 절감

㉡ 발전효율 개선

㉢ 발전비용 절감

㉣ 효율적인 전력망 운영발전소에서 주파수 조정을 위해 약 5%를 예비력으로 보유, 이러한 주파수 조정용량을 ESS로 대체하게 되면 국가편익 발생

② 전력계통 품질유지 기능

㉠ 유효전력 충·방전 : 발전소 건설비용 절감 및 안정도 유지

㉡ 부하 피크시간대에 유효전력을 공급시켜 주파수의 일정 범위 유지

ⓒ 무효전력의 공급과 흡수(제어)
- 무효전력을 제어하여 전압안정도 유지 효과

즉, $\Delta e \fallingdotseq \dfrac{PR + QX}{V_r} \fallingdotseq \dfrac{QX}{V_r} \fallingdotseq QX$ 에서 전압강하를 조정시켜 전압안

정도 유지
- 전력망에 설치하는 조상설비비용 절감

(3) 송·변전용

① 전압 불안정 시 무효전력 공급으로 전압안정도 향상

② 변전소 내에 설치하여 소방법령상 정전방지를 통한 안정적 전력공급수단인
비상(예비)전원으로 활용

(4) 신재생 출력안정용 ESS(연계용 ESS)

① 신재생에너지의 경우 전력계통과 연계 시 출력 불안정과 전압변동 등 전력품
질이 악화될 우려가 있다. 이러한 상황을 대비하여 ESS를 설치한다.

② 신재생에너지 출력을 일정하게 유지, 즉 신재생에너지 발전원 출력의 안정화
(renewable integration)

(5) 수용가용

① 정전 시 비상전원(UPS)으로 사용

② 소방법령상 정전방지를 통한 안정적 전력공급수단인 비상(예비)전원으로 활용

③ 비상발전 대체

④ 피크감소용 ESS

ⓐ 전력사용 고객이 심야시간의 싼 전기를 ESS(에너지저장장치)에 저장해
두었다가 주간 피크시간에 사용

ⓑ 전기요금을 절감하기 위해 설치(즉, 부하전력의 shifting)

3. 슈퍼 커패시터(super capacitor)의 에너지 저장 원리와 종류

(1) 슈퍼 커패시터의 정의

에너지 저장기술의 여러 종류 중 전자기적 저장방법에서 전기적 저장장치로서,
축전용량이 매우 크고 초고용량 커패시터이다.

(2) 슈퍼 커패시터의 구조 및 원리

① 구조 : 양·음극, 다공성 전극, 전해질, 집전체, 분리막

ⓐ 전극 : 탄소 사용, 낮은 내부저항 물질

ⓑ 전해질 : 유기물·무기물 전해질

ⓒ 분리막 : PP 계열 고분자막, 크라프트지

② 원리(전기화학적 메커니즘)

　㉠ 단위 셀 전극 양단에 수볼트 전압을 인가해 전해액 내 이온들이 전기장을 따라 이동 후 전극표면에 흡착되어 에너지 저장

　㉡ 저장에너지 : $E_c = \dfrac{1}{2} C V^2$

　여기서, $C = \varepsilon \dfrac{A}{d}$ [F], C가 큰 커패시터, V : 저전압 인가

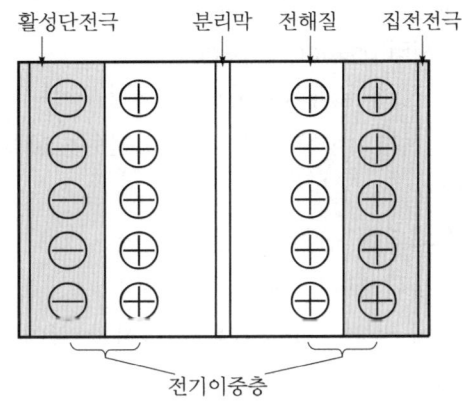

활성단전극　　분리막　전해질　집전전극

전기이중층

‖ 슈퍼 커패시터 구조 및 원리 ‖

(3) 슈퍼 커패시터의 종류 및 특징

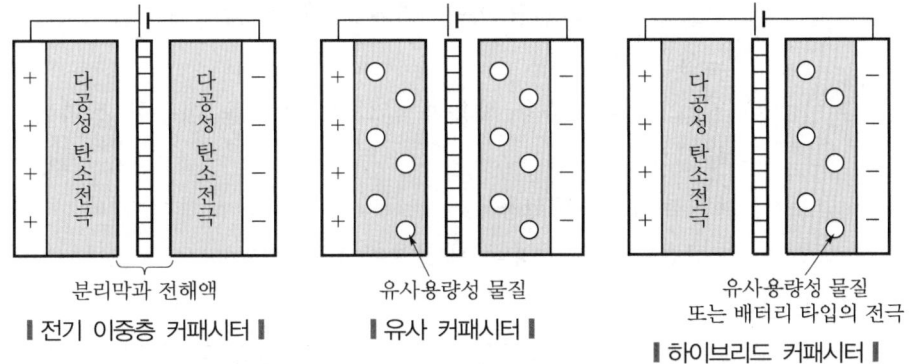

분리막과 전해액　　　유사용량성 물질　　　유사용량성 물질 또는 배터리 타입의 전극

‖ 전기 이중층 커패시터 ‖　**‖ 유사 커패시터 ‖**　**‖ 하이브리드 커패시터 ‖**

① 전기 이중층 커패시터(EDLC : double layer)

　㉠ 구조 : 대칭 활성탄전극, 분리막, 전해액

　㉡ 원리 : 전기이중층을 형성하여 고밀도 에너지 저장

　㉢ 특징

　　• 전기화학반응이 없음(정전기적 대전만 이용)

　　• 충·방전 시 흡열반응 없음

　　• 일반전지보다 고출력, 장수명

- 전극표면에만 전하 축적
- 2차 전지보다 용량이 적어 보조전원으로 활용

② 적용 : 군사, 의료, 전기차, 신재생에너지 보조전원

⑩ 리튬이온 배터리와 EDLC 비교

구분	리튬이온 배터리	EDLC
장점	높은 에너지 밀도	높은 출력밀도
단점	충·방전 속도 낮음, 충·방전 시 열화	낮은 에너지 밀도, 낮은 CELL 전압

② 유사 커패시터(pseudo capacitor)

　㉠ 구조 : 전극 금속산화물로 전도성 고분자를 포함

　㉡ 원리 : 전기이중층 작용과 산화환원반응을 이용한 전력에너지 축적

　㉢ 특징

- 전기화학적 산화환원반응 수반
- 커패시터보다는 배터리와 유사
- 전극에 전도성 고분자를 포함하고 있어 금속산화물보다 낮은 산화반응이 있음
- 유연성 우수(고분자)

③ 하이브리드 커패시터(hybrid) : 배터리 + 커패시터 기능

　㉠ 구조 : 비대칭 전극(양극-대용량, 음극-고출력), 탄소재 금속산화물+전도성 고분자

　㉡ 원리 : 전기이중층 작용과 산화환원반응을 이용한 전력에너지 축적

　㉢ 특징

- 비대칭 전극 사용
- 고전압 가능 : 양극 내전압이 작동전압

(4) 비교표

분류특성	전기이중층 커패시터		유사 커패시터		하이브리드 커패시터	
전극재료	활성탄 탄소에어로겔		금속산화물	전도성 고분자	탄소재, 금속산화물, 전도성 고분자	
전해질	수계	비수계	수계	수계, 비수계	수계	비수계
작동전압[V]	> 1	> 3.3	> 1	> 2.7	> 1	> 4.2
메커니즘	전기이중층		전기이중층+산화환원		전기이중층+산화환원	
비고	양극과 음극에 동일 전극		복합재 형태로도 사용		전극 하이브리드가 일반적(탄소전극 + 금속산화물 전극)	

024 전기에너지 저장기술에 대하여 역학에너지, 열에너지, 전자기에너지, 화학에너지로 구분하여 설명하시오.

025 에너지 저장방식을 역학적·열적·전자기적·화학적 방식으로 구분하여 저장원리를 설명하시오.

(data) 발송배전기술사 21-125-4-1·19-119-3-3 / 발송배전기술사, 건축전기설비기술사, 전기응용기술사 출제예상문제

답안 **1. 개요**

에너지 저장설비는 부하평준화를 도모하고자 비첨두(야간) 시간대의 전기에너지를 다른 에너지로 변환, 저장해서 주간 첨두 시에 전기에너지로 변환하는 기술이다.

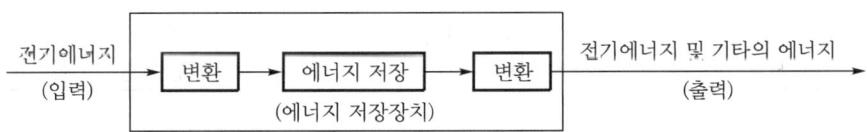

2. 에너지 저장설비의 필요성

   (1) 신규 발전설비 투자억제

      Peak cut과 Valley filling을 동시 수행하여 신규 발전설비의 투자를 억제한다.

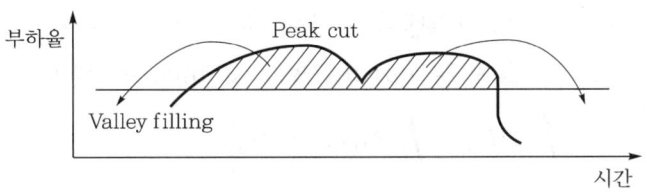

❚ Peak cut과 Valley filling ❚

   (2) 전력생산비 절감

      전력생산비가 높은 피크부하용 발전설비의 가동을 줄일 수 있어 전력생산비가 절감된다.

   (3) 전력시스템 안정도 향상

      긴급 시 저장에너지를 활용하면 전력시스템 안정도에 크게 공헌할 수 있다.

3. 구비조건

   (1) 값싼 저장원가, 높은 저장밀도

   (2) 큰 저장에너지량, 오랜 저장기간

(3) 높은 입·출력 변환효율, 입·출력에서의 높은 속응성

(4) 고효율 저장, 높은 안전성과 신뢰성

4. 각종 에너지 저장방식별 종류

구분	저장에너지 형태	저장기술 분류
역학적 에너지	• 운동에너지 • 위치에너지 • 탄성에너지 • 압력에너지	• 플라이 휠 • 양수발전 • 용수철 • 압축공기(기체)
열에너지	• 현열 • 잠열(증발, 융해, 승화)	• 현열 축열(암석, 물) • 잠열 축열(용융염)
전자기에너지	• 정전에너지 • 전자(電磁) 에너지	• 콘덴서$\left(\dfrac{1}{2}CV^2\right)$ • 초전도 코일$\left(\dfrac{1}{2}LI^2\right)$
화학에너지	• 전기화학에너지 • 화학에너지	• 축전지 • 합성연료, 화학 축열 등

5. 에너지저장의 원리

(1) 역학적 에너지

① 시스템으로부터 외부로 끄집어 낼 수 있는 에너지(W)

$$W = \int Fdx$$

여기서, F : 시스템이 외부에 대해 작용하는 힘, x : 변위량

② 양수로 물을 높은 곳에 퍼올려서 저장하였을 경우의 위치에너지 증가(W)

$$W = \int_o^h Fdx = \int_o^h Mgdx = Mgh$$

여기서, h : 낙차, M : 양수량(질량), g : 중력 가속도, F : Mg

③ 운동에너지 형태로 에너지를 저장할 경우 회전체의 축적에너지(W)

$$W = \frac{1}{2}I\omega^2$$

여기서, I : 회전체의 관성모멘트, ω : 회전체의 각운동 속도

(2) 열에너지

저장에너지 $W = m\int_{i(T_1)}^{i(T_2)} di$

여기서, m : 축열재 총중량, $i(T)$: 온도 T의 축열재의 엔탈피

T_1, T_2 : 축열 전후의 축열재 온도

엔탈피 변화는 크게 현열형 축열(축열재의 온도변화에만 의할 경우)과 잠열형 축열(상변화를 일으키는 잠열이 가해질 경우)로 나뉜다.

(3) 전자기에너지

① 평행평판 콘덴서에 저장될 정전에너지(W)

$$W = \frac{1}{2} C(EI)^2 = \frac{1}{2} CV^2$$

여기서, V : 전극 간 전압

② 자기회로에 저장될 자기(磁氣) 에너지(W)

$$W = \frac{1}{2} LI^2$$

여기서, L : 무단(無端) 솔레노이드의 인덕턴스, I : 솔레노이드 코일의 전류

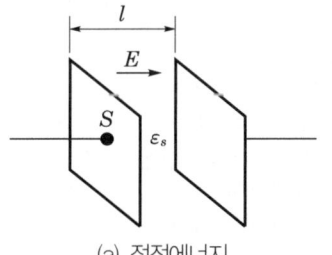
(a) 정전에너지

E : 전계, ε_s : 비유전율
S : 전극면적, l : 전극 간 거리

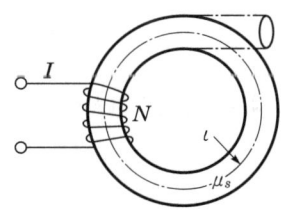
(b) 무단 솔레노이드

N : 코일의 권수, l : 평균 자로장
μ_s : 비투자율

❙ 정전에너지와 무단 솔레노이드 ❙

(4) 화학에너지

에너지를 화학에너지 형태로 저장하는 방식은 2가지가 있다.

① 화학전지 : 화학에너지를 전기에너지로서 끄집어 낼 수 있는 장치로서, 전극과 활성화 (전해)물질로 이루어진다.

　㉠ 1차 전지 : 전해물질이 전지에 내장되어 있는 장치로서, 충전이 불가능한 것

　㉡ 2차 전지 : 충전에 의해 활성화 물질을 재생할 수 있는 전지

② 합성연료 : 합성연료 중 원료(물)가 풍부하게 있고 본질적으로 깨끗한 연료인 수소가 장래에너지 시스템에서의 에너지원으로 주목받고 있다.

　㉠ 넓은 의미의 합성연료 : 화석연료 이외의 연료

　㉡ 좁은 의미의 합성연료 : 화학에너지 이외 형태의 에너지를 연료로서 화학에너지로 변환했을 때의 연료

③ 2차 전지를 이용한 에너지 저장 주요 기술의 비교

주요 기술	특징
*LiB (리튬이온전지)	[원리] 리튬이온이 양극과 음극을 오가면서 전위차 발생 [장점] • 고(高)에너지 밀도 • 고(高)에너지 효율(고(高)출력)로 적용범위가 가장 넓음 [단점] • 안전성, 고(高)비용 수명 미(未)검증 저장용량이 3kW ~ 3MW로 500MW 이상 대용량 용도에서는 불리 • 대형 화재발생 위험성이 높음
*NaS (나트륨유황전지)	[원리] 300 ~ 350℃의 온도에서 용융상태의 나트륨(Na)이온이 베타-alumina 고체전해질을 이동하면서 전기화학에너지 저장 [장점] • 고(高)에너지밀도 저비용 • 대(大)용량화 용이 [단점] 저(著)에너지효율(저(著)출력), 고온 시스템이 필요하여 저장용량이 30MW로 제한적
*RFB (레독스 흐름 전지)	[원리] 전해액 내 이온들의 산화·환원 전위차를 이용하여 전기에너지를 충·방전하여 이용 [장점] • 저(低)비용 • 대(大)용량화 용이 • 장시간 사용가능 • 전기화재 발생위험성이 거의 없음 [단점] • 저(低)에너지 밀도 • 저(低)에너지 효율
Super capacitior (슈퍼 커패시터)	[원리] 소재의 결정구조 내에 저장되는 전자와는 달리, 소재의 표면에 대전되는 형태로 전력을 저장 [장점] • 고(高)출력 밀도 • 긴 수명 • 안정성 [단점] • 저(低)에너지 밀도 • 고(高)비용

---

026 에너지저장장치(ESS)의 종류 및 전력계통에 ESS 적용을 통해 얻을 수 있는 효과를 설명하시오.

data 발송배전기술사 21-124-3-5 / 발송배전기술사, 건축전기설비기술사, 전기응용기술사 출제예상 문제

답안 1. 개요

(1) 에너지 저장설비는 부하평준화를 도모하고자 비첨두(야간) 시간대의 전기에너지를 다른 에너지로 변환, 저장해서 주간 첨두 시에 전기에너지로 변환하는 기술이다.

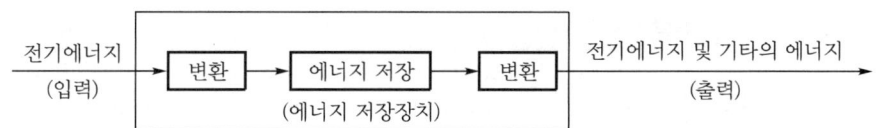

(2) 전기화학적·물리적·전기적·화학적인 방법 등으로 전력계통 또는 신재생발전설비로부터 전기에너지를 저장하고 필요 시 전력계통이나 부하에 공급하는 장치이다.

2. 에너지저장설비의 필요성

(1) 신규 발전설비 투자억제

Peak cut과 Valley filling을 동시 수행하여 신규 발전설비의 투자를 억제한다.

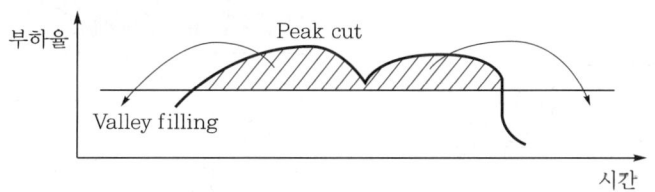

▌Peak cut과 Valley filling ▌

(2) 전력생산비 절감

전력생산비가 높은 피크부하용 발전설비의 가동을 줄일 수 있어 전력생산비가 절감된다.

(3) 전력시스템 안정도 향상

긴급 시 저장에너지를 활용하면 전력시스템 안정도에 크게 공헌할 수 있다.

3. 에너지저장장치(ESS)의 종류(에너지저장의 원리상 구분)

＊ Chapter 04 – 문제 025의 답안 '5.' 내용을 참조한다.

4. 전력계통에 ESS 적용을 통해 얻을 수 있는 효과

comment 문제에서 전력계통이라는 조건이 있어 다음과 같이 기록하면 된다.

(1) 전력부하이동(피크 shifting) 및 최대 부하 감소(peak cut)

(2) 신재생에너지 발전원 출력의 안정화(renewable integration)

(3) 전력계통 보조서비스

구분	내용
주파수 조정 및 예비력서비스	발전소에서 주파수 조정을 위해 약 5%를 예비력으로 보유, 이러한 주파수 조정용량을 ESS로 대체하게 되면 국가편익 발생
전압관리	Voltage management로 전압안정도 향상

구분	내용
자체 기동서비스	Black start로 외부의 상용전원이 정전 시, Power to restart a generating station may come from an on-site standby generator(원자력 발전시스템에서 특별히 필요한 시스템임)

(4) 비상발전 대체

소방법령상 정전방지를 통한 안정적 전력공급수단인 비상(예비)전원으로 활용

5. 일반적인 ESS의 구성

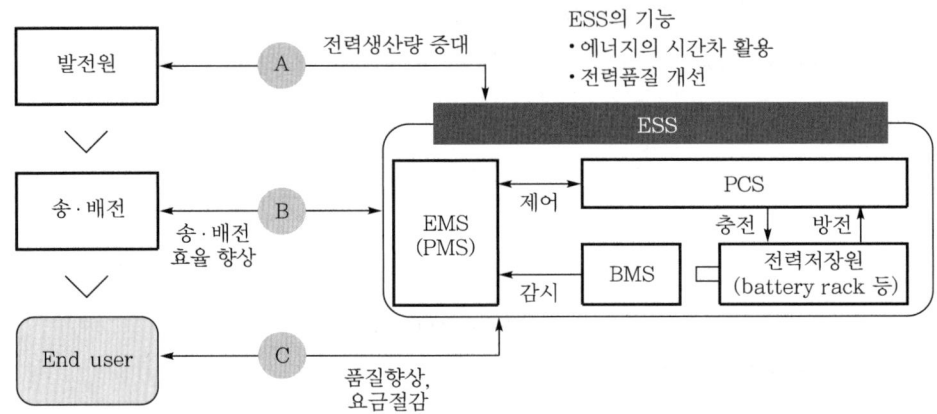

(1) 전력저장원

리튬이온전지(LiB), NaS(나트륨 유황전지), RFB(레독스 흐름전지), 슈퍼 커패시터, 플라이 휠, 압축공기저장

(2) PCS

AC 계통과 DC 배터리 간의 연계를 위한 전력변환시스템

---

027 전기저장장치(ESS)를 배터리형과 비배터리형으로 구분하여 종류별 작동원리 및 특징, ESS의 전력계통 적용방안에 대하여 설명하시오.

data 발송배전기술사 18-114-2-4 / 발송배전기술사, 건축전기설비기술사, 전기응용기술사 출제예상 문제

답안 1. 개요

(1) 배터리형 전기저장장치

BESS[1차 전지, 2차 전지(충·방전 가능)]

(2) 비배터리형 전기저장장치

양수발전, 플라이휠 저장, 초전도 자기에너지 저장(SMES)

2. 배터리형 전기저장장치의 작동원리 및 특징

(1) 개요 및 원리

① 신형 전지전력 저장장치는 충·방전의 반복 이용이 가능한 전지(2차 전지)

② 전력을 직접 화학에너지로 변환저장하고, 필요 시 방전할 때 화학에너지를 전기에너지로 변환하여 이용하는 장치

(2) 구성

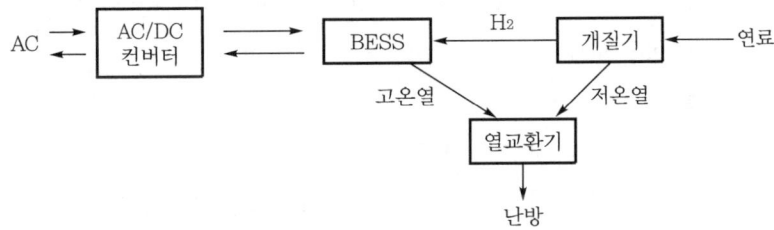

(3) 장점

① 높은 에너지밀도를 가지고 있고, 에너지변환효율이 높다.

② 기동정지 및 부하추종 등의 운전특성이 우수하여 첨두부하전원으로 적용이 가능하다.

③ 모듈구조로 분산배치가 가능하다.

④ 진동, 소음이 작고 환경에 끼치는 영향이 거의 없다.

⑤ 저장효율이 비교적 우수하다.

⑥ 입지제약이 없어 수요지 근방에 설치가 가능하다.

⑦ 모듈구조로 양산될 수 있어 건설기간이 짧고, 비용절감이 될 가능성이 높다.

⑧ 자원적인 문제에 있어서 공급이 무난하다.

⑨ 적용범위가 광범위하며, 가까운 시기에 실현 가능성이 높다.

⑩ Module 구성이므로 고장 시 처리 및 복구가 용이하다.

⑪ CO_2, NO_x 등 대기오염 물질 배출 및 소음이 작고, 환경 대책상 유리하다.

⑫ 전지의 효율이 규모에 의하지 않고, 대규모 발전소 수준까지의 에너지변환이 가능하다.

(4) 단점

① 부식성 물질의 사용으로 인해서 다른 설비보다 내용 연수(전지수명)가 짧다.

② 다수의 단전지로 구성된 System이기 때문에 고도의 유지・보수 관리기술이 요구된다.

③ 반응가스 중의 불순물에 민감하여 이의 제거기술이 필요하다.

④ Cost가 높고 내구성에 문제가 있다.

3. 비배터리형 전기저장장치의 작동원리 및 특징

(1) 양수발전

① 원리 : 심야경부하 시 잉여전력으로 양수(부하)하여 첨두부하 시 발전하는 계통운영방식

② 특징

ㄱ 전력에너지 저장장치의 기능

ㄴ 잉여전력의 소화 및 피크부하 시의 공급전원으로서의 역할

ㄷ 변동부하에 대한 대응 공급력으로서의 역할

ㄹ DSM(수요관리)의 Peak shifting 기능도 보유하므로 부하율 향상 효과

ㅁ 전력계통의 신뢰도 향상 : 계통 불안정 시 대처, 전력수급의 안정성 증진

ㅂ 무효전력 공급력으로서의 역할

ㅅ 운전예비력으로서의 역할

ㅇ 전력계통의 종합운전효율 향상에서의 역할

ㅈ 경제적 역할 : 타사로부터 저가인 전력을 융통성 있게 수전하여 양수에 사용하고, 자사(自社)익 운전비가 높은 화력발전소의 출력은 제한시켜 연료비의 절감과 동시에 화력발전소 전체 효율을 향상시킴

ㅊ 저효율 화력 대처에 의한 연료비 경감

• 화력의 기동, 정지 횟수 감소에 의한 손실 감소

• 계통의 운전예비력 분담에 의한 타 발전설비의 효율향상

(2) 초전도 에너지 저장(SMES : Super Conducting Magnetic Energy Storage)

① 원리

ㄱ 코일인 인덕턴스에 전류를 흘리면 코일에 축적되는 에너지는

$$E = \frac{1}{2}LI^2[\text{J}]이다.$$

ⓛ 따라서, 코일을 임계온도까지 초저온상태로 하면, 이론상 무한장 에너지 저장이 가능하다.

② 구성

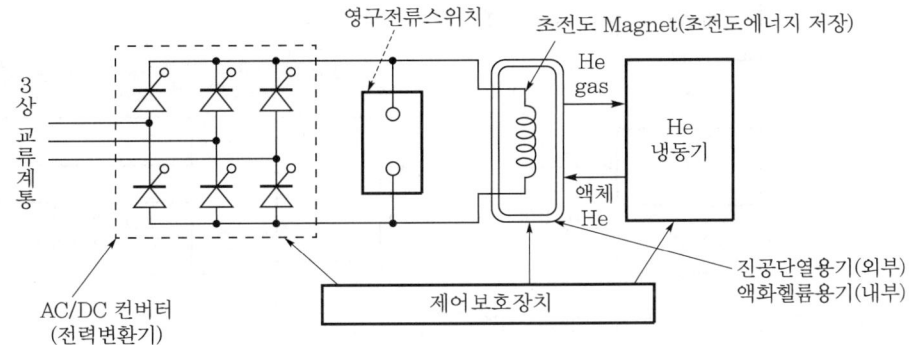

영구전류스위치   초전도 Magnet(초전도에너지 저장)

3상 교류계통

AC/DC 컨버터
(전력변환기)

제어보호장치

He gas

He 냉동기

액체 He

진공단열용기(외부)
액화헬륨용기(내부)

③ SMES의 특징

㉠ 전기에너지의 저장, 방출 가능으로 저장효율은 90% 정도의 고효율이다.

ⓛ 즉응성이 우수하다.

ⓒ 양수발전에 비해 에너지 저장밀도가 2 ~ 3배로 높다.

ⓔ 입지조건 및 대용량화가 유리하여 장기적으로 유리한 System이다.

(3) 플라이휠 저장

① 원리 : 플라이휠 관성력을 이용하여 전기에너지를 운동에너지로 저장하는 방식

② 플라이휠 저장방식의 시스템 구성 : 발전전동기+플라이휠+전력변환기+진공용기

③ 특징

㉠ 에너지 저장과정은 심야 경부하 시 발전-전동기는 전동기로 구성되어 Flywheel에 에너지를 저장한 후 주간 부하 시 발전-전동기가 발전기로 가동되어 계통에 가압

ⓛ 에너지 저장밀도 높음 : 에너지 저장방출을 임의의 시간으로 조절 가능

ⓒ 분산형 전원으로 입지적 제한 없이 설치 가능

4. 배터리형 ESS의 전력계통 적용방안

(1) 배터리형 ESS의 구성도

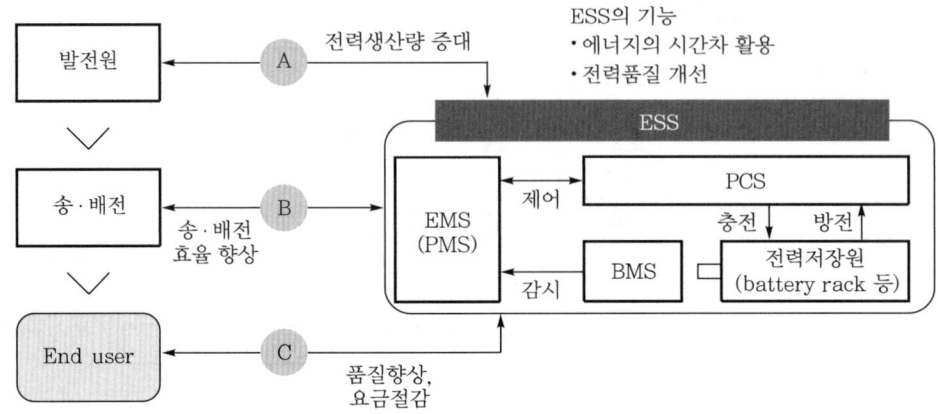

(2) 배터리형 ESS 용도

구분	내용
주파수 조정용 ESS	발전소에서 주파수 조정을 위해 약 5%를 예비력으로 보유, 이러한 주파수 조정용량을 ESS로 대체하게 되면 국가편익 발생
피크감소용 ESS	전력사용고객이 심야시간의 싼 전기를 ESS(에너지저장장치)에 저장해 두었다가 주간 피크시간에 사용함으로써 전기요금을 절감하기 위해 설치
신재생 출력 안정용 ESS	신재생에너지의 경우 전력계통과 연계 시 출력 불안정과 전압변동 등 전력품질이 악화될 우려가 있음. 이러한 상황을 대비하여 ESS 설치
비상발전 대체	정전방지를 통한 안정적 전력공급수단인 비상(예비)전원으로 활용

---

028 초전도 자기에너지 저장설비(SMES)의 기본구성, 동작원리, 특징 및 적용에 대하여 설명하시오.

(data) 발송배전기술사 19-118-3-3 / 발송배전기술사, 건축전기설비기술사, 전기응용기술사 출제예상 문제

(답안) 1. 초전도 코일의 축적에너지의 원리

(1) 초전도 코일에 전류를 흘리면 자계가 발생하고 이 자기에너지가 초전도 코일의 축적에너지로서 코일에 축적된다.

$$E = \frac{1}{2}LI^2[\text{J}]$$

여기서, L : 초전도 코일의 자기 인덕턴스[H], I : 통과전류(직류)[A]

(2) 즉, SMES(Superconducting Magnetic Energy Storage)는 전력계통의 필요에 따라서 전력을 초전도 코일의 자기에너지 형태로 축적하거나 자기에너지로부터 전력에너지를 끄집어내어서 전력계통에서 사용하는 것이다.

(3) SMES의 동작원리 및 기본구성

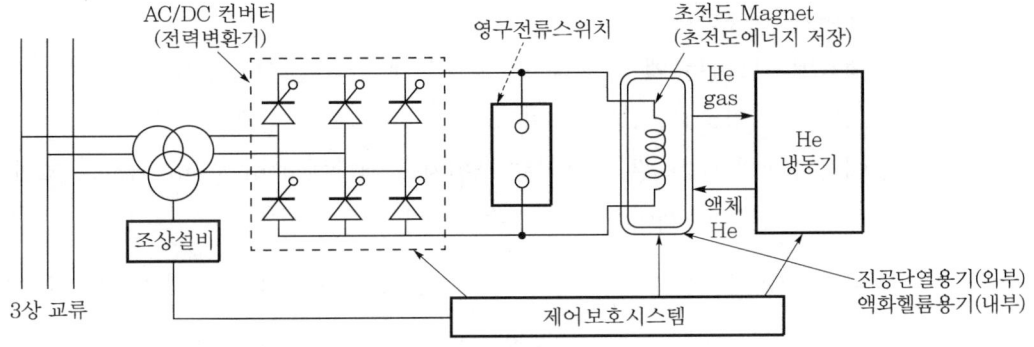

∥ SMES의 기본 구성과 동작원리 ∥

① 초전도 코일은 직류전류로 운전된다.

② 교류전력계통의 잉여전력을 사이리스터 변환기로 AC → DC로 변환하여 초전도 코일을 충전한다.

③ 초전도 스위치를 폐쇄해서 코일 내에 전력을 저장한다.

④ 초전도 코일의 방전은 사이리스터 점호각을 바꾸어서 직류전압 충전 시와 반대로 수행(방전 시 저장된 전력을 영구전류스위치를 개방하여 에너지 방출 → 초전도 코일의 방전은 사이리스터의 점호제어각을 변경하여 방전)한다.

(4) SMES의 기본구성

① 변환용 변압기

② **조상설비** : 계통의 전압변동분을 보상하기 위해 조상기 사용

③ **변환기** : 점호제어각의 변화를 통해 AC → DC 또는 DC → AC로 전력 변환

④ 에너지를 저장하는 초전도 코일

⑤ 영구전류 초전도 스위치

⑥ 냉각장치

⑦ 제어시스템

2. SMES의 특징

(1) 이제까지의 전력기기에서는 없는 새로운 기능의 장치이다.

(2) 에너지 저장효율의 높고 에너지 입·출력 속도도 빠르다.

(3) 최신의 교·직류 변환장치를 이용함으로써 유효전력과 무효전력을 독립적으로 제어가 가능하다.

(4) 냉각매체로서는 액체 헬륨 또는 초임계 헬륨을 사용한다.

(5) 초전도 코일로서는 솔레노이드형과 트로이드형이 있다.

(6) 에너지의 충·방전은 영구전류 스위치를 개방해서 AD Converter로 초전도 코일의 단자전압을 제어함으로써 수행한다.

(7) 이때, 전압은 $V = L\dfrac{dI}{dt}$이며, 여기서, 정(+)전압을 인가하면 코일에 에너지가 축적되고, 반대로 부(−)전압을 인가하면 에너지가 방출된다.

(8) 변환기의 손실을 무시하면 융통될 전력 P는 $P = IV$이므로 전류값에 따라서 전압을 정(+) 또는 부(−)로 조정하면 된다.

3. SMES의 응용분야(적용 목적별 구분)

SMES는 전력계통 안정용 SMES와 일부하 조정용 SMES로 구분한다.

구분	전력계통 안정용 SMES	일부하 조정용 SMES
현재상황	계통에 고장 발생 시, 속응여자방식 제동저항, 긴급조속기 제어 등 이용	• 부하추종을 위한 중간부하용 빈번한 기동정지와 저부하 운전 • 기동손실 발생, 열효율 저하
SMES 재용 시 전망	• 초전도에너지 저장장치의 속응성을 이용하여 잉여에너지 흡수 또는 부족 전력의 긴급 방출 • 계통안정도의 획기적 향상	• 초전도에너지 저장장치전력의 저장, 방출이 자유운전효율 높음 • 전력계통 계획 및 운영측면에서 신뢰성, 경제성을 극대화시킬 수 있음
적용	소규모로 지역별 분산형 배치	전력수요관리

4. SMES 도입 시 기대효과

(1) 에너지 저장과 부하의 평균화 도모

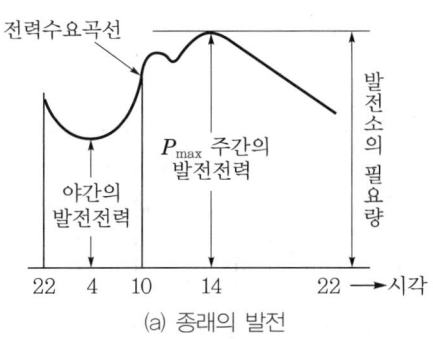
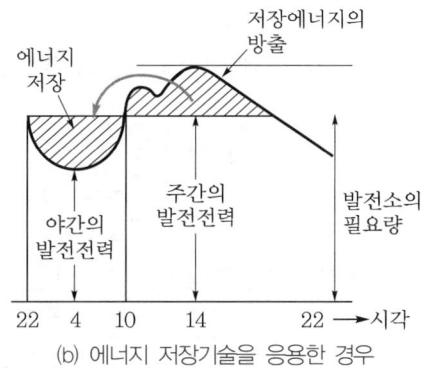

▌전력저장시스템에 의한 부하평준화의 개념도 ▌

(2) 주파수조정과 전력계통의 안정도 향상

(3) 부하변동의 보상

(4) 정전대응 등 전력품질 향상에 효과 기대

---

029 에너지 저장기술 중 다음 사항에 대하여 각각의 원리 및 특징을 설명하시오.

1. SMES(Superconducting Magnetic Energy Storage)
2. BESS(Battery Energy Storage System)
3. CAES(Compressed Air Energy Storage)
4. Fly wheel 저장
5. 양수발전

data 발송배전기술사 24-132-3-2 / 발송배전기술사, 건축전기설비기술사, 전기응용기술사 출제예상문제

답안 1. SMES(Superconducting Magnetic Energy Storage)

(1) 원리

① 초전도 코일에 전류를 흘리면 자계가 발생하고 이 자기에너지가 초전도 코일의 축적에너지로서 코일에 축적된다.

$$E = \frac{1}{2}LI^2 [\text{J}]$$

여기서, L : 초전도 코일의 자기 인덕턴스[H], I : 통과전류(직류)[A]

② SMES(Superconducting Magnetic Energy Storage)는 전력계통의 필요에 따라서 전력을 초전도 코일의 자기에너지 형태로 축적하거나 자기에너지로부터 전력에너지를 끄집어내어 전력계통에서 사용하는 것이다.

③ SMES의 동작원리 및 기본구성

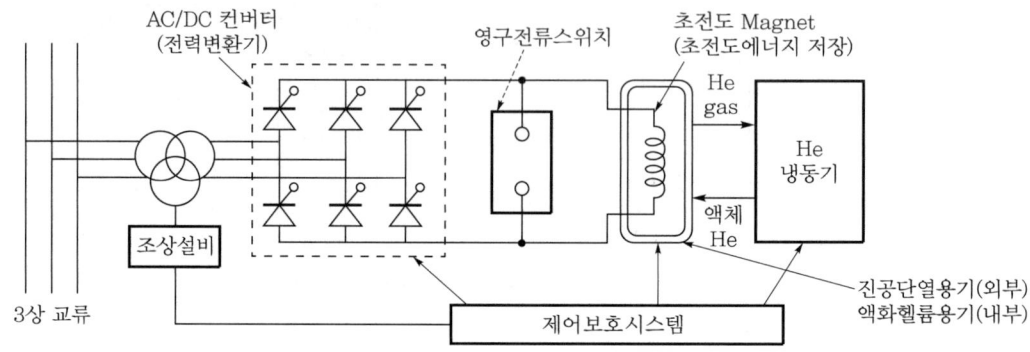

‖ SMES의 기본구성과 동작원리 ‖

㉠ 초천도 코일은 직류전류로 운전된다.

㉡ 교류전력계통의 잉여전력을 사이리스터 변환기로 AC → DC로 변환하여 초전도 코일을 충전한다.

㉢ 초전도 스위치를 폐쇄해서 코일 내에 전력을 저장한다.

㉣ 초전도 코일의 방전은 사이리스터 점호각을 바꾸어서 직류전압 충전 시와 반대로 수행(방전 시 저장된 전력을 영구전류스위치를 개방하여 에너지 방출 → 초전도 코일의 방전은 사이리스터의 점호제어각을 변경하여 방전)한다.

㉤ 에너지의 충·방전은 영구전류스위치를 개방해서 AD converter로 초전도 코일의 단자전압을 제어함으로써 수행한다.

㉥ 이때, 전압은 $V = L\dfrac{dI}{dt}$ 이며, 여기서, 정(+)전압을 인가하면 코일에 에너지가 축적되고, 반대로 부(−)전압을 인가하면 에너지가 방출된다.

㉦ 변환기의 손실을 무시하면 융통될 전력 P는 $P = IV$이므로 전류값에 따라서 전압을 정(+) 또는 부(−)로 조정하면 된다.

(2) 특징

① 이제까지의 전력기기에서는 없는 새로운 기능의 장치이다.

② 에너지 저장효율이 높고, 에너지 입·출력 속도도 빠르다.

③ 최신의 교·직류 변환장치를 이용함으로써 유효전력과 무효전력을 독립적으로 제어가 가능하다.

④ 냉각매체로서는 액체 헬륨 또는 초임계 헬륨을 사용한다.

⑤ 초전도 코일로서는 솔레노이드형과 트로이드형이 있다.

⑥ SMES의 적용 예상(응용분야)

구분	전력계통 안정용 SMES	일부하 조정용 SMES
현재상황	계통에 고장 발생 시 속응여자방식 제동저항, 긴급조속기 제어 등 이용	• 부하추종을 위한 중간부하용 빈번한 기동정지와 저부하 운전 • 기동손실 발생, 열효율 저하
SMES 채용 시 전망	• 초전도에너지 저장장치의 속응성을 이용하여 잉여에너지 흡수 또는 부족 전력의 긴급 방출 • 계통안정도의 획기적 향상	• 초전도에너지 저장장치 전력의 저장, 방출이 자유, 운전효율 높음 • 전력계통 계획 및 운영측면에서 신뢰성, 경제성을 극대화시킬 수 있음
적용	소규모로 지역별 분산형 배치	전력수요관리

2. BESS(Battery Energy Storage System)

* Chapter 04 - 문제 027의 답안 '2.' 내용을 참조한다.

3. CAES(Compressed Air Energy Storage)

(1) 원리

압축공기 저장방식은 심야전력을 이용하여 압축기로 공기를 저장하였다가 첨두 시 가스터빈을 이용하여 발전하는 방식

(2) 특징

① System은 간단하나 압축공기를 저장하기 위한 천연지하저장소나 가공된 지하탱크 저장설비가 필요하다.

② 심층 지하에 설치되는 공기저장용의 탱크건조기술개발을 선택

4. Fly wheel 저장

(1) 원리

① 회전체의 관성모멘트를 이용한 것으로, 심야전력을 이용하여 한 축으로 연결된 Motor-generator 구동 후 관성력으로 진공상태에서 운동에너지를 저장한다.

② 원판을 회전축에 고정시켜 회정시킴으로써 얻는 관성에너지를 이용한다.

③ 저장된 운동에너지는 피크 부하 시에 다시 발전기로 구동시켜 발전한다.

(2) 특징

① 에너지 저장과정은 심야 경부하 시 발전-전동기는 전동기로 구성되어 Fly wheel에 에너지를 저장한 후 주간 부하 시 발전-전동기가 발전기로 가동되어 계통에 가압한다.

② 에너지 저장밀도 높음 – 에너지 저장방출을 임의의 시간으로 조절 가능

③ 분산형 전원으로 입지적 제한 없이 설치 가능

④ **전력계통에서 플라이휠 저장방식의 시스템 구성** : 발전전동기 + 플라이휠 +전력변환기 + 진공용기

5. 양수발전

(1) 원리

① 양수발전은 전기적 에너지를 역학적 에너지로 변환시켜 재차 전기적 에너지로 변환하는 에너지 저장장치이다.

② 양수로 물을 높은 곳에 퍼올려서 저장하였을 경우의 위치에너지 증가(W)

$$W = \int_o^h Fdx = \int_o^h Mgdx = Mgh$$

여기서, F : Mg, M : 양수량(질량), g : 중력 가속도, h : 낙차

(2) 특징

① 잉여전력의 소화 및 피크부하 시의 공급전원으로서의 역할

② **운전예비력으로서의 역할** : 수요의 증감 시와 피크 시의 공급력으로서 AFC 운전 등으로 계통의 신뢰도 향상에 기여

③ **변동부하에 대한 대응공급력으로서의 역할**

　ㄱ 변동부하에 대한 추종능력이 크고(100MW/min) 오전 시간대에 급속 부하 증가 및 점심시간대의 급속 부하 격감 시(대전력 계통에서는 400만kW 정도로 감소) 후수 공급력으로서의 역할

　ㄴ 주파수 변동에 대응한 규정주파수 유지

④ **전력계통의 종합운전 효율 향상에서의 역할** : 수·화력, 원자력을 합리·경제적으로 운용하고 계통 전체로서의 운전효율을 향상

⑤ **무효전력 공급력으로서의 역할** : 무효전력의 공급 및 수전에 의해서 계통전압을 조정하고 조상설비를 절감함

⑥ **경제적 역할**

　ㄱ 저능률 화력발전소를 정리시켜 연료비 절감, 가장 운전비가 높은 화력발전소의 기동, 정지 횟수를 감소시켜 기동손실을 감소시킨다.

　ㄴ 타사로부터 저가인 전력을 융통성 있게 수전하여 양수에 사용하고, 자사(自社)의 운전비가 높은 화력발전소의 출력은 제한시켜 연료비의 절감과 동시에 화력발전소 전체 효율을 향상시킨다.

⑦ 양수발전의 효율 : $\eta = \dfrac{W_g}{W_p} = \eta_m \eta_p \eta_t \eta_g \dfrac{H_g}{H_p}$ 로서 약 60% 정도

여기서, W_g, W_p : 발전전력량, 양수에 필요한 전력량

$\eta_p \cdot \eta_m$: 펌프 · 전동기의 종합효율

$\eta_t \cdot \eta_g$: 수차 · 발전기의 종합효율

H_g : 발전 시의 유효낙차(총낙차 H − 손실낙차 H_l)

H_p : 양수 시의 총양정(총낙차 H + 손실낙차 H_l)

⑧ 양수발전의 에너지 종합효율 : $\eta_E = \eta_{th}(\eta_p \eta_g)$ 로서, 약 28% 정도

여기서, η_{th} : 양수운전 시 전력을 공급한 발전소(화력)의 열효율로, 약 40% 정도

$\eta_p \eta_g$: 양수발전 시의 양수운전 시 및 발전운전 시의 효율로, 약 70% 정도

---

030 리튬이온축전지에 대하여 다음 내용을 설명하시오.
1. 양극재의 종류
2. 구성 및 원리
3. 장단점

(data) 발송배전기술사 17-112-1-7 / 발송배전기술사, 건축전기설비기술사, 전기안전기술사, 전기응용기술사 출제예상문제

(comment) 이 문제는 향후 충분히 배점 25점으로 출제될 가능성이 있어 좀 더 상세히 기록하였다.

답안 1. 양극재의 종류

(1) 리튬계열의 산화물

(2) 리튬코발트 산화물(lithium cobalt oxide)

(3) 리튬인산철(lithium iron phosphate)

(4) $LiCoO_2$(코발트산리튬), $LiNiO_2$(니켈산리튬), $LiMn_2O_4$(스피넬형 리튬망간산화물)

2. 구성 및 원리

(1) 구성요소

구성요소	내용
양극활 물질	• ⊕극으로 사용되는 물질 • 양극활 물질은 리튬이온 배터리에서 용량과 전압을 결정하는 역할 (물질은 리튬코발트 산화물) • 양극활 물질에 있는 리튬은 전해질에 녹아 들어가서 → 이때 리튬은 리튬이온으로 변신, 여기서 나온 전자들은 도선을 통해 음극으로 이동 → 이 움직임이 배터리의 충전원리 • 리튬코발트 산화물, 리튬철인산염, 리튬망간산화물
음극활 물질	• ⊖극으로 사용되는 물질 • 리튬이온을 흡수, 방출하여 전자를 흐르게 하는 역할 • 리튬, 흑연
전해질	리튬 이온염을 물이 없는 유기용매에 녹인 것(물이 있으면 폭발적으로 반응 발생)
분리막	전기가 통전되지 않는 고분자 분리막으로, ⊕극과 ⊖극이 직접 접촉되는 것을 막는 역할

(2) 동작원리

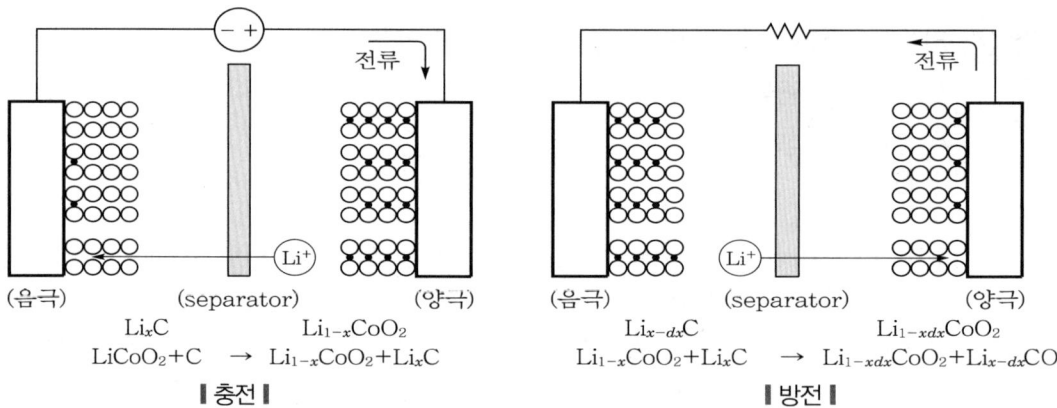

(음극)	(separator)	(양극)
Li_xC		$Li_{1-x}CoO_2$
$LiCoO_2 + C$	$\rightarrow$	$Li_{1-x}CoO_2 + Li_xC$

‖충전‖

(음극)	(separator)	(양극)
$Li_{x-dx}C$		$Li_{1-xdx}CoO_2$
$Li_{1-x}CoO_2 + Li_xC$	$\rightarrow$	$Li_{1-xdx}CoO_2 + Li_{x-dx}CO$

‖방전‖

① **충전** : 양극재료 내의 리튬이온이 음극인 탄소재 층간에 이동하면 충전전류 발생

② **방전** : 리튬이온이 음극에서 양극으로 이동하면 방전전류 발생

③ **원리**

　　㉠ 리튬이온은 2차 전지이다(충·방전이 가능함).

　　㉡ 전지는 음극에서 양이온이 양극으로 이동한다.

　　㉢ 충전과 방전 시 리튬이온이 흐른다.

　　㉣ 충전 시 리튬이온(Li^+)이 양극에서 음극으로 흐른다.

ⓜ 방전 시 음극에서 리튬이온(Li^+)이 양극으로 흐른다.

ⓗ 음극에서 양이온이 빠지면, 음극의 전자가 양극으로 이동한다. 이때 전류는 흐른다.

ⓢ 전해질의 이온 화학식 : $LiPF_6 + H_2O \rightarrow HF + PF_5 + LiOH$

3. 리튬이온전지의 장점

(1) 에너지밀도가 높다.

(2) 사이클 특성은 하드카본을 부극으로 하는 전지는 흑연을 사용한 것에 비해 우수하고 수천 사이클 이상을 달성하고 있다.

(3) 자기방전율이 3 ~ 5%/월 이하로 작고 니켈카드뮴이나 니켈수소전지의 $\frac{1}{2}$ 이하이다.

(4) 사용온도범위가 넓고 방전에서는 $-20 ~ +60℃$에서의 범위를 커버하고 있다.

(5) 금속리튬을 시용히고 있지 않기 때문에 리튬게 전지 중에서는 아주 안전성이 높다.

(6) 코크스나 하드카본을 사용한 전지는 방전의 진행과 함께 천천히 전압이 강하하기 때문에 전지의 단자전압을 읽는 것에 의해서 잔존용량의 파악이 용이하다.

(7) 충전방식은 정전압 정전류 충전으로 행하고 충전회로가 간단하다.

(8) 코크스계나 하드카본을 부극으로 하는 리튬이온전지는 병렬접속사용이 용이하다.

(9) 동작전압이 3.6V 평행에서 니켈카드뮴전지나 니켈수소전지의 3배에 달하기 때문에 필요한 전압을 얻기 위해 이들 전지의 $\frac{1}{3}$만 있으면 된다.

4. 리튬이온전지의 단점

(1) 고가이다.

(2) 충격에 약하며, 강한 충격 시 발화되어 인명 및 재산 손상을 초래(갤럭시 S7)한다.

(3) 과충전, 과방전 전류차단장치가 필요하다.

(4) 발화·폭발 위험성이 높다.

031 에너지저장장치(ESS)와 건물에너지관리시스템(BEMS)의 개요 및 용도, 의무적용 대상에 대하여 각각 설명하시오.

data 발송배전기술사 17-113-2-4 / 발송배전기술사, 건축전기설비기술사, 전기안전기술사, 전기응용기술사 출제예상문제

답안 1. 에너지저장장치(ESS : Energy Storage System)

(1) 개요

생산된 전력을 저장하였다가 전력이 필요할 때 공급하는 전력시스템을 말하며 전력저장장치, 전력변환장치 및 제반운영시스템으로 구성된다.

(2) PCS(Power Conversion System) ESS의 구성요소

① 전력변환장치(교류와 직류 간의 변환, 전압·전류·주파수 변환)

② 전력변환장치로 컨버터와 인버터로 구성되며 에너지저장 시와 전력사용처에 공급할 경우로 나누어 사용한다.

③ 전력 저장 시 : 교류 → 직류(컨버터로 사용)

④ 사용처 전력공급 시 : 직류 → 교류(인버터로 가용)

(3) BMS(Battery Management System)

① 배터리 랙에 있는 각각의 셀마다 특성이 달라 이를 제어하는 장치이다.

② 셀용량 보호 및 수명 예측, 충·방전 등을 통해 에너지 저장장치가 최대의 성능 발휘 및 안전성 확보를 위한 제어를 시행한다.

(4) EMS(Energy Management System)

전력의 생산·변환·소비 등을 제어 및 모니터링하는 시스템이다.

(5) Battery 및 Rack

① 작은 리튬이온 배터리 셀이 모여 모듈을 이루고 이 모듈이 Rack을 구성한다.

② 에너지저장장치의 핵심부품으로 실질적으로 전력을 저장하는 장치이다.

(6) 구성도(ESS)

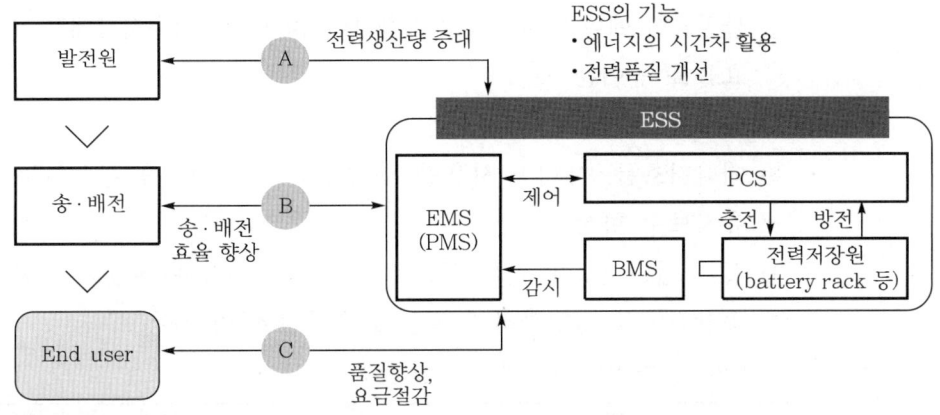

(7) ESS의 용도

구분	내용
주파수 조정용 ESS	발전소에서 주파수 조정을 위해 약 5%를 예비력으로 보유, 이러한 주파수 조정용량을 ESS로 대체하게 되면 국가변익 발생
피크감소용 ESS	전력사용고객이 심야시간의 싼 전기를 ESS(에너지저장장치)에 저장해 두었다가 주간 피크시간에 사용함으로써 전기요금 절감하기 위해 설치
신재생 출력 안정용 ESS	신재생에너지의 경우 전력계통과 연계 시 출력 불안정과 전압변동 등 전력품질이 악화될 우려가 있음. 이러한 상황을 대비하여 ESS 설치
비상발전 대체	정전방지를 통한 안정적 전력 공급 수단인 비상(예비)전원으로 활용

(8) ESS 의무적용 대상

① 계약전력 1000kW 이상의 공공기관 건축물에 계약전력 5% 이상 규모 설치 의무화

② PCS 정격용량 설비기준[kW]이며 ESS 출력[kW]으로 최소 2시간 이상

③ ESS 의무적으로 설치 17년 건축허가 신청 건축물부터 적용

2. 건물에너지관리시스템(BEMS : Building Energy Management System)

(1) 개요

설비(조명, 냉·난방 설비, 환기설비, 콘센트 등)에 센서와 계측장비를 설치하고 통신망으로 연계하여, 에너지원별, 용도별 등의 상세 사용량을 실시간으로 모니터링하고, 수집된 에너지 사용정보를 S/W를 통해 분석하며 설비의 자동제어를 통해 운영 최적화를 통한 에너지 절감을 하는 통합관리시스템이다.

(2) 용도

① 불필요한 에너지 사용을 최소화하며 설비를 최적운전상태로 유지시켜 에너지 효율을 높이는 것

② 환경조건을 개선시키는 것

③ 에너지흐름, 에너지 사용량 및 건물의 설비성능을 분석하는 에너지관리와 유지보수 향상

④ 설비 커미셔닝에 관한 표준조건 제시와 차세대 설계표준 확립

⑤ 중앙집중식 설비관리를 통한 효율적인 인력 사용

⑥ 빌딩 장치 및 설비 관리 기술 분류

종류	주요 기능
BAS (Building Automation System)	기계·전기 설비, 조명, 방재 등 각종 설비의 상태 감시, 운전관리
IBS (Intelligent Building System)	설비, 조명, 방재, 엘리베이터 등 건물 내 시스템의 통합관리
FMS (Facility Management System)	건물정보, 자재, 장비, 작업, 인력, 도면, 예산 관리, 보고서(평가·분석) 작성, 자산관리
BMS (Building Management System)	상태감시 및 제어, 주차관제 등 각 설비별 독자 관리, 수선 및 보전 스케줄 관리, 설비대장 및 과금자료 관리
BEMS	에너지 및 환경의 관리, 건물에너지설비 관리분석, 시설운영 분석, BAS 중앙시스템 연계 통합관리

(3) BEMS 의무적용 대상

① 17년부터 건축허가를 신청하는 연면적 1만m^2 이상의 공공기관에 의무적으로 설치한다.

② 한국에너지공단으로부터 설치확인과정을 거쳐야 한다.

③ 에너지진단주기 연장(5년 → 10년)

032 배터리형 에너지저장장치(Battery Energy Storage System)에 대하여 다음을 설명하시오.
1. 용어 : State of Charge, C−rate, Cycle life, Depth of discharge
2. 구성요소 : PCS, BMS, PMS
3. 활용 용도에 따른 분류

data 발송배전기술사 21−123−2−4 / 발송배전기술사, 건축전기설비기술사, 전기안전기술사, 전기응용 기술사 출제예상문제

답안 1. 용어

   (1) State of Charge(잔존용량 비율)

     ① 현재 충전용량이 전지의 최대 용량 대비 몇 %가 있는가를 표시한 것

     ② $SOC = \dfrac{잔존용량}{정격용량} \times 100 [\%]$

     ③ 용도

        ㉠ SOC에 따라 전기자동차에서 사용되는 전원용도가 달라진다.

        ㉡ ESS를 비상발전용으로 활용 시 비상발전용 최소 부하용량을 유지할 것

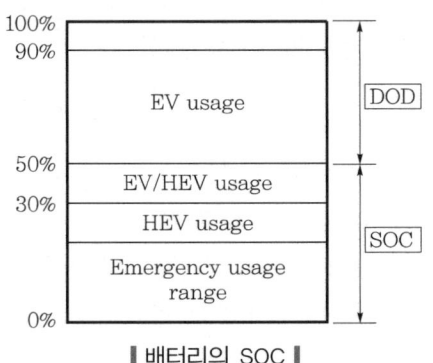

‖ 배터리의 SOC ‖

   (2) C−rate

     ① 배터리의 정격용량과 같은 크기의 충·방전 전류

     ② 1C−rate란 40Ah를 의미한다. 이것은 40A 전류를 1시간 동안 충·방전하는 전류이다.

        예 0.5C : $0.5 \times 40 = 20Ah$, 2시간 동안 배터리로 사용 가능함

   (3) Cycle life

     ① 충·방전 반복으로 배터리용량은 감소하고 내부저항은 증가한다.

② 이후 초기 표준용량의 80%, 초기 저항의 150%일 때 수명이 다한 것으로 취급한다.

(4) Depth of Discharge(방전심도)

① 방전심도란 전지의 잔존용량을 표현하는 다른 방법으로, 방전심도는 잔존용량비율(SOC)과 반대의 개념이다.

② 방전심도를 낮게 설정하면 축전지 수명이 길어지고, 방전심도를 높게 설정하면 축전지 이용률은 높아지는 대신 그만큼 축전지 수명은 단축된다.

③ 방전심도를 30 ~ 40% 정도로 낮게 하면 수명은 길어지고, DOD를 80% 선정할 경우 축전지의 이용률은 높아지나 수명은 단축되며, SOC(잔존용량비율)와 반대된 개념이다.

④ **계산식** : 방전심도 $= \dfrac{방전량}{축전지\ 정격용량} \times 100\,[\%]$

⑤ **표현방법**

　㉠ 백분율법 : 방전심도가 0%이면 잔존용량이 100%, 방전심도가 100%이면 잔존용량이 0%인 상태로 표현

　㉡ 암페어시[Ah] 표현법

　　• 용량이 50Ah인 전지의 방전심도가 0Ah이면 전지가 방전되지 않은 상태 (잔존용량이 100%인 상태)

　　• 방전심도가 50Ah이면 전지가 완전히 방전된 상태(잔존용량이 0%인 상태)

2. 구성요소 : PCS, BMS, PMS

(1) PCS(Power Conversion System)

① 전력변환장치(교류와 직류 간의 변환, 전압·전류·주파수 변환)

② 전력변환장치로 컨버터와 인버터로 구성되며 에너지저장 시와 전력사용처에 공급 시로 나누어 사용함

③ **전력저장 시** : 교류 → 직류(컨버터로 사용)

④ **사용처 전력공급 시** : 직류 → 교류(인버터로 가용)

(2) BMS(Battery Management System)

① 배터리 랙에 있는 각각의 셀마다 특성이 달라 이를 제어하는 장치

② 셀용량 보호 및 수명예측, 충·방전 등을 통해 에너지저장장치가 최대의 성능 발휘 및 안전성 확보를 위한 제어 시행

(3) EMS(Energy Management System) 혹은 PMS(Power Management System)

   ① 전력의 생산・변환・소비 등을 제어 및 모니터링하는 시스템

   ② ESS의 전체 에너지를 관리하는 장치

(4) Battery 및 Rack

   ① 작은 리튬이온 배터리 셀이 모여 모듈을 이루고 이 모듈이 Rack을 구성

   ② 에너지저장장치의 핵심부품으로 실질적으로 전력을 저장하는 장치임

(5) 구성도

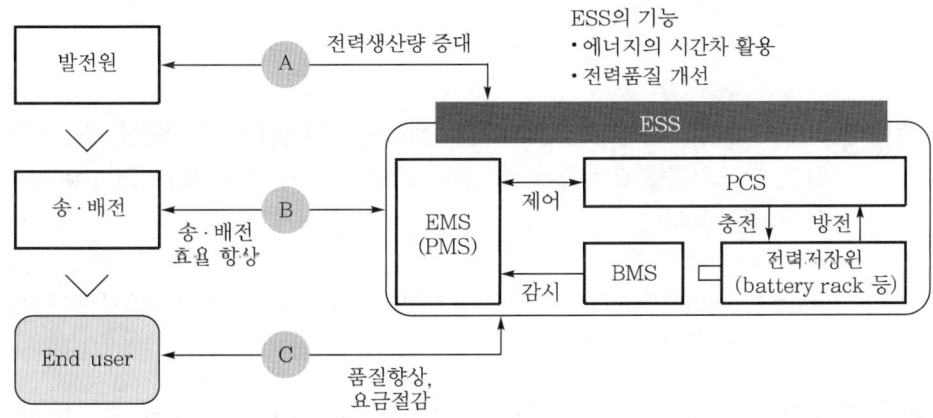

3. 활용용도에 따른 분류

구분	내용
주파수 조정용 ESS	• 발전전력의 Time shifting 　– 발전전력의 피크 절감 　– 발전효율 개선 　– 발전비용 절감 　– 효율적인 전력망 운영발전소에서 주파수 조정을 위해 약 5%를 예비력으로 보유, 이러한 주파수 조정용량을 ESS로 대체하게 되면 국가편익 발생 • 전력계통 품질유지 기능 　– 유효전력 충・방전 : 발전소 건설비용 절감 및 안정도 유지 　– 부하피크 시간대에 유효전력을 공급시켜 주파수의 일정범위 유지 　– 무효전력의 공급과 흡수(제어) 　　무효전력 제어하여 전압안정도 유지 효과 　　즉, $\Delta e \fallingdotseq \dfrac{PR+QX}{V_r} \fallingdotseq \dfrac{QX}{V_r} \fallingdotseq QX$ 에서 전압강하를 조정시켜 전압안정도 유지 　　전력망에 설치하는 조상설비비용 절감

구분	내용
수용가용 ESS	• 피크감소용 ESS – 전력사용 고객이 심야시간의 싼 전기를 ESS(에너지저장장치)에 저장 해 두었다가 주간 피크시간에 사용함 – 전기요금 절감하기 위해 설치(부하전력의 shifting) • 비상전원 공급 : 상용전원 정전 시 비상전원으로 사용 가능
신재생 출력 안정용 ESS	신재생에너지의 경우 전력계통과 연계 시 출력 불안정과 전압변동 등 전력품질이 악화될 우려가 있음. 이러한 상황을 대비하여 ESS 설치

---

033 ESS(Energy Storage System)의 활용용도를 발전, 송·배전, 수용가측면에서 설명하고, ESS시장을 BTM(Behind The Meter)과 FTM(in Front Of The Meter)으로 구분하여 비교하시오.

(data) 발송배전기술사 19-119-4-4 / 발송배전기술사, 건축전기설비기술사, 전기안전기술사, 전기응용기술사 출제예상문제

답안 1. ESS(Energy Storage System)의 활용용도에 대한 발전, 송·배전, 수용가측면의 비교

‖ ESS의 활용용도(용도·기능·역할)와 분야별 요구조건 ‖

활용 분야 및 기능			역할	요구조건		
				출력 [MW]	가동 시간	반응 속도
발전부문 (공급측 ESS)	① 신재생 운영 보조	㉠ 신재생에너지 저장	신재생에너지 저장 후 필요한 시간에 활용	1 ~ 1000	1시간 ~ 10시간	~ 1시간

		㉡ 신재생출력 안정
		• 신재생에너지 불안정 해소
		 – 출력 평활화
		 – 심야 경부하 시 풍력발전을
		  이용한 충전
		 – 주간에 풍력발전 및 태양광
		  발전의 배터리(ESS)를 이용
		  하여 충전전력을 충·방전
		• 적용 : 풍력 및 태양광
			신재생 발전의
			불규칙한
			출력변동성 완화
				1 ~
				1000
					~
					1시간
						~
						1분

	② 예비력 제공		계통사고, 수요변동 등에 대응하기 위한 예비용 공급자원 제공	10 ~ 1000	~ 2시간	~ 1분

활용 분야 및 기능		역할	요구조건		
			출력 [MW]	가동 시간	반응 속도
송·배전 부문 (송·배전 효율 향상 ESS)	① 주파수 조정 　㉠ 기능 　　•규정주파수 초과 시 ESS 충전 저장 　　•규정주파수 미달 시 ESS에 저장한 전력을 방전 　㉡ 적용 : 전력공급 계통	전력계통의 순간적 수급균형과 전력품질 유지·관리	10 ~ 100	~ 1시간	~ 10초
	② 피크저감을 통한 부하평준화의 기능 　㉠ 경부하 시 충전, 중부하 시 방전 　㉡ 발전소 및 변전소의 투자비 절감 　㉢ 심야발전량을 충전저장 후 주간에 방전, 주간발전량을 저감시켜 피크 저감	계통부하 평준화 및 최대 부하 감소(경부하시간 충전, 피크시간 방전)	100 ~ 1000	1시간 ~ 수일	~ 10시간
	③ 전력설비 신증설 대체	특정지역·시간에 집중된 부하를 분산시켜 설비 신증설 투자 절감	10 ~ 100	1시간 ~ 24시간	~ 1시간
수용가 부문 (수용가측 ESS)	① 비상용 전원	병원, 웹서버 등 특수시설의 갑작스런 정전사고에 대응	0.1 ~ 10	1시간 ~ 10시간	~ 10초
	② E-프로슈머	가정·빌딩 전력 최적소비 유도 (쌀 때 충전, 비쌀 때 방전)	0.1 ~ 10	1시간 ~ 10시간	~ 1시간

2. 전력시장에 대한 BTM(Behind The Meter)과 FTM(in Front of The Meter)의 구분

(1) 전력시장의 비교

구분	전통 전력시장	미래 전력시장
전력망 역할	공급망	플랫폼
전력거래	전력시장	전력시장, 전력중개거래, P2P 등
시장주체	이원화(공급자 대 소비자)	경계가 희석될 것임
시장구조	수직적, 폐쇄적	수평적, 개방적

(2) 개념 비교

전력 공급자와 수용자 사이의 책임분기점은 계량기(meter)이다.

① FTM(Front of The Meter) : 계량기 앞쪽을 FTM이라 하고(도매시장 개념), 전력품질 향상을 위해 계통에 대규모 ESS를 설치한다.

② BTM(Behind The Meter) : 계량기 뒤쪽을 BTM이라 하고(소매시장 개념), 전력량 계량기 후단에서 신재생 등 분산전원과 ESS를 연계한다.

(3) FTM과 BTM의 관계도

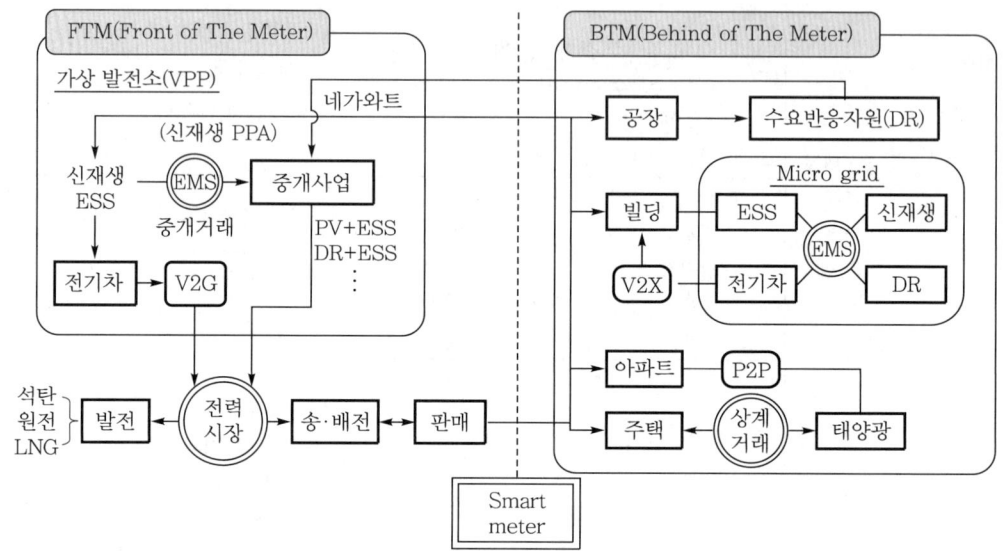

┃ FTM 시장 : 도매시장 ┃   ┃ BTM 시장 : 소매시장 ┃

(4) 시장성장 전망

① 기존의 전력 System에 미포함된 전력량계의 하단에 소비자가 태양광, ESS 설비 등을 설치한 후 전력거래를 하는 BTM 시장은 성장할 것이다.

② ESS 시장은 2030년까지 FTM보다는 BTM 분야에서 두드러진 성장이 전망된다.

③ 특히 BTM 분야 중에서도 자가소비용 또는 에너지 프로슈머가 되기 위한 소규모 태양광 발전과 연계된 ESS 시장이 대부분을 점유할 것이라는 전망이다.

034 대규모 발전력 탈락 시 전력계통의 주파수 하락에 응동하여 최저 주파수를 향상시킬 목적으로 운용되는 주파수조정용 ESS의 구성과 제어모드에 대하여 설명하시오.

(data) 발송배전기술사 22-126-1-8 / 발송배전기술사, 건축전기설비기술사, 전기안전기술사, 전기응용기술사 출제예상문제

답안 **1. 주파수 조정용 ESS의 구성과 원리**

    (1) 구성

        SCADA → ESS용 EMS → PCS → BMS

    (2) 원리

        주파수 저하 시 계통에 전력공급, 주파수 증가 시 전력흡수

2. 제어모드(운전방법)

    (1) GF 모드

        ① 급전지시가 없어도 지역발전원 스스로 주파수를 검출하여 정해진 속도조정률에 의한 발전출력조정이 가능한 제어모드 운전을 말한다.

        ② 속도조정률 : 아래와 같이 ESS 설비의 속도조정률이 가장 낮아 부하의 변동에 대한 응동력이 높다는 의미를 보여 주고 있다.

            ㉠ ESS : 2%

            ㉡ 수력 및 내연력 : 3 ~ 4%

            ㉢ IGCC : 4%

            ㉣ 가스터빈 : 4 ~ 5%

            ㉤ 기력발전기 : 5 ~ 6%

    (2) AGC 모드

        전력거래소에서 급전지시를 받아 발전한다.

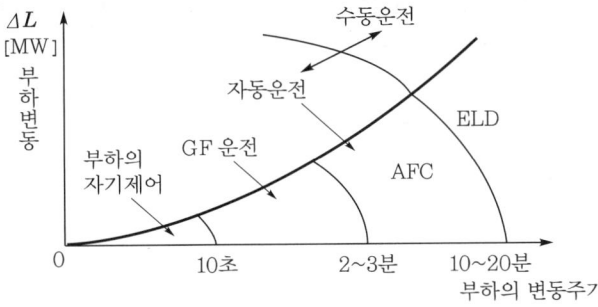

‖ 부하변동의 분담 개념도 ‖

(3) 제어기준(운영 예비력)

예비력		응동시간	유지시간	확보량[MW]
주파수 제어(AFC + ESS)		5분	30분	700
주파수 회복	1차(GF)	10초	5분	1000
	2차(AGC)	10분	30분	1400
	3차(중안급G)	30분		1400

3. 국내 적용 현황

(1) 서안성 변전소에 28MW, 신용인 변전소에 24MW 주파수 조정(FR) ESS를 설치 운용하다가 2018년부터 지속적인 리튬화재로 운영이 정지되었다.

(2) 당초의 목적은 출구 제어, 과도상태 제어, 정상상태 제어였다.

(3) 2017년도부터 2023년 10월까지 무려 전국의 대형 ESS 장치에서 화재가 발생하여 신소재(현재는 리튬이온 배터리)로 당초의 목적을 구현하기 위해서 리튬인산철 ESS로 변경해 건설 검토 중이다.

(4) 결국 모든 공학제품에서 재료공학을 우선한 설비의 생산적용이 전기공학 입장보다 좀 더 고려해야 함을 상기시키는 것이 되었다.

---

035 전력계통 신뢰도 확보를 위해 수립된 분산형 전원 배전계통 연계 기술기준에서 Hybrid 분산형 전원의 ESS 충·방전에 대하여 설명하시오.

(data) 발송배전기술사 24-133-2-1 / 발송배전기술사, 건축전기설비기술사, 전기안전기술사, 전기응용 기술사 출제예상문제

답안 1. 하이브리드(hybrid) 분산형 전원의 정의

태양광, 풍력발전 등의 분산형 전원에 ESS 설비(배터리, PCS 등 포함)를 혼합하여 발전하는 유형이다.

2. 분간형 전원과 ESS 조합의 필요성

(1) 분산전원의 출력 안정화

(2) 전력품질 향상

(3) 계통안정도 개선

(4) ESS의 REC 가중치 부여

태양광 발전 및 풍력발전에 적용시켜 투자를 유인한다.

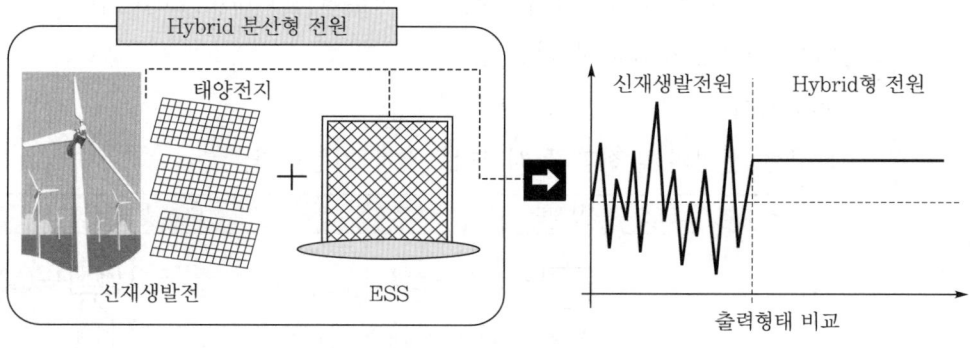

3. 구성도

(1) 태양광 계통 : PV + 컨버터 + 인버터 + 계통연계기

(2) ESS 계통 : 배터리 + PCS

4. Hybrid 분산형 전원의 ESS 충전 기준

(1) 분산형 전원의 발전전력에 의해서만 이루어져야 한다.

(2) 소내 부하공급용 전력에 의한 충전은 허용되지 않는다.

(3) ESS 정격용량은 풍력·태양광 발전의 설비용량을 초과할 수 없다.

(4) ESS 방전은 풍력·태양광 등 분산형 전원의 발전과 동시 또는 각각 가능하다.

(5) 아래 조건하에서는 ESS의 PCS 용량이 설비용량을 초과할 수 있다.

① PCS의 정격용량이 발전설비용량의 110% 이하이고, PCS 입·출력을 발전설비용량 이하로 운전하도록 설정할 경우

② PCS 연계변압기의 정격용량이 발전설비용량 이하로 설치하고, PCS 입·출력을 발전설비용량 이하로 운전하도록 설정할 경우

※ 위 기준 '①' 및 '②'에 해당하는 사업자는 PCS 운전 확약서 제출

5. Hybrid 분산형 전원의 기술검토

(1) Hybrid 전원의 경우 ESS 방전 및 분산형 전원의 동시출력에 의한 최대 출력이 가능하므로 기술검토는 ESS 설비용량 및 분산형 전원 발전설비 정격출력의 합계 용량에 대한 검토가 이루어져야 한다.

(2) PCS의 조정 등으로 분산형 전원출력을 넘지 않도록 하는 경우에는 Hybrid 분산형 전원시스템의 전체 최대 출력용량에 대한 검토를 한다.

6. 하이브리드 분산형 전원의 ESS 충·방전 방식

(1) ESS 충전

분산형 전원의 발전전력에 의해서만 이루어져야 하며, 소내 부하공급용 전력에 의한 충전은 허용되지 않는다.

(2) ESS 방전

분산형 전원의 발전과 동시 또는 각각 가능하다.

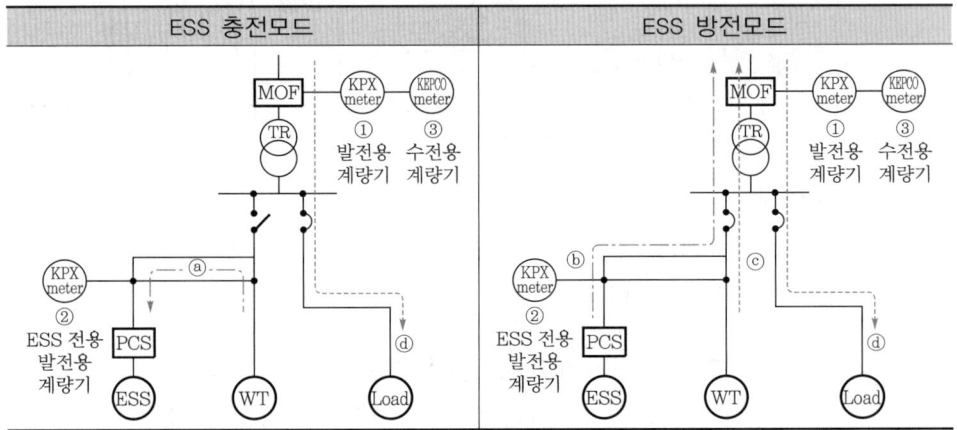

[비고] ⓐ ESS 충전은 풍력발전기에서 발전한 전력만 허용(한전계통으로부터의 수전전력 충전 불허)
ⓑ ESS 방전은 시간대별로 별도 계량하여 계절별 피크타임 시간대 별도 적산하여 REC 가중치 적용
ⓒ 풍력발전량을 ESS 충전하지 않은 경우 발전전력 계통으로 역송
ⓓ 부하 수전전력, 한전 수전용 계량기(③)에서 계량, 수전전력이 ESS로 충전되지 않게 할 것

(3) Hybrid 분산형 전원의 발전형태에서 ESS의 충전이 풍력발전에 의해서만 이루어지기 위해서는 소내 전력공급용 선로와 풍력발전에 의한 ESS 충전선로는 그림과 같이 분리운영되어야 한다.

(4) Hybrid 분산형 전원용 구내 선로전원측에 역전력 계전기의 역결선 등과 같은 방법으로 소내 부하공급전력에 의한 ESS 충전 방지장치를 설치할 것

7. 분산형 전원용량

(1) 해당 단위 분산형 전원에 속한 발전설비 정격출력의 합계를 기준으로 한다.

(2) Hybrid 분산형 전원의 경우 ESS 설비용량과 분산형 전원 발전설비 정격출력의 합계 또는 Hybrid 분산형 전원 최대 출력를 기준으로 한다.

8. Hybrid 분산형 전원의 보호장치

설치자는 ESS 설비 및 분산형 전원 기준에서 정하는 보호기능이 각각 내장되어 있더라도 해당 Hybrid 분산형 전원의 연계시스템 전체에 대한 보호기능을 수행할 수 있는 별도의 보호장치를 설치하여야 한다.

9. 신재생센터 공급인증서 가중치 부여를 위한 ESS 결합운영사업모델에 대한 기준

(1) 아래 그림과 같이 풍력발전전력에 의해서만 ESS가 충전되도록 제한을 하고 있다.

(2) 풍력발전원의 계통안정도 개선을 위해 설치한 ESS가 전력의 재판매에 대해서는 불허하고 있음을 나타낸다.

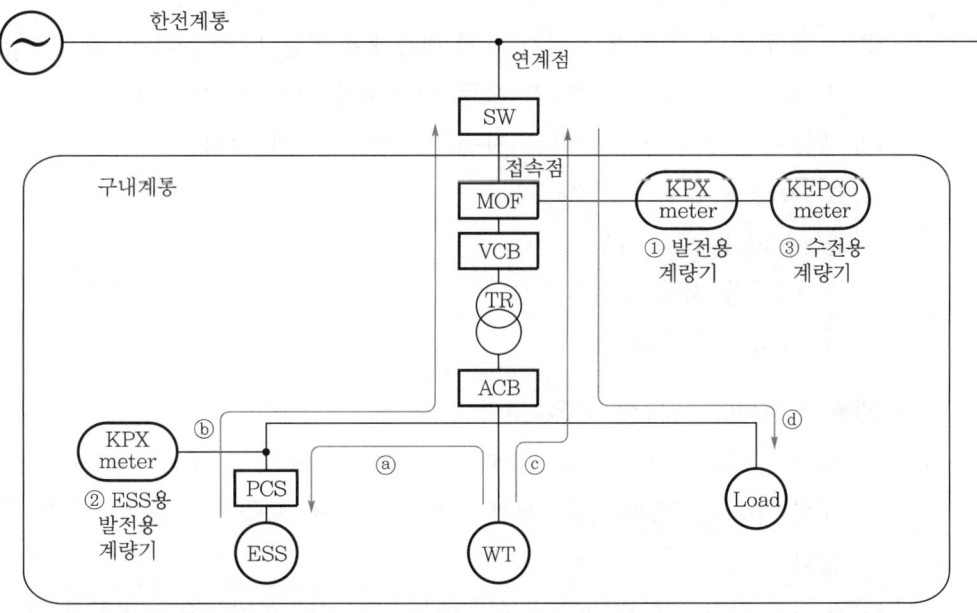

[비고] ⓐ ESS 충전은 풍력발전기에서 발전한 전력만 허용(한전계통으로부터의 수전전력 충전 불허)
　　　 ⓑ ESS 방전은 시간대별로 별도 계량하여 계절별 피크타임 시간대 별로 적산하여 REC 가중치 적용
　　　 ⓒ 풍력발전량을 ESS 충전하지 않는 경우 발전전력계통으로 역송
　　　 ⓓ 부하 수전전력, 한전수전용 계량기(③)에서 계량, 수전전력이 ESS로 충전되지 않게 할 것

036 전력계통에서 전력공급을 원활하게 하기 위하여 유연성(flexibility)이 필요한 이유에 대하여 설명하고, 유연자원(flexible resource)을 발전설비, 전력망설비, 에너지저장장치(ESS) 측면으로 구분하여 설명하시오.

data 발송배전기술사 22-126-3-4 / 발송배전기술사, 건축전기설비기술사, 전기안전기술사, 전기응용기술사 출제예상문제

답안 1. 개요

(1) 계통 유연성이란 전력수급의 변동성, 확실성을 안정적으로 관리할 수 있는 계통의 능력을 의미한 것이다.

(2) 계통 고장과 같이 빠른 시간 내에 대응해야 하는 분야에서부터 전력수급기본계획과 같은 장기계획분야까지 모든 시간대에 걸쳐 영향을 미친다.

(3) 계통에 유연성을 공급하는 자원은 크게 다음과 같다.

① 공급측 유연성 자원

② 수요 유연성 자원

③ 에너지 저장 및 변환 장치

④ 그리드 인프라 등

2. 계통 유연성이 필요한 이유

(1) 재생에너지 확산 초기에는 그리드 운영개선, 국가 간 계통연계, 재생에너지 예측개선, 수요반응(DR) 제도 개선 등이 가장 비용 효율적인 유연성 추가 확보수단이었다.

(2) 이러한 방안은 한번 도입된 이후에는 유연성을 추가적으로 공급할 수 있는 잠재력이 낮다.

(3) 재생에너지 비중이 높아질수록 비용 효율성이 낮아져 계통운영비용을 증가시켜 경제성을 악화시키고 있다.

(4) 에너지저장장치, 섹터커플링을 통한 전력변환 등은 도입비용이 매우 높지만 변동성 재생에너지 비중이 높아질수록 과잉공급전력의 저장·변환 및 경제적 사용에 활용돼 효용성이 증가하고 있다.

3. 발전설비에 있어 유연자원

(1) 재생에너지 예측 개선

급격히 발전하고 있는 디지털 기술(기계학습, AI 등)을 통해 풍력발전에 영향을

미치는 풍속, 태양광에 영향을 미치는 일조량 등의 기상정보 정확도가 향상된다.

(2) 화력발전 Retrofit(성능 개선)

① 기존 노후 화력발전의 보일러와 터빈 등을 개선해 용량, 효율을 늘리고 반응속도를 높인다는 것을 의미한다.

② 리트로핏을 통해 발전기 제어특성을 개선해 계통변동성에 더 잘 대응할 수 있고 배기가스를 감소시키는 것이 가능하다.

4. 전력망 설비에 있어 유연자원

HVDC를 통한 국가 간 계통 연계 및 재생에너지 연계

(1) 국가 간 연계에 HVDC를 사용하게 되면 계통 간 원하는 양만큼의 전력을 주고받기가 용이

(2) 비동기 연계

(3) 다른 환경에서도 서로 연계가 가능

5. 에너지저장장치(ESS)에 있어 유연자원

(1) 대규모 에너지저장장치(ESS)를 통해 생산된 전기를 저장했다가 계통에서 필요로 할 때 전기를 공급해 계통의 유연성을 공급(ESS의 주요 기능 : 주파수 조정, 최대 피크 감축 및 재생에너지 변동성 완화)

(2) 섹터커플링을 통한 에너지변환

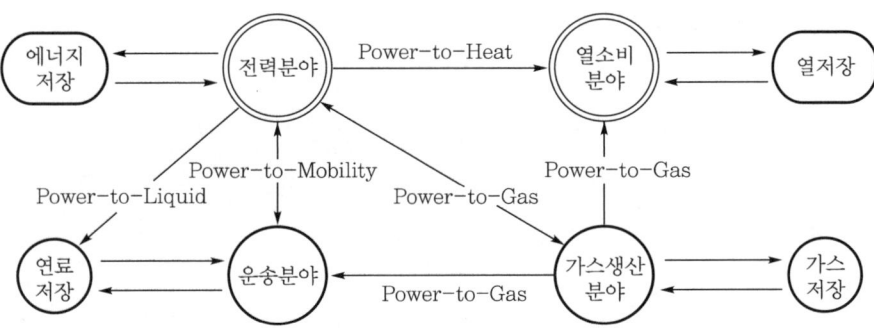

① 섹터커플링은 에너지 소비부분(열, 운송, 산업)과 생산부분을 상호 인정하는 것을 의미한다.

② 섹터커플링의 핵심은 전력 변환·저장 기술을 통칭하는 'Power-to-X' 기술을 통해 재생에너지 과잉 공급전력을 열, 운송, 가스 부분으로 변환·저장해 활용한다.

6. 전체적인 계통유연성 자원의 종류와 주요 확보방안

구분	주요 확보방안	계통효과
공급측 유연성 자원	화력발전 성능개선 (성능 개선 : 리트로핏(retrofit))	화력발전 성능(반응속도, 용량 등)을 개선하여 변동성 대응
	재생에너지 발전 예측 개선 및 인버터 유연운전	재생에너지 변동성 저감
수요측 유연성 자원	AI 수요관리 기술, 수요반응제도 개선	수요반응 효율 개선, 수요반응 활성화
	DSO 및 VPP 도입 (DSO : 배전망 운영자)	배전단 DER(ESS, DR, 재생에너지 등) 최적운영으로 유연성 공급 (DER : 분산에너지 자원)
에너지저장 및 변환장치	대규모 ESS 도입	ESS 제어로 계통안정화 기여, 초과공급된 전력의 저장 및 활용
	수소경제 활성화 및 변환기술 개선	섹터커플링 경제성 확보 및 활성화
그리드 인프라	국가 간 계통 및 시장연계	유연자원 공유 및 신뢰도 향상
	HVDC 등 신송전 기술 도입	재생에너지의 수용성 증대

7. 결론

(1) HVDC 적용 시 SSR, SSCI, SSTI를 충분히 검토

(2) 재생에너지 비율이 증가되므로 섹터커플링 연구 촉진

(3) 재생에너지가 확대되므로 유연성 자원의 투입비율을 경제성과 안전성의 전 계통 측면으로 검토 적용

SECTION 04 분산형 전원연계

037 「신에너지 및 재생에너지 개발·이용·보급 촉진법」에 의한 신에너지와 재생에너지의 종류를 분류하고, 신재생에너지의 일반적인 장점에 대하여 설명하시오.

(data) 발송배전기술사 19-117-1-9 / 발송배전기술사, 건축전기설비기술사, 전기안전기술사, 전기응용기술사 출제예상문제

답안 1. **신에너지설비(「신에너지 및 재생에너지 개발·이용·보급 촉진법」제2조)**

   (1) 정의

   신에너지란 기존의 화석연료를 변환시켜 이용하거나 수소·산소 등의 화학반응을 통하여 전기 또는 열을 이용하는 에너지 설비이다.

   (2) 종류

   ① 수소에너지 설비 : 물이나 그 밖에 연료를 변환시켜 수소를 생산하거나 이용하는 설비

   ② 연료전지 설비 : 수소와 산소의 전기화학 반응을 통하여 전기 또는 열을 생산하는 설비

   ③ 석탄을 액화·가스화한 에너지 및 중질잔사유(重質殘渣油)를 가스화한 에너지 설비 : 석탄 및 중질잔사유의 저급 연료를 액화 또는 가스화시켜 전기 또는 열을 생산하는 설비

2. **재생에너지 설비(「신에너지 및 재생에너지 개발·이용·보급 촉진법」제2조)**

   (1) 정의

   햇빛·물·지열(地熱)·강수(降水)·생물유기체 등을 포함하는 재생 가능한 에너지를 변환시켜 이용하는 에너지 설비

   (2) 종류

   ① 태양에너지 설비

   ㉠ 태양열 설비 : 태양의 열에너지를 변환시켜 전기를 생산하거나 에너지원으로 이용하는 설비

   ㉡ 태양광 설비 : 태양의 빛에너지를 변환시켜 전기를 생산하거나 채광(採光)에 이용하는 설비

② **풍력 설비** : 바람의 에너지를 변환시켜 전기를 생산하는 설비

③ **수력 설비** : 물의 유동(流動) 에너지를 변환시켜 전기를 생산하는 설비

④ **해양에너지 설비** : 해양의 조수, 파도, 해류, 온도차 등을 변환시켜 전기 또는 열을 생산하는 설비

⑤ **지열에너지 설비** : 물, 지하수 및 지하의 열 등의 온도차를 변환시켜 에너지를 생산하는 설비

⑥ **바이오에너지 설비** : 「신에너지 및 재생에너지 개발·이용·보급 촉진법 시행령」 [별표 1]의 바이오에너지를 생산하거나 이를 에너지원으로 이용하는 설비

⑦ **폐기물에너지 설비** : 폐기물을 변환시켜 연료 및 에너지를 생산하는 설비

⑧ **수열에너지 설비** : 물의 열을 변환시켜 에너지를 생산하는 설비

⑨ **전력저장 설비** : 신에너지 및 재생에너지 이용하여 전기를 생산하는 설비와 연계된 전력저장 설비

3. 신재생에너지 설비의 장점

(1) 반영구적 사용 가능

(2) 수요지 근처 전력공급

손실 저감, 발전소 건립비 저감

(3) 친환경

이산화탄소, 온실가스 배출량, 방사성 폐기물 없음

(4) 소규모

이전·전매·수리·폐기·재활용이 용이하고 공기를 단축

---

038 「신에너지 및 재생에너지 개발·이용·보급 촉진법」에 따라 신에너지 및 재생에너지를 각각 구분하여 설명하고 최근의 각 발전원별 발전량 비중과 특성을 설명하시오.

data 발송배전기술사 18-116-3-3 / 발송배전기술사, 건축전기설비기술사, 전기안전기술사, 전기응용기술사 출제예상문제

답안 1. 신에너지설비(「신에너지 및 재생에너지 개발·이용·보급 촉진법」 제2조)

* Chapter 04 – 문제 037의 답안 '1.' 내용을 참조한다.

2. 재생에너지 설비(「신에너지 및 재생에너지 개발·이용·보급 촉진법」 제2조)

* Chapter 04 - 문제 037의 답안 '2.' 내용을 참조한다.

3. 신재생에너지 설비의 발전원별 발전량 비중

(1) 22년 12월 31일 현재 발전설비용량 : 138018MW

(2) 22년 12월 31일 공급능력 : 102234MW

(3) 22년도 최대 전력 : 94509MW(22년 12월 23일 오전 10시)

(4) 공급예비율 : 12%

(5) 발전원별 설비용량(23. 01. 01 현재) : 전체는 138018MW

① 원자력 : 24650

② 유연탄 : 37728

③ 무연탄 : 400

④ 유류 : 920

⑤ LNG : 41201

⑥ 양수 : 4700

[신재생 발전설비용량]

⑦ 연료전지 : 879

⑧ 석탄가스화 : 346

⑨ 태양 : 20975

⑩ 풍력 : 1893

⑪ 해양 : 256

⑫ 바이오 : 1801

⑬ 기타 : 457

(6) 21년 7월 현재 발전량 비중

① 석탄 : 33.3%

② LNG 가스 : 30.4%

③ 원자력 : 26.9%

④ 신재생 : 7.7%

(7) 신재생에너지 발전설비별 발전량 비중

22년 7월 「전력통계월보」에 따르면 신재생의 발전전력량은 4581GWh로, 전체 (5만 5018GWh)의 8.3%에 불과하다. 지난 7월 신재생의 발전설비 비중이 19.8%

였던 것을 고려하면 발전량이 절반에도 미치지 못했다.

2020년 주요 신재생에너지설비	발전량[MWh]	비율[%]
태양광	19297854	4576
풍력	3149798	747
수력	3879383	920
바이오	9938354	2357
연료전지	3522350	835
IGCC	2377374	565
계	42165113	100

4. 최근의 각 신재생에너지 설비의 발전원별 특성

(1) 신에너지 설비

① 연료전지 설비

㉠ 전기화학반응을 거쳐 직접적으로 발전을 하기 때문에 에너지효율이 높다.

㉡ 화력발전과 같이 연소과정이 없기 때문에 전기와 물, 열만을 발생시키며 이산화탄소 및 질소산화물, 황산화물 등의 배출이 전혀 없는 무공해 에너지이다.

㉢ 모듈형태로 제작이 가능하여 발전규모 조절이 용이하고 설치장소의 제약이 작다.

㉣ 고도의 기술과 고가재료 사용으로 인해 경제성이 떨어지는 점과 원료의 대량 생산과 저장, 운송, 공급 등의 기술적 문제들이 있어 연료전지의 상용화를 어렵게 한다.

㉤ 실 현장에서는 각 RPS 대상사업자인 대규모 발전사업자의 급관심으로 지속적으로 개발과정에 있다(REC가 1.9로 높음).

② 석탄가스화 복합발전 설비

㉠ 석탄을 가스화하여 질소산화물, 항산화물 등의 배출이 없는 청정에너지이다.

㉡ 석탄을 연료로 하므로 연료수급이 용이하고 연료가격이 안정적이다.

㉢ 플랜트 비용이 고가이다.

㉣ IFCC에서 IGFC로 발전해 가는 추세로 수소생산에 관심이 증폭 중이다.

③ 수소에너지 설비

㉠ 수소에너지는 공기 중에 산소와 결합하여 연소하는 경우 물이 되기 때문에 배기가스 등 심해물질이 거의 생성되지 않아 환경오염의 염려가 없다.

    ⓛ 직접 연소하거나 연료전지의 연료로 활용하게 되면 전기에너지로 쉽게 전환하여 사용할 수 있다.

    ⓒ 자동차의 연료로 사용되는 경우에는 석유와 달리 연소를 통해 에너지를 얻는 원리가 아니어서 소음이 작다.

(2) 재생에너지 설비

① 태양광 설비

    ㉠ 설치장소에 제약이 없다.

    ⓛ 태양광 모듈의 수명은 20 ~ 30년으로 내구성이 좋다.

    ⓒ 공해물질은 배출하지 않으므로 환경친화적이다.

    ⓔ 연료단가가 싸다.

    ⓜ 인버터수명이 짧고(5년) 고가이다.

    ⓗ 외국산(중국) 모듈에 의존하여 건설해서 향후 개·보수 시 관리가 어려울 전망이 일부 있다.

    ⓢ 효율이 낮다(25% 정도).

② 풍력 설비

    ㉠ 공해물질 배출이 없어서 청정성, 환경친화적 특성을 지닌다.

    ⓛ 풍력단지의 관광자원화가 가능하다(해상풍력의 REC는 2.5로 가장 높아 투자의 관심이 높음).

    ⓒ 깨끗하고 고갈된 염려가 없지만, 에너지밀도가 낮아 바람이 안 불면 발전을 할 수가 없다.

    ⓔ 특별한 지점에만 설치가 가능하지만 우리나라의 경우는 삼면이 바다로 되어 있어 해상풍력발전에 유리하다.

    ⓜ 바람이 불 때만 발전을 할 수가 있어 지속적 발전이 곤란하여 저장장치의 설치가 필요하다.

    ⓗ 소음발생문제는 최근에는 풍력발전기가 대형화되면서 소음문제가 해결되는 추세이다.

③ 수력 설비

    ㉠ 소수력발전은 설비규모가 작기 때문에 지형의 변화를 최소화하고 주변 생태계에 미치는 영향이 작은 친환경 에너지이다.

    ⓛ 발전설비가 간단하여 단기간 건설이 가능하고 유지·보수 또한 용이하다.

    ⓒ 태양광발전이나 풍력발전 등의 기후와 관련된 신재생에너지에 비해 공급 안정성이 우수하다.

④ 해양에너지 설비

    ㉠ 해양에너지 자원은 고갈될 염려가 전혀 없고, 일단 개발되면 태양계가 존속하는 한 이용이 가능하며 오염문제가 없는 무공해 청정에너지이다.

    ㉡ 우리나라는 삼면이 바다로 둘러싸여 해양에너지 부존자원이 풍부하다.

    ㉢ 현재는 조력발전 외에는 상용화된 해양에너지가 없으며, 선진국과의 기술수준 격차도 존재한다.

    ㉣ 조력발전의 경우 날씨나 계절에 상관없이 에너지 공급량이 규칙적이고 대규모 전력생산이 가능하지만 높은 투자비용과 해양생태계를 파괴한다.

    ㉤ 파력발전은 환경오염이 없고 지속적으로 사용 가능하다는 장점이 있지만 투자비용에 비해 발전효율이 낮다.

    ㉥ 조류발전은 조력발전과 달리 방파제를 건설할 필요가 없어 비용이 절감되는 효과가 있지만 조류가 빠른 곳에 설치가 가능하여 입지조건이 까다롭다는 단점이 있다(울돌목 조류발전소).

    ㉦ 온도차 발전은 에너지 공급원이 무한하고 예측이 가능하여 계획적인 발전이 가능하다는 장점이 있지만 전력생산효율이 낮고 미생물로 인한 오염에 취약하다는 것이 단점이다.

⑤ 지열에너지 설비

    ㉠ 지열은 다른 신재생에너지 발전과는 달리 외부 기후에 의존하지 않고 연중 24시간 연속운전이 가능하며 건축물과 조화 및 높은 경제성 등으로 보급 잠재력이 높다.

    ㉡ 지열발전

        • 지상 설비면적이 작고, 오염물질 배출이 거의 없으며 기상의 영향 없이 지속적으로 전기생산이 가능하다는 장점이 있다.

        • 심부 천공기술이 아직까지 실증연구단계이고 투자비가 많이 소요되며, 땅의 침전 등 환경파괴가 우려된다는 단점이 있다(지진유발 원인제공으로 포항 단층 문제가 사회이슈됨).

    ㉢ 히트펌프 : 일반 냉·난방에 비해 안정된 지열을 이용함으로써 고효율의 냉·난방이 가능하고 유지 및 관리비가 저렴하나 초기 천공비 부담이 크고 지중 열교환기 부동액 누수 시 환경오염 가능성이 있다.

⑥ 바이오에너지 설비

    ㉠ 석유연료에 비해 공해물질을 현저하게 적게 배출하기 때문에 친환경적이라는 점과 원료로 사용되는 바이오매스는 화석연료와 같이 사용 시 없어지는 것이 아니라 재생성을 가지고 있어 원료고갈문제가 없다는 장점이 있다.

ⓛ 다른 신재생에너지의 경우 생산 가능한 에너지형태가 열 또는 전기이기 때문에 저장이 어렵다는 문제점이 있지만 바이오에너지는 열과 전기뿐만 아니라 난방 또는 수송용 연료의 형태로도 생산이 가능하여 에너지 사용측 면에서 활용도가 높다는 특징을 가지고 있다.

ⓒ 바이오에너지는 아직까지 식용식물을 주원료로 사용하고 있어 원료확보 를 위한 넓은 면적의 토지가 필요하고 자원양의 지역적 차이가 크며, 식량 부족 문제 등이 발생한다.

ⓔ 이 이유로 최근에 유기성 폐기물과 미세조류 등 비식량계 원료를 기반으로 하는 연료 연구개발이 활발하게 이루어지고 있다(4대강 녹조조류의 석유 화 등 연구개발 등).

⑦ 폐기물에너지 설비

ⓝ 원료인 폐기물의 가격이 낮고 폐기물 수거비용을 받을 수 있어 경제성이 높으며 쓰레기 매립문제 완화 및 폐기물 발생을 줄여 이에 따른 환경오염 방지효과를 얻을 수 있다.

ⓛ 문화나 산업의 특성에 따라 많은 처리기술이 필요하기 때문에 고도의 기술 과 연구 개발이 요구된다.

ⓒ 이로 인해 초기 투자비용이 많이 들게 된다는 점과 폐기물 소각과정에서 또다른 환경오염을 유발하는 단점이 있다.

⑧ 수열에너지 설비

ⓝ 자연상태로 존재하는 에너지원으로 온도의 계절 간, 일 간 변동이 작고 빙점이 일반 물보다 낮은 −1.9℃이기 때문에 저온까지 일 이용이 가능하다.

ⓛ 여름에는 대기보다 약 7℃가 낮고 겨울엔 10℃ 정도 높아 열펌프의 열원으 로 매우 우수하다.

ⓒ 부존양이 거의 무한해 대규모 열수요에 이용이 가능하다.

ⓔ 우리나라의 경우 삼면이 바다이므로 해수를 쉽게 이용할 수 있다는 지리적 특성이 있다.

⑨ 전력저장 설비

ⓝ 분산전원 연계 시 전력을 저장했다가 피크 시나 필요 시 사용한다.

ⓛ 전기는 생산과 동시에 소비되는 특징이 있는데 전력저장 설비는 전력저장 을 가능하게 해서 필요할 때 전기를 사용할 수 있는 편의성을 제공한다.

ⓒ 심야에 남는 전기로 저장했다가 주간에 첨두 시에 사용하므로 부하율 향상 에 기여한다.

㉣ 리튬이온전지가 대부분 ESS 설비에 적용되나 화재 시 소방이 대단히 곤란
하므로 이에 대한 철저한 대책강구 후에 적용하여야 한다.

5. 결론

(1) 발전설비기준에서 10년간 원자력 비중은 25.3%에서 17.3%로 감소했다.
전력정책의 실패에 대한 결정적 원인이다. 전력원가가 22년부터 지속적으로 상
승요인의 주원인이 되었다.

(2) 산업통상자원부가 발표한 '제10차 전력수급기본계획' 실무안에 따르면 2030년
전원별 발전량 기준에서 원전은 32.8%로 확대되고 신재생은 21.5%로 조정되었다.

(3) 녹색분류체계(K-택소노미)에 원전을 포함시키기로 하면서 원전기술 개발 등 관
련 산업에 대한 투자 확대가 예상된다.

(4) 정책입안자들의 판단오류로 국가적인 에너지수급의 문제가 생활경제에 상당한
악영향을 줄 수 있기에 BEST MIX에 대한 좀 더 연구에 투자하는 것이 절실하다.

---

039 우리나라 전력계통에 연계된 신재생발전에 대하여 다음을 설명하시오.
1. 신재생발전기의 특성
2. 신재생발전기의 증가가 전력계통에 미치는 영향
3. 계통연계 기술기준

data 발송배전기술사 23-130-4-4 / 발송배전기술사, 건축전기설비기술사, 전기안전기술사, 전기응용
기술사 출제예상문제

답안 1. 신재생발전기의 특성

(1) 신에너지 발전설비

① 정의 : 신에너지란 기존의 화석연료를 변환시켜 이용하거나 수소·산소 등의
화학반응을 통하여 전기 또는 열을 이용하는 에너지이며, 이를 이용하여 발전
하는 설비이다.

② 종류

㉠ 연료전지 설비 : 수소와 산소의 전기화학반응을 통하여 전기 또는 열을
생산하는 설비

• 장점 : 저공해, 고효율, 휴대 가능, 타 산업으로의 높은 연관성

- 단점 : 고가의 발전 비용, 추가 기술개발 필요(SOFC 기술 고도화 요구 : 향후 IDC 센터에 일정 규모의 LNG 충전시키고 이를 이용한 연료전지 발전설비 활성화 예상과 ESS 사업 고도화 예상)
  - ㉡ 석탄을 액화·가스화한 에너지 및 중질잔사유(重質殘渣油)를 가스화한 에너지 설비 : 석탄 및 중질잔사유의 저급 연료를 액화 또는 가스화시켜 전기 또는 열을 생산하는 설비
    - 장점 : 석탄이 적은 불순물, 연소조정 편리, 석유와의 유사성
    - 단점 : 공해 발생, 저장 및 해상수송 제한, 거액투자 소요
  - ㉢ 수소에너지 설비 : 물이나 그 밖에 연료를 변환시켜 수소를 생산하거나 이용하는 설비
    - 장점 : 저공해, 무한정, 에너지 연료전지 등 다양한 활용, 지하 1500m 이하의 수소광산 개발 시 에너지 패러다임 자체를 완전히 바꿀 혁신적인 설비임
    - 단점 : 저장수송 곤란, 안정성 문제, 수소분리비용 과다(향후 기술개선 예상 : 음극과 양극 사이의 분리막에 모세관현상을 이용한 물을 흡수시켜 음극과 양극 표면에 수소거품을 제거시켜 효율을 90% 이상 향상이 가능한 호주의 특허 아이디어이용 기술 적용 예상함)

(2) 재생에너지 발전설비

① 정의 : 재생에너지란 햇빛·물·지열·강수·생물유기체 등을 포함하는 재생 가능한 에너지를 변환시켜 이용하는 에너지를 말하며 이를 이용하여 발전하는 설비를 말한다.

② 종류
  - ㉠ 태양에너지 설비
    - 태양열 설비 : 태양의 열에너지를 변환시켜 전기를 생산하거나 에너지원으로 이용하는 설비
    - 태양광 설비 : 태양의 빛에너지를 변환시켜 전기를 생산하거나 채광에 이용하는 설비
    - 장점 : 무한정, 낮은 유지비, 높은 활용도, 규모의 유연성
    - 단점 : 낮은 에너지밀도로 넓은 설치면적 필요, 간헐적 공급으로 낮은 경제성, 높은 초기 설치비, 계절적 영향
  - ㉡ 바이오에너지 설비 : 「신에너지 및 재생에너지 개발·이용·보급 촉진법

시행령」[별표 1]의 바이오에너지를 생산하거나 이를 에너지원으로 이용하는 설비

- 장점 : 풍부한 부존자원, 환경오염 감소, 다양한 형태의 에너지 생성
- 단점 : 산림농작물 고갈, 수집수송 불편, 생물학적 공정 복잡, 높은 설비 투자비

ⓒ 풍력 설비 : 바람의 에너지를 변환시켜 전기를 생산하는 설비
- 장점 : 무공해, 무한정, 국토 효율적 활용, 상대적 저렴한 유지비 및 설치비
- 단점 : 불규칙한 바람, 발전시설의 수시교체, 풍력 소음 등으로 인한 민원 발생

ⓔ 수력 설비 : 물의 유동(流動) 에너지를 변환시켜 전기를 생산하는 설비
- 장점 : 발전원가 저렴, 무공해
- 단점 : 지역적 편재, 수몰지역 보상비 부담

ⓜ 지열에너지 설비 : 물, 지하수 및 지하의 열 등의 온도차를 변환시켜 에너지를 생산하는 설비
- 장점 : 열발전 원가 저렴, 무공해
- 단점 : 지역적 제약

ⓗ 해양에너지 설비 : 해양의 조수, 파도, 해류, 온도차 등을 변환시켜 전기 또는 열 생산설비
- 장점 : 무공해, 무한정 에너지 공급
- 단점 : 전력소비지와의 원격성, 대규모 시설투자 소요

ⓢ 폐기물에너지 설비 : 폐기물을 변환시켜 연료 및 에너지를 생산하는 설비
- 장점 : 저렴한 원료비, 쓰레기 절감, 폐기물 환경오염 방지
- 단점 : 가공과정에서 환경오염 유발 가능, 복잡한 처리기술

ⓞ 수열에너지 설비 : 물의 열을 변환시켜 에너지를 생산하는 설비
- 장점 : 저렴한 원료비, 무공해
- 단점 : 수원이 다량 있는 해안가에 설치되므로 지역 제한, 에너지 밀도 낮음, 부식현상

ⓩ 전력저장 설비 : 신에너지 및 재생에너지를 이용하여 전기를 생산하는 설비와 연계된 전력저장 설비
- 장점 : 설치 용이, 전력수요지 지근에 설치, 부하의 속응성 우수, 다양한 시스템
- 단점 : 고가, 화재의 가능성 높음

2. 신재생발전기의 증가가 전력계통에 미치는 영향

(1) 전력수급의 불균형

① 전력수요가 적은 계절인 봄과 가을철의 주말 야간시간에 신재생발전전원의 출력이 수요를 초과할 경우 잉여전력이 발생할 수 있다.

② 수요가 고정된 상태에서 신재생출력이 증가하면 신재생발전기의 출력증가분 만큼 기저발전기의 출력을 반대로 감소시켜야 수요와 공급의 균형이 유지된다.

③ 신재생출력이 계속 증가할 경우 기저발전기의 출력은 더욱 감소하여 최소 출력 한계상태로 운전하게 될 것이다. 심할 경우 다음 그림과 같은 Duck 현상 이 나타나서 불균형이 심화된다.

④ 그러나 신재생발전기의 출력이 더 상승하면 기저발전기는 더 이상 출력을 감소시킬 수 없기 때문에 신재생발전기의 출력을 강제로 제한할 수밖에 없다.

⑤ 이는 기저발전기의 출력을 감소시킬 재원이 더 이상 남아있지 않기 때문이다 (즉, 고가로 신재생 전력을 구입힐 자금이 부족하다는 것임).

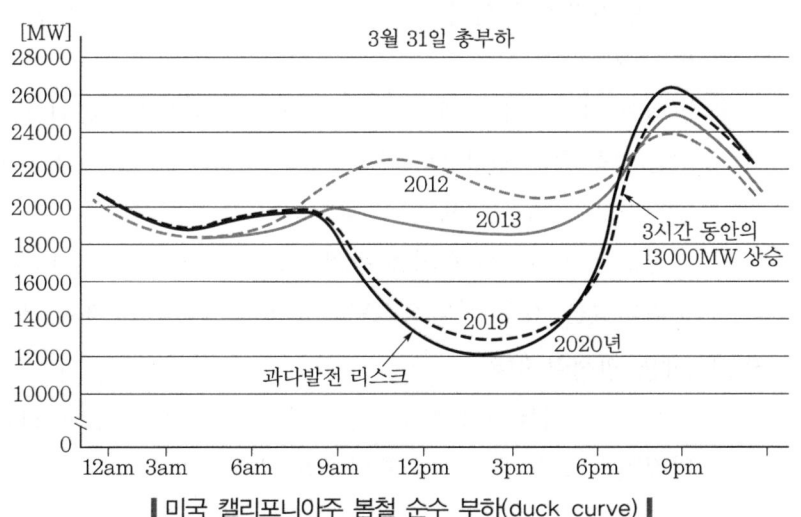

┃ 미국 캘리포니아주 봄철 순수 부하(duck curve) ┃

(2) 주파수 변동

① 계통운영 시 전력의 수요와 공급이 균형을 이루면 주파수는 정격주파수인 60Hz를 유지하나, 공급이 수요를 초과할 경우 주파수는 60Hz를 초과하고, 반대로 공급이 수요보다 낮으면 60Hz보다 낮아진다.

② 12시경 잉여전력이 전력계통에 공급될 때 주파수는 상승한다.

③ 예를 들어 풍력발전기는 기상에 의해 짧은 주기로 큰 폭의 출력변동이 발생하 고 기저발전기가 이 변동성을 흡수할 수 없을 경우 주파수도 변동된다.

(3) 배전계통의 전압 상승

① 계통에 신재생에너지원인 태양광 발전이 인입되었을 때 그 영향으로 인하여 배전계통의 전압이 상승할 수 있다.

② 이 전압 상승이 규정치를 벗어난 일정 수준을 초과할 경우에는 계통 내의 전기기기의 절연열화, 고장 등을 유발할 수 있다.

(4) 신재생발전기의 단독운전 방지장치에 의한 전력수급 감소로 인한 대규모 정전 발생의 우려

① 계통연계형 신재생발전기(분산형 전원)는 전력계통측에서 사고 또는 이상 현상이 발생하면 즉시 전력공급을 중단한다.

② 이때 신재생발전기를 계속 운전시킬 경우에는 계통에 전력이 계속 공급되어 계통 복구작업 및 보수 시 감전사고, 설비손상, 인버터 고장 등의 문제가 발생하므로 신재생발전기도 계통에서 분리해야 한다.

③ 계통에서 신재생에너지원을 차단하기 위해 신재생에너지 발전기측에는 단독운전방지장치가 설치되어 있어 단독운전 여부를 검출하여 위의 문제를 사전에 방지할 수 있다.

④ 반대의 경우로서 신재생발전기가 계통으로부터 분리됨으로써 문제점은 순시 전압 강하 등의 영향으로 의도치 않은 단독운전 방지장치의 동작에 의해 신재생발전기로부터의 전원공급이 차단되어 전력수급에 차질이 발생하는 경우이다.

⑤ 단독운전 방지장치에 의해 광역적으로 신재생발전기가 일제히 계통으로부터 분리되었을 경우 광역정전위험성이 증가하는 문제가 발생할 수 있다.

(5) 전력계통 관성력 약화

① 신재생발전기는 전력전자기기인 인버터를 통해 계통에 전력을 공급하는 비동기전원으로서 관성력이 존재하지 않는다.

② 이는 계통에서 사고나 이상 발생으로 인하여 수급불균형이 발생하여 주파수 또는 전압에 변동이 발생할 경우 즉각적이고 수초 이내의 짧은 시간동안 변동성에 저항할 수 있는 물리적 힘이 약해져서 안정적인 전력망 유지가 어려울 수 있다.

③ 계통여건에 맞는 적정 규모의 관성력이 항시 존재해야 한다는 뜻이다.

④ 신재생보급 확대로 계통관성력 유지문제가 대두될 것이다.

(6) 고장전류 증가 및 공진

① 계통에 사고(단락사고)가 발생할 경우 교류 발전설비인 동기발전기 및 유도발전기, 보조 여자발전기에 단락전류가 공급된다.

② 동시에 인버터를 통해서도 단락전류가 공급되기 때문에(인버터 보호기능이 작동하는 경우) 기설 차단기의 정격차단전류(단락용량) 초과가 발생할 수 있다.

③ 한편, 신재생용 인버터가 많이 보급될 경우 $R - L - C$ 공진현상에 의해 계통의 교란도 이미 해외계통에서 나타나고 있다.

(7) 신재생발전소 내 전력수급의 불균형으로 인한 주파수 저하

① 신재생발전기는 계통에 전력을 공급할 뿐만 아니라 자체적으로 소내 부하(계통에서 수전하지 아니함)에 전력을 공급하는 경우가 상당히 많다.

② 이 상황 속에서 출력이 가변적인 신재생발전의 특성상 발전단지단위의 대규모로 발전량이 감소하게 되면 소내 부하는 계통으로부터 수전받도록 되어 있다.

③ 이때, 예측된 수요에 비해 소내 부하에서 수급받는 선력량만큼 내용하시 못할 경우 불안정한 전력수급에 의해 주파수 저하 등의 문제가 발생할 수 있다.

3. 계통 연계 기술기준(신재생발전기의 송전계통 연계 기술기준 위주)

(1) 계통고장으로 인한 순시전압 발생 시 전력계통의 안정적 복구를 위한 연계운전유지 기준

① 저전압 고장 시와 고장 발생 후 아래 그림의 저전압 연계유지 곡선 전압 이상에서 안정적인 연계운전을 유지하여야 한다.

② 과전압 고장 시와 고장 발생 후 아래 그림의 과전압 연계유지 곡선 전압 이하에서 안정적인 연계운전을 유지하여야 한다.

③ 또한, 전압 계통 연계유지 기능 기준의 수치는 다음 표와 같다.

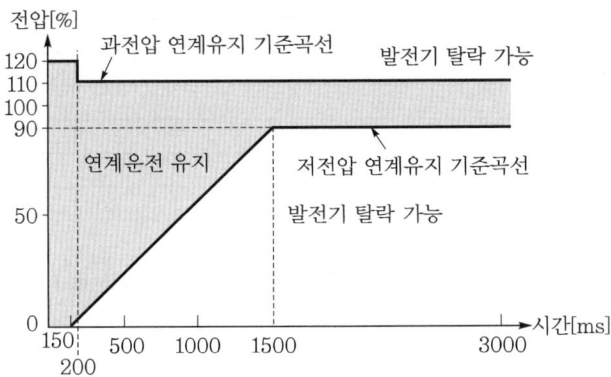

‖ LVRT 저전압 사고 시 연계유지 전압범위 요구조건 ‖

┃ 전압 계통 연계유지 기능 기준 ┃

항목	전압[%]	연계유지 최소 시간[ms]	전압[%]	연계유지 최소 시간[ms]
저전압 연계유지 전압기준	0	150	50	900
	10	300	60	1050
	20	450	70	1200
	30	600	80	1350
	40	750	90	1500
항목	전압구간		연계유지 최소 시간[ms]	
과전압 연계유지 전압기준	110% 초과 120% 이하		200	

(2) 고장 후의 유효전력 회복 기준

① 풍력, 태양광, 연료전기 발전기는 고장제거 이후 연계점 전압이 연속운전 전압유지범위로 복구된 후 5초 이내에 고장 전 유효전력 출력을 할 수 있어야 한다.

② 단, 태양광 발전기는 0.4초 이내에 고장 전 유효전류의 80% 이상으로 출력을 할 수 있어야 한다.

(3) 계통전압 지원을 위한 고장 발생 후 무효전류 공급기준

① 고장 발생 후 3cycle 이내에 다음 그림을 만족하는 무효전류 공급능력을 갖출 것

② 연계점 전압의 기준(1pu)은 고장발생 전 1분 평균값을 적용하며, 100ms(0.1초) 이후 측정된 값이 ±20%의 오차범위를 벗어나서는 안 된다.

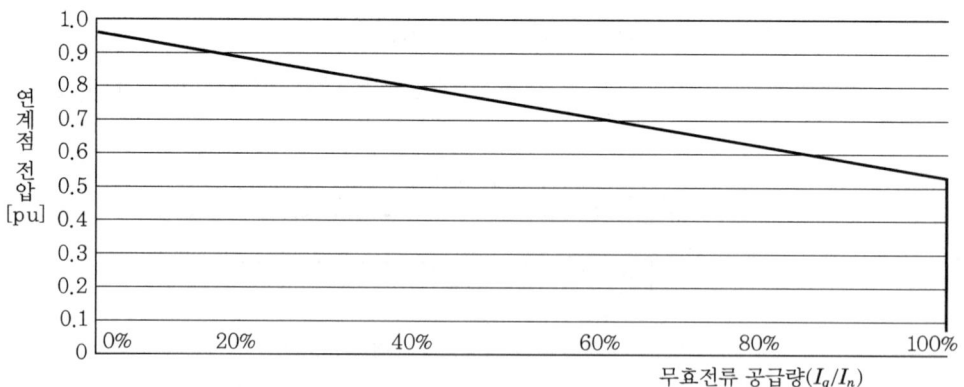

┃ 고장발생 후 무효전류 공급능력 ┃

(4) 신재생발전사업자는 전압 강하/상승에 대해 신재생발전기 응답성(지속시간, 무효전류 공급량, 유효전력 출력)을 시험하고 결과를 한전에 제공해야 하며, 시험항목, 적부판정 기준 등은 [부록 1] 신재생발전기 시험기준 절차서를 따른다.

(5) 신재생발전기가 AC 전원으로 구동하는 인버터(센트럴 타입 등)를 사용할 경우 계통연계 유지기능 수행을 위해 독립전원(UPS) 구비 등을 통해 저전압 발생 시에도 인버터 구동전원을 확보하여야 한다.

(6) 무효전력 공급능력 기준

① 신재생발전기는 운전전압범위(90 ~ 110%) 내에서 그림과 같이 유효전력 출력에 따른 무효전력 공급능력을 보유할 것

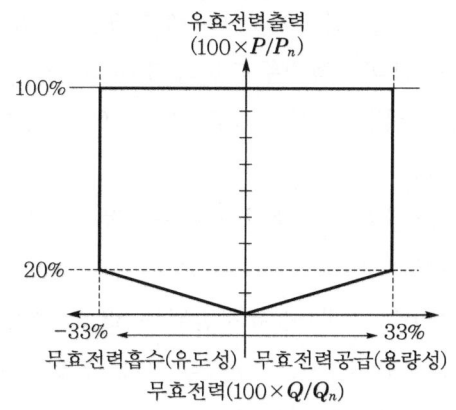

∥ 유효전력 출력에 따른 무효전력 공급범위 ∥

㉠ 유효전력 100 ~ 20% 출력 시 : 유효전력 정격용량 대비 33%의 무효전력을 흡수 또는 공급

㉡ 유효전력 20 ~ 0% 출력 시 : 유효전력 출력감소에 따라 선형적으로 공급능력 감소

㉢ 무효전력에 대한 정상상태 허용오차는 5% 이하여야 함

㉣ 신재생발전기가 자체적으로 그림에서 정한 무효전력을 공급하기 어려운 경우 순동무효전력 보상장치(STATCOM 또는 SVC)를 구비하여 무효전력을 공급할 것(이용계약 체결 시 순동무효전력 보상장치의 필요 여부 및 필요용량 산출 결과 제출)

② **조력발전기** : 뒤진 위상 0.95에서 앞선 위상 0.95의 범위에서 무효전력을 공급할 것

③ 그 외의 전력변환장치 기반(풍력, 태양광 및 연료전지)이 아닌 신재생발전기는 송·배전용 전기설비 이용규정 [별표 8] 발전접속조건을 적용한다.

④ 신재생발전사업자는 유효전력 출력에 따른 무효전력 공급능력에 대한 시험을 수행하고 결과를 한전에 제공해야 하며, 시험항목, 적부 판정기준 등은 [부록 1] 신재생발전기 시험기준 절차서를 따른다.

(7) 유효·무효 전력 제어기준

① 유효전력 제어기준

⊙ 유효전력의 출력은 계통운영자의 지시 후 5초 이내에 정격출력의 20%까지 출력감소가 가능하다. 단, 연료전지 발전기는 제외한다.

ⓛ 주파수 추종운전 설정범위에 있어야 하고 다음 제어성능을 구비할 것
- 신재생발전기 인버터는 과·저 주파수 시 주파수 추종운전이 가능할 것
- 주파수 변화에 따른 출력조정률 : 3 ~ 5%
- 불감대 : 정격주파수의 0.06% 이내

ⓒ 출력상한 조정 : 10분 평균값으로 측정된 유효전력 발전량이 규정된 값 이하

ⓔ 유효전력출력 증감률 속도 : 정격의 10% 이내/분까지 제한 가능한 제어성능을 구비

ⓜ 주파수 조정 및 유지범위는 58.5 ~ 61.5Hz 범위 내에서 연속운전이 가능해야 한다. 단, 계통주파수가 57.5 ~ 58.5Hz 범위에서는 최소한 20초 이상 운전 가능할 것

ⓗ 신재생발전사업자는 유효전력 제어능력(출력의 증감 및 최댓값 제한, 주파수 추종)을 시험하고 결과를 한전에 제공할 것

② 무효전력 제어능력 성능유지

⊙ 전압유지범위 내에서 연속운전이 가능
- 765kV : 765±5%(726 ~ 800kV)
- 345kV : 345±5%(328 ~ 362kV)
- 154kV : 154±10%(139 ~ 169kV)
- 22.9kV : 22.9kV − 9.2% ~ +3.9%(20.8 ~ 23.8kV)

ⓛ 신재생발전기는 다음의 세 가지 무효전력 제어방식을 구비할 것
- 일정 무효전력 출력제어(MVar 제어모드)
- 일정 역률제어(PF 제어모드)
- 전압조정을 위한 무효전력제어(V−Q 제어모드)

(8) 통신·감시 및 계량설비

① 신재생발전사업자는 계통운영자로부터의 급전지시, 보호계전, SCADA 등 실시간 통신 및 원격제어가 가능하도록 다음 표의 성능이 구비된 설비를 갖추어야 한다.

▮ 실시간 통신 및 원격제어 성능 요구사항 ▮

제어장치	통신구분	제어주기	제어지시
신재생연계 단말장치	전용망	필요 시	출력 상한

② 신재생발전사업자는 발전기 연계상태, 유·무효 전력 출력, 운전역률, 전압 등을 감시하기 위한 설비를 설치하고 관련 정보를 제공해야 한다.

③ 신재생발전사업자는 정보연계장치와 신재생연계단말장치(또는 인버터) 간 통신이 가능하도록 신재생발전기 시험기준 절차서에 명시된 통신 프로토콜을 준수한다. 이때, 해킹이 가능하므로 반드시 보안시스템에 완벽을 기한다.

(comment) 이 문항의 해석은 분량이 많으나 반드시 Mind mapping 기법으로 그려서 암기를 요한다 (A3 용지를 횡으로 하여 전체 내용을 키워드와 그림 위주로 자기만 알 수 있는 형태의 방법임).

040 해수 염도차 발전(SGE : Salinity Gradient Energy)에 대하여 설명하시오.

(data) 발송배전기술사 20-121-2-1 / 발송배전기술사, 건축전기설비기술사, 전기안전기술사, 전기응용 기술사 출제예상문제

(답안) 1. 개요

(1) 해수 염도차 발전은 3면이 바다인 국내 지형에 적합한 친환경 해양발전방식이다.

(2) 압력지연 삼투압, 역전기 투석방식이 대표적이며 이외 증기 압축발전, 혼합 수력발전, 혼합 축전식 방식이 있다.

(3) 다음은 염도차 발전의 종류 중 압력지연 삼투압, 역전기 투석방식에 대하여 중점으로 설명한 것이다.

2. 압력지연 삼투압방식(PRO(Pressure Retarded Osmosis) : 압력차 이용)

(1) 개념 및 원리

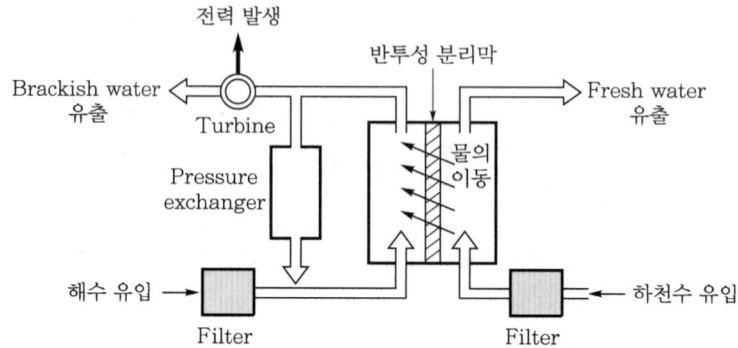

① 민물은 염분의 농도가 0.5%이나 바닷물은 염분의 농도가 3%이다.

② 이러한 염분농도가 다른 바닷물과 민물 사이에 물만 통과할 수 있는 반투과성 막을 설치하면 삼투압 현상이 발생한다.

③ 이때, 발생하는 압력에너지를 이용하여 희석된 해수가 유출 시 수력터빈을 구동하여 발전하는 방식이다.

(2) 특징

① 반투과성 분리막은 유기성 필터로 물분자만 투과시켜 압력을 상승시킨다.

② 삼투압으로 24atm(대기압의 24배 압력)이 해수측에 발생하며, 이것은 수력 240m의 유효낙차와 동일한 힘의 에너지를 가진다.

3. 역전기 투석방식[역전기 투석발전방식(RED : Reverses Electrodialysis) : 이온차 이용]

(1) 개념 및 원리

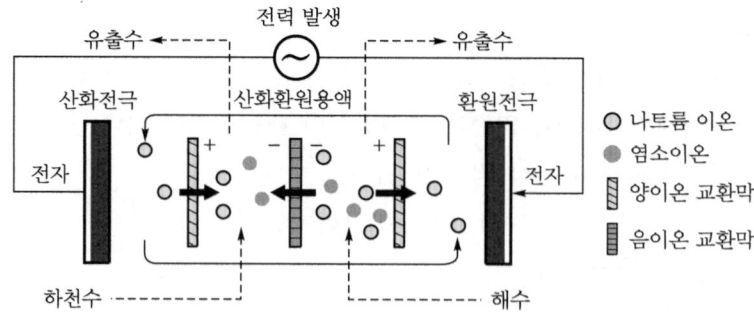

① 해수와 담수를 통과시킬 때

ㄱ 양이온 교환막에는 해수에 포함된 나트륨이온(Na^+)이 통과

ㄴ 음이온 교환막쪽으로는 염소이온(Cl^-)이 통과

② '①'의 과정에서 각 이온교환막 사이에 전압이 생성된다.

③ 산화전극과 환원전극의 산화·환원 반응과정에서 전자의 흐름으로 전기가 발생한다.

(2) 특징

① 전극 사이 Cell을 여러 겹 배열할수록 높은 전위차로 높은 전압을 발생시킨다.

② 고가인 반투과성 교환막의 수명이 짧다.

③ 전력밀도가 낮다.

4. 염도차 발전의 공통적인 특징

장점	단점
• 날씨나 시간에 영향을 받지 않음 • 친환경적인 무한한 에너지 발생원 • ESS로 활용 가능	• 막오염 및 장기운전 유지관리 기술부족 • 전처리, 핵심소재 기술개발 필요함 • 발전효율이 낮음

5. 향후 전망

(1) 역삼투원리를 이용한 해수담수화를 통해 해수를 담수로 만들어 공업용수나 식수로 공급할 수 있다.

(2) 남은 고농도 해수를 이용하여 염도차 발전에 활용할 때 발전효율 향상이 가능할 것이다.

(3) 에너지 저장장치로 활용이 가능하다.

(4) 속도조정률이 낮아 Peak 시 전력공급대책으로 적합한 방식으로서 더욱 발전시키면 바닷물과 정화처리한 폐수를 혼합해 발전하는 염분차 발전(혼합 엔트로피 배터리)이 현재 미국에서 상용화를 위하여 연구 중으로서 향후 해양신재생에너지의 신버전으로 큰 발전이 이루어질 것으로 예상된다.

041 태양광 또는 풍력 등을 이용한 신재생에너지 발전과 관련된 아래의 약어를 설명하고, 약어 간의 연관사항을 설명하시오.
1. RPS
2. REC
3. SMP
4. 1~3 약어 간의 연관사항

data 발송배전기술사 20-120-1-5 / 발송배전기술사, 건축전기설비기술사, 전기안전기술사, 전기응용 기술사 출제예상문제

답안 1. RPS 제도(Renewable Portfolio Standard)

(1) 발전규모가 500MW가 넘는 발전사업장에 신재생에너지를 의무적으로 일정 부분 (발전량의 의무비율 : 2% ~ 2024년 10%)을 신재생에너지로 발전하는 제도

(2) 신재생의무할당량이 의무비율에 미치지 못할 경우 과징금을 부과하는 제도

(3) 발전규모가 500MW 이상의 18개 공급의무자는 발전사업자에게 일정 비율 이상을 신재생에너지로 공급하게 하는 제도

(4) 발전규모가 500MW가 넘는 발전사업장인 공급의무자 : 18개 사업장(공급의무자 : 남부발전, 한국지역난방공사, 동서발전, 중부발전, 수력원자력, 남동발전, 서부발전, 포스코에너지 등)

(5) RPS = REC(공급인증서 : 발전사에서 매수) + SMP(계통한계가격 : 한전에서 매수)
    예 태양광 발전수익은 SMP(한전계통연계가격)과 REC(공급인증서) 수익을 합하여 얻어짐

2. REC(Renewable Energy Certificate : 신재생에너지 공급인증서)

(1) 에너지공단에서 발급하는 공급인증서로 발전사업자가 신재생에너지설비를 이용해 전기를 생산·공급한 것을 증명하는 것으로, 신재생발전을 유도하기 위한 보너스 개념이다.

(2) 신재생에너지가 발전단가가 높고 효율이 좋지 않아 발전사에서는 민간발전업자 등이 발전한 신재생에너지를 구매해서 이 할당량을 채우는데, 이때 신재생에너지 사업자는 구매인증서로 신재생에너지 공급인증서 REC를 받고 거래한다.

(3) REC = 신재생 발전량[kWH/1000] × 가중치

(4) REC 가중치

① 3년간 보유가 가능하며, 발전전력[MW]과 발전설비가 설치된 위치에 따라 달라지는 계수이다.

② 해상풍력 : 2.0 ~ 3.5, 임야태양광 : 0.7, 건물 위 태양광 : 1.5 ~ 1.2 정도, 수상광태양광 : 1.5, 연료전지발전 : 2.0, ESS : 4.0(태양광 연계용, 풍력연계)

comment 연료전지는 프로젝터가 대규모라서 한전발전자회사에서 급관심대상이다.

(5) REC 운영의 2가지 방법

① 20년간 장기 고정가격으로 계약하는 제도

② 전력 거래소에서 운영하는 현물시장을 통해 주 2회 판매하는 방법이 있음

(6) 실제 공급량에 가중치를 곱한 양으로, MWh 기준으로 발급됨

예 건물에 태양광 발전시스템이 2MWh를 발전하면,

2MWH × 1.5REC/MWh = 3REC 발급

3. SMP(System Marginal Price : 한전의 계통연계가격, 전력도매가)

(1) 계통한계가격으로 시간에 따라 변동되는 전력가격(한전에서 사들이는 전기가격)

(2) 발전기 변동비용을 고려한 전력시장의 전기도매가격

(3) 발전기들의 변동비용(연료비)에 의해 원자력, 유연탄 등 발전단가가 저렴한 발전기로부터 석탄, 중유, LNG 등 고연료비의 발전기를 차례로 투입하며 전력수요와 공급이 일치되는 시점에 결정되는 값(발전소에서는 이 가격에 맞추어 전력을 한전에 판매함)

(4) 신재생에너지설비에서 생산된 전기를 한전에서 100% 매입해 받는 금액

(5) SMP의 적용법

매월 발전량[kWh] × 월 평균 SMP 단가 가격[원/kWh] = 월수익[원]

(6) SMP 단가는 매달 변동이 있어 REC 가격의 변동도 있음

(7) SMP(전력가격)의 결정요소

① 원료인 LNG 가격, 두바이 유가

② 두바이 유가는 SMP(전력가격) 6개월 정도의 선행지표

③ 전력을 생산하는 여러 발전기들이 있는데, 원자력 → 석탄(화력) → 중유 → LNG 발전기 순서로 비용이 낮은 가격부터 발전기를 돌려 1시간 단위로 전력거래 당일 하루 전에 산출된 가격 중 가장 높은 가격이 그 날에 SMP가격이 됨

(8) 월별 SMP 평균가격이 저하하는 이유(높아지는 이유는 다음 항목의 반대 경우임)는 다음과 같다.

① 에너지 전력수요가 적어서 비용이 낮은 발전기로 충분하거나, 에너지 수요가 많은데도 가격이 하락했다면 LNG 발전단가가 낮아졌다는 것임

② 국제유가 저하

(9) SMP 저하 시 유리한 점과 불리한 점

① 전기판매사업자의 채산성은 향상됨(한전의 적자 감소)

② 신재생발전사업자의 채산성은 저하됨(신재생발전사업자의 수익성 악화)

4. RPS, REC, SMP 약어 간의 연관사항

(1) 신재생사업자의 발전수익 = SMP(발전단가) + (REC×가중치)

> **comment** 식에서 가중치가 큰 신재생에 더 큰 관심이 가질 수 밖에 없다(특히 해상풍력/연료전지, 이 사업과정에서 외국회사에 지분인계로 큰 이슈로 부정적인 사회인식도 일부 있었음).

(2) RPS의 정책변경 시 REC의 유동성(변화수치)은 증가한다.

(3) REC와 관련된 SMP 전력거래 상관관계

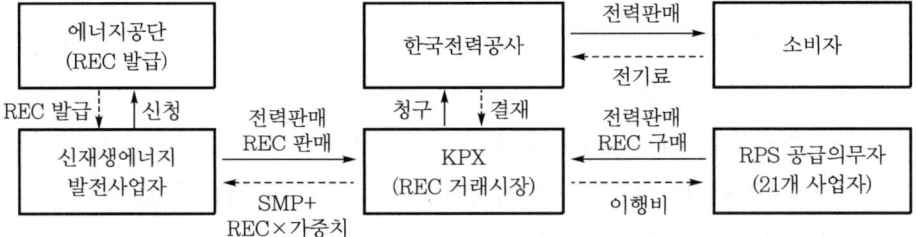

042 신재생에너지와 관련하여 다음 사항을 각각 설명하시오.

1. FIT 및 RPS의 목적과 차이점
2. 태양광 발전에서 한국형 FIT 제도

data 발송배전기술사 21-123-1-12 / 발송배전기술사, 건축전기설비기술사, 전기안전기술사, 전기응용 기술사 출제예상문제

답안 **1. FIT와 RPS의 목적과 차이점 비교**

구분	FIT 제도	RPS 제도
목적	신재생에너지 육성	
지원방식	100kW 미만의 발전사업자에게 보조금을 정부가 지원	신재생에너지 산출량을 정부가 직접 규제
발전형태	소규모 분산형 발전	대규모 집중형 발전
수익구조	SMP + FIT 보조금	SMP + RECs
장점	• 소규모 발전사업자의 활성화 • 장기간 고정수입으로 불확실성 감소	• 정부재정 비용부담 감소 • 공급량 예측, 관리 기능 • 기술개선과 비용절감 자발적 노력
단점	• 공급량 예측 어려움 • 경쟁력 저하 • 지속적 FIT 비용부담	• 투자의 불확실성 • 대규모 사업자만 REC 시장 참여

2. 한국형 발전차액지원제도(FIT)

(1) 소형 태양광(100kW 미만) 고정가격 매입제도(Feed In Tariff)

(2) 태양광 고정가격계약(이하 한국형 발전차액지원제도(FIT)) 제도

(3) 지출한 금액이 2018년 22억 4700만원, 2019년 529억 2800만원, 2020년 2219억 4300만원임(상당한 제도의 부작용이 초래되고 있는 실정임)

(4) 별도의 입찰경쟁 없이 산정된 고정가격으로 신청 접수된 모든 계약에 대해 6개 공급의무자와 계약을 체결한다.

(5) 한국형 FIT 제도와 장기고정가격 입찰계약의 비교

구분	한국형 FIT	장기고정가격 입찰계약
참여대상	• 30kW 미만 : 제한 없음 • 100kW 미만 : 농축산어민 및 협동조합	제한 없음
계약기간	20년	20년
입찰 여부	별도 입찰 없음	입찰참여(경쟁방식)

구분	한국형 FIT	장기고정가격 입찰계약
고정가격	한국형 FIT 매입가격	SMP + REC
구매물량	제한 없음	연 500MW 내외
신청기간	연중	연 2회

3. RPS 제도(Renewable Portfolio Standard)

* Chapter 04 – 문제 041의 답안 '1.' 내용을 참조한다.

---

043 한국형 RE100 제도(K-RE100)에 대하여 다음을 설명하시오.
1. 개요
2. 필요성
3. 이행수단

(data) 발송배전기술사 23-129-4-2 / 발송배전기술사, 건축전기설비기술사, 전기응용기술사 출제예상 문제

답안 1. RE100(Renewable Electricity 100%)의 개요

(1) 기업이 필요한 전력량의 100%를 '태양광·풍력' 등 친환경 재생에너지원을 통해 발전된 전력으로 사용하겠다는 기업들의 자발적인 글로벌 재생에너지 이니셔티브이다.

(2) RE100 참여기업은 2050년까지 100% 달성을 목표로 하며, 연도별 목표는 기업이 자율적으로 수립하되, 2030년 60%, 2040년 90% 이상의 실적 달성을 권고하고 있다.

(3) RE100 참여기업은 연간 전력소비량이 100GWh 이상 소비기업이나 Fortune 1000대 기업과 같이 글로벌 위상을 가진 기업을 대상으로 한다.

(4) RE100 이행에 대한 검증방법은 기업의 재생에너지 사용실적을 제3기관을 통해 검증하며, CDP 위원회의 연례보고서를 통해 이행실적을 공개하고 있다.

(5) 구글, Apple, MS, BMW, GM 등 전 세계 글로벌기업을 중심으로 자사에서 사용하고 있는 전력에 대해서 점차 재생에너지 사용비중을 확대하고 있는 추세이다.

(6) 2020년 RE100 멤버들의 재생에너지 사용량은 278TWh/yr에 달하며 이는 호주의 전체 전력사용량에 상당하는 소비량이다.

(7) 최근에는 계약서, 협약서 등을 통한 명시적인 납품요건으로서 재생에너지 사용을 요구하는 사례도 증가하는 추세이며, 이로 인해서 국내 기업에 대한 글로벌 RE100 참여요구수준도 높아지고 있는 상황이다.

(8) RE100 캠페인에 참여하고 있는 기업의 평균 재생에너지 100[%] 달성 목표 연도는 2028년이며, 풍력 및 태양광 중심으로 재생에너지를 조달하고 있다.

(9) 한국형 RE100 참여기업(기관) 등이 재생에너지를 직접 구매할 수 있는 신재생에너지 공급인증서(REC) 거래시스템으로 운영한다.

(10) REC 거래시스템이 개설됨에 따라 거래당사자 간 계약체결 후 시스템에 등록, 정산하는 장외거래(상시) 방식과 월 2일 매월 첫째주, 셋째주 금요일 10 ~ 16시 플랫폼에 매물을 등록해 매매하는 방식인 플랫폼 거래방식으로 REC를 거래할 수 있다.

2. RE100의 필요성

(1) 기업의 친환경 경영에 대한 사회 및 투자자들의 요구 만족

(2) 재생에너지 이용으로 원가절감효과

(3) 거래기업과 환경단체 요구

(4) 친환경(지구온난화 감소), 지구온난화 방지, 온실가스 배출 억제

(5) 자원재활용 및 재생에너지 산업 활성화

(6) 기업의 무역장벽 해소

(7) 거래시장 활성화(REC + PPA)

(8) 정치적 선전효과로 총선 및 대선의 유리한 표심 유도

3. RE100 이행수단(녹색프리미엄, REC, PPA, 자체 건설, 지분 참여)

국내 모든 이행수단은 CDP(한국 CDP)와 협의 하에 설계하여 RE100에서 모두 인정 가능하며 5가지 방법이 아래와 같다.

(1) 녹색 프리미엄

① 전기소비자가 기존 전기요금과 별도의 녹색 프리미엄을 한전에 납부하여 재생에너지 전기를 구매한다.

② 특징

㉠ 기업과 한전이 거래

㉡ 전기소비자는 프리미엄을 구매하고 '재생에너지 사용확인서'를 RE100 이행, 마케팅 등에 활용

ⓒ 즉, 한전에서 공고하는 녹색 프리미엄 입찰에 참여하여 재생에너지 전기를 구매

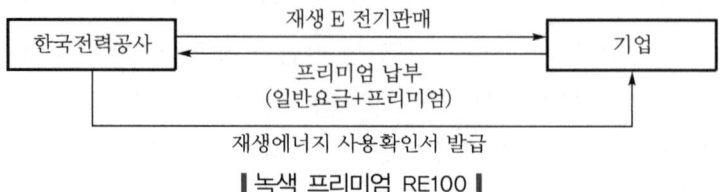

┃ 녹색 프리미엄 RE100 ┃

(2) REC 구매(재생에너지 공급인증서 구매)

① 전기소비자가 RPS 의무이행에 활용되지 않는 재생에너지 REC를 에너지공단이 개설한 전기소비자용 인증서(REC) 거래 플랫폼을 통해 구매한다.

② 특징

ⓐ 기업이 발전사업자의 REC를 에너지공단 플랫폼에서 구매한다.

ⓑ 구매한 REC를 재생 E 사용 관리시스템에 제출하여 '재생에너지 사용확인서'를 발급, RE100 이행 등에 활용한다.

ⓒ 향후 REC 거래 시범사업실시 및 REC 거래 시장을 시행한다.

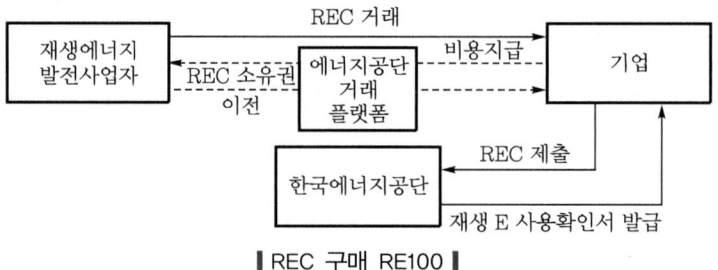

┃ REC 구매 RE100 ┃

(3) PPA(Power Purchase Agreement : 전력수급계약)

① 한전 중개로 전기소비자와 재생에너지 발전사업자 간 전력구매계약(PPA)을 체결하여 재생에너지전력과 REC를 함께 구매한다.

② 특징

ⓐ 참여대상 : 산업용 및 일반용 전기사업자, 1MW 초과 재생에너지 발전사업자

ⓑ 계약가격 : 발전원가(SMP + REC) 수준에서 당사자 간 협의 결정

ⓒ 기업은 한전에 망이용료 등을 납부

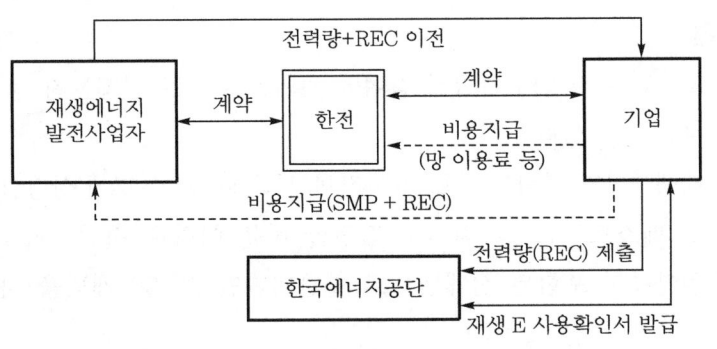

❚ PPA 활용의 RE100 ❚

(4) 지분참여

① 전기소비자가 재생에너지 발전사업에 일정 지분을 투자하고 해당 발전사와 제3자 PPA 또는 REC 계약을 별도로 체결한다.

② 특징

㉠ 기업이 재생에너지 프로젝터에 지분을 참여한다.

㉡ 전기소비자는 전기 또는 REC를 구매하고 구매한 REC를 RE100 관리시스템에 제출한다.

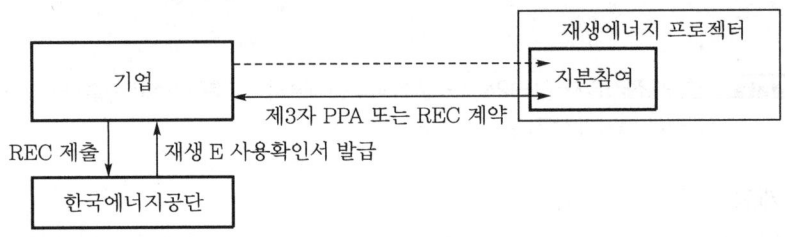

❚ 지분참여 RE100 ❚

(5) 자가소비

① 전기소비자가 자기소유의 자가용 재생에너지 설비를 설치하고 직접 사용한다.

② 전기소비자는 재생에너지 전기를 사용하고 발급받은 '재생에너지 사용확인서'를 RE100 이행 등에 활용한다.

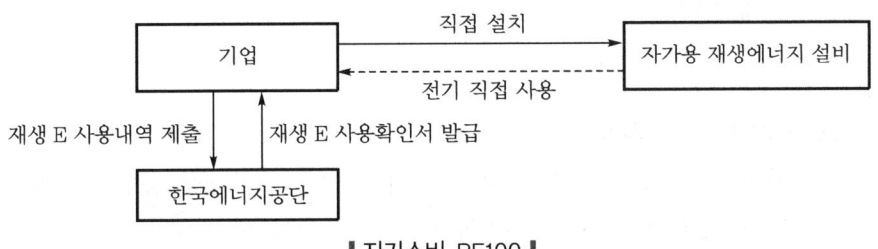

❚ 자가소비 RE100 ❚

4. 소견

(1) RE100은 기업의 자발적 참여에 의의를 두므로 언제든지 정책변경으로 유야무야
로 될 수 있다.

(2) 재생에너지 설비의 간헐성은 전체 전력계통의 운영에 상당한 실질적 부담을 주므
로 베스트 믹스 차원에서 적정한 비율 이하로 전원건설을 해야 할 것이다.

(3) 원자력이 포함된 신개념으로 발전개념인 CF100 개념을 더욱 발전시켜 계통에
적용해야 할 것이다.

(4) CF100

① 24시간 일주일 내내 전력의 100%를 풍력, 태양력, 원자력 발전 등의 무탄소에
너지원으로 공급받아 사용하는 것

② CF100 = 재생에너지 + 연료전지(원자력 발전 등) 등을 통한 전력포함

---

044 한국형 RE100 제도의 필요성 및 주요 이행방법을 설명하시오.

data 발송배전기술사 21-124-1-2 / 발송배전기술사, 건축전기설비기술사, 전기안전기술사, 전기응용
기술사 출제예상문제

답안 1. 개요

(1) 기업 사용전력의 100%를 재생에너지로 활용하는 자발적 참여제도이다.

(2) 연간 전력소비량 100GWh 이상 기업 및 대기업(fortune 1000대 기업)이 참여대
상이다.

2. 한국형 RE100 제도 필요성

(1) 재생에너지 산업 활성화

(2) 기업의 무역장벽 해소

(3) 거래시장 활성화(REC + PPA)

(4) 친환경, 지구온난화 방지, 온실가스 배출억제

3. 한국형 RE100 제도의 특성

(1) 기업들의 REC 구매가 활발한 이유는 인증서 구매를 통한 RE100 이행이 복잡한
절차 없이 상시적으로 구매할 수 있기 때문이다.

(2) 기업들은 인증서(REC)구매 시 RE100 이행뿐만 아니라 온실가스 감축실적으로 인정받을 수 있다.

(3) **기대효과**

편리하고 유연한 이행수단이라는 특징으로 REC 수요확대에 많은 도움이 된다. 이를 통해 REC 수급안정화에도 기여함으로써 신재생에너지 보급을 촉진할 것으로 기대된다.

(4) 한전과의 독립된 산업용, 일반용 전력계약을 체결하지 않았어도 참여가 가능하다.

(5) 플랫폼 거래진행에는 재생에너지 발전사업자와 기업 간 일회성 거래와 재생에너지 발전사업자와 기업이 일정 기간 REC 판매계약을 체결해 향후 발생예정인 REC를 기업에 공급하는 계약방식이 있다.

(6) REC 거래방식 및 절차도(자료 : 산업통상자원부)

매월 2회만 개설하는 플랫폼 거래 이외에도 상시 거래가 가능한 장외 거래는 재생에너지 발전사업자와 기업이 당사자 간 계약을 체결한다. RE100 플랫폼에 등록해 REC 소유권을 이전하는 방식이다.

(7) 에너지공단은 당사자 간 계약사항 및 대금 납부내역 확인 후 REC 소유권 이전 및 해당 REC에 대한 재생에너지 사용확인서를 발급한다.

4. RE100 거래시장

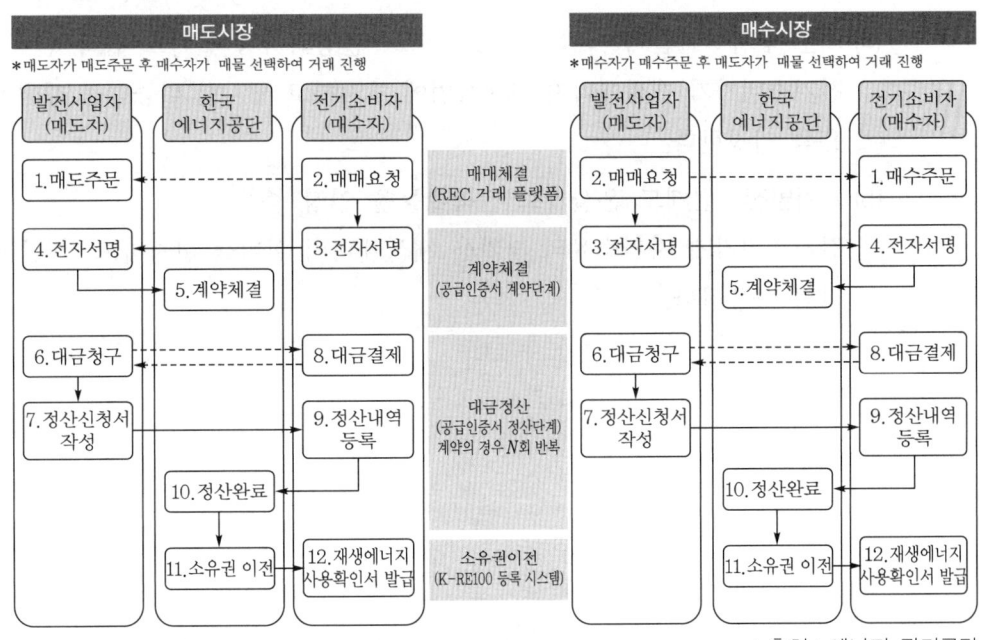

‖ REC 거래 플랫폼 거래절차 요약 ‖

5. 주요 이행방법

(1) **녹색 프리미엄제** : 정부 감축수단(RPS, FIT)으로 온실가스 감축 미인정

① 한전이 전기요금에 녹색 프리미엄을 부과하여 재생에너지를 판매한다.

② 프리미엄은 재생에너지 발전원기, 현행 전기요금수준 등을 고려하여 하한가를 설정한다.

③ 녹색 프리미엄 판매 재원은 에너지공단에 출연하여 재생에너지 재투자에 활용한다.

(2) **인증서(REC) 구매** : 민간의 자발적인 활동으로 인정되어 온실가스 감축 인정

① 전기소비자가 재생에너지 사용 실적인 REC(신재생 공급인증서)를 직접 구매한다.

② 에너지공단이 개설할 REC 거래 플랫폼을 통해 발전사업자와 전기소비자가 자유롭게 거래를 체결한다.

(3) **제3자 PPA** : 민간의 자발적인 활동으로 인정되어 온실가스 감축 인정

① 한전을 중개로 발전사업자와 전기소비자 간 합의가격으로 재생에너지 전력거래계약을 체결(한전의 망이용료 부가정산금 등은 밤의 가격에 추가로 부과)한다.

② 발전사업자 ↔ 한전, 한전 ↔ 전기소비자 등 2개 계약 체결

(4) **지분 투자** : 민간의 자발적인 활동으로 인정되어 온실가스 감축 인정

전기소비자가 재생에너지 발전사업에 투자하고 투자한 비중만큼 재생에너지 사용을 인정한다.

(5) **자가발전** : 현재도 온실가스 감축활동을 인정 중

전기소비자가 자기소유의 자가용 재생에너지 설비를 설치하고, 생산된 전력을 직접 사용한다.

045 재생에너지 등 분산형 전원의 증가에 따른 전력계통의 신뢰도 확보를 위하여 수립된 분산형 전원의 배전계통 연계 기술기준에 대하여 다음을 설명하시오.
1. 동기화 변수 제한범위
2. 전압과 주파수의 비정상 상태운전 지속시간 및 분리시간
3. 전기품질
4. 순시전압변동

(data) 발송배전기술사 23-129-3-1 / 발송배전기술사, 건축전기설비기술사, 전기안전기술사, 전기응용 기술사 출제예상문제

(comment) 이 문항은 매회 한전 홈페이지를 통하여 확인해야 된다. 기준이 지속적으로 변경되어 왔기 때문이다(2023.11.28. 기준).

(답안) 1. 동기화 변수 제한범위(「분산형 전원 배전계통 연계 기술기준」제8조, 동기화) (2023.11.28. 기준)
   (1) 병렬연계장치의 투입순간에 다음 표의 모든 동기화 변수들이 제시된 제한범위 이내에 있어야 한다.
   (2) 제시된 범위를 벗어날 경우에는 병렬연계장치가 투입되지 않아야 한다.

▌계통연계를 위한 동기화 변수 제한범위 ▌

분산형 전원 정격용량 합계[kW]	주파수 차 (Δf, Hz)	전압 차 (ΔV, %)	위상각 차 ($\Delta \Phi$, °)
0 ~ 500	0.3	10	20
500 초과 1500	0.2	5	15
1500 초과 20000 미만	0.1	3	10

2. 전압과 주파수의 비정상 상태운전 지속시간 및 분리시간
   (1) 비정상 전압에 대한 분산형 전원 지속시간 및 분리시간(2023.11.28. 기준)

전압범위 (기준전압[1]에 대한 백분율[%])	운전지속시간[3][s]	분리시간[2][s]
$V < 50$	0.15	0.5
$50 \leq V < 70$	0.16	2.0
$70 \leq V < 90$	1.5	2.0
$110 < V < 120$	0.2	1.0
$V \geq 120$	–	0.16

[주] 1. 기준전압은 계통의 공칭전압을 말한다.
   2. 분리시간이란 비정상 상태의 시작부터 분산형 전원의 계통가압 중지까지의 시간을 말하며, 필요할 경우 전압범위 정정치와 분리시간을 현장에서 조정할 수 있어야 한다.

3. 운전지속시간이란 비정상 상태의 시작부터 분산형 전원의 계통가압 중지 전까지 운전을 유지해야 하는 최소한의 시간을 말한다. 분산형 전원은 운전지속시간 동안 분산형 전원의 정격을 초과한 출력을 발생하여서는 안 되며, 계통전압 및 주파수의 변동으로 인해 연속적으로 범위 조건이 변경되는 경우 변경된 조건으로 운전지속 및 분리할 수 있어야 한다.

(2) 주파수의 비정상 상태운전 지속시간 및 분리시간

분산형 전원용량	주파수 범위	운전 지속시간[*][s]	분리시간[*][s]
용량무관	$f > 61.5$	–	0.16
	$f < 57.5$	299	300
	$f < 57.0$	–	0.16

*) • 분리시간이란 비정상 상태의 시작부터 분산형 전원의 계통가압 중지까지의 시간을 말한다.
  • 필요할 경우 주파수범위 정정치와 분리시간을 현장에서 조정할 수 있어야 한다.
  • 저주파수 계전기 정정치 조정 시에는 한전계통 운영과의 협조를 고려하여야 한다.

3. 전기품질(「분산형 전원 배전계통 연계 기술기준」 제15조)

(1) 직류 유입 제한

분산형 전원 및 그 연계시스템은 분산형 전원 연결점에서 최대 정격출력전류의 0.5%를 초과하는 직류 전류를 계통으로 유입시켜서는 안 된다.

(2) 역률

① 분산형 전원의 역률은 90% 이상으로 유지함을 원칙으로 한다. 단, 역송병렬로 연계하는 경우로서 연계계통의 전압 상승 및 강하를 방지하기 위하여 기술적으로 필요하다고 평가되는 경우에는 연계계통의 전압을 적절하게 유지할 수 있도록 분산형 전원 역률의 하한값과 상한값을 고객과 한전이 협의하여야 정할 수 있다.

② 분산형 전원의 역률은 계통측에서 볼 때 진상역률(분산형 전원측에서 볼 때 지상역률)이 되지 않도록 함을 원칙으로 한다.

(3) 플리커(flicker)

분산형 전원은 빈번한 기동·탈락 또는 출력변동 등에 의하여 한전계통에 연결된 다른 전기사용자에게 시각적인 자극을 줄만한 플리커나 설비의 오동작을 초래하는 전압요동을 발생시켜서는 안 된다.

(4) 고조파

특고압 한전계통에 연계되는 분산형 전원은 연계용량에 관계없이 한전이 계통에 적용하고 있는 「배전계통 고조파 관리기준」에 준하는 허용기준을 초과하는 고조파 전류를 발생시켜서는 안 된다.

4. 순시전압변동(제16조)

(1) 특고압 계통의 경우 분산형 전원의 연계로 인한 순시전압변동률은 발전원의 계통 투입·탈락 및 출력 변동 빈도에 따라 다음 표에서 정하는 허용기준을 초과하지 않을 것

‖ 순시전압변동률 허용기준 ‖

변동빈도	순시전압변동률[%]
1시간에 2회 초과 10회 이하	3
1일 4회 초과 1시간에 2회 이하	4
1일에 4회 이하	5

① 단, 해당 분산형 전원의 변동빈도를 정의하기 어렵다고 판단되는 경우에는 순시전압변동률 3%를 적용한다.

② Hybrid 분산형 전원의 순시전압변동률은 ESS의 계통 병입·탈락빈도와 분산형 전원이 계통 병입·탈락빈도를 합산한 값에 대하여 표에서 정하는 허용기준을 초과하지 않아야 한다.

③ 단, 해당 Hybrid 분산형 전원의 변동빈도를 정의하기 어렵다고 판단되는 경우에는 순시전압변동률 3%를 적용한다.

(2) 저압 계통의 경우 계통 병입 시 돌입전류를 필요로 하는 발전원에 대해서 계통 병입에 의한 순시전압변동률이 6%를 초과하지 않아야 한다.

(3) 분산형 전원의 연계로 인한 계통의 순시전압변동이 '(1)' 및 '(2)'에서 정한 범위를 벗어날 경우에는 해당 분산형 전원 설치자가 출력변동 억제, 기동·탈락 빈도 저감, 돌입전류 억제 등 순시전압변동을 저감하기 위한 대책을 실시한다.

(4) '(3)'에 의한 대책으로도 '(1)' 및 '(2)'의 순시전압변동 범위 유지가 불가할 경우에는 다음의 하나에 따른다.

① 계통용량 증설 또는 전용 선로로 연계

② 상위전압의 계통에 연계

046 신재생에너지 등 분산형 전원의 특징과 연계운전에 따른 문제점 및 대책을 설명하시오.

〔data〕 발송배전기술사 24-132-2-3 / 발송배전기술사, 건축전기설비기술사, 전기응용기술사, 전기안전
기술사 출제예상문제
〔comment〕 매우 중요한 KEY문항이다.

〔답안〕 **1. 신재생에너지 등 분산형 전원의 특징**

(1) 분산형 전원(DER : Distributed Energy Resources)이란 대규모 집중형 전원과
는 달리 소규모로 전력소비지역 부근에 분산하여 배치가 가능한 전원이다.

(2) 종류

신재생에너지 + 구역전기사업자의 발전설비 + 집단에너지사업자의 발전설비 +
중앙급전발전기가 아닌 발전설비 또는 전력시장 운영규칙을 적용받지 않는 발전
설비 + 자가용 전기설비 + 양방향 분산형 전원

① **양방향 분산형 전원** : 전기를 저장하거나 공급할 수 있는 시스템을 말한다.

　㉠ 전기저장장치(ESS : Energy Storage System) : 전기설비기술기준의 규
정에 의한 전기를 저장하거나 공급할 수 있는 시스템을 말한다.

　㉡ 전기자동차 충·방전 시스템(V2G : Vehicle to Grid)

② **신에너지 발전설비**

　㉠ 정의 : 신에너지란 기존의 화석연료를 변환시켜 이용하거나 수소·산소
등의 화학반응을 통하여 전기 또는 열을 이용하는 에너지이며, 이를 이용
하여 발전하는 설비

　㉡ 종류

　　• 연료전지 설비 : 수소와 산소의 전기화학반응을 통하여 전기 또는 열을
생산하는 설비

　　• 석탄을 액화·가스화한 에너지 및 중질잔사유(重質殘渣油)를 가스화한
에너지 설비

　　• 수소에너지 설비 : 물이나 그 밖에 연료를 변환시켜 수소를 생산하거나
이용하는 설비

③ **재생에너지 발전설비**

　㉠ 정의 : 재생에너지란 햇빛·물·지열·강수·생물유기체 등을 포함하는
재생 가능한 에너지를 변환시켜 이용하는 에너지를 말하며, 이를 이용하
여 발전하는 설비를 말한다.

ⓒ 종류
- 태양에너지 설비
- 바이오에너지 설비
- 풍력 설비
- 수력 설비
- 지열에너지 설비
- 해양에너지 설비
- 폐기물에너지 설비
- 수열에너지 설비
- 전력저장 설비

(3) 분산형 전원의 특징

① 출력의 변동성이 높은 간헐적인 에너지원이다.

② 전력계통과 병렬운전이 대부분이다.

③ 인버터를 사용한 신재생에너지 설비가 압도적으로 많다(태양광발전 설비 등).

④ 전력계통의 보호협조와 절연협조에 영향을 많이 주므로 전력품질관리에 어려움이 생긴다.

⑤ 친환경적이나 생산에 기존 발전방식보다 경제성이 뒤진다.

⑥ SMP와 REC를 동시에 적용받아 PF 자금을 이용한 수익창출 기회를 제공한다.

⑦ ESS 설치의 확장이 필요한 발전시스템이다.

⑧ 최신의 기술이 지속적으로 개발 적용되고 있어 발전단가의 하락이 발생되고, 효율 상승의 기대감도 높아지고 있다.

⑨ 정책적 모멘텀이 정권교체 시마다 변경될 수 있고, 이에 따른 지원법률의 변경도 발생한다.

⑩ 저탄소와 RE100의 밀접한 관계상 확장일로 있으나 소형 원자력(SMR)을 분산형 전원설비로 취급하고자 하는 정책의 방향이 세계적으로 널리 유행하고 있다.

⑪ 수요지 인근에 전원이 위치하여 송·변전 설비의 신규건설을 감소할 수 있고 전력손실이 경감된다.

2. 연계운전에 따른 문제점

(comment) 밑줄 친 것 위주로 요약하여 기록하면 된다.

(1) 분산형 전원의 계통에 대한 영향은 한전계통과 구내 계통에 대해 모두 검토되어야 한다.

(2) 분산형 전원의 영향은 일반적으로 분산형 전원의 규모나 계통용량 대비 분산형 전원의 용량이 클수록 더 커지는 경향이 있다.

(3) 인버터 타입이 아닌 회전기 유형의 분산형 전원일수록 더 심할 수 있다.

(4) 문제점의 종류별 주 내용

① 전원의 간헐성(전력수급의 불균형)

ㄱ 전력수요가 적은 계절인 봄과 가을철의 주말 야간시간에 신재생발전 전원의 출력이 수요를 초과할 경우 잉여전력이 발생할 수 있다.

ㄴ 출력변동 : 일사량 및 풍량의 변동으로 전압변동과 주파수변동

ㄷ 오리목 현상도 유발시킬 수 있는데 이는 캘리포니아 대정전의 원인이다.

② 보호협조 부적정

ㄱ 분산형 전원으로부터 유입되는 고장전류가 더해져 한전계통상의 고장에 대한 보호기기의 협조에 영향을 미칠 수 있다.

ㄴ 역조류와 보호계전기 오동작(보호협조 부적정)

• 전압상승 및 보호계전기 오동작

• 역조류에 의한 보호협조 불능상태로도 될 수 있다.

ㄷ 보호협조를 방해하는 선로용 퓨즈 용단

• 분산형 전원이 선로용 퓨즈의 부하측에 존재한다면 분산형 전원으로부터 유입되는 고장전류에 의해 전원측 고장 시에도 퓨즈가 동작하도록 유발할 수 있는 것이다.

• 이는 분산형 전원이 지락고장전류의 유출원이 될 경우 한전계통의 1선 지락고장에 대해 특히 문제가 될 수 있다.

ㄹ 퓨즈보호체계 붕괴 : 분산형 전원으로부터 유입되는 고장전류 기여분은 퓨즈가 일반적인 경우보다 훨씬 더 빨리 동작하도록 유도함으로써 이러한 퓨즈보호체계를 무너뜨릴 수 있다.

ㅁ 재폐로 협조 실패 : 한전계통의 재폐로 장치가 분산형 전원이 해당 한전계통으로부터 분리되기 이전에 재폐로를 시도한다면 한전계통과 분산형 전원 모두 피해를 입을 수 있다.

ㅂ 분산형 전원측 저전압 계전기 동작 : 동일 모선에서 인출된 인접 선로에서 고장이 발생하면 건전 선로에 순간적인 전압강하가 유발되어 해당 선로에 연계되어 있는 분산형 전원이 저전압 계전기에 의해 차단될 수 있다.

    ⓧ 저주파수 차단 오동작
- 허용오차범위가 넓은 저주파수 계전기는 부하가 남아 있는 상태에서 분산형 전원의 차단을 일으킬 수 있다.
- 순간적인 단독운전에 대하여 분산형 전원의 분리가 지연될 경우 한전계통의 저주파수 시 부하차단체계에 오동작이 일어날 수 있다.

    ⓞ 한전계통의 비방향성 계전기 오동작
- 배전계통의 전통적인 방사상 특성으로 인해 한전계통상의 보호기기들은 본질적으로 비방향성, 즉 조류방향에 관계없이 주어진 전류값에만 반응하는 성질을 갖는다.
- 한전계통상의 고장에 대해 분산형 전원은 다양한 크기의 고장전류를 발생시키기 때문에 배전계통의 전통적인 방사상 특성이 무너지게 되고, 전통적인 의미에서 계전기들의 '후비측에 있는' 한전계통부분에서 발생히는 고장에 대해 비방향성 계전기들이 오동자을 일으킬 수 있다.

    ⓩ 섹셔널라이저 동작체계 붕괴
- 섹셔널라이저는 해당 한전계통의 설계 시 기대되었던 대로 0전압 상태를 감지하지 못할 것이고, 따라서 제대로 카운트를 하지 못하게 될 것이다.
- 결국 섹셔널라이저의 동작체계가 무너질 수 있다.

③ 한전계통 고장검출 민감도 저하
    ㉠ 분산형 전원으로부터 유입되는 고장전류가 더해져 한전계통 기기에 의한 선로보호의 민감도 저하를 초래할 수 있다.
    ㉡ 이러한 문제는 한전계통의 부하에 비해 분산형 전원의 규모가 커질수록 증가한다.

④ 기기의 단락 동작책무 실패
    ㉠ 분산형 전원이 선로에 추가되면 기존 한전계통 및 타 분산형 전원 설치자 또는 전기사용 고객측 구내 계통상의 개폐장치 정격이 초과될 수 있다.
    ㉡ 이는 고장이 지속되는 짧은 주기 동안 기기가 고장전류를 견디는 능력과 부하측 고장을 차단하는 능력에 영향을 줄 수 있다.
    ㉢ 한전계통의 기기가 영향을 받는 것과 마찬가지로 인접 고객설비 내의 기기도 영향을 받을 수 있다.
    ㉣ 만약 분산형 전원이 이런 형태로 한전계통에 영향을 준다면 해당 한전계통 또는 인접 고객설비 내의 기기가 오동작할 수 있다.
    ㉤ 이러한 동작 실패는 인명과 재산에 심각한 위험을 초래할 수 있다.

⑤ **설비 과전압 유발** : 분산형 전원의 접지방식에 따라 분산형 전원은 검출이 어려운 지락고장상태에서 한전계통에 안정상태(steady-state)의 과전압을 유발할 수 있다.

⑥ **전압 상승** : 분산형 전원을 연계하는 지점의 전압 상승으로 일반수용가의 과전압이 발생할 수 있다.

⑦ **공진 과전압 유발** : 분산형 전원의 접지방식 및 한전계통의 시설특성에 따라 분산형 전원은 변압기(분산형 전원 연계변압기를 포함)와 한전계통의 커패시턴스 간에 공진을 초래하는 상태를 유발할 수 있다.

⑧ **순시전압 변동**
  ㉠ 분산형 전원측에 낙뢰 유입 시 또는 개폐서지 등 순시고장에 의해 발생한다.
  ㉡ 연계된 배전계통으로부터의 순시전압 원인의 전달로 전압변동이 발생한다.

⑨ **전력품질 저하**
  ㉠ 고조파 발생 : 인버터 기반 분산형 전원의 경우 직류를 교류파형으로 변환하는 데 사용되는 방법에 따라 계통에 다양한 고조파를 발생시킬 수 있다.
  ㉡ 직류유입 확대
  ㉢ 역률 저하
  ㉣ 플리커 현상 증가

⑩ **변압기에 직류유입** : 최대 정격출력전류의 0.5%를 초과하는 직류전류를 한전계통으로 유입시킬 경우 한전계통의 배전용 변압기를 통해 과도한 고조파를 발생시킬 수 있다.

⑪ **선로 전압강하 보상 부정확** : 전압 조정장치의 부하측에 분산형 전원을 적용하면 선로 전압강하 보상기에 의해 관찰되는 전류의 양이 감소하게 되어 전압 조정장치의 전압이 부정확하게 조정되도록 유발함으로써 한전계통의 전압 불안정을 초래할 수 있다.

⑫ **유도발전기의 자기여자** : 콘덴서를 가진 유도발전기는 순간적 또는 일시적인 단독운전상태에서 자기여자될 수 있다.

⑬ **선로 공급용량 초과**
  ㉠ 한전계통 선로에 정전이 발생할 경우 대부분의 고객부하는 정전된 한전계통 선로에 계속 연결된 상태로 남아있게 된다.
  ㉡ 해당 한전계통 선로가 재가압될 때 이 중 많은 부하는 안정상태의 부하전류보다 더 높은 전류를 필요로 하게 되는데 일반적으로 이를 'Cold load pickup'이라고 부른다.

ⓒ 만일 <u>해당 한전계통에 어느 정도 수준의 분산형 전원이 연계되어 있다면</u> 정전 중에 모든 분산형 전원은 계통으로부터 분리되어 있을 것이기 때문에 재가압 시 Cold load pickup에 의해 한전계통 선로의 공급용량이 초과될 수 있다.

ⓔ <u>일반적으로 분산형 전원이 선로부하에 대해 주요한 전력공급원으로 사용</u> 되고 있을 경우에 한해 문제가 되는 것이다.

⑭ <u>한전계통의 무효전력 부족</u>

　ⓐ <u>유도발전기 및 인버터는 여자시스템의 요구사항을 만족하기 위해 한전계</u> 통으로부터의 용량성 무효전력을 필요로 할 수 있다.

　ⓑ <u>이 경우 한전계통에서 용량성 무효전력의 부족은 중요한 저전압문제를</u> 야기할 수 있다.

⑮ <u>계통 불안정성 유발</u>

　ⓐ <u>분산형 전원과 한전계통 간에 충분한 임피던스가 존재하는 경우에는 분산</u> 형 전원이 안정성 문제를 발생시킬 수도 있다.

　ⓑ <u>분산형 전원이 언제 45° 또는 그 이상의 운전각도(operational angle)에</u> 한전계통의 고장은 분산형 전원과의 동기화 실패를 초래할 수 있다.

⑯ <u>분산형 전원 동기화 실패와 안정도 저하</u>

　ⓐ <u>분산형 전원은 동일 한전계통 변전소 모선으로부터 인출된 인접선로의</u> 고장에 대해 고장제거동작 중이나 그 직후에 안정성을 유지하지 못할 수도 있다.

　ⓑ <u>동기화 실패가 문제가 되는 경우는 한전계통의 고장점이 전기적으로 발전</u> 기와 가까운 반면, 동시에 발전기가 다른 사유로 한전계통에 대한 가압을 중지할 필요가 없는 위치에 있을 때이다.

　ⓒ <u>전기적인 고장은 동기발전기로부터 전송될 수 있는 전력을 감소시키는</u> 반면, 발전기에 대한 기계적인 원동력은 거의 일정하게 유지된다.

　ⓓ <u>이러한 입력과 출력 간의 불균형으로 인해 발전기의 회전속도가 증가하여</u> 발전전압의 위상각이 앞서게 되며, 이러한 진상 위상각은 출력전력의 증 가를 유발할 것이다.

　ⓔ <u>전기적인 각도차가 90°를 넘어서게 되면, 그 이상의 각도 증가는 실제로</u> 출력전력의 전송을 감소시키고, 회전자는 다시 가속되어 동기성을 벗어나 게 될 것이다.

461

ⓑ 동기화의 실패는 한전계통 및 구내 계통 전반에 걸쳐 전류 및 전력조류 뿐 아니라 전압에도 요동을 일으킨다.

ⓢ 이로써 주파수, 전압변동에 의한 안정도 저하가 발생한다.

ⓞ 동기발전기 전기자코어 말단이 과열되고, 이 상태에서 병렬연계 시 발생할 수 있는 매우 높은 회전력(torque)으로 인해 분산형 전원 발전설비가 피해를 입을 수 있다.

⑰ 전력계통 관성력 약화

㉠ 계통여건에 맞는 적정 규모의 관성력이 항시 존재해야 한다는 뜻이다.

㉡ 따라서, 인버터 설비가 많은 신재생보급 확대로 계통 관성력 유지문제가 대두된다.

⑱ 연계시스템 건전성 훼손

㉠ 전자기 장해

㉡ 서지 침입으로 이상전압 피해

⑲ 비의도적 가압 : 의도된 것이 아닌 분산형 전원의 투입으로 인한 고장과 안전의 위협이 야기된다.

⑳ 동시 탈락, 기동으로 인한 대규모 정전발생 우려

㉠ 단독운전 방지장치에 의한 전력수급 감소로 인한 대규모 정전발생이 우려된다.

㉡ 계통의 전압과 주파수 변동에 의한 동시 탈락이 발생한다.

㉑ 콘덴서 개폐로 인한 분산형 전원의 차단 : 한전계통상의 콘덴서 개폐(capacitor switching)는 인버터 및 기타 전압 민감 분산형 전원의 불필요한 차단을 야기할 수 있다.

㉒ 분산형 전원으로 인한 한전계통 전압변화 : 한전계통에 의해 많은 부하가 가압 또는 가압이 중지될 때 전압조정장치가 미처 반응하기 전에 부하전류의 변화로 인해 한전계통 전반에 걸쳐 상당한 전압변화가 발생할 수 있다.

㉓ 단락고장전류 증가 및 공진

㉠ 전력계통 고장 시 동시에 인버터를 통해서도 단락전류가 공급되기 때문에 (인버터 보호기능이 작동하는 경우) 기설차단기의 정격차단전류(단락용량) 초과가 발생할 수 있다.

㉡ 신재생용 인버터가 많이 보급될 경우 $R-L-C$ 공진현상에 의해 계통의 교란도 이미 해외계통에서 나타나고 있다.

ⓒ 다수의 분산형 전원이 계통연계 시 계통의 등가임피던스는 감소되므로 단락용량은 증가한다.

㉔ 유도발전기 기동 시 돌입전류 발생

　㉠ 회전자의 자속이 없는 유도기의 돌입전류는 선로에 전압강하를 유발할 수 있다.

　㉡ 유도발전기는 처음에는 대규모 유도전동기처럼 동작하여 상당한 전압강하를 일으킬 수 있다.

㉕ 한전계통 이상 시 분산형 전원 분리 및 재병입

　㉠ 순간고장 발생 시 분산형 전원이 트립되지 않아 고장아크가 소거되지 않은 상태에서 한전계통의 재폐로가 시도될 경우 재폐로는 실패하고 선로 자동복구기능은 위험을 초래할 수 있다.

　㉡ 수백 또는 수천호의 전기사용고객에 대한 정전시간이 연장될 수 있는 것이다.

　㉢ 고장이 차단되더라도 단독계통은 한전계통과의 동기화를 벗어나게 되기 쉽다.

　㉣ 만약 한전계통과 단독계통의 위상이 일치하지 않는 상태에서 한전계통 차단기가 재폐로될 경우에는 매우 심각한 문제를 야기할 수 있는 과도현상이 발생할 수 있다.

　㉤ 비동기 재폐로가 끼칠 수 있는 영향에는 다음과 같은 것들이 있다.

　　• 단독계통을 가압하고 있는 분산형 전원이 회전형 발전기일 경우 심한 전자기적 회전력(torque)이 발생하여 결과적으로 설비피해를 일으키는 원인이 될 수 있다.

　　• 정상적인 전압 최댓값의 최고 3배(3pu)에 달하는 심각한 서지전압이 선로에 발생할 수 있다.

　　• 과전압 서지는 한전계통 피뢰기 및 고객측 뇌보호장치의 동작실패를 초래하여 고객의 부하설비에 피해를 끼칠 수 있다.

㉖ 배전자동화에 의한 선로고장복구 방해

　㉠ 배전자동화에 의한 선로고장복구체계는 광범위한 계통 보호협조를 필요로 하며, 정상 및 긴급 상태의 다양한 조건들에 대하여 검토가 이루어져야 한다.

　㉡ 교차설치되는 수동개폐기 및 자동개폐기와 3 ~ 5개의 리클로저로 구성되는 혼합 루프계통에 대해서는 추가적인 분산형 전원 보호협조가 필요할 수 있다.

㉗ 운전상태 파악 어려움 : 다수의 분산전원에 대한 컨트롤 불가

㉘ 불균형 도입 시 제어곤란 : 다수 송·배전 선로에서 불균일하게 도입되므로 제어의 어려움이 상존한다.

㉙ 접지협조가 안 될 경우

　㉠ 역송병렬 형태의 분산형 전원 연계 시 분선측의 접지방식과 전기사업자의 접지방식이 미일치 시 이상전압 발생과 보호협조의 어려움 등이 발생한다.

　㉡ 분산형 전원이 유효접지로 되면 과전압 발생은 방지 가능하나, 한전계통으로 원치않는 고장전류를 공급할 수 있고 한전계통의 보호협조를 방해할 수 있다.

㉚ 단독운전의 영향

　㉠ 단독운전은 일반적으로 비의도적 단독운전을 말하며, 연계된 계통의 고장이나 작업 등으로 인하여 계획되거나 의도되지 않은 상황에서 분산형 전원이 한전계통의 일부를 가압하는 상태이다.

　㉡ 단독운전이 발생하면 한전계통 전원에서 분리된 단독계통이 일반인과 작업자들에게 가압되지 않은 선로로 오인되어 뜻하지 않은 피해를 줄 수 있다.

　㉢ 분산형 전원이 유도발전기일 경우에는 발전출력이 부하보다 클 경우 역률 개선용으로 설치된 콘덴서가 무효전력을 공급함으로써 유도발전기의 자기여자현상으로 인한 일시적인 과전압이 나타날 수 있다.

　㉣ 한전계통차단기의 재폐로 동작 시 비동기 투입으로 인해 회전기를 사용하는 분산형 전원에 피해를 줄 수 있으며 심각한 과도현상(과전압)으로 해당 선로에서 전력을 공급받는 기기에 피해를 입힐 수 있다.

3. 연계운전에 따른 주요 대책

comment 배점 25점이 예상된다.

No	문제점	대책
1	전원의 간헐성 (전력수급의 불균형)	• ESS 설비의 확충(전기화재가 없는 LFB 계통 또는 레독스 플로우) • 양수 발전소의 확대 • 모니터링 시스템, 정확한 수요예측과 P2X 시스템의 확대 및 V2G 시스템의 적용
2	연계점의 전압 상승	• 배전계통의 분산형 전원측에 DER AVM 설치 • 발전전력 억제, 무효전력 보상장치 가동(SVC, SVG, 분로리액터, FACTS 설비 가동)

No	문제점	대책
3	단락고장 전류 증가 및 공진	• 발전기 리액턴스 검토, 계통구성의 재검토, 한류리액터 설치, 고압 Fuse 설치 • 기존 특고압 수용가의 차단기 단락용량 부족으로 상향 용량으로 교체 요구 필요
4	전력품질 저하 **comment** 배점 10점 예상	• 직류유입 제한 : 분산형 전원 연결점에서 최대 정격출력전류의 0.5%를 초과하지말 것 • 역률 　– 분산형 전원의 역률은 90% 이상으로 유지함을 원칙으로 함 　– 분산형 전원의 역률은 계통측에서 볼 때 진상역률 • 시각적인 자극을 줄만한 플리커(flicker)나 설비의 오동작 초래하지 않을 것 • 고조파 : 5% 이하로 제한할 것(filter 사용, PWM 방식 채용)

| 5 | 안정도 |

발전기 입출력 평형화 즉, 발전기 출력의 $P_i = P_n$	계통 전달 리액턴스 감소 $P = \dfrac{V_s V_r}{X}\sin\delta$에서 X의 조정	계통의 전압제어 ($Q \sim V$ 컨트롤)	계통에 주는 충격저감
• 제동저항(TCBR) • 터빈의 고속 밸브제어 (EVA)	• 기기의 리액턴스 감소 • 병렬 회선수 증가 • 복도체 사용 • 직렬콘덴서 (TCSC 설치) • 상위 전압으로 승압 • HVDC 연계	• 조상설비 설치 (FACTS, SVC, SVG) • 속응여자 채용 (PSS 부가된) • 계통연계	• 보호계전기 • 차단기고속화 • 중간개폐소 설치 • 고속재폐로 방식 적용
* 배전 계통과 분산형 전원측에는 Custom power 적용 등			

No	문제점	대책
6	역조류와 보호계전기 오동작	• 역조류와 보호계전방식 검토 • 한전계통과 보호협조, 보호협조 협의 요함
7	단독운전 **comment** 배점 10점 예상	• 단독운전 발생 후 최대 0.5초 이내 분리 • 개별 인버터의 용량과 총연계용량이 상이할 때 개별 인버터 상호영향 방지 • 수동(전압위상, 주파수/전압변동 검출, 제3고조파 전압 검출) • 능동(무효전력변동, 주파수 시프트 방식)
8	순시전압변동	분산형 전원연계에 대한 배전선로 연계기준 준수한 설비 적용(순시전압변동률 3% 이하로)

No	문제점	대책
9	비의도적 가압	한전계통이 가압 시 분산형 전원의 비의도적인 가압 안 될 것
10	연계시스템 건전성	• 전자기 장해로부터의 보호 • 내서지성능이 있을 것
11	변압기	직류유입 방지를 위해 상용주파 변압기를 적용할 것
12	접지협조	역송병렬 형태의 분산형 전원 연계 시 접지방식 : 한전계통의 지락고장 보호협조를 방해말 것
13	한전계통의 비방향성 계전기 오동작	방향성 계전기로 교체 (comment) 구체적 내용도 배점 25점 기출이었음
14	한전계통 이상 시 분산형 전원 분리 및 재병입	분산형 전원연계에 대한 배전선로 연계기준 준수한 설비 적용 (comment) 관련한 문항이 자주 출제되므로 관련된 단독문제를 찾아서 별도로 숙지하기 바람
15	한전계통의 무효전력 부족	• 분산형 전원이 최소한 역률 1(100%) 또는 약간의 진상역률상태로 운전되도록 콘덴서를 추가하는 것임 • 그러나 이러한 콘덴서들이 자기여자(self-excitation) 문제를 초래하여 단독운전상태의 검출을 방해할 수도 있음
16	분리장치	• 육안으로 확인 가능 • 분리장치는 연계용량에 관계없이 전압·전류 감시 기능, 고장표시(fault indication) 기능 등을 구비한 자동개폐기를 설치함
17	동기화 실패 (comment) 배점 10점 예상	• 동기화 실패현상을 정확히 예측하기 위해서는 좀 더 복잡하고 비용이 드는 안정도 검토방법 : 계통의 관성, 발전기 원동기시스템의 관성, 발전기 조속기의 양태, 원동기의 연료공급, 발전기의 여자설계 및 동기성 실패상태를 제한하기 위해 의도된 모든 발전기 제어시스템의 특성을 포함한 검토 • 해당 분산형 전원을 한전계통으로부터 즉시 분리시키는 계전기나 동기화 실패 보호기능을 갖는 기타 장치를 추가
18	보호장치 설치 (comment) 배점 10점 예상	• 자동적으로 계통과의 연계를 분리(계통 또는 분산형 전원측의 단락·지락고장 시, 전압과 주파수를 벗어난 운전을 방지, 단순병렬 분산형 전원의 경우 역전력계전기 제외 가능 : 50kW) • 역송병렬 분산형 전원의 경우 : 단독운전 방지기능 • 인버터를 사용하는 저압 계통 연계 분산형 전원의 경우 – 보호기능이 내장되어 있을 때에는 별도의 보호장치설치를 생략할 수 있음 – 보호장치설비를 반드시 할 경우 ⓐ 단상 분산형 전원을 조합하여 저압 계통에 연계 시 결상 또는 전압불평형 등을 감지 ⓑ 100kW 이상 저압 계통에 연계하는 분산형 전원은 보호기능이 내장되어 있는 경우라 하더라도 연계시스템 전체에 대한 별도의 보호장치를 설치

466

No	문제점	대책
18	보호장치 설치 **comment** 배점 10점 예상	• 분산형 전원의 특고압 연계 또는 전용 변압기를 통한 저압 연계의 경우 '계통보호업무처리지침' 또는 '계통보호업무편람'의 발전기병렬운전 연계선로 보호업무기준 등에 의함 • 보호장치의 설치점 : 전기적으로 가장 가까운 구내 계통 내의 차단장치 설치점(보호배전반)에 설치함 • Hybrid 분산형 전원 설치자 : 해당 Hybrid 분산형 전원의 연계시스템 전체에 대한 보호기능을 수행할 수 있는 별도의 보호장치 설치 • 신재생에너지를 이용하여 동일 전기사용장소에서 전기를 생산하는 용량 50kW 이하의 소규모 분산형 전원으로서 특고압 배전계통에 역송병렬로 연계하고자 하는 경우 아래 항목을 만족조건으로 하여 특고압측 보호장치 생략 가능 　－「분산형 전원 배전계통 연계 기술기준」 제17조에 의한 단독운전방지기능을 보유 　－「분산형 전원 배전계통 연계 기술기준」 제18조 1) 및 2)를 만족하는 저압측 보호장치를 설치
19	감시 및 제어설비 **comment** 배점 10점 예상	• 특고압 또는 전용 변압기를 통해 저압 한전계통에 연계 : 분산형 전원용량의 총합이 250kW 이상 시 전력품질 감시설비를 설치 • 분리장치로 전기품질 측정기능 구비 시 자동개폐기 또는 자동차단기를 설치할 경우 감시설비는 생략 가능 • 작업자 및 설비의 안전을 위하여 한전계통에 비정상적인 상태 발생 시 단독운전 방지기능의 동작 여부를 실시간으로 확인할 필요가 있음 • 전압변동률, 고조파 등 다른 전기사용고객에 대한 전기품질에 영향을 주는 요소들을 상시 감시해야 하며, 실제 분산형 전원 운영 시 기준에 규정된 전기품질이 적정하게 유지되지 않을 경우 감시설비가 측정한 데이터는 그 대책을 수립하기 위한 기술자료로 활용할 수 있음 • 한전계통 고장 발생 시 분산형 전원 감시설비의 측정데이터를 분석함으로써 분산형 전원의 영향을 평가할 수 있으며 향후 분산형 전원의 연계용량 한계, 양방향 보호협조 등 분산형 전원 연계계통의 안정적 운영을 위한 기술검토 자료로 활용할 수 있음

047 「분산형 전원 배전계통 연계 기술기준」에서 전력계통 이상 시 다음 조건에 따른 분산형 전원 분리 및 재병입 방법에 대하여 설명하시오.
1. 전력계통의 고장
2. 전력계통 재폐로와의 협조
3. 전압
4. 주파수
5. 전력계통에의 재병입(reconnection)

data 발송배전기술사 23-131-4-2 / 발송배전기술사, 건축전기설비기술사, 전기안전기술사, 전기응용 기술사 출제예상문제

답안 1. 한전계통 이상 시 분산형 전원 분리 및 재병입(「분산형 전원 배전계통 연계 기술기준」 제13조, 시행일 2025.1.1)

(1) 한전계통의 고장 시

분산형 전원은 연계된 한전계통 선로의 고장 시 해당 한전계통에 대한 가압을 즉시 중지하여야 한다.

(2) 전력계통 재폐로와의 협조

'(1)'에 의한 분산형 전원 분리시점은 해당 한전계통의 재폐로시점 이전이어야 한다.

(3) 전압

① 연계시스템의 보호장치는 각 선간전압의 실횻값 또는 기본파값을 감지할 것. 단, 구내 계통을 한전계통에 연결하는 변압기가 Y-Y결선 접지방식의 것 또는 단상 변압기일 경우에는 각 상전압을 감지해야 한다.

② '①'의 전압 중 어느 값이나 다음 표와 같은 비정상범위 내에 있을 경우 분산형 전원은 해당 분리시간(clearing time) 내에 한전계통에 대한 가압을 중지할 것

③ 다음의 하나에 해당하는 경우에는 분산형 전원 연결점에서 '①'에 의한 전압을 검출할 수 있다.

㉠ 하나의 구내 계통에서 분산형 전원용량의 총합이 30kW 이하인 경우

㉡ 연계시스템설비가 단독운전 방지시험을 통과한 것으로 확인될 경우

㉢ 분산형 전원용량의 총합이 구내 계통의 15분간 최대 수요전력 연간 최솟값의 50% 미만이고, 한전계통으로의 유·무효 전력 역송이 허용되지 않는 경우

┃ 비정상 전압에 대한 분산형 전원 분리시간과 운전 지속시간 ┃

전압범위 (기준전압[1]에 대한 백분율[%])	운전 지속시간[3][s]	분리시간[2][s]
$V < 50$	0.15	0.5
$50 \leq V < 70$	0.16	2.0
$70 \leq V < 90$	1.5	2.0
$110 < V < 120$	0.2	1.0
$V \geq 120$	–	0.16

[주] 1. 기준전압은 계통의 공칭전압을 말한다.
2. 분리시간이란 비정상 상태의 시작부터 분산형 전원의 계통가압 중지까지의 시간을 말하며, 필요할 경우 전압범위 정정치와 분리시간을 현장에서 조정할 수 있어야 한다.
3. 운전지속시간이란 비정상상태의 시작부터 분산형 전원의 계통가압 중지 전까지 운전을 유지해야 하는 최소한의 시간을 말한다. 분산형 전원은 운전지속시간 동안 분산형 전원의 정격을 초과한 출력을 발생하여서는 안 되며, 계통전압 및 주파수의 변동으로 인해 연속적으로 범위조건이 변경되는 경우 변경된 조건으로 운전지속 및 분리할 수 있어야 한다.

(4) 주파수

① 계통 주파수가 다음 표와 같은 비정상범위 내에 있을 경우 분산형 전원은 해당 분리시간 내에 한전계통에 대한 가압을 중지하여야 한다.

② 비정상 주파수에 대한 분산형 전원 분리시간 및 운전 지속시간

분산형 전원용량	주파수 범위	운전 지속시간[1][s]	분리시간[2][s]
용량무관	$f > 61.5$	–	0.16
	$f < 57.5$	299	300
	$f < 57.0$	–	0.16

[주] 1. 운전지속시간이란 비정상상태의 시작부터 분산형 전원의 계통가압 중지 전까지 운전을 유지해야 하는 최소한의 시간을 말한다. 분산형 전원은 운전지속시간 동안 분산형 전원의 정격을 초과한 출력을 발생하여서는 안 되며, 계통전압 및 주파수의 변동으로 인해 연속적으로 범위조건이 변경되는 경우 변경된 조건으로 운전지속 및 분리할 수 있어야 한다.
2. 분리시간이란 비정상상태의 시작부터 분산형 전원의 계통가압 중지까지의 시간을 말하며, 필요할 경우 주파수범위 정정치와 분리시간을 현장에서 조정할 수 있어야 한다. 저주파수 계전기 정정치 조정 시에는 한전계통 운영과의 협조를 고려하여야 한다.

2. 한전계통에의 재병입(再竝入, reconnection)

(1) 한전계통에서 이상 발생 후 해당 한전계통의 전압 및 주파수가 정상범위 내에 들어올 때까지 분산형 전원의 재병입이 발생해서는 안 된다.

(재병입 조건 : 한전계통의 전압 및 주파수가 복귀될 경우)

(2) 분산형 전원 연계시스템은 안정상태의 한전계통 전압 및 주파수가 정상범위로 복원된 후 그 범위 내에서 5분간 유지되지 않는 한 분산형 전원의 재병입이 발생하지 않도록 하는 지연기능을 갖추어야 한다.

(지연기능 : 전압과 주파수가 복귀 후 5분 동안 유지되지 않을 경우 투입의 지연기능을 보유할 것)

048 전력계통에 투입되는 태양광발전 및 풍력발전의 용량이 증가함에 따라 발생할 수 있는 문제점, 원인 및 전력계통 측면에서의 대책을 설명하시오.

(data) 발송배전기술사 18-114-2-3 / 발송배전기술사, 건축전기설비기술사, 전기안전기술사, 전기응용 기술사 출제예상문제

답안 **1. 개요**

(1) 태양광발전, 풍력발전의 용량 증가에 의한 계통문제가 발생한다.

(2) 출력제어가 어려운 분산전원의 계통연결로 시스템이 복잡하다.

(3) 분산전원 분리기준이 필요하고 분산전원 연계 시 FRT 규정을 준수하게 한다.

2. 계통도

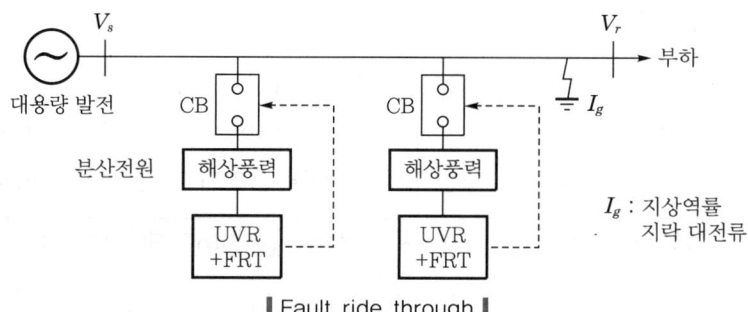

‖ Fault ride through ‖

(1) 사고 시 순시전압 강하 발생

(2) 순시전압 강하 발생 시 분산형 전원의 제어 : UVR + FRT 제어 시행

(3) FRT

① 일정 시간 동안 계통연결 유지

② 고장 제거 : 지속발전

③ 저전압 유지 동안 분간전원을 계통에서 분리(그림에서 CB를 OFF함)

3. 태양광 및 풍력 발전용량 증가에 따른 계통 문제점

(1) 출력조절을 하기 어렵다. 태양광, 풍력 출력제어가 어려움

(2) 계통연계 시 전압변동 문제발생 : FRT

(3) 보호협조 어려움 발생 : 사고 시 사고파급

(4) 단독운전 문제점 발생 : 동기투입 곤란

(5) 고조파 발생 : 변환장치에서 고조파 발생 고조파 필터

(6) 주파수변동 발생

(7) 단락용량 증가 발생

4. 태양광 및 풍력 발전 계통연계 시 원인 및 전력계통 측면 대책 요약

원인	전력계통 측면 대책
태양광·풍력 발전 출력변동	BESS에 의한 출력조절
계통사고 시 순시전압 강하 발생	FRT 규정에 의한 분산전원 분리
전력변환장치 고조파 발생	고조파 필터사용 다펄스화
계통사고 시 단독운전	동기 확인 후 재투입
사고 시 보호협조	계통 보호협조 재설계 가이드라인 설치

5. FRT 규정

(1) 분산형 전원 계통연계 사고 시 분리는 연결유지기준이 필요하다.

(2) 계통전압 이상일 경우 순시전압 강하기준을 FRT(Fault Ride Through) 기준에 의한 계통연결 유지를 시행한다.

(3) FRT 규정설정 시 고려사항

　① FRT 전압시간곡선의 특성을 적용시킬 것

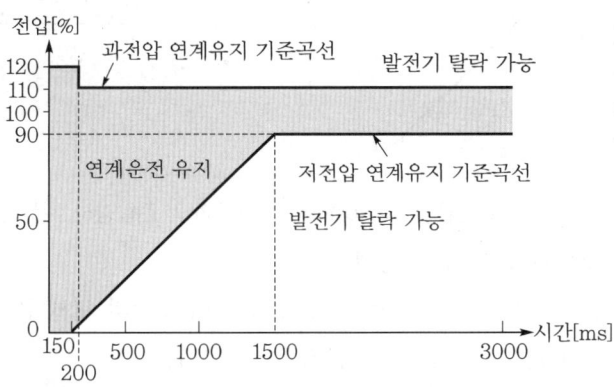

┃LVRT 저전압 사고 시 연기유지 전압범위 요구조건┃

　② 최저 전압을 낮게 할 것
　③ 최저 전압 지속시간을 길게 할 것
　④ 사고제거 후 전압회복률을 신속하게 할 것
　⑤ 계통특성에 규정을 반영시킬 것

6. 결론

(1) 분산전원 계통연계 증가로 인한 계통운영 어려움이 증대하고 있다.

(2) 안정도 확보, 신뢰성 확보, 사고파급 방지를 위해 정확한 FRT 기준의 적용이 필요하고, FRT 제어기술의 발전 및 관리기술의 발전이 요구된다.

049 전력계통에 분산전원이 연계되는 경우 조류의 방향과 역률을 고려하여 전압강하를 계산하는 방법에 대하여 설명하시오.

data 발송배전기술사 18-116-3-1 / 발송배전기술사, 건축전기설비기술사, 전기응용기술사 출제예상 문제

comment 이 문제는 분산형 전원을 운영할 경우 현장에서 많이 나타나는 어려움 중 전압에 관한 문제로서, 인버터의 소손원인분석에 활용이 가능하고, 학술적인 측면도 많이 내포되어 23년부터는 집중적으로 각 항의 내용을 문제화시켜 출제가능성이 높은 중요 문항이다.

답안 **1. 종래의 전압강하계산식의 개념**

(1) 개념도

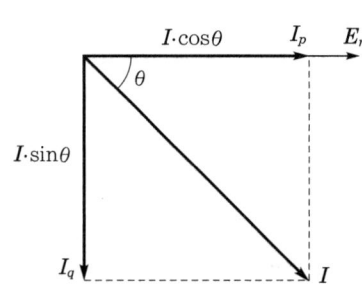

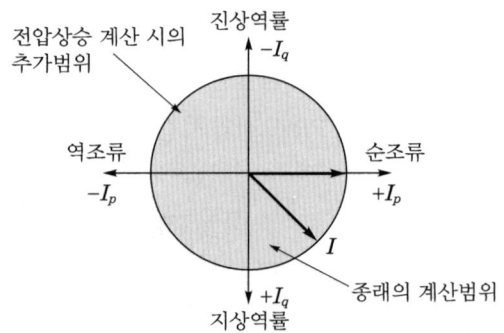

┃ 종래의 유효전류와 무효전류의 Vector도 ┃ ┃ 종래의 전압강하 계산범위와 전압상승 시 추가범위 ┃

(2) 종래 배전계통의 전압강하

조류는 그림과 같이 전원측에서 부하측으로의 단방향으로 제4상한만을 고려한 전압강하를 계산해도 큰 문제점이 없다.

(3) 역조류가 발생하는 분산전원이 연계되는 경우

① 조류방향(유효전력의 방향)과 무효전력을 적정하게 반영해서 전압강하를 계산해야 한다.

② 더불어 전압상승도 계산할 필요가 발생한다.

(4) 따라서, 부하전류(I)를 유효전류분(I_p)과 무효전류분(I_q)으로 분해하고, 조류의 방향과 역률을 고려하여 4개의 상한을 모두 고려한 전압강하 계산이 필요하다.

2. 조류의 방향과 역률을 고려하여 전압강하를 계산하는 방법

(1) 전압강하 계산식의 개념

① 제1상한의 전압강하 해석

㉠ 역조류와 지상역률이 존재하지 않는다.

㉡ 순조류와 진상역률만을 고려하여 계산하는 영역이다.

   ⓒ 따라서, 전압상승과 전압강하가 모두 존재 가능한 영역이다.

   ⓔ 진상역률의 크기에 따라 전압상승이나 전압강하가 모두 나타날 수 있다.

② 제3상한의 해석(다음 그림의 해석)

   ㉠ 순조류와 지상역률이 존재하지 않는다.

   ㉡ 역조류와 진상역률만을 고려하여 계산할 수 있는 영역이다.

   ㉢ 분산형 전원이 전원측으로 공급(역조류)되어 전압상승이 발생한다.

   ㉣ 전압강하는 없고 전압상승만 존재 가능한 영역이다.

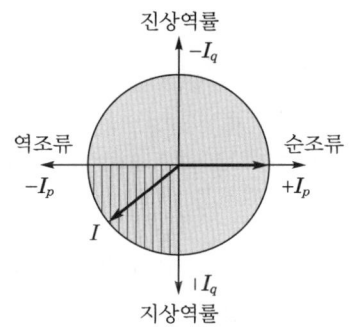 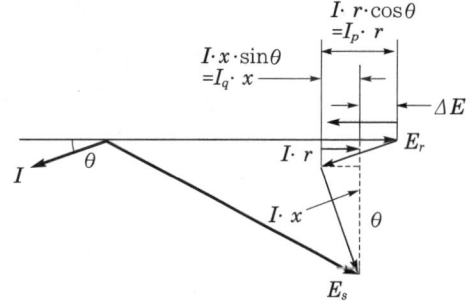

┃ 수전단전압 E_r 기준벡터도 ┃

- 역률은 계통측(전원단)에서 본 진상, 지상
- $\Delta E = -I_p \cdot r + I_q \cdot x$에서

  $I_p \cdot r < I_q \cdot x$인 경우 $\Delta E > 0$로, $E_r < E_s$ (전압강하)

  $I_p \cdot r > I_q \cdot x$인 경우 $\Delta E < 0$로, $E_r > E_s$ (전압상승)

┃ 제3상한의 전압강하 계산식 ┃

③ 마찬가지로 제2상한도 전압상승이나 전압강하가 모두 나타날 수 있다.

(2) 부하분포를 고려한 전압강하 계산식

① 위의 4개의 상한에 관한 전압강하식들을 바탕으로 평등 부하분포와 말단집중 부하분포를 동시에 고려한 것이다.

② 각 구간에서의 유출전류와 유입전류를 개별적으로 고려하면 아래 식과 같이 역조류를 고려한 전압강하 계산식을 구할 수 있다.

$$\Delta V_{(n)} = k \times \left\{ \frac{I_{Sp(n)} + I_{Rp(n)}}{2} \times r_{(n)} + \frac{I_{Sq(n)} + I_{Rq(n)}}{2} \times x_{(n)} \right\}$$

여기서, ΔV_n : 구간 전압변동값[V]

      → 전압변동값은 전압상승을 '−'로 표시함

   I_{Sp} : 구간유입 유효전류[A]

      → 유효전류는 역조류를 '−'로 표시함

I_{Sq} : 구간유입 무효전류[A]

   → 무효전류는 진상역률을 '－'로 표시함

I_{Rp} : 구간유출 유효전류[A]

   → 유효전류는 역조류를 '－'로 표시함

I_{Rq} : 구간유출 무효전류[A]

   → 무효전류는 진상역률을 '－'로 표시함

r : 배전선구간 저항값[Ω]

x : 배전선구간 리액턴스값[Ω]

③ 역조류를 고려한 전압강하 계산식의 특성

　　㉠ 종래의 부하산정기법을 그대로 이용할 수 있다.

　　㉡ 기존의 전압계산 방법과 크게 바뀌지 않아서 실용적이고 업무에 적용하는
　　　 것도 용이하다.

④ 고압 배전선에서 모든 구간의 부하(P, Q)를 계측할 수 없기 때문에, 송전계통에
　 서 이용되고 있는 조류계산의 적용은 곤란한 상황이다(부하 P, Q의 지정 불능).

⑤ 또한, 배전선은 수지상으로 긍장이 짧아서 손실전력도 작으므로, 근사계산식
　 만으로도 충분한 정도의 값이 된다.

⑥ 일반적인 기술지침이 모두 간략 전압강하 계산방법에 근거하고 있으므로 설
　 득성이 있고 알기 쉬운 장점이 있다.

reference

역조류 대응형 전압강하 해석 알고리즘

(1) 수학적인 삼각함수의 좌표평면 해석방법에 기반하여, 유·무효 전력에 따른 피상전력을 기준으로
　　역률($\cos\theta$)과 $\sin\theta$의 크기와 방향을 정하여 계산한다.

(2) 개념도

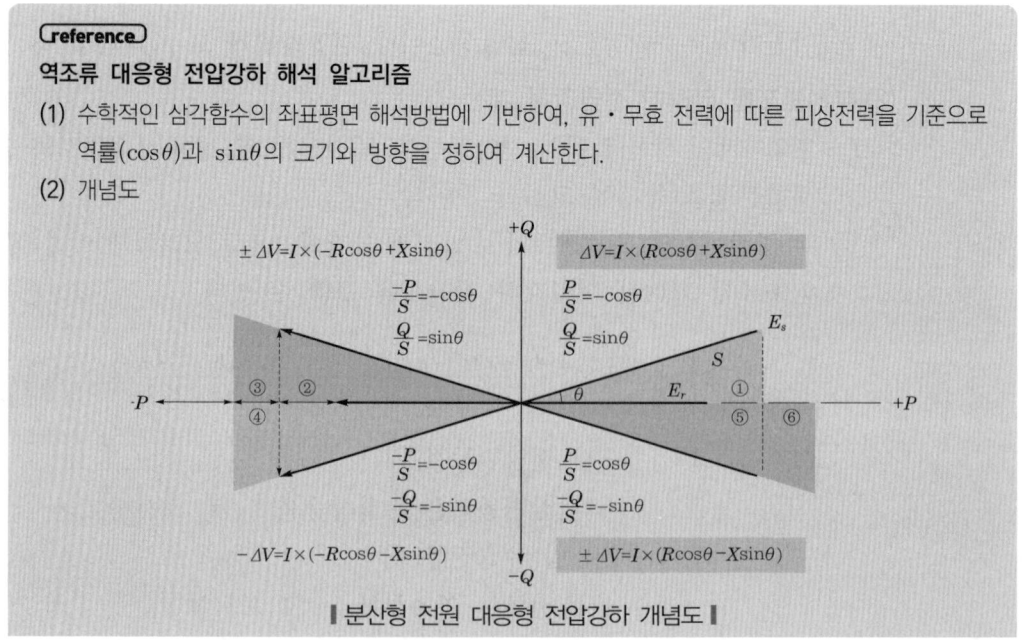

┃ 분산형 전원 대응형 전압강하 개념도 ┃

(3) 선로조건에 따라 6가지의 경우로 해석이 가능하다.

(4) 선로의 전압강하($+\Delta V$) 및 상승($-\Delta V$)을 쉽게 확인할 수 있고, 전압의 상승 또는 강하분을 계산하여 계통해석이 가능하다.

(5) 단거리 선로에서의 전압강하식은 $\Delta V = I \times (R\cos\theta + X\sin\theta)$이다.

(6) 유·무효 전력에 따라 역률($\cos\theta$) $\sin\theta$가 결정되며, 분산형 전원과 부하용량에 따라 역조류 유·무가 결정되며, 이 3가지 Parameter($\cos\theta$, $\sin\theta$, 조류)에 의해 선로 전체의 전압이 상승 또는 하강하게 된다.

(7) 수직점선을 기준으로 송전단전압(E_s)과 수전단전압(E_r) 관계에 의한 $\pm\Delta V$값을 좌표에 표시함으로써 2차원적으로 전압 상승·강하를 쉽게 해석할 수 있다.

(8) 표의 ①, ⑤, ⑥은 부하용량이 분산형 전원보다 큰 경우 유도성 부하($+Q$)와 용량성 부하($-Q$)에 대한 전압 상승·강하의 알고리즘을 나타낸 것이다.

┃ 분산형 전원에 있어 전압강하 특성의 분석 비교 ┃

비교조건	부하용량 > 태양광 전원		
	유도성 부하($+Q$)	용량성 부하($-Q$)	
상한별 Vector도	$\cos\theta = \dfrac{P}{S} \to +$ $\sin\theta = \dfrac{Q}{S} \to +$	$\cos\theta = \dfrac{P}{S} \to +$ $\sin\theta = \dfrac{-Q}{S} \to -$	
선로조건	$R\cos\theta > 0,\ X\sin\theta > 0$ [①]	$R\cos\theta > X\sin\theta$ [⑤]	$R\cos\theta < X\sin\theta$ [⑥]
전압 강하식	$\Delta V = I \times (R\cos\theta + X\sin\theta)$	$\Delta V = I \times (R\cos\theta - X\sin\theta)$	
선로전압	$+\Delta V$ (전압강하)	$+\Delta V$ (전압강하)	$-\Delta V$ (전압상승)

(9) 1상한은 부하용량이 태양광전원보다 큰 경우로 전압강하만 발생하며, 표의 ①지점을 통해서 쉽게 확인할 수 있다.

(10) 4상한의 경우에는 2가지의 경우로 나누어 해석할 수 있다.

① 선로조건 중 $R\cos\theta > X\sin\theta$일 경우

$\Delta V = I(R\cos\theta - X\sin\theta)$에서 $(R\cos\theta - X\sin\theta)$부분이 (+)가 되어 전류($I$)에 의한 전압강하(+)로 해석할 수 있으며, 그림에서 ⑤로 확인할 수 있다.

② $R\cos\theta < X\sin\theta$일 경우

$(R\cos\theta - X\sin\theta)$부분이 (-)가 되어 전압 상승($V$)으로 해석할 수 있고, 이때 수전단 전압($E_r$)이 송전단 전압($E_s$)보다 큰 값이 되며, 표의 ⑥으로 확인할 수 있다.

050 분산전원의 연계위치, 용량 및 역률이 배전계통의 전압변동에 미치는 영향에 대하여 설명하시오.

data 발송배전기술사 22-127-2-4 / 발송배전기술사, 건축전기설비기술사, 전기안전기술사, 전기응용 기술사 출제예상문제

답안 **1. 연계위치에 따른 전압변동에 미치는 영향**

(1) 분산전원 연계점의 과전압 발생

분산전원에서 연계점으로 P, Q 공급으로 인해 연계점 전압이 상승한다.

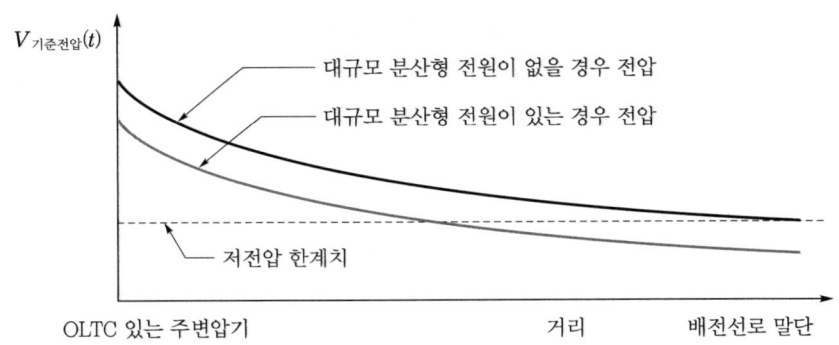

┃ 분산형 전원을 계통연계할 경우의 송출기준 전압의 변화 ┃

(2) 전압조정장치의 오동작 발생

전기사업자측의 변전소 OLTC에서는 계통측 전압 증가에 따라 TAP 조정을 하여 저전압으로 공급하게 되며 분산전원이 탈락할 경우 전체 선로에 저전압을 야기시킨다.

(3) 연계위치가 특정 배전선에 집중될 때 전압변동도 증가한다.

(4) 보호계전의 영향

연계위치에서 역조류가 형성되면 배전선로의 조류방향이나 임피던스에 의해 움직이는 계전기는 오차가 발생할 수 있다.

2. 연계용량에 따른 전압변동에 미치는 영향

(1) 부하용량 > 분산전원용량(태양광 전원)인 경우

① 유도성 부하($+Q$)일 경우에서는 다음과 같이 배전선로는 전압강하가 발생한다.

㉠ 지상역률 $\cos\theta = \dfrac{P}{S}$ 는 '+'성분, $\sin\theta = \dfrac{Q}{S}$ 도 '+'성분이다.

㉡ 전압강하식 $\Delta V = I \times (R\cos\theta + X\sin\theta)$에서 전압강하 ΔV는 '+'로서, 배전선로는 전압강하가 발생한다.

② 용량성 부하($-Q$)일 경우 다음과 같이 배전선로는 두 가지 현상이 발생한다.

   ㉠ 역률은 진상역률로서, $\cos\theta = \dfrac{P}{S}$는 '+'성분, $\sin\theta = -\dfrac{Q}{S}$로 '−'성분이 된다.

   ㉡ 따라서, $R\cos\theta > X\sin\theta$와 $R\cos\theta < X\sin\theta$의 2가지 현상이 나타난다.

   ㉢ 전압강하식 $\Delta V = I \times (R\cos\theta + X\sin\theta)$식은 $\Delta V = I \times (R\cos\theta - X\sin\theta)$가 된다.

   ㉣ 따라서, $R\cos\theta > X\sin\theta$에서는 전압강하 ΔV는 '+'로서 선로는 전압강하가 발생한다.

   ㉤ $R\cos\theta < X\sin\theta$에서는 전압강하 ΔV는 '−'로서 배전선로는 전압상승이 발생한다.

(2) 부하용량 < 분산전원용량(태양광 전원)인 경우

① 용량성 부하($-Q$)일 경우에서는 다음과 같이 배전선로는 전압상승이 발생한다.

   ㉠ 진상역률 $\cos\theta = \dfrac{P}{S}$는 '−'성분, $\sin\theta = \dfrac{Q}{S}$도 '−'성분이다.

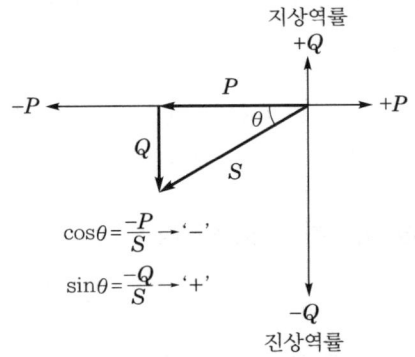

▍부하용량 < 분산전원용량(태양광 전원)에서 용량성 부하일 경우의 P. Q 상한별 벡터도 ▍

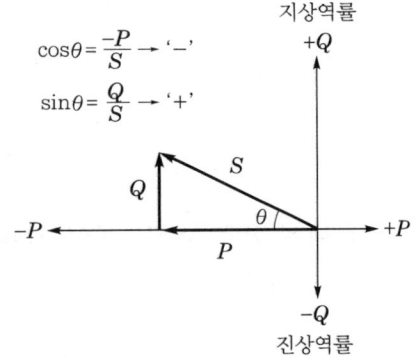

▍부하용량 < 분산전원용량(태양광 전원)에서 유도성 부하일 경우의 P. Q 상한별 벡터도 ▍

   ㉡ 전압강하식 $\Delta V = I \times (R\cos\theta + X\sin\theta)$에서

      $\Delta V = I \times (-R\cos\theta - X\sin\theta)$가 되어 전압강하 ΔV는 '−'로서 배전선로에서는 전압상승이 발생한다.

② 유도성 부하(+)일 경우 다음과 같이 배전선로는 두 가지 현상이 발생한다.

   ㉠ 역률은 $\cos\theta = \dfrac{P}{S}$는 '−'성분, $\sin\theta = \dfrac{Q}{S}$로 '+'성분이 된다.

ⓛ $R\cos\theta < X\sin\theta$와 $R\cos\theta > X\sin\theta$의 2가지 현상이 나타난다.

ⓒ 전압강하식 $\Delta V = I \times (R\cos\theta + X\sin\theta)$식은 $\Delta V = I \times (-R\cos\theta + X\sin\theta)$가 된다.

ⓔ 따라서, $R\cos\theta < X\sin\theta$에서는 전압강하 ΔV는 '+'로서, 선로는 전압강하가 발생한다.

ⓜ $R\cos\theta > X\sin\theta$에서는 전압강하 ΔV는 '－'로서, 배전선로는 전압상승이 발생한다.

3. 역률에 따른 전압변동

(1) 수용가 역률이 1인 경우

① 분산전원 연계용량이 증가하면 수용가측 전압이 비례적으로 증가하여 과전압 발생이 가능하다.

② 과전압 발생 시 인버터 내의 OVR 동작을 초래하고, 분산전원 계통분리현상 발생이 가능하다.

(2) 수용가 역률이 지상인 경우

① 유도리액턴스에 의한 전압강하분이 역률 1인 경우보다 증가한다.

② 선로 전압강하분에 반영되어 수용가측에 저전압 발생이 가능하다.

(3) 수용가 역률이 진상인 경우

① 용량성 리액턴스에 의해 전압 상승, 페란티현상 발생 가능성이 있다.

② 선로 전압강하분에 반영되어 수용가측 과전압 발생 가능성이 있다.

4. 대책(DER-AVM : 분산전원을 SVG처럼 이용하는 것)의 적용

(1) 계통도

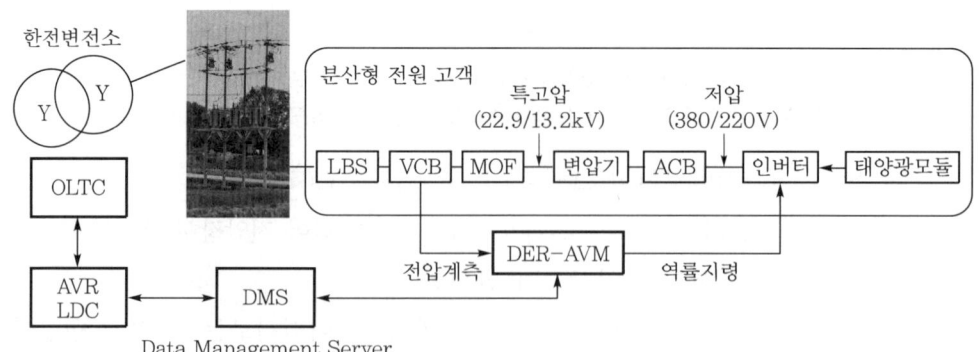

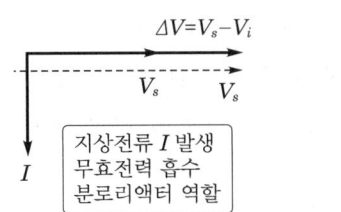

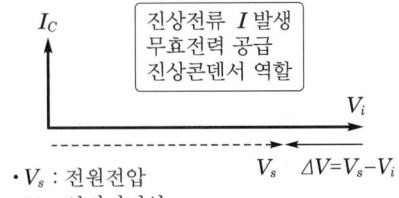

- V_s : 전원전압
- V_i : 인버터전압

(2) 능동전압제어 인버터(DER-AVM) 설치기준

「분산형 전원 배전계통 연계 기술기준」 제10조(감시 및 제어설비)에 의한 법적 기준

① 특고압 또는 전용 변압기를 통해 저압 한전계통에 연계하는 역송병렬의 분산형 전원이 하나의 공통 연결점에서 단위분산형 전원의 용량 또는 분산형 전원 용량의 총합이 90kW 이상일 경우

② 이때, 분산형 전원 설치자는 분산형 전원 연결점에 연계상태, 유·무효 전력 줄력, 운전 역률 및 전압 등의 전력품질을 감시하기 위한 설비를 갖추어야 한다.

(3) DER-AVM(DER : Distributed Energy Resources)의 필요성과 특징

① 인버터의 역률제어를 통해 한전계통의 전압을 조종하는 방식이다.

② 태양광발전소가 한전 배전전력계통에 포화되면서 피트전력시간대에는 한전 계통전압이 급격히 상승하게 된다.

③ 이때, 한전배전계통으로부터 배전받는 저압 또는 공장의 부하기기(전등, 동력설비)에 심각한 타격을 주게 된다. 따라서, 역률제어를 통해 분산형 전원의 발전량을 억제시킨다.

④ 태양광발전설비 등의 분산형 전원과 한전계통 연계점의 전압을 감시해 전압이 일정 범위를 벗어날 경우 역률을 제어하여 한전계통의 전압이 상승하는 것을 억제하는 장치이다.

⑤ DER-AVM은 특고압 수전설비 내 특고압측 VCB 2차 PT 전압 및 CT 전류를 측정하여, 전압이 일정 범위를 벗어날 경우에 태양광 인버터에 역률제어명령을 지시한다. 이때, 계통전압에 따라 0.9 ~ 1.0pu 범위에서 역률제어를 시행한다.

⑥ **역률제어** : 100% 발전 출력값을 해당 한전사업소 요청에 의한 값으로 강제 조정한다.

⑦ **출력제어** : 한전 계통선로가 불안정한 상황 또는 한전에서 필요하다고 판단되는 경우 원격신호를 통해 해당 인버터를 가동중지상태로 전환한다.

⑧ 100kW 이상 태양광 발전소의 출력제어기능을 갖춘 인버터 설치의무화가 되어 있어 'DER-RTU' 추가설치에 따른 사업비용의 증가 또는 '원격 가동중지 조치'에 다른 발전량 손실로 수익성 감소의 문제가 발생될 수 있다.

⑨ 예시

　　㉠ 정상적인 출력 100kW 발전 시 → 한전요청 역률 90% 조정 시

　　　→ 실제 발전량 정산은 90kW임(수익 10% 감소됨)

　　㉡ 정상적인 출력 100kW×24시간/일×이용률 14%=336kW 발전됨

　　　→ 출력제어 2시간 시행 시

　　　→ 100kW×22시간/일×이용률 14%=308kW

　　　→ 실제 발전량 정산은 308kW임(수익 8% 감소됨)

051

다음과 같은 분산형 전원이 한전계통과 연결되어 운영되고 있다. 이 계통의 고장점에 대한 단락용량을 계산하시오. (단, 기준용량은 100MVA이며, 선로임피던스(Z_L)는 고장점에서 DG_2까지만 고려함)

1. 분산형 전원이 연결되기 전의 단락용량

2. DG_1, DG_2 모두 회전기인 경우 단락용량

3. DG_1은 회전기, DG_2는 인버터인 경우 단락용량

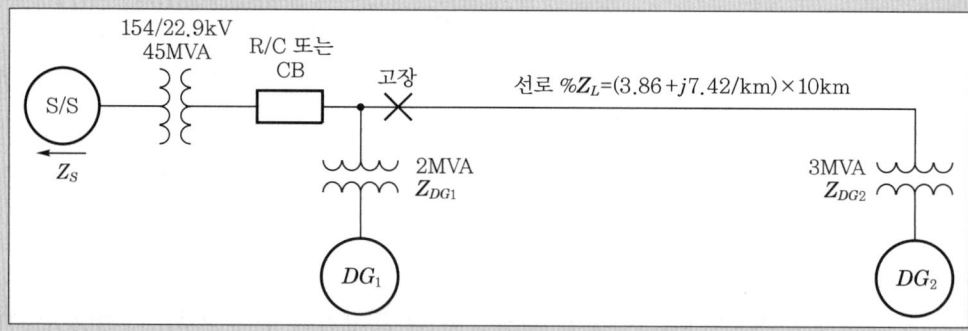

자기용량기준	$\%Z_{tr} = j14.0$	$\%Z_{DG_1} = \%Z_{DG_2} = j6$
100MVA 기준	$\%Z_S = 12.0 + j1.0$	$\%Z_L = (3.86 + j7.42/\mathrm{km}) \times 10\,\mathrm{km}$

(data) 발송배전기술사 23-130-2-4 / 발송배전기술사, 건축전기설비기술사, 전기응용기술사 출제예상 문제

(comment) 문제 자체가 오류가 있다. 즉, $\%Z_S = 12.0 + j1.0$이라는 수치는 실제 현장과 맞지 않는다 (왜냐하면 리액턴스 성분이 항상 저항성분보다 훨씬 크므로).

답안 1. %임피던스 환산

(1) 각 기기나 선로의 표준 Impedance 결정

기준용량을 100MVA로 설정한다.

(2) 각 임피던스를 기준 Base로 환산(각 부분의 %임피던스 환산)

① 한전 변압기측의 %임피던스 환산 : $\%Z_{tr} = j14 \times \dfrac{100\text{MVA}}{45\text{MVA}} = j31.11$

② DG_1측의 %임피던스 환산 : $\%Z_{DG1} = j6 \times \dfrac{100\text{MVA}}{2\,\text{MVA}} = j300$

③ DG_2측의 %임피던스 환산 : $\%Z_{DG2} = j6 \times \dfrac{100\text{MVA}}{3\,\text{MVA}} = j200$

④ 한전(전원단)측의 %임피던스 환산 : $\%Z_s = 12.1 + j1.0$ (100MVA 기준)

⑤ 선로측의 %임피던스 환산 : $\%Z_L = 38.6 + j74.2$ (100MVA 기준)

2. 분산형 전원이 연결되기 전의 단락용량

(1) % 합성 임피던스

$$\%Z_1 = Z_s + Z_{tr} = (12.1 + j1.0) + j31.11 = 12.1 + j32.11$$

(2) 단락용량

$$P_s = \dfrac{100}{\%Z_1} \times P_n$$

$$= \dfrac{100\%}{12.1 + j32.11\%} \times 100\,\text{MVA}$$

$$= 102.76 - j272.7 = 291.4\,\text{MVA}$$

3. DG_1, DG_2 모두 회전기인 분산형 전원일 경우에 있어 단락용량

(1) 임피던스 Map 작성

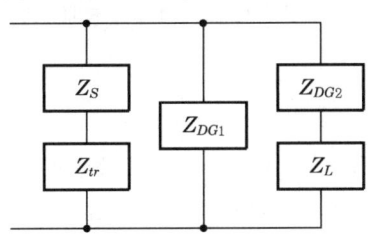 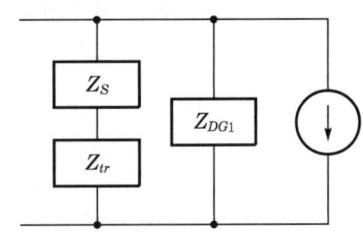

┃ DG_1, DG_2 회전기인 경우 임피던스 맵 ┃ ┃ DG_1은 회전기, DG_2는 인버터인 경우 임피던스 맵 ┃

(2) 임피던스 Map에 의한 합성 %임피던스

$$\%Z = \cfrac{1}{\cfrac{1}{\%Z_S + \%Z_{tr}} + \cfrac{1}{\%Z_{DG1}} + \cfrac{1}{\%Z_{DG2} + \%Z_L}}$$

$$= \cfrac{1}{\cfrac{1}{(12.1 + j1.0) + j31.11} + \cfrac{1}{j300} + \cfrac{1}{j200 + (38.6 + j74.2)}}$$

$$= 8.4 + j26.6\%$$

(3) 단락용량

$$P_{s2} = \frac{100\%}{\%Z} \times P_n = \frac{100}{8.4 + j26.6} \times 100\,\mathrm{MVA}$$

$$= 107.8 - j341.8 = \sqrt{107.8^2 + 341.8^2} = 358.4\,\mathrm{MVA}$$

4. DG_1은 회전기, DG_2는 인버터인 경우 단락용량

(1) 임피던스 Map에 의한 합성 %임피던스

$$\%Z = \cfrac{1}{\cfrac{1}{\%Z_S + \%Z_{tr}} + \cfrac{1}{\%Z_{DG1}}}$$

$$= \cfrac{1}{\cfrac{1}{(12.1 + j1.0) + j31.11} + \cfrac{1}{j300}} = 9.86 + j29.36\%$$

(2) 단락용량

① 회전형 분산형 전원에 의한 단락용량

$$P_{s3} = \frac{100\%}{\%Z} \times P_n = \frac{100}{9.86 + j29.36} \times 100\,\mathrm{MVA}$$

$$= 102.76 - j306 = \sqrt{102.76^2 + 306^2} = 322.8\,\mathrm{MVA}$$

② Invertor를 전류원으로 간주하여 자기정격정류의 1.1 ~ 1.5배 공급으로 설정한다.

즉, $3\mathrm{MVA} \times 1.5$

∴ 합성 단락용량 $= 322.8\,\mathrm{MVA} + 3\,\mathrm{MVA} \times 1.5\,배 = 327.3\,\mathrm{MVA}$

comment 공학용 계산기 다루는 속도 및 정확한 입력요령을 반드시 사전에 연습하기 바란다.

052 분산형 전원을 특고압 전력계통에 연계 시 다음 사항을 설명하시오.
1. 변압기 결선 및 접지방식에 따른 전압 및 보호특성
2. 연계변압기 결선방식의 종류 및 계통에 미치는 영향(장단점)

data 발송배전기술사 23-130-4-5 / 발송배전기술사, 건축전기설비기술사, 전기응용기술사 출제예상 문제

답안 1. **특고압 전력계통에 연계 시 변압기 결선 및 접지방식에 따른 전압 및 보호특성**

(1) 분산형 전원을 특고압 한전계통에 연계할 때 연계변압기의 결선 및 접지방식에 따라 분산형 전원이 계통에 미치는 영향은 달라진다.

(2) 연계변압기의 결선방식은 다양하게 적용할 수 있으나 특고압측(한전계통측)이 유효접지되어 있는지 여부에 따라 지락고장 발생 시 전압 및 보호협조 특성이 크게 달라진다.

(3) 한전계통의 지락 시 분산형 전원의 변압기 결선방식별 전위 상승은 다음 그림과 같고 그 메커니즘은 다음과 같다.

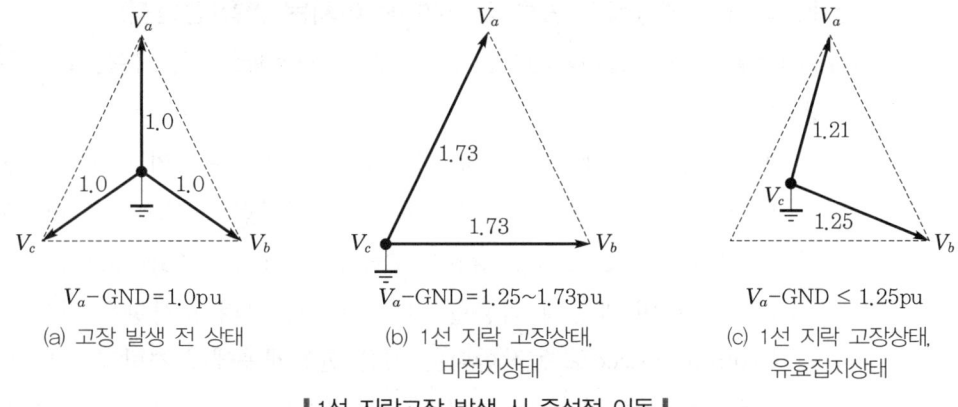

V_a–GND=1.0pu
(a) 고장 발생 전 상태

$\overline{V_a}$–GND=1.25~1.73pu
(b) 1선 지락 고장상태,
비접지상태

V_a–GND ≤ 1.25pu
(c) 1선 지락 고장상태,
유효접지상태

┃1선 지락고장 발생 시 중성점 이동┃

① 한전계통의 지락고장 시 배전선로 차단 후에 분산형 전원이 단독운전상태로 되면 유효접지기능을 강살하게 되어 분산전원측은 과전압이 발생한다.

② 단독운전 : 3상 4선식 다중 접지방식으로서 유효접지기준을 만족하는 한전계통에 유효접지기준을 만족하지 않는 결선방식의 연계변압기로 분산형 전원을 연계하면 한전계통에 지락고장 발생 시 한전계통 전원으로부터 분리된 단독계통(power island)은 비유효접지상태가 되어 분산전원의 절연파괴 우려가 있다.

③ 전위 상승 : 유효접지는 상전압의 1.38배, 비유효접지는 $\sqrt{3}$ 배까지 전위 상승이 된다.

④ 절연열화 및 스트레스 누적으로 비유효접지 시 피뢰기 및 설비의 절연열화가 발생한다.

⑤ 대책 : 유효접지상태를 유지하는 적절한 분산형 전원의 변압기 결선방식을 선정한다.

(4) 보호협조

① 분산형 전원이 유효접지가 되면 과전압 발생은 방지할 수 있으나, 한전계통으로 원치 않는 고장전류를 공급할 수 있고 한전계통의 보호협조를 방해할 수 있다.

② 한전변전소측과의 재폐로 협조사항을 검토해야 한다.

(5) 고조파

분산전원측의 변압기, 컨버터에서 발생한 고조파가 한전계통에 유입되지 않게 한다. 특히 제3고조파가 한전측으로 유입 시 OCGR이 오동작으로 정전이 발생할 수 있다.

2. 연계변압기 결선방식의 종류 및 계통에 미치는 영향(장단점)

(1) Grounded Y－△ 결선방식(한전계통측에는 Grounded Y결선, 분산형 전원측은 △결선 방식)

① 이 방식은 부하에 전기를 공급하려는 목적으로는 거의 사용되지 않지만, 분산형 전원의 연계변압기 결선으로 가장 적합한 방식으로 고려되고 있다.

② 이 결선을 'Grounding bank', 'Ground source', 'Grounding transformer'라고 불리며 계통에 적용할 경우 반드시 고려할 사항은 다음과 같다.

Ground source로 동작한다는 것은 한전계통에서 지락고장 발생 시 분산형 전원측에서 원치 않는 한전측으로 고장전류를 공급할 수 있다는 것이다.

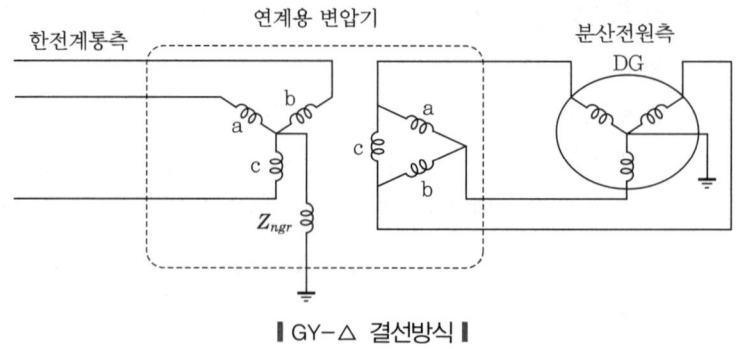

┃GY－△ 결선방식 ┃

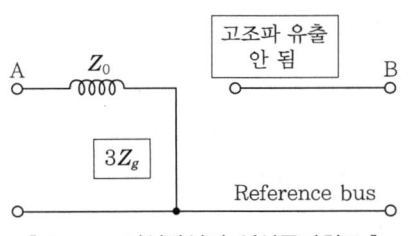

┃ GY–△ 결선방식의 영상등가회로 ┃

③ GY–△ 결선방식의 장단점

장점	단점
• 원리가 명확하다. • 분산형 전원에서 발생한 제3고조파가 한전계통으로 유출되지 않는다. • 연계변압기 자체가 계통 고장에 관여하므로 한전계통 고장을 분산형 전원측에서 즉시 검출할 수 있어 단독운전 방지가 용이하다. • 분산형 전원 단독운전 시 발생할 수 있는 철공진과 과전압 피해를 방지할 수 있다.	• 한전계통에 존재하는 제3고조파가 특고압측 권선에 흐름으로써 변압기를 과열시킬 우려가 있다. • 제3고조파의 경로에 따라 통신유도장해나 중성점 전위변화를 유발하며 이 현상의 예측이 곤란하다. • 한전계통측에서 발생하는 모든 지락고장에 대해 고장전류를 공급한다. • 동일 변전소 주변압기 뱅크의 다른 한전계통 선로고장에 대해 리클로저나 CB를 동작시킬 수 있는 고장전류를 연계변압기가 공급한다. • 고장이 발생할 경우 연계변압기 자체가 단락고장의 위험에 노출된다. 특히 4 ~ 5%의 임피던스를 갖는 소형 변압기가 취약하다. 따라서, 일반적으로 특수하게 설계된 변압기를 주문해야 한다.

④ GY–△ 결선방식의 적용 시 주의점

  ㉠ 한전계통측으로 고장전류를 공급한다는 문제점이 존재한다.

  ㉡ 연계변압기에 과도한 전류가 흘러 변압기가 손상될 가능성도 있다.

  ㉢ 이러한 경우에는 한전계통 지락고장 발생 시 분산형 전원 연계변압기를 통해 공급되는 고장전류의 양을 줄일 필요가 있다.

  ㉣ 일반적으로 연계변압기 특고압측에 적정 NGR을 삽입하여 고장전류의 양을 줄일 수 있다.

  ㉤ 고장전류를 줄이기 위해서는 NGR의 크기를 늘려야 하지만 NGR의 크기를 늘리면 유효접지기준을 만족하지 못하는 상황이 발생하여 과전압 피해의 위험이 있으므로 유효접지기준을 만족하는 수준에서 NGR을 설치해야 한다.

  ㉥ NGR을 설치한 이후에도 한전계통측 지락고장 시 선로보호용 보호기기 OCGR의 오동작 가능성을 검토해야 하며 관련 업무 지침, 절차 등에 따라 적절한 보호협조대책을 수립해야 한다.

  ㉦ 역조류에 의한 1차측 중성선에 300% 과전류 발생 시 보호계전기는 오동작된다.

(2) Grounded Y-Grounded Y 결선방식

① 이 방식은 3상 부하에 전기를 공급하는 일반적인 방식의 하나이다.

② 케이블로 공급되는 부하에 대해 철공진 가능성이 작고 유지·보수를 위한 개폐작업에 제한사항이 적어 선호하고 있는 방식으로, 분산형 전원 연계방식으로도 사용된다.

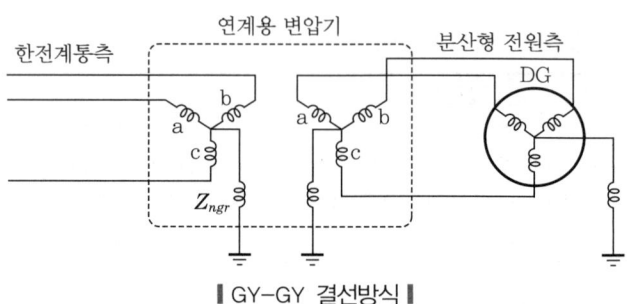

‖ GY-GY 결선방식 ‖

③ 이 방식은 한전계통고장에 대해 고장전류를 공급하고 영상분 고조파의 통로가 되기 때문에 발전원에 따라 계통 연계가 어려울 수도 있다.

④ 동기발전기는 권선피치에 따라 제3고조파 전압을 발생하기도 한다.

⑤ 계통에 연계되면 제3고조파에 대해 매우 낮은 임피던스 통로를 제공하여 발전기에 피해를 줄 수 있고 계통으로 원하지 않는 고조파를 주입하기도 한다.

⑥ 이 문제에 대해서는 NGR을 이용해 고장전류 및 고조파 전류를 제한할 수 있다.

⑦ GY-GY 결선방식의 장단점

장점	단점
• 케이블 공급방식에 있어 철공진 문제에 대해 덜 민감하다. • 동일한 정격의 △-GY 결선방식보다 변압기 절연방식에 있어 유리하다. • 위상변위가 없으므로 저압 계전기를 이용해 고압부의 전압을 모니터링할 수 있다.	• 한전계통에서 나타나는 불평형 상황이 분산형 전원측 구내 계통에도 나타난다. • 영상분 고조파(제3고조파 등)의 직접적인 통로를 제공한다. • 한전계통에서 발생하는 고장에 대해 분산형 전원이 고장전류 공급원이 된다. • 분산형 전원의 내부고장에 대해 한전계통에서 고장전류를 공급함으로써 보호협조가 제대로 안 되어 있는 경우 고장이 한전계통으로 파급될 수 있다.

⑧ Grounded Y-Grounded Y 결선방식 적용 시 주의점

㉠ 연계변압기의 GY-GY 결선방식은 유효접지를 만족하므로 한전계통 고장발생 시 계통측에 과전압을 유발시키지 않고 GY-△ 방식에 비하여 한전계통측으로 지락고장전류의 공급도 크지 않은 장점을 갖고 있다.

ⓛ 분산형 전원 내부적으로 접지를 하지 않는 경우 한전계통측 지락고장에 대하여 고장전류를 공급하지 않는다.

ⓒ GY-GY 방식의 연계변압기를 사용하는 경우 분산형 전원이 내부적으로 접지되어 있으며 용량이 비교적 클 때에는 GY-△ 결선방식과 마찬가지로 한전계통측 선로보호기기 OCGR의 오동작을 일으킬 가능성이 있기에 보호협조와 관련한 검토를 해야 한다.

ⓔ GY-GY 결선방식은 GY-△ 결선방식과는 다르게 분산형 전원측 구내 계통에서 지락고장 발생 시 한전계통에서도 고장전류를 공급하게 되어 고장 파급이 우려되므로 분산형측 보호기기와 한전계통측 보호기기(CB, 리클로저 등) 간의 세밀한 보호협조가 필요하다.

ⓜ GY-△ 결선방식에서는 연계변압기에서 어느 정도 분산형 전원의 고조파를 제거해주나 GY-GY 결선방식은 분산형 전원측 고조파(제3고조파)가 한전계통측으로 유입된다.

ⓗ 따라서, GY-GY 결선방식의 분산형 전원에 대해서는 고조파유입에 대한 특별한 관리가 요구된다.

(3) △-Grounded Y 결선방식

① 이 방식은 3상 부하에 전기를 공급하는 또 다른 일반적인 방식의 하나이다.

② 국내에서도 전기사용고객에 대한 전력공급 시 가장 일반적으로 사용되는 방식이다.

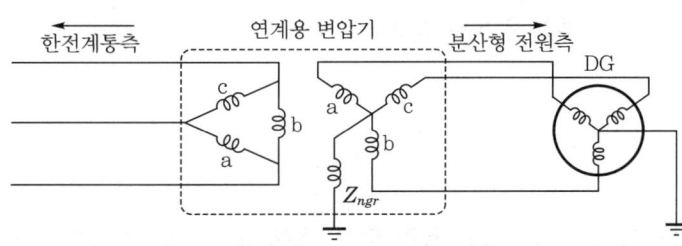

‖ △-GY 결선방식 ‖

③ 장단점

장점	단점
• 분산형 전원의 제3고조파가 한전계통으로 유입되지 않음 • 한전계통의 1선 지락고장에 대해 직접적으로 분산형 전원이 고장전류를 공급하지 않음 • 분산형 전원측 구내 계통 1선 지락고장에 대해 한전계통으로 고장이 파급되지 않음	• 한전계통의 1선 지락고장 또는 한전계통 개방에 의한 분산형 전원의 단독운전상태에서 유효접지상태를 유지하지 못하므로 과전압의 위험이 있음 • 케이블 한전계통이 고장으로 개방된 상태에서 철공진이 발생하기 쉬움 • 분산형 전원 발전기의 중성점 접지상태에 따라 구내 계통의 중성선에 제3고조파에 의한 과전류가 발생할 수 있음 • 한전계통의 1선 지락고장 시 분산형 전원측에서 지락고장 전류를 공급하지 않음에 따라 고장검출에 어려움이 있음

④ △-Grounded Y 결선방식 적용 시 유의사항

㉠ 과전압 방지에 대한 별도의 조치가 요구된다.

㉡ 단독계통 내의 부하량이 분산형 전원용량의 200% 이상이 되는 경우에만 △-GY 결선방식의 변압기를 허용한다. 과전압 발생이 없으나 단독운전 자체가 불가능하다.

㉢ 한전 CB, 리클로저보다 빠르게 고장을 검출하여 Trip될 수 있는 보호설비를 구비할 것

㉣ 직접 전송차단방식을 적용, 무전압 확인장치, 동기 확인장치를 설치해야 한다.

㉤ 분산형 전원측에서 한전계통측의 지락고장을 검출하는 방법을 적용해야 한다. GY-open 델타 PT 뱅크 + OVGR 계전기로 지락고장을 검출하여 분산전원을 분리하도록 한다.

---

053 분산전원의 연계위치, 용량 및 역률에 따라 배전계통의 전압변동에 미치는 영향에 대하여 각각 설명하시오.

(data) 발송배전기술사 23-131-1-10·22-127-2-4 / 발송배전기술사, 건축전기설비기술사, 전기응용 기술사 출제예상문제

답안 1. 연계위치에 따른 전압변동에 미치는 영향

＊ Chapter 04 - 문제 050의 답안 '1.' 내용을 참조한다.

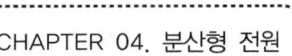
2. 연계용량에 따른 전압변동에 미치는 영향

    * Chapter 04 - 문제 050의 답안 '2.' 내용을 참조한다.

3. 역률에 따른 전압변동

    * Chapter 04 - 문제 050의 답안 '3.' 내용을 참조한다.

---

054 분산형 전원은 안정적인 계통운영 및 전력수급을 위하여 전압변동 억제 및 주파수 제어 등의 기능을 수행할 수 있도록 협조하여야 한다. 분산형 전원 배전계통 연계 기술기준에 따른 분산형 전원의 계통지원기능에 대하여 설명하시오.

(data) 발송배전기술사 24-133-3-1 / 발송배전기술사, 건축전기설비기술사, 전기응용기술사 출제예상 문제

[답안] 1. 분산전원 계통지원의 기능(「분산형 전원 배전계통 연계 기술기준」 제25조)

  (1) 역송병렬 형태로 연계하는 인버터 기반의 분산형 전원은 안정적인 계통운영 및 전력수급을 위하여 전압변동 억제 및 주파수 제어 등의 기능을 수행할 수 있도록 협조해야 한다.

  (2) 계통지원기능을 수행하는 분산형 전원은 다음 표의 기능을 보유할 것

┃ 계통지원 기능수행의 분산형 전원이 보유해야 하는 기능 ┃

구분	기능	정의
무효전력 제어기능	전압-무효전력 제어기능(volt/var)	전압변동에 따라 무효전력을 제어
	무효전력 지령치 기능(Q set point)	무효전력값을 일정한 크기로 운전
	고정 역률제어 기능(fixed pf)	역률을 일정하게 제어
	유효전력-무효전력 제어기능 (watt/var)	유효전력 변동에 따라 능동적으로 무효전력을 제어
유효전력 제어기능	전압-유효전력 제어기능(volt/watt)	전압변동에 따라 유효전력을 제어
	주파수-유효전력 제어기능 (frequency/watt)	주파수 변동에 따라 유효전력을 제어
	유효전력 제한기능(P limit)	유효전력값을 일정한 크기 이내로 유지하여 운전
	출력 램프율 기능(N-ramp)	정상운전상황에서 출력변화율을 제어
	소프트 스타트 램프율 기능 (SS-ramp)	초기 기동 시 출력변화율을 제어

구분	기능	정의
계통운전 유지기능	전압 라이드 스루 기능(L/HVRT)	정상·비정상 전압상황에서 전력계통 연계 유지·분리를 결정
	주파수 라이드 스루 기능(L/HFRT)	정상·비정상 주파수 상황에서 전력계통 연계 유지·분리를 결정
비상 시 기능	출력 중단 기능(power stop)	계통운영자 요구에 따라 계통연계상태를 유지하되 유효전력 발생을 중단
	계통과 전기적 분리 및 재연계 기능 (disconnection and reconnection)	계통운영자 요구에 따라 계통과 전기적으로 분리하거나 재연계
	단독운전방지 기능(anti-islanding)	분산형 전원에 의해서만 계통이 가압되는 상태를 방지

2. 계통연계기준

(1) 순시전압강하 유지기준

풍력, 태양광, 연료전지의 발전기는 계통고장으로 인한 순시전압이 강하할 경우 전력계통의 안정적 복구를 위하여 다음 기준을 준수할 것

① 전압이 0%일 경우 0.15초 이상 유지할 것

② 전압이 90%일 경우 다음 식에 의한다.

$$V_{\mathrm{pu}} = \frac{2}{3}t - \frac{1}{10}$$

여기서, $t[\mathrm{s}]$ 기준

③ 전압이 90% 초과일 경우는 무제한일 것

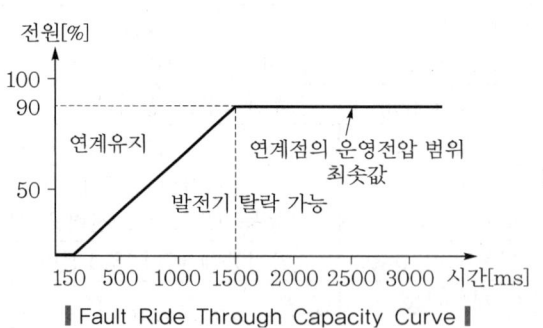

‖ Fault Ride Through Capacity Curve ‖ ‖ 고장 발생 후 무효전류 공급능력 ‖

(2) 고장 중 무효전류 공급기준

① 위의 무효전류 공급능력 그림같이 고장 발생 후 3cycle 이내에 무효전류를 공급한다.

② 무효전류 공급기준

㉠ 전압 0 ~ 0.5pu에서는 100% 공급

㉡ 전압 0.5 ~ 0.9pu에서는 $V_{pu} = -0.4q + 0.9$

여기서, $q[pu] = \dfrac{I_q}{I_n}$ 식에 의함

(3) 고장 후 유효전력회복

풍력, 태양광, 연료전지의 발전기는 고장제거 이후의 연계점 전압이 연속운전 범위로 복귀된 후 5초 이내에 고장 전의 유효출력을 낼 수 있을 것

3. 무효전력 공급능력 기준

(1) 풍력, 태양광 및 연료전지

① 유효출력에 따른 무효전력 공급능력을 다음과 같이 구비할 것

㉠ 유효전력의 20 ~ 100%가 변화할 경우에 무효전력의 33% 공급 및 흡수 가능할 것

㉡ 유효전력의 20% 이하 변화 시

② 공급능력 부족 시는 공급설비를 구비할 것(예 SVG)

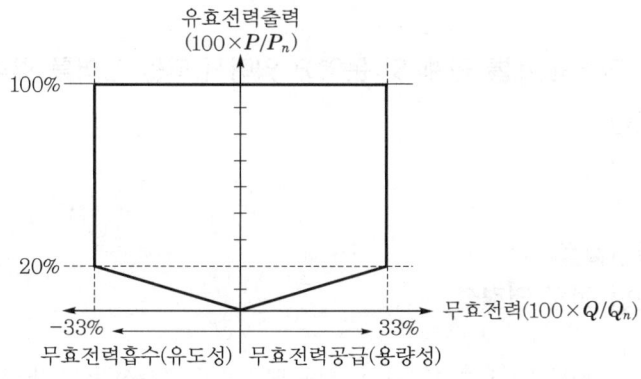

┃유효전력출력에 따른 무효전력 공급범위┃

(2) 조력발전

지상 0.95 ~ 진상 0.95 범위를 유지한다.

4. 유효전력 및 무효전력 제어기준

(1) 유효전력 제어능력 성능유지

① 급출력감소 조정 : 5초 이내에 정격출력의 20% 이하로 출력감소가 가능할 것

② 주파수 조정을 위하여 속도조정률 3 ~ 5%, 불감대는 최대 0.06% 이내일 것

③ 출력 상한조정 : 10분 평균출력치가 규정값 이하일 것

④ 유효전력증감률 조정 : 정격의 30% 이내/분까지 제한하는 것이 가능한 제어성
능을 구비할 것

(2) 무효전력 제어능력 성능유지

① 전압유지범위 내 연속운전 가능

㉠ 765kV : 765±5%(726 ~ 800kV)

㉡ 345kV : 345±5%(328 ~ 362kV)

㉢ 154kV : 154±10%(139 ~ 169kV)

㉣ 22.9kV : 3.9 ~ 9.2%(20.8 ~ 23.8kV)

② 풍력, 태양광, 연료전지 발전기는 다음 3가지 무효전력 제어방식을 구비할 것

㉠ 일정 무효전력 출력제어(MVar 제어모드)

㉡ 일정 역률제어(PF 제어모드)

㉢ 전압 조정을 위한 무효전력 제어(VQ 제어모드)

---

055 분산형 전원의 계통 연계 및 운영에 있어서 다음 용어를 각각 설명하시오.
1. 연계점
2. 접속설비
3. 접속점
4. 공통연결점
5. 분산형 전원 연결점

(**data**) 발송배전기술사 21-123-1-1 / 발송배전기술사, 건축전기설비기술사, 전기응용기술사 출제예상
문제

답안 **1. 연계 관련 용어 간의 관계**

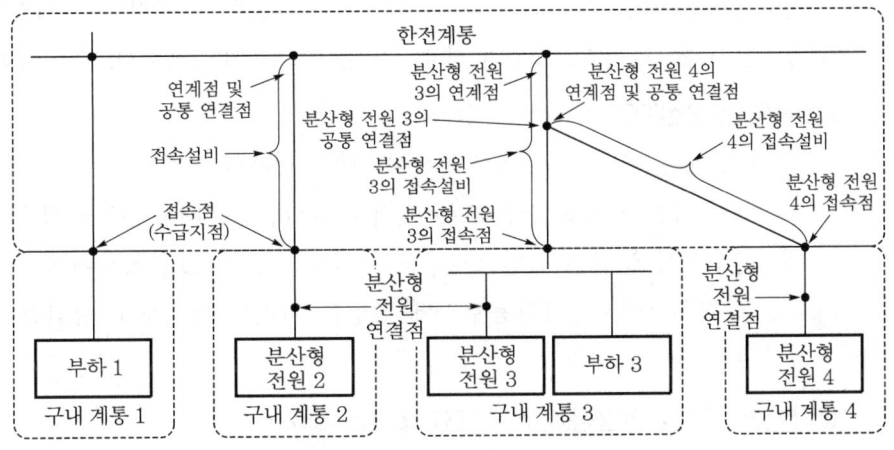

‖연계 관련 용어 간의 관계‖

2. 용어 해설

(1) 연계점

① 접속설비를 공용 선로로 할 때에는 접속설비가 검토대상 분산형 전원 연계시 점의 공용 한전계통(다른 분산형 전원 설치자 또는 전기사용자와 공용하는 한전계통의 부분)에 연결되는 지점

② 접속설비를 전용 선로로 할 때에는 특고압의 경우 접속설비가 한전의 변전소 내 분산형 전원 설치자측 인출 개폐장치(CB)의 분산형 전원 설치자측 단자에 연결되는 지점

③ 저압의 경우 접속설비가 가공배전용 변압기(P Tr)의 2차 인하선 또는 지중배 전용 변압기의 2차측 단자에 연결되는 지점(그림 참조)

(2) 접속설비

연계점으로부터 검토대상 분산형 전원 설치자의 전기설비에 이르기까지의 전선 로와 이에 부속하는 개폐장치 및 기타 관련 설비(앞의 그림 참조)

(3) 접속점

① 접속설비와 분산형 전원 설치자측 전기설비가 연결되는 지점을 말함

② 한전계통과 구내 계통의 경계가 되는 책임한계점으로서, 수급지점이라고도 함

(4) 공통 연결점(PCC : Point of Common Coupling)

① 한전계통상에서 검토대상 분산형 전원으로부터 전기적으로 가장 가까운 지점으로서 다른 분산형 전원 또는 전기사용부하가 존재하거나 연결될 수 있는 지점

② 검토대상 분산형 전원으로부터 생산된 전력이 한전계통에 연결된 다른 분산형 전원 또는 전기사용부하에 영향을 미치는 위치로도 정의할 수 있음(앞의 그림 참조)

(5) 분산형 전원 연결점(point of DR connection)

① 구내 계통 내에서 검토대상 분산형 전원이 존재하거나 연결될 수 있는 지점

② 분산형 전원이 해당 구내 계통에 전기적으로 연결되는 분전반 등을 분산형 전원 연결점으로 볼 수 있음(앞의 그림 참조)

---

056 신재생발전기의 송전계통연계 시 FRT(Fault Ride Through)의 의미와 기준에 대하여 설명하시오.
1. FRT(Fault Ride Through)의 의미
2. 계통연계유지 기준
3. 무효전력 공급능력 기준
4. 유효·무효 제어능력 기준

data 발송배전기술사 23-130-4-6 / 발송배전기술사, 건축전기설비기술사, 전기응용기술사 출제예상 문제

답안 1. FRT(Fault Ride Through)의 의미

(1) 한전 전력계통의 순간적인 정전이나 고장에 대해 연계된 분산전원이 즉시 차단되지 않고 일정 시간 연결을 유지시키는 기능이다.

(2) 특히 대용량 전력계통의 순간적인 정전 시 연계운전을 유지할 수 있는 능력을 말한다.

2. 신재생발전기의 계통연계유지기준

* Chapter 04 – 문제 039의 답안 '3.' 내용을 참조한다.

---

057 신재생발전기를 계통에 연계하기 위한 조건 중 무효전력 공급능력과 LVRT(Low Voltage Ride Through)에 대하여 설명하시오.

data 발송배전기술사 22-127-1-3 / 발송배전기술사, 건축전기설비기술사, 전기안전기술사, 전기응용 기술사 출제예상문제

comment 각각이 배점 10점으로 분리되어 출제예상이 된다.

답안 1. 신재생발전기를 계통에 연계하기 위한 조건 중 무효전력 공급능력

comment 배점 10점이 예상된다.

(1) 개요

신재생발전기는 운전전압 범위 내에서 아래 그림과 같이 유효전력출력에 따른 무효전력 공급능력을 보유하여야 한다.

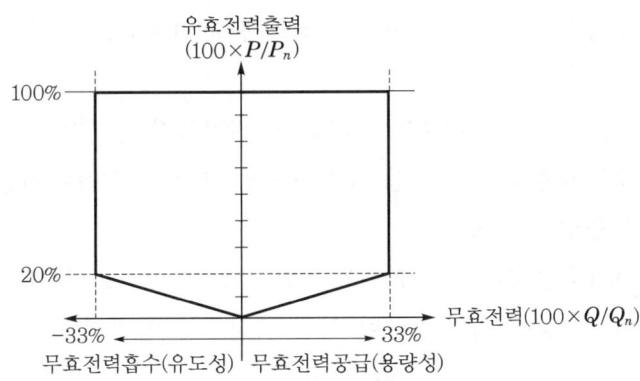

‖ LVRT를 고려한 무효전력의 공급범위 ‖

(2) 유효전력출력에 따른 무효전력 공급범위

① 유효전력 100 ~ 20% 출력 시 유효전력 정격출력 대비 33%의 무효전력을 흡수 또는 공급

② 유효전력 20 ~ 0% 출력 시 유효전력 감소에 따라 선형적으로 공급능력

③ **무효전력에 대한 정상상태 허용오차** : 5% 이하

④ 신재생발전기가 자체적으로 그림에서 정한 무효전력공급이 어려운 경우 별도의 STATCOM, SVC 등의 무효전력 공급설비를 구비하여 무효전력을 공급할 수 있다.

2. LVRT(Low Voltage Ride Through)

comment 배점 10점이 예상된다.

(1) LVRT의 정의

① LVRT는 전압이 순간적으로 강하할 때 운전정지를 방지하기 위한 목적의 전력계통의 안정성 확보를 위한 시험이다.

② 순간적으로 전압을 0으로 떨어뜨려 전원을 안정적으로 공급해야 하는 PCS가 안정적인 운전 여부를 확인하는 시험

(2) LVRT 기능의 기능 및 대상과 적용대상 등

① 전력계통 이상 시 저전압 발생에도 태양광인버터가 정지하지 않고 일정 시간 운전을 유지하는 기능

② **적용대상** : 22.9kV 이하 배전계통에 연결되는 모든 분산형 전원(태양광, 풍력, 연료전지 등)

③ **관련 근거** : 「전력계통 신뢰도 및 전기품질 유지기준」 제28조, 제53조, 제55조

④ **주요 내용** : 한전 신청 시 LVRT 등 계통연계 유지기능이 확인되는 발전설비 시험성적서 제출

　　㉠ (태양광) '21.9 KS 표준을 시험규격으로 한 태양광인버터 시험성적서

　　㉡ (태양광 외) 「분산형 전원 배전계통 연계 기술기준」 제13조 및 제24조를 만족함을 증명하는 시험성적서

(3) KS C 8565에 의한 태양광인버터 전압 및 주파수 설정값

구분	기준값(KS C 8565)			
	LVRT, HVRT 설정		전압보호설정	
	전압범위[%]	운전지속시간[s]**	전압범위[%]	분리시간[s]*
과전압 2	$V \geq 120$	–	120	0.16
과전압 1	$110 < V < 120$	0.2	110	1.0
저전압 1	$70 \leq V < 90$	1.5	90	2.0
저전압 2	$50 \leq V < 70$	0.16	70*	2.0
저전압 3	$V < 50$	0.15	50	0.5

* 분리시간은 최대한의 값 설정 권장(90% 이하에서 2초, 50% 미만에서 0.5초)
** 운전지속시간 동안 정격출력을 초과하지 않는 범위로 최대 발전해야 하며 운전지속시간 이내 전압
   이 정상범위로 회복할 경우 순시로 최대 출력으로 복원해야 함

058 분산형 전원을 특고압 전력계통에 연계할 때 연계변압기의 결선 및 접지방식에 따라 분산형 전원이 전력계통에 미치는 영향이 달라진다. 이와 관련하여 다음 사항을 각각 설명하시오.

1. 전력계통에 지락고장발생 시 연계변압기의 특고압측(전력계통측) 유효접지 여부에 따른 전압 및 보호협조 특성
2. 연계변압기의 결선방식(전력계통측-분산형 전원측)이 (a) Grounded Y-△ 결선방식과 (b) △-Grounded Y 결선방식인 경우 각각 계통에 미치는 영향

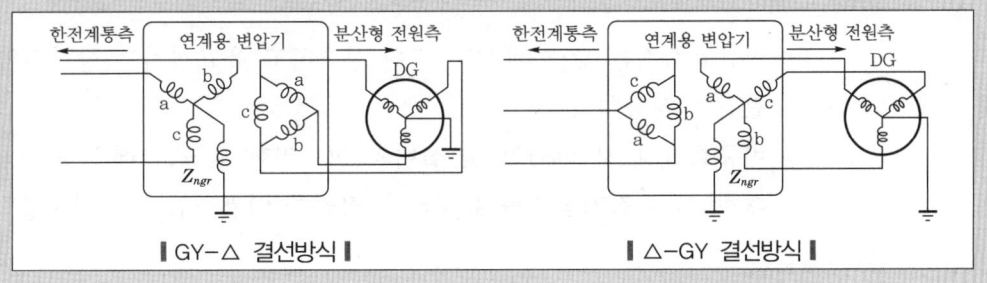

| GY-△ 결선방식 | | △-GY 결선방식 |

(**data**) 발송배전기술사 21-123-3-6 / 발송배전기술사, 건축전기설비기술사, 전기응용기술사 출제예상
문제

답안 1. 지락 시 연계변압기의 특고압측(전력계통측) 유효접지 여부에 따른 전압 및 보호협조 특성

(1) 한전의 유효접지계통과의 협조

① 유효접지 : 접지계수가 0.8 이하인 계통이다. 그 이상은 비유효접지이다.

㉠ 접지계수$=\dfrac{1선\ 지락\ 시\ 건전상의\ 전위\ 상승}{지락고장\ 전\ 선간전압}\leq\dfrac{1.38E}{\sqrt{3}\,E}\leq0.8$

㉡ 1선 지락 시 건전상의 전위 상승 $V_c=\dfrac{(a-1)Z_0+(a-a^2)Z_1}{Z_0+Z_1+Z_2}E_a$

㉢ 유효접지조건 : $\dfrac{R_0}{X_0}\leq1$, $\dfrac{X_1}{X_0}\leq3$인 조건을 만족시킬 것

② 한전전략계통에서 지락 시 전위 상승

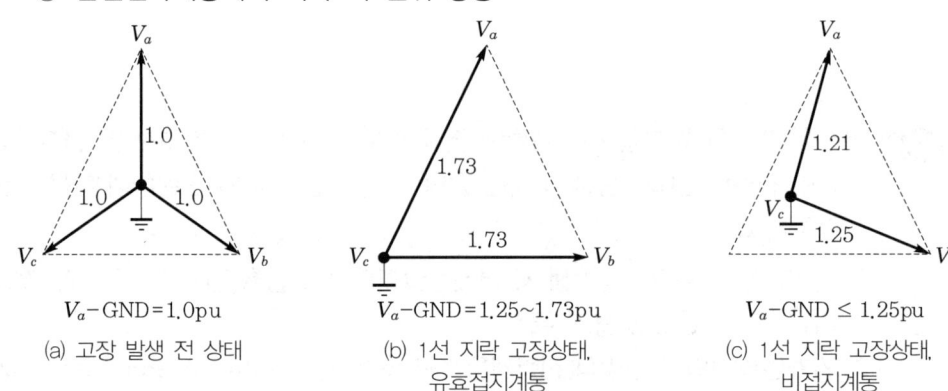

V_a–GND$=1.0$pu

(a) 고장 발생 전 상태

V_a–GND$=1.25\sim1.73$pu

(b) 1선 지락 고장상태, 유효접지계통

V_a–GND ≤1.25pu

(c) 1선 지락 고장상태, 비접지계통

❚1선 지락고장 발생 시 중성점 이동❚

㉠ 비유효접지는 1.732배까지 전위 상승하고 유효접지는 상접지의 1.38배 전위가 상승한다.

㉡ 비유효접지 시 피뢰기 및 설비의 절연열화 및 스트레스가 누적된다.

㉢ 대책 : 유효접지상태를 유지하는 적절한 연계변압기의 결선방식 선정

(2) 보호협조

① 유효접지 시 과전압 발생 방지는 가능하나 한전측으로 고장전류가 유입할 수 있어 한전계통의 보호협조를 방해할 수 있다.

② 한전 재폐로와의 협조를 검토한다.

2. Grounded Y–△ 결선방식(한전계통측에는 Grounded Y 결선, 분산형 전원측은 △ 결선방식)

*Chapter 04 – 문제 052의 답안 '2./(1)' 내용을 참조한다.

3. △-Grounded Y 결선방식

(1) 이 방식은 3상 부하에 전기를 공급하는 또 다른 일반적인 방식의 하나이다.

(2) 국내에서도 전기사용고객에 대한 전력공급 시 가장 일반적으로 사용되는 방식이다.

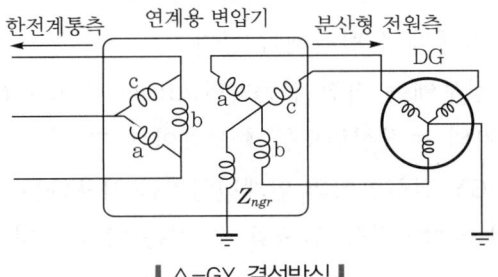

‖ △-GY 결선방식 ‖

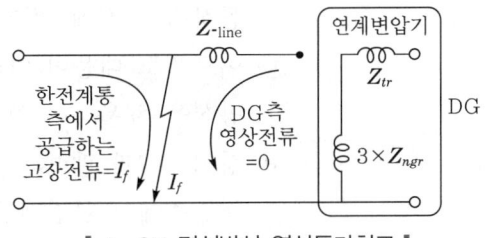

‖ △-GY 결선방식 영상등가회로 ‖

(3) 장단점

장점	단점
• 분산형 전원의 제3고조파가 한전계통으로 유입되지 않음 • 한전계통의 1선 지락고장에 대해 직접적으로 분산형 전원이 고장전류를 공급하지 않음 • 분산형 전원측 구내 계통 1선 지락고장에 대해 한전계통으로 고장이 파급되지 않음	• 한전계통의 1선 지락고장 또는 한전계통 개방에 의한 분산형 전원의 단독운전상태에서 유효접시상내를 유지하지 못하므로 과전압의 위험 있음 • 케이블 한전계통이 고장으로 개방된 상태에서 철공진이 발생하기 쉬움 • 분산형 전원 발전기의 중성점 접지상태에 따라 구내 계통의 중성선에 제3고조파에 의한 과전류가 발생할 수 있음 • 한전계통의 1선 지락고장 시 분산형 전원측에서 지락고장전류를 공급하지 않음에 따라 고장검출에 어려움이 있음

(4) 적용 시 주의사항

① 한전계통 고장발생 시 한전계통측 보호기기의 동작으로 주전원의 유효접지를 상실하기 때문에 단독계통에서 과전압이 발생하는 것이다.

② 그러므로, 고장 발생 시 분산형 전원측의 보호기기가 한전계통측 보호기기보다 먼저 고장을 검출하고 트립되면 과전압은 막을 수 있다.

③ 따라서, 한전계통의 보호기기인 CB, 리클로저 등의 동작시간을 고려하여 분산형 전원측이 빠르게 고장을 검출하여 트립될 수 있는 보호설비를 구비해야 한다.

④ 한전계통측 보호기기가 고장을 검출하고 트립되기 전에 분산형 전원측 보호기기에 트립신호를 보내어 직접 트립시키고, 트립을 확인하고 나서 한전계통측 보호기기가 동작하여 고장을 제거하도록 하는 방식이다.

⑤ 위 사항을 정리하면 분산형 전원 연계변압기의 결선방식으로 △-GY와 같은 비접지방식을 적용하기 위해서는 아래의 조건을 만족하여야 한다.

ⓐ 한전계통 보호기기의 트립에 따라 형성될 수 있는 분산형 전원을 포함한 단독계통 내의 부하량이 분산형 전원용량의 200% 이상이어야 한다.

ⓑ 분산형 전원은 한전계통측 고장 발생 시 고장을 빠르게 검출하고 차단할 수 있는 보호설비를 갖춤으로써 한전계통측 보호기기(CB, 리클로저 등)가 동작하기 전에 먼저 한전계통에서 탈락해야 한다.

ⓒ 이로써도 대응이 어려운 경우에는 직접 전송차단(direct transfer trip) 방식을 채용하여 보호기기의 동작신뢰도를 확보해야 한다.

ⓓ 상기 'ⓒ'과 관련하여 △-GY 결선방식의 연계변압기를 사용하는 분산형 전원측에서 한전계통측의 지락고장을 검출할 수 있는 방법의 하나로서 'Grounded Y-Broken △' PT 뱅크를 사용하는 방법이 있다.

- 여기서는 계전기로 과전압 계전기(overvoltage relay, 59G)를 사용하고 PT 결선방식으로는 Grounded Y-Broken △ 방식을 사용한다.
- 동작원리는 한전계통에서 지락고장 발생 시 Broken △ PT bank에 급격히 증가하는 영상분 전압을 검출하여 59G 계전기가 분산형 전원측 차단기에 트립신호를 보내 분산형 전원을 분리하는 것이다.
- 비접지 결선방식의 고장검출방법에 대해서는 분산형 전원 연계선로의 보호협조 관련 업무지침, 절차내용을 참조하여 더 면밀한 검토가 필요하다.

⑥ 분산형 전원의 계통 연계 또는 가압된 구내 계통의 가압된 한전계통에 대한 연계에 대하여 병렬연계장치의 투입순간에 모든 동기화변수들이 제시된 제한 범위 이내에 있어야 하며, 만일 어느 하나의 변수라도 제시된 범위를 벗어날 경우에는 병렬연계장치가 투입되지 않아야 한다.

---

059 신재생에너지 등 변동성이 높은 에너지원의 계통연결 증가에 따른 문제점 및 대책, 계통운영측면에서 대응방안을 설명하시오.

data 발송배전기술사 21-124-3-1 / 발송배전기술사, 건축전기설비기술사, 전기응용기술사 출제예상 문제

답안 **1. 변동성 높은 에너지 계통연결 증가에 따른 문제점**

(1) 출력 변동

일사량, 풍량에 의한 전압 변동, 주파수 변동, 단락용량 공급 변동

(2) 동시탈락 기동

계통전압, 주파수 변동에 의한 동시탈락 및 동시기동

(3) 단독운전

상용전원 탈락상태에서 분산전원에 의한 전력공급상태

(4) 역조류

기존 전력조류와 다른 방향의 전력흐름

(5) 불균형 도입

다수 송·배전선에서 불균일하게 도입되어 제어가 어려움

(6) 운전상태 파악 어려움

수많은 분산전원에 대한 Control 불가, 전력량 파악 불가

(7) 전력품질

단락용량 증가, 고조파, 직류, 역률, 전압강하, 주파수

(8) 안정도

주파수, 전압변동에 의한 안정도 저하

(9) 보호계전

역조류에 의한 재폐로 불가능 등

2. 대책

(1) 전력계통 측면의 대책

① 영향

㉠ 역조류 : 전압 상승 및 보호계전 오동작

㉡ 단독운전 : 인명사고, 설비 파손, 보호계전 오동작, 재폐로 불가

㉢ 전력품질 : 주파수 변동, 전압 변동, 안정도 저하

② 대책

㉠ 전압상승 억제 : 발전전력 억제/무효전력보상장치(SVC, SVG, OLTC, 리액터)

㉡ 단독운전검출

• 수동방식 : 전압위상 도약, 주파수·전압 변동 검출, 제3고조파 전압 검출

• 능동방식 : 무효전력변동, 주파수 시프트 방식

㉢ 주파수 변동

• 화력 : 가스터빈의 성능개선

• 수력 : 가변속 양수발전형식

• ESS, 예비력 확보

ⓔ 안정도 : Facts, Custom power

ⓜ 계통연계기준 준수, 검토

(2) 전력수급 측면의 대책

① 영향

ⓐ 발전전력 과부족

ⓑ 발전전력 예측오차

ⓒ 기저부하 감소 : 태양광 발전하는 오전·오후시간대 화력, 원자력 가동률 감소

ⓓ 단주기 발전전력 변동발생

ⓔ 대용량 신재생으로 화력발전비중 저하가 발생하여 주파수 조정력 확보 대책 필요

ⓕ Duck 현상발생 가능성 높아짐

② 대책

ⓐ ESS, 양수발전 확보

ⓑ 모니터링 시스템, 기후 연동한 수급조정

ⓒ 정확한 수요예측, 예비력 확보

ⓓ 신속한 예비전력 운용 : 가스터빈 성능 개선이 필요

ⓔ 기존 발전원 기동과 정지유연성, 신속성 확보

(3) 계통연계 기술기준 철저한 운영

① 접지방식 및 전기공급방식의 철저한 검토 절연협조 강화

② 전압, 주파수, 전류에 대한 전력품질기준 확보

③ 단락, 지락, 재폐로에 대한 보호계전시스템 고도화 확보

④ 단독운전 : 수동·능동 방식, Remote 방식

3. 계통운영 측면 대책

(1) 전력부하 확충과 이동, 새로운 지점과의 전력망 연계

① ESS : 부하이동(shift), 에너지 저장, 피크 시 공급

② 부하 확충 → 전략적 부하 증대, P2G(전기를 가스로 전환)

③ HVDC → 여분의 전력을 타 계통으로 송전

(2) 신재생에너지원 특성을 고려한 계층 보강 방안

① AC-DC 하이브리드 전력망 구축

ⓐ 기존 AC 계통 + DC 망(DC 발전원, 부하) + 변동성 속응자원(ESS, DR)을 연계하는 전력망 구축

ⓛ 제주 AC-DC 하이브리드 전력망 구성 예

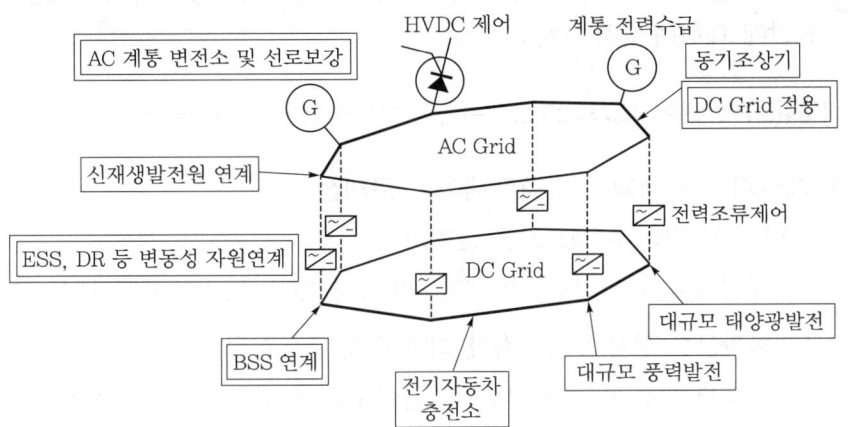

∥ 제주 AC-DC 하이브리드 전력망 ∥

② 허브변전소 건설과 운영

ⓐ 신재생에너지원 접속규모가 큰 변전소를 무효선력공급, 유효관성 등 발선소 보조서비스 기능이 가능하도록 ESS, STACOM 등을 설치한 변전소이다.

ⓑ 급전 가능한 허브변전소시스템 구성의 예

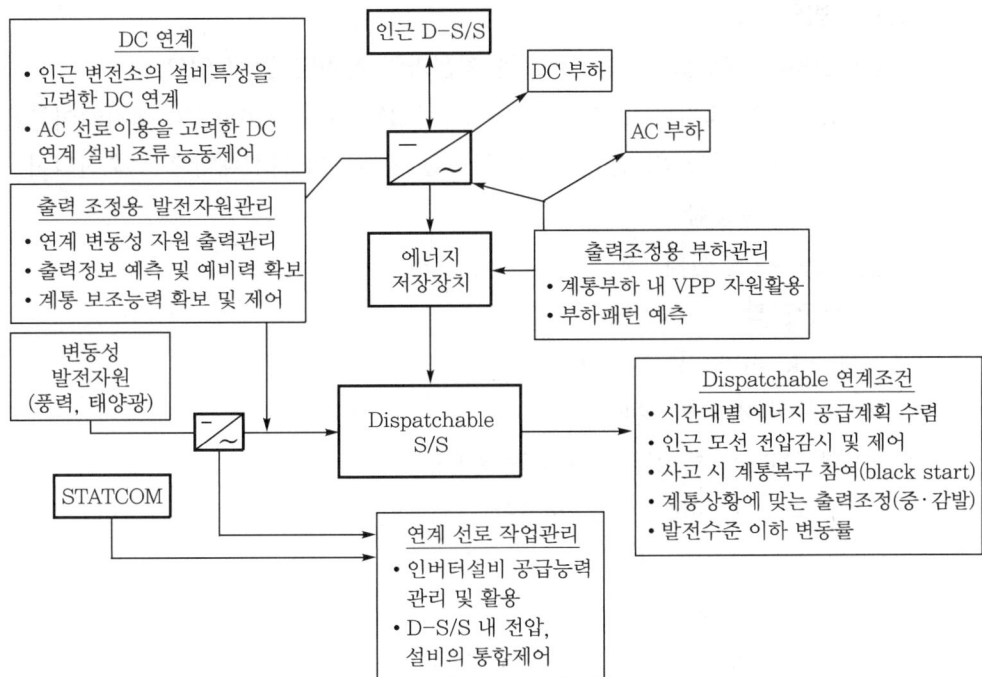

∥ 급전 가능한 허브변전소(Dis patchable Hub-Station) ∥

060 최근 재생에너지 확대에 따른 제주지역의 재생에너지 출력제어에 대한 문제점과 해결 방안에 대하여 설명하시오.

data 발송배전기술사 22-127-1-12 / 발송배전기술사 출제예상문제

답안 1. 제주지역 재생에너지 출력제어의 문제점

(1) 유효전력의 수요와 공급 불일치

재생에너지 과잉공급에 따른 형평성 있는 전력제한과 보상문제가 있다.

(2) 불확실한 전력 수요예측과 최대 전력 수요시점의 변화

기후변동에 따른 출력변화, 전력수요의 변화예상이 어렵다.

(3) 전력계통 고장 상황에서의 신재생에너지원 발전정지

제주도 154kV 송전선로 낙뢰사고로 160MW 풍력발전 절반이 탈락하고 안정도가 저하된다.

(4) 대용량 태양광 계통병입 예상 대상 대기중

수망태양광 100MW

2. 해결방안

(1) 전력부하 확충과 이동, 새로운 지점과의 전력망 연계 필요

잉여전력 육지로 HVDC 역송 – 24년 3월 당시 제3라인의 해저케이블은 건설 완료이나, 변환소의 건설준공이 특별한 한전측의 관심대상으로 추진되어 24년 12월 6일에 준공함

(2) ESS 추가 설치

(3) 수요관리

Peak shift 및 부하창출

(4) 변동성 자원의 분배

(5) 재생에너지 특성을 고려한 전력계통 보강

① AC-DC 하이브리드 전력망 구축 : 기존 AC 전력망 + 전력변환설비 + 독립적 DC 전력망 구성

② 급전 가능한 허브변전소 구성

㉠ ESS, STATCOM 등을 추가

㉡ 유효관성, 무효전력 공급이 가능

061 분산형 전원의 계통연계 시 고려사항을 설명하시오.

data 발송배전기술사 19-117-1-10 / 발송배전기술사, 건축전기설비기술사, 전기안전기술사, 전기응용 기술사 출제예상문제

comment 배점 10점용으로 출제되면 다음의 각 항목만 나열하면서 항목 중 1개 정도의 내용에는 표를 기록시켜 1페이지 정도로 한다.

답안 1. 전기방식(제6조)

comment 별도로 배점 10점 예상된다.

(1) 분산형 전원의 전기방식은 연계하고자 하는 계통의 전기방식과 동일하게 함을 원칙으로 한다. 단, 3상으로 전기를 공급받아 자가소비 후 역송하는 분산형 전원 설치자가 단상 인버터를 설치하여 분산형 전원을 계통에 연계하는 경우는 다음 표에 의한다.

∥ 3상 수전 단상 인버터 설치기준(발전사업용 제외) ∥

구분	인버터(용량)
상 또는 2상 설치 시	각 상에 4kW 이하로 설치
3상 설치 시	상별 동일 용량 설치 원칙 단, 1상에 4kW 이내 불평형 허용 가능

(2) 분산형 전원의 연계구분에 따른 연계계통의 전기방식

∥ 연계구분에 따른 계통의 전기방식 ∥

구분	연계계통의 전기방식
저압 한전계통연계	교류 단상 220V 또는 교류 3상 380V 중 기술적으로 타당하다고 한전이 정한 한 가지 전기방식
특고압 한전계통연계	교류 3상 22900V

2. 한전계통 접지와의 협조(제7조)

역송병렬 형태의 분산형 전원 연계 시 그 접지방식

(1) 해당 한전계통에 연결되어 있는 타 설비의 정격을 초과하는 과전압을 유발하거나 한전계통의 지락고장 보호협조를 방해해서는 안 된다.

(2) 단, 분산형 전원 설치자가 비접지방식을 사용하여 연계하고자 하는 경우 한전계통 접지와의 협조를 만족할 수 있는 별도의 대책을 수립하여야 한다.

3. 동기화(제8조)

comment 별도로 배점 10점 예상된다.

(1) 분산형 전원의 계통 연계 또는 가압된 구내 계통의 가압된 한전계통에 대한 연계에 대하여 병렬연계장치의 투입 순간에 아래 표의 모든 동기화 변수들이 제시된 제한범위 이내일 것

(2) 만일 어느 하나의 변수라도 제시된 범위를 벗어날 경우에는 병렬연계장치가 투입되지 않을 것

┃ 계통연계를 위한 동기화 변수 제한범위 ┃

분산형 전원 정격용량 합계[kW]	주파수 차 (Δf, Hz)	전압 차 (ΔV, %)	위상각 차 ($\Delta \Phi$, °)
0 ~ 500	0.3	10	20
500 초과 1500	0.2	5	15
1500 초과 20000 미만	0.1	3	10

4. 비의도적인 한전계통 가압(제9조)

분산형 전원은 한전계통이 가압되어 있지 않을 때 한전계통을 가압해서는 안 된다.

5. 감시 및 제어설비(제10조)

comment 별도로 배점 10점 예상된다.

(1) 특고압 또는 전용 변압기를 통해 저압 한전계통에 연계하는 역송병렬의 분산형 전원이 하나의 공통 연결점에서 단위 분산형 전원의 용량 또는 분산형 전원용량의 총합이 90kW 이상일 경우 분산형 전원 설치자는 분산형 전원 연결점에 연계상태, 유·무효 전력 출력, 운전 역률 및 전압 등의 전력품질을 감시하기 위한 설비를 갖추어야 한다.

(2) 한전계통 운영상 필요 시 한전은 분산형 전원 설치자에게 '(1)'에 의한 감시설비와 한전계통 운영시스템의 실시간 연계를 요구하거나 실시간 연계가 기술적으로 불가할 경우 감시기록 제출을 요구할 수 있으며, 분산형 전원 설치자는 이에 응하여야 한다.

(3) 분리장치(제11조)와 관련하여 분리장치로 전기품질 측정기능을 구비한 자동개폐기 또는 자동차단기를 설치할 경우 감시설비를 생략할 수 있다.

(4) 선접속 후제어 조건부로 접속하는 분산형 전원 또는 연계용량 90kW 이상의 태양광, 풍력, 연료전지는 감시 및 제어를 위해 송·배전용 전기설비이용규정 [별표 6]에서 정의하는 신재생연계단말장치를 설치하여야 하며 이 경우 '①'을 만족하는 것으로 할 수 있다.

┃ 송배전용 전기설비이용규정 신재생발전기 계통연계기준 ┃

구분	연계전압	설비용량	정보제공설비	세부기준
육지계통	154kV 이상	20MW 초과	원격소장치(RTU)	전력시장운영규칙
		1MW 초과 20MW 이하	신재생자료취득장치 수준 이상	전력시장운영규칙
	70kV 및 22.9kV 송전용	1MW 초과 20MW 이하	신재생연계단말장치 수준 이상	이 기준의 [별표 6. 4]
	22.9kV 이하 배전용	100kW 이상	신재생연계단말장치 수준 이상	이 기준의 [별표 6. 5]
제주계통	22.9kV 이상 송전용	20MW 초과	원격소장치(RTU)	전력시장운영규칙
		1MW 초과 20MW 이하	신재생자료취득장치 수준 이상	전력시장운영규칙
	22.9kV 이하 배전용	100kW 이상	신재생연계단말장치 수준 이상	이 기준의 [별표 6. 5]

6. 분리장치(제11조)

comment 별도로 배점 10점 예상된다.

(1) 역송병렬 형태의 분산형 전원이 특고압 한전계통에 연계되는 경우 분리장치는 연계용량에 관계없이 전압·전류 감시 기능, 고장표시(FI : Fault Indication) 기능 등을 구비한 자동개폐기를 설치하여야 한다. 단, 제2장에 따른 기술검토 결과 보호기기 부동작 발생이 예상되는 특고압 분산형 전원 또는 3000kW 이상의 특고압 분산형 전원의 경우 분리장치로 전압·전류 감시기능, 고장표시(FI) 기능, 고장전류 감지 및 자동차단 기능 등을 구비한 자동차단기를 설치할 것(즉, EFI 개폐기 설치)

(2) 접속점에는 접근이 용이하고 잠금이 가능하며 개방상태를 육안으로 확인가능한 분리장치를 설치한다(단, 단순병렬 분산형 전원은 '(1)'의 조건을 만족하는 경우 책임분계점 개폐기로 대체 가능함).

(3) 전용 변압기를 통해 한전계통에 연계하는 단독 또는 합산용량 100kW 이상 저압 분산형 전원의 경우 '(2)'에 의한 분리장치로 공중지역의 경우는 주상변압기의 COS를 사용하며 지중지역의 경우는 지상개폐기를 설치한다.

7. 연계시스템의 건전성(제12조)

(1) 전자기 장해로부터의 보호

① 연계시스템은 전자기 장해환경에 견딜 수 있어야 한다.

② 전자기 장해의 영향으로 인하여 연계시스템이 오동작하거나 그 상태가 변화되지 않아야 한다.

(2) 내서지 성능

연계시스템은 서지를 견딜 수 있는 능력을 갖추어야 한다.

8. 한전계통 이상 시 분산형 전원 분리 및 재병입(제13조)

comment 별도로 배점 25점 예상된다.

(1) 연계된 한전계통 선로의 고장 시 분상형 전원은 해당 한전계통에 대한 가압을 즉시 중지한다.

(2) 한전계통 재폐로와의 협조

'(1)'의 분산형 전원 분리시점은 해당 한전계통의 재폐로 시점 이전으로 한다.

(3) 전압

① 연계시스템의 보호장치는 각 선간전압의 실횻값 또는 기본파 값을 감지해야 한다. 단, 구내 계통을 한전계통에 연결하는 변압기가 Y-Y 결선접지방식의 것 또는 단상 변압기일 경우에는 각 상전압을 감지해야 한다.

② '①'의 전압 중 어느 값이나 다음 표와 같은 비정상범위 내에 있을 경우 분산형 전원은 해당 분리시간(clearing time) 내에 한전계통에 대한 가압을 중지하여야 한다.

┃ 비정상전압에 대한 분산형 전원 분리시간 ┃

전압범위[2] (기준전압[1]에 대한 백분율[%])	분리시간[2][s]
$V < 50$	0.5
$50 \leq V < 70$	2.00
$70 \leq V < 90$	2.00
$110 < V < 120$	1.00
$V \geq 120$	0.16

[주] 1. 기준전압은 계통의 공칭전압
　　 2. 분리시간이란 비정상상태의 시작부터 분산형 전원의 계통가압 중지까지의 시간으로, 필요할 경우 전압범위 정정치와 분리시간을 현장에서 조정할 수 있어야 한다.

③ 다음의 하나에 해당하는 경우에는 분산형 전원 연결점에서 '①'에 의한 전압을 검출할 수 있다.

　㉠ 하나의 구내 계통에서 분산형 전원용량의 총합이 30kW 이하인 경우

　㉡ 연계시스템 설비가 단독운전 방지시험을 통과한 것으로 확인될 경우

　㉢ 분산형 전원용량의 총합이 구내 계통의 15분간 최대 수요전력 연간 최솟값의 50% 미만이고, 한전계통으로의 유·무효 전력 역송이 허용되지 않는 경우

(4) 주파수

계통주파수가 다음 표와 같은 비정상 범위 내에 있을 경우 분산형 전원은 해당 분리시간 내에 한전계통에 대한 가압을 중지하여야 한다.

▌비정상 주파수에 대한 분산형 전원 분리시간▐

분산형 전원용량	주파수범위[*][Hz]	분리시간[*][s]
용량무관	$f > 61.5$	0.16
	$f < 57.5$	300
	$f < 57.0$	0.16

[*] • 분리시간이란 비정상 상태의 시작부터 분산형 전원의 계통가압 중지까지의 시간을 말한다.
 • 필요할 경우 주파수범위 정정치와 분리시간을 현장에서 조정할 수 있어야 한다.
 • 저주파수 계전기 정정치 조정 시에는 한전계통 운영과의 협조를 고려하여야 한다.

(5) 한전계통에의 재병입(再竝入, reconnection)

① 한전계통에서 이상 발생 후 해당 한전계통의 전압 및 주파수가 정상범위 내에 들어올 때까지 분산형 전원의 재병입이 발생해서는 안 된다.

② 분산형 전원 연계시스템은 안정상태의 한전계통 전압 및 주파수가 정상범위로 복원된 후 그 범위 내에서 5분간 유지되지 않는 한 분산형 전원의 재병입이 발생하지 않도록 하는 지연기능을 갖추어야 한다.

9. 분산형 전원 이상 시 보호협조(제14조)

(1) 분산형 전원의 이상 또는 고장 시 이로 인한 영향이 연계된 한전계통으로 파급되지 않도록 분산형 전원을 해당 계통과 신속히 분리하기 위한 보호협조를 실시하여야 한다.

(2) 분산형 전원 연계시스템의 보호도면과 제어도면은 사전에 반드시 한전과 협의하여야 한다.

10. 전기품질(제15조)

(comment) 별도로 배점 10점 예상된다.

(1) 직류유입 제한

분산형 전원 연결점에서 최대 정격출력전류의 0.5%를 초과하는 직류전류를 계통으로 유입이 불가하다.

(2) 역률

① 분산형 전원의 역률은 90% 이상으로 유지함을 원칙으로 한다.

② 분산형 전원의 역률은 계통측에서 볼 때 진상역률(분산형 전원측에서 볼 때 지상역률)이 아니어야 한다.

(3) 플리커(flicker)

분산형 전원은 빈번한 기동·탈락 또는 출력변동 등으로 한전계통에 연결된 타 전기사용자에게 시각적인 자극을 줄만한 플리커나 설비의 오동작을 초래하는 전압요동을 발생시키지 말 것

(4) 고조파

특고압 한전계통에 연계되는 분산형 전원은 연계용량에 관계없이 한전이 계통에 적용하고 있는 「배전계통 고조파관리기준」에 준하는 허용기준을 초과하는 고조파전류를 발생시키지 말 것

11. 순시전압변동(제16조)

comment 별도로 배점 10점 예상된다.

(1) 특고압 계통의 경우 분산형 전원의 연계로 인한 순시전압변동률은 다음에 의한다.

① 발전원의 계통 투입·탈락 및 출력변동빈도에 따라 다음 표의 허용기준을 초과하지 말 것

② 해당 분산형 전원의 변동빈도를 정의하기 어렵다고 판단할 때에는 순시전압변동률은 3%를 적용한다.

③ 해당 분산형 전원에 대한 변동빈도 적용에 대해 설치자의 이의가 제기되는 경우, 설치자가 이에 대한 논리적 근거 및 실험적 근거를 제시하여야 하고 이를 근거로 변동빈도를 정할 수 있으며 감시설비를 설치하고 이를 확인하여야 한다.

④ Hybrid 분산형 전원의 순시전압변동률은 ESS의 계통 병입·탈락빈도와 분산형 전원의 계통병입·탈락빈도를 합산한 값에 대하여 아래의 표에서 정하는 허용기준을 초과하지 않아야 한다.

⑤ 해당 Hybrid 분산형 전원의 변동빈도를 정의하기 어렵다고 판단되는 경우에는 순시전압변동률 3%를 적용한다.

‖ 순시전압변동률 허용기준 ‖

변동빈도	순시전압변동률
1시간에 2회 초과 10회 이하	3%
1일 4회 초과 1시간에 2회 이하	4%
1일에 4회 이하	5%

(2) 저압 계통의 경우 계통병입 시 돌입전류를 필요로 하는 발전원에 대해서 계통 병입에 의한 순시전압변동률이 6%를 초과하지 않아야 한다.

(3) 분산형 전원의 연계로 인한 계통의 순시전압변동이 '(1)' 및 '(2)'에서 정한 범위를 벗어날 경우에는 해당 분산형 전원 설치자가 출력변동 억제, 기동·탈락 빈도 저감, 돌입전류 억제 등 순시전압변동을 저감하기 위한 대책을 실시한다.

(4) '(3)'에 의한 대책으로도 '(1)' 및 '(2)'의 순시전압변동 범위 유지가 불가할 경우에는 다음의 하나에 따른다.

① 계통용량 증설 또는 전용 선로로 연계

② 상위전압의 계통에 연계

12. 단독운전(제17조)

comment 별도로 배점 10점 예상된다.

(1) 연계된 계통의 고장이나 작업 등으로 인해 분산형 전원이 공통연결점을 통해 한전계통의 일부를 가압하는 단독운전상태가 발생할 경우 해당 분산형 전원 연계 시스템은 이를 감지하여 단독운전 발생 후 최대 0.5초 이내에 한전계통에 대한 가압을 중지해야 한다.

(2) 개별 인버터의 용량과 총연계용량이 상이하여 단위 분산형 전원에 2대 이상의 인버터를 사용하는 경우 인버터의 상호 간섭으로 인해 단독운전 검출 감도에 영향을 미칠 수 있으므로 분산형 전원 설치자는 이를 방지하여야 한다.

comment 시공사 또는 설계사에서 실수하기 쉬운 부분이다.

13. 보호장치 설치(제18조)

comment 별도로 배점 25점 예상된다.

(1) 분산형 전원 설치자는 고장 발생 시 자동적으로 계통과의 연계를 분리할 수 있도록 다음의 보호계전기 또는 동등 이상의 기능 및 성능을 가진 보호장치를 설치하여야 한다.

① 계통 또는 분산형 전원측의 단락·지락고장 시 보호를 위한 보호장치를 설치한다.

② 적정한 전압과 주파수를 벗어난 운전을 방지하기 위하여 과·저전압 계전기, 과·저주파수 계전기를 설치한다.

③ 단순병렬 분산형 전원의 경우에는 역전력 계전기를 설치한다. 단, 「신에너지 및 재생에너지 개발·이용·보급 촉진법」 규정에 의한 신재생에너지를 이용

하여 동일 전기사용장소에서 전기를 생산하는 용량 50kW 이하의 소규모 분산형 전원(단, 해당 구내 계통 내의 전기사용 부하의 수전 계약전력이 분산형 전원용량을 초과 시)으로서 단독운전방지기능을 가진 것을 단순병렬로 연계할 때에는 역전력계전기 설치를 생략할 수 있다.

(2) 역송병렬 분산형 전원의 경우에는 단독운전 방지기능에 의해 자동적으로 연계를 차단하는 장치를 설치하여야 한다. 또한, 단순병렬 분산형 전원의 경우 발전설비에 단독운전 방지기능이 있거나 위 '(1)'의 '①·②'에 의한 보호장치를 설치하는 경우 단독운전 방지기능을 가진 것으로 볼 수 있다.

(3) 인버터를 사용하는 저압 계통 연계 분산형 전원의 경우 그 인버터를 포함한 연계시스템에 '(1)' 내지 '(2)'에 준하는 보호기능이 내장되어 있을 때에는 별도의 보호장치 설치를 생략할 수 있다. 단, 아래의 항목에 대해서는 별도의 조치를 이행하여야 한다.

① 3상 분산형 전원 설치자가 단상 분산형 전원을 조합하여 저압 계통에 연계하는 경우 결상 또는 전압불평형 등을 감지하여 3상 전체를 차단할 수 있는 보호장치를 설치할 것

② 100kW 이상 저압 계통에 연계하는 분산형 전원은 보호기능이 내장되어 있는 경우라 하더라도 연계시스템 전체에 대한 위 '(1)'을 만족하는 별도의 보호장치를 설치하여야 한다.

(4) 분산형 전원의 특고압 연계 또는 전용 변압기(상계거래용 변압기 포함)를 통한 저압 연계의 경우 보호장치 설치에 관한 세부사항은 한전이 계통에 적용하고 있는 「발전기 병렬운전 연계선로 보호업무 편람」 등에 따른다.

(5) 보호장치는 접속점에서 전기적으로 가장 가까운 구내 계통 내의 차단장치 설치점(보호배전반)에 설치함을 원칙으로 하되, 해당 지점에서 고장검출이 기술적으로 불가한 경우에 한하여 고장검출이 가능한 다른 지점에 설치할 수 있다.

(6) Hybrid 분산형 전원 설치자는 ESS 설비 및 분산형 전원에 '(1)' 내지 '(2)'에 준하는 보호기능이 각각 내장되어 있더라도 해당 Hybrid 분산형 전원의 연계시스템 전체에 대한 보호기능을 수행할 수 있는 별도의 보호장치를 설치하여야 한다.

(7) 신재생에너지를 이용하여 동일 전기사용장소에서 전기를 생산하는 용량 50kW 이하의 소규모 분산형 전원(단, 해당 구내 계통 내의 전기사용부하의 수전계약전

력이 분산형 전원용량 초과 시)으로서 특고압 배전계통에 역송병렬로 연계하고자 하는 경우 아래의 항목을 만족하는 조건에 한하여 특고압측 보호장치를 생략할 수 있다.

① 단독운전 방지기능을 보유한다.

② '13. 보호장치 설치'의 '(1)' 및 '(2)'를 만족하는 저압측 보호장치를 설치한다.

14. 변압기(제19조)

(1) 직류발전원을 이용한 분산형 전원 설치자는 인버터로부터 직류가 계통으로 유입되는 것을 방지하기 위하여 연계시스템에 상용주파 변압기를 설치하여야 한다.

(2) 단, 다음 조건을 모두 만족시키는 경우에는 상용주파 변압기의 설치를 생략할 수 있다.

① 직류회로가 비접지인 경우 또는 고주파 변압기를 사용하는 경우

② 교류출력측에 직류검출기를 구비하고 직류검출 시에 교류출력을 정지하는 기능을 갖춘 경우

(comment) 상기 문항은 매우 중요하므로 내용 중에서도 배점 10점/25점이 많이 나온다.

┃ 분산형 전원의 배전연계 기준요약 ┃

구분	주요 내용
전기방식	• 계통의 전기방식과 동일 • 분산형 전원 설치자가 단상 인버터를 설치하여 분산형 전원을 계통에 연계 시 아래 표에 의함 **┃ 3상 수전 단상 인버터 설치기준(발전사업용 제외) ┃** ┃구분┃인버터(용량)┃ 1상 또는 2상 설치 시 ┃ 각 상에 4kW 이하로 설치 3상 설치 시 ┃ 상별 동일 용량 설치 원칙 / 단, 1상에 4kW 이내 불평형 허용 가능 • 분산형 전원의 연계구분에 따른 연계계통의 전기방식은 아래 표에 의함 **┃ 연계구분에 따른 계통의 전기방식 ┃** ┃구분┃연계계통의 전기방식┃ 저압 한전계통연계 ┃ 교류 단상 220V 또는 교류 3상 380V 중 기술적으로 타당하다고 한전이 정한 한 가지 전기방식 특고압 한전계통연계 ┃ 교류 3상 22900V
접지협조	역송병렬 형태의 분산형 전원 연계 시 접지방식 : 한전계통의 지락고장 보호협조를 방해하지 말 것

구분	주요 내용
동기화	• 투입순간에 표의 모든 동기화 변수들이 제시된 제한범위 이내일 것. **‖ 계통연계를 위한 동기화 변수 제한범위 ‖** _표 아래 참조_

‖ 계통연계를 위한 동기화 변수 제한범위 ‖

분산형 전원 정격용량 합계	주파수 차 (Δf, Hz)	전압차 (ΔV, %)	위상각 차 ($\Delta \Phi$, °)
0 ~ 500kW	0.3	10	20
500 초과 1500kW	0.2	5	15
1500 초과 20000kW 미만	0.1	3	10

• 만일 어느 하나의 변수라도 제시된 범위를 벗어날 경우에는 병렬연계장치가 투입되지 않을 것

구분	주요 내용
비의도적 가압	한전계통이 가압되어 있지 않으면 가압해서는 안 될 것
감시 및 제어 설비	• 특고압 또는 전용 변압기를 통해 저압 한전계통에 연계 : 분산형 전원용량의 총합이 90kW 이상 시 전력품질을 감시할 설비를 설치 • 분리장치로 전기품질 측정기능을 구비한 자동개폐기 또는 자동차단기를 설치할 경우 감시설비는 생략 가능
분리장치	• 육안으로 확인 가능 • 분리장치는 연계용량에 관계없이 전압·전류 감시 기능, 고장표시(fault indication) 기능 등을 구비한 자동개폐기를 설치 • 전용 변압기를 통해 한전계통에 연계하는 단독 또는 합산용량 100kW 이상의 저압 분산형 전원의 경우는 주상변압기의 COS를 사용하며 지중지역의 경우는 지상개폐기를 설치
연계 시스템 건전성	• 전자기 장해로부터의 보호 • 내서지 성능이 있을 것
한전계통 이상 시 분산형 전원 분리 및 재병입 **comment** 배점 10점 또는 25점으로 자주 출제됨	• 연계된 한전계통 선로의 고장 시 분산형 전원은 해당 한전계통에 대한 가압을 즉시 중지 • 한전계통 재폐로와의 협조 : 분산형 전원 분리시점은 해당 한전계통의 재폐로 시점 이전 • 전압 　– 연계시스템의 보호장치는 각 선간전압의 실횟값 또는 기본파값을 감지할 것. 변압기가 Y-Y 결선접지방식의 것 또는 단상 변압기일 경우에는 각 상전압을 감지할 것 　– 비정상범위 내에 있을 경우 아래 표와 같이 해당 분리시간(clearing time) 내에 한전계통에 대한 분산형 전원의 가압을 중지할 것

‖ 비정상전압에 대한 분산형 전원 분리시간 ‖

전압범위[1] (기준전압[1]에 대한 백분율[%])	분리시간[2][s]
$V < 50$	0.5
$50 \leq V < 70$	2.00
$70 \leq V < 90$	2.00
$110 < V < 120$	1.00
$V \geq 120$	0.16

[주] 1. 기준전압은 계통의 공칭전압
2. 분리시간이란 비정상상태의 시작부터 분산형 전원의 계통가압 중지까지의 시간으로, 필요할 경우 전압범위 정정치와 분리시간을 현장에서 조정할 수 있어야 한다.

구분	주요 내용
한전계통 이상 시 분산형 전원 분리 및 재병입 **comment** 배점 10점 또는 25점으로 자주 출제됨	– 다음의 하나에 해당하는 경우에는 분산형 전원 연결점에서 선간전압, 상전압에 의한 전압을 검출할 수 있다. ⓐ 하나의 구내계통에서 분산형 전원용량의 총합이 30kW 이하인 경우 ⓑ 연계시스템 설비가 단독운전 방지시험을 통과한 것으로 확인될 경우 ⓒ 분산형 전원 용량의 총합이 구내계통의 15분간 최대수요전력 연간 최솟값의 50% 미만이고, 한전계통으로의 유·무효전력 역송이 허용되지 않는 경우 • 주파수 : 비정상범위 내에 있을 경우 분산형 전원은 해당 분리시간 내에 아래 표와 같이 한전계통에 대한 가압을 중지

▌비정상 주파수에 대한 분산형 전원 분리시간 ▌

분산형 전원용량	주파수범위[*)][Hz]	분리시간[*)][s]
용량무관	$f > 61.5$	0.16
	$f < 57.5$	300
	$f < 57.0$	0.16

*) • 분리시간이란 비정상상태의 시작부터 분산형 전원의 계통가압 중지까지의 시간을 말한다.
   • 필요할 경우 주파수범위 정정치와 분리시간을 현장에서 조정할 수 있어야 한다.
   • 저주파수 계전기 정정치 조정 시에는 한전계통 운영과의 협조를 고려하여야 하다

구분	주요 내용
	• 한전계통에의 재병입 – 한전계통에서 이상 발생 후 한전계통의 전압 및 주파수가 정상범위에 들어올 때까지 재병입금지 – 한전계통 전압 및 주파수가 정상범위로 복원된 후 5분간 유지되지 않는 한 분산형 전원의 재병입이 발생되지 않도록 지연기능을 갖출 것
분산형 전원 이상 시 보호협조	• 한전계통과 보호협조 • 보호도면과 제어회로를 사전에 한전과 협의
전기품질	• 직류유입 제한 : 분산형 전원 연결점에서 최대 정격출력전류의 0.5%를 초과하지 말 것 • 역률 – 분산형 전원의 역률은 90% 이상으로 유지함을 원칙으로 함 – 분산형 전원의 역률은 계통측에서 볼 때 진상역률 • 시각적인 자극을 줄만한 플리커나 설비의 오동작을 초래하지 않을 것 • 고조파 : 배전계통 고조파 관리기준의 허용기준을 초과하는 고조파 전류 발생 금지
순시전압 변동 **comment** 배점 10점으로 자주 출제됨	• 특고압 계통의 경우 분산형 전원의 연계로 인한 순시전압변동률은 아래 표과 같을 것

▌순시전압변동률 허용기준 ▌

변동빈도	순시전압변동률[%]
1시간에 2회 초과 10회 이하	3
1일 4회 초과 1시간에 2회 이하	4
1일에 4회 이하	5

• Hybrid 분산형 전원의 경우는 3%, 순시전압변동률 허용기준
• 저압 계통의 경우, 계통병입 시 돌입전류가 필요할 경우 : 6% 이하

구분	주요 내용
단독운전	• 단독운전 발생 후 최대 0.5초 이내 가압 중지 • 개별 인버터의 용량과 총연계용량이 상이할 때 개별 인버터 상호영향 방지
보호장치 설치	• 자동적으로 계통과의 연계를 분리(계통 또는 분산형 전원측의 단락·지락 고장 시, 전압과 주파수를 벗어난 운전을 방지, 단순병렬 분산형 전원의 경우 역전력계전기 제외 가능 : 50kW) • 역송병렬 분산형 전원의 경우 : 단독운전 방지기능 • 인버터를 사용하는 저압 계통연계 분산형 전원의 경우 　－ 보호기능이 내장되어 있을 때에는 별도의 보호장치설치를 생략할 수 있음 　－ 보호장치 설비 반드시 할 경우 　　ⓐ 단상 분산형 전원을 조합하여 저압 계통에 연계 시 결상 또는 전압불평형 등을 감지 　　ⓑ 100kW 이상 저압 계통에 연계하는 분산형 전원은 보호기능이 내장되어 있는 경우라 하더라도 연계시스템 전체에 대한 별도의 보호장치를 설치 • 분산형 전원의 특고압 연계 또는 전용 변압기를 통한 저압 연계의 경우 「발전기 병렬운전 연계선로보호업무 편람」 등에 의함 • 보호장치의 설치점 : 전기적으로 가장 가까운 구내 계통 내의 차단장치 설치점(보호배전반)에 설치함 • Hybrid 분산형 전원 설치자 : 해당 Hybrid 분산형 전원의 연계시스템 전체에 대한 보호기능을 수행할 수 있는 별도의 보호장치를 설치 • 신재생에너지를 이용하여 동일 전기사용장소에서 전기를 생산하는 용량 50kW 이하의 소규모 분산형 전원으로서 특고압 배전계통에 역송병렬로 연계하고자 하는 경우 아래 항목을 만족하는 조건에 한하여 특고압측 보호장치 생략 가능 　－ 단독운전방지기능을 보유 　－ 저압측 보호장치를 설치
변압기	직류유입 방지를 위해 상용주파변압기를 적용할 것

SECTION 05 부하관리 관련

062 V2G(Vehicle To Grid) 기술에 대하여 설명하시오.

data 발송배전기술사 22-127-4-5 / 발송배전기술사, 건축전기설비기술사, 전기응용기술사 출제예상문제

답안 **1. V2G 개념**

분산전원으로부터 차량에 에너지를 저장하고 에너지를 계통으로 공급가능한 시스템을 말한다.

2. V2G 시스템의 구성

(1) 전력망 관점의 V2G 구성 시스템

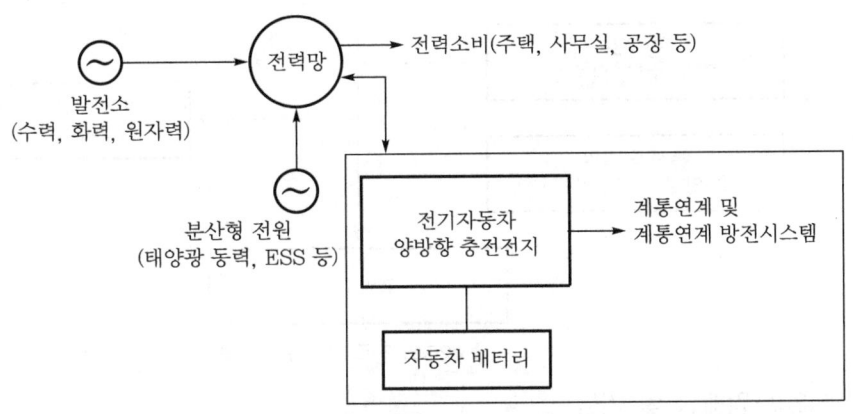

‖ V2G의 시스템 구성도 ‖

(2) V2G 구성의 체계

① PEV(전기자동차)

② Aggregator(중개자)

③ DSO(배전운영자)

④ Market(전력시장)

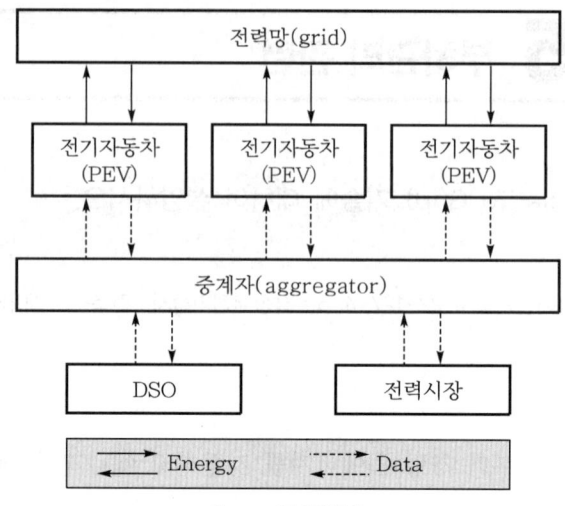

▌ V2G의 구성 ▌

3. V2G의 전력계통 연계기술의 활용(기능) [즉, V2G의 도입배경]

(1) 개념도

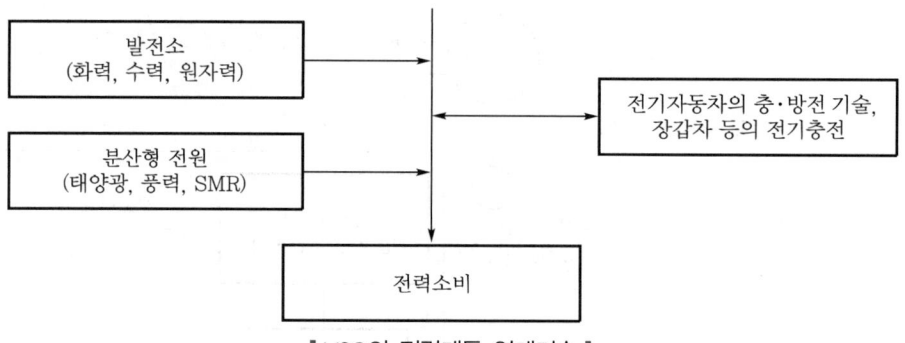

▌ V2G의 전력계통 연계기술 ▌

(2) 도입배경 및 기능

① 계통 유효전력공급 기능

ㄱ 배터리의 에너지를 발전소 전력 부족 시 공급

ㄴ 계통 주파수 조정 $P \sim f$ 컨트롤

② 무료전력 제어 : $Q \sim V$ 컨트롤 기능

③ 예비전력 대기 기능 : 계통 운영자의 요구에 따라 비상 시 계통으로 전력공급

④ 첨두부하 감소(부하 평준화) : 잉여전력 발생 시 충전, 전력 Peak에서 방전, ESS 기능

⑤ V2G 기술을 이용하여 안정적인 전력망 구성이 가능하도록 하고, 발전소 건설 비용을 절감함

⑥ 신재생에너지 출력 안정화 : 배터리 충·방전 제약조건을 고려하여 가능

⑦ 전력예비력 공급 : 비상 시 UPS로 동작하여 전력공급 가능

(3) V2G 기술의 현안 해결과제 및 문제점

① 전력품질 : 전압변동 및 고조파 발생 등으로 인한 문제

② 과부하문제 : 대규모 전기자동차 동시 충전 시 발생

③ 전압변동 : 불특정 다수 지역에서 충·방전 시 발생

④ 전력계통 보호협조 및 안정도 문제 : 양방향 보호협조시스템 필요

⑤ 기타 : 충전장치 보급, 제도정비, 전기자동차 개발, 배터리 안정성, 이윤·판매방법

(reference)

1. V2H와 V2B 및 V2G의 비교

① V2H(Vehicle to Home)

㉠ 개념 : 분산전원으로부터 차량에 에너지를 저장하고 에너지를 주택으로 공급가능한 시스템

㉡ 구성
- 1대 PEV(전기차) + OBC +BAT
- RES(분산전원)
- SM(스마트미터)
- HEMS(주택 에너지관리)

㉢ 특징
- 분산전원에너지 저장 : 태양광, 풍력
- HEMS 연동
- 단독주택에 적합

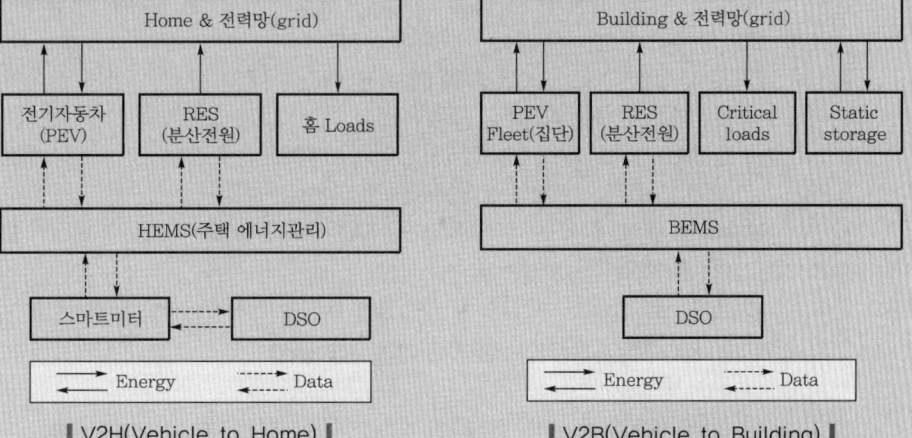

| V2H(Vehicle to Home) | | V2B(Vehicle to Building) |

② V2B(Vehicle to Building)
　㉠ 개념 : 분산전원으로부터 차량에 에너지를 저장하고 에너지를 빌딩으로 공급 가능한 시스템
　㉡ 구성
　　• 소량 PEV(전기차) + OBC + BAT
　　• RES(분산전원)
　　• SM(스마트미터)
　　• BEMS(빌딩 에너지관리)
　　• ESS(에너지 저장장치)
　㉢ 특징
　　• 중요 부하에 전원공급 : 병원, 호텔, 전산센터, 비상조명, 펌프
　　• 부하예측이 비교적 용이
　　• 빌딩 내 ESS 화재 대책으로 고려 가능
③ 비교표

구분	V2G(계통연계)	V2B(빌딩연계)	V2H(가정연계)
특성	• 대규모 • 보조서비스 가능 • 무효전력 공급 • 계통신뢰성 향상 • 전력중개자 필요 • 전기시장 참여 • 대규모 분산전원 통합	• 중규모(빌딩 적용) • 소량의 전기차 • 지역 분산전원 통합 • 전기요금 절약 • 비상전원 공급 • 투자 필요 • ESS로 이용 가능	• 소규모(가정) • 1대 이상 전기차 • 전기요금 절약 • 비상전원 공급 • 에너지 고립지역에 유리
단점	• 복잡, 계통연계 • 대규모 시스템 • 표준화 필요	• 사용자의 의지 필요 • 약간 복잡 • 열악한 시장	단독주택에 적합

2. OBC(On-Board Charger)

① 정의 : 전기차의 충전장치로, 일반가정용 전원으로부터 전기를 받아서 배터리에 충전하는 장치
② OBC의 주요 기능

　㉠ 전력 제어 : OBC는 외부 충전기에서 공급되는 전류와 전압을 적절하게 제어하여 배터리에 안전하게 전력을 공급
　㉡ 충전속도 조절 : OBC는 배터리의 상태와 전류제한 등을 고려하여 최적의 충전속도를 제공하고 이를 통해 전기차의 충전시간을 최소화하고, 효율적인 충전을 가능하게 함
　㉢ 배터리 관리 : OBC는 배터리의 온도, 전압, 전류 등을 모니터링하여 안전한 충전을 유지하는 동시에 배터리의 수명을 보장
　㉣ 통신기능 : OBC는 주변장치 및 외부 충전기와 통신하여 효율적인 충전을 위한 데이터를 교환함

3. 전기자동차의 구분(유망 기업 : 현대차, 기아, 텔레칩스)

① (순수)전기자동차(EV)
　㉠ 외부전원으로 차 안의 배터리를 충전하여 모터발전기를 이용하여 구동
　㉡ 엔진이 없음

© 취약점
- 전기화재에 약함
- 강추위에 배터리 방전량이 많음

② 하이브리드 전기자동차(HEV)
- ㉠ 액체연료탱크와 가솔린엔진이 있고, 전기모터가 엔진구동 보조의 역할을 함
- ㉡ 휘발유를 주원료로 사용하여, 전기모터를 보조적으로 활용함
- ㉢ 출발과 저속 주행 시 엔진가동 없이 모터의 동력만으로 주행이 가능
- ㉣ 차 안의 배터리 충전은 차 안의 가솔린엔진 구동 시 충전시행

③ 플러그 IN 하이브리드 전기자동차(PHEV)
- ㉠ HEV처럼 엔진과 모터 + 고전압 모터로 구성됨
- ㉡ HEV보다 용량 및 전압이 큰 고전압 배터리가 장착되어 HEV보다 EV 모드로 길게 주행 가능
- ㉢ 외부전원으로 배터리를 충전하여 전기주행 후 HEV 운행 지속

④ 수소 전기자동차
- ㉠ 수소탱크의 수소를 연료전지에 주입 시 전력이 발생하며 이를 모터발전기로 차를 구동
- ㉡ 엔진이 없음
- ㉢ 보조 배터리 있음
- ㉣ 외부전원을 이용하지 않음

063 에너지 전환에 대비한 섹터커플링의 개념, 기술 및 활용방안에 대하여 설명하시오.

data 발송배전기술사 22-126-2-3 / 발송배전기술사, 건축전기설비기술사, 전기응용기술사 출제예상문제

답안 1. 섹터커플링의 개념

(1) 섹터커플링이란 에너지시스템 통합의 의미로서, 환경에 미치는 영향을 최소화하면서 비용이 효율적인 에너지서비스를 제공하기 위해 여러 단계를 거쳐 에너지시스템의 작동 및 계획을 조정하는 프로세스를 의미한다.

(2) 섹터커플링은 전력을 다른 형태의 에너지로 변환하여 사용 및 저장하는 시스템이다.

(3) 재생에너지로 생산된 잉여전력을 수소, 메탄, 열 등으로 변환·저장시켜, 배터리에 비해 장기간 전력저장이 가능하므로 장기적으로 전력계통의 유연성 공급에 기여하고자 한다.

2. 섹터커플링의 기술

(1) 섹터커플링의 기술 개념 및 Power-to 개념도

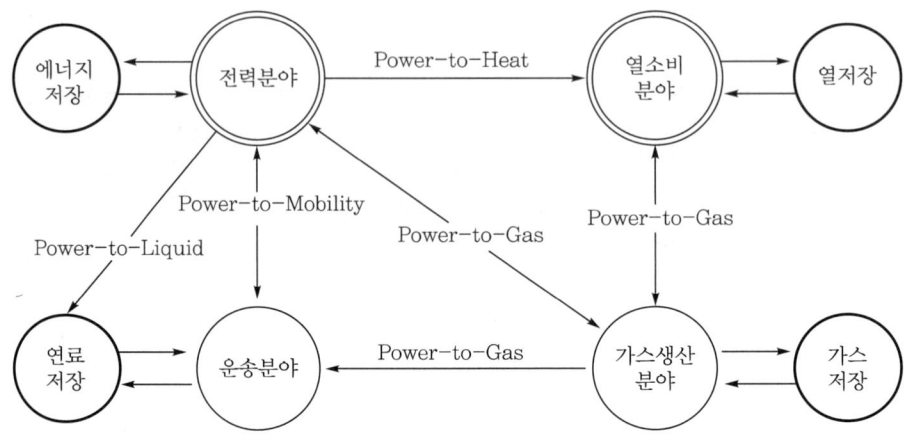

(2) Power-to-X

① 전력을 다른 형태(X)의 에너지로 변환해 사용하거나 저장하는 방법이다.

② 특히 재생발전으로 발생하는 초과공급전력을 경제적으로 변환하거나 활용하여 탄소중립에 기여하고 계통에 유연성을 공급하는 것이 핵심이다.

③ X에 해당되는 변환에너지 중 Heat(열), Mobility(운송), Gas(가스)가 향후 활용 및 경제성 측면에서 가장 주목받고 있다.

3. 활용분야

(1) 열부문 결합(P2H : Power-to-Heat)

구분	주내용
정의	전기에너지를 열에너지로 변환하는 현재 가장 시장경쟁력 있는 솔루션이며 재생에너지 발전으로 히트펌프, 전기보일러를 가동하여 얻은 열에너지를 생산 및 활용
특징	• 계통 유연성 공급, 재생에너지 출력제한 완화 및 에너지 효율 향상에 기여 가능 • 재생 초과공급 발생 시 기존 화석연료난방을 전기난방으로 전환하거나 열에너지를 미리 생성하여 저장·사용하는 방법 등의 잉여전력을 활용한 출력제한 완화 • 저장된 열에너지를 전력피크 시 사용하는 방법 등으로 전력계통 유연성 공급 가능 • 화석연료난방을 히트펌프로 교체 시 1차 에너지의 약 25% 절감, 전기난방을 히트펌프로 교체 시 1차 에너지의 약 70% 절감 가능

구분	주내용
기술 과제	• 전력부하 증가에 대한 대비와 재생에너지 활용성을 극대화시킬 수 있는 건물과 공장 등의 통합 중앙제어시스템 필요 　- 모든 건물의 난방이 히트펌프로 대체될 경우 경품 최대 전력수요의 60% 이상이 증가할 전망이라고 IEA(보고서 : International Energy Agency)에 의함 • 에너지 사용을 최적의 상태로 자동제어할 수 있는 중앙제어시스템과 전력망 운영을 위한 전력계통 운영시스템과의 연계 필요

(2) 운송부문 결합(P2M : Power-to-Mobility)

구분	주내용
정의	전기에너지를 배터리 등에 저장하여 운송부문을 전기화하는 기술로, 전기차시장 성장에 따라 미래 탄소중립의 가장 효과적인 전략
특징	• 전기차 스마트충전을 통해 수요반응서비스를 제공하여 수급안정화에 기여 • 스마트충전의 개념 　- 전기차 소유자가 스마트폰 앱으로 출차시간, 목표충전량, 스마트충전 참여 여부 등을 설정 　- 상위 시스템(배전계통, 마이크로그리드 등)의 제어신호, 요금제 등을 토대로 충전기 자동제어 　- 참여자에게 요금인센티브 등으로 보상 지급 • 플러그 IN 전기차(PEV)와 전력계통이 서로 교신하여 계통요건, 계시별 요금 등을 바탕으로 전기차 배터리 충전 속도 및 스케줄 자동제어 • 전기차와 전력망을 연결해 필요 시 배터리 전력 전력망에 공급하는 V2G(Vehicle-to-Grid) 기술로 전력공급의 안정화에 기여 가능 • 운송부문의 전기화는 더 많은 재생에너지의 수용을 가능하게 하며 규모의 경제를 실현하고 탄소중립에 기여 • 재생에너지 보급률이 높은 EU 기준, 내연기관과 전기차의 생산·운행 전과정에서 탄소배출과 비교 시 약 63%의 이산화탄소 배출 감축(2020년 기준) • 재생에너지 비중이 높아질수록 전기차의 탄소감축효과가 높아지며, EU 내 재생에너지 비중이 가장 높은 스웨덴 기준 약 79%의 이산화탄소 배출감축
기술 과제	• 전기차 확산으로 인한 배전망 제어에 대비해 ESS 설치 및 스마트충전의 배전계통운영자(DSO) 연계·타이 필요 • 일반 충전전기차들은 출퇴근 시간대에 배전망에 동시 접속할 가능성이 높아 배전망에 국지적 과부하를 일으킬 수 있음

(3) 가스부문 결합(P2G : Power-to-Gas)

구분	주내용
정의	• 전기에너지로 수소수, 에탄과 같은 연료를 생산하는 기술로, 물을 전기분해하여 수소를 생산하는 수전해기술이 핵심 • P2G로 생산한 그린수소는 재생에너지의 저장수단이자, 친환경 에너지원으로 이용되어 탄소중립 실현의 필수방안으로 주목받고 있음 • P2G의 대부분은 수전해를 통한 수소생산이며, 추가단계(2단계 P2G)를 거쳐 메탄 등으로 전환하는 과정에서 포집된 이산화탄소를 사용 **발전원** (자연, 연료 → 전력) • 재생에너지 발전 • 화력 발전 • 원자력 발전 → **수전해** (전력 + H_2O → H_2) • 에너지 전환율(73%) • 수소 순도(99.99%) • 시스템 효율(90%) → **메탄화** ($H_2 + CO_2$ → CH_4) • 에너지 전환율(79%) • 메탄 순도(97%) • CO_2 전환율(95%)
특징	• P2G 수소 생산·저장으로 재생에너지는 변동성 대응 및 수집 안정화에 기여 • 재생에너지의 잉여전력으로 수소를 생산하고, 공급부족 발생 시 연료전지발전, 수소발전(실종단계)으로 계통에 전력을 공급 가능
기술 과제	• 수소생산의 원가경쟁력 상승 및 안정화된 공급량 등 수소산업의 전반적 기반 구축이 필요 • 현재 그린수소는 생산설비 이용률, 재생발전단가 등으로 뭔가 경쟁력이 낮음 • 기반구축을 위해 공급양(배관, 운송) 관련 제도를 아우를 수 있는 제반이 필요 • 향후 폐비닐과 수산화칼륨 촉매와 태양광을 이용한 다량 수소생산시스템의 상용화 및 암모니아 합성공정이 복합산업으로 발전되면 수소경제 패러다임의 혁신적 변화로 이어질 가능성 높음

4. 향후 전망

(1) 수소경제의 혁신적 바탕 및 기준을 P2X를 통한 전력에너지 융통에 큰 기여 가능

(2) 전기적인 수소생산과 더불어 광학적인 수소생산으로 클린에너지 발생기술의 혁신적인 생산기술과 저장의 암모니아수화로 한국경제가 산유국 위상으로 국제적 에너지 강국으로 도약할 수 있을 것으로 예상함

064 가상발전소(VPP : Virtual Power Plant)의 필수 구성요소, 시스템 구성 및 종류에 대하여 설명하시오.

(data) 발송배전기술사 22-127-2-3 / 발송배전기술사, 건축전기설비기술사, 전기안전기술사, 전기응용 기술사 출제예상문제

답안

1. 가상발전소(Virtual Power Plant)의 개념 및 정의

다양한 분산전원을 ICT(Information and Communication Technology, 정보통신 기술) 및 자동제어기술을 이용해 다양한 분산에너지 자원을 연결·제어하여, 하나의 발전소처럼 운영하기 위한 통합관리시스템

2. VPP 필수 구성요소

구분	VPP 사업 필수 구성요소
스마트미터(AMI)	가정마다 옥상 태양광전지와 배터리 제어를 하고 전력흐름측정을 지원
발전시스템 네트워크	• 공공주택마다 설치된 옥상 태양광 발전시스템 네트워크 • 주택 간, 주택과 그리드 간 데이터와 전력이동 가능
배터리 스토리지 (ESS)	• Behind-The-Meter(BTM)에서 전력 저장 및 방전에 활용 (예 tesla power wall) • 그리드 내 유연성을 제공하는 한편 전력거래에 활용할 에너지를 저장
제어 System	주택과 그리드 사이 재생에너지 혹은 배터리 스토리지의 전력을 저장, 사용, 전송하도록 제어

3. VPP의 구성시스템

(1) 구성도

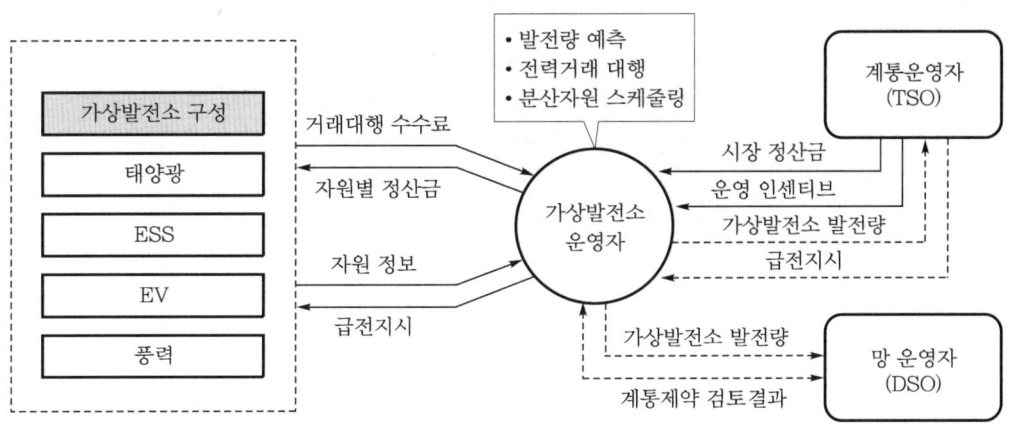

(2) 분산에너지자원을 클라우드 기반의 플랫폼으로 통합해 계통운영시스템과 연계하고 센서를 활용해 원격제어하는 방식(IoE)으로 발전소를 운영한다.

① 클라우드 : 데이터를 인터넷과 연결된 중앙컴퓨터에 저장해서 인터넷에 접속하면 언제 어디서든 데이터를 이용할 수 있는 것으로, 중앙컴퓨터 저장공간

② 에너지 인터넷(internet of energy) : 에너지시스템이 연결된 네트워크를 의미하며, VPP를 IoE로 표현

(3) 물리적으로 특정한 곳에 존재하는 발전소는 아니지만, 전기를 공급하는 것과 동일한 효과를 가진다.

(4) 분산에너지자원 증가로 발생할 수 있는 계통운영의 기술적 문제를 해결하고 통합한 자원을 통해 경제적 가치를 창출한다.

(5) 배전계통 최말단에 있는 계량기 하단에서 전력을 생산하고 거래하는 BTM(Behind-The-Meter 또는 Beyond-The-Mete) 시장의 대표 비즈니스 모델이다.

4. VPP의 종류(모집형태에 따른 분류)

(1) 개념

가상발전소는 자원구성에 따라 수요·공급 기반 VPP, 사용목적 등에 따라 상업·기술적 VPP로 유형화할 수 있고, 각각의 혼합형도 가능하다.

(2) 분류

VPP 유형	요약내용
수요기반	• 수요반응(DR) 자원을 모아 발전소 역할 수행 • 2014년 11월부터 수요기반 VPP를 위한 '수요자원 거래시장' 개설·운영
공급기반	• 산재해있는 신재생, ESS, 전기자동차 등의 발전자원을 모아 규모의 경제를 갖춘 발전소를 운영하는 형태 • 2018년 12월 소규모 전력중개사업제도 도입, 2019년 2월 중개시장 개장
혼합형	수요기반 VPP와 공급기반 VPP의 통합된 형태로 궁극적으로 추구하는 가상발전소의 유형
상업적	소규모 분산에너지자원이 중앙급전발전기로서 전력시장에 참여해 수익을 창출하는 데 목적이 있는 발전소
기술적	• 다양한 분산에너지자원의 중앙관리 및 계통운영 문제해결을 목적 • 주파수 조정·예비력 제공·전력조류 제어 등의 역할 수행

5. VPP의 기능

(1) 입찰전략 및 자원관리의 최적화, 자원모집, 발전량 예측을 통한 가시성이 확보되어 발전소운영에 적용하는 기능이 가능

(2) 자원모집, 발전량 예측, 입찰전략 및 자원관리 최적화 기능으로 가시성이 확보되어 발전소운용의 효율 향상 기능

(3) 분산자원을 제어가능한 발전원으로 변경시킬 수 있어 자원화가 가능하여 계통의 유연성 확보가 가능한 기능이 있음

(4) ESS, DR을 통해 변동성 에너지 제어기능이 있어 분산자원의 활용으로 가능, 가치상승

6. 분산형 전원의 VPP의 적용

(1) 분산자원의 모집형태에 따른 분류

① 공급형

㉠ 태양광, 풍력, ESS를 모집하여 에너지 및 보조서비스 시장 참여

㉡ 재생에너지의 시장가치 증대 및 연계비용 절감

㉢ 재생에너지의 출력제어가 가능하여 안정적 전력계통운영에 기여

② 수요형

㉠ EE(에너지효율), DR, ESS 등 수요자원을 활용하여 전력사용을 절감하는 서비스

㉡ 피크시간대 전력소비를 절감하여 전력구입비 절감 및 전력설비 투자 회피

③ 융합형

㉠ 수요형(EE, DR, ESS) + 공급형(태양광, 풍력, ESS)의 형태로 최종적 VPP형태

㉡ 높은 투자비용 및 제약으로 활성화 미흡

(2) 분산형 전원의 VPP 적용효과[혹은 운영목적에 따른 분류(Commercial 중개사업, Technical 망사업자)]

구분	CVPP [Commercial VPP(중계사업 VPP)]	TVPP [Technical VPP(망사업자 VPP)]
계통의 유연성 확보	분산형 자원을 제어가능한 발전원으로서, 이를 자원화시켜 VPP 확보 가능	분산형 자원을 제어가능한 발전원으로서, 이를 자원화시켜 VPP 확보 가능
분산자원 보유자	시장참여에 따른 수익 증가	신규수익 확보

527

구분	CVPP [Commercial VPP(중계사업 VPP)]	TVPP [Technical VPP(망사업자 VPP)]
중개사업자	비즈니스 영역 확대	–
계통운영자	안정적 송전망 운영 가능	–
유틸리티 (망사업자)	송전망 운영비용 절감	배전망 투자 회피 및 지연
정부	분산자원의 효율적 운영	분산자원의 효율적 운영
변동성 에너지의 제어	ESS, DR을 통해 제어 가능으로 분산형 자원의 활용 가능성과 가치 상승	ESS, DR을 통해 제어 가능으로 분산형 자원의 활용 가능성과 가치 상승

reference

1. VPP들의 제어방식에 따른 분류

① 중앙제어형 : 연결된 모든 분산에너지자원에 대한 통제와 지시, 정보축적이 하나의 통제센터에서 이루어지는 형태

② 분산제어형 : 하위 수준의 VPP가 분산에너지자원들을 운영·관리하고, 상위 VPP는 전력판매 여부나 시장선택 등의 판단과 결정을 하는 형태

2. 가상발전소의 필요성(분산에너지자원 증가에 따른 문제점)

① 분산에너지자원 규모의 한계 및 사업자의 시장참여 제한

ⓐ 단독으로 작동하는 분산에너지자원은 중앙제어발전기의 용량 대체 불가(invisible, 가시성 없음)

ⓑ 소규모 발전소의 상대적으로 높은 단위운영비로 운영의 경제적 부담, 즉 시장에서의 가격협상력 확보 불가

ⓒ 거래물량이 적음에도 각 사업자가 복잡한 전력시장의 거래절차를 이행해야 하는 등 운영에 대한 부담 및 거래비용 과다

ⓓ 설비에 대한 전문지식 부족으로 설비관리, 안전관리 및 품질관리에 효과적인 대응이 곤란하여 비효율 발생

② 분산에너지자원 증가는 전력계통 운영의 효율성과 안정성 위협

ⓐ 배전계통 내 과전압·과부하로 인해 전력품질 저하(주파수와 전압 변동)되고, 전류방향변화로 보호계전기 오작동 및 부작동 발생

ⓑ 수용가의 법정 유지전압인 220V ± 6% 준수가 어려워지고, 일정한 전압이 필요한 산업체 가동 중단 및 전자기기 고장 발생

ⓒ 발전출력에 대한 예측이 어렵고(불확실성), 발전량의 변화폭이 큰 변동성(간헐성)을 갖는 재생에너지 발전설비 증가로 전력수급 균형 유지 어려움

ⓓ 전력계통 유지를 위한 연계용량 제한으로 잉여전력 발생, 방치설비 증가 등 비효율 초래

3. 운영목적에 따른 VPP 분류

구분	Commercial VPP(중계사업 VPP)	Technical VPP(망사업자 VPP)
운영목적	• 분산자원의 전력시장 참여 • 송전계통 수급 안정 및 땅 운영비용 절감	• 계통 안정화에 분산자원 활용 • 배전계통 전압 안정 및 땅 투자비용 절감
운영주체	전력시장에 참여하는 중개사업자	전력망 투자·운영을 책임지는 유틸리티
운영방식	중개사업자가 시장에서 에너지 및 REC 등의 거래대행을 수행	• 피크 저감 및 전압 안정 등에 활용 • 보조서비스 시장 참여 및 유연성 제공
자원구성	• 전력거래를 수행하는 발전사업용 신재생 및 ESS 위주 • 자원구성의 지리적 제약이 없거나 약함	• 부하집중지역에 설치된 소규모 신재생 및 ESS 위주 • 지리적으로 인접한 자원모집
핵심기능	분산자원의 정확한 발전량 예측기능	유연성 제공을 위한 분산자원의 제어기능

---

065 가상발전소(VPP : Virtual Power Plant)의 개념, 종류, 운영효과를 각각 설명하시오.

data 발송배전기술사 21-124-2-1 / 발송배전기술사, 건축전기설비기술사, 전기응용기술사 출제예상 문제

답안

1. 가상발전소(Virtual Power Plant)의 개념

Chapter 04 - 문제 064의 답안 '1·3' 내용을 참조한다.

2. 가상발전소의 필요성(분산에너지자원 증가에 따른 문제점)

(1) 분산에너지자원 규모의 한계 및 사업자의 시장참여 제한

① 단독으로 작동하는 분산에너지자원은 중앙제어발전기의 용량 대체 불가 (invisible, 가시성 없음)

② 소규모 발전소의 상대적으로 높은 단위운영비로 운영의 경제적 부담, 즉 시장에서의 가격협상력 확보 불가

③ 거래물량이 적음에도 각 사업자가 복잡한 전력시장의 거래절차를 이행해야 하는 등 운영에 대한 부담 및 거래비용 과다

④ 설비에 대한 전문지식 부족으로 설비관리, 안전관리 및 품질관리에 효과적인 대응이 곤란하여 비효율 발생

(2) 분산에너지자원 증가는 전력계통운영의 효율성과 안정성 위협

① 배전계통 내 과전압·과부하로 인해 전력품질이 저하(주파수와 전압 변동)되고, 전류방향변화로 보호계전기 오작동 및 부작동 발생

② 수용가의 법정 유지전압인 220V ± 6% 준수가 어려워지고, 일정한 전압이 필요한 산업체 가동 중단 및 전자기기 고장 발생

③ 발전출력에 대한 예측이 어렵고(불확실성), 발전량의 변화폭이 큰 변동성(간헐성)을 갖는 재생에너지 발전설비 증가로 전력수급 균형유지 어려움

④ 전력계통유지를 위한 연계용량 제한으로 잉여전력 발생, 방치설비 증가 등 비효율 초래

3. VPP의 종류

(1) 모집형태에 따른 분류

① 개념 : 가상발전소는 자원구성에 따라 수요·공급 기반 VPP, 사용목적 등에 따라 상업·기술적 VPP로 유형화할 수 있고, 각각의 혼합형도 가능

② 분류

VPP 유형	요약내용
수요기반	• 수요반응(DR)자원을 모아 발전소 역할 수행 • 2014년 11월부터 수요기반 VPP를 위한 '수요자원 거래시장' 개설·운영
공급기반	• 산재해있는 신재생, ESS, 전기자동차 등의 발전자원을 모아 규모의 경제를 갖춘 발전소를 운영하는 형태 • 2018년 12월 소규모 전력중개사업 제도 도입, 2019년 2월 중개시장 개장
혼합형	수요기반 VPP와 공급기반 VPP의 통합된 형태로 궁극적으로 추구하는 가상발전소의 유형
상업적	소규모 분산에너지자원이 중앙급전발전기로서 전력시장에 참여해 수익을 창출하는 데 목적이 있는 발전소
기술적	• 다양한 분산에너지자원의 중앙 관리 및 계통운영 문제해결이 목적 • 주파수 조정·예비력 제공·전력조류 제어 등의 역할수행

(2) 운영목적에 따른 VPP 분류

구분	Commercial VPP(중계사업 VPP)	Technical VPP(망사업자 VPP)
운영목적	• 분산자원의 전력시장 참여 • 송전계통 수급 안정 및 땅 운영비용 절감	• 계통 안정화에 분산자원 활용 • 배전계통 전압 안정 및 땅 투자비용 절감
운영주체	전력시장에 참여하는 중개사업자	전력망 투자·운영을 책임지는 유틸리티
운영방식	중개사업자가 시장에서 에너지 및 REC 등의 거래대행을 수행	• 피크 저감 및 전압 안정 등에 활용 • 보조서비스 시장참여 및 유연성 제공

구분	Commercial VPP(중계사업 VPP)	Technical VPP(망사업자 VPP)
자원구성	• 전력거래를 수행하는 발전사업용 신재생 및 ESS 위주 • 자원구성의 지리적 제약이 없거나 약함	• 부하 집중지역에 설치된 소규모 신재생 및 ESS 위주 • 지리적으로 인접한 자원 모집
핵심기능	분산자원의 정확한 발전량 예측기능	유연성 제공을 위한 분산자원의 제어기능

(3) VPP들의 제어방식에 따른 분류

① **중앙제어형** : 연결된 모든 분산에너지자원에 대한 통제와 지시, 정보 축적이 하나의 통제센터에서 이루어지는 형태

② **분산제어형** : 하위수준의 VPP가 분산에너지자원들을 운영·관리하고, 상위 VPP는 전력판매 여부나 시장선택 등의 판단과 결정을 하는 형태

4. VPP의 기능과 효과

(1) VPP 기능

입찰전략 및 자원관리의 최적화, 자원모집, 발전량 예측을 통한 가시성이 확보되어 발전소 운영에 적용 가능

(2) VPP 효과

구분	CVPP	TVPP
계통의 유연성 확보	분산형 자원을 제어 가능한 발전원으로 자원화로 확보 가능	분산형 자원을 제어 가능한 발전원으로 자원화로 확보 가능
분산자원 보유자	시장참여에 따른 수익 증가	신규 수익 확보
중개사업자	비즈니스 영역 확대	–
계통운영자	안정적 송전망 운영 가능	–
유틸리티 (망사업자)	송전망 운영비용 절감	배전망 투자 회피 및 지연
정부	분산자원의 효율적 운영	분산자원의 효율적 운영
변동성 에너지의 제어	ESS, DR을 통해 제어 가능으로 분산형 자원의 활용 가능성과 가치 상승	ESS, DR을 통해 제어 가능으로 분산형 자원의 활용 가능성과 가치 상승

066 스마트한 전력수요관리를 위한 수요반응(DR : Demand Response)의 종류를 설명하고 에너지공급자 효율향상 의무화제도(EERS : Energy Efficiency Resource Standard)에 대하여 설명하시오.

data 발송배전기술사 22-127-2-1 / 발송배전기술사, 건축전기설비기술사, 전기응용기술사 출제예상 문제

답안 1. DR

(1) 수요반응(DR : Demand Response)의 정의

① 전력인프라의 신뢰성과 최적화를 위한 부하(load)를 전체적인 수요변동에 따라 제어하는 기술

② 전기소비자가 아낀 전기를 전력시장에 판매하고 금전으로 보상받는 제도

③ 전력소비자가 전기요금 또는 금전적 유인 등으로 인한 자발적 참여로 반응하도록 유도하여 정상적인 전력소비패턴을 조정

(2) 수요자원 거래가 필요한 이유

① 전력공급설비 확충의 어려움의 완화

② 전력수급 위기발생 시 안정성 확보

③ 온실가스 감축

(3) 수요반응의 종류

구분		설명
비용 지불	인센티브 기반	수요반응 수행실적에 따라 보상 지급
	가격 기반	소비자 전력가격 변화를 기반으로 수요반응 유도
활용목적	신뢰도	예비력 감소, 사고 등 발생 및 예상 시 운영
	경제성	첨두가격 인하 및 가격 급변을 완화시키기 위해 운영
제어기능	급전 가능	계통운영자, 유틸리티가 필요 시 부하감축 요청
	비급전	시간대별 자동요금제(TOU, RTP, CPP)는 자발적 참여프로그램
운영주체	계통운영자 주도	에너지시장, 보조서비스시장, 용량시장에 참여
	유틸리티 주도	사용자가 별도 DR 프로그램 운명, 신사업모델 및 전력비 절감

(4) 수용반응의 기대효과

① 4가지 측면의 기대효과

구분	기대효과
발전측면	• 피크치 감소로 첨두 발전원 운영감소율 유도 • 신재생 전원출력 간헐성 보완 • 계통신뢰도를 향상시켜 예비력 용량 하락 유도 • 수급불균형으로 야기되는 리스크 절감 • CO_2 경제적 감축
송 · 배전 측면	• 계통혼잡 완화 • 우발사고 및 정전관리 • 전력손실 감소 • 송 · 배전 설비 강화 및 신뢰도 향상을 위한 투지 지연 유도
판매측면	• 가격 변동성 감소 • 신사업모델 등장에 따라 고객의 선택권 증가
소비지측면	• 고객 에너지 소비지출비용, 환경 관련 인식 강화 • 고객 전기요금 절감, 인센티브 제공 • 고객이 에너지 소비비용을 고려한 투자 결정 가능 • 수요 탄력성 증가

② 경제적 편익과 신뢰도 편익에서 수요반응의 효과

구분	기대효과
경제적 편익	• 전기소비자의 전기요금 절감 • 부하관리 지원금 보상 • 전력도매시장의 가격 하락 • 총설비용량이 감소 • 부하관리의 부하감축효과는 발전설비 대체효과가 발생 • 최종소비자의 편익 증가
신뢰도 편익 (reliability benefits)	• 공급예비력이 기준 이하로 저하 시 고객부하를 감축 • 전력공급의 공급지장확률을 낮추어 사회적 편익이 증대 • 주간예고제 및 수요자원시장의 개설은 공급예비력 500만kW 이하 시 부하감축을 시행

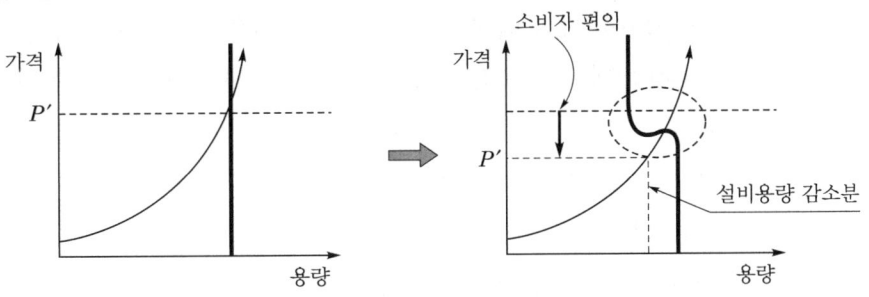

‖ 수요반응에 의한 소비자 편익 변화 ‖

(5) DR 제도의 구분

① **경제성 DR** : 자발적 참여로, 발전기운영보다 경제적일 경우에 적용

② **미세먼지 DR** : 자발적 참여로, 고농도 미세먼지에 대한 비상저감조치 발령 시 적용

③ **피크수요 DR** : 자발적 참여로, 동하계 전력수급대책상 목표수요 초과 시 적용

④ **의무수요감축 DR** : 의무적 참여로, 예비력 500만kW 미만 예상 시 적용

(6) 수요반응의 특성

구분	최대 부하 감축(신뢰성 DR)	시장가격 인하(경제성 DR)
효과	• 정전 예방 및 최대 전력 삭감 • 수급불안정에 신속 대응	• 전력 공급비용 절감 • 고가 연료의 발전기와 가격경쟁을 통해 전력시장 가격 하락에 기여
방법	• 감축지시에 1시간 이내 감축 • 수급상황 급변 시 긴급하게 가동되는 고가 연료의 발전기(LNG 발전기)를 대체	하루 전 전력시장에 입찰
수익금	실제 감축량 × 감축시간 최대 변동비	실제 감축량 × 전력시장가격

2. 에너지 공급자 효율향상 의무화제도(EERS : Energy Efficiency Resource Standard)

(1) EERS(Energy Efficiency Resource Standard)의 정의

에너지공급자에게 연도별 에너지 절감목표를 부여하고 이를 달성하기 위하여 에너지공급자가 에너지 효율 향상을 도모하는 투자사업을 의무적으로 이행하는 제도

(2) 시행대상

한국전력공사, 한국가스공사, 한국지역난방공사

즉, 「에너지이용 합리화법」 제9조에 의한 대통령령으로 정하는 에너지 공급자

(3) 도입배경

① 에너지 효율향상은 경제·환경적 측면에서 효과적인 에너지 절감수단으로 인식되어 세계 각국에서는 관련 정책을 도입·확산하는 추세

② 미국(28개 주), 유럽(14개국) 등 에너지 효율향상 의무화제도(EERS) 시행 중

(4) 도입시기

① 관련 규정 개정 : 「에너지공급자의 수요관리 투자사업 운영규정」(2024.10.31. 개정됨)

② EERS 시범사업 시행 : 2018.5

③ 본격시행 : 「에너지이용 합리화법」 개정(2023 ~ 현재)

(5) 절감목표

전전년도 연간 판매량[GWh] × 목표비율[%]

(18년 : 0.15%, 19 ~ 23년 : 0.2%, ~ 31년 : 1%)

(6) 기대효과('22년 ~ '26년 제10차 전력수급기본계획에 따른 연도별 목표달성 시 기준)

① 에너지절약 : 국가 에너지 효율향상으로 연간 1조원 절약효과

② 온실가스 감축 : EERS 목표달성으로 48559천t CO_2 감축

③ 전력수급 안정 : 전력수급 기본계획 수요관리 이행수단 확보

④ 일자리 창출 : 에너지효율 향상 사업을 통한 민간부문 고용촉진

(7) 추진 근거 법령

① 에너지공급자의 수요관리투자계획(「에너지이용 합리화법」제9조)

㉠ 에너지공급자 중 대통령령으로 정하는 에너지공급자는 해당 에너지의 생산
·전환·수송·저장 및 이용상의 효율향상, 수요의 절감 및 온실가스 배출
의 감축 등을 도모하기 위한 연차별 수요관리투자계획을 수립·시행할 것

㉡ 그 계획과 시행결과를 산업통상자원부장관에게 제출하여야 한다. 연차별
수요관리투자계획을 변경하는 경우에도 또한 같다.

② 에너지효율 향상 의무화 목표 설정 등(「에너지공급자의 수요관리 투자사업 운영규정」
제9조의2) : 에너지공급자는 에너지공급자별 에너지절감 의무 목표 산정기준
에 따른 기관별·연도별 에너지 절감목표를 달성할 수 있도록 투자계획을
수립·시행하여야 한다.

---

067 수요반응(demand response)의 정의 및 종류를 기술하고, 발전측면, 송·배전 측면, 판매측면, 소비자측면에서 기대효과를 설명하시오.

(data) 발송배전기술사 21-124-4-1 / 발송배전기술사, 건축전기설비기술사, 전기응용기술사 출제예상 문제

답안 1. 수요반응(DR : Demand Response)의 정의

＊ Chapter 04 - 문제 066의 답안 '1./(1)' 내용을 참조한다.

2. 수요반응의 종류

＊ Chapter 04 - 문제 066의 답안 '1./(3)' 내용을 참조한다.

3. 수요반응 기대효과

* Chapter 04 - 문제 066의 답안 '1./(4)' 내용을 참조한다.

4. DR 제도의 구분

* Chapter 04 - 문제 066의 답안 '1./(5)' 내용을 참조한다.

5. 수요반응의 목적

최대 수요억제(peak clipping)	기저부하 증대(valley filling)	최대 부하 이전(peak shifting)
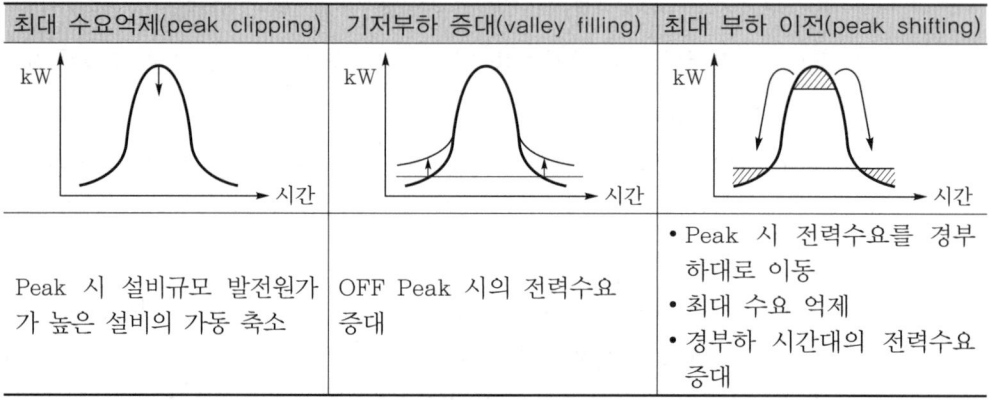		
Peak 시 설비규모 발전원가가 높은 설비의 가동 축소	OFF Peak 시의 전력수요 증대	• Peak 시 전력수요를 경부하대로 이동 • 최대 수요 억제 • 경부하 시간대의 전력수요 증대

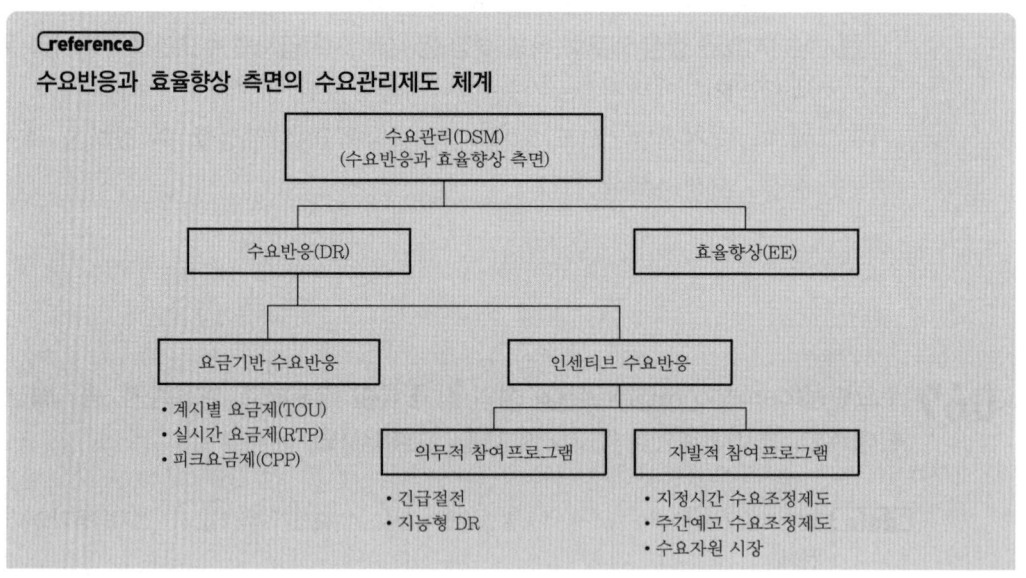
reference
수요반응과 효율향상 측면의 수요관리제도 체계

구분	지정기간 수요조정제도	주간예고 수요조정제도	수요자원시장	직접 부하제어	지능형 DR
║ 인센티브 기반 수요반응프로그램 비교 ║					
시행시기	피크부하 시 (하계 15 ~ 20일간)	피크부하 시 (예비력 : 450만 kW 미만)	피크부하 시 (예비력 : 450만 kW 미만)	수급경보주의 (예비력 : 300만 kW 미만)	피크부하 시 (예비력 : 450만 kW 미만)
자원등록 기준	300kW 이상	300kW 이상	300kW 이상	300kW 이상	100kW 이상
주요 대상	산업용	산업용	산업용	산업용	소규모 산업용/ 일반용
통보시점	2개월 전	전주 금요일 ~ 전일	전일 15시 ~ 3시간 전	발생 시	1시간 전
참여의무	자율	자율	자율	의무	의무

068 수요관리(demand side management)를 효율향상 측면과 부하관리 측면에서 설명하시오.

(data) 발송배전기술사 20-120-3-5 / 발송배전기술사, 건축전기설비기술사, 전기응용기술사 출제예상 문제

답안 1. 개념

(1) DSM(Demand Side Management)이란 전기사용에 있어 소비자의 전기사용패턴에 영향을 주어 예측된 전력수요 절감 및 평준화를 함으로써 전력공급설비의 투자를 지연 또는 회피시키고, 기존설비의 이용률 또는 효율을 향상시킴으로써 전력공급비용의 절감을 가능하게 하는 활동으로 수요관리를 말한다.

(2) 이는 전력공급 설비확충에 중점을 두는 SSM(Supply Side Management)과 대응되는 개념이다.

(3) 목적

부하율 향상 전력수급 안정, 에너지 절약, 원가절감

(4) 방법

① **효율 향상** : 전략적 소비절약을 위한 가격(전기요금 정책)과 기기, 정보제공 등

② **부하관리** : 부하평준화 도모를 위한 간접부하관리, 직접부하관리

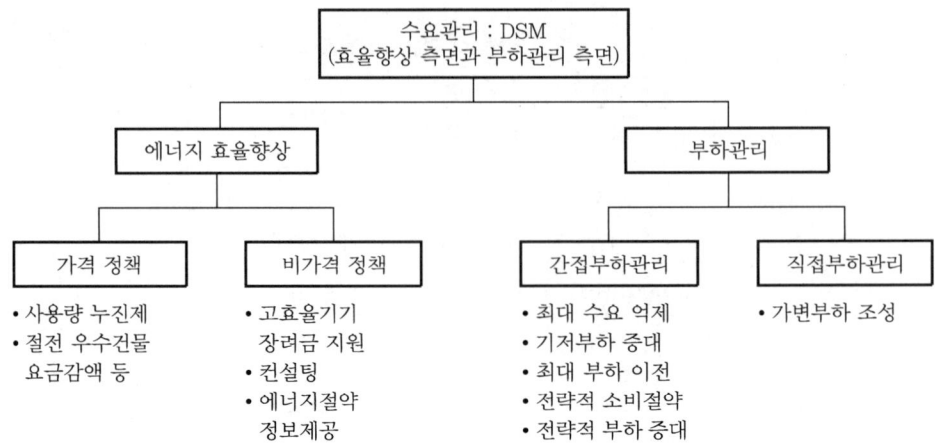

2. 효율향상 측면

(1) 가격기능에 의한 수요관리

① 정의 : 선택적 요금제도 및 지원제도를 이용하여 소비자가 전기요금 절감을 위해 전기사용패턴을 자발적으로 조절하는 간접방식의 수요관리

② 종류

㉠ 기본요금 피크 연동제

㉡ 시간대별 차등 요금제도 등

㉢ 계절별 차등 요금제도

㉣ 심야전력(갑), (을) 요금제도

㉤ 지정기간 수요조정제도

㉥ 주간예고 수요조정제도

㉦ 민간공급능력 활용 지원제도

㉧ 긴급절전 수요조정제도

(2) 비가격기능에 의한 수요관리

① 정의 : 리베이트제도를 이용한 고효율 기기 보급 확대로 고객참여를 적극 유도하고 수요관리기능을 강화하는 수요관리

② 고효율 인증기기

㉠ 고효율 조명기기 : 고효율 LED, 고효율 LED 유도등

㉡ 고효율 인버터 보급 : 프리미엄 전동기, 수퍼 프리미엄 전동기

㉢ 고효율 냉동기, 변압기 보급

③ 심야전력기기(밤 11시 ~ 아침 9시) : 축열식 냉·난방, 축열식 온수기기

④ 기타

ㄱ 건물에너지 효율등급 인증 및 에너지 절약설계기준 준용

ㄴ 에너지진단 및 ESCO 추진

ㄷ 기존건물은 에너지이용 합리화

ㄹ 신재생에너지 설비 설치 : 태양광 풍력, 연료전지 등

ㅁ 대기전력저감 : 대기전력 자동차단스위치 콘센트

ㅂ ESS 설비 보급 : 부하평준화, 피크전력제어 피크시프트 기능

3. 부하관리 측면

(1) 부하관리 6대 방안

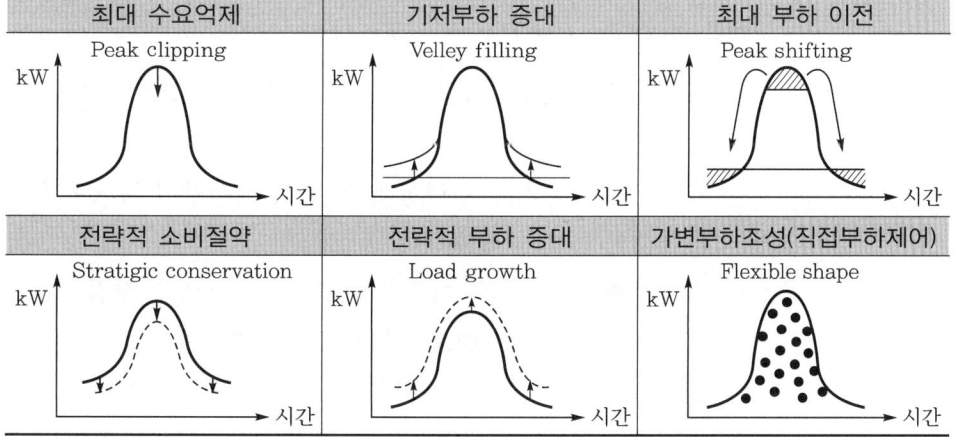

① 직접부하관리 : 가변부하조성

② 간접부하관리(5가지)

ㄱ 최대 수요억제(peak cut) : 휴가보수, 자율절전제도 → 부하평준화 도모

ㄴ 최대 부하 이전(peak shift) : 부하관리요금제 → 부하평준화 도모

ㄷ 기저부하 증대(심야부하) : 양수발전, ESS → 부하평준화 도모

ㄹ 전략적 소비절약 : 기기효율 향상

ㅁ 전략적 부하 증대

(2) 직접부하관리

① 최대 전력관리장치

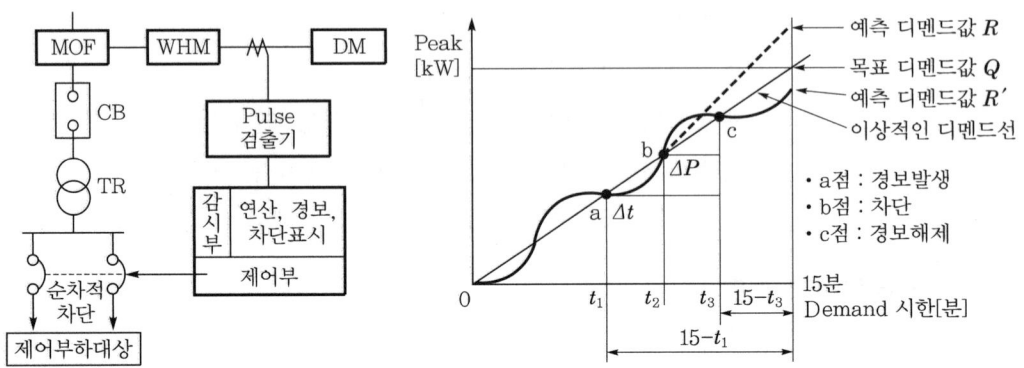

$$\text{예측 디멘드} : R = P + \frac{\Delta P}{\Delta t}(T - t)$$

㉠ 개요 : 최대 수요전력을 억제하기 위해 마이크로 프로세서를 내장시킨 감시제어장치

㉡ 기능 : 15분 주기로 전력상태를 감시, 예측량이 목표량보다 초과 시 부하차단순위에 따라 OFF

㉢ 효과 : 부하율 향상, 여유용량 증가, 전기요금 절감, 부하 평준화

㉣ 적용 : 계약전력 500kW 이상 고객의 부하를 우선순위별 차단

㉤ 실적용 예시 : 에어컨, 세탁기 제어, 서울시 VPP

② 건축물 냉·난방 기기 원격관리시스템(BEMS, HEMS, AMI 필요)

㉠ 고객 냉·난방 부하를 원격으로 제어

㉡ 지원대상 : 냉·난방 소비전력의 합이 40kW 이상 고객

㉢ 설치효과 : 최대 전력관리를 통한 기본요금 절감

4. 최근 수요관리 동향

(1) ESS를 활용한 부하의 평준화

① 심야에 남는 전력을 ESS에 저장

② 피크 부하 시 저장된 전력을 공급

③ 피크치 저감과 부하이전의 효과

④ 부하평준화로 예비전력의 감소

⑤ 발전소용량 감소 효과

(2) 네가와트

① **정의** : 네가와트(negawatt)란 네거티브(negative)와 전력단위인 메가와트(megawatt)의 합성어로, 절약을 통해 아낀 전기를 뜻한다.

② 전기를 효율적으로 사용하거나 전기사용을 절약하여 생긴 잉여의 에너지를 새로운 자원처럼 활용하는 의미이다.

③ 현재 네트워크 시장은 최대 전력 삭감을 위한 신뢰성 수요반응(피크감축 DR)과 전력공급비용 절감을 위한 경제성 수요반응(요금절감 DR)으로 구분하여 운영 중이다.

④ 전기는 저장이 어려운 만큼 네가와트 시장에서 실제로 전기가 거래되지는 않는다.

⑤ **효과** : 발전단가가 고가인 발전기 미가동 → 전력구매비용을 저감시킴 → 동시에 전력수요를 저감시킴 → 발전설비투자 축소로 발전단가를 낮춤

(3) 에너지 프로슈머

① **정의** : 태양광 발전전력을 자가소비한 후 남는 전력을 인근 소비자에게 판매하는 자이다.

② **이웃간 거래 모델의 개념**

구분	프로슈머	한전	소비자
거래내용 (개념)	남는 전기판매	이웃간 거래 중계	옆집의 남는 전기 구입
효과	판매수익 발생	송·배전망 건설 및 유지비용 절감	전기요금 절감

069 전력수요관리의 유형을 일부하 변동곡선에 적용하여 설명하시오.

(data) 발송배전기술사 18-114-4-4 / 발송배전기술사, 건축전기설비기술사, 전기응용기술사 출제예상 문제

답안

1. DSM의 의미

(1) DSM(Demand Side Management)이란 전기사용에 있어 소비자의 전기사용패턴에 영향을 주어 예측된 전력수요절감 및 평준화를 함으로써 전력공급설비의 투자를 지연 또는 회피시키는 개념이다.

(2) 기존설비의 이용률 또는 효율을 향상시킴으로써 전력공급비용의 절감을 가능하게 하는 활동의 수요관리를 말한다.

(3) 이는 전력공급 설비확충에 중점을 두는 SSM(Supply Side Management)과 대응되는 개념이다.

2. DSM의 방법 개념도

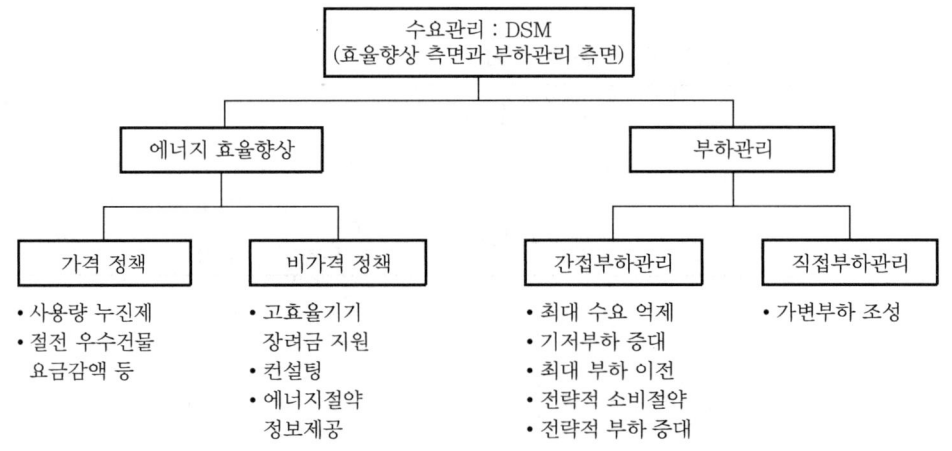

```
                수요관리 : DSM
         (효율향상 측면과 부하관리 측면)
        ┌───────────────┴───────────────┐
    에너지 효율향상                      부하관리
   ┌─────┴─────┐                    ┌─────┴─────┐
 가격 정책    비가격 정책         간접부하관리    직접부하관리
• 사용량 누진제  • 고효율기기        • 최대 수요 억제   • 가변부하 조성
• 절전 우수건물    장려금 지원       • 기저부하 증대
  요금감액 등    • 컨설팅          • 최대 부하 이전
              • 에너지절약        • 전략적 소비절약
                정보제공          • 전략적 부하 증대
```

3. 전력수요관리의 유형(DSM을 수행하기 위한 구체적인 방안과 효과)

유형	개념	적용	효과
최대 수요억제 (peak clipping)	Peak 시 설비규모 발전원가가 높은 설비의 가동 축소	• 냉방기기, 가동중지 유도 • 피크시간 기준으로 기본요금 부과	피크 시 고가연료 절약

유형	개념	적용	효과
기저부하 증대 (velley filling) kW / 시간	OFF Peak 시의 전력수요 증대	• 축열난방 • 심야온수 설비	평균공급비용 절감 가능
최대 부하 이전 (peak shifting) kW / 시간	• Peak 시 전력수요를 경부하대로 이동 • 최대 수요 억제 • 경부하 시간대의 전력수요 증대	• 축냉식 설비(냉방) • 계절별·시간별 차등 요금제도 • 양수발전소 가동	• 최대 부하 억제 • 심야부하 창출
전략적 소비절약 (stratigic conservation) kW / 시간	• 전기서비스 수준유지 • 전력수요만 감소	• 전기사용방법 개선 • 절전유도	• 수급불안 시 대처 비용 절감 • 비용억제 효과
전략적 부하 증대 (load growth) kW / 시간	공급 > 수요일 때 설비이용률 향상	• 전전화 주택보급 • 이중연료 사용 냉·난방 설비보급	• 전력생산 향상 • 화석연료 의존도 경감
가변부하조성 (flexible shape) kW / 시간 직접부하제어(direct load control)의 유형임	• 불필요한 부하에 전력 공급 중단시킴 • 전력수요 정정 ※ 적용방법은 매년마다 달라지므로 한전 홈페이지 재확인요	• 냉방부하의 원격제어 • 배전선로의 교대 차단 • 요금제도 차등적용 - 계약전력 5000kW 이상의 일반용 또는 산업용 전력을 사용하는 고객으로서 피크를 10% 이상 줄일 수 있으며, 줄이는 최대 수요전력이 300kW 이상인 고객 - 줄이는 최대 수요전력이 500kW 이상인 고객은 10% 미만이라도 포함	• 공급신뢰도 향상 • 예비율 감소 • 공급비용 절감 • 피크 : 최대 수요 전력

070 부하관리를 공급관리 및 수요관리 측면에서 설명하시오. 또한, 부하관리와 관련된 부하제어의 종류에 대해서 각각 설명하시오.

data 발송배전기술사 21-123-2-1 / 발송배전기술사, 건축전기설비기술사, 전기응용기술사 출제예상 문제

답안 **1. 개요**

(1) 부하관리(load control)의 개념

① 부하관리란 공급자 측면에서는 수요에 대응하여 전력을 안정적으로 공급하기 위한 제반활동이며 수요자 측면에서는 부하를 합리적으로 사용하기 위한 제반활동이다.

② 부하관리는 크게 공급관리(SSM)와 수요관리(DSM) 두 가지 측면으로 구분한다.

(2) 공급관리(SSM : Supply Side Management)

① 전력공급자가 전력수요를 충족시킬 수 있는 설비를 합리적으로 계획, 건설, 운용관리하는 것이다.

② 종래의 수요증대에 대응하기 위한 전력공급설비 확충에 중점을 두어온 공급관리는 전원입지확보의 어려움 가중, 막대한 투자재원의 조달문제, 환경규제 강화 등으로 인하여 적절한 공급설비를 제때 준비하기가 어려워지고 있는 것이 비해 최근 최소 비용계획(LCP : Least Cost Planning)의 일환이다.

(3) 수요관리(DSM : Demand Side Management)

① 전기사용에 있어 소비자의 전기사용패턴에 영향을 주어 예측된 전력수요절감 및 평준화를 함으로써 전력공급설비의 투자를 지연 또는 회피시키고, 기존설비의 이용률 또는 효율을 향상시킴으로써 전력공급비용의 절감을 가능하게 하는 활동이다.

② 전력공급 설비확충에 중점을 두는 SSM과 대응되는 개념이다.

③ 공급측 대안과 수요측 대안의 최적 조합을 찾는 통합자원계획(IRP : Integrated Resource Planning) 측면에서 전력수급 계획 시 수요관리의 중요성이 더욱 강조되고 있다.

2. 공급관리의 방안

(1) 공급예비력의 적정확보

① 공급예비율 $= \dfrac{C-B}{B} \times 100 [\%]$

여기서, C : 공급능력, B : 최대 수요

② 전력수요를 충족시킬 수 있는 최적 형태의 전원구성(best mix)과 용량으로 안정적 전력공급

③ 1 · 2 · 3차 공급예비력 확보

④ 상한 예비력, 하한 예비력 설정

(2) 연계운전(interconnection)

시간에 따라 부하패턴이 다른 계통과의 연계를 통하여 설비 전체의 이용률과 부하율을 향상시키는 방법으로서, ESS + 연계운전의 복합적 방법을 수행한다.

(3) 에너지 저장

① 경부하 시 잉여전력을 저장한 후 첨두시간대의 전력 또는 열에너지로 재생산하는 것이다.

② 양수발전, 축냉, 축열, SMES, BESS, CAES 등의 방법이 있다.

(4) HVDC 건설 조기완공

(5) FACTS 설비 확충

(6) 유연자원 확보

3. 수요관리 DSM(Demand Side Management)의 방안

＊ Chapter 04 – 문제 068의 답안 '1 · 2' 내용을 참조한다.

4. 부하율 평준화 측면의 부하관리

＊ Chapter 04 – 문제 068의 답안 '3./(1)' 내용을 참조한다.

5. 부하관리와 관련된 부하제어의 종류

(1) 직접부하관리

＊ Chapter 04 – 문제 068의 답안 '3./(2)' 내용을 참조한다.

(2) 최근 수요관리 동향

＊ Chapter 04 – 문제 068의 답안 '4.' 내용을 참조한다.

071 부하관리와 부하제어에 대하여 다음 사항을 설명하시오.
1. 부하관리의 개념과 종류
2. 직접부하제어의 개요, 종류 및 제어시스템

data 발송배전기술사 24-132-2-2 / 발송배전기술사, 건축전기설비기술사, 전기응용기술사 출제예상 문제

답안 1. 부하관리의 개념과 종류

(1) 부하관리의 개념

① 부하관리(load control)의 개념

㉠ 부하관리란 공급자 측면에서는 수요에 대응하여 전력을 안정적으로 공급하기 위한 제반활동이며 수요자 측면에서는 부하를 합리적으로 사용하기 위한 제반활동이다.

㉡ 부하관리는 크게 공급관리(SSM)와 수요관리(DSM) 두 가지 측면으로 구분한다.

② 공급관리(SSM : Supply Side Management)

㉠ 전력공급자가 전력수요를 충족시킬 수 있는 설비를 합리적으로 계획, 건설, 운용관리하는 것이다.

㉡ 종래의 수요증대에 대응하기 위한 전력공급설비 확충에 중점을 두어온 공급관리는 전원입지 확보의 어려움 가중, 막대한 투자재원의 조달문제, 환경규제 강화 등으로 인하여 적절한 공급설비를 제때 준비하기가 어려워지고 있는 것에 비하여 최근 최소 비용계획(LCP : Least Cost Planning)의 일환이다.

③ 수요관리(DSM : Demand Side Management)

㉠ 전기사용에 있어 소비자의 전기사용패턴에 영향을 주어 예측된 전력수요 절감 및 평준화를 함으로써 전력공급 설비의 투자를 지연 또는 회피시키고, 기존설비의 이용률 또는 효율을 향상시킴으로써 전력공급비용의 절감을 가능하게 하는 활동이다.

㉡ 전력공급 설비확충에 중점을 두는 SSM과 대응되는 개념

㉢ 공급측 대안과 수요측 대안의 최적 조합을 찾는 통합자원계획(IRP : Integrated Resource Planning) 측면에서 전력수급 계획 시 수요관리의 중요성이 더욱 강조되고 있다.

(2) 부하관리의 종류(부하관리 = 공급관리 + 수요관리)

① 공급관리의 종류

㉠ 공급예비력의 적정확보

- 공급예비율 $= \dfrac{C-B}{B} \times 100\,[\%]$

여기서, C : 공급능력, B : 최대 수요

- 전력수요를 충족시킬 수 있는 최적 형태의 전원구성(best mix)과 용량으로 안정적 전력공급
- 1 · 2 · 3차 공급예비력 확보
- 상한 예비력, 하한 예비력 설정

㉡ 연계운전(interconnection) : 시간에 따라 부하패턴이 다른 계통과의 연계를 통하여 설비 전체의 이용률과 부하율을 향상시키는 방법으로서, ESS + 연계운전의 복합적 방법을 수행한다.

㉢ 에너지 저장

- 경부하 시의 잉여전력을 저장 후 첨두시간대의 전력 또는 열에너지로 재생산하는 것이다.
- 양수발전, 축냉, 축열, SMES, BESS, CAES 등의 방법이 있다.

㉣ HVDC 건설 조기완공

㉤ FACTS 설비 확충

㉥ 유연자원 확보

② 수요관리(DSM)의 종류

㉠ 간접부하제어 : 피크 CUT, 피크 SHIFT, 전략적 부하 증가, 전략적 부하 감소, 요금제도의 계시별 요금제(TOU), 실시간 요금제(RTP), 피크요금제(CPP) 적용, DR(수요반응) 제도 적극 활용[신뢰성 DR, 자발적 DR, 국민 DR, Fasr DR, 플러스(제주 DR)]

㉡ 직접부하제어 : 부하 차단

㉢ 기기효율 향상 : 표준소비효율 적용

③ 공급관리의 방법

㉠ 예비력 확보

예비력		응동시간	유지시간	확보량[GW]
주파수 제어(AGC + ESS)(평상시)		5분	30분	0.7
주파수 회복 (고장 시)	초속응성 예비력(FFR)	2초	10분	–
	1차(GF + ESS)	10초	5분	1
	2차(AGC)	10분	30분	1.4
	3차(중앙급 G, 자동 + 수동)	30분	–	1.4
속응성 자원		20분	4시간	2

㉡ ESS 활용으로 부하의 평준화 도모

- 심야에 남는 전력을 ESS에 저장
- 피크부하 시 저장된 전력으로 공급
- Peak 저감과 부하 이전의 효과
- 부하의 평준화로 예비전력의 감소
- 결과적으로 발전소용량을 감소시키는 효과가 있음

④ 수요관리의 방법

㉠ 수요관리 6대 방안

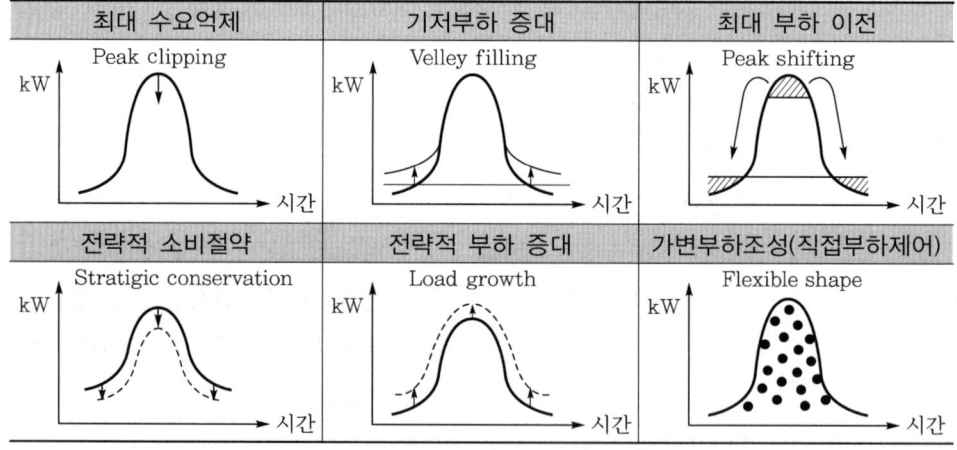

- 직접부하관리 : 가변부하조성
- 간접부하관리(5가지)
  - 최대 수요억제(peak cut) : 휴가보수, 자율절전제도 → 부하평준화 도모
  - 최대 부하이전(peak shift) : 부하관리요금제 → 부하평준화 도모
  - 기저부하 증대(심야부하) : 양수발전, ESS → 부하평준화 도모
  - 전략적 소비절약 : 기기효율 향상
  - 전략적 부하 증대

ⓛ 수요반응(demand response)제도

구분		이용목적	운영시간	보상
신뢰성 DR (의무적 DR)		예비력 6.5GW 미만 시 전력거래소의 지시에 따라 수요를 감축하여 예비력 확보	평일 9시 ~ 20시 (12시 ~ 13시 제외)	기본 정산금 실적 정산금
자발적 DR	경제성 DR	하루 전 시장에서 발전기와 동일하게 입찰하여 발전기보다 경제적일 경우 낙찰량을 배정 받아 전력수요를 감축함	평일 24시간	실적 정산금
	피크수요 DR	수습대책기간 기준전망 수요 초과 예측 시 하루 전 시장에 입찰	수급 대책기간 • 하계 13시 ~ 20시 • 동계 9시 ~ 20시 (12시 ~ 13시 제외)	
	미세먼지 DR	고농도 미세먼지 비상저감조치 발령 시 하루 전 시장에 입찰	평일 6시 ~ 21시 (12시 ~ 13시 제외)	
국민 DR (에너지 쉼표)		전력거래소 지시에 따라 소규모 선기사용사가 선력수요 감축	평일 6시 ~ 21시	
Fast DR, 주파수 DR		계통주파수가 59.8Hz 이하로 하락 시 자동으로 수요를 감축하여 신뢰도 기준 유지	365일 9시 ~ 18시	
플러스 DR		제주 신재생발전기 출력제어 발생 시 수요증대를 통해 신재생 수용량 증대	평일 9시 ~ 18시	

2. 직접부하제어의 개요, 종류 및 제어시스템

(1) 직접부하제어의 개요

① 최대 수요전력을 억제하기 위해 마이크로 프로세서를 내장시킨 감시제어장치

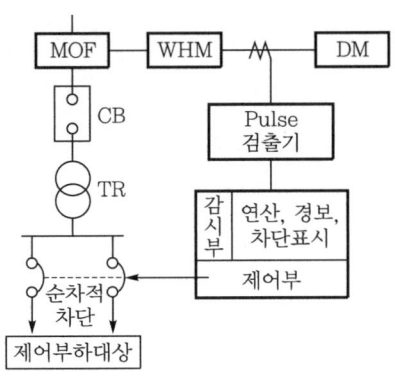

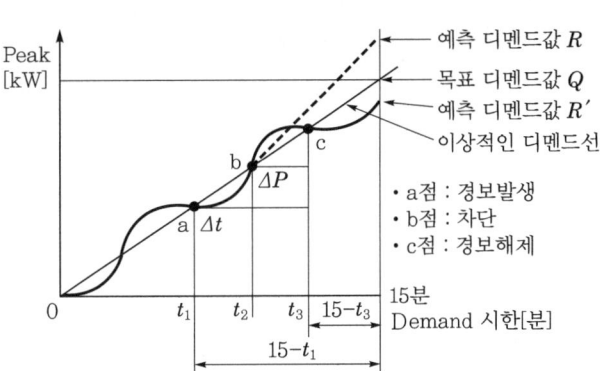

② 예측 디멘드 : $R = P + \dfrac{\Delta P}{\Delta t}(15 - t)$

여기서, P : t분 시현 디멘드값

t : 시한 개시 후의 경과시간[min]

ΔP : Δt일 때의 전력변화량

③ 기능 : 15분 주기로 전력상태를 감시, 예측량이 목표량보다 초과 시 부하차단 순위에 따라 OFF

④ 효과 : 부하율 향상, 여유용량 증가, 전기요금 절감, 부하 평준화

⑤ 직접부하제어(DLC) 적용대상

　㉠ 계약전력 5000kW 이상의 일반용 또는 산업용 전력을 사용하는 고객으로서, 최대 수요전력을 10% 이상 줄일 수 있으며, 줄이는 최대 수요전력이 300kW 이상인 고객

　㉡ 줄이는 최대 수요전력이 500kW 이상인 고객은 10% 미만이라도 포함

⑥ 직접부하제어의 예 : 에어컨, 세탁기 제어, 서울시 VPP

⑦ 건축물 냉·난방 기기 원격관리시스템(BEMS, HEMS, AMI 필요)

　㉠ 고객 냉·난방 부하를 원격으로 제어

　㉡ 지원대상 : 냉·난방 소비전력의 합이 40kW 이상 고객

　㉢ 설치효과 : 최대 전력관리를 통한 기본요금 절감

(2) 직접부하제어의 종류

① 전일 예고제어 : 시행 전일 17시까지 통보

② 당일 예고제어 : 시행 당일 3시간 전까지 통보

③ 긴급제어 : 시행 당일 3시간 이내에 통보

(3) 직접부하제어의 제어시스템

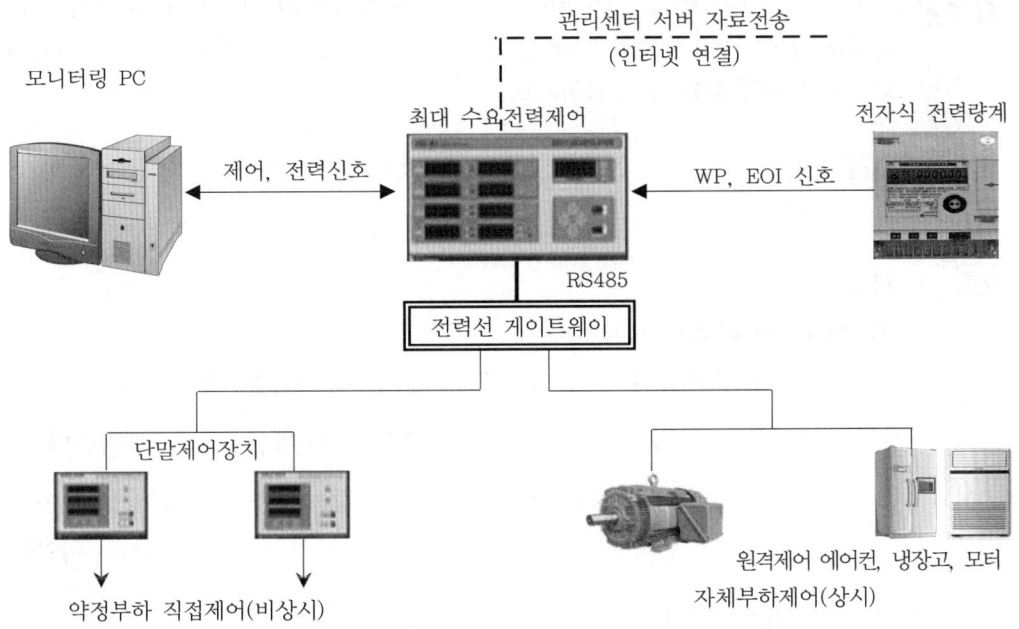

① 인터넷연결의 관리센터서버 자료를 최대 수요전력제어기에 전송한다.

② 전자식 전력량계는 WP 신호와 EOI 신호를 최대 수요전력제어기로 전달한다.

    ㉠ 한전에서 제공하는 고압용 전자식 전력량계로부터 WP(Watthour Pulse) 신호를 수신하여 최대 수요전력제어기로 송신한다.

    ㉡ EOI 'End Of Interval' 신호를 수신해서 최대 수요전력제어기로 송신한다.

    ㉢ EOI 기준으로 5분/15분간 사용전력량을 저장한다.

③ 최대 전력수요상황을 모니터링 PC를 통해 파악 제어 및 전력신호를 두 기기 사이에서 송·수신한다.

④ 최대 수요전력제어기는 설정된 동작메커니즘으로 제어동작을 전력선 게이트웨이를 통해서 상시 제어부하와 비상시 제어부하를 구분하여 전력제어를 시행한다.

072 증가하는 전력수요에 맞추어 대규모 전력망 확장이 필요하나 건설 시 장기간이 소요되고, 입지 선정 등의 문제로 인해 건설의 어려움이 있다. 전력망 건설을 회피할 수 있는 그리드 기술에 대하여 설명하시오.

data 발송배전기술사 24-133-4-2 / 발송배전기술사, 건축전기설비기술사, 전기응용기술사 출제예상 문제

답안 **1. 개요**

(1) NWAs(None-Wire Alternatives)

기존 전력설비의 활용을 극대화할 수 있는 신기술 및 전력망 건설 대안기술

(2) NWAs(Non-Wire Alternatives)는 송전선로 대안기술을 의미한다.

(3) 분산전원(DER), 수요자원(DR), 에너지저장장치(ESS), FACTS(유연 송전시스템), VPP(가상발전) 등의 설치 및 운영으로 송전설비의 건설을 회피하는 방안을 말한다.

2. NWAs 기술의 개념

(1) 개념도

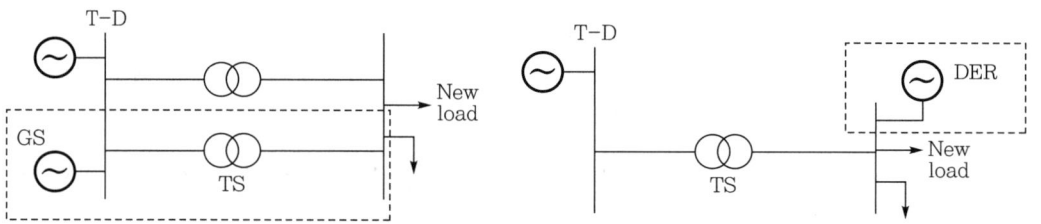

∥ 기존의 전력망 개념도 ∥   ∥ NWAs 기술을 적용한 전력망 개념도 ∥

여기서, GS : 발전원, T-D : 송전선로와 배전선로, TS : 송전선로와 변전소, DER : 분산형 전원

① 위의 좌측 그림은 새로운 부하의 증가 시 점선 Box와 같이 송·변전 설비의 건설로 전력수요에 대응한다.

② 위의 우측 그림은 새로운 부하 증가 시 점선 Box와 같이 NWAs 기술을 활용함으로써 송·변전 설비 건설의 회피와 동시에 전력수요에 대응한다.

(2) 기존 전력망과 NWAs 기술의 적용 전력망 비교

기존 전력망	NWAs 기술의 적용 전력망
• 송전설비건설을 통한 전력망 운영 • 부하 증가 시 송전설비를 건설하여 부하 증가에 대비하는 방식	• 송전설비건설을 회피하여 전력망 운영 • 부하 증가 시 DER, DR, ESS, FACTS, VPP 등의 설치 및 운영으로 송전설비의 건설을 회피하면서 대비하는 방안

3. NWAs 전략

(1) 공급전략

재생에너지의 지역균등 보급유도를 다음의 방법으로 시행한다.

① 집적화 단지 조성

② 소규모 DER 활성화

③ 대규모 ESS 설치

(2) 수요전략

IDC의 지방이전, 섹터커플링 기법 운영

① 대규모 부하 지방이전

② 섹터커플링 활성화(P2G, P2H, V2G)

(3) 전력시장 전략

지역한계가격(LMP) 도입

① LMP = SMP + 혼잡비용 + 손실비용

② **효과** : 지역 재생에너지 보급이 증가할 경우 LMP 가격은 하락효과를 발휘한다.

4. NWAs 주요 기술

(1) 분산전원(DER) 확대

태양광과 풍력발전 위주의 확대를 도모하되 장래적으로 SMP 가격 하락 및 폐지도 적극 검토하여 향후 적용한다.

(2) 수요자원(DR : Demand Response) 운영

① 전력인프라의 신뢰성과 최적화를 위한 부하(load)를 전체적인 수요변동에 따라 제어하는 기술

② 전기소비자가 아낀 전기를 전력시장에 판매하고 금전으로 보상받는 제도

③ 전력소비자가 전기요금 또는 금전적 유인 등으로 인한 자발적 참여로 반응하도록 유도하여 정상적인 전력소비패턴을 조정

④ **수요반응의 종류**

구분		설명
비용지불	인센티브 기반	수요반응 수행실적에 따라 보상 지급
	가격 기반	소비자 전력가격 변화를 기반으로 수요반응 유도
활용목적	신뢰도	예비력 감소, 사고 등 발생 및 예상 시 운영
	경제성	첨두가격 인하 및 가격 급변을 완화시키기 위해 운영

구분		설명
제어기능	급전가능	계통운영자, 유틸리티가 필요 시 부하감축 요청
	비급전	시간대별 자동요금제(TOU, RTP, CPP)는 자발적 참여프로그램
운영주체	계통운영자 주도	에너지시장, 보조서비스시장, 용량시장에 참여
	유틸리티 주도	사용자가 별도 DR 프로그램 운명, 신사업모델 및 전력비 절감

(3) 에너지저장장치(ESS)의 확대 및 운영관리

① 대형화로 화력발전소 부지 및 변전소 여유부지에 설치하여 충전유효전력을 공급한다.

② 단, 2018 ~ 2023년 사이에 대형화재가 발생한 이력이 있으므로 ESS 소재를 리튬이온이 아닌 리튬인산철(LFB)로 교체 설치해야 한다.

(4) FACTS(유연송전시스템) 적용 확대

① FACTS(Flexible AC Transmission System)란 전력용 반도체 기술과 제어기술을 이용해 선로임피던스와 전력조류흐름을 제어하여 계통안정도 향상과 송전용량 극대화를 목적으로 한 가변교류 송전시스템이다.

② 전력용 반도체 기술과 제어기술을 이용해 송전전력 $P = \dfrac{V_s V_r}{X} \sin\delta[\mathrm{MW}]$에서 각 요소를 적정 조정함으로써, 계통안정도 향상과 송전용량의 극대화를 목적으로 한 설비이다.

③ FACTS 설비의 종류

FACTS 설비의 종류	FACTS 주요 기능과 시스템	직·병렬 보상구분	보상대상
UPFC(Unified Power Flow Controller) : 종합조류제어기	(전압원 인버터 시스템) 안정도 향상, 위상각제어, 전압제어, 전력조류제어,	직·병렬 보상	$\delta,\ V,\ X$
STATCOM(Static Synchronous Compensator) : 정지형 동기직렬보상장치	(전압원 인버터 시스템) 안정도 향상, 전압유지	직·병렬 보상	$X,\ V$
SVC(Static Var Compensator) : 정지형 무효전력보상장치	(사이리스터 스위칭시스템) 전압유지	병렬보상	V
TCBR(Thyristor Controlled Braking Resistor) : 사이리스터 제어 제동저항	(사이리스터 스위칭시스템) 안정도 향상, 계통동요 억제	병렬보상	P

FACTS 설비의 종류	FACTS 주요 기능과 시스템	직·병렬 보상구분	보상대상
TCSC(Thyristor Controlled Series Capacitor) : 사이리스터 제어 직렬커패시터	(사이리스터 스위칭시스템) 안정도 향상, 임피던스제어, 조류제어	직렬보상	X
TCPR(Thyristor Controlled Phase Angle Regulator) : 사이리스터 제어 위상변환기	(사이리스터 스위칭시스템) 안정도 향상, 위상각제어, 전력조류제어	직렬보상	δ, V, X
SSSC(Static Synchronous Series Compensator) : 정지형 동기 직렬보상장치	(전압원 인버터 시스템) 전력조류제어, 임피던스제어, 안정도 향상	직렬보상	X

(5) VPP(가상발전) 운영

① 다양한 분산전원을 ICT(Information and Communication Technology, 정보통신기술) 및 자동제어기술을 이용해 다양한 분산에너지자원을 연결·제어하여, 하나의 발전소처럼 운영하기 위한 통합관리시스템

② 모집형태에 따른 분류

VPP 유형	요약내용
수요기반	• 수요반응(DR)자원을 모아 발전소역할 수행 • 2014년 11월부터 수요기반 VPP를 위한 '수요자원 거래시장' 개설·운영
공급기반	• 산재해있는 신재생, ESS, 전기자동차 등의 발전자원을 모아 규모의 경제를 갖춘 발전소를 운영하는 형태 • 2018년 12월 소규모 전력중개사업제도 도입, 2019년 2월 중개시장 개장
혼합형	수요기반 VPP와 공급기반 VPP의 통합된 형태로 궁극적으로 추구하는 가상발전소의 유형
상업적	소규모 분산에너지자원이 중앙급전발전기로서 전력시장에 참여해 수익을 창출하는 데 목적이 있는 발전소
기술적	• 다양한 분산에너지자원의 중앙관리 및 계통운영 문제해결을 목적 • 주파수 조정·예비력 제공·전력조류 제어 등의 역할 수행

③ 운영목적에 따른 VPP 분류 : Commercial VPP(중계사업 VPP), Technical VPP(망사업자 VPP)

④ VPP들의 제어방식에 따른 분류 : 중앙제어형, 분산제어형

(6) 섹터커플링 기법 운영

① 섹터커플링이란 에너지시스템 통합의 의미로서, 환경에 미치는 영향을 최소화하면서 비용효율적인 에너지서비스를 제공하기 위해 여러 단계를 거쳐 에너지시스템의 작동 및 계획을 조정하는 프로세스를 의미한다.

② 섹터커플링은 전력을 다른 형태의 에너지로 변환하여 사용 및 저장하는 시스템이다.

③ P2M : 전기에너지를 배터리 등에 저장하여 운송부문을 전기화하는 기술로, 전기차시장 성장에 따라 미래 탄소중립의 가장 효과적인 전략[운송부문 결합(P2G : Power-to-Mobility)]이다.

④ P2H(Power-to-Heat : 열부문 결합) : 전기에너지를 열에너지로 변환하는 현재 가장 시장경쟁력 있는 솔루션이며 재생에너지 발전으로 히트펌프, 전기보일러를 가동하여 얻은 열에너지를 생산 및 활용한다.

⑤ V2G : 전력망과 전기차 배터리를 연계하여 상호전송하는 기술(Vehicle to Grid)로서, 스마트그리드 구현기술 중의 지능형 운송기술의 한 분야이다.

(7) LMP(전력도매가격 지역별 차등요금 또는 지역한계가격)

① LMP = SMP + 송전혼잡비용 + 송전손실비용

 ㉠ 송전혼잡비용 : 송전망 용량한계 등에 따른 송전제약비용으로 환산한 결과값

 ㉡ 송전손실비용 : 송·변전 시 발생되는 손실전력량의 한계값을 계량화한 값

 ㉢ SMP : 전력시장에서는 변동비가 전력도매가격을 결정하는 계통한계가격
  • SMP(System Marginal Price) : 한전의 계통연계가격, 전력도매가
  • LMP(Local Marginal Price) : 지역별 전력요금 차등제도

② 지역별 전력요금 차등제도이다.

 ㉠ 전력자급도가 높은 지방 : 전기요금을 싸게 함(대상지역 : 충남, 전남, 경북, 부산)

 ㉡ 전력자급도가 낮은 지방 : 전력요금을 높게 함(대상지역 : 인천을 제외한 수도권)

③ LMP는 지역적인 수급불균형 상황을 반영하는 전력시장가격이다.

④ 예상효과

 ㉠ 전국 단일시장가격으로는 드러나지 않는 지역별 과부족 상황이 지역단위 시장가격으로 다변화한다.

 ㉡ 발전소 및 수요처의 입지분산을 유도할 수 있다.

 ㉢ 지역 재생에너지 보급이 증가 시 LMP 가격은 하락효과를 발휘한다.

 ㉣ 수도권 내 에너지 다소비 기업을 지방으로 이전함으로써 전력수요가 분산되고 기업은 에너지원가 감소효과가 발휘된다.

SECTION 06 스마트그리드 관련

073 마이크로그리드의 정의, 특징, 기대효과, 구성요소에 대하여 설명하시오.

data 발송배전기술사 20-121-2-4 / 발송배전기술사, 건축전기설비기술사, 전기응용기술사 출제예상
문제

답안 **1. 마이크로그리드의 개념(정의)**

(1) 마이크로그리드는 기존 전력망에 정보기술(IT)을 접목해 에너지효율을 최적화한
차세대 지능형 전력망인 스마트그리드를 소지역 특성에 맞게 적용한 것이다.

(2) 소규모 독립형 전력망으로 태양광·풍력 등 신재생에너지원과 에너지저장장치
(ESS)가 융·복합된 차세대 전력체계이다.

(3) 스마트그리드의 전 단계의 전력망 시스템이다.

2. 마이크로그리드의 특징

(1) 전력품질 유지의 어려움이 있다.

(2) 마이크로그리드에 대한 연구가 초기단계이다.

(3) 거대 자본에 의해 지역의 전력사업망 독점화 사업이 가능하다.

(4) 배전계통과 분산형 전원의 연계에 따른 보호협조가 복잡하다.

(5) 양방향 전력조류발생에 따른 사고전류가 증가한다.

(6) 에너지설비의 초기 투자비가 과다하다.

3. 기대효과(마이크로그리드의 장점)

(1) 중앙집중형 에너지 공급시스템에 비해 고효율 운전이 가능하다.

(2) 에너지의 이송소비량이 최소화한다.

(3) 시스템이 안정적이고 사고를 최소화한다.

(4) 장기적 경제성 향상 및 환경성이 우수하다.

(5) 분산전원의 장점을 최대한 이용할 수 있는 수단이다.

(6) 현재 집중적인 발전-송전-배전의 문제점 해결이 가능하다.

(7) 일반전기사업자의 민영화를 용이하게 할 수 있다.

4. 마이크로그리드의 구성요소

(1) 마이크로그리드는 필수요소 기기인 분산자원(Distributed Energy Resource ; DER), 부하, 통신장치 및 에너지관리시스템(Energy Management System ; EMS)

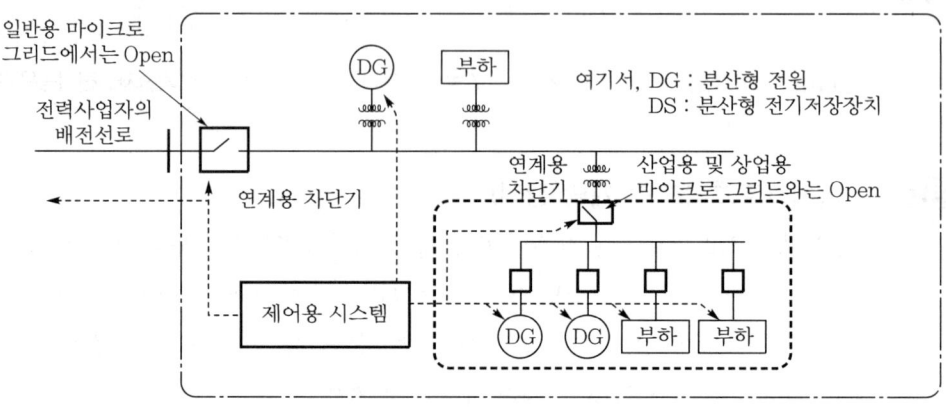

┃마이크로 Grid의 구성요소 ┃

(2) 마이크로그리드 요소기기의 기능

구성요소	주요 기능
PCS (Power Conditioning System)	• 제어의 선진화된 통신시스템을 적용하므로 원격제어 및 감시기능 • 유효 및 무효전력제어 및 전력품질 보상 • 계통 연계 및 단독운전 겸용
STS/IED (Static Transfer Switch/ Intelligent Electronic Device)	• 단독운전 방지 등의 배전계통 연계보호 기능 • 배전계통 고장 시 독립운전 절체, 재동기 투입
Network gateway	범용 통신(직렬통신, 필드버스, 이더넷)과 IEC-61850 변환 기능
마이크로 Grid EMS (Energy Management System)	• 부하(전력, 열) 및 신재생에너지 발전량의 예측 • ELD, AGC 및 최적 발전계획(ELD : 경제부하급전, AGC : 자동발전제어)

074 AMI(Advanced Metering Infrastructure) 연계 BTM(Behind The Meter) 서비스에 대하여 설명하시오.

data 발송배전기술사 20-122-1-4 / 발송배전기술사, 건축전기설비기술사, 전기응용기술사 출제예상 문제

답안 1. AMI 연계 BTM 서비스

스마트 GW에서 운영되는 전력관리 어플리케이션 프로그램을 말한다.

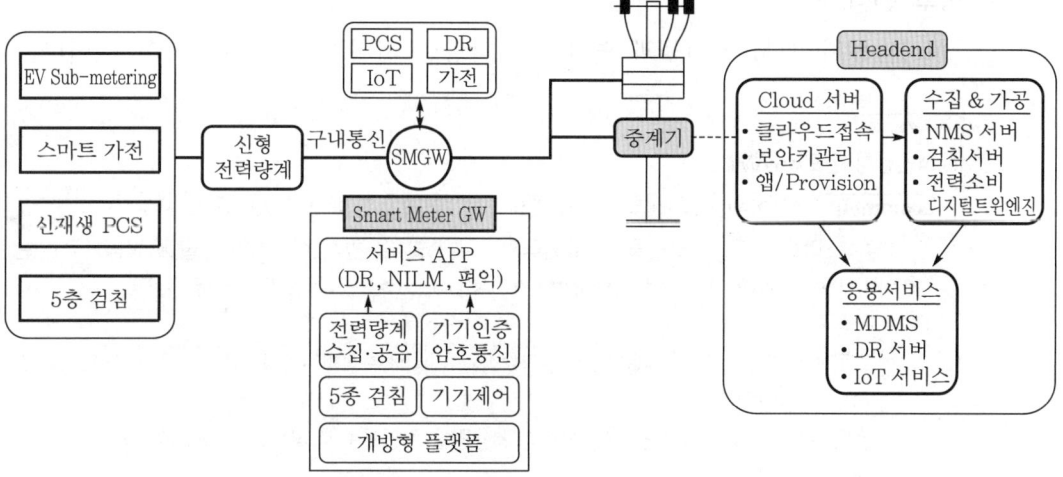

- Nonintrusive load monitoring(비간섭 부하 모니터링)
  - 부하측으로 가압되는 전압 및 전류의 변화를 분석하고 부하에서 사용되는 기기와 개별에너지 소비를 추론하는 프로세스
  - NILM 기술이 적용된 전기계량기는 유틸리티 회사에서 다양한 부하측의 특정 전력사용을 조사하는 데 사용
- NMS(Network Management System)
- MDMS(Meter Data Management System, 계량데이터 관리시스템)

∥Smart meter gate way 기반 BTM 서비스 플랫폼∥

2. BTM 서비스 기능

(1) 수용가 내 전력소비정보와 전력품질정보를 실시간 수집한다.

(2) 다양한 서비스 제공에 활용하도록 전력사측 정보를 제공한다.

(3) 수용가 내 정보 제공

수집된 정보를 수용가 내 스마트 가전, HEMS에 전송한다.

(4) AMI, V2G, ICT 기술들과 기술을 융합한다.

3. BTM 서비스의 목적

(1) 수용가

GW상에서 운영되는 어플리케이션 프로그램을 통하여 전력량계 이후 고객영역에서 전력시장요금에 대응시킨 전력거래수요관리(DR)

(2) 전력사

옥외의 AMI 시스템을 고객 구내로 확장하여 다양한 수요관리, 상계 발전량 조절, 전력계통 안정성 확보

4. 향후 전망

AMI를 통해 BTM 기기들과 연계시켜 다양한 서비스 제공이 가능할 것이다.

---

reference

1. 첨단검침 인프라 AMI

comment 이 자체가 24년도 134회 건축전기설비기술사 배점 10점으로 출제되었다.

① 개념 : 스마트그리드 시스템을 더 효율적으로 사용할 수 있는 핵심적인 기술로 각광받고 있는 것이 바로 AMI(Advanced Metering Infrastructure, 원격검침인프라)라 한다.

② AMI의 특성

⊙ 스마트미터에서 측정한 데이터를 원격검침기를 통해 측정하여 전력사용분석을 자동으로 진행하는 기술이다.

⊙ 스마트미터가 집에서 사용되는 전력의 사용량을 자동으로 검침하고 그 정보를 통신망을 통해 전달되는 형태이다.

⊙ 얻어진 데이터를 바탕으로 전력회사들은 소비자의 전력사용량에 맞춰 전기요금을 부과한다.

⊙ 특히 이렇게 전달된 정보들을 통해 사용자별 전기사용의 패턴 등을 파악해 최적화된 전력을 공급하여 전기요금 절약 및 전력낭비를 예방할 수 있다.

⊙ 인력검침에 따른 불편함과 오차를 해소하고 정확한 빅데이터를 통해 효율적인 전력생산관리가 이루어질 것으로 예상된다.

⊙ AMI는 정보를 송·수신하는 과정에서 다양한 통신기술이 융합되는데 스마트미터가 데이터를 전송하는 과정에서 무선통신방식 또는 전력선통신방식을 사용한다.

⊙ AMI 기술을 통해 전기사용량을 파악하고 제어할 수 있는 환경이 조성된다면 제대로 된 효율적인 에너지사용에 큰 기여를 할 것으로 예상된다.

⊙ 향후 AMI를 통해 전 국민이 효율적 전력사용을 할 수 있는 날이 올 것이라 예상된다.

2. 전력시장에 대한 BTM(Behind The Meter)과 FIM(In Front of The Meter)의 구분

① 전력시장의 비교

구분	전통 전력시장	미래 전력시장
전력망 역할	공급망	플랫폼
전력거래	전력시장	전력시장, 전력중개거래, P2P 등
시장주체	이원화(공급자 대 소비자)	경계가 희석될 것임
시장구조	수직적, 폐쇄적	수평적, 개방적

② 개념 비교 : 전력 공급자와 수용자 사이의 책임분기점은 계량기(meter)라 한다.

　ⓐ FTM(Front of The Meter)

　　• 계량기 앞쪽을 FTM이라 함(도매시장 개념)

　　• 전력품질 향상을 위해 계통에 대규모 ESS 설치

　ⓑ BTM(Behind The Meter)

　　• 계량기 뒤쪽을 BTM이라 함(도매시장 개념)

　　• 전력량 계량기 후단에서 신재생 등 분산전원과 ESS 연계

③ FTM과 BTM 관계도

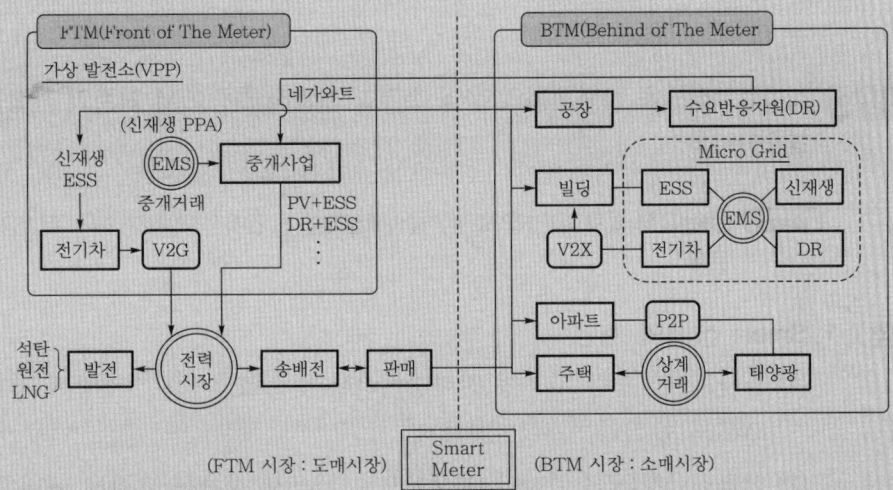

• V2X : 차량, 도로 인프라, 차량 소유자와 관련된 모든 민감한 정보를 포함하고 있기 때문에 보안이 필수인 자율주행통신

• V2G : Vehicle to Grid로, 전력망과 전기차 배터리를 연계하여 상호전송(전기차 배터리 ⇔ 전력망과 연계)하는 기술로서, 스마트그리드 구현기술 중 지능형 운송기술의 한 분야

④ 시장성장 전망

　ⓐ 기존의 전력 System에 미포함된 전력량계의 하단에 소비자가 태양광, ESS 설비 등을 설치 후 전력거래를 하는 BTM 시장은 성장할 것이다.

　ⓑ ESS 시장은 2030년까지 FTM 보다는 BTM 분야에서 두드러진 성장이 전망된다.

　ⓒ 특히 BTM 분야 중에서도 자가소비용 또는 에너지 프로슈머가 되기 위한 소규모 태양광 발전과 연계된 ESS 시장이 대부분을 점유할 것이라는 전망이다.

3. BTM(Behind The Meter)과 AMI의 개념

① 전력량계 이후 고객측에 있는 분산발전설비나 ESS 등으로 계통에 직접 연결되는 순수 분산전원 설비를 제외한 상계 거래고객의 소형 분산발전설비를 의미한다.

② 전력량계 이후 단의 수요관리가 가능한 전력부하와 HEMS(Home Energy Management System) 등 운영시스템 및 Smart home까지 BTM에 포함시키는 추세이다.

③ AMI 연계 BTM 서비스 플랫폼은 최신 IT 기술인 IoT, Edge computing 및 개방형 Cloud 플랫폼을 적극적으로 수용하여 고객 구내에 설치된 Gateway에서 전력량계의 전력소비정보와 전력품질정보를 실시간으로 수집한다.

④ 수집된 정보는 전처리하여 고객 구내의 스마트 가전이나 EMS 장치에 전송되거나, 전력사와 부가 서비스 사업자에게 전송되어 다양한 서비스 제공에 활용된다.

⑤ AMI는 전력량계와 PLC, 무선통신통신망을 접속하여 실시간으로 양방향 전력사용량을 수집하거나 고객에게 전력소비정보를 안내하는 시스템이다.

---

075 스마트그리드를 전력계통의 운영 측면과 산업적 측면에서 기존의 전력망과 비교하여 설명하시오.

data 발송배전기술사 20-122-1-4 / 발송배전기술사, 건축전기설비기술사, 전기응용기술사 출제예상 문제

답안 1. Smart grid의 개념

(1) 스마트그리드란 지능형 전력망이라는 뜻으로, 기존 전력망에 정보기술(IT)을 접목하는 것이다.

(2) 전력공급자와 소비자가 양방향으로 실시간 정보를 교환해 에너지효율을 최적화하는 차세대 전력망이다.

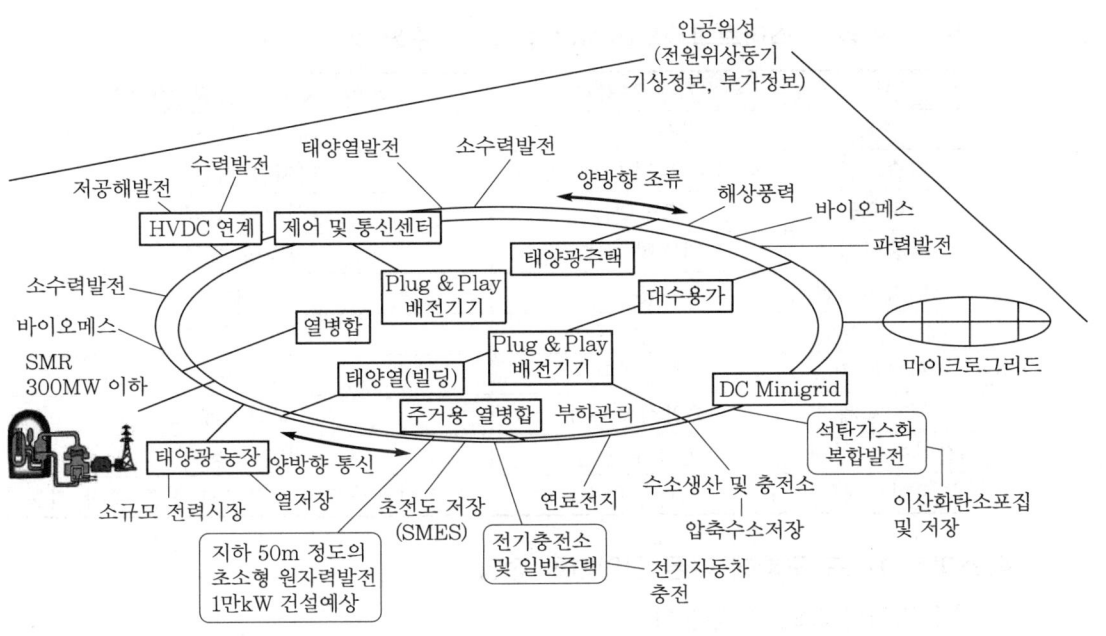

2. 스마트그리드의 구성요소

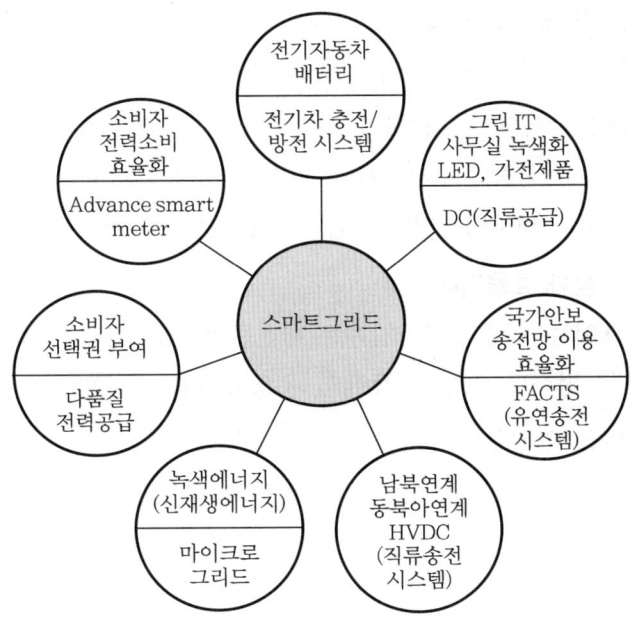

▌ 한국형 스마트그리드의 구성요소 ▌

563

3. 기존 전력망과 스마트그리드(smart grid)의 주요 특징 비교

구분	기존 전력망	Smart grid(지능형 전력망)
구조	방사상 구조	네트워크 구조
기술기반	아날로그/전기·기계적	디지털/지능형
전력요금	고정요금	실시간 요금
통신방식	단방향 흐름	양방향 흐름
소비자선택권	없음	있음
에너지 주체	화석연료	신재생에너지
사고복구	수동복구	자동복구
전원체계	중앙집중체계	분산체계
전력회사 미래	민영화 곤란	민영화 용이
통신회사 진출	진출 곤란	통신회사가 전력시장까지 진출 확장 가능

4. 스마트그리드 구축에 따른 산업변화 전망

(1) 원격검침시스템의 활성화

① 전력사업자와 소비자 간 양방향 통신이 가능하게 하는 기능이다.

② 국가차원에서도 양방향 통신이 가능하고, 전력소비량을 실시간으로 알 수 있게 하는 스마트계량기 구축을 의무화로 원격검침의 장점을 얻는다.

(2) 수요반응(DR) 시장의 촉진화

최대 전력수요를 줄이고 시스템의 긴급상황발생을 피하기 위하여 요금 및 인센티브 수단을 통해 소비자의 전력소비패턴을 합리적으로 변화시키는 행위를 촉진시킨다.

(3) 전력망 최적화 효율기대

디지털 제어를 통해 전력사업자는 배전관리, 정전관리, 전력누수탐지, 자산관리, 부하관리, 전력망 안정화 등에서 운영효율을 기대할 수 있다.

(4) 분산형 발전 안정화

① 과잉발전 시에는 과잉전력을 저장하고, 과소발전 시에는 기존에 저장된 전력을 이용함으로써 재생에너지원의 불규칙성을 줄일 수 있다.

② 궁극적으로 전력계통운영의 안정성을 향상시킨다.

(5) 에너지 저장장치 보급시장 활성화

(6) 플러그인 하이브리드 전기자동차(PHEV : Plug-in Hybrid Electric Vehicle) 적용성 확대

PHEV 배터리는 스마트그리드를 통해 재생에너지 발전의 잉여전력을 저장하여, 전력수요가 높아질 때 전력망으로 배터리에 저장된 전력을 송전하는 V2G (Vehicle to Grid)로 발전이 가능하다.

(7) 첨단 전력제어시스템의 발전 가속화

(8) 스마트 홈과 네트워크 기술력 결합으로 인한 산업활성화

5. 기존의 전력망과 스마트그리드의 산업적 측면 비교(지능형 전력망 관련 산업의 미래)

구분	현재	미래
전력산업	화석연료 위주의 발전원	신재생·분산형 전원 일반화
	기저발전(원자력 석탄) + 첨두발전(LNG·양수)	• 기저발전(원자력·석탄) 위주 • 지능형 전력망 → 효율적 전력수요관리 → 첨두 발전원 수요 감소
	전력산업의 영역 : 계량기까지	• 전력산업의 영역 : 계량기 이후 가전제품계열 까지 확대 • 전기절약 컨설팅사업 일반화
	공급자 위주 제한된 전력시장	다수의 공급자와 수요자가 참여하는 전력시장
에너지산업	석유판매(주유소)	• 전력판매(충전소) • 전기자동차 활성화를 위한 새로운 인프라
중전산업 및 통신산업	중전신업과 통신산업이 각각 고유한 산업영역으로 구분	• 기존 충전기기와 IT 기술이 융합된 제품의 일반화 • 소비자 전력관리장치 등 전력설비의 일반화
가전산업	기능 및 성능 위주의 제품 개발	• 전력상황에 반응하는 스마트 가전제품 (smart appliance) 일반화 • 조명·에어컨·TV 등이 전기요금에 연동되 어 전력사용 최적화
건설산업	편의성·디자인을 고려한 건물 설계	• 효율적 전기이용이 가능한 스마트빌딩 확대 • 지능형 전력망 재생에너지 수용으로 전력효 율 극대화
자동차산업	가솔린·디젤 엔진 위주	• 전기자동차 일반화 • 운송분야의 발전 촉진 • 탄소배출 저감

6. 기존의 전력망과 스마트그리드의 전력계통 운영 측면 비교

기존 전력망	지능형 전력망
중앙 집중 구조	네트워크 구조
방사상 구조	분산체계
아날로그 및 전기·기계적	디지털 및 지능형
수동 복구	자동 복구
소비자 선택권 없음	다양한 소비자 선택권
고정요금	실시간 요금
단방향 정보흐름	양방향 정보교류

reference

스마트그리드의 기술영역

기술영역	하드웨어	시스템 및 소프트웨어
광역 모니터링 및 제어	• PMU(Phasor Measurement Units) • 기타 센서 장비	• SCADA(집중 원격감시제어시스템) • WAMS(Wide-Area Monitoring Systems) • WAAPCA(Wide-Area Adaptive Protection, Control and Automation) • WASA(Wide Area Situational Awareness)
정보통신기술 통합	• 통신장비(전력선통신 WIMAX LTE, 이동통신 등), 라우터, 교환기 • 게이트웨이, 컴퓨터(서버) 등	• ERP(Enterprise Resource Planning software) • CIS(Customer Information System)
재생에너지 및 분산발전 통합	발전제어 장치, 저장장치 등	• EMS(에너지관리시스템) • GIS(지리정보시스템) 등
송전망 고도화	• 초전도체(superconductor) • FACTS(유연 송전시스템) • HVDC(고압 직류 송전시스템) 등	• 네트워크 안정성 분석 • 자동복구시스템 등
배전망 관리	• 자동 리클로저 • 원격제어 분산발전 및 저장 • 변압기센서, 케이블센서 등	• DMS(배전관리시스템) • OMS(정전관리시스템) • WMS(인력관리시스템) 등
AMI (Advanced Metering Infrastructure)	• 스마트미터 • 가정 내 디스플레이, 서버 등	MDMS(미터데이터 관리시스템) 등
전기자동차 충전인프라	충전인프라, 배터리, 인버터 등	• 에너지 빌딩 • 지능형 G2V 및 V2G 소프트웨어
고객측 시스템	• 스마트 가전, 라우터 • 가정 내 디스플레이 • 건물의 자동화시스템 등	• 에너지관리시스템, 에너지 대시보드 • 에너지관리용 APP 등

SECTION 07 전기사업

076 소규모 신재생발전설비의 증가로 인하여 전력시장에서 발생하는 부작용을 해소하기 위하여 도입된 '소규모 전력중개사업'에 대하여 설명하시오.

data 발송배전기술사 19-119-1-3 / 발송배전기술사, 건축전기설비기술사, 전기응용기술사 출제예상 문제

답안 1. 소규모 전력중개사업의 용어 해석

(1) 소규모 전력중개시장이란 「전기사업법」에 따라 중개사업자가 소규모 전력자원을 모집·관리할 수 있도록 전력거래소가 개설하는 시장을 말한다.

(2) 소규모 전력중개사업자란 소규모 전력자원을 모집·관리하고 이로부터 생산 또는 저상된 선력을 거래하는 것을 주된 목적으로 하는 자로, 「진기사업법」에 따라 전기신사업 등록을 한 자를 말한다.

(3) 소규모 전력자원이란 「전기사업법」 및 동법 시행령에서 정하는 신에너지 및 재생에너지 설비, 전기저장장치 및 전기자동차를 말한다.

2. 규모 및 종류(「전기사업법 시행령」 제1조의3)

(1) 「신에너지 및 재생에너지 개발·이용·보급 촉진법」에 따른 설비용량 20MW 이하의 신에너지 및 재생에너지 발전설비

(2) 충·방전 설비용량 20MW 이하의 전기저장장치(ESS)

(3) 「환경친화적 자동차의 개발 및 보급 촉진에 관한 법률」에 따른 전기자동차

3. 소규모 전력중개사업의 목적

(1) 소규모 발전자원 급증에 따른 다음의 작용을 해소한다.

① 전력수급 안정성 저하 : 풍력이나 태양광은 날씨에 따라 출력이 변동된다.

② 장기 고정계약 미체결로 인한 폐기의 문제점이 발생한다.

③ 행정절차 비용부담이 증가한다.

(2) 전력자원관리에 대한 효율성을 제고한다.

4. 소규모 전력중개사업의 흐름도(KPX 자료)

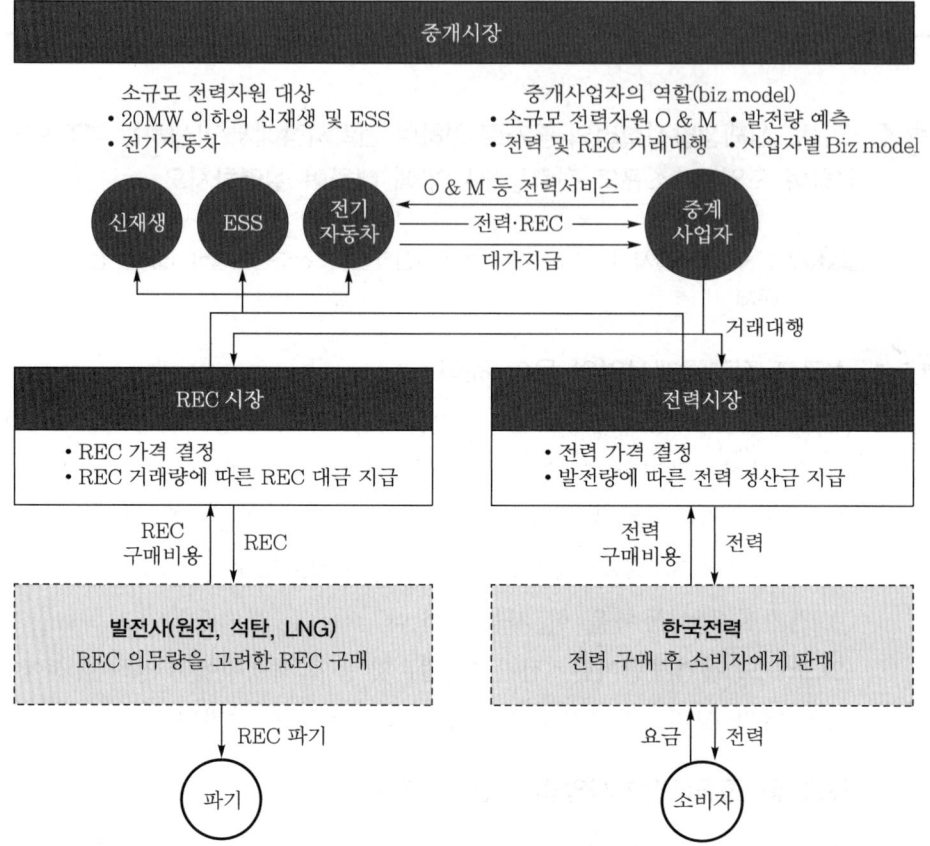

5. 적용 예

(1) 에너지 프로슈머

에너지 생산자와 소비자의 합성어로서, 산업단지나 빌딩 등의 일정 단지에서 소비전력을 신재생에너지로 직접 생산하는 사람들의 활성화

(2) 네거티브 파워

전력수요관리사업을 일컫는 말로, '네거티브(Negative) 발전' 사업자가 전기소비를 줄이고, 절감한 양을 전력시장에 입찰해 판매하는 것

(3) VPP : 가상발전소

(4) V2G : 전기자동차

077 소규모 전력중개사업의 필요성, 거래흐름도 및 활성화 방안에 대하여 설명하시오.

(data) 발송배전기술사 22-126-1-11 / 발송배전기술사, 건축전기설비기술사, 전기응용기술사 출제예상 문제

(답안) **1. 소규모 전력중개사업의 개요**

(1) 1MW 이하의 신재생에너지와 ESS, 전기차 같은 소규모 발전자원을 물리적 결합 없이 네트워크상에 모아 전력과 신재생에너지 공급인증서(REC)를 판매하는 사업(소규모 전력중개사업 표준약관[시행 2019. 11. 12, 산업통상자원부 고시])에 의한다.

(2) 소규모 전력자원이란 「전기사업법」 및 동법 시행령에서 정하는 신에너지 및 재생에너지 설비, 전기저장장치를 말한다.

(3) 전력자원보유자란 소규모 전력자원을 보유한 자 또는 보유예정인 자로서, 중개시장을 통하여 중개사업자에게 본인이 보유 또는 보유예정인 소규모 전력자원에서 생산한 전력 및 신재생에너지 공급인증서의 거래권한 위임 및 소규모 전력자원 관리를 위탁하고자 하는 자이다.

(4) 중개사업자란 소규모 전력자원을 모집·관리하고 이로부터 생산 또는 저장된 전력을 거래하는 것을 주된 목적으로 하는 자로서, 「전기사업법」에 따라 전기신사업 등록을 한 소규모 전력중개사업자이다.

2. 필요성(중개시장 개설에 따른 기대효과)

소규모 전력자원 보유자 (소규모 발전사업자)	전력시장 운영기관(전력거래소)	전력중개사업자
• 전력 및 REC 판로 확보 • 행정비용 및 불편비용 감소 • 계약 협상력 제고	• 계통 불확실성 해소 • 전력수급계획 효율성 제고	• 신규 수수료 수익 획득 • 신규 비즈니스 모델 개발

3. 거래흐름도

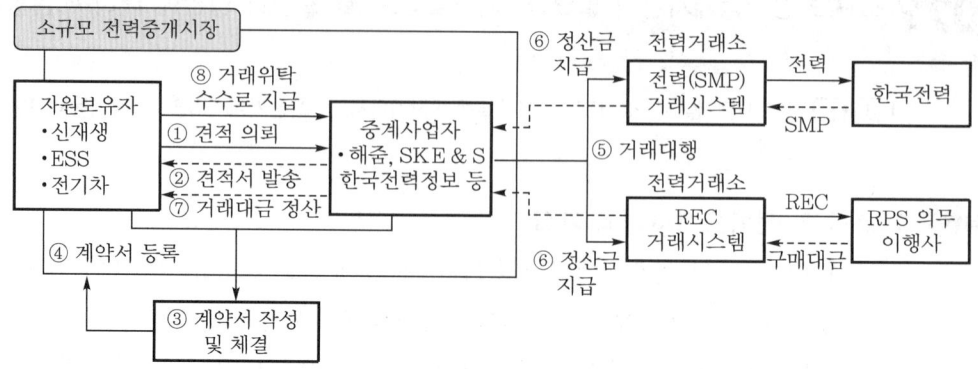

4. 활성화 방안

(1) 에너지 컨설팅

신재생 발전량 예측, 판매마진 개선, 모니터링 서비스를 VPP로 확대한다.

(2) 전력공급 안정화

그리드 안정화에 기여한 가치로 수익을 창출한다.

(3) 전력수요 감축

수요 감축으로 수익을 확보한다.

---

reference

참여자 자격조건

(1) 소규모 전력중개사업자

① 소규모 전력자원보유자와 중개계약 체결을 통해 집합된 자원을 대상으로 전력·REC 시장에서 거래를 주된 목적으로 하는 사업자

② 등록기준(「전기사업법 시행령」 제4조의3 관련 [별표 1])

　• 인력 : 「국가기술자격법」에 따른 기사 2명 이상(전기분야의 기사는 반드시 1명 이상 포함)
　　(기사 범위 : 전기·정보통신·전자·기계·건축·토목·에너지·기상 또는 환경 분야)

(2) 소규모 전력자원보유자(이하 자원보유자)

① 일정 규모 이하의 신재생에너지 설비, 전기저장장치 및 전기자동차를 보유한 자

② 규모 및 종류(「전기사업법 시행령」 제1조의3)

　㉠ 「신에너지 및 재생에너지 개발·이용·보급 촉진법(약칭 : 「신재생에너지법」)」에 따른 설비 용량 2MW 이하의 신에너지 및 재생에너지 발전설비

　㉡ 충·방전 설비용량 2MW 이하의 전기저장장치(ESS)

　㉢ 「환경친화적 자동차의 개발 및 보급 촉진에 관한 법률」에 따른 전기자동차

078 집단에너지사업과 구역전기사업을 각각 설명하고, ① 법적인 측면, ② 열공급 측면, ③ 전기공급 측면, ④ 전기판매 측면에서 비교하여 설명하시오.

data 발송배전기술사 19-119-2-4 / 발송배전기술사, 건축전기설비기술사 출제예상문제

답안 1. 집단에너지사업

(1) 집단에너지사업의 정의

① 집단에너지란 2개 이상의 사용자를 대상으로 공급되는 열 또는 열과 전기를 말한다.

② 사업대상 : 주거 및 상업지역 또는 산업단지 등 에너지 집중소비지역의 에너지 사용자

③ '②'의 대상에 열병합발전소, 열전용 보일러, 자원회수시설 등의 에너지 집중 에너지 생산시설에서 생산된 에너지(열 또는 열과 전기)를 일괄적으로 공급하는 사업

(2) 집단에너지사업의 종류 및 기준

① 지역 냉·난방 사업 : 난방용, 급탕용, 냉방용의 열 또는 열과 전기를 공급하는 사업으로서 자가소비량을 제외한 열생산용량이 500만kcal/h 이상일 것

② 산업단지 집단에너지사업 : 산업단지에 공정용의 열 또는 열과 전기를 공급하는 사업으로서 자가소비량을 제외한 열생산용량이 3000만kcal/h 이상일 것

③ 구역형 집단에너지사업 : 특정구역을 대상으로 열병합발전설비를 구비하여 열과 전기를 일괄 공급하는 사업

2. 구역전기사업

(1) 정의

구역전기사업은 특정한 공급구역 내 전력수요의 70% 이상의 발전설비를 갖추고 공급구역의 수요에 응하여 전기를 생산, 전력시장을 통하지 않고 당해 공급구역 안의 전기사용자에게 공급하는 사업이다.

(2) 구역형 집단에너지사업(CES)은 구역전기사업과 구분된다.

(3) 집단에너지사업의 허가를 받고 특정구역에 전력을 직판할 경우에는 집단에너지 사업자이면서 구역전기사업자이기도 하다.

(4) 구역전기사업은 「전기사업법」의 저촉을 받는다.

(5) 전기공급이 주목적이므로 열공급 여부와는 무관하며, 특정구역 내의 발전 및 판매사업자의 자격과 기준을 적용받는다.

(6) 구역전기사업자는 해당구역 내 전기공급의무에 따라 정부로부터 인가받은 전기 요금약관에 의해 공급전기에 대한 전기요금을 해당구역에 부과한다.

(7) 전기생산과정에서 해당구역의 전력수요에 부족하거나 남는 전력은 전력시장(전력거래소)이나 전기판매사업자(한전)를 통해서 구입 또는 판매할 선택권이 있다.

(8) 전력시장을 통할 경우 전력거래소의 정관과 전력시장 운영규칙의 적용을 받아서 전력구매 시 전기판매사업자인 한전과 동일한 적용을 받으며, 전력판매 시 발전 사업자 중 비중앙급전 발전기의 적용을 받는다.

(9) 한전을 통해 전력거래 시에는 「보완공급약관」을 적용한다.

(10) 구역전기사업자 설비용량 상한 및 하한

내용	전기사업법	시행령	접속구분
구역전기사업자 설비용량 상한	협의의 구역전기사업자 → 대통령령이 정하는 규모 이하	3만5천kW 이하	22.9kV, 154kV
	집단에너지사업자로서, 30만kW 이하인 구역전기사업자 = 구역형 집단에너지사업 (Community Energy System ; CES)	지역난방 : 15만kW 이하	154kV 이상
		산업단지 : 25만kW 이하	
구역전기사업자 설비용량 하한	당해 공급구역 전력수요의 50% 이상	당해 공급구역 전력수요의 60% 이상	

3. 집단에너지사업과 구역전기사업의 비교

구분	집단에너지사업	구역전기사업
정의	집단에너지사업은 1개소 이상의 집중된 에너지생산시설에서 생산된 에너지를 (열 또는 열과 전기) 주거, 상업지역 또는 산업단지 내의 다수 사용자에게 일괄 공급하는 사업	구역전기사업은 특정한 공급구역 내 전력수요의 70% 이상의 발전설비를 갖추고 공급구역의 수요에 응하여 전기를 생산, 전력시장을 통하지 않고 당해 공급구역 안의 전기사용자에게 공급하는 사업
법적용 측면	발전사업허가를 받은 것	특정구역 내에서 발전 및 판매사업자의 자격과 기준을 준용
열공급 측면	열공급이 주목적이므로 전기공급 여부는 무관	전기공급이 주목적이므로 열공급 여부는 무관

구분	집단에너지사업	구역전기사업
전기공급 측면	• 전기공급 의무는 없음 • 단, 「집단에너지사업법」에 의한 전력 직판 허용기준인 지역난방 15만kW, 산업단지 25만kW 이하의 설비규모로 구역전기사업 허가를 받은 경우에는 공급구역 내 전기공급의무가 추가됨 • 발전사업자의 자격으로 열생산과정에서 생산하는 전기는 전력시장을 통하여 판매하고, 필요한 전기는 한전의 전기요금약관에 의해 구매함	• 해당구역 내에 전기공급의무가 있음 • 정부로부터 인가받은 별도의 요금약관에 의해 공급한 전기에 대하여 전기요금을 부과하고, 과부족전력은 전력시장이나 한전을 통해서 판매 또는 구매함
전기판매 측면	중앙급전발전기의 자격요건을 갖춘 집단에너지사업자는 발전사업자의 중앙급전발전기와 동등한 자격으로 중앙급전지시를 받으므로 용량가격을 지급받음	잉여전력에 대해서만 전력을 판매할 수 있으며, 중앙급전지시를 받지 않아 용량가격을 지급받지 못함

4. 집단에너지 시설 개념도와 구역전기사업 운영 개념도

(1) 집단에너지 시설 개념도

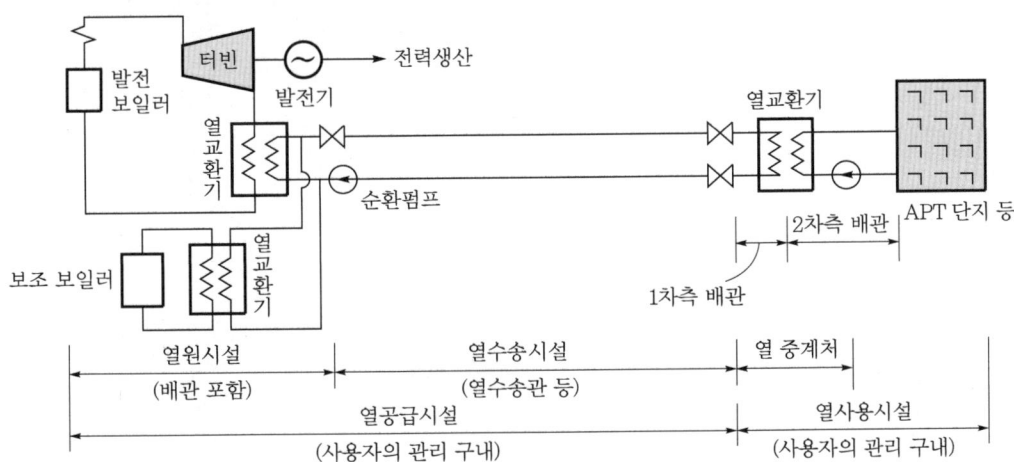

(2) 구역전기사업 운영 개념도

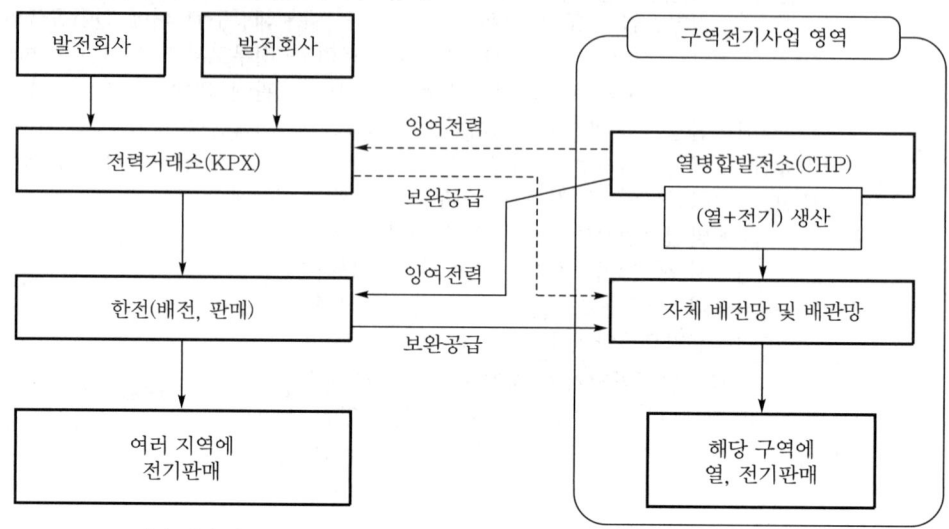

• ------ : 직접 지시 및 보고
• —— : 관련 기관의 통보 및 협의 후 업무 진행

PART

02

전력계통공학

Professional Engineer
Generation Transmission
and Distribution

전력계통의 개념과
표현법 및 방정식

SECTION 01 전력계통 개념

001 전력계통의 구성에 대하여 기술하시오.

(data) 발송배전기술사 출제예상문제

답안 **1. 전력계통의 기본요소에 대한 개념**

(1) 전력계통이란 전기를 생산·수송하여 소비하는 각종 설비가 유기적으로 결합해서 그림과 같이 하나의 System을 구성한 것을 총칭하여 전력계통(power system)이라 한다.

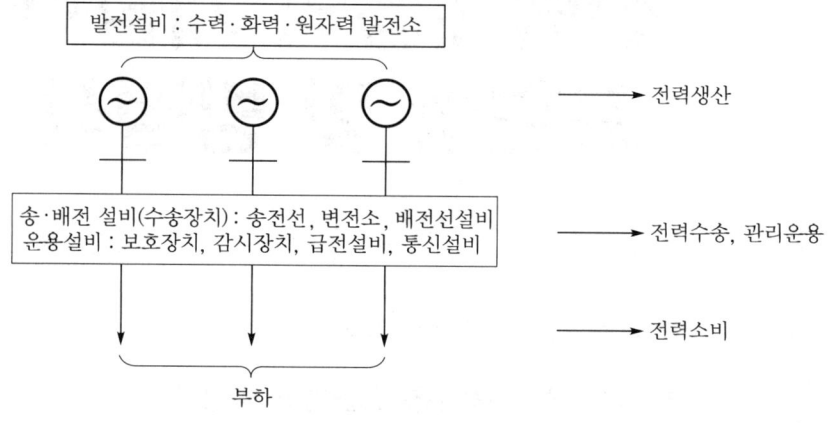

┃ 전력계통의 개요도 ┃

(2) 전력계통 구성의 기본은 다음 그림과 같이 발전에서 부하까지 이르는 목적, 기능이 각기 서로 다른 다양한 설비를 기술적 특성과 경제적인 특성면에서 서로 조화를 취해가면서 조합하여야 한다.

(3) 또한, 일정 수준의 서비스 레벨을 확보하면서 계통 전체로서의 가장 합리적인 기능을 발휘할 수 있도록 구성해야 한다.

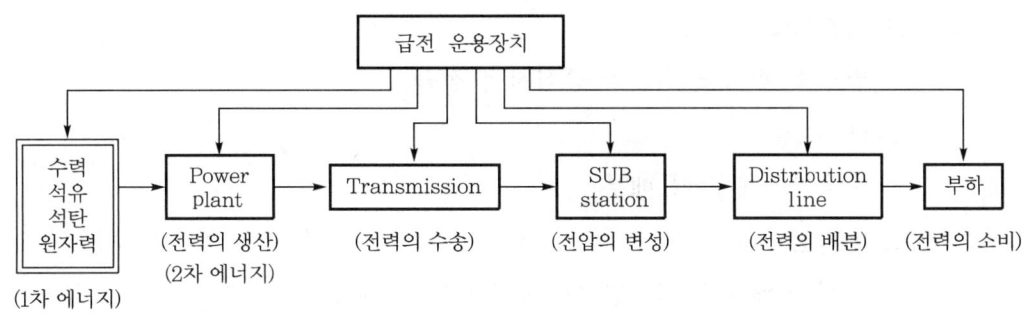

▮ 전력계통의 구성 ▮

(4) 전력계통의 운용은 시시각각으로 변화하는 부하의 양과 질적 양면의 요구를 충족시키기 위해서 설비능력의 범위 내에서 최대한으로 그 기능을 발휘하여 가장 경제적인 운용을 기하는데 역점을 두고 있다.

(5) 상기와 같은 개념 아래 각 설비에 대하여 간략히 기술하고자 한다.

2. 발전설비

(1) 구성 비율

화력 약 48%, 원자력 약 35%, 수력 7%, 신재생에너지설비 약 10%

(2) 우리나라 발전설비의 비율에 대한 특징

① 화주수종(火主水從) : 공급은 화력발전이 담당하고 중간부하는 수력발전이 담당한다.

② 건설비가 싸고, 건설기간이 짧으며 수력자원 개발이 곤란하고 화석연료수입 문제와 이산화탄소 등 환경공해물질 배출문제가 최대의 고민거리이다.

③ 신재생에너지설비는 지속적으로 증가하고 있다.

(3) 추후 건설전망

원자력 설비 증가와 SMR 적용 확대, 기준 석탄화력 발전단지의 내용연수 이후에 그 부지에 SMR 확대 적용이 예상된다.

3. 수송설비

(1) 구성

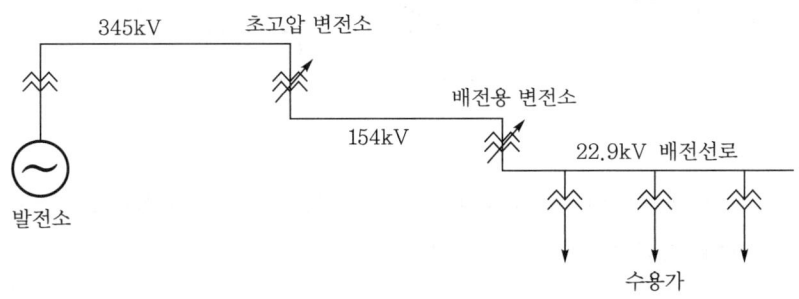

(2) 송전계통

　　발전소 전력을 수용의 중심지에 전송

(3) 배전계통

　　수용가에게 전기 배분

(4) 변전소

　　송전과 배전계통의 연결로 필요전압의 변성

(5) 우리나라의 현황

　　345kV 기간 송전선에서, 765kV 승압 기간망이 되었고, 500kV급 HVDC 건설
　　중으로 상용 가압은 2028년 경으로 예상되며, 저압은 220/380V로 단일화되었다.

4. 운영설비

(1) 정의

　　운영설비란 보호장치, 감시장치, 급전설비, 통신설비 등으로 구성된 전력계통의
　　신경으로서, 그 설비의 운용은 급전기관에 의한다.

(2) 급전업무

　　① 운용계획 수립
　　② 수급조정과 부하배분
　　③ 송전계통의 개폐조작 지령
　　④ 운용상태 감시 및 기록

(3) 급전계통의 구성요소

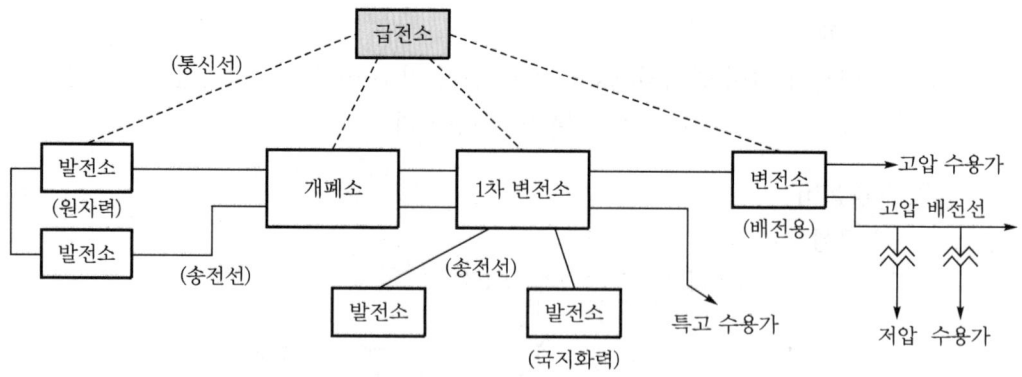

(4) 현 추세

　　계통 대규모화, 복잡화에 따른 컴퓨터를 활용한 ON-line으로 자동 급전시스템
　　화가 되어 있다.

5. 향후 전망

(1) 상기와 같이 전력계통은 상호 유기적이므로, 경제적이며 안정적인 양질의 전력을 수용가에 배분하기 위해서는 일상의 부하동향에 대응해야 된다.

(2) 특히 AI 시대에 데이터센터가 확대건설 중으로서, 전력부족사태가 예상되며 발전설비 및 수송설비의 각 요소는 기술적 상호 협조운영이 필수적이다.

(3) 결과적으로 각 설비의 요소별 운전담당자는 안정성과 신뢰도가 높은 운전에 최선을 기할 수 있도록 평소에 충분한 학습과 훈련이 필요한 것이다.

(4) 원자력 확대건설의 로드 MAP으로 현재 활발히 건설 중이며, 이에 따른 송전선로 건설도 매우 활발히 진행 중에 있다.

---

002 전력계통의 특질을 설명하시오.

(data) 발송배전기술사 출제예상문제

(답안) 1. 개요

(1) 전력계통의 정의

전기를 생산·수송하여 소비하는 각종 설비가 유기적으로 결합해서 하나의 System을 구성하는 것을 총칭해 전력계통(power system)이라 부른다.

(2) 전력계통의 개요도

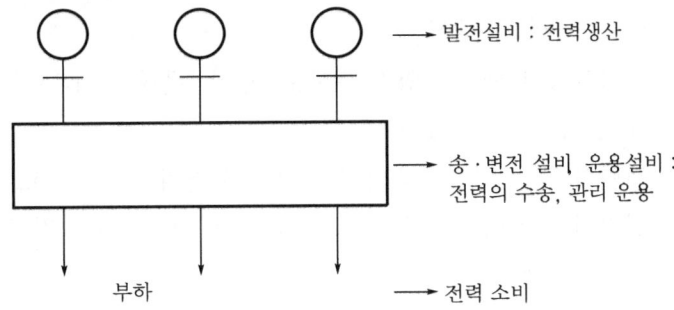

2. 전력계통의 특질

(1) 시스템의 대규모성

① 전국에 전력을 공급하므로 전력계통도 전국적인 규모이다.

② 우리나라 2023년 5월 현재 150037MW의 대규모 계통이다.

③ 지속적인 성장 및 발전이 예상된다.

(2) 생산과 소비의 동시성

① 생산과 소비가 동시에 이루어지는 전력계통에서는 소비량의 변화에 따라서 리얼타임으로 운영 중이다.

② 전력계통에는 저장기능이 없고 저장은 반드시 전기 이외의 형태(댐의 물, ESS 등)에 의해서만 가능하다.

③ 발생전력과 소비전력이 일치되어야 하고, 동시성이 있다.

(3) 계통특성의 다양성

① 전력계통은 계통마다 발전·수송·수중 설비의 구성내용이 다르므로 계통에 따라 각각 다른 운용특성을 갖게 된다.

② 유효전력은 전 계통적으로 변동한다.

　㉠ 전열기기의 열을 발생하거나 전동기의 회전력을 일으키는 등 실제로 일을 하는 에너지로 석탄이나 석유 등의 에너지원이 필요하다.

　㉡ 유효전력의 수급 불균형은 System의 주파수 변동으로 나타나는데 주파수는 전 계통 어느 지점에서든지 같은 값을 갖는 전체적인 변동특성을 갖는다.

③ 무효전력은 국지적인 변동특성을 갖는다.

　㉠ 무효전력은 유효전력의 흐름을 원활하게 하는 역할을 하며 별도의 에너지원이 필요하지 않다.

　㉡ 무효전력의 수급 불균형은 전압변동으로 나타나며 전압은 전력계통의 지점에 따라 다른 국지적인 변동특성을 나타낸다.

(4) 중단 없는 공급의 중요성

① 전기사업의 사명은 양질(주파수, 전압, 무정전)의 전력을 중단됨 없이 저렴하게 공급하는 데 있다.

② 전력설비는 일단 가동되면 장기간에 걸쳐 가동되므로 이를 계획함에 있어서 전기적인 설비투자의 효율과 환경지역과의 조타, 적극적인 신기술의 개발도입 등을 충분히 고려해야 한다.

(5) 전력 System의 사고는 완전히 제거할 수 없다.

고장이 발생되지 않도록 하는 예방제어 System과 사고 발생 시 사고를 신속히 제거하는 System을 갖추어야 한다.

3. 우리나라 전력계통의 특징

(1) 전력수요가 비교적 좁은 지역에 집중되고 있다.

① 경인지구(전체 수요의 약 45% 소비)

② 영남지구(포항, 울산, 창원 등)

(2) 발전설비의 분포

① 수력발전 : 주로 한경수계에 한정한다.

② 화력·원자력 : 냉각수를 해수에 의존하고 연료를 해외에서 수입하는 관계로, 항만시설이 있는 임해지대에 분산되어 있다.

③ 국토가 좁아서 전원입지가 좋지 않아 여러 대의 발전기가 집중건설되어 발전소당 발전규모가 대용량화되었다. 이에 따라 송전선으로 대용량화, 장거리화가 불가피한 실정이다.

④ 대도시(서울, 부산 등)는 도심부 외각에 초고압 선로를 끌어서 둘러싸고 도심부에는 각 방향으로부터 지중선 Cable로 공급하는 환상 Loop 계통구성을 취하고 있다.

---

003 우리나라 전력계통운영의 문제점 중 다음 사항에 대한 원인 및 대책을 각각 설명하시오.

1. 고장전류 증가
2. 전압안정도 취약
3. 과도안정도 취약

data 발송배전기술사 20-121-4-6 / 발송배전기술사 출제예상문제

답안 1. 고장전류의 증가원인 및 대책

(1) 고장전류의 증가원인

$$단락전류\ 기본개념식 : I_s = \frac{100}{\%Z} I_n = \frac{100}{\%Z} \times \frac{P_n}{\sqrt{3}\ V_n}\ [A]$$

① 부하증가(P_n)로 I_s가 상승한다.

② 신재생발전설비 및 대형 발전원 계통 병렬·병입 증가로 계통임피던스가 저하된다.

583

$$Z = \cfrac{1}{\cfrac{1}{Z_{g1}} + \cfrac{1}{Z_{g2}} + \cdots \cdots \cfrac{1}{Z_{gn}}}$$

③ 기여전류원 증가

㉠ 345T/L 대용량 간선 증가로 인한 C의 충전전류가 단락 시 기여전류원으로 작용

㉡ 계통 고압화 → C의 증가

㉢ 대용량 전동기 증가로 단락 시 전동기가 발전기화하여 기여전류원으로 작용

㉣ 분산전원 증가로 단락 시 분산전원에 의한 기여전류가 증가

(2) 대책

단락전류식은 $I_s = \dfrac{100}{\%Z} I_n = \dfrac{100}{\%Z} \times \dfrac{P_n}{\sqrt{3}\, V_n}$ 이며 이 식의 I_s를 감소하기 위해 $\%Z$ 증가, V 전압 상승, P 조정으로 대책의 기본을 설정한다.

① 계통측 대책

㉠ 차단기의 차단용량 증가하여 교체 : 차단기 성능 개선(P 조정)

㉡ 계통분리 : $\%Z$ 증가

㉢ 고임피던스 기기 채택($\%Z$ 증가) : 단락비가 작은 발전기

㉣ 한류리액터 설치($\%Z$ 증가) : 초전도, 한류, 공심 리액터

㉤ 계통연계($\%Z$ 증가) : 계통연계기, HVDC(BTB 방식)

㉥ 계통고장 시 분산전원의 신속분리 : $\%Z$ 증가

㉦ 계통안정도 향상 : P 조정

㉧ 고장지점 신속 차단

② 수용가측 대책

㉠ 변압기 $\%Z$ 상향제품 적용 : $\%Z$ 증가

㉡ 수전변압기 분할 : $\%Z$ 증가

㉢ 한류퓨즈에 의한 백업 차단

㉣ 캐스케이드 보호

㉤ 배전전압 격상 : V 전압 상승

㉥ 초전도 한류케이블, 초전도 변압기의 퀜치 특성 이용 : $\%Z$ 증가

2. 전압안정도의 취약원인 및 대책

(1) 전압안정도 취약원인

계통측 원인	수용가측 원인
• 계통 대형화, 송전선로 고압화, 장거리로 전압의 불안정현상 발생 • 수요지 인근의 전원이 탈락됨 • 타 회선 송전선로 사고의 파급, 철공진	• 대용량 부하의 급변동 • 일정한 전력을 사용하는 부하(전동기) 증가 • 냉방부하 증가에 따른 역률 저하

① 정전력부하 증가(유도전동기, 컴퓨터)

   ㉠ 일정 전력모델 : $P - jQ = IV^*$

   위 식 같이 전압강하 시 전류가 증가하면 전압이 더 강하되고 전류가 더 증가한다.

   ㉡ 전압 10% 저하 시 19% 무효전력 부족

     • $P = VI = 0.9 VI_a \rightarrow I_a$는 11% 상승

     • $Q_l = I_a^2 X \rightarrow 1.11^2$으로 약 23% 무효선력 손실 증가

     • $Q_C = \dfrac{V^2}{X}$에서 $(1-0.1)V^2$이므로 $81V^2$에서 약 19% 용량 감소

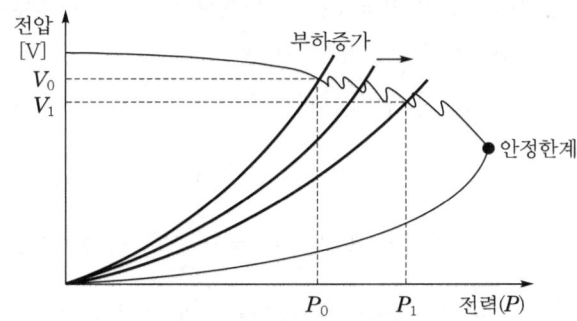

② 전압 불안정현상 증가

   ㉠ 전압 불안정현상이란 부하증가나 외란 발생 후 전압이 안정적으로 유지되지 못하여 전압이 붕괴되는 현상이다.

   ㉡ PV 특성곡선으로 설명하면 위의 그림과 같이 부하증가로 무효전력손실이 증가하여 전압이 저하, 전류증가에 의해 충전용량, 설비용량이 감소된다.

③ 계통에 병입되는 대용량 분산전원이 증가분의 전원탈락 및 투입

   예 풍력발전기

(2) 전압안정도 향상대책

설비측면	운영측면
• 수요지 인근에 분산전원발전소 건설 • SC 등 무효전력공급원 확충 • SVC, SVG 순동 무효전력설비 가동 • 지역 간 연계선로 보강	• 발전기 단자전압을 상향시켜 운전 • 고장파급방지시스템(SPS) : 부하차단 • 취약선로에 대한 조류 제약 운전 • SC 선행운전 : 발전기 동적 무효전력 확보 • 분산전원에 대한 FRT 규정 준수 • 배전 MTr, OLTC를 수동운전시켜 부하 저감 : 실제 제일 많이 현장에서 적용함

3. 과도안정도의 취약 원인 및 대책

(1) 과도안정도란 전력계통의 심각한 외란에 대해 전력계통이 동기상태를 유지할 수 있는 능력을 말한다.

(2) 과도안정도의 취약 원인

기본개념식은 $\dfrac{d^2\delta}{dt^2} = \dfrac{\omega}{M}\left(P_m - \dfrac{E_A E_B}{X}\sin\delta'\right)$ 으로서, 이 식의 요소를 말한 것이다.

① 고장전류의 증가로 다음 현상발생으로 인한 과도안정도 감소

　㉠ 전달임피던스의 증가(X)

　　• 사고 전 전달임피던스 : $X = X_{1A} + X_{1B}$

　　• 사고 후 전달임피던스 : $X' = X_{1A} + X_{1B} + \dfrac{X_{1A}\cdot X_{1B}}{X_F}$

　　• 3상 단락사고 시 $X_F = 0$, X' 급증 → $\Delta P = P_m - P_n'$가 급증하여

　　　$\dfrac{d^2\delta}{dt^2}$ 의 값이 증가하므로 동요가 증가하고 과도안정도는 저하한다.

　㉡ 고장전류 증가, 차단기 개폐서지 증가로 재폐로 시 과도안정도는 저하된다.

② 정전력부하 증가에 의한 전압안정도 저하 : 전압 불안정현상에 의해 규정전압을 유지하지 못하여 ΔP가 증가한다.

③ 분산전원 병입 증가

　㉠ 분산전원 도입에 따른 재폐로시간 연장 및 고장제거시간 연장

　㉡ 대용량 풍력발전기 계통 탈락 시 주파수 변화

　㉢ 발전기 속응여자에 의한 제동력 저하

(3) 과도안정도의 대책

① **계획측면**

ㄱ T/P 발전소에 EVA를 설치하여 Steam량 조정

ㄴ 발전기에 동적 제동(dynamic braking) 적용

ㄷ SVC, SVG를 설치하여 병렬전압보상

ㄹ 발전기의 AVR + PSS 운전

ㅁ FACTS 적용 : 한국은 STATCOM, UPFC, TCSC, SVC를 설치하여 적용 중

ㅂ HVDC

- 한국은 해저케이블로 제주와 육지 간 연계
- 육상은 당진과 평택에 지중케이블로 연계
- 향후 신울진에서 신가평 간 500kV HVDC 건설

② **운영측면** : 고장 파급방지시스템(SPS)을 적용하는데 발전기를 선택하여 차단한다.

SECTION 02 전력계통 표현법과 방정식

004 발전기를 무부하운전 중 단락전류의 시간적 변화에 이용되는 리액턴스와 발전기를 부하운전 중 발전기의 단자에 대한 3상 단락전류를 해석하시오.

data 발송배전기술사 출제예상문제

답안 **1. 개요**

(1) 발전기성분 중 저항분은 리액턴스분보다 미소하여 무시하고, 발전기의 리액턴스는 정격전압 및 용량을 기준으로 $\%Z$ 또는 단위법으로 아래의 등가회로로 표현할 수 있다.

(2) 등가회로

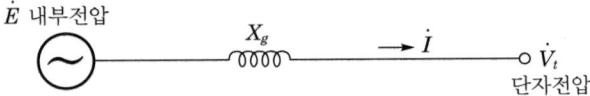

2. 무부하운전 중 단락전류 시간적 변화에 이용되는 리액턴스

(1) 무부하운전 중(발전기전류 0)인 발전기단자에 3상 단락이 되었다면 발전기전기자(고정자, stator)의 교류분은 제동권선이라든지 계자권선의 영향을 받아 그림과 같이 시간적 변화를 나타낸다.

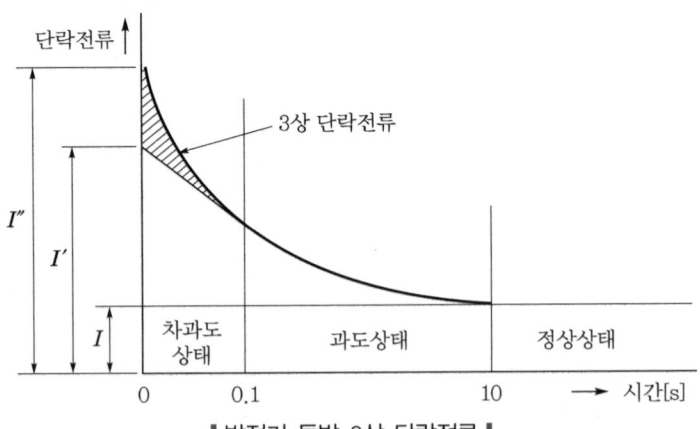

‖ 발전기 돌발 3상 단락전류 ‖

(2) 보통 이러한 현상을 시간적으로 다음과 같이 구분 적용하여 사용한다.

구분 / 항목	차과도 단락전류	과도 단락전류	정상 단락전류
정의	3상 단락 직후 (0.1초 이내)의 전류로 I''로 표현함	차과도 단락전류 이후에 비교적 감쇠가 완만한 감쇠곡선을 연장한 그림의 빗금친 부분 이외의 단락전류로 I로 표현함	단락 후 수초 정도 이상 경과해서 I'', I'의 전류가 감쇠 후 시간적으로 안정된 전류
적용식	$X_d'' = \dfrac{V[\mathrm{pu}]}{I''[\mathrm{pu}]}$ X_d'' : 차과도 리액턴스	$X_d' = \dfrac{V[\mathrm{pu}]}{I'[\mathrm{pu}]}$ X_d' : 직축과도 리액턴스	$X_d = \dfrac{V[\mathrm{pu}]}{I[\mathrm{pu}]}$ X_d : 직축 동기 리액턴스
리액턴스 적용	3상 단락 직후(0.1초 이내)에 적용되는 발전기 리액턴스에 사용	3상 단락 또는 계통조건 변화 후 0.1~수초간의 발전기 리액턴스에 사용	계통조건에 변화가 없는 정상운전 시에 있어서의 발전기 리액턴스에 사용

3. 무부하운전 중 발전기의 내부전압

(1) 발전기의 내부전압은 $E'' = V + jX_d''I$에서, $E = V + jX_dI$까지 발전기의 리액턴스가 변화하므로, 단순히 일정한 리액턴스와 일정 내부전압으로 나타낼 수 없다.

(2) 그러나 근사적으로 상기 표의 조건을 감안하여 다음과 같이 취급하는 경우가 많다.

① 계통 조건변화 직후 0.1초 정도 이내의 현상을 계산할 경우에는 X_d''와 E''는 일정하다고 취급한다.

② 계통 조건변화 직후 0.1초~수초 정도 이내의 현상을 계산할 경우에는 X_d'와 E'는 일정하다.

③ 계통조건이 수초 이상 걸려서 완만하게 변화할 경우에는 X_d와 E는 일정하다.

4. 부하운전 중 발전기단자의 3상 단락 직후의 전류 I''

(1) 발전기를 $P[\mathrm{MW}] + jQ[\mathrm{MVar}]$로 운전 중에 있다고 하고, 이 출력을 정격전압 및 정격용량 기준으로 정리하면 아래와 같다.

$$\frac{P + jQ}{W_{\mathrm{base}}} = P + jQ[\mathrm{pu}]$$

(2) 발전기의 전류를 발전기의 단자전압 기준으로 정리하면 다음과 같다.

$$I = \left(\frac{P + jQ}{V}\right)^* = \frac{P - jQ}{V}[\mathrm{pu}]$$

(3) 부하운전 중 3상 단락 시 나타나는 차과도 리액턴스에 의한 배후전압 E''는 다음과 같다.

$E'' = V + j x_d'' I$

여기서, V : 발전기 단자전압

$\qquad x_d''$: 차과도 리액턴스

∴ 단락 직후의 차과도 단락전류 I''

$$I'' = \frac{E''}{x_d''} = \frac{V + j x_d'' I}{x_d''}$$

005 3상 교류발전기 무부하운전 중 발전기단자에서 3상 단락 시 시간경과에 따른 단락전류와 리액턴스의 관계를 설명하시오.

data 발송배전기술사 18-114-1-4 / 발송배전기술사 출제예상문제

답안 1. 발전기의 등가회로

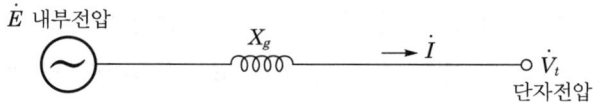

(1) 발전기의 전기자권선의 저항분은 리액턴스에 비해 미소하여 무시한다.

(2) 발전기 리액턴스는 발전기 정격전압[kV]과 정격용량[kVA]을 기준해서 %임피던스 또는 단위법으로 표시된다.

2. 무부하운전 중 단락전류의 시간적 변화

* Chapter 01 - 문제 004의 답안 '2.' 내용을 참조한다.

006 전력계통의 해석에 있어 단위법의 이점과 실계통에 많이 사용되는 3권선 변압기의 등가회로와 1·2·3차 임피던스 표현방법에 대하여 설명하시오.

data 발송배전기술사 출제예상문제

답안 **1. 단위법의 정의 및 이점**

(1) 단위법(per unit)이란 전압, 전류, 전력, 임피던스 등을 어떤 기준에 대한 배수로서 나타내는 방법이다.

(2) 단위법의 이점

① 값이 단위를 갖지 않은 무명수로 표시되므로, 계산 도중 단위를 환산할 필요가 없다.

② 식 중의 정수 등이 생략되어, 식이 간단해진다.

③ 기기라든지 회로의 정수를 단위법으로 나타내면 기기용량의 대소에 관계없이 그 값이 일정한 범위 내로 들어가기 때문에 기억하기 쉽다.

2. 3권선 변압기의 등가회로와 임피던스의 단위법 표현방법

(1) 실계통에 많이 사용되는 3권선 변압기

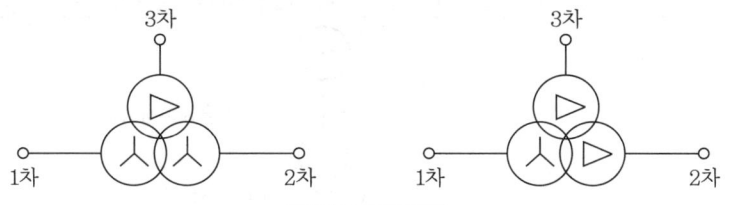

‖3권선 변압기‖

(2) 3권선 변압기의 등가회로

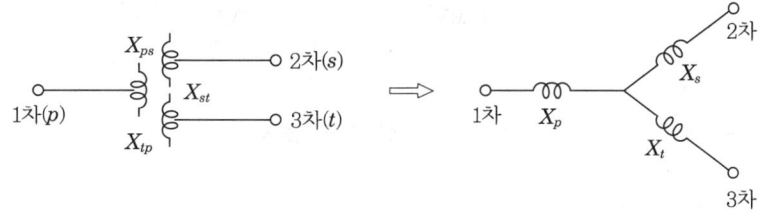

① $X_{ps} = X_p + X_s + 0$: 1 - 2차 간 임피던스(3차측 개방조건)

$X_{st} = 0 + X_s + X_t$: 2 - 3차 간 임피던스(1차측 개방조건)

$X_{tp} = X_p + 0 + X_t$: 3 - 1차 간 임피던스(2차측 개방조건)

② 이때, 변압기 임피던스를 1차측 또는 2차측 어느 쪽으로 환산해 주어도 동일한 [pu]값이 된다.

(3) 정격전압과 기준전압이 같을 경우 3권선 변압기의 단위법 표시

위의 연립방정식으로부터 3권선 변압기의 1·2·3차 임피던스는 다음과 같다.

① 1차 임피던스 : $X_p = \dfrac{X_{ps} + X_{tp} - Z_{st}}{2}$ [pu]

② 2차 임피던스 : $X_s = \dfrac{X_{ps} + X_{st} - Z_{tp}}{2}$ [pu]

③ 3차 임피던스 : $X_t = \dfrac{X_{tp} + X_{st} - Z_{ps}}{2}$ [pu]

007 전원측 단락용량 800MVA, 154kV 모선에 20MVA 기준 1-2차 간 $Z_{ps} = 8\%$, 2-3차 간 $Z_{st} = 12\%$, 1-3차 간 $Z_{pt} = 10\%$인 3권선 변압기가 있다. 이 변압기의 2차 권선에 지상역률 80%, 10MVA의 부하를 접속하고, 3차 권선에 지상역률 60%, 5MVA의 부하와 4MVA의 콘덴서를 접속하였을 때 변압기의 2차측과 3차측의 전압변동률을 구하시오.

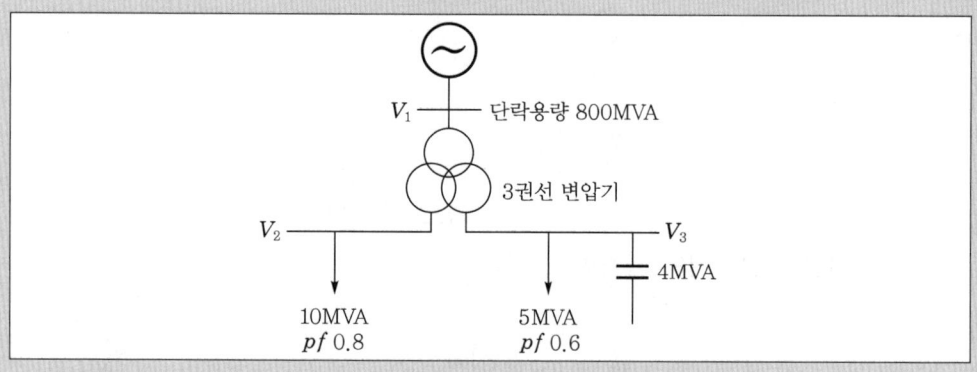

data 발송배전기술사 21-125-3-4 / 발송배전기술사 출제예상문제

답안 1. 계통측 X계산

(1) 단락용량 $P_s = \dfrac{100\%}{\%Z_s} \times P_n$

$\therefore \%Z_s = \dfrac{100\%}{P_s} \times P_n = \dfrac{100\%}{800\,\text{MVA}} \times 20\,\text{MVA} = 2.5\%$

(2) $X[\mathrm{pu}] = \dfrac{2.5}{100} = 0.025\,\mathrm{pu}$

2. 3권선 변압기의 Reactance 변환시켜 1·2·3차 변압기의 임피던스

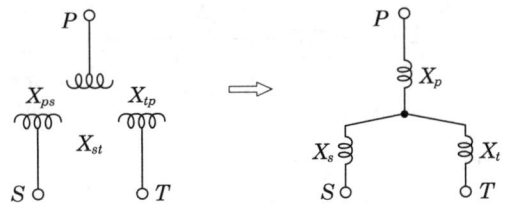

(1) $X_p = \dfrac{X_{ps} + X_{tp} - Z_{st}}{2} = \dfrac{8 + 10 - 12}{2} = 3\,\% = 0.03\,\mathrm{pu}$

(2) $X_s = \dfrac{X_{ps} + X_{st} - Z_{tp}}{2} = \dfrac{8 + 12 - 10}{2} = 5\,\% = 0.05\,\mathrm{pu}$

(3) $X_t = \dfrac{X_{tp} + X_{st} - Z_{ps}}{2} = \dfrac{10 + 12 - 8}{2} = 7\,\% = 0.07\,\mathrm{pu}$

3. 부하의 유·무효 전력과 각 권선에 통전하는 전류산출

(1) 2차 권선 부하 및 전류

① 부하 : $W_2 = W(\cos\theta - j\sin\theta) = 10(0.8 - j0.6) = 8 - j\,6\,[\mathrm{MVA}]$

② 부하[pu] : $W_2 = \dfrac{P_2 - jQ_2(= 8 - j6)}{W_b(= 20\mathrm{MVA})} = 0.4 - j0.3\,[\mathrm{pu}]$

③ $I_2 = \dfrac{P_2 - jQ_2}{V^*} = \dfrac{0.4 - j0.3}{1.0} = 0.4 - j0.3\,[\mathrm{pu}]$

(2) 3차 권선 부하 및 전류

① 부하 : $W_3 = 5(\cos\theta - j\sin\theta) + j4 = 5(0.6 - j0.8) + j4 = 3\,\mathrm{MVA}$

② 부하[pu] : $W_3 = \dfrac{P_3 - jQ_3(= 3.0 - j0)}{W_b(= 20\mathrm{MVA})} = 0.15\,\mathrm{pu}$

③ $I_3 = \dfrac{P_3 - jQ_3}{V^*} = \dfrac{0.15 - j0}{1.0} = 0.15\,\mathrm{pu}$

(3) 1차 권선 부하

① 부하 : $W_1 = W_2 + W_3 = 11 - j\,6\,[\mathrm{MVA}]$

② 부하[pu] : $W_1 = \dfrac{P_1 - jQ_1}{W_b} = \dfrac{11 - j6\,[\mathrm{MVA}]}{20\,\mathrm{MVA}} = 0.55 - j0.3\,[\mathrm{pu}]$

③ $I_1 = \dfrac{P_1 - jQ_1}{V^*} = \dfrac{0.55 - j0.3}{1} = 0.55 - j0.3\,[\mathrm{pu}]$

4. 2차측, 3차측 단자전압의 산출

(1) Reactance map 작성

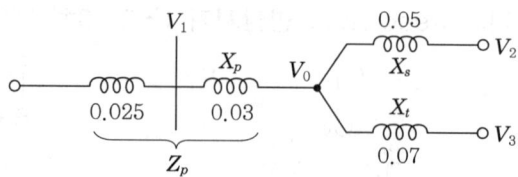

(2) $V_0 = 1 - (0.55 - j3) \times j\,(0.025 + 0.03)$

$\qquad = 0.9835 - j0.03025\,[\mathrm{pu}]$

$V_0 = 1 - I_1 \times j\,Z_P$

여기서, $1.0 \rightarrow$ 전원측의 원 전압

(3) $V_2 = V_0 - j\,I_2 X_s = (0.9835 - j0.03025) - j\,(0.4 - j0.3) \times 0.05$

$\qquad = 0.9985 - j0.05025\,[\mathrm{pu}]$

즉, 위의 그림과 같이 V_0지점에서 전류 I_2로 인한 전압강하를 (−)한 것이 V_2
이다.

$V_2 = \big|\sqrt{0.9985^2 + 0.05025^2}\big| = |0.99976|\,\mathrm{pu}$

(4) $V_3 = V_0 - j\,I_3 X_t = (0.9835 - j0.03025) - j\,0.15 \times 0.07$

$\qquad = 0.9835 - j0.04075\,[\mathrm{pu}]$

$V_3 = \big|\sqrt{0.9835^2 + 0.04075^2}\big| = |0.9843|\,\mathrm{pu}$

5. 전압변동률 계산

(1) 2차측 전압변동률

$$\varepsilon_2 = \frac{V_{20} - V_{2n}}{V_{2n}} \times 100 = \frac{1.0\,\mathrm{pu} - 0.99976\,\mathrm{pu}}{0.99976\,\mathrm{pu}} \times 100 = 2.4\%$$

(2) 3차측 전압변동률

$$\varepsilon_3 = \frac{V_{30} - V_{3n}}{V_{3n}} \times 100 = \frac{1.0\,\mathrm{pu} - 0.9843\,\mathrm{pu}}{0.9843\,\mathrm{pu}} \times 100 = 1.595\%$$

008 전력계통의 특성해석을 위한 부하응답모델에 대하여 설명하시오.

008-1 부하의 특성과 동작을 특정짓는 부하모델 중 부하응답모델에 대하여 설명하시오.

(data) 발송배전기술사 20-125-1-10 · 20-122-1-5 · 19-118-1-7 / 발송배전기술사 출제예상문제

답안 **1. 부하응답모델의 개념**

(1) 부하의 특성과 동작을 결정할 경우에는 부하의 수요모델과 부하의 응답모델이 있다.

(2) 이 중 계통특성 해석에 영향을 주는 것은 부하의 응답모델로서, 전압과 주파수 변동에 따라 부하응답모델의 영향이 달라져서, 해당 모선의 유효 및 무효 전력에 영향을 끼친다.

(3) 특히, 계통 해석에 영향을 미치는 것은 부하응답모델이다.

(4) 전력계통의 해석을 위하여 부하의 특성을 전압과 전력으로 모델링하는 기법이다.

(5) 용도

모선전압, 주파수 변동 시 유·무효 전력의 변화를 해석 시 사용한다.

(6) 최근에 송전계통의 운용한계와 관련해서 주목받고 있는 것은 부하응답모델의 전압특성이며, 이는 $P \propto V^m$ 으로 표현되며, m 의 값이 작을수록 전압안정도면에서 가혹하다.

(7) 부하응답모델은 3가지가 있으며 이를 $Z-I-P$ 모델이라 부르기도 한다.

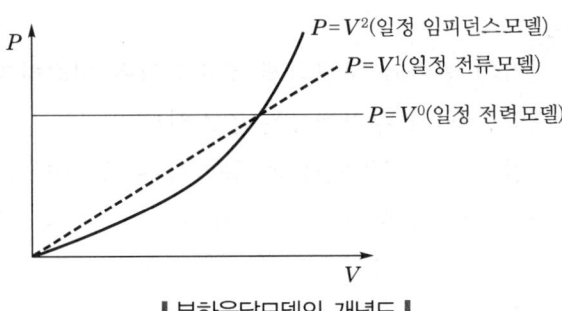

■ 부하응답모델의 개념도 ■

2. 부하응답모델

(1) 일정 임피던스모델($P \propto V^2$)

① 표현식 : $Z = \dfrac{V}{I} = \dfrac{V\,V^*}{I\,V^*} = \dfrac{|V|^2}{P-jQ} \;\rightarrow\; (P-jQ) \cdot Z = |V|^2$

$$\therefore\ P \propto V^2$$

또는 $\dot{Y} = \dfrac{\dot{I}}{\dot{V}} = \dfrac{P - jQ}{|V|^2}$

② 특성

　㉠ 전압의 저하에 따라 Z가 일정하면 유효전력과 무효전력은 전압의 제곱에 비례하므로 전압이 저하함에 따라 제곱으로 소비전력이 감소한다.

　㉡ 전압안정도 측면에서 가장 무수한 부하로서, R부하인 전열, 저항기 부하이다.

(2) 일정 전류모델($P \propto V^1$)

① 표현식 : $\dot{I} = \dfrac{P - jQ}{\dot{V}^*} = |I|\ \underline{/\theta - \phi} \rightarrow P - jQ = V^*I$

$$\therefore\ P \propto V$$

여기서, $\dot{V} = |V|\ \underline{/\theta},\ \phi = \tan^{-1}\dfrac{Q}{P}$

② 특성

　㉠ 전류 I가 일정하면 유효전력과 무효전력은 전압에 비례한다.

　㉡ 전압이 저하함에 따라 소비전력도 감소한다.

　㉢ 따라서, 유효전력 P는 $P = VI^*$로 표현할 수 있고 이때 전류 I가 일정할 경우이다.

(3) 일정 전력모델($P \propto V^0$)

① 표현식 : $P - jQ = V^*I$, 즉 $P \propto V^0$

② 특성

　㉠ 전압의 변화와 무관하게 소비전력은 변화하지 않는다.

　㉡ 전압증가 시 부하전류는 감소한다.

　㉢ 전압저하 시 부하전류가 증가하는 특성이 있다.

　㉣ 전압저하 시 일정 전력을 유지해야 하므로 전류는 증가하고 이 전류로 인해 전압강하는 더 심하게 되어 악순환을 반복하며 전압안정도에 가장 가혹한 조건이 된다.

　㉤ 일정 전력모델은 하절기 부하 증가 시 전압 불안정현상의 원인으로 작용한다.

　㉥ 일정 전력특성을 지닌 전기제품(인버터, 에어컨 등)이 대표적인 모델이다.

3. 부하들의 결합인 경우 부하응답모델의 해석

(1) 실제 부하는 모델이 유·무효 전력에 걸쳐 해석해야 된다.

(2) 3가지 모델의 선형결합으로 유효전력과 무효전력은 다음과 같은 전압의 다항식으로 표현·해석해야 된다.

(3) 표현식

$$P_i = \sum_{i=1}^{N_p} C_{pj} V_i^{K_{pj}}, \quad Q_i = \sum_{i=1}^{N_q} C_{qj} V_i^{K_{qj}}$$

단, C_{pj}, C_{qj}, K_{pj}, K_{qj}는 모델화 과정에서 결정되거나, 현장 데이터에 의한 정수이다.

4. 전기기기의 전압특성

종류	유효전력 부하의 예	무효전력 부하의 예	비고
정임피던스모델	인버터, 에어컨, 선풍기	송풍기	정전력 특성이 가장 큰 문제로, 전압안정도에 가장 큰 영향을 끼침
정진류모델	VRR, 용접기	인비디, 에이컨, VTR	
정전력모델	전기오븐, 방전등	용접기	

memo

전력계통망의 행렬표현

SECTION **01** Y-버스

009 아래 그림의 전력계통에서 키르히호프 제1법칙에 의하여 모선 1에 유입하는 전류를 구하고자 할 경우 전력계통에 관한 기초방정식을 정식화(定式化)하는 3가지 방법을 설명하고, 모선 1에 유입하는 전류를 전압과 어드미턴스로 표현하는 방법에 대하여도 설명하시오.

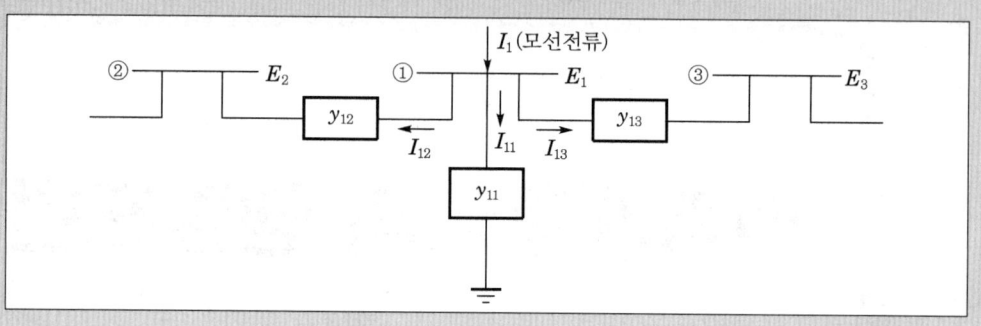

data 발송배전기술사 출제예상문제

답안 **1. 전력계통 기초방정식의 정식화 방법**

(1) 전력계통의 특성을 나타내는 기초방정식은 계통의 회로망을 어떻게 구성하느냐에 따라 다음의 3가지로 정식화(定式化)할 수 있다.

① 모선방정식 : $E_{\mathrm{bus}} = Z_{\mathrm{bus}} I_{\mathrm{bus}}$ 또는 $I_{\mathrm{bus}} = Y_{\mathrm{bus}} E_{\mathrm{bus}}$

② 지로방정식 : $E_{\mathrm{br}} = Z_{\mathrm{br}} I_{\mathrm{br}}$ 또는 $I_{\mathrm{br}} = Y_{\mathrm{br}} E_{\mathrm{br}}$

③ 폐로방정식 : $E_{\mathrm{loop}} = Z_{\mathrm{loop}} I_{\mathrm{loop}}$ 또는 $I_{\mathrm{loop}} = Y_{\mathrm{loop}} E_{\mathrm{loop}}$

(2) 일반적으로 방정식의 개수를 줄일 수 있기 때문에 모선 어드미턴스를 사용한 모선방정식을 많이 사용한다.

2. 모선 1에 유입하는 전류를 전압과 어드미턴스로 표현하는 방법

(1) 유입전류

$$I_1 = I_{11} + I_{12} + I_{13} = E_1 y_{11} + (E_1 - E_2)y_{12} + (E_1 - E_3)y_{13}$$
$$= E_1(y_{11} + y_{12} + y_{13}) + E_2(-y_{12}) + E_3(-y_{13})$$

(2) 여기서, 아래와 같이 위 식을 간단히 표현해보면 다음과 같다.

① $Y_{11} = y_{11} + y_{12} + y_{13}$

② $Y_{12} = -y_{12}$

③ $Y_{13} = -y_{13}$

$\therefore\ I_1 = E_1 Y_{11} + E_2 Y_{12} + E_3 Y_{13}$

여기서, Y_{11} : 모선 ①에 직접 연결되어 있는 어드미턴스의 대수 합으로 구동

점 어드미턴스

Y_{12} : 모선 ①과 모선 ② 사이에 연결된 어드미턴스 y_{12}의 부호를

반대로 한 상호어드미턴스

Y_{13} : 모선 ①과 모선 ③ 사이에 연결된 어드미턴스 y_{13}의 부호를

반대로 한 상호어드미턴스

---

010 전력계통을 망방정식보다 모선방정식으로 표현하는 이유를 설명하고, 다음 계통에 대하여 3단자 모선방정식의 어드미턴스 Y_{11}, Y_{12}, Y_{13}을 구하시오. (단, 계통 내부에는 기전력이 포함되지 않고, 충전커패시턴스, 전력콘덴서 등은 부하로 취급)

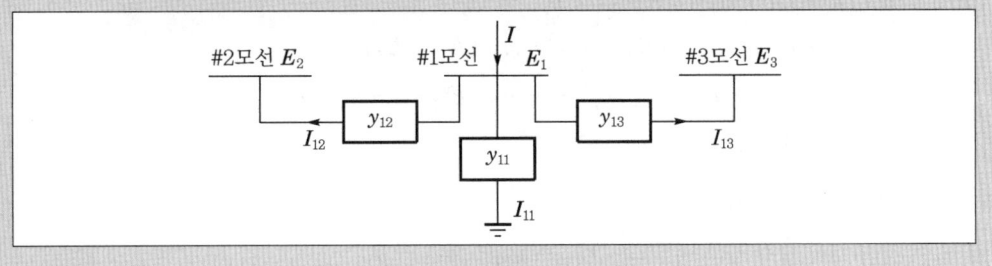

(data) 발송배전기술사 19-118-1-13 / 발송배전기술사 출제예상문제

답안 **1. 전력계통을 모선방정식으로 표현하는 이유**

(1) 모선방정식과 망방정식의 변수

① 각 모선의 전압 : 모선방정식에서 회로의 상태를 나타내는 변수

② 망전류 : 망방정식에서 각 망에 흐르는 변수

(2) 모선방정식의 개수와 망방정식의 개수 비교

① 망방정식의 수 : $m = b - n + 1$

여기서, b : 주어진 회로의 가지(branch) 수

n : 모선의 수, m : 망방정식의 수

② 모선방정식의 수(m') : $m' = n - 1$

③ 망방정식과 모선방정식의 개수 차이(d) : $d = m - m' = b - 2n + 2$

　→ 0보다 크다.

④ 망방정식(m)은 모선방정식(m')의 개수보다 d개수만큼 많아진다.

(3) 이유

① 모선과 대지 간에 발전기, 부하, 충전 커패시턴스 등의 대지(大地) 지로가 있고, 모선과 모선 사이에 송전선 또는 변압기 지로가 있기 때문이다.

② 상기의 이유와 같이 방정식의 수가 적어도 되고, Y_{BUS} 행렬을 복잡하게 계산하지 않아도 된다.

③ 송전선의 접속상태가 변경된 경우에도 쉽게 회로방정식을 변경하기 용이하다.

2. 3단자 모선방정식의 어드미턴스 Y_{11}, Y_{12}, Y_{13} 산출

(1) KCL 법칙을 이용하여 전류 산출

$$I = I_{11} + I_{12} + I_{13}$$
$$= y_{11}E_1 + y_{12}(E_1 - E_2) + y_{13}(E_1 - E_3)$$
$$= (y_{11} + y_{12} + y_{13})E + (-y_{12})E_2 + (-y_{13})E_3$$
$$= Y_{11}E_1 + Y_{12}E_2 + Y_{13}E_3$$

(2) 어드미턴스

① 자기어드미턴스 $Y_{11} = y_{11} + y_{12} + y_{13}$

② 상호어드미턴스 $Y_{12} = -y_{12}$, $Y_{13} = -y_{13}$

　부호를 반대로 계산한다.

011 다음 그림에서 Y_{BUS}를 구하시오.

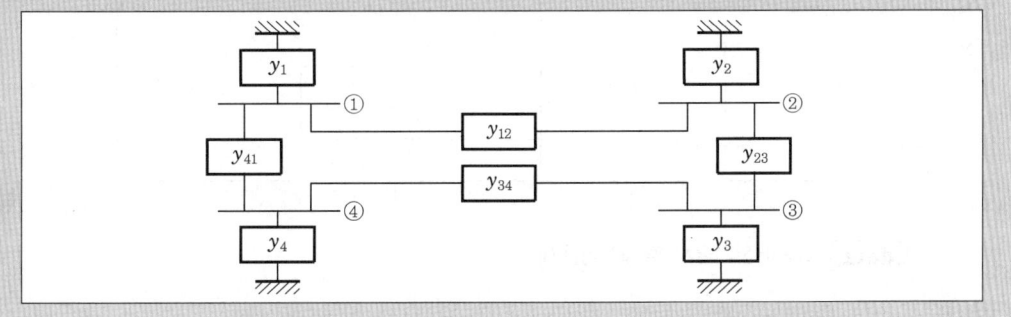

data 발송배전기술사 출제예상문제

답안 1. Y_{BUS}

$$Y_{BUS} = \begin{bmatrix} Y_{11} & Y_{12} & Y_{13} & Y_{14} \\ Y_{21} & Y_{22} & Y_{23} & Y_{24} \\ Y_{31} & Y_{32} & Y_{33} & Y_{34} \\ Y_{41} & Y_{42} & Y_{43} & Y_{44} \end{bmatrix}$$

2. 각 요소 산출

① $Y_{11} = y_1 + y_{12} + y_{41}$

② $Y_{12} = Y_{21} = -y_{12}$

③ $Y_{13} = Y_{31} = 0$

④ $Y_{14} = Y_{41} = -y_{41}$

⑤ $Y_{22} = y_2 + y_{12} + y_{23}$

⑥ $Y_{23} = Y_{32} = -y_{23}$

⑦ $Y_{24} = Y_{42} = 0$

⑧ $Y_{33} = y_3 + y_{23} + y_{34}$

⑨ $Y_{34} = Y_{43} = -y_{34}$

⑩ $Y_{44} = y_4 + y_{34} + y_{41}$

3. Y_{BUS}

$$Y_{BUS} = \begin{bmatrix} y_1 + y_{12} + y_{41} & -y_{12} & 0 & -y_{41} \\ -y_{12} & y_2 + y_{12} + y_{23} & -y_{23} & 0 \\ 0 & -y_{23} & y_3 + y_{23} + y_{34} & -y_{34} \\ -y_{41} & 0 & -y_{34} & y_4 + y_{34} + y_{41} \end{bmatrix}$$

012 다음 그림에서 Y_{BUS}를 구하시오.

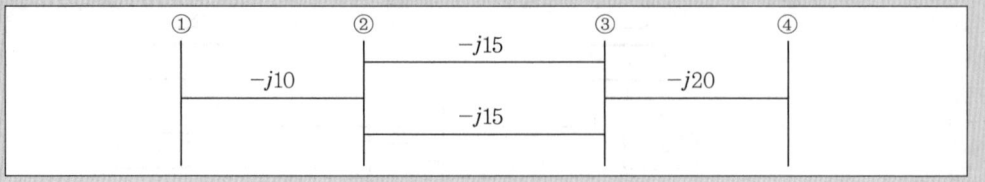

data 발송배전기술사 출제예상문제

답안

1. $Y_{BUS} = \begin{bmatrix} Y_{11} & Y_{12} & Y_{13} & Y_{14} \\ Y_{21} & Y_{22} & Y_{23} & Y_{24} \\ Y_{31} & Y_{32} & Y_{33} & Y_{34} \\ Y_{41} & Y_{42} & Y_{43} & Y_{44} \end{bmatrix}$

2. 각 요소 산출

① $Y_{11} = -j10$

② $Y_{12} = Y_{21} = -(-j10) = j10$

③ $Y_{13} = Y_{31} = 0$

④ $Y_{14} = Y_{41} = 0$

⑤ $Y_{22} = (-j10) + (-j15) + (-j15) = -j40$

⑥ $Y_{23} = Y_{32} = -(-j15) - (-j15) = j30$

⑦ $Y_{24} = Y_{42} = 0$

⑧ $Y_{33} = (-j15) + (-j15) + (-j20) = -j50$

⑨ $Y_{34} = Y_{43} = -(-j20) = j20$

⑩ $Y_{44} = -j20$

3. $Y_{BUS} = \begin{bmatrix} -j10 & j10 & 0 & 0 \\ j10 & -j40 & j30 & 0 \\ 0 & j30 & -j50 & j20 \\ 0 & 0 & j20 & -j20 \end{bmatrix}$

013 그림과 같은 4모선 계통의 Y_{BUS} 행렬을 구한 다음, 중간에 있는 모선 ③을 소거하였을 때의 축약된 등가 $Y_{BUS}{}^{eq}$를 구하여 등가 3모선 계통에 대한 등가계통도를 작성하시오. (단, 그림의 숫자는 단위법으로 나타낸 어드미턴스값임)

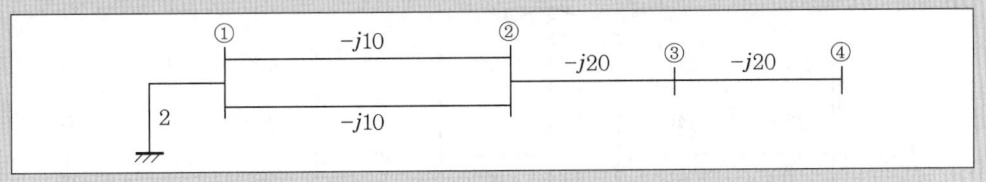

(data) 발송배전기술사 21-125-2-6 · 20-122-2-3 / 발송배전기술사 출제예상문제

(comment) 행렬이 들어가서 고난도로 착각하기 쉬우나 기록 3회 이상 해보면 의외로 단순한 과정이다.
향후 동일한 계산문제가 또 출제될 가능성이 있다. 수치를 변경시키면 출제자가 계산하기 곤란해서 수치도 그대로 출제 예상된다.
2020년 기출이 1년만에 나왔다. 이 문항의 난이도는 중상이므로 또 출제될 것으로 보인다.

(답안) 1. 4모선 계통의 Y_{BUS} 행렬 산출

(1) 자기어드미턴스

$$Y_{11} = 2 - j10 - j10 = 2 - j20$$

$$Y_{22} = -j10 - j10 - j20 = -j40$$

$$Y_{33} = -j20 - j20 = -j40$$

$$Y_{44} = -j20$$

(2) 상호어드미턴스

$$Y_{12} = -(-j10 - j10) = j20 = Y_{21}$$

$$Y_{23} = -(-j20) = j20 = Y_{32}$$

$$Y_{34} = -(-j20) = j20 = Y_{43}$$

(3) Y_{BUS}

$$Y_{BUS} = \begin{bmatrix} 2-j20 & j20 & 0 & 0 \\ j20 & -j40 & j20 & 0 \\ 0 & j20 & -j40 & j20 \\ 0 & 0 & j20 & -j20 \end{bmatrix}$$

2. 모선 ③을 소거하였을 때의 축약된 등가 Y_{BUS}^{eq}과 등가 3모선 계통도

(1) Y_{BUS} 변경

③ · ④ 모선의 행과 열을 바꾸어서 재배치한다.

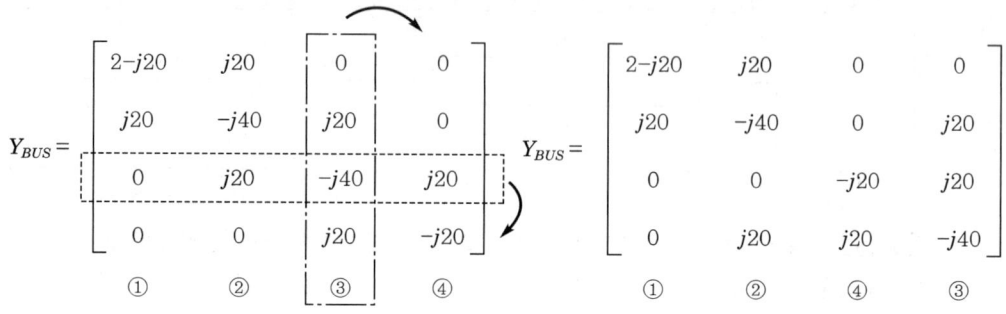

(2) 크론 축약공식 활용

① 분할된 각 부분 행렬 산출

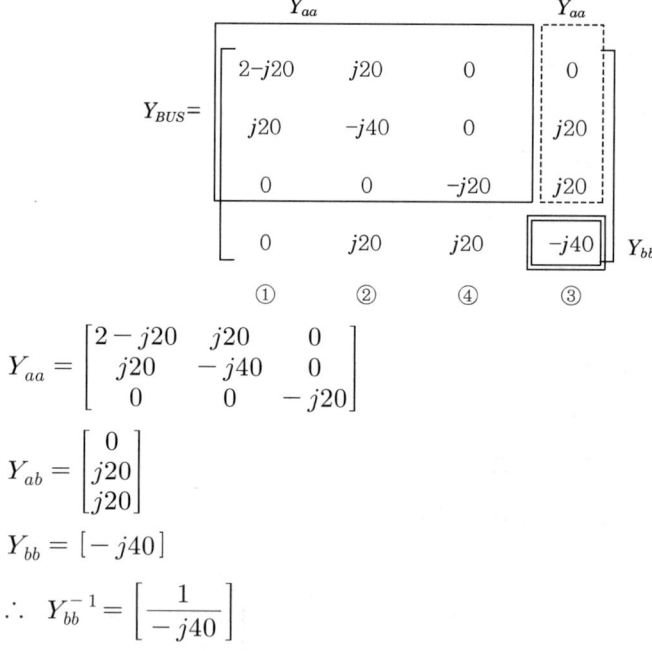

$$Y_{aa} = \begin{bmatrix} 2-j20 & j20 & 0 \\ j20 & -j40 & 0 \\ 0 & 0 & -j20 \end{bmatrix}$$

$$Y_{ab} = \begin{bmatrix} 0 \\ j20 \\ j20 \end{bmatrix}$$

$$Y_{bb} = [-j40]$$

$$\therefore \ Y_{bb}^{-1} = \left[\frac{1}{-j40} \right]$$

② Kron의 축약공식을 적용하여 모선 ③이 소건된 Y_{BUS}^{eq}를 산출한다.

$$Y_{BUS}^{eq} = Y_{aa} - Y_{ab} Y_{bb}^{-1} Y_{ab}^{t}$$

전치행렬은 $Y_{ab}{}^t = \begin{bmatrix} 0 & j20 & j\,20 \end{bmatrix}$

$$= \begin{bmatrix} 2-j20 & j20 & 0 \\ j20 & -j40 & 0 \\ 0 & 0 & -j20 \end{bmatrix} - \begin{bmatrix} 0 \\ j20 \\ j20 \end{bmatrix} \begin{bmatrix} \dfrac{1}{-j40} \end{bmatrix} \begin{bmatrix} 0 & j20 & j\,20 \end{bmatrix}$$

$$= \begin{bmatrix} 2-j20 & j20 & 0 \\ j20 & -j40 & 0 \\ 0 & 0 & -j20 \end{bmatrix} - \begin{bmatrix} 0 & 0 & 0 \\ 0 & -j10 & -j10 \\ 0 & -j10 & -j10 \end{bmatrix}$$

$$= \begin{bmatrix} 2-j20 & j20 & 0 \\ j20 & -j30 & j10 \\ 0 & j10 & -j10 \end{bmatrix}$$

(3) 등가 3모선 계통도

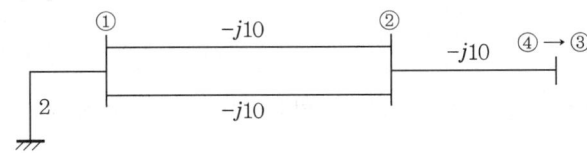

$$Y_{BUS}{}' = \begin{bmatrix} 2-j20 & j20 & 0 \\ j20 & -j30 & j10 \\ 0 & j10 & -j10 \end{bmatrix}$$

SECTION **02** 행렬표현

014 그림과 같은 직렬 어드미턴스의 선로에 Tap비가 1 : 1.1인 LRT 접속 시의 Y행렬을 구하고 π형 등가회로를 그리시오. (단, LRT의 누설 리액턴스는 11%이고, 그림의 수치는 pu 어드미턴스임)

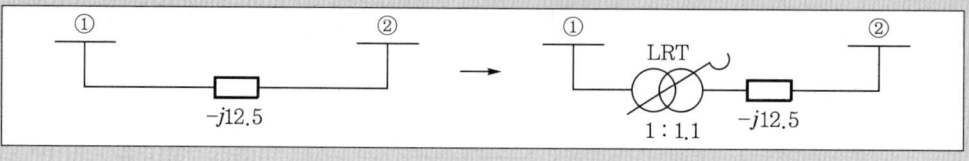

data 발송배전기술사 22-126-3-2 / 발송배전기술사 출제예상문제

답안 1. 직렬 어드미턴스

(1) 선로의 직렬임피던스 $Z = \dfrac{1}{-j12.5} = j0.08\,[\mathrm{pu}]$

(2) LRT의 누설리액턴스 $Z_l = j0.11\,[\mathrm{pu}]$

(3) LRT와 선로의 합성 직렬리액턴스 $Z' = Z + Z_l = j0.19\,[\mathrm{pu}]$

∴ 직렬 어드미턴스 $Y = \dfrac{1}{Z'} = \dfrac{1}{j0.19} = -j5.263\,[\mathrm{pu}]$

2. 기준 권선비 변압기($n=1$)에서의 구동점 어드미턴스 및 상호어드미턴스

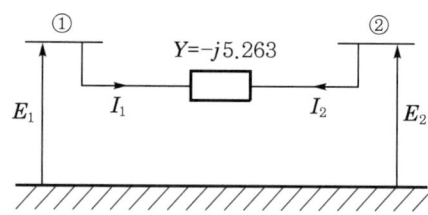

$\dot{I_1} = Y(\dot{E_1} - \dot{E_2}) = Y\dot{E_1} - Y\dot{E_2} = -\dot{I_2}$

∴ $y_{11} = y_{22} = Y = -j5.263$

$y_{12} = y_{21} = -Y = j5.263$

3. 기준 외 권선비 변압기($1:n=1:1.1$일 경우)에서의 구동점 어드미턴스 및 상호어드미턴스

(1) 개념도

(2) 위 회로에서 다음과 같은 관계가 성립한다.

$$\text{권수비 } a=1:n=\frac{1}{n}=\frac{\dot{E}_1}{\dot{E}_2{}'}=\frac{-\dot{I}_2}{\dot{I}_1} \quad\cdots\cdots\cdots\cdots\cdots \text{식 1)}$$

$$E_2{}'=E_2-\frac{I_2}{Y}=nE_1 \quad\cdots\cdots\cdots\cdots\cdots \text{식 2)}$$

(3) 구동점 어드미턴스 및 상호어드미턴스 산출

식 2)에서 $\dot{I}_2=-n\,Y\dot{E}_1+Y\dot{E}_2=y_{21}\dot{E}_1+y_{22}\dot{E}_2 \quad\cdots\cdots\cdots\cdots\cdots \text{식 3)}$

식 1)에서 $\dot{I}_1=-n\dot{I}_2$인데 여기에 식 3)을 대입하면

$\dot{I}_1=n^2\,Y\dot{E}_1-n\,Y\dot{E}_2=y_{11}\dot{E}_1+y_{12}\dot{E}_2 \quad\cdots\cdots\cdots\cdots\cdots \text{식 4)}$

∴ 식 3)과 식 4)에서

$$y_{11}=n^2\dot{Y}=1.1^2\times(-j5.263)=-j6.368\,[\text{pu}]$$

$$y_{12}=y_{21}=-n\dot{Y}=-1.1\times(-j5.263)=j5.789\,[\text{pu}]$$

$$y_{22}=Y=-j5.263\,[\text{pu}]$$

4. Y-Matrix 산출

$$[\,Y\,]=\begin{bmatrix} y_{11} & y_{12} \\ y_{21} & y_{22} \end{bmatrix}=\begin{bmatrix} n^2\,Y & -n\,Y \\ -n\,Y & Y \end{bmatrix}=\begin{bmatrix} -j6.368 & j5.789 \\ j5.789 & -j5.263 \end{bmatrix}[\text{pu}] \quad\cdots\cdots\cdots \text{식 5)}$$

5. π형 등가회로

(1) 한편 등가 π형 회로의 어드미턴스를 구하기 위하여 식 3)과 식 4)를 다음과 같이 고쳐 쓴다.

식 4) : $\dot{I}_1=n^2\,Y\dot{E}_1-n\,Y\dot{E}_2=n^2\,Y\dot{E}_1-n\,Y\dot{E}_2+(n\,Y\dot{E}_1-n\,Y\dot{E}_1)$

$$=n(n-1)\,Y\dot{E}_1+n\,Y(\dot{E}_1-\dot{E}_2)$$

$$=Y_a\dot{E}_1+Y_c(\dot{E}_1-\dot{E}_2) \quad\cdots\cdots\cdots\cdots\cdots \text{식 6)}$$

식 3) : $I_2 = -nY\dot{E}_1 + Y\dot{E}_2 = -nY\dot{E}_1 + Y\dot{E}_2 + (nY\dot{E}_2 - nY\dot{E}_2)$

$= nY(\dot{E}_2 - \dot{E}_1) + (1-n)Y\dot{E}_2$

$= Y_c(\dot{E}_2 - \dot{E}_1) + Y_b\dot{E}_2$ .... 식 7)

(2) 위 식 6)과 식 7)에서 등가 π형 회로의 어드미턴스는 다음과 같이 정해진다.

$Y_a = n(n-1)Y = 1.1 \times (1.1-1) \times (-j5.263) = -j0.579 [pu]$

$Y_c = nY = 1.1 \times (-j5.623) = -j5.789 [pu]$

$Y_b = (1-n)Y = (1-1.1) \times (-j5.623) = j0.526 [pu]$

(3) 따라서, 최종적으로 π형 등가회로는 아래 그림과 같다.

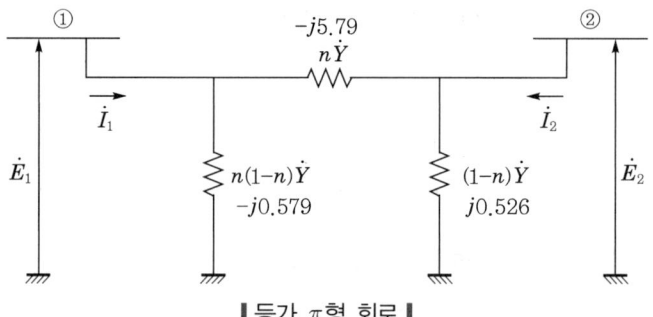

┃등가 π형 회로┃

---

reference

변압기의 모선전류행렬과 행렬변환식

(1) 1 : 1 변압기의 모선전류행렬

$I_1 = Y(V_1 - V_2), \ I_1 + I_2 = 0$

$I_2 = -I_1 = -Y(V_1 - V_2)$

$\begin{bmatrix} I_1 \\ I_2 \end{bmatrix} = \begin{bmatrix} Y & -Y \\ -Y & Y \end{bmatrix} \begin{bmatrix} V_1 \\ V_2 \end{bmatrix}$

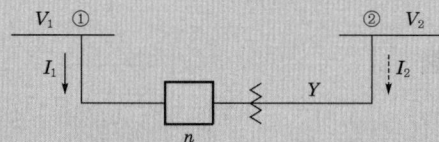

(2) 행렬변환식

① 기준변압기 + 미지값 = 탭변경 변압기

② 행렬변환식

$\begin{bmatrix} Y & -Y \\ -Y & Y \end{bmatrix} + \begin{bmatrix} A & B \\ C & D \end{bmatrix} = \begin{bmatrix} n^2Y & -nY \\ -nY & Y \end{bmatrix}$

$\therefore \ A = n^2Y - Y = (n^2-1)Y$

$B = -nY - (-Y) = (1-n)Y$

$C = -nY - (-Y) = (1-n)Y$

$D = Y - Y = 0$

③ 기준 외 변압비 변압기가 있을 경우 다음처럼 변경한다.
  ㉠ 기준 외 변압비를 무시하고 Y 행렬 산출
  ㉡ 기준 외 변압기 연결모선의 자기어드미턴스에 $(n^2-1)Y$를 가산
  ㉢ 상호 어드미턴스는 $(1-n)Y$를 가산
④ 계통의 Y_{BUS}를 구했다는 것은 이미 계통의 전류, 전압이 구해졌음을 의미한다.
⑤ 그 상태에서 변압기 탭 변경 시 조류해석을 위해서는 상기와 같은 과정을 거쳐 재해석해야 한다는 것을 의미한다.

015 n개의 모선에서 1개의 모선이 감소될 경우 사용할 수 있는 Kron의 행렬 축약공식에 대하여 설명하시오.

(data) 발송배전기술사 18-116-1-12 / 발송배전기술사 출제예상문제

(답안) 1. 개요

Kron의 행렬 축약공식은 중요하지 않은 모선이나 부분계통을 소거해서 Y_{BUS} 행렬의 규모를 축소된 $Y_{BUS}{}^{eq}$ 행렬로 수정 시 $(n \times n)$에서 m개의 모선을 소거해서 $(n-m)$차원인 $[(n-m) \times (n-m)]$의 등가적인 $Y_{BUS}{}^{eq}$를 구하는 것이다.

2. 유도

(1) $I_{BUS} = Y_{BUS} V_{BUS}$의 형태로 유도한다.

(2) 행렬에서 I_b, V_b가 소거 대상이다.

$$\begin{bmatrix} I_a \\ I_b \end{bmatrix} = \begin{bmatrix} Y_{aa} & Y_{ab} \\ Y_{ab}{}^t & Y_{bb} \end{bmatrix} \begin{bmatrix} V_a \\ V_b \end{bmatrix}$$

(3) I_b, V_b를 I_a, V_b 형태로 표현한다. 또, 행렬식으로부터 소거분은 0이 되어야 한다.

즉, $I_b = Y_{ab}{}^t V_a + Y_{bb} V_b = 0$

$\therefore V_b = -Y_{bb}^{-1} Y_{ab}{}^t V_a$

여기서, $Y_{ab}{}^t$: 전치행렬

(4) 소거 후 남는 부분을 $I_a = Y_{BUS}{}^{eq} \cdot V_a$ 형태로 변환시킨다.

$I_a = Y_{aa} V_a + V_{ab}(-Y_{bb}^{-1} Y_{ab}{}^t V_a) = Y_{aa} V_a - Y_{ab} Y_{bb}^{-1} Y_{ab}{}^t V_a$

$\quad = [Y_{aa} - Y_{ab} Y_{bb}^{-1} Y_{ab}{}^t] V_a$

(5) n에서 $n-m$으로 축약된 등가 $Y_{BUS}{}^{eq}$

$$Y_{BUS}{}^{eq} = Y_{aa} - Y_{ab}Y_{bb}{}^{-1}Y_{ab}{}^{t}$$

3. 특징

(1) $n \times n$에서 $(n-m) \times (n-m)$ 행렬로 축약(축소)된다.

(2) 모선을 소거 시 Y_{BUS}를 산출 후 소거하고자 하는 모선의 열을 우선하여 가장 바깥쪽으로 이동한 후 또 행을 가장 하단으로 이동시켜 소거한다.

016 다음과 같은 송전선로에서 Y_{BUS}를 구하시오. (여기서, 각 BUS의 전압은 정상시에 1.0pu이고, 선로 임피던스는 pu 단위로 그림과 같음)

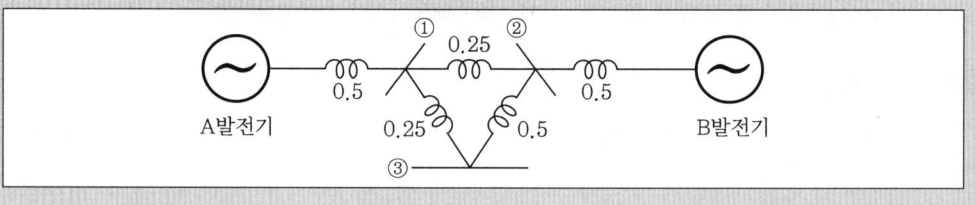

data 발송배전기술사 출제예상문제

답안

$$Y_{BUS} = \begin{bmatrix} Y_{11} & Y_{12} & Y_{13} \\ Y_{21} & Y_{22} & Y_{23} \\ Y_{31} & Y_{32} & Y_{33} \end{bmatrix} = \begin{bmatrix} 10 & -4 & -4 \\ -4 & 8 & -2 \\ -4 & -2 & 6 \end{bmatrix}$$

(1) $Y_{11} = \dfrac{1}{0.5} + \dfrac{1}{0.25} + \dfrac{1}{0.25} = 10$

(2) $Y_{12} = Y_{21} = -\dfrac{1}{0.25} = -4$

(3) $Y_{13} = Y_{31} = -\dfrac{1}{0.25} = -4$

(4) $Y_{22} = \dfrac{1}{0.25} + \dfrac{1}{0.5} + \dfrac{1}{0.5} = 8$

(5) $Y_{23} = Y_{32} = -\dfrac{1}{0.5} = -2$

(6) $Y_{33} = \dfrac{1}{0.5} + \dfrac{1}{0.25} = 6$

CHAPTER

03

전력조류 계산

017 다음과 같은 계통이 있다.

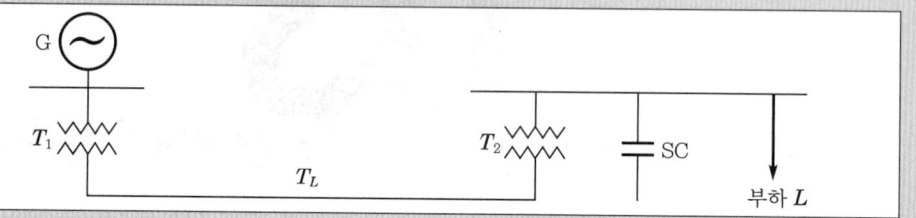

각 기기의 정격은 다음과 같다.

[계산 조건]
- G : 300MVA, 19kV, 동기리액턴스 160%
- T_1 : 290MVA, 20kV/140kV, 누설리액턴스 10%
- T_2 : 250MVA, 161kV/66kV, 누설리액턴스 11%
- 송전선 T_L(100km) : 350MVA, 154kV, $\dot{Z}_L = 0.05 + j0.40[\Omega/\text{km}]$
- 부하 L : 240MVA, 역률 0.8lag

여기서, 전력용 콘덴서 SC의 용량을 200MVA라고 할 때 발전기 단자전압을 [pu]값으로 구하시오. (단, 154kV, 100MVA 기준이고, 부하모선의 전압은 1.045pu임)

data 발송배전기술사 출제예상문제

답안 1. 임피던스의 환산 및 집계

(1) 기준용량 $W_n = 100\,\text{MVA}$, 기준전압 $V_n = 154\,\text{kV}$이므로 각 부분의 환산값은 다음과 같다.

① 변압기 T_1 : $X_{T1}{}' = X_{T1} \times \dfrac{W_n}{P_{T1}} \left(\dfrac{V_{T1}}{V_n} \right)^2 = 10 \times \dfrac{100}{290} \times \left(\dfrac{140}{154} \right)^2 = 2.85\,\%$

② 송전선로 : $Z_L[\%] = \dfrac{Z_L[\Omega] \times W_n}{10\,V_n{}^2} = \dfrac{(0.05 + j0.40) \times 100 \times 100 \times 10^3}{10 \times 154^2}$

$\qquad\qquad = 2.11 + j16.9\,[\%]$

③ 변압기 T_2 : $X_{T2}{}' = X_{T2} \times \dfrac{W_n}{P_{T2}} \left(\dfrac{V_{T2}}{V_n} \right)^2 = 11 \times \dfrac{100}{250} \times \left(\dfrac{161}{154} \right)^2 = 4.81\,\%$

(2) 발전기를 제외한 송전단까지의 임피던스 합계를 Z_{tot}라 하면

$$\dot{Z}_{tot} = 2.11 + j(2.85 + 16.9 + 4.81) = 2.11 + j24.561[\%]$$

2. 전류계산

(1) 부하 L과 전력콘덴서 Q_c의 합을 P_L이라 두면

$$P_L = L(\cos\psi + j\sin\psi) - jQ_c$$

$$= 240(0.8 + j0.6) - j200 = 192 - j56[\text{MVA}]$$

$$= \frac{192 - j56}{100} = 1.92 - j0.56[\text{pu}] = V_r I^*$$

(2) 전류 $I = \dfrac{P_L^*}{V_r^*} = \dfrac{1.92 + j0.56}{1.045} = 1.837 + j0.536[\text{pu}]$

여기서, V_r : 부하모선의 주어진 전압[pu]

3. 송전단의 전압 계산

$$V_s = V_r + Z_{tot}I = 1.045 + (0.0211 + j0.2456)(1.837 + j0.536)$$

$$= 0.9521 + j0.4625[\text{pu}]$$

$$\therefore |V_s| = \sqrt{0.9521^2 + 0.4625^2} = 1.0585\,\text{pu}$$

---

018 154kV, 100MVA, 기준임피던스가 $3 + j9[\%]$인 송전선로 수전단에 $250 + j50[\text{MVA}]$의 조류가 흐르고 수전단 전압이 154kV일 때 유효전력손실과 무효전력손실을 구하시오.

data 발송배전기술사 16-110-1-6 / 발송배전기술사 출제예상문제

답안 전력손실

(1) 단위값으로 주어진 조건의 변환

① 기준 전압과 전력 : $V_b = 154\text{kV}, \quad W_b = 1000\text{MVA}$

② $V[\text{pu}] = \dfrac{V[\text{kV}]}{V_b[\text{kV}]} = \dfrac{154}{154} = 1.0$

③ $W[\text{pu}] = \dfrac{P[\text{MW}] + jQ[\text{MVar}]}{W[\text{MVA}]} = \dfrac{250 + j50}{1000} = 0.25 + j0.05[\text{pu}]$

④ 임피던스의 단위값 : $Z[\text{pu}] = R + jX = 0.03 + j0.09[\text{pu}]$

(2) 유효전력 손실 P_l

$$P_l = RI^2 = R\left(\frac{W}{V}\right)^2 = \frac{R(P^2+Q^2)}{V^2}$$

$$= \frac{0.03 \times (0.25^2 + 0.05^2)}{1.0^2} = 1.95 \times 10^{-3}$$

$$\therefore \ P_l = 1.95 \times 10^{-3}\,\mathrm{pu} \times 1000\,\mathrm{MVA} = 1.95\,\mathrm{MW}$$

reference

기준의 용량(1000MVA)에 3상이 반영되어 있으므로 pu법으로 송전손실을 계산할 때에는 3을 곱하지 않는다.

(3) 무효전력손실 Q_l

$$Q_l = X\,I^2 = \frac{X(P^2+Q^2)}{V^2}$$

$$= \frac{0.09 \times (0.25^2 + 0.05^2)}{1.0^2} = 5.85 \times 10^{-3}\,\mathrm{pu}$$

$$\therefore \ Q_l = 5.85 \times 10^{-3}\,\mathrm{pu} \times 1000\,\mathrm{MVA} = 5.85\,\mathrm{MVar}$$

019 아래 단선도에서 주어진 데이터를 보고 다음 물음에 답하시오.

1. 100MVA Base에 대한 pu 임피던스도를 그리시오.
2. 모터는 45MVA, 역률 0.8lagging으로 선간전압 18kV에서 운전 중이다. 발전단 전압을 구하시오.

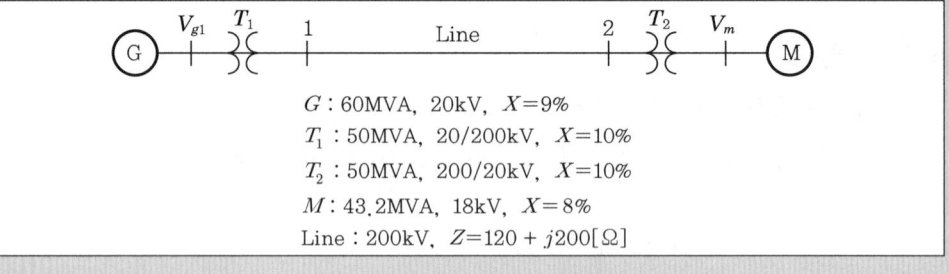

G : 60MVA, 20kV, X=9%
T_1 : 50MVA, 20/200kV, X=10%
T_2 : 50MVA, 200/20kV, X=10%
M : 43.2MVA, 18kV, X=8%
Line : 200kV, Z=120 + j200[Ω]

data 발송배전기술사 08-86-1-10 / 발송배전기술사 출제예상문제

답안 **1. 100MVA Base에 대한 pu 임피던스도 작성**

(1) 기본지식

① $Z_{BASE} = \dfrac{(V_{BASE}[\text{kV}])^2}{W_{3BASE}[\text{MVA}]}$

② $Z[\text{pu}] = \dfrac{Z[\Omega]}{Z_{BASE}}$

③ $Z[\text{pu}] = \dfrac{Z[\Omega] \cdot W_{3BASE}[\text{MVA}]}{(V_{BASE}[\text{kV}])^2}$

∴ $T_2[\text{pu}] = \dfrac{기준용량}{자기용량} \times \dfrac{(자기전압)^2}{V_{BASE}^{\ 2}} \times 자기\,[\text{pu}]$

(2) 주의점

① 발전기 단자전압을 구하므로 발전기의 임피던스는 필요가 없다.

② %Z의 집계를 할 경우

　㉠ 용량뿐만 아니라 선로전압의 기울기가 있으므로 전압도 기준으로 환산을
　　할 것

　㉡ 다음에 수전단전압을 기준으로 전류에 의한 임피던스 강하를 구하여 합산함

③ 발전단 전압을 구하므로 선로의 전압을 기준으로 계산 후 변압비로 나누어
　줄 것

(3) 임피던스의 환산 및 집계

① 기준용량 $W_n = 100\,\text{MVA}$, 기준전압 $V_n = 200\,\text{kV}$

② 발전기 $X_G{'}[\text{pu}] = X_{T1} \times \dfrac{W_n}{P_{T1}} \times \left(\dfrac{V_{T1}}{V_n}\right)^2$

$\qquad\qquad = \dfrac{9\%}{100\%} \times \dfrac{100\,\text{MVA}}{60\,\text{MVA}} \times \left(\dfrac{20\,\text{kV}}{200\,\text{kV}}\right)^2 = 0.0015\,\text{pu}$

③ 변압기 $T_1 : X_{T1}{'} = X_{T1} \times \dfrac{W_n}{P_{T1}} \left(\dfrac{V_{T1}}{V_n}\right)^2 [\text{pu}]$

$\qquad\qquad = 0.1 \times \dfrac{100}{50} \times \left(\dfrac{200}{200}\right)^2 = j0.2\,[\text{pu}]$

④ 송전선로 : $Z_L[\%] = \dfrac{Z_L[\Omega] \times W_n}{1000\,V_n^{\ 2}} = \dfrac{(120 + j200) \times 100 \times 10^3}{1000 \times 200^2}$

$\qquad\qquad = 0.3 + j0.5\,[\text{pu}]$

⑤ 변압기 $T_2 : X_{T2}' = X_{T2} \times \dfrac{W_n}{P_{T2}} \left(\dfrac{V_{T2}}{V_n} \right)^2$

$$= 0.1 \times \dfrac{100}{50} \times \left(\dfrac{200}{200} \right)^2 = j0.2\,[\text{pu}]$$

⑥ 모터 $M : X_M' = \dfrac{8\%}{100\%} \times \dfrac{100\text{MVA}}{43.2\text{MVA}} \times \left(\dfrac{18\text{kV}}{200\text{kV}} \right)^2 = 0.0015\,\text{pu}$

$\therefore$ 발전기를 포함하여 모터까지의 임피던스 합계를 Z_{tot} 라 하면

$$Z_{tot} = 0.3 + j(0.0015 + 0.2 + 0.5 + 0.2 + 0.0015) = 0.3 + j0.903\,[\text{pu}]$$

(4) 등가 pu도 표현

$$
\begin{array}{ccc}
R & + & jX \\
0.3 & + & j0.903
\end{array}
$$

2. 모터가 45MVA, 지상역률 0.8로 선간전압 18kV에서의 발전단전압

(1) 부하 P_L이라 두면

$$P_L = L(\cos\theta + j\sin\theta) = 45(0.8 + j0.6) = 36 + j27\,[\text{MVA}]$$

$$= 0.36 + j0.27\,[\text{pu}] = VI^*$$

$$= \dfrac{36 + j27}{100} = 0.36 + j0.27 = V_R I^*$$

(2) 수전단전압(T_2 변압기 2차측)을 모터 단자전압은 18kV이므로, 단위법으로 하면 변압기 2차 전압이 20kV를 기준하여

$$V_r = \dfrac{18\text{kV}}{20\text{kV}} = 0.9\,\text{pu}$$

$$\therefore \text{전류 } \dot{I} = \dfrac{P_L^{\,*}}{V_r^{\,*}} = \dfrac{0.36 - j0.27}{0.9} = 0.4 - j0.3\,[\text{pu}]$$

(3) 발전단 전압 계산

$$V_g = V_R + Z_{tot}I = 0.9 + (0.3 + j0.903)(0.4 - j0.3) = 1.2909 + j0.2712$$

$$\therefore |V_g| = \sqrt{1.351^2 + 0.243^2} = 1.3726\,\text{pu}$$

$$= 1.372 \times 200/n = 1.372 \times 20 = 27.44\,\text{kV}$$

SECTION 02 조류계산의 모선

020 전력조류계산 시 모선의 종류 및 모선별 기지량과 미지량을 설명하시오.

data 발송배전기술사 22-128-1-5 / 발송배전기술사 출제예상문제

답안 **1. 전력조류계산 시 사용되는 슬랙모선(기준모선, swing 모선을 slack 모선이라고도 함)**

(1) 조류계산 시 전력계통 내 손실분을 흡수 · 조정하는 모선이다.

(2) 계통의 손실분을 공급한다고 설정하는 모선이다.

(3) 모선 중 대용량 발전소모선을 지정해 모선 전압크기와 전압위상각을 설정하는데 이러한 모선이 Slack bus이며 발전기모선 중 유효전력 P를 δ로 바꾼 모선이다.

(4) 필요한 이유

① 일반적으로 발전소는 유효전력과 단자전압, 부하모선에서는 유효전력, 무효전력을 기지값(입력된 값)으로 사용한다.

② 조류계산 전에는 전력계통 내의 송전손실이 얼마인지 모르기 때문에 이를 반영하여 계산 작업이 불가능하다.

③ 따라서, 1개의 모선을 Swing 모선으로 지정하여 송전손실에 따른 손실분에 대한 출력을 유연하게 낼 수 있도록 하여 전력조류계산을 가능하도록 한다.

④ 만약 Swing 모선이 없다면, 발전기출력과 계통의 송전손실분과 부하량이 정확히 일치해야 계산이 되겠지만 송전손실분은 계산 전에는 알 수 없으므로 Swing 모선이 필요하게 된다.

⑤ 모든 모선에서 유효전력 지정 시 송전손실까지 고정되어 실제 계산 시 오차가 발생하므로 기준모선을 정하여 송전손실을 계산함으로써 발전소 출력의 유연성을 계산할 수 있다.

2. 모선별 기지량과 미지량

No	모선 Type	기지량(입력데이터)	미지량
1	슬랙모선 (swing 모선, 기준모선)	• 모선전압의 크기 E_s • 모선전압 위상각 δ_s (기준모선의 $\delta_s = 0$)	• 유효전력 P_S • 무효전력 Q_S • 계통 송전손실 P_l
2	부하모선 (PR 모선)	• 유효전력 P_R • 무효전력 Q_R	• 모선전압의 크기 E_R • 모선전압의 위상각 δ_R
3	발전모선 (PV 모선)	• 유효전력 P_G • 모선전압의 크기 E_G	• 무효전력 Q_G • 모선전압의 위상각 δ_G

021 전력조류계산의 목적과 조류계산의 기본 알고리즘을 설명하시오.

data 발송배전기술사 23-131-1-11 / 발송배전기술사 출제예상문제

답안

1. 전력조류계산의 목적

(1) 전력조류란 전력의 흐름으로서, 발전기에서 생산된 유효전력 및 무효전력이 부하
에서 어느 정도 소비되는가 하는 유효전력과 무효전력의 흐름을 말한다.

(2) 따라서, 전력조류계산의 목적 내지 역할은 다음과 같은 3가지로 나누어진다.

① **전력계통에서 가장 알맞은 운용방법의 결정** : 발전소 출력, 모선전압, 선로전류,
조상설비 종류와 용량

② **전력계통의 확충계획의 입안** : 수용가가 필요한 유효전력 및 무효전력 공급량

③ **전력계통의 사고예방 제어**

2. 조류계산의 기본 알고리즘(즉, 전압반복수정 방법의 알고리즘)

(1) 모든 모선전압을 적당한 값으로 지정한다.

일반적으로 $\dot{E}_k = 1.0 + j0$ 또는 $\dot{E}_k = 1.0\underline{/0}$ 으로 설정한다.

(2) 가정된 $\dot{E}_k$의 초기값과 계통에서 주어진 $\dot{Y}_{km}$의 값을 사용해서 아래 식 1)을 적용
하여 모선전류 $\dot{I}_k$를 구한다.

$$\dot{I}_i = \sum_{j=1}^{n} \dot{Y}_{ij}\dot{E}_j \quad (i = 1, \ 2, \ \cdots\cdots, \ n) \ \cdots\cdots\cdots\cdots\cdots\cdots\cdots\cdots \text{식 1)}$$

(3) 이 전류 $\dot{I}_k$와 가정한 전압 $\dot{E}_k$로부터 유효전력 P_k, 무효전력 Q_k와 전압의 크기 $|\dot{E}_k|$를 구한다.

(4) 다음 표와 같이 각 모선의 주어진 운전조건에 따른 각 지정값과 비교하고 그 편차를 구한다.

모선의 종류	기지량 (운전조건 입력 data)	미지량 (조류계산 결과의 data)
발전소모선	• 발전소에 발전하는 유효전력 : P_G • 발전소모선의 전압 : E_G	• 무효전력 : Q_G 단, $Q_{g\min} \leq Q_g \leq Q_{g\max}$ • 모선전압의 위상각 : δ_G
부하모선	전력회로망으로부터 모선에 받아들이는 • 유효전력 : P_R • 무효전력 : Q_R	• 모선전압의 크기 : E_R • 모선전압의 위상각 : δ_R
중간모선	• 유출입 전력 $P_s = 0$ • 유출입 무효전력 $Q_s = 0$	• 모선전압의 크기 : E_s • 모선전압의 위상각 : δ_s

※ 보통 중간모선인 변전소모선에서 조상설비가 없는 경우 $P_R = 0$, $Q_R = 0$으로 지정한다.

예 $\Delta P_k = P_{ks} - P_k, \quad \Delta Q_k = Q_{ks} - Q_k, \quad |\Delta E_k| = \left| |E_{ks}|^2 - |E_k| \right|$

(5) 상기의 편차가 0(또는 허용오차범위)이 되게 가정한 모선전압의 수정값을 방정식을 해석하여 전압을 수정한다(즉, $E_{k\text{NEW}} = E_{k\text{OLD}} + \Delta E_k$).

(6) 수정된 새로운 전압값 $E_{k\text{NEW}}$를 사용해서, '(2)' ~ '(5)'까지의 절차를 반복하여 각 모선의 지정값과 계산값과의 편차가 허용범위 내에 들어갈 때까지 반복계산한다.

---

022 전력조류계산에 대하여 다음 사항을 설명하시오.
1. 목적
2. 모선의 종류 및 각 모선의 기지량과 미지량
3. 계산방법

data 발송배전기술사 24-132-1-12 / 발송배전기술사 출제예상문제

답안 **1. 전력조류계산의 목적**

* Chapter 03 - 문제 021의 답안 '1.' 내용을 참조한다.

2. 모선의 종류 및 각 모선의 기지량과 미지량

*Chapter 03 - 문제 021의 답안 '2.' 내용을 참조한다.

3. 전력조류계산방법

┃직류조류(DC power flow) 계산법의 AC법(교류법)과 DC법(직류법)의 비교┃

구분		AC법(정밀계산)	DC법(간략화 계산)
입력 Data	시스템 구성	모선 ~ 선로 접속관계	모선 ~ 선로 접속관계
	설비정수	임피던스, 어드미턴스 등	선로리액턴스 X
	운용조건	전력 P, 무효전력 Q 전압 V, 위상각 δ	전력 P, 위상각 δ
출력 Data		전력 P, 무효전력 Q 전압 V, 위상각 δ	전력 P, 위상각 δ
기본방정식		$P + jQ = VI^*$	$P = K' \cdot \delta = \dfrac{\delta}{X}$
계산량 및 소요시간		계산량이 많고 소요시간도 오래 걸림	계산량이 적고 짧은 시간 내에 가능

> **reference**
>
> **AC법(비선형 다원 연립방정식의 해법)**
>
> (1) 가우스-자이델법
>
>   전력조류방정식의 각각에서 구한 해의 값으로, 상태변수를 다시 정리하여 가장 최근에 계산된 값을 사용하여 반복계산하는 법이다.
>
> (2) 뉴턴-랩슨법
>
>   비선형 방정식의 문제를 선형화하여 풀어가는 방법이다.
>
> (3) $P-Q$ 분할법 중 Decoupled법
>
>   ① 계산을 $P-f$, $Q-V$의 문제로 분해하여 반복계산하는 방법으로, 대규모 시스템의 해석을 간략히 하는 방법이다.
>
>   ② 우선 전압의 크기를 일정하게 유지한 상태에서 위상각을 구하고 그 후 위상각을 고정화시키고 전압을 계산하는 방법이다.
>
> (4) $P-Q$ 분할법 중 고속분할법(fast decoupled)
>
>   ① 분할법(decoupled법)을 더 간략화해서 조류계산하는 방법이다.
>
>   ② 장점 : 뉴턴-랩슨법보다 간략해서 정식화계산이 가능하다.
>
>   ③ 단점 : 자코비안 대신에 간략화된 B행렬을 사용하므로 해를 구하는 데 더 많은 반복계산이 소요된다.

SECTION **03** 조류계산의 방법

023 직류조류(DC power flow)계산법에 대하여 설명하고, AC법(교류법)과 DC법(직류법)을 비교 설명하시오.

024 직류조류계산법에 대하여 설명하시오.

data 발송배전기술사 23-129-1-3 · 20-122-1-6 / 발송배전기술사 출제예상문제

답안 1. **직류법 조류계산(또는 선형화 조류계산)** : DC법

(1) 개념

① 계통의 확충계획의 입안 시 활용을 위한 계통의 유효전력 P와 모선의 전압위상각 δ만을 근사적으로 구하는 간이조류계산방법이다.

② 전력계통의 송전선로는 $R \ll X$이므로 엄밀한 해를 구할 필요가 없을 때는 저항분을 무시하고 리액턴스만으로 근사해를 구하기도 하는데 이와 같이 간략화한 조류계산을 선형화 조류계산법이라 한다.

(2) 선형화 조류계산법(직류법 : DC method) 의의

① 전력조류계산은 경우에 따라서는 반드시 정확한 답을 필요로 하지는 않고 개략치만으로도 충분한 경우가 있으며, 특히 신속성이 요구되는 경우에는 많은 계산량과 시간이 오래 걸리는 교류법보다는 간략화 계산법인 직류법이 훨씬 유리할 수 있다.

② 송전계획문제에 있어서는 매우 많은 경우에 있어서 주어진 송전망의 유효전력분포를 구해야 하므로 정확성은 다소 떨어지지만 해를 빨리 구할 수 있는 DC법이 유리하다.

③ 전력계통계획은 장기계획이므로 여기에 사용되는 자료들은 필연적으로 불확실성을 갖는 값으로서, 오차가 포함되어 있다.

④ 설비사고에 대응하는 상정사고분석은 해당요소를 계통으로부터 제거함으로써 계통요소의 고장을 모의(simulation)하는 것이고, 입안자가 계통계획을 검토할 때 특별히 관심을 두어야 할 과부하 가능성을 검출하는 수단일 뿐이다.

⑤ 따라서, 계산시간과 검출의 간편성이 중요한 요구사항이므로 직류조류계산법이 적합한 방법이 된다.

⑥ 직류법은 계통계획 입안이나 상정사고 해석 시의 계통상태검토 등에 유용하게 적용할 수 있는 간략화계산법으로 직류법이라는 명칭은 계산상의 간편성에서 유래한 것이다.

(3) 목적

직류법의 간이화방법에 의해 장래의 계통구성을 검토하기 위한 것이다.

(4) 계산방법(절차)

① 계통의 K 행렬(서셉턴스행렬 b에서 기준 행과 열을 제외한 것)을 작성한다.

② K의 역행렬 $K^{-1} = Z$를 구한다.

③ 기준모선에 대한 각 모선의 위상차각 $\delta' = ZP = K^{-1}P$를 계산한다.

  ㉠ P : 각 모선의 유입전력(발전력 : $+$) 및 유출전력(부하 : $-$)의 행렬

  ㉡ δ : 각 모선의 위상각

  ㉢ δ' : 기준모선에 대한 각 모선의 위상차각

④ **직류조류 가정**

  ㉠ $X \geq R(=0)$

  ㉡ $E_k = E_m \simeq 1.0$

  ㉢ $\sin(\delta_k - \delta_m) \fallingdotseq (\delta_k - \delta_m) \fallingdotseq \delta_{km} \fallingdotseq 0$

⑤ 직류법 조류계산 전력방정식(즉, 각 선로의 조류)을 계산한다.

(5) 직류조류법에 의한 전력방정식

① $P + jQ = E_k I_{km}{}^* = E_k \underline{/\delta_k} \left(\dfrac{E_k\underline{/\delta_k} - E_m\underline{/\delta_m}}{-jX_{km}} \right)$ (여기서, $R = 0$으로 둠)

  $= \dfrac{E_k E_m}{X_{km}} \sin(\delta_k - \delta_m) + j\dfrac{E_k[E_k - E_m \cos(\delta_k - \delta_m)]}{X_{km}}$

② 유효전력과 상차각과 리액턴스의 관계에 의해 각 선로조류를 다음 식으로 구한다.

  ㉠ $P = \dfrac{E_k E_m}{X_{km}} \sin(\delta_k - \delta_m) = \dfrac{\delta_k - \delta_m}{X}$ [pu], $\delta_{km} = X_{km} P$

  ㉡ 혹은 $P_{ij} = \displaystyle\sum_{j=1}^{n} \dfrac{(\delta_i - \delta_j)}{X_{ij}}$, $\delta_{ij} = X_{ij} P_{ij}$[pu]로 정한다.

    여기서, X_{km}, X_{ij} : 모선 k, i와 모선 m, j 간의 선로리액턴스[pu]

      $(\delta_k - \delta_m)$, $(\delta_i - \delta_j)$: 모선 $k \sim m$ 간, 모선 $i \sim j$ 간의 상차각[rad]

      P_{ij} : 모선 $i \sim j$ 간의 선로조류

(6) 직류조류계산법의 특징

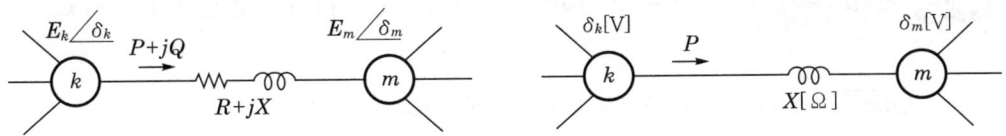

‖ 직류조류계산법 계통도 ‖   ‖ 직류조류계산법 근사화 계통도 ‖

① 정식화된 비선형 전력방정식을 선형화모델로 근사화해서 해석한다.

    ㉠ 저항 및 정전용량은 무시하고, 리액턴스만 고려한다.

    ㉡ 각 모선전압의 크기는 거의 같다. $V_i \fallingdotseq 1.0\,\mathrm{pu}$

    ㉢ 각 모선 간의 상차각 $\delta_i - \delta_j = \delta_{ij}$는 작으므로

$$\sin\delta_{ij} \fallingdotseq \delta_{ij} \ \ \text{및} \ \ \cos\delta_{ij} \fallingdotseq 1 - \frac{\delta^2}{2}$$

② 초고압 선로 전력조류에서의 유효전력은 전압의 위상각 분포에 의한다.

③ 초고압 선로의 무효전력은 전압의 크기분포에 의해 결정된다.

④ $P-Q$ 분할특성을 이용 → 유효전력 P와 위상각 δ의 분포만을 구한다.

    ㉠ $P \sim \delta$ 관계에 의해 $P = \dfrac{\delta'}{X} = K\delta'$이며 $I = \dfrac{V}{R} = GV$에 대응한다.

    ㉡ $Q \sim V$의 관계에 의해 $Q = \dfrac{\Delta V}{X}$

⑤ 저항 무시 → 손실 $\fallingdotseq 0$

⑥ 반복계산이 필요없다.

2. 직류조류(DC power flow) 계산법의 AC법(교류법)과 DC법(직류법)의 비교

    ＊ Chapter 03 - 문제 022의 답안 '3.' 내용을 참조한다.

025 전력조류계산 시 가우스-자이델법과 뉴턴-랩슨법의 특징을 설명하시오.

data 발송배전기술사 18-114-1-1 / 발송배전기술사 출제예상문제

답안 1. 전력조류계산 시 가우스-자이델법과 뉴턴-랩슨법의 특징 비교

구분	가우스-자이델법	뉴턴-랩슨법
일반 특징	• Y_{BUS} 행렬을 이용한다. • 전모선전압을 수정한다. • 전압방정식 $$E_i = \frac{1}{Y_{ii}}\left(\frac{P_i - jQ_i}{E_i{}^*} - \sum_{j=1}^{n} Y_{ij}E_{ij}\right)$$ • 반복계산한다.	• 비선형 문제를 축차 선형화해서 해석한다. • 역행렬을 사용한다. • 반복계산한다.
전자계산기에서의 소요 기억용량	• 어드미턴스 행렬에서는 0요소가 많아 1회 반복당 시간이 단축된다. • 기억용량은 뉴턴-랩슨법보다 적어도 된다.	• 자코비안 행렬을 사용하여 이의 역행렬을 풀어서 한꺼번에 모든 변수의 값을 수정하는 방법이다. • 가우스 자이델법보다 크다.
1회 반복계산당 소요시간	가우스 자이델법은 작다.	뉴턴-랩슨법은 크다.
전체 소요 계산시간	가우스 자이델법은 크다.	뉴턴-랩슨법은 작다.
200개 모선 계산 기준 시	200회 반복 소요	4회 반복으로 수렴한다.
계산속도	뉴턴-랩슨법보다 늦다.	뉴턴-랩슨법이 약 8배 정도 속도 빠르다.
프로그램 개발 용이성과 적응성	• 수렴 반복횟수 매우 많다. • (200개 모선 ~ 200회) 개발이 필요하며, 적응성이 떨어진다.	• 회로망 변경 적응성이 좋다. • 자코비안 이용 감도해석 및 각종 제어문제 있어 평가지수로서 사용하는 등 응용이 다양하다.

2. 소요계산의 비교 그래프

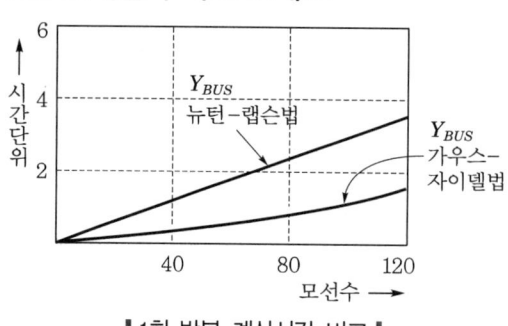

｜1회 반복 계산시간 비교｜

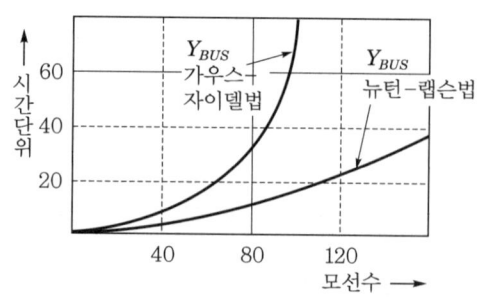

｜전체 소요시간비｜

CHAPTER

04

주파수와 유효전력 제어

SECTION 01 주파수 유지와 발전기 출력

026 전력계통의 주파수를 일정하게 유지할 필요성에 대하여 다음 사항을 설명하시오.
1. 수용가 측면
2. 계통운영 측면

(data) 발송배전기술사 24-132-1-1 / 발송배전기술사 출제예상문제
(comment) 발송배전기술사 2006년 87회 문항과 동일하다.

답안 **1. 주파수 유지의 의미**

(1) 주파수는 발전기의 회전속도와 정비례관계에 있으며, 정격주파수란 발전기의 회전속도가 규정속도임을 나타내주고 있음을 말한다.

(2) 전기의 생산과 소비가 동시에 일어나는 전력계통에서 정격주파수 유지는 생산과 소비가 균형을 이루고 있다는 지표이다.

```
┌ 생산 = 소비(출력 = 부하) → 주파수 일정 유지
├ 생산 > 소비(출력 > 부하) → 주파수가 상승함
└ 생산 < 소비(출력 < 부하) → 주파수가 떨어짐
```

2. 정격주파수 유지율

(1) 정의

전력계통의 주파수가 정격주파수(60Hz) 유지범위 내에서 어느 정도 잘 운용되었는가를 백분율로 나타낸 것이다.

(2) 유지범위

60 ± 0.2Hz

(3) 산출방법

① 정격주파수 유지율 $= \dfrac{\text{유지범위 내 운전시간}}{\text{총운전시간}} \times 100[\%]$

② 유지범위 내 운전시간 : 1일을 4초 단위로 구분하고 계통주파수를 측정하여 주파수 유지범위 이내인 시간을 말한다.

(4) 측정장소

전력거래소 중앙급전소

3. 전력계통의 주파수를 일정하게 유지할 필요성

수용가측	전력계통 운용측
• 주파수의 일정한 유지는 전력이용자에게 사용조건을 안정되게 한다. • 전동기 회전속도가 일정하여 생산제품의 품질이 균일하다. • 컴퓨터 에러, 전기시계 등의 오차 발생을 방지한다.	• 안정된 주파수는 전압조정을 용이하게 한다. • 계통안정도가 향상되고, 고 신뢰도의 전기를 공급한다. • 발전소 내 조속기 속도조정이 용이하다. • 터빈계 열흐름 원활화, 터빈축 진동이 경감된다. • 계통 간의 연계운전이 원활하게 된다.

---

027 정격출력 240MW, 수차발전기가 60MW의 출력으로 60Hz 전력계통에 접속되어 운전하고 있다. 계통의 주파수가 59.5Hz로 갑자기 낮아졌다면 이 발전기의 출력을 구하시오. (단, 이 수차발전기의 속도조정률은 4%이고 직선특성을 갖음)

data 발송배전기술사 20-120-1-13 / 발송배전기술사 출제예상문제

답안 1. 속도조정률(speed regulation)

(1) 정의

임의의 출력으로 운전 중인 발전기터빈(수차 또는 증기 터빈)의 조속기에 아무런 조정을 가하지 않고 직결된 발전기의 출력을 변환시켰을 때 정상상태에서 회전속도의 변화분과 발전기출력의 변화분과의 비

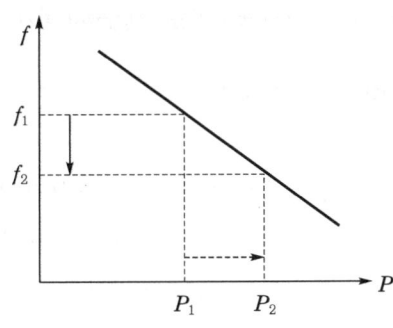

(2) 표현식

$$\delta = \frac{\dfrac{N_1 - N_2}{N_n}}{\dfrac{P_2 - P_1}{P_n}} \times 100[\%] \quad (N \propto f \text{하므로 } N = kf \text{ 로 변환})$$

$$= \frac{\dfrac{kf_1 - kf_2}{kf_n}}{\dfrac{P_2 - P_1}{P_n}} \times 100[\%] = \frac{\dfrac{\Delta f}{f_n}}{\dfrac{\Delta P}{P_n}} \times 100[\%]$$

2. 발전기의 출력계산

$$\delta = \frac{\dfrac{kf_1 - kf_2}{kf_n}}{\dfrac{P_2 - P_1}{P_n}} \times 100[\%] = \frac{\dfrac{60 - 59.5}{60}}{\dfrac{P_2 - 60}{240}} \times 100[\%] = 4\%$$

$$\frac{0.5}{60} \times 100 = 4 \times \frac{P_2 - 60}{240}$$

$$\therefore \ P_2 = 110\text{MW}$$

---

028 발전기의 속도조정률과 속도변동률을 설명하시오.

(data) 발송배전기술사 24-132-1-6 / 발송배전기술사 출제예상문제

(답안) **1. 속도조정률(speed regulation)**

(1) 정의

임의의 출력으로 운전 중인 발전기의 조속기에 아무런 조정을 가하지 않고 직결된 발전기의 출력을 변화시켰을 때 정상상태에서 회전속도의 변화분과 발전기출력의 변화분과의 비이다(다음 그림 참조).

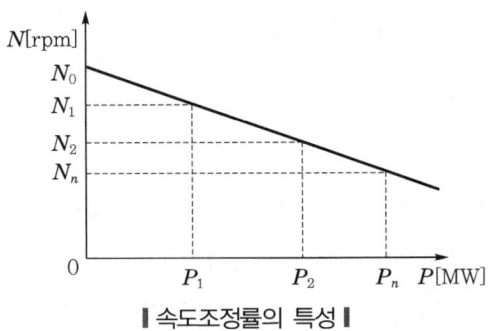

┃ 속도조정률의 특성 ┃

(2) 표현식

$$\delta = \frac{\dfrac{N_1 - N_2}{N_n}}{\dfrac{P_2 - P_1}{P_n}} \times 100 = \frac{\dfrac{f_1 - f_2}{f_n}}{\dfrac{P_2 - P_1}{P_n}} \times 100$$

$$= \frac{\dfrac{\Delta f}{f_n}}{\dfrac{\Delta P}{P_n}} \times 100 = \frac{\Delta f \, P_n}{\Delta P \, f_n} \times 100 \, [\%] \quad \cdots\cdots\cdots\cdots\cdots 식 \ 1)$$

여기서, N_1 : 부하변화 후(발전기출력 P_1)의 회전수[rpm]

$\qquad N_2$: 부하변화 전(발전기출력 P_2)의 회전수[rpm]

$\qquad P_1$: 부하변화 후의 발전기출력[MW]

$\qquad P_2$: 부하변화 전의 출력[MW]

$\qquad \Delta f$: 주파수 변화량, ΔP : 출력변화량

$\qquad P_n,\ N_n$: 정격 시의 출력[kW], 속도[rpm]

$\qquad N_0$: 무부하 시 속도[rpm], f_n : 정격주파수[Hz]

$\qquad f_1$: 부하변화 후의 주파수[Hz]

$\qquad f_2$: 부하변화 전의 주파수[Hz]

(3) 주파수와 출력 및 속도조정률의 관계

식 1)에 의하여 $\delta = \dfrac{\Delta f \cdot P_n}{\Delta P \cdot f_n} \times 100 \, [\%]$

(4) 계통특성정수와 속도조정률과의 관계

① 속도조정률 $\delta = \dfrac{\Delta f \cdot P_n}{\Delta P \cdot f_n} \times 100 \, [\%]$에서 $\Delta P = \dfrac{\Delta f \cdot P_n}{\delta \cdot f_n} \, [\mathrm{MW}]$를 계통특성

정수의 공식$\left(K = \dfrac{\Delta P}{\Delta f} \right)$에 대입하고 수하특성을 고려하면 다음과 같다.

② $K = -\dfrac{\Delta P}{\Delta f} = \dfrac{\left(\dfrac{\Delta f \cdot P_n}{\delta \cdot f_n} \times 100\right)}{\Delta f} = -\dfrac{100[\%] \times P_n}{\delta[\%] \times f_n}\,[\mathrm{MW/Hz}]$ ·············· 식 2)

(5) 의미

    ① 조속기의 특성을 나타내는 수치로서, 작다는 것은 동일한 부하변화에 대하여 주파수변화가 작다는 의미이다.

    ② 그 값이 작다는 것은 조속기의 동작이 민감함을 뜻하고 속응성이 우수한 조속 기임을 뜻한다.

(6) 속도조정률의 적용

    ① 주파수 조정용 발전소는 작은 주파수변화(Δf)에 대하여 큰 출력의 변동(ΔP) 이 필요하므로 속도조정률 δ의 값은 작은 값이 요구된다.

    ② 주파수 조정용 발전소는 일정한 출력의 변동(ΔP)에서 큰 주파수변화(Δf)가 필요하므로 속도조정률 δ의 큰 값이 요구된다.

    ③ 발전원별 조정률 값은 다음과 같다.

       ㉠ ESS : 2%

       ㉡ 가스터빈 : 4 ~ 5%

       ㉢ 화력 : 5 ~ 6%

       ㉣ 원자력 : 8%

2. 속도변동률(speed variation)

(1) 정격회전수, 일정 출력으로 운전되고 있는 원동기(수차나 터빈)가 순간적으로 무부하 시 상승한 최대 회전수(N_m)와 정격회전수(N_n)의 차이를 정격회전수로 나누어 [%]로 표시한 것이다.

(2) 수식

$$\delta_m = \frac{N_m - N_n}{N_n} \times 100[\%], \ \ \text{따라서}, \ N_m = N_n(1 + \delta_m)$$

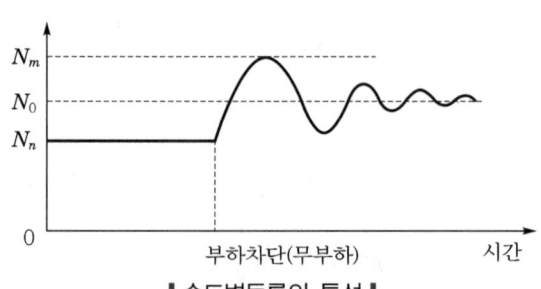

┃ 속도변동률의 특성 ┃

632

(3) 속도변동률 크게 했을 경우 장점

① 발전기 설계 시 발전기 자체 고유의 GD^2을 채용할 수 있어 경량 · 소형화가 가능하다.

② 가이드 베인 폐쇄시간을 길게 할 수 있어 조속기용량, 전동기용량이 작아도 된다.

③ 부동시간, 폐쇄시간을 길게 한 경우의 장점이 아래와 같다.

    ㉠ 부하차단 시 수격압 경감으로 수압철관, 수차 Casing의 설계수압을 낮출 수 있다.

    ㉡ 기타 수격압과 관련된 설계압력을 낮출 수 있다.

④ 상기 사항의 종합적용으로 발전소 건물 축소, 소형화가 가능하므로 건설비가 경감된다.

(4) 속도변동률을 크게 했을 경우의 단점

반면 회전수 증가, GD^2의 감소에 의한 단점은 아래와 같다.

① 주파수 변동이 커져(고유 GD^2을 재용 시 주파수 변동은 너욱 거시므로) 단독운전에 불리하다.

② **조속기의 안정성 저하** : 특히 관로시정수가 큰 발전소에는 단독운전 시 조속기의 안정성은 더욱 저하된다.

③ **과도안정도 저하** : GD^2이 작아지므로 과도리액턴스가 커져 과도안정도는 저하되는 악영향을 초래한다.

④ 소내 전원의 전압 및 주파수가 상승되어 과전압 · 과여자 현상이 발생한다. 방지를 위해 소내 전원을 발전기 모선에서 타 전원으로 절체할 것

⑤ 회전부분의 응력이 증가되어 발전기 회전부의 피로강도를 고려해야 된다.

(5) 속도변동률을 작게 하는 방법

① 전부하 차단 시에도 30% 이하의 속도변동률일 것

② 속응성이 우수한 조속기를 사용한다.

③ 조속기의 부동시간, 폐쇄시간을 감소시킬 것

④ 플라이 휠 효과를 크게 설계할 것

029 발전기의 출력과 주파수의 관계를 설명하고, 속도조정률 및 조속기 프리운전에 대하여 설명하시오.

030 발전기출력과 주파수와의 관계, 속도조정률 및 조속기 프리(governor free) 운전에 대하여 설명하시오.

data 발송배전기술사 22-126-2-4·17-113-3-6 / 발송배전기술사 출제예상문제

답안 **1. 발전기출력과 주파수와의 관계**

(1) 아래 그림 같이 주파수가 변화하면 조속기가 동작해서 발전전력을 변화시키게 되는 특성

(2) 주파수와 발전기출력의 관계

$$\frac{\Delta P_g}{\Delta F} = -K_G$$

여기서, ΔF : 주파수 저하량

ΔP_g : 발전기출력 증가분

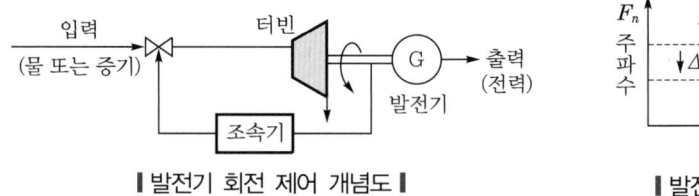

▮ 발전기 회전 제어 개념도 ▮

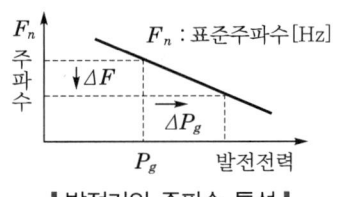

▮ 발전기의 주파수 특성 ▮

(3) 주파수가 ΔF 저하하면 발전기출력은 ΔP_g 만큼 증가한다는 식이다.

(4) 부호가 마이너스인 것은 주파수가 저하하면 발전기출력이 증가함을 의미한다.

(5) 또한, 발전기출력과 주파수의 관계 및 부하전력의 주파수 특성은 아래 오른쪽 그림과 같다.

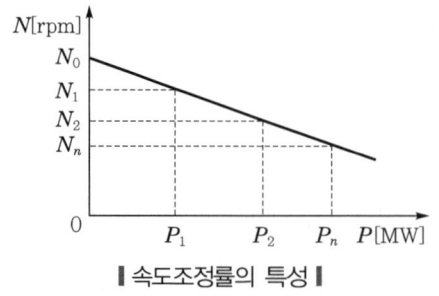

▮ 속도조정률의 특성 ▮

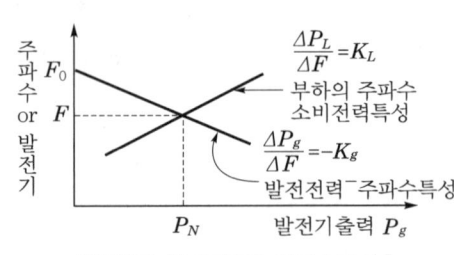

▮ 발전기 및 부하의 주파수특성 ▮

2. 속도조정률(speed regulation)

(1) 의미

임의의 출력으로 운전 중인 발전기의 조속기에 아무런 조정을 가하지 않고 직결된 발전기의 출력을 변화시켰을 때 정상상태에서 회전속도의 변화분과 발전기출력의 변화분과의 비(앞의 왼쪽 그림 참조)를 말한다.

(2) 표현식

$$\delta = \frac{\dfrac{N_1 - N_2}{N_n}}{\dfrac{P_2 - P_1}{P_n}} \times 100 = \frac{\dfrac{f_1 - f_2}{f_n}}{\dfrac{P_2 - P_1}{P_n}} \times 100$$

$$= \frac{\dfrac{\Delta f}{f_n}}{\dfrac{\Delta P}{P_n}} \times 100 = \frac{\Delta f \, P_n}{\Delta P f_n} \times 100 \, [\%] \quad \cdots\cdots\cdots\cdots\cdots\cdots\cdots\cdots \text{식 1)}$$

여기서, N_2 : 부하변화 전(발전기출력 P_2)의 회전수[rpm]

$\quad\quad\quad N_1$: 부하변화 후(발전기출력 P_1)의 회전수[rpm]

$\quad\quad\quad P_1$: 부하변화 후의 발전기출력[MW]

$\quad\quad\quad P_2$: 부하변화 전의 출력[MW]

$\quad\quad\quad \Delta f$: 주파수 변화량, ΔP : 출력변화량

$\quad\quad\quad f_1$: 부하변화 후의 주파수[Hz], f_2 : 부하변화 전의 주파수[Hz]

$\quad\quad\quad P_n$, N_n : 정격 시의 출력[kW], 속도[rpm]

$\quad\quad\quad N_0$: 무부하 시 속도[rpm]

$\quad\quad\quad f_n$: 정격주파수[Hz]

(3) 주파수와 출력 및 속도조정률의 관계

식 1)에 의하여 $\delta = \dfrac{\Delta f \cdot P_n}{\Delta P \cdot f_n} \times 100 \, [\%]$

(4) 계통특성정수와 속도조정률과의 관계

① 속도조정률 $\delta = \dfrac{\Delta f \cdot P_n}{\Delta P \cdot f_n} \times 100 \, [\%]$에서 $\Delta P = \dfrac{\Delta f \cdot P_n}{\delta \cdot f_n}$ [MW]를 계통특성

정수의 공식$\left(K = \dfrac{\Delta P}{\Delta f}\right)$에 대입하고 수하특성을 고려하면 다음과 같다.

② $K = -\dfrac{\Delta P}{\Delta f} = \dfrac{\left(\dfrac{\Delta f \cdot P_n}{\delta \cdot f_n} \times 100\right)}{\Delta f} = -\dfrac{100[\%] \times P_n}{\delta[\%] \times f_n}$ [MW/Hz] $\cdots\cdots\cdots$ 식 2)

3. 조속기 프리(governor free)운전

(1) 정의

① 속도조정률 δ로 정해진 값에 따라 출력을 운전하도록 발전기를 운전하는 것이다.

② 전원측에서 계통주파수가 변화하면 즉시 발전기의 원동기의 조속기(governor)가 동작해서 발전기입력을 주파수의 변동에 응해서 조정하게 하는 발전기 운전법이다.

(2) 주파수 제어원리와 조속기 프리운전 메커니즘

① 표준주파수 f_n 및 출력 P_{G1}으로 운전 중이다.

② 부하전력 증가로 발전기출력 P_{G1}에서 ΔL만큼 증가로 P_{G2}로 변화된다.

③ '②' 상태에서 발전기의 주파수 특성은 G에서 G'로 이동된 것이다.

④ '②'의 특성이동은 조속기를 제어하여 이루어진다.

⑤ 또, 부하변화 ΔL에 의한 주파수 저하는 ΔF 아래에서 점 ② 위치에서 발전기 출력과 부하가 평형된다.

⑥ '⑤'의 상태에서 표준주파수까지 회복시키려면, 새로이 원동기 입력을 증가해서 발전기출력을 증가시켜야 한다.

⑦ 그 다음 조속기를 제어해서 발전기 특성을 G로부터 G'로 평행이동시켜 점 ③에서 표준주파수로 안정시키는 것이다(즉, ① → ② → ③으로 안전화됨).

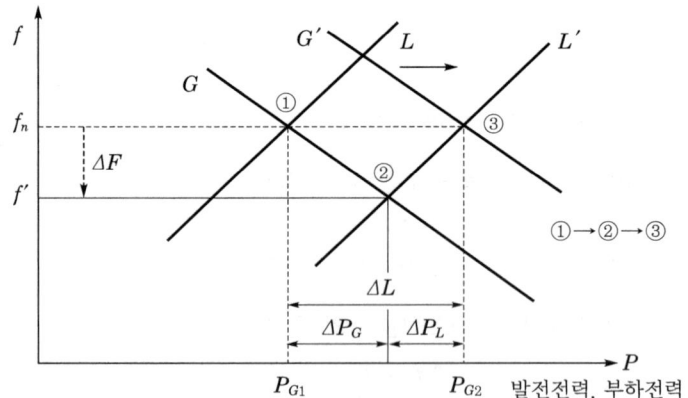

(3) 조속기 프리운전과 부하분담관계

아래 그림과 같이 운전한다.

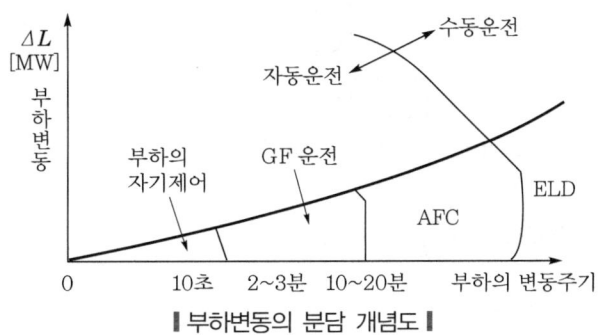

┃부하변동의 분담 개념도┃

(4) 조속기 프리운전의 특성

① 조속기운전을 하는 발전기가 많을수록 K_G는 커진다.

② 그 속도조정률이 작을수록 K_G는 커진다.

③ 부하의 자기제어성에 의해 약 20초 정도까지 진행 후에 조속기 프리운전으로 시행되는데, 발전소의 조속기 특성을 적당히 잡아주면 자동적으로 조정된다.

---

031 전력계통에서 주파수변동은 전력의 변동과 밀접한 관계가 있다. 발전기출력·부하 전력의 주파수특성과 주파수 추종운전(governor free)에 대하여 설명하시오.

(data) 발송배전기술사 20-122-3-2 / 발송배전기술사 출제예상문제

답안 **1. 전력계통에서의 전력·주파수 특성**

(1) 정의

전력변화와 주파수변화의 관계, 즉 전력이 변화할 때 주파수가 어떻게 변화하는가에 대한 특성을 말한다.

(2) 발전 전력·주파수 특성(가바나 프리운전)

① 조속기에 의해 발전기 회전수가 증가하면 발전기출력을 감소시키고 발전기 회전수가 감소하면 발전기출력을 증가시킨다.

② 개념도

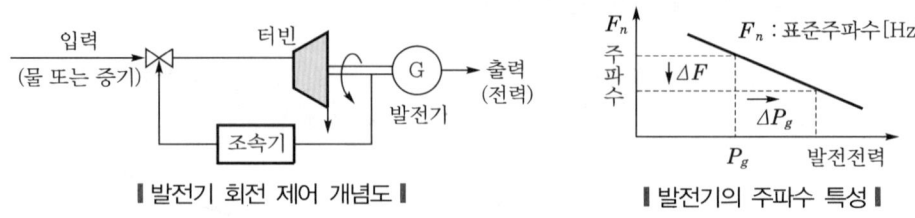

‖ 발전기 회전 제어 개념도 ‖   ‖ 발전기의 주파수 특성 ‖

③ 관계식 : $\dfrac{\Delta P_G}{\Delta F} = -K_G$

④ 의미 설명

　㉠ (−)부호인 이유 : 부하 증가 시 주파수가 하락한다는 의미이다.

　㉡ GF 운전 개념 : 부하가 증가하면 발전기측은 출력을 증가시키거나 감소시
　　켜야 한다. 총부하와 총손실을 맞추기 위해서 조속기에 어떠한 조정을
　　가하지 않아도 속도조정률에 의해 각 발전기가 출력분담을 합한 운전방식
　　을 말한다.

　㉢ 속도조정률이 작은 발전기는 속도조정률이 큰 발전기에 비해 더 많이 부하
　　를 분담한다(원자력은 δ가 8%, 수력은 3% 정도로 부하변동 시 수력이
　　더 많이 분담).

　㉣ 그 결과 총발전력은 총부하와 총손실의 균형을 합한 값과 맞추어 졌지만,
　　발전 전력·주파수 특성에 의해 주파수는 하락한 상태가 된다.

　㉤ 이 경우 어떠한 인위적인 조정은 가해진 것이 아니고 계통이 갖고 있는
　　특성에 의해 이루어진다.

　㉥ 저하된 주파수를 원래대로 회복시키기 위해서는 인위적인 제어를 가해야 하
　　는데 이것이 주파수 제어인 것이다. 이것을 자동으로 행한 것을 AFC라 한다.

　㉦ 우리나라는 AFC와 ELD를 가미한 AGC 운전을 행하고 있다.

⑤ 속도조정률과 발전전력, 주파수 특성정수와의 관계

$$속도조정률 \ \delta = -\frac{\Delta f \cdot P_n}{\Delta P \cdot F_n} \times 100[\%] = \frac{100 P_n}{K_G F_n}$$

$$\therefore \ K_G = \frac{100 P_n}{\delta F_n}$$

(3) 부하의 주파수 특성(부하의 자기제어성)

① 정의 : 주파수 상승 시 소비전력은 증가하고 주파수 감소 시 소비전력은 감소
　해서 주파수의 변동을 억제하려는 특성을 부하의 자기제어성이라 한다.

② 개념도

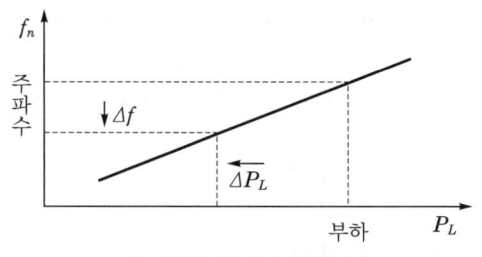

┃ 부하의 주파수 특성 ┃

③ $\dfrac{\Delta P_L}{\Delta F} = K_L$

④ 의미

㉠ 부호가 (+)인 이유 : 부하가 증가해서 주파수가 하락하면 부하전력이 감소 되는 것을 의미한다.

㉡ 부하의 대부분은 회전기기로서, 주파수는 전체 계통에 영향을 주므로 부 하의 증대로 주파수가 하락 시 회전기 부하의 회전수도 감소$\left(N = \dfrac{120f}{P}\right)$ 되어 회전기기에서 발생되는 회전기부하의 회전수도 감소한다. → 회전기 가 내는 출력을 감소시켜 부하전력은 하락한다.

㉢ 부하의 자기제어성으로 지칭하는 이유는 부하 증대 시 부하 증대를 억제하 려는 부하의 성질을 말한 것이다.

(4) 전력계통의 전력 – 주파수 특성정수 K

① K = (발전전력–주파수 특성정수 K_G) + (부하전력–부파수 특성정수 K_L)

② 관계식

$K = K_G + K_L [\text{MW}/0.1\text{Hz}]$

$K_G = \displaystyle\sum_{i=1}^{n} K_{gi}$이므로 $K = K_L + \displaystyle\sum_{i=1}^{n} K_{gi}$

$\Delta L = \Delta P_G - \Delta P_L$

$\dfrac{\Delta L}{\Delta F} = -(K_G + K_L) = -K$

$K = -\dfrac{\Delta L}{\Delta F}$

(5) 전력 – 주파수 특성정수의 표현

전력계통의 크기에 대한 비율로 나타내면 다음과 같다.

$$\%K_G = K_G \times \frac{100}{병렬발전기의\ 정격용량의\ 합계}[\%MW/0.1Hz]$$

$$\%K_L = K_L \times \frac{100}{부하용량}[\%MW/0.1Hz]$$

2. 계통 특성정수 K의 특징

(1) 계통 특성정수 K는 다음과 같다.

$$K = |K_G| + K_L = \left|\sum_{i=1}^{n} \frac{P_i}{\delta_i}\right| + K_L$$

여기서, P_i : 발전기용량, δ_i : 속도조정률

(2) 조속기운전을 하는 발전기 대수가 많을수록, 또 그 속도조정률(δ)이 작을수록 K_G는 커진다.

(3) 계통 내에 회전기부하가 많으면 K_L은 커진다.

(4) 심야보다도 주간, 휴일보다는 평일쪽이 발전기의 병렬대수가 많으므로 K는 커진다.

(5) 이와 같은 계통 특성정수 K를 그래프로 보면 다음과 같이 표현된다.

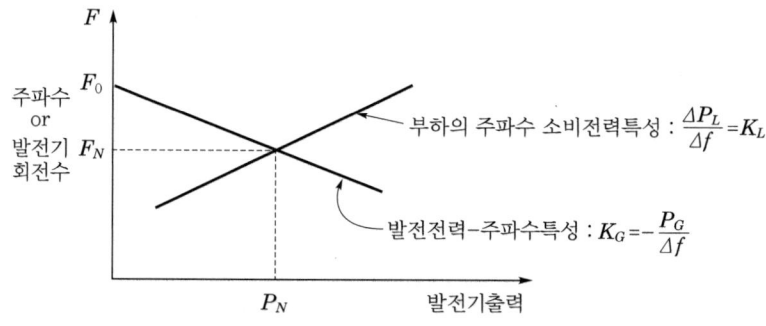

┃ 발전기출력, 부하전력의 주파수 특성 ┃

3. 조속기의 프리운전

(1) 정의

① 전원측에서 계통주파수가 변화하면 즉시 발전기의 원동기의 조속기(governor)가 동작해서 발전기입력을 주파수의 변동에 응해서 조정하도록 하고 있다.

② 정해진 속도조정률 δ에 따라 출력을 조정하는 발전기운전법을 조속기 프리(free) 운전이라 한다.

(2) 속도조정률 표현식과 주파수 특성정수와의 관계

① $\delta = \dfrac{\dfrac{N_1 - N_2}{N_N}}{\dfrac{P_2 - P_1}{P_N}} \times 100\,[\%]$ (임의출력 $P_2 = P_N$, 변화 후의 출력 $P_1 = 0$이면)

$\quad = \dfrac{N_1 - N_2}{N_N} \times 100\,[\%] = \dfrac{f_0 - f_n}{f_n} \times 100\,[\%]$

여기서, f_0 : 무부하 시 주파수

$\qquad\quad f_n$: 정격주파수

② 또, 계통 특성정수로 속도조정률을 간략히 정리하면 다음과 같다.

$\delta = \dfrac{\Delta f \cdot P_n}{\Delta P \cdot F_n} \times 100\,[\%] = \dfrac{100 P_n}{K_G F_n}$

∴ 계통 특성정수 $K_G = \dfrac{100 P_n}{\delta F_n}\,[\mathrm{MW/Hz}]$

(3) 속도조정률의 특성

① δ란 속도조정률로서 조속기의 특성을 나타낸 것이다.

② δ가 작다는 의미

　㉠ 동일한 전력변화 ΔP에 대하여 주파수의 변화 ΔF가 작다는 의미로서, 부하변동에 대한 발전력의 속응성이 우수함을 말한 것이다.

　㉡ 실제 전원별 δ의 크기 : ESS는 2%, 수력은 3~5%, 화력은 4~5%, 원전은 8%이다.

　㉢ 수력의 속응성이 우수하여 주파수 조정용 에너지 저장장치로 활용이 가능하다(특히, 양수발전소).

　㉣ 역으로 보면 대형 원전이나 석탄화력은 조정률이 크므로 부하에 대한 속응성이 떨어지므로 Base load로 발전소운영을 해야 한다.

③ 발전기 병렬운전 시 부하분담을 결정함에 있어서 δ가 큰 발전기는 부하변동에 대한 부하분담은 작게 하고(예 원전은 부하속응성이 뒤짐), δ가 작은 발전기는 부하변동에 대한 부하분담을 크게 해야 한다.

SECTION **02** 계통 특성정수

032 발전기의 전력(P_G)–주파수(f) 특성과 부하의 전력(P_L)–주파수(f) 특성에 대하여 설명하시오.

data 발송배전기술사 18-115-1-13 / 발송배전기술사 출제예상문제

답안

1. 계통 특성정수와 전력계통의 주파수 특성

(1) 계통 특성정수란 계통의 주파수를 Δf[Hz] 변화시키는 데 필요한 전력, 즉 정상적인 주파수와 전력과의 관계로 K라 하며, 발전전력–주파수 특성과 부하의 주파수 특성으로 구분한다.

(2) 전력계통의 주파수 특성이란 '발전전력 주파수 특성 + 부하의 주파수 특성' 합의 개념이다.

2. 발전기의 전력(P_G) – 주파수(f) 특성

(1) 다음 그림 같이 주파수가 변화 시 조속기가 동작해서 발전전력을 변화시키게 되는 특성이다.

(2) 주파수와 발전기출력의 관계는 $K_G = -\dfrac{\Delta P_G}{\Delta f}$ (즉, 수하특성)

여기서, Δf : 주파수 저하량

ΔP_G : 발전기출력 증가분

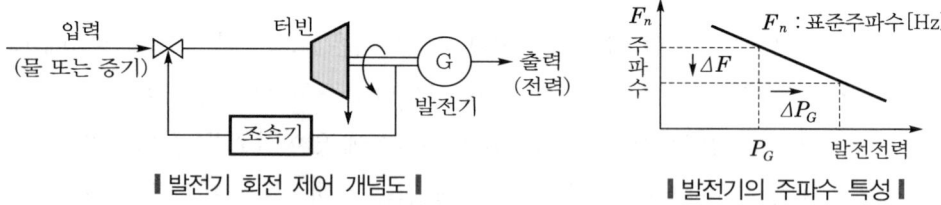

┃발전기 회전 제어 개념도┃ ┃발전기의 주파수 특성┃

3. 부하의 주파수 특성(혹은 부하의 자기제어성)

(1) 계통 주파수가 변화하면 계통전압 및 회전기 부하의 회전수가 변화하게 되므로 부하측에서도 같은 부하상태라도 부하의 소비전력이 달라진다.

(2) 전등·전열기 등의 저항부하는 주파수 변화에 관계없지만, 회전기기는 그 소비전력이 회전속도의 3제곱에 비례하는 것과 제곱에 비례하는 것이 섞여 있어 주파수에 따라 소비전력이 변화한다(주파수 증가 시 속도 증가로 부하전력 증가).

(3) 또한, 저항부하는 주파수와 무관하므로 일반적인 부하는 주파수가 상승함에 따라 소비전력도 상승하게 되는 특성이 있으며, 이때 Δf 에 따라 부하전력의 변동 (ΔP_L)이 생기는데 이것은 부하의 자기제어성 또는 부하의 주파수 특성이라 부르고 K_L로 표시한다.

(4) 주파수가 Δf 저하되면, 소비전력은 ΔP_L만큼 감소하며, 이를 부하의 자기제어성이라 한다(Δf : 주파수 저하, ΔP_L : 소비전력의 저하).

(5) 이때, 주파수와 부하의 관계는 아래 그림과 같이 $\dfrac{\Delta P_L}{\Delta f} = K_L$이다.

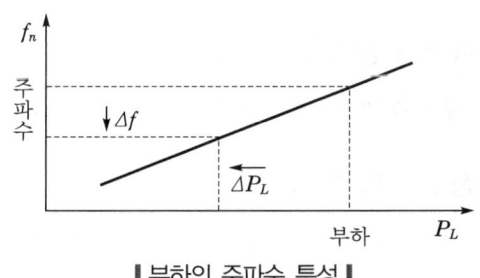

┃ 부하의 주파수 특성 ┃

033 계통의 전력·주파수 특성을 발전기와 부하의 경우로 나누어 설명하시오.

(data) 발송배전기술사 18-116-4-4 / 발송배전기술사 출제예상문제

답안 1. 전력계통에서의 전력·주파수 특성

* Chapter 04 - 문제 031의 답안 '1.' 내용을 참조한다.

2. 계통 특성정수 K의 특징

* Chapter 04 - 문제 031의 답안 '2.' 내용을 참조한다.

034 발전기의 유효전력(P_G) – 주파수(f) 특성과 부하의 유효전력(P_L) – 주파수(f) 특성에 대하여 설명하시오.

(data) 발송배전기술사 22-128-1-11 / 발송배전기술사 출제예상문제

답안 **1. 발전기의 유효전력(P_G)–주파수(f)의 특성**

(1) 전력계통에서의 전력·주파수 특성의 개념

전력변화와 주파수변화의 관계, 즉 전력이 변화할 때 주파수가 어떻게 변화하는가에 대한 특성을 말한다.

(2) 발전전력·주파수 특성

＊Chapter 04 – 문제 031의 답안 '1./(2)' 내용을 참조한다.

2. 부하의 주파수 특성(부하의 자기제어성)

＊Chapter 04 – 문제 031의 답안 '1./(3)' 내용을 참조한다.

3. 계통 특성정수 K의 특징

＊Chapter 04 – 문제 031의 답안 '2.' 내용을 참조한다.

035 60Hz 계통에서 정격출력 450MW의 발전기가 400MW로 조속기 프리운전 중 계통주파수가 0.15Hz 저하하였을 때의 발전기출력[MW]과 계통용량을 4000MW라고 하였을 경우 발전기의 계통 특성정수($\% K_G$)를 구하시오. (단, 터빈의 속도조정률은 4%이고 그 특성은 직선으로 가정함)

(data) 발송배전기술사 22-128-1-13 / 발송배전기술사 출제예상문제

답안 **1. 발전기출력 산출**

(1) 속도조정률 $\delta = \dfrac{\Delta f \cdot P_n}{\Delta P \cdot f_n} \times 100[\%]$

(2) 출력변화 $\Delta P = \dfrac{\Delta f}{\delta} \times \dfrac{P_n}{f_n} \times 100$

$\qquad\qquad = \dfrac{-0.15\,\mathrm{Hz}}{4\%} \times \dfrac{450\mathrm{MW}}{60\mathrm{Hz}} \times 100\%$

$\qquad\qquad = -28.15\,\mathrm{MW}$

(3) 여기서, $\Delta P =$ 주파수 변화 전 발전기출력 $-$ 주파수 변화 후의 발전기출력

$\qquad\qquad = P_1 - P_2$

$\therefore\ P_2 = P_1 - \Delta P = 400 - (-28.15) = 428.125\,\mathrm{MW}$

2. 발전기의 계통 특성정수 산출

(1) 발전기의 유효전력(P_G) ~ 주파수(f)의 계통 특성정수

$\dfrac{\Delta P_G}{\Delta F} = -K_G$

$\therefore\ K_G = \dfrac{28.15\mathrm{MW}}{0.15\mathrm{Hz}} = 187.666\,\mathrm{MW/Hz}$

(2) 발전기의 계통 특성정수($\% K_G$)

$\% K_G = \dfrac{K_G}{\text{계통용량}} \times 100\,[\%] = \dfrac{187.666}{4000} \times 100\% = 4.6875\,\%\mathrm{MW/Hz}$

(3) 계통 특성정수의 단위

① MW/Hz

② MW/0.1Hz

③ 전력을 계통부하의 백분율로 나타낸 %MW/Hz

(4) 발전기의 주파수 특성

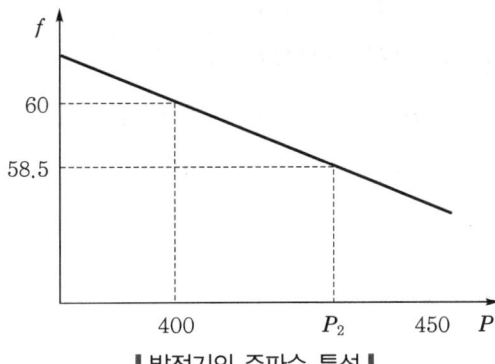

‖ 발전기의 주파수 특성 ‖

036 두 발전기의 정격출력과 속도조정률이 각각 $P_A = 700$MW, $\delta_A = 2.5\%$ 및 $P_B = 1000$MW, $\delta_B = 3.0\%$이며, 무부하 병렬운전 중 부하가 1300MW가 걸렸을 경우 각 발전기의 출력과 전력계통의 주파수 변동값을 구하시오.

data 발송배전기술사 출제예상문제

답안 **1. 계통 특성정수**

$$K_G = \frac{\Delta P_G}{\Delta F} = \frac{\left(\dfrac{\Delta F P_n}{\delta\, F_n} \times 100\right)}{\Delta F} = \frac{100[\%] \times P_n}{\delta[\%] \times F_n}\,[\mathrm{MW/Hz}]$$

2. 각 발전기의 계통 특성정수 산출

$$K_A = \frac{100\% \times 700}{2.5\% \times 60} = 467\,\mathrm{MW/Hz}$$

$$K_B = \frac{100\% \times 1000}{3.0\% \times 60} = 556\,\mathrm{MW/Hz}$$

3. 각 발전기의 출력분담 산출

$$P_A = \frac{K_A}{K_A + K_B} \cdot P_L = \frac{467}{467 + 556} \times 1300 = 593\,\mathrm{MW}$$

$$P_B = P_L - P_A = 1300 - 593 = 707\,\mathrm{MW}$$

4. 전력계통의 주파수 변동값

(1) $K_G = \dfrac{\Delta P_G}{\Delta F}$ 이므로 $\Delta P_G = K_G \Delta F$에서 $\Delta P_A = K_A \Delta F$

$\therefore\ \Delta P_A = K_A \Delta F = 467\,\mathrm{MW/Hz} \times \Delta F$

$\Delta P_B = K_B \Delta F = 593\,\mathrm{MW/Hz} \times \Delta F$

(2) 각 발전기의 출력변동분의 합과 부하변동량(무부하 병렬운전 중 부하가 1300MW) 은 같으므로, $\Delta P_A + \Delta P_B = 467\Delta F + 556\Delta F = 1300\,\mathrm{MW}$이다.

따라서, $(467 + 556)\Delta F = 1300$에서

$$\Delta F = \frac{1300}{467 + 556} = 1.27\,\mathrm{Hz}$$

036-1 정격주파수 60Hz 계통에서 발전기 A(정격출력 40MW, 속도조정률 2%), 발전기 B (정격출력 30MW, 속도조정률 3%), 발전기 C(정격출력 20MW, 속도조정률 4%)가 병렬운전하여 90MW의 부하에 전력을 공급하고 있다. 이때, 갑자기 부하가 75MW로 감소하는 경우 각 발전기의 출력과 계통주파수를 구하시오.

data 발송배전기술사 21-124-4-3 / 발송배전기술사 출제예상문제

답안 **1. 문제의 데이터 요약**

구분	정격출력[MW]	속도조정률[%]
발전기 A	40	2
발전기 B	30	3
발전기 C	20	4

2. 각 발전기가 무부하일 때 무부하 시 주파수 산출

(1) 속도조정률 $\delta = \dfrac{N_x - N_0}{N_0} \times 100[\%] = \dfrac{f_x - f_0}{f_0} \times 100[\%]$

$\therefore f_x - f_0 = \dfrac{\delta f_0}{100}$

$f_x = f_0 + \dfrac{\delta f_0}{100} = f_0\left(1 + \dfrac{\delta}{100}\right)$

(2) $f_a = f_0\left(1 + \dfrac{\delta}{100}\right) = 60\left(1 + \dfrac{2}{100}\right) = 61.2\,\text{Hz}$

(3) $f_b = f_0\left(1 + \dfrac{\delta}{100}\right) = 60\left(1 + \dfrac{3}{100}\right) = 61.8\,\text{Hz}$

(4) $f_c = f_0\left(1 + \dfrac{\delta}{100}\right) = 60\left(1 + \dfrac{4}{100}\right) = 62.4\,\text{Hz}$

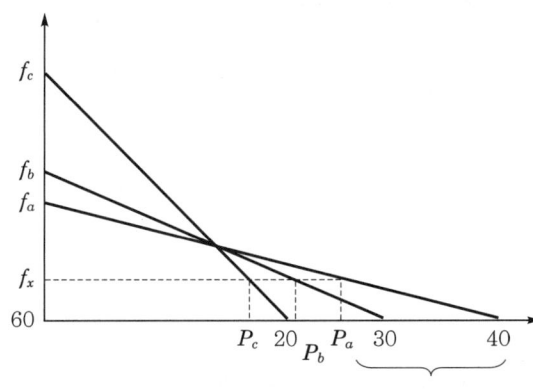

┃ 각 발전기별 부하분담과 주파수 비례식 그래프 ┃

3. 75MW 부하에서 각 발전기출력 및 주파수 산출

계통 특성정수로 속도조정률을 간략히 정리하면

$$\delta = \frac{\Delta f \cdot P_n}{\Delta P \cdot F_n} \times 100[\%] = \frac{100 P_n}{K_G F_n} \text{식을 이용할 수 없다.}$$

왜냐하면 발전기가 병렬운전이므로 각 발전기의 비례식을 이용해야 하기 때문이다.

(1) 그래프에서 A발전기의 비례식

$$\frac{f_x - 60}{40 - P_a} = \frac{f_a - 60}{40} = \frac{1.2}{40} = 0.03 \rightarrow f_x = 0.03(40 - P_a) + 60$$

(2) 그래프에서 B발전기의 비례식

$$\frac{f_x - 60}{30 - P_b} = \frac{f_b - 60}{30} = \frac{1.8}{30} = 0.06 \rightarrow f_x = 0.06(30 - P_b) + 60$$

(3) 그래프에서 C발전기의 비례식

$$\frac{f_x - 60}{20 - P_b} = \frac{f_b - 60}{20} = \frac{2.4}{20} = 0.12 \rightarrow f_x = 0.12(20 - P_b) + 60$$

(4) 병렬운전이므로 f_x 값은 동일하여 관계를 구하면 다음과 같다.

$$0.03(40 - P_a) + 60 = 0.06(30 - P_b) + 60 = 0.12(20 - P_b) + 60$$

$$\therefore (40 - P_a) = 2(30 - P_b) = 4(20 - P_c)$$

① $P_a = 40 - 4(20 - P_c) = -40 + 4P_c \rightarrow$ 계산 시 부호에 주의

② $P_b = 30 - 2(20 - P_c) = -10 + 2P_c \rightarrow$ 계산 시 부호에 주의

(5) 각 발전기의 출력산출

① $P_a + P_b + P_c = 75\,\mathrm{MW}$

$$(-40 + 4P_c) + (-10 + 2P_c) + P_c = 75$$

$$\therefore P_c = \frac{125}{7}\,\mathrm{MW}$$

② $P_a = -40 + 4P_c = -40 + 4 \times \dfrac{125}{7} = \dfrac{220}{7}$

③ $P_b = -10 + 2P_c = -10 + 2 \times \dfrac{220}{7} = \dfrac{180}{7}$

$$\therefore \frac{125}{7} + \frac{220}{7} + \frac{180}{7} = 75\,\mathrm{MW}$$

(6) 계통주파수 f_x 산출

$$f_x = 0.06(30 - P_b) + 60 = 0.06\left(30 - \frac{180}{7}\right) + 60 = 60.257\,\mathrm{Hz}$$

037 아래와 같이 연계운전 중인 A, B 전력계통의 계통정수가 표와 같은 경우 다음을 구하시오.

1. 연계운전 정지 중 A계통에서 300MW의 부하가 차단된 경우 주파수 변화 ΔF[Hz]
2. 양 계통이 연계운전 중인 상태이다. A계통에서 1000MW의 전원이 탈락된 경우 주파수 변화 ΔF[Hz]와 연계선 조류변화 ΔP_T[MW]

구분 \ 계통	A계통	B계통
계통용량[MW]	12000	5000
계통정수[%MW/Hz]	10	8

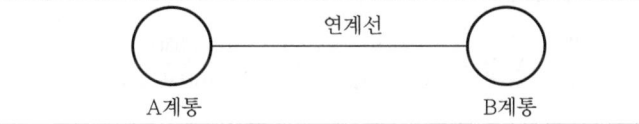

data 발송배전기술사 23-131-4-4 / 발송배전기술사 출제예상문제

답안 1. 연계운전 정지 중 A계통에서 300MW의 부하가 차단된 경우 주파수 변화 ΔF[Hz]

(1) %계통 특성정수

$$\% K = \frac{K}{계통용량} \times 100[\%]$$

$$\therefore K = \frac{\% K}{100} \times 계통용량$$

(2) 계통 특성정수 $K = \dfrac{\Delta P}{\Delta F}$ [MW/Hz]

$$\therefore \Delta F = \frac{\Delta P \times 100}{\% K \times 계통용량} = \frac{300 \times 100}{10 \times 12000} = 0.25\,\text{Hz} \ 상승$$

2. 연계운전 중 A계통에서 1000MW의 전원이 탈락된 경우 주파수 변화 ΔF[Hz]와 연계선 조류변화 ΔP_T[MW]

(1) 전력균형식

① A계통 조류변화 : $-\Delta P_a + K_A \Delta F + \Delta P_T = 0$

② B계통 조류변화 : $K_B \Delta F - \Delta P_T = 0$

(2) A계통에서 ΔP_a만큼 공급력이 감소했다는 것은 B계통에서 A계통으로 전력이 유입됐다는 것을 의미한다. 즉, 조류변화 ΔP_T가 있다.

(3) 주파수 변화 산출

① 위의 두 식을 더하면 $\Delta F = \dfrac{-\Delta P_a}{K} = \dfrac{-\Delta P_a}{K_A + K_B}$

② $K_A = \dfrac{\% K_A}{100} \times$ 계통용량 $= \dfrac{10\%}{100\%} \times 12000 = 1200\,\mathrm{MW/Hz}$

③ $K_B = \dfrac{\% K_B}{100} \times$ 계통용량 $= \dfrac{8\%}{100\%} \times 5000 = 400\,\mathrm{MW/Hz}$

$\therefore \quad \Delta F = \dfrac{-\Delta P_a}{K} = \dfrac{-\Delta P_a}{K_A + K_B} = \dfrac{-1000}{1200 + 400} = -0.625\,\mathrm{Hz}$

(4) 조류(ΔP_T) 산출

$$\Delta P_T = \frac{K_B}{K}\Delta P_a = \frac{K_B}{K_A + K_B}\Delta P_a = \frac{400}{1200 + 400} \times 1000 = 250\,\mathrm{MW}$$

(5) 주파수는 0.625Hz 저하, B계통으로부터 A계통에 250MW의 조류가 유입된다.

SECTION 03 주파수 제어

038 전력계통운용의 자동화를 위한 제어방식 중 부하주파수 제어(LFC : Load Frequency Control)에 대하여 설명하시오.

data 발송배전기술사 19-119-1-2 / 발송배전기술사 출제예상문제

답안

1. 정의

(1) 부하주파수 제어는 초기단계에서는 단독계통을 대상으로 한 자동주파수 제어 (AFC)로 전력계통의 발전에 따라 각 계통 간의 연계선 조류까지를 그 제어 대상 으로 하는 단계로 되어 부하주파수 제어(LFC)로 확대되었다.

(2) 이때, 예상부하와 실시간 부하 크기와의 차이에 의한 주파수 차이를 해소하기 위한 발전조정을 말한다.

2. LFC 설치 및 출력 조정

(1) LFC는 중앙 급전지령소에 제어장치를 설치한다.

(2) 주파수 조정은 하나의 발전소에서 조작한 발전전력의 조정이 전역으로 파급되어, 주파수 조정을 수행할 수 있지만 실제 하나의 발전소만으로는 조정출력이 부족하 기 때문에 수십개소 LFC 발전소의 출력을 조정한다.

3. LFC 제어의 대상

(1) 부하 외란의 크기는 1 ~ 2% 정도이다.

(2) 부하 외란의 주기는 일반적으로 30초 ~ 15분 정도이다.

(3) 연계선 조류까지 대상으로 한다.

4. LFC 제어의 목적

(1) 제어대상인 지역 내에 주요한 지점의 주파수와 타 지역과 연계하고 있는 지점의 연계선의 조류편차로부터 필요한 제어조작량을 산출한다.

(2) 각 지역 내의 LFC 발전소 출력 조정을 통해 주파수를 규정값 내에 유지한다.

5. LFC와 발전기의 출력 분담

전 계통에 부하변동이 심한 경우 주파수 제어계는 다음과 같다.

(1) 부하의 자기제어

10초 정도 이내의 주기가 극히 짧은 부하변동분은 '부하의 자기제어 특성'에 의해 흡수된다.

(2) 조속기 자동제어

변동주기가 2 ~ 3분 정도 이하는 '조속기 프리(GF) 운전'을 하는 발전기의 조속기 특성에 의해 자동적으로 조정한다.

(3) 자동 주파수 제어

변동폭이 '(2)'보다 더 크고, 변동주기도 10 ~ 20분 정도로 긴 경우는 '주파수 제어(LFC) 또는 자동 주파수 제어(AFC)'로 조정한다.

(4) 경제부하 배분

'(3)'보다 부하변동폭이 15%를 넘고, 변동주기도 20분 이상인 것은 '급전조정이나 경제부하배분(ELD)'으로 조정한다.

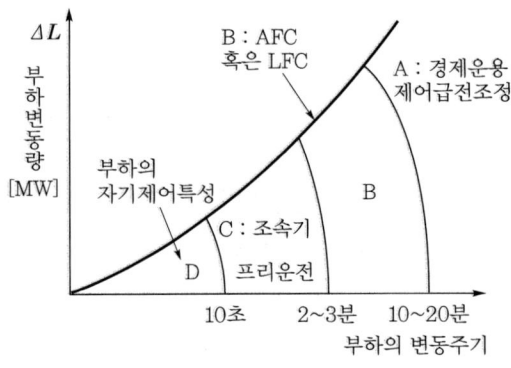

| 부하변동의 제어부담 |

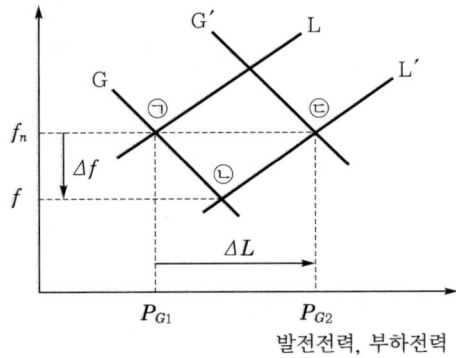

| 부하변동 시 주파수변동의 회복특성 |

6. 주파수 제어방법

(1) 주파수 변동 시 회복 메커니즘

① 부하변동으로 부하전력의 부하가 상승(ΔL)한다.

② GF 운전에 의해 계통정수 K에 따른 주파수변동 Δf는 주파수가 저하된다. 즉, 그림의 ㉠점에서 → ㉡점으로 이동된 특성변화로 주파수는 저하된다.

③ 이때, 발전기의 출력제어(원동기 입력제어)로 LFC 또는 AFC에 의한 주파수 회복으로 Δf 상승, 즉 그림의 ㉡점에서 → ㉢점으로 이동된 특성변화로 주파수는 상승된다.

(2) 발전전력과 주파수변동의 시간관계

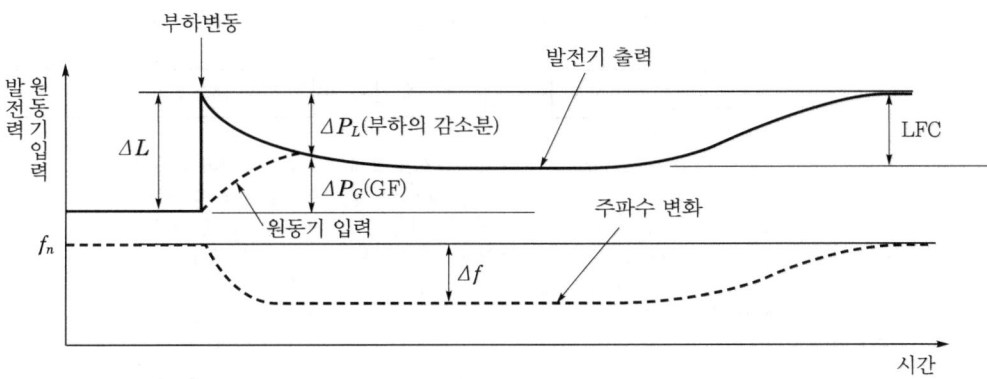

039 전력계통의 연계운전 시 주파수 제어방식에 대하여 설명하시오.

(data) 발송배전기술사 21-125-1-13 / 발송배전기술사 출제예상문제

(comment) 배점 10점으론 분량이 많기에 '1'을 요약하고, '2'는 간단히 기록하되 제어방식의 조합 적용은 완전히 기록하기 바란다.

답안 **1. 연계계통 주파수 제어방식**

(1) 연계계통 자동주파수 제어 필요성(목적)

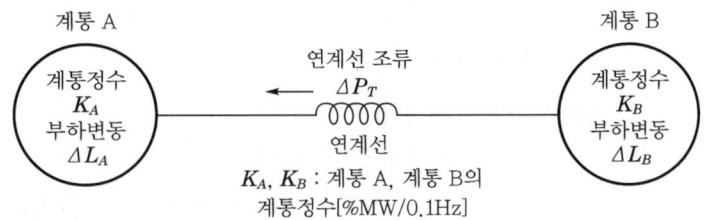

① 부하변동에 의해 주파수와 연계선 전력도 변동하므로 발전기출력 제어가 필요하다.

② 수요와 공급의 불균형 양이 발생하므로 불균형을 해소하고 연계선 조류기준 값을 유지하는 것이 목적이다(전력품질유지 : 60 ± 0.2Hz).

③ $\Delta L_A = -K_A \cdot \Delta F + \Delta P_T$, $\Delta L_B = -K_B \cdot \Delta F - \Delta P_T$

④ 경제성 유지

(2) 자동주파수 제어계

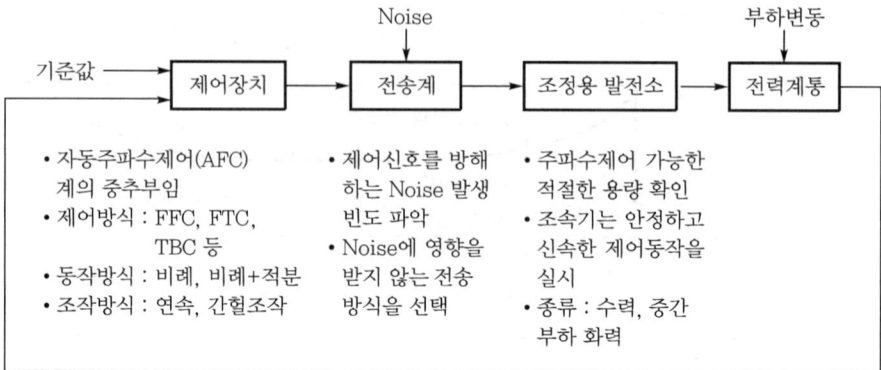

2. AFC(Automatic Frequency Control) 제어방식

(1) 정주파수 제어(FFC : Flat Frequency Control)

① 원리

ㄱ 계통의 주파수만을 검출 제어하는 방식

ㄴ '계통주파수 > 규정주파수'의 경우는 조정용 발전소의 출력을 감소시킨다.

ㄷ '계통주파수 < 규정주파수'의 경우는 조정용 발전소의 출력을 증가시킨다.

② 특징

ㄱ AR(AR : Area Requirement, 지역요구량)을 '0'으로 하기 위해 발전기출력을 제어한다.

ㄴ 지역요구량(AR) : 수급 균형을 조정하기 위해 필요한 제어량이다.

ㄷ $AR = -K\Delta F$ 이 값을 '0'으로 하기 위해 발전기출력을 제어하고, 단독계통만 해당된다.

여기서, K : 계통정수

ΔF : 주파수 변화량

ㄹ $\Delta F = 0$, $F = C$ 일정값을 유지(정주파수 제어)한다.

③ 적용 : 현재 우리나라에서 적용 중이다.

(2) 정연락선 전력제어(FTC : Flat Tie Line Control)

① 원리

ㄱ 주파수와 관계없이 전력선만을 제어한다.

ㄴ 연락선 전력을 검출하여 조정용 발전소의 출력을 제어한다.

② 특징

 ㉠ $AR = \Delta P_T = 0$이며, 주파수와 ΔP_T를 0으로 하게 한다.

  여기서, ΔP_T : 연락선 전력변화

 ㉡ 연계계통 내의 비교적 소용량 계통이 주요 계통화의 연락선 전력을 제어할 때 사용한다.

 ㉢ 주파수와는 관계없이 연락선 전력만을 제어하므로 계통의 주파수 일정하게 유지하는 것이 필요하다.

 ㉣ 연계계통 내 어디인가에 주파수가 일정하게 유지되지 않으면 연계운전을 기대할 수 없다.

 ㉤ 연락선전력을 검출해서 계획값과 동일값으로 유지하도록 조정발전소출력을 제어한다.

 ㉥ 차후, 남북한 전력 연계방식에서 심도있게 거론될 연계방식 중의 한 방법이다.

③ 연계방법

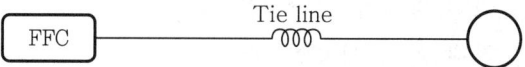

(3) 연락선 전력 바이어스 제어(TBC : Tie line Bias Control) 혹은 주파수 편기 연락선 전력 제어

① TBC 원리

 ㉠ 부하변동 시 주파수, 연락선 조류를 동시에 제어한다.

 ㉡ 자기계통 내 부하변화는 자기계통에서 처리한다.

 ㉢ A계통에서 갑자기 부하가 증가할 경우 부하가 증가한 순간에는 발전력은 변화되지 않아 주파수는 저하되고, B계통에서 A계통으로의 연락선 조류는 증가한다.

 ㉣ A계통에서 갑자기 부하가 감소하면 부하가 감소한 순간에는 발전력은 변화되지 않아 주파수는 상승되고, A계통에서 B계통으로의 연계선 조류는 증가한다.

② 특징

 ㉠ 연계계통의 주파수 제어에 가장 합리적 방식으로, 계통에서 많이 채택한다.

ⓛ 연계방법

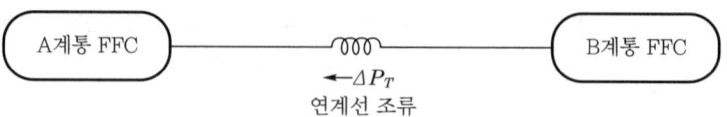

ⓒ 부하변화량 산출

- $\Delta L_A = -K_A \cdot \Delta F + \Delta P_T$

    $\Delta L_B = -K_B \cdot \Delta F - \Delta P_T$

- 주파수변화량에 계통정수를 곱한 것을 연락선 조류의 변화량에 가산하면 자기계통 내 부하변화량을 알 수 있다.

ⓔ AR을 자기계통의 수급 불균형 양 자체로 받아 들여 조정소요량을 자기계통의 발전기만으로 제어하기 때문에 가장 합리적인 방식이다.

(4) SFC(Selective Frequency Control : 선택주파수 제어)

① 원리 : FFC + 제어신호 저지회로를 이용한 것

② 특징

ⓐ TBC 방식을 간단화한 것

ⓑ 현재 거의 사용안 함

(5) 제어방식의 조합 적용(즉, 연계운전 시 주파수 제어방식)

① 단독계통 : 연계조류가 없기 때문에 FFC만 적용

② 계통용량이 가장 큰 계통 : FFC 방식 적용

③ 나머지 적은 계통 : TBC 방식 적용

④ TBC-TBC 방식이 각 계통의 부하변동은 각 계통에서 제어한다는 가장 합리적 방식이나 실제 계통정수는 운용상황에 따라서 변화하여 오차가 발생한다.

⑤ 2개의 계통이 연계될 경우 각 계통이 채택할 AFC의 조합방식이다.

⑥ FFC-FTC 방식, FFC-TBC 방식, TBC-TBC 방식, FTC-TBC 방식, 광역연계계통의 주파수 제어방식이 있다.

⑦ 결론적으로, 전력계통의 연계운전 시 주파수 제어방식은 FFC-TBC 방식과 TBC-TBC 방식을 혼용해서 사용하게 된다.

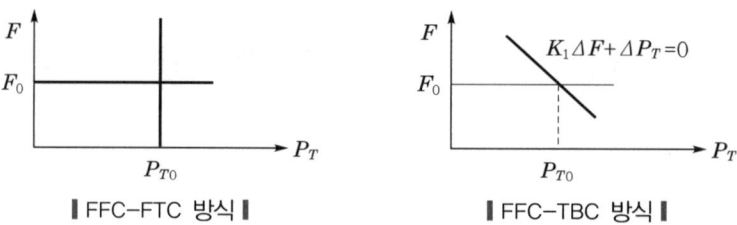

‖ FFC-FTC 방식 ‖　　　　　　　‖ FFC-TBC 방식 ‖

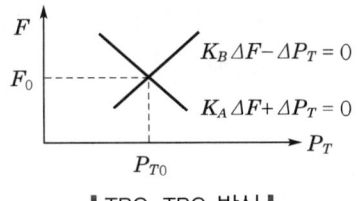

┃ TBC-TBC 방식 ┃

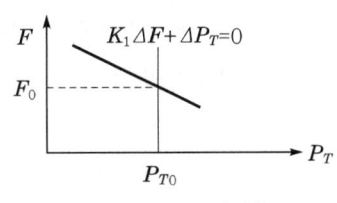

┃ FTC-TBC 방식 ┃

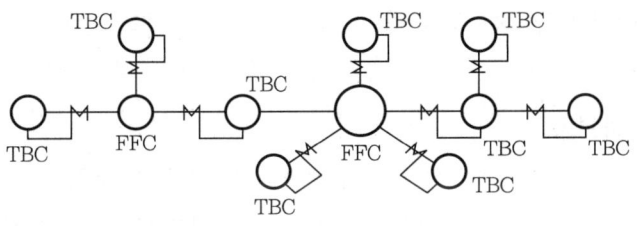

┃ 광역 연계계통의 주파수 제어방식 ┃

040 전력계통에서 주파수변동 및 부하변동의 원인과 특성에 대하여 각각 설명하시오.

data 발송배전기술사 17-113-4-2 / 발송배전기술사 출제예상문제

답안 **1. 주파수변동의 원인**

(1) 발전기 기계적 입력 P_{in}과 전기적 출력 P_n의 차로 계통 전체의 발전력과 수요전력과의 사이에 불평형이 생겼을 경우 변동되며, 회전체 동요방정식으로 보면 다음과 같다.

$$\frac{d\omega}{dt} = \frac{\omega}{M}(P_i - P_n) = \frac{2\pi f}{M}\Delta P \text{에서 } \Delta P = P_i - P_n = \frac{M}{f} \times \frac{df}{dt}$$

$$\therefore \ \Delta f = \frac{1}{K} \times \frac{\Delta L}{L}\left(1 - e^{-\frac{t}{T}}\right)$$

여기서, M : 관성모멘트, ΔP : 출력변동

K : Δf에 의해서 부하의 변화를 주는 계수(즉, 계통 특성정수[MW/Hz])

Δf : 주파수 변동, ΔL : 부하의 변동

L : 정격부하, T : 계통의 시정수[s]

(2) 원동기 입·출력 사이의 불평형을 생기게 하는 원인

① 부하변동은 주파수 조정의 대상

② 수차의 흡출관, 수압관 내에 발생하는 수력학적 진동 및 낙차의 변동

③ 원동기의 조속기 동작특성의 상이, 기타에 의한 계통 내 동기기 사이의 동기화력의 변동

④ 조속기 자체의 난조(hunting)

⑤ 계통전압의 변동에 의한 부하의 변동

⑥ 계통사고는 변동폭이 너무 커서 별도로 고려

※ 상기 ② ~ ⑤는 주파수 변동폭이 작아 무시해도 된다.

(3) 부하변동

① 매년 수요 증가(전원개발계획에 의해서 대처)

② 월단위, 계절단위로 일어나는 부하변화(연간 발전계획으로 대처)

③ 시간단위로 일어나는 부하변화 : 공장의 기동정지, 전철의 Rush hour 등, 하루 전 급전측에서 예상부하곡선을 작성해서 발전소의 운전계획을 수립

④ 분단위, 초단위의 부하변화

ㄱ 전기로, 압연기, 전철부하, 전등의 점멸, 빈번한 부하의 개폐 등에 의해 생기는 것으로 주파수 변화의 원인

ㄴ 시간적으로 어떤 법칙을 지니고 변동하는 것으로 확률법칙에 따라 발생

ㄷ 예측할 수 없는 우연·불규칙적 변동하는 것으로 확률법칙에 따라 발생

2. 부하변동에 따른 제어분담특성

(1) 부하변동의 측정방법

① 주파수 변동 $\Delta f = G(S)(\Delta G - \Delta L)$

여기서, $G(S)$: 전력계통의 전달함수

ΔG, ΔL : 발전력 변화 및 부하변동

$$G(S) = \frac{1}{K(TS+1)}$$

$$\therefore \ \Delta f = \frac{1}{K(TS+1)}(\Delta G - \Delta L) = \frac{1}{K'}(\Delta G - \Delta L)$$

여기서, $K' = K(TS+1)$

$$\therefore \ \Delta L = \Delta G - K'\Delta f$$

② 주파수가 변화하더라도 발전력을 조정하지 않는다면, $\Delta L = -K'\Delta f$로 되어 주파수 변동 Δf를 연속적으로 관측함으로써 부하변동 ΔL을 측정할 수 있다.

(2) 부하변동의 성분분석은 다음의 왼쪽 그림과 같은 개념이며, 부하변동의 제어분담은 오른쪽 그림과 같다.

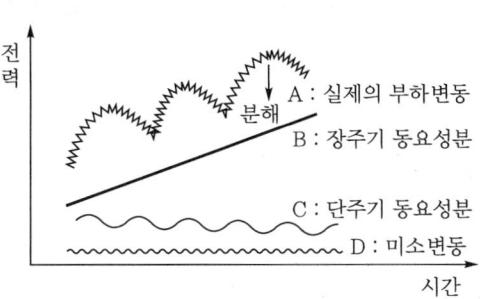

┃ 부하변동에서의 각 성분의 개념도 ┃   ┃ 부하변동의 제어부담 ┃

① 미소 변동분(cyclic component)
  ㉠ 대상 : 10초 이하의 부하변동
  ㉡ 발전기의 조속기 불감대 및 시간적 지연으로 주파수 조정이 안 된다.
  ㉢ 발전기의 회전운동에 의해 어느 정도 흡수된다.
  ㉣ 부하의 자기제어특성 또는 발전기의 회전에너지에 의해 흡수될 뿐이므로, 전계통적으로는 주파수의 미소변동분으로만 남게 된다.

② 단주기 변동분(fringe component)
  ㉠ 대상 : 10초 ~ 2 내지 3분 이하의 부하
  ㉡ 조속기 Free 운전에 의한 발전기출력을 자동조정하여 부하를 대부분 흡수한다.

③ 장주기 동요성분(sustained component)
  ㉠ 대상 : 주기 2 ~ 3분에서 10 ~ 20분 이하의 주기를 갖는 부하변동은 확실하게 예측할 수 없는 동요성 부하
  ㉡ 조속기 프리운전 외 부하변동을 AFC에 의한 발전기출력을 자동조정 (AFC)하여 부하대상 중 비교적 단주기 성분은 수력발전이 담당하고, 장주기는 화력이 조정용 발전소로 역할분담한다.

④ 10 ~ 20분 초과
  ㉠ 미리 예측된 것으로 오차는 3% 정도로서, 운전예비력(3% 정도)을 활용하여 발전기의 스케줄 제어 및 기동, 정지 및 급전지령에 의한 발전기의 수동조정을 시행한다.
  ㉡ 10 ~ 20분을 넘는 비교적 주기가 긴 것에 대해서는 경제부하 배분장치 (ELD)에 의한 발전기출력의 자동조정으로 흡수한다.

(3) 계통용량과 부하변동량의 분포에 표준편차는 다음 그림과 같다.

① 부하변동은 변동량의 분포가 정규분포를 나타내는 수많은 독립된 개별부하의 집합으로 볼 수 있기 때문에 부하변동의 표준편차는 아래 그림과 같이 계통용량의 평방근에 비례한다.

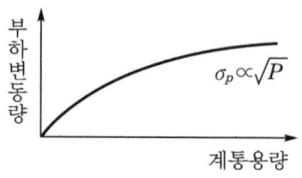

‖ 계통용량과 부하변동량의 관계 ‖

② 부하변동량의 표준편차는 $\sigma_P \propto \gamma\sqrt{P}$ 의 관계가 있다.

여기서, σ_P : 부하변동량의 표준편차[MW]

γ : 비례정수(개략 $0.35 \sim 0.6$)

P : 계통용량[MW]

---

041 전력계통의 주파수 제어 필요성, 변동원인 및 제어방식을 설명하시오.

041-1 주파수 제어와 경제부하 배분과의 협조에 대하여 설명하시오.

data 발송배전기술사 23-129-4-5 / 발송배전기술사 출제예상문제

comment 내용이 많으나 3페이지 정도로 요약해서 기록하도록 하고 각 항이 배점 10점 또는 별개로 배점 25점으로 출제 예상되는 매우 중요한 해설이다.

답안 1. 전력계통의 주파수 제어 필요성

(1) 공급측과 수용측의 필요성

수용가측	전력계통 운용측
• 주파수의 일정한 유지는 전력이용자에게 사용조건을 안정되게 함 • 전동기 회전속도가 일정하여 생산제품의 품질 균일 • 컴퓨터 에러, 전기시계 등의 오차 발생 방지	• 안정된 주파수는 전압조정을 용이하게 함 • 계통 안정도 향상, 고 신뢰도의 전기 공급 • 발전소 내 조속기 속도조정 용이 • 터빈계 열흐름 원활화, 터빈 축 진동 경감 • 계통 간의 연계운전 원활화

(2) 전기사업법상의 주파수 제어범위(60±0.2Hz)에서 운전시켜 고품질을 유지한다.

① 고품질 측면에서는 규정주파수와 규정전압을 유지한다.

② 규정주파수 유지를 위해서는 유효전력(주파수)을 제어 또는 자동발전제어 (AGC) 방식이 수행되고 있다.

③ 규정주파수 유지를 위해서는 전압에 대해서는 무효전력 제어가 활용되고 있다.

(3) 경제운용(ELD : Economic Load Dispatching) 도모

전력에너지의 경제적인 생산과 공급을 위해서는 시시각각으로 변하는 전력수요에 대하여 각기 상이한 '발전원가와 연료비'를 갖는 발전기들을 최소의 송전손실과 종합 경제성을 갖도록 최적배분하는 경제운영(ELD) 방식이 활용된다.

(4) 연계계통 자동주파수 제어 필요성

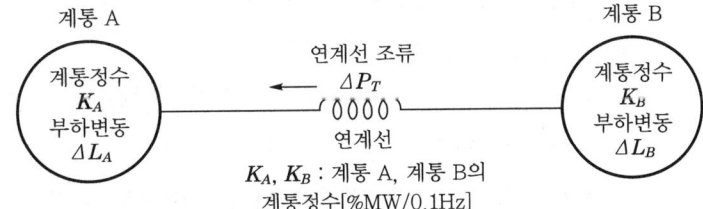

① 부하변동에 의해 주파수와 연계선 전력도 변동하므로 발전기출력을 제어할 필요가 있다.

② 수요와 공급의 불균형 양이 발생하므로 불균형을 해소하고 연계선 조류기준값을 유지하는 것이 목적이다.

$$\Delta L_A = - K_A \cdot \Delta F + \Delta P_T, \quad \Delta L_B = - K_B \cdot \Delta F - \Delta P_T$$

2. 주파수 변동원인

(1) 발전기 기계적 입력 P_{in}과 전기적 출력 P_n의 차로 계통 전체의 발전력과 수요전력과의 사이에 불평형이 생겼을 경우에 주파수가 변동되며, 이를 방정식으로 보면 다음과 같다.

① 회전체 동요방정식으로 보면

$$\frac{d\omega}{dt} = \frac{\omega}{M}(P_i - P_n) = \frac{2\pi f}{M} \Delta P \text{에서 } \Delta P = P_i - P_n = \frac{M}{f} \times \frac{df}{dt} \text{이다.}$$

② $\Delta f = \dfrac{1}{K} \times \dfrac{\Delta L}{L}\left(1 - e^{-\frac{t}{T}}\right)$

여기서, M : 관성모멘트, ΔP : 출력변동

K : Δf에 의해서 부하의 변화를 주는 계수

(즉, 계통 특성정수[MW/Hz])

Δf : 주파수 변동, ΔL : 부하의 변동

L : 정격부하, T : 계통의 시정수[s]

(2) 원동기 입·출력 사이의 불평형 발생에 의한 주파수 변동원인

① 부하변동은 주파수 변동의 주요인이고 그 원인은 다음과 같다.

㉠ 매년의 수요 증가(전원개발계획에 의해서 대처)

㉡ 월단위, 계절단위로 일어나는 부하변화(연간 발전계획으로 대처)

㉢ 시간단위로 일어나는 부하변화 : 공장의 기동정지, 전철의 Rush hour 등 하루 전 급전측에서 예상부하곡선을 작성해서 발전소의 운전계획을 수립

㉣ 분단위, 초단위의 부하변화

• 전기로, 압연기, 전철부하, 전등의 점멸, 빈번한 부하의 개폐 등에 의해 생기는 것으로 주파수 변화의 원인

• 시간적으로 어떤 법칙을 지니고 변동하는 것으로 확률법칙에 따라 발생

• 예측할 수 없는 우연·불규칙적으로 변동하는 것으로 확률법칙에 따라 발생

② 계통사고는 변동폭이 너무 커서 별도로 고려하는 원인이 된다.

③ 원동기의 조속기 동작특성이 상이하고 기타에 의한 계통 내 동기기 사이의 동기화력이 변동된다.

④ 조속기 자체의 난조(hunting)

⑤ 수차의 흡출관, 수압관 내에 발생하는 수력학적 진동 및 낙차의 변동

⑥ 계통전압의 변동에 의한 부하의 변동

※ 상기 ③ ~ ⑥은 주파수 변동폭이 작아 무시한다.

3. 주파수 제어의 5가지 방식

(1) 부하의 자기제어

① 부하 증가로 주파수가 감소되면 전동기 출력(ΔP_L)의 감소로 주파수는 제어된다.

② 이때, 부하의 계통 특성정수는 $\dfrac{\Delta P_L}{\Delta F} = K_L$이며 다음 그림과 같이 부하와 주파수 곡선이 된다.

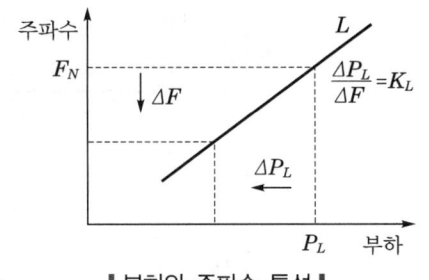

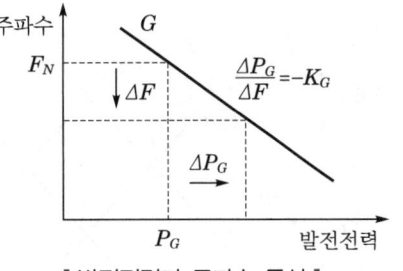

┃ 부하와 주파수 특성 ┃ **┃ 발전전력과 주파수 특성 ┃**

(2) 조속기 자유운전(GF)에 의한 주파수 제어

① 부하 증가로 주파가 감소되면 조속기의 입력을 증가시켜 발전력이 증가할 경우 주파수는 제어된다.

② 이때, 발전력 계통 특성정수는 $\dfrac{\Delta P_L}{\Delta F} = -K_G$이며 위 그림과 같이 발전과 주파 수곡선이 된다.

③ 속도조정률(δ)과 계통 특성정수

$$\delta = \frac{\dfrac{N_1 - N_2}{N_N}}{\dfrac{P_2 - P_1}{P_N}} \times 100[\%] = \frac{\Delta F}{F_N} \times \frac{P_N}{\Delta P} \times 100 = \frac{\Delta F}{\Delta P} \times \frac{P_N}{F_N} \times 100$$

$$= \frac{1}{K} \times \frac{P_N}{F_N} \times 100[\%]$$

$$\therefore \ K = \frac{1}{\delta} \times \frac{P_N}{F_N} \times 100[\text{MW/Hz}] = \frac{1}{\delta} \times \frac{P_N}{F_N} \times 10[\text{MW/0.1Hz}]$$

(3) AFC 제어

① 부하의 증가로 ΔL이 발생되면 계통주파수는 ΔF만큼 저하한다.

② 발전기는 조속기에 의해 발전기출력을 ΔP_G만큼 증가시킨다.

③ 부하는 자기제어성에 의해 ΔP_L이 감소한다.

④ 이때의 주파수와 부하의 변동으로 발전기의 주파수 특성과 부하의 주파수 특성을 그림과 같이 점 ① → 점 ② → 점 ③과 같이 변동되면서 발전기출력과 부하가 평형된다.

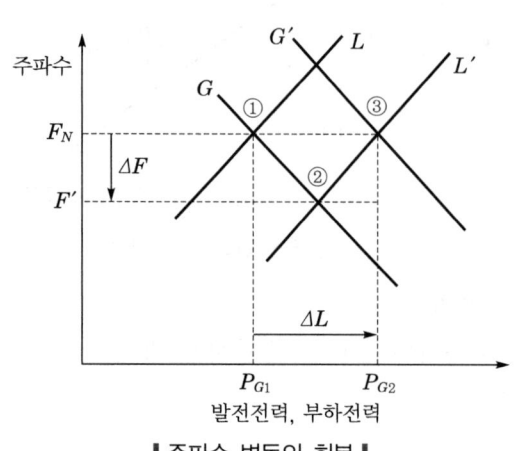

∥ 주파수 변동의 회복 ∥

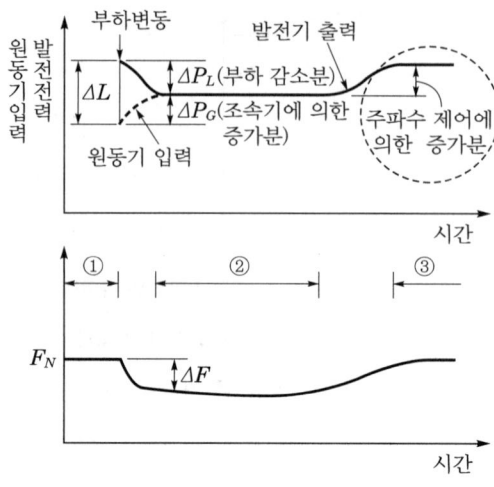

∥ 발전전력, 주파수 변동의 시간 간격 ∥

⑤ 이때, 부하의 변화에 따른 주파수는 위의 좌측 그림과 같이 점 ① → 점 ② → 점 ③으로 변화되고 이때의 시간 간격은 우측 그림과 같다.

⑥ AFC 제어(Automatic Frequency Control)의 제어방식

  ㉠ 정주파수 제어(FFC : Flat Frequency Control)

    • 계통의 주파수만을 검출 제어하는 방식

    • '계통주파수 > 규정주파수'의 경우는 조정용 발전소의 출력을 감소

    • '계통주파수 < 규정주파수'의 경우는 조정용 발전소의 출력을 증가

    • 단독계통인 우리나라에서 적용 중으로 AR(AR : Area Requirement, 지역요구량)을 '0'으로 하기 위해 발전기출력을 제어함

    • 지역요구량(AR) : 수급 균형을 조정하기 위해 필요한 제어량

    • $AR = -K\Delta F$이 값을 0으로 하기 위해 발전기출력을 제어하는데 단독계통만 해당된다.

    여기서, K : 계통정수

        ΔF : 주파수 변화량

    즉, $F = C$, $\Delta F = 0$ 일정값 유지(정주파수 제어)

    • 적용 : 현재 우리나라에서 적용 중

  ㉡ 정연락선 전력제어(FTC : Flat Tie Line Control)

    • 주파수와 관계없이 전력선만을 제어

    • 연락선 전력을 검출하여 조정용 발전소의 출력을 제어함

    • $AR = \Delta P_T = 0$이며, 주파수와 ΔP_T를 0으로 하게 함

    여기서, ΔP_T : 연락선 전력변화

664

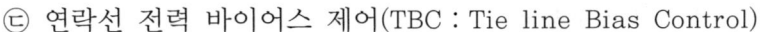

ⓒ 연락선 전력 바이어스 제어(TBC : Tie line Bias Control)
- 부하변동 시 주파수, 연락선 조류를 동시에 제어함
- 자기계통 내 부하변화는 자기계통에서 처리함
- A계통에서 갑자기 부하가 증가할 경우 부하가 증가한 순간에는 발전력은 변화되지 않아 주파수는 저하되고, B계통에서 A계통으로의 연락선 조류는 증가함
- A계통에서 갑자기 부하가 감소할 경우 부하가 감소한 순간에는 발전력은 변화되지 않아 주파수는 상승되고, A계통에서 B계통으로의 연계선 조류는 증가함
- 부하변화량 산출 : 주파수 변화량에 계통정수를 곱한 것을 연락선 조류의 변화량에 가산하면 자기계통 내 부하변화량을 알 수 있음

$$\Delta L_A = -K_A \cdot \Delta F + \Delta P_T$$
$$\Delta L_B = -K_B \cdot \Delta F - \Delta P_T$$

- AR을 자기계통의 수급 불균형 양 자체로 받아 들여 조정소요량을 자기계통의 발전기만으로 제어하기 때문에 가장 합리적인 방식

❚ AFC 제어(Automatic Frequency Control)의 제어방식 비교 ❚

구분	FFC	FTC	TBC
AR (조정량)	$AR = -K \cdot \Delta F$	$AR = \Delta P_T = 0$이며, 주파수와 ΔP_T를 0으로 함	$AR = -K \cdot \Delta F$
방법	주파수 제어	연락선 제어	주파수와 연계선 조류 동시 제어

(4) LFC 제어(AFC와 연계계통 조류제어의 조합 제어, 즉 AFC와 ELD와의 협조제어방식)

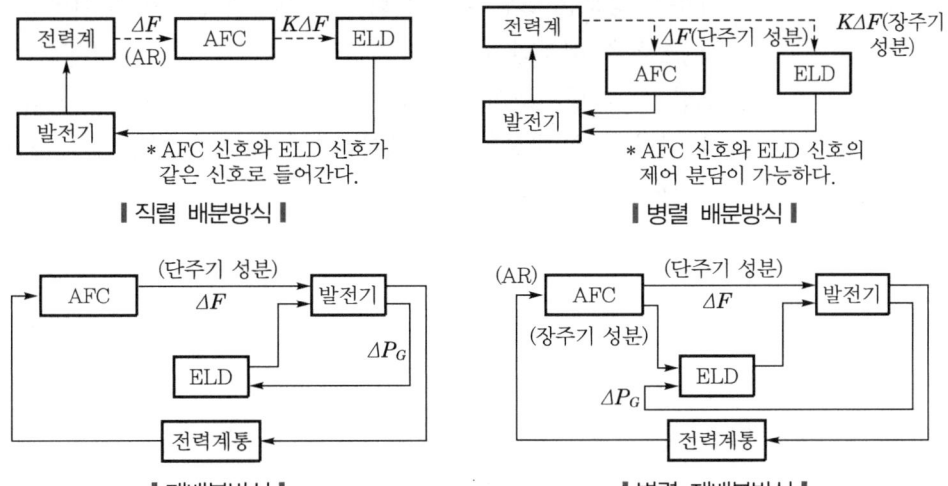

❚ 직렬 배분방식 ❚　❚ 병렬 배분방식 ❚　❚ 재배분방식 ❚　❚ 병렬 재배분방식 ❚

① **직렬형 배분방식**

　㉠ AFC 장치가 검출한 지역요구량(AR : Area Requirement, $AR = \Delta P_T + K\Delta F$)에 대응한 신호를 ELD 장치에 보내고, ELD 장치는 발전소별 제어신호를 발생하여 각 발전소의 출력을 제어하는 방식

　㉡ AFC 신호와 ELD 신호가 같은 신호로 발전소에 입력된다.

　㉢ 주기가 긴 부하변동은 ELD 장치가 부하분담할 수 없는 약점으로 최근 사용하지 않는다.

② **병렬형 배분방식**

　㉠ AFC 장치가 검출한 성분 중 단주기 성분은 직접 조정용 발전소로 제어신호를 보내어 그 출력을 제어하고 장주기 성분은 ELD 장치를 거쳐 발전소 출력을 제어한다.

　㉡ AFC 신호와 ELD의 제어부담이 가능한 방식이다.

③ **재배분형 방식**

　㉠ AR이 AFC 장치에만 입력되고, 그 출력신호에 의해서 1차적으로 발전기군이 제어되어 주파수를 일정히 제어한다.

　㉡ 이때, ELD 장치는 이들 발전기출력을 집계해서 부하분담이 경제적으로 되도록 계산한 다음, 2차적으로 각 발전기의 출력을 재분배한다.

　㉢ AFC와 ELD 간의 별도의 제어계로 각각 적합한 제어실시가 가능하다.

④ **병렬 재배분형 방식**

　㉠ 병렬형 + 재배분형 방식의 조합이다.

　㉡ 단주기 성분은 직접 AFC 대상 발전기에 제어신호를 보내어 출력을 조정한다.

　㉢ 장주기 성분은 일단 AFC로 화력 발전기의 출력을 제어하고, ELD를 통해서 출력을 배분한다.

　㉣ 그런 후 각 발전소의 출력을 종합하고 여기에 부하예측에 의한 선행제어량을 더한 것을 대상으로 경제부하배분시켜 각 발전기가 가장 경제적으로 부하배분을 받는 방식이다.

(5) 예비력에 따른 주파수 제어

예비력		응동시간	유지시간	확보량[MW]
주파수 제어(AGC+ESS) 평상시		5분	30분	700
주파수 회복	초속응성 예비력(FFR)	2초	10분	–
	1차(GF)	10초	5분	1000
	2차(AGC)	10분	30분	1400
	3차(중앙급 발전소)	30분	–	1400
속응성 자원		20분	4시간	2000

---

042 자동발전제어(AGC : Automatic Generation Control)에 대하여 설명하고, 계통의 운전상태(정상상태, 비상상태, 복구상태)에 따른 AGC 운용방법을 설명하시오.

data 발송배전기술사 23-129-4-1 / 발송배전기술사 출제예상문제

답안 **1. 자동발전제어(AGC : Automatic Generation Control)**

(1) AGC의 개념

① 발전소 각 부분의 운전상황을 신속·정확히 파악하여 부하변동에 속응시키고 기기의 이상에 대해서는 미연에 방지하도록 보일러·터빈·발전기를 통합 제어하여 경제적인 발전기의 자동적으로 운전을 위한 출력배분과 주파수를 유지할 수 있게 중앙급 발전제어를 말한다.

② AGC = LFC(AFC + 연계선 조류제어) + EDC

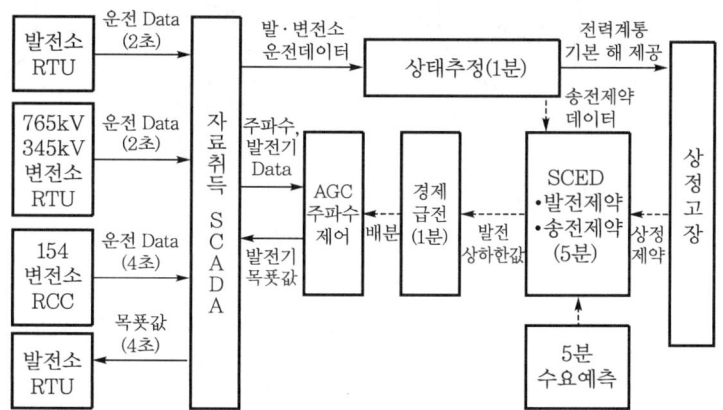

┃ SCADA와 AGC 및 상정고장관계 ┃

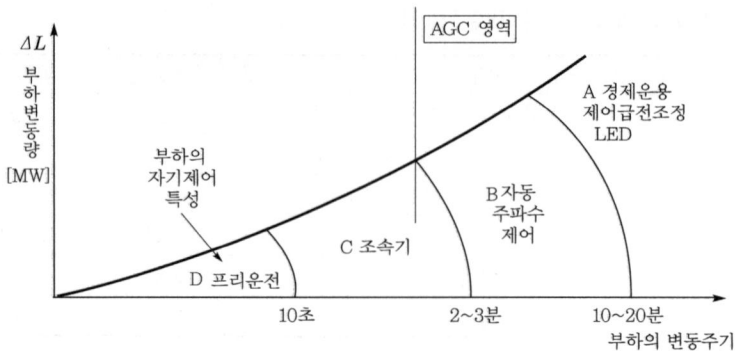

┃ 부하변동의 제어부담 ┃

(2) AGC의 원리(LFC+ELD)

① 자동주파수(AFC)

㉠ 1차 예비력 : GF 운전으로 확보

㉡ 2차 예비력 : AGC 운전으로 확보

㉢ 계통관성 : 회전기기의 기계적 관성정수의 합

즉, $\sum$(동기기 관성정수[s] × 설비용량[GW])

② 연계선 조류제어

㉠ FFC(정주파수 제어) : 조정량 $AR = -K \cdot \Delta F = 0$인 경우이다.

㉡ FTC(정연락선 제어) : 조정량 $AR = \Delta P_t = 0$인 경우이다.

㉢ TBC(연락선 전력바이어스 제어) : 조정량 $AR = -K \cdot \Delta F + \Delta P_t$인 경우이다.

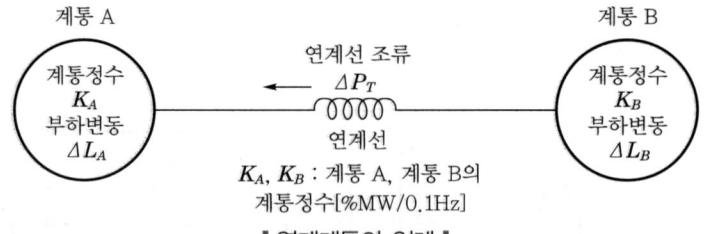

┃ 연계계통의 일례 ┃

③ 경제급전(ELD)

㉠ λ(계통증분비) $= \dfrac{dF_1}{dP_{G1}} = \dfrac{dF_2}{dP_{G2}} = \dfrac{dF_n}{dG_n}$

㉡ 경제적 출력배분은 그림같이 증분연료비가 모든 발전기에서 동일하게 출력을 배분한다.

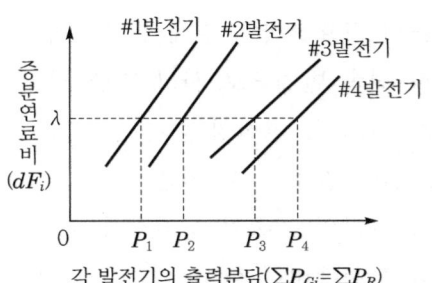

┃ 등증분 연료비의 발전기 간의 부하배분 ┃

(3) AFC와 ELD와의 협조제어(즉, AGC = LFC 제어(AFC + 연계선 조류제어) + EDC)의 조합제어

단주기 성분은 속응형 발전기로 배분시키고, 중장기 성분은 화역에서 분담제어

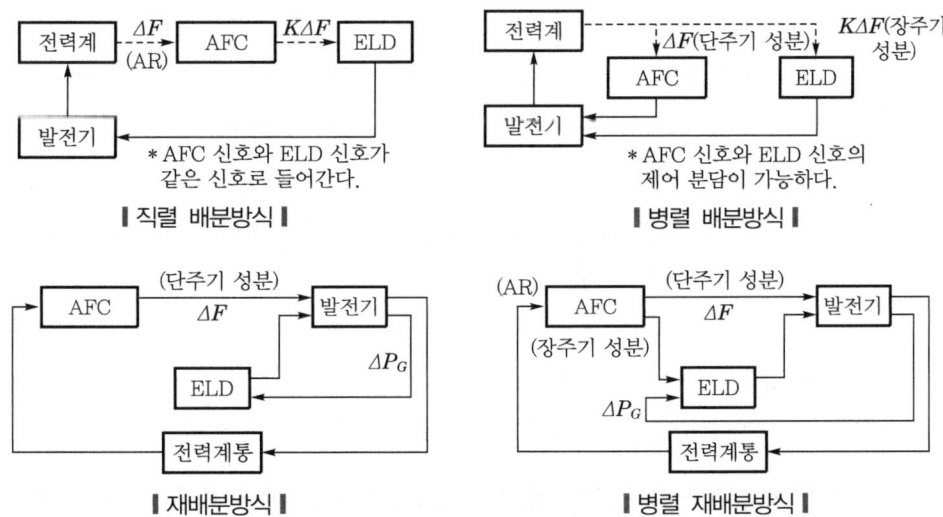

(4) 자동발전제어(AGC)의 역할

① AGC(Automatic Gengration Control)란 발전소 각 부분의 운전상황을 신속·정확히 파악하여 부하변동에 속응시키고 기기의 이상에 대해서는 미연에 방지하도록 보일러·터빈·발전기를 통합 제어하는 것

② 일정한 주기마다 주파수와 각 발전기의 출력을 측정하여, 계통주파수를 효과적으로 유지시키기 위해 발전기의 출력을 증감발 가능하도록 제어신호를 내보는 기능

③ 제어실 면적 절약

④ 자료가 ON-Line되어 조치 신속·정확

⑤ 운전 시 오동작·오측정 방지

⑥ 열효율의 고효율화로 경제적 운전제어

⑦ 이상점 신속 발견으로 사고 미연 방지

⑧ 발전소 신뢰성, 안전성 증가

⑨ 운전요원이 감소될 수 있음

⑩ 발전기 마디의 조속기 운전강화

⑪ 적정한 운전예비력 확보

(5) AGC 동작특성

① 크거나 지속적인 외란에 대하여는 신속한 제어동작을 시행한다.

② 반면, 단주기 동요성분이 미소변위 시 미동작하다가 적분편차를 고려하여 동작함으로써 발전기출력을 가급적 빈번하게 동작되지 않게 하고 주파수를 규정치 내로 유지시킨다.

③ 자동급전시스템에 의하여 매 4초마다 제어신호를 60 ± 0.1Hz 범위로, 시간편차는 ±12초 범위로 유지시키는 것을 목표로 한다.

(6) 제어방식

① 보일러 추종 제어방식 : 터빈의 증기유량이 변화를 검출해서 보일러 압력을 조작하는 방식으로서, 드럼형 보일러에 적용한다.

② 보일러 · 터빈 협조 제어방식 : 출력 설정치, 자동 주파수 조정장치의 신호로 만들어진 Unit 출력지령에 터빈을 추종시킴과 동시에 보일러 입력도 추종시켜 협조하는 방식으로서, 관류식 보일러에 적용한다.

2. 계통의 운전상태(정상상태, 비상상태, 복구상태)에 따른 AGC 운용방법

(1) 운영예비력의 사용

① 예비력 종류별 응동량과 유지량 및 확보량 구분

예비력		응동시간	유지시간	확보량[MW]
주파수 제어(AGC+ESS) 평상시		5분	30분	700
주파수 회복	초속응성 예비력(FFR)	2초	10분	−
	1차(GF)	10초	5분	1000
	2차(AGC)	10분	30분	1400
	3차(중앙급 발전소)	30분	−	1400
속응성 자원		20분	4시간	2000

② 주파수 제어예비력 : 정상 시 계통주파수 안정적 유지

③ 1차 예비력(GF) : 과도 시 주파수 저하 및 상승 억제

④ 2차 예비력(AGC) : 1차 회복된 과도 안정주파수를 목표주파수로 회복, 1차 예비력 복구

⑤ 3차 예비력 : 고장발생으로 소실된 2차 예비력 복구

⑥ 속응성 자원
    ㉠ 목적 : 계통의 과도한 변동성에 신속 대응하기 위한 차원
    ㉡ 기술요건 : 운영예비력과 별도로 중앙급 발전기 중 20분 이내 동작, 4시간 이상 출력
    ㉢ 확보량 : 2GW 이상 (이중고장 1.4GW + 정상상태 수요변동 99%, 초과분 0.6GW)

⑦ 초속응성 예비력 : FFR(2022년 개정)
    ㉠ ESS, DR(수요자원) 등을 통해 주파수 변동 억제
    ㉡ 2초 이내 동작, 10분 이상 출력 유지

(2) 계통주파수 조정 및 유지범위(전력계 신뢰도 및 전기품질 유지기준)

① 평상시 60 ± 0.2Hz

② 최대 용량 발전기 1기 고장 시 최저 59.2Hz 유지, 1분 이내 59.8Hz 회복

③ 발전기 2기 고장, 고장 파급방지장치에 의한 발전기 탈락 시 다음 기준을 유지할 것
    ㉠ 최저 59.2Hz 유지해야 됨
    ㉡ 1분 이내 59.5Hz 회복, 10분 이내 59.8Hz 회복

④ 비상상황 : 57.5 ~ 62Hz 이내 유지

⑤ 복구 시 : 59.75 ~ 60Hz 유지

(3) 정상상태 시

① 일반적 부하변동을 고려한 운용

② 가바나 프리운전(GF) 복구 후 2차 주파수 복구

(4) 비상상태 시

① 주파수의 비정상적 상승 또는 저하, 과도한 변동성

② 2차 AGC로 10분 응동, 30분 유지, 확보량은 1.4GW 이상 유지 요함

(5) 복구상태 시

① 계통 정전 시 원래상태로 가기 위한 주파수 제어

② 자체 기동 가능 발전기 지정, 주파수 조정을 위해 대규모 부하공급 방지

③ 부하 복구 시 주파수는 다음의 방법으로 수행한다.

㉠ 60Hz를 유지하기 위해 59.75 ~ 61.0Hz로 주파수 유지

㉡ 송전선로 가압 시 전압을 저하시키기 위해 부하복구도 같이 수행

㉢ 주파수를 59.5Hz 이상으로 유지하기 위해서는 수동 부하차단 필요 : 경험적으로 1Hz 회복을 위해 전체 부하의 6 ~ 10% 차단

㉣ 규모가 작은 부하들을 먼저 복구하되, 큰 부하를 공급하기 위해서는 주파수를 59.9Hz 이상으로 유지하며, 현재 발전량의 5% 넘는 대규모 부하복구는 피할 것

전력계통의 경제운용

043 전력계통에서 경제급전(economic load dispatch), 안전도제약 경제급전(security constrained economic load dispatch), 최적조류계산(optimal power flow)의 ① 목적, ② 필요성, ③ 계산방법을 비교 설명하시오.

data 발송배전기술사 18-115-2-5 / 발송배전기술사 출제예상문제

답안 1. 경제급전(economic load dispatch)

구분	설명
개념	• 제약조건과 전력수급조건을 만족하면서 최소한의 총발전연료비로 전력을 공급하는 것 • 계통 전체의 발전비용(연료비+기동비)이 최소가 되게 각 발전기의 출력을 배분하는 것
목적	수·화력 발전소의 조합 및 부하를 적절히 배분해서 화력발전소의 연료소비의 최소화
필요성	다양한 화력발전기가 발전할 때 소요되는 비용인 운전비용 또는 연료비용을 최소화시키도록 발전할 필요에 의해서 경제급전을 하고 있음
계산 방법	• 발전기출력 제한과 선로손실을 무시한 경제급전 해법 • 발전기출력 한계와 송전손실을 고려한 경제급전 해법 • 발전기출력 제한을 고려한 경제급전 해법

2. 안전도제약 경제급전(security constrained economic load dispatch)

구분	설명
목적	전력계통을 안정적·효율적 및 경제적으로 운영하기 위하여 전력 계통 특성을 고려한 최적 실시간 제어를 목적으로 계통 운영에 적용
필요성	• 유효전력 안정도 최적화 : 유효전력 안정도 최적화에는 계통안정도 향상을 위해 이용되는 제어기의 제어량을 최소화하는 문제와 제어되는 제어기의 수를 최소화하는 두 가지의 문제임 • 무효전력 안정도 최적화 : 무효전력과 전압 안정도 최적화 문제는 비용 최소화 문제 및 유효전력 안정도 최적화 문제와 달리 무효전력에 대한 비용을 산출하는 것이 어려운 일이므로, 기본적으로 제어기기의 제어량 변화분의 최소화를 바탕으로 목적함수가 고려됨

구분	설명

계산
방법
	• 선형계획법(Linear Programming ; LP) : 선형계획법은 목적함수 및 제약조건이 선형으로 주어진 문제를 해결하기 위한 최적화 기법
	• QP(Quadratic Programming)
	  – 비선형 계획법의 한 형태이며, 선형 제약조건하에서 부적합 수가 2차식으로 표현되는 최적화 기법
	  – 손실 최소화, 경제급전 동의 문제에 적용
	• Newton-based solutions
	  – 이 방법은 해를 반복적으로 구해야 하는 비선형 방정식 형태임
	  – 손실 및 비용 최소화 문제에 처음 도입됨(1975년)

3. 최적조류계산(optimal power flow)

구분	설명
목적	최적조류계산은 전력계통의 제한값의 위반사항을 제거하거나 최소화하여 안전성률을 개선하고, 연료비용 및 유효전력 손실 등 비용함수를 최소화함
필요성	발전비용 최소화, 계통손실 최소화, 유료 및 무효전력 안정도 최적화

계산
방법
	• 개념 : 해의 계산에 모선전압, Branch 조류, 융통전력, 예비력 등 제한요소를 고려하여 운영자가 선택하는 목적함수(연료비용 최소화, 전력손실 최소화, 제어동작 최소화)를 최적화하는데 발전원가 자료 입찰 가격자료를 입력받아 유효전력, 위상각, 융통전력 등 제어변수를 조정하여 최적 해를 구함
	• 비선형 계획법(Nonlinear Programing ; NLP) : 비선형의 목적함수와 제약조건을 포함하는 문제를 풀 수 있는 방법
	• QP(Quadratic Programming)
	  – 비선형 계획법의 한 형태
	  – 선형 제약조건하에서 목적함수가 2차식으로 표현되는 최적화 기법
	  – 손실 최소화, 경제급전 등의 문제에 적용
	• Newton-based solutions
	  – 해를 반복적으로 구해야 하는 비선형 방정식
	  – 손실 및 비용 최소화 문제에 처음 도입(1974년)
	• 선형계획법(Linear Programming ; LP) : 선형계획법은 함수 및 제약조건이 선형으로 주어진 문제를 해결하기 위한 최적화 기법
	• 혼합정수계획법(Mixed Integer Programming ; MP)
	  – 선형계획법이 한 형태임
	  – 제약조건 중에는 변수가 정수여야 한다는 제한이 포함되어 있음
	  – 무효전력원 배분계획(VAR planning)과 같은 특정문제의 해결에 사용

044 화력발전소의 연료비 특성을 설명하시오.

data 발송배전기술사 17-113-4-1 / 발송배전기술사 출제예상문제

답안 1. 개요

(1) 화력발전소는 중유, 석탄, 천연가스 등의 연료를 연소하여 전기에너지로 변환하므로 연료비가 주된 Cost가 된다.

(2) 따라서, 연료비 특성을 검토할 때에는 출력 대 입력 연료비, 연료소비율, 증분연료비 등이 연료비 특성의 검토항목으로 사용된다.

(3) 또한, 전력계통 경제운용의 목적은 수·화력 발전소의 조합 및 부하를 적절히 배분해서 화력발전소의 연료소비를 최소화하는 것이므로 연료비 특성을 알아야한다.

2. 화력발전소의 연료비 특성(연료비 특성 검토 시 고려사항)

(1) 화력발전소의 입·출력 관계

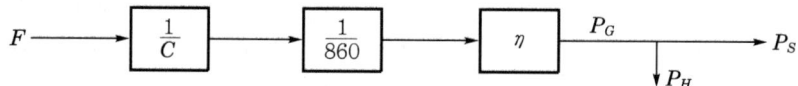

F : 시간당 연료비[원/h], C : 연료단가[원/kcal]

η : 열효율[pu], $\dfrac{1}{860}$: 에너지 환산계수[kWh/kcal]

P_G, P_S, P_H : 발전단, 송전단, 소내 출력[kW]

∥화력발전소의 연료비 특성∥

(2) 열효율

① 연료의 연소로 발생하는 열량은 그 전량이 전기에너지로 변환하는 것이 아니고 보일러 드럼으로부터의 방산이나 사용되지 않은 채 복수기로 냉각되는 열 등이 있기 때문에 발전소로서의 열효율은 다음 그림과 같이 40% 정도이다.

② 송전단 효율 $\eta_s = \eta \dfrac{P_S}{P} = \eta\left(1 - \dfrac{P_H}{P}\right)$

여기서, η_s : 송전단 효율

η : 발전단 열효율

P_S, P_H : 송전단, 소내 전력

P : 발전단 출력

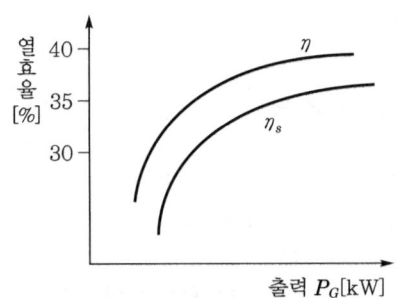

∥ 발전단 효율과 송전단의 에너지 효율비교 ∥

(3) 소내 전력(P_H)

① 화력발전소에는 순환펌프, 미분탄기, 탈유황 장치, 집진기와 같은 부대설비는 동력원으로서 전력을 소비함

② $P_H = \alpha P_G + \beta$[kW]

③ 소내 전력은 발전출력에 거의 비례함

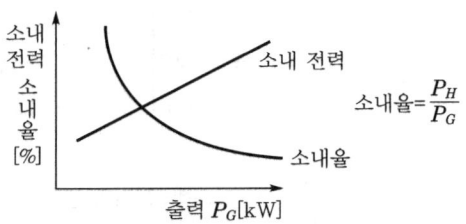

소내율$= \dfrac{P_H}{P_G}$

∥ 소내 전력과 출력과의 관계 ∥

(4) 연료비 특성(출력과 연료비의 계산)

① 정격출력 P_G[kW]로 1시간 운전하였을 경우 연료비가 F[원]만큼 소요된 것을 구하는 것을 화력발전소의 연료비 특성이라 한다.

② $P_G = \dfrac{F \cdot \eta}{860 \cdot C}$[kW] 또는 $F = \dfrac{860 \cdot C}{\eta} \cdot P_G$[원/h]

③ 연료비 특성곡선의 산출

㉠ 실제적으로 발전소의 연료비 특성은 최저 출력에서 최대 출력까지의 입·출력의 비로 나타낸다.

㉡ 이것은 다음의 실제 곡선과 같으나, 수식화와 그래프로 나타내면 2차 함수의 근사화 곡선으로 된다.

㉢ 표현식 : $F(P_G) = aP_G^2 + bP_G + c$

단, $a > 0$일 경우이며, 그래프로 보면 다음과 같다.

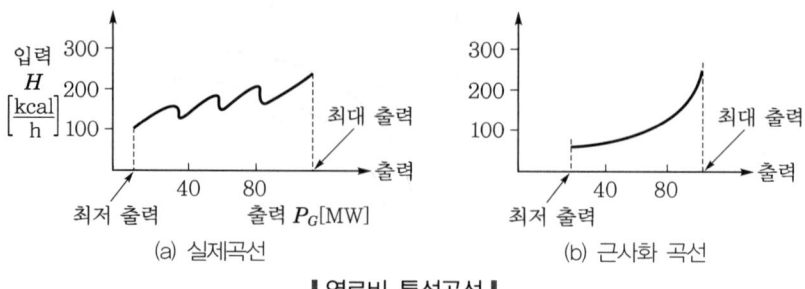

| 연료비 특성곡선 |

④ 연료소비율(heat rate)의 산출

　㉠ 정의 : [kWh]당 소요되는 열량을 연료비 특성이라고도 한다.

　㉡ 표현식 : 연료소비율[kcal/kWh]$= \dfrac{H[\mathrm{kcal/h}]}{P_G[\mathrm{kW}]}$ 이며, 아래 그림 같이 표현

　　할 수 있다.

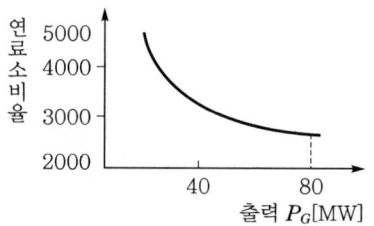

| 화력발전기의 연료소비율 곡선 |

　㉢ 특성

　　• 정격출력 부근에서 최고 효율점이 있다.

　　• 저출력 영역에서는 효율이 크게 떨어지므로 연료소비율이 상승한다.

(5) 발전단 증분연료비 λ(incremental fuel cost)와 등증분연료비

　① 정의

　　㉠ 어떤 출력으로 운전하고 있을 때 이 운전상태에서 다시 1kW의 출력을
　　　더 증가하였을 경우 소요되는 단위시간당 연료비의 증가분

　　㉡ 출력-연료비 특성의 기울기

　　㉢ 연료비특성 미분값의 표현식 $\lambda = \dfrac{dF}{dP_G} = 2aP_G + b$ [원/kWh]

　② 그러므로 증분연료비 특성곡선은 다음 그림과 같다.

증분
연료비
[원/kWh]

λ

λ : 발전단 증분연료비

출력 P_G[MW]

‖ 증분연료비의 특성 ‖

③ 특성 : 각 발전기마다 계절별 요인 등에 의하여 다르게 나타난다. 병렬 발전기
들의 경제적 운용을 위해 λ를 같게 운영하면 경제배분이 된다.

④ 등증분연료비(等增分燃料費運, operation for equal incremental fuel cost)의 정의
  ㉠ 일반적으로 각 발전기출력 배분이 다음 관계를 만족할 때 최적 경제출력
    배분으로 되게 한다.
  ㉡ 표현식 : $\lambda = C \dfrac{dF_i}{dP_i}$

    여기서, F : 연료비, P : 발전기출력
  ㉢ 화력계통에서 각 화력발전기의 증분발전비용이 같게 되도록 각 발전기출
    력을 배분해 주면 가장 경제적인 부하배분이 된다는 것이다.
  ㉣ 이와 같이 각 발전기의 증분연료비가 균등하게 되도록 운전하는 것을 등증
    분 연료비운전이라 한다.

3. 결론

(1) 상기에서 설명한 연료비 F는 사용연료의 양에 단가를 곱한 것으로, 순수 연료비
  이다.

(2) 그 외에 실제 발전에서는 인건비, 소내 전력비용, 운전보수비 등을 일괄한 발전비
  용이 사용된다.

(3) 따라서, 계산 편의상 제경비의 일정 %만 가정하거나, 위의 순수연료비가 주비용
  이므로, 이를 사용한 증분연료비를 최소화하는 것으로 경제운용을 계산하고 있다.

(4) 엄밀하게 경제운용을 실시하려면 이들의 비용도 발전소출력의 함수로서 취급하
  여야 하겠지만 현실적으로는 이들의 함수를 직접 표현하기가 어려우므로 증분연
  료비를 사용하여 이것의 최소화를 목적으로 경제운용을 실시하고 있다.

045 화력발전기 운영변동비의 대부분은 연료비이다. 가동단계별 전력생산비용 구성요소에 대하여 설명하시오.

data 발송배전기술사 20-120-1-7 / 발송배전기술사 출제예상문제

답안 가동단계별 전력생산비용 구성요소

(1) 기동비용

  ① 정지 중인 발전기 기동에 소요되는 비용

  ② 기동비용 = 기동연료비, 소내 전력비, 용수비

  ③ 기동비용 단가[원/kWh] = $\dfrac{\text{기동비용[원/회]}}{\text{발전량[kWh/회]}}$

(2) 무부하비용

  ① 개념 : 발전기가 무부하운전 시 시간당 소요비용

  ② 시장운영 규칙상 증분연료비 곡선과 종축의 교차점(아래 그림 참조)

(3) 부하 가압 시의 증분연료비용

  ① 발전 시 운전점에서 단위출력 증가 시의 추가적인 소요연료비[원/kWh]

  ② 표시방법 : 발전기의 연료비 곡선상 운전점에서의 기울기로 표시

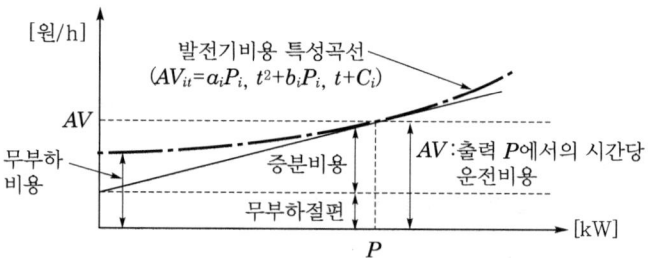

(4) 거래가격 결정

  ① 거래가격 = 계통한계가격(SMP) + 용량가격(CP)

  ② SMP(System Marginal Price)

    ㉠ 시간대별 수요를 충족하기 위해 운전되는 발전기 변동비 가운데 가장 높은 가격

    ㉡ 구성요소 : 기동비용 + 무부하비용 + 증분비용 + 환경부담금

    ㉢ 경제급전원리에 따라 피크시간대인 가스터빈 발전비용으로 산출될 경우가 많다.

    ㉣ 환경부담금 = 탈황관련 재료비 + 탈질관련 재료비 + 규제비용

③ CP(Capacity Payment)

  ㉠ 한계설비의 투자비 및 고정 운전유지비 반영

  ㉡ 해당시간 대 가용용량을 신고한 모든 발전기에 지급

(5) 발전단가

발전회사가 발전한 전력을 전력시장 및 한전에 판매한 단가

$$발전단가[원/kWh] = 변동비(연료비) + \frac{고정비(건설비 + 운전유지비)}{운전시간(이용률)}$$

046 전력계통의 경제운용 중 발전기의 등증분 연료비의 법칙에 대하여 설명하시오.

data 발송배전기술사 18-114-1-13 / 발송배전기술사 출제예상문제

답안 1. 송전손실을 무시할 때 화력계통의 수급조건

$$P_R = P_{G1} + P_{G2} + \cdots\cdots + P_{Gn} \quad\cdots\cdots\cdots\cdots\cdots\cdots\cdots\cdots\cdots\cdots\cdots 식\ 1)$$

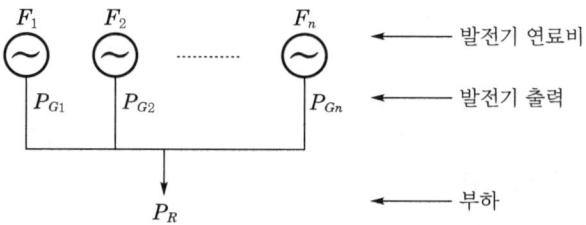

2. 총연료비의 조건

$$F = F_1(P_{G1}) + F_2(P_{G2}) + \cdots\cdots + F_n(P_{Gn}) \quad\cdots\cdots\cdots\cdots\cdots\cdots\cdots 식\ 2)$$

3. Lagrange의 미정계수법을 도입한 평가함수(ϕ)

$$\phi = F_1(P_{G1}) + F_2(P_{G2}) + \cdots\cdots + F_n(P_{Gn}) - \lambda(P_{G1} + P_{G2} + \cdots\cdots + P_{Gn} - P_R)$$

$$\cdots\cdots\cdots\cdots\cdots\cdots\cdots\cdots\cdots\cdots\cdots\cdots\cdots\cdots\cdots\cdots\cdots\cdots\cdots\cdots\cdots\cdots 식\ 3)$$

4. 연료비 최소 조건

(1) 평가함수를 각 발전기의 출력으로 편미분하여 최소일 것

(2) 식 3)의 편미분 수치가 0일 것

(3) $\dfrac{\partial \phi}{\partial P_{Gn}} = \dfrac{dF_n}{dP_{Gn}} - \lambda = 0 \ \rightarrow \ \lambda = \dfrac{dF_n}{dP_{Gn}}$ .... 식 4)

(4) 식 4)에서, $\lambda = \dfrac{dF_1}{dP_{G1}} = \dfrac{dF_2}{dP_{G2}} = \cdots\cdots = \dfrac{dF_n}{dP_{Gn}}$ .... 식 5)

5. 등증분 연료비의 법칙

등증분 연료비 법칙이란 위에서 설명된 '1 ~ 4'의 내용에 따라 모든 발전기에 대해서 식 5)에서 증분연료비(λ)가 같을 때 경제적인 출력배분이 실현된다는 법칙이다.

6. 등증분 연료비의 원칙에 의한 발전기 간의 부하배분

(1) 등증분 연료비의 미정계수 변화

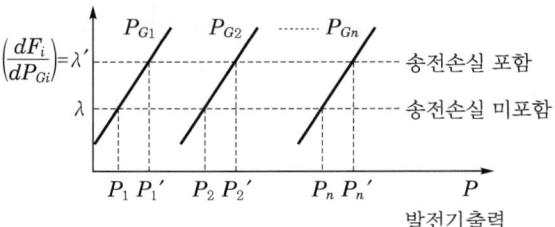

┃ 송전손실 포함 여부에 따른 미정계수 변화 ┃

(2) 부하(P_R) $= P_1 + P_2 + \cdots\cdots + P_n = P_{F1} + P_{G2} + \cdots\cdots + P_{Gn}$

7. 증분연료비(λ)의 특성

(1) 부하(P_R)의 크기에 따라 결정된다.

(2) 부하(P_R)의 증가와 더불어 증가한다.

047 화력발전소에 사용되는 다음의 용어에 대하여 각각 설명하시오.
1. 증분연료비(incremental fuel cost of generation)
2. 등증분연료비 운전(operation for equal incremental fuel cost)

(data) 발송배전기술사 20-122-1-1 / 발송배전기술사 출제예상문제

답안 1. 증분연료비(incremental fuel cost of generation)

(1) 증분연료비는 증분연료소비율에 연료단가를 곱한 것이다.

(2) 출력 P로 운전 중인 어느 발전기가 출력을 미소량 ΔP만큼 증가시켰을 때 연료비가 ΔF만큼 증가 시 소요되는 단위시간당의 증가분, ΔF와 ΔP의 비율 $\left(\dfrac{\Delta F}{\Delta P}\right)$

(3) 표현식

① 증분연료비 $\lambda = \dfrac{dF(P_G)}{dP_G} = 2aP_G + b\,[\text{원/kWh}]$

② 연료비 $F(P_G) = aP_G{}^2 + bP_G + c$

(4) 화력발전기의 연료비를 위의 수식과 같이 출력변화로 미분한 값이며 출력의 변화에 대한 기울기값이다.

(5) 연료특성, 계절, 화석연료비의 혼합비에 따라 달라진다.

2. 등증분연료비 운전(operation for equal incremental fuel cost)

(1) 화력계통에서 각 화력발전기의 증분발전비용이 같게 되도록 각 발전기출력을 배분해주면 가장 경제적인 부하배분이 된다는 운전이다.

(2) 각 발전기의 증분연료비가 균등하게 되도록 운전하는 것이다.

(3) 일반적으로 각 발전기출력배분이 다음 관계를 만족할 때 최적 경제출력배분으로 되게 한다. 미정계수인 λ로 표현한다.

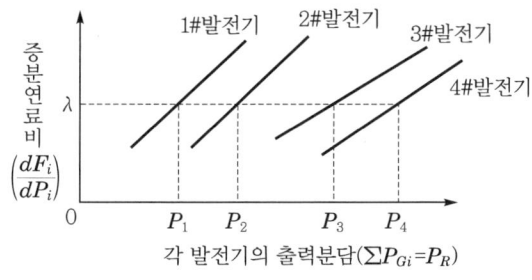

(4) $\lambda_1 = \dfrac{dF_1}{dP_1} = \lambda_2 = \dfrac{dF_2}{dP_2} = \cdots\cdots \lambda_n = \dfrac{dF_n}{dP_n}$

여기서, F_i : 각 발전기의 연료비

P_i : 각 발전기출력

(5) 부하의 크기에 비례하며, 각 발전기의 출력배분 산출이 가능하다.

---

048 2대의 발전기의 증분연료비(incremental fuel cost)가 $\lambda_1 = \dfrac{df_1}{dP_1} = 0.012P_1 + 8.0$, $\lambda_2 = \dfrac{df_2}{dP_2} = 0.008P_2 + 9.6$이고, 총부하가 400MW이다. 선로손실을 무시할 때, 발전비용이 최소가 되는 최적 발전출력 P_1, P_2를 구하시오. (단, f_1, f_2의 단위는 [원/hr], P_1, P_2의 단위는 [MW]임)

data 발송배전기술사 18-115-1-8 / 발송배전기술사 출제예상문제

답안 **1. 최적 발전출력을 위한 경제적 부하배분조건**

(1) 증분연료비가 같을 것, 즉 등증분연료비, $\lambda_1 = \lambda_2$

(2) 송전손실을 고려하지 않은 경우의 수급평형 조건

$P_1 + P_2 = P_R$

여기서, P_1, P_2 : 1번, 2번 발전기의 출력

P_R : 총부하

(3) (1)·(2)의 조건으로 총연료비가 최소일 것

2. 최적 발전출력 P_1, P_2의 산출

(1) $\lambda_1 = \dfrac{df_1}{dP_1} = 0.012P_1 + 8.0$ ·· 식 1)

(2) $\lambda_2 = \dfrac{df_2}{dP_2} = 0.008P_2 + 9.6$ ·· 식 2)

(3) $\lambda_1 = \lambda_2 = \lambda$

(4) 식 1)과 식 2)에서 식을 변형하면

$$P_1 + \frac{8.0}{0.012} = \frac{\lambda_1}{0.012} = \frac{\lambda}{0.012} \quad \text{······················ 식 3)}$$

$$P_2 + \frac{9.6}{0.008} = \frac{\lambda_2}{0.008} = \frac{\lambda}{0.008} \quad \text{······················ 식 4)}$$

(5) 식 3) + 식 4)하면

① $P_1 + P_2 + \dfrac{8.0}{0.012} + \dfrac{9.6}{0.008} = \dfrac{\lambda}{0.012} + \dfrac{\lambda}{0.008}$ ······················ 식 5)

② 조건에서 $P_1 + P_2 = 400$을 식 5)에 대입하면,

$$400 + \frac{8.0 \times 0.008 + 9.6 \times 0.012}{0.012 \times 0.008} = \frac{0.008\lambda + 0.012\lambda}{0.012 \times 0.008}$$

$$\therefore \ \lambda = \frac{2266.67}{208.33} = 10.88 \quad \text{······················ 식 6)}$$

(6) 식 6)을 식 3)과 식 4)에 대입하여 P_1, P_2를 산출한다.

$$P_1 + \frac{8.0}{0.012} = \frac{10.88}{0.012} \ \rightarrow \ P_1 = \frac{10.88}{0.012} - \frac{8.0}{0.012} = 240\,\text{MW}$$

$$P_2 + \frac{9.6}{0.008} = \frac{10.88}{0.008} \ \rightarrow \ P_2 = \frac{10.88}{0.008} - \frac{9.6}{0.008} = 160\,\text{MW}$$

---

049 다음과 같은 연료비특성을 가진 2대의 발전기로 구성된 계통이 있다.

$$F_1 = 0.01 P_{G1}{}^2 + 4 P_{G1} + 8000\,[10^3\text{원/MWh}]$$
$$F_2 = 0.03 P_{G2}{}^2 + 2 P_{G2} + 10000\,[10^3\text{원/MWh}]$$

부하 P_R이 50MW일 때, 다음 조건에서 연료비를 비교하시오.

1. P_{G1}, P_{G2}가 균등하게 부하 P_R을 분담할 경우
2. P_{G1}, P_{G2}가 경제부하 배분 출력으로 부하 P_R을 분담할 경우

(data) 발송배전기술사 19-118-2-5 / 발송배전기술사 출제예상문제

답안 **1. 50MW를 균등분담 시**

(1) 각 발전기를 25MW 분담 시 총연료비

$$F_1(25) = 0.01 \times 25^2 + 4 \times 25 + 8000 = 8106.25\,[10^3\text{원/MWh}]$$

$$F_1(25) = 0.03 \times 25^2 + 2 \times 25 + 10000 = 101068.75 [10^3 원/\text{MWh}]$$

$$\therefore \ F_A = F_1 + F_2 = 18175 [10^3 원/\text{MWh}]$$

(2) 증분연료비

$$\lambda_1 = \frac{dF_1}{dP_{G1}} = 0.02 \times 25 + 4 = 4.5$$

$$\lambda_2 = \frac{dF_2}{dP_{G2}} = 0.06 \times 25 + 2 = 3.5$$

2. 경제부하 배분 시

(1) 등증분연료비 법칙

① 수급조건 → ② 목적함수 → ③ 평가함수 → ④ 최적조건

① 수급조건 : $P_{G1} + P_{G2} = P_R$

② 목적함수 : $F_1 + F_2 = F_B$

③ 평가함수 : $\phi = F_1 + F_2 - \lambda(P_{G1} + P_{G2} - P_R)$

④ 최적조건 : $\dfrac{\partial \phi}{\partial P_{G1}} = \dfrac{dF_1}{dP_{G1}} - \lambda = 0, \ \ \dfrac{\partial \phi}{\partial P_{G2}} = \dfrac{dF_2}{dP_{G2}} - \lambda = 0$

$$\therefore \ \frac{dF_1}{dP_{G1}} = \frac{dF_2}{dP_{G2}} = \lambda$$

(2) 발전기출력 산출

① 등증분연료비 법칙 조건을 적용한다.

$$F_1 = 0.01P_{G1}{}^2 + 4P_{G1} + 8000 [10^3원/\text{MWh}]$$

$$F_2 = 0.03P_{G2}{}^2 + 2P_{G2} + 10000 [10^3원/\text{MWh}]$$

$$\frac{dF_1}{dP_{G1}} = 0.02P_{G1} + 4 = \lambda$$

$$\frac{dF_2}{dP_{G2}} = 0.06P_{G2} + 2 = \lambda$$

$$0.02P_{G1} + 4 = 0.06P_{G2} + 2$$

$$\therefore \ P_{G1} - 3P_{G2} = -100$$

② 수급조건과 연립

$$P_{G1} = 3P_{G2} - 100 = 3(50 - P_{G1}) - 100$$

$$\therefore \ 4P_{G1} = 50 \ \rightarrow \ P_{G1} = 12.5\,\text{MW}$$

$$P_{G2} = 50 - 12.5 = 37.5\,\text{MW}$$

③ 증분연료비 산출

$$\lambda = 0.02P_{G1} + 4 = 0.02 \times 12.5 + 4 = 4.25\,[10^3 \text{원/MWh}]$$

④ 연료비 산출

$$F_1(12.5) = 0.01 \times 12.5^2 + 4 \times 12.5 + 8000 = 8051.56\,[10^3 \text{원/MWh}]$$

$$F_1(37.5) = 0.03 \times 37.5^2 + 2 \times 37.5 + 10000 = 10117.19\,[10^3 \text{원/MWh}]$$

⑤ 경제부하 분담 시 총연료비(F_B)

$$F_B = F_1(12.5) + F_2(37.5)$$

$$= 8051.56 + 10117.19$$

$$= 18168.75\,[10^3 \text{원/MWh}]$$

3. 균등분담과 경제부하 배분 시 연료비 및 출력과 증분연료비의 비교

(1) 연료비 비교

$$\Delta F = F_B - F_A = 18168.75 - 18175 = -6.25\,[10^3 \text{원/MWh}] \ \text{감소}$$

(2) 출력변화와 증분연료비 변화의 비교

구분		균등분담	경제부하분담	비고
출력변화	발전기 1	25MW	12.5MW	-12.5 감소
	발전기 2	25MW	37.5MW	+12.5 증가
증분연료비	발전기 1	4.5	4.25	-0.25 감소
	발전기 2	3.5	4.25	+0.75 증가

(3) 의미

① 증분연료비가 많은 발전기의 부하분담은 감소시킨다.

② 증분연료비가 작은 발전기의 부하분담은 증가시켜 경제부하 배분된다.

050 전력계통의 경제운영에 대하여 다음을 설명하시오.
1. 전력계통 경제운영의 목적 및 운영계획 시 고려사항
2. 발전기의 증분연료비와 등증분연료비의 법칙
3. 송전손실을 고려할 경우 경제출력 배분식(협조방정식)

data 발송배전기술사 23-131-2-6 / 발송배전기술사 출제예상문제

답안 1. 전력계통 경제운영의 목적 및 운영계획 시 고려사항

(1) 전력계통의 경제운용 목적

수·화력 발전소의 조합 및 화력발전소의 부하배분을 적절히 시행해서 화력발전소의 연료비를 라그랑쥐 미정계수와 등증분연료비를 활용하여 그 값을 최소화하는데 있다.

(2) 운영계획 시 고려사항

계획성	경제성	신뢰성
• 장기운용계획 : 발전, 보수 계획 • 단기운용 계획 : 양수발전, 예비력 배분	• 수·화력 발전소 연료비 특성 • 송전손실 • 증분연료비 • 출력배분	• 계통 안정성, 전력품질 • SCED(신뢰도 제어) • 속응성 • 예비력 확보

2. 발전기의 증분연료비와 등증분연료비의 법칙

(1) 화력발전소의 입·출력 관계

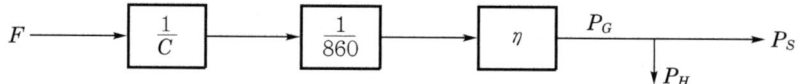

F : 시간당 연료비[원/h], C : 연료단가[원/kcal],

$\dfrac{1}{860}$: 에너지 환산계수[kWh/kcal], η : 플랜트 열효율[pu]

P_G, P_S, P_H : 발전단, 송전단, 소내 출력[kW]

‖ 화력발전소의 입·출력 관계 ‖

(2) 열효율

① 연료의 연소로 발생하는 열량은 그 전량이 전기에너지로 변환하는 것이 아니고 보일러 드럼으로부터의 방산이나 사용되지 않은 채 복수기로 냉각되는 열 등이 있기 때문에 발전소로서의 열효율은 다음 그림과 같이 40% 정도이다.

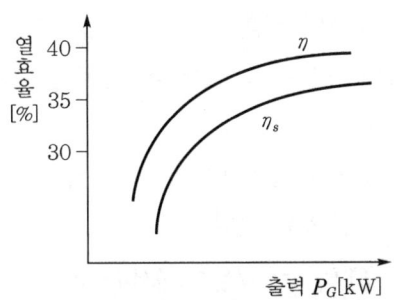

┃ 발전단 효율과 송전단의 효율 비교 ┃

② 송전단 효율 $\eta_s = \eta\dfrac{P_S}{P} = \eta\left(1 - \dfrac{P_H}{P}\right)$

여기서, η_s : 송전단 효율

η : 발전단 열효율

P : 발전단 출력

P_S, P_H : 송진전력, 소내 전력

(3) 소내 전력

① 순환 펌프, 미분탄기, 탈유황 장치, 집진기 같은 부대설비 동력전력을 소비한다.

② 소내 전력은 발전출력에 거의 비례하며, $P_H = \alpha P_G + \beta$로 표현한다.

③ 소내 전력이 발전출력에 대한 비율을 소내율이라 하며 다음 그림의 특성을 지닌다.

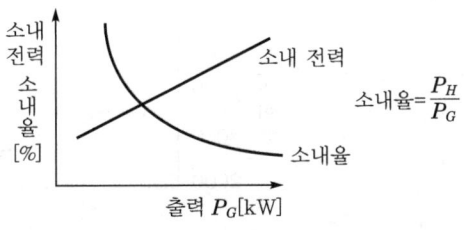

┃ 소내 전력과 출력과의 관계 ┃

(4) 출력과 연료비의 계산

① 정격출력 P_G[kW]로 1시간 운전하였을 경우 연료비가 F[원]만큼 소요된 것으로서, 이를 화력발전소의 연료비 특성이라 하며, 식은 다음과 같다.

② $P_G = \dfrac{F\eta}{860\,C}$[kW] 또는 $F = \dfrac{860\,C}{\eta}\cdot P_G$[원/h], [kW] 또는 [원/h]

(5) 연료비 특성곡선의 산출

① 실제적으로 발전소의 연료비 특성은 최저 출력에서 최대 출력까지의 입·출력의 비이다.

② 이것은 아래의 실제곡선과 같으나, 수식화와 그래프로 나타내면 2차 함수의 근사화 곡선으로 된다.

③ 표현식 : $F(P_G) = aP_G^2 + bP_G + c$

단, $a > 0$일 경우이며, 그래프는 다음과 같다.

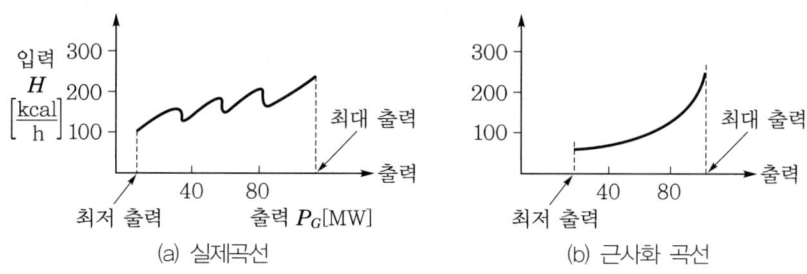

▮ 연료비 특성곡선 ▮

(6) 연료소비율(heat rate)의 산출

① 정의 : kWh당 소요되는 열량

② 표현식 : 연료소비율[kcal/kWh] $= \dfrac{H[\text{kcal/h}]}{P_G[\text{kW}]}$ 이며, 이를 다음 그림과 같이 표현할 수 있다.

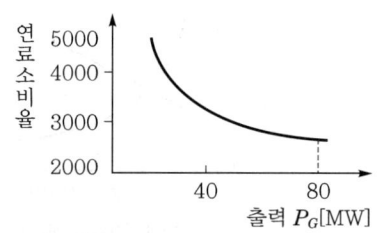

▮ 화력발전기의 연료소비율 곡선 ▮

③ 특성

㉠ 정격 출력 부근에서 최고 효율점이 있다.

㉡ 저출력 영역에서는 효율이 크게 떨어지므로 연료소비율이 상승한다.

(7) 증분연료비(incremental fuel cost)

① 증분연료비란 어떤 출력으로 운전하고 있을 경우 이 운전상태에서 다시 1kW의 출력을 더 증가하였을 때 소요되는 단위시간당 연료비의 증가분을 말한다.

② ΔF와 ΔP_G의 비율$\left(\dfrac{\Delta F}{\Delta P_G}\right)$로서, 출력-연료비 특성의 기울기이다.

③ 따라서, 발전단 증분연료비 λ는 $\lambda = \dfrac{dF}{dP_G} = 2aP_G + b$[원/kWh]이다.

④ 그러므로 증분연료비 특성곡선은 다음 그림과 같다.

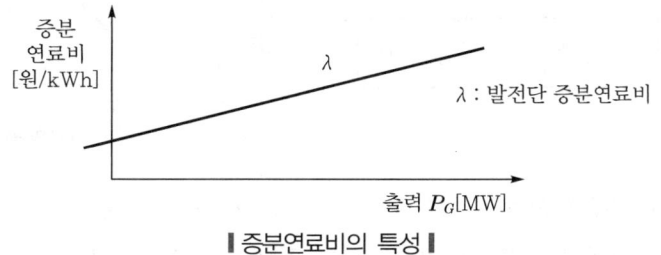

┃ 증분연료비의 특성 ┃

⑤ 특성

㉠ 각 발전기마다 계절별 요인, 연료의 종류, 혼소비 등에 의해 다르게 나타난다.

㉡ 식의 연료비는 순수 연료비이나 실 발전에 있어서는 여러 비용을 고려한 발전비용이 요구된다.

㉢ 결과적으로 경제운용을 실시하려면 발전비용도 발전소의 출력함수로 취급해야 하나 함수로 직접 표현의 어려움 때문에 증분연료비를 사용한 이의 최소화 목적으로 경제운용을 한다.

㉣ 또한, 병렬 발전기들의 경제적 운용을 위해 λ를 같게 운영하면 경제배분이 된다.

(8) 등증분연료비(等增分燃料費運, operation for equal incremental fuel cost)

① 각 발전기출력배분이 다음 관계를 만족할 때 최적 경제출력배분으로 되게 한다.

$$\lambda = \frac{dF_1}{dP_{G1}} = \frac{dF_2}{dP_{G2}} = \cdots\cdots = \frac{dF_n}{dP_{Gn}}$$

여기서, F : 연료비

　　　　 P : 발전기출력

② 화력계통에서 각 화력발전기의 증분발전비용이 같게 되도록 각 발전기출력을 배분해주면 가장 경제적인 부하배분이 된다는 것이다.

③ 이와 같이 각 발전기의 증분연료비가 균등하게 되도록 운전하는 것을 등증분연료비운전이라 한다.

3. 화력계통 경제부하배분

(1) 송전손실을 무시할 경우 경제출력배분식

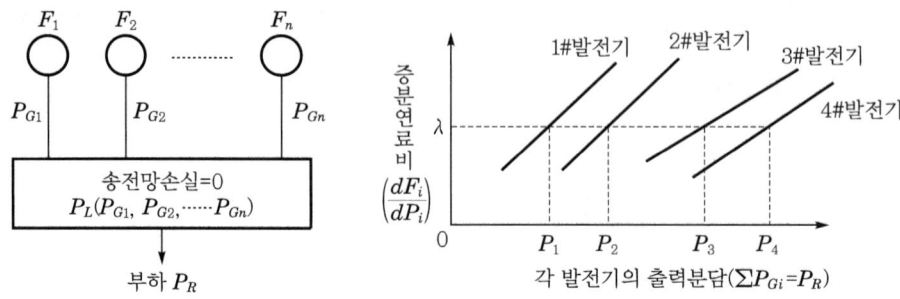

① 수급평형조건 : $P_R = P_{G1} + P_{G2} + \cdots\cdots + P_{Gn}$

② 목적함수(총연료비) : 수급조건이 평형가정 시

$$F_T = F_1(P_{G1}) + F_2(P_{G2}) + \cdots\cdots + F_n(P_{Gn})$$

③ 평가함수 : $\phi = F_T - \lambda(P_{G1} + P_{G2} + \cdots\cdots + P_{Gn} - P_R)$[원]

④ 총연료비 최소 조건

$$\frac{\partial \phi}{\partial P_{G1}} = \frac{dF_1}{dP_{G1}} - \lambda = 0, \quad \frac{\partial \phi}{\partial P_{G2}} = \frac{dF_2}{dP_{G2}} - \lambda = 0, \quad \frac{\partial \phi}{\partial P_{Gn}} = \frac{dF_n}{dP_{Gn}} - \lambda = 0$$

⑤ 등증분연료비 법칙

　㉠ λ(계통증분비)$= \dfrac{dF_1}{dP_{G1}} = \dfrac{dF_2}{dP_{G2}} = \dfrac{dF_n}{dP_{Gn}}$, 총연료비 최소 조건

　㉡ 경제적 출력배분이란 것은 증분연료비가 모든 발전기에 같다는 의미이다.

⑥ 발전기출력산출

　㉠ 연료비 함수 : $F = a_i P_{Gi}^2 + b_i P_{Gi} + c_i \ (i = 1, \ 2, \ 3, \ \cdots\cdots, \ n)$

　㉡ 증분비 : $\dfrac{dF_i}{dP_{Gi}} = 2a_i P_{Gi} + b_j = \lambda$

　　$\therefore \ P_{Gi} = \dfrac{\lambda - b_i}{2a_i}$

ⓒ 수급평형조건에 의한 λ산출

- $P_{G1} + P_{G2} + \cdots\cdots + P_{Gn} = \dfrac{\lambda - b_1}{2a_1} + \dfrac{\lambda - b_2}{2a_2} + \cdots\cdots + \dfrac{\lambda - b_n}{2a_n} = P_R$

- $\lambda\left(\dfrac{1}{a_1} + \dfrac{1}{a_2} + \cdots\cdots + \dfrac{1}{a_n}\right) - \left(\dfrac{b_1}{a_1} + \dfrac{b_2}{a_2} + \cdots\cdots + \dfrac{b_n}{a_n}\right) = 2P_R$

$$\therefore \ \lambda = \frac{\displaystyle\sum \frac{b_i}{a_i} + 2P_R}{\displaystyle\sum \frac{1}{a_i}}$$

ⓔ 발전기출력 : $P_{Gi} = \dfrac{\lambda - b_i}{2a_i} = \dfrac{1}{2a_i}\left(\dfrac{\displaystyle\sum \frac{b_i}{a_i} + 2P_R}{\displaystyle\sum \frac{1}{a_i}}\right) - \dfrac{b_i}{2a_i}$

이 값을 연료비 함수에 다시 대입하여 연료비를 산출한다.

(2) 송전손실을 고려할 경우 경제출력 배분식(협조 방정식) = 송전손실을 고려할 경우 경제부하 배분(협조 방정식)

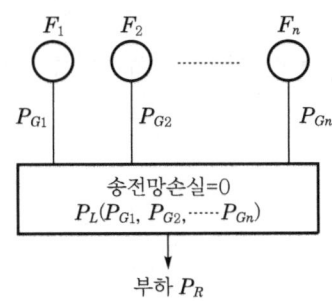 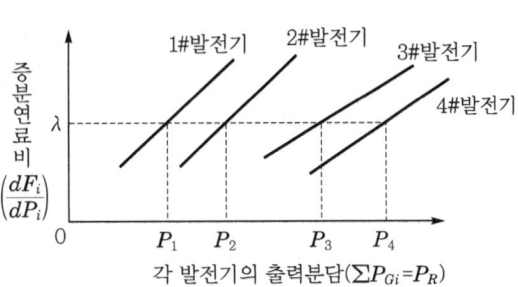

① 수급평형조건 : $P_R = P_{G1} + P_{G2} + \cdots\cdots + P_{Gn}$

② 목적함수(총연료비) : $F_T = F_1(P_{G1}) + F_2(P_{G2}) + \cdots\cdots + F_n(P_{Gn})$

③ 평가함수 : $\phi = F_T - \lambda(P_{G1} + P_{G2} + \cdots\cdots + P_{Gn} - P_R - P_L)$ [원]

④ 총연료비 최소 조건과 화력계통의 협조방정식과 페널티계수

ㄱ $\dfrac{\partial \phi}{\partial P_{Gi}} = \dfrac{dF_i}{dP_{Gi}} - \lambda\left(1 - \dfrac{\partial P_L}{\partial P_{Gi}}\right) = 0$

따라서 $\dfrac{dF_i}{dP_{Gi}} = \lambda\left(1 - \dfrac{\partial P_L}{\partial P_{Gi}}\right)$

$\therefore \ \lambda = \dfrac{dF_i}{dP_{Gi}}\left(\dfrac{1}{1 - \dfrac{\partial P_L}{\partial P_{Gi}}}\right)$ 로 되며, 이를 화력계통의 협조방정식이라 한다.

ⓛ 위 식 분모에서 $L = \dfrac{1}{1 - \dfrac{\partial P_L}{\partial P_{Gi}}}$을 페널티계수(penalty factor)라 한다.

ⓒ 페널티계수란 전력계통에 연결되어 병행운전 중인 각 발전기의 경제배분에 있어서, 각 발전기로부터 부하까지의 송전손실의 영향을 고려하기 위해 각 발전기별로 그 영향도를 지정한 계수로서, 증분송전효율의 역수로 표현한다.

$$L_i = \frac{1}{\text{증분송전효율}} = \frac{1}{1 - \dfrac{\partial P_L}{\partial P_{Gi}}}$$

여기서, P_L : 송전손실

P_{Gi} : 발전기출력

ⓔ 또, $\dfrac{\partial P_L}{\partial P_{Gi}}$을 증분송전손실이라 하며 일반적으로 값이 1보다 매우 작다.

ⓜ $L_i \fallingdotseq 1 + \dfrac{\partial P_L}{\partial P_{Gi}}$이 되고, 이 식을 정리하면

$\lambda = \dfrac{dF_i}{dP_{Gi}} + \dfrac{dF_i}{dP_{Gi}} \cdot \dfrac{\partial P_L}{\partial P_{Gi}}$이 되며, 이 식도 화력계통의 협조방정식이라 한다.

SECTION 02 경제부하배분과 협조방정식 및 송전손실

051 화력계통의 경제부하배분 중 송전손실을 고려할 경우의 협조방정식을 구하시오.

data 발송배전기술사 17-113-1-9 / 발송배전기술사 출제예상문제

답안 **1. 개요**

송전손실을 고려할 경우의 경제부하배분은 화력발전소 총연료비를 최소화로 하는 출력배분을 결정하기 위함이다.

2. 송전손실을 고려할 경우의 협조방정식

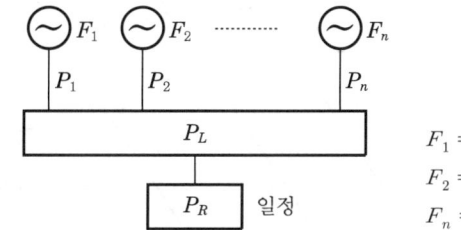

$$F_1 = aP_1^2 + b_1 P_1 + C_1$$
$$F_2 = aP_2^2 + b_2 P_2 + C_2$$
$$F_n = aP_n^2 + b_n P_n + C_n$$

(1) 수급조건

$$P_R = P_1 + P_2 + \cdots\cdots + P_n - P_L \cdots\cdots\cdots\cdots\cdots\cdots\cdots\cdots\cdots \text{식 1)}$$

(2) 목적함수

수급평형조건하에서 최소 연료비

$$F = F_1 + F_2 + \cdots\cdots + F_n \cdots\cdots\cdots\cdots\cdots\cdots\cdots\cdots\cdots\cdots \text{식 2)}$$

(3) 평가함수＝목적함수 － 미정계수×수급조건

$$\phi = (F_1 + F_2 + \cdots\cdots + F_n) - \lambda(P_1 + P_2 + \cdots\cdots + P_n - P_R - P_L) \cdots\cdots \text{식 3)}$$

(4) 총연료비 최소 조건과 Lagrange의 미정계수 λ 산정

① 평가함수를 각 발전기의 출력으로 편미분하여 최소일 것

② $\dfrac{\partial \phi}{\partial P_1} = \dfrac{dF_1}{dP_1} - \lambda\left(1 - \dfrac{\partial P_L}{\partial P_1}\right) = 0 \rightarrow \dfrac{dF_1}{dP_1} \times \dfrac{1}{1 - \dfrac{\partial P_L}{\partial P_1}} = \lambda$

$\vdots \qquad \vdots \qquad\qquad \vdots \qquad\qquad\qquad \vdots \qquad\qquad \vdots$

$\dfrac{\partial \phi}{\partial P_n} = \dfrac{dF_n}{dP_n} - \lambda\left(1 - \dfrac{\partial P_L}{\partial P_n}\right) = 0 \rightarrow \dfrac{dF_n}{dP_n} \times \dfrac{1}{1 - \dfrac{\partial P_L}{\partial P_n}} = \lambda \cdots\cdots\cdots \text{식 4)}$

(5) 등증분연료비

증분연료비가 같은 조건의 λ

$$\lambda = \frac{dF_1}{dP_1} \times \frac{1}{1 - \frac{\partial P_L}{\partial P_1}} = \frac{dF_2}{dP_2} \times \frac{1}{1 - \frac{\partial P_L}{\partial P_2}} = \cdots = \frac{dF_n}{dP_n} \times \frac{1}{1 - \frac{\partial P_L}{\partial P_n}} \quad \cdots 식\ 5)$$

(6) 페널티계수(L_n) 설정

① 식 5) 중 $\dfrac{1}{1 - \dfrac{\partial P_L}{\partial P_n}}$ 이 페널티계수(L_n)를 정한다.

② 즉, $L_n = \dfrac{1}{1 - \dfrac{\partial P_L}{\partial P_n}}$, 또 $\dfrac{\partial P_L}{\partial P_n}$을 P_n부하의 증분손실전력

$$\therefore \lambda = L_1 \frac{dF_1}{dP_{G1}} = L_2 \frac{dF_2}{dP_2} \cdots = L_n \frac{dF_n}{dP_n} \quad \cdots\cdots\cdots 식\ 6)$$

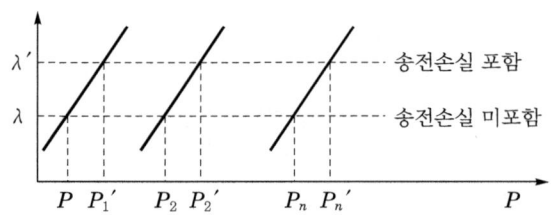

┃송전손실 포함 여부에 따른 미정계수 변화┃

(7) 이것은 곧 송전손실을 고려한 경제적인 운전 상태에서는 모든 발전소로부터 부하점에서의 증분발전비용이 균등하게 됨을 의미하는 것이다.

(8) 식 5)에서 나온 $\dfrac{\partial P_L}{\partial P_n}$을 증분송전손실이라 하며, 다음의 특성이 있다.

일반적으로 $\dfrac{\partial P_L}{\partial P_n}$의 값은 1에 비해 매우 작으므로 $L_i \fallingdotseq 1 + \dfrac{\partial P_L}{\partial P_n}$ $\cdots\cdots$ 식 7)

(9) 식 7)을 식 6)에 대입하면

$$\lambda = L_i \frac{dF_i}{dP_i} = \left(1 + \frac{\partial P_L}{\partial P_n}\right) \cdot \frac{dF_i}{dP_i} = \frac{dF_i}{dP_i} + \frac{\partial P_L}{\partial P_n} \cdot \frac{dF_i}{dP_i} \quad \cdots\cdots\cdots\cdots 식\ 8)$$

이때, 식 8)을 화력계통의 협조방정식이라고 한다.

또한, 증분발전량 $P_n = \dfrac{\lambda - b_n}{2a_n}$

052 다음과 같은 모델계통에서 송전손실과 증분송전손실을 구하시오.

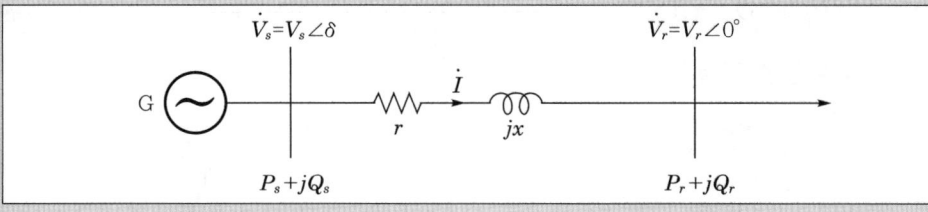

data 발송배전기술사 24-133-4-5·12-96-4-6 / 발송배전기술사 출제예상문제

답안 1. 송전손실 P_l

(1) 송전단 전압 $\dot{V}_S = \dot{V}_R + \dot{Z}I = V_R + (Z \angle \theta) \dot{I} = \dot{V}_R + (R + jX)\dot{I}$

단, $Z = \sqrt{R^2 + X^2}$, $\theta = \tan^{-1} \dfrac{X}{R}$

(2) 선로전류 $\dot{I} = \dfrac{\dot{V}_S - \dot{V}_R}{\dot{Z}} = \dfrac{V_S \angle \delta - V_R}{Z \angle \theta}$

$\dot{I}^* = \dfrac{V_S \angle (-\delta) - V_R}{Z \angle (-\theta)}$

(3) 송전단 피상전력(복소전력) $\dot{W}_S$는 다음과 같다.

$$\dot{W}_S = P_S + jQ_S = \dot{V}_S \dot{I}^* = V_S \angle \delta \times \dfrac{V_S \angle (-\delta) - V_R}{Z \angle (-\theta)} = \dfrac{V_S^2 - V_S V_R \angle \delta}{Z \angle (-\theta)}$$

$$= \dfrac{V_S^2 \angle \theta - V_S V_R \angle (\delta + \theta)}{Z}$$

(4) 송전단 전력은 위 식에서 실수부를 취하면 된다.

$$P_S = \dfrac{V_S^2 \cos\theta - V_S V_R \cos(\delta + \theta)}{Z} = \dfrac{V_S^2 \cos\theta - V_S V_R \cos(\delta + \theta)}{\sqrt{R^2 + X^2}}$$

또는 $\cos\theta = \dfrac{R}{\sqrt{R^2 + X^2}}$, $\sin\theta = \dfrac{X}{\sqrt{R^2 + X^2}}$ 및

$\cos(\delta + \theta) = \cos\delta\cos\theta - \sin\delta\sin\theta = \dfrac{R\cos\delta - X\sin\delta}{\sqrt{R^2 + X^2}}$ 인 관계를 이용하면

$$P_S = \dfrac{V_S^2 R - V_S V_R (R\cos\delta - X\sin\delta)}{R^2 + X^2}$$

$$= \dfrac{R(V_S^2 - V_S V_R \cos\delta) + X V_S V_R \sin\delta}{R^2 + X^2}$$

(5) 마찬가지로 수전단 전력 P_R은 다음 식의 실수부에 해당한다.

$$P_R + jQ_R = V_R I^* = \frac{V_S V_R \angle (-\delta) - V_R^2}{Z \angle (-\theta)} = \frac{V_S V_R \angle (-\delta + \theta) - V_R^2 \angle \theta}{Z}$$

(6) 수전단 전력

$$P_R = \frac{V_S V_R \cos(-\delta + \theta) - V_R^2 \cos\theta}{Z} = \frac{V_S V_R \cos(-\delta + \theta) - V_R^2 \cos\theta}{\sqrt{R^2 + X^2}}$$

(7) 여기서, $\cos(-\delta + \theta) = \cos\delta\cos\theta + \sin\delta\sin\theta = \dfrac{R\cos\delta + X\sin\delta}{\sqrt{R^2 + X^2}}$ 이므로

$$\therefore \ P_R = \frac{V_S V_R (R\cos\delta + X\sin\delta) - RV_R^2}{R^2 + X^2}$$

$$= \frac{R\{(V_S V_R \cos\delta - V_R^2) + XV_S V_R \sin\delta\}}{R^2 + X^2}$$

(8) 따라서, 송전손실은 다음과 같다.

$$P_l = P_S - P_R = \frac{(V_S^2 + V_R^2)\cos\theta - 2V_S V_R \cos\delta\cos\theta}{Z}$$

$$= \frac{R\{(V_S^2 + V_R^2) - 2V_S V_R \cos\delta\}}{R^2 + X^2}$$

2. 증분송전손실

(1) 정의

송전단 전력 P_S에 대한 송전손실 P_l의 변화율을 의미한다.

(2) 표현식

$$\frac{dP_l}{dP_S} = \frac{dP_l}{d\delta} \times \frac{d\delta}{dP_S} = \frac{dP_l}{d\delta} \times \frac{1}{\dfrac{dP_S}{d\delta}}$$

$$= \frac{2RV_S V_R \sin\delta}{R^2 + X^2} \times \frac{1}{\dfrac{RV_S V_R \sin\delta + XV_S V_R \cos\delta}{R^2 + X^2}}$$

$$= \frac{2RV_S V_R \sin\delta}{RV_S V_R \sin\delta + XV_S V_R \cos\delta} = \frac{2R\sin\delta}{R\sin\delta + X\cos\delta}$$

(3) 위 식 분자·분모에 $\dfrac{1}{R\cos\delta}$ 을 각각 곱해 정리하면 증분송전손실은 다음과 같다.

$$증분송전손실 = \frac{dP_l}{dP_S} = \frac{2\tan\delta}{\tan\delta + \dfrac{X}{R}}$$

053 2기 계통에서 발전소 $P_{G1} = 149.7\text{MW}$, 발전소 $P_{G2} = 167.7\text{MW}$로 경제운용하고 있다. 발전소 P_{G2}의 증분송전손실이 0.01078MW일 때의 발전소 P_{G1}의 페널티계수 (penalty factor)를 구하시오. $\left(\text{단},\ \dfrac{dF_1}{dP_{G1}} = 2.0 + 0.04P_{G1}\,10^3[\text{원/MWh}],\right.$

$\left.\dfrac{dF_2}{dP_{G2}} = 3.0 + 0.03P_{G1}\,10^3[\text{원/MWh}]\right)$

(data) 발송배전기술사 20-122-1-9·13-99-1-4 / 발송배전기술사 출제예상문제

답안 **1. 페널티계수(penalty factor)**

　(1) 정의

　　　전력계통에 연결되어 병행운전 중인 각 발전기의 경제배분에 있어서, 각 발전기로부터 부하까지의 송전손실의 영향을 고려하기 위해 각 발전기별로 그 영향도를 지정한 계수로서, 증분송전효율의 역수로 표현한다.

　(2) 표현식

$$L_i = \frac{1}{\text{증분송전효율}} = \frac{1}{1 - \dfrac{\partial P_L}{\partial P_{Gi}}}$$

　　여기서, P_L : 송전손실

　　　　　P_{Gi} : 발전기출력

2. 화력계통의 전력 협조방정식

$$\lambda = \frac{dF_i}{dP_{Gi}} L_i = \frac{dF_i}{dP_{Gi}} \frac{1}{1 - \dfrac{\partial P_L}{\partial P_{Gi}}} = \frac{dF_i}{dP_{Gi}} + \frac{\partial P_L}{\partial P_{Gi}}\lambda$$

　　여기서, λ : 계통증분비, $\dfrac{dF_i}{dP_{Gi}}$: 증분연료비

　　　　　$1 - \dfrac{\partial P_L}{\partial P_{Gi}}$: 증분송전효율, $\dfrac{\partial P_L}{\partial P_{Gi}}$: 증분송전손실

　　　　　$L_i = \dfrac{1}{1 - \dfrac{\partial P_L}{\partial P_{Gi}}}$: Penalty factor

3. 발전기의 출력을 이용하여 증분연료비 산출

(1) $\dfrac{dF_1}{dP_{G1}} = 2.0 + 0.04 P_{G1} = 2 + 0.04 \times 149.7 = 7.988\,[10^3\text{원/MWh}]$

(2) $\dfrac{dF_2}{dP_{G2}} = 3.0 + 0.03 P_{G2} = 3 + 0.03 \times 167.7 = 8.031\,[10^3\text{원/MWh}]$

4. 주어진 조건에서 발전소 2의 증분송전손실이 0.1078를 이용한 발전소 1의 페널티 계수

(1) $\dfrac{\partial P_L}{\partial P_{G2}} = 0.1078$

∴ 발전소 2의 페널티계수 $L_2 = \dfrac{1}{1 - \dfrac{\partial P_L}{\partial P_{G2}}} = \dfrac{1}{1 - 0.1078} = 1.1208$

(2) 따라서, 계통증분비 λ는 다음과 같다.

$\lambda = \dfrac{dF_2}{dP_{G2}} L_2 = 8.031 \times 1.1208 = 9.0011 = \dfrac{dF_1}{dP_{G1}} L_1 = 7.988 L_1$

∴ 발전소 1의 페널티계수 $L_1 = \dfrac{9.0011}{7.988} = 1.1268$

---

054 다음 그림과 같은 2기 모델계통의 손실방정식을 유도하시오.

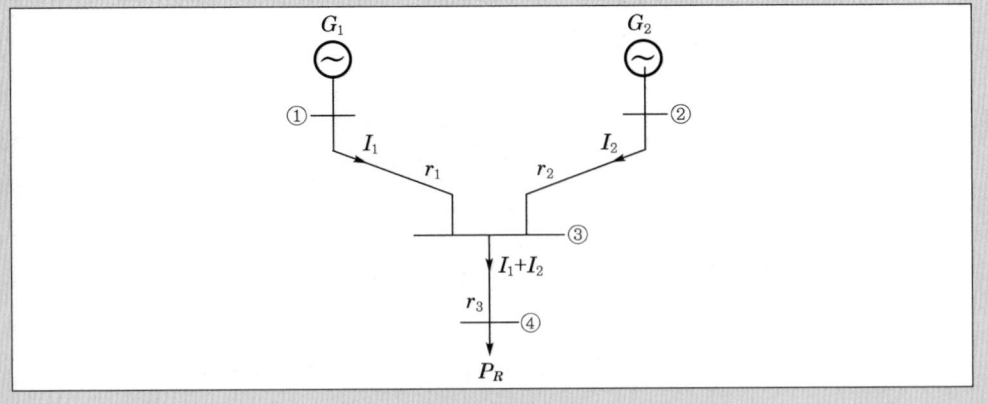

(**data**) 발송배전기술사 22-128-2-5 / 발송배전기술사 출제예상문제

답안 2기 모델 계통의 손실방정식

(1) 그림의 계통에서 3상의 송전손실

$$P_L = 3r_1 I_1{}^2 + 3r_2 I_2{}^2 + 3r_3(I_1 + I_2)^2$$

$$= 3(r_1 + r_3)I_1{}^2 + 3(r_2 + r_3)I_2{}^2 + 6r_3 I_1 I_2 \quad \cdots\cdots\cdots\cdots\cdots\cdots \text{식 1)}$$

(2) 선로전류

① 각 발전기 모선에는 부하가 없으므로 발전기출력 P_{G1}, P_{G2}는 각각 선로조류 P_1, P_2와 동일한 것으로 볼 수 있다.

② $P_{G1} = P_1 = \sqrt{3}\, V_1 I_1 \cos\theta_1$ 및 $P_{G2} = P_2 = \sqrt{3}\, V_2 I_2 \cos\theta_2$

③ 따라서, 선로전류는 아래 식과 같다.

$$I_1 = \frac{P_{G1}}{\sqrt{3}\, V_1 \cos\theta_1} \quad \cdots\cdots\cdots\cdots\cdots\cdots\cdots\cdots\cdots\cdots\cdots\cdots \text{식 2)}$$

$$I_2 = \frac{P_{G2}}{\sqrt{3}\, V_2 \cos\theta_2} \quad \cdots\cdots\cdots\cdots\cdots\cdots\cdots\cdots\cdots\cdots\cdots\cdots \text{식 3)}$$

(3) 식 1)의 손실방정식에 식 2)와 식 3)을 대입하여 정리한 손실방정식

$$P_L = 3(r_1 + r_3)I_1{}^2 + 6r_3 I_1 I_2 + 3(r_2 + r_3)I_2{}^2$$

$$= \frac{r_1 + r_3}{V_1{}^2 \cos^2\theta_1}P_{G1}{}^2 + 2\frac{r_3}{V_1 V_2 \cos\theta_1 \cos\theta_2}P_{G1}P_{G2} + \frac{r_2 + r_3}{V_2{}^2 \cos^2\theta_2}P_{G2}{}^2$$

$$= B_{11}P_{G1}{}^2 + 2B_{12}P_{G1}P_{G2} + B_{22}P_{G2}{}^2$$

여기서, $B_{11} = \dfrac{r_1 + r_3}{V_1{}^2 \cos^2\theta_1}$

$$B_{12} = B_{21} = \frac{r_3}{V_1 V_2 \cos\theta_1 \cos\theta_2}$$

$$B_{22} = \frac{r_2 + r_3}{V_2{}^2 \cos^2\theta_2}$$

(4) 위의 B의 특성

① 일상적인 운전상태에서는 거의 일정한 값을 유지하는 것으로 보므로 정수(定數)로 취급한다.

② B_{11}, B_{22}, $B_{12} = B_{21}$은 B정수(B-constant) 또는 B계수(B-coefficient)라 하며, 부하상태 및 선로구성에 따라서 달라지기 때문에 몇 가지 대표적인 계통 운전상태(기준상태 또는 기준조류상태)에 대하여 B계수를 구해두어야 한다.

③ 그러나 B계수는 구하는 데 많은 시간이 걸릴 뿐만 아니라 실제의 계통상태가 기준조류상태에서 벗어날 때는 증분송전손실 $\dfrac{\partial P_L}{\partial P_{Gi}}$의 값이 오차가 커지는 단점이 있다.

---

055 낙차변동을 무시할 수 있을 경우 수화력 계통의 최적 경제운용에 대하여 설명하시오.

data 발송배전기술사 24-133-3-5 / 발송배전기술사 출제예상문제
comment 실전 수험장에서는 1번과 2번만을 기록해도 무방하다.

답안

1. 수·화력 발전계통의 최적 경제운용

(1) 경제운용의 목표

① 주어진 부하를 공급하는 데 있어 연료비의 최소화

② 수·화력 병용계통에서 수력과 화력의 부하를 적정 배분하여 화력발전의 연료비의 최소화

(2) 수·화력 발전계통 경제운용 계산방법

① 협조 방정식법(γ법, ψ 평균화법 등) : 순시 및 일간 운용에 적용

② 최대 경사법 : 주간, 월간 등 단기운용에 적용

③ 동적 계획법(DP법) : 연간 운용 등 장기계획에 적용

2. 낙차변동을 무시할 경우 수·화력 발전계통의 최적 경제운용

(1) 수·화력 병용 계통도

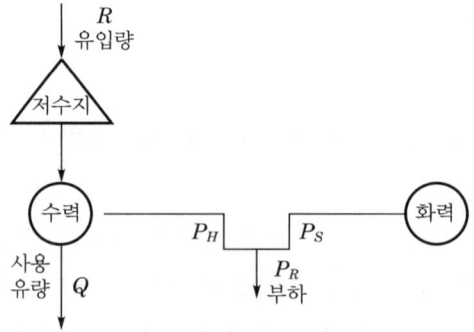

┃수·화력 병용 계통 모델┃

(2) 경제운용 조건(고찰 대상기간을 T 라고 하면)

① 수급조건 : $P_S + P_H = P_R$ ··· 식 1)

여기서, P_S, P_H : 각각 시각 t에 있어서의 화력·수력 발전소의 출력

P_R : 시각 t에 있어서의 부하

② 제약조건 : 사용수량이 일정하다는 조건에서는

$$\int_0^t Q \, dt = W(= 일정)$$ ··· 식 2)

여기서, Q : 사용수량

W : 총사용수량

③ 목적함수 : 식 1)·2)에서 대상기간 중 화력발전기의 총연료비는

$$F_T = \int_0^T F \, dt$$ ··· 식 3)

여기서, F_T : 대상기간의 총연료비

F : 시각 t에 있어서의 연료비

④ 수·화력 병용 계통 협조방정식

㉠ 일반적으로 P_H는 Q의 함수이고, P_H는 시간 t의 함수이므로

Lagrange 미정계수를 도입하면 $\dfrac{dF}{dP_S} = \gamma \dfrac{dQ}{dP_H} = \lambda$ ················ 식 4)

여기서, γ : 물의 증분가치(물의 증분단가)

λ : 계통 증분연료비

㉡ 위 식 4)의 $\dfrac{dQ}{dP_H}$는 저수지식 발전소가 어떤 출력으로 운전하고 있을 때, 그 출력을 미소량 증가시키기 위하여 소요된 사용수량의 비율로 증분사용수량이라 한다.

㉢ 위 식 4)에서 dF와 $\gamma \, dQ$가 서로 대응하고 있으며, 저수지 물을 단위량만큼 사용하면 그만큼 화력의 연료비를 절감할 수 있음을 의미한다.

3. 다수의 수·화력 발전계통 경제운용

(1) 다기계통의 경제운용(γ법)

① 다수의 수·화력 발전계통인 경우 송전손실을 고려하면

$$\frac{dF_i}{dP_{Si}} \frac{1}{1 - \dfrac{\partial P_L}{\partial P_{Si}}} = \gamma_j \frac{dQ_j}{P_{Hj}} \frac{1}{1 - \dfrac{\partial P_L}{\partial P_{Hj}}} = \lambda$$ ·················· 식 5)

② 위 식에서 $\dfrac{\partial P_L}{\partial P_{Si}}$, $\dfrac{\partial P_H}{\partial P_{Hi}}$ 는 미소량으로서 다음의 식 6)을 사용할 수 있다.

$$\frac{dF_i}{dP_{Si}} + \frac{\partial P_L}{\partial P_{Si}} = \lambda, \quad \gamma_j \frac{dQ_j}{dP_{Hj}} + \lambda \frac{\partial P_L}{\partial P_{Hj}} = \lambda \quad\text{............................ 식 6)}$$

③ 위 식 6)에서 λ가 커졌을 경우 협조방정식을 만족하기 위해서는 $\gamma \dfrac{dQ}{dP}$도 커져야 한다.

④ 또 이 기간 중 λ는 일정하므로 수력의 출력도 증가시켜야 하며 이는 곧 수력발전소는 첨두시간대에 발전하는 것이 좋음을 의미한다.

(2) 수 · 화력 병용 계통 경제운용 시 사용수량 특성

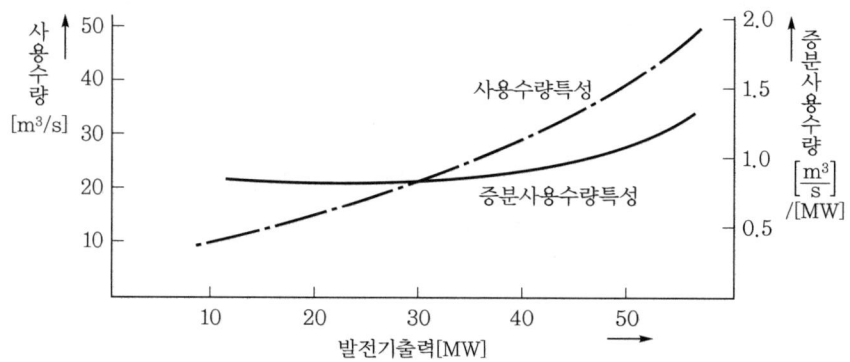

┃수 · 화력 병용 계통 경제운용 시 사용수량 특성┃

056 수 · 화력 계통의 경제운용 계산방법에 대해 비교 설명하시오.

(data) 발송배전기술사 출제예상문제

답안 1. 개요

수력계통의 경제운용 문제를 다룰 경우 이 수력계통에 계통 내 전 화력발전소를 등가 1기로 취급해서 조합시킨 수 · 화력 병용 계통을 구성해서 검토하며, 이 경우 계산방법은 다음과 같다.

2. 계산방법

(1) 개념

계통의 운전경비를 어느 정해진 고찰기간 중에 최소화한다는 문제는 여러 가지 구속조건하에서 화력발전소군(群)의 총발전연료비를 최소화하는 변분문제를 구성하는 여러 가지 기법이 있다.

(2) 경제운용 계산방법의 비교

방법	적용대상	계산법	특징	비교
수·화력 협조 방정식법 (γ법)	일간 내지 주간을 대상	화력기간의 부하배분은 등증분법에 따르기로 하고 수력발전 사용수량은 협조방정식을 풀어서 계산	수급 평형조건과 사용수량 평형조건 양자를 만족시키면서 반복 계산함	수력효율이 일정할 경우 수렴이 빠름
Gradient법		• 계산대상 기간 내의 총연료비가 감소하게끔 각 독립변수를 조금씩 수정해서 수정량이 0이 될 때까지 계산을 반복 • 화력 간의 부하배분은 등증분비용방법에 의함	• 수력 발전소수에 관계 없이 적용 가능함 • 최솟값이 아니라 극솟값으로서의 총연료량을 계산하게 됨	• 수정계수의 선정이 중요 • 초기값의 지정이 필요함 • 수렴까지 많은 계산이 소요됨
선형 계획법 (LP법)	월간 내지 연간을 대상	제특성을 1차적으로 근사화해서 해석함 (제약조건, 목적함수)	LP패키지를 쉽게 이용할 수 있음	시간대 수, 발전소 수, 제약조건이 증대됨에 따라 계산량이 급속히 증가됨
동적 계획법 (DP법)		최적성의 원리에 입각해서 문제를 2시간대의 최적화 계산으로 환원해서 이것으로부터 전시간대의 최적값을 구함	DP패키지를 쉽게 이용할 수 있음	• 운용제한조건이 많으면 그 만큼 계산량을 경감시킬 수 있음 • 시간대 수, 격자점 수가 증대하면 계산량은 급증함

SECTION **03** 송전이용요금 관련

057 송전이용요금 산정방법 중 총괄비용법(embedded cost method)과 한계비용법 (marginal cost method)에 대하여 설명하시오.

data 발송배전기술사 22-128-1-6 / 발송배전기술사 출제예상문제

답안 1. 국내 송전요금의 구성체계

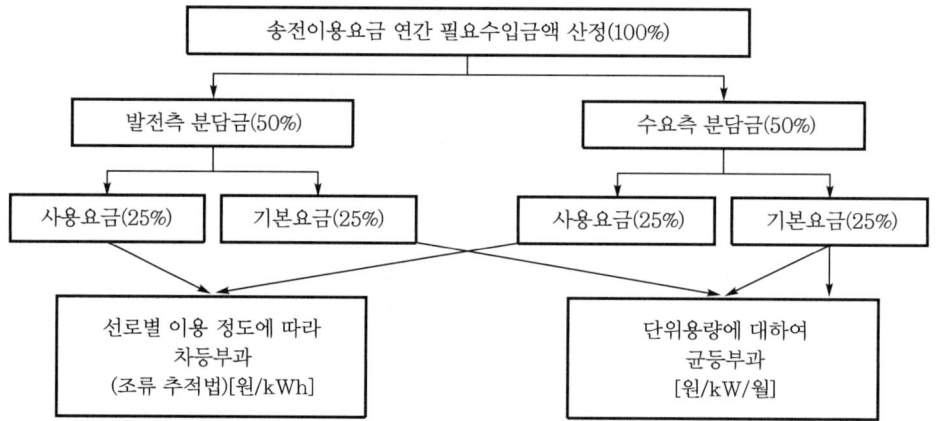

2. 총괄비용법(embedded cost method)과 한계비용법(marginal cost method)

총괄비용 배분법		한계비용법	
유형	주요 특징	유형	주요 특징
거리용량 병산제	• 송전용량 및 거리를 반영 • 우편요금제와 계약경로산정법의 단점보완	단기한계 비용법	• 단기적 전력교환 • 희소자원의 단기적 배분 용이
우편요금제	• 송전계통 전체를 단모선으로 가정 • 전체 송전계통운영에 적용 용이		
구간 요금제	구간에 따라 차등요율 적용	장기한계 비용법	• 1부제 요율(단일 요금제) • 2부제 요율
계약경로 선정법	탁송별 전송선로 계약		

058 균등화 발전비용(LCOE : Levelized Cost of Energy)을 정의하고 계산방법에 대하여 설명하시오.

data 발송배전기술사 21-124-1-3 / 발송배전기술사 출제예상문제

답안

1. LCOE(Levelized Cost of Energy, 균등화 발전비용)의 개요

(1) 정의

발전설비 수명기간 동안 불규칙적으로 발생하는 모든 비용과 발전량을 화폐의 시간적 가치를 고려하여 일정 시점으로 할인하고 연도별로 균일하게 나타낸 단위 가격

(2) 목적

조건이 각기 다른 발전원에 대한 발전단가의 산정 및 비교

(3) 범위

발전설비를 소유한 자가 부담하는 비용, 즉 발전단가를 기반으로 산정함

2. LCOE의 계산방법

(1) 발전설비비용의 현재가치를 발전량의 현재가치로 나누어 산출한다.

① LCOE는 발전소 단위, 전력시스템 단위 및 사회적 단위로 확대하여 계산 가능하다.

② 전력시스템 단위비용은 발전소 단위비용에 송·배전망 비용을 포함하며, 사회적 단위는 사고위험비용 및 환경비용 등의 외부비용을 비용요소에 포함시킬 수 있다.

발전소 단위비용 (기초적 LCOE 분석범위)	• 자본비용(초기 투자비) • 연료비용 • 운영유지비용(고정비 및 변동비)
전력시스템 단위비용	• Grid cost : 망 비용(망 이용료 및 접속비용) • Balancing cost : 계통 수급안정화 비용(예비력 비용) • Profile cost : 백업설비 비용, 출력제한(curtailment) 보상비용 등
사회적 단위비용	• 온실가스 배출로 인한 사회적 비용 • 비-온실가스 오염 영향 • 자연경관 및 소음 영향 • 생태계 및 생물 다양성에 대한 영향 • 방사능 배출 관련(원전사고 위험 관련) 외부비용 등

(2) 균등화 발전비용 산정식

$$LCOE = \frac{초기\ 투자비용 + \sum_{i=1}^{발전기수명기간} \dfrac{유지운영비_t + 연료비_t}{(1+할인률_t)^t}}{\sum_{t=1}^{발전기수명기간} \dfrac{발전량_t}{(1+할인율_t)^t}}$$

3. LCOE의 단계적 개념확대에 따른 비용범위

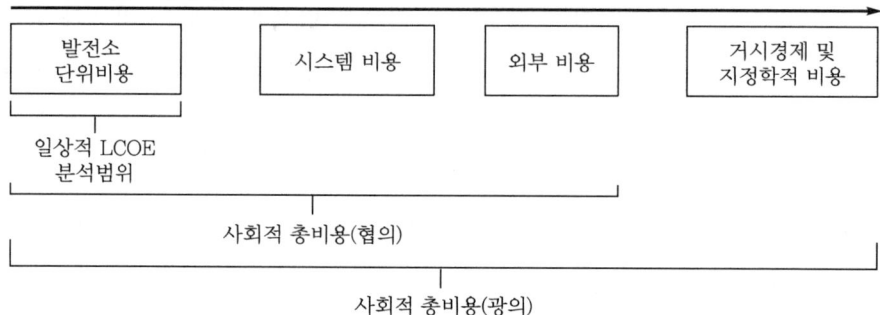

059 회피비용(avoid cost)을 정의하고 분산형 전원이 수도권에 설치될 경우 전력계통에서 발생하는 회피비용의 종류에 대하여 설명하시오.

(data) 발송배전기술사 18-114-3-3 / 발송배전기술사 출제예상문제

(답안) 1. 회피비용의 구분

(1) 회피비용(avoid cost)

신규 발전설비를 건설하지 않고 다른 자원(발전자원, 수요자원)을 이용했을 경우에 회피되는 발전 또는 송전 비용

예 석탄화력을 풍력으로 대체할 경우 풍력 발전원가가 석탄화력의 회피비용이 되는 것이다.

(2) 회피에너지비용(avoided energy cost)

추가적인 한 단위의 에너지를 발생시키는 데 필요한 추가적 연료비, 유지보수비 또는 다른 발전원 에너지를 구매한 비용이 반영된 회피비용

(3) LCOE(Levelized Cost of Electricity : 균등화 발전비용)

(4) LACE(Levelized Avoided Cost of Electricity : 균등화 회피발전비용)

LACE가 해당 발전설비를 다른 발전설비로 대체할 때 투입해야 하는 최소 비용

2. 회피비용 계산 알고리즘

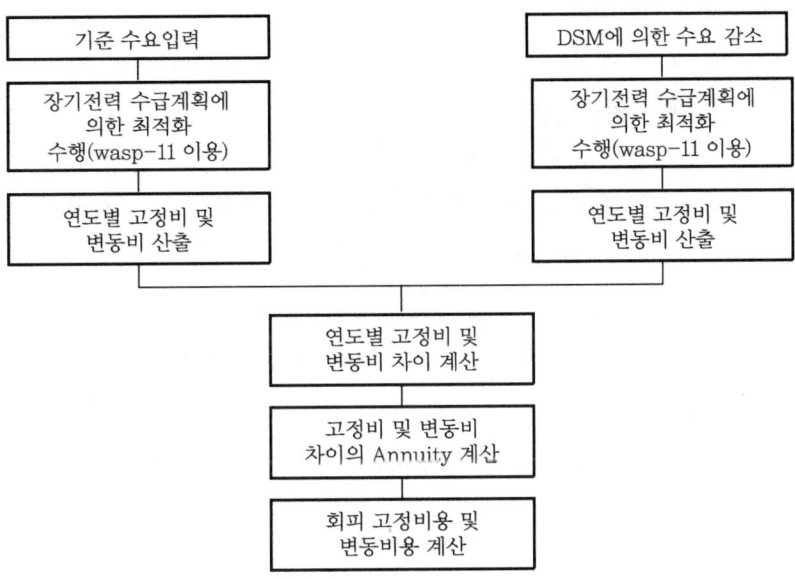

3. 분산형 전원이 수도권에 설치될 경우 전력계통 발생 회피비용의 종류

(1) 회피발전비용

① 회피발전비용은 고정비용과 회피발전변동비용으로 구분한다.

㉠ 회피발전고정비[원/kW-년] : 전력생산을 대체함으로써 발생되는 감소분

(건설투자비×CRF) + (고정운전유지비) + (세금 및 보험료)

여기서, CRF : 자본회수계수, $CRF = \dfrac{i(1+I)^n}{(1+i)^n - 1}$

(i : 할인율, n : 수명기간)

㉡ 회피발전변동비용 : 연료비, 변동운전유지비, 공급지장비용의 감소분, 원전 사후처리비

② 시변특성을 고려하여 회피비용 산정

(2) 회피 송·배전 비용

① 회피되는 송·배전 건설투자비

② 송·배전 설비 운전유지비

③ 송·배전 손실비용 등

④ 회피되는 송·배전 신규설비 투자비(설비신설, 설비표체의 지연/취소)

⑤ 운영비, 손실비용 등의 감소분을 의미

⑥ 회피발전비용과 마찬가지로 변동비용과 고정비용으로 구분

(3) 회피 환경비용

① 내부 환경비용과 외부 환경비용으로 구분한다.

② 내부 환경비용

㉠ 전력생산비용에 이미 반영된 부분으로, 공해 배출량에 관련된 비용

㉡ 공해방지설비 설치, 교체비용, 환경설비 운전비용, 탄소세 도입 등

㉢ 외부 환경비용

• 간접적으로 발생된 사회적 피해비용

• 전력설비의 건설, 연료의 추출, 정제, 수송, 연소, 폐기물 처분 등

(4) 기타 비용

직접 경제비용, 간접 경제비용, 행정 및 오버헤드 비용 등

---

060 우리나라의 전력계통에서 발생하는 송전손실계수의 산정에 대하여 설명하시오.

(data) 발송배전기술사 12-98-2-2 / 발송배전기술사 출제예상문제

(comment) 이 문제는 전력거래소의 전력시장 운영규칙 자료 P53(2024년 5월 자료임)

답안 **1. 개요**

(1) 송전손실이란 전력거래소가 정하는 기준모선에서 어느 송전접속점으로 전력을 수송할 때 발생하는 전기적 에너지의 손실을 말하며, 송전손실계수는 이를 한계 값으로 계량화한 수치로서, 어느 송전접속점에서의 단위부하 증가에 대한 기준모선에서의 추가적인 전력증가량의 비율로 나타낸다.

(2) '07'년부터 시행되고 있는 전력시장운영규칙에 의해 지리적 위치와 연관되어 사업수익성에 영향을 주는 사항으로 지역적 적정 설비수준을 유지하기 위한 용량요금 정산방식의 변경과 발전투자에 대한 지리적 가격신호를 재고하기 위한 한계송전손실계수(MLF : Marginal Loss Factor)를 도입하여 적용 중이며 손실계수에 대한 내용은 다음과 같다.

2. 송전손실계수의 산정

(1) 발전기의 송전손실계수(TLFi)는 한계손실계수로서, 임의모선의 단위부하공급에 필요한 기준모선의 발전량을 말한다.

(2) 발전기의 송전손실계수는 발전소 주변압기 고압측을 기준으로 한다.

(3) 비중앙급전발전기의 송전손실계수는 1.0으로 한다.

(4) 송전손실계수는 정적 손실계수(STLF), 동적 손실계수(DTLF), 조정손실계수(ASTLF)로 구분한다.

(5) 수요반응자원의 송전손실계수는 1.0으로 한다.

3. 동적 손실계수의 산정

(1) 실시간 급전계획을 위한 동적 손실계수(DTLFi)는 실시간 계통상태를 반영하여 계통운영시스템의 상태추정 주기마다 산정한다.

(2) '(1)'의 동적 손실계수는 실시간 급전계획 수립을 위한 전산시스템의 계통해석과정에 의해 산정한다.

4. 정적 손실계수의 산정

(1) 정적 손실계수(STLFi)는 계절별, 요일별로 구분함을 원칙으로 한다. 단, 전력거래소가 안정적 계통운영 및 시장운영에 필요하다고 판단한 경우 정적 손실계수를 시간대별로 구분할 수 있다.

(2) 전력거래소는 전년도 동적 손실계수 등을 고려하여 다음 해에 적용될 정적 손실계수를 산정하여야 한다.

(3) 직접 구매자 및 구역전기사업자의 정적 손실계수는 지리적으로 가장 인접한 중앙급전발전기의 정적 손실계수를 적용한다.

(4) 운전조합별 비용함수를 적용하는 다조합 복합발전기의 정적 손실계수는 복합발전기와 동일한 정적 손실계수를 적용한다.

5. 용량손실계수의 산정

(1) 전력거래소는 정적 손실계수 중 동계(12월, 1월, 2월) 평일 및 하계(7월, 8월, 9월) 평일에 적용하는 정적 손실계수를 평균하여 산정하여야 한다.

(2) 직접 구매자, 구역전기사업자, 중앙급전전기저장장치의 용량손실계수(CTLF)는 지리적으로 가장 인접한 중앙급전발전기의 용량손실계수를 적용한다.

6. 정적 손실계수의 결정 및 공개

전력거래소는 비용위원회의 의결을 거쳐 당해 연도 7월부터 다음 연도 6월까지 적용될 정적 손실계수, 발전기별 용량손실계수 및 용량손실계수 가중평균을 당해 연도 6월 전까지 결정하여 이를 공개하여야 한다.

7. 조정손실계수의 산정

하루 전 발전계획 및 정산을 위한 조정손실계수(ASTLFi)는 제2.5.3조의 정적 손실계수에 아래 표의 연도별 완화계수를 고려하여 산정한다.

2007	2008	2009	2010	2011	2012	2013	2014	2015	2016년 이후
10%	20%	30%	40%	50%	60%	70%	80%	90%	100%

전압과 무효전력 제어

> **061** 송전계통의 유효전력은 송전단전압(E)과 수전단전압(V)의 위상차(δ)에 관계되고,
> 무효전력(Q)은 송전계통의 전압강하에 관계됨을 벡터도와 수식을 이용하여 설명하시
> 오. (단, $R+jX$는 발전기 내부 리액턴스까지 포함한 송전계통의 임피던스이며,
> $R \ll X$가 성립함)
>
> **062** 전력계통에서 무효전력과 전압의 관계를 벡터도를 이용하여 설명하시오.

(data) 발송배전기술사 24-132-1-8 · 23-131-1-12 / 발송배전기술사, 건축전기설비기술사 출제예상문제

답안 1. 문제의 설명도

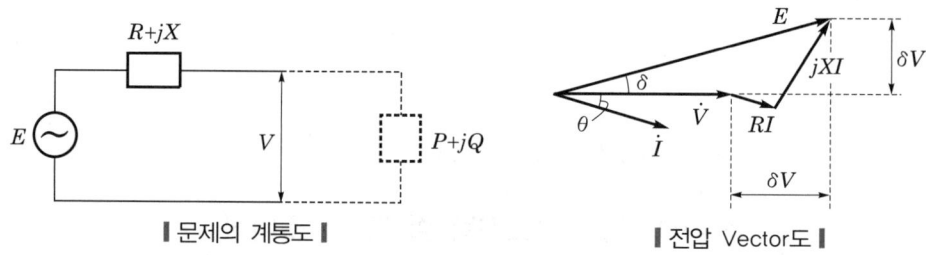

‖ 문제의 계통도 ‖   ‖ 전압 Vector도 ‖

2. 역률각을 θ로 하고 위상차(상차각)를 δ라 할 때 E, V 및 I의 Vector의 상세분석

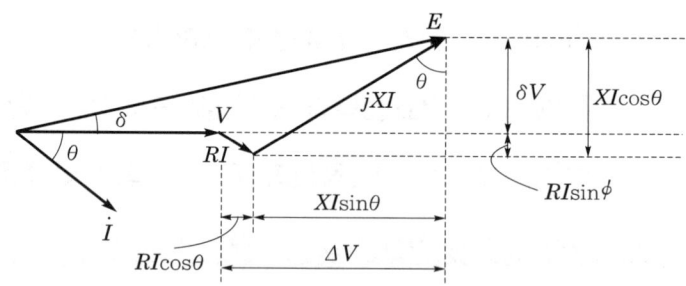

여기서, E : 전원측 전압, R : 선로의 저항, θ : 역률각, ΔV : 전압강하
$XI\cos\theta$: 리액턴스강하 여현분, $XI\sin\theta$: 리액턴스강하 정현분
$RI\cos\theta$: 저항강하 여현분, $RI\sin\phi$: 저항강하 정현분, V : 수전단 전압
δV : 리액턴스강하의 여현분과 저항강하의 정현분 값의 차이

3. 유효전력 P와 상차각 δ 및 무효전력 Q와 전압강하(ΔV)의 관련성

(1) 송전단 전압 E를 이용한 피타고라스 공식을 적용할 경우 다음 식으로 표현된다.

$$E^2 = (V + RI\cos\theta + XI\sin\theta)^2 + (XI\cos\theta - RI\sin\theta)^2$$

$$= \left(V + \frac{VI\cos\theta \cdot R + VI\sin\theta \cdot X}{V}\right)^2 + \left(\frac{VI\cos\theta \cdot X - VI\sin\theta \cdot R}{V}\right)^2$$

$$= \left(V + \frac{RP}{V} + \frac{XP}{V}\right)^2 + \left(\frac{XP}{V} - \frac{RQ}{V}\right)^2 = (V + \Delta V)^2 + (\delta V)^2$$

여기서, ΔV, δV는 $\Delta V = \dfrac{RP + XQ}{V}$, $\delta V = \dfrac{XP - RQ}{V}$로 둔다.

(2) 또, 송전계통은 $\delta V \ll V + \Delta V$, $R \ll X$가 성립하고 위 벡터에 의해 위 식을 간략히 하면 다음과 같다.

$$P \fallingdotseq \frac{V}{X}\delta V = \frac{V}{X}E\sin\delta = \frac{EV}{X}\sin\theta \quad Q \fallingdotseq \frac{V}{X}\Delta V \fallingdotseq \frac{V}{X}(E - V)$$

(3) 결론

유효전력 P는 E와 V의 상차각의 $\sin\delta$에, 무효전력 Q는 전압강하($E - V$)에 비례한다.

---

063 단거리 선로에서 전압강하식을 유도하고, 전압강하가 유효전력 및 무효전력과 관계가 있음을 수식으로 설명하시오.

data 발송배전기술사 18-116-3-4 / 발송배전기술사 출제예상문제

답안 **1. 단거리 선로에서 전압강하식 유도**

(1) 단거리 송전선로란 50km 이하의 선로를 대상으로 하며 선로정수 저항과 인덕턴스만을 집중되었다고 생각하면 되므로 다음과 같다(정전용량 및 누설 콘덕턴스는 무시).

(2) 단거리 송전선로의 등가회로

단거리 송전선로에서는 선로정수로서 저항과 인덕턴스만을 생각하면 되므로 단상의 등가회로는 다음 그림처럼 단일(집중) 임피던스회로가 된다.

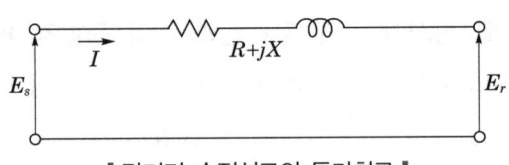

▌단거리 송전선로의 등가회로 ▌

(3) 단거리 송전선로의 벡터도

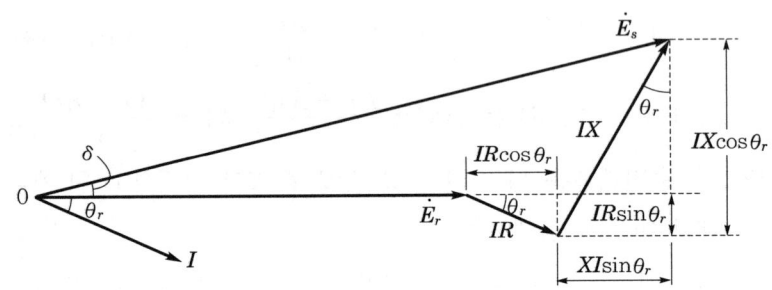

▌$\dot{E}_r$를 기준으로 취한 경우 단거리 송전선로의 벡터도 ▌

(4) 벡터도의 응용

① 그림에서 $\dot{E}_s$와 $\dot{E}_r$는 각각 송전단과 수전단의 중성점에 대한 대지전압이다.

② 지금 E_r을 기준벡터로 잡아 주면 위 그림의 벡터도로부터 송전단 전압은 다음 식으로 구해진다.

$$\dot{E}_s = \dot{E}_r + \dot{I}\dot{Z} = E_r + I(\cos\theta_r - j\sin\theta_r)(R + jX)$$

$$= (\dot{E}_r + IR\cos\theta_r + IX\sin\theta_r) + j(IX\cos\theta_r - IR\sin\theta_r)$$

$$E_s = \sqrt{(E_r + IR\cos\theta_r + IX\sin\theta_r)^2 + (IX\cos\theta_r - IR\sin\theta_r)^2}$$

한편, $\sqrt{}$ 내의 제2항은 제1항에 비해 훨씬 작기 때문에 이 항을 무시하면 $E_s \fallingdotseq E_r + I(R\cos\theta_r + X\sin\theta_r)$로 된다.

여기서, E_s, E_r은 각각 송·수전단의 대지전압(상전압)이다.

(5) 그러므로 전압강하 $\Delta V \fallingdotseq E_s - E_r = \dot{I}(R\cos\theta + X\sin\theta)$

선간전압(V_s, V_r)으로 식을 세우고 싶으면 양변을 $\sqrt{3}$ 배해주면 된다.

즉, $V_s = V_r + \sqrt{3}\,I(R\cos\theta_r + X\sin\theta_r)$이다.

선간전압으로 표시하면 $V_s \fallingdotseq V_r + \sqrt{3}\,\dot{I}(R\cos\theta + X\sin\theta)$이므로

$$\Delta V = V_s - V_r \fallingdotseq \sqrt{3}\,\dot{I}(R\cos\theta + X\sin\theta)$$

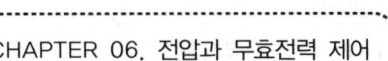

2. 전압강하와 유·무효 전력 및 그 의미

(1) 전압강하식

$$\Delta V = V_s - V_r \fallingdotseq \sqrt{3}\,\dot{I}(R\cos\theta + X\sin\theta)$$

(2) 여기서, 유효전력 $P = \sqrt{3}\,VI\cos\theta$, 무효전력 $Q = \sqrt{3}\,VI\sin\theta$이다.

(3) 그러므로 전압강하를 유효전력과 무효전력으로 표현하면 다음과 같다.

$$\Delta V = V_s - V_r \fallingdotseq \sqrt{3}\,\dot{I}(R\cos\theta + X\sin\theta)$$

$$= \sqrt{3}\,\frac{P}{\sqrt{3}\,V_r\cos\theta}(R\cos\theta + X\sin\theta) = \frac{PR + QX}{V_r}$$

(4) 전압강하 $\Delta V = I(R\cos\theta + X\sin\theta)$의 의미 해석

① 선로 R의 $R \ll X$이므로 역률개선 시 $\sin\theta$성분이 감소되어, 전압강하의 크기는 감소된다.

② 따라서, 배전선로(또는 단거리 T/L)의 유도성 부하를 보상하기 위해, 적정 콘덴서를 설치함으로써 진압킹하는 감소된다(용량성 부하의 적정 설치의 의미).

③ $R \ll X$이고 X는 상수이므로, 전압강하는 Q_X에 따라 결정되므로 Q(무효전력) 조정으로 전압유지의 의미가 있다.

(5) 전압강하율의 정의

① 전압강하의 크기는 접속된 부하의 크기에 따라 변화하는데 전압강하의 수전단전압에 대한 백분율[%]을 전압강하율이라 한다.

② 전압강하율 ε의 유효전력 및 무효전력을 이용한 표현기법

$$\varepsilon = \frac{V_s - V_r}{V_r} \times 100[\%] = \left(\frac{PR + QX}{V_r}\right) \times 100 / V_r = \frac{PR + QX}{V_r^{\,2}} \times 100[\%]$$

여기서, V_s : 송전단전압[V]

$\quad\quad\quad V_r$: 수전단전압[V]

717

064 전력계통의 무효전력 발생원과 소비원을 열거하고, 무효전력의 과부족 시 문제점과 대책에 대하여 설명하시오.

data 발송배전기술사 18-115-2-1 / 발송배전기술사 출제예상문제

답안 1. 무효전력 발생원과 소비원

발생원	소비원
발생원 : 진상 무효전력을 공급하는 것	소비원 : 진상 무효전력을 소비하는 것
• 지상 운전 시의 발전기 • 진상 운전 시의 동기조상기 • 충전용량이 큰 송·배전선(장거리 T/L과 지중케이블선) • 전력용 콘덴서(SC) • SVC, STATCON의 계통상황에 맞는 자동 조정 • 진상부하(역률개선용 콘덴서의 과보상분) • 부하 시 탭 조정장치(LRC) • 유도전압조정기 • 부하 시 탭절체부 변압기(LRT) 적정 조정 • 직렬 콘덴서	• 진상 운전 시의 발전기 • 지상 운전 시의 동기조상기 • 송·배전선 및 변압기에 있어서의 리액턴스 • 분로리액터 • SVC, STATCON의 계통상황에 맞는 자동 조정 • 지상부하 • 부하 시 탭 조정장치(LRC) • 유도전압조정기 • 부하 시 탭절체부 변압기(LRT) 적정 조정

2. 무효전력 과부족 시 문제점

진상 무효전력 부족 시(발생 < 소비)의 문제점	진상 무효전력 공급과잉 시(발생 > 소비)의 문제점
• 계통전압의 이상 저하 • 송전손실 증가 • 계통안정도 저하 : 전압 변동과 무효전력조류의 불필요한 이동으로 계통의 안정도 저하 $- P = \dfrac{V_s V_r}{X} \sin \delta$ 에서 전압강하 ΔV의 과다로 계통의 안정도 저하 $- \Delta V = \dfrac{PR + QX}{V_r}$ 에서 지상 무효전력(Q)의 증가는 전압강하(ΔV)의 증가원인으로 작용함	• 계통전압 이상 상승으로 페란티현상 발생 $\vert V_s \vert < \vert V_r \vert$ • 전압 상승에 의한 계통연결된 기기의 수명 저하 • 기기절연 열화가 촉진

진상 무효전력 부족 시(발생 < 소비)의 문제점	진상 무효전력 공급과잉 시(발생 > 소비)의 문제점
• 전압안정도 저하 : 특히 하절기의 진상 무효전력 부족으로 인한 국지적 전압불안정은 최악의 경우 전압붕괴현상까지 초래 • 기기의 효율 저하 및 전기품질 저하 • 수용가측 입장에서 보면 설비의 여유용량 저하 및 전력요금 증가	• 무효분이 많아 고조파 발생장해가 우려됨

3. 대책

(1) 진상 무효전력 부족 시(발생 < 소비)의 문제점에 대한 대책

① 발전기가 진상 무효전력을 발생하도록 발전기를 과여자운전하여 발전기 단자전압을 상승시킨다. 즉, 발전기의 지상(저역률) 운전

㉠ 최근에는 AVR로 자동적으로 여자전류를 제어하여 단자전압을 제어한다.

㉡ 전기사업법상 300MVA 이상의 발전기에는 전력계통안전화장치(PSS)를 설치한다(단, 복합화력발전기는 총설비용량 500MVA 이상에는 계통안정화장치를 구비하여야 함 – 「전력계통 신뢰도 및 전기품질 유지기준」 제35조).

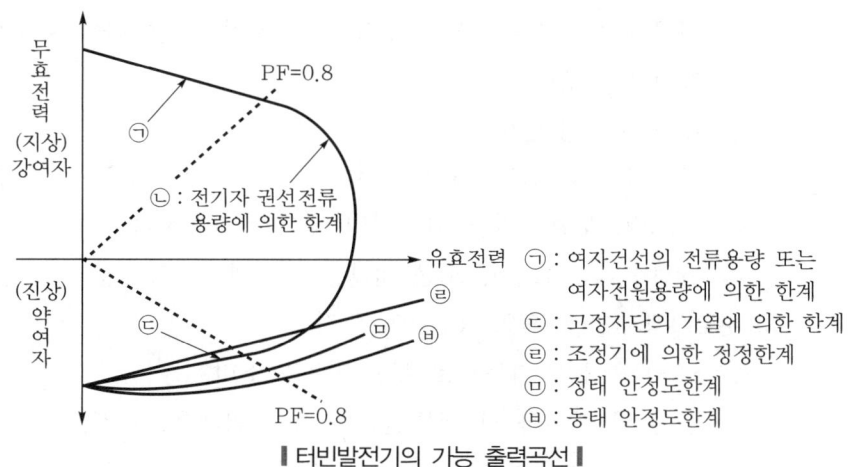

┃ 터빈발전기의 가능 출력곡선 ┃

② 동기조상기 진상 운전

③ **전력용 콘덴서(static condenser) 투입** : SC의 특징

㉠ 동기조상기에 비해 값이 싸고, 손실이 작으며 운전보수가 용이하다.

㉡ 전압 및 무효전력의 조정이 계단적이고, 무효전력의 흡수가 안 되며, 계통 공진 시 고조파의 확대 우려가 있다.

④ 무효전력 소비량을 감소시킨다.

⑤ **수용가** : 역률이 높은 기기를 사용하고 역률개선용 콘덴서를 사용한다.

⑥ SVC, STATCON 적용하여 자동조정

⑦ LRC의 적정운전

⑧ **무효전력 제어방식의 고도화** : 다음 '(3)'의 대책 참조

(2) **진상 무효전력 공급 과잉 시(발생 > 소비)의 문제에 대한 대책**

① 발전기가 진상 무효전력을 소비하도록 발전기의 저여자 운전을 시행하여 발전기 단자전압을 하강시킨다. 즉, 발전기의 진상 운전 시행, 이때 다음의 주의사항을 검토해야 된다.

ㄱ 최근 초고압 케이블로 인한 정전용량 때문에 심야경부하 시 페란티현상 등의 악영향을 고려한 발전기의 저여자 운전 시행

ㄴ 그러나 저여자 운전 계속 시 발전기의 내부유기전력이 감소되므로, 계통에 단락 등의 사고발생 시 계통전압은 현저히 저하되며, 발전기 고정자단자에 누설자속이 증가해서 과도한 온도 상승이 일어날 우려가 있다.

ㄷ 결과적으로 발전기의 여자전류를 통한 전압제어는 해당 발전기의 가능출력을 면밀하게 검토 후 결정해야 한다.

ㄹ 최근에는 초속응 여자제어 및 PSS 장치를 설치하여 무효전력의 연속적 제어를 시행한다.

② **동기조상기 지상 운전**

ㄱ 무부하로 동기조상기를 운전하여 역률 1에 가깝도록 조정하는 것이다.

ㄴ 이로써, 무효전력을 연속적인 제어가 가능하다.

ㄷ 단점 : 회전기로서, 소음 발생, 손실 과다, 고가임

③ **분로리액터(Sh.r) 투입** : Sh.r의 특징

ㄱ SC와 반대의 기능으로 무효전력을 소비

ㄴ 심야 및 경부하 시 계통전압의 상승 억제용으로서, 초고압 송전선이나 지중선로 계통이 집중된 곳에 많이 적용

ㄷ 적용 시 소음과다 및 손실과다 발생

ㄹ 고조파의 확대 우려가 있음

④ 선로충전용량을 감소시킨다. 신뢰도상 지장 없는 초고압 T/L이나 지중 T/L 등의 정지

⑤ **수용가** : 역률 개선용 콘덴서 개방

⑥ 변압기 LRC의 적정 운전

⑦ SVC, STATCON 적용하여 자동조정

⑧ 무효전력 제어방식의 고도화 : 아래 '(3)'의 대책 참조

(3) 무효전력 제어방식의 적절한 운용으로 계통 전체적 측면에서 무효전력 과부족에 대한 다음과 같은 대책을 강구한다.

① 개별제어 I

② 개별제어 II

③ 개별제어 III

④ 협조제어

⑤ 종합제어

4. 향후 전망

(1) 상기와 $Q \sim V$ control은 전압강하 및 전압안정도와 밀접한 관계가 있음을 알 수 있다.

(2) 하절기 냉방부하 급증 시 유도전동기의 저역률 시동에 따른 계통 전체 문제점 발생 우려가 있어 $Q \sim V$ control은 개별제어 → 협조제어 → 나아가서 종합제어 로 이루어져야 한다.

---

065 전력계통의 무효전력 발생원과 소비원을 기술하고, 무효전력 과부족 시 발생하는 문제점과 대책에 대하여 설명하시오.

data 발송배전기술사 21-124-2-6 / 발송배전기술사 출제예상문제

답안 1. 전력계통의 무효전력 발생원과 소비원

(1) 발생원과 소비원의 구분

무효전력 발생원	무효전력 소비원
발생원 : 진상 무효전력(Q_C)을 공급하는 것	소비원 : 진상 무효전력(Q_C)을 소비하는 것

무효전력 발생원	무효전력 소비원
• 발전기(지상 운전) (강여자) • 동기조상기(RC)의 진상 운전 시(강여자) • 충전용량이 큰 송·배 전선(장거리 T/L과 지중케이블선) • 전력용 콘덴서(SC) • SVC, STATCOM의 계통상황에 맞는 자동조정 • 진상 부하(역률개선용 콘덴서의 과보상분) • 직렬 콘덴서 • 분산전원 과여자 연계	• 동기발전기의 진상 운전(저여자) • 동기조상기(RC)를 지상 운전 시(저여자) • 송·배 전선 및 변압기에 있어서의 리액턴스 • 분로리액터 • SVC, STATCOM의 계통상황에 맞는 자동조정 • 수용가 부하의 지상 무효전력(Q_L) • 변압기 • 분산전원 저여자 연계 • 중부하 시의 송·배전 선로 • 유도전동기를 비롯한 대부분의 부하

① 발전기(지상 운전) : 발전기 이후의 전력계통이 지상 상태이다.

② 발전기(진상 운전) : 발전기 이후의 전력계통이 진상 상태이다(페란티현상 등).

③ SVC : 정지형(static) 무효전력(var) 보상장치(compensator)

④ STATCOM : 정지형 동기조상기

(2) 발전기의 지상 운전과 진상 운전의 구분

발전기의 지상 운전	발전기의 진상 운전
• 발전기 전압(E) > 계통의 전압(V)인 상태 • 발전기에서 계통으로 지상 무효전력공급(I_1) • 발전기 강여자운전으로 유기기전력 증가(E_1)	• 발전기 전압(E) < 계통의 전압(V)인 상태 • 계통의 무효전력을 발전기가 무효전력 흡수(I_3) • 발전기 저여자운전으로 유기기전력 감소(E_3)

발전기의 일정 유효전력운전(V, P = 일정) 시 전압조정방법은 다음과 같다.

comment 별도로 배점 10점으로 출제되었다.

① 여자전류 I_f의 변화로 E, Q의 변화

② 이때의 전압, 전류, 무효전력 간의 벡터도는 다음과 같다.

  ㉠ E_1 : I_1(지상 전류)일 때의 유기기전력

    Q_1 : 지상 무효전력(강여자)

  ㉡ E_2 : I_2(동상 전류)일 때의 유기기전력

    $Q_2 = 0$

    ⓒ E_3 : I_3(진상 전류)일 때의 유기기전력

       Q_3 : 진상 무효전력(저여자)

    ⓔ E_4 : 동기화력 $P_{s4} = 0$(안정한계점)

    ⓜ E_5 : 유효전력 P의 부족 → 탈조

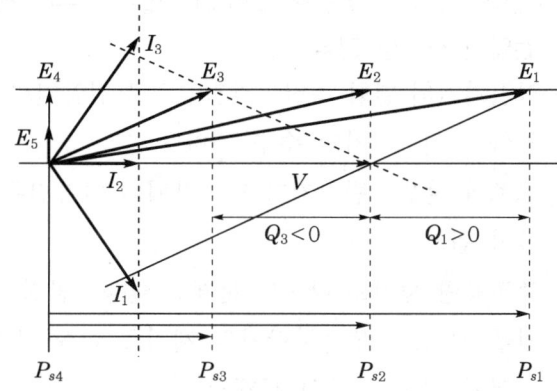

2. 무효전력 과부족 시 발생하는 문제점

(1) 계통측에서 발생하는 문제점

    ① 무효전력 공급이 무효전력 소비보다 적은 경우(무효전력 공급 < 무효전력 소비)
       즉, 전압이 낮을 경우

       ㉠ 유효전력 손실의 증가 : $P_l = 3{I_r}^2 R = \dfrac{{P_r}^2 R}{(V_r \cos\theta)^2}$

         $\therefore\ P_l \propto \dfrac{1}{{V_r}^2}$, $\Delta v = \dfrac{PR + QX}{V_r}$

       ㉡ 송전용량 저하 : $P_S = \sqrt{3}\, V_r I_n \cos\theta$

       ㉢ 정태안정 극한전력 저하 : $P = \dfrac{V_s V_r}{X} \sin\delta$

       ㉣ 발전소 출력 저하 : 보조기기의 출력 저하로 발전소의 출력 감소

       ㉤ 전압 안정도 저하 : 정전력 부하에서 계통의 전압강하가 10% 발생 시

         • 전력 $P = VI$에서 V가 $0.9V$되면 동일 P에서 I는 $1.11I$임

         • 무효전력손실 : $Q_l = I^2 X$에서 $(1.11I)^2 X$

          → 무효전력손실 약 23% 상승

- Capacitor의 용량 : $Q_c = \dfrac{V^2}{X}$ 에서 V는 $(0.9\,V)^2$이므로

$(1 - 0.9^2) = 19\%$ 감소됨

- $23\% + 19\% = 42\%$의 무효전력 공급이 필요함

② 무효전력 공급이 무효전력 소비보다 많은 경우(무효전력 공급 > 무효전력 소비) 즉, 전압이 상승할 경우

ⓐ 직렬기기의 열화 촉진 : 과전압으로 전압열화 경과 후 부분방전으로 인한 열화 촉진, 기기의 수명 저하

ⓑ 고조파 발생 : 변압기가 과여자되어 여자전류가 증가하여 고조파 발생이 많이 됨

ⓒ 충전용량 증가로 다음의 문제점 발생 : 공진, 자기여자현상, 페란티현상, 역률 저하, 과열, 차단기의 재점호 현상 증가 등

ⓓ 발전기 진상 운전의 문제점

(2) 수용가측

① 전기기기측의 문제점 : 손실 증대, 효율 저하, 수명 단축, 보장성능 저하

② 조명 : Flicker 발생

③ 유도전동기 : 토크 $\tau \propto V^2$에서 회전수 감소, 슬립 증가로 전류 증가, 동손 증가로 이어짐

3. 대책

구분	무효전력 공급 부족 시	무효전력 공급 과잉 시
문제점	계통전압 저하	계통전압 증가
대책	발전기 지상 운전 : 발전기를 지상 저역률 운전시켜 발전기의 단자전압을 상승시킴(발전기 강여자운전으로)	발전기 진상 운전 : 발전기를 진상 운전시켜 발전기의 단자전압을 조정시킴(발전기 저여자운전으로)
	154kV 변전소에 설치된 SC 투입	154kV 변전소에 설치된 SC 개방
	동기조상기 진상 운전	동기조상기 지상 운전
	수용가측에서 고역률 기기를 사용하게 함	수용가의 구내에 설치된 콘덴서를 전력계통에서 분리, 345kV급 이상 변전소의 분로리액터(Sh.R)를 투입
	FACTS 설비 운영(SVG, SVC) : 계통에서 무효전력을 인버터로 공급, 인버터는 무효전력을 흡수	FACTS 설비 운영 : 계통에서 무효전력을 인버터로 공급, 인버터는 무효전력을 흡수
	전압제어 : 개별제어, 협조제어, 종합제어	전압제어 : 개별제어, 협조제어, 종합제어

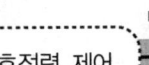

066 전력계통의 무효전력을 이용한 전압 조정방법, 무효전력 과부족 시 발생하는 문제점과 대책에 대해 설명하시오.

(data) 발송배전기술사 22-128-2-6 / 발송배전기술사 출제예상문제

답안 **1. 전압과 무효전력의 기본특징**

(1) 수전단 전력

$$W_r = P + jQ = V_r I^*$$

$$= V_r \angle -\delta \left(\frac{V_s \angle 0 - V_r \angle -\delta}{jx} \right)^* = \frac{V_s V_r e^{-j\delta} - V_r^2}{-jx} \quad \cdots\cdots\cdots\cdots\cdots \text{식 1)}$$

(2) $(P + jQ)(r - jx) = V_s V_r e^{-j\delta} - V_r^2$ $\cdots\cdots\cdots\cdots\cdots\cdots\cdots\cdots$ 식 2)

(3) 다시 식을 정리하면

$$(rp + xQ + V_r^2)^2 + (rQ - xP)^2 = (V_r V_s \cos\theta)^2 + (V_r V_s \sin\theta)^2 = V_r^2 V_s^2$$

$$\cdots\cdots\cdots\cdots\cdots\cdots\cdots\cdots\cdots\cdots\cdots\cdots\cdots\cdots\cdots\cdots\cdots\cdots\cdots\cdots\cdots\cdots\cdots \text{식 3)}$$

(4) 여기서, 전원측 전압 V_s는 일정 값이므로 P 및 Q의 변동 시 전압변동은 각각

$$\Delta V_r = \left(\frac{\partial V_r}{\partial P} \right) \Delta P, \quad \Delta V_r = \left(\frac{\partial V_r}{\partial Q} \right) \Delta Q \quad \cdots\cdots\cdots\cdots\cdots\cdots \text{식 4)}$$

(5) 따라서, 식 3)의 편미분값은

① $\Delta V_r = \left(\frac{\partial V_r}{\partial P} \right) \Delta P = -\frac{Z^2 P + r V_r^2}{V_r (2xQ + 2rP + 2V_r^2 - V_s^2)} \Delta P \quad \cdots\cdots\cdots$ 식 5)

② $\Delta V_r = \left(\frac{\partial V_r}{\partial Q} \right) \Delta Q = -\frac{Z^2 Q + r V_r^2}{V_r (2xQ + 2rP + 2V_r^2 - V_s^2)} \Delta Q \quad \cdots\cdots\cdots$ 식 6)

③ 위 식의 (−) 의미 : 유·무효 전력 증가 시 전압은 강하하게 된다.

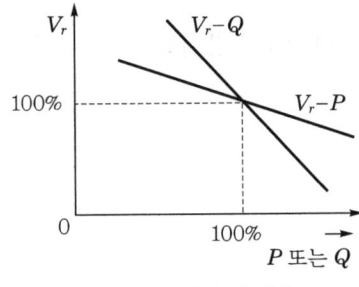

▌전압 ~ 전력 특성 ▌

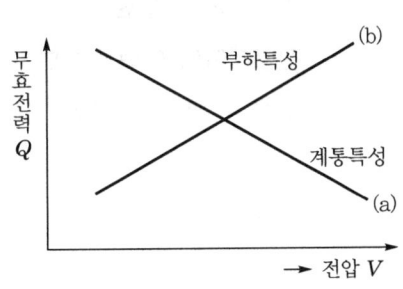

▌전압 ~ 무효전력 특성 ▌

(6) 식 5)와 식 6)으로부터 유효전력 및 무효전력이 변화할 때 전압변화량의 크기 비교

① $\rho = \dfrac{\text{유효전력 변동에 의한 전압변동}}{\text{무효전력 변동에 의한 전압변동}}$

$$= \frac{Z^2 P + r V_r^{\,2}}{Z^2 Q + x V_r^{\,2}} = \frac{ZP + r\dfrac{V_r^{\,2}}{Z}}{ZQ + x\dfrac{V_r^{\,2}}{Z}} = \frac{ZP + rC}{ZP + xC}$$

② 여기서, $C = \dfrac{V_r^{\,2}}{Z}$ 은 V_r 점에서 전원측으로 본 단락용량이며, P, Q 보다 훨씬 크다.

③ $C \gg Q$ 또는 $r \ll x$ 이므로

$$\rho \doteqdot \frac{ZP + rC}{xC} \doteqdot \frac{P}{C} \doteqdot \ll 1$$

④ 결과적으로 $\dfrac{\Delta V}{\Delta P} \ll \dfrac{\Delta V}{\Delta Q}$ 가 된다.

(7) 유·무효 전력과 전압변동 특징

① 전압에 미치는 영향 : 무효전력변동 ≫ 유효전력변동

② P/C : 부하전력/단락용량비, 경부하일수록 무효전력이 전압변동에 큰 영향을 받음

③ 무효전력은 수용단에서 유효전력의 60 ~ 100% 정도

④ 무효전력 손실은 $I^2 X$ 만큼 발생

(8) 전압 무효전력의 특성

① 그림의 계통특성 (a)곡선 : 부하증가 시, 계통무효전력은 감소, 계통전압도 감소됨의 표시

② 그림의 부하특성 (b)곡선 : 부하 자기제어특성으로서, 전압이 내려가면 무효전력 소비가 감소

③ 전압제어의 어려움 : 부하역률이 나쁘고, 정전력특성 부하는 증가함

④ 부하의 변화에 의함

2. 전력계통의 무효전력을 이용한 전압 조정방법

(1) 전압제어와 주파수제어방법의 비교

구분	전압제어	주파수제어
제어대상	전압	주파수
검출량	전압편차, 조류	주파수편차
조작량	발전기 내부유기전압, 변압기 탭 위치, 조상설비 사용량	발전기 입력
효과	국지적	전체 계통적

(2) $Q-V$ 제어방식을 다음과 같이 적용시켜 무효전력을 조정한다.

① 개별제어방식 Ⅰ

　㉠ 발전소 AVR 운전 변전소 LRC 조작, 조상설비의 스케줄 조작

　㉡ 발·변전소 단위의 전압유지 목적

　㉢ 적응제어가 안 됨

② 개별제이 Ⅱ

　㉠ 단거리 소용량 T/L에 적용

　㉡ 발전소의 일부 또는 전부를 AQR로 운전해서 무효전력제어

③ 개별제어 Ⅲ

　㉠ 중거리 T/L에 적용, 주로 초고압 S/S 적용 시 효과가 높음

　㉡ 변전소 내 조상설비를 완전 자동화해서 이것과 LRC를 조합시켜 선택 제어함

④ 협조제어

　㉠ 가깝게 인접한 전기소 간의 개별제어방식을 서로 협조시키는 방식

　㉡ 개별제어 Ⅱ+화력발전소의 무효전력을 협조시키는 방식

　㉢ 개별제어(전압제어)와 발전소 무효전력제어를 협조시키는 방식

　㉣ 부분계통의 적응제어 가능

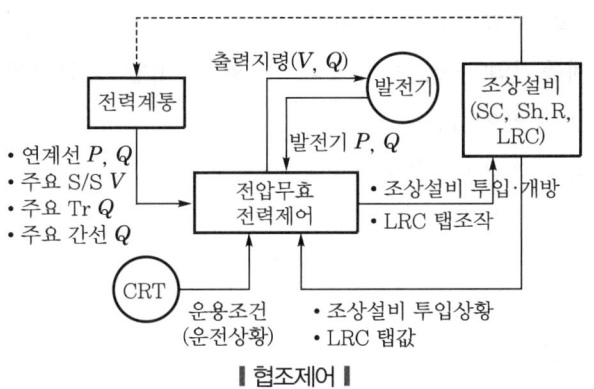

‖ 협조제어 ‖

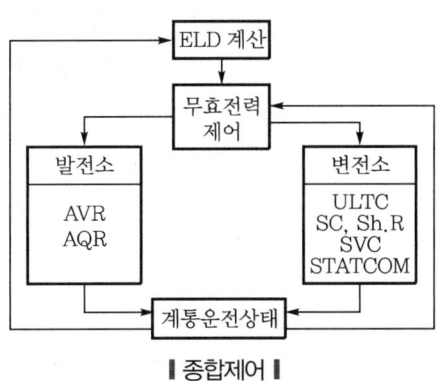

‖ 종합제어 ‖

⑤ 종합제어

㉠ 다수의 발·변전소를 포함한 광범위한 계통을 일괄 협조시키는 방식

㉡ 무효전력의 운용 효율성과 비용 최소화를 실현하는 방식

3. 무효전력 과·부족 시 문제점 및 대책

(1) (진상) 무효전력이 과할 경우의 문제점 및 대책

① 문제점

㉠ 계통전압 이상 상승으로 페란티 현상 발생

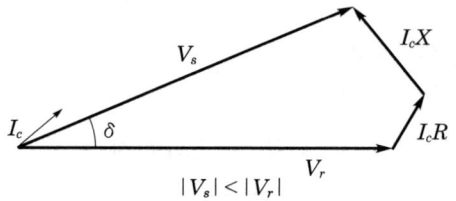

$$|V_s| < |V_r|$$

㉡ 전압 상승에 의한 계통연결된 기기의 수명 저하

㉢ 기기절연 열화가 촉진

㉣ 무효분이 많아 고조파 발생장해가 우려됨

② 진상 무효전력 공급 과잉 시(발생 > 소비)의 문제에 대한 대책

㉠ 발전기가 진상 무효전력을 소비하도록 발전기의 저여자운전을 시행하여 발전기 단자전압을 하강시킨다. 즉, 발전기의 진상 운전 시행

㉡ 동기조상기 지상 운전

• 무부하로 동기조상기를 운전하여 역률 1에 가깝도록 조정하는 것

• 장점 : 무효전력의 연속적인 제어가 가능

• 단점 : 회전기로서 소음 발생, 손실 과다, 고가

㉢ 분로리액터(Sh.R) 투입 : Sh.R의 특징

• SC와 반대의 기능으로 무효전력을 소비

• 심야 및 경부하 시 계통전압의 상승 억제용으로서, 초고압 송전선이나 지중선로계통이 집중된 곳에 많이 적용

• 적용 시 소음과다 및 손실과다 발생

• 고조파의 확대 우려가 있음

㉣ 선로충전용량 감소 : 신뢰도상 지장 없는 초고압 T/L이나 지중 T/L 등의 정지

㉤ 수용가 : 역률 개선용 콘덴서 개방

ⓗ 변압기 LRC의 적정 운전

ⓢ SVC, STATCON 적용하여 자동조정

ⓞ 무효전력 제어방식의 고도화

(2) (진상) 무효전력 부족 시의 문제점 및 대책(지상 무효전력이 많을 경우)

① 문제점

㉠ 계통전압의 이상 저하

㉡ 송전손실 증가

㉢ 계통안정도 저하 : 전압변동과 무효전력의 조류의 불필요한 이동으로 계통의 안정도 저하

- $P = \dfrac{V_S V_R}{X} \sin\delta$ 에서 전압강하 ΔV의 과다로 계통의 안정도 저하

- $\Delta V ≒ \dfrac{PR + QX}{V_R}$ 에서 지상 무효전력(Q)의 증가는 전압강하(ΔV)의 증가원인으로 작용

㉣ 전압안정도 저하 : 특히 하절기의 진상 무효전력 부족으로 인한 국지적 전압 불안정은 최악의 경우 전압 붕괴현상까지 초래

㉤ 기기의 효율 저하 및 전기품질 저하

㉥ 수용가측 입장에서 보면 설비의 여유용량 저하 및 전력요금 증가

② 무효전력 부족 시 대책

㉠ 발전기가 진상 무효전력을 발생하도록 발전기를 과여자운전하여 발전기 단자전압을 상승시킨다. 즉, 발전기의 지상(저역률) 운전

- 최근에는 AVR로 자동적으로 여자전류를 제어하여 단자전압을 제어함

- 전기사업법상 300MVA 이상의 발전기에는 전력계통안정화 장치(PSS) 설치함

㉡ 동기조상기 진상 운전

㉢ 전력용 콘덴서(static condenser) 투입

㉣ 무효전력 소비량을 감소시킴

㉤ 수용가 : 역률이 높은 기기를 사용하고 역률개선용 콘덴서 사용

㉥ SVC, STATCON 적용하여 자동조정

㉦ LRC의 적정 운전

㉧ 무효전력 제어방식의 고도화

067 전력계통에서 계통전압이 너무 낮을 때와 높을 경우에 계통에 미치게 되는 영향을 설명하시오.

068 계통전압이 정격전압보다 낮거나 높을 경우 전력계통에 미치는 영향을 설명하시오.

068-1 전력계통에서 계통전압이 너무 낮을 때와 높을 경우에 계통에 미치게 되는 영향을 설명하시오.

data 발송배전기술사 17-112-3-5 · 15-107-1-7 / 발송배전기술사 출제예상문제

comment 기출문항의 배점 25점 형태로서, 25점이므로 대책까지 기록해야 된다.

답안 **1. 전력계통에서 계통전압이 너무 낮을 때의 문제점(영향)과 대책**

　　(1) 유효전력손실의 증가

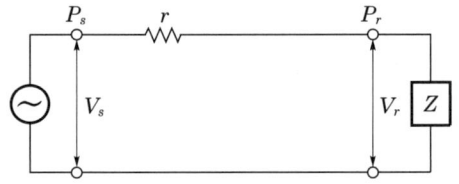

‖ 해석상 리액턴스를 무시한 계통도 ‖

　　　① 상기 계통에서 송전선로의 저항 r에 의한 유효전력손실 P는

$$P = P_s - P_r = I^2 \cdot r = \frac{P_r^{\,2} \cdot r}{(V_r \cdot \cos\theta)^2}$$ 이므로 유효전력손실은 증가

　　　　여기서, P_s : 송전단 유효전력, P_r : 수전단 유효전력
　　　　　　　V_r : 수전단 전압, $\cos\theta$: 부하의 역률

　　　② 부하의 소비유효전력 P_r이 일정하다고 가정할 경우 유효전력손실 P는 수전단 전압의 제곱에 반비례하므로 전압 저하로 유효전력의 손실이 증가한다.

　　(2) 송 · 변전 설비의 전류용량에 의한 송전용량의 저하

　　　① 송 · 변전 설비의 송전용량 $P_s = \sqrt{3}\, V_s \cdot I \cdot \cos\theta$

　　　② V_s가 저하하면 송전용량이 저하한다.

　　　　여기서, V_s : 송전단전압, I : 전류용량, $\cos\theta$: 부하의 역률

　　(3) 정태안정도에 의한 송전용량의 저하

　　　① 송전전력 $P = \dfrac{V_s \cdot V_r}{x} \sin\delta$

　　　　여기서, V_s, V_r : 송전선 양단의 전압

x : 송전선 리액턴스

δ : V_s, V_r 간 위상차

② 정태안정도의 극한에 상당하는 위상차 각을 상정하면 정태안정도, 극한전력은 V_s 및 V_r에 비례하므로 전압이 저하하면 정태안정, 극한전력은 작아진다.

(4) 대책

① 발전기 지상 운전(과여자)

② 동기조상기 진상 운전(과여자)

③ 무효전력 소비량(Q_L) 감소

④ 전력용 콘덴서 투입(SC)으로 용량성 무효전력(Q_C) 공급

⑤ 변압기 탭 조정(ULTC, LDC, SVR)

⑥ FACTS, STATCOM, SVC 사용

⑦ 수용가 고효율 기기 사용(역률 보상용 콘덴서 투입)

2. 전력계통에서 계통전압이 너무 높을 때의 문제점(영향)과 대책

(1) 발생원인

무효전력 과잉 시 전압 상승, 선로의 충전용량 과다

(2) 영향

① 전기기기 수명단축

② 전기기기 열화촉진(절연성능 악화)

③ 고조파 발생

　㉠ 변압기나 분로리액터 등 철심을 사용한 전력용 기기의 단자전압이 이상 상승하면 전압파형이 왜곡되고 고조파가 발생함

　㉡ 변압기 과여자 시 자속이 포화되면 발생하는데 이때 히스테리시스손에 의해 고조파가 유발된다.

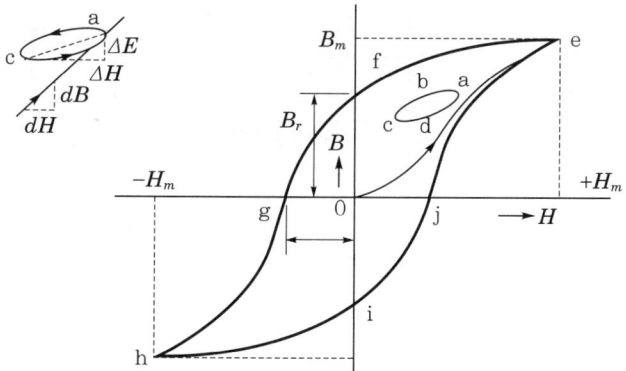

▌$B - H$ 곡선에 의한 히스테리시스손 ▌

(3) 대책

① 발전기 진상 운전(부족여자)

② 동기조상기 지상 운전(부족여자)

③ 송전선 충전용량 감소($-Q_C$)

④ 분로리액터 투입(SHr)($+Q_L$)

⑤ 수용가 역률 보상용 콘덴서 개방($-Q_C$)

⑥ FACTS, STATCOM, SVC 사용

069 자동 전압조절장치(AVR)의 동작특성에 관하여 설명하시오.

data 발송배전기술사 17-111-3-2·12-98-1-1 / 발송배전기술사 출제예상문제

comment 변압기에서도 AVR이 사용되나 해석은 발전기에 적용한 것 위주로 기록한다.

답안 1. AVR(Automatic Voltage Regulator)의 정의

(1) 부하속도 변동 등으로 인한 발전기 단자전압의 변동을 자동적으로 보상하여 정밀하고 일정하게 유지하는 것을 AVR이라고 하며 대용량 발전기의 경우 다음과 같은 사항이 요구된다.

(2) 전력계통에서 부하의 변동으로 인해 발전기 출력과 전압의 변동이 있을 때 발전기 전압을 검출하여 기준치와의 편차에 의해서 여자기의 여자전류를 자동으로 조정하여 발전기 전압을 일정하게 유지하는 장치로 수동운전도 가능하다.

2. 구성 및 동작 메커니즘과 블록선도

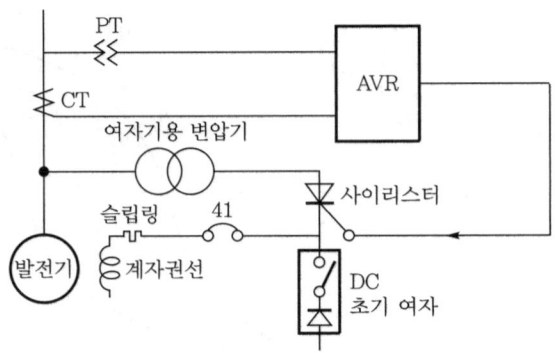

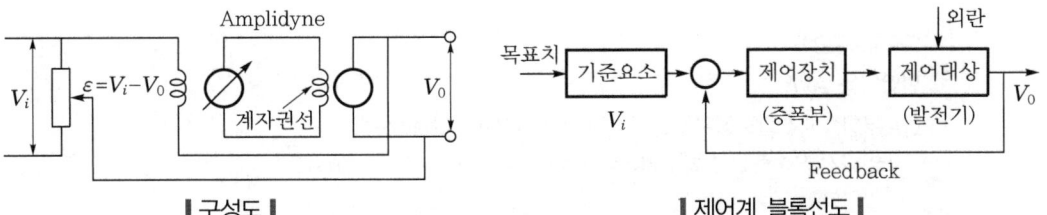

┃ 구성도 ┃   **┃ 제어계 블록선도 ┃**

(1) 발전기 단자전압 V_0를 검출하여 이를 Feedback시켜 기준전압 V_i를 비교한다.

(2) 편차 $\varepsilon = V_i - V_0$를 구하고 제어장치에서 증폭된 조작량을 발전기의 계자전류를 조정하여 단자전압을 일정하게 유지한다.

(3) 편차 ε은 매우 작아 증폭장치를 통해 증폭하여 계자권선에 입력한다.

3. AVR의 종류

(1) **단속 동작형**

여자회로에 삽입된 저항값을 조정하는 방식

① **직접식** : Solenoid 단독으로 계자저항기를 직접 제어하는 방식

② **간접식** : 계전기를 통하여 조정용 전동기로 제어하는 방식

(2) **연속 동작형**

① **Amplidyne식** : 특수직류 발전기인 Amplidyne을 이용하여 편차를 증폭한 후 계자에 가하는 형식

② **자기 증폭식** : Amplidyne에 정전류 장치가 부가되는 정지형

③ **전자 회로식** : 반도체 소자를 이용하여 전압평형, 횡류보상, 무효전력 제어 등 다양한 기능을 부가하여 조정이 안정되고 정밀도가 높은 방식

4. AVR에 요구되는 사항

(1) 속응성이 우수, 전압변동률이 작을 것(전압변동에 민감하게 반응하여야 함)

(2) 조정범위가 크고 난조의 염려가 없을 것

(3) 병렬운전 시 횡류를 제어할 수 있을 것

(4) 발전기 전류를 제한하는 기능이 있을 것

(5) 제어범위가 넓어야 함

(6) 설비정비가 간편해야 함

(7) 운영경비가 적어야 함

> **reference**
>
> **변압기용 AVR**
>
> **(1) 부하 시 전압조정기(OLTC : On Load Tap Changer)**
> 변압기를 주통전선로의 활선상태에서 탭을 바꿔 지정된 권선전압으로 자동 조정하기 위한 장치를 말한다.
>
> **(2) OLTC의 구성**
> ① 유격실(oil compartment)
> ② 전환개폐기 유닛(driver switch unit)
> ③ 탭 선택기(tap selector, arcing tap switch)
> ④ 구동장치(motor drive unit)
> ⑤ 자동전압조정기(automatic voltage regulator)
> ⑥ 활선 여과기(oil filter unit)
> ⑦ OLTC용 컨서베이터
> ⑧ 보호계전기(protective relay)
>
> **(3) 자동 전압조정기(automatic voltage regulator)**
> ① 전압조정을 위하여 부하 시 탭 체인저에 탭 조정신호를 송출하는 장치
> ② 공급전압측의 모선에 설치된 변성기로부터 송출전압을 측정하고, 공급하는 부하전류의 크기와 공급하는 선로의 전압강하를 고려하여, 이를 정정된 기준전압과 비교하여 부하 시 탭 체인저의 상승, 하강을 지시하는 신호를 구동장치로 보내어, 탭 체인저가 동작하여 적정한 전압을 유지하도록 하는 역할

SECTION **03** 발전기 진상 운전

070 대용량 발전기의 진상 운전의 목적과 진상 운전 시 유의점을 설명하시오.

data 발송배전기술사 출제예상문제

답안 1. 개요

(1) 최근의 전력계통에서는 전력용 콘덴서의 확충, 초고압 장거리 송전선 및 고압 케이블의 증설에 따라 선로의 대지정전용량이 커지며, 또한 수용가에서도 역률 개선대책으로 콘덴서를 설치하고 있기 때문에 심야 등의 경부하 시에는 이들의 영향에 의해 계통전압이 크게 상승하게 된다. 이것을 적정하게 억제하기 위하여 농기기의 V특성을 이용하여 발전기를 저어자로 해서 계통의 진싱 무효진력을 흡수하는 운전이 행하여지는데 이것을 진상 운전이라 한다.

(2) 진상 운전이란 발전기의 유도기전력에 진상 전류가 유입되면 증자작용을 행하는 결과가 되어, 계통의 진상 전류가 발전기에 흡수되어, 송전선에는 진상 전류가 흐르지 않게 되어 수전단 전압 상승을 억제시키는 발전기의 운전방법을 말한다.

2. 진상 운전의 목적

(1) 계통전압의 상승을 억제하기 위한 대책으로서는 변전소의 Shunt reactor나 부하 시 Tap 절환 변압기, 유도전압조정기, 동기조상기 운전 등도 생각할 수 있지만 이들 방식들은 많은 비용이 소요된다.

(2) 그러나 발전기의 진상 운전은 특별한 설비비가 들지 않으며, 발전기의 조상용량 이 크므로 수전단 부근에 있는 터빈발전기를 진상 운전하게 되면 상당한 효과를 기대할 수 있기 때문에 무효전력의 제어수단으로서 대단히 유용하다.

3. 진상 운전 시의 문제점

발전기의 진상 운전을 위하여 저여자운전을 하면, 주로 발전기 단부 온도 상승, 안정 도 저하, 소내 전압 저하 등의 문제점이 있으며 이들에 대해서는 사전에 충분한 검토를 행할 필요가 있다.

(1) 발전기 단부 온도 상승

① 발전기를 저여자로 운전하면 여자전류가 적기 때문에 유지환(retaining ring)이 자기포화되지 않으므로 누설자속이 통하기 쉽다.

② 이 누설자속은 고정자에 대하여는 동기속도로 회전하고 있으므로 고정자 철심의 단부 구조물에 와전류 손실에 의한 국부적인 온도 상승을 가져온다.

③ 온도 상승한도는 일반적으로 65℃ 정도로 하고 있으므로 이 범위에 들어가는 진상 운전영역의 크기를 확인해 둘 필요가 있다.

(2) 안정도 저하

① 진상 운전에서는 여자전류가 감소하기 때문에 발전기의 내부 유기기전력이 작아지고, 위상각의 증대, 동기화력의 감소 등에 따라 발전기의 안정도가 저하하고, 계통동요가 있으며 탈조하기 쉽게 된다.

② 최근의 화력발전기는 속응도가 높은 자동전압조정기(AVR)를 설치하고, 부족여자제한장치(UEL : Under Excitation Limiter)를 포함하고 있기 때문에 다소의 계통동요로부터 불안정하게 되는 일은 거의 없다.

③ 진상 운전을 자주하는 발전기는 단부점검을 하여 국부과열 등의 이상 여부를 확인할 것

(3) 소내 전압 저하

① 진상 운전을 하면 발전기 전압의 저하에 따라 발전소 내의 모선전압이 저하한다.

② 모선에는 많은 보조기용 전동기가 연결되어 있어 전압이 저하하면 토크 부족으로 과부하상태가 된다.

③ 전동기는 일반적으로는 10%까지의 전압강하를 허용할 수 있지만 전압변동과 케이블의 전압강하분을 고려해서 진상 시 소내 모선전압의 저하한도를 5% 정도로 해서 운용하는 것이 바람직하다.

4. 진상 운전 시 유의사항(대책)

진상 운전은 발전기의 특성상 무리가 없는 범위 내에서 행하여야 하며, 실제 계통시험을 통하여 문제점을 확인하는 것이 필요하다.

(1) 운용범위의 설정

① 진상 운전의 범위는 발전기 단부의 온도 상승, 정태안정도 한계 검토결과 및 출력가능곡선에서 우선 허용운전한계를 구하고 여기에 대해 적당한 여유

를 보아 계통측에서 요구하는 부하와 균형이 맞는 운전범위를 설정하는 것이 좋다.

② 일반적으로 정격부근의 진상 운전의 폭은 안정도 및 온도 상승 문제로 저부하 영역의 폭에 비해 작게 하는 것이 보통이다.

③ UEL은 운용범위의 약간 아래쪽으로 설정하고 정태안정도 한계에 대해 여유가 있는 것을 확인한다.

(2) 운전상의 주의사항

진상 운전은 여자전류를 감소시키는 것뿐이므로 특수한 조작은 필요로 하지 않지만 운전 중에는 다음 사항에 대하여 주의하도록 한다.

① 소내 전압 저하로 인하여 보조전동기가 과부하되지 않도록 한다.

② 발전기 전압, 무효전력, 자동전압조정기(AVR)의 출력 등에 주의한다.

③ 계통사고 등 이상상태가 발생한 경우 즉시 진상 운전을 중지하고 신속히 증자하여 운전의 안정화를 향상시킨다.

④ 진상 운전의 빈도가 잦은 발전기는 단부점검을 행하여 국부과열 등 이상이 없는가를 확인해 두는 것이 좋다.

---

071 대용량 케이블 계통에 연계된 화력발전소가 계통에서 분리되어 단독운전할 경우 계통 전압 및 발전기 운전상의 문제점과 대책에 대하여 각각 설명하시오.

(**data**) 발송배전기술사 17-113-4-6 / 발송배전기술사 출제예상문제

(**comment**) 많은 분량이므로 최대한 3페이지로 요약하여 작성하도록 한다.

(**답안**) **1. 개요**

(1) 문제에서 제시한 경우를 발전기 단자측에서 검토하면 부하＋케이블의 충전용량에 해당하는 콘덴서가 접속된 것이다.

(2) 연계 중에는 계통과의 사이의 케이블에는 계통측에서 충전전류가 공급되어, 화력발전소에서 계통으로 전력[kW]이 보내져 있었기 때문이다.

(3) 단독운전이 되면, 동시에 kW부하(유효전력)는 극히 작으며, 극단적으로는 보조기기에 공급하는 정도까지 감소되고, 반대로 케이블의 충전을 화력발전소에서 부담하는 것이 된다.

(4) 따라서, 발전소 충전전류(진상전류)에 의한 다음의 현상이 발생한다.

　① 발전기 자기여자현상(발전기의 단자전압의 상승)

　② 진상 운전 문제 발생

　③ 발전기용량의 관계

　④ 진상 전류에 의한 누설자속의 증가에 따른 발전기 단부의 철심 과열

　⑤ 계통전압은 충전용량에 의한 페란티현상 발생

(5) 이러한 현상은 발전기 가능출력곡선으로 해석 가능하다.

2. 단독운전 시 계통전압의 문제점

부하와 케이블 충전용량의 크기에 따라 다음과 같은 현상이 발생한다.

(1) 적당한 크기의 부하가 있고, 케이블의 충전용량이 발전기의 가능출력곡선 범위 내에 있으면, 전압의 커다란 변동은 없고, 안정된 운전을 계속할 수 있다.

(2) 부하 없이 무부하인 경우 통하는 전류는 케이블 충전을 위한 진상 전류가 되며, 자기여자가 발생한다.

　① 이것이 발전기의 자동전압 조정범위 조정장치의 제어범위 내에 있으면 여자를 낮게 하여, 단자전압을 일정하게 유지할 수 있다.

　② 케이블 계통에 대해서는 페란티 효과로 말단에 갈수록 높아지고, 케이블 및 접속되어 있는 기기가 절연파괴될 우려가 있다.

(3) 극단적으로 충전용량 증대 시

　① 진상 전류가 커지고, 자동전압조정기(AVR)의 제어범위를 초과하는, 즉 무여자로 하더라도 진상 전류에 의한 자기여자 발전기의 단자전압은 상승한다.

　② 다시 페란티 효과가 겹쳐서 말단부의 전압은 이상 상승되어, 기기의 절연상 매우 위험한 상태가 된다.

(4) 계통분리 단독운전 시 전압 및 전류의 발생현상의 메커니즘

　① 케이블 계통은 부하전류(I_r) 감소로 충전전류(I_c)가 상대적으로 크다.

　② 정상운전 시 전류(계통 연계운전 시) I : $I = I_r + I_c$ 지상 전류

　③ 케이블 계통 단독운전 시 전류 I' : $I' = I_r + I_c$ 진상 전류(I_r 부하전류 감소)

　④ 구성도

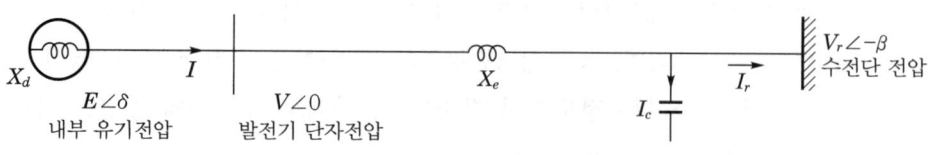

‖ 전력계통 전압강하 계통도 ‖

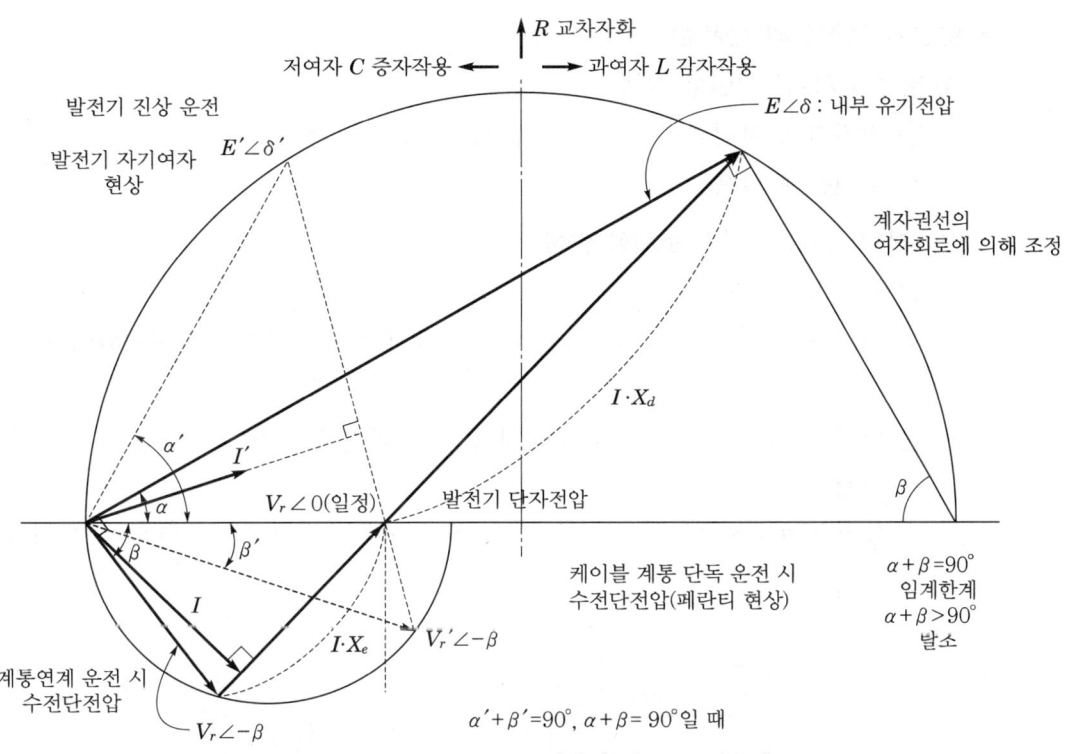

│ 발전기 가능 출력곡선과 계통의 전압 관계도 │

⑤ 각 지점별 전압관계

구분	발전기 단자전압	내부유기전압	수전단전압	비고
정상부하	$V \angle 0$	大 $E \angle \delta$	小 $V_r \angle -\beta$	아래 ⑥ 참조
경부하 시	$V \angle 0$ 일정	小 $E' \angle \delta'$	大 $V_r' \angle -\beta$ 페란티현상($V < V_r'$)	

⑥ 계통전압

  ㉠ 페란티현상 발생 : $|E_s| < |E_r|$

  ㉡ 페란티현상 벡터도

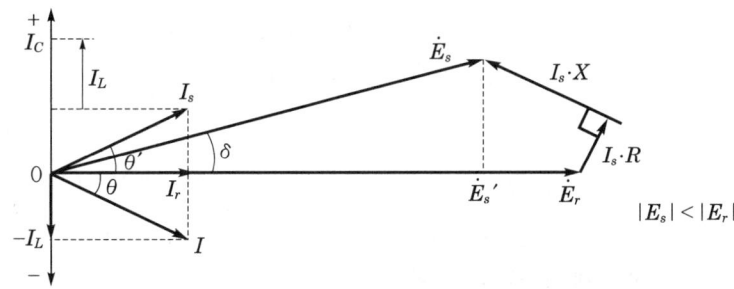

│ 페란티현상 벡터도 │

3. 발전기 운전상의 문제점

(1) 발전기 자기여자현상 발생

① 발전기 단자전압이 증자작용에 의해 이상적으로 상승

② 절연문제 발생

(2) 발전기 진상 운전의 문제점 발생

발전기 고정자의 단부과열

① 저여자 운전 시 계자전류가 작아져 발생자속 ϕ가 감소되어 지지환이 포화되지 않음

② 따라서, 누설자속이 커져 고정자 단부에 와전류로 인한 고정자 단부의 과열 발생

③ 전기자 권선이 진상이 되어, 전기자 반작용으로 증자작용이 발생 및 누설자속 증가

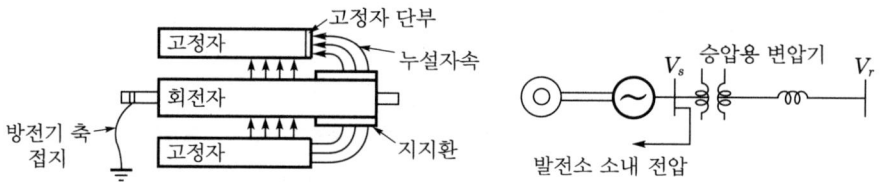

(3) 안정도 저하

① $E = 4.44 f \phi N k_w$ 에서 ϕ의 감소는 내부기전력 E의 감소로 이어져서, 위상각 $(\delta \to \delta')$ 증대, 즉 내부 상차각 $\delta = \tan^{-1}\dfrac{X}{R}$ 에서 동기화력 감소로 안정도가 저하된다.

즉, $\dfrac{dP}{d\delta} = \dfrac{V_s V_r}{x} \cos\delta$ 에서 $\dfrac{dP}{d\delta} = \dfrac{V_s V_r}{x} \cos\delta'$ 로 되면, δ가 δ'로 증가되면 $(\cos\delta'$의 값 $< \cos\delta$의 값) 동기화력은 감소한다.

② 이때, 계통동요가 발생되면 발전기가 탈조하기 쉽다.

③ 최근의 화력발전기는 속응도가 높은 자동전압조정기(AVR)를 설치하고, 부족여자제한장치(UEL : Under Excitation Limiter)를 포함하고 있기 때문에 다소의 계통동요로부터 불안정하게 되는 일은 거의 없다.

④ 진상 운전을 자주하는 발전기는 단부점검을 하여 국부과열 등의 이상 여부를 확인해야 한다.

(4) 소내 전압 저하($E = 4.44 f \phi N K_W$에서 ϕ의 저하로 E의 저하)

　① 진상 운전을 하면 발전기 전압의 저하에 따라 발전소 내의 모선전압이 저하한다.

　② 모선에는 많은 보조기용 전동기(펌프, 냉각수 펌프, 제어장치 등)가 연결되어 있어 전압이 저하하면 토크 부족으로 과부하상태가 된다($T \propto V^2$).

　③ 전동기는 일반적으로는 10%까지의 전압강하를 허용할 수 있지만, 전압변동과 케이블의 전압강하분을 고려해서 진상 시 소내 모선전압의 저하한도를 5% 정도로 해서 운용할 것

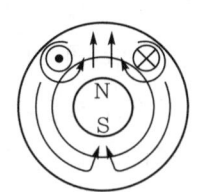

∥ 발전기회전자의 자속분포 ∥

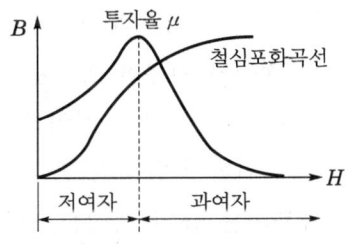

∥ 저여자와 과여자의 $B-H$ 곡선 ∥

4. 단독운전 시 계통전압의 문제점에 대한 대책

(1) 발전기 분리 단독운전을 피할 것

(2) 발전기 진상 운전을 피할 것

(3) 발전기 내량 강화

　① 단락비를 크게 함

　② 냉각효과를 증대시키고, 온도 상승을 억제시킴

　③ AVR 성능 향상

(4) 극단적으로 충전용량 증대 시 대책

　① 방지하려면 전압조정장치의 제어범위를 확대해서 역여자할 수 있도록 한다.

　② 발전기의 철심량을 많게 설계하여 단락비의 값이 커지게 한다.

　③ 단락비가 클수록 선로의 충전용량은 커지고, 자기여자현상은 경감되나 발전기는 대형이 되며 효율은 저하된다.

(5) 전압 상승의 억제대책

　① 충전용량을 보상하기 위하여, 전원단에 분로리액터를 삽입한다.

　② 과전압릴레이를 사용해서 이상전압 상시, 발전기의 차단 또는 케이블을 분리시킨다.

(6) 조상설비 투입 : 지상 운전

　① Sh.R 분로리액터 투입

　② SVC 설치 : 지상 운전

　③ FACTS 설치 : STATCOM(병렬보상) 지상 운전

　④ 동기조상기 : 지상 운전

5. 발전기 운전 시(진상 운전)의 대책

(1) 진상 전류에 의한 자기여자를 방지하기 위해, 여자를 약하게 운전(저여자운전)한다.

　① 발전기 내부의 상차각이 커져서 안정도가 악화된다.

　② 철심의 단부를 통하는 누설자속 증가로, 커다란 와전류가 흘러서 과열된다.

(2) 안정도를 높이기 위하여 응답속도가 높은 AVR을 사용해 철심단부의 과열을 방지하기 위하여 단부의 면을 따내고, 자로 중의 에어갭을 크게 하거나 비자성강을 사용하는 등의 대책을 취하고 있다.

(3) 진상 운전 시 유의사항을 준수할 것

　진상 운전은 발전기의 특성상 무리가 없는 범위 내에서 행하여야 하며, 실제 계통시험을 통하여 문제점을 확인하는 것이 필요하다.

　① 진상 운전 운용범위의 설정

　　㉠ 진상 운전의 범위는 발전기 단부의 온도 상승, 정태안정도 한계 검토결과 및 출력 가능곡선에서 우선 허용운전한계를 구하고 여기에 대해 적당한 여유를 보아 계통측에서 요구하는 부하와 균형이 맞는 운전범위를 설정하는 것이 좋다.

　　㉡ 일반적으로 정격부근의 진상 운전의 폭은 안정도 및 온도 상승문제로 저부하영역의 폭에 비해 작게 하는 것이 보통이다.

　　㉢ UEL은 운용범위의 약간 아래쪽으로 설정하고 정태안정도 한계에 대해 여유가 있는 것을 확인한다.

　② 진상 운전상의 주의사항 : 진상 운전은 여자전류를 감소시키는 것뿐이므로 특수한 조작은 필요로 하지 않지만 운전 중에는 다음 사항에 대하여 주의하도록 한다.

　　㉠ 소내 전압 저하로 인하여 보조전동기가 과부하되지 않도록 한다.

　　㉡ 발전기 전압, 무효전력, 자동전압조정기(AVR)의 출력 등에 주의한다.

ⓒ 계통사고 등 이상상태가 발생한 경우 즉시 진상 운전을 중지하고, 신속히 증자하여 운전의 안정화를 향상시킨다.

ⓔ 진상 운전의 빈도가 잦은 발전기는 단부점검을 행하여 국부과열 등 이상이 없는가를 확인해 두는 것이 좋다.

reference
페란티현상과 자기여자현상의 비교

구분	페란티현상	발전기 자기여자현상
원인	정상상태의 경부하로 인한 진상 전류	발전기와 연결된 선로의 시충전 시 충전전류
충전전류 I_c	작음	큼
발생위치	수전단의 전압 상승	발전기 단자의 전압 상승
전압 상승	5% 이내	시충전 시 전압 상승이 커서, 장거리선로 접속된 발전기의 절연파괴 위험
원리	진상 전류에 의한 진상 전압 상승	발전기의 전기자반작용 중 증자작용으로, 자속 ϕ 증가에 의한 발전기 단자전압 상승
대책	• 콘덴서 개방 • Sh.R 투입 • 선로 분리	• 단락비와 충전용량 관계식에서 Q의 증가 • $Q \geq \dfrac{Q'}{K_s}\left(\dfrac{V}{V'}\right)^2(1+\sigma)$ 여기서, K_s : 단락비 V, Q : 발전기의 정격전압 및 출력 V', Q' : 충전전압 및 그때의 선로충전용량 σ : 정격전압에서의 포화계수(포화율 0.05 ~ 0.15)

04 전압 – 무효전력 제어방식

072 초고압 전력계통의 전압 – 무효전력 제어방식에 대하여 각각 설명하시오.

data 발송배전기술사 17-113-2-1·15-107-4-4 / 발송배전기술사 출제예상문제

답안 **1. 초고압 전력계통**

(1) 초고압(EHV) : AC 200kV 초과 500kV 이하

(2) 345kV 계통 : 초고압 전력계통

2. 전압을 직접 제어하는 방식

(1) 변압기탭을 조정하는 방식

① NLTC : 발전소에서 주로 사용하는 승압용 변압기에 사용, 345kV용 변압기 1차측의 무부하 시 탭조정

② OLTC, ULTC : 부하 시 자동으로 탭조정

(2) 발전기, 변압기 : AVR

(3) 조상설비를 통한 계통전압의 조정

설치장소	종류	역할	조정기능
발전소	동기 조상기	송전계통의 전압 조정 및 역률 개선	전압 상승 시(발생 > 소비) : 저여자운전
	AVR		전압 저하 시(발생 < 소비) : 과여자운전
변전소	Sh.R	경부하 시 전압 및 역률 개선	전압 상승 시(발생 > 소비) : Sh.R 투입
	SC	중부하 시 전압 및 역률 개선	전압 저하 시(발생 < 소비) : SC 투입, Sh.R 개입
	SVC STATCON	전압 및 역률 개선	전압 상승 및 저하 시 모두 적용
배전선로	배전용 콘덴서	중부하 시 전압· 역률 개선	전압 저하 시(발생 < 소비) : 콘덴서 투입
	승압기	전압 개선	전압 저하 시 : Tap 조정 전압 상승

(4) 전력계통의 전압·무효전력 제어방식은 다음과 같이 적용한다.

3. 전력계통의 전압 – 무효전력 제어방식

조상설비의 조합을 통한 $Q \sim V$ 제어방식을 적극 시행한다.

(1) 개별제어방식 I

① 발전소 AVR 운전, 변전소 LRC 조작, 조상설비의 스케줄 조작

② 발·변전소 단위의 전압유지 목적

③ 적응제어가 안 됨

(2) 개별제어 II

① 단거리 소용량 T/L에 적용

② 발전소의 일부 또는 전부를 AQR로 운전해서 무효전력 제어

(3) 개별제어 III

① 중거리 T/L에 적용, 주로 초고압 S/S 적용 시 효과가 높음

② 발전소 내 조상설비를 완전 자동화해서 이것과 LRC를 조합시켜 선택 제어함

(4) 협조제어

① 가깝게 안전한 전기소 간의 개별제어방식을 서로 협조시키는 방식

② 개별제어 II + 화력발전소의 무효전력을 협조시키는 방식

(5) 종합제어(종합제어방식 그림 참조)

다수의 발·변전소를 포함한 광범위한 계통을 일괄해서 협조시키는 방식

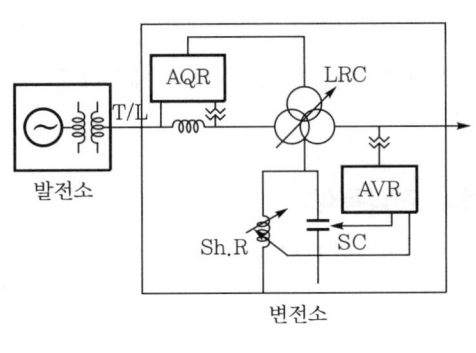

‖ 개별제어방식 ‖

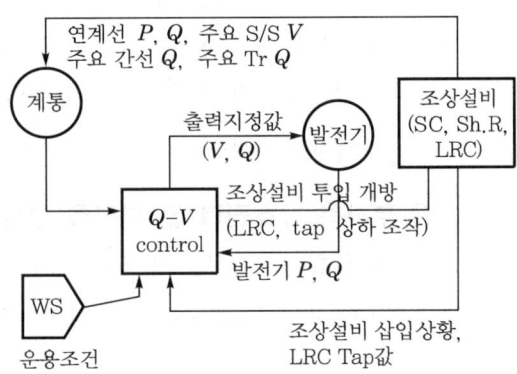

‖ 협조제어방식 ‖

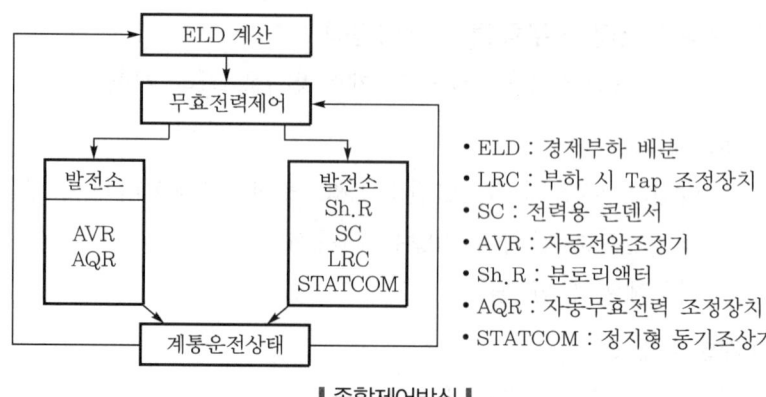

- ELD : 경제부하 배분
- LRC : 부하 시 Tap 조정장치
- SC : 전력용 콘덴서
- AVR : 자동전압조정기
- Sh.R : 분로리액터
- AQR : 자동무효전력 조정장치
- STATCOM : 정지형 동기조상기

┃ 종합제어방식 ┃

---

073 무효전력 – 전압제어에 대하여 전압특성을 중심으로 설명하고 무효전력 발생원의 종류에 대하여 설명하시오.

data 발송배전기술사 19-119-2-3 / 발송배전기술사 출제예상문제

답안 **1. 전압 – 무효전력 제어의 의의**

(1) AFC 및 ELD는 계통 전체의 유효전력의 수급균형을 고찰하는데 대하여 $Q-V$ 컨트롤은 계통 무효전력의 수급균형을 대상으로 고찰된다.

(2) 오늘날의 전압 무효전력 제어는 단순히 전압조정만이 아닌 계통 내의 효율적인 협조운전으로 계통운용비용의 최소화까지 포함한 종합적인 계통운용의 실현을 목표로 한다.

2. 부하측 유효전력 및 부하측 무효전력과 전압특성

(1) 유효전력, 무효전력이 증가하면 전압은 강하한다.

(2) 이것을 그래프로 나타내면 다음 그림과 같다.

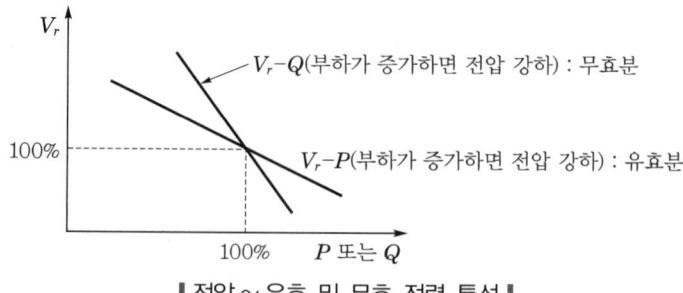

┃ 전압 ～ 유효 및 무효 전력 특성 ┃

(3) 부하 증가 시 계통측의 특성

앞의 그림과 같이 부하(유효전력 P_r과 무효전력 Q_r)가 증가 시 수전단의 전압은 저하되고, 전원측 계통에서 부하로 공급하는 무효전력은 증가된다.

(4) 부하 증가 시 부하측의 특성

① 부하증가로 수전단전압은 저하되고, 소비전력은 감소된다$\left(\because P=\dfrac{V_r{}^2}{Z}\right)$.

② 이때 계통 및 부하의 무효전력 변화량이 있으므로 전압특성의 교차점에서 운전한다.

③ 또한, 이때 부하의 무효전력에 대한 자기 제어성이 크다.

(5) 전압변동의 주요인

$$\rho=\frac{\text{유효전력 변동에 의한 전압변동}}{\text{무효전력 변동에 의한 전압변동}}\fallingdotseq\frac{\Delta V_{Pr}}{\Delta V_{Qr}}\leq 1$$

그러므로 무효전력에 의한 전압변동이 유효전력에 의한 전압변동보다 크다.

3. 전압 – 무효전력의 특성

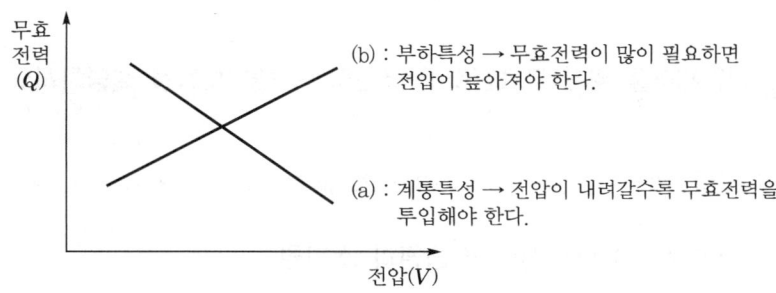

(1) 곡선 (a) : 계통특성

① 무효전력을 소비하면 그만큼 전압은 강하한다.

② 이에 따라, 전압이 내려가면 무효전력을 그만큼 더 많이 투입해야 한다.

(2) 곡선 (b) : 부하특성

부하의 자기제어특성으로 전압이 내려가면 무효전력의 소비도 감소된다.

(3) 결국 (a), (b) 곡선의 양자가 교차하는 교점에서 균형을 유지한다.

4. 무효전력 발생원의 종류

발생원	소비원
발생원 : 진상 무효전력을 공급하는 것	소비원 : 진상 무효전력을 소비하는 것
• 지상 운전 시의 발전기 • 진상 운전 시의 동기조상기 • 충전용량이 큰 송·배전선(장거리 T/L과 지중케이블선) • 전력용 콘덴서(SC) • SVC, STATCOM의 계통상황에 맞는 자동 조정 • 진상 부하(역률개선용 콘덴서의 과보상분) • 부하시 탭 조정장치(LRC) • 유도전압조정기 • 부하 시 탭 절체부 변압기(LRT) 적정 조정 • 직렬 콘덴서 • 분산전원 과여자 연계	• 진상 운전 시의 발전기(발전기의 저여자운전) • 지상 운전 시의 동기조상기(동기조상기의 저여자운전) • 송·배전선 및 변압기에 있어서의 리액턴스 • 분로리액터 • SVC, STATCOM의 계통상황에 맞는 자동 조정 • 지상 부하 • 부하 시 탭 조정장치(LRC) • 유도전압조정기 • 부하 시 탭 절체부 변압기(LRT) 적정 조정 • 분산전원 저여자 연계

---

074 전압제어를 위한 무효전력 공급원의 종류별 특징을 설명하시오.

data 발송배전기술사 24-132-3-1 / 발송배전기술사, 건축전기설비기술사 출제예상문제

답안

1. 전력계통의 무효전력 발생원과 소비원

＊Chapter 06 - 문제 065의 답안 '1./(1)' 내용을 참조한다.

2. 전압제어를 위한 무효전력 공급원별 특징

(1) 발전기의 운전

＊Chapter 06 - 문제 065의 답안 '1./(2)' 내용을 참조한다.

(2) 동기조상기(synchronous compensator)의 기능

① 동기전동기의 전기자반작용은 동기발전기와 반대로서, 대표적인 관성자원의 무효전력 조정장치이다.

② 지상 전류는 증자작용이, 진상 전류는 감자작용이 발생한다.

③ 동기전동기를 영역률(기계적으로는 무부하, 즉 $P = 0$)로 운전해서 전기자반작용에 기인하는 특성을 이용하여 무효전력을 공급하거나 흡수하는 역할

④ 무효전력의 수급을 조절하여 전압조정 및 역률개선

⑤ 동기조상기의 원리

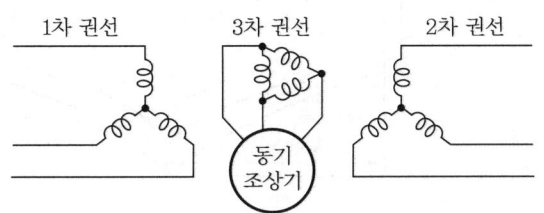

┃ 동기조상기의 접속 ┃

㉠ 강여자(과여자 또는 고여자)

- 공극 내의 자속 증가 → 일정 자속 유지를 위해 감자작용 필요 → 진상 전기자전류가 증가한다.
- 계통으로부터 진상 무효전력을 흡수하는 콘덴서 역할을 한다. 즉, 계통에 지상 무효전력을 공급한다.
- 단자전압을 상승시킨다.
- 중부하 시 수전단전압이 저하할 경우에 적용한다.

㉡ 저여자(부족여자 또는 약여자)

- 공극 내의 자속감소 → 일정 자속유지를 위해 증자작용 필요 → 지상 전기자전류가 증가한다.
- 계통으로부터 지상 무효전력을 흡수하는 리액터역할을 한다.
- 단자전압을 하강시킨다.
- 경부하 시 또는 무부하 시 수전단전압이 상승할 경우에 적용한다.

㉢ V곡선(curve of modifier) : 계자전류 I_f와 전기자전류 I_a의 관계곡선을 말한다.

- 곡선상에서 전기자전류가 최소인 점이 역률 $\cos\theta = 1$인 지점이다.
- 강여자 시 → 진상 전기자전류 증가 → 콘덴서 역할
- 저여자 시 → 지상 전기자전류 증가 → 분로리액터 역할
- 출력($P_1 < P_2 < P_3$)으로 증가될수록 V곡선은 상승되며, 동기조상기는 무부하로 운전되므로 출력인 V곡선으로 운전된다.

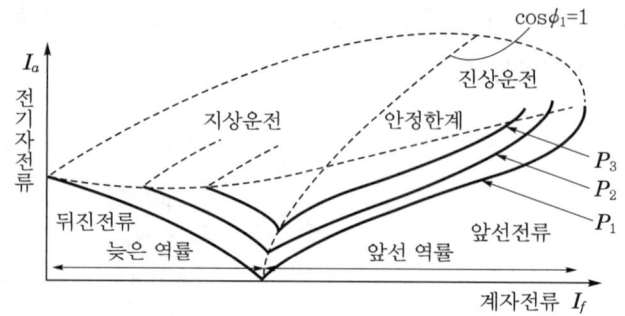

┃ 동기조상기의 위상특성(V곡선) ┃

(3) SVG

① **전압 안정화 및 안정도 향상** : 속응성 및 중간에 설치 시 중간 조상기 역할

② **속응성 우수**

③ **순시정전 보상 및 고조파 제거**

④ **콘덴서에 ESS 사용 시 유효전력 공급 및 흡수 가능**

(4) SVC

① **종류** : TCR, TSC, FC-TCR, TSC-TCR

② **원리(FC-TCR)** : 부하에서 소비되는 무효전력을 FC 콘덴서에 의해 무효전력 을 보상하고 남는 여분의 진상 무효전력을 리액터의 사이리스터 제어로 상쇄 시켜 무효전력을 0 근처로 제어한다.

③ **특징**

㉠ 전압 안정도 향상 : 고속도 전압 제어, 속응성

㉡ 무효전력 연속제어 가능 : 콘덴서의 단계적 제어, 돌입전류 영향과 계통과 의 공진을 최소화

㉢ 설비가 크고 고가인 단점

㉣ 저전압에서 무효전력량 감소

(5) DER-AVM(분산형 전원 능동전압 제어장치)

① 분산전원에서 인버터와 변압기의 조합설비에 DER-AVM을 설치한다.

② 원리는 SVG를 이용한 무효전력의 조정과 유사한 방식으로서, 무효전력을 조정한다.

(6) FACTS 설비

송전용량의 증대가 목적과 동시에 무효전력 Q도 보상시킨다.

FACTS 설비종류	FACTS 기능	직·병렬 보상구분	보상대상
STATCOM(Static Synchronous compensator)	안정도 향상, 전압 유지	직·병렬 보상	X, V
TCSC(Thyristor Controlled Series Capacitor)	안정도 향상, 선로 임피던스 및 조류 제어	직렬 보상	X
TCPR(Thyristor Controlled Phase Angle Regulator)	안정도 향상, 위상각 제어, 전력조류 제어	직렬 보상	δ, V, X
UPFC(Unified Power Flow Controller)	안정도 향상, 위상각·전압 제어, 전력조류 제어	직·병렬 보상	δ, V, X

(7) 콘덴서와 분로리액터(Sh.R) 및 동기조상기의 특성 비교

항목	전력용 콘덴서	분로리액터	동기조상기
가격 및 연경비	저가	저가	고가
무효전력 흡수능력	진상	지상	진·지상
조정형태	단계적	단계적	연속적
전압유지능력	작음	작음	큼
전력손실	0.3% 이하	0.3% 이하	1.2 ~ 1.5% 이하
보수의 난이도	쉬움	쉬움	복잡

---

075 전력계통의 전압무효전력의 조정방법에 대하여 설명하시오.

data 발송배전기술사 24-133-1-12 / 발송배전기술사 출제예상문제

답안 **1. 계통의 전압무효전력의 조정방법**

(1) 기기별 조정방법

① 회전기를 통한 연속적인 조정 : 발전기와 동기조상기가 이에 해당된다.

② 변환장치를 통한 연속적인 조정 : SVC, SVG, FACT 설비가 이에 해당된다.

③ 정지기를 통한 조정 : 콘덴서, 분로리액터, 변압기 설비가 이에 해당된다.

④ 분산형 인버터를 통한 조정 : DER AVM이 해당된다.

(2) 제어방법

① 개별제어

② 협조제어

③ 종합제어

2. 무효전력 조정방법

(1) 발전기의 운전

관성의 효과를 이용한 무효전력 조정장치이다.

발전기의 지상 운전	발전기의 진상 운전
• 발전기 전압(E) > 계통의 전압(V)인 상태 • 발전기에서 계통으로 지상 무효전력공급 • 발전기 강여자운전으로 유기기전력 증가	• 발전기 전압(E) < 계통의 전압(V)인 상태 • 발전기가 진상 무효전력으로 계통의 지상 무효전력을 흡수 • 발전기 저여자운전으로 유기기전력 감소

(2) 동기조상기(synchronous compensator)의 기능

① 동기전동기의 전기자 반작용은 동기발전기와 반대로서 대표적인 관성의 효과를 이용한 무효전력 조정장치이다.

② 동기전동기의 V곡선 특성을 이용해서 선로의 역률을 조정한다.

③ 동기전동기를 무부하로 운전하면서 필요에 따라 그 계자전류를 조정하여 연속적으로 지상에서 진상까지 역률 조정함으로써 전압 조정이 가능하다.

④ 동기전동기를 영역률(기계적으로는 무부하, 즉 $P = 0$)로 운전해서 전기자 반작용에 기인하는 특성을 이용하여 무효전력을 공급하거나 흡수하는 역할을 한다.

⑤ 강여자 시 → 진상 전기자전류 증가 → 콘덴서 역할

⑥ 저여자 시 → 지상 전기자전류 증가 → 분로리액터 역할

⑦ 동기발전기와 동기조상기의 무효전력 운전 비교

구분	강여자(과여자, 고여자)	저여자(부족여자, 약여자)
동기발전기	전력계통에서 Q_L 발생 → 지상 운전	전력계통에서 Q_C 발생 → 진상 운전
동기조상기	전력계통의 Q_C 소비 → 진상 운전	전력계통의 Q_L 소비 → 지상 운전
결과	전압 상승, 콘덴서 역할로서 진상 무효전력 공급원	전압 저하, 리액터 역할로 지상 무효전력 소비원

(3) SVC나 STATCOM의 무효전력 조정

① $\Delta V = \dfrac{PR + QX}{V_r} \fallingdotseq \dfrac{QX}{V_r} = QX$이므로 Q를 인버터로 조정시켜 전압을 조정함

② $Q_s = j \dfrac{V_s(V_s - V_i \cos \delta)}{X}$

여기서, V_s : 계통의 전압

V_i : 인버터측의 전압

$V_s > V_i, \ Q > 0$

③ '계통의 전압 V_s > 인버터 측의 전압 V_i'이면 인버터에서 무효전력을 흡수함

④ '계통의 전압 V_s < 인버터 측의 전압 V_i'이면 인버터에서 무효전력을 공급함

⑤ 인버터에서 무효전력을 공급 또는 흡수를 연속적으로 수행하여 전압을 조정함

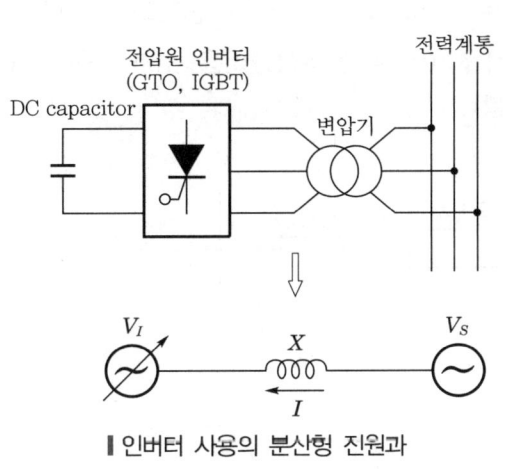

▌인버터 사용의 분산형 진원과
일반 전력계통과의 연계계통도 ▌

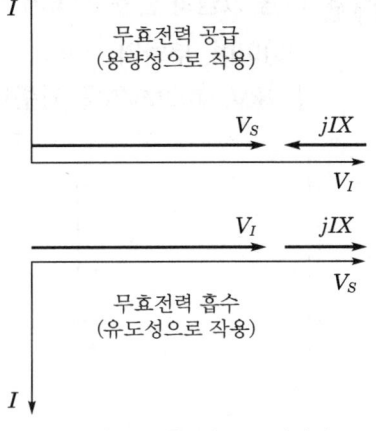

▌인버터 사용 시 무효전력과
전압과의 관계벡터도 ▌

753

076 다음 그림과 같은 계통에서 $V_s = 1.0\,\mathrm{pu}$, $V_r = 0.95\,\mathrm{pu}$, 선로의 $R + jX = 0.5 + j20$ [Ω]이며, 부하가 1.0pu, 지상 역률 80%일 때 조상설비용량[MVA]을 구하시오. (단, 154kV, 100MVA를 기준으로 함)

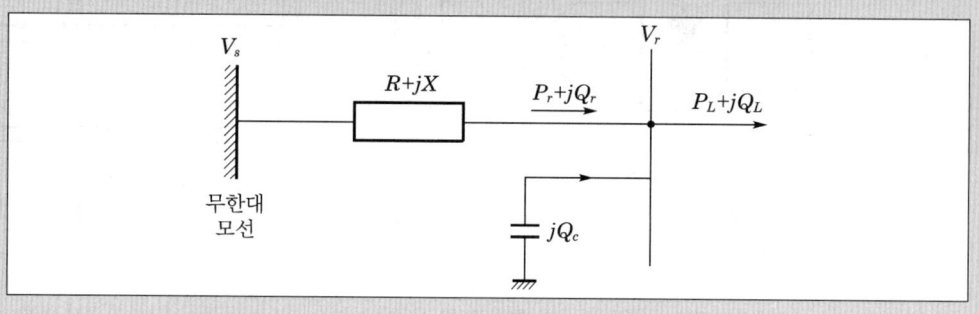

data 발송배전기술사 23-131-1-13 / 발송배전기술사 출제예상문제

답안 **1. 선로의 R_{pu}와 X_{pu}의 계산**

(1) $R_{\mathrm{pu}} = \dfrac{P_n \times R}{1000\,V^2} = \dfrac{100 \times 10^3 \times 0.5}{1000 \times 154^2} = 0.0021\,\mathrm{pu}$

(2) $X_{\mathrm{pu}} = R_{\mathrm{pu}} = \dfrac{P_n \times X}{1000\,V^2} = \dfrac{100 \times 10^3 \times 20}{1000 \times 154^2} = 0.0843\,\mathrm{pu}$

2. 무효전력의 산출

(1) 부하를 1.0pu, 지상 역률을 80%로 설정한다.

(2) 무효전력 $Q_r = P\tan\theta = 1.0 \times \dfrac{\sin\theta}{\cos\theta} = 1.0 \times \dfrac{\sqrt{1-0.8^2}}{0.8}$

$\qquad\qquad = 1.0 \times \dfrac{3}{4} = 0.75\,\mathrm{pu}$

3. 조상설비용량 산출

(1) 전압강하 $\Delta V = \dfrac{P_r R + Q X}{V_r}$에서 $Q = Q_r - Q_c$이므로 대입하여 식을 정리하면

$\Delta V = \dfrac{P_r R + (Q_r - Q_c)X}{V_r}$이다.

(2) $Q_c = Q_r - \dfrac{\Delta V \times V_r - P_r R}{X}$

$\qquad = 0.75 - \dfrac{(1-0.95) \times 0.95 - 1 \times 0.0021}{0.0843} = 0.2114\,\mathrm{pu}$

즉, 조상설비용량은 $Q_c = 21.14\,\mathrm{MVA}$이다.

077 정지형 무효전력보상장치인 STATCOM과 SVC를 비교하여 설명하시오.

(data) 발송배전기술사 21-125-1-12 / 발송배전기술사 출제예상문제

답안 1. SVC

(1) 개요

사이리스터를 이용하여 무효전력을 리액터 및 커패시터 뱅크를 통해 고속 제어함으로써 계통전압을 허용범위 내에 있도록 유지시키는 장치이다.

(2) 구성

① FC : 고정 콘덴서로 진상 무효전력 공급

② TSC : 콘덴서의 개폐를 사이리스터를 이용하는 것으로, 커패시터 뱅크의 ON-OFF

③ TCR : 리액터의 개폐를 사이리스터를 이용하는 것으로, 무효전력의 연속적 제어 가능

④ SVC는 FC-TSC-TCR을 조합하여 구성한다.

(3) 구성도

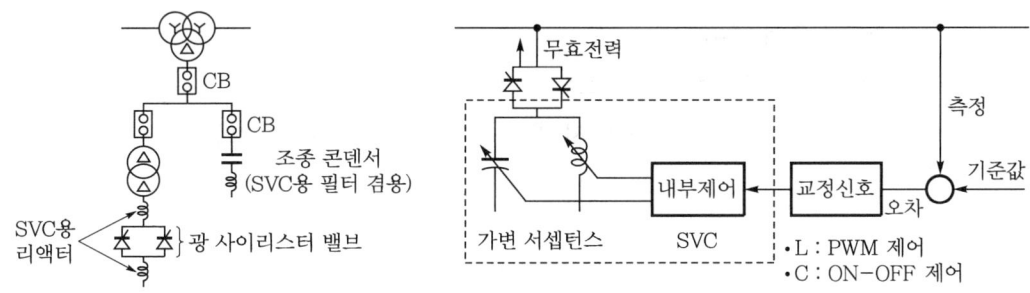

┃ 정지형 무효전력보상기(SVC) 구성도 ┃

(4) 특징

① 전압 안정도 향상 : 고속도 전압 제어, 속응성

② 무효전력 연속제어가 가능하여 콘덴서를 단계적으로 제어할 경우 악영향 감소, 돌입전류 악영향 감소, 계통과의 공진 최소화

③ 저전압에서 무효전력량 감소함

④ 단점 : 설비가 크고 고가임

2. SVG(STATCOM)

(1) 개요

직류 콘덴서뱅크에 저장된 에너지를 전압원 인버터를 통해 계통과 동위상의 전압을 발생시켜 연속적 무효전력의 공급, 흡수하는 설비

(2) 구성

전력저장장치 + 전압원 인버터 + 변압기로 계통에 병렬연결, Droop 제어 시행

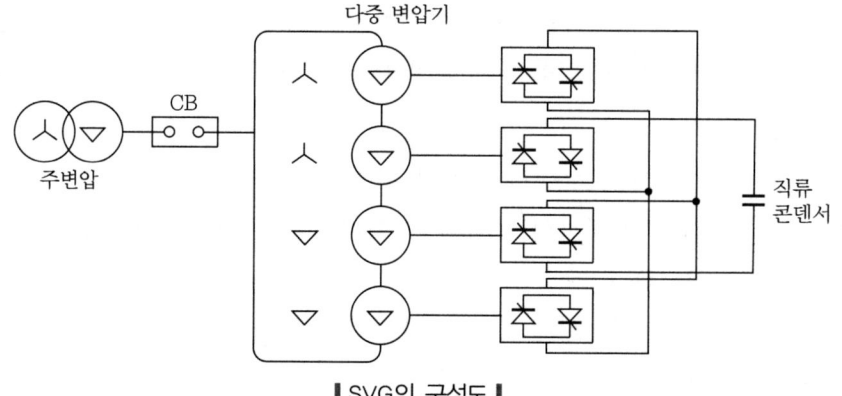

┃ SVG의 구성도 ┃

(3) 특징

① 전압 안정화 및 안정도 향상 : 속응성 및 중간에 설치 시 중간 조상기 역할

② 속응성 우수

③ 순시정전 보상 및 고조파 제거

④ 콘덴서에 ESS 사용 시 유효전력 공급 및 흡수 가능

3. SVC와 SVG의 차이점

(1) 속응성

8 ~ 30ms의 계단응답성능으로 SVC(응답시간 20ms)보다 우수하다.

(2) 제어성능

SVG의 제어 성능 및 범위가 넓다.

(3) 안정도

저전압 시 용량 저하

① SVC는 저전압 시 전압의 제곱에 비례하여 무효전력량 저감

② $Q_c = \omega CE^2 = \omega C(0.9E)^2$ 으로 -19% 무효전력량 감소

(4) 고조파

SVG는 컨버터 변압기를 가져 고조파에 대한 영향이 작다.

(5) 액티브 필터 기능

인버터이므로 역위상 고조파 상쇄 가능

(6) 유효전력 제어 여부

SVG는 커패시터로 ESS 사용 시 가능

(7) LC 공진 가능성

콘덴서, 리액터가 없어 병렬공진의 가능성이 작다.

(8) 사용소자

SVC는 사이리스터를 적용하고 SVG는 IGBT, GTO를 적용한다.

(9) 설치공간

① SVG는 콘덴서, 리액터가 없어 설치공간이 작다.

② SVC의 $\frac{1}{5} \sim \frac{1}{3}$ 공간이 필요하여 설비공간 축소가 가능하다.

078 전력계통에서 FACTS(Flexible AC Transmission System)의 역할에 대하여 설명하고, STATCOM(Static Synchronous Compensator)의 개념, 시스템 구조 및 원리, 기능에 대하여 설명하시오.

data 발송배전기술사 22-126-4-1 / 발송배전기술사 출제예상문제

답안 **1. FACTS의 역할**

(1) FACTS(Flexible AC Transmission System)란 전력용 반도체기술과 제어기술을 이용해 선로임피던스와 전력조류흐름을 제어하여 계통안정도 향상과 송전용량 극대화를 목적으로 한 가변 교류송전시스템이다.

(2) 전력용 반도체기술과 제어기술을 이용해 송전전력 $P = \dfrac{V_s V_r}{X} \sin\delta[\text{MW}]$에서 각 요소를 적정 조정함으로써, 계통안정도 향상과 송전용량의 극대화를 목적으로 한 설비이다.

(3) FACTS의 설비종류

FACTS 설비종류	FACTS 기능	직·병렬 보상구분	보상대상
TCBR(Thyristor Controlled Braking Resistor)	안정도 향상, 계통동요 억제	병렬 보상	P
STATCOM(Static Synchronous Compensator)	안정도 향상, 전압 유지	직·병렬 보상	X, V
TCSC(Thyristor Controlled Series Capacitor)	안정도 향상, 선로 임피던스 및 전력조류 제어	직렬 보상	X
TCPR(Thyristor Controlled Phase Angle Regulator)	안정도 향상, 위상각 제어, 전력조류 제어	직렬 보상	δ, V, X
UPFC(Unified Power Flow Controller)	안정도 향상, 위상각·전압 제어, 전력조류 제어	직·병렬 보상	δ, V, X

(4) 개념도

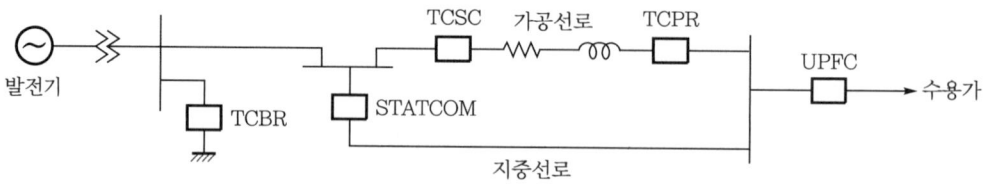

2. STATCOM(Static Synchronous Compensator, 정지형 동기조상기)의 개념, 시스템 구조 및 원리, 기능

(1) 개념

① 교류 송전선로 및 배전선로는 직렬 리액턴스와 병렬 컨덕턴스로 구성되어 있기 때문에, 부하 및 역률의 변동에 따라 송전선로의 전압분포가 바뀌고 수전단에서 큰 폭의 전압변동을 일으킬 수 있다.

② 이러한 정상상태에서의 문제 외에도, 선로 개폐조작이나 부하분리와 같은 외란으로 인해 무효전력수급이 급변하고 이에 따라 전압이 변동되었을 때 발전단 부근에서 과도적으로 유효전력수급에 불균형이 생겨나 전력계통으로 부터 분리될 가능성이 있다.

③ 이에 따라 과거에는 동기조상기를 이용하거나 병렬콘덴서, 분로리액터의 개폐제어를 통하여 무효전력을 제어하고 전압을 조정하는 방법이 사용되어 왔다.

④ 하지만 동기조상기는 보수가 곤란하고, 그 외의 장치는 응답속도가 느리며 제어량도 이산적이라는 결점이 있다. 따라서, 전압원 인버터기술을 이용하여 고속 정밀한 전압 및 무효전력 제어를 가능하게 하는 새로운 FACTS 기기의 한 종류로서, 국내외 대형 변전소 안에서 적용하고 있다.

⑤ 이때, 제어시스템의 동작으로 인하여 STATCOM이 무효전력을 선형적·연속적으로 제어하여 전압 유지, 안정도 향상, 조류 제어를 하는 설비이다.

(2) 시스템 구조 및 원리

① 구조

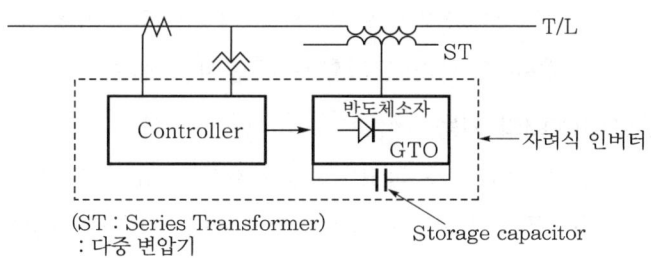

‖ STATCOM ‖

㉠ STATCOM은 그림처럼, 기본적으로는 직류 축전용 콘덴서로 구동되는 3상 인버터로 되어 있다.

㉡ AC 3상 출력전압은 교류 계통전압과 위상이 일치하도록 되어 있다.

㉢ 등가적으로는 크기와 위상을 신속하게 조절할 수 있는 전압 Phasor를 변압기 누설리액턴스를 통하여 계통에 인가하는 장치라고 볼 수 있다.

ㄹ STATCOM은 전압원 인버터로 구성되어 있으며 변전소 모선에 병렬로 연결된다.

ㅁ 3상 정현파 전압을 생성할 수 있도록 제어되는 자려식 전력소자인 GTO, IGCT, IGBT 등으로 구성된 대전력 전압원 인버터 형태를 가지며, 그밖에 계통연계를 위한 변압기와 제어보호시스템, 고조파 저감을 위한 필터 등으로 구성된다.

② 원리

ㄱ 정지형 동기조상기로 직류충전용 콘덴서로 구동되는 3상 자려식 인버터를 이용하여 무효전력을 연속제어한다.

ㄴ 출력전압의 위상과 계통전압의 위상이 동일하도록 한다.
- 출력전압 > 계통전압 → 진상 전류 통과로 콘덴서 역할
- 출력전압 < 계통전압 → 지상 전류 통과로 유도성 부하 역할

ㄷ 출력전압이 교류계통 전압보다 높으면 진상 전류가 흘러서 STATCOM이 콘덴서부하의 역할을 하며, 계통전압보다 낮으면 지상 전류가 흘러서 유도성 부하의 역할을 하게 된다.

ㄹ 이때, 양 전압의 차이에 의해 전류치가 결정되고 보상 무효전력량이 결정된다.

ㅁ 계통선간전압이 평형인 경우 계통으로부터 STATCOM으로 유입되는 유효전력의 합계는 손실을 무시하면 항상 0이다.

ㅂ 따라서, STATCOM은 전력용 콘덴서나 리액터와 같은 에너지 저장요소를 필요로 하지 않으며, 사고 시의 전압불평형 등으로 인한 고조파 발생분의 흡수를 위하여 평활용 콘덴서를 설치하는 것만으로 충분하다.

(3) STATCOM의 기능

① 조작 신뢰도가 높고, 진상·지상 무효전력 연속제어의 기능이 있다.

② 응답특성이 빠르고 과도안정도 향상 기여로 송전용량 증대, 에너지 저장능력이 있다.

③ 제어 목적·기능 : 전압 유지, 안정도 향상, 조류 제어

④ 보상대상 : 리액턴스(X), 제어 변수는 V

⑤ 설치면적이 작아(SVC의 70% 정도) 도심형 345kV 변전소의 무효전력을 연속제어하며 전압안정도를 유지한다.

(4) 단점

인버터, 컨버터 사용에 따른 고조파 대책이 필요하고 대용량 인버터의 가격이 고가이다.

079 통합조류기(UPFC : Unified Power Flow Controller)에 대하여 설명하시오.

data 발송배전기술사 17-113-1-2 / 발송배전기술사 출제예상문제

답안 **1. 개요**

(1) FACTS(Flexible AC Transmission System)란 전력용 반도체기술과 제어기술을 이용해 선로 임피던스와 전력조류흐름을 제어하여 계통 안정도 향상과 송전용량 극대화를 목적으로 한 가변 교류송전시스템이다.

(2) 개념도

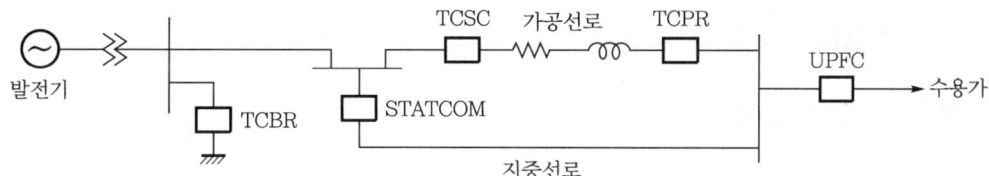

2. UPFC(Unified Power Flow Controller, 종합조류제어기)

(1) 보상대상 및 영역구분

위상각(δ) 보상, 전압(V), 리액턴스(X), 제어변수(δ, V), 병렬보상 및 직렬보상

(2) 제어 목적 및 기능

위상각 제어, 전압 제어, 전력조류 제어, 안정도 향상, SSR 억제

(3) 장점

3가지 파라미터(V, X, δ)의 종합제어, $V \sim \delta$, $V \sim X$ 등 2가지 동시 조정 가능함

(4) 원리

① 전원단에 설치된 직·병렬 전력변환장치에 의해 단자전압 및 위상각 제어, 단자전압 조정, 단자전압 및 선로의 임피던스를 조정

② 전압원 인버터는 보상전압 투입에 따라 변동되는 무효전력을 공급 또는 흡수할 수 있고, DC 콘덴서를 통하여 유효전력까지 공급소비가 가능한 것으로, V, δ, X의 종합제어

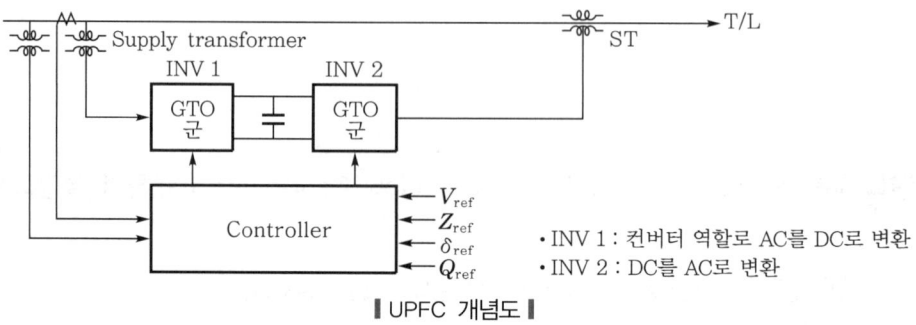

‖ UPFC 개념도 ‖

080 장거리 대용량 송전선로에 직렬보상설비를 적용 시 직렬보상의 효과, 인접한 발전기에서 발생할 수 있는 문제점과 해결방안에 대하여 설명하시오.

data 발송배전기술사 23-130-4-3 / 발송배전기술사 출제예상문제

답안 1. 직렬보상의 효과

(1) 전압안정도 향상

① 직렬보상은 송전선로의 직렬 리액턴스를 감소시켜 전압변동 또는 전압붕괴의 최소화에 적용한다.

② 직렬보상에 대한 PV 곡선은 다음 그림과 같으며, 직렬보상률이 증가할수록 전압안정도의 임계점이 증가한다.

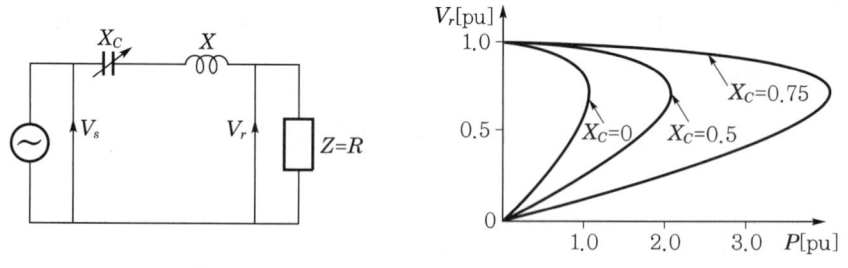

‖ 방사상 계통에서 직렬보상에 의한 PV 곡선 ‖

③ 효과는 일반적으로 동일 용량의 병렬보상의 경우보다 효과적이다.

(2) 과도안정도 향상

① 송전전력을 제어할 수 있는 직렬보상은 과도안정도 증가와 전력동요 억제에 효과적이다.

② 다음 그림은 직렬보상에 대한 과도안정도를 비교하기 위하여 직렬보상의 적용 유무에 대한 등면적법으로 표현한 것으로서, 직렬보상에 의해 과도안정도의 여유는 A_{margin}에서 A_{smargin}로 증가한다.

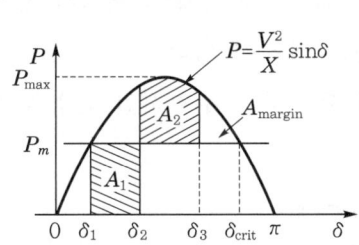

┃ 직렬보상이 없는 경우의 등면적법 ┃

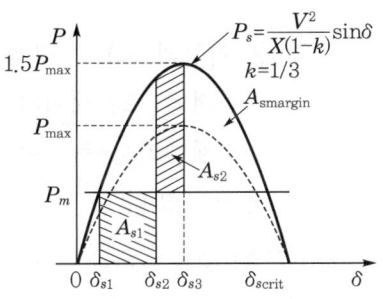

┃ 직렬보상이 있는 경우의 등면적법 ┃

여기서, A_{margin} : 과도안정도의 여유

A_{smargin} : 직렬보상에 의한 과도안정도의 여유

P_m : 기계적 입력

δ_1, δ_2 : 가속 시작점 상차각, 가속 종점 상차각＝감속 시작점 상차각

δ_3, δ_{crit} : 감속 종점 상차각, 가속 종점 상차각

A_1, A_{s1} : 가속 축적에너지, 직렬보상 시의 가속 축적에너지

A_2, A_{s2} : 감속 축적에너지, 직렬보상 시의 감속 축적에너지

⟮reference⟯

등면적법

전력과 상차각의 간단한 관계곡선을 이용하여 안정도를 판별하는 방법으로, 주로 2기 계통문제에 적용한다.

---

(3) 전력동요 억제(Power Oscillation Damping ; POD)

① 과도안정도 향상과 전력의 동요 억제를 효과적으로 한다.

② POD 제어에 대한 입력값으로는 주파수, 선전류, 전력 등을 사용한다.

③ 기본적으로 TCSC의 연속적인 제어를 TCSC Boost factor는 0 이상이어야 한다.

2. 직렬보상설비의 종류

(1) FSC(Fixed Series Capacitors)

① 가장 일반적인 직렬보상설비로, 기존의 송전선로에 바이패스 차단기를 갖는 고정형 커패시터를 설치한 형태이다.

② 단순한 구조로 유지·보수가 쉽고, 경제적이나 보상량이 고정되어 있어 직렬
보상으로 야기되는 진동현상 등이 발생할 경우 적절한 대처가 어려운 단점이
있다.

(2) MSSC(Mechanically Switched Series Capacitors)

① 각각의 모듈로 구성된 둘 이상의 FSC가 직렬로 연결되어 있는 형태이다.

② 각 모듈의 FSC가 갖는 커패시터 보상 총량이 전력계통에 공급되는 총보상량
이다.

③ 둘 이상의 모듈로 구성되어 있어 계통상황에 맞는 적절한 직렬보상을 통하여
가변적인 조류제어가 가능하다는 장점이 있다.

④ 보조제어기를 통하여 계통에서 요구하는 추가적인 댐핑을 제공할 수 있는
장점도 있다.

(3) TSSC(Thyristor Switched Series Capacitors)

① MSSC는 직렬 보상되는 커패시터의 양을 기계적 스위칭 동작(차단기)으로
제어하는 반면 TSSC는 사이리스터 동작으로 제어한다는 차이를 갖는다.

② 기계적 차단기를 사이리스터로 교체함으로써 동작시간이 기존 기계적 차단기
에 비하여 상당히 빠르다는 장점이 있다.

③ 기계적 차단기의 찾은 동작으로 인해 발생하는 유지·보수문제도 상당부분
제거할 수 있는 장점이 있다.

(4) TCSC(Thyristor Controlled Series Capacitor)

① $X = X_L - X_C = X_L(1 - S)$로 하여 선로의 임피던스를 축소하도록 선로에 직
렬로 커패시터를 삽입하여 사이리스터(사이리스터 스위칭 시스템)를 제어함
으로써, 리액턴스를 보상한다.

② 계통에서 발생할 수 있는 공진회피를 위해 커패시터에 흐르는 전류값 변화를
통하여 임피던스 보상량을 연속적으로 조정하는 임피던스 제어가 가능하다.

(5) SSSC(직렬 동기 직렬보상기, Static Synchronous Series Compensator)

① SSSC는 전압원 인버터에 의한 직렬 무효전력보상장치이다.

② 기본적인 동작특성은 TCSC와 유사하며, TCSC와 같이 커패시터나 인덕터로
구성된 설비가 아니므로 TCSC보다 넓은 제어범위를 가지며 속응성 또한 우수
하다.

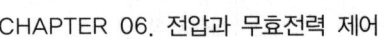

3. 인접발전기와의 문제점 – 차동기 공진현상 발생

(1) 차동기 공진현상이란 전기계통과 기계계통의 공진현상을 말한다.

(2) 전력계통에서의 직렬공진으로 인해 시스템 주파수보다 낮은 주파수에서 공진이 발생할 때 이 저주파의 진동과 발전기 및 터빈의 기계적 진동주파수가 공진되어 발전기나 터빈축의 진동이 확대되는 현상을 말한다.

(3) 규정주파수 이하의 단일 혹은 복수 주파수에서 임의의 한 발전기와 이를 제외한 나머지 전력계통이 에너지를 주고받는 상태로서 이때의 주파수를 차동기주파수 라 한다.

(4) 비틀림 상호작용현상 발생

① 차동기주파수의 진동과 발전기 및 터빈의 기계적 진동주파수가 공진되어 발전기나 터빈축의 진동이 확대되는 현상이 발생한다.

② 터빈–발전기 축에 발생된 진동이 전기적 시스템과 상호작용에 의해 지속되는 현상이다.

③ 차동기 전류로 인한 회전자 토크를 야기하여 회전자토크가 기계적 댐핑에 의해 발생되는 토크보다 클 때 터빈–발전기 축 사이의 진동은 증폭된다.

(5) 과도토크의 증폭이 발생한다.

(6) 유도발전기의 효과가 발생하여 과도한 전기적 진동이 증폭된다.

4. 직렬보상설비 적용 시 인접한 발전기에서 발생할 수 있는 문제점의 해결방안

(1) **직렬보상량의 제한**

일반적으로 50% 미만, SSR 위험이 높을 경우 그보다 작은 값으로 보상할 것

(2) **차동기전류를 제한할 수 있는 필터를 설계하여 적용**

필터의 위치는 발전기와 스텝–업 변압기 사이 또는 직렬커패시터와 병렬로 설치한다.

(3) SSR 현상을 예방하기 위하여 발전기 여자시스템을 개선한다.

(4) 일정 크기 이상의 차동기 성분전류를 감시하거나, 발전기–터빈 축의 속도변화를 감시하여 SSR 진동을 감시하는 보호계전기를 설치하고 진동감지 시 발전기가 탈락하는 보호시스템을 구성한다.

(5) 전력전자소자로 조작되는 설비를 이용해 계통의 유효임피던스를 신속히 제어하여 공진주파수 대역을 회피하도록 한다.

(6) TCSC의 적정설치

신제천 S/S, 신영주 S/S에서 적용 중

① 송전선로의 임피던스 제어 : 계통의 조류 제어 및 안정도 향상

② 송전용량 증대를 위해 계통의 임피던스 보상

③ 속응성 제어 : 저주파 진동현상과 같은 과도현상 제어

④ 직렬보상 : 과도안정도 향상 및 이상현상의 억제

---

081 송전계통의 전력전송능력을 향상시키기 위해 사용되는 다음의 FACTS(Flexible AC Transmission System) 기기들의 동작원리, 적용방법 및 효과를 각각 설명하시오.

1. STATCOM(Static Synchronous Compensator)
2. TCSC(Thyristor Controlled Series Capacitor)
3. UPFC(Unified Power Flow Controller)

data 발송배전기술사 21-123-1-13 / 발송배전기술사 출제예상문제

답안 1. STATCOM(Static Synchronous Compensator)의 동작원리, 적용방법 및 효과

(1) 동작원리 및 적용방법

정지형 동기조상기로 직류충전용 콘덴서로 구동되는 3상 자려식 인버터를 이용하여 무효전력 연속제어(출력전압의 위상＝계통전압의 위상이 동일하도록 함)

① 출력전압 > 계통전압 → 진상 전류 통과로 콘덴서 역할(계통에 진상 무효전력 공급

② 출력전압 < 계통전압 → 지상 전류 통과로 리액터와 같은 유도성 부하 역할(계통에 지상 무효전력 공급)

(2) 효과(전압원 인버터 시스템 적용)

① 모선전압 보상

② 전압안정도 향상

③ 계통동요 억제

④ X, V에 대한 직·병렬 보상

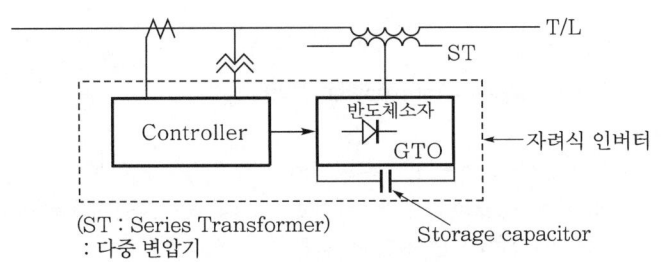

| STATCOM의 구성도 |

2. TCSC(Thyristor Controlled Series Capacitor)의 동작원리, 적용방법 및 효과

(1) 동작원리 및 적용방법

① $X = X_L - X_C = X_L(1 - S)$로 하여 선로의 임피던스를 축소하도록 선로에 직렬로 커패시터를 삽입하여 사이리스터(사이리스터 스위칭시스템)를 제어함으로써, 리액턴스를 보상한다.

여기서, $S : X_C / X_L$로 비율임

② 계통에서 발생할 수 있는 공진회피를 위해 연속적인 임피던스 제어 신제천 S/S, 신영주 S/S에서 적용 중이다.

(2) 효과

① 송전선로의 임피던스 제어 : 계통의 조류 제어 및 안정도 향상

② 송전용량 증대를 위해 계통의 임피던스 보상

③ 속응성 제어 : 저주파 진동현상과 같은 과도현상 제어

④ 직렬보상 : 과도안정도 향상 및 이상현상의 억제

3. UPFC(Unified Power Flow Controller)의 동작원리, 적용방법 및 효과

(1) 동작원리

① 전원단에 설치된 직·병렬 전력변환장치에 의해 단자전압 및 위상각 제어, 단자전압 조정, 단자전압 및 선로의 임피던스를 조정

② 전압원 인버터는 보상전압 투입에 따라 변동되는 무효전력을 공급 또는 흡수할 수 있고, DC 콘덴서를 통하여 유효전력까지 공급소비가 가능한 것으로 V, δ, X의 종합제어

(2) UPFC의 효과

① 전압원 인버터시스템을 적용한 안정도 향상, 위상각 제어, 전압 제어

② 전력조류 제어, δ, V, X에 대한 직·병렬 보상

comment 배점 10점이므로 그림 1개 정도만 기록해서 기록시간을 절약한다.

---

reference

배전용 FACTS 설비(custom power 설비)

(1) 개념

   ① 전력용 반도체소자를 이용하는 FACTS 기술을 배전계통에 적용한 것이다.

   ② 배전계통의 순시전압강하나 Flicker, 고조파 문제 등을 해결하는데 적극적인 활용이 기대되므로 고품질의 전력을 안정적으로 공급할 수 있다.

(2) 주요 배전용 FACTS 설비

구분	D-STATCOM (배전용 STATCOM)	DVR(Dynamic Voltage Regulator : 동적 전압 보상기)
적용방법	병렬	직렬
구성	STATCOM과 유사	SSSC와 유사
응용분야	• 전압 및 고조파 제어 • 역률 제어 • 무효전력 공급 • 전압변동 억제 • Flicker 억제 • 정전보상	• 전압 및 고조파 제어 • 전압변동 억제(전압 불평형 제어) • 전압강하 보상, 전압상승 제어 • Flicker 억제(전압떨림 억제)
단위설치용량	2MVA	2 ~ 10MVA
용량확장	가능	가능

---

082 국내에 적용 중인 FACTS(Flexible AC Transmission System) 설비에 대하여 보상대상, 제어목적, 동작원리 및 특징을 각각 설명하시오.

data 발송배전기술사 19-118-3-5 / 발송배전기술사 출제예상문제

comment 국내는 3종류를 사용하고 '1・2'는 요약해 암기하고 '3・4' 내용은 기록하며 참고는 FACTS 전체 내용이다. 기출문제로 전략분석한 결과 FACTS 관련 문항은 이것으로 전부 해석이 가능하므로, 시험장에서는 출제문제에 맞추어서 이 자료를 각색하면 된다.

답안 1. 개요

(1) 정의

FACTS란 전력용 반도체기술과 제어기술을 이용해 선로임피던스와 전력조류 흐름을 제어하여 계통안정도 향상과 송전용량 극대화를 목적으로 한 가변 교류송전 시스템이다.

(2) 개념도

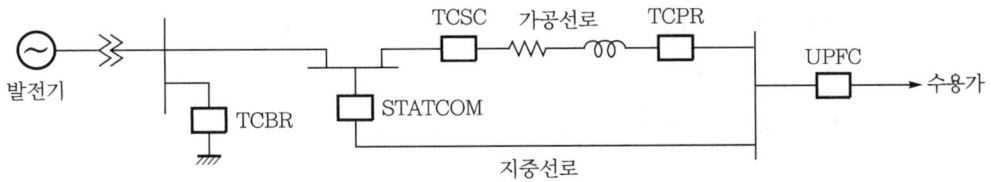

(3) 개발배경

기존의 교류전력 제어시스템으로는 다음의 한계성이 있어 이를 해소할 목적이다.

① 전력제어 곤란

② 전압변동의 해소력 약화

③ 전압안정도 제어곤란

④ 임피던스 제어곤란

⑤ 병렬조류의 불균형

⑥ 계통안정도의 불균형

2. 일반적인 전력계통 특성 개선방안

(1) 전력계통 보상에 의한 송전용량 증대

① 병렬보상-SVC를 이용한 송전전력 증대, $P = 2\dfrac{V^2}{X}\sin\dfrac{\delta}{2}$

② 직렬보상-SC를 이용한 송전전력 증대, $P = \dfrac{V^2}{X_L(1-S)}\sin\delta$

③ 위상각 제어 : 이상기(異相器)를 이용한 송전전력 증대, $P = \dfrac{V^2}{X}\sin(\delta - \alpha)$

(2) 일반적인 안정도 향상 대책

① 과도안정도 향상 : 속응여자기, PSS, SVC, 계통연계기 사용안정도 향상

② 계통동요 억제 : $\dfrac{dw}{dt} = \dfrac{d^2\theta}{dt^2} = \dfrac{w}{M}(P_i - P_n) = \dfrac{w}{M}\left(P_i - \dfrac{V_S V_R}{X}\sin\delta\right)$

3. FACTS의 개념

송전용량의 세가지 영역인 X, V, δ 및 P의 조정개념이다.

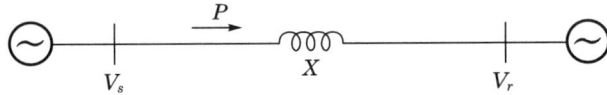

(1) X

리액턴스 조정은 TCSC와 STATCOM으로 직렬 및 병렬 보상

(2) P

발전력의 조정은 TCBR에서 조정

(3) δ

위상각 조정은 TCPR에서 조정(위상각 조정)

(4) V, X, δ의 전체가 종합적으로 제어 가능한 설비는 UPFC이다.

여기서, P : 송전전력[MW], V_S : 송전단 전압[kV], V_R : 수전단 전압[kV]

X : 선로의 리액턴스, δ : 송전단과 수전단 전압의 상차각

4. 국내 FACTS 설비의 적용(국내에 3종류 적용함 : UPFC, STATCOM, SVC)

(1) UPFC(Unified Power Flow Controller, 종합조류제어기)

① 보상대상 및 영역구분 : 위상각(δ) 보상, 전압(V), 리액턴스(X), 제어변수(δ, V), 병렬보상 및 직렬보상

② 제어목적, 기능 : 위상각 제어, 전압 제어, 전력조류 제어, 안정도 향상, SSR 억제

③ 동작원리

㉠ 전원단에 설치된 직·병렬 전력변환장치에 의해 단자전압 및 위상각 제어, 단자전압 조정, 단자전압 및 선로의 임피던스를 조정

㉡ 전압원 인버터는 보상전압 투입에 따라 변동되는 무효전력을 공급 또는 흡수할 수 있고, DC 콘덴서를 통하여 유효전력까지 공급소비가 가능한 것으로, V, δ, X의 종합 제어

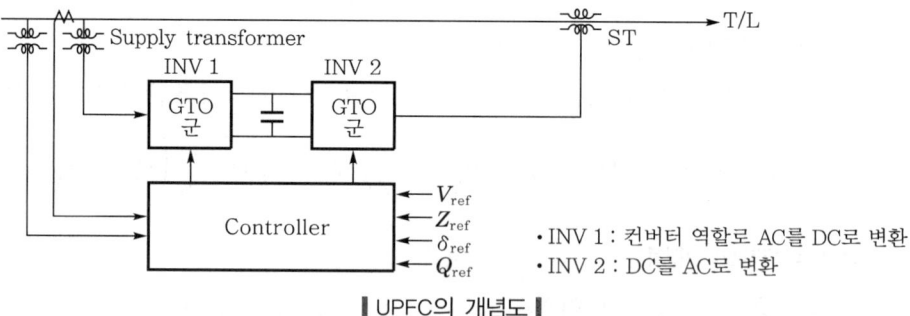

┃ UPFC의 개념도 ┃

④ 특징 : 3가지 파라미터(V, X, δ)의 종합 제어, $V \sim \delta$, $V \sim X$ 등 2가지 동시 조정 가능

⑤ 적용 : 강진 변전소 80MVA

(2) STATCOM(Static Synchronous Compensator, 정지형 동기조상기)

① **보상대상** : 리액턴스(X)(제어변수는 V, 영역구분 – 병렬보상)

② **제어목적** : 전압유지, 안정도 향상, 조류제어

③ **동작원리** : 정지형 동기조상기로 직류 충전용 콘덴서로 구동되는 3상 자려식 인버터를 이용하여 무효전력 연속제어

　㉠ 출력전압의 위상 = 계통전압의 위상이 동일하도록 함

　㉡ 출력전압 > 계통전압 → 진상 전류 통과로 콘덴서 역할

　㉢ 출력전압 < 계통전압 → 지상 전류 통과로 유도성 부하 역할

④ **특징**

　㉠ 장점

　　• 조작신뢰도가 높다.

　　• 진상·지상 무효전력 연속제어, 응답특성이 빠르다.

　　• 과도안정도 향상 기여로 송전용량이 증대하고 에너지 저장능력이 있다.

　　• 설치면적이 작다(SVC의 70%).

　㉡ 단점

　　• 인버터, 컨버터 사용에 따른 고조파 대책이 필요하다.

　　• 대용량 인버터의 가격이 고가이다.

⑤ **적용** : 미금변전소 100MVar, 신제주 50MVar, 한라 50MVar

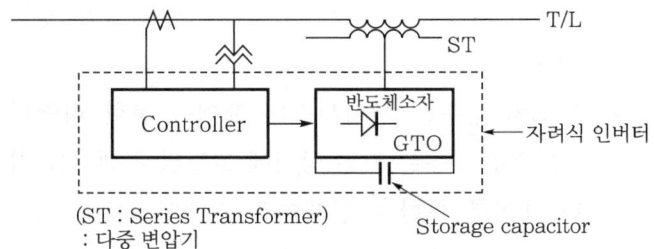

‖ STATCOM의 구성도 ‖

(3) SVC의 보상 대상, 제어목적, 동작원리 및 특징

① **개념** : 전력계통에 병렬로 투입되어 무효전력의 제어를 통해 계통의 전압제어 역할을 한다.

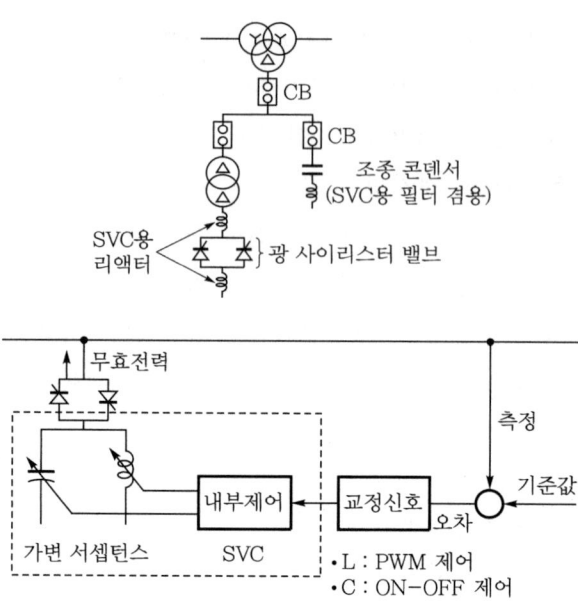

┃ 정지형 무효전력보상기(SVC)의 구성도 ┃

② SVC 보상대상 : 전압

③ SVC 제어목적 : 무효전력 제어를 통한 전압 제어, 역률 개선, 계통의 안정도 향상 송전계통의 유효전력 전송 증대, SSR 억제

④ SVC 동작원리

　ㄱ 고정 Capacitor를 상시 투입상태로 둔다.

　ㄴ TSC의 경우 사이리스터 제어를 통한 스위칭작용을 통해 Capacitor의 ON/OFF 제어

　ㄷ TCR의 경우는 사이리스터 제어를 통한 리액터 크기의 연속 제어

　ㄹ FC-TCR 경우는 TCS 방식에 고정된 콘덴서를 첨가한 방식으로, 사이리스터 제어를 통한 위상제어로 리액터전류를 연속 제어

　ㅁ TSC-TCR 경우는 TSC 방식과 TCR 방식을 혼합한 방식으로, 커패시터는 사이리스터 스위칭하여 단계적 조정, 리액터는 미세하게 조정하여 지상·진상 무효전력을 발생한다.

⑤ SVC의 특징

　ㄱ 전압안정용으로 이용 가능하고 유지·보수가 간단하다.

　ㄴ 여하한 무효전력 부하에 의한 역률개선이 가능하다.

　ㄷ 무효전력제어(진상과 지상)가 연속적이다.

772

ⓔ 상별로 무효전력을 독립적으로 보상하므로, 전압전류의 불평형을 해소한다.

ⓜ 사이리스터 스위칭 제어에 의한 무효전력 제어설비이다.

ⓑ 조작에 제한이 거의 없고, 신뢰성이 높다.

ⓢ 응답특성이 빨라(응답시간 0.02s) Acr로, 롤링, 밀링 등과 같은 변동부하에 의한 플리커를 고속도 감지하여 무효전력을 보상해 준다.

ⓞ 기존의 기계식 차단기를 전력전자 스위칭방식으로 전환한다.

ⓩ 단점

- 커패시터를 사용하므로 저전압 시 무효전력 보상량이 전압의 제곱에 비례하여 감소
- 사이리스터 용량의 한계
- 고속스위칭에 의한 고조파 발생
- 개폐 시 특이현상 발생
- 설치면적이 큼(STATCOM은 SVC 설치면적의 약 70%)

⑥ 적용 : 양주 100MVar, 동서울 200MVar

(4) TCSC(Thyrister Controlled Series Capacitor, 반도체 제어 직렬콘덴서)

① **보상대상 및 영역구분** : 리액턴스(X), 제어변수(X_L), 직렬보상

② **제어 목적, 기능** : 선로의 임피던스 제어, 전력조류 제어, 안정도 향상

③ **동작원리** : $X = X_L - X_C = X_L(1-S)$로 하여 선로의 임피던스를 축소하도록 선로에 직렬로 커패시터를 삽입하여 사이리스터를 제어함으로써, 리액턴스를 보상한다.

④ **특징**

ⓐ 장점

- 투자비가 적고 공기가 짧다.
- 기존 선로에 설치가 용이하다.

ⓑ 단점

- 직렬콘덴서 보상 시 이상전압이 발생한다.
- 선로고장 시 고장전류의 콘덴서 통과에 대한 고장전류 억제장치가 소요된다.
- 보호장치의 보호간극이 방전될 경우 과도안정도가 저하될 수 있다.

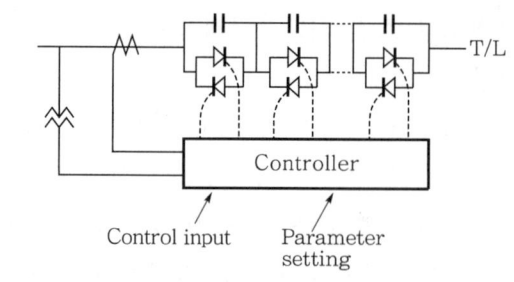

❙ TCSC ❙

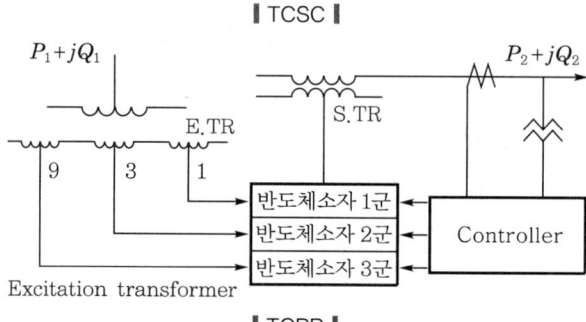

❙ TCPR ❙

⑤ 적용 : 신제천 S/S, 신영주 S/S

> **reference**
>
> 1. TCBR(Thyrister Controlled Braking Resistor, 반도체 제어 제동저항)
>   ① 보상대상 : 송전전력(P)
>   ② 제어목적, 기능 : 계통동요 억제, 과도안정도 향상, SSR 억제
>   ③ 동작원리(과도안정도 향상 메커니즘) : TCBR을 발전기에 설치하여 발전기의 상(相)과 대지 간에
>   접속된 컨덕턴스를 제어하여 가속 중인 발전기군의 에너지를 흡수함으로써 탈조로부터 발전기를
>   보호, 과도안정도가 향상된다.
>   ④ 특징
>   ㉠ 정밀제어 가능
>   ㉡ BREAK 투입 및 차단 자동화
>   ㉢ 제동저항의 임계차단시간 설정 불필요
>   ㉣ 탈조방지 : 송전선의 단락사고 시 발전기에 가해지는 막대한 가속력은 최악의 경우에 발전기의
>   탈조로 이어지는데 TCBR은 이를 방지함
>
>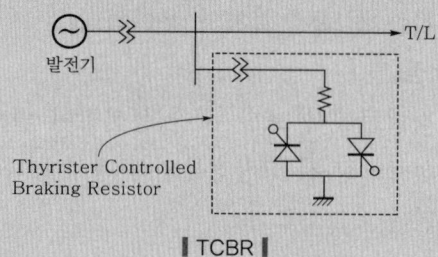
>
> ❙ TCBR ❙

2. TCPR(Thyrister Controlled Phase Angle Regulator, 반도체 제어 위상변환기)

① 보상대상 및 영역구분 : 위상각(δ) 보상, 제어변수(δ)

② 제어목적, 기능 : 위상각 제어, 전력조류 제어, 안정도 향상

③ 동작원리 : 종래의 위상조정변압기의 TAP S/W 제어를 사이리스터 제어방식으로 개선하여, 1 : 3 : 9의 비율의 변압기 권선과 이것을 By pass 시키는 스위칭 장치로 구성시킨 것으로서, 전원단에 위상변환기를 설치하여 위상 조정

④ 특징

㉠ 마모염려 없어 사용빈도는 제한 없음

㉡ 상시 운용 가능

㉢ 사이리스터 제어의 속응성을 이용한 신속한 조류 제어

㉣ 과도안정도 등의 동적인 안정도 제어에 유용

3. SSSC의 개념, 동작원리, 특징, 제어의 목적

① 개념 : 전력계통에 직렬로 투입되어 무효전력 제어를 통해 계통의 전압 제어 역할을 수행

② 동작원리

㉠ 사이리스터 제어를 통해 완전도통 완전차단, 가변모드로 조류 제어하는데 TCSC와 유사한 기본 동작원리를 갖고 있음

㉡ 직렬변압기를 통해 선로전류와 위상차가 90도인 전압을 주입, 무효전력 제어 수행

㉢ 90도 진상 운전 : 용량성 보상으로 선로임피던스 감소효과, 직렬커패시터 동작운전, 전력조류 증가

㉣ 90도 지상 운전 : 유도성 보상으로 선로임피던스 증가효과, 직렬인덕터 동작운전, 전력조류 감소

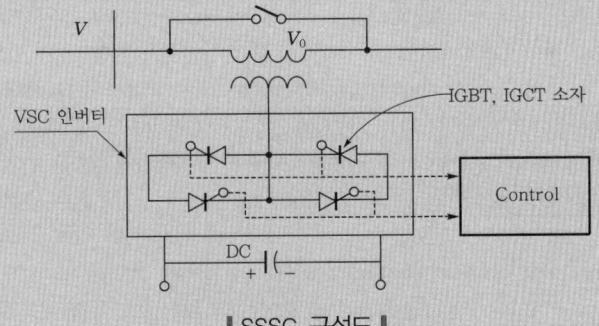

‖ SSSC 구성도 ‖

③ SSSC의 특징

㉠ TCSC보다 넓은 제어범위를 갖고 있고 속응성 우수

㉡ 공진문제가 없음(TCSC는 공진문제가 있음)

㉢ 커패시터와 인덕터 Mode의 동일한 동작구간 제공

㉣ 장거리 송전선로의 보상과 방사상 선로 말단에서 전압 보상

㉤ 유효전력 순환방지 및 최적 전력 제어

㉥ 선로전류와 무관 & 무효전압 제어

㉦ 과도안정도 및 동적 안정도 향상이 필요한 곳에 적용

④ SSSC 제어 목적
　㉠ 정상상태
　　• 유효전력 조류 제어
　　• 송전선로의 임피던스 제어에 의한 직렬 보상
　㉡ 과도상태 : 계통 임피던스 제어에 의한 과도안정도 향상

4. FACTS 설비종류별 특성비교 요약

comment 시험에 자주 나오는 내용으로 표를 결론에 기록하면 고득점이 가능하다.

FACTS 설비종류	FACTS 주요 기능과 시스템	직·병렬 보상구분	보상 대상
UPFC (Unified Power Flow Controller : 종합조류제어기)	(전압원 인버터 시스템) 안정도 향상, 위상각 제어, 전압 제어, 전력조류 제어,	직·병렬 보상	δ, V, X
STATCOM (Static Synchronous Compensator : 정지형 동기직렬 보상장치)	(전압원 인버터시스템) 안정도 향상, 전압 유지,	직·병렬 보상	X, V
SVC (Static Var Compensator : 정지형 무효전력보상장치)	(사이리스터 스위칭 시스템) 전압 유지	병렬 보상	V
TCBR (Thyristor Controlled Braking Resistor : 사이리스터 제어 제동저항)	(사이리스터 스위칭 시스템) 안정도 향상, 계통동요 억제	병렬 보상	P
TCSC (Thyristor Controlled Series Capacitor : 사이리스터 제어 직렬커패시터)	(사이리스터 스위칭 시스템) 안정도 향상, 임피던스 제어, 전력조류 제어	직렬 보상	X
TCPR (Thyristor Controlled Phase Angle Regulator : 사이리스터 제어 위상변환기)	(사이리스터 스위칭 시스템) 안정도향상, 위상각 제어, 전력조류 제어	직렬 보상	δ, V, X
SSSC (Static Synchronous Series Compensator : 정지형 동기직렬 보상장치)	(전압원 인버터 시스템) 전력조류 제어, 임피던스 제어, 안정도 향상	직렬 보상	X

* 우리나라는 UPFC, STATCOM, SVC, TCSC를 현재 적용 중이다.

SECTION **06** $P - V$ 곡선과 $I - V$ 곡선 및 전압안정도

083 부하전류와 수전단전압과의 관계인 $I - V$ 곡선과 송전전력과 수전단전압과의 관계인 $P - V$ 곡선을 이용하여 안정운전영역과 최대 송전가능점을 표기하고 그 이유를 설명하시오.

data 발송배전기술사 20-120-4-4 / 발송배전기술사 출제예상문제

답안 1. 전력과 전압의 관계를 나타낸 $P_r - V_r$ 곡선을 이용한 안정운전영역과 최대 송전가능점

1대 1 모델계통을 활용한 $P - V$ 곡선 해석은 다음과 같다.

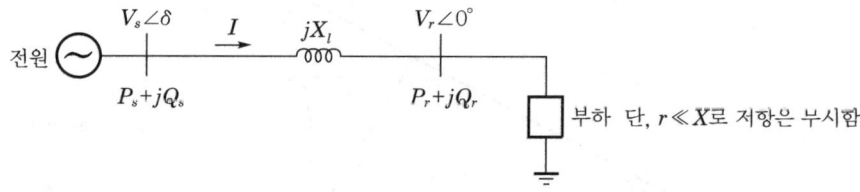

┃ 모델계통 ┃

(1) 송전전류 $I = \dfrac{\dot{V}_s - \dot{V}_r}{jX_l}$ .... 식 1)

(2) 부하에 공급되는 전력

$$P_r + jQ_r = \dot{V}_r \cdot \dot{I}_r^* = \dot{V}_r \cdot \left(\frac{\dot{V}_s - \dot{V}_r}{j X_l} \right)^*$$

$$= j \left\{ \frac{(V_s \angle -\delta)\dot{V}_r - \dot{V}_r^{\,2}}{X_l} \right\}$$

$$= j \left\{ \frac{V_s (\cos\delta - j\sin\delta) V_r - V_r^{\,2}}{X_l} \right\}$$

$$= \frac{V_s V_r}{X_l} \sin\delta + j \left(\frac{V_s V_r \cos\delta - V_r^{\,2}}{X_l} \right) \quad \cdots\cdots\cdots\cdots\cdots\cdots 식 2)$$

① 부하에 공급되는 유효전력 : $P_r = \dfrac{V_s V_r}{X_l} \sin\delta$ .... 식 3)

② 부하에 공급되는 무효전력 : $Q_r = P_r \tan\delta = \dfrac{V_s V_r \cos\delta - V_r^{\,2}}{X_l}$ ········· 식 4)

(3) 식 3)을 식 4)에 대입하여 정리하면

$$\frac{V_s V_r}{X_l}\sin\delta \cdot \tan\theta_r = \frac{V_s V_r}{X_l}\sin\delta \cdot \left(\frac{\sin\theta_r}{\cos\theta_r}\right) = \frac{V_r}{X_l}(V_s\cos\delta - V_r) \quad \text{········· 식 5)}$$

즉, $\dfrac{V_s V_r}{X_l}\sin\delta \cdot \tan\theta_r = \dfrac{V_r}{X_l}(V_s\cos\delta - V_r)$

$\therefore\ V_s \cdot \sin\delta \cdot \tan\theta_r = V_s - V_r$

별해

벡터도에 의한 수전단전압 산출

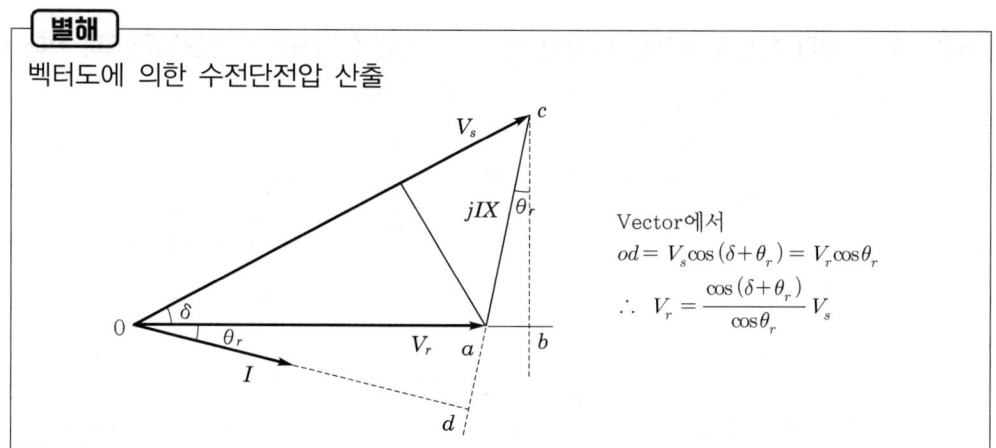

Vector에서
$od = V_s\cos(\delta + \theta_r) = V_r\cos\theta_r$
$\therefore\ V_r = \dfrac{\cos(\delta + \theta_r)}{\cos\theta_r}V_s$

(4) 수전단전압

$$V_r = V_s(\cos\delta - \sin\delta \cdot \tan\theta_r) = V_s\left(\frac{\cos\delta\cos\theta_r - \sin\delta\sin\theta_r}{\cos\theta_r}\right)$$

$$= V_s \cdot \frac{\cos(\delta + \theta)}{\cos\theta_r} \quad \text{··· 식 6)}$$

(5) 수전단전력

식 6)을 식 3)에 대입하면

$$P_r = \frac{V_s V_r}{X}\sin\delta = \frac{V_s\cos(\delta + \theta_r)}{X\cos\theta_r} \cdot V_s\sin\delta = \frac{\cos(\delta + \theta_r) \cdot \sin\delta}{\cos\theta_r}\times\frac{V_s^{\,2}}{X}$$

··· 식 7)

(6) 식 6), 7)로부터 $P_r - V_r$ 곡선을 그리면 다음 그림처럼 된다.

778

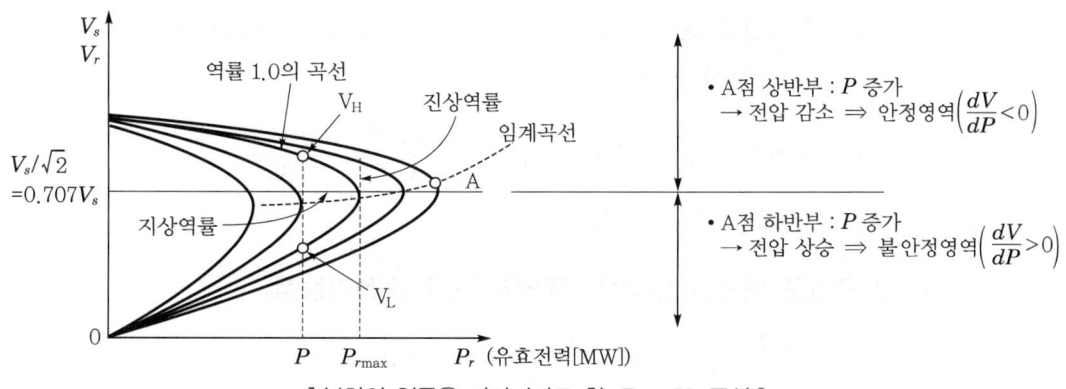

▌부하의 역률을 파라미터로 한 $P_r - V_r$ 곡선 ▌

(7) 안정영역

① $\dfrac{dV_r}{dP_r} < 0$: 미소부하 증가 → 미소전압 감소 → 부하 감소 → 다시 전압 증가,

원전압 회복

② 계통전압 감소로 부하전력도 감소함

(8) 안정한계점(최대 수전전력)

① $\dfrac{dV_r}{dP_r} = 0$, 전압붕괴점, 최대 수전전력점

② 역률이 1이고($\theta = 0$), 상차각(δ)이 45도이면

$$V_r = \frac{\cos(\delta + \theta_r)}{\cos\theta_r} V_s = \cos\delta\ V_s = \frac{1}{\sqrt{2}}\ V_s$$

$$P_r = \frac{V_s V_r}{X_l} \sin\delta = \frac{\cos(\delta + \theta_r) \cdot \sin\delta}{\cos\theta_r} \times \frac{V_s^2}{X} = \frac{1}{2}\sin(2\delta)\frac{V_s^2}{X}$$

$$= \frac{1}{2}\sin(2 \times 45°)\frac{(\sqrt{2}\ V_r)^2}{X} = \frac{V_r^2}{X}$$

(9) 불안정영역

① $\dfrac{dV_r}{dP_r} > 0$: 미소부하 감소 → 미소전압 감소 → 부하 감소 → 전압 감소, 불안정

② 예시 : 계통에서 전압강하가 10% 발생 시 23%의 추가적인 무효전력 공급이

필요함

㉠ $P = V \times I = 1.0\,\mathrm{pu}$에서 일정 전력부하이면

$P = 0.9\,V \times I = 1.0\,\mathrm{pu}$에서 전류 I는 11% 상승

    ⓒ 무료전력 손실 : $Q_{loss} = I_1^2 X = (1.11 I)^2 X \fallingdotseq 1.23 I^2 X$

      → 손실이 23% 증가

    ⓒ 커패시터 용량 : $Q_c = \dfrac{V_1^2}{X} = \dfrac{(0.9 V)^2}{X} = \dfrac{0.81 V^2}{X}$

      → 19% 용량의 감소

2. $V-I$ 곡선을 이용한 안정운전영역과 최대 송전가능점

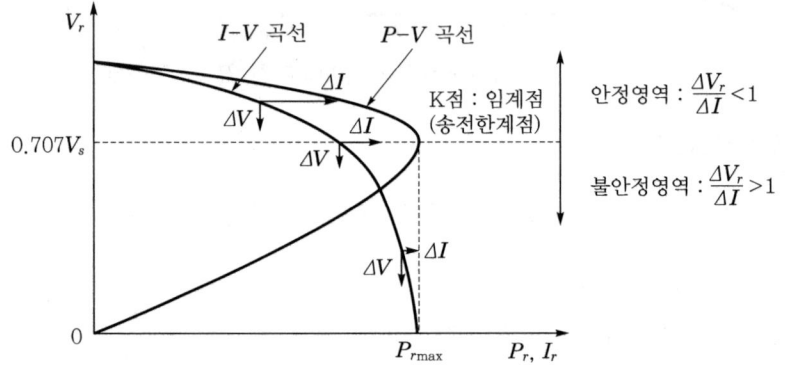

‖ $I-V$ 곡선과 $P-V$ 곡선의 비교 ‖

(1) K점은 $\dfrac{\Delta V_r}{\Delta I} = 1$인 점으로 송전한계점이다.

(2) K점 보다 위의 영역은 전압 저하보다 전류 증가가 더 크므로 부하 증가에 대응하여 전력계통이 전력을 전송할 수 있는 능력이 충분하다.

(3) 반면 K점 아래 영역에서는 전류의 변화량보다 전압의 변화량이 커지면서 불안정한 계통이 된다. 이때, 전력계통이 전력전송능력 한계를 벗어난다.

(4) 부하증가가 없어도 송전손실 때문에 전압강하가 발생하므로 안정운전을 할 수 없다.

3. $Q-V$ 곡선을 이용한 안정운전영역과 최대 송전가능점

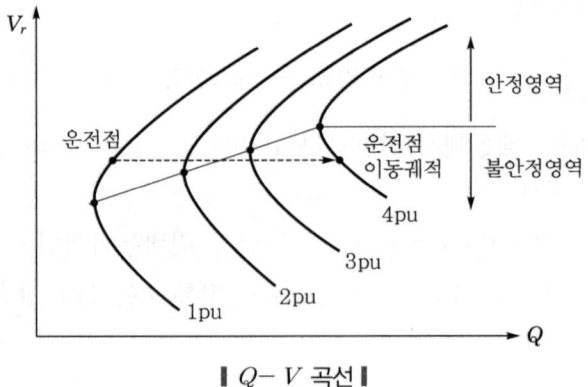

‖ $Q-V$ 곡선 ‖

(1) 무효전력 소비는 급증하는 특성을 보인다. 특히 냉방부하의 경우 조건이 되면 급격히 증가 → Q(무효전력) 송전능력 부족 발생

(2) 계통공급점(운전점)은 Q의 증가를 추종하지 못해 불안전 영역으로 이동한다.

(3) $\dfrac{dV_r}{dP_r} > 0$: 안정, $\dfrac{dV_r}{dP_r} < 0$: 불안정

084 전압안정도를 $P-V$ 곡선을 이용하여 설명하시오.

(data) 발송배전기술사 19-117-3-5 · 15-108-1-4 / 발송배전기술사 출제예상문제

답안 **1. 전압안정도**

(1) 정의

전압안정도는 부하의 전압특성에 의한 수전단전압의 일정 여부를 취급하는 것으로, 국부적인 특성이 있으며 무효전력과 전압과의 관계인 $Q \sim V$에 기인한다.

(2) 전압안정도의 해석법

① 정태안정도 수식을 통한 $P-V$ 곡선에 의한 해석

② 모델계통을 통한 $P-V$ 곡선에 의한 해석

③ 정태안정도 수식을 통한 $Q-V$ 곡선에 의한 해석

(3) 전압안정도 악화요인

계통의 $Q-V$ 컨트롤 능력부족, 부하의 전압의존 특성, 조상설비 용량부족, 조상설비(전압조정기 포함)의 협조능력부족

(4) 전압안정도를 제어하는 방법

발전기의 AVR, 변압기의 TAP 제어, VQC(V ~ Q Control) 장치에 의한 조상설비의 개폐, 부하의 동특성 등

2. 부하단에서의 전력과 전압의 관계를 나타낸 $P_r - V_r$ 곡선

1대 1 모델계통을 활용한 $P - V$ 곡선 해석은 다음과 같다.

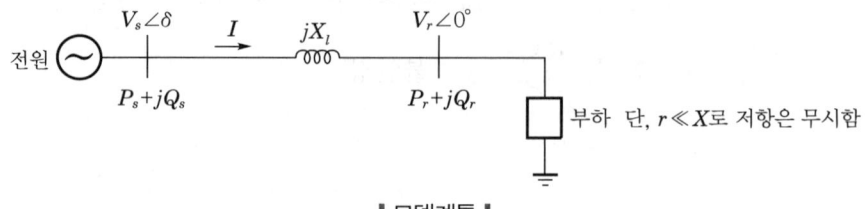

┃ 모델계통 ┃

(1) 송전전류 $I = \dfrac{\dot{V}_s - \dot{V}_r}{jX_l}$ ··· 식 1)

(2) 부하에 공급되는 전력

$$P_r + jQ_r = \dot{V}_r \cdot \dot{I}_r^* = \dot{V}_r \cdot \left(\frac{\dot{V}_s - \dot{V}_r}{jX_l}\right)^*$$

$$= j\left\{\frac{(V_s \angle -\delta)\dot{V}_r - \dot{V}_r^2}{X_l}\right\}$$

$$= j\left\{\frac{V_s(\cos\delta - j\sin\delta)V_r - V_r^2}{X_l}\right\}$$

$$= \frac{V_s V_r}{X_l}\sin\delta + j\left(\frac{V_s V_r \cos\delta - V_r^2}{X_l}\right) \quad\text{··············· 식 2)}$$

① 부하에 공급되는 유효전력 : $P_r = \dfrac{V_s V_r}{X_l}\sin\delta$ ································ 식 3)

② 부하에 공급되는 무효전력 : $Q_r = P_r \tan\delta = \dfrac{V_s V_r \cos\delta - V_r^2}{X_l}$ ········· 식 4)

(3) 식 3)을 식 4)에 대입하여 정리하면

$$\frac{V_s V_r}{X_l}\sin\delta \cdot \tan\theta_r = \frac{V_s V_r}{X_l}\sin\delta \cdot \left(\frac{\sin\theta_r}{\cos\theta_r}\right) = \frac{V_r}{X_l}(V_s\cos\delta - V_r) \quad\text{········· 식 5)}$$

즉, $\dfrac{V_s V_r}{X_l}\sin\delta \cdot \tan\theta_r = \dfrac{V_r}{X_l}(V_s\cos\delta - V_r)$

$\therefore V_s \cdot \sin\delta \cdot \tan\theta_r = V_s - V_r$

(4) $V_r = V_s (\cos\delta - \sin\delta \cdot \tan\theta_r) = V_s \left(\dfrac{\cos\delta\cos\theta_r - \sin\delta\sin\theta_r}{\cos\theta_r} \right)$

$\qquad = V_s \cdot \dfrac{\cos(\delta + \theta)}{\cos\theta_r}$ ·· 식 6)

(5) 식 6)을 식 3)에 대입하면

$$P_r = V_s{}^2 \frac{\cos(\delta + \theta_r)}{X_l \cos\theta_r} \cdot \sin\delta = \frac{V_s{}^2 [\cos(2\delta + \theta_r) - \sin\theta_r]}{2X_l \cos\theta_r} \quad \text{············· 식 7)}$$

(6) 식 6), 식 7)로부터 $P_r - V_r$ 곡선을 그리면 다음 그림처럼 된다.

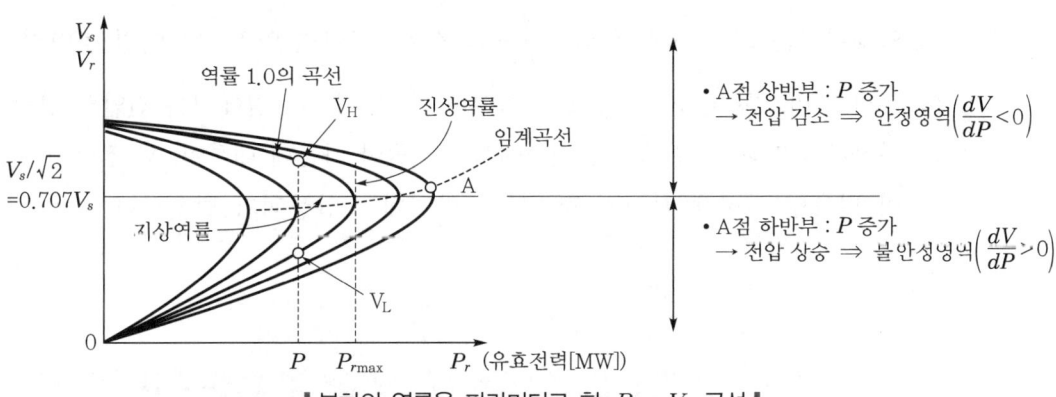

‖ 부하의 역률을 파라미터로 한 $P_r - V_r$ 곡선 ‖

3. 부하의 역률에 따른 전압안정도 설명

(1) 그림와 같이 역률 1에서의 최대 수전전력은 $P = \dfrac{V^2}{Z}$ 에서 $\dfrac{V_s{}^2}{2X_l}$ 으로 되나, 볼록 튀어난 부분인 임계점 근방이라서 수전단전압(V)이 불안정해진다.

$\qquad \therefore \ P_r = \dfrac{V_s V_r}{x} \sin\delta = \dfrac{V_s \cos(\delta + \theta_r)}{X\cos\theta_r} V_s \sin\delta = \dfrac{V_s{}^2 [\sin(2\delta + \theta_r) - \sin\theta_r]}{2X_l \cos\theta_r}$ 이다.

따라서, 역률에서 최대 수전전력은 $\dfrac{V_s{}^2}{2X_l}$ 이 된다.

(2) 이와 같이 부하역률에 따라 여러 가지의 $P - V$ 곡선이 나타나며, 역률 1.0일 때 곡선은 다음 그림과 같으며, 임의 P에 대하여 V_r은 V_H와 V_L의 두 가지 값을 취할 수 있는데, 일반적으로 V_s를 안정근, V_L을 불안정근으로 부르며, 그림 에서 점선부분은 불안정영역이다.

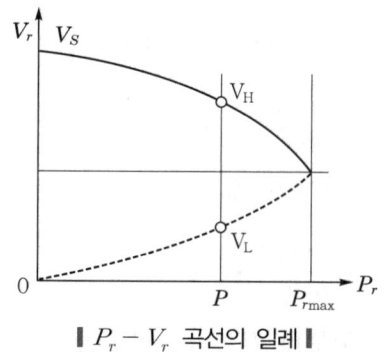

❚ $P_r - V_r$ 곡선의 일례 ❚

(3) 안정판별은 그 운전점에서의 $\dfrac{dV}{dP}$ 의 값이 '−'이면 안정, '+'이면 불안정이다.

(4) 부하의 미소한 감소 ΔP_r 또는 ΔQ_r이 있을 때, V_H점에서는 전압의 상승으로 부하가 증가하고, 원래의 운전점에서는 되돌아 가는데 대하여, V_L점에서는 전압이 더욱더 저하해 부하가 감소하여 마침내 전압붕괴가 발생한다.

---

085 전력계통의 전압안정도에 대하여 다음을 설명하시오.
1. 모델계통 활용 $P-V$ 곡선 유도 및 해석
2. $I-V$ 곡선 및 $Q-V$ 곡선에 의한 전압안정도 해석
3. 전압안정도 향상 대책

(data) 발송배전기술사 23-130-3-6 / 발송배전기술사 출제예상문제

답안 1. 모델계통 활용 $P-V$ 곡선 유도 및 해석

＊Chapter 06 - 문제 083의 답안 '1.' 내용을 참조한다.

2. $I-V$ 곡선 및 $Q-V$ 곡선에 의한 전압안정도 해석

(1) $I-V$ 곡선에 의한 전압안정도 해석

① 부하전류 증가 시 전압은 저하

② 안정도 판단

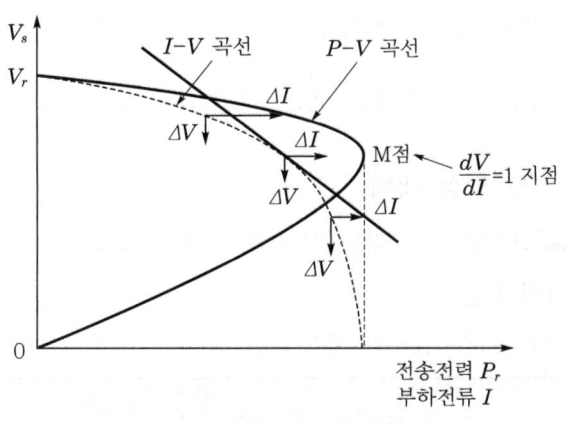

┃ $P-V$ 곡선 및 $I-V$ 곡선 ┃

　㉠ M점 : 전압안정도 한계로, $\dfrac{\Delta V}{\Delta I}=1$인 점

　㉡ M점 상부영역 : 안정영역

　　• $\dfrac{\Delta V}{\Delta I}<1$

　　• 전압강하보다 전류증가가 커서 계통이 에너지 전송 가능함

　㉢ M점 하부영역 : 불안정영역

　　• $\dfrac{\Delta V}{\Delta I}>1$

　　• 전압강하보다 전류증가가 작아 계통이 에너지 전송 불가함

(2) $Q-V$ 곡선에 의한 전압안정도 해석(안정운전영역과 최대 송전가능점)

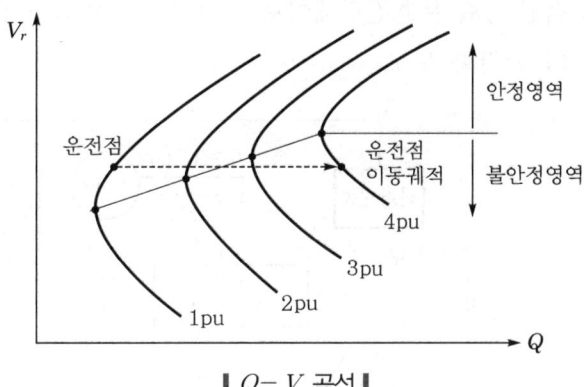

┃ $Q-V$ 곡선 ┃

　① 무효전력 소비는 급증하는 특성을 보인다.

　　특히 냉방부하의 경우 조건이 되면 급격히 증가 → Q(무효전력) 송전능력
　　부족 발생

② 계통공급점(운전점)은 Q의 증가를 추종하지 못해 불안전 영역으로 이동한다.

③ $\dfrac{dV_r}{dP_r} > 0$: 안정, $\dfrac{dV_r}{dP_r} < 0$: 불안정

3. 전압안정도 향상 대책

comment 전압안정도 대책 관련 문항이 출제 시 종합적으로 이 부분을 기록하여 마무리하도록 한다.

(1) 설비의 증강

전기적 거리 감소 + 조상설비 확충

분류	방법	비고

전기적
거리감소
	• 전원의 적정 배치
	• 수요지 인근에 대규모 전원 확충
	• 송전선의 증강으로 임피던스 저하
	   – 굵은 도체·복도체(다도체 송전)
	   – 다회선 송전방식
		병렬회선 증가

조상설비
보강(확충)
	• SVC, 동기조상기 등 적응성 있는 무효전력 공급
	  원 확충
	• 전력용 콘덴서의 증설/리액터 확충(345변전소에
	  설치)
	• 전압의 직접 제어 : ULTC, LRC 등
		FACTS 설비
		(STATCOM, UPFC,
		SSSC)
		조류인 $P \pm jQ$에서
		$\pm jQ$를 조정공급

(2) 설비운용의 고도화, 선진화

① 하계 중부하 시 수요지 인근의 발전소 전원정지 최소화

② $Q-V$ 종합제어시스템 적용 : 발·변전소 Tap 고속제어, AVR 등 계통의 전체적인 종합 무효전력제어로 다수의 발·변전소 간 협조제어를 통해 계통전압의 안정화 도모

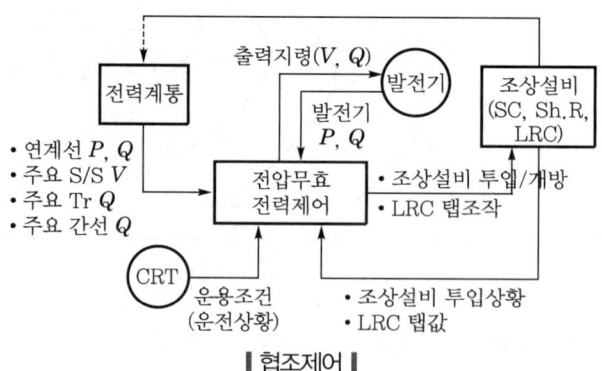

┃협조제어┃

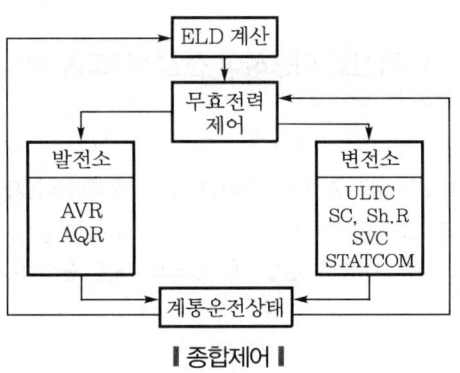

┃ 종합제어 ┃

③ 설비의 공급전압을 가능한 높게 유지(5% 정도 높게 운영)

계통전압이 격상하면 $\Delta V = \dfrac{QX}{V_r}$ 이므로 V_r을 상승시키면 전압강하 감소됨

④ DSM의 유효한 운용관리 직·간접 부하제어를 통해 최대 수요 억제

⑤ 계통사고 시 전압강하가 적도록 계통 유지 : 고속도 재폐로, 발전소의 초속응여자방식 채용

(3) 승압

가장 적극적인 방법으로 승압하면 대부분의 불안정 대책으로 적용이 가능하다.

(4) IT를 이용한 계통감시 및 제어

Smart-Fld(real time 감시 + 제어)

(5) 계통전압의 적정분배

154kV, 345kV 계통의 적정분배

(6) 수요예측기법의 정밀도 제고

수요변화에 대한 계통안정도는 신속히 점검

(7) 송전선로 수송전력의 역률을 1.0 근처로 유지하기 위해 다음 사항을 시행한다.

① $P-V$ 곡선에서 알 수 있듯이 역률이 지상으로 나빠지면 전압붕괴의 가능성은 커진다.

② 따라서, 수송전력의 역률을 높게 조정하여 전압붕괴를 방지할 수 있게 한다.

③ 부하의 역률개선

④ 부하점에 콘덴서 설치

(8) 기타 : ESS

086 $P-V$ 곡선 및 $Q-V$ 곡선을 이용하여 전압안정도를 해석하고, 전압안정도 향상대책을 설명하시오.

data 발송배전기술사 23-129-2-3 / 발송배전기술사 출제예상문제

comment 120회에서도 유사한 문제가 출제되었고 향상 대책을 추가해서 재출제된 문항이다. 전압안정도 향상 대책의 완전 해설이므로 매우 중요하다.

답안

1. 개요

(1) 최근 소비전력 증가, 하절기 냉방부하 급증으로 계통 불안정, 예비율 저하, 안정도 저하 등 여러 가지 문제가 발생한다.

(2) 안정도 분류

① 전압안정도 : 국지적 성질

② 위상각 안정도 : 전체적 성질

(3) 전압안정도의 개념

부하의 전압-전력 특성에 따른 수전단전압의 안정성 정도

2. 전압안정도의 악화요인

(1) 계통의 $Q-V$ Control 능력부족

① 전압강하와 무효전력의 관계식

$$\Delta V = E_S - E_R \coloneqq I(R\cos\theta + X\sin\theta) \coloneqq \frac{QX}{E_r}$$

(실제 계통에서는 $X \gg R$이어서 X만을 고려한 것임)

② 전압강하는 무효전력 Q 영향에 의하므로 계통의 $Q-V$ Control 능력부족은 전압안정도에 영향을 많이 주고 있다.

(2) 중부하 시 전압강하

전압강하의 물리적 현상에 의하여 급격한 부하증가 시 전압붕괴현상 초래에 의한 전압안정도 악화

(3) 조상설비의 용량 부족

(4) 하절기 냉방부하 증가로 인한 전압안정도 악화

냉방부하는 유도전동기가 대부분으로 저역률 부하이므로 냉방부하의 급증은 무효전력 소요의 급증으로 이어져 조류 증가 → 전압 강하 → 악순환 → 전압 붕괴 → 전압안정도 저하로 이어짐

(5) 전압조정기의 협조능력의 불충분에 기인한 것

3. $P-V$ 곡선을 이용한 전압안정도 해석

＊Chapter 06 – 문제 083의 답안 '1.' 내용을 참조한다.

4. $Q-V$ 곡선을 이용한 전압안정도 해석(안정운전영역과 최대 송전가능점)

＊Chapter 06 – 문제 083의 답안 '3.' 내용을 참조한다.

5. 전압안정도 향 상대책

＊Chapter 06 – 문제 085의 답안 '3.' 내용을 참조한다.

comment 전압안정도 대책 관련 문항 출제 시 종합적으로 이 부분을 기록하여 마무리하도록 한다.

memo

CHAPTER

07

전력계통의
공급신뢰도와 운영

SECTION **01** 사고파급과 대책

087 대용량 발전기나 송전간선이 인적 실수 또는 뇌해 등에 의한 돌발사고로 계통에서 탈락되었을 경우 계통에 발생되는 문제점과 이의 예방대책을 기술하시오.

1. 미국동부 대정전 사태와 관련한 예방대책에 대한 주안점을 논하시오.
2. 운전 중인 대용량 발전기가 돌발사고로 계통에서 탈락되었을 때 계통에 발생되는 문제점과 이의 예방대책을 기술하시오.
3. 연속적인 동기탈조가 전력계통에서 발생하는 원인과 전력계통 안정화 대책을 기술하시오.
4. 계통용량에 비하여 대용량의 전원이 계통으로부터 갑자기 탈락되었을 때 발생하는 계통현상 및 문제점과 이의 방지책에 대하여 논하시오.

data 발송배전기술사 출제예상문제
comment 1980 ~ 2008년도까지 4회 이상 출제되었다.

답안 1. 개요

(1) 최근 전원의 대용량화, 원격편재, 송전선의 장거리화 등으로 인해 복잡화된 전력계통의 고장발생 시(운전 중인 대용량 발전기의 탈락사고) 정전이 나타난다.
　① 주파수 저하
　② 계통의 동기탈조
　③ 연계선로의 과부하
　④ 계통의 안정도 저하 등으로 전압붕괴현상 발생으로 이어질 우려가 있다.
(2) 더욱 악순환현상이 진행되면 계통 전체의 확대파급으로 대정전이 우려된다.
(3) 따라서, 이에 대한 종합적인 원인검토와 대책을 세워 전기품질 유지에 노력해야 한다.

2. 대용량 발전기가 돌발적 사고로 계통에서 탈락된 경우 문제점

(1) 주파수 저하
　① 전력수급의 불균형으로 인한 발전력의 주파수 특성에 따라 주파수 저하
　② 이때, 발전측 계통정수는 $K_g = -\dfrac{\Delta P}{\Delta F}$ [MW/Hz]

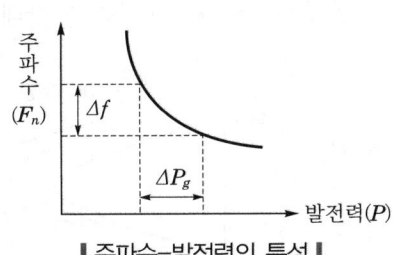

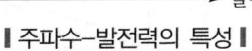

■ 주파수-발전력의 특성 ■

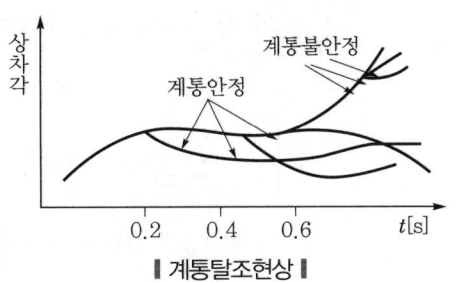

■ 계통탈조현상 ■

(2) 동기탈조와 안정도 저하

① 계통의 동요방정식

$$\frac{d^2\delta}{dt^2} = \frac{d\omega}{dt} = \frac{\omega}{M}(P_i - P_n) = \frac{\omega}{M}\left(P_i - \frac{V_s V_r}{X}\sin\delta\right)[\mathrm{rad/s^2}]$$

여기서, $M = J\omega^2$: 관성정수[J]

$\Delta P = \omega \cdot \Delta T$: 전력의 변화량[W]

P_i : 원동기로부터의 기계적 입력

P_n : 발전기출력

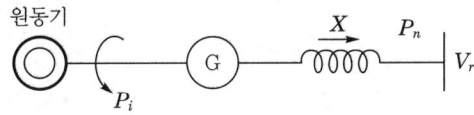

② 계통에 접속된 타 발전기의 부하가 갑자기 커지게 되면 입·출력차에 의해 발전기는 감속, 관성과 조속기에 의해 감속과 가속을 반복한다.

③ 너무 큰 변화일 때는 진폭과 상차각이 크게 되어 계통의 안정도 저하 및 동기 운전 불가능으로 위의 그림과 같이 동기탈조가 된다. 즉, 상차각의 진동 → 악화 → 계통안정도 저하

(3) 계통조류의 급변으로 인한 건전한 계통의 과부하 발생

계통의 전력조류가 크게 변동되어 특정 연계선 또는 계통 간 연락선을 과부하 시킨다.

(4) 전압안정도 저하에 수반된 전압붕괴현상

① 계통사고, 부하상실, 탈조 등으로 인해 계통에서 급격한 부하증가와 같은 외란이 발생하여 계통전압 강하 → 손실 발생 → 선로전류 증가 등의 악순환으로 상기 그림과 같은 전압붕괴현상이 발생될 우려가 있다.

② 무효전력 수급 불균형으로 인한 계통전압 저하, 손실발생, 선로전류 증가 등의 악순환으로 전압붕괴현상이 발생한다.

③ 앞과 같은 내용을 1기 무한대 계통으로 간단히 해석하면 아래 그림과 같다.

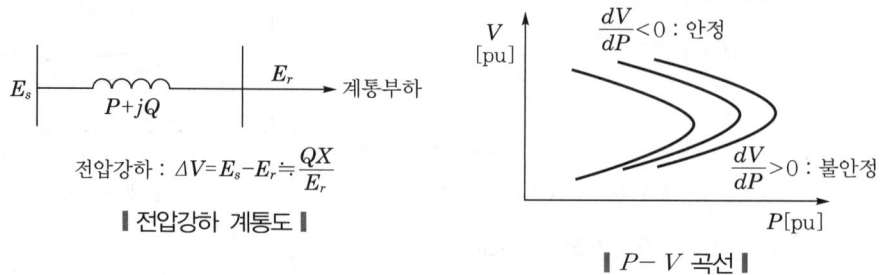

전압강하 : $\Delta V = E_s - E_r \fallingdotseq \dfrac{QX}{E_r}$

‖ 전압강하 계통도 ‖

‖ $P-V$ 곡선 ‖

3. 대용량 발전기가 계통에서 탈락 시의 대책

(1) 주파수 저하보호

① 계통 UFR 방식 채용 : 주파수의 이상 저하에 대한 일부 부하를 계통에서 일시 탈락시키는 자동부하 차단방식을 적용한다(사용계전기 : UFR). 단, 규정주파수는 60 ± 0.1Hz이다.

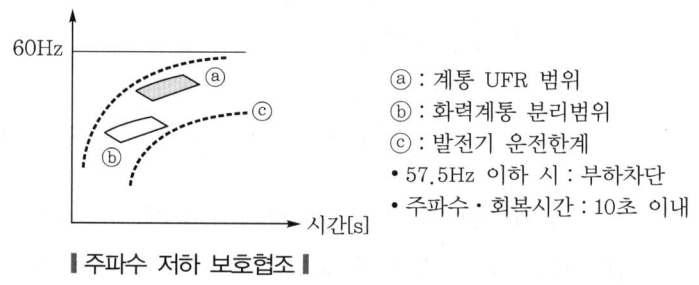

ⓐ : 계통 UFR 범위
ⓑ : 화력계통 분리범위
ⓒ : 발전기 운전한계
• 57.5Hz 이하 시 : 부하차단
• 주파수·회복시간 : 10초 이내

‖ 주파수 저하 보호협조 ‖

② 순동예비력에의 제어효과가 발생되는 10초 이하에는 58Hz 이상 60Hz까지 회복시킨다(단, 이때 순동예비력 전 계통의 3% 이상 확보 요함).

③ 이때, 59cycle 이상으로 유지하고자 할 경우의 최적 부하제한방식의 결정은 다음과 같다.

  ㉠ 과부하율 20%에서는 소요차단부하량 11.0%

  ㉡ 30% 과부하율에는 17.5%의 부하차단이 필요함

④ 화력 계통분리방식

  ㉠ 국지 화력계통의 주간선과 분리

  ㉡ 분리조건

    • 57.0Hz 이하일 경우의 분리시한 정정은 2.0초

    • 57.5Hz 이하일 경우의 분리시한 정정은 10초

    • 58.0Hz 이하일 경우의 분리시한 정정은 30초

(2) 동기탈조보호

① 계통안정화 설비구축 : FACTS, SVC, HVDC, PSS, 계통연계

② 탈조 미연 방지장치의 활용

㉠ δ(예측치) > δ(limit)이면, 계통안정

㉡ δ(예측치) < δ(limit)이면, 탈조 우려로 전송차단

③ 탈조분리보호방식 채용

㉠ 계통 내에 탈조 발생 시 탈조계전기로 검출

㉡ 계통을 분리하고 전계통에 파급방지

㉢ 계통의 우선순위에 따른 하위급 계통부하(배전 D/L의 붕괴임)를 분리시킴

④ 계통안정화설비 사용 : FACTS 적용, SVC 가동, HVDC, PSS 가동 등

(3) 과부하 보호

① 전원제한, 부하제한

㉠ 1단계 : A계통 증발

㉡ 2단계 : B계통 부하 억제

㉢ 3단계 : A계통 발전 억제

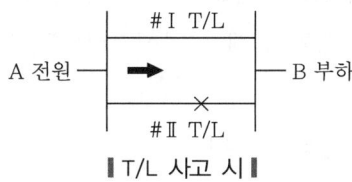

┃T/L 사고 시┃

② 전력조류의 조정 : 모선변환 등으로 조류를 조정한다.

(4) 전압안정도 향상

① 단기대책

㉠ 계통의 고전압 운전

㉡ 전력구매의 증가

② 장기대책

㉠ 송전선로 임피던스 경감 : 복도체 사용, 다회선 송전, FACTS 설비채용

㉡ 협조제어방식 도입(다음 그림 참조)

㉢ 고속도 재폐로방식 채용

㉣ 계통전압 적정분배

㉤ 수요예측기법의 정밀도 제고

㉥ 수용가부하의 직접 제어

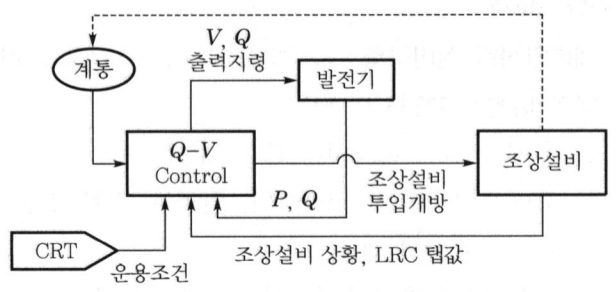

‖ $Q-V$ 컨트롤의 협조제어방식 ‖

(5) 순동예비력(spinning reserve) 확보

계통 전체의 3% 정도인 Spinning reserve를 확보한다.

(6) 계통의 연계력 강화

계통을 크게 연계할 경우 웬만한 전원탈락 정도로는 주파수가 크게 변동되지 않는다.

(7) 발전기 특성 향상

단락비가 큰 발전기 선택으로 단위 관성정수를 크게 하여 안정도를 향상시킨다.

(8) 발전기 단위기용량의 감소

단위기용량이 계통 전체에 비해 작으면 그만큼 계통의 안정도 향상을 도모시킬 수 있다.

(9) 화력발전소의 저주파 운전

주파수가 저하한 상태에서도 계속 운전이 가능하도록 임계속도와 정격회전수의 차이를 크게(20% 이상) 하되 진동(발전기-터빈)에 강한 구조로 적용한다.

(10) 안전도의 급전제어(power system security control) 적용

① 예방제어(preventive control) : 주어진 시스템을 기초로 미리 상정한 사고가 발생 시 타 파급사고로 이어질 여부를 예측점검하여 가능성 있으면 적정한 대책을 수립한다.

② 긴급제어(emergency control) : 상기 예방제어 범위를 초과한 파급사고에 대한 제어를 시행한다.

③ 복구제어(restorative control) : 시스템 사고파급의 영향으로 전체가 붕괴 시 이것을 즉시 바로 잡아 시스템을 원상태로 복구시킨다.

④ 안전도 급전기능 : 다음 그림과 같이 시행한다.

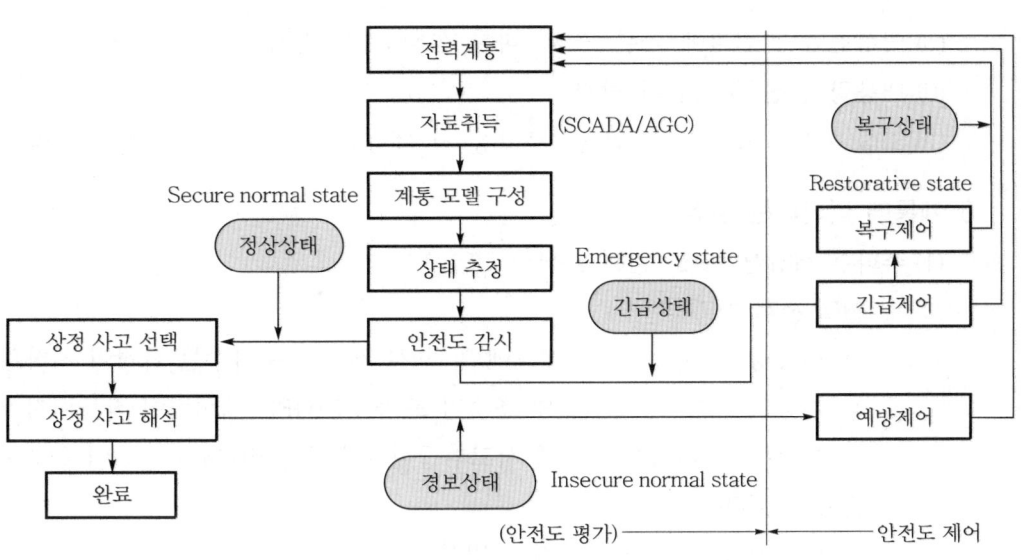

088 대용량 전원이 전력계통에서 갑자기 탈락 시 계통에 나타나는 현상과 사고 파급을 최소화하기 위한 대책을 설명하시오.

(data) 발송배전기술사 23-131-4-3 / 발송배전기술사 출제예상문제

답안 1. 개요

(1) 대용량 전원이란 전력계통에서 필요한 유효 및 무효 전력을 공급하는 전원을 말한다.

(2) 따라서, 전력계통 탈락 시 유효전력 부족으로 인한 주파수 저하가 있고, 무효전력 부족으로 인한 전압 저하현상이 발생한다.

(3) 이때, 유효한 대책 적용이 없을 경우 사고파급으로 인한 광역정전(black out)으로 시스템 붕괴와 전원기능의 상실이 발생할 수 있다.

2. 사고의 파급이 대정전을 유발하는 기술적 요인

(1) 유효전력 수급 불균형에 의한 주파수 저하

(2) 무효전력 수급 불균형에 의한 전압의 이상변화와 병렬기기의 탈락

(3) 송전선의 연대 탈락에 의한 병행송전선의 과부하

(4) 송전선의 서로 탈락에 의한 계통분리

(5) 이상전압의 전파에 다른 지점, 다른 상의 지락 발생

(6) 대용량 분산형 전원의 탈락

(7) SPS 미설치로 발전소 인출선로고장 시 계통동요로 인한 전체 발전기의 차단

3. 계통에 나타나는 현상

(1) 주파수 저하현상으로 인해 발생한 악영향

① 전력 전체 계통측면

㉠ 대용량 발전소가 전력계통에 탈락 시 계통의 주파수는 급격이 저하된다.

㉡ 계통의 관성력, 발전기의 조속기 프리운전(GF), 예비력이 작용되지 않으면 주파수 하락으로 인한 사고파급현상과 대정전(black out)이 발생한다.

② 전력기기측면

㉠ 발전기에서의 주파수 저하 영향

• 출력 감소

• 계자 및 고정자 과열

• 터빈날개의 공진

• 계통과의 공진 우려

㉡ 전동기에서의 주파수 저하 영향

• 손실 증가

• 토크 변화

• Slip 변화

• 자속밀도 증가로 과열 $\left(B = \dfrac{\phi}{S}$ 이고 $\phi = LI$ 이므로 I 증가로 과열$\right)$

㉢ 변압기에서의 주파수 저하 영향

• 변압기 출력 감소

• 손실 감소

• 누설리액턴스 감소

• 자속밀도 증가로 과열

(2) 무효전력 저하로 인한 전압안정도 저하

① 전압불안정 현상 발생

㉠ 발전기 탈락 시 무효전력 부족으로 전압불안정이 되는 현상

㉡ 이때의 $P_r - V_r$ 곡선은 다음 그림과 같다.

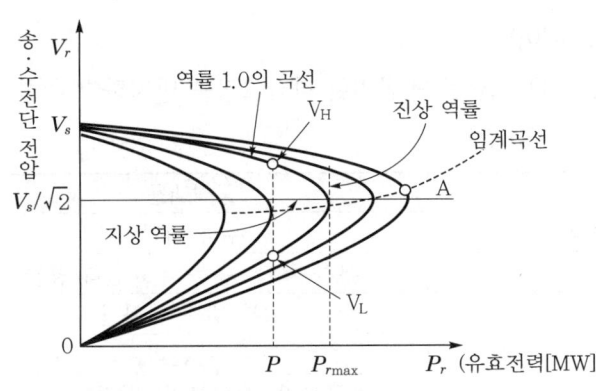

■ 부하의 역률을 파라미터로 한 $P_r - V_r$ 곡선 ■

여기서,

V_r, V_s : 수전단, 송전단 전압

V_H, V_L : 임의의 P에 대해서 수전단 전압이 취하는 안정근(높은 해, 낮은 해)

- 상반부 : P 증가 – 전압 감소 – 안정영역 $\left(\dfrac{dV}{dP} < 0\right)$

- 하반부 : P 증가 – 전압 상승 – 불안정영역 $\left(\dfrac{dV}{dP} > 0\right)$

② 전압 감소 시 영향

　㉠ 계통측의 영향

　　• 전압불안정 현상

　　• 정태극한전력 저하

　　• 송전용량 저하

　　• 유효전력손실 증가

　㉡ 수용가측의 영향

　　• 전자기기 순간전압강하, 오차

　　• 조명 플리커 발생

　　• 전자기기 저전압으로 인한 수명 저하

　　• 전동기의 Stall 현상 : 모터속도가 자동적으로 실속 또는 감속되는 현상

4. 대책

(1) 법적 기준인 전력계통 신뢰도 및 전기품질유지기준을 준수한다.

(2) 안정도 향상 대책 채용

발전기 입·출력 평형화 즉, 발전기출력의 $P_i = P_n$	계통 전달리액턴스 감소 $P = \dfrac{V_s V_r}{X} \sin\delta$ 에서 X의 조정	계통의 전압제어 ($Q-V$ 컨트롤)	계통에 주는 충격저감
• 제동저항(TCBR) • 터빈의 고속밸브제어(EVA)	• 기기의 리액턴스 감소 • 병렬회선수 증가 • 복도체 사용 • 직렬콘덴서(TCSC 설치) • 상위 전압으로 승압 • HVDC 연계	• 조상 설비 설치 (FACTS, SVC, SVG) • 속응여자 채용 (PSS 부가된) • 계통연계	• 보호계전기 적용 (디지털 R/X 적용) • 차단기 고속화 • 중간 개폐소 설치 • 고속 재폐로 방식

(3) 고장파급방지장치 적용(SPS 제어)

① 계통분리, 발전기 탈락, 연쇄차단 등 광범위한 파급고장을 방지하기 위한 장치

② SPS 제어의 기능 : 다음 표와 같다.

현상	동작내용
주파수의 이상 저하	부하 차단
전압 저하	부하 차단, 순동 무효전력 공급
발전기 과도불안정	일부 발전기 차단
계통의 탈조	계통분리
과부하	계통분리, 부하분리, 발전기 차단
이상 과전압	리액터 투입

(4) 대형 분산전원 탈락 방지

① LVRT, LFRT 규정 준수(다음 그림 참조)

② 관성자원 증가(동기조상기 적용)

③ 유연자원 증가(FACTS, ESS)

④ 속응성 자원 증가

⑤ 수요자원(DR) 거래 활성화

⑥ 계통 강건성을 증가시킨 그리드 포밍 적용

⑦ NWA 송전망 대체기술 검토 : Non-Wires Alternative로, ESS와 수요대응장치를 이용한 송전(배전급)망

⑧ 섹터커플링 활용(P2G, P2H, V2G)

⑨ 분산형 전원은 전력계통에 지원이 가능하도록 유효전력출력에 따른 무효전력 공급범위를 정하여 운영할 것(다음 그림 참조)

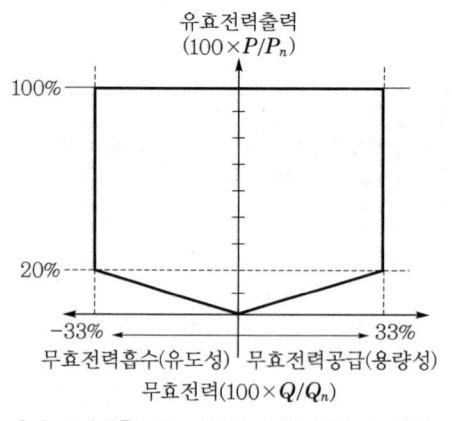

┃유효전력출력에 따른 무효전력 공급범위┃

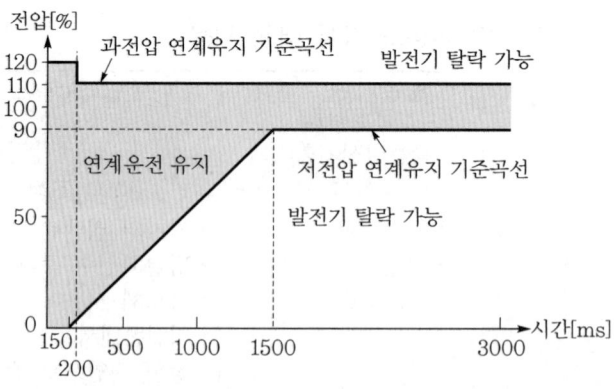

┃LVRT 저전압 사고 시 연계유지 전압범위 요구조건┃

(5) EMS을 활용한 SCED(안정도 제어) 시행

① 계통에 갑작스런 사고나 동요 등 외란 발생 시에도 급전이 가능하도록 안정도 급전제어

② 안정도 제어의 의의와 방법

안정도 제어	의의	방법
예방제어 (preventive control)	주어진 시스템의 상태를 기초로 한 상정사고 발생 시 사고파급에 의한 예측점검으로 대책수립	• 상정사고 결정 • 컴퓨터에 의한 시스템상태 해석 • 발전력 조정, 부하절환, 시스템 구성 변경 등의 조치
긴급제어 (emergency control)	예방제어범위를 초과한 파급사고의 우려가 있을 때 적절한 대책 수립	사고파급 가능성 여부를 판정하여 중대사고 판정 시 미연에 사고파급 방지하도록 정해진 방법 시행
복구제어 (restorative control)	사고파급으로 시스템의 일부 혹은 전체 붕괴 시 시스템을 원상태로 복구시키는 제어	• 발전소 소내 기동용 전원확보 (G/T, 디젤 G) • 전원복구, 송전복구, 부하투입

③ 예방제어, 긴급제어, 복구제어를 흐름도와 같이 적용한다.

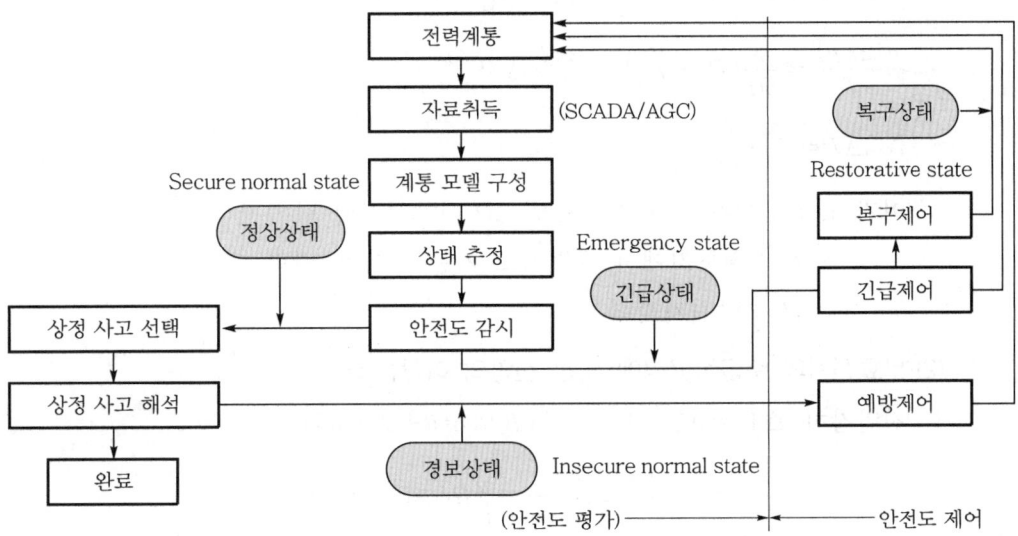

089 전력계통 사고파급의 원인과 대책에 대하여 설명하시오.

data 발송배전기술사 24-132-4-6 / 발송배전기술사 출제예상문제

답안 1. 개요

(1) 사고파급(fault cascading)

전력계통은 전기적으로 서로 밀접하게 연관되어 있어 어느 한 기기에 사고발생으로 2·3차적으로 사고를 유발함으로써 정상적인 기능을 상실하는 현상이다.

(2) 시스템붕괴(system collapse)

사고파급으로 전체 시스템 기능의 상실을 말한다.

2. 사고파급의 원인

(1) 유효전력의 수급불균형에 의한 주파수의 이상 저하

계통 동요방정식은 $\dfrac{d^2\theta}{dt^2} = \dfrac{d\omega}{dt} = \dfrac{\omega}{M}(P_i - P_n)$ 에서

$$\frac{d(2\pi f)}{dt} = \frac{\omega}{M}(P_i - P_n) = \frac{2\pi f}{M}\Delta P$$

$$\therefore \ \Delta P = \frac{M}{f}\frac{df}{dt}$$

여기서, θ : 상차각, ω : 각속도, M : 발전기의 단위관성정수

P_i : 원동기에서 발전기로 가는 기계적 입력

P_n : 발전기출력

(2) 무효전력의 수급불균형에 의한 전압의 이상변화

전압강하 $\Delta V = V_s - V_r = \sqrt{3}\,I(R\cos\theta + X\sin\theta)$

$$= \sqrt{3}\left(\frac{P_r}{\sqrt{3}\,V_r\cos\theta}\right)(R\cos\theta + X\sin\theta)$$

$$= \frac{P_r R + QX}{V_r} \fallingdotseq \frac{Q_r}{V_r} \ \ (\because \ R \ll X)$$

(3) 송전선의 과부하에 의한 사고파급

① 2회선 이상 T/L이 병렬구성 시 1회선 사고가 나고 나머지 회선에 전력조류가 급변하게 변동될 경우 과부하되고 이로 인한 고장 등이 연속발생한다.

② 결국 전체 회선은 과부하되어 사고가 파급된다.

(4) **송전선사고에 의한 시스템 탈락**

병행 송전선 중 하나의 T/L이 안정도 악화로 탈조 시 이 송전선에 의해 전력은 타 회선으로 전환될 때 똑같은 현상이 발생된다.

(5) **이상전압의 전파에 의한 이상지락 발생**

낙뢰나 개폐기의 개폐에 의한 이상전압이 시스템 내로 전파되어 약한 지점에서 섬락을 일으켜서 결과적으로 중대사고로 파급될 수 있다.

3. 사고파급 방지대책

* Chapter 06 - 문제 088의 답안 '4.' 내용을 참조한다.

---

090 전력계통에 접속하여 운전 중인 대용량 발전원이 전력계통으로부터 갑자기 탈락하는 경우에 나타나는 현상과 발·변전 기기에 미치는 영향 및 정전범위 축소를 위한 대책에 대하여 설명하시오.

(data) 발송배전기술사 20-122-2-4 / 발송배전기술사 출제예상문제

답안 **1. 개요**

(1) 발전기는 계통에 무효전력과 유효전력을 공급하는 설비이다.

(2) 따라서, 발전기가 계통에서 탈락되면 유효전력 부족으로 주파수 저하가 발생하며, 부하측은 과부하로 인한 상차각 증가로 주파수 및 위상각 안정도가 저하된다.

(3) 무효전력 부족으로 인한 전압강하와 전압불안정 현상이 발생되어 전압안정도가 저하된다.

(4) 조치가 늦을 경우에는 대정전으로 발전하게 된다.

2. 대용량 발전원이 전력계통으로부터 갑자기 탈락하는 경우에 나타나는 현상

(1) 주파수 저하로 주파수 안정도 저하

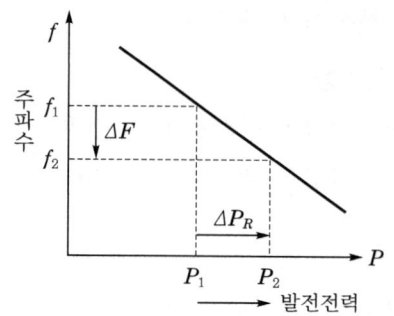

| ▌전원탈락 시 발전전력–주파수 특성 ▌ | ▌전원탈락 시 부하전력–주파수 특성 ▌ |

① 발전기전력–주파수 특성

　㉠ 전력수급의 불균형으로 인한 발전력의 주파수 특성에 따라 주파수 저하

　㉡ 전원이 탈락 시 계통주파수가 떨어지게 되면 조속기 밸브개방에 의해 출력
증가

② 부하전력–주파수 특성 : 계통주파수 저하 시 소비전력이 감소하여 계통주파수
변동을 억제하는 현상발생

③ $K_G = -\dfrac{\Delta P}{\Delta F}$ [MW/Hz]

　여기서, K_G : 발전측 계통정수

(2) 동기탈조와 안정도 저하

① 계통의 동요방정식

$$\frac{d^2\theta}{dt^2} = \frac{d\omega}{dt} = \frac{\omega}{M}(P_i - P_n) = \frac{\omega}{M}\left(P_i - \frac{V_s V_r}{x}\sin\theta\right)[\text{rad/s}^2] \quad\text{........ 식 1)}$$

　여기서, θ : 상차각, ω : 회전체 각속도, M : 단위관성정수

　　　　P_i : 기계적 입력, P_n : 전기적 출력, x : 계통의 리액턴스

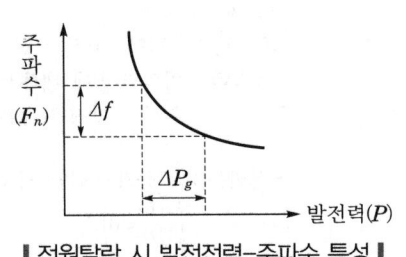

‖ 전원탈락 시 발전전력–주파수 특성 ‖

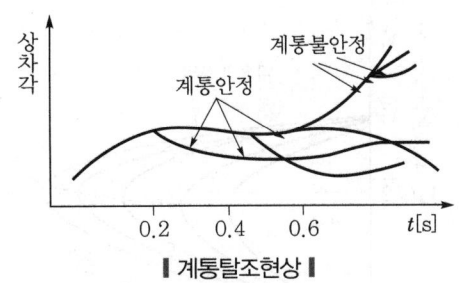

‖ 계통탈조현상 ‖

② 계통에 접속된 타 발전기의 부하가 갑자기 커지게 되면 입·출력차에 의해 발전기는 감속, 관성과 조속기에 의해 감속과 가속을 반복한다.

③ 너무 큰 변화일 때는 진폭과 상차각이 크게 되어 계통의 안정도 저하 및 동기 운전 불가능으로 동기탈조가 된다(즉, 상차각의 진동 → 악화 → 계통안정도 저하).

(3) 계통조류의 급변으로 인한 건전한 계통의 과부하 발생

계통의 선력조류가 크게 변동되어 득정 연계선 또는 계통 간 연락신을 과부하 시킨다.

(4) 무효전력 저하로 인한 전압안정도 저하에 수반된 전압붕괴현상

① 발전기가 탈락 시 무효전력의 부족으로 인해 전압이 불안정해지는 현상이 발생한다.

② 계통사고, 부하상실, 탈조 등으로 인해 계통의 급격한 부하 증가와 같은 외란이 발생한다.

③ 이로 인하여 계통전압 강하 → 손실 발생 → 선로전류 증가 등의 악순환으로 다음 그림과 같은 전압붕괴현상이 발생될 우려가 있다.

④ 무효전력 수급불균형으로 인한 계통전압 저하, 손실 발생, 선로전류 증가 등의 악순환으로 전압붕괴현상이 발생한다.

⑤ 이 내용을 1기 무한대 계통으로 간단히 해석하면 다음 그림과 같다.

$P - V$ 특성곡선은 전압이 70% 이하로 저하 시 불안정영역에 들어가게 되면 부하감소에 따라 계속 전압이 감소하여 전압붕괴현상이 발생한다.

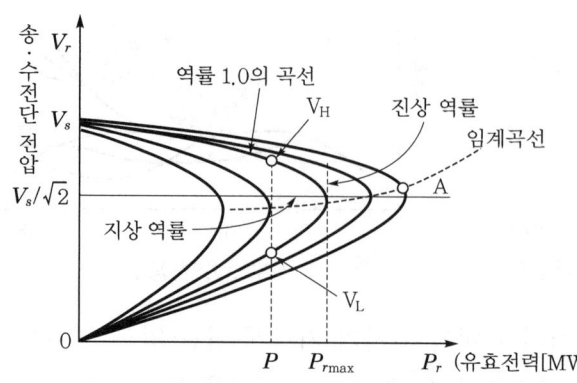

여기서,
V_r, V_s : 수전단, 송전단 전압
V_H, V_L : 임의의 P에 대해서 수전단전압이
취하는 안정근(높은 해, 낮은 해)

• 상반부 : P 증가 – 전압 감소 – 안정영역
$\left(\dfrac{dV}{dP}<0\right)$

• 하반부 : P 증가 – 전압 상승 – 불안정영역
$\left(\dfrac{dV}{dP}>0\right)$

┃ 부하의 역률을 파라미터로 한 $P_r - V_r$ 곡선 ┃

(5) 유효전력 저하로 인한 위상각 안정도 저하

① 전력 – 상차각 곡선 : 상차각 δ에 대한 유효전력 $P_e = \dfrac{E_1 E_2}{x_d + x_e}\sin\delta$를 나타낸

곡선

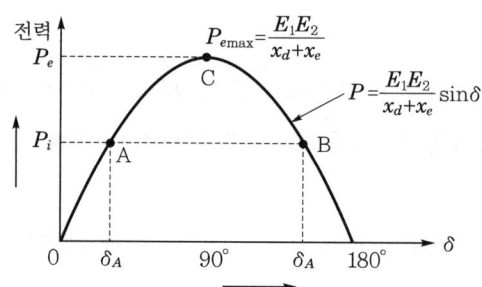

② 안정도 판별

위상각	0 ~ 90도(A점)	90도	90 ~ B점
동기화력	+	0	−
안정판별	안정	안정한계	불안정

3. 대용량 전원이 돌발탈락 시 발·변전 기기에 미치는 영향(주파수 감소, 전압 감소)

(1) 발전기에 미치는 영향

① 발전기 단자전압은 $E = 4.44f\phi N \propto f\phi$이므로 유기기전력의 감소로 다음 현상이 발생한다.

㉠ 자속, 계자전류가 일정하다면 주파수 저하로 발전기의 유기기전력이 감소하여 부하가 탈락된다.

ⓛ $E = 4.44f\phi N \propto f\phi$에서 $\dfrac{E}{f} \propto \phi$이므로 AVR 작용을 고려할 경우 유기기

전력은 저하되어 계자전류를 증가시켜야 한다.

② 계통사고로 전압 저하가 발생되면 규정 전압유지를 위해 과도한 계자전류가 흐르므로 계자회로가 과열된다.

③ 주파수 저하 시 공극 내 자속밀도의 증가로 인해, 고정자 누설자속이 증가하여 고정자가 과열된다.

④ 냉각능력 저하

㉠ 주파수 저하 시 냉각팬의 속도 저하에 의해 냉각능력이 저하된다$\left(즉,\right.$

$\left. N_S = \dfrac{120f}{P} \right)$.

㉡ 따라서, 손실 증가와 더불어 발전기 각 부의 온도가 상승한다.

⑤ 터빈날개 공진(터빈은 고속운전)으로 다음의 영향이 발생한다.

㉠ 주파수 저하 시 터빈날개의 회전속도 저하

㉡ 회전속도 저하 시 터빈날개의 종단과 공진되어 터빈베어링의 진동이 급상 승되어 균열 및 파괴

㉢ 증기터빈의 조속기에 의한 가감밸브의 개방

㉣ 발전기출력은 급증하여 각 제어계가 불안정하게 되며 소내 기기에 여러 악영향 발생

⑥ 터빈보조기기의 출력 저하 : 급수, 복수펌프 등의 터빈보조기기는 유도전동기 에 의해 구동되므로 주파수 저하에 따라 출력 저하로 발전기출력은 저하되고, 지속시간이 길어지면 운전 불가로 이어질 수 있음

(2) 변압기에 미치는 영향

① 자속밀도의 증가는 여자전류의 증가로 이어져 손실이 증가하여 과열로 인해 절연열화로 진행

② 철손 및 동손의 증가로 전력손실이 증가하므로 변압기용량은 감소함

③ 누설리액턴스의 감소가 $\%Z$의 감소로 이어져 전압변동률이 감소함

4. 정전범위 축소 대책

(1) 전력계통 신뢰도 제어

예방, 긴급, 복구 제어

(2) 전력 신뢰도 및 전기품질유지기준 준수

$P-f$ 제어, $Q-V$ 제어

구분	내용
전기품질	주파수, 전압, 예비력 유지범위 규정
전력계통 안정성	상정고장, 계통운영, 계통복구, 보호시스템, 위상각/전압안정도
발전설비 신뢰도	출력변동 허용치, 주파수 운전기준, 무효전력 등 규정 + 신재생발전설비
송전설비 신뢰도	설비신뢰도 유지, 신증설 기준, 계통연계기준
배전설비 신뢰도	배전계통 운영, 배전전압 품질, 고장감소 및 예방대책, 예방진단
전력 IT 신뢰도	전력 IT 설비의 시설, 품질유지, 보안기준
신뢰도 평가 및 관리	신뢰도 평가 및 실적분석(KPX), 기준 비행확인(전기위원회)

(3) 안정도 향상 대책

① 계통의 전달리액턴스 감소(X 감소)

 ㉠ 기기리액턴스 감소

 ㉡ 병렬회선수 증가

 ㉢ 복도체 사용

 ㉣ 직렬콘덴서 설치

 ㉤ HVDC 건설

② 계통 전압변동의 제어[ΔV(조속기)]와 승압

 ㉠ 조상설비 설치(SVC, FACTS, SVG)

 ㉡ 속응여자 채용(PSS 부가)

 ㉢ 계통연계 시 상위 전압계급으로 승압

③ 계통에 주는 충격경감(t 경감)

 ㉠ 보호계전기의 디지털화, 고속도 차단기의 채용

 ㉡ 중간개폐소 설치

 ㉢ 적당한 중성점 접지 채택

 ㉣ 고속 재폐로방식 채용

④ 발전기 입·출력 평형화($P_i = P_n$)

 ㉠ 제동저항설치(TCBR)

 ㉡ 터빈 고속밸브제어(EVA)

⑤ 공급예비력 확보

⑥ 자동 급전운용

⑦ 대용량 분산전원 FRT 제어

091 전력계통의 Blackout(대정전) 발생원인을 $P-\delta$ 곡선 및 $P-V$ 곡선을 그려서 설명하고 대정전의 예방대책을 설명하시오.

data 발송배전기술사 21-125-3-5 / 발송배전기술사 출제예상문제

답안 **1. Blackout(대정전) 발생원인**

(1) $P-\delta$ 곡선, 즉 위상각 안정도로 대정전 발생원인 설명

① 유효전력 수급불균형에 의한 주파수 이상변화 발생

㉠ 부하와 발전력의 급변에 따른 양자 간의 수급불균형 발생으로 주파수가 이상변화되어 발전기의 동기이탈이 발생한다.

㉡ 공급력의 부족 발생의 주원인으로 위상각 안정도가 붕괴된다.

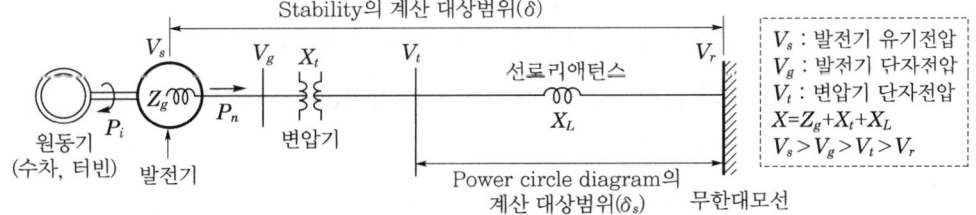

┃ 발전기 입·출력 관계 ┃

$$\frac{d^2\delta}{dt^2} = \frac{d\omega}{dt} = \frac{\omega}{M}(P_i - P_n) = \frac{\omega}{M}\Delta P$$

$$\therefore \ \Delta P = \frac{M}{f}\frac{df}{dt}$$

여기서, δ : 상차각

ω : 회전체 각속도

M : 단위관성정수

P_i : 기계적 입력

P_n : 전기적 출력

② 송전선 사고에 의한 System 탈락 : 안정도 악화로 탈조 발생 시 해당 송전선에 전송되던 전력이 다른 회선으로 옮겨져 건전회선의 안정도에 영향이 미치게 된다.

③ $P-\delta$ 곡선을 통한 해석

㉠ 동기화력$\left(\dfrac{dP}{d\delta}\right)$ 부족에 따른 안정도 붕괴

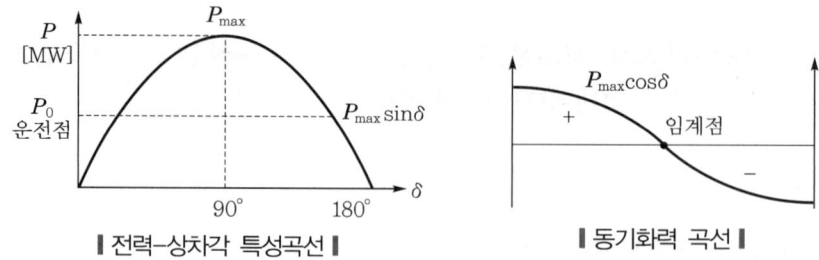

| 전력–상차각 특성곡선 | | 동기화력 곡선 |

영역	범위
안정영역(+)	$\dfrac{dP}{d\delta} > 0$, 즉 $0° < \delta < 90°$ 영역범위
임계영역(0)	$\dfrac{dP}{d\delta} = 0$
불안정영역(−)	$\dfrac{dP}{d\delta} < 0$, 즉 $90° < \delta < 180°$ 영역범위

ⓛ 동기화력$\left(\dfrac{dP}{d\delta}\right)$은 발전기의 자기제어성을 나타낸다.

ⓒ 동기화력이 크면 외란이 발생하더라도 발전기는 신속한 평형상태를 유지한다.

ⓔ 동기화력이 부족하거나 부하가 급격히 증가하면 발전기의 상차각 δ가 점점 커져 더 이상 동기를 유지하지 못하고 탈조가 발생하여 대정전 발생의 원인이 된다.

(2) $P - V$ 곡선(전압안정도)을 이용한 대정전원인 설명

　① 무효전력 수급불균형에 의한 전압 이상변화

　　㉠ 전압안정도 악화 원인

구분	내용
계통측	• 장거리 대전력 선로의 증가 • 대용량 부하의 집중화 • 수요지 인근 전원의 탈락
수용가측	• 일정 전력 특성부하의 사용 증가 • 냉방부하 증가에 따른 역률 저하 • 대용량 부하의 급변동

　　㉡ 무효전력 수급불균형에 의한 전압이 하락했을 경우 병렬기기와 송전선의 탈락이 확대된다.

　　㉢ 전압안정도 하락의 주원인이다.

② $P-V$ 곡선을 통한 해석

comment 다음 식은 암기하기 바란다(풀려고 하면 시간낭비).

㉠ $V_r = V_s\,(\cos\delta - \sin\delta \cdot \tan\theta_r) = V_s \cdot \dfrac{\cos\,(\delta+\theta)}{\cos\theta_r}$

㉡ $P_r = \dfrac{V_s\,V_r}{X_l}\sin\delta = V_s{}^2\dfrac{\cos\,(\delta+\theta_r)}{X_l\cos\theta_r}\cdot\sin\delta$

$\quad = \dfrac{V_s{}^2\,[\cos\,(2\delta+\theta_r)-\sin\theta_r\,]}{2X_l\cos\theta_r}$

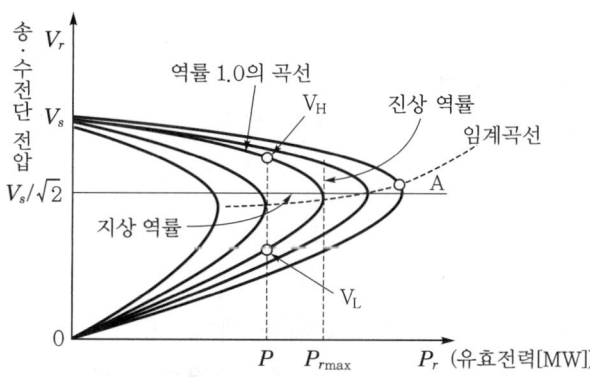

┃ 부하의 역률을 파라미터로 한 $P_r - V_r$ 곡선 ┃

여기서,
V_r, V_s : 수전단, 송전단 전압
V_H, V_L : 임의의 P에 대해서 수전단전압이
$\qquad$ 취하는 안정근(높은 해, 낮은 해)

• 상반부 : P 증가 - 전압 감소 - 안정영역
$\quad\left(\dfrac{dV}{dP}<0\right)$

• 하반부 : P 증가 - 전압 상승 - 불안정영역
$\quad\left(\dfrac{dV}{dP}>0\right)$

㉢ 안정 및 불안정 영역

안정근(높은 해)	• $\dfrac{dV_r}{dP_r}<0$: 상반부 영역으로 P_r이 증가할 경우 V_r은 감소 • $\cos\theta=1$일 경우 V_H 영역
불안정근(낮은 해)	• $\dfrac{dV_r}{dP_r}>0$: 하반부 영역으로 P_r이 증가할 경우 V_r은 증가 • $\cos\theta=1$일 경우 V_L 영역

㉣ 부하의 미소한 감소 ΔP_r 또는 ΔQ_r이 있을 때 V_H 점에서는 전압의 상승으로 부하가 증가하고, 원래의 운전점에서는 되돌아 가는데 대하여, V_L점에서는 전압이 더욱더 저하해 부하가 감소하여 마침내 전압붕괴가 발생한다.

㉤ 역률 1일 경우에 수전전력은 $P_{\max}$로 최대, 이때 임계점 근방에서 수전단 전압이 불안정하며 부하가 급격히 증가하면 역률 저하에 따른 전압의 붕괴 우려가 발생한다.

㉥ 발생 부하증가에 따른 전압 및 수전전력 P의 Margin 부족으로 전압안정도 붕괴에 따른 계통의 광역정전의 원인이 된다.

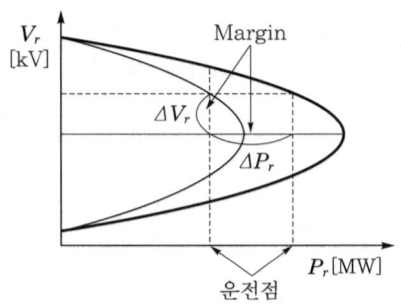

2. 대정전 방지대책

(1) 전력 System의 구조 강화

① 발전원의 적정한 용량을 선정한다.

② 충분한 예비전력을 확보한다.

(2) 안정도 향상기기의 채용

① 고성능 FACTS 설비의 보강

② 고속도 AVR을 설치

③ 고속도 재폐로방식을 적용하여 사고를 신속하게 제거

④ SPS 설치(고장 파급방지시스템 구축을 통한 과도안정도 문제 해결)

(3) 순동무효전력 공급을 통한 전압안정도 향상

(4) 급전 지령 설비의 고도화

(5) 보수계획과 실시방법을 합리화

① 송전망의 적기보강으로 전력설비 과부하문제 해결

② 대용량 차단기를 설치하여 고장용량 문제해결 등

(6) 안정도 급전제어(security control)의 긴급제어에 의한 대책 실시

① 사고의 확대방지 및 정전구역의 국한화 → 계통분리

② 부하제한 및 전원제한 : 분리된 계통과 남아있는 각 계통의 전원용량의 부하용량이 Balance를 이룰 때까지 부하를 차단($P_G > P_L$)하여 주파수 저하를 방지하고 발전력을 급히 조정($P_L > P_G$)하여 Overspeed를 방지한다.

③ 이를 위해 신뢰도제어를 다음 그림과 같이 PSS(Power System Security Control)를 활용한 안전도 급전기능을 시행한다.

> **comment** 다음의 그림을 기록하여 고득점 기회를 획득하도록 한다.

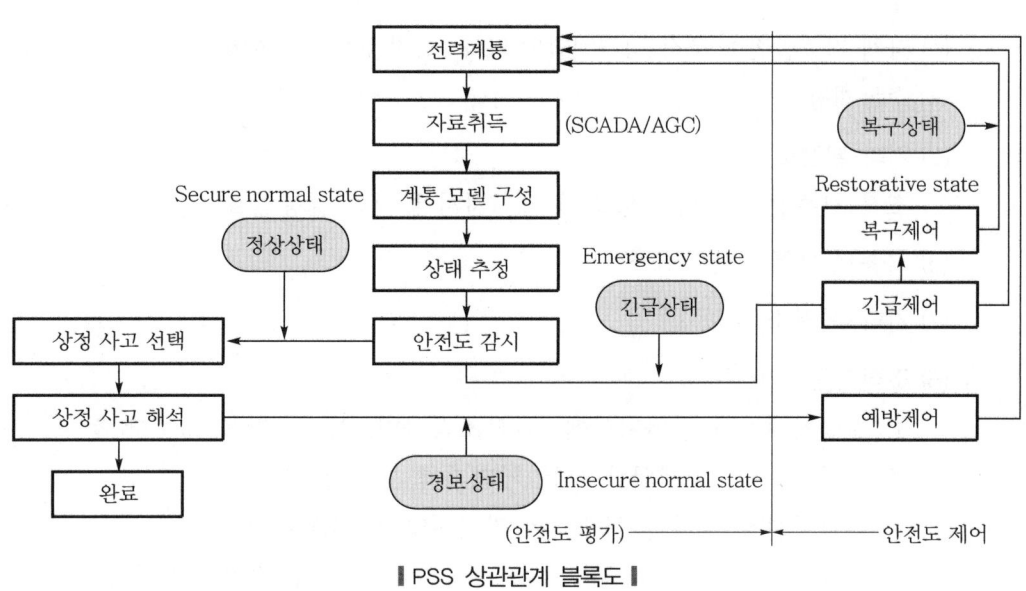

┃ PSS 상관관계 블록도 ┃

---

092 국내 전력계통의 전계통 정전 시 복구절차에 대하여 다음을 설명하시오.
1. 전계통 정전 시 복구절차
2. 황색 차단기의 의미
3. 자체 기동발전소의 의미 및 발전원

(data) 발송배전기술사 23-130-1-12 / 발송배전기술사 출제예상문제

답안 1. 전(全)계통 정전 시 복구절차

(1) 2전계통 정전 시 복구기준 수립 설정

① 자체 기동발전소, 우선공급발전소 지정

② 지역별 시송전계통도(황색 차단기 지정포함) 및 계통복구절차, 지역 간 계통
연계 복구절차

③ 분리된 각 계통의 주파수 감시장치

(2) 전력계통 시송전

30분 이상 정전 예상 시 시송전을 거래소가 지시, 지정된 1호선 시송전

(3) 개폐기 조작

황색 차단기를 제외한 모든 차단기 개방

(4) 자체 기동발전소 조작 정격전압의 90%, 정격용량 80% 이하로 가압, 모든 차단기 수동개방

(5) 기타 발전소

조작 시운전 전원이 가압되면 급전지시에 따라 계통연결, 정격용량 80% 이하

(6) 시송전 계통변전소 조작

(7) 기타 변전소 조작

(8) 조작기준

① 전력거래소의 급전지시에 따라 조작하며, 통신수단을 확보할 것

② 황색 차단기를 제외한 모든 차단기를 개방할 것

③ 페란티현상 방지를 위해서는 경격전압의 90% 유지

④ 정격출력의 80% 이하 유지로 안정적 주파수 유지, 발전기 자기여자현상 방지 시킬 것

2. 황색 차단기의 의미

황색 차단기라 함은 시송전선로에 연결된 차단기로서, 정전 시에도 개방하지 않도록 지정된 차단기(모선연락 또는 모선구분 차단기를 포함)를 말한다.

3. 자체 기동발전소의 의미 및 발전원

(1) 광역계통 및 전계통 정전발생에 대비해 외부로부터의 전력공급 없이 발전소 내부의 비상발전기로부터 전력을 공급받아 발전기를 기동한 후 지역 내 지정된 대용량 발전기인 우선공급발전기에 기동전력을 공급하고 순차적으로 전체 전력계통을 복구할 수 있도록 사전에 지정된 발전기

(2) 자체 기동발전소의 발전원

① 수력, 양수 발전기

② 전력수급 기본계획 수립 시 자체 기동이 필요하다고 결정한 가스터빈 발전기기

(3) 지정기준

① 지역별로 이중 지정하여 이중화를 시행할 것

② 조속기는 발전기 접속조건과 동일 성능일 것

③ 3일 이상 운전이 가능하도록 연료를 확보할 것

④ **통신설비 구비** : 급전용 직통전화, 국선전화, 라디오

093 최근 발생한 텍사스 정전사태의 현황과 원인 및 국내 전력수급계획에 대한 시사점을 기술하시오.

data 발송배전기술사 21-124-4-6 / 발송배전기술사 출제예상문제

답안 **1. 최근 텍사스 정전사태의 현황**

(1) 미국 텍사스주는 21년 2월 14일부터 18일까지 영하 22도 한파로 인해 대부분의 발전설비 및 천연가스 생산시설에 피해가 발생하였다.

(2) 관련 회사는 ERCOT로서, 총전력수요의 90% 이상을 텍사스주에 공급 중이다.

(3) 이 회사의 관리전원은 천연가스 및 풍력발전이 공급전력의 75%를 차지한다.

(4) ERCOT 회사의 비상대응방안

지속적인 공급지장에 따른 예비력 감소로 15일 새벽, EEA3를 발령하고 20GW 규모의 순환정전을 실시하였다(EEA1 ~ EEA2 ~ EEA3단계 관리하며 EEA3단계 는 예비력이 1430MW 미만일 경우 순환정전시행).

(5) 순환정전의 원인 및 발전설비 중단 및 발전용량 감소의 원인

① **날씨 관련** : 저기온으로 인한 가스밸브 동결, 풍력발전기 결빙 등

② **예방정비** : 사전에 계획된 발전기 계획정비

③ **설비고장** : 날씨 여파가 아닌 발전기 고장 등 설비파손

④ **연료제약** : 연료부족으로 인한 공급지장

⑤ **주파수 하락**

㉠ 설비의 탈락이 공급능력의 저하로 이어져 계통주파수를 하락

㉡ 지속적인 발전설비 추가탈락

㉢ 대규모 정전이 유발됨(ERCOT 회사는 9분 내로 주파수를 복구하지 못하면 전체 계통에 black out 발생)

⑥ **선로정지**

⑦ **기타** : 전쟁 등에 의한 전력인트라시스템 파괴 등

2. 시사점

(1) 텍사스의 가장 큰 정전원인은 예상하지 못한 자연현상에 대한 대책의 부재 및 급격한 전력수요의 증가이다.

(2) 전원구성이 특정 발전원에 집중된 구조로 인한 취약점으로 보인다.

(3) 실제로 한파에 의한 순환정전을 11년에도 시행하였음에도 불구하고 텍사스주는 발전설비에 대한 방한대책규제가 미흡하였다.

(4) 또한, 따뜻한 기후를 가진 텍사스주의 가정들은 겨울철 한파에 대한 대책이 미흡하였으며 이에 따라 전기난방수요가 급등한 것으로 보인다.

(5) 그 외에도 한파로 인한 천연가스 생산량 저하로 연료수급의 문제도 존재하였고, 실제로 미국의 일일 천연가스 생산량은 한파로 인해 20% 감소하였다.

(6) 결국 텍사스주의 정전사태는 이상기후의 발생빈도수 증가 및 기후환경에 민감한 발전원 확대에 대한 적절한 대비의 부족으로 볼 수 있다.

(7) 이처럼 계통환경변화에 있어서 공급안정성에 대한 적정 수준의 대응방안은 필수적이다.

① 텍사스주의 정전사태는 기후변화 및 전력산업환경의 변화에 따른 선제적 대응(연료 수급 및 재해·재난 대응 측면의 복원력 강화)의 중요성을 보여주는 선례이다.

② 텍사스주와 유사하게 독립계통의 형태를 가진 국내도 기후환경변화에 대한 지속적 관심과 전력계통 복원력 향상을 위한 노력이 중요하다.

(8) 국내 전력계통 복원력 향상방안

① 양수발전소 가동력 향상

② ESS의 전력저장능력 안정화와 확충

③ 날씨 급변에 대비한 상세한 대응방안 국가적 계획수립과 시뮬레이션 확인 (9월 초에도 한파가 올 수 있음. 외국의 사례에서 이미 발견됨)

④ 일정 규모 이상의 건축물에서는 디젤발전기 보유 의무화 및 운영방법 교육

⑤ DR 시장의 홍보강화와 운영시스템 고도화 시행

⑥ DSM 관리의 적극화

⑦ 원전 발전력의 확충으로 Base load 담당발전력 비중 증가

⑧ 취약 송전설비의 과감한 개·보수

⑨ 신재생에너지 설비의 Duck 현상 예상에 대비한 선진국 사례연구의 철저와 예방대책 신속 마련 등

094 태양광 발전량이 늘어나면서 나타날 수 있는 덕커브(duck curve) 현상에 대하여 설명하시오.

data 발송배전기술사 20-121-1-7 / 발송배전기술사 출제예상문제

답안 **1. 덕커브현상(오리곡선 : duck curve)**

(1) 태양광 등 신재생에너지 발전비중이 증가한 지역에서 해가 떠 있는 시간대 부하가 급격하게 감소하여 부하소비가 오리모양과 비슷한 형태로 나타나는 현상이다.

(2) 특히 태양광 발전량이 증가하면서 일출에서 일몰 사이에 순부하가 급격히 떨어지는 현상이다.

(3) 아침에 해가 뜨면서 태양광 발전소에서 전기를 생산하게 되면 그 만큼 수요가 줄어 석탄과 원자력발전 등 다른 에너지원의 발전량이 줄어들게 된다.

(4) 11월 ~ 3월 사이 오히려 동절기에 이 현상이 나타날 우려가 더 높을 것으로 분석하고 있어 계통운영에 상당한 고민거리로 대두된다.

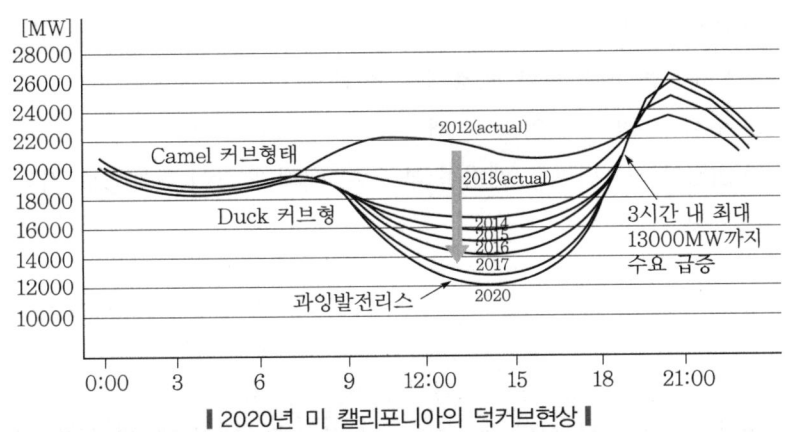

|2020년 미 캘리포니아의 덕커브현상|

2. 태양광 발전 공급과잉 시 문제점

(1) 주간 시간대 과잉발전으로 출력변동성 심화 – 출력변동 급증(P, Q)

(2) 해가 진 후 단시간 내 부하급증
   기존 전력공급원이 단시간 내 부하증가 응동에 대응할 수 있는 능력 밖의 부하급증임

(3) 순부하량 예측 정확성 하락

(4) 대정전(블랙아웃) 발생 가능 우려

(5) 전력망 운영비용 상승

3. 에너지시장에서 덕커브의 의미

(1) 재생에너지 발전사업자의 성장 가능성 의미

① 재생에너지로 전력수요 피크 충족이 가능하도록 산업 성장 가능

② 출력 안정성을 위한 ESS, DR 등의 산업 촉진

(2) 발전사, 전력규제 기관 등 불가피한 변화시사

① 전력흐름에 맞는 전력망 운영관리시스템 자체의 변화 필요

② 재생에너지 발전에 특화된 전력부하관리 필요

③ 기존 전력망에 대한 경제성, 신뢰성 위기가 아닌 현대적 전력망으로 변화인식 필요

4. 대책

(1) 신재생 통합관제시스템 구축

(2) 장기적으로 FACT 설비 보강

(3) ESS 보강

(4) DR, 부하수요 관리

(5) EMS 운용의 최신 운영기법 적용

(6) 주파수 및 전압안정도 개선

(7) SPS의 적용단계를 예비력 부족 시 대책과 같이 단계별로 적용하는 기법의 계통에 적용

---

095 전력수급 비상 시 시행하는 순환단전방법 및 제외 대상시설에 대하여 설명하시오.

(data) 발송배전기술사 19-118-1-9 / 발송배전기술사 출제예상문제

답안 1. 순환단전의 개념

(1) 순환단전이란 예비전력이 부족할 때 대단위 광역정전이 되는 'Black-out'을 방지하기 위해 사전에 정해 놓은 순서로 단전하는 것을 말한다.

(2) 예비전력이란 안정적 전기공급을 위해 일정 수준의 여유공급력을 말한다.

(3) 전력시장운영규칙상 예비력 저하 시 경보(제5.1.4조) – 경보수준[심각(RED)]

〈25년 현재기준〉

예비력[MW]	경보수준	조치사항
1500 미만	심각(red)	• 수급경보 '심각' 발생 • 긴급 부하조정(부하차단)

(4) 2011년 9월 15일에는 오후 6시 이후 예비력이 100만kW 미만으로 떨어져 사상 최초로 수급비상 '심각' 단계 조치인 '순환단전'이 시행되었다.

(5) 즉, '순환단전'은 예비력이 1500MW 미만으로 떨어졌을 때 '블랙아웃'으로 인한 더 큰 피해를 줄이기 위해 불가피하게 시행하는 사전수요관리 조치 중 하나이며, 광범위한 지역에 걸쳐 전력공급이 중단되어 즉시 복구가 불가능한 전력상실상태를 일컫는 '블랙아웃'과는 완전히 다른 개념이다.

comment 한전 이승윤 전력수요관리팀장 이승윤기사 인용

(6) 블랙아웃 발생 시 손실 및 그 피해복구에 소요되는 사회적 비용은 매우 크므로(정상공급비용의 약 20배 이상) 일부 강제단전을 통하여 관리 가능한 상태로 전력계통을 유지하는 조치를 말한다(한국에서 블랙아웃 발생 시 완전복구되려면 7일 이상 소요예상).

(7) 순환단전이 예상되는 경우는 하절기나 동절기 전력수급 비상 시, 드론공격과 미사일 등 동시 북한의 공격으로 전력망 피해 시 등이다.

(8) 필요 조치사항

수급경보는 '심각' 발령, 긴급 부하조정(부하차단)

2. 순환단전방법 및 제외대상시설

(1) 순환단전방법

국가 주요 시설 등을 제외한 송·배전 선로를 500MW 단위로 그룹핑해서, 예비발전력이 1500MW 미만이 되면 순환단전계획에 의거 1시간씩 선로를 차단시킨다.

(2) 순환단전 제외대상시설과 우선순위

순위(그룹)	선정기준
1순위(X)	상가, 주택, 아파트 등 일반용 및 주택용 고객 공급선로
2순위(Y)	산업용 일반선로, 공단선로, 산업용 22.9kV 전용 선로
3순위(Z)	정전 민감고객(농어축 산업, 안전시설), 66kV 이상 전용 선로
차단 제외 대상	• 국가 주요 시설 : 정부기관, 군부대, 방위산업, 에너지 시설 • 국가경제분야 : 중요 연구기관, 금융(본점, 전산센터) • 국민안전분야 : 교통시설·터미널, 병원, 요양병원, 수자원 • 국민생활분야 : 언론방송, 중요 통신시설, 전산센터, 우편집중국 • 기타 : 긴급 절전 A형 약정고객(기준부하대비 20% 이상 감축)

096 전력계통의 공급신뢰도 향상 대책에 대하여 설명하시오.

data 발송배전기술사 19-119-2-5 / 발송배전기술사 출제예상문제

comment 핵심문제로 숙지하기 바란다.

답안 1. 공급신뢰도의 정의 및 고려사항

(1) 정의

어떤 장치나 System에서 정해진 조건하에서 주어진 기간 동안 충분하게 기능을 수행할 확률로, 공급지점까지 충분한 품질로 공급할 수 있는 정도를 말한다.

(2) 공급신뢰도 평가 척도

① 전력부족확률(LOLP)

② 전력량 부족확률(LOE)

③ 빈도 - 지속시간(F & D)

(3) 신뢰도의 고려사항

① 공급의 연속성 : 정전이 없을 것

② 규정전압의 유지 : 전압변동의 최소화

③ 규정주파수의 유지(60±0.2Hz)

④ 전압 및 전류파형의 정현파 유지

2. 전력계통의 공급신뢰도 향상 대책의 기본방안

(1) 계통상 대책강구

(2) 사고방지상 대책강구

(3) 운용상 대책

(4) 계통보호상 대책강구 등

3. 계통상 공급신뢰도 향상 대책(즉, 계통의 안정도 향상)

(1) 송전전력 $P = \dfrac{V_s V_r}{X}\sin\delta$로 발전기나 변압기의 Reactance 감소 및 발전의 단락비 증대로 안정도 향상

(2) 계통의 리액턴스 감소

① 복도체 적용(단도체에 비해 20% 이상 송전용량 증대 가능)

② 직렬콘덴서 삽입으로 선로의 리액턴스 감소

③ FACTS 설비(향후에) 적용 : TCSC

(3) 발전기에 고속 조속기를 사용하여 발전기의 기계적 입력과 전기적 출력의 차를
축소시킴$\left[즉, \ \dfrac{d^2\delta}{dt^2} = \dfrac{\omega}{M}(P_{in} - P_{out}) = \dfrac{\omega}{M}\Delta P에서, \ \Delta P를 \ 감소시킴 \right]$

(4) 발전기에 속응여자방식 채용(AVR + PSS) 및 중간조상방식 채용으로 전압변동
의 억제

(5) 계통에 주는 충격력의 경감
고속도차단, 고속도 재폐로방식 적용 등

(6) 계통연계의 대규모화 및 적정 연계
대규모 연계를 하여, 전압변동률과 리액턴스가 감소하고 고장 시 타 회선으로
공급받기가 쉽도록 하되, 단락용량 경감 측면 및 Fault cascading을 감안한 적정
연계일 것(방법 : HVDC 연계, FACTS 이용한 대용량 연계 등)

(7) System 구성을 1회선에서 2회선화하며, 사고 시 System의 자동절환방법을 강구
함(154kV T/L APRS 적용 등)

4. 사고방지 대책상 공급신뢰도 향상 대책

주파수 저하 보호	• 계통 UFR 방식 적용 ⓐ 계통 UFR 범위 ⓑ 화력계통분리범위 ⓒ 발전기 운전한계 ▮주파수 저하 보호▮ − 57.5Hz 이하 시 부하 차단 − 주파수 회복시간 : 10초 이내 • 화력계통분리 UFR 방식 − 국지화력계통을 주간선과 분리시킴 − 분리조건 ⓐ 57.0Hz 이하 : 2.0초 시한정정 ⓑ 57.5Hz 이하 : 10초 ⓒ 58.0Hz 이하 : 20초 시한정정
탈조 보호	• 탈조 미연방지장치 − 탈조예측계산 ⓐ δ(예측치) > δ_{limit}이면 → 계통안정 ⓑ δ(예측치) < δ_{limit}이면 → 계통불안정 − 탈조 우려로 전송차단 • 탈조분리보호방식 채용 − 계통 내 탈조발생 시 탈조계전기로 검출 − 계통을 분리하여 전 계통에 파급방지시킴

과부하 보호	• 전원제한 또는 부하제한시킴 　　　　　　2회선 　　　G　　　　　　　M 　　A계통　　　　　　B부하 상기 계통에서 1회선이 고장일 경우 아래 같이 계통운영하여 신뢰도를 향상시킴 　– 제1단계 : A계통 증발 　– 제2단계 : B계통 부하 억제 　– 제3단계 : A계통 발전 억제 • 전력조류의 조정 → 모선변환 등으로 조류 조정
전압안정도 향상	• 단기대책 　– 계통의 고전압 운전(1.05배) 　– 전력구매력 증가(민자이용) • 장기대책 　– 송전선로 임피던스 경감 　　ⓐ 복도체 사용 　　ⓑ 다회선 송전 　　ⓒ FACTS 설비채용 　– 협조제어방식 도입 　계통 ← P, V → 발전기 　　　 $Q-V$ control　P, Q 　　운용조건　→　조상설비 　LRC 값, 조상설비 출력값 　– 고속도 재폐로방식 적용 　– 계통전압의 적정 분배 　– 수요예측기법의 정밀도 제고

(1) 충분한 예비력의 확보

① 순동예비력(spinning reserve) 확보 : 가버너 Free 운전의 발전기 여력으로 주파수 유지목적

② 미순동예비력 : 정지 중인 양수식, 조정지식, 저수식 수력발전의 출력으로 사고발생 대비목적으로 활용

③ 예비력 관계

설비용량(A)	공급능력(C)	설비예비력	계획 정비 및 기타			
			급전정지			
			공급예비력	운력예비력	대기예비력(E)	대기정지
					운전예비력(D)	여유예비력
						순동예비력
		최대 수용(B)				

(2) 발전기의 단위기용량을 전체 계통용량에 비해 비율을 낮게 설정시킨다(3% 이내).

(3) 고신뢰도의 기기채용

GIS S/S, 유입형 Tr → 가스절연형 Tr 등으로 적용

(4) 안전도 급전제어(PSS)

5. 계통보호상 공급신뢰도 향상 대책

(1) 보호계전기 System의 향상

　① 보호장치의 2계열화

　② 주보호장치와 후비보호장치의 구비

　③ 전자형 R/Y의 Digital화

　④ 계전기의 오·부동작 방지

　⑤ Micro-wave 및 광 Cable 등을 이용한 계전 System의 신호전송로 확보

　⑥ 탈조 미연방지 System 채용

(2) 절연합리화를 통한 절연협조

　① 피뢰기 제한전압

　② 아크혼의 방전특성

　③ 기기의 절연강도

　④ 애자의 절연강도

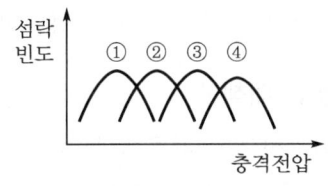

| 절연의 합리화 |

(3) 보호협조

　① 고장구간의 축소로 공급신뢰도가 향상된다. 다음의 내용은 22.9kV의 보호협조이다.

　② R/Y와 Fuse의 보호협조

　　㉠ 일시적인 고장일 경우 R/C 순시동작 후 재폐로 후 송전

ⓒ 영구고장 시 : R/C 순시동작, 지연동작 반복 후
- 고장점에 가까운 Fuse 용단
- S/E에 의한 고장분
- R/C Lock out 등으로 고장구간의 축소

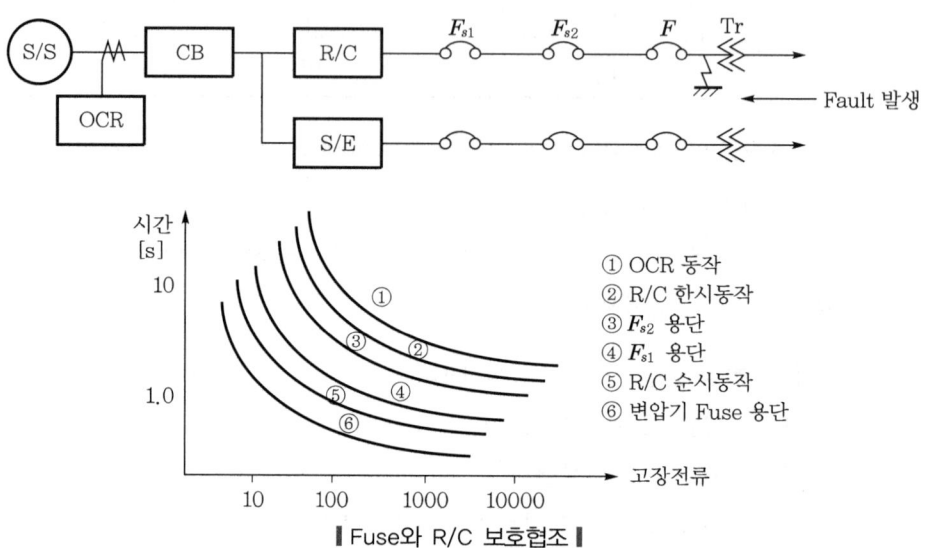

┃Fuse와 R/C 보호협조 ┃

6. 운용상 공급신뢰도 향상 대책

(1) 철저한 보수점검

(2) 무정전공법 활용

(3) AGC, AFC 적용 ELD 운전

7. 부하 및 출수 예측의 정밀화 등

8. 향후 대책

(1) FACTS, 고속 밸브제 채용, Digital R/C 확대로 보호계전기 System 첨단화 추구, SCADA 적용

(2) 발전기는 고속도 AVR 사용 및 컴파운드 여자방식 적용으로 향상대책을 검토해야 된다.

(3) 전계통의 컴퓨터 이용의 SCADA(Supervisory Control And Data Aquisition) System으로 묶어 종합관리가 가능하도록 연구, 개발, 적용되어야 할 것이다.

097 전력계통 고장파급방지시스템(SPS : Special Protection System)의 설치목적 및 기능에 대하여 설명하시오.

(data) 발송배전기술사 18-114-1-5 / 발송배전기술사 출제예상문제

답안

1. 개요

계통분리, 발전기 탈락, 송전선로의 연쇄차단 등 광범위한 파급고장을 방지하기 위한 장치반, 통신설비(통신장치 및 통신회선) 등 일련의 장치들의 조합

2. 고장파급방지장치(SPS)의 설치목적

(1) 과도안정도 개선

765kV 신서산 T/L, 345kV 평택 T/L E, D 대단위 발전소 연계계통의 1루트 고장 시 과도안정도 개선을 위한 관련 발전기 탈락

(2) 전압불안정 개선

765kV 신태백 T/L 등 수도권 융통선로 1루트 고장 및 지역별 간선계통 1루트 고장 시 수도권 및 해당지역 전압붕괴를 방지하기 위한 부하차단

(3) 과부하 해소

지역별 주요 간선계통 1루트 고장 시 연계 T/L 과부하 해소를 위해 부하차단

3. 계통 이상현상 및 SPS 조치(기능)

현상	SPS 조치(기능)
주파수 이상 저하	부하차단
전압 이상 저하	부하차단, 순동무효전력 공급
발전기 탈조	출력 급 감발, 일부 발전기 차단
계통의 탈조	계통분리
과부하	계통분리, 부하분리, 발전기 차단
이상과전압	리액터 투입, 발전기 전압조정

4. 국내 SPS 운전현황

현상	조치	설치개소
발전기 과도안정도 개선	발전기 차단, 출력감발	평택, 태안, 당진, 보령, 하동 T/P, 울진 N/P, 영광 N/P, 양양 양수
전압불안정 개선	부하차단	수도권, 강릉, 서울 북부지역, 제주계통, 청평 양수
	송·변전 설비 차단	신안성, 신서산, 신태백, 신인천 S/S, 서인천 C/C 리액터 차단
과부하 해소	부하차단	거제지역, 삼랑진 양수
	송·변전 설비 차단	당진 T/P M.Tr
	발전기 차단	울산 C/C
저주파 해소	부하 차단	전국 변전소 UFR 부하 차단

---

098 고장파급방지장치(SPS : Special Protection System)에 의한 부하차단의 목적을 $P-V$ 곡선을 이용하여 간단히 설명하시오.

data 발송배전기술사 20-121-1-8 / 발송배전기술사 출제예상문제

답안

1. 고장파급장치의 개요

(1) 정의

SPS란 고장파급으로 대규모 정전, 계통붕괴를 방지하고자 특정부하를 계통에서 탈락시키는 장치이다.

(2) 부하차단방식

① 저주파수 부하차단(UFLS : Under Frequency Load Shedding)

㉠ 한국 : UFR에 의한 저주파수 부하차단 시행 중

㉡ SPS의 적용 : 발전기 차단, 부하 차단, 동시 차단, 분로리액터 차단, 모선 통합 및 분리

② 원격부하차단(RLS : Remote Load Shedding), 계통분리

③ 저전압 부하차단(UVLS : Under Voltage Load Shedding)

2. 고장파급장치의 목적

(1) 전압 불안정을 개선하기 위하여 부하차단, 송·변전 설비 차단

(2) 발전기 과도안정도를 개선하기 위해 발전기 차단

(3) 과부하 해소를 위해서 발전기 차단, 송·변전 설비 차단, 모선통합 및 분리

3. 부하차단과 $P-V$ 곡선

(1) 부하차단 필요성(전압불안정 현상)

① **정전력 부하** : 부하(전류 I) 증가로 무효전력손실($Q_l = I^2 X$) 증가

→ 전압 저하($P = VI$에서 P는 일정한데 I가 증가되면 V는 감소) → 전류 증가

② **충전용량 감소** : 전압 저하 → 충전용량 감소($Q = \omega CE^2$) → 전압 불안정

(2) 부하차단 시 검토사항

① **가장 취약모선의 최소 운전전압 이상 유지** : 저전압 기준 만족 여부 확인

② **적절한 부하차단용량 선정**

㉠ 임계점보다 5% 여유를 두고(95%) 선정 : 최소 무효전력 여유량 확인

㉡ 적절한 부하차단용량 선정, 과도한 부하차단용량

③ **최적의 운전한계점 검토** : 선로정수의 변화, 계통의 조류계산

④ **고장상정** : 이중 고장으로 상정

⑤ **저전압 유지시간 선정**

(3) $P_r - V_r$ 곡선상 부하차단 시행(즉, SPS)으로 전압안정도 향상 설명

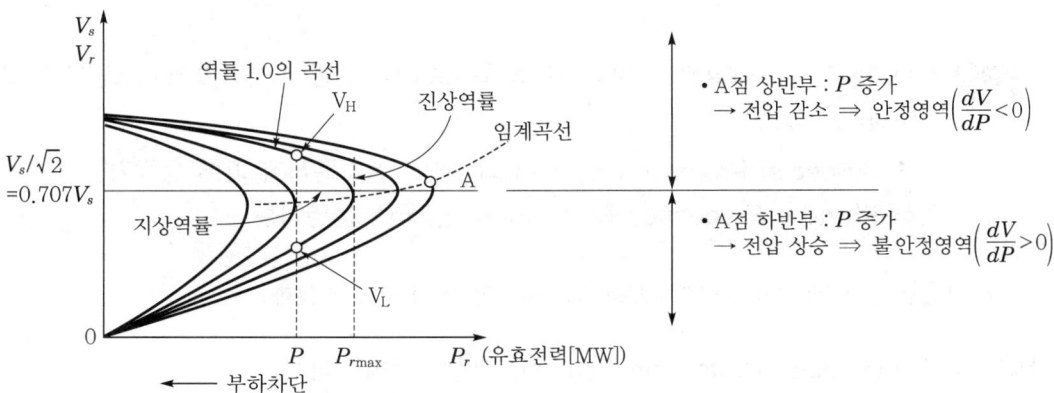

┃ 부하의 역률을 파라미터로 한 $P_r - V_r$ 곡선 ┃

① $P-V$ 곡선에서 부하차단이란 곡선의 가로축에서 원점으로 더 접근함을 의미한다. 이때, 부하차단용량은 전체의 5% 정도로 정한다.

② 그런데 임계점에서는 $\dfrac{dV_r}{dP_r} = 0$이 되며, 볼록 튀어난 부분인 임계점 근방이라서 수전단전압(V)이 안정과 불안정의 임계점인 것이다.

③ $\dfrac{dV_r}{dP_r} < 0$ 에서 안정적이고, $\dfrac{dV_r}{dP_r} > 0$ 인 경우 불안정 영역이다.

④ 따라서, $\dfrac{dV_r}{dP_r} < 0$ 의 범위에서 부하차단하면 P의 감소이고 전압의 안정도는

안정영역으로 전력계통을 운전할 수 있음을 의미한다.

---

reference

저전압 부하차단(UVLS)의 이유

(1) 한국의 전력계통은 발전 집중지역과 부하 집중지역이 원거리화되어 있어 융통선로를 통한 장거리 송전으로 전력을 공급하고 있다.

(2) 융통선로에 고장이 발생하면 전압불안정 현상이 발생할 수 있다.

(3) 융통선로 사고를 대비해서 융통선로 사고 후에도 계통이 안정하도록 운전되어야 하는데 그렇게 하기 위해서는 부하집중지역에서 비싼 발전기를 많이 기동하므로 경제적으로 비합리적인 계통운영을 수행하게 된다.

(4) 그래서 사고 가능성이 매우 작도록 설계된 765kV 선로고장은 발생하지 않는다고 가정하고 4개의 345kV 융통선로를 검토하여 사고 후에도 계통이 안정할 수 있도록 융통한계를 결정하여 운전한다.

(5) 765kV 선로에 고장이 발생하면 계통의 전압불안정에 따른 광역정전을 야기할 수 있다.

(6) 이를 방지하기 위하여 UVLS(저전압 부하차단)를 통한 부하제어를 수행하여 전압불안정을 방지한다.

---

099 전력계통에서 고장발생 시 파급영향을 최소화하기 위한 아래의 보호시스템에 대하여 설명하시오.

1. SPS(Special Protection System)의 개념, 설치목적에 따른 동작기법
2. UFR(Under Frequency Relay)의 개념, 국내 운영기준

data 발송배전기술사 22-126-4-3 / 발송배전기술사 출제예상문제

답안 1. SPS(Special Protection System, 고장파급방지장치)

(1) SPS의 개념(전력시장운영규칙)

광범위한 파급고장(계통분리, 발전기 탈락, 송전선로 연쇄차단 등)을 방지하기 위한 컴퓨터, 통신전송설비, 보호장치 등 일련의 장치들의 조합이다.

(2) 설치목적에 따른 동작기법

설치목적	동작기법	동작기법의 주요 효과
발전기	발전기 차단, 출력감발	• 발전기 차단 : 과부하 해소, 발전기 과도안정도 개선
전압불안정 개선	부하 차단	
	송·변전 설비 차단	• 선로 차단 : 과부하 해소, 전압불안정 개선(PV 곡선)
과부하 해소	부하 차단	
	송·변전 설비 차단	• 부하 차단 : 과부하 해소(저주파 해소, 전국 변전소 UFR), 전압불안정 개선
	발전기 차단	
저주파 해소	부하 차단	

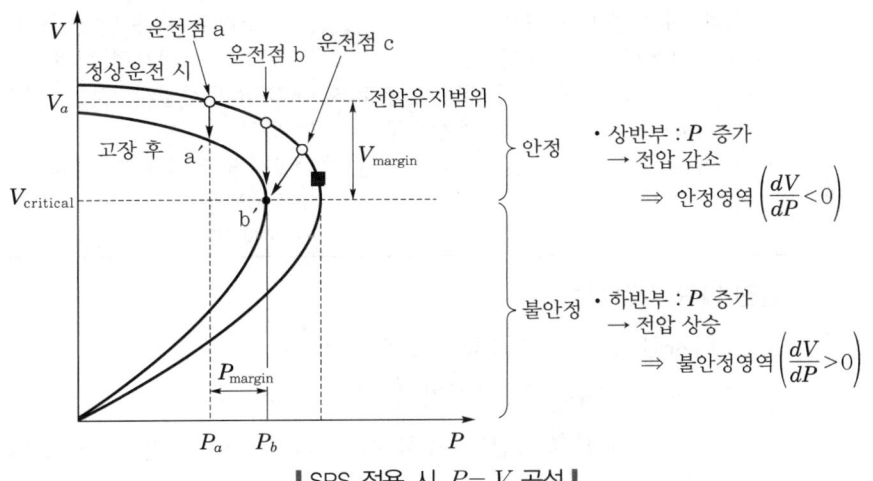

▌SPS 적용 시 $P-V$ 곡선 ▌

(3) 적용(「전력계통 신뢰도 및 전기품질 유지기준」 제24조)

① **전력거래소** : 전력계통 안전도 평가 실시 후 불안전개소에 대해 전기사업자에 설치통보

② **전기사업자** : 고장파급방지장치 설치, 시험, 유지보수 주기적 시행

2. UFR(81U)

(1) 개념

계통분리, 발전기 탈락, 과부하 시 주파수 저하를 검출하는 계전기

(2) 국내 운영기준

① 계통주파수 조정 및 유지범위(신뢰도 및 품질기준)

㉠ 평상시 : 60 ± 0.2Hz

㉡ 최대 용량발전기 1기 고장 시

• 최저 59.7Hz

• 1분 내 59.8Hz 회복

ⓒ 발전기 2기 고장 시 SPS에 의해 발전기 탈락 시

- 최저 59.2Hz

- 1분 내 59.5Hz ~ 10분 내 59.8Hz

- 1분 내 59.5Hz ~ 10분 내 59.8Hz

② 부하차단용 저주파수 계전기 적용 및 운영절차(전력시장운영규칙)

전력거래소	전기사업자
• 부하차단계획 수립, 전기사업자에 통보 • UFR 부하 차단 검토조건 　- 최대 부하가 부하차단계획 시 부하의 　　2배 이상 증가될 경우 　- 신규계통에 UFR 도입 시 　- 345kV 이상 기간계통망 변경, 재검토 시 • 차단부하 확보량 검토 및 개선요구 • 계통주파수 저하특성 검토, 대책 수립 및 　전기사업자에게 통보	• 주파수 단계별 차단부하 확보량 및 운영 　관련 사항 전력거래소에 통보 • 통보내용 　- 주파수 저하 및 UFR 동작현황 　- UFR 차단부하 확보현황 • UFR 동작일시, 원인, 계통도를 거래소에 　통보 • 6개월 이내 이행 완료 • UFR 정상 운전되도록 유지, 관리 • 신형 UFR 도입 시 성능, 기술사항 상호협의

(3) 한전 UFR 정정기준

① 부하차단시간(T)은 12cycle 이하일 것

　　12cycle = 저주파수 계전기 동작시간(6cycle)

　　　　　　+ 보조계전기 동작시간(1cycle) + CB Trip 시간(5cycle)

② 저주파수 계전기 동작시간

　ⓐ 최저 : 4cycle 이상(위상급변에 의한 이상데이터로 오동작 방지)

　ⓑ 최고 : 6cycle 이하(surge, switching 시 오동작 없을 것)

③ 육지계통 차단부하(제주지역 별도)

차단단계	동작주파수	동작시간	차단부하 계획량(①)	차단부하 확보량(①×1.05)
1단계	59.0Hz	6cycle	6%	6.30%
2단계	58.8Hz	6cycle	6%	6.30%
3단계	58.6Hz	6cycle	6%	6.30%
4단계	58.4Hz	6cycle	6%	6.30%
5단계	58.2Hz	6cycle	6%	6.30%
6단계	58.0Hz	6cycle	5%	5.25%
후비	59.0Hz	12초	4%	4.20%
계	-	-	39%	40.95%

④ UFR 성능 판정기준

시험항목	기준치	비고
동작주파수 오차	±0.01Hz	
동작시간 오차	±1cycle	계전기 자체 내장 Timer 동작시간 포함
AC cut off voltage	• 육지 : 50V(선간전압 기준) • 제주 : 42V(선간전압 기준) (단, 조정불가 시 육지 및 제주계통 공칭 최소치로 함)	송전선로의 순간고장으로 변전소에서 무압 발생 가능 장소 : 70V로 조정
DC cut off voltage	제작사 허용 최소치	–

※ 송전선로의 순간고장으로 변전소에서 무압 발생가능 개소에 설치한 저주파 계전기의 경우 전원측 선로가 정지 후 잔류전압에 의한 부하단 저주파 계전기의 오동작을 방지하기 위하여 AC cut off voltage를 70V로 조종한다.

100 발전소의 SPS 운전조건을 위한 완화용 ESS에 대하여 설명하시오.

(data) 발송배전기술사 출제예상문제

답안 1. 발전소의 SPS 운전조건을 위한 완화용 ESS 개요

발전기 차단용 SPS 운영에서의 발전제약은 송전선로 탈락 직후 대규모 발전소 연계점에서 발전전력과 송정용량 간의 과도 불균형을 경감시키기 위한 것으로 SPS 운전조건을 완화할 목적으로 ESS를 운영한다.

2. 원리

(1) 발전소용 SPS

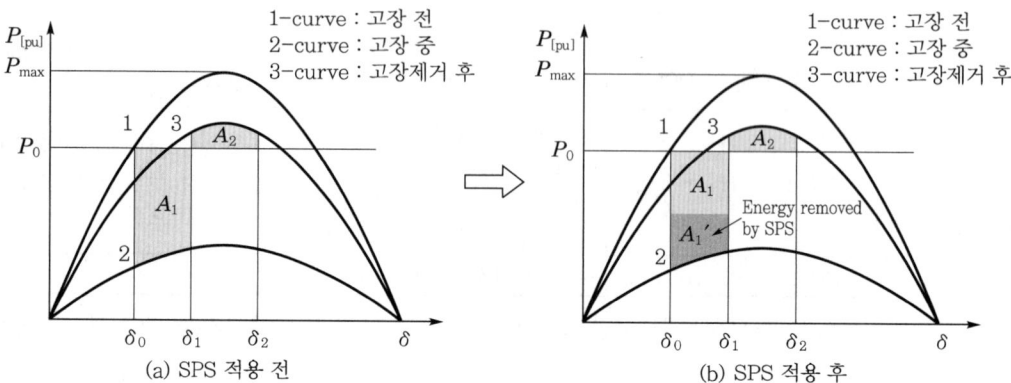

(a) SPS 적용 전   (b) SPS 적용 후

① SPS 적용 전 : 송전선로 고장 → 발전기 전기출력 → 부하전달전력 → A_1 만큼 가속력으로 작용

② SPS 적용 후

    ㉠ 일부 발전기를 탈락시켜 발전기 전기출력 = 부하전달전력 평형상태 역할

    ㉡ 과도상태에서 발전기 탈락대수가 증가되면 계통주파수 저하로 UFR 동작 초래

(2) ESS 적용

① 발전기의 과도한 탈락대신 ESS를 적용하여 부족한 전력을 ESS로 대신 공급

② 발전기의 과도한 탈락을 방지하고 부족한 전력을 ESS로 공급하여 주파수 저하를 방지

③ ESS 속도조정률 : 2%

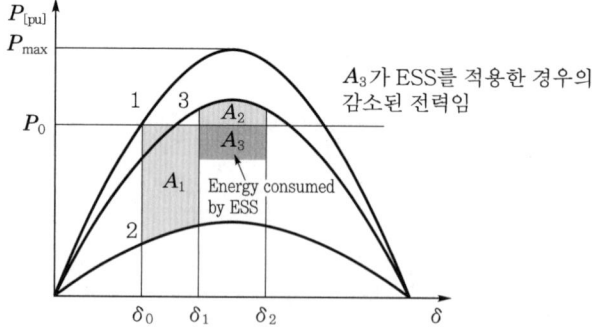

‖ 발전소의 SPS 운전조건을 위한 완화용 ESS 효과 ‖

SECTION 03 예비력

101 전력계통 신뢰도 및 전기품질 유지기준과 전력시장운영규칙에서 규정한 신뢰도와 예비력의 여러 종류 및 운영예비력 저하 또는 저하예상 시 조치사항과 하향 예비력 저하 또는 저하예상 시 조치사항에 대하여 설명하시오.

102 운영예비력 중 주파수 제어 예비력, 1차 예비력, 2차 예비력, 3차 예비력을 각각 설명하시오.

(data) 발송배전기술사 19-119-1-12·17-111-3-1 / 발송배전기술사 출제예상문제

(comment) '주파수 조정 예비력과 대기대체 예비력의 정의를 설명하시오[발 17-111-3-1].' 문제를 새로운 출제경향에 맞게 변형시킨 것이다.

답안 **1. 신뢰도**

    (1) 전력계통을 구성하는 제반설비 및 운영체계 등이 주어진 조건에서 의도된 기능을 적정하게 수행할 수 있는 정도

    (2) 정상상태 또는 상정고장 발생 시 소비자가 필요로 하는 전력수요를 공급해 줄 수 있는 '적정성'과 예기치 못한 비정상 고장 시 계통이 붕괴되지 않고 견뎌낼 수 있는 '안전성'을 말한다.

2. 예비력 구분

    (1) 전력수급의 균형을 유지하기 위하여 전력수요를 초과하여 보유하는 공급능력을 말하며, 공급예비력과 운영예비력으로 구분한다.

    (2) 공급예비력이란 전력수요를 초과하여 확보하는 공급능력을 말한다.

    (3) 운영예비력의 구분

        ① 평상시 안정적 주파수 유지를 위한 주파수 제어 예비력

        ② 고장발생 시 주파수 회복을 위한 ㉠ 1차 예비력, ㉡ 2차 예비력, ㉢ 제3차 예비력을 말한다.

    (4) 주파수 제어 예비력

    발전기의 자동발전제어(AGC) 운전을 통해 5분 이내에 동작하여 30분 이상 출력을 유지할 수 있는 예비력

(5) 1차 예비력

발전기의 조속기(governor free) 운전 및 전기저장장치의 주파수 추종운전을 통해 주파수 변동 10초 이내에 응동하여 5분 이상 출력을 유지할 수 있는 예비력

(6) 2차 예비력

발전기의 자동발전제어(AGC) 운전을 통해 10분 이내에 응동하여 30분 이상 유지할 수 있는 예비력

(7) 3차 예비력

중앙급전발전기를 통해 30분 이내에 확보할 수 있는 예비력

(8) 제주지역 운영예비력

육지계통과 별도로 제주지역 발전기 및 제주연계선의 여유용량을 통해 확보되는 운영예비력

(9) 비상대기예비력(Emergency Capacity Reserve; ECR)

「미세먼지 저감 및 관리에 관한 특별법」 제21조에 따른 미세먼지 저감과 온실가스 감축 등을 위한 가동중단, 상한제약(이하 '기후·환경 제약')에 의해 가동이 제한된 석탄발전기가 전력계통의 안정적 운영 등을 위해 전력거래소가 급전지시할 경우를 대비하여 거래시간별로 별도로 입찰한 용량[kWh]을 말한다.

(10) 하향 예비력

① 전력수급의 균형을 유지하기 위하여 발전력을 감축하거나 전력수요를 증대할 수 있는 용량을 말한다.

② 하향 주파수 예비력을 포함한다. 하향 주파수 예비력이란 하향 예비력 중 자동발전제어(AGC) 또는 원격출력제어 운전 등을 통해 10분 이내 응동하여 30분 이상 유지할 수 있는 예비력을 말한다.

3. 운영예비력 저하 또는 저하예상 시 조치

(1) 공급능력의 안정적 확보를 위해 운영예비력 수준이 아래 '(3)'의 규정에 해당될 경우에는 해당 조치사항 등을 산업통상자원부장관, 전기사업자, 자가용 전기설비설치자 및 수요관리사업자에게 통보할 것. 단, 공급예비력(운영예비력)이 '준비단계' 혹은 '관심단계'에 해당될 경우에는 전력거래소가 공급예비력(운영예비력) 수준과 조치사항의 경제적 비용, 지속시간 및 시행준비시간 등을 고려하여 조치사항을 선택하고 협의·조정·시행할 수 있다.

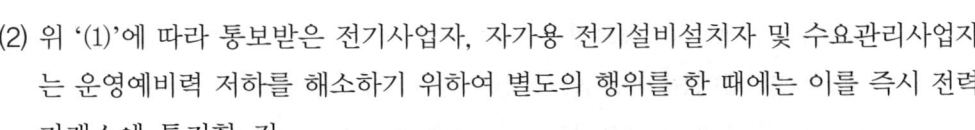

(2) 위 '(1)'에 따라 통보받은 전기사업자, 자가용 전기설비설치자 및 수요관리사업자는 운영예비력 저하를 해소하기 위하여 별도의 행위를 한 때에는 이를 즉시 전력거래소에 통지할 것

(3) 전기사업자, 자가용 전기설비설치자 및 수요관리사업자는 운영예비력 저하가 예상되는 경우에 경보수준에 따라 다음 표의 조치사항을 수행하기 위해 협조할 것

┃ 예비력, 경보수준 및 필요 조치사항 ┃

예비력[MW]	경보수준	필요 조치사항	구분
4500 이상 5500 미만	준비 (경보수준 아님)	• 수요관리사업자에게 전력수요 의무감축요청 발령, 전력수요감축 시행 • 계획 중인 발전기 정지일정 조정, 시운전발전기 시험일정 조정으로 공급능력 확보 • 발전기별 공급가능용량 재검토 및 기동 시 장시간 소요발전기 상태 파악 • 운전상태 유지를 위한 기동 가능한 모든 발전기 가동(중앙급전발전기)	공급예비력
3500 이상 4500 미만	관심 (Blue)	• 모든 중앙급전 구역전기 발전기 입찰 공급가능용량 전량 급전지시 • 비중앙급전발전기 및 비중앙급전 구역전기사업자 등 가동 준비·지시 • 전기품질 유지범위 내 배전용 변압기 TAP 수동 운전 전환 및 조정(1단계 2.5%, 2단계 5.0%) • 전력수급대책 기구 구성·운영 • 수급경보 '관심' 발령	운영예비력
2500 이상 3500 미만	주의 (Yellow)	• 수급경보 '주의' 또는 '경계' 발령 • 휴전·활선작업 시행중지 및 계통복구 지시	
1500 이상 2500 미만	경계 (Orange)	• 수요조정지원제도(긴급절전) 시행 • 발전제약 완화	
1500 미만	심각 (Red)	• 수급경보 '심각' 발령 • 긴급 부하조정(부하차단)	

4. 하향 예비력 저하 또는 저하예상 시 조치

(1) 전력거래소는 계통신뢰도 유지를 위해 하향 예비력 수준이 '주의단계'에 이르거나 이를 것이 예상되는 경우에는 전기사업자, 소규모 전력중개사업자, 자가용 전기설비설치자, 직접구매자, 수요관리사업자 등에게 조치사항을 통보하여야 한다. 이때, 전력거래소는 조치사항을 결정함에 있어 하향 예비력 수준, 경제성, 기술적 이행 가능성 및 안전성, 계통 기여도 등을 고려하여 조치사항을 결정하고 협의·조정·시행할 수 있다.

(2) 위 '(1)'에 따라 통보받은 자는 하향 예비력 저하를 해소하기 위하여 별도의 행위를 한 때에는 이를 즉시 전력거래소에 통지하여야 한다.

(3) 위 '(1)'에 따라 통보받은 자는 하향 예비력 확보수준에 따른 조치사항을 수행하기 위해 협조하여야 한다.

---

reference

1. 속응성 자원

① 정의 : 운영예비력과는 별도로 중앙급전발전기 중 20분 이내에 응동하여 4시간 이상 출력을 유지할 수 있는 발전력

② 사용용도 : 전력계통의 과도한 변동성에 신속하게 대응

③ 기술요건 : 운영예비력과는 별도로 중앙급전발전기 중 20분 이내 동작하여 4시간 이상 유지

④ 확보기준 : 이중 고장 1400MW + 정상상태 수요변동의 99% 변위 초과분 600MW = 2000MW

2. 공급능력

발전기 공급가능용량의 총합

---

103 전력계통의 부하변동에 따른 다음 사항에 대하여 설명하시오.

1. 발전기의 출력분담

2. 부하추종 예비력에 대하여 정의한 후 이것이 부족할 경우 전력생산비용의 상승 이유

data 발송배전기술사 20-120-2-4 / 발송배전기술사 출제예상문제

답안 1. 부하변동에 따른 출력분담(제어분담)

(1) 부하변동의 성분분석

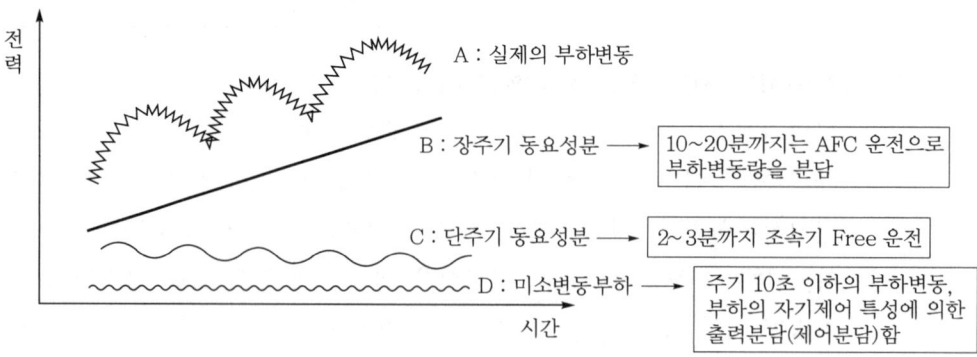

┃ 부하변동에서의 각 성분의 개념도 ┃

(2) 제어부담의 구분

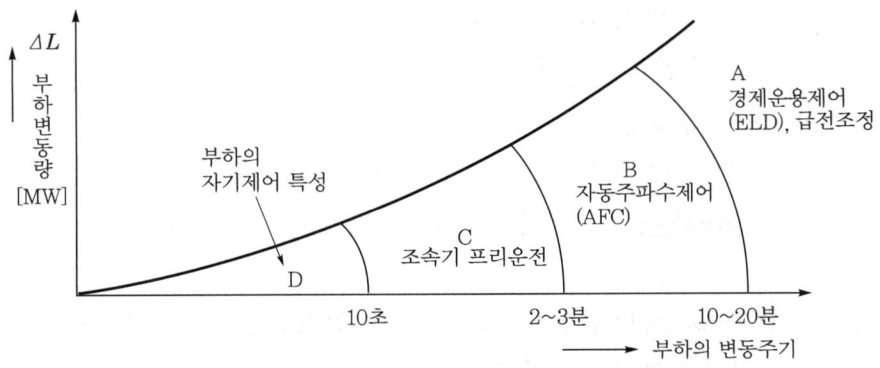

∥ 부하변동에 따른 제어부담 구분 ∥

① 부하변동량에 대하여 10초까지는 부하의 자기제어특성으로 제어를 분담한다.

　ⓐ 미소 변동분(cycle component)

　ⓑ 대상 : 주기 10초 이하의 부하변동

　ⓒ 발전기의 조속기 불감대 및 시간적 지연으로 주파수 조정이 되지 않음

　ⓓ 발전기의 회전운동에 의해 어느 정도 흡수

　ⓔ 부하의 자기제어특성 또는 발전기의 회전에너지에 의해 흡수될 뿐이므로 전계통적으로는 주파수의 미소변동분만 남게 된다.

② '①'의 범위를 초과할 경우 2 ~ 3분까지는 발전기의 조속기 Free운전으로 부하변동량을 분담한다.

　ⓐ 단주기 변동분(fringe component)

　ⓑ 대상 : 주기 2 ~ 3분에서 10 ~ 20분 이하의 주기를 갖는 부하변동은 확실하게 예측할 수 없는 동요성 부하

③ '②'의 범위를 초과할 경우 10 ~ 20분까지는 AFC 운전으로 부하변동량을 분담한다.

　ⓐ 장주기 동요성분(sustained component)

　ⓑ 부하변동을 AFC에 의한 발전기출력을 자동조정하여 부하대상 중 비교적 단주기성분은 수력발전이 담당하고, 장주기는 화력이 조정용 발전소로 역할분담한다.

④ '③'의 범위를 초과할 경우 ELD 운전으로 부하변동량을 분담한다.

　ⓐ 10 ~ 20분을 넘는 비교적 주기가 긴 주기성분에 대해서는 경제부하배분장치(ELD)에 의한 발전기출력의 자동조정으로 흡수

ⓛ 미리 예측된 것으로, 오차는 3% 정도로서, 운전예비력(3% 정도)을 활용하여 발전기의 스케줄 제어 및 기동, 정지 및 급전지령에 의한 발전기의 수동조정 시행

(3) 발전기 무효전력분담

① 계자기의 여자전류를 조정하여 발전기 단자전압을 조정으로 무효전력을 분담함
② **강여자운전** : 발전기의 단자전압을 상승시켜 발전기에서 계통으로 무효전력을 공급
③ **저여자운전** : 발전기의 단자전압을 감소시켜 계통의 무효전력을 발전기가 흡수
④ 발전기의 일정 유효전력 운전에 의함

2. 부하추종 예비력

(1) 부하추종 예비력의 정의

① 가까운 미래에 예측되는 부하에 대해 현재 운전상태로부터 공급하도록 대비한 예비력으로서, 평상시 운영예비력에 속한 것 중의 하나임
② 시간별, 일별 부하변동에 추종할 수 있는 운전 중인 발전기의 여유발전력
③ 전력계통의 주파수를 규정주파수로 유지하기 위하여 실시간 부하변동에 대응
   ㉠ 터빈의 속도조정률 범위 내에서 출력을 조정하여 운전하는 것
   ㉡ 전기저장장치의 유효전력을 조정하여 운전하는 것
④ 부하추종 예비력(following reserve)의 시한 : 10분 기준

(2) 부하추종 예비력 및 부족 시 전력생산비용의 상승 이유

① 전력수급시장의 공급 – 수요 불평형 발생

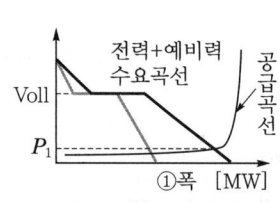 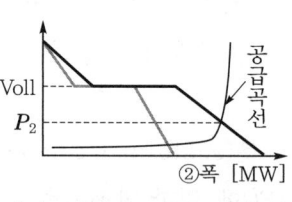 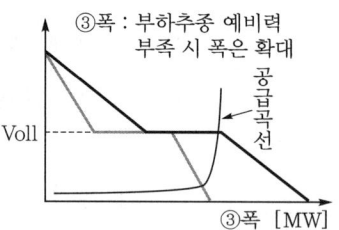

② 속도조정률이 큰 발전기 기동에 따른 비용 증가
   ㉠ G/T 기동, 연료비 및 기동비용 증가
   ㉡ 1차 예비력의 경우 속도조정률이 낮은 첨두부하용 발전원들이 더욱 많은 출력을 내며, 2차 예비력의 경우도 발전원가가 비싼 AGC용 발전소를 이용한다.
   ㉢ 부하변동 시 추종되는 발전력은 대부분 발전원가가 비싼 발전원들로 전력생산비용의 상승은 불가피하다.

③ SMP 증가 : 가스터빈 발전기 기동에 따른 계통한계가격이 증가

④ 예비력 확보비용 증가, 부하관리 비용 증가

⑤ 예비력 부족 대책시행으로 비용 증가

104 예비력의 종류와 공급신뢰도의 향상 대책에 대하여 설명하시오.

data 발송배전기술사 21-125-3-2 / 발송배전기술사 출제예상문제

답안 1. 예비력의 종류

(1) 전력수급의 균형을 유지하기 위하여 전력수요를 초과하여 보유하는 공급능력을 말하며, 공급예비력과 운영예비력으로 구분한다.

(2) 공급예비력이란 전력수요를 초과하여 확보하는 공급능력을 말한다.

(3) 운영예비력의 구분

① 평상시 안정적 주파수 유지를 위한 주파수 제어예비력

② 고장 발생 시 주파수 회복

㉠ 1차 예비력

㉡ 2차 예비력

㉢ 3차 예비력

(4) 주파수 제어 예비력

발전기의 자동발전제어(AGC) 운전을 통해 5분 이내에 동작하여 30분 이상 출력을 유지할 수 있는 예비력

(5) 1차 예비력

발전기의 조속기(governor free) 운전 및 전기저장장치의 주파수 추종운전을 통해 주파수 변동 10초 이내에 응동하여 5분 이상 출력을 유지할 수 있는 예비력

(6) 2차 예비력

발전기의 자동발전제어(AGC) 운전을 통해 10분 이내에 응동하여 30분 이상 유지할 수 있는 예비력

(7) 3차 예비력

중앙급전발전기를 통해 30분 이내에 확보할 수 있는 예비력

(8) 제주지역 운영예비력

육지계통과 별도로 제주지역 발전기 및 제주연계선의 여유용량을 통해 확보되는 운영예비력

(9) 비상대기예비력(Emergency Capacity Reserve; ECR)

「미세먼지 저감 및 관리에 관한 특별법」에 따른 미세먼지 저감과 온실가스 감축 등을 위한 가동중단, 상한제약(이하 '기후·환경 제약')에 의해 가동이 제한된 석탄발전기가 전력계통의 안정적 운영 등을 위해 전력거래소가 급전지시할 경우를 대비하여 거래시간별로 별도로 입찰한 용량[kWh]을 말한다.

(10) 하향 예비력

① 전력수급의 균형을 유지하기 위하여 발전력을 감축하거나 전력수요를 증대할 수 있는 용량을 말한다.

② 하향 주파수 예비력을 포함한다. 하향 주파수 예비력이란 하향 예비력 중 자동발전제어(AGC) 또는 원격출력제어 운전 등을 통해 10분 이내 응동하여 30분 이상 유지할 수 있는 예비력을 말한다.

2. 공급신뢰도의 향상 대책

(1) 전압안정도 향상 대책

설비측면	운영측면
• 수요지 인근에 분산전원 발전소 건설 • SC 등 무효전력 공급원 확충 • SVC, SVG, 순동무효전력 설비 가동 • 지역 간 연계선로 보강	• 발전기 단자전압을 상향시켜 운전 • 고장파급방지시스템(SPS) : 부하차단 • 취약선로에 대한 조류제약 운전 • SC 선행운전 : 발전기 동적 무효전력 확보 • 분산전원에 대한 FRT 규정 준수 • 배전 MTr. OLTC를 수동운전시켜 부하 저감 : 실제 제일 많이 현장에서 적용함

(2) 과도안정도의 대책

① 계획측면

㉠ T/P 발전소에 EVA를 설치하여 Steam량 조정

㉡ 발전기에 동적 제동(dynamic braking) 적용

㉢ SVC, SVG를 설치하여 병렬전압 보상

㉣ 발전기의 AVR + PSS 운전

    ⓜ FACTS 적용 : 한국은 STATCOM, UPFC, TCSC, SVC를 설치하여 적용 중

    ⓗ HVDC

- 한국은 해저케이블로 제주와 육지 간 연계
- 육상은 당진과 평택에 지중케이블로 연계
- 향후 신울진에서 신가평 간 500kV HVDC 건설

② **운영측면** : 고장파급방지시스템(SPS)을 적용하고 발전기를 선택하여 차단한다.

(3) 주파수 저하보호

① 계통 UFR 방식 적용

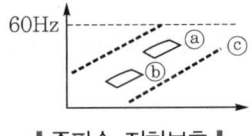

ⓐ 계통 UFR 범위
ⓑ 화력계통 분리범위
ⓒ 발전기 운전한계

┃ 주파수 저하보호 ┃

    ㉠ 57.5Hz 이하 시 부하차단

    ㉡ 주파수 회복시간 : 10초 이내

② 화력계통분리 UFR 방식

    ㉠ 국지화력계통을 주간선과 분리시킴

    ㉡ 분리조건

- 57.0Hz 이하 : 2.0초 시한정정
- 57.5Hz 이하 : 10초
- 58.0Hz 이하 : 20초

(4) 탈조보호

① 탈조 미연방지장치로 탈조예측 계산

    ㉠ δ(예측치) $>$ δ_{limit}이면 → 계통안정

    ㉡ δ(예측치) $<$ δ_{limit}이면 → 계통불안정, 탈조 우려로 전송 차단

② 탈조분리보호방식 채용

    ㉠ 계통 내 탈조발생 시 탈조계전기로 검출

    ㉡ 계통을 분리하여 전계통에 파급방지시킴

(5) 과부하보호

① 전원제한 또는 부하제한 : 상기 계통에서 1회선이 고장일 경우 아래 같이 계통 운영하여 신뢰도를 향상시킨다.

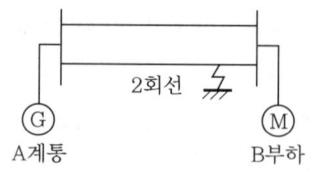

    ⊙ 제1단계 : A계통 증발

    ⓛ 제2단계 : B계통 부하 억제

    ⓒ 제3단계 : A계통 발전 억제

  ② **전력조류의 조정** : 모선변환 등으로 조류조정

(6) 충분한 예비력의 확보

(7) 발전기의 단위기용량을 전체 계통용량에 비해 비율을 낮게 설정(3% 이내)

(8) 고신뢰도의 기기채용

  GIS S/S, 유입형 Tr → 가스절연형 Tr 등으로 적용

(9) 안전도 급전제어(PSS)

(10) 보호계전기 System의 향상

  ① 보호장치의 2계열화

  ② 주보호장치와 후비보호장치의 구비

  ③ 전자형 R/Y의 Digital화

  ④ 계전기의 오·부동작 방지

  ⑤ Micro-wave 및 광 Cable 등을 이용한 계전 System의 신호전송로 확보

  ⑥ 탈조 미연방지 System 채용

(11) 보호협조

  ① 고장구간의 축소로 공급신뢰도가 향상된다. 다음 내용은 22.9kV의 보호협조
    이다.

  ② R/Y와 Fuse의 보호협조

    ⊙ 일시적인 고장일 경우 R/C 순시동작 후 재폐로 후 송전

    ⓛ 영구고장 시

      • R/C 순시동작, 지연동작 반복 후

      • 고장점에 가까운 Fuse 용단 또는 S/E로 고장분을 R/C Lock out 등으로
        고장구간의 축소

(12) 운용상 공급신뢰도 대책

① 철저한 보수점검

② 무정전공법 활용

③ AGC, AFC 적용 ELD 운전

(13) 부하 및 출수 예측의 정밀화 등

(14) FACTS, 고속 밸브제 채용, Digital R/C 확대로 보호계전기 System 첨단화 추구, SCADA 적용

(15) 발전기는 고속도 AVR 사용 및 컴파운드 여자방식 적용으로 향상 대책을 검토해야 된다.

(16) 전체 계통을 컴퓨터로 이용한 SCADA(Supervisory Control And Data Aquisition) System으로 묶어 종합관리가 가능하도록 연구·개발해 적용한다.

---

105 예비력 결정방법 중 LOLP(Loss of Load Probability)에 대하여 설명하시오.

data 발송배전기술사 21-125-1-5 / 발송배전기술사 출제예상문제

답안 1. 개요

(1) 전력공급자 측면에서 공급신뢰도를 평가하기 위해 사용되는 대표적인 평가척도로서, LOLP, LOEP, F-D Curve를 사용하고 있다.

(2) 신뢰도란 어떤 System이 정해진 조건하에서 원하는 기간동안 충분히 기능을 수행할 확률을 말한다.

(3) 공급자 측면에서 신뢰도는 사고 시에 수용가측에 공급에 지장을 초래하지 않고 System을 제어할 수 있는 정도이다.

2. LOLP(Loss of Load Probability, 전력부족확률)

(1) 정의

전력부족확률 P_L은 공급력이 부족하여 공급에 지장을 일으키는 시간의 평균이 전체 고찰기간의 몇 %를 점하는가를 나타내는 확률이다.

(2) 산출식

$$P_L = \frac{\text{고찰기간 중의 정전시간의 평균치}}{\text{고찰기간}}$$

① 정전발생 평균빈도가 단위시간(예를 들어서 1년)당 F[회/년], 1회의 정전지속시간이 평균 $\overline{S}$[min]이라면 $P_L = \dfrac{F \times \overline{S}}{8760 \times 60}$[회/년]이다.

② 한번 정전이 발생하여 사고를 복구한 후부터 다음 정전이 발생할 때까지의 평균시간간격, 즉 평균운전지속시간을 $\overline{R}$이라 하면, $F = \dfrac{8760 \times 60}{\overline{R} + \overline{S}}$ 이 된다.

③ 따라서, $P_L = \dfrac{F \times \overline{S}}{8760 \times 60} = \dfrac{\overline{S}}{\overline{R} + \overline{S}} \fallingdotseq \dfrac{\overline{S}[\min]}{\overline{R}[\min]}$

단, $\overline{R} \gg \overline{S}$

(3) 유의점

정전의 빈도와 지속시간만을 대상으로 하고 있으며 정전의 크기에 대하여는 고려하지 않고 있다는 점을 유의할 것

(4) LOLP의 적용

각 발전기의 고장확률 등을 계산하여 목표로 하는 신뢰도 확보에 적합한 예비력의 규모를 결정하는 기준에 적용한다.

(5) 부하와 LOLP의 관계도

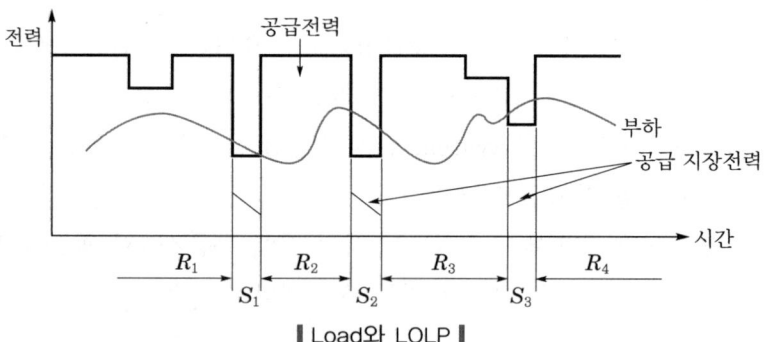

‖ Load와 LOLP ‖

SECTION **04** 신뢰도

106 전력계통의 신뢰도를 나타내는 다음 지표들을 설명하시오.

1. LOLP(Loss of Load Probability)
2. LOLE(Loss of Load Expectation)
3. SAIFI(Systein Average Interruption Frequency Index)
4. SAIDI(System Average Interruption Duration Index)

data 발송배전기술사 23-129-1-4 / 발송배전기술사 출제예상문제

답안 1. LOLP(Loss of Load Probability)

(1) LOLP(전력부족확률 또는 전력공급지장확률, P_L)의 정의

해당 기간 중에 예측되는 모든 크기의 부하에 대하여 계통 내의 기존 또는 계획된 각 발전기들의 고장확률 등을 고려한 공급능력상황을 일일이 검토하여 공급지장이 일어날 수 있는 시간을 확률적으로 계산한 것이다.

(2) LOLP의 산출식

$$P_L = \frac{고찰기간 \; 중의 \; 정전시간의 \; 평균치}{고찰기간}$$

2. LOLE(Loss of Load Expectation)

(1) LOLE(전력량 부족확률)의 정의

P_e는 전력부족확률이 정전의 크기를 전혀 고려할 수 없다는 점을 보완하기 위해 정전으로 정지된 부하의 전력량이 전체 부하전력소비량의 몇 %에 해당되는 가를 나타내는 값이다.

(2) LOLE의 산출식

$$P_e = \frac{1회 \; 정전에 \; 의해 \; 부하의 \; 평균 \; 소비전력량}{1회 \; 정전으로부터 \; 다음 \; 정전까지 \; 부하의 \; 평균 \; 전체 \; 소비전량}$$

3. 계통 평균 정전빈도수 지수

(1) 영어원문

System Average Interruption Frequency Index(SAIFI)로, 일정 지역 내의 고객 1호당 발생하는 정전횟수(순간정전 제외)이다.

(2) 표현식

$$SAIFI = \frac{정전을 \ 경험한 \ 고객수}{계통 \ 내의 \ 총고객수} = \frac{\sum \lambda_i N_i}{\sum N_i}$$

4. 계통 평균 정전시간지수

(1) 영어원문

System Average Interruption Duration Index(SAIDI)로, 일정 지역 내의 고객 1호당 발생하는 정전시간(순간정전 제외)을 말한다.

(2) 표현식

$$SAIDI = \frac{모든 \ 고객의 \ 정전지속시간의 \ 합}{계통 \ 내의 \ 총고객수} = \frac{\sum U_i N_i}{\sum N_i}$$

107 다음은 전력계통에서 준수해야 할 「전력계통 신뢰도 및 전기품질 유지기준」 항목이다. 각각에 대하여 설명하시오.
1. 전압조정목표
2. 전압유지범위
3. 신재생발전기의 무효전력출력

data 발송배전기술사 19-117-2-1 / 발송배전기술사 출제예상문제

comment 「전력계통 신뢰도 및 전기품질 유지기준」 산통부 고시 2018-104호 개정안 기준이다.

답안 1. 전압조정목표(제5조)

(1) 개요

정상운전 시 전기사업자 및 전력거래소가 전력계통에서 유지하여야 할 전압목표치로 기준전압에 대한 기준을 정한 것이다.

(2) 전압조정목표

① 765kV 계통 : 765 ± 20kV

② 345kV 계통 : $(353-17)$kV ~ $(353+7)$kV, 기준전압 353kV

③ 154kV 계통 : $(160-8)\text{kV} \sim (160+4)\text{kV}$

    ㉠ 중부하 시(오전 08시 ~ 익일 오전 01시) : $160 \pm 4\text{kV}$

    ㉡ 부하변동 시(오전 01 ~ 02시, 오전 07시 ~ 08시) : $157 \pm 4\text{kV}$

    ㉢ 경부하 시(오전 02 ~ 07시, 주말·휴일) : $156 \pm 4\text{kV}$

④ 70kV 계통 : $(69-3.5)\text{kV} \sim (69+2.0)\text{kV}$

⑤ 22.9kV 계통(배전 변전소)

    ㉠ 배전선 인출측 전압기준

    ㉡ 중부하 시 : 최대 계통 운전전압

    ㉢ 경부하 시 : 중부하 시와 경부하 시의 부하비율에 따라 결정

    ㉣ 수동운전 시

       • 경부하 시 : 22kV

       • 중부하 시 : 22.9kV

       • 첨두부하 시 : 23.9kV

2. 전압유지범위(제6조)

(1) 개념

전기사업자 및 전력거래소가 유지해야 할 계통의 최대·최소 전압으로 공칭전압의 범위에 대한 기준이다.

(2) 전압유지범위

① 765kV : $765 \pm 5\%(726 \sim 800)\text{kV}$

② 345kV : $345 \pm 5\%(328 \sim 362)\text{kV}$

③ 154kV : $154 \pm 10\%(139 \sim 169)\text{kV}$

④ 70kV : $70+3.6\%,\ -10\%(63 \sim 72.5)\text{kV}$

3. 신재생발전기 무효전력출력(제54조)

(1) 개념

신재생발전기의 무효전력출력 성능을 규정한다.

(2) 신재생발전기 무효전력출력

① 풍력발전기 : 지상 0.95 ~ 진상 0.95

② 조력발전기 : 지상 0.95 ~ 진상 0.95

③ 부생가스, 매립지 가스 발전기 : 지상 0.9 ~ 진상 0.95

④ 발전기별 특정 범위 내에서 운영할 수 있어야 한다.

108 산업통상자원부에서 고시한 「전력계통 신뢰도 및 전기품질 유지기준」에서 정한 상정 고장의 정의, 목적, 종류 및 전기품질 유지기준에 대하여 설명하시오.

data 발송배전기술사 22-128-4-3 / 발송배전기술사 출제예상문제

답안 **1. 상정고장의 정의**

전력계통에서 발생 가능한 가상의 단일·이중·다중의 전력설비 고장

2. 상정고장의 설정 목적

(1) 신뢰도란 적정성과 안정성의 조합개념이다.

① 적정성 : 상정고장 시 필요한 전력수요 공급 능력, 예비력

② 안정성 : 비정상 고장 시 계통이 붕괴되지 않고 견딜 수 있는 능력

(2) SCED(Security Constrained Economic Dispatch)의 설정

① 경제급전(ED)과 상정고장의 조합개념이다.

② 안전도제약경제급전(SCED) 기능은 경제급전기능에서 고려할 수 있는 제약과 과도한 과부하를 초과하는 상정고장 제약을 포함한 송전선로 제약 등을 고려하여 발전기 유효출력을 결정하는 기능을 말한다.

3. 상정고장의 종류

(1) 단일 고장

송전선 1회선, 변압기 1뱅크, 발전기 1기 고장 등 1개 전력설비 고장 시 계통 운영에 영향을 주는 고장이다.

(2) 이중 고장

① 송전선 1회선과 변압기 1대 고장 시, 송전선 1회선과 발전기 1기 고장 시, 동일 발전소 발전기 2기 탈락 시 계통운영에 영향을 준다.

② 병행 2회선 가공송전선로 고장

(3) 차단기 차단 실패 및 부분모선 고장

(4) 다중 고장

① 동일 철탑 다회선 가공송전선로 동시정지

② 동일 발전소 전발전기 동시정지

③ 다수 전력설비의 정지 우려가 있는 모선 고장

4. 안정유지기준

(1) 154kV 방사상 계통의 안정기준

단일 고장 시 장시간 동안의 공급지장이 없고, 과도한 과부하 또는 저전압이 미발생할 것

(2) 154kV 주요 간선계통의 안정기준

① 단일 고장 시 장시간 동안의 공급지장이 없고, 과도한 과부하 또는 저전압이 미발생

② 이중 고장 시 발전기 정지나 대규모 공급지장, 주요 간선계통에 고장파급이 없을 것

(3) 345kV 방사상 계통

① 단일 고장 시 장시간 동안의 공급지장이 없고, 과도한 과부하 또는 저전압이 미발생

② 이중 고상 시 대규보 공급지상 대비 난시산 내 부하선환 등의 방안을 수립·운영할 것

(4) 345kV 주요 간선계통

① 단일 고장 시 장시간 동안의 공급지장이 없고, 과도한 과부하 또는 저전압이 미발생

② 이중 고장 시 발전기 동기탈조, 대규모 공급지장, 고장파급 확대, 과도한 계통 동요 증가로 인한 계통분리 또는 전압 불안정이 발생하지 않도록 하여야 하며 필요 시 고장파급방지장치 설치 및 발전력 조정 등의 운영대책수립을 할 것

(5) 765kV 계통

① 단일 고장 시 공급지장, 과도한 과부하 또는 저전압이 미발생

② 이중 고장 시 발전기 동기탈조, 대규모 공급지장, 고장파급 확대, 과도한 계통 동요 증가로 인한 계통분리 또는 전압 불안정이 발생하지 않도록 설비유지관리 강화 및 필요 시 계통보강·고장파급 방지장치 설치, 발전력 조정 등 필요한 대책을 수립·운영할 것

109 두 설비의 사고발생률과 평균정전시간이 각각 $\lambda_1 S_1$과 $\lambda_2 S_2$라 할 때 두 설비를 직렬 및 병렬로 운전하는 경우, 직렬설비의 사고발생률과 평균정전시간($\lambda_s S_s$), 병렬설비의 사고발생률과 평균정전시간($\lambda_p S_p$)을 구하시오.

data 발송배전기술사 21-123-1-7·12-98-1-9 / 발송배전기술사, 건축전기설비기술사 출제예상문제

답안 1. 공급신뢰도의 개념

전력공급 Service 향상의 기본적인 관점에서 고려된 척도로서, 전력공급전원이 어떠한 운전상태라도 항상 전력계통의 소요에 적정 전압 및 주파수를 유지하고, 양질의 전력을 무정전으로 수용가에게 계속해서 공급할 수 있는 확률이다.

2. 수·배전 설비의 공급신뢰도를 상정할 경우 신뢰도의 검토대상

(1) 우발사고의 기본이 되는 사고정지

(2) 각 요소의 사고확률(λ) 및 평균정전시간(S)에 대한 과거의 실적

3. $\lambda_s S_s$ 및 $\lambda_p S_p$ 산출방법

(1) 각 설비가 직렬로 접속되어 있을 경우

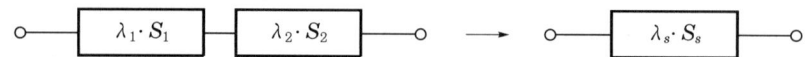

① 신뢰도 : $\lambda_s S_s = \lambda_1 S_1 + \lambda_2 S_2$

② 사고확률 : $\lambda_s = \dfrac{\lambda_1 S_1 + \lambda_2 S_2}{S_s} = \lambda_1 + \lambda_2 \,(S_1 = S_2 = S_s)$

③ 정전시간 : $S_s = \dfrac{\lambda_1 S_1 + \lambda_2 S_2}{\lambda_s} = \dfrac{\lambda_1 S_1 + \lambda_2 S_2}{\lambda_1 + \lambda_2}$

여기서, λ : 각 구성설비의 사고발생확률[f/yr]

$\quad\quad\ S$: 평균정전시간[s 또는 h]

$\quad\quad\ \lambda_s\,S_s$: 직렬계통의 합성정전횟수

$\quad\quad\ S_s$: 직렬계통의 1회 평균정전시간

(2) 각 설비가 병렬로 접속되어 있을 경우

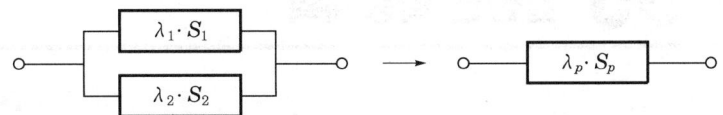

① 신뢰도 : $\lambda_p\, S_p = (\lambda_1\, S_1) \times (\lambda_2\, S_2)$

② 사고확률 : $\lambda_p = \dfrac{\lambda_p\, S_p}{S_p} = \dfrac{(\lambda_1 S_1) \times (\lambda_2 S_2)}{S_p} = \lambda_1\, \lambda_2 (S_1 + S_2)$

$$\left(S_p = \frac{적}{합} = \frac{S_1\, S_2}{S_1 + S_2} \right)$$

③ 정전시간 : $S_p = \dfrac{(\lambda_1 S_1)(\lambda_2 S_2)}{\lambda_p} = \dfrac{(\lambda_1 S_1)(\lambda_2 S_2)}{\lambda_1\, \lambda_2(S_1 + S_2)} = \dfrac{S_1 \cdot S_2}{S_1 + S_2}$

④ $S_1 = S_2$이면 $S_p = \dfrac{S_1 \cdot S_2}{S_1 + S_2} = \dfrac{S_1^{\,2}}{2S_1} = \dfrac{S_1}{2}$

여기서, $\lambda_p \cdot S_p$: 병렬계통의 합성정전횟수

S_p : 병렬계통의 1회 평균정전시간[min]

4. 각 설비가 절환병렬 시의 1회 평균정전시간

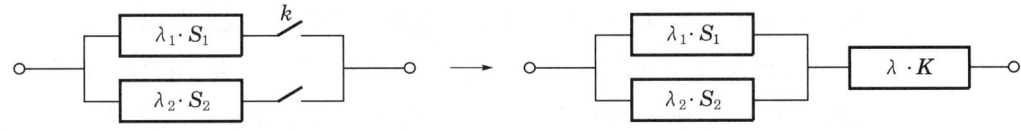

(1) $\lambda_K = \lambda_1\, \lambda_2(S_1 + S_2) + K$

(2) $\lambda_K \cdot S_K = (\lambda_1\, S_1) \cdot (\lambda_2\, S_2) + \lambda \cdot K$

(3) $S_K = \dfrac{\lambda_K\, S_K}{\lambda_K} = \dfrac{(\lambda_1\, S_1) \cdot (\lambda_2\, S_2) + \lambda \cdot K}{\lambda_1\, \lambda_2(S_1 + S_2) + \lambda}$

여기서, λ_K : 절환병렬의 사고발생확률

K : 개폐기 동작시간, $K > (S_1 = S_2)$

$\lambda_K \cdot S_K$: 절환병렬계통의 합성정전횟수

S_K : 절환병렬계통의 1회 평균정전시간

SECTION 05 발전원 확충계획

110 통합자원관리계획(IRP : Integrated Resource Planning)의 개념, 체계도 및 기존의
전원개발계획과 IRP의 비교에 대하여 기술하시오.

data 발송배전기술사 출제예상문제

답안 1. 개념

(1) 전력수급에 이용될 수 있는 공급측 대안과 수요측 대안을 망라한 모든 가용자원
을 종합적으로 고려하여 국가적 차원의 최적 전력수급계획을 수립하는 것

(2) 수용가의 에너지 사용을 만족시키기 위한 여러 가지 자원인 공급측 자원, 수요
측 자원, 전력요금정책, 환경문제 등 전력수급과 관련된 자원을 통합하여 장기적
인 사회적 비용을 최소화하기 위한 투자정책의 결정과정을 의미한다.

(3) 가용자원이란 발전설비 신증설 뿐만 아니라 민간전력회사로부터의 전력구입,
수요관리, 노후발전소의 수명연장(repowering), 사업 다각화 등까지 포함하여
전력회사가 이용할 수 있는 모든 수단을 의미하며, 발전설비의 증설, 전력구입
등은 공급측 대안이고, 에너지 절약과 DSM, 즉 고효율 기기의 보급, 건축물의
단열, 피크 시 냉·난방 기기의 직접 제어, 차등요금제도 등은 수요측 대안이다.

(4) 1990년대 미국의 전력수급계획 수립에 활용되었다.

2. IRP의 체계

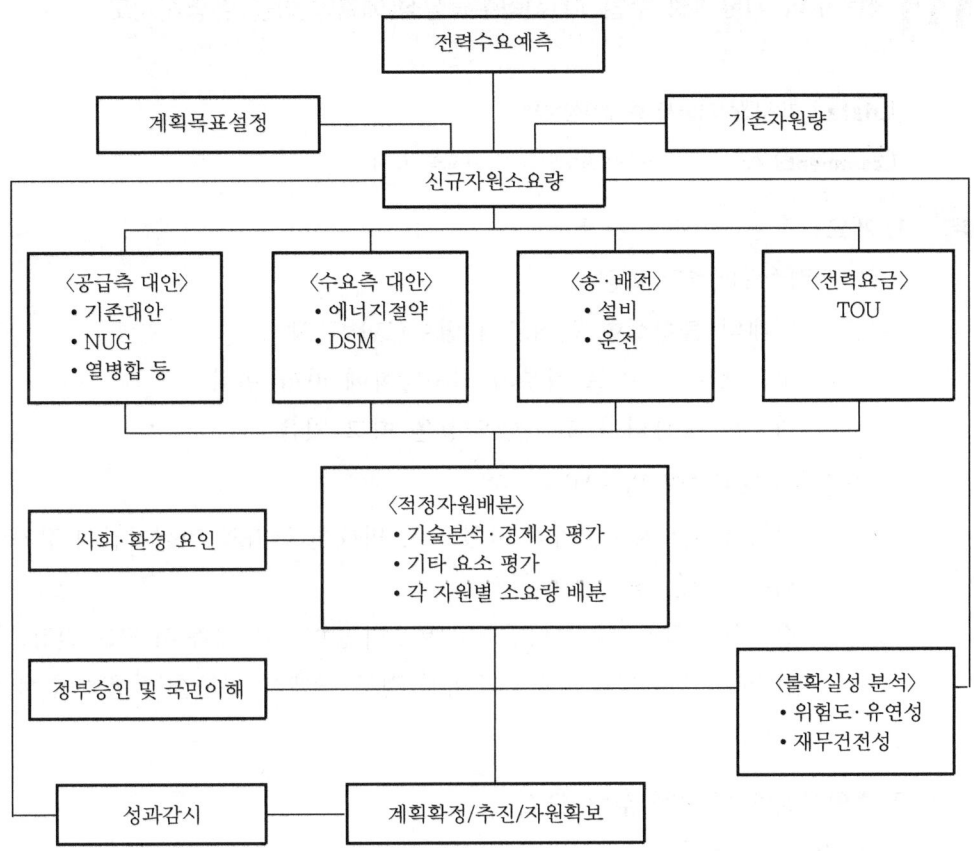

3. 기존의 전원개발계획과 IRP의 비교

구분	기존의 전원개발계획	통합자원관리계획(IRP)
자원의 종류	전통적인 중앙급전 가능 전원	• 재생 가능전원 • 열병합, IPP • 수요관리 • 구입전력 등
자원의 소유 여부	전력회사 소유 발전설비에 국한	• 전력회사 소유 발전설비 • 민간발전사업자 및 개인이 소유한 분산형 전원설비까지 포함

주된
고려사항
	• Optimum mix planning
	  – Gas, Oil, Steam
	  – Coal, Nuclear
	• 최소 비용계획(least cost planning)
	  – 요금의 최소화
	  – 필요수익의 최소화
	  – 전력소비의 최소화
		• DSM, NUG
		• Distributed generation
		• New technology
		• Life extention
		• Environment
		• Conventional generation

111 전력수급 기본계획 수립 시 전력수요상정(예측방법)을 설명하시오.

data 발송배전기술사 출제예상문제

comment 배점이 10점이면 4항만 기록하도록 한다.

답안 1. 개요

(1) 전력수요예측의 특징

① 미래의 불확실한 근거로의 변수로만 구성

② 모든 변수는 주로 정부의 정책방향에 따라 변화

③ 변수는 상관되어 복잡한 양상을 띠고 있음

(2) 전력수요예측의 필요성

① 전력사업은 자본집약적 사업으로, 막대한 투자와 건설기간의 장기화로 투자 회수기간은 장기간이다.

② 전력수요 결정요소는 다양하고 무수히 많아 수요예측 시 모든 결정요소를 파악 한다는 것은 불가능하며 주어진 정보 내에서 정보를 활용하여 예측에 반영 한다.

2. 수요예측에 영향을 주는 요소

(1) 경제성장 전망

GNP, 광공업 성장률 등 경제성장 전망의 적정성 여부

(2) 산업구조 전망

산업별 구성비 변화에 따른 수요예측에 미치는 요소

(3) 전력요금 전망

시간대별 요금제 등 요율구조의 변화는 시간대별 첨두전력의 예측이 매우 중요한 요소임

(4) 에너지 소비절약 및 관련 규제정책

에너지 관련 규제정책은 소비절약을 유도하며 전력수요에 미치는 영향이 점차 증대할 것임

(5) 부하관리효과

DSM의 직·간접 부하관리에 의한 전력수요예측에 주는 영향

(6) 열병합발전 등 자가발전 전망

주요 공단, 에너지 다소비산업 부분의 열병합발전은 향후 전력수요에 중요한 영향을 미칠 것임

3. 수요예측의 종류

(1) Energy forecast(에너지예측) 및 Load factor forecast(부하요소예측)

① 에너지 사용경향이 직접 인구 통계적 및 경제적 Factor와 밀접한 관계가 있다.

② Energy 사용 Data가 사용 종류별, 영역별로 쉽게 구분 가능하다.

(2) Peak demand forecast(최대 수요전력예측)

① 온도와 같은 기후변화에 직접 관계되므로 이용된다.

② Peak demand(일, 월, 연간)의 과거 최대 실적을 근거로 통계치에 의해 구한다.

③ $Average \ demand = \dfrac{Energy[kWh](일, \ 월, \ 년)}{Hour}$

④ $Peak \ demand = \dfrac{Average \ demand}{Load \ factor}$

4. 수요예측의 기법

comment 실제 배점 10점 나오면 이정도만 작성한다.

전력수요를 예측하는 방법으로는 크게 Micro 방법과 Macro 방법의 2가지로 대별된다.

(1) Micro 방법(미시적인 방법)

① 정의 : 전력수요내용을 상세히 분석하고 구성요소의 인과관계에서 전력수요를 예측하는 방법

② 주택용 : 가전기기 보급률, 기기별 원단위를 추정하여 예측

③ 산업용 : 산업구조변화와 기술혁신에 대한 개개산업의 전력단위변화를 감안하여 예측

④ 주의사항 : 제품별, 생산량 및 보급률의 정확한 조사, 제조원가 등의 신뢰성 있는 조사 등이 반영되고 예측이 선행되어야 함

(2) Macro 방법(거시적인 방법)

① 정의 : 수요 전체에 대한 법측성을 찾아내서 예측하는 방법

② 시계열방법 : 전력수요 그 자체의 시계열적 경향

③ 회귀분석방법 : 경제지표와의 상관경향의 연장

④ GNP, 광공업, 부가가치에 대한 전력량, 즉 원단위 추정에 의한 방법

⑤ Macro 방법으로서 가장 많이 이용되고 있는 것은 모형식을 산출하여 예측하는 시계열방법과 회귀분석방법이다. 이를 비교 설명하면 다음 표와 같다.

‖ 시계열방법과 회귀분석방법의 비교 ‖

구분	시계열방법(trend)	회귀분석방법
설명변수	• 시간의 경과에 따른 과거의 실적이 장래에도 계속된다는 전제하에 예측하는 것으로, 과거의 시계열경향에 알맞은 모형식으로 예측하는 방법 • 시간변수, 전년도 수요 등 자신의 통계 활용[외생(外生) 변수 불필요]	• 수요성장의 요인이 되는 경제지표 : 인구, 전력요금과 수요와의 수량적 관계에서 예측하는 기법 • 인구, 경제지표, 전기요금 등 외생변수 필요(인과분석이라고도 함)
적용추세	증가율 추세, 전력량 증분 추세, 1차식·2차식 추세, 성장곡선특성 계절순환 불규칙 변동	• 탄성치 추세 • 전력 원단위의 추세(부가가치, 전력수요 등)

comment 배점 25점으로 나오면 상기의 1·2·4 내용을 기록하도록 한다.

---

112 최적 전원구성(best generation mix)에 대한 아래 항목별로 기술하시오.
1. 최적 전원구성(best generation mix)의 정의
2. 최적 전원구성 조건
3. 장래의 전원구성을 둘러싼 제요인
4. 최적 전원구성의 검토순서

data 발송배전기술사 출제예상문제

답안 1. 최적 전원구성(best generation mix)의 정의

최적 전원구성이란 전력의 안정공급의 확보를 충분히 고려하면서 경제성을 추구한 최적의 전원구성을 형성하는 것이다.

2. 최적 전원구성의 조건

(1) 운용상 효율적일 것

(2) 연료조달상 리스크를 회피할 수 있을 것

(3) 앞으로의 유동적인 수요, 연료 동향, 건설비용 등의 움직임에 탄력적으로 대응할 수 있을 것

3. 장래의 전원구성을 둘러싼 제요인

아래 개념도와 같이 간략히 요약 설명될 수 있다.

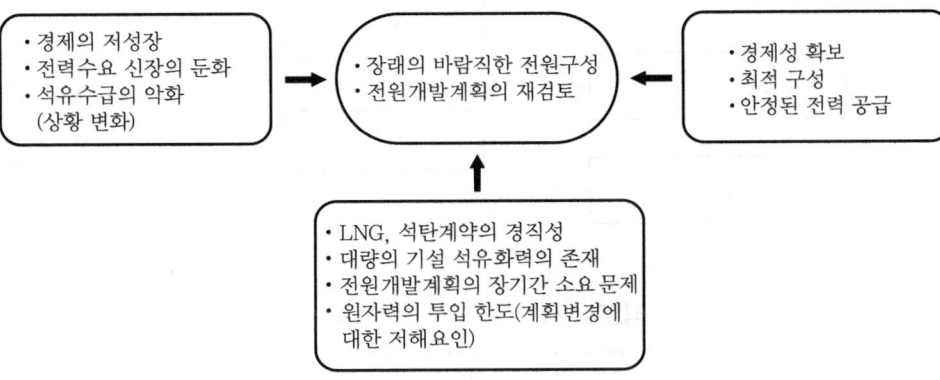

4. 최적 전원구성 시 고려사항

(1) 각 전원의 특성을 충분히 파악한다.

전력수요는 시간, 계절에 따라 크게 변동하므로 다음 사항을 고려한다.

① 연간 주야를 불문하고 전력수요의 기초적인 부분을 분담하는 기저부하용 공급력

② 전력수요의 첨두부하 시에 가동하는 첨두부하용 공급력

③ 상기 양자의 중간적 특성을 지닌 중간부하용 공급력

(2) 공급의 안정성, 환경면의 배려

① **기저부하용 공급력** : 발전 코스트도 싸고 공급안정성이 우수한 원자력 발전, 석탄 화력이 적당함

② **첨두부하용 공급력** : 수요의 변동에 대응해서 발전량을 탄력적으로 조정할 수 있는 능력이 요구되므로 이러한 점이 우수한 가스터빈 화력, 양수발전이 적당함

(3) 각 전원의 특색을 살린 전원의 최적 조합(best mix)을 목표로 해서 앞으로의 전력공급 목표가 책정된다.

(4) 전원입지, 연료조달, 각종 전원의 운전특성까지 고려해서 종합적으로 검토한다.

(5) 전원구성의 Factor에 대한 유기적이며, 종합적인 검토를 그림과 같이 수행한다.

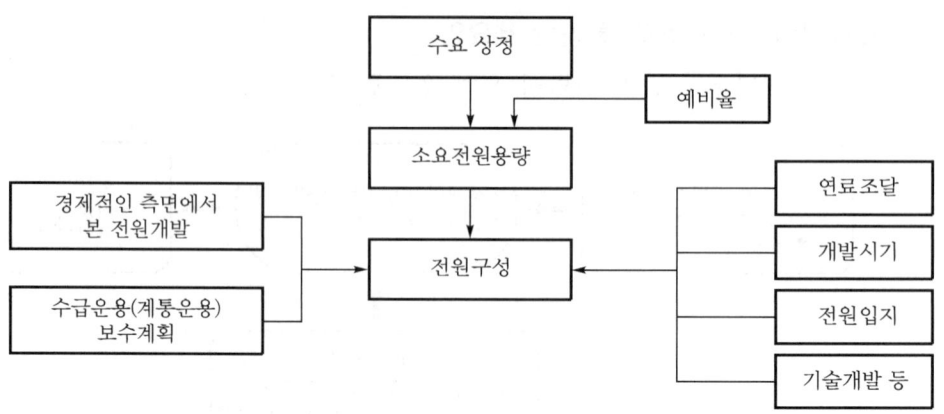

5. 최적 전원구성의 검토순서

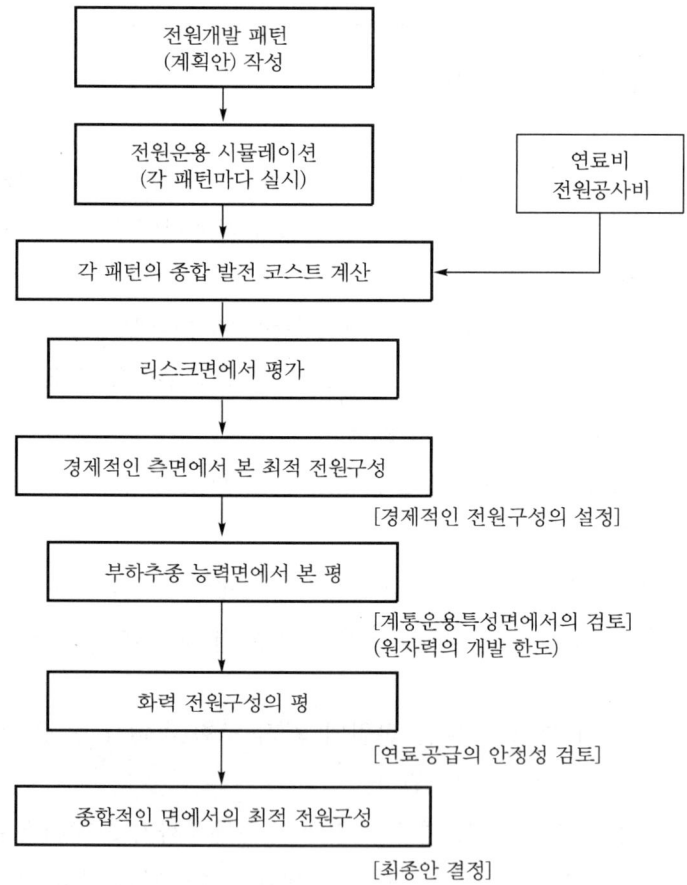

113 우리나라의 지정학적 요건 및 전력수요의 특수성을 반영하여 안정적이고 경제적인 전력공급을 위한 발전소를 건설하는 경우 발전방식별 주요 고려사항을 설명하시오.

data 발송배전기술사 22-128-4-2 / 발송배전기술사 출제예상문제

답안 1. 우리나라 지정학적 요건과 전력수요 특수성

지정학적 요건	전력수요 특수성
• 삼면 바다 : 냉각 용이, 해상풍력 • 태백산맥 : 전송거리 증가 • 사계절 : 여름, 겨울 부하 증가 • 제주도, 울릉도 : 독립부하 요건 • 독립 계통 : 연계 고려 • 천연자원 부재 : 석탄, 원유, 가스 수입	• 여름과 겨울철 부하 증가 • 대도시에 전력수요 고밀도 집중 • 분산전원 일부 지역 편중, 과공급

2. 발전방식별 주요 고려사항

   (1) Best mix를 위한 전원구성 시 고려사항

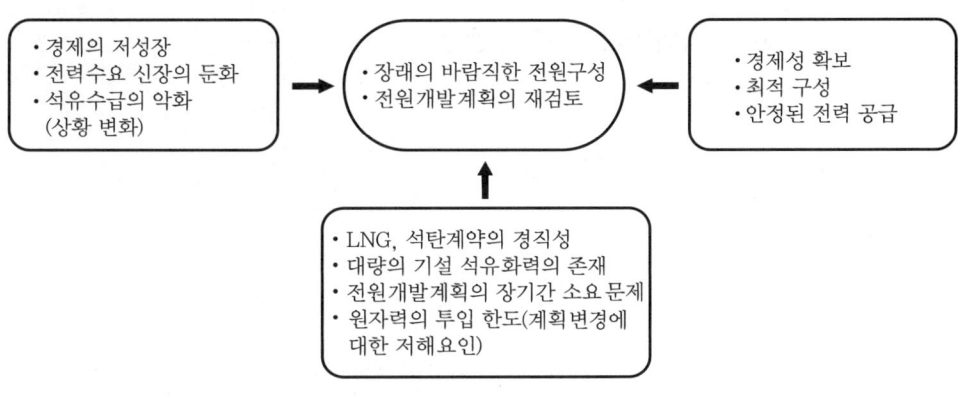

   (2) 발전소를 건설하는 경우 발전방식별 주요 고려사항

   ① 수력발전 건설 시 고려사항

   ㉠ 포장수력

   ㉡ 계통과의 접근성

   ㉢ 전력운영 목적과 수량 확보 차원 여부 검토

   ㉣ 지역민과의 민원 유발성

   ㉤ 대규모 수자원 확보에 따른 주변 산악의 환경성 평가 및 지진유발 가능성

   ② 화력발전 건설 시 고려사항

   ㉠ 연료의 반입성

   ㉡ 냉각수 확보

ⓒ 환경공해 대책

ⓔ 전력계통과의 연계

ⓜ 지역민과의 민원 유발성

③ 원자력발전 건설 시 고려사항

ⓖ 냉각수 확보

ⓛ 폐기물 유치장

ⓒ 지반의 내진 성능

ⓔ 전력계통과의 연계

ⓜ 지역민과의 민원 유발성

④ 신재생에너지발전 건설 시 고려사항

ⓖ 신재생에너지 전원의 종류(풍력, 태양광, 연료전지)

ⓛ 건설장소와 전력계통과의 연계

ⓒ 한전전력계통의 공급전압(HVDC, MVDC, 배전전압)

ⓔ 일조조건, 풍량, 해저 지반 등

ⓜ 지역민과의 민원 유발성

SECTION 06 안전성 제어

114 계통운영시스템(EMS : Energy Management System)의 용어 중 다음 사항에 대하여 설명하시오.
1. 조류계산의 목적과 각 모선에서의 기지값, 미지값
2. 상태추정(state estimation)
3. 안전도 제약 경제급전(security constrained economic dispatch)

data 발송배전기술사 20-121-4-5 / 발송배전기술사 출제예상문제

답안 1. 조류계산의 목적과 각 모선에서의 기지값, 미지값

(1) 전력조류계산의 목적(필요성)

① 계통사고예방 제어

㉠ 계산기 내에서 특정한 몇 가지 사고를 자동적으로 상정하고 조류계산에 의해 그 결과를 사전에 예지하여 운전상태를 적정히 유지할 목적의 제어이다.

㉡ 이를 전력계통의 신뢰도 제어(security control)라고도 말한다.

② 계통운용계획의 입안 : 일부 설비의 정기점검 또는 보수로 점검 시 타 설비에 대하여 전압이나 전력조류면에서 무리가 없는지를 검토하여 운용계획에 반영하는 역할

③ 계통의 확충계획 입안 : 장래의 계통구성을 검토하기 위하여 요구되는 기술적 문제인 단락용량, 전력조류, 전압, 안정도 등에서 전력조류 및 전압의 검토를 위한 조류계산

(2) 조류계산의 정의

복잡하게 구성된 전력계통을 해석하기 위해 전압 2차식 또는 삼각함수를 포함하는 비선형 표현식인 전력방정식을 이용하여 각 모선에서의 전압, 위상각, 유효전력, 무효전력의 4개 변수로 된 함수 $F(V, \delta, P, Q) = 0$에서의 2가지 해를 구하는 것이다.

(3) 전력조류계산용 모선종류의 구분

모선의 종류	기지량 (운전조건 입력 data)	미지량 (조류계산 결과의 data)
발전소 모선	• 발전소에 발전하는 유효전력 : P_G • 발전소 모선의 전압 : E_G	• 무효전력 : Q_G • 모선전압의 위상각 : δ_G
부하(변전소)모선	• 전력회로망으로부터 모선에 받아들이는 유효전력 : P_R • 무효전력 : Q_R	• 모선전압의 크기 : E_R • 모선전압의 위상각 : δ_R
슬랙모선 (swing 모선), 또는 기준모선	• 모선전압의 크기 : E_S • 모선전압의 위상각 : δ_S 　(기준 위상으로서 $\delta_S = 0$)	• 유효전력 : P_S • 무효전력 : Q_S 　(계통의 전송 전손실)

※ 보통 중간모선인 변전소 모선에서 조상설비가 없는 경우 $P_R = 0$, $Q_R = 0$ 으로 한다.

(4) 슬랙모선을 정하는 사유

① 모든 모선에서 유효전력(P_G, P_R)을 지정하는 것은 결과적으로 송전손실의 크기까지 지정하기 때문에 실제 계산에서는 오차가 발생된다.

② 따라서, 발전기 모선 중 한군데(계통 중심이 될 대용량의 발전소 선정)만을 풀어서, 즉 P_G를 지정하지 않고 계통 내의 송전손실분을 흡수조정하는 모선이다.

③ 슬랙모선에서는 P_G를 지정하지 않는 대신에 모선전압의 크기 E_S와 위상각 δ_S를 설정하고, 또한 보통 $E_S = 1.0\,\mathrm{pu}$, $\delta = 0$으로 설정한다.

④ 이렇게 하는 것은 조류계산이 끝날 때까지 전력계통 내의 송전손실은 얼마가 될지 알 수 없기 때문이다.

2. 상태추정(state estimation)

(1) 의의

① 전력계통에서의 상태추정(power system state estimation)이란 전력계통에서 주어진 측정군으로부터 계통의 상대변수를 실제 상태에 가장 가깝도록 계산하기 위하여 실제 상태와의 오차를 최소로 하는 상태변수값을 추정하는 것이다.

② 상태추정결과는 전력계통의 상태를 알려주며 Data base가 요구하는 안전성 분석과 감시기능의 기본자료로 활용된다.

③ 그러나 모든 측정치에는 측정기기의 부정확성, 정보전송과정에서의 잡음이 있기 때문에 측정치로부터 계통의 정확한 상태를 추정한다는 것은 불가능하다.

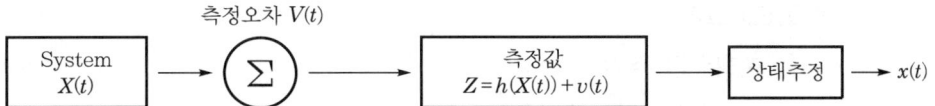

④ 따라서, 불량정보를 억제하고 추정오차를 최소로 하기 위하여 Data의 양을 늘리면 정확도는 개선되지만 계산시간의 증가와 설비투자비용이 증가되므로 양질의 정보를 수집하는 것이 중요하다.

⑤ 상태추정 프로그램은 통제기법을 이용하여 불량정보를 확인하고 상태추정 해로부터 불량정보를 제거한 후 프로그램을 재실행한다.

(2) 상태추정의 역할

① EMS 내의 조류계산, 상정고장 해석, 안전도 해석 등 다양한 기능들의 신뢰성을 높이기 위해서는 정확한 데이터 확보가 필수적이다.

② 상태추정은 EMS 기능 중의 한 부분으로 계통의 상태를 파악하고, 전체 응용 프로그램에 데이터를 제공해 주는 역할을 한다.

3. 안전도 제약 경제급전(security constrained economic dispatch)

(1) 정의

전력계통을 안정적이며 경제적으로 운영하기 위한 EMS의 모듈기능

(2) 목적

① 현재 계통(SE 결과)에서 송전선로 등(변압기/융통선로 포함) 정격용량이 100% 초과 시 혹은 상정고장 계통(CA 결과)에서 정격용량을 150% 초과한 경우 제약을 해소하고자 한다.

② 제약해소를 위한 제어가능 발전기 민감도를 고려하여 SCED 상·하한 값을 지정하여 ED(경제급전)의 기준값을 제어하는데 이용한다.

(3) 우리나라 SCED 절차

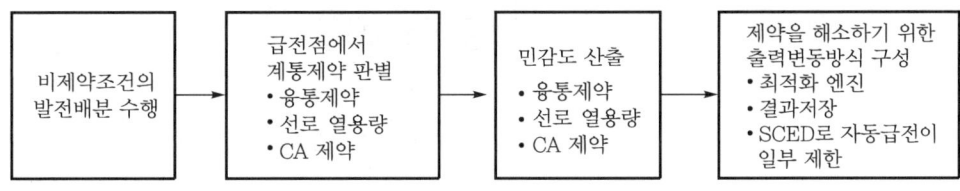

(reference)

CA 제약

상정고장(想定故障)이란 전력계통에서 발생할 수 있는 가상의 단일 또는 다중의 전력설비고장을 말하고, 이에 의한 발전제약을 말한다.

(4) SCED 고려사항

① 계획수립 주기

㉠ 상태추정 : 매 1분

㉡ 단위수요예측 : 매 5분

㉢ SCED 계획 : 매 5분

② 고려사항

㉠ 발전기 증분비용

㉡ 송전손실계수 및 송전혼잡도

㉢ 보조서비스 요구량

㉣ 발전기별 특성자료 및 기타

(5) 계통제약

① 융통전력제한

㉠ SCED 제약 중 과도안정도와 전압안정도에 의해 제한되는 융통전력을 검토
한다.

(reference)

융통전력

발전소, 변전소, 전력 수요자들이 하나의 전력계통을 이루고 전력을 서로 돌려 쓸 수 있는 능력이다.
전력계통이 여러 개 있을 때에는 계통들 사이에 돌려쓸 수 있는 전력의 크기이다.

㉡ 융통한계는 Precautionary measure(예방대책)로 건전상태에 적용된다.

㉢ 발전력 A와 동일한 발전력 패턴을 가질 때 765kV 선로고장이 발생하여도
계통이 안정할 수 있도록 하기 위해서는 운전점을 다음 그림과 같이 C점으
로 이동할 수 있는 적절한 부하차단을 수행한다.

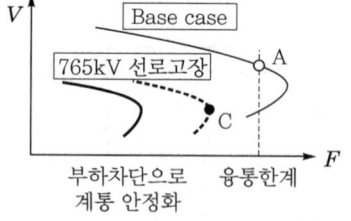

‖765kV 선로고장 시 FV 곡선‖

② **선로열용량** : 정상일 경우는 100% 전력전송, 단시간에서는 120%, 상정고장
시 150%

115 전력계통 운전상태는 수시로 변화하며 운전상태는 측정변수로부터 파악할 수 있다. 측정변수에 따른 일반적인 계통운전상태를 설명하시오.

1. 전력계통의 안전성 제어(power system security control)의 의의와 주요 방법론에 대하여 설명하시오.
2. 다음은 각각 계통의 운전상태를 지칭한다. 이들을 간단히 설명하고 이들 상태의 상관관계를 설명하시오.
   ① Secure normal state
   ② Insecure normal state
   ③ Emergency state
   ④ Restorative state

(data) 발송배전기술사 출제예상문제

답안 1. 개요

(1) 전력계통의 사고파급을 방지하기 위한 방법

① 주파수 저하 보호

② 탈조 보호

③ 과부하 보호

④ 전압안정도 향상

⑤ 적정 연계력 확보

⑥ 공급예비력 적정 확보

⑦ 전력 System 신뢰도 제어 등

(2) 신뢰도 제어는 안전성 제어(power system security control)에 의해 수행된다.

2. 안전성 제어의 의의와 방법

(1) 안전도 제어의 실시와 그 절차

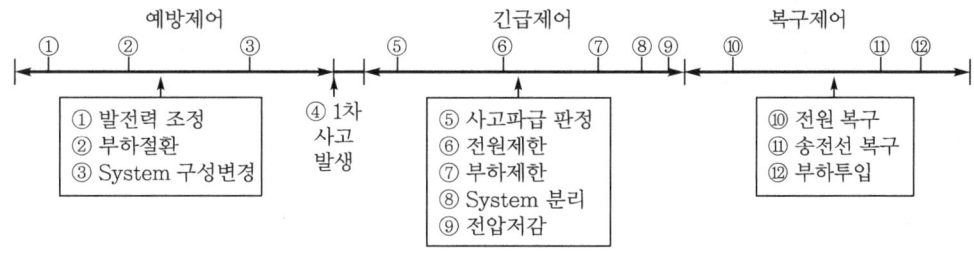

(2) 의의와 방법론

안전도 제어	의의	방법
예방제어 (preventive control)	• 주어진 System의 상태를 기초로 상정사고 발생 시 사고파급에 대한 예측점검으로 적절한 대책을 수립하는 것 • 이때의 사고상정의 기준을 최대 상정사고(maximum contingency)라 함	• 상정사고를 결정 • 상정사고 이하의 사고에 대해서만 사고파급 방지대책 수립(최대 상정사고) • Computer simulator로 검토 – 과부하, 주파수 변화, 전압 등 System의 상태대책 • 발전력 조정, 부하절환, System 구성 변경 등의 조회 • 조류변화, 탈조 유무, 주파수 변화, 전압 변화의 점검
긴급제어 (emergency control)	System에 사고가 발생하여 그 사고로 인해 사고파급이 발생할 우려가 있을 때 적절한 대책으로 사고파급을 방지하는 것	• 사고파급 가능성 여부를 판정하여 중대사고로 파급 시 미연에 사고파급을 방지하도록 정해진 방법을 시행 • 전원제한(power rejection) 부하제한(load rejection) System분리(system splitting), 전압저감(voltage reduction) 등의 조치
복구제어 (restorative control)	사고파급으로 System의 일부 또는 전체 붕괴 시 System을 원래의 상태로 복구시키는 제어	• 화력 및 원자력 발전소 소내 기동용 예비전원을 확보 : 가스터빈, 디젤발전기 • 계통의 복구 : 전원복구, 송전선복구, 부하투입(복구)

(3) 안전도 제어 실시 예

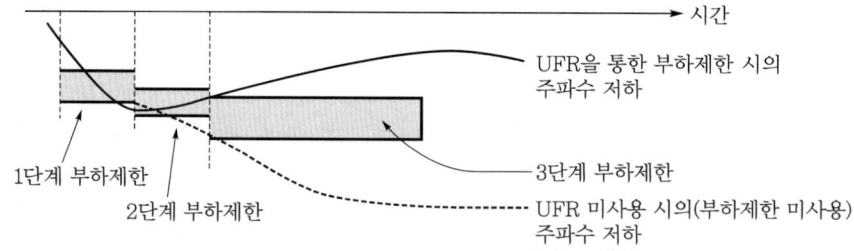

(4) 안전도 급전기능(안전도 제어의 상관관계)

① 상관관계 블록도

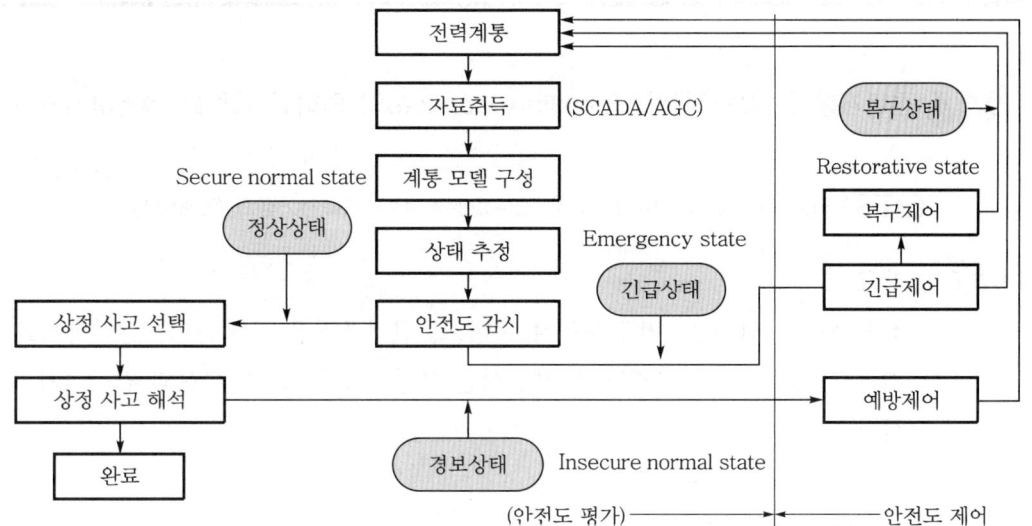

② 안전도 제어의 각 상태별 특성

ㄱ Secure normal state(정상상태)

- 계통의 Online 정보에 의하여 상정사고를 모의시험하여, 계통의 안전성을 점검함
- 검토대상 : 과부하, 전압 저하, 주파수 저하, 안정도

ㄴ Insecure normal state(경보상태)

- 경보상태의 예방제어를 하기 위한 것
- 상정사고 검토결과 필요한 신뢰도 수준이 확보되지 않을 경우 경고표시와 동시에 계통전환, 발전조정, System 구성변경 등 조치시행

ㄷ Emergency state(긴급상태)

- System에 사고발생되어 파급사고가 일어날 경우의 상태로서 긴급제어를 행함
- 긴급제어의 방법 : 전원제한, 부하제한, System 분리, 전압저감

ㄹ Restorative state(복구상태) : 긴급제어가 완료된 시점부터 가능한 범위에서, 정전을 해소하고 전력계통을 정상적인 상태로 복구하는 상태

SECTION 07 전력계통 용어

116 전력계통 운영보조서비스(ancillary service)의 의미와 종류를 설명하시오.

(**data**) 발송배전기술사 23-130-1-13 · 21-123-4-4 / 발송배전기술사 출제예상문제

(답안) **1. 개요**

전력계통의 신뢰성, 안정성을 유지하고, 전기품질을 유지하며, 전력거래를 원활하게 하기 위하여 전기사업자가 제공하는 운영보조서비스는 다음과 같이 4가지로 구분한다.

(1) 주파수 조정 서비스

(2) 예비력 서비스

(3) 자체 기동 서비스(black start)

(4) 무효전력수급 서비스(전압조정 역할)

2. 전력계통 운영보조서비스(ancillary service)의 종류

(1) 주파수 조정서비스

① 공급과 수요의 불일치에 의한 주파수 변동을 해소하기 위한 서비스로서, 주파수 추종운전(G/F : Governor Free Response)과 자동 발전제어운전(AGC : Automatic Generation Control)으로 세분한다.

② 구분

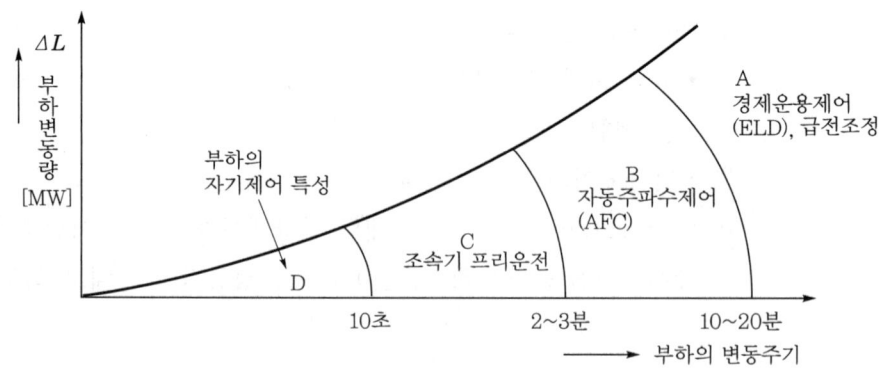

‖ 부하변동의 제어부담 ‖

㉠ 부하의 자기제어 특성이나 관성에 의한 응답

㉡ GF(조속기 운전, 즉 주파수 추종운전)

㉢ AGC 운전(자동발전 제어운전, 발전기출력 자동제어)

㉣ 경제급전

③ 주파수 추종운전(GF)

㉠ 정해진 속도조정률에 따라 증기량을 조절하여 발전기출력을 조정하는 운전

㉡ 속도조정률 : ESS는 2%, 수력은 3 ~ 5%, 화력은 4 ~ 5% 정도

$$\delta = \frac{f_0 - f_n}{f_n} \times 100 [\%]$$

여기서, f_0, f_n : 무부하 시 주파수, 정격출력 시 주파수

④ 자동 발전제어운전(AGC) : 안정도 및 신뢰도 기준에 규정된 범위 내 계통 주파수를 유지하도록 발전량과 부하전력과의 불일치를 조정

(2) 예비력 서비스

① 예비력의 정의 : 전력수급의 균형을 유지하기 위하여 전력수요를 초과하여 보유하는 중앙급전발전기의 발전력 및 전기저장장치의 용량을 말하며, 공급예비력과 운영예비력으로 구분한다.

② 예비력의 종류

㉠ 공급예비력 : 전력수요를 초과하여 확보하는 공급능력

㉡ 운영예비력 : 평상시 안정적 주파수 유지를 위한 주파수 제어예비력과 고장 발생 시 주파수 회복을 위한 1차 예비력, 2차 예비력, 3차 예비력을 말한다.

㉢ 주파수 제어예비력 : 발전기의 자동발전제어(AGC) 및 전기저장장치의 원격출력 제어운전을 통해 5분 이내에 응동하여 30분 이상 출력을 유지할 수 있는 예비력(AGC, ESS 원격제어)

㉣ 주파수 회복예비력 : 고장 발생 시 주파수 회복을 위한 예비력을 말하며 1차 예비력, 2차 예비력, 3차 예비력으로 구분한다.

• 1차 예비력 : 발전기의 조속기(governor free) 운전 및 전기저장장치의 주파수 추종운전을 통해 주파수 변동 10초 이내에 응동하여 5분 이상 출력을 유지할 수 있는 예비력(GF 운전)

869

- 2차 예비력 : 발전기의 자동발전제어(AGC) 운전을 통해 10분 이내에 응동하여 30분 이상 유지할 수 있는 예비력(AGC 운전)
- 3차 예비력 : 중앙급전발전기를 통해 30분 이내에 확보할 수 있는 예비력(중앙급전발전기)

③ 속응성 자원

  ㉠ 운영예비력과는 별도로 중앙급전발전기 중 20분 이내에 응동하여 4시간 이상 출력을 유지할 수 있는 발전력

  ㉡ ESS나 가스터빈발전시스템에 적용

(3) 무효전력서비스

① 계통의 전압안전을 위해 공급되는 서비스

② 무효전력서비스 발전기, 동기조상기, 리액터, 커패시터, FACTS 설비를 이용한 서비스

(4) 자체 기동서비스

일부 혹은 전체 정전 시 발전기를 다시 기동시키기 위해 발전기에 전력을 공급할 수 있는 예비용량

---

117 동기발전기의 관성정수 H[MW·s/MVA]의 정의를 설명하고 전력계통에 태양광발전 비중이 증가할 경우 관성정수의 변화와 이 변화가 전력계통 안정도에 미치는 영향을 설명하시오.

 data 발송배전기술사 23-129-1-13 / 발송배전기술사 출제예상문제

답안 1. 동기발전기의 관성정수 H[MW·s/MVA]의 정의

(1) 발전기는 일반적으로 터빈에 의해 동기속도로 회전하는 회전자의 자속이 권선과 쇄교하여 기전력이 발생하게 된다.

(2) 또한, 회전질량을 가진 회전체로 동기화되어 운전하여 시스템에 관성을 제공한다.

(3) 시스템의 관성은 개별 발전기에서 제공하는 운동에너지가 주파수 변화(frequency deviation)에 대응하는 능력을 의미한다.

(4) 일반적인 발전기는 전력시스템의 주파수인 60Hz로 동기화한 후 회전하여 일정한 관성을 제공한다.

(5) 발전기의 관성정수(H)

동기속도로 회전할 때 회전체가 가지는 에너지를 정격용량으로 나누어 표준화한 값

$$H[\text{s}]=\frac{\frac{1}{2}J\omega_0{}^2}{S_{\text{Base}}}$$

여기서, J : 관성모멘트[kg·m]

ω_0 : 동기회전속도

S_{Base} : 발전기 정격용량[MVA]

(6) 관성은 발전기의 용량 및 형식에 따라 다양하지만 통상적으로 $1 \sim 10\text{s}$ 사이의 값이다.

(7) 관성정수 H는 발전기기의 고유특성으로 발전기의 동기화된 발전기의 관성에너지의 크기를 결정하는 값이다.

(8) 계통의 발전기들이 동기화되어 계통에 연계되고 전력을 공급하게 되면 계통의 주파수의 크기에 따라 관성에너지를 갖게 되는데, 이때 각 발전기들의 관성에너지의 크기를 결정하는 것이 관성정수이다.

(9) 관성에너지와 관성정수의 관계

① 관성에너지는 동기발전기 회전체가 갖는 에너지($E_k[\text{W}\cdot\text{s}]$)이다.

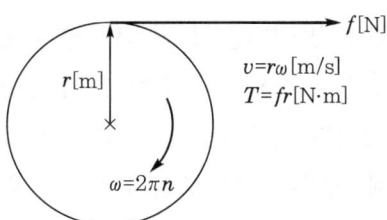

┃회전체 운동과 속도 및 토크┃

② $E_k[\text{W}\cdot\text{s}]=\frac{1}{2}mv^2$, 또 $v=\omega r$이다.

여기서, m : 질량[kg], $v=\omega r[\text{m/s}]$로서 회전체의 속도

r : 회전체의 반경

③ $E_k=\frac{1}{2}m(\omega r)^2=\frac{1}{2}(mr^2)\omega^2=\frac{1}{2}J\omega^2$

여기서, J : 관성모멘트[kg·m^2]

④ 관성정수 : 동기속도로 회전할 때 회전체가 가지는 에너지를 정격용량으로 나누어 표준화한 값

⑤ 수식 : $H[\mathrm{s}] = \dfrac{\frac{1}{2}J\omega_0{}^2}{S_{\mathrm{Base}}}$

$\therefore \dfrac{J\omega_0{}^2}{S_{\mathrm{Base}}} = M(\text{관성정수}) = 2H$

(10) 회전체 운동방정식과 관성정수

① $F = ma$이다.

② 회전체의 토크이므로 $T = J\omega$이다.

③ $\Delta T = J \cdot \dfrac{d\omega}{dt} = T_m(\text{기계토크}) - T_e(\text{전기토크})$

④ 회전체 운동방정식은 $\dfrac{d\omega}{dt} = \dfrac{d^2\delta}{dt^2} = \dfrac{\Delta T}{J} = \dfrac{\omega \cdot \omega \Delta T}{J\omega^2} = \dfrac{\omega}{M}\Delta P$이다.

여기서, J : 관성모멘트

ω : 회전체의 각속도$\left(= \dfrac{d\theta}{dt}\right)$

θ : 회전체의 변위각(ωt)

ΔT : 회전체의 각속도를 변화하기 위해서 필요한 토크

⑤ 위 식에서 $\Delta P = \omega \Delta T$이며, $M = J\omega^2$으로 하여 M을 단위관성정수라 한다.

2. 전력계통에 태양광 발전비중이 증가할 경우 관성정수의 변화

(1) 계통의 관성정수는 계통의 주파수변동이 발생 시 주파수 변화율도 결정하게 된다.

(2) 만약 계통에 발전량 부족이 발생한 경우 부족한 발전량은 관성에너지에서 공급되고 이로 인해 회전속도가 느려지면서 주파수가 감소하게 된다.

(3) 이때 계통의 관성정수가 큰 경우 계통에서 가지고 있는 관성에너지가 크기 때문에 제공되는 계통의 주파수가 떨어지는 비율이 낮으며 관성정수가 작으면 관성에너지의 크기가 작아져 주파수 변화가 크게 나타난다.

(4) 심각한 고장이 발생할 경우 탈조를 경험하는 발전기군 중에 회전 운동에너지가 클수록 발전이 탈락 시 에너지 저감효과가 크게 된다.

3. 태양광이 발전비중이 증가할 경우 관성정수의 변화로 인한 전력계통 안정도에 미치는 영향

comment 배점 10점일 경우 밑줄 친 것만 기록한다.

(1) 태양광 발전은 출력 예측 및 제어가 기존의 계통과 연계된 발전기들과는 다르기 때문에 계통연계를 고려한다면 수급운영이 지금보다 복잡해지고, <u>계통관성력이 거의 없어 송전선로 사고 등 계통에 이상 발생 시 계통회복력이 낮아진다.</u>

(2) 태양광 전원의 확대로 태양광 출력의 가변적인 변동성이 증가되어 다음의 영향을 미친다.

① 전력수급의 불균형

② 주파수 변동이 심해짐

③ 배전계통의 전압 상승

④ 신재생발전기의 단독 운전방지장치에 의한 전력수급 감소 문제

    ㉠ 신재생발전기가 계통으로부터 분리됨으로써 순시전압강하 등의 영향으로 의도치 않은 단독 운전방지장치의 동작에 의해 신재생발전기로부터의 전원공급이 차단되어 전력수급에 차질이 발생하는 경우이다.

    ㉡ 광역적으로 신재생발전기가 일제히 계통으로부터 분리되었을 경우 광역 정전 위험성이 증가하는 문제가 발생할 수 있다.

⑤ 전력계통 관성력 약화

    ㉠ <u>전력계통망에서 사고 또는 이상징후가 발생하여 신재생발전기가 계통으로부터 분리될 경우 수급불균형에 의한 주파수 및 전압 변동이 발생한다.</u>

    ㉡ <u>신재생발전기는 전력전자기기인 인버터를 통해 계통에 전력을 공급하는 비동기전원으로서 관성력이 존재하지 않는다.</u>

    ㉢ <u>이는 계통에서 사고나 이상 발생으로 인해 수급불균형이 발생하여 주파수 또는 전압에 변동이 발생할 경우 즉각적이고 수초 이내의 짧은 시간동안 변동성에 저항할 수 있는 물리적 힘이 약해져서 안정적인 전력망 유지가 어려울 수 있다.</u>

    ㉣ 계통여건에 맞는 적정 규모의 관성력이 항시 존재해야 한다는 뜻이다.

⑥ 고장전류 증가 및 공진

    ㉠ 계통에 사고(단락사고)가 발생할 경우 교류발전설비인 동기발전기 및 유도발전기, 보조 여자발전기에 단락전류가 공급되고, 동시에 인버터를 통해서도 단락전류가 공급되기 때문에(인버터 보호기능이 작동하는 경우) 기설차단기의 정격차단전류(단락용량) 초과가 발생할 수 있다.

ⓒ 신재생용 인버터가 많이 보급될 경우 $R-L-C$ 공진현상에 의해 계통의
교란도 이미 해외계통에서 나타나고 있다.

⑦ 전력수급의 불균형으로 인한 태양광 발전단지 소내 부하의 주파수 저하가
발생한다.

---

118 시각 동기 위상측정장치(Phasor Measurement Unit ; PMU)의 특징과 전력계통에서 활용할 수 있는 방안에 대하여 설명하시오.

(data) 발송배전기술사 19-117-2-6 / 발송배전기술사 출제예상문제

답안 1. PMU 개요

(1) 정의(IEEE Std.C37.118)

GPS와 시각동기화하여 계통과 동기화된 위상, 주파수를 실시간으로 검출할 수
있는 장치(GPS : Global Positioning System)

(2) 필요성

① 정확한 정적·동적 전력계통 파라미터 추정시스템 구축 필요

② 대규모 전력계통의 안정운전 실현

③ 동기화 : 측정시간의 동시간성 필요, 대규모/원거리 계통

④ 스마트그리드 실현

2. PMU 구성

(1) GPS 수신기

GPS 신호수신, 시각 동기화

(2) 위상일치 발진기

GPS 신호와 동기화할 수 있도록 클럭신호를 발생하는 장치

(3) 필터

CT, PT로 검출한 전압·전류의 잡음 제거

(4) 디지털 변환기

아날로그신호를 디지털신호로 변환(표본화-양자화-부호화)

(5) 페이저프로세서

푸리에 변환을 이용하여 페이저를 계산

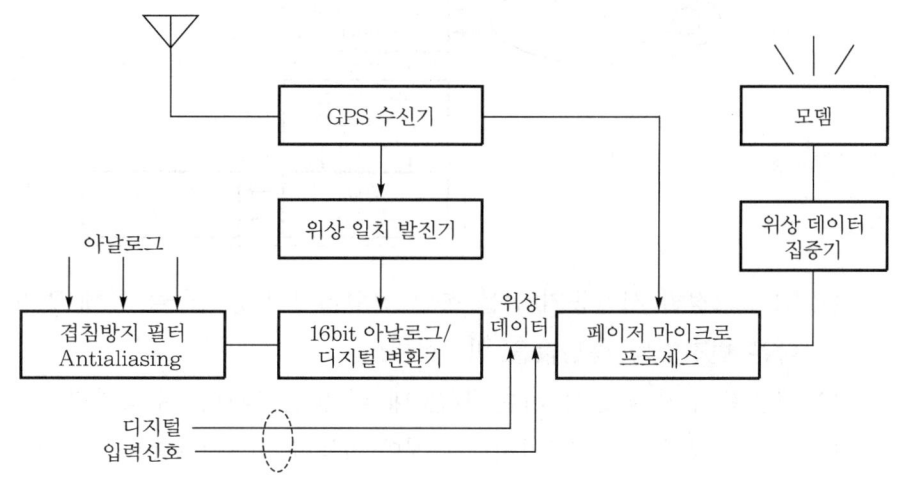

3. PMU의 원리

(1) 정현파의 페이저 표현

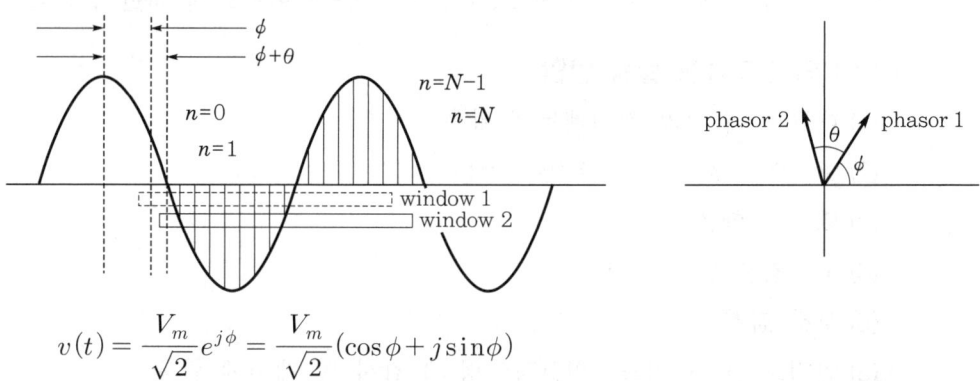

$$v(t) = \frac{V_m}{\sqrt{2}} e^{j\phi} = \frac{V_m}{\sqrt{2}} (\cos\phi + j\sin\phi)$$

(2) 측정점의 각 상 전압·전류 파형을 계기용 변성기를 통해 변성 후 샘플링하고 이산푸리에 변환을 이용하여 페이저를 계산한다.

$$f(t) = a_0 + \sum_{n=1}^{\infty} a_n \cos n\omega t + \sum_{n=1}^{\infty} b_n \sin n\omega t = \sum_{n=-\infty}^{\infty} k_n e^{j\omega t}$$

4. PMU의 특징

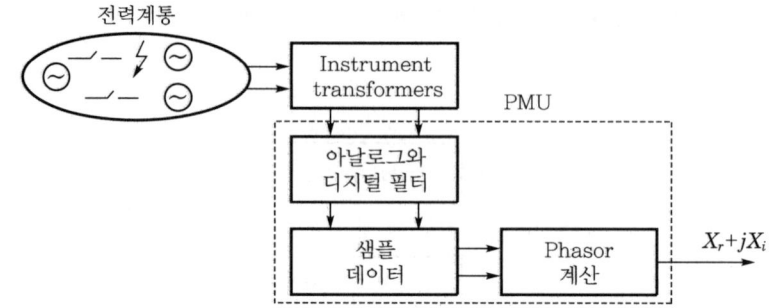

(1) GPS(고정밀 시간동기화)를 통한 전력데이터 동기화를 통해 멀리 떨어져 있는 다른 변전소의 측정값을 비교한다.

(2) 샘플링 주기가 짧아 빠른 시간 내 더 많은 정보를 취득한다.

(3) 정밀한 정적 · 동적 파라미터 추정이 가능하고 전력계통의 안정운전이 가능하다.

(4) 전송시스템의 선택된 스테이션에서 진폭 및 위상별로 전류와 전압을 측정한다.

(5) 대규모, 원거리 전력계통의 감시, 제어, 운용에 효과적이다.

(6) 시스템 상태 및 전력 스윙조건과 같은 동적 이벤트에 대한 결론을 도출한다.

5. PMU의 전력계통 활용 방안

(1) 대규모, 원거리 전력계통에 활용

(2) SCADA/EMS 상태 추정에 활용

(3) ELD에 활용

(4) 고장검출 및 보호계전

(5) 부하 감시

(6) 안정도(전압안정도, 위상각안정도) 감시 및 제어에 활용

(7) 전력계통의 동기화 및 실시간 모니터링과 제어

119 전력거래 및 운영에 있어서 다음 용어를 설명하시오.

1. 발전원가
2. 발전단가
3. 정산단가
4. 구입단가
5. 판매단가
6. 균등화 발전원가

data 발송배전기술사 19-119-3-4 / 발송배전기술사 출제예상문제

comment KPX 자료를 이용하였다.

답안 **1. 발전원가**

(1) 발전소에서 전력생산에 소요되는 비용

$$발전원가 = \frac{발전에 \ 소요된 \ 총비용(총원가)}{발전량} [원/kWh]$$

(2) 발전원가의 종류

① 실적 원가

㉠ 실적 원가

$$= \frac{연료비 + 운전유지비 + 감가상각비 + 세금 + 보험료}{발전량}[원/kWh]$$

㉡ 연료비가 동일하더라도 감가상각비와 발전량에 따라 변한다.

㉢ 감가상각비는 회계기준(정액법, 정률법)에 따라 변하므로 비교 시 오차가 발생한다.

② 균등발전원가(LCOE) : 발전원의 경제성을 비교하기 위해 사용하는 원가

2. 발전단가

(1) 발전회사가 발전한 전력을 전력시장 및 한전에 판매한 단가로서, 구성비는 60% 정도이다.

$$발전단가[원/kWh] = 변동비(연료비) + \frac{고정비(건설비 + 운전유지비)}{운전시간(이용률)}$$

(2) 발전단가는 전체 구성비 40% 정도를 차지한다.

(3) 전력시장 정산단가 또는 연료비 단가로도 그 의미를 사용한다.

3. 정산단가

(1) 전력시장에서 전력거래를 할 경우 전력공급자가 받아야 할 금액

(2) 정산단가 $= \dfrac{\text{전력시장에서 총정산한 금액}}{\text{전력거래량}}$ [원/kWh]

4. 구입단가

(1) 한전이 전력시장, 발전사업자(PPA)로부터 구입한 전력의 단위당 가격

(2) 구입단가 $= \dfrac{\text{전력구입금액(전력시장 + PPA)}}{\text{구입 전력량(전력시장 + PPA)}}$ [원/kWh]

5. 판매단가

(1) 한전이 전력시장, 발전사업자(PPA)로부터 구입한 전력을 소비자에게 판매한 전력판매량 단위당 금액

(2) 판매단가 $= \dfrac{\text{전력판매수입(기본요금 + 사용량요금)}}{\text{전력판매량}}$ [원/kWh]

6. 균등화 발전원가(LCOE : Levelized Cost of Energy)

(1) 정의

발전설비 수명기간 동안 불규칙적으로 발생하는 모든 비용과 발전량을 화폐의 시간적 가치를 고려하여 일정시점으로 할인하고 연도별로 균일하게 나타낸 단위 가격(발전원의 경제성을 비교하기 위해 사용하는 원가)

(2) 목적과 적용

① 발전소 건설사업의 건전성 평가

② 조건이 각기 다른 발전원에 대한 발전단가의 산정 및 비교

③ 전력수급기본계획의 수립 시 발전원 간 비교분석

④ 균등화 발전원가 = 고정원가 + 변동원가

㉠ 고정원가 $= \dfrac{\text{건설단가[원/kW]} \times \text{고정비율[\%]}}{8760 \times \text{이용률[\%]}(1 - \text{발전소 소비전력률})}$

㉡ 변동원가 $= \dfrac{\text{열소비율[kcal/kWh]} \times \text{연료비단가}}{\text{발열량[kcal/kg]} \times (1 - \text{발전소 소비전력률})}$

(3) LCOE 계산방법

① 발전설비 비용의 현재가치를 발전량의 현재가치로 나누어 산출한다.

㉠ LCOE는 발전소 단위, 전력시스템 단위 및 사회적 단위로 확대하여 계산이 가능하다.

ⓛ 전력시스템 단위비용은 발전소 단위비용에 송・배전망 비용을 포함하며, 사회적 단위는 사고위험비용 및 환경비용 등의 외부비용을 비용요소에 포함시킬 수 있다.

② 균등화 발전비용 산정식(예)

$$LCOE = \frac{\text{초기 투자비} + \sum_{t=1}^{\text{발전기 수명기간}} \dfrac{\text{운영유지비}_t + \text{연료비}_t}{(1 + \text{할인률}_t)^t}}{\sum_{t=1}^{\text{발전기 수명기간}} \dfrac{\text{발전량}_t}{(1 + \text{할인률}_t)^t}}$$

120 화력발전소의 스위치야드 송・수전 계통도를 그리고, 스위치야드의 형식 및 설치되는 변압기 특징을 설명하시오. (단, 송전용 스위치야드는 전압이 345kV 또는 154kV로 구성되고, 수전용 스위치야드는 154kV로 구성된다)

data 발송배전기술사 20-121-3-1 / 발송배전기술사 출제예상문제

답안 1. 개요

(1) 스위치야드

발전기 생산전력을 송전선로로 보내고 필요한 소내 전력을 공급하기 위한 전기설비

(2) 송전용 스위치야드

주변압기를 연결시켜 발전기가 생산한 전력을 송전하는 주역할

(3) 수전용 스위치야드

기동변압기를 연결하여 발전소 기동이나 정지 시 필요한 소내 전력을 수전

2. 송・수전 계통도

comment 계통도를 눈감고도 그릴 수 있게 완벽한 연습이 필요하다.

(1) 전압

송전용은 345kV, 연결용 변압기는 345/154kV로 변성, 수전용은 154kV

(2) 연결용 변압기

한 계통 문제 시 연속송전

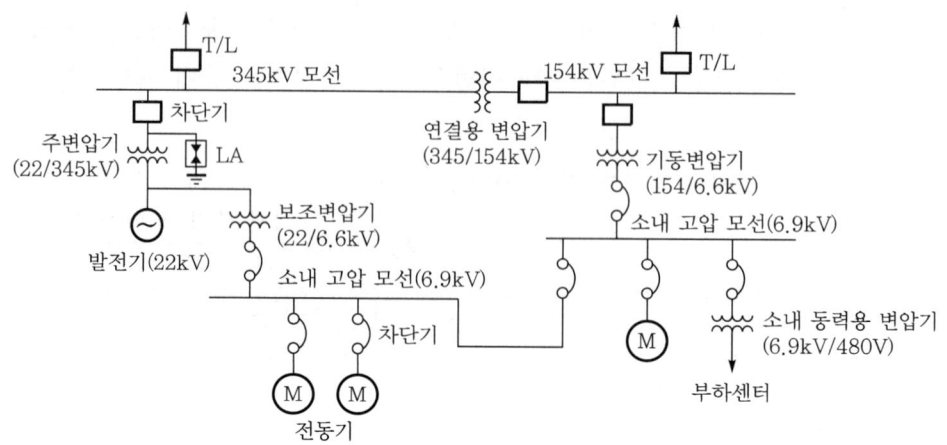

3. 스위치야드의 형식(종류)

설치위치와 절연방식에 따라 옥외식, 옥내식, 가스절연식으로 분류한다.

(1) 옥외식

comment 과거 방식이다.

① 옥외 설치 : 변압기, 모선, 개폐장치 등의 고전압 설비

② 옥내 설치 : 조작스위치 및 제어회로

③ 특징

  ㉠ 환경영향 : 비, 바람 영향으로 이격거리 소요, 설치면적이 큼

  ㉡ 기기절연을 높이거나 애자 세정장치 설치

(2) 옥내식

comment 과거 방식이다.

① 모두 옥내 설치하는 방식

② 부지확보가 어려우며 염진해가 심한 경우에 채용하고 옥외식보다 고가이다.

(3) 가스절연식 스위치야드 특징

comment 대부분이 SF_6 가스를 이용한 GIS를 적용한다.

① 설치면적이 작음 : 경제성 우수

② 고신뢰성 : 밀폐 충전부로 오손, 산화, 부식에 강하고 환경영향을 거의 받지 않음

③ 안전성 : 화재위험이 없고, 밀폐형으로 소음이 작음

④ 유지보수 : 애자세정, 콤파운드 도포 불필요, 지상점검 용이

⑤ 경제성 : 자재비는 고가이지만 대지값이 높을수록 경제성 확보 유리

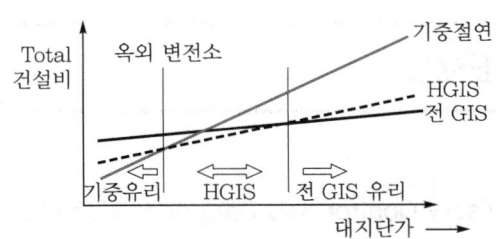

┃ 스위치 Yard 경제성 비교 ┃

- HGIS : MT.r과 GIS 차단기는 옥외로, 기타 고압 설비는 옥내로
- 전GIS : M.Tr과 GIS 설비 등 고압 설비는 전체 건물 내 위치함

단, Sh.r은 옥외로 함 : 가동 시 소음이 심함

4. 설치되는 변압기의 특징

(1) 주변압기, 소내 보조변압기, 기동변압기의 특징

구분	주변압기	소내 보조변압기	기동변압기
용도	발전기 생산전력을 송전전압으로 승압	정상운전 중 소내 보조 동력전원 공급	계통전압을 소내에 필요한 고압 전압으로 강압, Unit 기동용도
용량	• 송전가능출력을 적용 • 발전기 가능출력과 같거나 송전가능출력(소내 보조변압기용량은 제외)으로 하는 방법이 있음 • 일반적으로 송전가능출력으로 적용	• 호기당 1대로 전체 부하 보조전력 공급 가능 • 탈황설비 등 설치 시는 2대	소내 보조변압기와 동일하나 1차측이 고전압으로 크기는 더 큼
결선	• 1차 델타 • 2차 Y결선 + 중성점접지로 단절연 방식	• 1차 델타 • 2차 Y결선, 부하측을 2권선으로 하는 3권선 TR 사용	• Y-Y 결선, 3권선 TR • 운용 : Unit 기동 후 출력 25% 정도 도달 시 부하를 보조변압기로 절환
냉각	송유 풍냉식 채용	• 30MVA 이하는 유입자냉식 • 30MVA 이상은 유입풍냉식 또는 송유풍냉식 적용	자냉식 또는 송유자냉식, 송유풍냉식 등의 2중 정격 채용

(2) 저압 동력용 변압기

① **용도** : 저압 보조기용 전기설비에 전원공급

② Control center를 함께 설치

③ **냉각** : 몰드식의 자냉식 또는 풍냉식, 건식을 사용(주로 몰드 풍냉식 사용)

SECTION 08 스카다, EMS

121 원방감시제어 시스템(Supervisory Control And Data Acquisition ; SCADA)의 전력 계통 상태추정에 대하여 설명하시오.

data 발송배전기술사 19-117-4-4 / 발송배전기술사 출제예상문제

답안 상태추정

(1) 의의와 역할

① 의의

ㄱ. 전력계통에서의 상태추정(power system state estimation)이란 전력계통 에서 주어진 측정군으로부터 계통의 상대변수를 실제 상태에 가장 가깝도록 계산하기 위하여 실제 상태와의 오차를 최소로 하는 상태변수값을 추정하는 것이다.

ㄴ. 상태추정결과는 전력계통의 상태를 알려주며 Data base가 요구하는 안전성 분석과 감시기능의 기본자료로 활용된다.

ㄷ. 그러나 모든 측정치에는 측정기기의 부정확성, 정보전송과정에서의 잡음이 있기 때문에 측정치로부터 계통의 정확한 상태를 추정한다는 것은 불가능 하다.

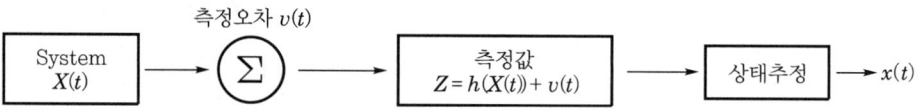

ㄹ. 따라서, 불량정보를 억제하고 추정오차를 최소로 하기 위하여 Data의 양을 늘리면 정확도는 개선되지만 계산시간의 증가와 설비투자비용이 증가되므 로 양질의 정보를 수집하는 것이 중요하다.

ㅁ. 상태추정 프로그램은 통제기법을 이용하여 불량정보를 확인하고 상태추정 해로부터 불량정보를 제거한 후 프로그램을 재실행한다.

② 상태추정의 역할

ㄱ. EMS 내의 조류계산, 상정고장 해석, 안전도 해석 등 다양한 기능들의 신뢰성 을 높이기 위해서는 정확한 데이터 확보가 필수적이다.

ⓛ 상태추정은 EMS 기능 중의 한 부분으로 계통의 상태를 파악하고, 전체 응용
프로그램에 데이터를 제공해 주는 역할을 한다.

(2) 상태추정의 기본기능

측정데이터만을 이용해서 전체 계통상태를 추정함과 동시에 에러를 포함한 데이터
를 찾아내어 제거함으로써, 계통의 정확한 상태를 추정하는 것이다.

① 가관측성(observability) 해석
ⓐ 측정가능한 출력상태로부터 시스템을 구성하고 있는 상태변수를 추정하는 것
ⓛ 가관측성 불가 시
• 관측할 수 없는 선로와 관측 가능한 지역을 판별
• 적당한 위치에 의사 측정데이터(pseudo-measurement)를 추가하여 전체
시스템의 가관측성을 확보
ⓒ 가관측성의 해석방법
• Topological mothod : 계통이 연결상태를 탐색하여 가관측성 판별
• Numerical method : 자코비안행렬을 이용하여 가관측성 판별

② 불량데이터(bad data) 처리
ⓐ 아날로그에러는 데이터 통신시스템이나 측정시스템의 고장, 오동작에 의해
주로 발생한다.
ⓛ 불량데이터 검출방법
• Chi-square test(카이 스퀘어 테스트)
• Normalized residual test(정규화 잉여오차 테스트)
• Hypothesis testing identification(가설검증 판별법)

(3) 상태추정기의 조건
① 신속·정확한 상태추정을 위해 실제 설비를 정확히 반영할 수 있도록 정확한
모델링
② 측정데이터의 정확도 개선
③ 가관측성의 확보
④ 최대한 정확하고 효율적인 행렬 연산기법의 도입 필요

(4) 상태추정의 내용 – 자료의 취득
① 측정장치를 통하여 직접 취득하는 방법 : 불량정보를 많이 포함하기 때문에 전력계
통의 On-line 제어에 바로 사용될 수 없다.

② 측정된 정보를 간단한 논리적 비교를 통하여 유용한 정보로 만드는 Computer에 의한 방법은 불량정보를 부분적으로 검출하여 유용하게 이용할 수 있으나 Data base의 구성이 불완전하다.

③ 직접 측정되지 않은 변수를 수학적 Model을 이용하여 Computer에 의해 계산 추정하는 방법

㉠ 주어진 추정계통을 이용하여 완전한 Data base를 형성할 수 있으며 정보의 측정개소를 감소시킬 수 있으므로 경제적이고 Data base를 이용하면 전력계통의 상대추정은 더욱 정확하게 추정할 수 있다.

㉡ 측정장치를 통하여 측정 전송된 정보는 간단한 논리검사를 통하여 오차를 제거하고 가중 최소 자승법을 적용하여 측정된 정보를 여과한다. 즉, 측정된 값과 전력계통의 수학적 Model로부터 계산된 값의 차를 제곱한 합이 최소가 되도록 줄인다.

---

reference

SCADA

(1) 정의

SCADA란 Supervisory Control And Data Acquisition의 약자로, 어느 일정 지점에서 원거리의 변전소를 감시제어하고 자료를 취득하는 System이다.

(2) SCADA의 목적

전력계통의 공급신뢰도 향상과 에너지 효율의 향상을 위하여 SCADA/EM을 적용한다(전기철도에서도 스카다 시스템을 사용함).

(3) SCADA의 기능

① 집중원방 감시기능

㉠ 원격지의 발·변전 설비의 동작상태를 감시하는 기능

㉡ 동작상태 감시대상

- 차단기·개폐기의 ON/OFF 상태
- 계전기의 동작상태
- 각종 경보 발생 여부
- 계통전압과 설비의 과부하 자동감시

② 원방제어기능

㉠ 무인변전소의 각종 전력설비를 원방조작하는 기능

㉡ 제어대상

- 차폐기·개폐기의 Close/Open 조작
- 변압기 Tap 절환
- S.C 조작
- 기타 제어, 각종 S/W 절환

③ 원격측정기능(자동기록기능) : 발·변전소 설비운영에 관계된 전압·전류, 유·무효 전력, 전력량, 변압기 온도 등 원격에서 측정기능

(4) SCADA의 장점

① 전력 공급신뢰도 향상

㉠ 과부하 자동감시로 사고예방

㉡ 사고의 신속 복구, 파악으로 정전시간 단축

㉢ 전압조정의 효율화로 적정 전압 유지

② 운전인력의 절감

③ 운전원의 안전도모

(5) SCADA의 구성방식

① 1:1 방식 : 1개의 제어소에서 1개의 피제어소를 제어하는 방식

② 1:N 방식 : 1개의 제어소에서 N개의 피제어소를 제어하는 방식

③ 계층 제어방식(그림 참조)

㉠ 1개의 제어소(지역급전소)에서 N개의 작은 제어소(급전분소 또는 지역급전소)를 두고, 그 1개소의 급전분소에서 N개의 피제어소(RTU, 즉 154kV급 S/S)를 감시제어하는 방식

㉡ 실제로 일반전기 사업자가 채용하는 방식임

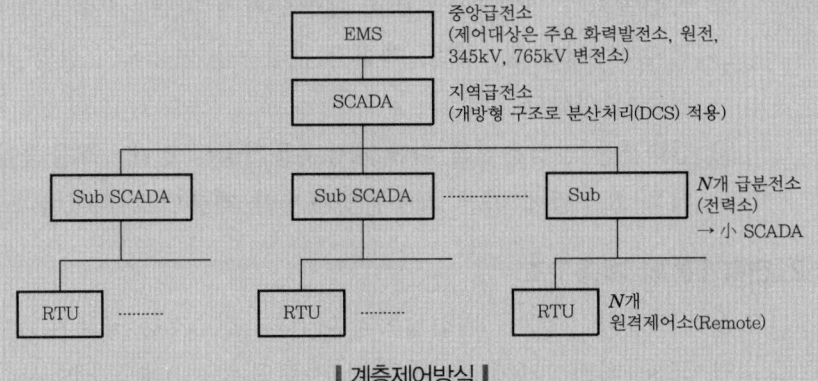

| 계층제어방식 |

(6) SCADA의 실제운영

① 그림과 같이 계층제어방식을 적용 중이다.

② 구분

㉠ 급전소용 SCADA : 전력관리처에서 SCADA 일반적인 기능 수행과 하위 계통 SUB-SCADA의 정보교환

㉡ 급전분소 SCADA : 무인변전소 관할이 용이한 변전소(전력소)에 위치, 관내 무인변전소의 전력설비를 직접 감시제어하는 계층이다.

122 전력계통에 사용되는 에너지관리시스템(EMS : Energy Management System)의 개념, 계층구조 및 주요 기능을 설명하시오.

data 발송배전기술사 23-131-3-1 / 발송배전기술사 출제예상문제

답안 1. 개념

(1) EMS란 Energy Management System의 약자로, 에너지 관리 System을 말한다.

(2) EMS는 전력계통운영의 자동화 설비 중 가장 진보된 System으로서, 종래의 AGC/SCADA 위주의 전력계통운용 System에서 발전된 System이다.

(3) EMS의 적용 필요성

① 산업·경제·사회에서 더욱더 좋은 양질의 전력공급이 요구된다.

② 발전설비의 다양화, 고효율 대용량화에 따른 제어의 효율성을 제고한다.

③ 전력소비패턴 상, 일별, 계절별 전력수용 변동폭이 심화됨에 따른 최적 발전원을 선정한다.

④ 전력계통 안정운전을 위한 계통운용기술의 경제·효율적이며 안정적 운영이 더욱 요구됨에 따른 계통운영체제의 계층별로 제어한다.

2. 전력계통의 계층구조

(1) 종합 자동화시스템은 발전설비의 다양화, 전력계통 규모의 확대에 따라 중앙-지역 급전-배전 자동화의 상호 간 자료연계로 3계층 제어시스템을 구축한다.

(2) 기상정보시스템과 연계하여 전력계통 종합예방제어체계를 확립할 것을 목표로 삼고 있다.

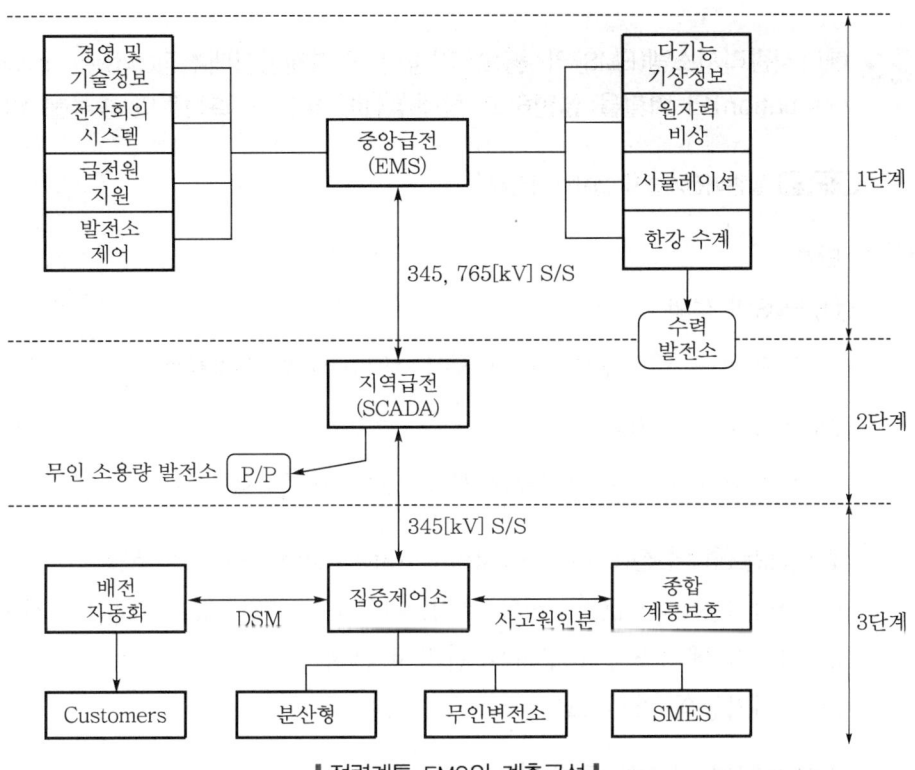

▎전력계통 EMS의 계층구성 ▎

3. EMS의 주요 기능

기능 분류	내용
기본기능	• 인간 기계 연락 • 고장 진단기능
원방감시기능	• 자료취득 • 원방감시기능(SCADA)
안전제어기능 (SCED)	• 자동발전제어(AGC) • 경제급전(ELD) • 운전예비력 감시
발전제어기능	• 회로망 구성 • 상태추정 • 최적 조류계산 • 안전도 계산
계획 및 운용 기능	• 부하예측, 발전비용 계산 • 발전기 기동 정지계획
자료연계기능	• 지역 급전시스템 자료연계 • 경영정보시스템 자료연계
급전원 모의 훈련기능(DTS)	• 전력계통 모델링 모의 • 원격감시제어 • 발전기 기동 정지계획 • 전력계통 안전도평가 모의

123 에너지관리시스템(EMS)의 중요 기능인 전력계통상태추정(power system state estimation)의 역할을 설명하고 상태추정에 필요한 측정값의 종류를 열거하시오.

data 발송배전기술사 출제예상문제

답안 **1. EMS**

(1) EMS의 정의

* Chapter 07 - 문제 122의 답안 '1.' 내용을 참조한다.

(2) EMS의 주요 기능

* Chapter 07 - 문제 122의 답안 '3.' 내용을 참조한다.

2. 전력계통상태추정(power system state estimation)의 역할

(1) 전력계통의 상태(정상상태 추정, 긴급상태 추정, 경보상태의 추정)를 알려준다.

(2) 데이터 베이스가 요구하는 안전성 분석

(3) 감시기능의 기본자료

3. 상태추정에 필요한 측정값의 종류

(1) 계통의 상대추정은 상태변수, 즉 전압의 크기와 위상각에 대하여 잔류편차합의 자승을 최소로 하는 최적화 문제로 수식화할 수 있다.

$$Z = h(x) + V$$

여기서, m : 측정점의 수

n : 모선수

Z : $(m \times 1)$ 측정 vector

x : $(2n-1) \times 1$ 상태 vector

V : $(m \times 1)$ 측정오차 vector

잔류편차 = 측정값 – 추정값 = $Z - h(x)$

(2) 측정치에 포함된 오차 V는 알 수 없으며 일반적으로 Gaussian 분포를 가지며 평균치와 공분산에 의하여 통계적 성질로 나타낼 수 있다.

(3) 측정값의 종류

① 측정된 전압

② 전력의 측정데이터

③ PMU 위상각 취득데이터(GPS와 시각동기화하여 계통과 동기화된 위상, 주파수)

124 전력설비의 종합자동화의 배경 및 필요성에 대하여 기술하시오.

(data) 발송배전기술사 출제예상문제

답안 1. 배경

    (1) 전기품질에 대한 사회적 요구 고도화, 다양화

    (2) 계통규모의 확대 복잡화

    (3) 에너지원의 다양화

    (4) 경비절감 요구

    (5) 생력화(省力化), 안전확보

2. 필요성

    (1) 수급, 계통운용 및 보호제어 기능의 향상

    (2) 화력, 원자력, 수력발전소 및 변전소의 운전자동화 확대로 설비종합 자동화에의 이행이 필연적

    (3) 발·변전소 보수기술 향상

    (4) 운용·운전 기능의 향상

    (5) 디지털 방식 정보전송망 정비 확충

3. 주변 디지털 기술

    (1) 컴퓨터 관련 기술

    (2) 광통신기술

    (3) 인공지능 관련 기술

    (4) 센서기술

4. 중앙급전 지령소시스템의 종합자동화 적용 예

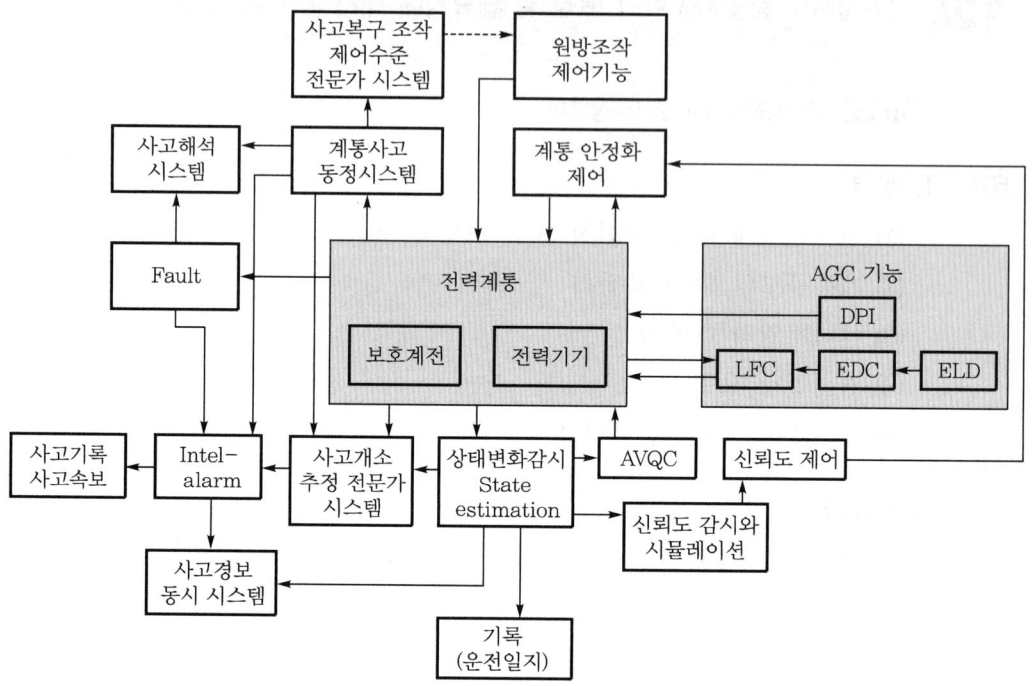

SECTION 09 전력계통 혁신방안

125 향후 확대될 신재생에너지 전원에 따른 안정적 전력계통을 위해 정부에서 추진하고 있는 전력계통 혁신방안에 대한 기존 전력계통의 특징과 전력계통 혁신 추진방안에 대하여 설명하시오.

(data) 발송배전기술사 22-127-4-1 / 발송배전기술사 출제예상문제

(comment) • 이런 유형의 보도자료문제는 1회성 문제로서 대략 보고가도 된다.
• 그러나 항상 수험자는 시험보는 횟수의 일년 전부터 그 횟수까지의 산자부 보고자료는 인터넷 상에서 정리해야 한다(왜냐하면 출제자 입장에서는 정부정책이라 출제하기가 쉽고, 출제 후 민원이의에 시달릴 필요 없기에).
• 내용 중 향후 전력거래사 및 배전감독원 제도가 있어 신 부가가치의 자격으로도 매력 있음
• 산업통산자원부 2021년 12월 29일 보고자료이다.

답안 **1. 전력계통 혁신방안에 대한 기존 전력계통의 특징**

(1) 인근국가와 전력망이 연결되어 있지 않아 잉여전력을 거래할 수 없는 계통섬(island)

① 발전설비 믹스와 계통 계획 시 안정화 수단을 국내로 한정하여 마련해야 하는 전력계통 운영상 내재적 한계가 존재한다.

② 유럽의 경우 국가 간 연계를 통한 안정적 전력수급 추진 중(독일·노르웨이 등이 영국·이탈리아로 전력 수송)

③ 개념 : 계통섬 + 교류(AC) 중심 + 지역 전력수급 불균형

(2) 일부 직류(DC) 송전선로를 제외한 전력망은 교류설비로 구성

① 직류 송전선로 : 제주-해남 #1 HVDC, 제주-진도 #2 HVDC, 북당진-고덕 HVDC

② 교류전력의 특성상 원거리 송전 시 송전용량이 감소하여 전송 시 고압이 요구되고, 전력흐름의 제어가 불가능하다.

(3) 태양광, 화력, 원자력 등 발전원은 수도권 외 지역에 입지한 반면, 전력소비는 수도권 비중이 상대적으로 높다.

‖ 지역별 전력수급 현황(GWh, '21.9월 말 기준) ‖

구분	수도권	강원권	충청권	호남권	영남권	합계
발전량	134771	27875	120046	71427	194224	548343
소비량	194118	16210	90123	60044	143493	503988
발전량/소비량	0.69	1.72	1.33	1.19	1.35	−

① 데이터센터 등 대규모 전력수요시설의 수도권 추가입지 시 수도권과 비수도권의 전력수급 불균형 심화의 우려가 있다.

② 대폭 확대가 예상되는 재생에너지 발전설비는 현재 호남에 집중되어 있어 추세 지속 시 계통연계와 지역 간 융통이 이슈화될 것으로 예상된다.

③ 재생에너지(태양광·풍력) 설비 현황(20년) : 호남권(6.7GW, 40.6%), 영남권(3.6GW, 21.8%) 등

(4) 결과적으로 (국내) 전력 수요 및 발전설비의 지역 불균형으로 안정적 전력수급을 위한 전력망 보강 부담이 가중되고 있는 상황이다.

2. 신재생에너지 전원에 따른 안정적 전력계통을 위한 전력계통 혁신추진방안

(1) 전력망 적기 확충(construction)

지역별 분산전원 확대 등을 감안한 최적의 전력망 건설 투자규모를 산출하고, 이를 선제적으로 추진한다.

→ 선 전력망 후 발전으로의 패러다임 전환과 함께 이해관계자 수용성 제고 방안, 신속한 건설지원 법령 제·개정 등을 차질없이 진행한다.

① NDC 상향을 반영한 제9차 장기 송·변전 설비계획 보완(투자 최적화) : 지역별 분산전원 확대 등을 감안한 전력망 투자 최적화

    ㉠ 30년까지 전력망 보강에 총 78조원 투자 필요 잠정 전망 : 30년까지 기(旣) 계획된 송·변전 설비투자(23년 4조원) 및 배전설비투자(24년 1조원) + NDC 상향에 따른 재생에너지 확대, 전력수요 증가를 반영한 약 30조원 추가투자 필요 전망

        ※ Nationally Determined Contributions : 파리기후변화협정에 따라 참가국이 스스로 정하는 국가온실가스 감축목표

    ㉡ 전국/지역별 최대 수요 추정, 신재생에너지용량 예측, 분산전원 확대 등을 반영한 전력망 보강 로드맵 수립(22년 상)

② 재생에너지를 적기 수용하기 위한 전력망 구축

　㉠ 선 전력망 후 발전으로의 패러다임 전환 추진(선제적 계획) : NDC 추가투자 필요부문을 반영한 전력망 보강계획(안)을 선제적으로 마련하여 전력수급기본계획 수립 및 발전허가 시 적극적으로 반영

　㉡ 공동접속설비

　　• 대규모 풍력발전단지(서남해, 신안 등)에 대해 송전사업자가 공동접속설비 사전 구축(22년 ~)

　　• 다른 집적화단지에 단계적 확대 검토

③ 신속한 전력망 건설추진을 위한 제도적 기반 마련

　㉠ 수용성 제고 : 이해관계자에 대한 혜택 확대 및 전력망 인식 개선

　　• 주민들 합의를 통한 송·변전 설비 주변지역 주민지원사업비율 상향

　　• 송·변전 설비에 대한 주민 친화적 디자인 도입, 변전소 내 인근 주민들이 자유롭게 활용 가능한 공간 마련 등 검토

　　comment 위험시설이고 불순분자의 테러 목표대상이 되는 설비로서 제고를 요한다.

　㉡ 신속 건설

　　• 「전원개발촉진법」 등 관련 법령 개정을 통한 절차 개선

　　• 주민·지자체 참여 활성화를 위한 송·변전 설비 입지선정위원회 법제화

(2) 전력망 유연 운영(operation)

확대되는 재생에너지를 수용할 수 있는 전력망의 유연한 운영과 계통 안정화 도모 → 시스템 통합, 배전망 운영 최적화 및 운영기준과 거버넌스 재정립

① 디지털기반 계통운영 기반구축

　㉠ 시스템 구축 : 실시간 원격 제어가 가능한 통합관제시스템 구축('25)

　㉡ 장비 구축 : 발전기 정보제공장치 지원 및 보급형 단말장치 개발 추진

② 배전망 운영 최적화

　㉠ 유연접속

　　• 전력망 효율화를 위한 '선 접속 후 제어'(connect & manage) 도입

　　• 접속용량 상향 및 필요 시 원격제어를 통해 관리하는 시스템 기반 구축(12MW → 12MW + α, 23년)

　㉡ 출력제어

　　• 전력수급 불균형 시 출력제어 원칙, 대상 등 기준 마련

　　• 과도한 출력제어 시 재생에너지 발전사업자의 기회비용 보상과 계통변동성 유발에 대한 책임측면에서 합리적 보상 방안 마련도 검토

893

③ 전력계통 운영 기준 및 거버넌스 정립
  ㉠ 재생에너지 반영
    • 주력전원 변화에도 신뢰도 유지 가능한 기준 마련
    • 전력설비 고장 시 재생에너지의 전력망 탈락을 방지하는 등 계통회복을 원활히 가능하도록 재생에너지 설비기준 정립
  ㉡ 유연성 자원 : 계통안정화 및 발전저장을 위한 유연성 자원 투자
    • 계통안정화를 위해 유연성 자원의 확보계획된 한전의 투자를 차질없이 이행
    • 재생에너지 변동성 대응 목적의 1.4GW 규모의 ESS를 구축하고(한전, 약 1.1조원, 예타 중), 34년까지 1.8GW 규모 양수발전 건설
    • 재생에너지 발전변동분을 저장·활용하는 ESS, 양수, P2H 등 Storage mix가 시장에서 확보되도록 지원
  ㉢ 거버넌스 개편 : 계통망 관련 기능별 기관 책임과 역할 재정립
    • 배전망 운영자(DSO) 도입과 이에 따른 공정하고 중립적인 망운영을 위한 배전감독원 설립 추진
      (comment) 향후 기술사가 되면 배전감독원의 필수요원으로서, 부가가치 높다.
    • 계통운영 전반에 대한 관리감독을 수행하는 기구 필요성 검토

(3) 전력망 기반 혁신(innovation)
기존 계통시스템 전반을 재정립할 수 있는 제도 개선 추진
→ 지역 그리드 정착, 수요 분산 및 시장 메커니즘 강화 등 기반 구축방안 실행
① 지역 그리드 균형을 위한 협의 활성화
  ㉠ 지역 그리드
    • 권역별 전력수급 균형을 이루는 전력망 구축 검토
    • 지자체 주도의 권역별 필요전력의 생산 계획 및 필요 시 적극적인 전력 수요 창출 유치 등을 통해 지역 간 융통 최소화 추진
  ㉡ 협의체 운영 : 전력망 관련 중앙정부-광역지자체 간 소통 협의체 확산
    • 제주도 주도로 산업부, 거래소 한전, 발전사 등이 참여하는 제주도 에너지협의회 운영 중(20년~)
    • 현재 운영 중인 지역에너지센터 계획과 연계하여 지자체 전력망 정책역량 강화 지원
    • 지역에너지사업 기획, 지역에너지계획 수립 지원 등을 담당하는 지역에너지센터 확산 추진(21년 25개소 → 22년 50개소)

② 수요분산촉진을 위한 제도 마련

 ㉠ 정보제공 : 전력사용예정자를 위한 '전력계통 정보공개시스템' 구축(~ 22년)

 ㉡ 계통평가 : 대규모 전력소비시설 대상 '전력계통 영향평가제도' 시행(23년 ~)

③ 시장·기술·인력 등 계통 전반 메커니즘 강화

 ㉠ 시장 메커니즘 : 재생에너지 변동성 제어를 위한 시장제도 단계적 도입

  • 계통여건을 반영한 발전계획, 가격결정 및 예비력 정산을 통해 시장과 계통을 연계하는 실계통 기반 하루전 시장 도입(22년)

  • 재생에너지에 대해서도 입찰을 허용하고, 입찰한 발전량 이행 시 인센티브를 제공하는 재생에너지 발전량 입찰제도 도입(23년)

  • 실제 수급여건을 즉각적으로 반영하기 위한 실시간 시장 신설 및 양수, ESS 등 예비력 상품을 거래하는 보조서비스시장 신설(25년)

 ㉡ 연구개발 : P2G(Power to Gas), P2H(Power to Heat), V2G(Vehicle to Grid) 등 섹터커플링 핵심기술 실증 및 시범사업 추진

 ㉢ 인력양성

  • 산·학·연 연계를 통한 전력계통 인력양성체계 마련

  • 한전-거래소-에너지공대-전기연 중심으로 재생에너지 확대에 따라 제기될 계통운영의 과제 돌파를 위한 고급 기술인력 양성 추진

  comment 관심 둘 민간자격증 중 전력거래사를 말한다.

126 2024.05.30.에 고시되고 2024.11.11.에 개정된 「전력계통영향평가 대행자에 대한 인력기준」에 대하여 설명하시오.

data 발송배전기술사 출제예상문제

답안 **1. 근거**

2024년 5월 30일 산업통상자원부 장관 「전력계통영향평가 제도 운영에 관한 규정」의 고시와 그 이후의 2024년 11월 11일 개정에 의한다.

2. 전력계통영향평가 대행자 필수인력 기준[별표 14]

항목	필요 인원	주요 역무	인정기준
기술평가 전문인력	1명 이상	제6조 ~ 제11조 평가	1. 필수자격 : 다음 각 목의 어느 하나에 해당하는 자 　가. 「국가기술자격법」에 따른 국가기술자격의 종목 중 전기분야기술사 자격을 보유한 자 　나. '전기 관련분야'에서 박사 학위를 취득하거나 이와 같은 수준 이상의 학력이 있다고 인정되는 자 2. 필수경력 : 가목의 경력을 보유하고, 나목 또는 다목 중 하나 이상의 경력을 보유한 자 　가. 계통계획·운영·평가분야 3년 이상 경력 　나. 송전분야와 변전분야를 합산하여 2년 이상 경력 　다. 「건축법」에 따른 건축물로서 연간 20만메가와트시 이상(접속전압 154kV 이상)의 에너지 사용이 예상되는 신축 또는 대수선하는 건축물의 전력시설물 설계·검사 2년 이상 경력
기술평가 보통인력	2명 이상	제6조 ~ 제11조 평가보조	필수자격 : 「국가기술자격법」에 따른 국가기술자격의 종목 중 전기기사, 전기공사기사 자격을 보유한 자

comment • 이 부분은 25년 현재 전기분야 기술사들 간의 논쟁 중이다.

왜냐하면 계통계획 운영 평가분야 3년 이상의 경력자는 매우 소수의 인력으로서 타 분야 전기기술사 또는 발송배전기술사이더라도 계통계획 분야 3년 이상이라는 조건이 있어 현실적으로 해당되는 소수의 인원만이 유리한 조건이기 때문이다.

• 현실적으로 시장규모가 작다(10억 내외).

• '전력계통영향평가/전력영향평가'는 완전히 다른 의미이다.

3. 필수 경력 분야별 세부 인정기준

필수경력	세부 인정기준
계통계획 · 운영 · 평가 분야	아래의 기술분류 체계에 해당하는 경력 보유자 가. 직무분야 : 10. 전기 나. 참여분야 : 16. 송전 또는 17. 변전 다. 담당분야 : 18. 그 밖의 전력기술 라. 담당업무 : 182. 계획 또는 189. 계통운영 또는 189. 계통평가
송전분야, 변전분야	아래의 기술분류 체계에 해당하는 경력 보유자 가. 직무분야 : 10. 전기 나. 참여분야 : 16. 송전 또는 17. 변전 다. 담당분야 : 10. 설계 ~ 18. 그 밖의 전력기술 라. 담당업무 : 101. 설계 ~ 188. 시운전 단, 가 목의 경력으로 인정되는 182. 계획, 189. 계통운영 또는 189. 계통평가 업무 경력은 제외한다.
전력시설물 설계 · 검사 분야	아래의 기술분류 체계에 해당하는 경력 보유자 가. 직무분야 : 10. 전기 나. 참여분야 : 10. 원자력 ~ 50. 산업시설 　　　　　　(16. 송전 및 17. 변전은 제외) 다. 담당분야 : 10. 설계 또는 16. 점검 · 진단 라. 담당업무 : 101. 설계 또는 161. 점검

---

reference

전력영향평가

(1) 송전철탑 건설/지중송전선로 건설/변전소 건설을 위한 위치/설비의 경과지 검토 및 기본설계/주민 공청회 등을 종합적으로 시행하여 전력의 영향을 평가하는 종합적인 용역사업이다. 단순한 전력계통 영향평가와는 완전히 다른 분야로서 상당한 도급액과 기간이 소요된다.

(2) 보통 3년 이상의 기간이 소요된다.

(3) 반드시 인력에 발송배전기술사가 필수 인원이다.

(4) 전력영향평가 입찰 시 100억 정도의 고수익 구조로 상당한 관심사이며, 토목 설계 및 감리업체에서 도 발송배전기술사를 구인 중이다(고임금으로 취업되는 경우가 대다수임).

memo

PART

03

배전공학

Professional Engineer
Generation Transmission
and Distribution

CHAPTER 01

배전계통 구성방식

SECTION **01** 배전계획 관련

001 배전계획은 전력회사가 배전계통 제반업무와 자원배분에 대한 최적의 스케줄을 찾아내는 중요한 의사결정절차라고 할 수 있다. 배전설비의 신설 및 보강 등을 위한 중장기 배전계획의 목적과 절차에 대하여 설명하시오.

002 중·장기 배전계통계획의 목적과 절차에 대하여 설명하시오.

002-1 우리나라에서 실시하고 있는 중·장기 배전계획의 절차를 설명하시오.

(data) 발송배전기술사 22-126-2-1·20-121-3-4·19-118-1-10 / 발송배전기술사 출제예상문제

답안 **1. 중·장기 배전계획의 목적**

(1) 전력공급에 대한 안정성 고양과 수용가측에서 요구하는 다양한 배전계통 구축

(2) 향후 5~10년의 배전계획 수립

(3) 전기품질 및 공급신뢰도 유지(전 세계적으로 통용되는 전력공급서비스 기준)

① 계통 평균정전빈도수 지수

ㄱ 영어원문 : System Average Interruption Frequency Index ; SAIFI
일정 지역 내의 고객 1호당 발생하는 정전횟수(순간정전 제외)

ㄴ 표현식 : $\text{SAIFI} = \dfrac{\text{정전을 경험한 고객수}}{\text{계통 내의 총고객수}} = \dfrac{\sum \lambda_i N_i}{\sum N_i}$

② 고객 평균정전빈도수 지수

ㄱ 영어원문 : Customer Average Interruption Frequency Index ; CAIFI

ㄴ 표현식 : $\text{CAIFI} = \dfrac{\text{정전을 경험한 고객수}}{\text{적어도 한번이라도 정전을 경험한 고객수}}$

③ 고객 평균정전지속시간 지수

ㄱ 영어원문 : Customer Average Interruption Duration Index ; CAIDI
정전발생 고객 1호당 정전시간(순간정전 제외)

ㄴ 표현식 : $\text{CAIDI} = \dfrac{\text{모든 고객의 정전지속시간의 합}}{\text{정전을 경험한 모든 고객수}} = \dfrac{\sum U_i N_i}{\sum \lambda_i N_i}$

(4) 비용을 최소화시켜 수익의 극대화로 경제적 효과 제고

(5) 대중적인 이미지, 환경적 영향, 미래변화에 대한 유연성 제고

2. 배전계획의 기본절차

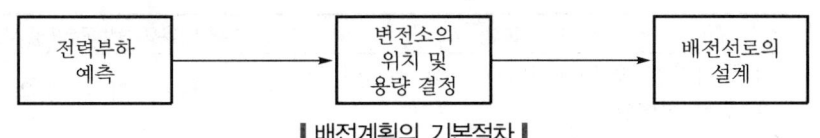

‖ 배전계획의 기본절차 ‖

(1) 부하예측

① 배전계획지역에 대한 향후 10년 정도의 부하예측

② 부하예측기법은 과거연도의 추세(trend)를 예측

(2) 부하밀도 작성

배전계획지역에 대한 관리구별 미래 부하밀도 및 부하밀도 지도 작성

(3) 부하밀도 분포조정

거시적 부하예측치와 관리구별 부하밀도의 합계치를 비교하여 현저한 차이 발생 시 지역 전체를 예측한 거시적 부하예측치에 가까운 값으로 관리구별 전력을 조정

(4) 배전방식

목표연도의 공급력과 신뢰도를 고려하여 배전방식, 간선선로의 공급구역을 결정

(5) 선로경과지 결정

변전소의 이용률 및 신설위치, 배전선로 손실과 전압강하를 최소화하는 방향으로 가능한 후보지 중 최적의 선로경과지를 결정

(6) 설비계획 수립

① 연도별 수요에 대응하여 설비를 확충하면서 목표연도의 설비에 이르기까지 단계별 계획수립

　　㉠ 선택된 부하예측기법에 따라 매년 부하증가율을 결정

　　㉡ 각 변전소의 간선선로별로 부하증가율을 적용하여 목표연도까지 전력수요를 산출

② 목표연도까지 변전소 신증설계획 수립

(7) 사업목표 수립 및 예산 배정

① 시행단계부터 목표연도에 이르기까지 연도별 계획을 정리하고 예산을 산정

② 변전소 단위별 가공배전선, 지중배전선, 자동화 설비를 집계

3. 배전설비의 투자 또는 공사의 경제성 검토방법 비교

경비 비교법	투자효과 비교법(공사효과 비교법)
각 투자방안 중 발생경비가 가장 최소인 것을 우선 선택함	투자효과가 가장 큰 것을 우선 선택함
전압개선공사 등 서비스 확보를 목적으로 하는 공사의 경우는 공사방법의 선택을 위해 적용	전력손실 경감공사 등 경비절감을 목적으로 하는 공사의 경우에는 공사우선순위 선택을 위해 적용
공익적 요인으로 인해 발생한 투자요인에 대해서는 수익이 변하지 않을 경우 투자에 수반하여 발생하는 경비를 비교할 시 적합	전력손실 경감공사 등에 있어서는 수익의 증가를 목적으로 하지만, 각 공사방안별로 수익이 다르므로 공사효과비교법에 의해 공사의 우선순위를 결정하는 것이 바람직함

4. 컴퓨터기반의 배전계획절차

(1) 배전계획의 설계자는 배전계획 설계단계에서 하드웨어와 소프트웨어를 포함한 다음 그림의 컴퓨터시스템을 이용하게 된다.

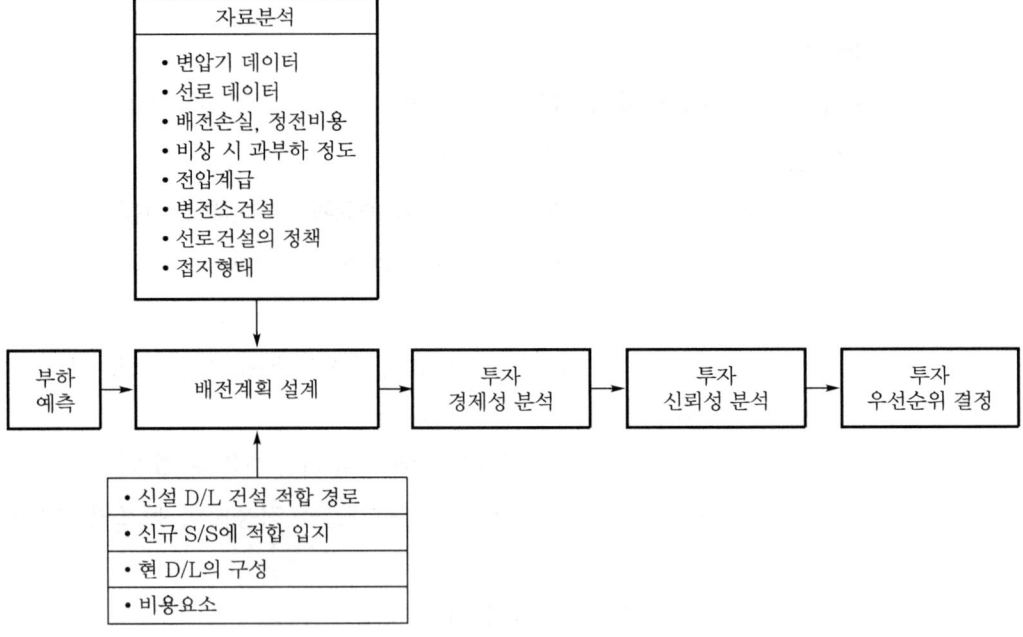

(2) 컴퓨터의 또 하나 주요한 역할은 그림의 위쪽 블록을 구성하고 있는 배전계통에 대한 정보 처리 및 분석 기능이다.

003 배전계획에 있어 다음 변압기사항에 대하여 설명하시오.
1. 배전용 변압기의 최대 수용전력
2. 배전용 변압기 적정용량 산출 시 고려사항
3. 배전용 변압기 위치 선정방법

data 발송배전기술사 23-129-3-3 / 발송배전기술사 출제예상문제
comment 한전설계기준 DS-3400 내용이다.

답안 **1. 배전용 변압기의 최대 수용전력**

(1) 정의

변압기가 동시에 최대로 공급 가능한 전력

(2) 수식

① 최대 수용전력 $= \sum$부하설비용량 $\times$ 수용률

② 변압기용량 $= \sum$부하설비용량 $\times \dfrac{수용률}{부등률} \times \dfrac{여유율}{과부하율}$

2. 적정용량 산출 시 고려사항

(1) 배전용 변압기 용량 산정식

① 단상 뱅크변압기 용량 산정식 : $P_1[\text{kVA}] \geq \dfrac{\sum P_L(1+r)^n \cdot D}{1.3}$

여기서, r : 예상부하증가율(여유)

n : 과부하 한도 도달상 정년수(year)

D : 수용률

1.3 : 과부하율

② 3상 뱅크변압기 용량 산정식

㉠ 동력전용 변압기

• Y결선 3상 뱅크의 단상 변압기용량 > 동력부하합계 $\times \dfrac{1}{3}$

• V결선 3상 뱅크의 단상 변압기용량 > 동력부하합계 $\times \dfrac{1}{\sqrt{3}}$

(V결선 출력 : $\sqrt{3}\, VI$)

㉡ 등동공용변압기 : 변압기용량 $= \left(단상 \ 부하합 + 3상 \ 부하 \times \dfrac{1}{3}\right) \times F$

여기서, F(전류감소율) $= K^2 - K + 1$

$$K(\text{단상 구성률}) = \cfrac{\text{단상 부하}}{\text{단상 부하} + \cfrac{\text{3상 부하}}{3}}$$

(2) 배전용 변압기 적정용량 산출 시 고려사항(12가지)

① 부하 : 부하종류와 부하합계용량

② 요소-수용률, 부하율, 부등률, 여유율, 과부하율, 표준소비효율

③ 급전방식에 따라 변압기용량은 다음 표와 같이 달리 검토할 것

구분	변압기용량	특징
1대 급전	$\geq$ 최대 수용전력	경제성이 높으나 사고 시 장시간 정전
2대 급전	$\geq \dfrac{\text{최대 수용전력}}{\text{병렬회로수} - 1}$	단독 및 병렬운전 가능, 단락용량 증대
3대 이상	$\geq \dfrac{\text{최대 수용전력}}{\text{병렬회로수} - 1} \times \dfrac{1}{\text{과부하율}}$	스포트네트워크로 부정전 공급, 이용률 증대

④ 뱅크구성 : 1상 변압기용량 최저 30kVA 이상

⑤ 전압강하 및 전압변동률(ε)

$$\varepsilon = \frac{V_{20} - V_{2n}}{V_{2n}} \times 100[\%] = p\cos\theta + q\sin\theta = \frac{\%RP + \%XQ}{[\text{kVA}]}$$

⑥ 주위온도 발열량, 냉각방식

⑦ 단락보호방식

⑧ 설비불평형 및 단시간 경격

⑨ 고조파를 고려한 변압기용량

변압기용량[kVA] = 합성 최대 수용전력 $\times \dfrac{100}{THDF}$ + 장래 증설분 K-factor

⑩ 신재생 분산전원

⑪ 배전선로용 FACTS, Custom power 설비의 적용 등

⑫ 배전선로 분할방식

사용전선	연속허용 용량	적용 조건	상시 최대 운전용량	비고
ACSR-OC 160mm^2 CNCV 325mm^2	395A 15.7MVA (100%)	3분할 3연계	252A 10MVA (63.8%)	$\dfrac{10}{15.7} = 63.8\%$
		6분할 6연계	302A 12MVA (85.7%)	$\dfrac{12}{15.7} = 85.7\%$

3. 배전용 변압기의 위치선정방법

(1) 부하의 중심에 위치시킬 것

부하의 분산형태를 고려한 부하의 중심을 선택할 것

(2) 저압 배전선 공급부하의 중심점을 다음의 사항을 검토한 위치로 할 것

① 일정 공급구역에서 전압강하를 최소화되는 위치일 것

② 전선비용을 최대로 절감할 수 있는 위치일 것

---

004 부등률과 수용률이 배전계통의 설계에 어떻게 이용되는지에 대하여 설명하시오.

(data) 발송배전기술사 09-89-1-5 / 발송배전기술사 출제예상문제

답안 **1. 개요**

(1) 배전설비는 수용가에 직접 공급되므로, 양질의 공급측면과 경제적인 전력설비의 시설 및 운용의 측면을 배전계획 시 고려해야 한다.

(2) 고려사항 중 수용률, 부등률, 부하율은 배전설비 계획 시 기초가 되는 Factor로서, 배전선로건설, 변압기용량 결정, 변전소의 Bank 증설 결정의 기초 자료가 되는 것이다.

2. 수용률, 부등률, 부하율의 의미 및 특징과 적용

구분	수용률	부등률	부하율
의미	모든 전력소비기기가 동시(同時)에 사용되는 정도	최대 수요전력의 발생시각 또는 발생시기의 분산을 나타내는 지표	어느 일정 시간 중의 부하변동의 정도를 나타내는 것
일반식	• $\dfrac{최대\ 수용전력[kW]}{부하설비용량[kW]} \times 100[\%]$ • 수용률은 항상 1보다 작음	• $\dfrac{최대\ 수용전력의\ 합[kW]}{합성\ 최대\ 전력[kW]}$ $\times 100[\%]$ • 항상 1보다 크고, %로 표현하지 않음	• $\dfrac{평균\ 수용전력[kW]}{최대\ 수용전력[kW]} \times 100[\%]$ • 부하율은 항상 1보다 작음

구분	수용률	부등률	부하율
특징	• 수요상정 시의 중요 Factor • 부하의 종류, 사용기간 계절에 따라 다름	• 부등률이 클수록 설비의 이용도가 높음 • 계통의 규모, 부하의 성질, 계절에 따라 다름	• 부하율이 높을수록 설비의 효율적 사용임 • 심야전력 부하개발도 부하율 향상대책의 일환임 • 일부하, 월부하율, 년부하율로 구분됨 • 설비이용률에 따른 투자효과 검토 요함
적용	1년 기준 30 ~ 92% 통상 신도시의 경우 35%	• 배전선간 부등률 : 1.09 • 배전용 변전소 상호 간 : 1.03	• 전등수용(일반) : 45% • 고압 배전선 : 55%

3. 수용률, 부등률, 부하율의 관계

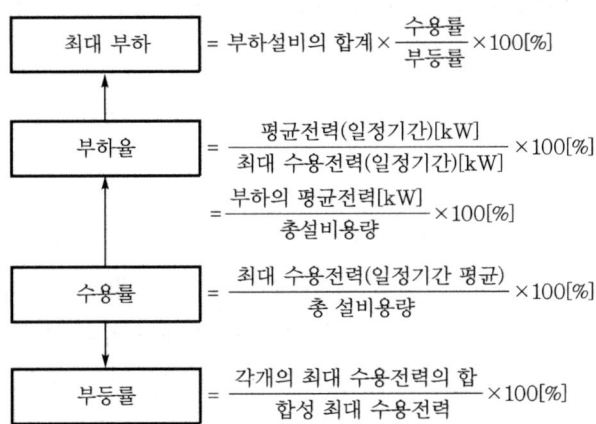

최대 부하 $=$ 부하설비의 합계$\times\dfrac{수용률}{부등률}\times100[\%]$

부하율 $=\dfrac{평균전력(일정기간)[kW]}{최대 수용전력(일정기간)[kW]}\times100[\%]$

$=\dfrac{부하의 평균전력[kW]}{총설비용량}\times100[\%]$

수용률 $=\dfrac{최대 수용전력(일정기간 평균)}{총 설비용량}\times100[\%]$

부등률 $=\dfrac{각개의 최대 수용전력의 합}{합성 최대 수용전력}\times100[\%]$

역률이 서로 다른 경우 부하는 다음 피상전력을 이용하여 각 Factor를 산출한다.

피상전력 $=\sqrt{(유효전력의 합)^2+(무효전력의 합)^2}$

comment 두문을 활용하여 암기한다(예 최씨는 부하를 수용할 때 부동의 자세로 한다).

908

4. 최대 수용전력을 결정하기 위한 과정

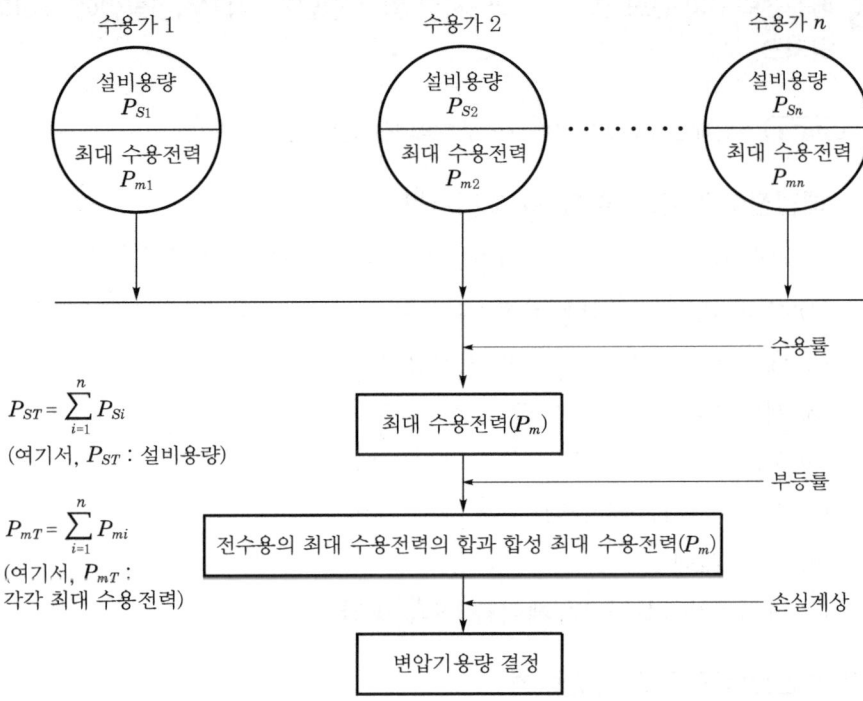

$$P_{ST} = \sum_{i=1}^{n} P_{Si}$$
(여기서, P_{ST} : 설비용량)

$$P_{mT} = \sum_{i=1}^{n} P_{mi}$$
(여기서, P_{mT} :
각각 최대 수용전력)

---

005 우리나라에서 실시하고 있는 중장기 배전계획의 절차를 설명하시오.

data 발송배전기술사 19-118-1-10 / 발송배전기술사 출제예상문제

답안 **1. 중장기 배전계획의 목적**

(1) 전력공급에 대한 안정성 고양과 수용가측에서 요구하는 다양한 배전계통 구축

(2) 향후 5 ~ 10년의 배전계획 수립

(3) 전기품질 및 공급신뢰도 유지

(4) 비용을 최소화시켜 수익의 극대화로 경제적 효과 제고

(5) 대중적인 이미지, 환경적 영향, 미래변화에 대한 유연성 제고

2. 배전계획의 기본절차

＊ Chapter 01 - 문제 002의 답안 '2.' 내용을 참조한다.

006 배전전력구의 규모 결정 시 고려사항 및 결정방법, 접지시설방법에 대하여 각각 설명하시오.

data 발송배전기술사 17-113-2-2 / 발송배전기술사 출제예상문제

답안 1. **배전전력구 규모 결정 시 고려사항**

전력구의 규모는 다음 사항을 종합적으로 검토하여 결정한다.

(1) 부하전망을 고려한 최종 회선수

(2) 케이블의 종류, 접속 및 지지방법

(3) 케이블의 인입 및 인출 공간

(4) 도로 여건

(5) 배수, 환기, 출입 및 분기

(6) 방재 대책

(7) 작업, 기기설치 및 케이블 접속 공간

2. **배전전력구 규모 결정방법**

전력구의 규모(내고×내폭)는 다음과 같이 결정함을 원칙으로 한다.

(1) 전력구 높이

① 통로 바닥에서 천장 간 높이는 최소 2.1m 이상×폭(1.5 ~ 2.2m) 이상

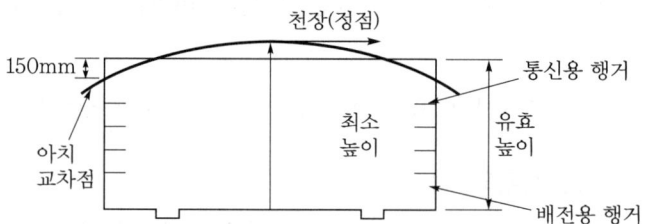

② 유효높이 3.0m 초과 시 전력구는 2련(連) 또는 이층 구조

③ 케이블 행거 상하간격

구분	간격[mm]
22.9kV 배전용 행거와 통신행거 간	250
22.9kV 배전용 행거 상호 간	250
최하단 행거와 바닥 간	200

(2) 전력구 폭

① 전력구 폭은 작업용 통로의 폭, 행거의 양측 및 편측배열 여부 등을 검토
② 행거길이는 I형, ㄱ형을 기준으로 하고 필요 시 꽂이형 등 사용
③ 터널식 전력구의 경우 전력구의 폭은 가상 구형 단면의 폭을 의미

‖ 배전전력구 표준규모 ‖

전력구 규모[m]		시설 회선수	행거배열, 행거당 회선수	비고
개착식 (폭×높이)	터널식 (직경)			
1.5×2.1		12회선 이하	편측, 2회선 시설	간선시설 시 FR CNCO-W 케이블 325mm²를 원칙으로 설치
1.7×2.1	2.4	18회선 이하	편측, 3회선 시설	
1.8×2.1		26회선 이하	양측, 2회선 시설	
2.0×2.1	2.6	33회선 이하	양측, 2 · 3회선 시설	
2.2×2.1	2.8	39회선 이하	양측, 3회선 시설	

3. 배전전력구의 접지시설방법

(1) 접지간격 및 개소당 접지저항

① 접지간격 : 100m
② 개소당 접지저항 : 25Ω 이하

(2) 접지시공방법

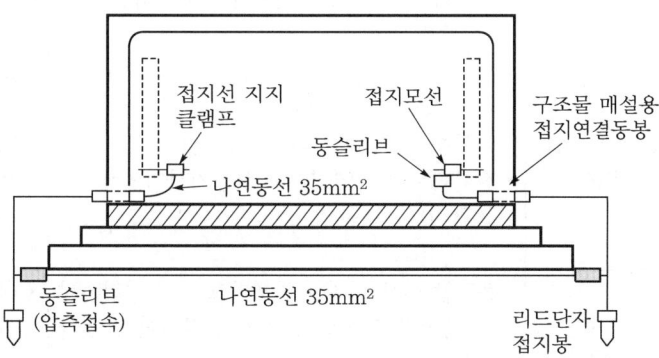

① 내측벽 하부에 나경동선 35mm²의 접지모선을 시설한다.
② 지지대의 최하단 볼트구멍에 접지선 지지클램프를 이용해 고정한다.
③ 케이블 접속개소가 없는 지지대는 고정을 생략할 수 있다.
④ 케이블 접속개소의 접지선은 나연동선 35mm², 접지모선과의 접속은 동슬리브를 사용하여 압축접속한다.
⑤ 구조물 매설용 접지연결 동봉의 단자에는 나연동선 35mm²를 삽입한다.
⑥ 송 · 배전 공용전력구는 송전전력구 접지시공방법에 준하여 시설한다.

007 고품질의 전력을 공급하고, 경제적이며 효율적인 배전계통운용을 위한 합리적인 기술 개발과 투자평가항목인 배전계통의 9개 주요 운용지표에 대하여 설명하시오.

data 발송배전기술사 22-126-3-1 / 발송배전기술사 출제예상문제

답안 1. 개요

(1) 고품질과 고신뢰의 전력공급과 경제적이고 효율적인 배전계통의 운용을 위해서는 합리적인 기술개발투자가 이루어져야 한다.

(2) 배전계통운용을 위한 기술개발과 투자에 대한 평가항목으로서는 현재 전력회사에서 사용되고 있는 배전지표가 있는데, 이들 배전지표의 구체적 개념과 현황은 다음과 같다.

2. 배전계통의 9대 주요 운용지표

No	운용항목	내용	관련 기술
1	호당 정전시간	• 고객에 가장 민감한 영향을 끼치는 지표 • 전력회사의 경영평가항목 중의 하나임 • 총고객수와 고압 연장, 순간 고장, 저압 고장, 조류사고, 변압기 소손율과 불량률 등을 고려하여 연간 호당 정전시간을 산정함 • 한국의 연간 호당 정전시간은 세계적인 수준의 값을 유지하고 있음	• 배전자동화 시스템(개폐기 제어, 부하융통) • 무정전공법(바이비스로봇 공법) • 배전선로 보호기기 운용 • 배전설비 진단기술 등
2	규정전압 유지율	• 표본고객을 선정하여 규정전압 유지상태 24시간 동안 30분 평균전압을 측정하여 적정 여부를 백분율로 나타내는 것 • 전력회사의 경영평가항목(전기사업법상 목표관리)으로 운영	• 효율적인 전압관리기법(LDC 최적 운전) • 고압 선로 전압조정장치 • 전력용 콘덴서의 최적 배치 및 운용 • 주상변압기의 무탭화 등
3	배전 손실률	• 총고압 연장에 대한 하계피크 시의 전력손실을 산정한 지표로 경제성에 밀접한 관계가 있음 • 선로전압과 역률, 부하균형 등에 의존	• 대용량 배전설비(주변압기, 선로 주상변압기) • 저손실형 주상변압기 • 배전계통 최적 구성 및 운용 등
4	절연화율	• 고압 배전선의 절연화율을 나타낸 것 • 자연적인 요소(수목접촉, 조류, 동물 접촉 등)에 의한 순간사고와 작업원과 공중의 안전사고와 밀접한 관계가 있음	가공절연전선의 성능 향상 및 접속자재 개선 등
5	지중화율	• 가공배전선로에 대한 고압 선로의 지중화율을 나타낸 것 • 도심지의 환경보호와 미관상에 기여하지만, 경제성과 운용관리면에서 많은 문제점 있음	• 지중케이블의 유지·보수·신뢰성 확보기술 • 다회로 차단기의 설치 • 보호장치의 개발 등

No	운용항목	내용	관련 기술
6	부하율	• 부하곡선상에서 평균부하와 피크부하의 백분율로 산정되는 값 • 전력계통에서는 일 부하율과 연 부하율의 형태로 전력계통 운용측면에서 자주 사용되는 지표 • 부하관리와 경제성에 직접적인 영향을 끼치며, 하계 에어컨 부하 및 일·계절별 부하 격차 등으로 인하여 점점 악화되는 추세에 있음	• 신에너지전원(태양광, 연료전지, 풍력, 소형 열병합, 신형 전력저장시스템)의 도입 • 부하관리 기법(요금제도, 냉방부하의 직접 제어)
7	설비 이용률	• 설비의 정격용량에 대해 최대 사용실적치를 나타낸 것 • 확충이나 신설공사 등에서 판단지표로 활용해 경제적인 투자비와 운용에 많은 영향을 끼침 • 현재 약 75% 정도의 설비이용률에서 각종 배전설비의 공사계획이 수립됨	• 배전계통의 최적 구성과 운용 • 부하관리기법 등
8	순시전력품질 유지율	• 정밀 제어기기나 정보통신기기에 민감한 영향을 끼치는 순간 전압 변동, 고조파, 전압 불평형, 순간정전, 서지, 플리커 등과 같은 새로운 개념의 전력품질 유지율을 나타낸 지표 • 순시적인 전력품질 저하로 인해 많은 고객이 큰 피해를 입고 있는 상황임 • 전력품질은 외란이 작고 국지적인 현상이 많아, 정확한 측정 및 평가·분석이 어려워 각 고객의 정확한 피해내역을 파악하기 어려움 • 대책을 세우기 어려움 • 국내에서는 고조파 함유율을 일정 범위(각 차 고조파 3% 종합 5%) 이내로 규정하고 있으나, 순간 전압 저하, 플리커율, 불평형률 등에 대한 기준치는 아직 미미한 실정이거나 재정 중에 있음	• 고조파 대책기기(active filter, 수동필터) • 순간 전압 저하 방지기기(무효전력 조정장치, 정지형 동적 전압제어기기) • 순간정전 방지기기(정지형 고속절환스위치, 반 사이클용 사고전류 제한기) 등
9	고객 요구도	• 전력시장의 개방과 규제완화 등의 새로운 조류에 편승하여, 전력회사의 일방적인 공급이 아니라 고객의 다양한 요구에 따라 전력을 공급해야 할 필요성 더 증가함 • 전기의 품질에 따른 전기요금의 요구나 정전정보 이외에 각종 생활정보 등에 대한 요구 등이 예상되는데, 이들 멀티메뉴서비스에 대한 고객의 요구도를 지표로 나타낸 것 • 아직 정량화된 적이 없으나, 신뢰도 지수 또는 서비스레벨 등으로 등가화하여 나타낼 수 있음	• 정보 네트워크의 구축 • 배진업무의 전산화 • 차세대 배전계통 등

008 고압 및 저압 배전선로 구성방식과 특성에 대하여 각각 설명하시오.

(data) 발송배전기술사 20-120-3-2 / 발송배전기술사 출제예상문제

답안 1. 고압 가공배전선의 구성방식과 특성

    (1) 개요

        고압 배전선의 구성방식은 부하의 중요도, 공급신뢰도 및 예상부하 증가전망에 따라 달리 구성되며 일반적으로 수지식, 환상식, SNW, 망상식으로 구분해 적용하고 있다.

    (2) 고압 가공배전선의 구성방식

        ① 수지식(방사상식)

            ㉠ 정의 : 그림과 같이 발·변전소로부터 인출된(주로 지중선로로 인출) 배전선이 부하의 분포에 따라 나뭇가지 모양으로 분기선을 내면서 각 방면에 이르는 방식

            ㉡ 장점 : 수요 증가 시마다 간선이나 분기선을 연장 또는 증강해서 쉽게 응할 수 있다.

            ㉢ 단점

               • 사고 시 타 계통으로 전환이 불가능하여 정전을 피할 수 없다.

               • 전압변동 및 전력손실이 크다.

            ㉣ 전망 : 공급신뢰도측면에서 타 방식보다 뒤지며, 현재는 환상, 망상식으로 보강 중이다.

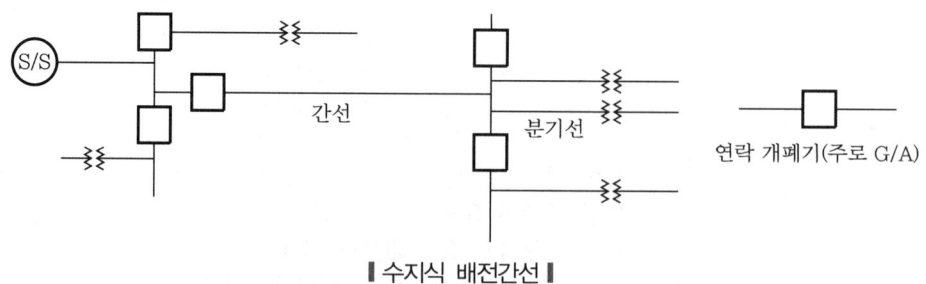

‖ 수지식 배전간선 ‖

② 환상(루프)식

　㉠ 정의 : 그림과 같이 배전간선이 하나의 환상선으로 구성되고, 수요분포에 따라 임의의 각 장소에서 분기선을 연장하여 공급하는 방식으로, Loop식을 말한다.

　㉡ 종류

　　• 상시 개로식 : 결합개폐기를 평상시 개방하여 배전선로구간을 고장 시 또는 부하조절에 따라 ON-OFF 시행한 방식

　　• 상시 폐로식 : 상시에도 결합개폐기(주로 G/S)를 투입해 두어 조류의 양방향 이동이 가능한 방식으로서, 주요 행사 시(선거개표 등) 상시 개로식을 상시 폐로식으로 부하전환시켜, 양계통의 배전용 변전소에서 중요 부하를 공급한 방식이다.

　㉢ 루프식의 장점

　　• 좌우 양쪽으로부터 전력이 공급되므로 선로의 도중에서 고장이 발생하더라도 고장개소의 분리조작이 용이해서, 고장부분을 신속히 분리가능하다.

　　• 전류의 통로에 융통성이 있어 전력손실과 전압강하가 수지식보다 작다.

　㉣ 루프식의 단점

　　• 보호방식이 복잡

　　• 설비비가 고가

　㉤ 용도 : 비교적 수용밀도가 큰 지역의 배전방식, 도심지의 배전선로방식이다.

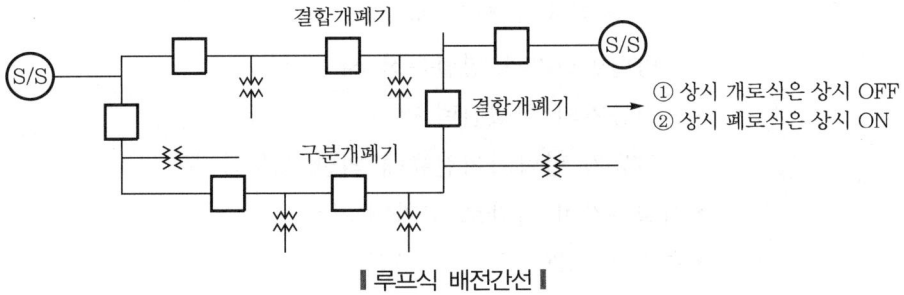

┃ 루프식 배전간선 ┃

③ 스폿 네트워크 방식

　㉠ 정의 : SNW 수전방식이란 전력회사로부터 배전선 3회선 이상을 수전하여 수용가측 Network 변압기 2차측을 상시 병렬운전하는 방식으로, 네트워크 프로텍터에 의해 배전선, 변압기의 고장과 회복 시 자동으로 차단·투입된다.

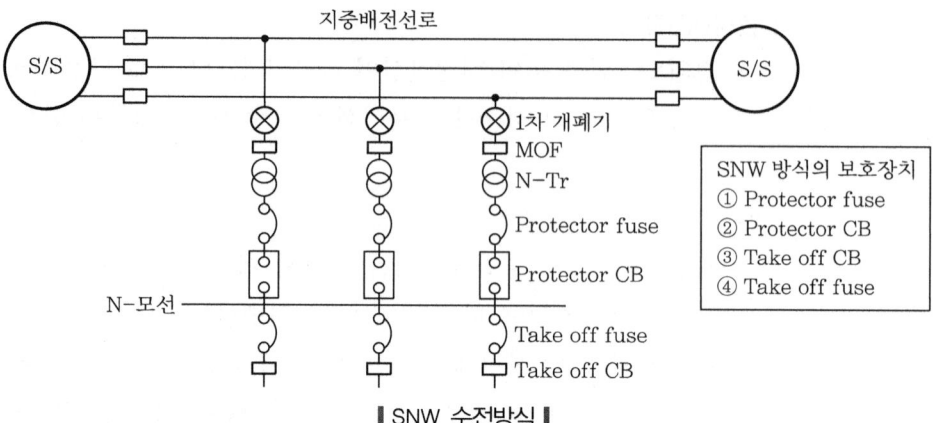

┃ SNW 수전방식 ┃

  ⓛ 장점
- 보수범위가 작고, 보수가 용이
- 무정전 공급(공급신뢰도가 가장 높음)
- 기기 이용률 향상
- 선로이용률이 67%(환상공급식은 50%)
- 전압변동, 전력손실이 매우 작음
- 부하증가에 대한 적응성, 대응성이 높음
- 수전설비 점검 시 무정전 가능

  ⓒ 단점
- 다음의 경우 Network protector의 오동작 우려
  - 진상 콘덴서 설치 시
  - 병렬발전기와 병렬운전 시
  - 전동기의 회생전력
  - 전동기 단락기여전류에 의한 오동작 등
- 시설투자비 과다로 고가임(가장 높음)
- 특별한 보호장치가 요구됨
- 정전사고 시 및 보수점검 시 전력회사 지령에 따름
- 보호계전방식이 복잡하므로 특별한 보호장치가 요구됨

④ 망상식(network system)
  ㉠ 정의 : 그림처럼 배전간선을 망상식으로 접속하고 이 망상계통 내의 수개 소의 접속점에 급전선을 연결한 방식

ⓛ 특징
- 무정전 공급 가능
- 기기의 이용률 향상
- 전등, 동력의 일원화가 가능
- 전압변동률이 작음
- 부하증가에 대한 즉응성이 우수
- 고가
- 보호방식 복잡

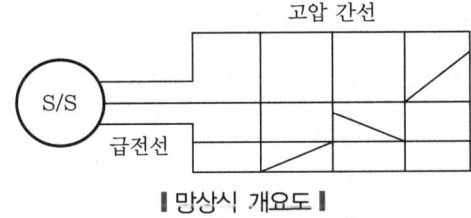

┃ 망상시 개요도 ┃

2. 저압 배전선로 구성방식과 특성

(1) 개요

① 저압 배전선로는 송전선로보다 전체 긍장이 짧고, 저전압, 소전력, 다회선, 각 선로전류도 불평형을 이루는 경우가 많은 특징이 있다.

② 수지상, 저압 뱅킹방식, 저압 네트워크 방식이 있다.

(2) 저압 배전선로의 구성방식 비교

① 수지상 방식(방사상 방식)

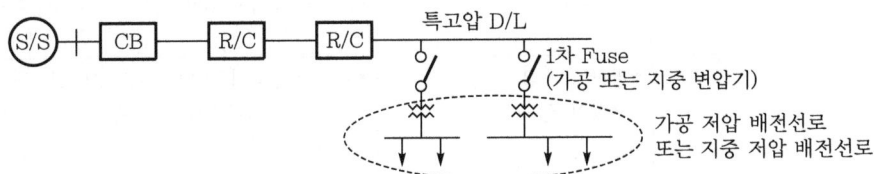

② 저압 뱅킹방식

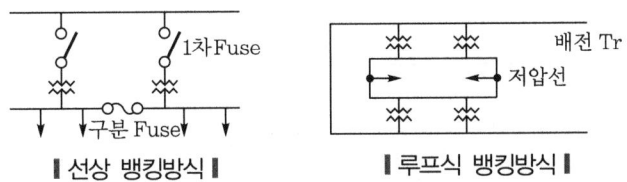

┃ 선상 뱅킹방식 ┃   ┃ 루프식 뱅킹방식 ┃

③ 저압 네트워크 방식

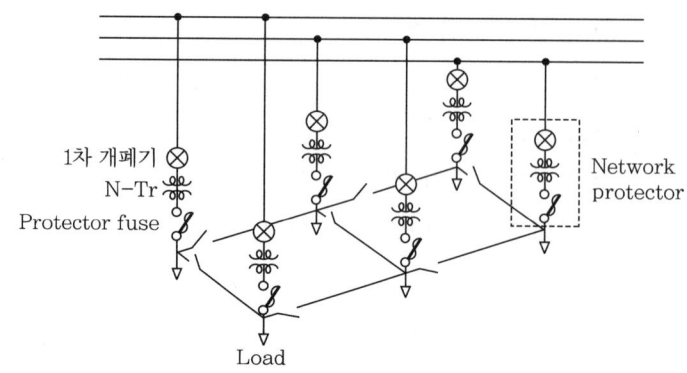

(3) 저압 배전방식의 개념 및 특성 등 비교

comment 이것 자체로도 배점 25점 가능하다(출제되면 위의 그림도 그릴 것).

구분	수지상 방식	저압 뱅킹방식	저압 네트워크방식
구성방식 (정의)	변압기단위로 저압 배전선을 분할시켜 부하증설에 따라 나뭇가지모양으로 간선이나 분기선이 접속되는 방식	동일 모선에 접속된 2대 이상의 변압기의 저압측을 병렬로 접속하는 방식	배전변전소의 동일 모선에 2회선 이상의 급전선로의 공급된 선로에 두 대 이상의 변압기로 2차측을 전기적 연결시켜 망상식으로 구성
공급신뢰도	낮음	높음	가장 높음
보호장치	• COS(Tr 1차) • 저압 Fuse, Catch holder	• Tr 1차 Fuse • 구분퓨즈(인접한 변압기와의 저압선 중간)	네트워크 프로텍트
건설비	낮음	수지상 방식보다 높음	가장 높음
적용	저압 배전선의 중요치 않은 개소(대부분에 적용)	현재 우리나라는 적용치 않으며 미국 등에서 적용	도심부 고층빌딩, 대규모 공장 등 부하밀도가 집중된 곳, 현재 우리나라는 적용치 않으며 미국 등에서 적용

장점	• 공사비 저렴
	• 구성이 간단
		• 수지상 방식에 비해
		  – 변압기의 이용률이 고 전체적인 용량이 감소함
		  – 전압변동 및 전력손실이 감소됨
		  – 부하증가에 대응할 수 있는 탄력성 증가
		  – 공급신뢰도가 향상됨
			• 어느 회선에서 사고가 발생 시 다른 회선으로 무정전공급이 가능하여 장점으로는
			  – 전력공급 신뢰도가 높음
			  – 전압변동 및 전력손실이 감소됨
			  – 부하증가에 대응할 수 있는 탄력성 증가

구분	수지상 방식	저압 뱅킹방식	저압 네트워크방식
장점			- 기기의 이용률 향상 - 변전소수 감소 - 22.9kV측의 수전용 차단기 생략 가능(대신에 변압기 저압측에 네트워크 프로텍터를 보호장치로 사용가능함, 단, 고압 배전선로는 동일 변전소, 동일 모선임) - 간소화하여 스폿네트워크방식의 장점을 동시에 얻을 수 있음
단점	• 전압변동, 전력손실이 큼 • 정전범위가 넓어 신뢰도가 낮음	Cascading 장해(고장구간을 양단의 보호장치가 제거구분이 즉시 안 될 경우 뱅킹 내 건전한 변압기까지 차단)발생 가능	• 건설비가 고가 • 특별한 보호장치가 소요됨(네트워크 프로텍트 = 역류 개폐장치) • 보호방식이 까다로움

009 Spot network 배전방식에 대한 다음 물음에 답하시오.

1. Spot network 배전방식의 특징
2. 단선결선도를 작성하여 운전방법
3. Spot network 배전방식을 구성하는 주요 기기
4. Network protector의 동작책무

009-1 배전계통에 사용하는 스폿네트워크 방식을 간략하게 설명하고 그 장단점에 대하여 설명하시오.

data 발송배전기술사 21-125-4-4·20-121-1-9 / 발송배전기술사 출제예상문제

comment 위의 지문이 번호로 구성된 경우는 가능한 개요 없이 기록하도록 한다.

답안 1. Spot network 배전방식의 특징

＊ Chapter 01 – 문제 008의 답안 '1./(1)/③' 내용을 참조한다.

2. 단선결선도를 작성하여 운전방법

(1) 초기 투입 시

1단로기 투입 → 차단기 2차측 무전압 확인 → 차단기 무전압 자동투입

(2) 고장 시

배전선/TR 1차 사고 → 역전력 차단

(3) 재투입 시

고장제거 → 재투입선로 차단기 1차 전압이 2차보다 크기는 크고, 위상이 앞설 때 차전압 투입

3. Spot network 배전방식을 구성하는 주요 기기

(1) 네트워크 변압기

① **여자특성** : 변압기 2차측 역여자특성은 네트워크 계전기에서 역전력차단을 시키는 값 이상이어야 한다.

② **임피던스전압** : NWTR은 병렬운전하기 때문에 각 변압기의 임피던스차를 최소화할 것

③ **과부하내량** : 130% 과부하에서 8시간 년 3회 운전해도 수명에 지장이 없어야 한다.

④ **NW 변압기용량** : 변압기용량 = $\dfrac{\text{최대 수용전력}[\text{kVA}]}{\text{수전회선수}-1} \times \dfrac{1}{\text{과부하율}}[\text{kVA}]$

3회선 수전에서 과부하율은 130%를 적용한다.

(2) 네트워크 프로텍터

① 네트워크 프로텍터는 변압기 2차에서 NW 모선에 이르는 부분을 말하며, 프로텍터 퓨즈·차단기·계전기로 구성되어 수전회로의 운전 및 보호하는 기능을 한다.

② **프로텍터 퓨즈**

㉠ 변압기 2차측에서 Relay용 CT 사이의 모선 고장보호용

㉡ 프로텍터 퓨즈는 후비보호(PF) 기능을 한다.

③ **프로텍터 차단기(PRO CB)** : 배전선측 정지·단락·지락의 경우 계전기에 의한 역전력차단과 복전 시에 자동투입

4. Network protector의 동작책무

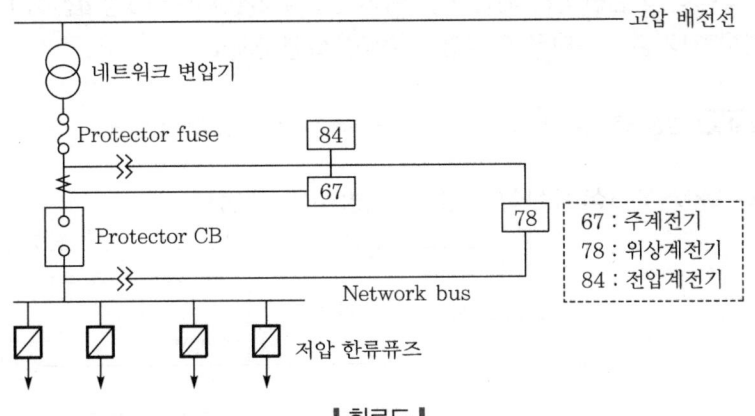

│ 회로도 │

(1) 역전력 차단(67 R/Y)

① 배전선 사고 및 변압기 1차측 사고 시 네트워크 건전부를 경유하여 저압 네트워크로부터 네트워크 변압기 고압측에 역류하는 전류를 검출하여 프로텍트 차단기를 차단한다.

② 계통의 단락, 지락전류 유입 시 차단한다.

(2) 차전압 투입(78 R/Y)

① 고압 배전선로 고장복구나 작업 종료 시 네트워크 변압기 2차측 전압의 회복이 진행될 때 네트워크 모선전압과 비교한다.

② 이때, 네트워크측보다 전원측의 전압이 높고, 위상이 앞설 때 차단기를 자동 투입한다.

(3) 무전압 투입(84 R/Y)

저압 네트워크 모선이 무전압일 때 전원공급 시(즉, 네트워크 변압기가 충전되면) 차단기를 자동투입한다.

010 우리나라의 일반적인 배전계통 배전전압을 22.9kV-Y 3상 4선식 다중 접지방식으로 선정한 기술·경제적 이유에 대하여 설명하시오.

data 발송배전기술사 19-118-2-6 / 발송배전기술사 출제예상문제

답안

1. 22.9kV-Y 3상 4선식 다중 접지방식의 개념도

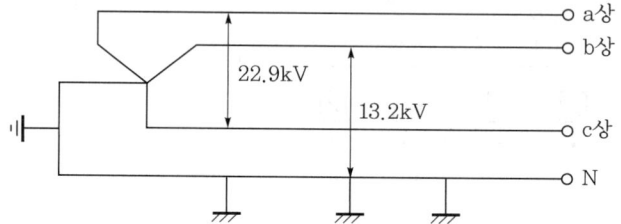

2. 기술적 근거

(1) 3상 4선식 다중 접지 22.9kV-Y 계통도

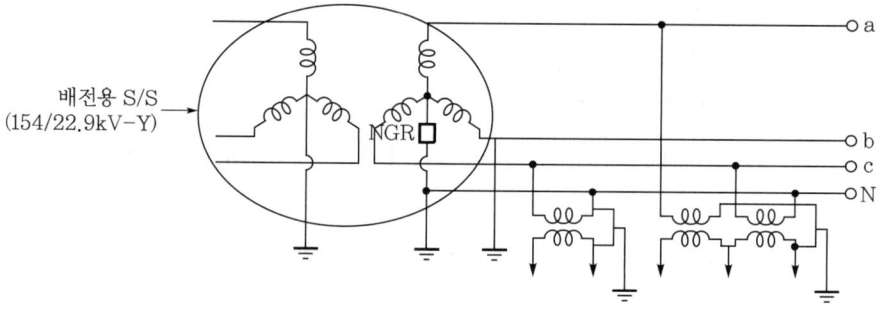

(2) 1선 지락 시 지락전류가 커지므로 차단기의 동작이 용이하며, 고장의 선택차단이 확실하다.

(3) 개폐서지값이 적어서 피뢰기 책무가 가볍다.

(4) 차단기 개폐동요 등 이상전압이 낮아서, 선로의 애자 및 기기의 절연수준 저하가 가능하다.

(5) 1선 지락사고 시 건전상의 대지전압은 거의 상승하지 않는다.

(6) 3상 4선식 다중 접지방식으로, 배전선로의 중성점 접지저항치를 저감시켜, 고장 전류의 신속한 대지전로의 방류를 통한 보호협조가 용이하다.

① 보호협조구성의 예

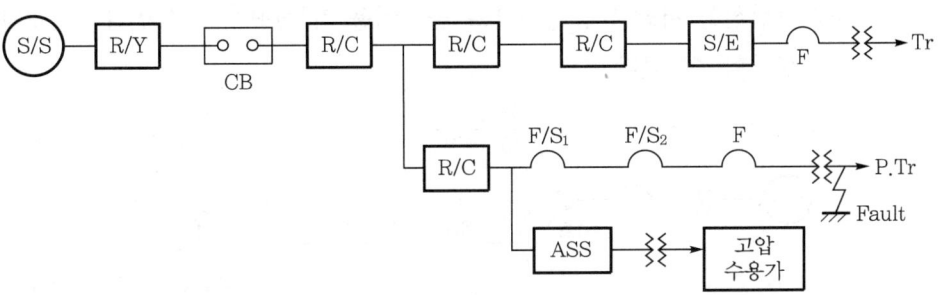

② 그림에서 P.Tr측 단락사고 발생 시는 '변압기의 Fuse 동작 → R/C 순시동작 → F/S₂ 동작 → R/C 한시동작 → 변전소 OCR 동작'의 순서로 보호협조가 가능하다.

(7) 각종 배전선로작업 시 아래 그림과 같이 선로접지를 용이하게 할 수 있어, 작업 상 편리하다.

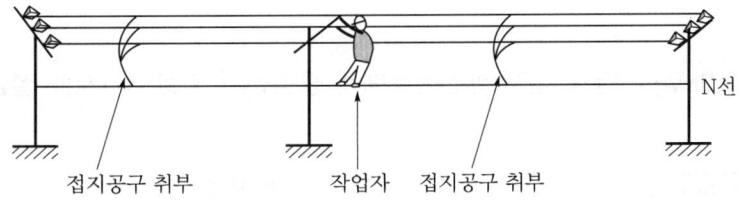

3. 3상 4선식 22.9kV-Y 직접 접지방식 채택의 경제적 근거

(1) 기기 및 선로의 절연 Level을 경감시킬 수 있어, 절연비용의 절감이 가능하다.

(2) 변압기 중성점이 '0' 절위부근에서 유지되므로, 단절연이 가능하고, 변압기 및 부속설비의 중량과 가격의 저하가 가능하다.

(3) 22kV 또는 6.6kV급의 비접지식에 비하여 1회선당 선로용량의 한도가 크며, 회선 수를 줄일 수 있다.

　　예 22.9kV 1회선 기준용량은 10000kW → 전력수요 증가에 대처가 용이함

(4) 전압 손실 경감효과

$$P_l = \frac{P^2 R}{V^2 \cos^2 \theta}$$ 로, 배전전압의 제곱에 반비례한 손실 감소

(5) 전압강하경감으로 1회선 33km까지 기준으로 배전망 구성이 가능하다.

(6) 중성선을 저압측 중성선으로 공동이용 가능하여, 주상변압기의 2차측 중성선을 생략할 수 있다.

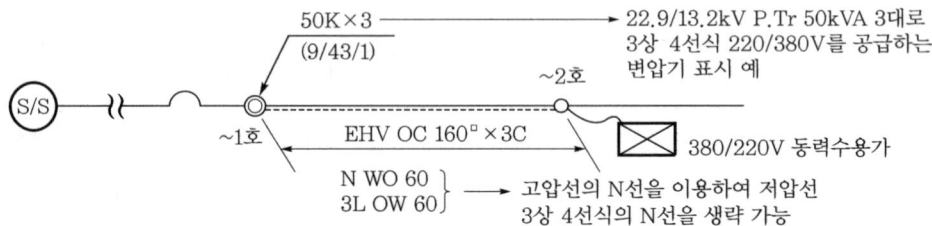

(7) N선의 S/S, 주상 Tr의 제2종 접지공사 공용으로 접지를 사용 가능하여 모든 사고는 단락사고로 되어 지락·단락 사고는 퓨즈 또는 과전류계전기로 보호 가능하다(OCGR 포함).

011 22.9kV-Y 다중 접지 배전선로에서 중성선의 역할 3가지를 설명하시오.

data 발송배전기술사 19-119-1-4 / 발송배전기술사 출제예상문제

답안 1. 중성선의 정의

(1) 저압선의 중성선

변압기에서 1·2종 접지를 시행하고, 접지선에 접속된 전선 1선을 단상 3선 또는 3상 4선식 저압 배전선로에서 2종류 이상의 전압측 전선이 접지선에 접속된 전선을 공용한 회로로 구성될 경우, 접지선에 접속된 전선을 중성선이라 한다.

(2) 22.9kV-Y 특고압 배전선로의 중성선

변전소에서 인출되는 특고압 배전선로에서의 중성선이란 변압기 중성점으로부터 전선이 인출되어 여러 개소에 접지선을 연결하는 다중 접지방식에서 유효접지의 효과를 높이면서 양전압을 확보할 수 있는 접지선에 접속된 전선이다.

2. 다중 접지 배전선로(22.9kV 배전선로) 중성선의 역할

(1) 고압측에서의 양전압 확보

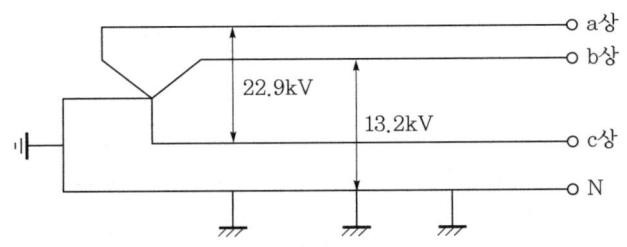

┃22.9kV-Y 다중 접지계통의 중성선을 활용한 양전압 확보┃

위 그림과 같이 각 상 간에는 선간전압 $V = 22.9\text{kV}$이나 각 상과 중성선의 전압은

$E = \dfrac{22.9}{\sqrt{3}} = 13.2\text{kV}$로서 양전압 확보가 가능하다.

(2) 저압 배전선의 중성선과 특고압 중성선의 공용으로 저압선의 양전압 확보

① 가공배전지역에서 특고압 중성선과 저압 중성선의 공용으로 저압 중성선을 생략할 수 있고, 또 저압선의 양전압 확보가 가능하다.

② 가공배전지역에서 특고압과 병가한 단상 2선식과 단상 3선식 및 3상 4선식의 경우 저압선의 중성선을 생략하고 특고압 중성선을 공용할 수 있어 전선비 및 총공사비 경감이 가능하다.

③ 또한, 저압 배전이 단상 3선식 경우 전압선 간에는 +220V, 중성선과 전압선 간에는 110V의 양전압 확보가 된다.

④ 3상 4선식의 경우 저압선의 전압선 간에는 380V, 중성선과 전압선 간에는 220V의 상전압을 확보할 수 있어 동력 및 전등 공용으로 이용이 가능하다.

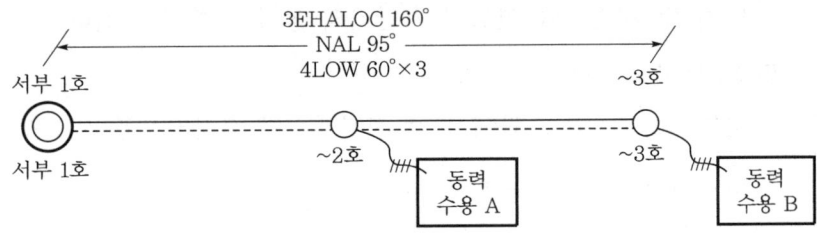

단, 4LOW 60×3 : 저압선 3ϕ 4W식 220/380V 공급의 전압선 3가닥 규격

┃특고압 배전선로와 저압 선로가 병가한 경우의 중성선 공용 및 저압선의 양전압 확보 예┃

⑤ 위 그림같이 서부 1호에서 서부 2·3호의 동력수용 A, B에 3상 4선식 220/380V 공급할 경우 저압선을 4가닥 사용할 필요 없이 특고압 중성선(N 95)과 공용시켜, 저압선에는 양전압을 얻을 수 있다.

(3) 고장전류의 분류

① 다음 그림과 같이 F지점에서 1선 지락고장이 발생할 경우 고장전류는 중성선에 다중 접지된 개소를 통하여 분류되는 효과를 나타낸다.

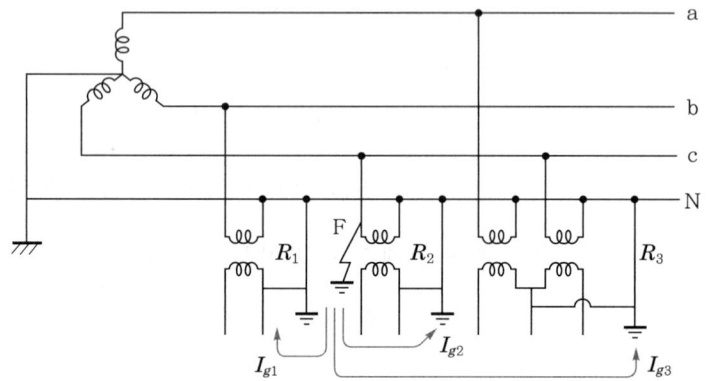

단, R_1, R_2, R_3 : 다중 접지개소의 접지저항, R_f : 지락지점의 고장저항

┃ 다중 접지방식의 지락전류 분류 ┃

② 위 그림에서 알 수 있듯이 F지점에서 1선 지락고장이 발생할 경우 고장전류를 살펴보면, 고장전류 I_g는 $I_g = \dfrac{3 \times 100}{Z_0 + Z_1 + Z_2 + 3R_F} \times I_n$(단, I_n : 정격전류)이며 I_g는 $I_g = I_{g1} + I_{g2} + I_{g3} + \cdots\cdots I_{gn}$과 같이 분류되어 지락전류에 의한 전력기기의 충격감소효과를 발휘한다.

(4) 중성선에 의한 변전소 및 배전용 변압기의 제2종 접지의 공용효과

다중 접지된 경우 모든 사고를 단락사고로 검출할 수 있으므로 지락사고의 검출은 확실해지며, 이로써 선로용 퓨즈나 변전소 지락과전류계전기로 고장점의 신속 발견 및 계전기와 연결된 차단기의 동작이 확실해 진다.

(5) 접지저항의 저감

앞의 '(3)/①'의 그림에서 각 접지개소의 접지저항을 R_0, R_1, R_2, R_3라 하면 합성접지저항은 $R = k\dfrac{1}{\dfrac{1}{R_0} + \dfrac{1}{R_1} + \dfrac{1}{R_2} + \dfrac{1}{R_3}}$[Ω]으로 주어지므로 병렬접속의 접지저항 저감효과를 나타낼 수 있다(단, k : 접지저감계수).

(6) 서지전류 등 이상전류를 대지로 신속히 방류하는 역할

중성선은 다중적으로 대지에 접지되어 있어, 중성선에 유입된 이상전류는 신속히 대지로 방류되는 효과를 얻을 수 있다.

(7) 중성선의 다중적 대지접지를 통한 유효접지효과 증대로 전력계통의 절연비용 경감

① 다중 접지계통의 1선 지락 시 건전상의 대지전압이 유효접지조건을 만족시키는 범위 내로 상승한다.

② 이것은 중성선을 다중적으로 대지에 접지한 효과로서, 배전선로 전체 계통의 절연레벨 경감 및 피뢰기의 동작책무 경감이 가능함을 의미한다.

③ 피뢰기의 정격전압을 보면 비접지 △ 배전방식 22kV에서 피뢰기 정격전압은 24kV이나, 다중 접지 22.9kV-Y 피뢰기의 정격전압은 유효접지계수를 감안하여 $\dfrac{22.9}{\sqrt{3}} \times 1.15 = 18kV$로서 낮출 수 있다.

④ 이것은 피뢰기에 접속된 전력기기(변압기, 차단기, 케이블)의 BIL(Basic Impulse Insulation Level)을 낮출 수 있음을 의미하고, 이로써 절연레벨 경감효과를 얻을 수 있음을 알 수 있다.

(8) 배전선로용 가공지선과 중성선의 병렬접속으로 가공지선의 차폐효과 상승

다음 그림과 같이 뇌격전류가 가공지선을 통하여 진행될 때, 다중 접지된 중성선과 가공지선을 접지함으로써 뇌격전류의 분류효과는 상승되면서 가공지선의 차폐효과를 높여 뇌서지 억제효과가 증대된다.

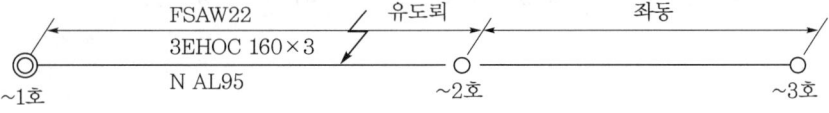
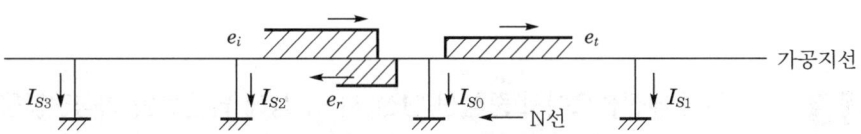

단, FSAW : 가공지선(아연도 강연선, 규격 22mm^2)
　　3EHOC 160 : 3상 특고압 절연전선, 규격 160mm^2
　　N AL 95 : 중성선 ACSR, 규격 95mm^2
　　e_i : 입사파 전압
　　e_r : 반사파 전압
　　e_t : 투과파 전압

‖ 중성선과 가공지선의 병렬접속으로 뇌격의 억제 ‖

012 우리나라의 배전계통을 22.9kV-Y 3상 4선식 다중 접지방식으로 선정한 이유를 기술
·경제적 측면에서 설명하시오.

data 발송배전기술사 22-128-2-3 / 발송배전기술사 출제예상문제

답안 1. 개요

발전소로부터 전송된 전력은 배전용 변전소에서 마지막 단계에 강압되어 배전용
선로를 통하여 배전용 변압기에 저압으로 강압 후 일반수용가에 공급된다.
이때, 배전선로는 다중 접지방식의 3상 4선식 22.9kV를 적용하고 있으며, 이는
① 전력손실 경감, ② 전력수용의 증가, ③ 전압강하 경감, ④ 대규모의 수용가 및
부하밀도의 증가에 대응해서 공급능력의 증가를 위해 22.9kV-Y를 채용하고 있다.

2. 22.9kV-Y 3상 4선식으로 배전전압을 통일 변경한 기술·경제적 근거

(1) 기술적 근거

＊Chapter 01 - 문제 010의 답안 '2.' 내용을 참조한다.

(2) 3상 4선식 22.9kV-Y 직접 접지방식 채택의 경제적 근거

＊Chapter 01 - 문제 010의 답안 '3.' 내용을 참조한다.

013 3상 4선식 배전선로에서 중성선 단선 시 각 상에 발생하는 이상전압을 밀만의 정리를
이용하여 구하시오. (계산조건 : 각 상의 전압 $E_a = 220V\angle 0°$, $E_b = 220V\angle -120°$,
$E_c = 220V\angle -240°$, 각 상의 부하임피던스 $Z_a = 1\Omega$, $Z_b = 2\Omega$, $Z_c = 3\Omega$, 선로의
임피던스는 무시함)

data 발송배전기술사 19-117-3-2 / 발송배전기술사 출제예상문제

답안 **1. 문제의 조건에 의한 배전선로 구성도**

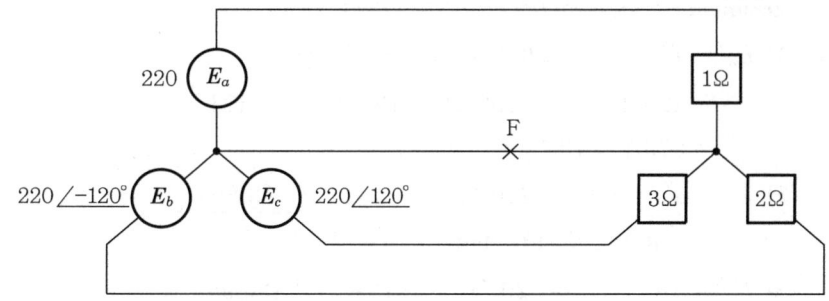

2. 중성선 단선 시 등가회로

comment 이 문항의 핵심이다.

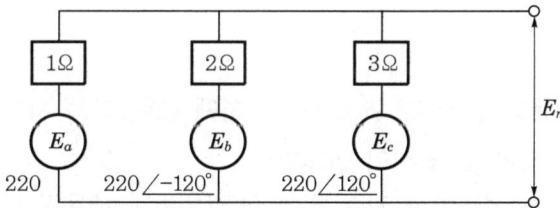

3. 밀만의 정리를 이용한 중성점 전압 산출

$$E_n = \frac{\sum Y_K E_K}{\sum Y_K} = \frac{\dfrac{E_a}{Z_a} + \dfrac{E_b}{Z_b} + \dfrac{E_c}{Z_c}}{\dfrac{1}{Z_a} + \dfrac{1}{Z_b} + \dfrac{1}{Z_c}}$$

$$= \frac{\dfrac{220}{1} + \dfrac{220\,/240°}{2} + \dfrac{220\,/120°}{3}}{\dfrac{1}{1} + \dfrac{1}{2} + \dfrac{1}{3}}$$

$$= \frac{220\left(\dfrac{1}{1} + \dfrac{/240°}{2} + \dfrac{/120°}{3}\right)}{\dfrac{1}{1} + \dfrac{1}{2} + \dfrac{1}{3}}$$

$$= \frac{220}{1} + \frac{220\,/240°}{2} + \frac{220\,/120°}{3}$$

$$= 132.2\,/-13.898°$$

여기서, $220\,/-120° = 220\,/240° = a^2 E_a$

4. 중성선 단선 후의 각 상전압 계산

comment 공학용 계산기를 능숙하게 다뤄야 한다.

(1) $E_a{}' = E_a - E_n = 220 - 132.2 \underline{/-13.898°}$

$\quad = 220(1 + j0) - 132.2(\cos 13.898 - j \sin 13.898)$

$\quad = 97.014 \underline{/19.1°}$

(2) $E_b{}' = a^2 E_a - E_n = 220 \underline{/240°} - 132.2 \underline{/-13.898°}$

$\quad = 286.373 \underline{/-146.329°}$

(3) $E_c{}' = a E_a - E_n = 220 \underline{/120°} - 132.2 \underline{/-13.898°}$

$\quad = 325.897 \underline{/136.996°}$

---

014 한전에서 운영 중인 22.9kV 배전계통에 대한 다음 사항을 설명하시오.

1. 회선의 정의 및 회선의 연계기준

2. 1회선당 운전용량과 기준 최대 긍장(일반과 대용량 배전선로 구분)

3. 일반 및 대용량 배전선로의 기준전선(가공, 지중 구분)

data 발송배전기술사 21-124-1-13 / 발송배전기술사 출제예상문제

답안 1. 회선의 정의 및 회선의 연계기준

(1) 회선의 정의

발·변전소 인출구에 거치된 차단기를 갖는 배전선로의 단위

(2) 회선의 연계기준

① 3분할 3연계 기준

② 연계수 산출방법

㉠ $n \geq \dfrac{\text{상시 용량}(10\text{MVA})}{\text{시상 시용량}(14\text{MVA}) - \text{상시 용량}(10\text{MVA})} = 2.5$

㉡ 그러므로, 3연계방식으로 정한다.

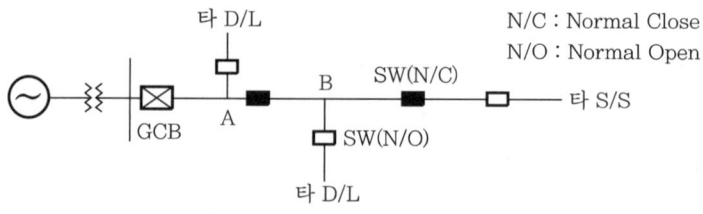

┃3분할 3연계방식 계통도 예┃

930

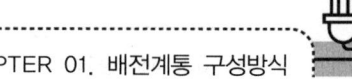

2. 1회선당 운전용량과 기준 최대 긍장(일반과 대용량 배전선로 구분)

구분	전압별[kV]	기준용량 [kVA]	회선당 운전용량[kVA]		최대 간선 선로길이[km]
			상시	비상시	
일반배전설비	6.6	3000	2100	–	20
	22.9	10000	10000	14000	33
대용량 배전설비	22.9	15000	15000	20000	30

[비고] 1. 태양광 접속 허용기준을 20% 상향(10000×1.2 = 12000kW)
        2. 대용량 배전 : 태양광 접속허용기준을 20% 상향(15000×1.2 = 18000kW)

3. 일반 및 대용량 배전선로의 기준전선(가공, 지중 구분)

(1) 일반 배전선로의 기준전선(3분할 3연계 적용)

    가공 ACSR-OC 160 SQ, 지중 TR CNCE-W 325 SQ

(2) 대용량 배전선로의 기준전선(3분할 3연계 적용)

    가공 ACSR-OC 240mm^2, 지중 FRCNCO-W 325mm^2(전력구)

    TRCNCE-W 600mm^2(관로)

---

015 우리나라의 22.9kV-Y 배전선로의 일반선로와 대용량 배전선로를 비교하고, 대용량 배전방식 적용기준에 대하여 설명하시오.

data 발송배전기술사 23-129-1-1 / 발송배전기술사 출제예상문제

답안 1. 22.9kV-Y 배전선로의 일반선로와 대용량 배전선로의 비교

(1) 배전선로(22.9kV급) 회선당 기준용량 상향 조정

구분	기준용량	회선당 운전용량		비고
		상시	비상시	
일반선로	10000	10000	14000	상시 용량의
대용량 선로	15000	15000	20000	1.5배

(2) 선로의 분할 및 연계

구분	일반배전방식	대용량 배전방식
서울시, 광역시, 도청소재지 중심부	3분할 3연계	3분할 3연계
기타 지역	2분할 연계	–

2. 대용량 배전방식의 적용기준

(1) 기자재 규격의 상향화

① 전선규격 ACSR 160mm^2 → 240mm^2

② 개폐기용량 : 400A → 630A

(2) 대용량 배전방식의 적용 변전소 및 Feeder수

① 변전소 선정 : M.Tr 단위용량이 45/60MVA 이상인 변전소

② Feeder수

㉠ Feeder수 ≒ Bank 용량×Feeder 간 부등률(1.2)/Feeder 기준용량

㉡ 대용량 배전방식 1개 Bank당 Feeder의 수량

• 45/60MVA인 1개 Bank당 Feeder수 → 5개

• 60/80MVA인 1개 Bank당 Feeder수 → 6 ~ 7개

(3) 구분개폐기 부설

간선긍장 0.5km/1대 또는 5경간 이상 분기점에 설치

(4) 전선 및 케이블 규격의 최소 굵기는 다음과 같이 선정한다.

구분		최소 전선규격		
		S/S 인출 ~ 부하 중심점	중부하 구간	경부하 구간
가공 선로	상전선	ACSR 240mm^2	ACSR 160mm^2 이상	ACSR 58mm^2 이상
	N선	ACSR 95mm^2		–
지중 선로	전력구	FR−CNCO−W 325mm^2 전력구는 325mm^{2}임	FR−CNCO−W 325mm^2	FR−CNCO−W 60mm^2
	관로	TRCNCV−W 600mm^2	TRCNCV−W 325mm^2 이상	TRCNCV−W 60mm^2 이상

reference

전선규격 및 용량

(1) 가공선로 ACSR/AW-OC 240mm^2 → 연속허용전류 511A, 20, 268kVA

(2) 지중선로 CNCV-W : 600mm^2 → 연속허용전류 567A

(5) 지지물 표준경간 및 최대 경간

ACSR 240mm^2 전선구간은 표준경간은 40m, 최대 경간은 70m 이내로 한다.

(6) 대용량 배전방식의 적용지역

① 도심번화가, 공단 등 부하밀집지역

② 말단 집중부하로 규정된 선로전압 유지가 곤란한 지역

③ 배전선로 회선수가 많아 경과지 확보가 곤란한 지역

④ 분산형 전원(계약용량 4만kW 이하)의 배전용 변전소 연계 시

016 배전계통에서 OLS(Open Loop System)와 CLS(Closed Loop System)에 대하여 설명하시오.

data 발송배전기술사 24-133-4-4·13-101-3-1 / 발송배전기술사 출제예상문제

답안
1. Close loop system 구성요소 및 특징

(1) Close loop system의 특징
동일 M.Tr에서 인출된 배전선로 2회선을 상시 Loop하여 운영하며, 고장발생 시 고장발생지점 양단의 차단기에서 고장을 감지하여 원격조작없이 고장구간을 자동차단하여, 이후 건전구간은 정전을 경험하지 않은 상태로 Open-loop로 운전되는 방식이다.

(2) Close loop system의 주요 구성요소
① CCD(Closed Loop Control Device)
  ㉠ 22.9kV-Y Closed-loop 배전선로의 전용 차단기의 제어함에 설치되어 선로 및 기기고장을 검출하고 인접 차단기와 통신을 통하여 고장구간만 자동분리차단할 수 있으며 배전자동화 주장치와 연계하여 자동화운전을 수행하는 IED이다.
  ㉡ IED(Intelligent Electronic Device) : 차단기, 변압기, 케이스터 뱅크 등 현장 전력설비의 각종 정보를 현장에서 제공받아 디지털화된 Data로 변환하고 내부의 Software(algorithm 포함)를 이용하여 감시, 제어, 계측, 보호계전, 인터록, HMI 기능 등을 수행하며 통신을 이용하여 원격으로 정보를 제공하는 장치

② Closed-loop용 과전류계전기 : Closed-loop에 적용되는 과전류계전기로서 선로의 과부하, 단락 및 지락고장 전류를 검출하여 CCD와 1:1 보호통신을 수행하여 회로를 차단하는 계전기

③ Closed-loop용 시스템용 에폭시 절연 다회로 차단기 : 22.9kV-Y 지중 배전선로에서 지상에 설치되어 Closed loop system에 사용하는 에폭시 절연 4회로 4차단형 다회로 방식의 자동화용 차단기

(3) 특징
① 배전선로는 2회선을 상시 병렬운전하며 CLS 차단기 안의 1번, 2번, 3번, 4번

단자 중 1번과 4번은 간선에 접속, 2번과 3번은 분기선 또는 특고압 수용
및 변압기 Line 접속되어 있다.

② 배전선로 Loop 운전으로 전력손실 감소

③ 기존 보호협조방식에 CCD 간 통신에 의한 보호협조방식 도입

④ 고장구간 판단을 위한 방향비교방식 도입

⑤ 기기 내부보호를 위해 전류차동방식의 보호계전방식 적용

2. Self healing system의 구성

(1) 주장치

① 배전자동화기반으로 구축

② 배전자동화 주장치에서 원격으로 감시, 제어, 계측, 정정이 가능하다.

(2) CCD

① **단말장치 기능** : 배전자동화 주장치와 원격 감시, 제어, 계측, 정정업무 수행

② **보호계전기** : Pilot 통신계전, 방향비교 과전류계전, 전류 차동방식 계전 기능
등 내장

③ **P2P 모뎀** : CCD 간에 상호통신을 수행하는 P2P 모뎀기능 구비

(3) 차단기

① 간선 및 분기선의 고장 시 차단업무 수행

② 기존의 다회로 차단기 본체와 동일하며 단말장치와 핀배열 표준화 시행

(4) Peer to Peer 통신망

단말장치 상호 간 P2P 통신을 위하여 광통신망으로 연결된 통신망

3. Open loop system과의 비교

(1) 간이계통도

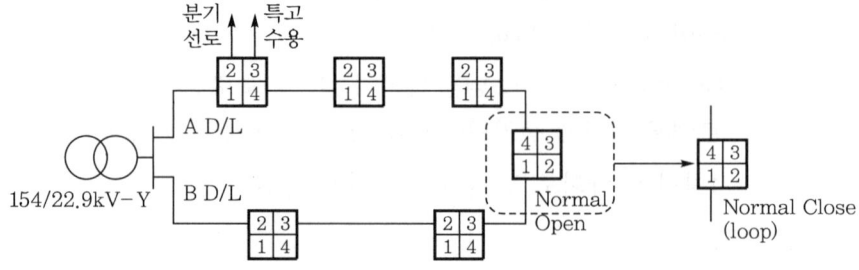

┃ Close loop system의 예 : 좌측 그림에서 N.O를 N.C하여 항시 2회선 루프운전 ┃

(2) Open loop system과의 비교

구분	현행 배전계통(opened-loop)	Close loop system
계통도	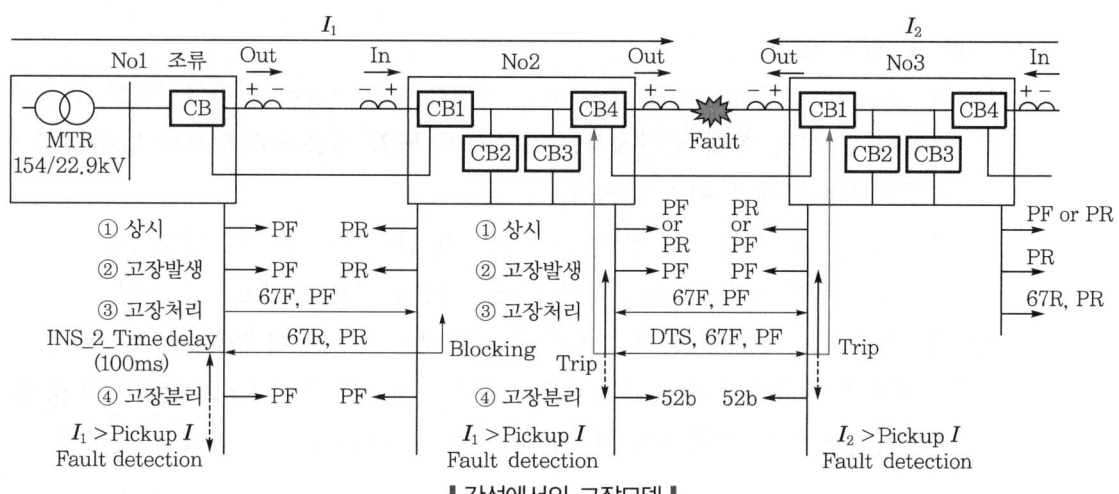• 선로 및 인입 개폐점 : 개폐기	• 선로 및 인입 개폐점 : CLS 차단기
동작 특성	• 2회선 이상 Open loop 운전 • 사령원이 원격조작으로 고장구간 분리 • 건전구간 송전에 3 ~ 5분 소요	• 상시 2회선을 Close loop로 운전 • 기기 간 보호협조로 고장구간 분리 　－ 건전구간 정전 미발생
가격	개폐기 : 1800만원/대	CLS 차단기 : 2600만원/대
공사비	개폐기 대신 차단기 설치로 대당 800만원 가격 상승(44%↑) ※ 대당 가격차는 개폐기 및 차단기 구입가격에 의거 변경 가능	

1. 선로고장 발생 시 CLS의 동작시퀀스 예

(1) 모델링

┃ 간선에서의 고장모델 ┃

(2) 동작시퀀스

① **고장개소** : CCD-CCD 간

② **고장상정** : 67F ↔ 67F(CCD 간 고장 시 정상동작 상정, Ry간 협조검토)
　자기단 및 상대단 고장경험 후 고장검출 정방향 정보를 상호 송·수신

③ **고장처리 보호수식** : 자기단이 67F이고 상대단에서 온 데이터가 67F이면, 즉시 Trip

④ 보호협조절차

　　㉠ 상시 : CCD(No2) 4회로와 CCD(No3) 1회로는 상 조류방향 PF 또는 PR 전송, 즉 CCD(No2) 4회로가 PF이면 CCD(No3) 1회로는 PR이고, CCD(No2) 4회로가 PR이면 CCD(No3) 1회로는 PF

　　㉡ 고장발생 : 고장발생 순간 고장검출보다 조류변화정보가 우선 발생된다. 고장발생 순간 조류방향 PF 전송

　　㉢ 고장처리

　　　• CCD(No2) 4회로, CCD(No3) 1회로 모두 67F 전송

　　　• CCD(No2) 4회로, CCD(No3) 1회로 모두 자기단 Trip하면서 상대단에 DTS 전송

　　㉣ 고장분리 : CCD(No2), CCD(No3) 모두 자기단 Trip 완료 후 상대단에 52b 전송

　　㉤ 결과적으로 고장구간은 분리되고 정전없이 운전되며 이 경우 Open loop system으로 전환됨을 알 수 있다.

5. 결론 및 향후 전망

(1) Close loop self-healing system은 해외에서도 적용하여 공급신뢰도 향상에 기여해 왔으며, 현재 국내에서는 세종시에 도입 적용하고 있으나 발주처에서 시설부담금 문제로 이견이 있다.

(2) 향후 고객측의 부담금이 협의가 잘 된다면 전력공급 신뢰도 향상의 일환으로 대도시 부하밀집지역, 중요 부하 등에도 확대 적용할 것으로 보인다.

(3) 신시스템과 신기술 및 설비를 현장 적용할 때는 확실한 현장검증을 토대로 신중한 평가를 시행한 후(왜냐하면 배전현장이 업체들의 시험장으로 난립하지 않게) 일방적이지 않게 고객측의 전기엔지니어와의 합의가 항상 필요할 것이다.

017 신배전 시스템의 하나인 FRIENDS(Flexible Reliable and Intelligent Electrical Energy Delivery System)의 특징과 기술적 과제에 대하여 설명하시오.

(data) 발송배전기술사 16-110-2-5 / 발송배전기술사 출제예상문제

답안 **1. 개념(정의)**

(1) FRIENDS이란 앞으로 배전계통에 도입이 예상되는 여러 장치를 이용하여 유연하게 계통구성을 바꾸면서 높은 신뢰성의 전력을 효율적으로 수송하도록 하는 한편, 규제완화 후에 고객이 요구할 수 있는 여러 사항에 대해서도 신속하게 대응할 수 있도록 일본과 미국을 중심으로 활발하게 연구개발되고 있는 시스템이다.

(2) 정지형 개폐기 및 분산정보처리에 의하여 평상시, 사고 시, 작업정전 시 등 필요에 따라 계통구성을 자유롭게 변화시킬 수 있는 '유연성', 다수의 변전소에서 수전, 분산전원, 전력저장설비를 이용한 무정전의 '고신뢰도 전력공급', 전력개발센터에 의해 전력의 질과 구입처를 고객이 자유롭게 선택할 수 있는 '멀티메뉴 서비스', '정보서비스 등', '고객서비스의 향상', '고도의 고객측 제어'를 실현하고자 하는 것이다.

2. FRIENDS의 특징

(1) 이 시스템의 특징적인 점은 다품질 전력공급(멀티메뉴 서비스)을 실현하기 위하여, 수용가 근처에 현재의 배전선의 한 구간에 상당하는 것으로서, 복수개의 고압 배전선에서 수전할 수 있는 '전력품질제어센터(power quality control center)'를 설치하는 것이다.

(2) 전력품질제어센터는 빌딩의 옥상이나 지하 등의 공간에 설치되며, 내부에서는 다양한 품질의 전력을 만들뿐만 아니라, 정지형 개폐기에 의한 고압측과 저압측 배전선의 유연한 접속변경이 가능하다.

(3) 이 시스템은 품질제어센터의 변압기에서 멀티메뉴방식으로 저압측 배전선에 전력을 공급하는 방식을 취하며, 또한 고압 배전선을 품질제어센터 내의 정지형 개폐기에 의하여 접속변경할 수 있으므로, 각 품질제어센터 내의 전력공급과 바이패스 등을 자유롭게 할 수 있다.

(4) 한편, 정보통신망(광케이블)으로 연결된 품질제어센터는 자기지역의 제어뿐만 아니라, 각종 수용가의 정보서비스를 위한 정보처리 및 정보교환센터로서의 역할도 담당한다.

PART 01
PART 02
PART 03
APPENDIX 부록

(5) 품질제어센터 내의 개폐기와 장치의 조작 및 수용가측 제어 등은 지점 등에 설치된 제어용 계산기와 배전용 변전소, 품질제어센터, 수용가의 소규모 계산기의 연계에 의하여 글로벌한 관점에서 수행된다.

(6) 물론, 동시에 이들 계산기의 연계에 의한 보호·제어도 수행될 수 있다. 이들 용도에 사용되는 데이터는 운용·보수·맵핑·요금계산 등 전력유통시스템의 관리·운용·제어를 통합한 데이터베이스에 의해 일원적인 관리로 수행된다.

(7) 또한, 고압 배전선과 품질제어센터의 보호를 위하여 필요한 개소에 고장검출용 장치가 설치되며, 상시 정보를 필요한 개소에 통신한다. 고장 시에는 인접한 품질제어센터의 정보를 참고로 하여, 부하를 정전시키지 않고 자율적으로 최적한 계통구성이 되도록 고장구간을 제외시킨다.

(8) 품질제어센터 내부에는 분산형 전원과 전력저장장치가 설치되며, 평상시에는 부하평준화 등의 에너지절약기능을 수행하며, 사고 시에는 공급의 신뢰성 향상설비로서 이용된다.

(9) 중심부를 향하여 교외에 있는 변전소에서 전력을 공급받는다.

(10) 네트워크가 반드시 격자상일 필요는 없으나, 품질제어센터는 정지형 개폐기의 접속변경에 의해 복수개의 변전소에서 전력을 공급받을 수 있어야 한다.

(11) 에너지자원의 한계성 극복

(12) 대도시의 전력수급문제의 해결

(13) 고신뢰·고품질의 전력서비스

(14) 전력시장의 자유화 및 개방에 따른 문제점 해결

(15) 비전기사업자(분산형 전원의 소유자)의 계통연계운전 참여가능

(16) 다양한 수요관리전략의 합리적 수행

3. FRIENDS의 기능실현에 필요한 기술적 과제

(1) 부하와 전원이 혼재하는 배전계통의 전력조류 감시, 해석 및 제어

(2) 전력설비열화의 감시, 진단 및 예지기술

(3) 수용가 정보네트워크에의 정보가공 및 처리

(4) 전력품질의 관리, 진단평가 및 향상기술

(5) 신뢰도 차등별 분배기술

(6) 인텔리전트형 배전설비의 운용기술

(7) 저장설비의 충·방전 에어/패키지형 전력전송기술

(8) 배전계통의 협조제어운용(자율분산배전제어)기술

(9) 지역전력 공급관리 제어센터 내의 Power conditioner의 다기능화 기술

(10) 분산형 전원의 계통연계운용기술

(11) EMS/SCADA/KODAS/ISU/수용가 정보네트워크 간의 정보처리/제어

memo

CHAPTER

02

배전선로의 전기적 특성

018 전기력선 밀도를 이용하여 대칭 정전계의 세기를 구하기 위한 법칙에 대하여 설명하시오.

data 발송배전기술사 17-111-1-11 / 발송배전기술사 출제예상문제

답안 **1. 전계와 전기력선의 관계 및 전기력선의 발산**

(1) 전기력선

전계의 세기와 방향을 직시적으로 이해하기 위해, 전기력이 작용하는 방향의 유선

(2) 전기력선의 밀도는 전계이다.

$$\lim_{\Delta S \to 0} \frac{\Delta N}{\Delta S} = \frac{dN}{dS} = E$$

(3) 전기력선의 수는 그 점에서의 ΔS를 무한히 적게 할 때의 전계 E와 같음을 의미한다.

2. 정전계(電界)의 세기(electric field intensity)를 위한 법칙

(1) 쿨롱법칙의 정의

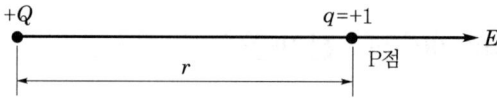

① P점에 $+Q$[C]이 있을 때 힘(쿨롱력)은 $F = \dfrac{Q^2}{4\pi\varepsilon r^2}$[N]이다.

② 단위정전하($+1$C)당의 힘을 전계의 세기라 한다.

③ 전하량이 $+Q$[C]인 점전하로부터 거리 r[m]인 위치에 $q=+1$C 단위 정전하가 놓여 있을 때 $q=+1$C에 작용하는 힘은 다음처럼 표현된다.

$$F' = \frac{Qq}{4\pi\varepsilon r^2} = \frac{Q \times 1}{4\pi\varepsilon r^2} = \frac{Q}{4\pi\varepsilon r^2} = \frac{F}{q} [\text{N/C}]$$

(2) 정전계(電界)의 세기(electric field intensity)를 위한 법칙과 그 특성

① 쿨롱력은 $+1\mathrm{C}$에 작용하는 힘이므로 이를 전계의 세기라 하고 E로 표시한다.

$$E = \frac{Q}{4\pi\varepsilon r^2} = 9 \times 10^9 \frac{Q}{\varepsilon_s r^2} = \frac{F}{q} \left[\frac{\mathrm{N}}{\mathrm{C}} = \frac{\mathrm{J}}{\mathrm{C} \cdot \mathrm{m}} = \frac{\mathrm{V}}{\mathrm{m}} \right]$$

② 정전계는 점전하에 의한 정전계의 세기는 전하량 Q에 비례하고, 유전율 ε에 반비례하며 거리 r의 제곱에 반비례한다.

③ 전계의 세기는 전계의 강도, 절연내력, 전위경도 또는 간단히 전계라고 부르기도 한다.

④ 특히 절연내력을 흔히 전압과 동일시하고 있는데 절연내력은 엄밀하게는 전계의 세기란 사실에 유의해야 한다.

⑤ 절연내력이란 단순히 전압의 크기가 아니라 어느 특정방향으로의 단위간격당 전위차인 전계의 세기와 같은 것이다.

019 변위전류 및 변위전류가 포함된 맥스웰방정식(암페어법칙)을 설명하시오.

(data) 발송배전기술사 23-130-1-4 / 발송배전기술사, 건축전기설비기술사 출제예상문제

답안 **1. 변위전류**

(1) 정의

유전체나 진공 등에 흐른다고 가상한 전속밀도의 시간적 변화율에 의한 전류

(2) 개념도

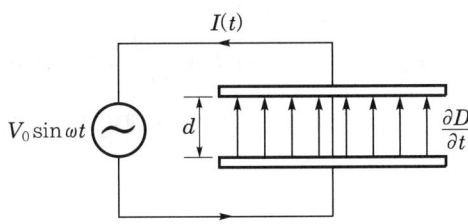

2. 변위전류가 포함된 맥스웰방정식(암페어법칙)

(1) 변위전류밀도

① $j_d = \dfrac{\partial D}{\partial t} = \varepsilon \dfrac{\partial E}{\partial t} \, [\mathrm{A/m^2}]$(순시치)

② 변위전류밀도란 전속밀도의 시간적 변화율을 의미한다.

(2) 미분형 전류연속의 법칙

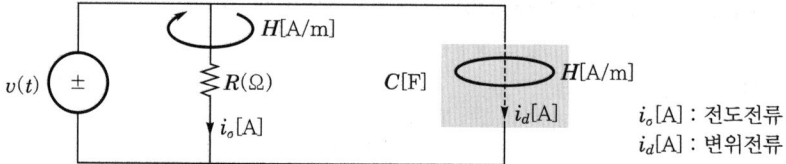

① $\mathrm{div}\, j = \nabla \cdot j = -\dfrac{\partial \rho}{\partial t}\,[\mathrm{C/m^3 \cdot s}]$

② $\nabla \cdot j + \dfrac{\partial \rho}{\partial t} = \nabla \cdot j + \nabla \cdot \dfrac{\partial \dot{D}}{\partial t} = \nabla \cdot \left(j + \dfrac{\partial \dot{D}}{\partial t} \right) = 0$

③ 전류밀도 $j\,[\mathrm{A/m^2}]$의 발산은 공간체적전하 $\rho\,[\mathrm{C/m^3}]$의 시간적 감소율과 같다.

(3) 미분형 암페어 법칙의 변형과 변위전류가 포함된 맥스웰방정식(암페어법칙)

① 도체의 암페어의 법칙 : $\dot{\nabla} \times \dot{H} = j_\sigma\,[\mathrm{A/m^2}]$

이 식의 의미는 전도전류(j_σ)에 의한 회전자계($\dot{\nabla} \times \dot{H}$)가 발생한다는 것이다.

② '①'은 벡터(벡터회전, 즉 rot)이며 이를 다시 발산(div)하면

$\nabla \cdot (\dot{\nabla} \times \dot{H}) = \dot{\nabla} \cdot j_\sigma = 0\,\mathrm{A/m^3}$로서 항상 '0'이다는 의미이다.

③ 공간체적전하 $\rho\,[\mathrm{C/m^3}]$의 시간적 감소가 있는 경우에는 위 식은 다음처럼 변형이 되어야 한다.

즉, $\nabla \cdot (\dot{\nabla} \times \dot{H}) = \nabla \cdot j_\sigma + \dfrac{\partial \rho}{\partial t} = \nabla \cdot \left(j_\sigma + \dfrac{\partial \dot{D}}{\partial t} \right) = 0$

$\therefore\ \dot{\nabla} \times \dot{H} = j_\sigma + \dfrac{\partial D}{\partial t} = \sigma E + \dfrac{\partial D}{\partial t} = j_\sigma\,(\text{전도전류밀도}) + j_d\,(\text{변위전류밀도})$

위 식을 '변위전류에 관한 맥스웰법칙'이라고 한다.

020 변위전류에 대하여 다음 물음에 답하시오.

1. 전도전류와 변위전류의 개념을 설명하시오.
2. 전력용 유입 콘덴서에 유전율이 2인 절연유에 인가된 전계가 $E = 200\sin\omega t [\text{V/m}]$ 콘덴서 내부에서 변위전류밀도$[\text{A/m}^2]$를 계산하시오.

data 발송배전기술사 17-111-2-5 / 발송배전기술사 출제예상문제

답안 **1. 전도전류와 변위전류의 개념**

(1) 변위전류밀도

$$j_d = \frac{\partial D}{\partial t} = \varepsilon \frac{\partial E}{\partial t} [\text{A/m}^2](순시치)$$

변위전류밀도란 전속밀도의 시간적 변화율을 의미한다.

즉, 유전체의 정전용량을 통해서 흐르는 충전전류가 곧 변위전류이다.

① 미분형 가우스의 법칙 : $\text{div}\dot{D} = \nabla \cdot \dot{D} = \rho[\text{C/m}^3]$

② 미분형 전류연속의 법칙

$$\text{div}j = \nabla \cdot j = -\frac{\partial \rho}{\partial t}[\text{C/m}^3 \cdot s]$$

$$\nabla \cdot j + \frac{\partial \rho}{\partial t} = \nabla \cdot j + \nabla \cdot \frac{\partial \dot{D}}{\partial t} = \nabla \cdot \left(j + \frac{\partial \dot{D}}{\partial t}\right) = 0$$

전류밀도 $j[\text{A/m}^2]$의 발산은 공간체적전하 $\rho[\text{C/m}^3]$의 시간적 감소율과 같다.

③ 세 벡터의 곱 : 임의 벡터 회전(rot)의 발산(div)은 항상 0이다.

$$\text{div}(\text{rot}\dot{H}) = \nabla \cdot (\dot{\nabla} \times \dot{H}) = 0$$

④ 미분형 암페어 법칙의 변형

㉠ 암페어의 법칙 : $\dot{\nabla} \times \dot{H} = j_\sigma[\text{A/m}^2]$

$$\nabla \cdot (\dot{\nabla} \times \dot{H}) = \dot{\nabla} \cdot j_\sigma = 0\text{A/m}^3$$

㉡ 그러나 공간체적전하 $\rho[\text{C/m}^3]$의 시간적 감소가 있는 경우에는 위 식은 다음처럼 변형되어야 한다.

$$\nabla \cdot (\dot{\nabla} \times \dot{H}) = \nabla \cdot j_\sigma + \frac{\partial \rho}{\partial t} = \nabla \cdot \left(j_\sigma + \frac{\partial \dot{D}}{\partial t}\right) = 0$$

ⓒ 이상에서 미분형 암페어의 법칙은 다음과 같이 수정되어야 하며 이를 변위
전류에 관한 맥스웰의 법칙이라 한다.

$$\dot{\nabla} \times \dot{H} = j_\sigma + \frac{\partial \dot{D}}{\partial t} = j_\sigma + j_d [\mathrm{A/m^2}]$$

⑤ 맥스웰의 변위전류밀도

ㄱ 전도전류밀도 : $j_\sigma = \sigma E [\mathrm{A/m^2}]$

ㄴ 변위전류밀도 : $j_d = \dfrac{\partial D}{\partial t} = \varepsilon \dfrac{\partial E}{\partial t} [\mathrm{A/m^2}]$

(2) 개념도

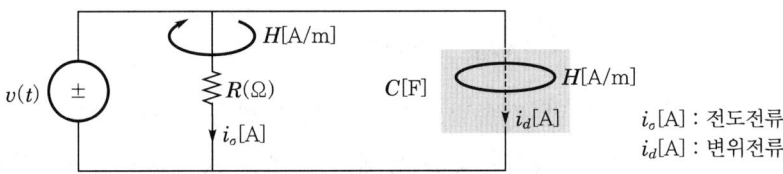

여기서, $v(t) = V_m \sin\omega t = \sqrt{2} \, V \sin\omega t$: 인가전압

$R[\Omega]$: 도전체 저항, $H[\mathrm{A/m}]$: 회전자계

$C = \dfrac{\varepsilon S}{d} [\mathrm{F}]$: 유전체(콘덴서) 정전용량(d : 간격, S : 극판면적)

$i_\sigma[\mathrm{A}]$: 전도전류(conductive current)(순시치)

$i_d[\mathrm{A}]$: 변위전류(displacement current)(순시치)

(3) 전도전류

① 순시치 : $i_\sigma(t) = \dfrac{v(t)}{R} = \dfrac{\sqrt{2}\,V}{R} \sin\omega t = \sqrt{2}\,I_\sigma \sin\omega t [\mathrm{A}]$

② 실효치 : $I_\sigma = \dfrac{V}{R} [\mathrm{A}]$

③ 전도전류밀도의 실효치

ㄱ $J_\sigma = \dfrac{I_\sigma}{S} = \dfrac{V}{RS} = \dfrac{V}{\dfrac{l}{\sigma S} \times S} = \dfrac{\sigma V}{l} = \sigma E_\sigma [\mathrm{A/m^2}]$

ㄴ $E_\sigma = \dfrac{V}{l} [\mathrm{V/m}]$: 도전체 부분의 전계의 세기

(4) 변위전류(충전전류)

① 순시치 : $i_d(t) = C \dfrac{dv(t)}{dt} = \sqrt{2}\,\omega CV \cos\omega t = \sqrt{2}\,I_d \cos\omega t [\mathrm{A}]$

② 실효치 : $I_d = \omega CV [\mathrm{A}]$

③ 변위전류밀도의 실효치

㉠ $J_d = \dfrac{I_d}{S} = \dfrac{\omega CV}{S} = \omega \dfrac{\varepsilon S}{d} \dfrac{V}{S} = \omega \varepsilon E_d = \omega D [\text{A/m}^2]$

㉡ $E_d = \dfrac{V}{d} [\text{V/m}]$: 유전체 부분의 전계의 세기

㉢ $D = \varepsilon E [\text{C/m}^2]$: 전속밀도

④ 변위전류밀도의 순시치

㉠ 유전체 양단의 전하량의 순시치를 $Q(t)$라 하면 변위전류의 순시치 $i_d(t)$는

$$i_d(t) = C\dfrac{dv(t)}{dt} = \dfrac{dQ(t)}{dt} = S\dfrac{dD(t)}{dt} [\text{A}]$$

㉡ 변위전류밀도(순시치)란 전속밀도의 시간적 변화율을 의미한다.

$$j_d(t) = \dfrac{i(t)}{S} = \dfrac{\partial D(t)}{\partial t} = \varepsilon \dfrac{\partial E(t)}{\partial t} [\text{A/m}^2]$$

2. 전력용 유입콘덴서의 변위전류밀도[A/m²] 산출

(1) 조건

① 유전율 : 2

② 인가 전계 : $E = 200 \sin\omega t [\text{V/m}]$

(2) 계산

$$j_d(t) = \dfrac{i(t)}{S} = \dfrac{\partial D(t)}{\partial t} = \varepsilon \dfrac{\partial E(t)}{\partial t}$$
$$= 2(200 \sin\omega t)' = 400 \cos \omega t [\text{A/m}^2]$$

021 $R=1\,\Omega$의 저항을 그림과 같이 무한히 연결할 때, ab 간의 합성저항을 구하시오.

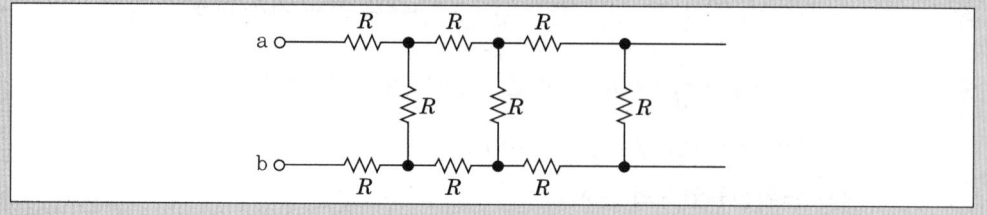

(data) 발송배전기술사 19-119-1-8 / 발송배전기술사 출제예상문제

답안 1. 3개의 R 외는 등가저항 R_e로 취급한 등가치환도

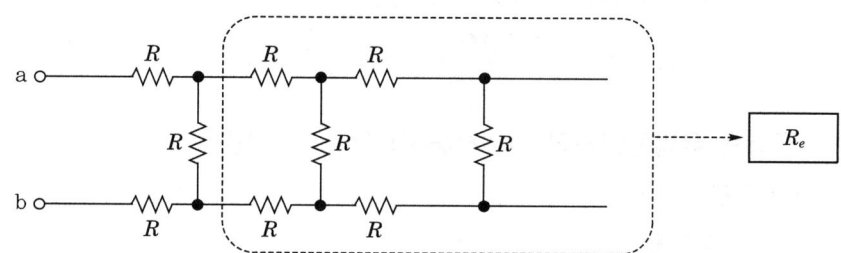

2. 합성저항 R_{ab}

(1) $R_{ab} = 2R + \left(\dfrac{R \times R_e}{R + R_e} \right)$ ··· 식 1)

(2) 무한연결이므로 $R_{ab} \fallingdotseq R_e$ ··· 식 2)

$\quad \therefore R_{ab}(R + R_{ab}) = 2R(R + R_{ab}) + RR_{ab}$

(3) $R_{ab}^2 - 2RR_{ab} - 2R^2 = 0$

$\quad \therefore R_{ab} = \dfrac{-B \pm \sqrt{B^2 - 4AC}}{2A} = R \pm \sqrt{R^2 + 2R^2} = R \pm R\sqrt{3}$

(4) $R = 1$을 대입하여 계산하면

$\quad \therefore R_{ab} = R \pm R\sqrt{3} = 1 \pm \sqrt{3}$

그런데 R값이 0보다 크므로 $R_{ab} = 1 + \sqrt{3}\,[\Omega]$

022 그림과 같은 회로에서 전류 I_L을 중첩의 원리를 이용하여 구하시오.

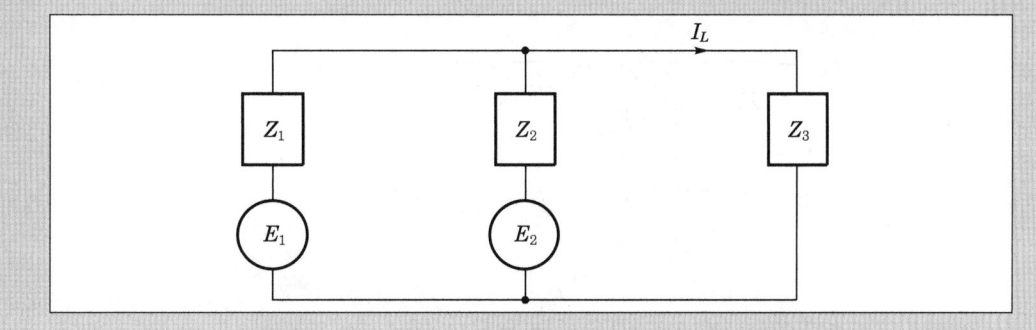

data 발송배전기술사 17-113-1-12 / 발송배전기술사 출제예상문제

답안 1. 정의

Principle of superposition란 중첩의 원리를 의미하며, 이는 다수의 기전력을 포함한 회로망 중 1회로의 전류는 각 기전력이 각각 단독으로 존재할 때 그 회로에 흘러드는 전류의 대수합과 같다는 원리이다.

2. 해석

(1) 입력 A일 때의 출력 C, 입력 B일 때 출력 D로 되는 회로망에 있어서, 입력이 $A+B$라면 출력이 $C+D$가 되는 경우에 중첩의 원리가 성립한다고 한다.

(2) 특히 회로이론에 있어서는 다수의 기전력을 포함하는 회로망의 각 부 전류는 각 기전력이 단독으로 인가된 때에 흐르는 전류를 중첩한 것과 같다.

(3) 해석 시는 전류원 개방, 전압원 단락

(4) 이 원리는 선형회로에 대해서만 성립한다.

(5) I_L을 중첩의 원리로 산출한다.

① 그림과 같은 회로망에서 E_1, E_2 두 기전력이 있을 경우 각각의 기전력만이 있는 회로를 중첩한 것이다.

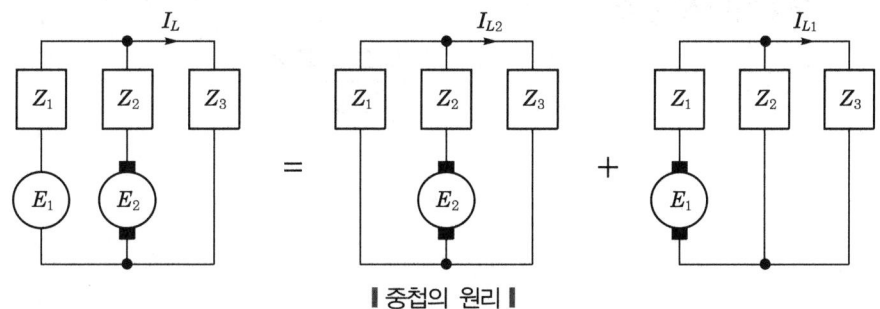

┃ 중첩의 원리 ┃

② 따라서, 부하 Z_3에 흐르는 전류 I_L은 각각의 기전력에 의한 I_2와 I_1의 합이다.

$$I_{L1} = \cfrac{E_1}{Z_1 + \cfrac{Z_2 Z_3}{Z_2 + Z_3}} \times \cfrac{Z_2}{Z_2 + Z_3}$$

$$I_{L2} = \cfrac{E_2}{Z_2 + \cfrac{Z_1 Z_3}{Z_1 + Z_3}} \times \cfrac{Z_1}{Z_1 + Z_3}$$

$$I_L = I_{L1} + I_{L2} = \cfrac{E_1}{Z_1 + \cfrac{Z_2 Z_3}{Z_2 + Z_3}} \times \cfrac{Z_2}{Z_2 + Z_3} + \cfrac{E_2}{Z_2 + \cfrac{Z_1 Z_3}{Z_1 + Z_3}} \times \cfrac{Z_1}{Z_1 + Z_3}$$

$$= \frac{Z_2 E_1 + Z_1 E_2}{Z_1 Z_2 + Z_2 Z_3 + Z_3 Z_1}$$

023 그림과 같은 회로에서 전류 I_L을 밀만의 정리에 의해 구하시오.

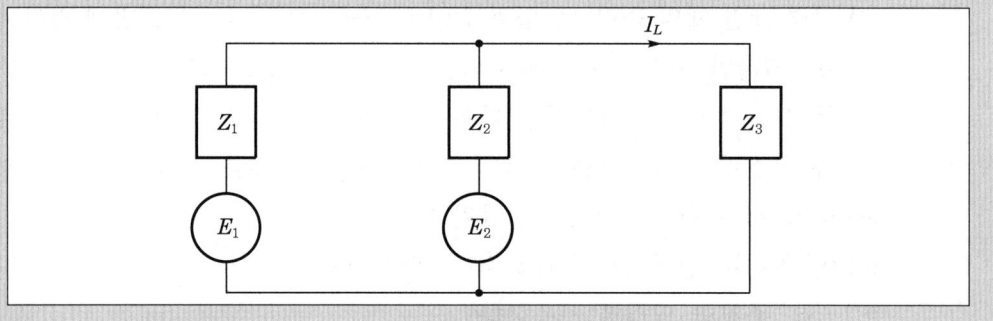

(data) 발송배전기술사 18-116-1-1 / 발송배전기술사 출제예상문제

(답안) 1. 어드미턴스 산출

$$\sum Y_K = \frac{1}{Z_1} + \frac{1}{Z_2} + \frac{1}{Z_3} = \frac{Z_1 Z_2 + Z_2 Z_3 + Z_3 Z_1}{Z_1 Z_2 Z_3}$$

2. 밀만의 정리에 의한 걸리는 전압 및 전류 산출

(1) 전압 산출

$$E = \frac{\sum_{K=1}^{n} Y_K V_K}{\sum_{K=1}^{n} Y_K}$$

① $\displaystyle\sum_{K=1}^{n} Y_K V_K = \left(\frac{1}{Z_1} E_1\right) + \left(\frac{1}{Z_2} E_2\right) + \left(\frac{1}{Z_3} \times 0\right) = \frac{E_1}{Z_1} + \frac{E_2}{Z_2} = \frac{Z_2 E_1 + Z_1 E_2}{Z_1 Z_2}$

② $\displaystyle\sum Y_K = \frac{1}{Z_1} + \frac{1}{Z_2} + \frac{1}{Z_3} = \frac{Z_1 Z_2 + Z_2 Z_3 + Z_3 Z_1}{Z_1 Z_2 Z_3}$

∴ $E = \left(\dfrac{Z_2 E_1 + Z_1 E_2}{Z_1 Z_2}\right) \Big/ \left(\dfrac{Z_1 Z_2 + Z_2 Z_3 + Z_3 Z_1}{Z_1 Z_2 Z_3}\right) = \dfrac{Z_2 Z_3 E_1 + Z_1 Z_3 E_2}{Z_1 Z_2 + Z_2 Z_3 + Z_3 Z_1}$

(2) 전류 산출

$$I_L = \frac{E}{Z_3} = \frac{Z_2 E_1 + Z_1 E_2}{Z_1 Z_2 + Z_2 Z_3 + Z_3 Z_1}$$

---

024 전원 내부임피던스 및 부하임피던스가 아래와 같을 경우 각각의 최대 전력전달조건과 최대 전력을 구하시오.

구분	전원 내부임피던스	부하임피던스
1)	R_g	R_L
2)	$R_g + jX_g$	R_L
3)	$R_g + jX_g$	$R_L + jX_L$

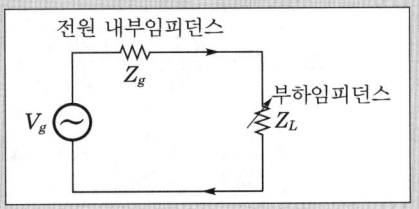

data 발송배전기술사 22-126-1-10 / 발송배전기술사 출제예상문제

답안 1. 전원 내부임피던스가 R_g이고 부하임피던스가 R_L인 경우의 최대 전력전달조건과 최대 전력

(1) 전류 $I = \dfrac{V_g}{R_g + R_L}$

(2) 부하전력 $P_L = \left(\dfrac{V_g}{R_g + R_L}\right)^2 R_L$ .... 식 1)

(3) 따라서, R_L을 변화시켜 최대 전력을 얻으려면 식 1)을 R_L로 미분하여 값이 '0'일 때이다.

즉, $\dfrac{dP_L}{dR_L} = \dfrac{V_g^2(R_g+R_L)^2 - 2R_L(R_g+R_L)V_g^2}{(R_g+R_L)^4}$

∴ 분자인 값이 0이 되어야 하므로 $(R_g+R_L)^2 - 2R_L(R_g+R_L) = 0$에서

$(R_g+R_L) - 2R_L = 0$

(4) $R_g = R_L$

부하저항=내부저항일 때 최대 전력의 출력이다.

(5) 이 경우의 최대 전력전달조건은 $R_g = R_L$일 때이다.

(6) 이때, 최대 출력은 $P_L = \left(\dfrac{V_g}{R_g+R_L}\right)^2 R_L = \left(\dfrac{V_g}{R_L+R_L}\right)^2 R_L = \dfrac{V_g^2}{4R_L}$

2. 내부임피던스가 $R_g + jX_g$이고 부하임피던스가 R_L인 경우 최대 전력전달조건과 최대 전력

(1) 부하전력 $P_L = I_L^2 R_L = \left(\dfrac{V_g}{\sqrt{(R_g+R_L)^2 + X_g^2}}\right)^2 \cdot R_L = \dfrac{V_g^2 \cdot R_L}{(R_g+R_L)^2 + X_g^2}$

(2) 변수인 R_L을 분모 A로 통일하면

$A = \dfrac{R_g^2 + 2R_gR_L + R_L^2}{R_L} + \dfrac{X_g^2}{R_L} = \dfrac{R_g^2}{R_L} + 2R_g + R_L + \dfrac{X_g^2}{R_L}$

(3) 미분 $\dfrac{dA}{dR_L} = -\left(\dfrac{R_g}{R_L}\right)^2 + 1 - \left(\dfrac{X_g}{R_L}\right)^2 = 0$

$\left(\dfrac{R_g}{R_L}\right)^2 + \left(\dfrac{X_g}{R_L}\right)^2 = 1 \rightarrow R_g^2 + X_g^2 = R_L^2$

∴ 이 경우의 최대 전력전달조건은 $R_L = \sqrt{R_g^2 + X_g^2}$일 때이다.

(4) 따라서, $P_L = I_L^2 R_L = \dfrac{R_L V_g^2}{(R_g+R_L)^2 + X_g^2}$에 대입하면 최대 전력이 산정된다.

(5) 이때 최대 출력은

$P_L = I_L^2 R_L = \dfrac{R_L V_g^2}{(R_g+R_L)^2 + X_g^2} = \dfrac{R_L V_g^2}{R_g^2 + 2R_gR_L + R_L^2 + X_g^2}$

$= \dfrac{V_g^2}{2R_g + 2R_L} = \dfrac{V}{2(R_g + \sqrt{R_g^2 + X_g^2})}$

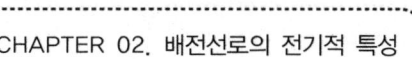

3. 전원 내부임피던스가 $R_g + jX_g$이고 부하임피던스가 $R_L + jX_L$인 경우의 최대 전력
전달조건과 최대 전력

(1) 부하전력

$$P_L = I_L{}^2 R_L = \left(\frac{V_g}{\sqrt{(R_g + R_L)^2 + (X_g + X_L)^2}} \right)^2 \cdot R_L$$

$$= \frac{V_g{}^2 \cdot R_L}{(R_g + R_L)^2 + (X_g + X_L)^2}$$

(2) 위 식에서 분모를 A로 정한다.

$$A = \frac{(R_g + R_L)^2 + (X_g + X_L)^2}{R_L} = \frac{R_g{}^2}{R_L} + 2R_g + R_L + \frac{(X_g + X_L)^2}{R_L}$$

(3) 이 경우의 최대 전력전달조건은 변수가 R_L, X_L 2개이므로 각각을 편미분하여
0이 되는 조건이다.

① $\dfrac{\partial A}{\partial R_L} = -\dfrac{R_g{}^2}{R_L{}^2} + 1 = 0$

$\therefore R_L = R_g$

② $\dfrac{\partial A}{\partial X_L} = 2(X_g + X_L)/R_L = 0$

$\therefore X_g = -X_L$, 즉 공액관계

(4) 최대 전력

$$P_L = I_L{}^2 R_L = \left(\frac{V_g}{\sqrt{(R_g + R_L)^2 + (X_g + X_L)^2}} \right)^2 \cdot R_L$$

$$= \frac{V_g{}^2 \cdot R_L}{(R_L + R_L)^2 + (X_g - X_g)^2} = \frac{V_g{}^2}{4R_L{}^2}$$

025 3상 평형회로 각 상의 선로임피던스가 Z_L, 각 상의 부하임피던스(Y결선)가 Z이다. 3상 전원 V_a, V_b, V_c에 불평형전압이 나타날 때, 다음 경우에서 a상 선로에 흐르는 선전류 I_a를 구하시오. (단, 전원측과 부하측은 Y결선임)

1. 중성점이 접지되어 있고, 접지임피던스가 Z_n인 경우
2. 중성점이 비접지인 경우

data 발송배전기술사 18-115-2-4 / 발송배전기술사 출제예상문제

답안 1. 중성점이 접지되어 있고, 접지임피던스가 Z_n인 경우의 선전류 I_a

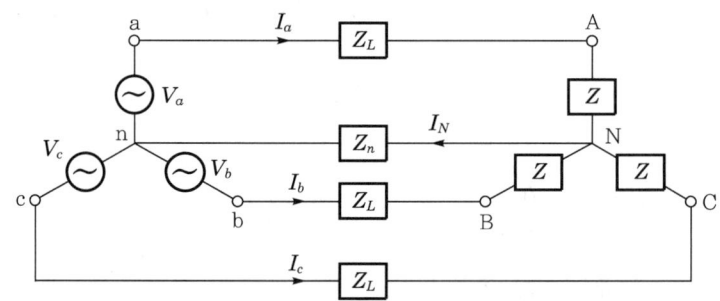

∎ 중성점이 접지되어 있고, 접지임피던스가 Z_n인 회로도 ∎

(1) 키르히호프 제1법칙 이용

① 중성점의 전류 : $-I_a - I_b - I_c + I_N = I_a + I_b + I_c - I_N = 0$

② $(V_a - V_n)Y_a + (V_b - V_n)Y_b + (V_c - V_n)Y_c - Y_n V_n = 0$

(2) 밀만의 정리를 이용하여 V_n 산출

$$V_n = \frac{\sum Y_K V_K}{\sum Y_K} = \frac{Y_a V_a + Y_b V_b + Y_c V_c + Y_n V_n}{Y_a + Y_b + Y_c + Y_n}$$

$$= \frac{\dfrac{V_a}{Z+Z_L} + \dfrac{V_b}{Z+Z_L} + \dfrac{V_c}{Z+Z_L} + \dfrac{0}{Z_n}}{\dfrac{1}{Z+Z_L} + \dfrac{1}{Z+Z_L} + \dfrac{1}{Z+Z_L} + \dfrac{1}{Z_n}}$$

(3) 선전류 I_a 산출

$$I_a = Y_a(V_a - V_n)$$

$$= \left(\frac{1}{Z+Z_L}\right)\left[V_a - \frac{\dfrac{V_a}{Z+Z_L} + \dfrac{V_b}{Z+Z_L} + \dfrac{V_c}{Z+Z_L} + \dfrac{0}{Z_n}}{\dfrac{1}{Z+Z_L} + \dfrac{1}{Z+Z_L} + \dfrac{1}{Z+Z_L} + \dfrac{1}{Z_n}}\right]$$

$$= \left(\frac{V_a}{Z+Z_L}\right) - \left[\frac{V_a + V_b + V_c}{\dfrac{3}{Z+Z_L} + \dfrac{1}{Z_n}}\right]$$

2. 중성점이 비접지인 경우의 선전류 I_a

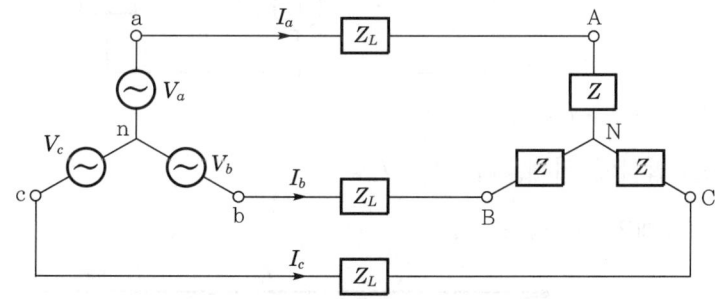

‖ 중성점이 비접지인 경우의 회로도 ‖

(1) 키르히호프 제1법칙 이용

① 중성점의 전류 : $-I_a - I_b - I_c = 0 \rightarrow I_a + I_b + I_c = 0$

② $(V_a - V_n)Y_a + (V_b - V_n)Y_b + (V_c - V_n)Y_c = 0$

(2) 밀만의 정리를 이용하여 V_n 산출

$$V_n = \frac{\sum Y_K V_K}{\sum Y_K} = \frac{Y_a V_a + Y_b V_b + Y_c V_c}{Y_a + Y_b + Y_c}$$

$$= \frac{\dfrac{V_a}{Z+Z_L} + \dfrac{V_b}{Z+Z_L} + \dfrac{V_c}{Z+Z_L}}{\dfrac{1}{Z+Z_L} + \dfrac{1}{Z+Z_L} + \dfrac{1}{Z+Z_L}} = \frac{1}{3}(V_a + V_b + V_c)$$

(3) 선전류 I_a 산출

$$I_a = Y_a(V_a - V_n) = \left(\frac{1}{Z+Z_L}\right)\left\{V_a - \frac{1}{3}(V_a + V_b + V_c)\right\}$$

$$= \frac{1}{3}\left(\frac{1}{Z+Z_L}\right)\{2V_a - (V_b + V_c)\}$$

026 3전류계법으로 단상 전력을 측정하는 방법을 설명하시오.

data 발송배전기술사 19-118-1-8 / 발송배전기술사 출제예상문제

답안 3전류계법에 의한 단상 전력 측정

(1) 등가회로

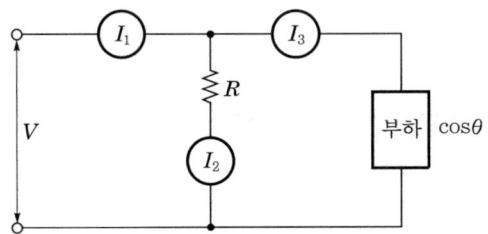

(2) $P = V \cdot I_3 \cdot \cos\theta$, $V = I_2 \cdot R$

(3) KCL법칙에 의해, $\dot{I_1} = \dot{I_2} + \dot{I_3}$

(4) 3전류계의 Vector도

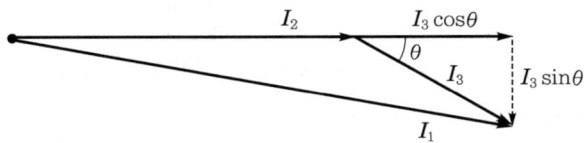

(5) Vector도에 의한 전류관계로 역률 산출

① $I_1{}^2 = (I_2 + I_3\cos\theta)^2 + (I_3\sin\theta)^2$

$\quad = I_2{}^2 + 2I_2I_3\cos\theta + (I_3\sin\theta)^2 + (I_3\cos\theta)^2$

$\quad = I_2{}^2 + 2I_2I_3\cos\theta + I_3{}^2$

② $\cos\theta = \dfrac{I_1{}^2 - I_2{}^2 - I_3{}^2}{2I_2I_3}$

(6) 전력 $P = V I_3\cos\theta = (I_2 R) \cdot I_3 \left(\dfrac{I_1{}^2 - I_2{}^2 - I_3{}^2}{2I_2I_3} \right) = \dfrac{R(I_1{}^2 - I_2{}^2 - I_3{}^2)}{2}$

(7) 의미

3개의 전류계로 단상 전력을 측정할 수 있다.

reference

3전압계법에 의한 단상 전력 측정

(1) 등가회로

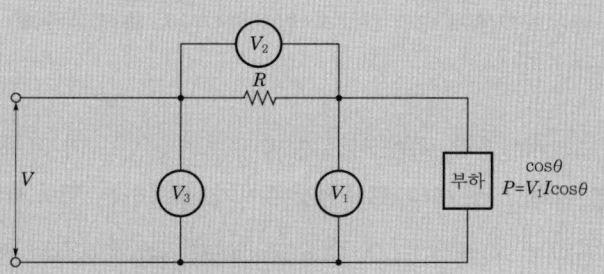

V_3 : 공급전압,　V_1 : 부하에 걸리는 전압,　V_2 : 저항 R의 인가전압

(2) $V_1 = V_2 + V_3$

(3) 3전압계의 Vector도

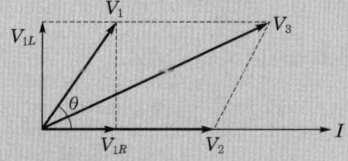

$V_{1L} = V_1 \sin\theta$
$V_{1R} = V_1 \cos\theta$

(4) Vector도에 의한 전압관계로 역률 산출

① $V_3{}^2 = (V_2 + V_1\cos\theta)^2 + (V_1\sin\theta)^2$

$= V_2{}^2 + 2V_1 V_2\cos\theta + (V_1)^2(\cos^2\theta + \sin^2\theta)$

$= V_2{}^2 + V_1{}^2 + 2V_1 V_2\cos\theta$

② $\cos\theta = \dfrac{V_3{}^2 - V_2{}^2 - V_1{}^2}{2V_1 V_2}$

(5) $P = V_1 \cdot I \cdot \cos\theta = V_1 \cdot \left(\dfrac{V_2}{R}\right) \cdot \dfrac{V_3{}^2 - V_2{}^2 - V_1{}^2}{2V_1 V_2} = \dfrac{1}{2R}(V_3{}^2 - V_2{}^2 - V_1{}^2)$

(6) 의미

3개의 전압계로 단상 전력을 측정할 수 있다.

comment 2024년도 산업안전지도사 전기부분 2차 시험에 출제되었다.

027 회로에서 직렬공진과 병렬공진에 대하여 설명하시오.

data 발송배전기술사 18-116-1-5 / 발송배전기술사 출제예상문제

답안 **1. 정의**

교류회로에서 L과 C는 서로 에너지를 주고받으며 고유진동주파수로 진동을 하게 되는데 이때 L과 C의 고유진동주기가 일치하는 점에서 임피던스가 크게 변화하면서 전압이나 전류가 크게 진동을 일으키는 현상이다.

2. 직렬 및 병렬 공진

(1) 공진주파수

① L성분과 C성분의 고유진동주기가 일치하는 점에서 공진을 일으키며 이때의 주파수를 공진주파수라 한다.

② $X_L = X_C$인 점에서 공진이 발생한다.

따라서, $2\pi fL = \dfrac{1}{2\pi fC}$ 에서 $f_r = \dfrac{1}{2\pi\sqrt{LC}}$ 이 된다.

(2) 적용 예

① **직렬공진현상의 적용** : 고장전류제한기에 적용시켜 직렬공진 시 임피던스가 0에 가깝게 되어 계통의 연계기능을 갖게 한다.

② **병렬공진현상의 적용** : 고장전류제한기에 적용시켜 병렬공진 시 임피던스가 무한대에 가깝게 되어 고장전류를 제한하는 기능을 갖게 한다.

(3) 특성

① 교류회로에서 공진발생 시 전압과 전류는 동상이며 역률은 1이다.

② 직렬공진

ㄱ 임피던스는 최소

ㄴ 전류는 최대

③ 병렬공진

ㄱ 임피던스는 최대

ㄴ 전류는 최소

3. 직렬 및 병렬 공진의 비교

직렬공진	병렬공진
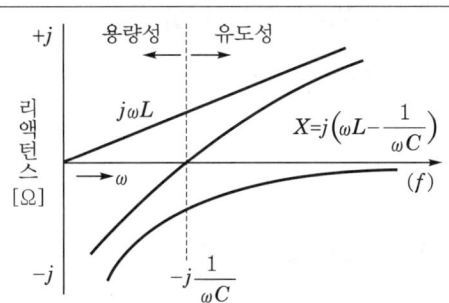	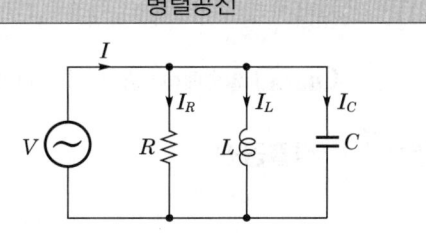
회로의 Z, Y : $Z = R + j\left(\omega L - \dfrac{1}{\omega C}\right)$	회로의 Z, Y : $Y = \dfrac{1}{R} + j\left(\omega C - \dfrac{1}{\omega L}\right)$
$\dot{V} = \dot{V_R} + \dot{V_L} + \dot{V_C} = \dot{I}\left(R + j\omega L - \dfrac{1}{j\omega C}\right)$	$\dot{I} = \dot{I_R} + \dot{I_L} + \dot{I_C} = \left\{\dfrac{1}{R} + j\left(\dfrac{1}{X_C} - \dfrac{1}{X_L}\right)\right\}\dot{V}$
$Z = R + j\left(\omega L - \dfrac{1}{\omega C}\right)$에서 공진 시 리액턴스 성분이 0이 되므로 $Z = R$만의 회로 즉, $Z_r = R$(최소)	$Y = \dfrac{I}{V} = \dfrac{1}{R} + j\left(\omega C - \dfrac{1}{\omega L}\right) = G + jB$에서 공진 시 $Y = G$만의 회로가 된다. 즉, $Y_r = \dfrac{1}{R}$ (최소)
이때, 임피던스는 최소, 회로의 전류는 최대가 됨 즉, 공진전류 $I_r = \dfrac{E}{Z_r} = \dfrac{E}{R}$(최대)	이때, 어드미턴스는 최소(임피던스는 최대), 회로의 전류는 최소 즉, $I_r = Y_r E = \dfrac{E}{R}$ (최소)
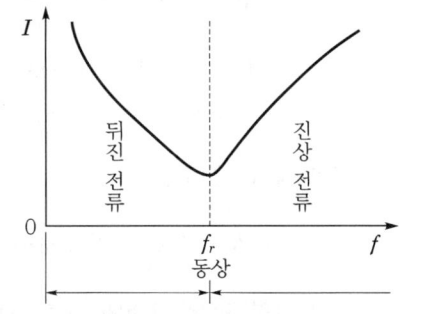 ▎ R, L, C 직렬회로의 합성리액턴스 그래프 ▎	▎ R, L, C 병렬회로의 전류와 주파수 관계 그래프 ▎
공진조건 : $\omega_r L = \dfrac{1}{\omega_r C}$	공진조건 : $\omega_r C = \dfrac{1}{\omega_r L}$
공진주파수 : $f_r = \dfrac{1}{2\pi\sqrt{LC}}$	공진주파수 : $f_r = \dfrac{1}{2\pi\sqrt{LC}}$
직렬공진 시 선택도 $Q = \dfrac{\omega_r}{\omega_2 - \omega_1} = \dfrac{\omega_r L}{R} = \dfrac{1}{\omega_r CR} = \dfrac{1}{R}\sqrt{\dfrac{C}{L}}$	병렬공진 시 선택도 $Q = \dfrac{\omega_r}{\omega_2 - \omega_1} = \dfrac{R}{\omega_r L} = \omega_r CR = R\sqrt{\dfrac{C}{L}}$

028 $R-L-C$ 회로의 직렬공진과 병렬공진을 설명하시오.

data 발송배전기술사 23-130-2-5 / 발송배전기술사 출제예상문제

답안 **1. 직렬공진**

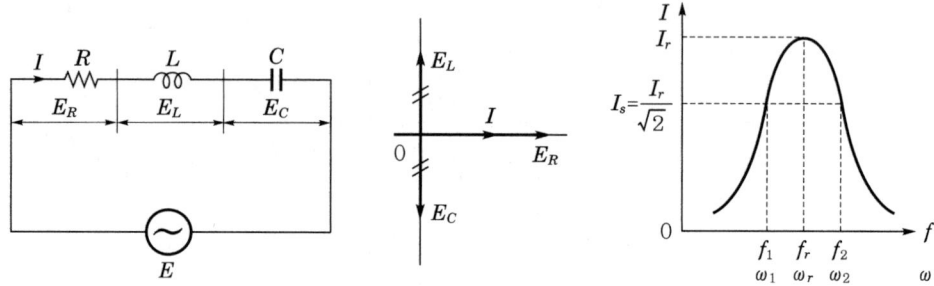

‖ $R-L-C$ 회로의 직렬공진의 회로도와 벡터도 및 공진주파수 ‖

(1) 정의

① $Z = R + j(X_L - X_C)$이다.

② 리액턴스 성분 X가 최소일 때 Impedance가 최소가 된다.

③ $X_L = \omega L$, $X_C = \dfrac{1}{\omega C}$이며, $X_L = X_C$일 경우를 말한다.

④ $R-L-C$ 직렬회로의 임피던스 허수부가 0되어 전압과 전류가 동위상되는 현상을 직렬공진이라 한다.

(2) 직렬공진조건

$Z = R + j(X_L - X_C)$에서 $X_L = X_C$이므로 $\omega L = \dfrac{1}{\omega C}$

(3) 직렬공진주파수와 공진 시의 전류

① 공진주파수 : $X_L = 2\pi f L = \dfrac{1}{2\pi f C}$에서 공진주파수 $f = \dfrac{1}{2\pi \sqrt{LC}}$이다.

② 공진주파수의 적용 의미

ⓐ 공진주파수가 f_0일 때 L 또는 C의 전압 E_L, E_C는 전원전압의 Q배가 된다. 여기서, Q는 첨예도이다.

ⓑ 직렬공진 시에는 최대 전류가 흐름을 의미한다.

ⓒ 이때, 전류는 공진전류로서, $I_r = \dfrac{E}{Z_r} = \dfrac{E}{R}$ (최대)이다.

(4) 직렬공진 시 선택도

$$Q = \frac{\omega_r}{\omega_2 - \omega_1} = \frac{\omega_r L}{R} = \frac{1}{\omega_r CR} = \frac{1}{R}\sqrt{\frac{L}{C}}$$

(5) 직렬공진 시의 전압 확대율

① 직렬공진 시 임피던스가 최소로 L, C에 과전압이 발생하는데, 이것과 R의 전압과의 비를 말한다.

② 리액터 전압 확대율 : $Q_L = \dfrac{E_L}{E} = \dfrac{\omega L I}{I_r R} = \dfrac{\omega L}{R} = \dfrac{\frac{1}{\sqrt{LC}} \times L}{R} = \dfrac{1}{R}\sqrt{\dfrac{L}{C}}$

③ 콘덴서 전압 확대율 : $Q_C = \dfrac{E_C}{E} = \dfrac{\frac{1}{\omega_r C} \times I_r}{I_r R} = \dfrac{1}{\omega_r CR} = \dfrac{1}{R}\sqrt{\dfrac{L}{C}} = Q_L$

(6) 직렬공진 적용 예

① 차농기 공진(SSR)

② 콘덴서 직렬회로 공진

③ 철공진(직렬 및 병렬)

④ 접지계통 공진

⑤ 고조파 필터

⑥ 재단서지

⑦ 등전위본딩 공진

2. $R-L-C$ 병렬공진

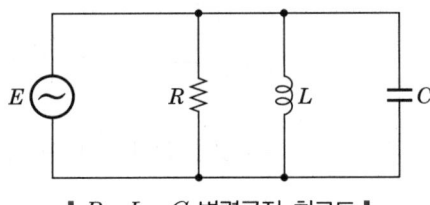

▌$R-L-C$ 병렬공진 회로도 ▌

(1) 어드미턴스

$$Y = \frac{1}{R} + j\left(\omega C - \frac{1}{\omega L}\right)$$

(2) 공진조건

$\omega C = \dfrac{1}{\omega L}$ 에서 $\omega = \dfrac{1}{\sqrt{LC}}$ 이므로 공진주파수는 $f_r = \dfrac{1}{2\pi\sqrt{LC}}$

(3) $R-L-C$ 병렬공진의 전류공진 양호도(Q)

① $Q_L = \dfrac{I_L}{I(\text{공진 시 전류})} = \dfrac{\dfrac{E}{\omega L}}{\dfrac{E}{R}} = \dfrac{R}{\omega L}$

② $Q_L = \dfrac{I_C}{I(\text{공진 시 전류})} = \dfrac{\omega CE}{\dfrac{E}{R}} = \omega CR$

③ $Q^2 = Q_L \cdot Q_C = \dfrac{R}{\omega L} \cdot \omega CR = \dfrac{R^2 C}{L}$

$\therefore \ Q = R\sqrt{\dfrac{C}{L}}$

(4) 병렬공진 시 선택도

$Q = \dfrac{\omega_r}{\omega_2 - \omega_1} = \dfrac{R}{\omega_r L} = \omega_r CR = R\sqrt{\dfrac{C}{L}}$

'(3)'과 동일한 결과이다.

(5) $R-L-C$ 병렬공진 시 공진곡선과 특성

① 공진곡선 : 병렬공진 시는 회로 어드미턴스가 최소가 되므로 일정 전압하에서 전전류 I에 따른 공진곡선을 나타내면 다음 그림과 같다.

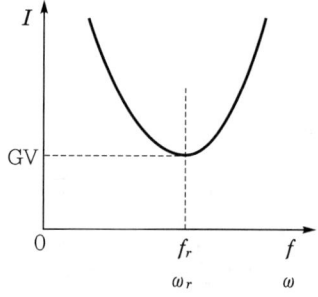

┃병렬공진 시의 공진곡선┃

② 위 그림과 같이 $f = f_r$에서 전류 I는 최소가 되므로 병렬공진을 반공진(反共振)이라고도 한다.

③ 병렬공진 시는 전류가 최소, 병렬회로전압이 일정하여 전류 확대율이 발생되는 전류공진, 즉 반공진으로 해석한다.

(6) 병렬공진현상의 적용

고장전류 제한기에 적용시켜 병렬공진 시 임피던스가 무한대에 가깝게 되어 고장전류를 제한하는 기능을 갖게 한다.

3. $RL-C$ 병렬공진

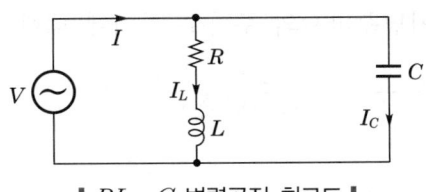

‖ $RL-C$ 병렬공진 회로도 ‖

(1) $RL-C$ 병렬공진 어드미턴스

$$Y = \frac{R-j\omega L}{R^2+(\omega L)^2} + j\omega C = \frac{R}{R^2+(\omega L)^2} + j\left[\omega C - \frac{\omega L}{R^2+(\omega L)^2}\right]$$

(2) $RL-C$ 병렬공진조건

① 어드미턴스의 허수부가 0이고, 전류가 최소일 경우

② 허수부 $\left[\omega C = \dfrac{\omega L}{R^2+(\omega L)^2}\right]$ 에서 $\omega_r = \sqrt{\dfrac{1}{LC} - \left(\dfrac{R}{L}\right)^2}$ 인데 루트 안의 값은

미소하여 무시하면 $\omega_r = \sqrt{\dfrac{1}{LC}}$ 이 된다.

(3) $RL-C$ 병렬공진 시 임피던스$(\omega L \gg R)$

$$Z = \frac{R^2+(\omega L)^2}{R} = \frac{\omega^2 L^2}{R} = \frac{\left(\dfrac{1}{\sqrt{LC}}\right)^2 \times L^2}{R} = \frac{1}{R} \times \frac{L}{C}$$

(4) $RL-C$ 병렬공진 시 전류$(I_a,\ I_L,\ I_C)$

$$I_a = \frac{V}{Z_a} = \frac{V}{\dfrac{1}{R} \times \dfrac{L}{C}} = \frac{RC}{L}V$$

$$I_L = \frac{V}{\omega_r L} \quad (\because\ R\text{은 미소하여 무시})$$

$$I_C = \omega_r C V$$

(5) 전류 확대율(선택도, 첨예도, 양호도)

$$Q_L = \frac{I_L}{I_a} = \frac{\dfrac{V}{\omega_r L}}{\dfrac{CRV}{L}} = \frac{\omega_r L}{R} = \frac{1}{\omega_r CR} = \frac{1}{R}\sqrt{\frac{L}{C}}\ -\ \text{직렬공진과 동일함}$$

① 직렬공진 시는 전류가 최대, 회로 통과전류가 일정하여 전압 확대율이 발생되는 전압공진으로 해석한다.

② 병렬공진 시는 전류가 최소, 병렬회로전압이 일정하여 전류 확대율이 발생되는 전류공진, 즉 반공진으로 해석한다.

963

(6) 첨예도

① **정의** : 차단주파수의 주파수 차이에 대한 공진주파수의 비율

② $S = \dfrac{f_1}{f_2 - f_1} = \dfrac{f_r}{\Delta f(\text{대역폭})}$

③ 의미

　㉠ 병렬공진 시 전력의 50%가 되는 전력을 전달할 수 있는 주파수 영역

　㉡ $I_r^2 R \times \dfrac{1}{2} = \left(\dfrac{I}{\sqrt{2}}\right)^2 R$ 이므로 전류가 $\dfrac{I_r}{\sqrt{2}}$ 되는 주파수 영역에서 전력전달

　　이 비교적 양호하게 이루어진다.

　㉢ 이것은 Filter의 지능을 표현하는 값으로서, 병렬공진의 첨예도를 나타낸

　　것이다.

④ **첨예도와 양호도의 관계**

　㉠ 첨예도와 양호도는 동일값으로 사용된다.

　㉡ $Q = S = \dfrac{f_1}{f_2 - f_1} = \dfrac{f_r}{\Delta f(\text{대역폭})} = \dfrac{\omega_r L}{R} = \dfrac{1}{\omega_r CR}$

(7) $RL - C$ 병렬공진의 회로에서 임피던스값 산출

comment 이것 자체로도 배점 10점용 기출이다.

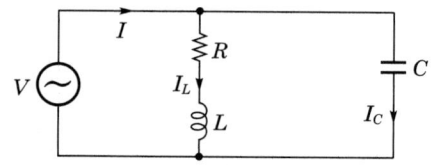

① $Y = \dfrac{R - j\omega L}{R^2 + (\omega L)^2} + j\omega C = \dfrac{R}{R^2 + (\omega L)^2} + j\left[\omega C - \dfrac{\omega L}{R^2 + (\omega L)^2}\right]$ 에서 병렬공진

시 허수부가 없다.

　∴ $Y = \dfrac{R}{R^2 + (\omega L)^2}$

② $\omega C = \dfrac{\omega L}{R^2 + (\omega L)^2}$ 에서 $C = \dfrac{L}{R^2 + (\omega L)^2}$ 이다.

　따라서, $R^2 + (\omega L)^2 = \dfrac{L}{C}$

③ $Y = \dfrac{R}{R^2 + (\omega L)^2} = \dfrac{R}{\dfrac{L}{C}} = \dfrac{RC}{L}$

④ $Z = \dfrac{1}{Y} = \dfrac{L}{RC}\,[\Omega]$

4. 직렬 및 병렬 공진의 비교

Chapter 02 - 문제 027의 답안 '3.' 내용을 참조한다.

029 아래 그림과 같은 L만의 회로와 C만의 회로에서 전압($v = V_m \sin\omega t$)을 가하였을 때 다음을 설명하시오.

1. 각 회로의 전압, 전류의 위상관계 및 특징
2. 각 회로의 전압, 전류의 실효치의 비

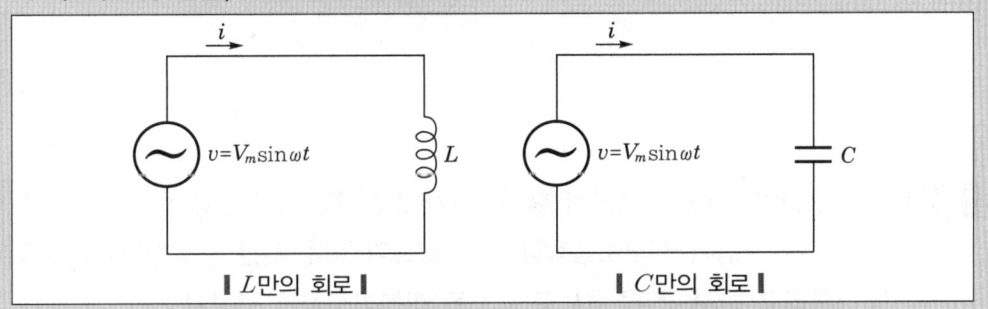

| L만의 회로 | | C만의 회로 |

(data) 발송배전기술사 23-130-1-3 / 발송배전기술사 출제예상문제

(comment) 2가지 요소에 대한 비교문제는 표로 작성하는 기법을 활용하면 고득점 획득이 가능하다.

답안

구분	L만의 회로	C만의 회로
위상 (전압·전류의 위상관계)	$e = -v_L = -L\dfrac{di}{dt}$ $i_L = \dfrac{1}{L}\displaystyle\int v_L \cdot dt = -\dfrac{\sqrt{2}\,V_L}{\omega L}\cos\omega t$ $= \dfrac{V_m}{X_L}\sin(\omega t - 90°)$ ┃L회로의 전압과 전류의 위상 ┃	$i_c = C\dfrac{dv}{dt}$ $= \omega C V_m \cos\omega t$ $= \omega C V_m \sin(\omega t + 90°)$ ┃C회로의 전압과 전류의 위상 ┃

구분	L만의 회로	C만의 회로
특징	• 전류가 전압보다 90도 지상 • 유효전력 : $P = VI\cos\theta = 0$ • 무효전력 : $Q = VI\sin\theta$ $\qquad = V_L I_L$ $\qquad = I_L^2 X_L [\text{Var}]$	• 전류가 전압보다 90도 빠른 진상 • 유효전력 : $P = VI\cos\theta = 0$ • 무효전력 : $Q = VI\sin\theta$ $\qquad = V_C I_C$ $\qquad = \omega C V X_c [\text{Var}]$
전압·전류의 실효치의 비	• 전압실효치 : V_L • 전류실효치 : $I_L = \dfrac{V_L}{X_L}$ • 전압 및 전류 실효치의 비 $\quad \dfrac{V_L}{I_L} = X_L = \omega L [\Omega]$	• 전압실효치 : V_C • 전류실효치 : $I_C = \dfrac{V_C}{X_C} = \omega C V_C$ • 전압 및 전류 실효치의 비 $\quad \dfrac{V_C}{I_C} = X_C = \dfrac{1}{\omega C} [\Omega]$

030 그림과 같이, 전원이 제거된 후 두 초기 조건[즉, 초기 전류 $i(0^-) = 0$, 초기 전압 $v_c(0^-) = -V_0$]에 의하여 동작하는 LC 회로가 있다. 시간 $t \geq 0$일 때 이 회로에 전류를 $i(t)$라고 하자. 전류 $i(t)$로 표시된 미분방정식을 구하시오.

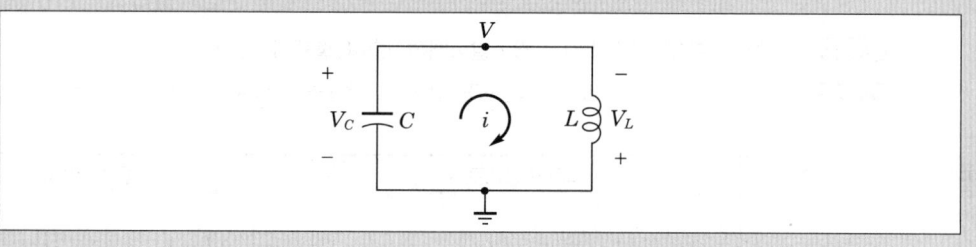

data 발송배전기술사 18-115-1-4 / 발송배전기술사, 건축전기설비기술사 출제예상문제

답안 1. $L - C$ 직렬회로의 미분방정식

(1) 미분방정식

$$L\frac{di(t)}{dt} + \frac{1}{C}\int i(t)\,dt = v$$

여기서, $i(t)$: $t = 0$에서 전원이 OFF된 후의 전류

(2) $L - C$ 직렬회로의 과도현상 특성

① L과 C는 에너지의 축적과 저장을 반복한다.

② 실제 회로에는 저항이 존재하므로 열에너지로 소비되고, LC의 진동은 없어진다.

2. $R-C$와 $R-L$ 회로의 과도현상 비교[참고]

회로		
SW 투입 시 초기 상태	개방상태	단락상태
정상상태	단락상태	개방상태
시정수(τ)	$\dfrac{L}{R}$	RC
특성곡선 (초기값이 제로)	$i(t) = \dfrac{E}{R}(1 - e^{-t/\tau})$	$v(t) = V(1 - e^{-t/\tau})$

---

031 전원이 제거된 후에 내부에너지에 의하여 동작하는 직렬 $R-L$ 회로를 흐르는 전류는 시정수가 10ms인 지수꼴로 감쇠하는 형태를 나타낸다. 저항값을 500Ω만큼 증가시켰더니 시정수가 절반이 되었다고 한다. 회로의 L을 구하시오.

(data) 발송배전기술사 18-115-3-4 / 발송배전기술사, 건축전기설비기술사 출제예상문제

(답안) **1. 문제의 조건 파악**

(1) 전원이 제거된 후

전압을 제거하는 경우를 말함

(2) 전원의 성분 : 직류 DC

(3) 내부에너지에 의하여 동작의 의미

과도현상으로 내부저항에서 에너지가 열로 소비

(4) 직렬 $R-L$ 회로의 회로도

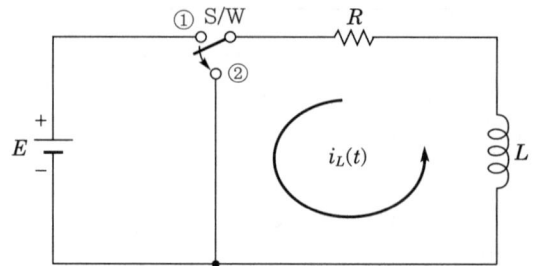

(5) 과도현상의 기본적 이해

① 인덕턴스 L에서는 전류가 갑자기(불연속적으로) 바뀔 수 없다.

② 정전용량 C에서는 전압이 갑자기 바뀔 수 없다.

③ 반대로 생각하면, 인덕턴스 L에서 전압은 갑자기 바뀔 수 있다.

④ 반대로 생각하면, 정전용량 C에서는 전류가 갑자기 바뀔 수 있다.

(6) 스위치 ON/OFF 여부와 인덕턴스 L과 정전용량 C의 관계

스위치 ON/OFF 여부		인덕턴스 L	정전용량 C
전압 인가 시	초기상태($t=0$)	개방회로 $i_L(0)=0$	단락회로 $v_C(0)=0$
	정상상태($t=\infty$)	단락회로	개방회로
전압 제거 시	초기상태($t=0$)	전류 연속	전압 연속
	정상상태($t=\infty$)	–	–

(7) 회로방정식을 이용한 과도전류 산출

① 전압평형식 : $Ri + L\dfrac{di}{dt} = 0$

② 변수분리하면 $\dfrac{di}{i} = -\dfrac{R}{L}dt$

③ 양변 적분하면 $\ln i = -\dfrac{R}{L}t + k$ (단, k : 적분상수)

④ 스위치를 2번으로 옮기기 전에 1번 단자측에서 충분한 시간이 지난 때의 인덕턴스 L의 전류는 정상값인 $i_L = \dfrac{E}{R}$[A]가 된다.

⑤ 스위치를 2번 단자측으로 전환시키는 $t=0$ 직전에 L에 흐르는 전류가 갑자기 바뀔 수가 없으므로 이 경우의 초기치는 $i_L = \dfrac{E}{R}$[A]이다.

⑥ $t=0$에서 적분상수 k는 $k = \ln\dfrac{E}{R}$

⑦ 일반해 : $\ln i = -\dfrac{R}{L}t + \ln\dfrac{E}{R} = \ln e^{-\frac{R}{L}t} + \ln\dfrac{E}{R} = \ln\dfrac{E}{R}e^{-\frac{R}{L}t}$

$$\therefore\ i_L(t) = \dfrac{E}{R}\left(1 - e^{-\frac{R}{L}t}\right)$$

⑧ 전원이 제거된 상태에서 일시적이나마 전류가 흐르는 것은 인덕턴스 L에 저장되어 있던 자계에너지가 전기에너지로 바뀌어서 저항을 통하여 열로 소비되는 과정이다.

2. 시정수

과도현상의 전류 곡선에서 $t = 0$의 접선이 $i = I$와 만나는 점까지의 시간 τ를 말한다.

$$\tau = \dfrac{L}{R}$$

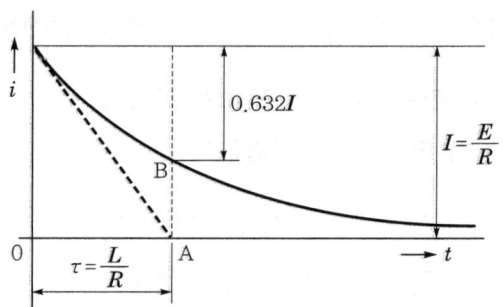

❙ $R-L$ 직렬회로의 감쇠전류 ❙

3. 직렬 $R-L$ 회로의 시정수가 10ms인 지수꼴로 감쇠하는 형태저항값을 500Ω만큼 증가 시 시정수가 절반이 된 경우의 인덕턴스 L 산출

(1) 당초의 시정수

$\tau = \dfrac{L}{R} = 10 \times 10^{-3}\text{s} = 10^{-2}\text{s}$이므로

$L = 10^{-2}R$ .... 식 1)

(2) 변화 후의 시정수

$\tau' = \dfrac{L}{R+500} = \dfrac{1}{2}\times 10^{-2}$

$\therefore\ L = \dfrac{1}{2}\times 10^{-2}\times(R+500)$

$= 0.5\times 10^{-2}\times(R+500) = 0.005R + 2.5$ .... 식 2)

(3) 식 1)과 식 2)는 같아야 하므로

$L = 10^{-2}R = 0.005R + 2.5$ .... 식 3)

(4) 식 3)을 정리하면

$$10^{-2}R - 0.005R = 2.5 \rightarrow 0.005R = 2.5 \rightarrow R = \frac{2.5}{0.005} = 500\,\Omega$$

$\therefore$ 식 1) $L = 10^{-2}R$에 $R = 500$을 대입하여 L값을 산출하면

$$L = 10^{-2} \times 500 = 5\,\mathrm{H}$$

---

032 $R-L$ 직렬회로에서 $t = 0$인 순간에 스위치를 닫아서 정현파 교류기전력 $e = E_m \sin(\omega t + \theta)$[V]을 인가한 경우와 직류전압을 인가한 경우 각각의 경우에 대하여 회로에 흐르는 전류를 구하고, 과도해를 비교하여 설명하시오.

(data) 발송배전기술사 22-128-2-1 / 발송배전기술사, 건축전기설비기술사 출제예상문제

답안 **1. 정현파 교류기전력 인가 시 전류와 과도해**

(1) KVL 법칙에 의한 전압평형방정식

$$Ri + L\frac{di}{dt} = E_m \sin(\omega t + \theta) \quad \text{............................ 식 1)}$$

여기서, θ : 단락 시 전원전압의 위상

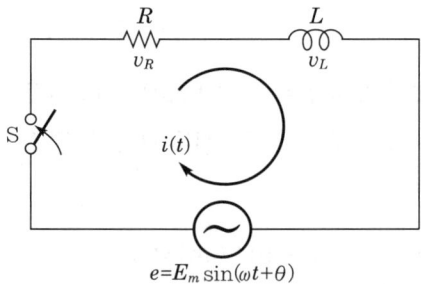

(2) 과도전류의 일반해

$i = $ 정상해(i_s) + 과도해(i_t)

① 정상해 : $i_s = \dfrac{E_m}{Z_m}\sin(\omega t + \theta - \phi)$

여기서, θ : 고장 시 전압의 위상각

ϕ : 고장회로의 역률각, $\phi = \tan^{-1}\dfrac{X}{R} = \tan^{-1}\left(\dfrac{\omega L}{R}\right)$

$Z_m = \sqrt{R^2 + X^2}$

② 과도해 : 식 1)의 우변을 0으로 하여 다음과 같이 산출한다.

　　㉠ $L\dfrac{di}{dt}+Ri=0$에서 변수분리 후 적분하면

　　　$L\dfrac{di}{dt}=-Ri$에서 $L\,di=-Ri\cdot dt$이므로 $\dfrac{di}{i}=-\dfrac{R}{L}dt$

　　㉡ 적분하여 정리하면 $i_t=A\varepsilon^{-\frac{R}{L}t}$

③ 일반해, 즉 과도전류

　　㉠ $i=\dfrac{E_m}{Z_m}\sin(\omega t+\theta-\phi)+A\varepsilon^{-\frac{R}{L}t}$

　　　초기조건 $t=0$이면 $i=0$에서 $A=-I_m\sin(\theta-\phi)$

　　㉡ $i=\dfrac{E_m}{Z_m}\sin(\omega t+\theta-\phi)-I_m\sin(\theta-\phi)\varepsilon^{-\frac{R}{L}t}$ ························ 식 2)

2. DC 전원을 인가 시 전류와 과도해

(1) KVL 법칙에 의한 전압평형방정식

　　$Ri+L\dfrac{di}{dt}=E$ ··· 식 3)

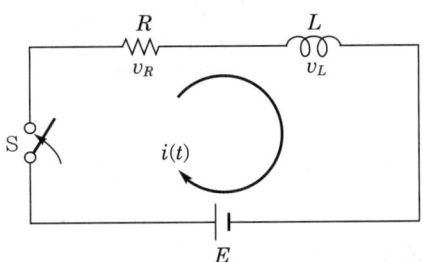

(2) 과도전류의 일반해

　　$i=$정상해(i_s) + 과도해(i_t)

① 정상해 : 이때, $\dfrac{di}{dt}=0$이므로 $i_s=\dfrac{E}{R}$

② 과도해 : $E=0$일 때

　　㉠ $L\dfrac{di}{dt}+Ri=0$에서 변수분리 후 적분하면

　　　$L\dfrac{di}{dt}=-Ri$에서 $L\,di=-Ri\cdot dt$이므로 $\dfrac{di}{i}=-\dfrac{R}{L}dt$

　　㉡ 적분하여 정리하면 $i_t=A\varepsilon^{-\frac{R}{L}t}$

③ 과도전류 = 일반해 = 과도해 + 정상해

㉠ $i = i_t + i_s = A \varepsilon^{-\frac{R}{L}t} + \frac{E}{R}$, 초기조건 $i|_{t=0}$ 을 대입하면

㉡ $i|_{t=0} = A + \frac{E}{R} = 0$

∴ $A = -\frac{E}{R}$

㉢ 일반식에 대입하면

$$i = \frac{E}{R} - \frac{E}{R}e^{-\frac{R}{L}t} = \frac{E}{R}\left(1 - e^{-\frac{R}{L}t}\right)$$ .... 식 4)

(3) 시정수

① 위 식 4)에서 다음 그림과 같이 0점에서의 기울기 곡선이 정상상태와 만나는 시간을 시정수라 하며, 이는 과도현상의 진행속도를 의미한다.

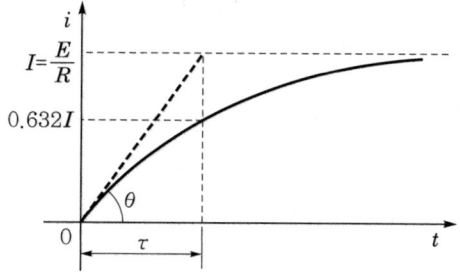

② 이때의 시정수는 $i|_{t=0} = \tan\theta$ 에서 $\tau = \frac{L}{R}$ 이 된다.

③ 시정수에서의 전류값 $i = \frac{E}{R}\left(1 - e^{-\frac{R}{L}\left(\frac{L}{R}\right)}\right) = \frac{E}{R}(1 - e^{-1}) = 0.632\frac{E}{R}$

즉, 정상상태 전류값의 63.2%에서 시정수에 달하는 전류값이다.

④ 의미 : 시정수가 크면 과도현상이 오래 지속되고, 작으면 과도현상이 조속히 소멸된다.

SECTION **02** 배전전압과 전력손실

033 한국전기설비규정(KEC)에서 정하는 아래 내용을 설명하시오.
1. 전압구분
2. 전선의 식별
3. 수용가 설비에서의 전압강하

data 발송배전기술사 23-131-1-2 / 발송배전기술사, 건축전기설비기술사 출제예상문제

답안 **1. 전압구분**

(1) 저압

교류는 1kV 이하, 직류는 1.5kV 이하인 것

(2) 고압

교류는 1kV를, 직류는 1.5kV를 초과하고, 7kV 이하인 것

(3) 특고압

7kV를 초과하는 것

2. 전선의 식별

(1) 전선의 색상은 표에 따른다.

┃ 전선식별 ┃

상(문자)	색상
L1	갈색
L2	검은색
L3	회색
N	파란색
보호도체	녹색-노란색

(2) 색상 식별이 종단 및 연결지점에서만 이루어지는 나도체 등은 전선 종단부에 색상이 반영구적으로 유지될 수 있는 도색, 밴드, 색테이프 등의 방법으로 표시할 것

(3) '(1)' 및 '(2)'를 제외한 전선의 식별은 KS C IEC 60445(인간과 기계 간 인터페이스, 표시식별의 기본 및 안전원칙 - 장비단자, 도체단자 및 도체의 식별)에 적합할 것

3. 수용가 설비에서의 전압강하

인입구로부터 기기 말단까지의 전압강하는 아래 표의 경우와 같이 공칭전압의 3
~ 8% 이하일 것

‖ 전압강하율 ‖

설비의 유형	조명[%]	기타 용도[%]
A – 저압으로 수전하는 경우	3	5
B – 고압 이상으로 수전하는 경우[*]	6	8

[*] 가능한 한 최종 회로 내 전압강하가 A유형의 값을 넘지 않도록 하는 것이 바람직하다.
사용자의 배선설비가 100m를 넘는 부분의 전압강하는 미터당 0.005% 증가할 수 있으나 이러한 증가분은
0.5%를 넘지 않아야 한다.

---

034 배전선로의 전압강하에 대하여 설명하고, 직류와 교류 배전선로의 전압변동률에 대하여 수식을 이용하여 설명하시오.

(data) 발송배전기술사 23-131-4-6 · 20-120-1-1 / 발송배전기술사, 건축전기설비기술사 출제예상문제

답안 **1. 개요**

(1) 전압강하의 정의

전압강하(voltage drop)란 송전단 전압과 수전단 전압의 차이

(2) 전압변동률(voltage regulation)의 정의

부하가 갑자기 변화할 때 그 단자전압의 변화

2. 배전선로의 전압강하

(1) 송전선로의 전압강하의 의미

무한대 모선의 개념으로 부하의 크기와 무관한 전압강하로서, $\Delta V = V_s - V_r$ 의
Vector 차로서 해석한다.

(2) 배전선로의 전압강하의 의미

부하량의 증감에 관계하므로 스칼라량(scalar)으로 전압강하를 해석한다.

(3) 전압강하의 원인

선로에 전류가 흐름으로써 발생하는 역기전력때문에 발생한다.

(4) 교류의 전압강하율(percentage voltage drop)

① 정의 : 전압강하는 접속된 부하의 크기에 따라 변화하며, 이 전압강하의 수전 단 전압에 대한 백분율을 말한다.

② 표현식

$$\varepsilon = \frac{V_s - V_r}{V_r} \times 100\,[\%] = \frac{\sqrt{3}\,I(R\cos\theta + X\sin\theta)}{V_r} \times 100$$

$$= \frac{PR + QX}{V_r^{\,2}} \times 100\,[\%]$$

여기서, V_s : 송전단 전압[V], V_r : 수전단 전압[V]

I : 부하전류[A], $\cos\theta$: 역률, P : 부하의 유효전력[W]

R : 선로의 저항[Ω], Q : 부하의 무효전력[Var]

X : 선로의 리액턴스[Ω]

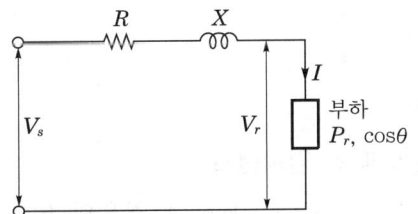 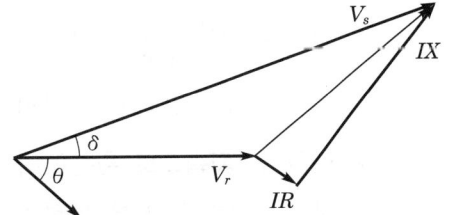

③ 전압강하율에 미치는 요소

　㉠ 전선의 저항

　㉡ 리액턴스

　㉢ 역률

　㉣ 전선의 통전전류

3. 직류배전선로의 전압변동률(voltage regulation)

(1) 전압변동률의 의미

어떤 주어진 기간 내에 부하의 변동(경·중 부하)에 따라 전압변동폭의 변화범위

(2) 표현식

전압변동률 $\delta = \dfrac{V_{20} - V_n}{V_n} \times 100\,[\%] = \left(\dfrac{V_{20}}{V_n} - 1\right) \times 100\,[\%]$

여기서, V_{20} : 수전단 무부하 단자전압, V_n : 전부하 시 수전단 단자전압

(3) 직류선로에서의 전압변동률

① 직류선로는 리액턴스를 고려할 필요가 없어, 전압변동률 = 전압강하율이다.

② 직류선로의 전압변동률

$$\delta = \frac{V_{20} - V_n}{V_n} \times 100 [\%] = \frac{V_s - V_n}{V_n} \times 100$$

$$= \frac{IR}{V_n} \times 100 = \frac{I^2 R}{V_n I} \times 100 = 전력손실률$$

③ DC 선로에는 전압변동률 = 전압강하율 = 전력손실률이다.

4. 교류배전선로에서의 전압변동률(voltage regulation)

(1) 등가회로도와 벡터도

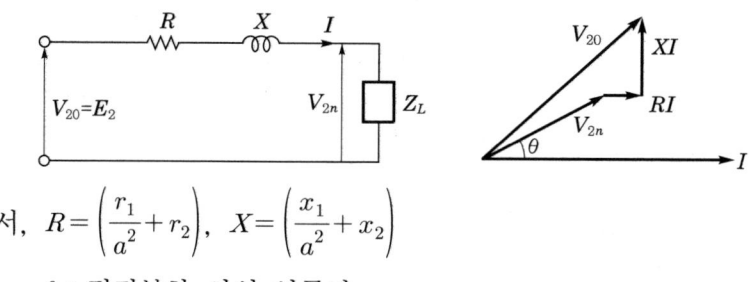

여기서, $R = \left(\dfrac{r_1}{a^2} + r_2\right)$, $X = \left(\dfrac{x_1}{a^2} + x_2\right)$

θ : 정격부하 시의 역률각

(2) 변압기 1차측으로 환산하여 표현할 때의 임피던스

부하가 2차에 있어 부하기준으로 2차측으로 표현할 경우의 임피던스

$$Z_2 = \left(\frac{r_1}{a^2} + r_2\right) + j\left(\frac{x_1}{a^2} + x_2\right)$$

(3) 무리수의 이항정리공식

$$\sqrt{1+x} \fallingdotseq 1 + \frac{1}{2}x + \frac{\frac{1}{2}\left(\frac{1}{2} - 1\right)}{2!}x^2 = 1 + \frac{1}{2}x - \frac{1}{8}x^2 \rightarrow 생략 \ 가능$$

(4) <u>전압변동률 '$\varepsilon = p\cos\theta + q\sin\theta$'의 유도와 증명</u>

① <u>무부하 단자전압 : $V_{20} = V_{2n}\cos\theta + I_{2n}R + j(V_{2n}\sin\theta + I_{2n}X)$</u>

② $\left|\dfrac{V_{20}}{V_{2n}}\right| = \sqrt{\left(\cos\theta + \dfrac{I_{2n}R}{V_{2n}}\right)^2 + \left(\sin\theta + \dfrac{I_{2n}X}{V_{2n}}\right)^2}$

$$= \sqrt{(\cos\theta + P)^2 + (\sin\theta + Q)^2} = \left[1 + 2\left(P\cos\theta + Q\sin\theta + \frac{P^2 + Q^2}{2}\right)\right]^{1/2}$$

$$\left(\text{여기서, } P = \frac{I_{2n}R}{V_{2n}}, \quad Q = \frac{I_{2n}X}{V_{2n}}, \quad I_{2n} : 2차의 \ 정격전류\right)$$

$$= 1 + \frac{1}{2}x - \frac{1}{8}x^2, \quad x = 2\left(P\cos\theta + Q\sin\theta + \frac{P^2 + Q^2}{2}\right)$$

$$= 1 + (P\cos\theta + Q\sin\theta) + \frac{1}{2}(P\sin\theta - Q\cos\theta)^2$$

(5) 교류배전선로의 전압변동률

$$\varepsilon = \left(\frac{V_{20}}{V_n} - 1\right) \times 100\,[\%]$$

$$= (P\cos\theta + Q\sin\theta) \times 100 + \frac{1}{2}(P\sin\theta - Q\cos\theta)^2 \times 100$$

$$\left(\text{여기서, } P = \frac{I_{2n}R}{V_{2n}}, \quad Q = \frac{I_{2n}X}{V_{2n}}, \quad I_{2n} : 2차의 \ 정격전류\right)$$

$$= (100P\cos\theta + 100Q\sin\theta) + \frac{1}{2}\left(\frac{100P\sin\theta}{100} - \frac{100Q\cos\theta}{100}\right)^2 \times 100$$

$$= p\cos\theta + q\sin\theta + \frac{1}{2} \times \frac{1}{100^2} \times 100\,(p\sin\theta - q\cos\theta)^2$$

$$= p\cos\theta + q\sin\theta + \frac{1}{200}(p\sin\theta - q\cos\theta)^2 \quad (\text{제3항은 미소하여 생략하면})$$

$$\fallingdotseq p\cos\theta + q\sin\theta$$

여기서, p : 백분율 저항강하율

$$p = 100P = \frac{I_{2n}R}{V_{2n}} \times 100\,[\%]$$

q : 백분율 리액턴스 강하율

$$q = 100Q = \frac{I_{2n}X}{V_{2n}} \times 100\,[\%]$$

comment 시험장에서는 밑줄 친 것만 기록해도 된다.

035 직류선로에서의 전압강하율, 전압변동률, 전력손실률에 대하여 설명하시오.

data 발송배전기술사 20-122-1-8 / 발송배전기술사, 건축전기설비기술사 출제예상문제

답안 **1. 전압강하율(percentage voltage drop)**

    (1) 정의

        전압강하는 접속된 부하의 크기에 따라 변화하며, 이 전압강하의 수전단 전압에 대한 백분율을 말한다.

    (2) 직류의 전압강하율 표현식

$$\varepsilon = \frac{V_s - V_r}{V_r} \times 100 \, [\%]$$

    여기서, V_s : 송전단 전압[V], V_r : 수전단 전압[V]

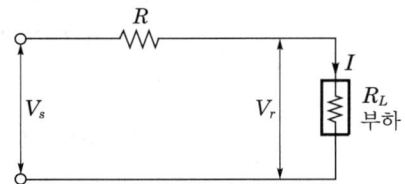

I : 부하전류[A], P : 부하의 유효전력[W]
R : 선로의 저항, R_L : 부하의 저항

    (3) 직류선로에서 전압강하율에 미치는 요소

      ① 전선의 저항

      ② 전선의 통전전류

      ③ 부하의 저항

2. 전압변동률(voltage regulation)

    (1) 전압변동률의 의미

        어떤 주어진 기간 내에서의 부하의 변동(경·중 부하)에 따라 전압변동폭의 변화 범위

    (2) 전압변동률의 표현식

$$\delta = \frac{V_{20} - V_{2n}}{V_{2n}} \times 100 \, [\%] = \left(\frac{V_{20}}{V_{2n}} - 1 \right) \times 100 \, [\%]$$

    여기서, V_{20} : 수전단 무부하 단자전압, V_{2n} : 전부하 시 수전단 단자전압

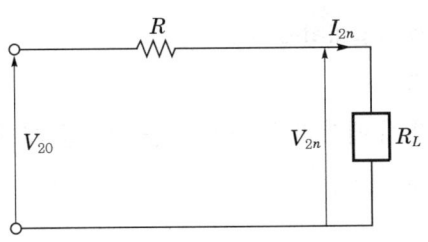

3. 직류선로에의 전압강하율 및 전압변동률, 전력손실률의 관계

(1) 직류선로는 리액턴스를 고려할 필요가 없어, 전압변동률 = 전압강하율이다.

(2) 직류선로의 전압변동률과 전력손실률의 관계

$$전압변동률 \ \delta = \frac{V_{20} - V_{2n}}{V_{2n}} \times 100 \, [\%] = \frac{V_s - V_r}{V_r} \times 100 \, [\%]$$

$$전력손실률 \ Q = \frac{IR}{V_{2n}} \times 100 \, [\%] = \frac{I^2 R}{V_{2n} I} \times 100 \, [\%]$$

(3) DC 선로에는 전압변동률 = 전압강하율 = 전력손실률이다.

---

036 배전선로 전압강하율 및 전압변동률에 대하여 설명하시오.

data 발송배전기술사 20-120-1-1 / 발송배전기술사, 건축전기설비기술사 출제예상문제

답안 1. 개요

* Chapter 02 - 문제 034의 답안 '1.' 내용을 참조한다.

2. 송전선로와 배전선로의 전압강하의 의미 차이

* Chapter 02 - 문제 034의 답안 '2./(1) ~ (2)' 내용을 참조한다.

3. 전압강하의 원인

* Chapter 02 - 문제 034의 답안 '2./(3)' 내용을 참조한다.

4. 전압강하율(percentage voltage drop)

* Chapter 02 - 문제 034의 답안 '2./(4)' 내용을 참조한다.

5. 전압변동률(voltage regulation)

(1) 전압변동률의 의미

어떤 주어진 기간 내에서의 부하의 변동(경·중 부하)에 따라 전압변동폭의 변화 범위이다.

(2) 표현식

전압변동률 $\delta = \dfrac{V_{20} - V_n}{V_n} \times 100\,[\%]$

$\qquad\qquad = \left(\dfrac{V_{20}}{V_n} - 1\right) \times 100\,[\%]$

여기서, V_{20} : 수전단 무부하 단자전압

$\qquad\quad V_n$: 전부하 시의 수전단 단자전압

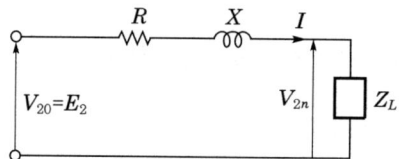 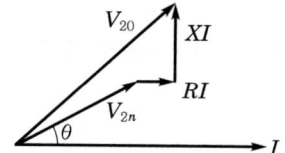

(3) 직류선로에의 전압강하율 및 전압변동률

① 직류선로는 리액턴스를 고려할 필요가 없어, 전압변동률 = 전압강하율이다.

② 직류선로의 전압변동률

전압변동률 $\delta = \dfrac{V_{20} - V_{2n}}{V_{2n}} \times 100\,[\%]$

$\qquad\qquad = \dfrac{V_s - V_r}{V_r} \times 100\,[\%]$

전력손실률 $Q = \dfrac{IR}{V_{2n}} \times 100\,[\%]$

$\qquad\qquad = \dfrac{I^2 R}{V_{2n} I} \times 100\,[\%]$

③ DC 선로에는 전압변동률 = 전력손실률이다.

037 전압변동률 $\varepsilon = p\cos\theta + q\sin\theta$가 됨을 증명하시오. (단, p, q : 저항강하, 리액턴스 강하)

data 발송배전기술사 19-119-4-5 / 발송배전기술사, 건축전기설비기술사 출제예상문제

답안 **1. 개요**

(1) 전압변동률(voltage regulation)의 정의

부하가 갑자기 변화할 때 그 단자전압의 변화

(2) 표현식

전압변동률 $\varepsilon = \dfrac{V_{20} - V_n}{V_n} \times 100 [\%] = \left(\dfrac{V_{20}}{V_n} - 1\right) \times 100 [\%]$

여기서, V_{20} : 수전단 무부하 단자전압, V_n : 전부하 시 수전단 단자전압

(3) 전압변동률의 의미

어떤 주어진 기간 내에서의 부하의 변동(경·중 부하)에 따라 전압변동폭의 변화 범위이다.

2. 등가회로도와 벡터도

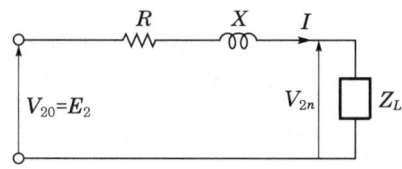
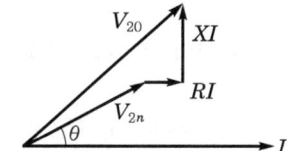

여기서, $R = \dfrac{r_1}{a^2} + r_2$, $X = \dfrac{x_1}{a^2} + x_2$

θ : 정격부하 시 역률각

3. 변압기 1차측으로 환산하여 표현할 때 임피던스

부하가 2차에 있어 부하기준으로 2차측으로 표현할 경우의 임피던스는 다음과 같다.

$Z_2\left(\dfrac{r_1}{a^2} + r_2\right) + j\left(\dfrac{x_1}{a^2} + x_2\right)$

4. 무리수의 이항정리공식

$\sqrt{1+x} \fallingdotseq 1 + \dfrac{1}{2}x + \dfrac{\dfrac{1}{2}\left(\dfrac{1}{2}-1\right)}{2!}x^2 = 1 + \dfrac{1}{2}x - \dfrac{1}{8}x^2$

5. 전압변동률 $\varepsilon = p\cos\theta + q\sin\theta$의 유도와 증명

(1) 무부하 단자전압

$$V_{20} = V_{2n}\cos\theta + I_{2n}R + j(V_{2n}\sin\theta + I_{2n}X)$$

(2)

$$\left|\frac{V_{20}}{V_{2n}}\right| = \sqrt{\left(\cos\theta + \frac{I_{2n}R}{V_{2n}}\right)^2 + \left(\sin\theta + \frac{I_{2n}X}{V_{2n}}\right)^2}$$

$$= \sqrt{(\cos\theta + P)^2 + (\sin\theta + Q)^2} = \left[1 + 2\left(P\cos\theta + Q\sin\theta + \frac{P^2 + Q^2}{2}\right)\right]^{1/2}$$

$$\left(\text{여기서, } P = \frac{I_{2n}R}{V_{2n}}, \quad Q = \frac{I_{2n}X}{V_{2n}}, \quad I_{2n} : 2차의 \ 정격전류\right)$$

$$= 1 + \frac{1}{2}x - \frac{1}{8}x^2, \quad x = 2\left(P\cos\theta + Q\sin\theta + \frac{P^2 + Q^2}{2}\right)$$

$$= 1 + (P\cos\theta + Q\sin\theta) + \frac{1}{2}(P\sin\theta - Q\cos\theta)^2$$

(3) 전압변동률

$$\varepsilon = \left(\frac{V_{20}}{V_n} - 1\right) \times 100\,[\%]$$

$$= (P\cos\theta + Q\sin\theta) \times 100 + \frac{1}{2}(P\sin\theta - Q\cos\theta)^2 \times 100$$

$$= (100P\cos\theta + 100Q\sin\theta) + \frac{1}{2}\left(\frac{100P\sin\theta}{100} - \frac{100Q\cos\theta}{100}\right)^2 \times 100$$

$$= p\cos\theta + q\sin\theta + \frac{1}{2} \times \frac{1}{100^2} \times 100\,(p\sin\theta - q\cos\theta)^2$$

$$= p\cos\theta + q\sin\theta + \frac{1}{200}(p\sin\theta - q\cos\theta)^2 \quad (\text{제3항은 미소하여 생략하면})$$

$$\fallingdotseq p\cos\theta + q\sin\theta$$

여기서, p : 백분율 저항강하율

$$p = 100P = \frac{I_{2n}R}{V_{2n}} \times 100\,[\%]$$

q : 백분율 리액턴스 강하율

$$q = 100Q = \frac{I_{2n}X}{V_{2n}} \times 100\,[\%]$$

038 %임피던스와 %저항강하 및 %리액턴스강하의 관계식을 유도하고, $\%Z = 5\%$, $X/R = 7$인 변압기에 역률 0.8(지상)의 부하가 연결되어 있을 때 전압변동률[%]을 구하시오.

data 발송배전기술사 22-127-1-8 / 발송배전기술사, 건축전기설비기술사, 전기응용기술사, 전기안전기술사 출제예상문제

답안 **1. %임피던스와 %저항강하 및 %리액턴스강하의 관계식 유도**

(1) $\%Z = \dfrac{I_n Z}{E_n} \times 100[\%]$, $\%R = \dfrac{I_n R}{E} \times 100[\%]$, $\%X = \dfrac{I_n X}{E} \times 100[\%]$

(2) $\%Z = \dfrac{I_n R}{E} \times 100[\%] + j\dfrac{I_n X}{E} \times 100[\%] = \%R + j\%X$

$\therefore \ |\%Z| = \sqrt{(\%R)^2 + (\%X)^2}$

2. 전압변동률

(1) 2차측 전압변동률

$\varepsilon_2 = \dfrac{V_{20} - V_{2n}}{V_{2n}} \times 100[\%]$

(2) 역률과 %저항강하 및 %리액턴스강하를 이용한 전압변동률 계산

① $(\%R)^2 + (\%X)^2 = (\%Z)^2$

② $X/R = 7$에서 $X = 7R$이므로

$(\%R)^2 + (7\%R)^2 = (5)^2 \ \rightarrow \ 50(\%R)^2 = 25 \ \rightarrow \ \%R = \dfrac{1}{\sqrt{2}}$

$\therefore \ \%X = 7(\%R) = 7 \times \dfrac{1}{\sqrt{2}}$

③ 전압변동률 산정

$\varepsilon = p\cos\theta + q\sin\theta[\%] = \dfrac{1}{\sqrt{2}} \times 0.8 + \dfrac{7}{\sqrt{2}} \sqrt{1 - 0.8^2}$

$= \dfrac{5}{\sqrt{2}} = 3.54\%$

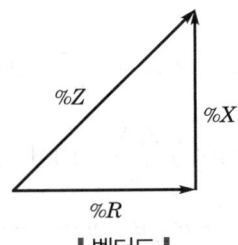

‖ 벡터도 ‖

039 다음 변압기의 2차 환산등가회로 및 벡터도를 참조하여 최대 전압변동률과 %임피던스의 크기가 같음을 증명하시오. (단, θ는 정격부하 시의 역률각)

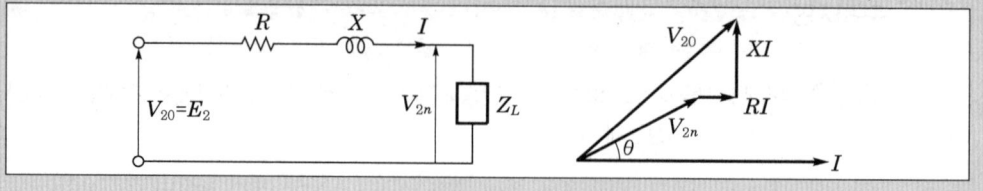

(data) 발송배전기술사 23-130-1-9 / 발송배전기술사, 건축전기설비기술사, 전기응용기술사 출제예상 문제

답안 **1. 전압변동률(voltage regulation)**

    (1) 전압변동률의 의미

        어떤 주어진 기간 내에서의 부하의 변동(경·중 부하)에 따라 전압변동폭의 변화 범위이다.

    (2) 최대 전압변동률[%]

$$① \quad \varepsilon_m = \frac{V_{20} - V_n}{V_n} \times 100[\%] = \left(\frac{V_{20}}{V_n} - 1 \right) \times 100[\%]$$

$$= (p\cos\theta + q\sin\theta) + \frac{1}{200}(p\sin\theta - q\cos\theta)^2$$

$$\fallingdotseq (p\cos\theta + q\sin\theta) \ \text{(제2항 무시)}$$

        여기서, V_{20} : 수전단 무부하 단자전압, V_n : 전부하 시 수전단 단자전압

$$② \quad \varepsilon = \sqrt{p^2 + q^2} \underline{/\theta}, \ \theta = \tan^{-1}\left(\frac{q}{p} \right) \ \cdots\cdots\cdots\cdots\cdots\cdots\cdots\cdots \text{식 1)}$$

        여기서, $p = \frac{I_n R}{E} \times 100[\%]$: %저항강하

$$q = \frac{I_n X}{E} \times 100[\%] : \%\text{리액턴스 강하}$$

  2. %임피던스

    (1) $\%Z = \frac{I_n Z}{E_n} \times 100[\%], \ \%R = \frac{I_n R}{Z} \times 100[\%], \ \%X = \frac{I_n X}{Z} \times 100[\%]$

    (2) $\%Z = \frac{I_n R}{Z} \times 100[\%] + j\frac{I_n X}{Z} \times 100[\%] = \%R + j\%X$

$$= p + jq = \sqrt{p^2 + q^2} \underline{/\theta} \ \cdots\cdots\cdots\cdots\cdots\cdots\cdots\cdots \text{식 2)}$$

3. 결론

식 1)과 식 2)는 동일하므로 최대 전압변동률과 %임피던스의 크기가 같다.

040 계통의 고장계산에서 기준전력을 100MVA로 할 때 22.9kV와 154kV의 기준전류, 기준임피던스를 구하시오.

(data) 발송배전기술사 19-117-1-8 / 발송배전기술사, 건축전기설비기술사 출제예상문제

답안 1. %Impedance의 정의

(1) 어떤 임피던스 $Z[\Omega]$이 있을 때 선간전압[kV], 3상 용량을 $P[\text{kVA}]$라 하면 전류 $I\left(=\dfrac{P}{\sqrt{3}\,V}\right)[\text{A}]$가 Z에 흐를 때 전압강하 $ZI[\text{V}]$를 상전압의 백분율로 나타낸 것이다.

(2) 표현식

$$\%Z = \frac{IZ}{\dfrac{V \times 10^3}{\sqrt{3}}} \times 100\,[\%] = \frac{P\,Z}{10\,V^2}$$

2. 기준전류, 기준임피던스, 기준 %Impedance의 유도

(1) 상기 %Impedance 산출식을 이용해 전압·전류의 어떤 기준량을 이용 전력과 임피던스를 자동적으로 산출 가능하다.

(2) 기준전력[kVA] $= \sqrt{3}$ 기준전압[kV] × 기준전류[A] ················· 식 1)

(3) 기준전류 $= \dfrac{\text{기준}[\text{kVA}]}{\sqrt{3} \cdot \text{기준전압}[\text{kV}]}$ ·············· 식 2)

(4) 기준임피던스$[\Omega] = \dfrac{\dfrac{1}{\sqrt{3}} \times \text{기준전압}[\text{kV}] \times 10^3}{\text{기준전류}[\text{A}]}$ ·············· 식 3)

∴ 식 2)를 식 3)에 대입하여 정리하면

$$\text{기준임피던스} = \frac{(\text{기준전압}[\text{kV}])^2 \times 10^3}{\text{기준}[\text{kVA}]} \quad \text{·············· 식 4)}$$

(5) 그러므로 기준 %Impedance는

$$\% Z = \frac{Z}{\dfrac{기준전압\,[\mathrm{kV}]^2}{기준\,[\mathrm{kVA}]}} \times 100\,[\%] = \frac{PZ}{10\,V^2}$$

3. 22.9kV에서의 기준전류, 기준임피던스, 기준 %임피던스 적용

(1) 기준전력 100MVA

(2) 기준전류 $I = \dfrac{P}{\sqrt{3}\,V} = \dfrac{100000}{\sqrt{3} \times 22.9} = 2521.1\,\mathrm{A}$

(3) 기준임피던스 $Z = \dfrac{기준\,[\mathrm{kV}] \times 10^3}{기준전류\,[\mathrm{A}]} = \dfrac{V \times 10^3}{\sqrt{3}} \times \dfrac{1}{2521.1} = 5.25\,\Omega$

(4) 기준 %임피던스[%] $= \dfrac{1}{기준임피던스} \times 100 = \dfrac{1}{5.25} \times 100 = 19.1\,\%$

즉, 22.9kV에서 1Ω은 100MVA 기준 → 19.1%

---

041 배전선로에 대하여 아래 내용을 설명하시오.
1. 직류 배전선로의 전압강하율, 전압변동률 및 전력손실률
2. 교류 배전선로의 전압변동률

data 발송배전기술사 23-129-1-5 / 발송배전기술사, 건축전기설비기술사 출제예상문제

답안 1. 직류 배전선로의 전압강하율, 전압변동률 및 전력손실률

(1) 전압강하율(percentage voltage drop)

① 정의 : 전압강하는 접속된 부하의 크기에 따라 변화하며, 이 전압강하의 수전단 전압에 대한 백분율을 말한다.

② 직류의 전압강하율 표현식 : $\varepsilon = \dfrac{V_s - V_r}{V_r} \times 100\,[\%]$

여기서, V_s : 송전단 전압[V]

V_r : 수전단 전압[V]

직류 배전선로의 전압강하율

직류 배전선로의 전압변동률

I : 부하전류[A], P : 부하의 유효전력[W], R : 선로의 저항, R_L : 부하의 저항

③ 직류선로에서 전압강하율에 미치는 요소

　ㄱ 전선의 저항

　ㄴ 전선의 통전전류

　ㄷ 부하의 저항

(2) 전압변동률(voltage regulation)

① 정의 : 어떤 주어진 기간 내에서의 부하의 변동(경·중 부하)에 따라 전입변동 폭의 변화 범위이다.

② 표현식 : 전압변동률 $\delta = \dfrac{V_{20} - V_{2n}}{V_{2n}} \times 100[\%] = \left(\dfrac{V_{20}}{V_{2n}} - 1\right) \times 100[\%]$

여기서, V_{20} : 수전단 무부하 단자전압

V_{2n} : 전부하 시의 수전단 단자전압

(3) 직류선로에의 전압강하율 및 전압변동률, 전력손실률의 관계

① 직류선로는 리액턴스를 고려할 필요가 없어, 전압변동률 = 전압강하율이다.

② 직류선로의 전압변동률과 전력손실률의 관계

$$\delta = \dfrac{V_{20} - V_{2n}}{V_{2n}} \times 100[\%] = \dfrac{V_s - V_r}{V_r} \times 100[\%]$$

$$= \dfrac{IR}{V_{2n}} \times 100[\%] = \dfrac{I^2 R}{V_{2n} I} \times 100[\%] = \text{전력손실률}$$

③ DC 선로에는 전압변동률 = 전압강하율 = 전력손실률이다.

2. 교류 배전선로의 전압변동률

(1) 전압변동률

$$\varepsilon = \dfrac{V_{20} - V_{2n}}{V_{2n}} \times 100[\%] = p\cos\theta + q\sin\theta + \dfrac{1}{200}(p\sin\theta - q\cos\theta)^2$$

$$\fallingdotseq p\cos\theta + q\sin\theta = \dfrac{\%R\,P + \%X\,Q}{\text{kVA}}$$

987

(2) %Z와의 관계

① $\varepsilon_m = \sqrt{p^2 + q^2} = \% Z$

② %임피던스

$$\% Z = \frac{I_m R}{Z} \times 100\,[\%] + j\,\frac{I_m X}{Z} \times 100\,[\%]$$

$$= \% R + j\% X = p + jq = \sqrt{p^2 + q^2}\,\underline{/\theta}$$

③ 전압변동률의 최대치 = %임피던스

---

042 교류 단상 2선식 배전선로의 말단에 단일부하가 집중되어 있을 경우 아래 사항에 대하여 설명하시오.

1. 등가회로 및 벡터도(E_r을 기준벡터로)
2. 전압강하와 전압강하율의 관계식 유도
3. 부하전력과 무효전력을 사용하여 전압강하율 표현

data 발송배전기술사 20-122-4-5 / 발송배전기술사, 건축전기설비기술사 출제예상문제

답안 1. 등가회로 및 벡터도(E_r을 기준벡터로)

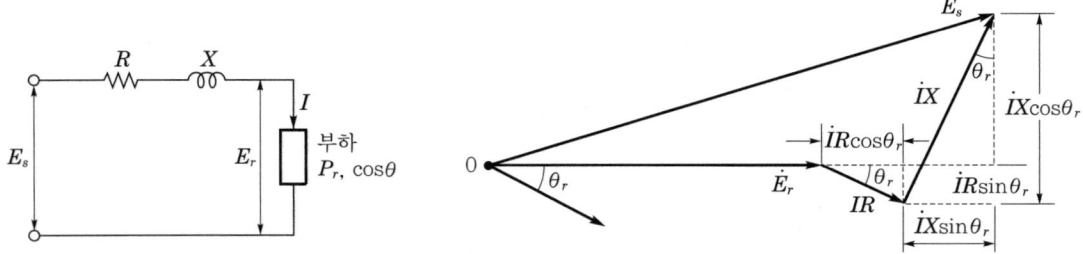

2. 전압강하와 전압강하율의 관계식 유도

(1) 그림에서 $\dot{E_s}$와 $\dot{E_r}$은 각각 송전단과 수전단의 중성점에 대한 대지전압이다.

(2) 지금 E_r을 기준벡터로 잡아 주면 오른쪽 그림의 벡터도로부터 송전단 전압은 다음 식으로 구해진다.

$$\dot{E_s} = \dot{E_r} + \dot{I}\dot{Z} = E_r + I(\cos\theta_r - j\sin\theta_r)(R + jX)$$

$$= (\dot{E_r} + IR\cos\theta_r + IX\sin\theta_r) + j(IX\cos\theta_r - IR\sin\theta_r)$$

$$E_s = \sqrt{(E_r + IR\cos\theta_r + IX\sin\theta_r)^2 + (IX\cos\theta_r - IR\sin\theta_r)^2}$$

한편, $\sqrt{}$ 내의 2항은 1항에 비해 훨씬 작기 때문에 2항을 무시하면

$E_s \fallingdotseq E_r + I(R\cos\theta_r + X\sin\theta_r)$로 된다.

여기서, E_s, E_r : 각각 송·수전단의 대지전압(상전압)

(3) 그러므로 전압강하 $\Delta V \fallingdotseq E_s - E_r = \dot{I}(R\cos\theta + X\sin\theta)$

(4) 전압강하율

$$\varepsilon = \frac{E_s - E_r}{E_r} \times 100[\%]$$

$$= \frac{I(R\cos\theta + X\sin\theta)}{E_r} \times 100[\%]$$

전압강하의 크기는 접속된 부하의 크기에 따라 변화하는데 전압강하의 수전단 전압에 대한 백분율[%]을 전압강하율이라 한다.

3. 부하전력과 무효전력을 사용하여 전압강하율 표현

(1) 전압강하를 부하전력과 무효전력을 사용한 표현

$$\Delta V = \dot{E}_s - \dot{E}_r \fallingdotseq \dot{I}(R\cos\theta_r + X\sin\theta_r)$$

$$= \frac{P}{E_r\cos\theta_r}(R\cos\theta_r + X\sin\theta_r)$$

$$= \frac{PR + QX}{E_r} = \frac{P}{E_r}(R + X\tan\theta_r)$$

(2) 전압강하율을 부하전력과 무효전력을 사용한 표현

$$\varepsilon = \frac{E_s - E_r}{E_r} \times 100[\%] = \frac{I(R\cos\theta_r + X\sin\theta_r)}{E_r} \times 100[\%]$$

$$= \frac{I(R\cos\theta_r + X\sin\theta_r)}{E_r} \times 100[\%]$$

$$= \frac{EI(R\cos\theta_r + X\sin\theta_r)}{E_r \times E_r} \times 100[\%]$$

$$= \frac{PR + QX}{E_r^2} \times 100[\%]$$

043 그림과 같이 전긍장의 중간지점 A까지, 즉 OA 간에는 전부하의 $\frac{2}{3}$가 분포되고, AB 간에는 $\frac{1}{3}$ 부하가 각각 균등한 분포로 걸쳐 있고, B점의 전압강하가 1320V일 때 O점으로부터 긍장 l[m]되는 22.9kV-Y 배전선로에 대하여 다음을 구하시오. (단, 3상 4선식 선로이며, 역률은 균일하게 0.9)

1. ACSR-OC 160mm^2 가공선로 10000kVA 부하가 걸려 있을 때의 긍장 l_1
   (단, ACSR-OC 160mm^{2}의 $r_1 = 0.186\,\Omega$/km, $x_1 = 0.391\,\Omega$/km)

2. ACSR-OC 240mm^{2}의 가공선로 15000kVA 부하가 걸려 있을 때의 긍장 l_2
   (단, ACSR-OC 240mm^{2}의 $r_2 = 0.123\,\Omega$/km, $x_2 = 0.308\,\Omega$/km)

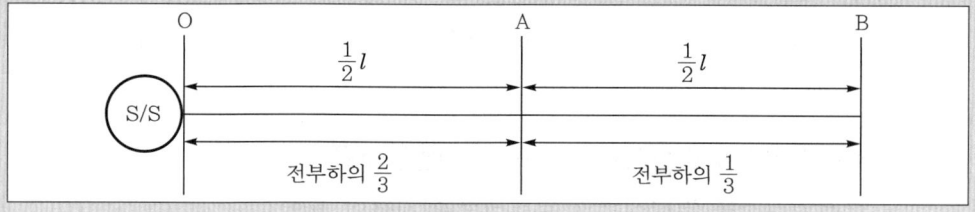

(data) 발송배전기술사 23-130-4-1 / 발송배전기술사 출제예상문제

(답안) **1. 전류분포 곡선도**

조건에서 균등분포, 부하는 10000kVA 또는 15000kVA

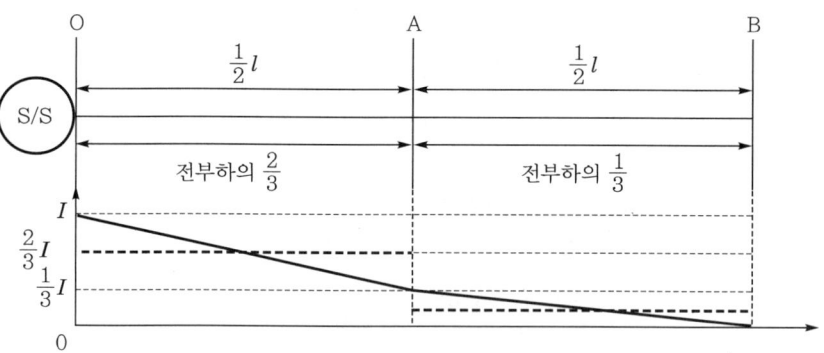

2. 160mm^2 구간

조건 : $r_1 = 0.186\,\Omega$/km, $x_1 = 0.391\,\Omega$/km

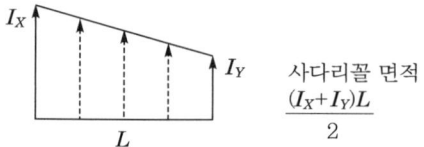

사다리꼴 면적
$\dfrac{(I_X + I_Y)L}{2}$

(1) 전류

$$I_1 = \frac{P[\mathrm{kVA}]}{\sqrt{3}\ V[\mathrm{kV}]} = \frac{10000}{\sqrt{3} \times 22.9} = 252\,\mathrm{A}$$

(2) 구간별 평균전류(분산부하율과 동일 개념임)

① OA구간 : $\left(I + \dfrac{1}{3}I\right) \times \dfrac{1}{2} = \dfrac{4}{6}I = \dfrac{2}{3}I$

② AB구간 : $\left(\dfrac{1}{3}I + 0\right) \times \dfrac{1}{2} = \dfrac{1}{6}I$

(3) 전압강하

① OA구간 전압강하

$$e_a = I_{av}(r_1\cos\theta + x_1\sin\theta) \times L = \frac{2}{3}I_1(r_1\cos\theta + x_1\sin\theta) \times \frac{l}{2}$$

$$= \frac{2}{3} \times 252 \times \left(0.186 \times 0.9 + 0.391 \times \sqrt{1 - 0.9^2}\right) \times \frac{l}{2} = 28.3752\,l$$

② AB구간 전압강하

$$e_b = \frac{I_1}{6}(r_1\cos\theta + x_1\sin\theta) \times \frac{l}{2}$$

$$= \frac{252}{6} \times \left(0.186 \times 0.9 + 0.391 \times \sqrt{1 - 0.9^2}\right) \times \frac{l}{2} = 7.0938\,l$$

③ O ~ B 구간 전압강하

$$e = e_a + e_b = 35.469\,l = 1320$$

$$\therefore\ l_2 = \frac{1320}{35.469} = 37.216\,\mathrm{km} = 37216\,\mathrm{m}$$

3. 240mm² 구간

조건 : $r_2 = 0.123\,\Omega/\mathrm{km}$, $x_2 = 0.308\,\Omega/\mathrm{km}$, 15000kVA 부하

(1) 전류

$$I_2 = \frac{P[\mathrm{kVA}]}{\sqrt{3}\ V[\mathrm{kV}]} = \frac{15000}{\sqrt{3} \times 22.9} = 378\,\mathrm{A}$$

실현장에서는 1A당 약 40kW로 개략 계산한다.

(2) 구간별 평균전류

① OA구간 : $\left(I + \dfrac{1}{3}I\right) \times \dfrac{1}{2} = \dfrac{4}{6}I = \dfrac{2}{3}I$

② AB구간 : $\left(\dfrac{1}{3}I + 0\right) \times \dfrac{1}{2} = \dfrac{1}{6}I$

(3) 전압강하

① OA구간 전압강하

$$e_a = I_{av}(r_1\cos\theta + x_1\sin\theta)\times L = \frac{2}{3}I_2(r_1\cos\theta + x_1\sin\theta)\times\frac{l}{2}$$

$$= \frac{2}{3}\times 378\times 0.2449\times\frac{l}{2} = 30.875\,l$$

② AB구간 전압강하

$$e_b = \frac{I_2}{6}(r_2\cos\theta + x_2\sin\theta)\times\frac{l}{2} = \frac{378}{6}\times 0.2449\times\frac{l}{2} = 7.714\,l$$

③ O ~ B구간 전압강하

$$e = e_a + e_b = 38.571\,l_2 = 1320$$

$$\therefore\ l_2 = \frac{1320}{38.571} = 34.223\,\text{km} = 34223\,\text{m}$$

044 전압강하를 보상하기 위해 배전계통에서 사용하고 있는 전압조정방법들에 대하여 설명하시오.

data 발송배전기술사 20-121-1-10 / 발송배전기술사 출제예상문제

답안 1. 배전계통 전압조정 개념

(1) 변전소

OLTC + (LDC or 프로그램방식)

(2) 선로

① 고압 : 주상변압기 TAP + SVR

② 저압 : 전압강하 배분

(3) 분산전원 이용(DER-AVM)

분산형 전원의 출력전압을 조정하기 위해 개발된 인버터

① 인버터는 분산형 전원의 역률을 조정하여 출력전압을 조정한다.

② 조정이란 분산전원의 출력전압이 규정전압을 초과하는 경우 출력 중의 무효전력을 조정하여 역률을 낮춤으로써 분산전원의 출력전압을 낮춘다는 것

2. 전압조정방법

(1) 배전변전소 송출전압조정

① OLTC 전압조정 : $\dfrac{N_1}{N_2} = \dfrac{E_1}{E_2}$ 에서 $E_1 = \dfrac{N_1}{N_2} E_2$ 이므로 N_1 을 가변하여 E_2 를 조정

② LDC

㉠ OLTC 제어방법 : LDC와 프로그램방식이 있다.

㉡ LDC가 주로 사용되며, 선로전압과 전류를 검출하여 전압을 보상하는 방법이다.

㉢ 정정치 : $V_1 = V_s \times \mathrm{PT}$비, $V_1 = I_L \cdot R_L$, $V_s = I_s \cdot R$

$\therefore\ I_L \cdot R_L = I_s \cdot R \times \mathrm{PT}$비 $\rightarrow R = R_L \times \left(\dfrac{I_L}{I_s}\right) \times \dfrac{1}{PT} = R_L \times \dfrac{\mathrm{CT}비}{\mathrm{PT}비}$

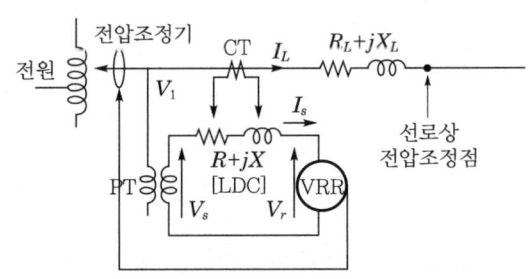

‖ LDC 이용 전압조정 ‖

(2) 선로 주상변압기 전압조정

① SVR(Step Voltage Regulator)

㉠ 22.9kV 배전선로의 각 상별 전압 자동조정장치이다.

㉡ 구조 및 원리는 LDC와 동일하다.

㉢ SVR 구성 : 단권변압기 + 탭절환장치(승압 16개, 강압 16개 탭, 탭간격 13.2kV 기준 825V(13200/16))

㉣ 배전선로 도중에 SVR 설치 : PVR(주상설치형 자동전압조정기-pole mounted automatic voltage regulator)

② 주상변압기 Tap 조정

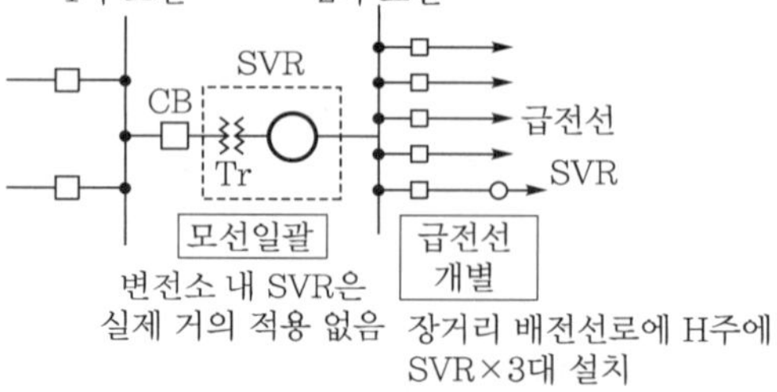

▌SVR 이용 전압조정▐

reference

배전용 변전소(2차 변전소, 154/22.9kV) 전압조정방법

(1) ULTC 조정

① 변압기에 기준전압의 2.5% 또는 1.25% 간격으로 여러 개의 Tap를 설치하여 Tap 변환으로 권수비를 변경시켜 2차 전압을 조정함

② 적용 : 절연설계상 저전압 측이 유리한 점을 이용함으로써 345kV 1차 S/S의 154kV측, 154kV 2차 S/S 23kV측

③ 방법

㉠ LDC 방법(Line Drop Compensator) : 선로 말단 또는 배전선로의 어느 지점의 전압을 일정하게 유지하고, 중·경 부하 시에도 각각 원하는 전압값이 되도록 변압기 전압을 임피던스강하분 만큼 높게 조정하는 방식으로, 선로 전압조정기라 한다.

㉡ 프로그램조정방식 : 몇 개의 구간별로 이상적인 송전전압을 미리 산출하여 Timer를 사용하여 시간대별의 송전 예정전압을 부하상태에 맞추어 운용하는 방식

④ ULTC 조정법에 의한 경우 주의사항 : 전압의 신속, 조밀한 방법으로 ULTC는 유효하나 한계가 있으며 동작 횟수상 ULTC의 전기적 수명은 30만회로 정하고 있어 ULTC만에 의한 전압조정은 곤란하다.

(2) LDC(Line Drop Compensator) 방법

① 선로 말단 또는 배전선로의 어느 지점의 전압을 일정하게 유지하고, 중·경 부하 시에도 각각 원하는 전압값이 되도록 변압기 전압을 임피던스 강하분 만큼 높게 조정하는 방식으로 선로 전압조정기라 한다.

② LDC의 원리

㉠ 선로에 상당하는 임피던스를 취하여 여기에 부하전류에 대응한 CT 2차 전류를 흘려서 발생하는 LDC의 임피던스강하를 전압계전기의 PT 회로에 삽입하여, 전압계전기 입력(入力) = (PT 2차 전압 - LDC 전압)이 되도록 부하전류를 증가

㉡ LDC 전압이 크면 PT 2차 전압을 올리는 방향으로 절환동작

㉢ 선로의 임피던스강하 보상

㉣ 부하 말단에서의 전압 적정치 유지

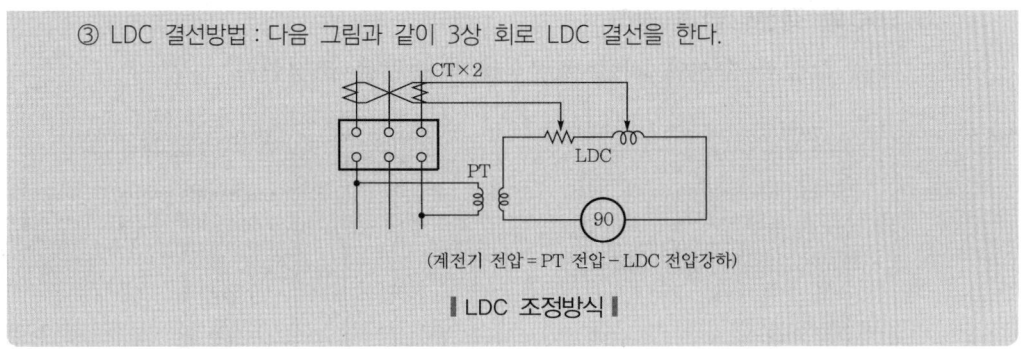

③ LDC 결선방법 : 다음 그림과 같이 3상 회로 LDC 결선을 한다.

(계전기 전압 = PT 전압 − LDC 전압강하)

∥ LDC 조정방식 ∥

045 배전계통의 전압조정을 위한 LDC(Line Drop Compensator) 방식에 대하여 설명하시오.

data 발송배전기술사 24-132-4-4 / 발송배전기술사 출제예상문제

답안 1. 개요

(1) 배전계통의 전압은 수용가에 직접적인 영향을 준다.

(2) 최근 분산전원의 연계로 배전계통의 전압조정의 필요성이 더 많이 요구되고 있다.

(3) LDC(Line Drop Compensator) 방식에 의한 배전선로 전압조정방식의 정의

배전용 변전소의 22.9kV측 모선에 LDC를 설치하여 AVR과 OLTC를 이용한 전압조정에서 이러한 선로전압강하를 보상하기 위해 사용되는 선로전압강하보상기(Line Drop Compensator)의 방식을 말한다.

2. LDC(전압강하보상기 : Line Drop Compensator)의 필요성과 목적

(1) 선로 말단 또는 배전선로의 어느 지점의 전압을 일정하게 유지하고, 중·경 부하 시에도 각각 원하는 전압값이 되도록 변압기전압을 임피던스강하분 만큼 높게 조정하는 방식으로 선로 전압조정기라 한다.

(2) LDC는 전압강하보상기로서 부하곡선이 변동하여 프로그램 제어를 채택할 수 없는 경우에는 시시각각의 부하전류에 의한 임피던스 강하를 전압계전기로 귀환시켜 기준전압을 조정하는 방법이 적당하다.

3. LDC의 결선방법과 원리

다음 그림과 순서에 의한 배전선로의 전압을 조정한다.

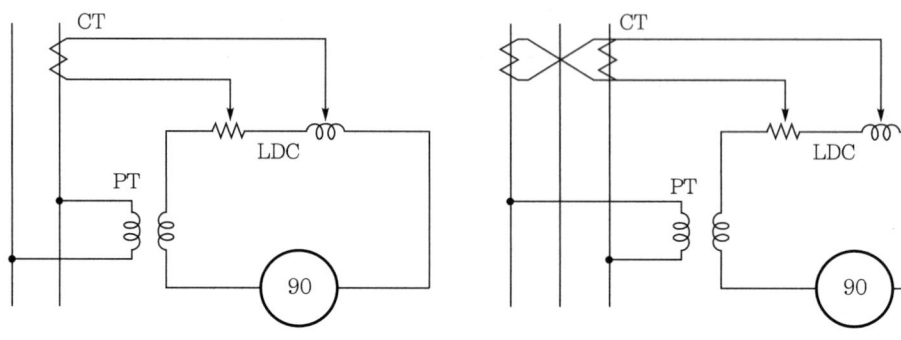

| 단상 회로 LDC 결선 | | 3상 회로 LDC 결선 |

(1) 그림과 같이 선로에 상당하는 임피던스를 취하여 여기에 부하전류에 대응한 CT 2차 전류를 흘려서 발생하는 LDC의 임피던스 강하를 전압계전기의 PT 회로에 투입한다.

(2) 앞의 그림과 같이 전압계전기(그림의 90)의 입력과 PT 2차 전압인 LDC의 전압이 같게 되도록 하면 부하전류가 증가된다.

(3) LDC 전압이 크면 PT 2차 전압을 올리는 방향으로 절환이 동작한다.

(4) 선로의 임피던스 강하 보상

(5) 부하 말단에서의 전압 적정치 유지

(6) '(1)' ~ '(5)'의 메커니즘으로 진행되며 이때의 전압강하성분과 판정은 다음과 같다.

① 선로전압 강하보상방식을 적용하여 사용할 때 선로의 저항성 전압강하성분(U_r), 유도성 전압강하성분(U_x)을 정확히 구하여 적용하면, 선로 말단의 전압은 부하에 관계없이 일정하게 된다.

② 이 방식은 전압·전류의 벡터적 보상으로서, U_r, U_x값이 정확하면 선로전압 강하의 판정이 정확하다.

$$U_r = I_N \cdot \frac{R_{CT}}{R_{PT}} \cdot r \cdot L[\text{V}] \quad \cdots\cdots\cdots\cdots\cdots\cdots\cdots\cdots\cdots\cdots\cdots\cdots\cdots\cdots\cdots \text{식 1)}$$

$$U_x = I_N \cdot \frac{R_{CT}}{R_{PT}} \cdot x \cdot L[\text{V}] \quad \cdots\cdots\cdots\cdots\cdots\cdots\cdots\cdots\cdots\cdots\cdots\cdots\cdots\cdots\cdots \text{식 2)}$$

여기서, I_N : CT 2차 정격전류, R_{CT} : CT 변류비, R_{PT} : PT 변압비

r : 선로 각 상의 저항[Ω/km]

x : 선로 각 상의 유도성 리액턴스[Ω/km]

L : 선로의 길이[km]

4. LDC(Line Drop Compensator) 방식

(1) 배전선로 전압조정방식 전체 개념도

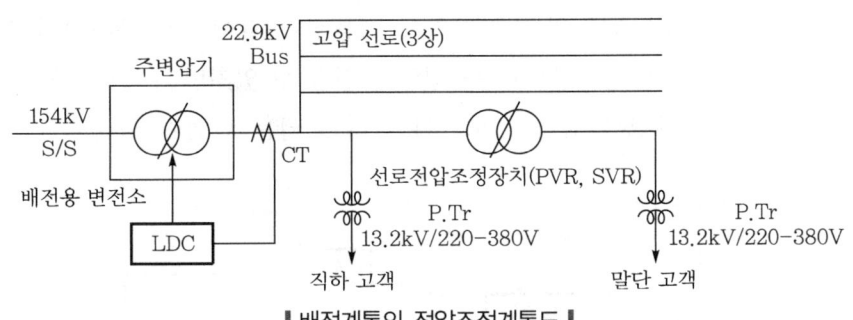

∥ 배전계통의 전압조정계통도 ∥

(2) 배전선의 송출전압의 조정방법은 부하전류에 연동하여 조정하는 LDC 조정방식 과 시간에 의하여 정해진 송출전압을 조정하는 프로그램방식, 이 둘을 병용한 LDC 병용프로그램 조정방식 등이 있으며, 부하형태에 따라 가장 많은 고객을 규정치 이내로 유지할 수 있는 조정방식을 선택할 필요가 있다.

(3) 조정방식

변전소 2차 전압은 일반적으로 모선에서 조정되며 2차 전압의 조정은 3가지 방식에 의한다.

① 프로그램 조정방식

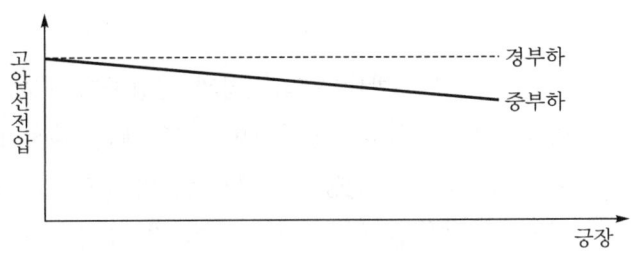

∥ 고압선 전압분포 ∥

㉠ 타임스케줄 방식이라고 하며, 미리 산출한 이상적인 송출전압곡선을 수 개의 구간으로 구분하여 시간대별로 타임 릴레이의 동작을 지정하여 요구되는 송출전압을 단계적으로 조정하는 방법이다.

㉡ 시간대별로 타임스위치의 지정에 의해 송출전압을 단계적으로 조정하는 것이다.

㉢ 다음 그림과 같이 프로그램 타이머에 의해 자동적으로 탭과 같은 조정요소를 제어하여 전압을 단계별로 조정하는 것이다.

ⓒ 이 방식에 의하면 필요한 송출전압을 얻을 수는 있으나 부하전류의 변동폭이 커서 송출전압만으로 전압강하를 보상해주지 못하는 뱅크의 경우 송출전압변동의 전압강하에 적응성이 떨어지는 문제점이 있다.

ⓓ 간단하게 여러 송출전압을 얻을 수 있지만 부하변동의 폭이 큰 경우 적절한 전압강하의 보상이 어렵게 되는 단점이 있다.

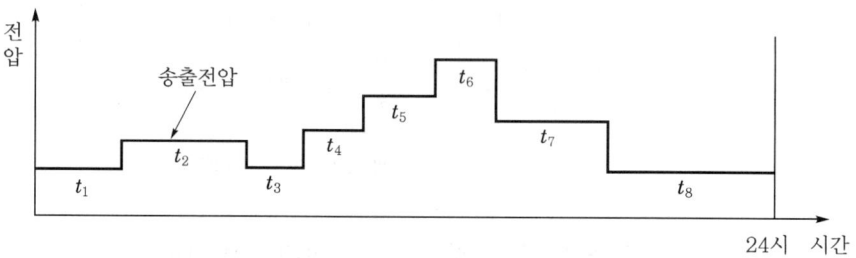

┃ 프로그램 조정방식에 의한 시간대별 송출전압 ┃

② LDC 조정방식

ⓐ 프로그램 방식의 단점을 보완하는 방식이다.

ⓑ LDC 조정방식은 부하증감에 따라 선로에 대한 전압강하를 보상하여 송출전압을 조정하는 것이 가능하며 저항성분과 리액턴스성분을 조정하는 것으로 우리나라 전력회사에서도 대부분 이 방식을 사용하여 송출전압을 조정하고 있다.

ⓒ 이 두 성분은 다이얼 스위치를 통해서 파악할 수 있으며 전압강하는 전압계에 표시된다.

ⓓ 전압계 회로의 반대(유압)전압과 일정하게 전압조정기 제어회로의 선로전압강하와 비례해서 동작하며, 전압계는 릴레이에 연결되어 있다.

ⓔ 이 릴레이는 부하변동 시 또는 전압변동 시 전압조정기를 구동하도록 되어 있기 때문에 급격한 부하변동에 더 유연하게 대응이 가능하다(장점).

ⓕ 미리 정해진 전압조정요소(등가 임피던스와 부하중심점 전압)에 의해 시간에 따라 변화하는 부하전류의 크기에 따라 고압선로의 전압강하를 보상하는 방식이다.

ⓖ 이 방식은 가능한 한 부하특성이 유사한 선로로 구성된 뱅크에 적용해야 하는 한계성을 지니고 있다(단점).

ⓗ LDC 방식에는 회선선정방식과 Bank 방식이 있다.

  • 회선선정방식 : 한전은 변압기가 공급하는 선로 중 가장 대표적인 선로를 선정하여, 이 선로의 저항성 전압강하성분, 유도성 전압강하성분을

구하여 AVR의 선로전압강하보상기에 적용하는 회선선정 LDC 방식을 적용하고 있다.

- Bank 방식 : 주변압기 해당 뱅크별 LDC 및 AVR과 조합한 방식이다.

ㅈ 부하에 따른 LDC의 전압조정방법

- 중부하 시 I_n의 증가로 전압강하 증가

∴ LDC 조정으로 송출전압을 상향시킬 것

- 경부하 시 I_n의 감소로 전압강하 감소

∴ LDC 조정으로 송출전압을 하향시킬 것

③ LDC 프로그램 + 프로그램 병용방식

㉠ 이 방식은 프로그램방식과 LDC 방식의 장점을 사용하는 방식이다.

㉡ 고·저압 동력부하의 대 고객에 공급하는 고압선로와 전등고객에 공급하는 고압 선로 간에는 일반적으로 부하특성 곡선상에 큰 차이를 나타내기 때문에 만일 LDC 방식만을 사용하면 전등고객의 부하수요가 작은 주간에도 모선전압은 상승하게 된다.

㉢ 이러한 문제점을 피하기 위해 LDC 방식에 프로그램방식을 보완하여 기준전압에 대한 시간대별 타임스케줄을 정하여 부하변동에 따라 송출전압을 조정한다.

(4) 최근 경향으로는 분산전원의 배전연계로 인한 LDC의 오동작문제가 대두된다.

① 분산형 전원연계점의 전압 상승을 계통전압의 상승으로 인식하여 LDC가 오동작한다.

② 대용량 분산형 전원의 역조류에 의한 연계점의 전압 상승을 배전선로 전체의 전압 상승으로 LDC가 오판정하여 작동하게 된다.

③ 대책으로 분산형 전원측에 DER-AVM 설치 의무화

④ 연계가능한 분산전원의 용량제한

---

reference

배전선로 전압조정장치의 전체 구분

(1) 배전용 변전소 모선에 전압조정장치 적용

① 선로 전압강하 보상장치(LDC : Line Drop Compensator)

㉠ 배전선로에서 발생하는 저압 강하를 고려하여 모선전압을 조정하는 장치이다.

㉡ 배전변전소의 OLTC 조정과 LDC의 조합

② 주변압기 1차에 부하 시 탭 절환장치(OLTC : On Load Tap Changer)를 채용한다.

　㉠ 배전용 주변압기의 Tap 조정 실시 : 변전소에 배전용 변압기에 자동전압조정기(AVR)에 의하여 OLTC의 조합으로 자동운전으로부터 부하시간대와 무관하게 배전선로의 송출전압을 조정한다.

　㉡ 부하변동이 작은 배전선로에 적당하다.

③ ULTC 또는 NLTC(무전압 탭체인저) : 무부하 변압기 1차측에 설치하여 탭조정으로 전압을 조정(소용량에 적용)

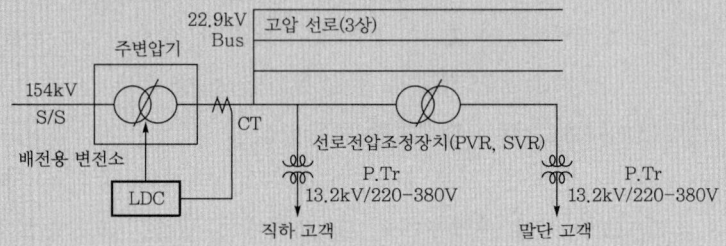

‖ 배전계통의 전압조정계통도 ‖

(2) 가공배전선로 도중에 전압조정방법

① 배전선로에 보통 콘크리트 전주를 3개 또는 2개의 H형으로 구성 후 전주 사이에 SVR(Step Voltage Regulator)이나 PVR, IR 설치 후 전압조정

　㉠ SVR(Step Voltage Regulator), 유도전압조정기(IR : Induction Regulator)가 있으나, 현재 SVR만 사용(약 350kVA 이상의 변압기 3대를 결선하여 H전주에 설치함)

　㉡ SVR : 배전선로가 전체 길이가 길게 되면(약 50km 정도) 배전선로 말단에서의 전압이 많이 저하되므로 배전선로 중간에 1상 변압기를 델타 결선시켜 승압기의 역할을 하도록 함으로써 말단의 수용가에 전압강하를 자동으로 보상시켜 배전선로의 말단에 규정전압을 공급시킨다.

　㉢ IR : 부하변화가 심하게 변하는 배전선로의 전압조정에 적정한 변전소에 설치되는 전압조정기

② 주상변압기의 Tap의 적정조정(변전소 인출거리에 따라 무 tap 주상변압기도 있음)

　㉠ 전압강하율을 산정하여 전압강하율에 알맞은 적정한 변압기의 탭조정

　㉡ 배전변압기 탭 선정방법

　　• 중부하 시 탭 변경점 직전의 저압선 말단 수용가의 전압 : 허용전압변동의 하한보다 저하가 없을 것

　　• 중부하 시 탭 변경점 직후 변압기에 접속된 수용가 전압 : 허용전압변동의 상한보다 초과하지 않을 것

　　• 경부하 시 변전소 송전전압을 지하 시 최초의 탭 변경점 직전의 저압선 말단 수용가의 전압 : 허용전압변동의 하한보다 저하시키지 않을 것

　　• 경부하 시 탭 변경점 직후 : 하한보다 감소시키지 말 것

(3) 기타 방법에 의한 배전선로 전압조정방법

① 분산형 전원측에 DER-AVM 조정

② 지상변압기의 Tap 조정

③ 병렬콘덴서 : 선로의 무효전력을 흡수하여 전압강하 방지에 사용

④ 승압기(booster) 사용

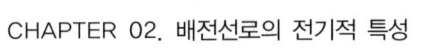

046 분산형 전원 연계선로의 전압보상을 위한 배전용 SVR(Step Voltage Regulator)에 사용되는 특수변압기의 기능과 장단점에 대하여 설명하시오.

data 발송배전기술사 21-124-1-10 / 발송배전기술사 출제예상문제

답안 **1. 배전계통 전압관리계통도**

(1) 전압관리계통도 및 탭 구성도

배전선로에 설치하는 장치로, 즉 전주에 설치한다.

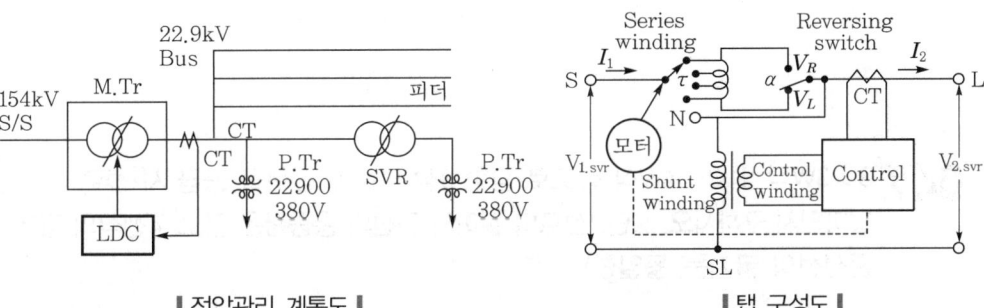

┃전압관리 계통도┃   ┃탭 구성도┃

(2) SVR 구성

단권변압기 + 탭절환 장치

(승압 16개 : tap, 강압 : 16개 tap, 기준 : 13.2kV, 탭간격 : 82.5V)

2. SVR에 사용되는 변압기(단권변압기)의 기능

(1) 승압 및 감압 기능

(2) 무효전력 제어

(3) 전압변동률 저감으로 전압품질 제어

(4) 배전손실 경감

3. 단권변압기의 장단점

(1) 장점

① 1권선 변압기이므로 동량이 줄어든다.

② 동일 용량의 2권선 변압기보다 가볍고, 경제적이다.

③ 동손이 감소하여 효율이 좋다.

④ 누설리액턴스가 작아 임피던스 전압강하와 전압변동률이 작다.

⑤ 누설자속이 저감되므로 여자전류 저감, 철심사용량 절감, 안정도가 증가한다.

⑥ 동일 전력입력 시 2권선보다 높은 전력생산으로 용량이 증대된다.

(2) 단점

① 1·2차 비절연상태로 1차측 전기 이상이 2차측에 영향을 끼치게 된다.

② 서지내량의 증가가 필요하다(2차측도 1차측과 동일 절연).

③ 전기적 분리 불가(1차측의 이상전압, 노이즈 전달)

④ 누설리액턴스가 작아 단락전류가 커져서 차단기용량 및 기계적 강도 증가로 경제성이 악화된다.

⑤ 주로 배전용 H형 C주에 설치되며, 유지보수가 까다롭고, 현장 보수원들이 보수점검순서를 착각하면 변압기 소손사고가 발생하기 쉽다.

---

047 3ϕ 3W식 및 3ϕ 4W식 선로로 평형 3상 부하에 전력을 공급 시 선로 내의 손실비는 얼마인지 구하시오. (단, 선로의 길이와 전선의 총중량은 같고, 4선식의 경우 전력선과 중성선의 굵기는 동일함)

data 발송배전기술사 20-122-3-5 / 발송배전기술사, 건축전기설비기술사 출제예상문제

답안 **1. Y결선 및 △결선도**

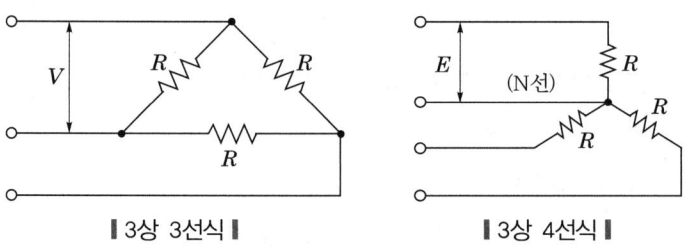

┃3상 3선식 ┃ ┃3상 4선식 ┃

2. 선간전압과 선전류

구분	전압 해석	전류 해석
Y결선	선간전압 = $\sqrt{3}\times$상전압	선전류 = 상전류
델타결선	선간전압 = 상전압	선전류 = $\sqrt{3}\times$상전류

3. 선로길이와 전선중량이 동일함에 따른 단면적의 비

(1) 3상 3선식 중량

$$W_3 = 3lA_3\sigma$$

여기서, σ : 전선의 밀도[kg/m^3]

(2) 3상 4선식 중량

$$W_4 = 4lA_4\sigma$$

(3) 중량이 동일 조건에서 $3lA_3\sigma = 4lA_4\sigma$

(4) 단면적의 비

$$\frac{A_4}{A_3} = \frac{3}{4}$$

(5) 저항의 비

$$\frac{R_4}{R_3} = \frac{4}{3} \rightarrow \frac{R_3}{R_4} = \frac{3}{4} \rightarrow \frac{A_4}{A_3} = \frac{3}{4} = \frac{R_3}{R_4}$$

4. 1선의 전류 비교

(1) 3선식

$$I_3 - \frac{V}{R} - \frac{\sqrt{3}\,E}{R}$$

(2) 4선식

$$I_4 = \frac{E}{R}$$

$$\therefore \ \frac{I_4}{I_3} = \frac{\dfrac{E}{R}}{\dfrac{\sqrt{3}\,E}{R}} = \frac{1}{\sqrt{3}}$$

5. 선로손실 비율

$$\frac{P_{l4}}{P_{l3}} = \frac{3I_4{}^2 R_4}{3I_3{}^2 R_3} = \left(\frac{I_4}{I_3}\right)^2 \times \left(\frac{R_4}{R_3}\right) = \left(\frac{1}{\sqrt{3}}\right)^2 \times \frac{4}{3} = \frac{4}{9} = 44.44\%$$

즉, 3상 4선식의 손실은 3상 3선식의 손실의 $\dfrac{4}{9}$ 배로 감소한다.

048 아래 그림과 같이 3상 3선식과 3상 4선식 선로로 각각 평형 3상 부하에 전력을 공급할 때 전선로 내의 손실비율을 구하시오. (단, 선로의 길이와 전선의 중량은 같고 3상 4선식의 경우 전력선과 중성선의 굵기도 같음)

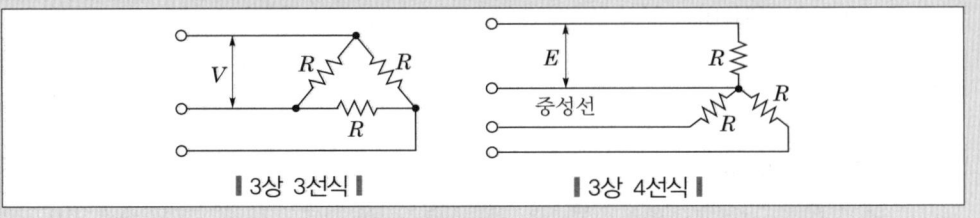

▌3상 3선식▐   ▌3상 4선식▐

data 발송배전기술사 17-112-1-11 / 발송배전기술사, 건축전기설비기술사 출제예상문제

답안 **1. 결선별 전압 및 전류 해석**

(1) 선간전압과 선전류

구분	전압 해석	전류 해석
Y결선	선간전압 $=\sqrt{3}\times$ 상전압	선전류 = 상전류
델타결선	선간전압=상전압	선전류 $=\sqrt{3}\times$ 상전류

(2) 개념도

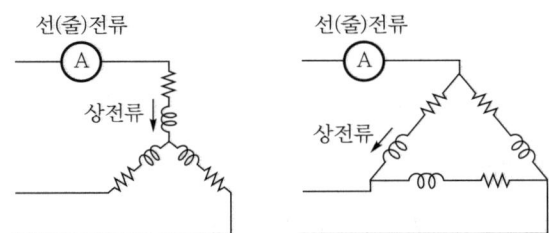

선(줄)전류   선(줄)전류

상전류   상전류

① 델타결선은 다른 상과 병렬이므로, 선전류는 합해진 전류가 흐른다.

② 따라서, 선전류 $=\sqrt{3}\times$ 상전류

2. 3상 4선식과 3상 3선식의 전선 1가닥 단면적(S) 비교

(1) 제의에 의해 길이가 동일하므로 $l_3 = l_4 = l$ ······················· 식 1)

(2) 제의에 의해 무게가 동일하므로 $W_3 = W_4$ ························· 식 2)

① 3상 3선식의 전선중량 $W_3 = 3\sigma S_3 l$ ······················ 식 3)

② 3상 4선식의 전선중량 $W_4 = 4\sigma S_4 l$ ······················ 식 4)

③ 식 2), 식 3), 식 4)에 의해, $3\sigma S_3 l = 4\sigma S_4 l$

따라서, $S_4 = \dfrac{3}{4} S_3$

3. 3상 4선식과 3상 3선식의 전선저항 비교

(1) $R_3 = \rho \dfrac{l}{S_3}$

(2) $R_4 = \rho \dfrac{l}{S_4} = \rho \dfrac{l}{\dfrac{3}{4}S_3} = \rho \dfrac{4}{3}\dfrac{l}{S_3}$

(3) $R_4 = \dfrac{4}{3}R_3$ ·· 식 5)

4. 3상 4선식과 3상 3선식의 선로손실 비교

구분	표현식	Y-델타 선전류 관계상 손실표현	
Y결선의 손실	$3I_Y{}^2 R_Y$	$3I_Y{}^2 R_Y$	·········· 식 6)
델타결선의 손실	$3I_\triangle{}^2 R_\triangle$	$3(\sqrt{3}\,I_Y)^2 R_\triangle = 9I_Y{}^2 R_\triangle = 9I_Y{}^2 R_3$	·········· 식 7)

(1) 식 6)을 식 7)에 대입하여 Y결선의 손실은

$$3I_Y{}^2 R_Y = 3I_Y{}^2\left(\dfrac{4}{3}R_3\right) = 4I_Y{}^2 R_3$$ ································ 식 8)

(2) $\dfrac{P_{l4}}{P_{l3}} = \dfrac{식\ 8)}{식\ 7)} = \dfrac{4I_Y{}^2 R_3}{9I_Y{}^2 R_3} = \dfrac{4}{9}$ ························ 식 9)

$$\therefore\ P_{l4} = \dfrac{4}{9}P_{l3} = 0.444P_{l3}$$

5. 결론

(1) 3상 4선식 배전방식이 3상 3선식 배전방식보다 선로의 손실은 감소한다.

(2) 그 손실은 3상 3선식 선로손실의 44%로 손실감소로 나타난다.

┌─── 별해 ───

[별해 1]

1. 전선중량 동일 조건에서 저항비 산출

① $W_4 = W_3$

② $\dfrac{3상\ 4선식의\ 단면적\ A_4}{3상\ 3선식의\ 단면적\ A_3} = \dfrac{\dfrac{1}{4}A}{\dfrac{1}{3}A} = \dfrac{3}{4}$

$$\therefore\ \dfrac{R_4}{R_3} = \dfrac{\rho\dfrac{l}{A_4}}{\rho\dfrac{l}{A_3}} = \dfrac{A_3}{A_4} = \dfrac{4}{3}$$

2. 1선당 전류비

① 3상 3선식 : $P = \sqrt{3} \times$ 선간전압 $\times$ 선전류 $\times$ 역률 $= \sqrt{3}\,V I_3 \cos\theta$ 에서

$$I_3 = \frac{P}{\sqrt{3}\,V \cos\theta}$$

② 3상 4선식 : $P = 3 \times$ 상전압 $\times$ 선전류 $\times$ 역률 $= 3E I_4 \cos\theta$ 에서

$$I_4 = \frac{P}{3E \cos\theta}$$

③ 그러므로, $\dfrac{I_4}{I_3} = \dfrac{\frac{1}{3}}{\frac{1}{\sqrt{3}}} = \dfrac{1}{\sqrt{3}}$

3. 전력손실비

① $\dfrac{P_{l4}}{P_{l3}} = \dfrac{3{I_4}^2 R_4}{3{I_3}^2 R_3} = \left(\dfrac{1}{\sqrt{3}}\right)^2 \times \dfrac{4}{3} = \dfrac{4}{9} = 0.44$

② 따라서, 3상 4선식은 3상 3선식에 비해 전력손실비는 약 44%이다.

[별해 2]

1. 3상 4선식과 3상 3선식의 전선 1가닥 단면적(S) 비교

① 제의에 의해 길이가 동일하므로 $l_3 = l_4 = l$ .... 식 1)

② 제의에 의해 무게가 동일하므로 $W_3 = W_4$ .... 식 2)

    ㉠ 3상 3선식의 전선중량 $W_3 = 3\sigma S_3 l$ .... 식 3)

    ㉡ 3상 4선식의 전선중량 $W_4 = 4\sigma S_4 l$ .... 식 4)

    ㉢ 식 2), 식 3), 식 4)에 의해, $3\sigma S_3 l = 4\sigma S_4 l$

    따라서, $S_4 = \dfrac{3}{4} S_3$

2. 3상 4선식과 3상 3선식의 전선저항 비교

① $R_3 = \rho\,\dfrac{l}{S_3}$

② $R_4 = \rho\,\dfrac{l}{S_4} = \rho\,\dfrac{l}{\frac{3}{4} S_3} = \rho\,\dfrac{4}{3}\,\dfrac{l}{S_3}$

$\therefore\ R_4 = \dfrac{4}{3} R_3$

3. 공급전력에 의한 선전류 비교

문제의 내용에서 선로의 손실을 질문하므로, 다음의 개념에 의한다.

① 동일 전력공급이므로 $P_3 = P_4$, $V = E$(이 문제의 핵심 내용임)

여기서, $P_3 : 3\phi$ 3W식 전력, $P_4 : 3\phi$ 4W식 전력

② 3상 3선식의 전력 : $P_3 = \sqrt{3}\,V_3 I_3 \cos\theta = \sqrt{3}\,V I_3 \cos\theta$

③ 3상 4선식의 전력

$$P_4 = \sqrt{3}\,V_4 I_4 \cos\theta = \sqrt{3}\,(\sqrt{3}\,E)\,I_4 \cos\theta = 3E I_4 \cos\theta$$

④ 두 방식의 전력비교 : $\dfrac{P_3}{P_4} = 1 = \dfrac{\sqrt{3}\,V I_3 \cos\theta}{3E I_4 \cos\theta} = \dfrac{I_3}{\sqrt{3}\,I_4}$

$$\therefore\ I_3 = \sqrt{3}\,I_4,\ \ I_4 = \frac{1}{\sqrt{3}}I_3$$

4. 전선로의 손실 비교

$$\frac{P_{l4}}{P_{l3}} = \frac{3 I_4{}^2 R_4}{3 I_3{}^2 R_3} = \frac{3 I_4{}^2 \left(\dfrac{4}{3}R_3\right)}{3(\sqrt{3}\,I_4)^2 R_3} = \frac{4}{9}$$

$$\therefore\ P_{l4} = \frac{4}{9}P_{l3} = 0.444 P_{l3}$$

5. 결론

3상 4선식 배전방식이 3상 3선식 배전방식보다 선로의 손실은 감소하며, 그 손실은 3상 3선식 선로손실의 44%의 손실 감소로 나타난다.

049 다음 그림과 같이 선간전압을 200V라 하고, 선전류가 10A일 경우의 Y결선 시의 저항과 델타 결선 시의 선전류와 상전류를 구하시오.

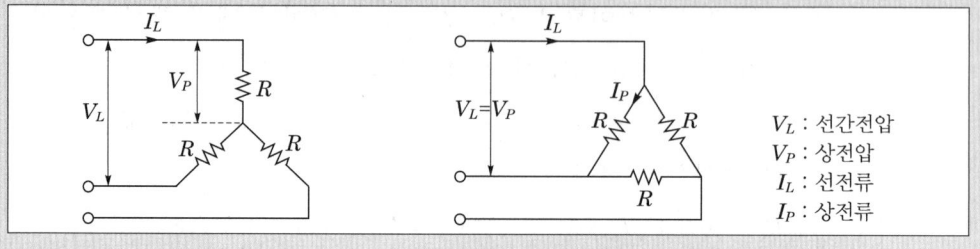

data 소방기술사 18-116-4-1 / 발송배전기술사, 건축전기설비기술사 출제예상문제

답안 1. Y결선 시의 전압 및 전류에 의한 저항산출

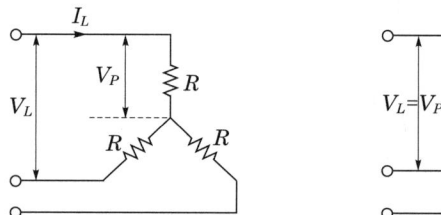 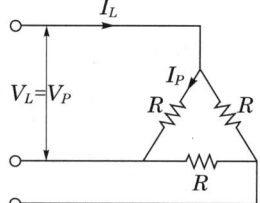

V_L : 선간전압
V_P : 상전압
I_L : 선전류
I_P : 상전류

(1) 선간전압(V_L)

$V_L = \sqrt{3}\,V_P$ (V_P : 상전압) $\cdots\cdots$ 식 1)

(2) 선전류(I_L)

$I_L = I_P$ (I_L : 선전류) $\cdots\cdots$ 식 2)

(3) 수치 대입

① V_L : 200V

② I_L : 10A

(4) Y결선의 저항값 산출

① $V_P = I_L \times R$에서 $R = \dfrac{V_P}{I_L}$ $\cdots\cdots$ 식 3)

② 또, $V_P = \dfrac{V_L}{\sqrt{3}}$ 이므로 식 3)에 대입하고 수치를 입력시키면

$$R = \frac{V_P}{I_L} = \frac{\frac{V_L}{\sqrt{3}}}{10} = \frac{\frac{200}{\sqrt{3}}}{10} = \frac{200}{10\sqrt{3}}$$

2. △결선 시의 선전류와 상전류

(1) 선간전압(V_L)

$V_L = V_P$ (V_P : 상전압) ·· 식 4)

(2) 선전류(I_L)

$I_L = \sqrt{3}\,I_P$ (I_P : 상전류) ·· 식 5)

(3) △결선의 선전류 I_L값 산출

① V_P : 200V

② $V_P = I_P \times R$에서 $I_P = \dfrac{V_P}{R}$ 이므로 구하고자 하는 값이 선전류 I_L이므로

$I_L = \sqrt{3}\,I_P = \sqrt{3}\,\dfrac{V_P}{R}$ ·· 식 6)

③ 식 6)에 식 4)를 대입 후 계산하면

$I_L = \sqrt{3}\,\dfrac{V_P}{R} = \sqrt{3}\left(\dfrac{200}{\dfrac{200}{10\sqrt{3}}}\right) = \sqrt{3}\left(\dfrac{200 \times 10\sqrt{3}}{200}\right) = 30\,\mathrm{A}$

(4) △결선의 상전류 I_P값 산출

① $I_L = \sqrt{3}\,I_P$에서 $I_P = \dfrac{1}{\sqrt{3}}I_L$

② $I_P = \dfrac{1}{\sqrt{3}}I_L = \dfrac{1}{\sqrt{3}} \times 30 = \dfrac{30}{1.732} \fallingdotseq 17.32\,\mathrm{A}$

③ 결론 : Y결선 시의 저항$= \dfrac{200}{10\sqrt{3}}$

　　ⓐ 델타결선 시의 선전류$= 30\,\mathrm{A}$

　　ⓑ 델타결선 시의 상전류$= 17.32\,\mathrm{A}$

050 배전선로에서 손실경감대책에 대하여 설명하시오.

data 발송배전기술사 19-119-3-5·13-101-4-3 / 발송배전기술사 출제예상문제

comment 실전에서는 2번의 요약과 3번의 내용만 기록해도 무방하다.

답안 1. 전력손실의 정의

(1) 전력계통의 손실구분

① 송·배전 손실전력량 = 송전단 전력량 - 판매전력량

② 송·배전 손실률 = $\dfrac{\text{송·배전 손실전력량}}{\text{송전단 전력량}} \times 100[\%]$

(2) 송·변전 손실

① 송·변전 손실전력량 = 송전단 전력량 - 배분전력량

= 송·변전 1차 손실량 + 송·변전 2차 손실량

② 송·변전 손실률 = $\dfrac{\text{송·변전 손실전력량}}{\text{송전단 전력량}} \times 100[\%]$

㉠ 송·변전 1차 손실 : 345154kV의 송전선로 및 그 기기손실로서 송전단 전력량에서 공급단 전력량을 제한 값으로, 송·변전 손실의 대부분을 점유한다.

㉡ 송·변전 1차 손실전력량 = 송전단 전력량 - 공급단 전력량

㉢ 송·변전 2차 손실 : 66kV 송전선로 및 기기손실로서, 공급단 전력량에서 배분전력량을 제한 값이다.

㉣ 송·변전 2차 손실전력량 = 공급단 전력량 - 배분단 전력량

2. 전력계통의 손실전력 측정방법(손실발생 구분계통도)과 배전손실률

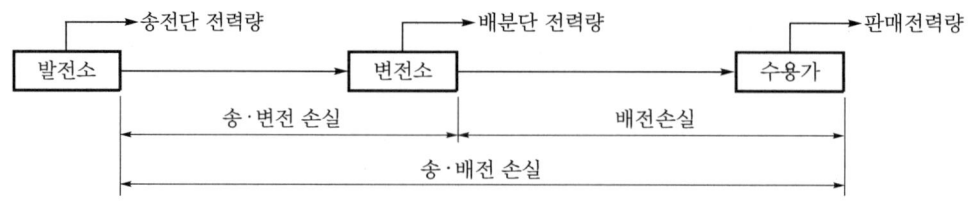

‖ 손실발생 구분계통도 ‖

(1) 위 그림에서 배전계통 손실량 측정은 각 변전소의 인출배전 D/L에서 전력량계를 설치해 배분단 전력량을 측정한다(한전변전소에 전력량계가 각 D/L마다 부착됨).

(2) 판매전력량은 해당되는 배전선로의 각 수용가의 전력량계에서의 합을 발한 것이 므로 결국 두 전력량을 차이가 배전손실량이 된다.

(3) 그림과 같이 배전손실이란 배전선로에 구성된 요소에 의한 것이며 선로(가공, 지중), 변압기, 인입선, 전력량계, 수용가 구내 전력손실량(역률 포함)으로 구성 된다.

(4) 배전손실률

전력수송구간의 손실전력량을 해당구간에 유입되는 전력량에 대한 백분율로 표 시한 것이다.

① 배전손실률 $= \dfrac{\text{배분전력량} - \text{판매전력량}}{\text{배분전력량}} \times 100\,[\%]$

② 2024년 현재 전국 배전손실률은 약 4%로서, 변전소에 설치된 전력량계에 의한 실제 측정치로 알 수 있다.

3. 배전계통의 손실경감대책

(1) 주요 배전손실

① 저항손

㉠ 배전계통 손실의 거의 대부분을 차지하고 있으며, 가공 및 지중 선로를 비롯하여 저압선, 인입선 등의 손실이 포함된다.

$$P_l = I^2 R \cdot N\,[\text{W}]$$

여기서, I : 선로전류[A], R : 전선 1가닥의 저항[Ω], N : 전선의 가닥수

㉡ 배전방식(3상 4선식, 단상 2선식)에 따라 전류의 크기도 달라지므로, 가능 한 3상 4선식으로 배전구성을 하여 전류량을 작게 하면 된다.

㉢ 손실전력량 : $WH = I^2 R \cdot N \cdot T\,[\text{Wh}]$

여기서, T : 배전시간[h]

② 케이블의 유전체손

㉠ 유전체손이란 유전체(절연물)를 전극 간에 끼우고 교류전압을 인가할 때 발생하는 손실이다.

㉡ 케이블에 전압을 인가했을 때 흐르는 전류는 정전용량에 의한 충전전류와 누설저항에 의한 전압과 동상분의 손실전류로 이루어진다.

㉢ 이때, 유전체 손실 $P = VIr = VIc\tan\delta = \omega CV^2\tan\delta$

여기서, $Ic = \omega CV$

$\tan\delta$: 유전정접

③ **변압기손실** : 무부하손실이 있으므로 배전손실 중 가장 큰 부분으로 배전손실 경감의 주안적 검토사항이다.

④ **전력량 관리문제에 의한 손실**

  ㉠ 도전손실

  ㉡ 기기오차 : 계기 오결선, 결상 등

  ㉢ 나선 등에서 발생하는 누전손실

⑤ **기타** : 코로나손, 역률 저하 및 전력량계 손실 등이 있다.

(2) 손실 경감대책

① **도전율이 좋고 단면적이 큰 전선 사용** : $P_l = I^2 R = I^2 \left(\rho \dfrac{l}{A} \right) \propto \rho \propto \dfrac{1}{A}$

위 식과 같이 도전율이 좋고(저항률이 낮은) 단면적이 큰 전선을 사용하면 되지만 경제적인 부분의 검토가 필요하다.

② **전압의 승압** : $P_l = I^2 R = \left(\dfrac{P}{V \cos \theta} \right)^2 R \propto \dfrac{1}{V^2}$

  ㉠ 식과 같이 동일 전력량 공급 시 전압의 제곱에 반비례하여 감소한다.

  ㉡ 영국과 같이 저압을 440V 승압 또는 특고압 배전을 22.9kV에서 35kV로 승압검토가 필요한 시점이지만, 경제성과 안전성을 면밀히 검토 후 시범 적용한 후 확대적용을 검토한다.

③ **전력공급자측면에서의 대책**

  ㉠ 최적 부하율 유지

    • 월별 부하패턴에 따라 배전선로 최적 계통 운영

    • 과부하 선로 부하관리 및 부하 불평형 해소

  ㉡ 비일괄 공동접지 시행 : 시스 순환전류 감소로 전력손실 감소의 효과는 있으나 계통운영상 위험요소가 많아 현재 한전선로는 적용하지 않는다. 단, 대규모 공장선로(154수전 이후 특고압 구내 전력구로 배전하는 경우)에는 적용할 수도 있다.

④ **변압기 손실 최소화**

  ㉠ 적정용량 산정 및 경부하, 과부하 변압기 관리

  ㉡ 무부하 변압기는 운휴 운전

  ㉢ 저손실형 변압기 채용

ㄹ 3상 4선식 변대와 단상 2선식 변대의 최적 통합화

- 대도시현장에는 3상 4선식과 단상 2선식 공급 시 중복된 경우가 많아 선로 유지관리에 복잡하다.
- 이를 변압기 통합화로 특고압 단상 선로의 철거 및 저압 3상 4선식화로 저압 수용가에게 공급시켜 안전과 변압기 손실경감의 두 가지 목적을 이루도록 배전설계의 최적관리가 매우 필요하다.
- NDIS(한전 설계프로그램)에서 설계 당시부터 이에 대한 최적화 제어 프로그램 적용이 필요할 것이다.

⑤ 부하의 적정 배치로 손실계수 저감 : 부하의 말단 집중배치를 피하고 되도록 분산배치한다.

⑥ 수용가 역률의 최적 관리 : 손실은 역률의 제곱에 반비례하므로 역률의 손실경감

4. 결론

(1) 국내의 배전계통 손실률은 약 4.0%로 해외 국가에 비하면 매우 낮은 편이다.

(2) 그러나 손실률 1% 경감 시 경제적 이익이 약 2800억이라는 보고가 있어, 손실률 경감이 곧 경제적 이익을 대변한다고 할 수 있으므로 저손실형 기기개발, 최적의 계통운영방법 등을 꾸준히 검토하여야 할 것이다.

---

051 배전손실은 배전용 변전소로부터 공급된 전력이 수용지점에 이르는 동안 발생하는 전기적 특성에 의한 손실(technical loss)과 전력량 관리상 손실(non-technical loss)로 구분할 수 있다. 각 손실에 대한 발생요소와 해당 배전손실을 줄일 수 있는 방안에 대하여 설명하시오.

(data) 발송배전기술사 20-121-4-4 / 발송배전기술사 출제예상문제

답안 **1. 배전손실의 발생요소**

배전선로의 전기적 특성에 의한 손실	전력량 관리상 손실

• 부하의 분산된 배치
• 배전방식에 따른 손실
• 선로손실
   – 가공선 : 저항손
   – 지중선 : 저항손, 유전체손, 연피손
   – 저압선, 인입선 손실
   – 전압 강하
• 변압기 손실 : 부하손, 무부하손
• 계량기 손실
• D/L 최적 관리 부적정에 의한 손실
	• 도전손실 : 계량기 조작, 임의사용
	• 수용가의 전력품질
	   – 수용가 역률
	   – 수용가 고조파
	   – 수용가 부하변동 → 전압변동
	• 기기 오차
	   – 오차율 초과
	   – 결상 및 오결선
	   – 검침 오차

2. 배전손실 중 전기적 손실에 대한 대책

(1) 부하의 분산된 배치

Load center에서 전력공급

① 송전단에 집중된 부하분포 : 분산부하율은 $\dfrac{1}{3}$, 분산손실계수는 $\dfrac{1}{5}$

② 평등한 부하분포 : 분산부하율은 $\dfrac{1}{2}$, 분산송실계수는 $\dfrac{1}{3}$

③ 말단에 집중된 부하분포 : 분산부하율은 $\dfrac{2}{3}$, 분산손실계수는 $\dfrac{8}{15}$

(2) 배전방식에 따른 손실의 저감대책

① 1상 2선식 배전전력 : $P = E\,I\cos\theta$, 1선당 전력 $= \dfrac{P}{2}$, 1상 2선식 대비율 : 1배

② 3상 4선식 배전전력 : $P_{3\phi 4W} = 3P$, 1선당 전력 $= \dfrac{3P}{2}$, 1상 2선식 대비율 :

$\dfrac{3}{2} = 1.5$배

(3) 배전선로 손실경감대책

① 가공선의 저항손

㉠ $P_l = I^2 R \cdot N[\text{W}]$

여기서, I : 선로전류[A], R : 전선 1가닥의 저항[Ω], N : 전선의 가닥수

㉡ 배전방식(3상 4선식, 단상 2선식)에 따라 전류의 크기도 달라지므로, 가능한 3상 4선식으로 배전구성을 하여 전류량을 작게 하면 된다.

㉢ 도전율이 좋고 단면적이 큰 전선을 사용한다.

$$P_l = I^2 R = I^2 \left(\rho \frac{l}{A} \right) \propto \rho \propto \frac{1}{A}$$

위 식과 같이 도전율이 좋고(저항율이 낮은) 단면적이 큰 전선을 사용하면 되지만 경제적인 부분의 검토가 필요하다.

② 지중선로의 손실저감대책

㉠ 저항손 억제 : 도전율이 좋고 단면적이 큰 전선 사용, 케이블 주변냉각, 고조파 억제

㉡ 유전체손 억제

• $W_d = \omega C E^2 \tan\delta = 2\pi f C E^2 \tan\delta$

여기서, $\tan\delta$: 유전정접

• 비유전율 ε_s이 작은 절연체 사용, 누설전류(I_r) 감소를 위한 양호한 절연체 적용

㉢ 연피손 저감 : 케이블의 정삼각형 배치, 케이블 시스의 연가(크로스본딩접지방식은 송전케이블에서 적용하는 시공법으로 배전에는 적용 안 됨)

③ 저압선, 인입선 손실 저감 : 전선굵기를 증대한 시공

④ 전압강하(선로정수에 영향 받음) 보상

㉠ 전압의 승압 : $P_l = I^2 R = \left(\dfrac{P}{V\cos\theta} \right)^2 R \propto \dfrac{1}{V^2}$

㉡ 위 식과 같이 동일 전력량 공급 시 전압의 제곱에 반비례하여 감소한다.

㉢ 영국과 같이 저압을 440V 승압 또는 특고압 배전을 22.9에서 35kV로 승압검토가 필요한 시점이지만, 경제성과 안전성을 면밀히 검토 후 시범 적용한 후 확대적용을 검토한다.

㉣ 변전소에서 OLTC 운전, 배전선로에서는 SVR 운전, 주상변압기와 지상변압기는 변압기 Tap의 적정운전을 한다.

ⓜ 분산형 전원에는 DER-AVM 설치(능동전압제어 인터버)
- 분산형 전원의 출력전압을 조정하기 위해 개발된 인버터
- 인버터는 분산형 전원의 역률을 조정하여 출력전압을 조정
- 신재생에너지 설비를 말단 배전선로에 연계 시 말단전압이 규정전압보다 높아 손실이 증가되고, 수용가 구내 인버터가 소손하여 피해가 심해지므로 결과적으로 역률을 저하시켜 말단 과전압(일종의 페란티 현상)을 발생시키는 대책임

(4) 변압기 손실감소대책

① 부하손 저감대책
- ㉠ 적정용량 산정 및 경부하, 과부하 변압기 관리
- ㉡ 저손실형 변압기 채용
- ㉢ 3상 4선식 변대와 단상 2선식 변대의 최적 통합화
  - 대도시 현장에는 3상 4선식과 단상 2선식 공급 시 중복된 경우가 많아 선로 유지관리에 복잡하다.
  - 변압기 통합화로 특고압 단상 선로의 철거 및 저압 3상 4선식화로 저압 수용가에게 공급시키는 배전설계의 최적관리 시행

② 무부하손 저감대책 : 무부하 변압기는 운휴운전, 아몰퍼스 철심 적용

(5) 계량기 손실저감대책

기계식 계량기의 전자식으로 완전 교체 및 전자식 계량기의 7 ~ 13년마다 교체한다.

(6) D/L의 최적 부하율 유지

① 월별 부하패턴에 따라 배전선로 최적 계통 운영
② 과부하 선로 부하관리 및 부하불평형 해소

3. 전력량 관리상 손실저감대책

(1) 도전 손실대책

① 계량기 조작, 임의사용
② 정기적 계기시험, 검측 철저
③ 도전방지 활동 및 감시
④ AMI 도입

(2) 수용가의 전력품질

① 수용가 역률의 최적 관리

㉠ 손실은 역률의 제곱에 반비례하므로 역률의 손실경감과 직결된다.

㉡ 수용가 역률이 100% 초과되지 않게 페널티 제도를 운영한다.

지상역률을 90% 이상으로 유지(과보상 시 오히려 전력손실 증대 등 부작용 있음)

② 수용가 고조파(비선형 부하관리) : 고조파 관리, 총 5% 이하로 관리

③ 수용가 부하변동으로 인한 전압변동의 손실관리

㉠ 부하변동 및 전압관리 : 플리커 관리

• 예측 계산 시 ΔV_{max}를 2.5% 이하로 할 것

• 실측 시 $0.45\,V$[%] 이하로 관리

㉡ DR 시스템 구축

㉢ 부하변동에 대한 유효전력, 무효전력을 관리

(3) 기기 오차관리

① 검침 오차관리 : 임의의 발췌검침으로 인력관리 및 오차율 초과 계기의 교환

② 결상 및 오결선 : 고압 수용가에 대한 최초 송전 후 1개월 이내 현장 재확인 등

(4) 계측기기의 신뢰도 향상

① 0.1급 전력량계 개발 : 현재는 외국산 수입제품 사용

② AMI 도입으로 전력의 Real time 관리

(5) 분산전원 병입관리

① 분산전원 감시시스템 도입

② 특히 ESS 연계지점과 연계방식의 정확한 관리로 전력요금 낭비요소를 배제시킬 것

---

052 배전계통의 전력손실 경감대책에 대하여 다음을 설명하시오.
1. 비기술적 손실의 정의, 종류 및 감소방안
2. 기술적 손실의 정의, 종류 및 감소방안
3. 배전선로의 손실경감 대책을 설명하시오.

data 발송배전기술사 23-130-3-5 · 21-125-1-9 / 발송배전기술사 출제예상문제

답안 1. 비기술적 손실의 정의, 종류 및 감소방안

(1) 비기술적 손실의 정의

전력량 관리상 손실

(2) 비기술적 손실의 종류

① 도전에 의한 전력손실 : 계량기 조작, 임의사용

② 계량오차에 의한 전력손실

  ㉠ 오차율 초과

  ㉡ 결상 및 오결선

  ㉢ 검침 오차

③ 검침 시차에 의한 전력손실

④ 수용가의 전력품질 저하에 의한 손실

  ㉠ 수용가의 역률 저하로 인한 손실

  ㉡ 수용가의 고조파 발생으로 인한 손실

  ㉢ 수용가 부하변동으로 인한 전압변동에 의한 손실

(3) 비기술적 손실의 감소방안

① 도전 손실대책

  ㉠ 계량기 조작, 임의사용

  ㉡ 정기적 계기시험, 검측 철저

  ㉢ 도전방지 활동 및 감시

  ㉣ AMI 도입

② 수용가의 전력품질

  ㉠ 수용가 역률의 최적 관리

   • 손실은 역률의 제곱에 반비례하므로 역률의 손실경감과 직결된다.

   • 수용가 역률이 100% 초과되지 않게 페널티 제도를 운영한다.

    지상역률을 90% 이상으로 유지(과보상 시 오히려 전력손실 증대 등 부작용 있음)

  ㉡ 수용가 고조파(비선형 부하관리) : 고조파 관리, 총 5% 이하로 관리

  ㉢ 수용가 부하변동으로 인한 전압변동의 손실관리

   • 부하변동 및 전압관리 : 플리커 관리(예측 계산 시 ΔV_{max}를 2.5% 이하로 할 것, 실측 시 $0.45\,V[\%]$ 이하로 관리)

- DR 시스템 구축
- 부하변동에 대한 유효전력, 무효전력을 관리

③ 기기 오차관리

ⓐ 검침 오차관리 : 임의의 발췌검침으로 인력관리 및 오차율 초과 계기의 교환

ⓑ 결상 및 오결선 : 고압 수용가에 대한 최초 송전 후 1개월 이내 현장 재확인 등

④ 계측기기의 신뢰도 향상

ⓐ 0.1급 전력량계 개발 : 현재는 외국산 수입제품 사용

ⓑ AMI 도입으로 전력의 Real time 관리

⑤ 분산전원 병입관리

comment ESS 설치장소에 고의적 조작으로 ESS 가동의 불법적 수익을 편취할 우려가 있다.

ⓐ 분산전원 감시시스템 도입

ⓑ 특히 ESS 연계지점과 연계방식의 정확한 관리로 전력요금 낭비요소를 배제시킬 것

2. 기술적 손실의 정의, 종류 및 감소방안

(1) 기술적 손실의 정의

배전용 변전소로부터 송출된 전력이 고압 배전선로, 배전용 변압기, 저압 배전선 및 인입선과 전력량계 등을 거쳐 수용지점에 이르는 동안의 발생하는 전력손실

(2) 기술적 손실의 종류

① 선로손실

ⓐ 가공선 : 저항손

ⓑ 지중선 : 저항손, 유전체손, 연피손

ⓒ 저압선, 인입선 손실

ⓓ 전압강하

② 배전방식에 따른 손실

③ 변압기손실 : 부하손, 무부하손

④ 부하의 분산된 배치

⑤ 계량기 손실

⑥ D/L 최적관리 부적정에 의한 손실

(3) 기술적 손실의 감소방안

＊ Chapter 02 - 문제 051의 답안 '2.' 내용을 참조한다.

053 배전선로에서 부하율이 좋으면 손실(옴손)이 적음을 부하율(F)과 손실계수(H)를 이용하여 설명하시오.

data 발송배전기술사 16-110-4-4 / 발송배전기술사 출제예상문제

답안 1. 부하율(F)

(1) 정의

배전선로에서 부하율은 말단 집중부하에 대한 것으로서, 평균전력의 최대 전력에 대한 비이다.

(2) 의미와 계산식

① 고찰기간 중의 전압이 일정하다고 할 때 최대 및 평균부하의 크기는 결국 최대 전류와 그 기간 중의 평균전류에 의하여 나타낼 수 있으므로 평균전력의 최대 전력에 대한 비이다.

② 평균부하전류나 최대 부하전류 둘 다 전체 선로에 걸쳐서 흐른다는 개념의 비이다.

③ $F = \dfrac{\text{평균전류}(I_{avr})}{\text{최대 전류}(I_m)} = \dfrac{\dfrac{1}{T}\displaystyle\int_0^T i\,dt}{I_m}$ ··· 식 1)

여기서, i : 어느 순간의 전류, T : 고찰기간

2. 손실계수(H)

(1) 정의

말단 집중부하에 대해서 어느 기간 중의 평균손실과 최대 손실 간의 비이다.

(2) 의미와 계산식

① 고찰 대상인 선로의 저항 R이 일정하므로, 최대 전류의 제곱과 평균전류의 제곱으로 나타낸다.

② $H = \dfrac{\text{어느 기간 중의 평균손실}(w_c)}{\text{동일 기간 중의 최대 손실}(w_m)}$

$= \dfrac{\dfrac{1}{T}\displaystyle\int_0^T I_r^{\,2} \cdot R \cdot dr}{I_m^{\,2} R} = \dfrac{\displaystyle\int_0^T I_r^{\,2} \cdot R \cdot dr}{I_m^{\,2} \cdot R \cdot T}$ ································· 식 2)

3. 부하율(F)과 손실계수(H)의 관계

(1) H와 F는 같지 않다($H \neq F$).

(2) 손실계수(H)는 부하곡선의 모양에 따라서 달라지는데, 그 값은 부하율(F)이 좋은 부하일 경우에는 부하율에 가까운 값이 된다($H \fallingdotseq F$).

(3) 손실계수(H)는 부하율(F)이 나쁜 부하일 경우에는 부하율의 제곱에 가까운 값이 된다($H \fallingdotseq F^2$).

(4) 손실계수와 부하율 간에는 다음과 같은 관계가 성립한다.

$$1 \geq F \geq H \geq F^2 \geq 0$$

(5) 일반적으로 손실계수는 다음의 식에 의하여 구한다.

$$H = \alpha F + (1 - \alpha)F^2$$

여기서, $\alpha = 0.1 \sim 0.4$ 정도의 값을 갖는 정수

4. 부하율(F)이 좋으면 손실(옴손)이 적음을 부하율(F)과 손실계수(H)를 이용한 설명

(1) 식 1)에서 부하율과 최대 전력과의 관계

① $F = \dfrac{\text{평균전류}(I_{avr})}{\text{최대 전류}(I_m)}$ 에서 $F \propto \dfrac{1}{I_m}$ 이다.

② 부하율이 좋다함은 최대 전력이 감소된다는 의미이다.

(2) 식 2)에서 전력손실량(w_c)

① $w_c = \displaystyle\int_0^T I^2 \cdot R\, dt = I_m^2 \cdot R \cdot T \cdot H$에서 $w_c \propto I_m^2$

② 최대 전류의 제곱에 비례한다.

(3) I_m이 감소하면

① 부하율(F)이 좋아진다.

② 부하율(F)이 좋아지면 전력손실(w_c)이 감소함을 알 수 있다.

---

reference

분산부하율과 분산손실계수 구분

(1) 분산부하율(f)

① 정의 : 말단 집중부하와 같은 크기의 부하가 전체 선로에 걸쳐서 균등하게 또는 일정 형태로 분포하는 경우를 말단 집중부하에 대한 비율로 나타낸 것

② 의미와 계산식

㉠ 분산부하일 경우의 평균전력과 말단 집중부하인 경우의 최대 전력의 비

㉡ 선로의 최대 전류는 말단 집중부하와 동일하지만 선로의 평균전류가 말단 집중부하인 경우에 비하여 작아진다는 개념의 비

$$\textcircled{C} \ f = \frac{\text{분산부하 시의 전류의 평균치}(I_{avr})}{\text{말단 집중부하 시의 전류}(I_0)} = \frac{\frac{1}{R}\int_0^R I_r\,dr}{I_0} = \frac{1}{RI_0}\int_0^R I_r\,dr$$

(2) 분산손실계수(h)

① 정의 : 분산부하에 의한 손실과 말단 단일 집중부하에 의한 손실과의 비

② 계산식 : $h = \dfrac{\text{평균손실}(P_{L-avr})}{\text{최대 손실}(P_{L-\max})} = \dfrac{\text{분산부하에 의한 선로손실}}{\text{말단 집중부하의 선로손실}} = \dfrac{1}{I^2 R}\int_0^L I_x{}^2 r \cdot dx$

여기서, R : 선로 전체의 저항 L : 선로의 전체 길이, r : 선로 단위길이당 저항

---

054 배전계통의 손실계수, 부하율과 손실계수와의 관계 및 분산손실계수에 대하여 설명하시오.

data 발송배전기술사 18-114-4-6 / 발송배전기술사 출제예상문제

답안 **1. 배전계통의 손실계수(H)**

(1) 손실계수(H)의 정의

손실계수는 말단 집중부하에 대해서 어느 기간 중의 평균손실과 최대 손실 간의 비

(2) 표현

고찰 대상인 선로의 저항 R이 일정하므로 최대 전류의 제곱과 평균전류의 제곱으로 표현한다.

(3) 표현식

$$H = \frac{\text{어느 기간 중의 전류 제곱의 평균}}{\text{동일 기간 중의 최대 전류의 제곱}} \times 100[\%]$$

$$= \frac{\text{어느 기간 중의 평균손실전력}}{\text{동일 기간 중의 최대 손실전력}} \times 100[\%]$$

$$= \frac{\frac{1}{T}\int_0^T I_r{}^2\,dr}{I_m{}^2}$$

$$= \frac{\int_0^T I_r{}^2\,dr}{T I_m{}^2}$$

2. 부하율과 손실계수의 관계

(1) 부하율

고찰기간 중의 전압이 일정하다고 할 때 최대 및 평균부하의 크기는 결국 최대전류와 그 기간 중의 평균전류에 의하여 나타낼 수 있다.

$$F = \frac{I_{av}}{I_m} = \frac{\frac{1}{T}\int_0^T i\,dt}{I_m} = \frac{\text{평균전력}}{\text{최대 전력}}$$

(2) 부하율(F)과 손실계수의 관계

① $1 \geq F \geq H \geq F^2 \geq 0$

② 일반적으로 $H = \alpha F + (1-\alpha)F^2$ 으로도 표현된다.

단, α는 정수로서, $0.1 \sim 0.4$(보통 0.2로 정함)

③ 부하율이 좋은 경우 손실계수는 부하율에 가까운 값($H = F$)이 되고, 부하율이 나쁜 경우에는 부하율의 제곱에 가까운 값($H = F^2$)이 되는 경향을 의미한다.

(3) 말단으로 갈수록 직선적으로 감소하는 부하의 분산부하율[%]은 '(2)의 ①'에 의하여 손실계수와 같은 시간개념으로 취급할 수 있어 전체 시간(T)과 당시의 변화시간에 대한 평균의 비율로 취급된다.

(4) 따라서, 분산부하율 $f = \dfrac{\text{분산부하일 경우의 선로전류의 평균치}}{\text{말단 집중부하일 경우의 선로전류}}$ [%]

즉, $f = \dfrac{\frac{1}{R}\int_0^R I_r\,dr}{I_0} = \dfrac{1}{RI_0}\int_0^R I_r\,dr$

3. 분산손실계수(h)의 정의

(1) 정의

같은 부하라도 말단에 집중된 경우에 비해서 선로에 분산배치되었을 때 손실의 크기가 줄어드는 비율을 분산손실계수라 한다.

(2) 표현식

$h = \dfrac{\text{분산부하에 의한 선로의 손실}}{\text{말단 집중부하의 선로손실}}$

즉, $h = \dfrac{1}{RI_0^2}\int_0^R I_r^2\,dr$

단, 저항은 선로의 길이에 비례 $\rightarrow R \propto l$

여기서, I_0 : 송전단 전류

I_r : 송전단으로부터 선로의 저항이 r인 점의 선로전류

이때, 송전단으로부터 선로의 저항이 R인 점이 선로전류 I_R이다.

(3) 의미

동일 선로에서 동일 송전단 전류의 경우 분산부하에 의한 선로손실 P와 말단 집중부하에 의한 P_e와의 비

4. 손실계수와 부하율 간의 관계

(1) $1 \geq F \geq H \geq F^2 \geq 0$

(2) 손실계수 H는 부하율이 좋으면 부하율에 가깝고($H \fallingdotseq F$), 부하율이 나쁠 때는 부하율의 제곱에 가까운 값($H = F^2$)이 되는 것을 의미한다.

(3) 손실계수는 부하곡선모양에 따라서 달라진다.

부하형태	모양	분산부하율(f)	분산손실계수(h)
평등분포		$\dfrac{1}{2}$	$\dfrac{1}{3}$
말단일수록 큰 분포		$\dfrac{2}{3}$	$\dfrac{8}{15}$
송전단일수록 큰 분포		$\dfrac{1}{3}$	$\dfrac{1}{5}$
중앙일수록 큰 분포		$\dfrac{1}{2}$	$\dfrac{23}{60}$

055 배전부하의 부하율(F), 분산부하율(f), 손실계수(H) 및 분산손실계수(h)에 대하여 설명하고 말단일수록 큰 부하분포의 분산부하율(f)과 분산손실계수(h)를 유도하시오.

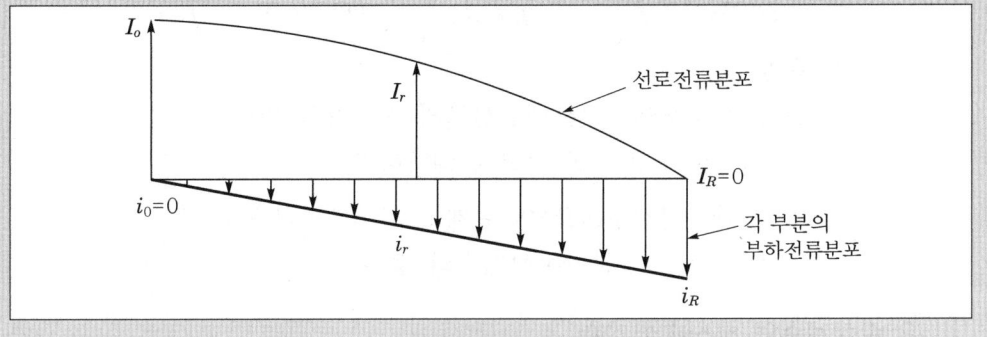

data 발송배전기술사 23-129-2-5 / 발송배전기술사 출제예상문제

답안 **1. 부하율과 분산부하율**

　(1) 개념

　　① 부하율 : 말단에 부하가 집중된 것으로 평균전력의 최대 전력에 대한 비

　　② 분산 부하율 : 말단 집중부하가 전체 선로에 균등하게 분포되었을 경우를 말단 집중부하의 비로 나타낸 전압강하의 비를 말한다.

　(2) 부하율

　　① 표현식 : $F = \dfrac{평균부하}{최대\ 부하}$

　　② 고찰기간 중 전압이 일정하다고 가정하면 평균부하, 최대 부하는 평균전류 및 최대 전류로 나타낼 수 있다.

　　③ 전류에 의한 부하율 표현식 : $F = \dfrac{I_{av}}{I_m} = \dfrac{\dfrac{1}{T}\displaystyle\int_0^T i\,dt}{I_m} = \dfrac{평균전류}{최대\ 전류}$

　　　여기서, T : 고찰기간, i : 어느 순간의 전류

　(3) 분산부하율(f)

　　① 정의 : 부하의 분산상태에 따른 전압강하와 집중부하일 때의 전압강하의 비

　　② 표현식

　　　㉠ 전류표현법의 분산부하율

　　　　$f = \dfrac{평균전류\,(I_{avr})}{최대\ 전류\,(I_m)} = \dfrac{분산부하일\ 경우\ 선로전류의\ 평균치}{말단\ 집중부하의\ 경우\ 선로전류}$

ⓛ 전압강하 표현법의 분산부하율

$$f = \frac{\frac{1}{R}\int_0^R I_r \, dr}{I_0} = \frac{1}{RI_0}\int_0^R I_r \, dr \text{ 혹은 } f = \frac{\int_0^R i \cdot dr}{I r}$$

③ 특성

ⓐ 부하분포에 따른 배전선로의 전압강하 비를 의미한다.

ⓛ 전류변화 곡선의 면적에 해당한다.

ⓒ 분산손실계수(h)와의 관계 : $h = \beta f + (1 - \beta) f^2$

여기서, β : 분산손실계수의 정수

2. 손실계수와 분산손실계수

(1) 개념

① 손실계수(H) : 말단 집중부하에 대해서 어느 기간 중의 평균손실과 최대 손실의 비

② 분산손실계수(h) : 말단 집중부하에 비해서 선로에 분산배치된 경우 손실의 비율

(2) 손실계수(H)

① $H = \dfrac{\text{어느 기간 중의 평균손실}}{\text{동일 기간 중의 최대 손실}}$

② 고찰대상인 선로의 저항 R이 일정하므로 최대 전류의 제곱과 평균전류의 제곱으로 표현

즉, $H = \dfrac{\frac{1}{T}\int_0^T I_r^{\,2} \, dr}{I_m^{\,2}} = \dfrac{\int_0^T I_r^{\,2} \, dr}{T I_m^{\,2}}$

(3) 분산손실계수(h)

$h = \dfrac{\text{평균손실}(P_{L-avr})}{\text{최대 손실}(P_{L-\max})} = \dfrac{\text{분산부하에 의한 선로손실}}{\text{말단 집중부하의 선로손실}}$

즉, $h = \dfrac{1}{R I_0^{\,2}}\int_0^R I_r^{\,2} \, dr$

3. 말단으로 갈수록 증가하는 경우의 분산부하율(f)

(1) 전압강하

$$e = \int_0^L iR \, dx = R\int_0^L I(1 - x^2) dx = IR\left[x - \frac{1}{3}x^3\right]_0^L = \frac{2}{3}IR$$

(2) 분산부하율

$$f = \frac{e}{I\,R} = \frac{2}{3} \ \rightarrow \ \text{선로전류곡선의 면적에 해당}$$

4. 말단으로 갈수록 증가하는 경우의 분산손실계수(h) 산출

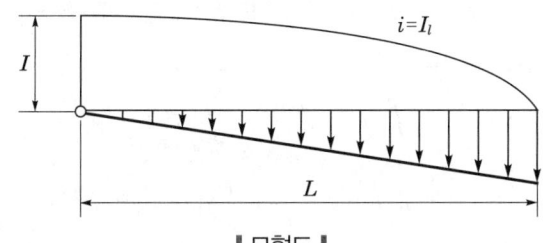

‖ 모형도 ‖

(1) $i = I_l = I_x = \left(\dfrac{x}{L}\right)^2 I - 1$

즉, 방정식 $y = ax^2 - 1$의 형태

(2) 손실

$$p = \int_0^L I_x^{\,2} \cdot r\,dx = \int_0^L \left[\left(\frac{x}{L}\right)^2 I - 1\right]^2 \cdot r\,dx = I^2 r \int_0^L \left(\frac{x^4}{L^4} - 2\frac{x^2}{L^2} + 1\right)dx$$

$$= I^2 r\left(\frac{1}{5}\frac{x^5}{L^4} - \frac{2}{3}\frac{x^3}{L^2} + x\right)\Bigg|_0^L = I^2 r\left(\frac{8}{15}\right)L$$

$$\therefore \ h = \frac{\text{그 경우의 손실}}{\text{말단 집중손실}} = \frac{p}{I^2 r\,L} = \frac{8}{15}$$

reference

1. 균등부하일 경우 분산부하율과 분산손실계수

① 모형도

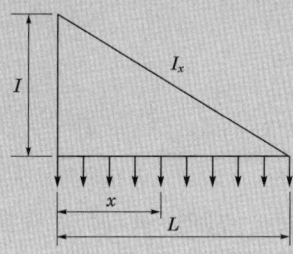

② 평등분포의 분산부하율 f

㉠ 방정식 : $I_x = I\left(1 - \dfrac{x}{L}\right)$

ⓛ 전압강하 $e = \int_0^L I_x r \cdot dx = \int_0^L I\left(1 - \dfrac{x}{L}\right) \cdot r \cdot dx$

$$= Ir \int_0^L \left(1 - \dfrac{x}{L}\right) dx = Ir\left(x - \dfrac{x^2}{2L}\right)_0^L = Ir\left(L - \dfrac{1}{2}L\right) = Ir \times \dfrac{1}{2}L = \dfrac{1}{2}IR$$

ⓒ 분산부하율 $f = \dfrac{e}{IR} = \dfrac{1}{2}$: 모형도의 선로전류의 곡선면적에 해당

③ 평등분포의 분산손실계수 h

ⓐ 전력손실 $P_l = \int_0^L I_x{}^2 \cdot r \cdot dx = \int_0^L I^2\left(1 - \dfrac{x}{L}\right)^2 \cdot r \cdot dx$

$$= I^2 \int_0^L \left(1 - \dfrac{2x}{L} + \dfrac{x^2}{L^2}\right) dx = I^2\left(x - \dfrac{x^2}{L} + \dfrac{x^3}{3L^2}\right)_0^L = \dfrac{1}{3}I^2(rL) = \dfrac{1}{3}I^2 R$$

ⓑ 분산손실계수 $h = \dfrac{P_l}{I^2 R} = \dfrac{1}{3}$: 모형도의 무게중심에 해당

2. 말단으로 갈수록 부하가 감소하는 경우(즉, 송전단부하)

① 모형도

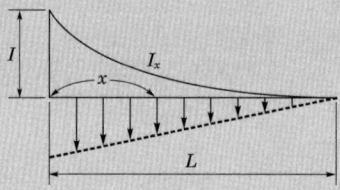

② 분산부하율 f

ⓐ 방정식 : $I_x = I(x-1)^2$

ⓑ 전압강하 $e = \int_0^L I_x r \cdot dx = R \int_0^1 I(1-x)^2 dx = \dfrac{1}{3}IR$

ⓒ 분산부하율 $f = \dfrac{e}{IR} = \dfrac{1}{3}$: 모형도의 선로전류의 곡선면적에 해당

③ 분산손실계수 h

ⓐ 전력손실 $P_l = \int_0^L I_x{}^2 r \, dx = R \int_0^1 I^2(1-x)^5 dx = \dfrac{1}{5}I^2 R$

여기서, $R = rL$

ⓑ 분산손실계수 $h = \dfrac{P_l}{I^2 R} = \dfrac{1}{5}$: 모형도의 무게중심에 해당

3. 중앙집중부하일 경우

너무 복잡한 수식으로서, 수험장에서 해석할 시간이 부족할 것이므로 상세 해석은 생략한다.

① 모형도

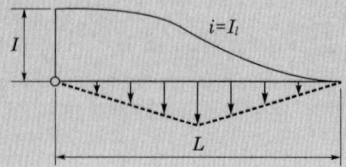

② 전체구간을 분할하여 수식을 2개 산출 후 ②의 두 식을 합한다.

③ 각 구간의 전압강하를 구한 후 합한다.

④ 분산부하율 f를 산출 : $\dfrac{1}{2}$

⑤ 각 구간의 전력손실을 구한 후 합한다.

⑥ 분산손실계수 h를 산출 : $\dfrac{23}{60}$

056 수전설비에서 비상발전기(3상 4선식, 380/220V)가 기동 후 중성선이 개방된 상태로 ATS가 절체되었을 경우 부하에 미치는 영향에 대하여 설명하시오.

(data) 발송배전기술사 22-128-3-6 / 발송배전기술사 출제예상문제

답안 1. 개요

(1) ATS는 상용전원 정전 시 비상전원측의 전압이 인가되면 비상전원쪽으로 부하를 자동절체하는 시스템이다.

(2) ATS로 부하에 전원을 공급할 때 순간정전이 발생하며 또한 N상이 후투입되면 중성선 개방현상이 발생한다.

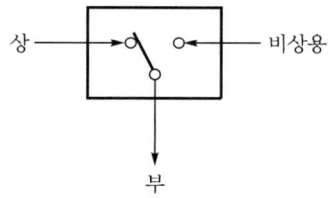

(3) 상기의 개념으로 개방 원인·영향·대책을 다음과 같이 설명한다.

2. 중성선 개방(단선) 원인

(1) ATS 원인

① 기능 불량 : N상 후투입, N상 선분리되는 ATS

② ATS 고장

(2) 비동기투입

비동기투입에 의해 2배 전압이 인가되고 N선에도 2배 전류가 발생해 과열하여 중성선 소손 발생 가능

3. 중성선 개방된 상태로 ATS 절체 시 부하에 미치는 영향

(1) 단상 부하 과전압, 저전압 소손 및 절연파괴

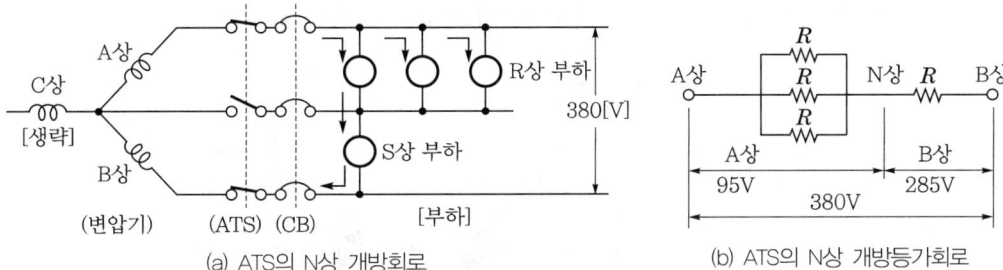

(a) ATS의 N상 개방회로 　　　　　　(b) ATS의 N상 개방등가회로

❙ C상을 생략한 ATS 중성선 개방 시의 과전압 현상 회로도 ❙

① 분압되므로 B상 ~ 중성선의 전압 : $V_2 = IR_B = \dfrac{380\text{V}}{\dfrac{4R}{3}} \times R_B = 380 \times \dfrac{3}{4} = 285\,\text{V}$

　로, 과전압 피해(과전압소손)

② 분압되므로 A상 ~ 중성선의 전압 : $380 - 285 = 95\,\text{V}$로, 저전압 피해(계전기 등
　오동작)

(2) 선로전압 강하 및 전력손실 증가

3상 4선식 전압강하는 $\dfrac{17.8LI}{1000A}$이나 N선 개방으로 3상 3선식의 전압강하로

$\dfrac{30.8LI}{1000A}$로 전압강하가 증가한다.

(3) 저전압이 부하에 미치는 영향

조명부하는 플리커현상, 동력은 기동실패 및 STALL 현상(최대 부하(STALL)
: 모터 축에 무언가가 연결되어 모터가 회전할 수 없을 정도의 부하가 걸려 있는
상태)이 발생한다.

(4) 중성점 플로팅현상으로 과전압, 저전압 반복 발생

① 중성점이 고정되지 못한 채 시간별로 중성점이 변하는 중성점 부동현상이
　발생한다.

② 이때의 중성점은 전기적으로 영상분의 전압이 형성된다.

4. 대책

(1) N상 선투입, 후분리 기능이 있는 ATS 사용

(2) 무정전 동기화 투입 가능한 STS(Static Transfer Switch) 사용

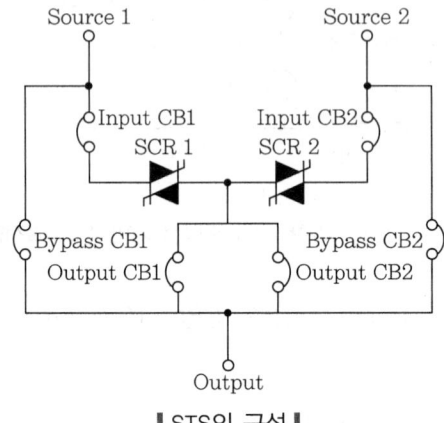

‖ STS의 구성 ‖

(3) N상 케이블 기계적 강도 및 열적 강도 검토

(4) 부하 평형상태 유지

(5) 중성점 굵기 2배 이상 검토

특히 IDC 센터 전기공사 설계 시 발주자와 협의 요함

---

057 배전계통에서 사용하는 자동부하절환개폐기(ALTS)의 적용기준, 운영방법, 개폐기 제어기능, 부하측 고장 시 조작순서에 대하여 설명하시오.

data 발송배전기술사 21-124-2-2 / 발송배전기술사 출제예상문제

답안 1. ALTS(Automatic Load Transfer Switch)의 정의

(1) 주전원, 예비전원을 확보하여 주전원 정전 시 피해를 최소화하기 위해 자동으로 예비전원으로 전환하는 장치이다.

(2) 개념도

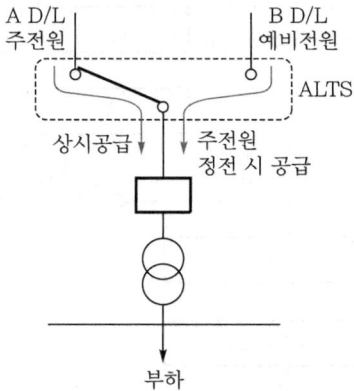

2. 적용기준(설치장소)

(1) 상시설치 수용

① 중요 군부대

② 국가안보 및 치안에 관련되는 기관 또는 시설

③ 의료법에 의한 국공립 종합병원

④ 신문 등의 진흥에 관한 법률에 의한 일간신문의 윤전기가 설치된 신문사

⑤ 방송법 및 전파법에 의하여 허가를 받고 방송을 하는 무선국

(2) 임시설치 수용

① 중요회의 및 행사장소

② 국가의 중요경기를 하는 체육시설

③ 국가 원수급들이 투숙하는 장소

3. 운전방식

(1) 자동전환방식

① 정정된 전환시간에 따라 자동으로 예비전원으로 전환하는 방식

② 주전원 복전 시 예비전원에서 자동으로 주전원으로 복귀

③ 자동전환시간은 주로 0.1 ~ 60s까지 정정 가능

④ 재전환시간은 주로 0.5s ~ 5min까지 정정 가능

(2) 수동운전방식

주로 주전원 정전 시는 예비전원으로 자동전환하고 복전 시는 수동으로 주전원으로 전환하는 방식을 사용한다.

(3) 예비전원으로 전환 메커니즘

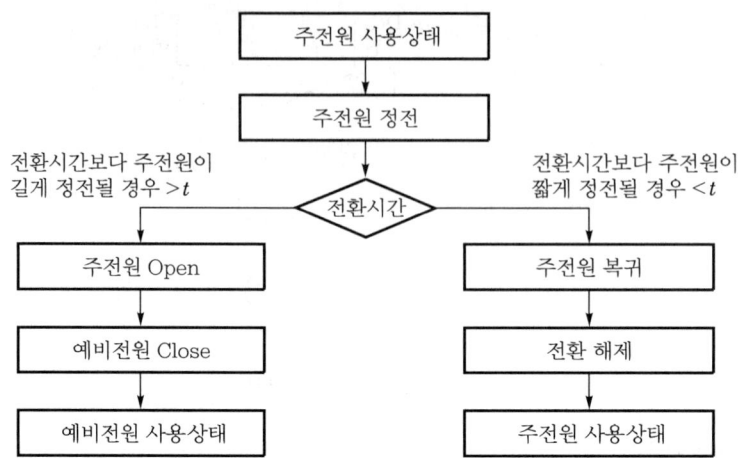

4. ALTS 개폐기 제어기능

(1) CPD를 이용하여 공급전압 감지기능

(2) CT를 부하측 고장전류 감지기능

(3) 결상 감시기능 : CPD와 CT 이용

(4) 전환시간 조정·지연 가능, 재전환 방지기능

(5) 자동투입 방지기능 : 수동 전환 시

(6) 인터록 기능

(7) 조작방식은 Motor spring charge 방식

5. 부하측 고장 시 조작순서

(1) 부하측 사고 시 OCR에 의한 차단

(2) 사고전류가 동작지연시간을 초과 시 예비전원으로 전환하지 않고 자동으로 주전원 차단

(3) 사고원인 제거 후 제어함에서 Reset

(4) 수동으로 블로킹상태 해제

(5) 부하측 고장 시 두 개의 전원이 차단되지 않도록 해야 함

6. 설치 시 유의사항

(1) 계통조건

① 정상적인 계통운영에 지장이 없을 것

② 수용대상의 예상 최대 부하전류가 ALTS 정격전류 미만일 것

③ 예비전원으로 전환 시 타 수용가 전력공급에 지장을 초래하지 않을 것

④ Loop switch 설치구간 내의 수용가는 제외할 것

(2) 주요 정격

계통조건과 다음의 정격이 서로 부합되도록 설치할 것

① 정격전압 : 25.8kV

② 정격전류 : 600 ~ 630A

③ 정격단시간전류 : 12 ~ 16kV

④ BIL : 125kV

7. 운영방법

(1) 용도

① 배전선로에서 중요설비의 주·예비 전원을 상시 확보하여 주전원이 정전될 경우 예비전원으로 자동전환

② 정전에 의한 피해를 최소화

(2) 적용장소

① 부하의 특성에 따라 고객이 직접 설치

② 한전에서 설치한 경우(과거에는 설치했으나 현재는 전혀 설치하지 않음)의 상시 설치장소

　　㉠ 정전 시 국가안위 및 공공의 이익에 영향을 미치는 중요시설

　　㉡ 공익·공공 시설은 아니나 국가적 중요행사를 하는 기간의 전력확보

058 도서지역 전력공급용 22.9kV 해저케이블에 대한 다음 사항을 설명하시오.

1. 케이블의 종류 및 규격
2. 케이블의 사용조건 및 최고 허용온도
3. 해저케이블의 단면도를 작도하여 주요 구조 설명(광유닛 포함)
4. 국내 적용현황

data 발송배전기술사 21-125-2-5 / 발송배전기술사 출제예상문제

답안 1. 케이블의 종류 및 규격

공칭전압 [kV]	선심수	공칭단면적 [mm^2]	케이블 종류	절연층 종류	금속차폐층 종류	철선외장층 종류	광섬유 종류
22.9	3심	60, 200, 325, 600	일반, 광복합	XLPE	연합금	단일 개장, 아연도금철선	단일 모드(SM), 광섬유

2. 케이블의 사용조건 및 최고 허용온도

(1) 케이블 굵기별 사용조건

케이블 굵기	시설장소
60mm^2	일반 분기선 배전선로 최대 부하 5000kVA 이하, 전압강하가 작은 곳
200mm^2	일반 간선 배전선로 최대 부하 10000kVA 이하, 전압강하가 작은 곳
325mm^2	대용량 배전선로 최대 부하 15000kVA 이하, 전압강하가 큰 곳

(2) 케이블 전압·절연강도 등의 사용조건

공칭전압(U)	정격전압(U_0)	최고 전압(U_m)	절연강도(BIL)	상용주파수	접지방식
22.9kV	13.2kV	25.8kV	150kV	60Hz	다중 접지방식

(3) 최고 허용온도

상시 최고 허용온도	단시간 최고 허용온도	고장 시 최고 허용온도
90℃	130℃	250℃

3. 해저케이블의 단면도를 작도한 주요 구조설명(광유닛 포함)

(1) 명칭

22.9kV(광복합) 해저케이블(공칭단면적 : 60, 200, 325, 600mm^2)

(2) 선심수 3, 단일 개장(SA), 절연체 XLPE(가교폴리에틸렌)를 대부분 사용 중임

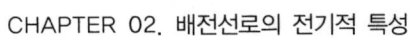

(3) 해저케이블의 단면도

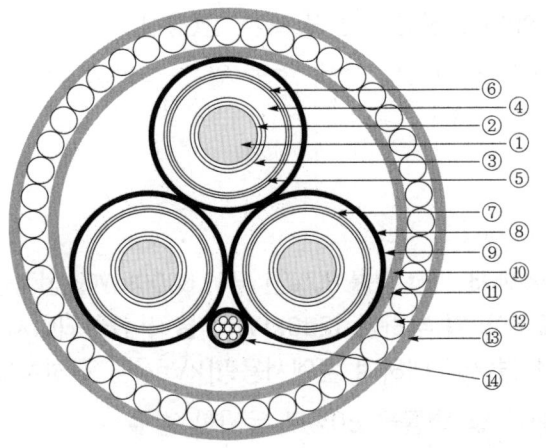

No	항목	재료
①	도체	수밀 혼화물 충전 원형압축 연동연선
②	도체 바인더	반도전성 부풀음 테이프
③	내부 반도전층	흑색 반도전 열경화성 컴파운드
④	절연층	가교폴리에틸렌
⑤	외부 반도전층	흑색 반도전 열경화성 컴파운드
⑥	수밀층	반도전성 부풀음 테이프
⑦	금속차폐층(시스)	연합금
⑧	방식층	반도전성 테이프
⑨	개재	폴리프로필렌 끈
⑩	연합 바인더	부직포 테이프
⑪	베딩층	폴리프로필렌 끈
⑫	외장층(외장강대)	아연도금 철선
⑬	외부 서빙층	폴리프로필렌 끈
⑭	광유닛	PE 시스 SSLT형 Single mode 광 파이버

(4) 광유닛 단면도

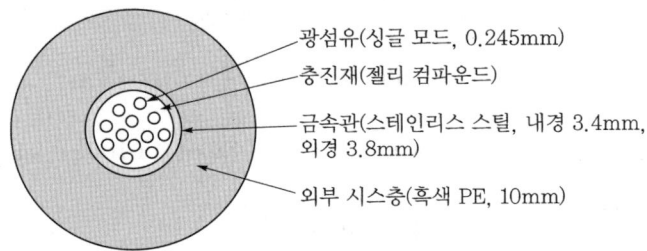

광섬유(싱글 모드, 0.245mm)
충진재(젤리 컴파운드)
금속관(스테인리스 스틸, 내경 3.4mm, 외경 3.8mm)
외부 시스층(흑색 PE, 10mm)

4. 국내 적용현황

20개소, 89km, 전남 신안군 도서 간(장산도 ~ 자라도), 경남 사량도 ~ 욕지도 간, 충남 안면도 ~ 원산도 등에 주로 일본 스미토모사, LS가 시공한다.

---

059 어느 변전소에서 지상 역률 80%인 부하 6000kW에 전력을 공급하고 있었는데, 새로이 지상 역률 60%의 부하가 1200kW 더 늘어나게 되어서 콘덴서를 설치하고자 한다. 아래의 각 경우에 대하여 콘덴서용량[kVar]을 구하시오.

1. 부하 증가 후 역률을 80%로 유지할 경우
2. 부하 증가 후 변전소의 용량[kVA]을 그대로 유지하고자 할 경우
3. 부하 증가 후 역률을 90%로 유지할 경우

data 발송배전기술사 20-122-2-5 / 발송배전기술사 출제예상문제

답안 1. 부하 증가 시 콘덴서역률 산출

　(1) 부하 증가 전 전력

　　① 6000kW의 피상전력 : $W_1 = \dfrac{6000}{0.8} = 7500\,\text{kVA}$

　　② 6000kW의 무효전력 : $Q_1 = \dfrac{6000}{0.8} \times \sin\theta = \dfrac{6000}{0.8} \times 0.6 = 4500\,\text{kVar}$

　　③ 6000kW의 유효전력 : $P_1 = 6000\,\text{kW}$

　(2) 부하 증가 후 전력

　　① 유효전력 : $P = P_1 + P_2 = 6000 + 1200 = 7200\,\text{kW}$

　　② 무효전력 : $Q = Q_1 + Q_2 = 4500 + 1200\tan\theta_2$

$$= 4500 + 1200 \times \frac{\sin\theta_2}{\cos\theta_2}$$

$$= 4500 + 1200 \times \frac{0.8}{0.6} = 6100\,\text{kVar}$$

　　③ 피상전력 : $W = \sqrt{P^2 + Q^2} = \sqrt{7200^2 + 6100^2} = 9463\,\text{kVA}$

　　④ 역률 : $\cos\theta_2 = \dfrac{P}{W} = \dfrac{7200}{9463} = 0.76$

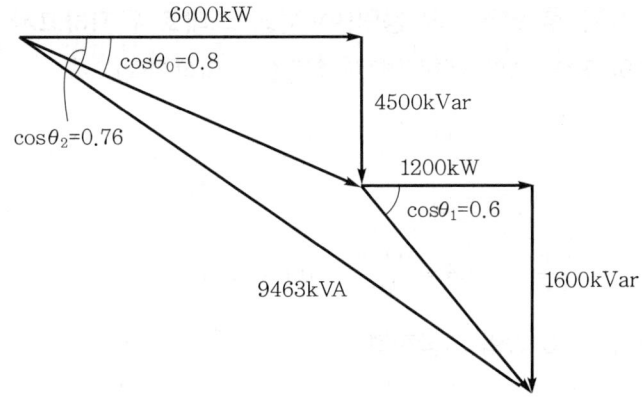

2. 부하 증가 후 역률을 80%로 유지할 경우의 콘덴서용량

(1) 6000kW의 피상전력

$$W_1 = \frac{6000}{0.8} = 7500 \,\mathrm{kVA}$$

(2) 6000kW의 무효전력

$$Q_1 = \frac{6000}{0.8} \times \sin\theta = \frac{6000}{0.8} \times 0.6 = 4500 \,\mathrm{kVar}$$

(3) 부하 1200kW의 피상전력

$$W_2 = \frac{1200}{0.6} = 2000 \,\mathrm{kVA}$$

(4) 부하 1200kW의 무효전력

$$Q_2 = \frac{1200}{0.6} \times \sin\theta = \frac{1200}{0.6} \times 0.8 = 1600 \,\mathrm{kVar}$$

(5) 합성 유효전력

$$6000 + 1200 = 7200$$

(6) 합성 무효전력

$$4500 + 1600 = 6100$$

(7) 콘덴서 접속 후 역률 80%로 개선하였을 경우의 무효전력

$$무효전력 = P_{\mathrm{total}}\tan\theta = 7200 \times \frac{\sin\theta}{\cos\theta} = 7200 \times \frac{\sqrt{1-\cos^2\theta}}{0.8} = 5400$$

(8) 소요되는 콘덴서용량

$$Q_C = 6100 - 5400 = 700$$

3. 부하 증가 후 변전소의 용량[kVA]을 그대로 유지하고자 할 경우의 콘덴서용량

(1) 부하 6000kW에 대한 변전소용량(즉, 피상전력)

$$W_1 = \frac{6000}{0.8} = 7500\,\mathrm{kVA}$$

(2) 6000kW의 무효전력

$$Q_1 = \frac{6000}{0.8} \times \sin\theta = \frac{6000}{0.8} \times 0.6 = 4500\,\mathrm{kVar}$$

(3) 부하 1200kW의 피상전력

$$W_2 = \frac{1200}{0.6} = 2000\,\mathrm{kVA}$$

(4) 부하 1200kW의 무효전력

$$Q_2 = \frac{1200}{0.6} \times \sin\theta = \frac{1200}{0.6} \times 0.8 = 1600\,\mathrm{kVar}$$

(5) 합성 유효전력

$$6000 + 1200 = 7200$$

(6) 합성 무효전력

$$4500 + 1600 = 6100$$

(7) $Q_L = \sqrt{7500^2 - 7200^2} = 2100\,\mathrm{kVar}$

(8) 소요되는 콘덴서용량

$$Q_C = 6100 - 2100 = 4000$$

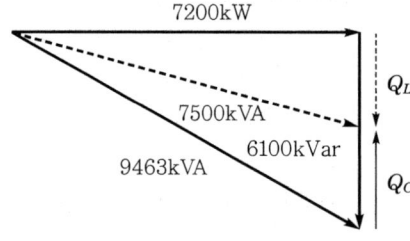

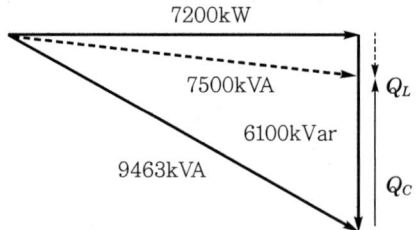

┃ 변전소의 용량 유지 시 콘덴서용량 ┃   ┃ 역률 90%로 유지 시 콘덴서용량 ┃

4. 부하증가 후 역률을 90%로 유지할 경우 콘덴서용량

(1) 6000kW의 피상전력

$$W_1 = \frac{6000}{0.8} = 7500\,\mathrm{kVA}$$

(2) 6000kW의 무효전력

$$Q_1 = \frac{6000}{0.8} \times \sin\theta = \frac{6000}{0.8} \times 0.6 = 4500\,\mathrm{kVar}$$

(3) 부하 1200kW의 피상전력

$$W_2 = \frac{1200}{0.6} = 2000\,\mathrm{kVA}$$

(4) 부하 1200kW의 무효전력

$$Q_2 = \frac{1200}{0.6} \times \sin\theta = \frac{1200}{0.6} \times 0.8 = 1600\,\mathrm{kVar}$$

(5) 합성 유효전력

$$6000 + 1200 = 7200$$

(6) 합성 무효전력

$$4500 + 1600 = 6100$$

(7) 콘덴서 접속 후 역률 90%로 개선하였을 경우의 무효전력

$$무효전력 = P_{\mathrm{total}}\tan\theta = 7200 \times \frac{\sin\theta}{\cos\theta} = 7200 \times \frac{\sqrt{1-0.9^2}}{0.9} = 3487$$

(8) 소요되는 콘덴서용량

$$Q_C = 6100 - 3487 = 2613$$

---

060 ATS(Automatic Transfer Switch)와 CTTS(Closed Transition Transfer Switch)를 비교하고, 「분산형 전원 배전계통 연계 기술기준」에 따라 비상발전기를 계통에 연결하기 위한 동기화 방법을 설명하시오.

data 발송배전기술사 19-118-4-5 / 발송배전기술사 출제예상문제

답안 1. 절체방법 비교

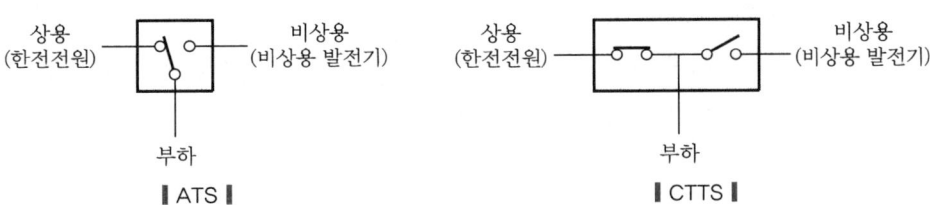

| ATS | CTTS |

2. 상용 전원과 병렬운전 가능 여부 비교

(1) ATS

상용 전원과 비상발전기의 병렬운전 불가

(2) CTTS

상용 전원과 비상발전기의 병렬운전 가능

3. 상용 전원 정전 시 동작시퀀스 비교

(1) 상용 전원 운전 중 ATS 동작

① 상용 전원 정전

② 부하 전체 정전

③ ATS는 자동으로 비상발전기로 절체

④ 비상발전기는 일반적으로 상용 전원단에서 저전압(27) 신호를 받아 기동 : 비상발전기 기동까지 통상 10초 이상 소요

⑤ 비상발전기에 의한 부하에 전원 재공급

(2) 상용 전원 운전 중 CTTS 동작

① 상용 전원 정전

② 부하 전체 정전

③ CTTS는 자동으로 비상발전기로 절체

④ 비상발전기는 일반적으로 상용 전원단에서 저전압(27) 신호를 받아 기동

⑤ 비상발전기에 의한 부하에 전원 재공급

4. 상용 전원 복전 시 동작시퀀스

(1) 비상발전기로 운전 중 ATS 동작(순간정전 복전)

① 상용 전원 복전

② ATS는 상용 전원 우선권에 의해 자동으로 상용 전원으로 절체 : 이때 순간적인 정전 발생

(2) 비상발전기로 운전 중 CTTS 동작(무정전 복전)

① 상용 전원 복전

② 한전전원측의 CTTS 투입 : 이때는 한전과 비상발전기의 병렬운전상태

③ 비상발전측의 CTTS 개방

5. 특징 비교

(1) ATS의 동작특징

① 반드시 정전상태 유발됨

② 절체시간은 통상 20 ~ 90ms

③ 전동기 부하가 있을 시 전동기에 전기적 문제점 발생위험이 있음

(2) CTTS의 동작특징

① 무정전 절체로 빠른 동기화, 안정적인 절체 가능

② 전환 시 개방형이 아닌 폐쇄형

③ 제어특성 : 전압 + 5% 이내, 주파수 + 0.2Hz 이내, 위상각 15° 이내 제어

④ 과전압 돌입방지 기능이 있음

⑤ **중첩 절체방식임** : A전원과 B전원, B전원과 A전원 간 절체 시 50ms 이내에서 동기 중첩상태에서 절체되는 내장형 ATS로 볼 수 있음

⑥ 싱용 진원 징진 시에는 일반 ATS와 동일한 방법으로 개방뇌어 설체됨

6. 용도의 비교

(1) ATS의 용도

① 상용 전원 정전 시에만 비상발전으로 절체

② 비상부하, 즉 엘리베이터, 소화전 등 정전 시에도 반드시 전원이 공급되어야 하는 부하에 주로 사용

(2) CTTS의 용도

① 비상 시와 상시 병렬운전용으로 사용

② 정전시간 예고 시 무정전 절체와 발전기를 무정전 상태에서 시험 시

③ 기존 사용 중인 계통연계용 소형 열병합 발전설비에 적용 가능

④ 한전과 병렬운전하기 위해서는 피크억제용 한전과의 운전계약인 '병렬운전조작합의서'를 체결할 것

⑤ 돌발적인 기후변화 등으로 순간정전 예상 시 무정전 절체

⑥ 비상발전기에서 상용 전원으로 재(再) 절체 시

7. 실제 적용명칭

(1) ATS

저압에 사용할 때는 ATS, 고압에 사용할 때는 VTS

(2) CTTS

저압 및 고압에도 동일 명칭

8. 분산형 전원 배전계통 연계 기술기준상 비상발전기의 계통연계 시 동기화 방법

(1) 분산형 전원의 계통연계 또는 가압된 구내 계통의 가압된 한전계통에 대한 연계에 대하여 병렬연계장치의 투입 순간에 다음 표의 모든 동기화 변수들이 제시된 제한범위 이내에 있어야 한다.

(2) 만일 어느 하나의 변수라도 제시된 범위를 벗어날 경우에는 병렬연계장치가 투입되지 않을 것(안전감전사고 우려 및 계통의 연계사고 사전예방차원임)

‖ 계통연계를 위한 동기화 변수 제한범위 ‖

분산형 전원 정격용량 합계[kW]	주파수차 (Δf, [Hz])	전압차 (ΔV, [%])	위상각차 ($\Delta \Phi$, [°])
0 ~ 500	0.3	10	20
500 초과 1500 이하	0.2	5	15
1500 초과 20000 미만	0.1	3	10

reference

CTTS의 장점

(1) **발전기보호**

CTTS는 무정전으로 동기를 맞추어 전환되기 때문에 발전기측에 스트레스를 주지 않으며 그에 따른 발전기 수명연장에도 도움이 된다.

(2) **UPS 및 UPS Battery의 보호 및 수명연장 가능**

CTTS는 무정전으로 절체동작이 이루어지기 때문에 축전지의 사용확률을 낮춤과 동시에 UPS Inverter의 오동작 가능성을 감소시킬 수 있어 수명연장과 기기보호가 가능하다.

(3) **전동기, 기타 전산장비의 보호 및 수명연장 가능**

항온·항습기 등과 같이 정전과 복전에 따른 Reset을 할 필요가 없어지므로 관리가 용이하다.

(4) **UPS Inverter 고장 시 중요 부하 보호 가능**

UPS의 Inverter 고장 시 발전기를 미리 가동시킨 후 UPS의 SBS(Static Bypass Switch)를 이용하여 발전측으로 미리 무정전절체시켜 놓으면 한전의 순간정전이나 주파수 변동에 대하여 대처가 가능하다.

(5) **By-pass type**

① Bypass isolation switch는 상기 일반 ATS 및 CTTS가 가지고 있는 모든 특성들을 지니고 있다.

② 일반 ATS 및 CTTS의 테스트 또는 수리 시 필연적으로 발생하는 부하측의 정전을 방지하기 위하여 기존 일반 ATS 및 CTTS에 Bypass isolation switch를 추가하여 작동함으로써 Test 또는 Repair를 부하측에 지장없이 무정전으로 시행할 수 있는 스위치이다.

061 자동검침시스템인 AMR과 첨단검침인프라 AMI를 설명하시오.

data 발송배전기술사 17-111-1-12 / 발송배전기술사, 건축전기설비기술사 출제예상문제

comment 2024년 제134회 건축전기설비기술사에서도 AMI가 출제되었다.

답안 1. 자동검침시스템(AMR)

(1) AMR의 정의

원격검침이란 전기, 수도, 가스 등 Meter의 사용량을 전화선이나 전력선 또는 전용선, 무선 등을 이용하여 원격지에서 자동으로 검침하는 설비이다.

(2) 원격 자동검침의 목적

① 수요조절

ⓐ 실시간(real time) 요금제도로 부하 평준화

ⓑ 수용가 부하관리제제 확립

② 공급조절

ⓐ 정확한 수요예측으로 공급능력 조절

ⓑ 역률관리로 발전설비의 이용 극대화

③ 수용조절

ⓐ 인건비 절약 및 Human error 방지

ⓑ 고객서비스 수준 향상

④ 전력회사의 정전빈도 측정 : 일시고장, 순간고장 횟수를 측정할 수 있음

(3) 원격검침시스템의 구성도

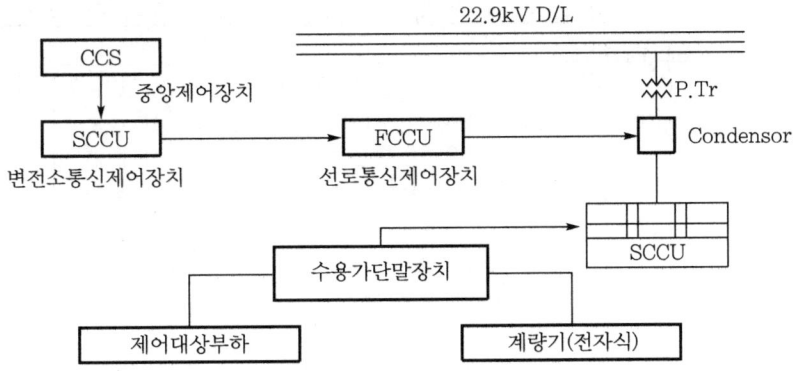

2. 첨단검침인프라 AMI

(1) 개념

스마트 그리드 시스템을 더 효율적으로 사용할 수 있는 핵심적인 기술로 각광받고 있는 것이 바로 AMI(Advanced Metering Infrastructure, 원격검침인프라)라 한다.

(2) AMI의 특성

① 스마트 미터에서 측정한 데이터를 원격검침기를 통해 측정하여 전력사용분석을 자동으로 진행하는 기술이다.

② 스마트 미터가 집에서 사용되는 전력의 사용량을 자동으로 검침하고 그 정보를 통신망을 통해 전달되는 형태이다.

③ 얻어진 데이터를 바탕으로 전력회사들은 소비자의 전력사용량에 맞춰 전기요금을 부과한다.

④ 특히 이렇게 전달된 정보들을 통해 사용자별 전기사용의 패턴 등을 파악해 최적화된 전력을 공급하여 전기요금 절약 및 전력낭비를 예방할 수 있다.

⑤ 인력검침에 따른 불편함과 오차를 해소하고 정확한 빅데이터를 통해 효율적인 전력생산관리가 이루어질 것으로 예상된다.

⑥ AMI는 정보를 송·수신하는 과정에서 다양한 통신기술이 융합되는데 스마트 미터가 데이터를 전송하는 과정에서 무선통신방식 또는 전력선 통신방식을 사용한다.

⑦ AMI 기술을 통해 전기사용량을 파악하고 제어할 수 있는 환경이 조성된다면 제대로 된 효율적인 에너지사용에 큰 기여를 할 것으로 예상된다.

⑧ 향후 AMI를 통해 전 국민이 효율적 전력사용을 할 수 있는 날이 올 것이라 예상된다.

062 가공 배전선로에서 지선의 종류를 장력 유무와 사용목적에 따라 각각 설명하시오.

data 발송배전기술사 24-134-2-2·17-113-4-4 / 발송배전기술사 출제예상문제

답안

1. 지선(支線, guy wire)

(1) 지지물의 절손, 도괴 및 경사 등을 방지하기 위하여 지지물과 지지물 간 또는 지지물과 지선근가 간을 연결하는 선을 말하며, 주로 아연도강연선이 사용된다.

(2) 지선은 사용목적이나 형태에 따라 보통지선, 수평지선, 공동지선, Y지선 및 궁지선으로 분류한다.

(3) 전주에 작용하는 장력에 따라 인류지선, 각도지선, 양종지선 및 양횡지선으로 분류한다.

2. 장력방향에 따른 분류

(1) 횡지선

전선로와 직각방향으로 시설하는 것

(2) 종지선

전선로의 방향으로 시설하는 것

(3) 인류지선

전선로의 시작, 종단, 분기 또는 각도개소에서 전주를 중심으로 전선로의 반대방향으로 시설하는 것

(4) 각도지선

수평각도주에서 수평횡분력의 반대방향으로 시설하는 것

3. 사용목적에 따른 형태별 분류

(1) 보통지선

전주근원으로부터 전주길이의 약 $\frac{1}{2}$ 거리에 지선용 근가를 매설하여 설치하는 지선으로서, 일반적인 경우에 사용된다.

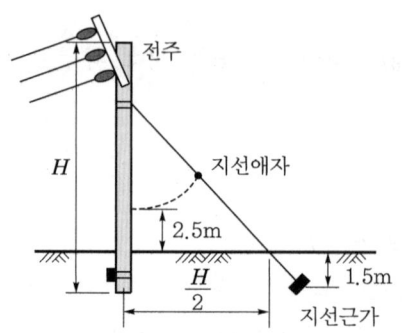

(2) 수평지선

① 토지의 상황이나 그 외 사유로 인하여 보통지선을 시설할 수 없을 때 전주와 전주 간 또는 전주와 지선주 간에 시설한 지선

② h의 구분

ㄱ 도로횡단 시 6m 이상

ㄴ 그 외는 3m 이상

ㄷ 노단은 4.5m 이상

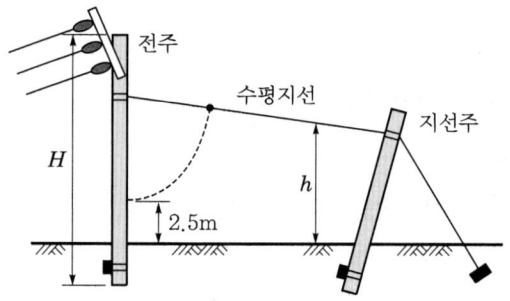

(3) 공동지선

두 개의 전주에 공동으로 시설하는 지선으로서, 전주 상호거리가 비교적 접근해 있을 경우에 시설

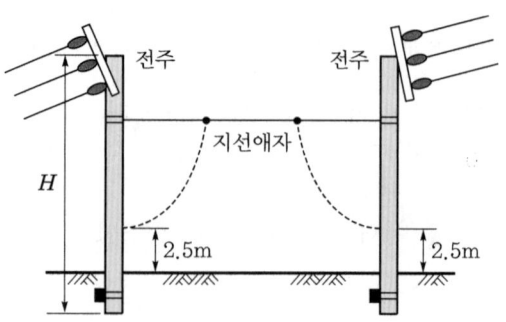

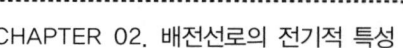

(4) Y지선

H주일 때 현장여건상 전주별로 별도 보통지선 설치가 곤란하거나 1개의 지선용 근가로 저항력을 확보할 수 있는 경우 1개의 지선 로드 및 근가로 2단의 지선을 부설하는 것

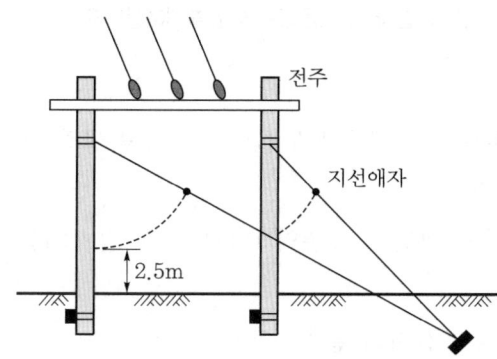

(5) 궁지선

비교적 장력이 작고 타 종류의 지선을 시설할 수 없는 경우에 적용하는 것으로, 지선용 근가를 전주 근원 가까이 매설하여 시설하며 시공방법에 따라 A형과 R형으로 구분한다.

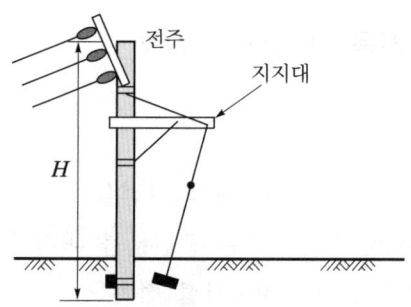

063 한국전기설비규정에서 정하는 저압 전로의 계통접지방식을 보호도체 및 중성선의 접속방식에 따라 구분하여 설명하시오.

(data) 발송배전기술사 22-127-4-3, 전기안전기술사 21-125-4-2 / 발송배전기술사, 건축전기설비기술사, 전기안전기술사, 전기응용기술사 출제예상문제

답안 1. 개요

(1) 계통접지는 전력계통에서 돌발적으로 발생하는 이상현상에 대비하여 계통을 연결하는 것

(2) 변압기의 중성점(저압측의 1단자 시행 접지계통 포함)을 대지에 접속하는 것을 말함

(3) 다음에 계통접지의 분류, 표현문자의 정의, 방식별 특징을 설명한다.

2. 저압 전로의 보호도체 및 중성선의 접속방식에 따른 분류

(1) TN 계통(TN system) 방식

(2) TT 계통(TT system) 방식

(2) IT 계통(IT system) 방식

3. 계통접지에서 사용하는 문자의 정의

(1) 제1문자

전원계통과 대지의 관계

① T(Terra, 대지) : 전력계통의 1점을 대지에 직접 접속

② I(Insulation, 절연) : 모든 충전부를 대지와 절연시키거나 높은 임피던스를 통하여 한 점을 대지에 직접 접속

(2) 제2문자

전기설비의 노출도전부와 대지의 관계

① T(Terra, 대지) : 노출도전부를 대지로 직접 접속, 전원 계통의 접지와는 무관

② N(Neutral) : 노출도전부를 전원계통의 접지점(교류계통에서는 통상적으로 중성점, 중성점이 없을 경우 선도체)에 직접 접속

(3) 다음 문자가 있을 경우

중성선과 보호도체의 배치

① S(Separated) : 중성선 또는 접지된 선도체 외에 별도의 도체에 의해 제공되는 보호기능

② C(Combined) : 중성선과 보호기능을 한 개의 도체로 겸용(PEN 도체)

③ PE(Protective Earthing) : 보호도체(PEN＝보호도체(PE) + 중성선(N) 조합)

▮ 계통접지방식 ▮

계통접지 방식	제1문자	제2문자	그 다음 문자(문자가 있을 경우)	
	전원계통과 대지	노출도전부와 대지	중성선과 보호도체의 배치	
TN-C	T	N	C	–
TN-C-S	T	N	C	S
TN-S	T	N	S	–
TT	T	T	–	–
IT	I	T	–	–

4. TN 계통방식

(1) 개념

① TN 전력계통은 1점을 직접 접지하고, 설비의 노출도전성 부분을 보호도체 의해 그 점으로 접속한다.

② TN 계통은 중성선 및 보호도체 조치에 따라 다음의 3종류로 구분된다.

③ TN 방식의 분류

㉠ TN-S 계통 : 모든 계통에 걸쳐 보호도체를 분리한다.

㉡ TN-C-S 계통 : 계통 일부분에서 중성선과 보호도체의 기능을 동일한 도 체로 겸용한다.

㉢ TN-C 계통 : 모든 계통에 걸쳐 중성선과 보호도체의 기능을 동일한 도체 로 겸용한다.

(2) TN 방식의 구분

① 전원측의 1점을 직접 접지하고 설비의 노출도전부를 보호도체로 접속시키는 방식

② 중성선 및 보호도체(PE 도체)의 배치 및 접속방식에 따라 다음과 같이 분류 한다.

㉠ TN-S 계통

• 계통 전체에 대해 별도의 중성선 또는 PE 도체를 사용한다.

• 배전계통에서 PE 도체를 추가로 접지할 수 있다.

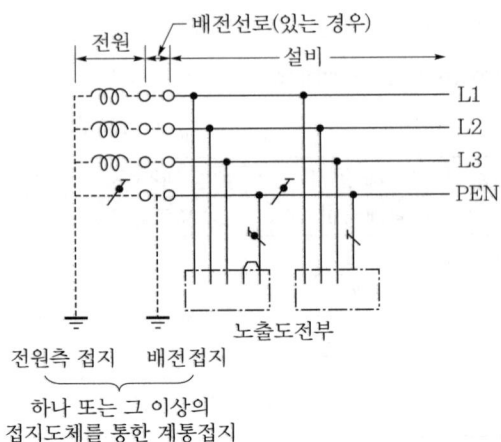

┃ 별도의 중성선이 있고, 계통 내 보호도체 있는 TN-S 방식 ┃

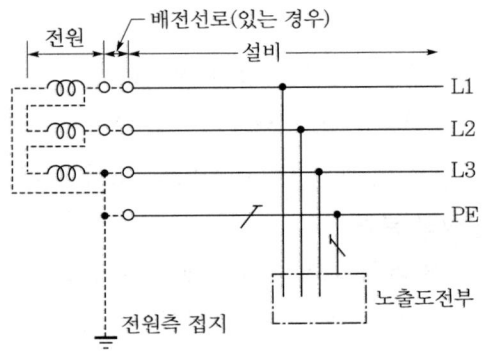

┃ 별도의 접지된 선도체가 있고 계통 내 보호도체 있는 TN-S 방식 ┃

- 범례
  - 중성선(N) :
  - 보호도체(PE) :
  - 중성선 겸용과 보호도체(PEN) :

ⓛ TN-C 계통

- 그 계통 전체에 대해 중성선과 보호도체의 기능을 동일 도체로 겸용한 PEN 도체를 사용한다.
- 배전계통에서 PEN 도체를 추가로 접지할 수 있다.

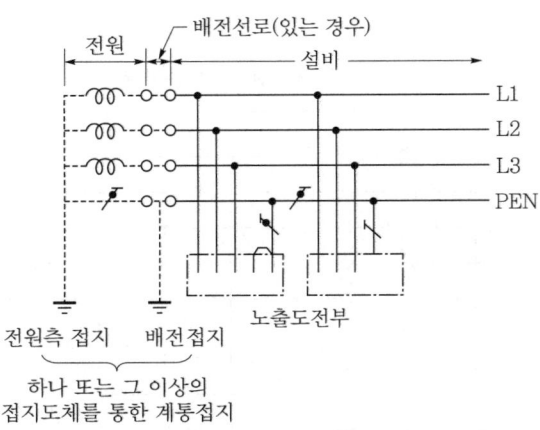

전원 — 배전선로(있는 경우) — 설비

L1
L2
L3
PEN

전원측 접지   배전접지   노출도전부

하나 또는 그 이상의
접지도체를 통한 계통접지

┃ PEN이 추가된 TN-C 방식 ┃

ⓒ TN-C-S 계통

- 계통의 일부분에서 PEN 도체를 사용하거나 중성선과 별도의 PE 도체를
  사용하는 방식

- 배전계통에서 PEN 도체와 PE 도체를 추가로 접지할 수 있다.

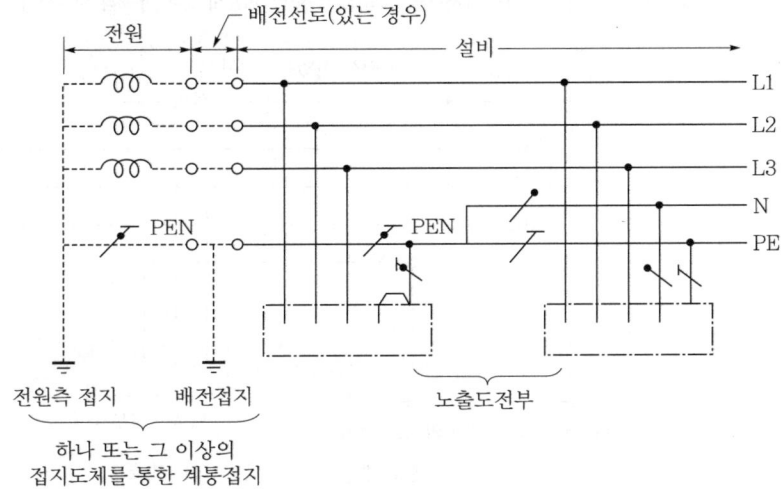

전원 — 배전선로(있는 경우) — 설비

L1
L2
L3
N
PE

PEN

PEN

전원측 접지   배전접지   노출도전부

하나 또는 그 이상의
접지도체를 통한 계통접지

┃ 설비의 어느 곳에서 PEN이 PE와 N으로 분리된 3상 4선식 TN-C-S 계통 ┃

5. TT 계통

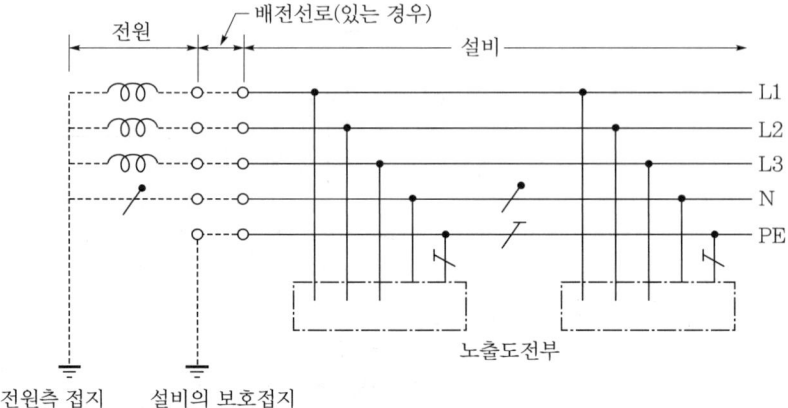

‖ 설비 전체에서 별도의 중성선과 보호도체가 있는 TT 계통 ‖

(1) 전원의 1점을 직접 접지하고 설비의 노출도전부는 전원의 접지전극과 전기적으로 독립적인(즉, 완전히 분리할 수 있는) 접지극에 접속한다.

(2) 배전계통에서 PE 도체를 추가로 접지할 수 있다.

(3) 노출도전성 부분의 접지는 보호도체(PE)에 의해 접지극에 접속하고 있다.

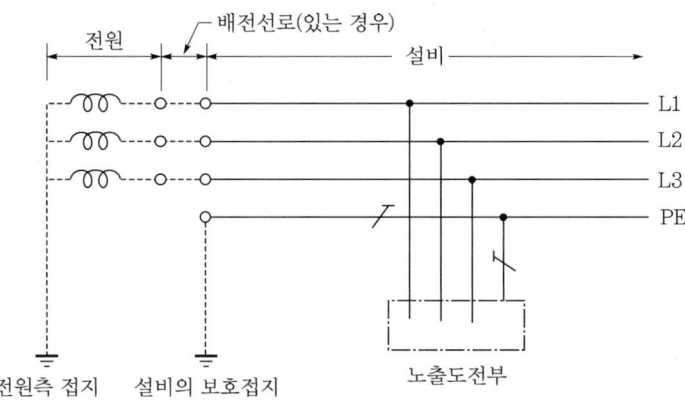

‖ 별도의 중성선이 없는 TT 계통 ‖

6. IT 계통

(1) 충전부 전체를 대지로부터 절연시키거나, 1점을 임피던스를 통해 대지로 접속

(2) 전기설비의 노출도전부를 단독 또는 일괄적으로 접지하거나 계통의 PE 도체에 접속

(3) 배전계통에서 PE 도체를 추가로 접지할 수 있다.

(4) 중성선은 배선할 수도 있고, 배선하지 않을 수도 있다.

(5) 계통은 충분히 높은 임피던스를 통하여 접지할 수 있다.

이 접속은 중성점, 인위적 중성점, 선도체 등에서 할 수 있다.

(6) 1점 지락사고의 경우 기기 프레임측의 접지저항을 낮게 함으로써 보호되지만, 2점 지락사고 시는 대책을 고려할 것

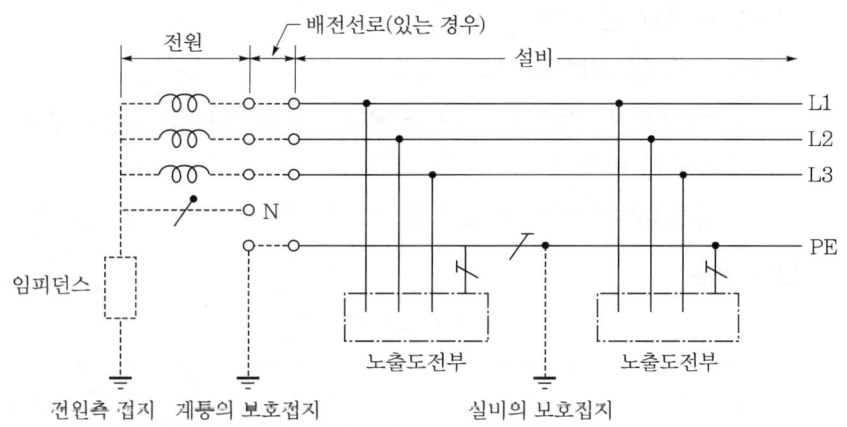

‖ 계통 내의 모든 노출도전부가 보호도체에 의해 접속되어 일괄 접지된 IT 계통 ‖

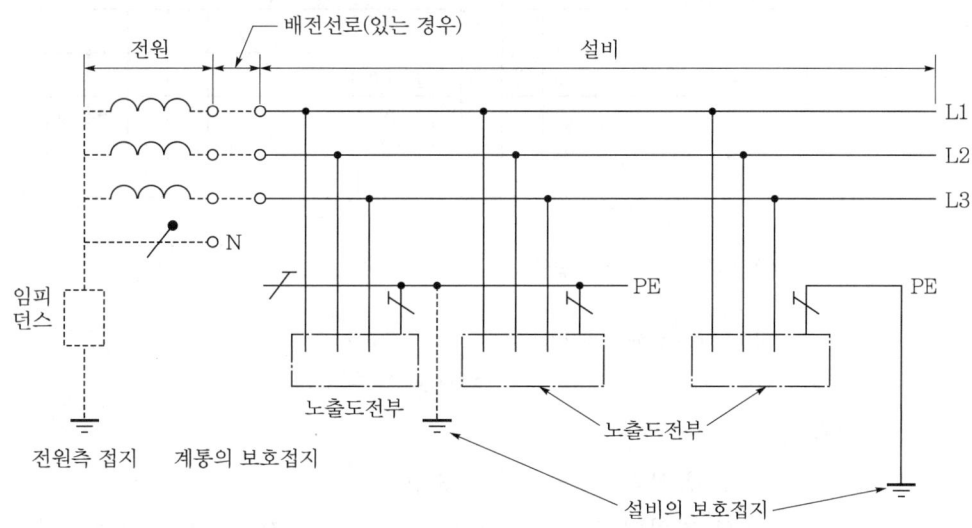

‖ 노출도전부가 조합으로 또는 개별로 접지된 IT 계통 ‖

comment 이 문제는 최고수급 수험생들이 선택하는 문제이므로, 수험생 본인의 역량에 맞게 문제를 선택하고 공연히 욕심내서 해도 효과가 작은 문항은 차라리 skip 전략을 택한다. 꼭 자신이 선택하고 싶으면 그림 5개만 선택하여 그리도록 한다.

064 한국전기설비규정(KEC)에서 정하는 TN-C-S 접지방법에 대하여 설명하시오.

data 발송배전기술사 21-125-1-8 / 발송배전기술사 출제예상문제

답안 **1. TN-C-S 접지방식**

(1) TN-C-S 접지방식의 개요

① 계통의 일부분에서 PEN 도체를 사용하거나, 중성선과 별도의 PE 도체를 사용하는 방식이 있다.

② 배전계통에서 PEN 도체와 PE 도체를 추가로 접지할 수 있다.

(2) 구성도

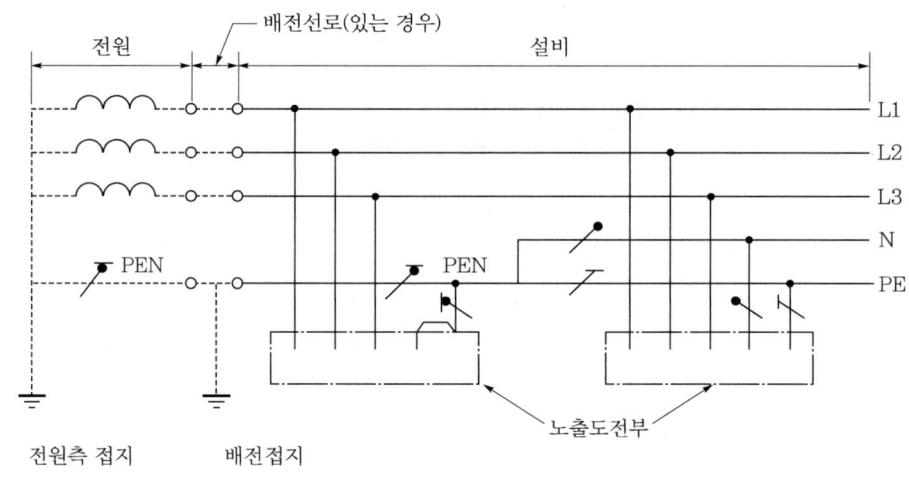

▮ TN-C-S 접지방식 ▮

(3) 특징

① TN-C 방식과 TN-S 방식 혼용

② RCD(누전차단기)를 설치하는 경우에는 누전차단기의 부하측에는 PEN 도체를 사용할 수 없으며, PE, N선 분기점 이후에 사용

③ PE 도체는 누전차단기의 전원측에서 PEN 도체에 접속할 것

④ PEN 도체 단선 시 인체감전 위험

2. PEN 도체 단선 시 문제점

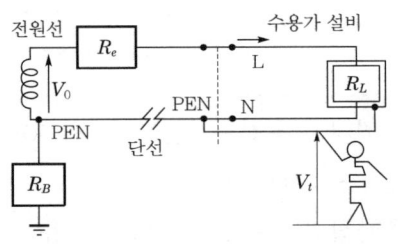

‖ PEN 도체 단선 시 1개소 접지 ‖

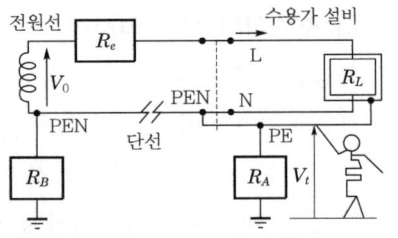

‖ PEN 도체 단선 시 추가접지 ‖

(1) 인체감전위험

부하기기 노출도전성 부분접촉 시 충전선의 상전압과 동일한 접촉전압 인가

(2) 대책

① 등전위본딩

② 단선검출 보호장치

③ PEN 도체 추가접지 : 접촉전압 50V 이하로 억제할 수 있는 저항값

3. TN-C-S 접지공사 시 시설요건(KEC 142.3.2 보호도체 규정)

(1) 보호도체 최소 단면적

① 선도체 단면적과 PE(보호도체)선의 재질에 따른 최소 단면적

선도체 단면적	L-PE선 재질 동일	재질 상이 시
$S \leq 16$	S	선도체에 대한 기준으로 변경
$16 < S \leq 35$	16	$기준 \times \dfrac{k_1(상도체)}{k_2(보호도체)}$
$S > 35$	$\dfrac{S}{2}$	

② 자동차단시간이 5초 이하인 경우는 다음 식을 이용한다.

$$S = \frac{\sqrt{I^2 t}}{k}$$

여기서, S : 단면적

      I : 예상 고장전류

      t : 자동차단을 위한 보호장치의 동작시간

      k : 온도계수(도체, 절연부의 재질, 온도에 따라 정해지는 계수)

(2) PEN 선 설치규정(KEC 142.3.3 규정)

① 최소 단면적은 기계적 강도 때문에 Cu 10mm^2, Al 16mm^2 이상일 것

② 계통 최고 전압에 대하여 절연

③ 단선방지를 위해 이동케이블, 이동전선 사용금지

(3) 추가접지 시 고려사항

① 보호등전위 본딩 시행

② 보호등전위 본딩을 못할 경우 최대 허용접촉전압(건조 시 50V, 습기 시 25V) 을 넘지 않도록 접지저항값을 충족시킬 것

③ 주택 수용가는 현실적으로 추가접지가 곤란하므로 주택용 차단기 자동차단 규정 마련이 필요

SECTION 04 전기안전

065 수용가 특고압 수전설비 정전작업 시 고려해야 할 사항 중 다음의 각 항목을 설명하시오.
1. 정전작업 시 안전조치
2. 정전작업상태 유지절차
3. 중대재해 처벌 등에 관한 법률(중대재해처벌법)
4. 정전작업순서
5. 정전작업 시 조치사항

data 건축전기설비기술사 24-132-1-3, 발송배전기술사 22-128-3-1 / 발송배전기술사, 건축전기설비기술사, 전기안전기술사, 전기응용기술사, 산업안전지도사 출제예상문제

답안 **1. 정전작업 시 안전조치**

(1) 작업지휘자에 의한 작업내용의 주지

(2) 개로 개폐기의 시건 또는 표지판 설치

(3) 잔류전하 방전

(4) 검전기로 개로의 충전 여부 확인

(5) 단락접지기구로 단락접지

(6) 근접활선에 대한 방호

(7) 일부 정전작업 시 정전선로 및 활선선로의 표시

(8) 작업장 주변 구획로프 및 표지판 설치

2. 정전작업상태 유지절차

(1) 정전조작

도면, 배선도 확인, 전원 차단 후 개폐기, 단로기 개방

(2) 개폐기 시건장치 및 통전금지표지

(3) 정전확인(검전)

절연장갑 착용, 각 상마다 검전

(4) 잔류전하 방전

(5) 단락접지 실시

(6) 재통전 시 안전조치

3. 중대재해처벌법

(1) 중대재해처벌법의 목적(제1조)

이 법은 사업 또는 사업장, 공중이용시설 및 공중교통수단을 운영하거나 인체에 해로운 원료나 제조물을 취급하면서 안전·보건 조치의무를 위반하여 인명피해를 발생하게 한 사업주, 경영책임자, 공무원 및 법인의 처벌 등을 규정함으로써 중대재해를 예방하고 시민과 종사자의 생명과 신체를 보호함을 목적으로 한다.

(2) 중대재해처벌법이 적용되는 재해 규모

「산업안전보건법」 제2조 제1호에 따른 산업재해 중 다음의 어느 하나에 해당하는 결과를 야기한 재해를 말한다.

① 사망자가 1명 이상 발생

② 동일한 사고로 6개월 이상 치료가 필요한 부상자가 2명 이상 발생

③ 동일한 유해요인으로 급성중독 등 대통령령으로 정하는 직업성 질병자가 1년 이내에 3명 이상 발생

(3) 중대재해처벌법 적용 사업대상

중대재해처벌법은 5인 이상의 모든 사업장에 대해 적용한다.

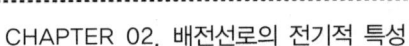

4. 정전작업순서

작업 전 사전협의	작업자에게 작업내용/작업자의 건강상태/절연보호구/복장 등의 확인 및 착용/작업개소의 상황설명/작업예정시간/작업분담 및 배치/작업의 방법 및 순서설명/작업 전반에 대한 재확인
정전조작	저압측 부하차단기 개방/저압측 Main 차단기 개방/수전용 차단기 개방/수전용 개폐기 개방/개폐기(COS, PF) 개방/책임분계점 개폐기(CO) 개방/조작금지 및 정정작업 표지판 설치
정전 확인·점검	검전기를 사용하여 잔류전압 확인
잔류전하 방전	인입케이블/고압용 진상 콘덴서의 잔류전하를 방전장치로 각 상의 단자에 접촉시켜 방전
단락접지용구 설치	개방된 전로의 가까운 장소에 설치하되 각 상에 설치/단락접지 표지 설치
표지봉구/작업구획 로프설치	통전 중인 특고압 설비가 있을 경우 구획로프 등(접근금지) 표지 설치
정전작업 시행 (외관점검/계측/측정시험)	작업책임자의 지시에 따라 수행/2인 1조의 작업팀 편성/체크리스트에 따른 점검/측정/시험 등 작업목적 달성
작업종료	작업종료확인 · 점검/단락접지용구 철거/작업인원 및 장비 · 공구 등의 수량 확인
전원투입(수전조작)	책임분계점 개폐기(COS) 투입/수전용 개폐기(LS) 투입/수전용 차단기 투입/저압측 Main 차단기 투입/저압 부하차단기 투입

5. 정전작업 시 조치사항

단계조치	협의사항	실무사항
작업 전	• 작업지휘자의 임명 • 정전법위, 조작순서 • 개폐기의 위치 • 단락접지개소 • 계획변경에 대한 조치 • 송전 시의 안전확인	• 작업지휘자에 의한 작업내용의 주지 철저 • 개로개폐기의 시건 또는 표시 • 잔류전하의 방전 • 검전기에 의한 정전 확인 • 단락접지 • 일부 정전작업 시 정전선로 및 활선선로의 표시 • 근접활선에 대한 방호
작업 중	–	• 작업지휘자에 의한 지휘 • 개폐기의 관리 • 단락접지의 수시확인 • 근접활선에 대한 방호

단계조치	협의사항	실무사항
작업종료 시	–	• 단락접지기구의 철거 • 표지의 철거 • 작업자에 대한 위험이 없는 것을 확인 • 개폐기를 투입해서 송전 재개

066 가공배전선로의 무정전 공법 중 공사용 개폐기 공법, 바이패스 케이블 공법, 이동용 변압기차 공법에 대하여 설명하시오.

data 발송배전기술사 19-119-4-1 / 발송배전기술사 출제예상문제

답안 **1. 무정전 공법 중 공사용 개폐기 공법**

(1) 개요

공사용 개폐기 공법이란 공사구간 내에 부하가 없고, 공사구간 이후 부하를 타 선로로 절체할 수 있는 경우 공사용 개폐기를 설치하여 공사구간의 전원 및 부하 점퍼선을 활선작업으로 분리하고 시공하는 방법

(2) 작업 시 주의사항

① 개폐기의 부싱을 보호하기 위해 씌워진 보호캡을 제거하고 파손된 부분이 없는가를 확인하여야 하며 가스압력계의 게이지에 나타난 가스압력이 5psi 이하에서는 작업을 해서는 안 된다.

② 공사용 개폐기를 설치하기 전에 개방상태임을 반드시 확인하여야 하고 전주 상에 설치할 때는 지상 2.5m 이상에 설치한다.

③ 개폐기 접지는 1종 접지를 시행하되 접지가 곤란한 경우에는 기설선로의 중성 선에 연결한다.

④ 개폐기를 지상에 설치할 때는 구획로프를 설치하여 타인의 접근을 방지하여 야 한다.

⑤ 본선 접속용 케이블을 전선에 연결할 경우에는 1·2차측을 동시에 접속하지 말 것

⑥ 개폐기를 투입할 경우에는 각 상의 결선상태, 케이블 접지선 연결상태 등을 재확인하여야 하고 절환스위치를 검상위치에 두어 상 일치 여부를 반드시 확인하여야 한다.

⑦ 공사용 개폐기를 지상에 설치하기 전에 이동 시 충격 또는 자체결함 등에 의한 개폐기 상별 단락 여부를 확인하기 위하여 매 작업 전에 설치 전 투입상태에서 절연저항측정기를 이용하여 상별 개방상태를 반드시 확인하여야 한다.

⑧ 선로용 개폐기는 배전센터의 지시에 의하여 조작하고 조작 후에는 조작금지 표지를 부착하여야 한다.

(3) 작업절차

① **작업준비**

    ㉠ 작업현장을 충분히 파악한 후 작업계획을 세운다.

    ㉡ 공사구간에 무부하 확인과 개폐기 설치 등의 적정장소를 확인한다.

    ㉢ 개폐기 접속케이블, 분기케이블, 단말케이블과 장구 등의 상태를 확인한다.

② **교통안전표지판 설치 및 도로통제**

    ㉠ 도로안전표지판 설치 시 차량통행에 지장이 없도록 편도차선에 최대한 여유를 두고 설치한다.

    ㉡ 작업현장 전후 2명 이상의 교통정리원이 적색조끼를 착용하고 적색, 백색 깃발을 사용한다.

③ **부하전류 측정** : 작업구간에 부하전류가 140A 이상 시에는 부하 전환 후 작업을 한다(케이블 38mm²의 허용전류범위).

④ **작업 전 안전회의 및 배전센터 등 통보**

    ㉠ 작업 전 안전회의 시 케이블 포설요령, 공사용 개폐기 설치위치, 개폐기 조작순서 등을 충분히 검토하여 개인별 임무를 부여하고 안전사고예방에 대한 토의를 한다.

    ㉡ 작업책임자는 작업시행 전·후 배전센터, 배전운영실 등에 작업장소, 작업내용 등을 통보한다.

    ㉢ 작업현장과 비상통신수단을 확보한다.

    ㉣ 작업 전 변전소(R/C) 재폐로 동작기능정지 확인 및 사령실의 작업통제에 따른다.

⑤ **역송공급 계통확인** : 공사용 개폐기 설치작업 시 공사구간 이외의 부하에는 전원이 역송공급되므로 기 설치된 리크로저의 역송공급 동작조건을 확인한다.

⑥ **공사용 개폐기 점검**

    ㉠ 공사용 개폐기의 접속커넥터 및 붓싱 등의 접속부분의 청결상태를 확인한다.

ⓛ 정상 가스압력이 5psi 이상인지를 확인하고, 가스압력계의 지침이 계기눈
금판 녹색부분에 위치(적색부분은 작업금지)하는지 확인한다.

ⓒ 공사용 개폐기의 붓싱취급에 유의하고 개폐기 및 붓싱 절연상태 등을 계측
기로 확인한다.

⑦ **공사용 개폐기 설치**

ⓐ 개폐기를 개방상태에서 잠금(lock)용 훅을 걸어 고정한다.

ⓛ 개폐기 접지단자에 1종 단독접지 및 중성선에 공동접지한다.

ⓒ 개폐기를 전주상에 설치 시 지상 2.5m 이상에 설치한다.

⑧ **전주상에 가 지지크리트 설치**

ⓐ 개폐기 입상케이블에 무리한 장력이 걸리지 않도록 가 지지크리트를 전
원, 부하 양측에 설치한다.

ⓛ 전주의 완철 하단 1～1.5m에 밴드를 취부하여 꼭 조인다.

⑨ **개폐기 케이블 설치 연결**

ⓐ 개폐기 입상케이블은 부하측, 전원측 순서로 입상한다.

ⓛ 케이블 헤드의 접지선은 가 지지크리트의 접지 고정단자에 연결한다.

ⓒ 지지크리트의 접지연결단자에 접지선을 연결하고 기존 접지선과 연결한다.

ⓔ 단말케이블 헤드와 본선 접속케이블 크램프와 연결하고 임시걸이에 고정
한다.

ⓜ 개폐기 케이블 엘보커넥터 접속부를 세척포로 청소하고 실리콘 그리스를
도포한다.

ⓗ 입상케이블의 색띠와 개폐기의 색띠가 일치되도록 각 상을 접속한다.

ⓢ 노출된 접속단자 충전부를 절연커버로 방호조치한다.

ⓞ 개폐기 외함 접지시공상태를 확인한다.

ⓩ 각 케이블 엘보커넥터 접지선과 접지단자와의 연결상태를 확인한다.

ⓩ 전선의 피복은 규정된 전선피박기를 사용하고, 본선 접속용 케이블을 전
선에 연결 시 1·2차측을 동시에 접속 금지할 것

⑩ **검상확인**

ⓐ 동상의 경우 소리가 없고, 운전 중에는 검상기의 스위치를 OFF 위치로
할 것

ⓛ 검상에서 이상이 있을 경우에는 본선 접속케이블 크램프를 풀어 상을 맞추
고 접속한다.

⑪ 선로용 개폐기 투입

   ⊙ 상시 개방된 선로용 개폐기를 투입하여 역송공급한다.

   ⓛ 선로용 개폐기 조작 후 조작금지표를 부착하고 개폐기 투입 후 Lock 장치를 한다.

⑫ **공사용 개폐기 투입** : 스틱으로 공사용 개폐기를 투입 후 조작봉을 조작담당자가 보관하고, 개폐기에 감시자를 배치한다.

⑬ **전력선의 점퍼선 절단** : 절단된 점퍼선 끝부분을 충전부 임시절연캡으로 절연처리한다.

⑭ **본공사 시행** : 공사용 개폐기를 OFF한 후 휴전된 본 공사구간의 전원, 부하측에 검전, 접지를 시행한다.

⑮ 철거작업(환원작업)

2. 바이패스 케이블 공법

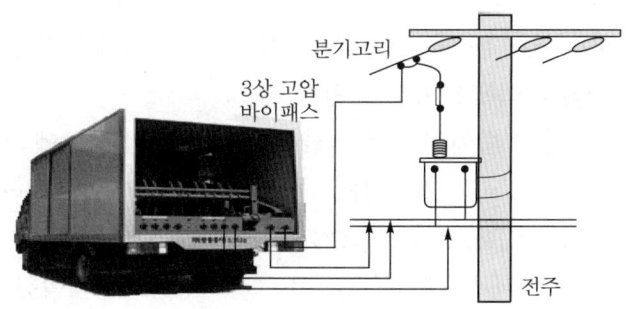

┃ 고압 바이패스 공급방식 ┃

(1) 작업준비

① 작업 전에 공구 및 장치의 이상 유무를 점검한다.

② 보호구 착용 및 방호구 취부상태를 확인한다.

③ 활선작업거리는 75cm 이상을 유지하여야 하고, 활선작업거리가 유지되지 않는 장소는 반드시 방호조치를 하여야 한다.

(2) 작업절차

① **작업 전 안전회의**

   ⊙ 작업내용 설명 및 임무분담하여 각 개인별 임무를 부여한다.

   ⓛ 기계·정신적 위해요소를 사전 제거하고 개인 안전장구 및 공기구를 점검하여 안전작업에 중점을 둔다.

   ⓒ 인접선로를 확인 점검하여 작업 시 선로사고를 방지한다.

　　　② 배전센터(배전운영실)에 작업상황을 통보한다.

② **무정전 차량 외함접지**

　　○ 차량 외함접지선을 중성선에 연결하여 차량접지를 한다.

　　ⓒ 차량접지는 제일 먼저 시행하고, 작업이 끝난 다음 맨 나중에 철거한다.

③ **충전부 방호** : 변압기 붓싱, 1·2차 인하선, 저압선 등 방호를 한다.

④ **접지측 바이패스 케이블 연결**

　　○ 접지측 바이패스 케이블을 변압기차의 케이블 접속함 N상에 끼워 90도 돌려서 단단히 접속한다.

　　ⓒ 접지 바이패스 케이블을 변압기 2차측 접지인하선 접속부에 접속한다.

　　ⓒ 전압강하를 고려하여 변대 직하에 연결을 원칙으로 한다.

⑤ **고압 바이패스 케이블 연결**

　　○ 고압 바이패스 케이블을 변압기차 접속함에 연결한다.

　　ⓒ 완철에 바이패스 케이블 지지대를 설치한다.

　　ⓒ 고압 바이패스 케이블을 케이블 지지대에 고정시키고 분기고리에 연결한다.

⑥ **저압 바이패스 케이블 연결**

　　○ 저압 바이패스 케이블을 변압기차 접속함에 연결한다.

　　ⓒ A·B·C상 바이패스 케이블을 변압기 2차 인하선 연결부분에 접속한다.

⑦ **고압 바이패스 차단기 ON**

　　○ 바이패스 케이블 A·B·C·N상 모두 접속완료되었는지 재확인한다.

　　ⓒ 변대 직하 전압을 측정하여 확인하고 동일 전압이 인가되도록 변압기차의 탭 스위치를 조정한다.

　　ⓒ 고압 바이패스 차단기를 투입한다.

⑧ **COS OFF** : COS 조작봉으로 교체하고자 하는 변압기의 COS를 개방한다.

⑨ **변압기 교체** : 변압기 교체작업기준에 따라 철거 및 신설작업을 시행한다.

⑩ **COS ON**

　　○ 1차 인하선을 먼저 연결하고 2차 인하선을 연결한다.

　　ⓒ 인하선 연결완료 후 COS를 투입한다.

⑪ **복구작업(환원)**

　　○ 고압 바이패스 차단기를 OFF한다.

　　ⓒ 바이패스 케이블 분리

　　　• 고압 바이패스 케이블을 분리시키고 임시 케이블 지지대를 철거한다.

　　　• 저압 바이패스 케이블을 분리시킨다.

ⓒ 방호철거

ⓔ 케이블 정리 및 주변정리

- 배전센터(배전운영실)에 작업완료통보를 한다.
- 작업장소의 청소 및 현장주변정리를 철저히 한다.

3. 이동용 변압기차 공법

(1) 개요

변압기차 공법은 무정전으로 주상변압기를 교체하고자 할 경우 이동용 변압기차를 이용하여 저압 부하를 공급하고 변압기를 교체하는 작업이다.

(2) 작업 시 주의사항

① 작업책임자는 이동용 변압기차 운전 시 병렬운전에 대한 주의사항 및 요령과 함께 특고압 및 저압 케이블의 연결순서를 작업원들에게 숙지시켜야 한다.

② 탭절환은 반드시 이동용 변압기의 1차 개폐기를 개방시킨 후에 하여야 한다.

③ 검상 후 상이 맞지 않을 경우에는 공사용 개폐기를 반드시 개방한 후에 시행한다.

④ 설치작업 시는 주상변압기 2차 인하선을 분리한 후에 COS를 개방하고 철거작업 시에는 COS를 투입한 후에 주상변압기의 2차 인하선을 접속한다.

(3) 작업절차

① 작업준비

ⓐ 이동용 변압기차를 작업장소에 주차시킬 때 주상변압기 직하는 가급적 피하고 통행인, 차량 등에 지장이 없도록 유의한다.

ⓑ 적당한 장소에 공구진열시트를 깐다.

ⓒ 작업현장의 장주형태, 공급방식, 현장상황 등을 확인한다.

② 공기구 점검

ⓐ 작업내용을 충분히 숙지하고, 필요한 공구, 방호구 등을 충분히 준비한다.

ⓑ 필요한 공구 및 방호구, 보호구, 케이블 기자재 등을 점검 배치한다.

③ 작업장소 출입통제 : 인도변 및 도로에 작업 시 작업구간 전후에 구획로프 및 위험표지판을 설치하고 작업장 전후 교통통제요원을 배치한다.

④ 작업 전 안전회의

ⓐ 작업 전에 안전회의를 실시한다.

ⓑ 작업책임자는 이동용 변압기차에 의한 작업순서 및 개인별 임무를 작업원에게 명확히 설명한다.

1067

      © 이동용 변압기차의 병렬운전 요령 및 특고압 및 저압 케이블 연결순서를 숙지한다.

⑤ 배전센터 등 통보

      ㉠ 작업책임자는 작업시행 전후 배전센터, 배전운영실 등에 작업장소, 작업 내용 등을 통보한다.

      ㉡ 작업현장과 비상통신 수단을 확보한다.

      ㉢ 작업 전 변전소 또는 배전선로 전원측 R/C 재폐로 동작기능정지 확인 및 사령실의 작업통제에 따른다.

⑥ 변압기차량 점검

      ㉠ 변압기차에 부속된 케이블 상태와 접속커넥터 및 변압기의 절연상태 등 청결상태를 확인점검한다.

      ㉡ 변압기차의 고압 케이블 1차측 커넥터 연결부분의 소켓 등을 확인점검한다.

      ㉢ 변압기 차량 외함에 1종 단독접지 및 중성선에 공동 접지한다.

⑦ 공사용 개폐기의 점검

      ㉠ 공사용 개폐기의 정상 가스압력(5psi 이상)과 붓싱상태를 확인한다.

      ㉡ 개폐기 접지단자에 접지선을 연결한다.

      ㉢ 공사용 개폐기와 저압 차단기의 개방을 확인한다.

⑧ 특고압 케이블 및 저압 케이블 설치

      ㉠ 접속부분의 청결상태 확인 및 실리콘 그리스를 도포한 후 변압기차 VAN 접속부에 입상케이블을 연결한다.

      ㉡ 전력선 충전부는 완전한 절연(절연커버)을 시공한다.

      ㉢ 입상케이블의 중성선은 가완목 접지단자에 연결한다.

      ㉣ 전선에 임시걸이를 설치할 경우 전선의 피복을 벗기지 않고 설치한다.

      ㉤ 중성선 케이블을 중성선에 먼저 연결한다.

      ㉥ 전선의 피복제거는 반드시 규정된 피박기로 피복을 제거한다.

      ㉦ 저압 개폐기 OFF 상태에서 고압 케이블을 연결하고, 저압 케이블은 주상 변압기 2차 간선에 커넥터로 접속하며 저압 개폐기를 투입하기 전 검상기로 각 상을 확인한다.

      ㉧ 작업 전 필히 주상변압기 2차 전류를 측정하여 적정규격의 저압 케이블을 사용하고, 저압 케이블 고정 및 저압 간선과의 접속을 약 30cm 간격으로 시공하여 혼촉방지 및 접촉저항 저감을 위해 저압 케이블의 클램프를 견고히 조인다.

     ⓩ 변압기 차량 내부의 저압 개폐기를 투입하고 부하상태를 확인한다.

     ⓩ 공사용 개폐기 투입 시 조작봉 고리에 스틱을 걸어 확실히 투입되었는가를 확인한다.

     ⓚ 투입된 상태에서 상이 맞지 않아 각 상의 교체를 시행할 때는 반드시 개폐기를 OFF한 후 실시한다.

⑨ 주상변압기의 2차 인하선 분리

     ㉠ 전선 절단기로 2차 인하선 절단 시 전압선 및 접지선 순서로 전선을 절단한다.

     ㉡ 분리한 저압선의 충전부 끝단을 절연테이프로 방호조치한다.

     ㉢ 주상변압기 2차측 저압 인하선을 분리할 때 저압 간선 연결부분을 절단하고, 절단된 2차 인하선은 충전상태이므로 반드시 충전부 임시 절연캡으로 절연처리해 놓는다.

     ㉣ 교체할 주상변압기 용량 중 75kVA 이상은 반드시 과부하 운전 여부를 확인한 후 변압기 교체작업을 시행한다(과부하 시 변압기차량의 변압기소손 우려).

⑩ 주상변압기 COS 개방

     ㉠ 2차 인하선 각 상 분리 확인 후 스틱으로 각 상 COS를 개방한다.

     ㉡ COS 홀더 개방 후 1차 활선클램프를 분기고리에서 분리철거한다.

⑪ 변압기 교체작업 : 변압기 교체작업 후 반드시 퓨즈링크의 적정용량을 확인한다.

⑫ 복구작업(환원)

     ㉠ 각 상을 필히 확인하여 접지측 전선 및 전압측 전선을 사전에 구분한다.

     ㉡ 인하선 접속은 접지측 및 전압선 순서로 접속한다.

     ㉢ 오결선으로 인한 선간단락을 방지하고, 전압선 접속 시 부하가 걸린 상태로 스파크가 발생할 수 있으므로 신속하게 접속한다.

     ㉣ 변압기 2차 리드선(인하선)을 연결한 후에는 변압기 1차 부싱 및 COS 2차는 활선상태이므로 유의할 것

     ㉤ 저압 케이블 철거순서는 주상측부터 철거한 후 저압 접속구측을 철거한다.

     ㉥ 전압선 케이블부터 철거하고, 중성선에 접속된 접지케이블을 마지막에 철거한다.

     ㉦ 본선 접속용 케이블을 철거하여 임시걸이에 물려놓아 충전전류로부터 안전사고를 예방한다.

067 허용 인체통과전류의 안전한계에 대하여 설명하시오.

data 발송배전기술사 20-120-1-2 / 발송배전기술사, 건축전기설비기술사, 전기안전기술사 출제예상 문제

답안 1. 인체통과전류의 안전한계

    (1) 인체에 통과하는 전류가 수십 mA일 경우 심장은 세동, 즉 심실세동이 발생하여 심근의 팽장, 수축 기능이 정지되어 사망에 도달하는 한계전류

    (2) 사람의 인체특성에 따라 다르나 통계적으로 50mA 정도이다.

    (3) 인체통과전류의 한계치

        변전소 설계에 준하여 정하며 코펜하겐 실험식에 의한다.

        ① $I^2 t = C$ 에서 $I = \dfrac{0.116}{\sqrt{t}}$ [A]

        ② ⓐ곡선 : 위험 한계선($Q = I_m t = 50\,\text{mA} \cdot \text{s}$)

        ③ ⓑ곡선 : 안전 한계선($Q = I_m t = 30\,\text{mA} \cdot \text{s}$)

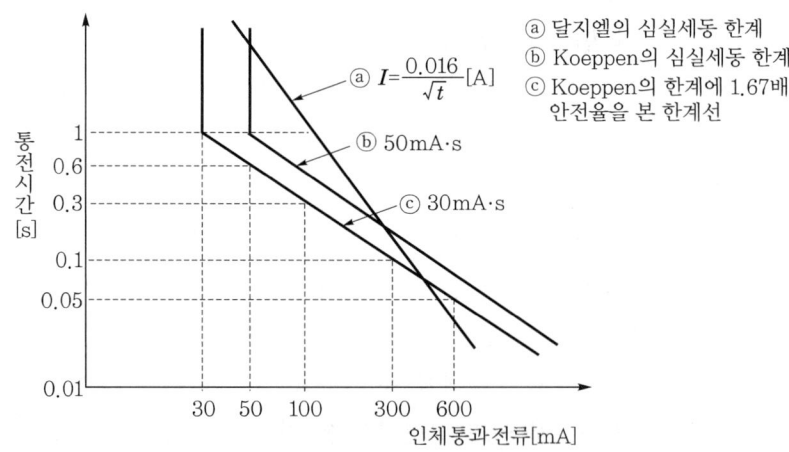

ⓐ 달지엘의 심실세동 한계
ⓑ Koeppen의 심실세동 한계
ⓒ Koeppen의 한계에 1.67배 안전율을 본 한계선

∥ 인체의 안전한계 ∥

    ④ 안전율 1.67을 적용한 $\dfrac{50}{1.67} = 30\,\text{mA} \cdot \text{s}$로 정하며 이는 ELB의 안정성을 의미한다.

(4) 영향요소

① 통전전류의 크기

② 통전시간

③ 통전경로

④ 전원의 종류(DC보다 상용 주파수의 교류전원이 더 위험함)

⑤ 주파수

⑥ 전류의 상승률

⑦ 기타 환경조건(남, 여, 아동, 성인, 뚱뚱한 사람, 마른 사람 등)

(5) 감전전류의 한계값

환자	←	기준	→	일반인
마이크로 쇼크	메크로 쇼크	최소 감지전류	경련전류	심실세동전류
$10\mu A$	0.1mA	1mA	10mA	50mA
심방 지근거리	심장 원거리	자극을 느낌	근육 부작용	심장 경련, 정지

2. 적용

(1) 허용접촉전압

$$E_{\text{touch}} = (R_K + R_{2FP}) \cdot I_K$$

$$= (1000 + 1.5 \cdot C_s \cdot \rho_s)\frac{0.116}{\sqrt{t_s}}\,[\text{V}]$$

여기서, R_K : 인체 내부저항(1000Ω 적용)

R_{2FP} : 두 발 사이의 병렬저항($1.5 \times C_s \times \rho_s$ 적용)

I_K : 인체 허용전류[Arms]

C_s : 표토층의 두께와 반사계수에 의해 결정되는 감소계수

ρ_s : 대지표면(표토층)의 고유저항률[Ω · m]

t_s : 인체 감전시간[s]

(2) 허용보폭전압

$$E_{\text{STEP}} = (6\rho_s C_s + R_b)\,I_K$$

$$= (6\rho_s C_s + 1000)\frac{0.116}{\sqrt{t}}$$

068 누전차단기에 대하여 다음 사항을 설명하시오.

1. 전류동작형 누전차단기의 설치목적, 동작원리, 종류
2. 다음에 주어진 회로에서 Motor A에 접촉 시 인체에 흐르는 전류를 산출한 후 누전 차단기를 선정하시오.

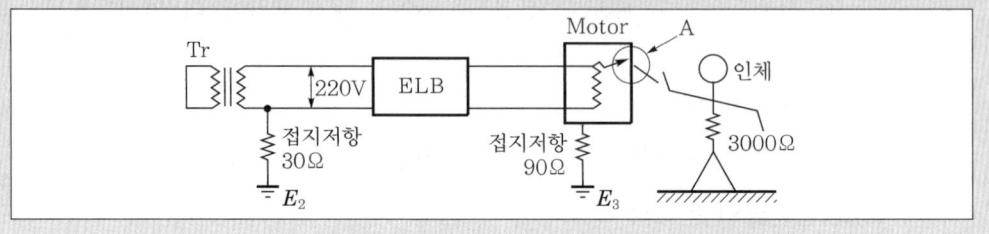

data 건축전기설비기술사 20-121-3-1 / 발송배전기술사, 건축전기설비기술사, 전기안전기술사, 전기 응용기술사 출제예상문제

답안 **1. 전류동작형 누전차단기의 설치목적, 동작원리, 종류**

(1) 설치목적

① 교류 1000V 이하의 전로에서 인체에 대한 감전사고 방지

② 교류 1000V 이하의 전로에서 누전에 의한 화재 방지

③ 교류 1000V 이하의 전로에서 아크에 의한 전기기계기구의 손상 방지 목적

(2) 동작원리

① 누전·지락 시 이상전압 → ZCT 검출 → 증폭기 → TC 작동(CB 차단)

② 과부하 시 내장된 메커니즘을 이용하여 검출

③ 누전·지락 상태일 경우

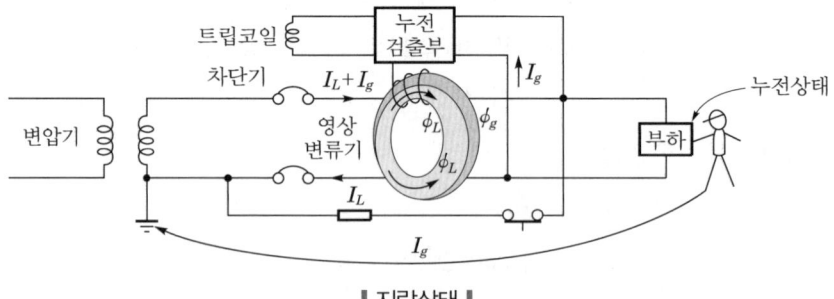

∥ 지락상태 ∥

㉠ 위 그림같이 누전차단기로부터 부하측 구간에 누전이 되면 누설전류(I_g) 가 대지를 통하여 전원으로 되돌아가므로 ZCT를 통과하는 왕로전류와 귀로전류에는 누설전류만큼의 차가 발생된다.

ⓛ 따라서, 철심 중에는 누설전류에 상당하는 자속이 발생하고 ZCT의 2차측에는 누설전류에 비례하는 출력이 나타난다.

ⓒ 이 출력에 의하여 차단기구가 동작하여 주접점은 Open된다.

ⓔ 전류 I_L에 의한 자계는 서로 상쇄되어 나타나지 않으나, 누설전류 I_g에 의한 자계는 영상변류기에 ϕ_g로 나타서, 누전검출부는 검출하고 이 출력에 의하여 차단기구가 동작하여 주접점은 Open된다.

(3) 누전차단기의 종류

① 동작별
  ㉠ 전압동작형
  ㉡ 전류동작형
  ㉢ 전압·전류 동작형 중 전류동작형 적용이 많음

② 용도별
  ㉠ 지락보호 전용품(기존 차단기와 병용 시 유리히며, 주택의 분전반, 자판기, 에어컨 등에 사용)
  ㉡ 범용품(지락, 단락, 과부하용 → 광범위하게 사용 1200mA까지)

③ 동작시간별 분류(감도시한별 분류)

감도구분	동작시간	정격감도전류[mA]	동작시간
고감도형	고속형	5, 15, 30	정격감도전류에서 0.1초 이내, 인체감전보호용은 0.03초 이내
	시연형		정격감도전류에서 0.1초 초과하고 2초 이내
	반한시형		• 정격감도전류에서 0.1초 초과하고 1초 이내 • 정격감도전류에서 1.4배 전류에서 0.1초를 초과하고 0.5초 이내 • 격감도전류에서 4.4배 전류에서 0.05초 이내
중감도형	고속형	50, 100, 200	정격감도전류에서 0.1초 이내
	시연형	300, 500, 1000	정격감도전류에서 0.1초를 초과하고 2초 이내

• 고속형 : 감전방지가 주목적
• 시연형 : 동작시한을 임의 조종 가능, 보안상 즉시 차단하여서는 안 되는 시설물, 계통의 모선
• 반한시형 : 지락전류에 비해 동작 접촉전압의 상승을 억제하는 것이 주목적

2. Motor A에 접촉(간접접촉) 시 인체에 흐르는 전류 산출 및 누전차단기 선정

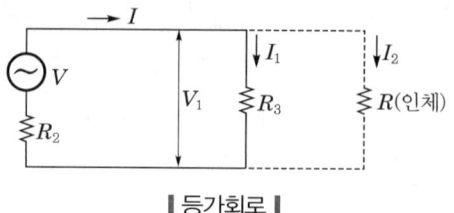

▮등가회로▮

(1) 인체에 흐르는 전류 산출

$$I_2 = I \times \left(\frac{R_3}{R_3 + R} \right)$$

$$= \left(\frac{V}{R_2 + \left(\frac{R \cdot R_3}{R_3 + R} \right)} \right) \times \left(\frac{R_3}{R_3 + R} \right)$$

$$= \frac{R_3 V}{R_2 R_3 + R \cdot R_2 + R \cdot R_3}$$

$$= \frac{90 \times 220}{30 \times 90 + 90 \times 3000 + 3000 \times 30}$$

$$= 54.59 \mathrm{mA}$$

(2) 누전차단기의 선정

① 계산결과가 54.59mA이므로 심실세동전류 이상이다.

② 따라서, 감도전류 30mA, 동작시간 0.03초인 인체감전보호형의 고감도 고속형인 누전차단기로 선정한다.

068-1 아래 그림과 같은 계통에서 기기의 A점에서 완전 지락이 발생하였을 경우

1. 이 기기의 외함에 인체가 접촉하고 있지 않을 경우 이 외함의 대지전압은 몇 V로 되는지 구하시오.

2. 이 기기의 외함에 인체가 접촉하였을 경우 인체에는 몇 mA의 전류가 흐르는지 구하시오.

3. 인체 접촉 시 인체에 흐르는 전류를 10mA 이하로 하려면 기기의 외함에 시공된 접지공사의 접지저항 $R_3[\Omega]$의 값을 얼마의 것으로 바꿔야 하는지 구하시오.

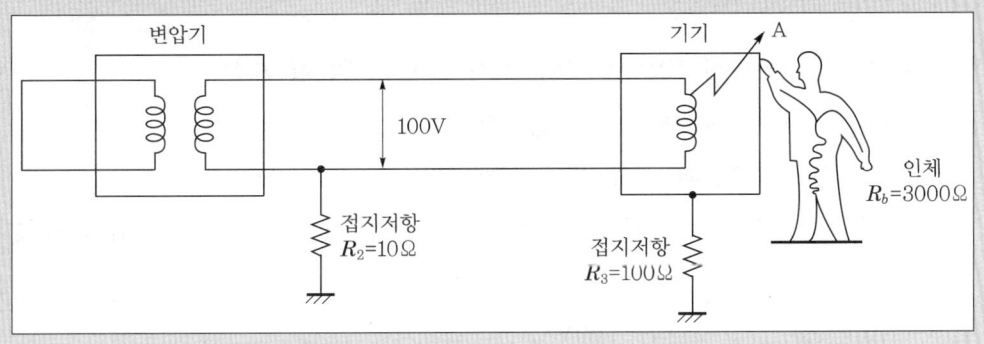

(data) 발송배전기술사 20-122-2-6 / 발송배전기술사 출제예상문제

(comment) 건축전기설비기술사 19-118-4-4와 매우 유사하다.

답안 1. 등가회로

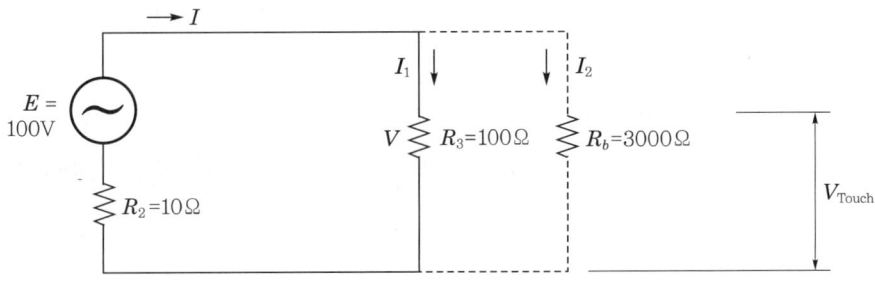

2. 외함에 인체가 접촉되지 않을 경우의 대지전압

$$V_1 = \frac{R_3}{R_2 + R_3} \times E$$

$$= \frac{100}{10 + 100} \times 100 = 91\,\text{V}$$

3. 인체감전전류 I_2

(1) 인체 접촉 후의 전체 전류

$$I = \cfrac{E}{R_2 + \cfrac{R_3 \cdot R_b}{R_3 + R_b}} = \cfrac{100\text{V}}{10 + \cfrac{100 \times 3000}{100 + 3000}} = 0.9365\,\text{A}$$

(2) 인체감전전류 I_2

$$I_2 = I \times \frac{R_3}{R_3 + R_b} = 0.9365 \times \frac{100}{100 + 3000} = 0.0302\,\text{A} = 30.2\,\text{mA}$$

4. 인체통과전류를 10mA로 제한하기 위한 R_3의 값 계산

(1) 인체에 10mA 통전 시의 접촉전압 V_1

$$V_1 = \text{인체통과 허용전류} \times \text{인체저항} = 0.01\,\text{A} \times 3000\,\Omega = 30\,\text{V}$$

(2) V_1은 전체 전류에 의한 저항 R_2의 전압강하를 고려한 전압과 동일하다.

즉, $V_1 = E - IR_2 = E - (I_1 + I_2)R_2$

(3) 여기서, $I_1 = \cfrac{V_1}{R_3{'}} = \cfrac{30\text{V}}{R_3{'}}$ 이며, $E - (I_1 + I_2)R_2 = V_1$에서 수치와 I_1을 대입하여

정리하면

$$100 - \left(\frac{30}{R_3{'}} + 0.01\right) \times 10 = 30\,\text{V}$$

$$\left(\frac{30}{R_3{'}} + 0.01\right) = 7 \;\rightarrow\; \left(\frac{30}{R_3{'}}\right) = 7 - 0.01 \;\rightarrow\; 7R_3{'} - 0.01R_3{'} = 30$$

$$\rightarrow\; R_3{'} = \frac{30}{6.99} = 4.29\,\Omega$$

∴ 인체통과전류를 10mA로 제한하기 위한 R_3의 값은 4.29Ω 이하일 것

CHAPTER

03

배전선로의
품질관리와 보호

SECTION **01** 배전품질(지표/순시전압강하/플리커/고조파)

069 전기공급 신뢰도와 품질을 평가하는 지표인 SAIFI(System Average Interruption Frequency Index), SAIDI(System Average Interruption Duration Index)에 대하여 설명하고 순간 정전 및 순간 저전압에 의한 피해를 저감하기 위한 전원측 및 부하측 대책을 각각 설명하시오.

data 발송배전기술사 24-133-3-4 / 발송배전기술사 출제예상문제

답안

1. SAIFI(System Average Interruption Frequency Index)

(1) System Average Interruption Frequency Index ; SAIFI

(2) 일정 지역 내의 고객 1호당 발생하는 정전횟수(순간 정전 제외)

(3) 계통 평균 정전빈도수 지수

(4) 표현식

$$\text{SAIFI} = \frac{\text{정전을 경험한 고객수}}{\text{계통 내의 총고객수}} = \frac{\sum \lambda_i N_i}{\sum N_i}$$

2. SAIDI(System Average Interruption Duration Index)

(1) System Average Interruption Duration Index : SAIDI

(2) 일정 지역 내의 고객 1호당 발생하는 정전시간(순간 정전 제외)

(3) 계통 평균 정전시간지수

(4) 표현식

$$\text{SAIDI} = \frac{\text{모든 고객의 정전지속시간 합}}{\text{계통 내의 총고객수}} = \frac{\sum U_i N_i}{\sum N_i}$$

3. 순간 정전 및 순간 저전압에 의한 피해를 저감하기 위한 전원측 및 부하측 대책

(1) 순시전압강하(voltage sag or dip)의 구분

아래와 같이 3가지로 구분되며 전압범위는 0.1 ~ 0.9pu이다.

Category	지속시간	전압범위
순시(instantaneous)	0.5 ~ 30cycle	0.1 ~ 0.9pu
순간(momentary)	30cycle ~ 3초	0.1 ~ 0.9pu
일시(temporary)	3초 ~ 1분	0.1 ~ 0.9pu

(2) 순간 정전 및 순간 저전압에 의한 피해를 저감하기 위한 전원측 대책

① 전압강하 기본개념

㉠ 관련 식 : $\Delta V \fallingdotseq X_s \cdot \Delta Q$

여기서, X_s : 전원리액턴스

ΔQ : 지상 무효전력 변동분

㉡ 전압강하 감소대책 : ΔQ, ΔV, X_s를 감소

② 지상 무효전력의 보상(ΔQ) 감소

㉠ 단락, 전동기 기동 등 지상 무효전력의 감소로 전압강하 보상

㉡ AVC(Active Voltage Conditioner), SVC, SVG, DVR(Dynamic Voltage Restorer) 적용

③ TR Tap 조정

㉠ 대형 변압기의 OLTC 운전

㉡ 소형 변압기의 탭조정으로 ΔV를 감소

㉢ S-DVR(Step-DVR)

④ 계통 %임피던스(X_s) 조정 감소

㉠ 송전선로의 복도체 사용

㉡ 전압변동에 문제가 되는 모선에서 전원측으로 직렬콘덴서 삽입

㉢ 3권선 보상변압기에 의한 방법

⑤ 순시정전 및 전압강하 보상장치 채용 : SVG, SVC, BESS, SMES 등 적용

⑥ 선로순시 철저로 온라인 상태로 배전선로 점검 및 조류사고 방지용 설비 채용

⑦ 분산형 전원 확대에 따른 보호계전시스템의 재정비와 고객관리 철저

⑧ 피뢰기 적정 설치와 이격거리 미달 해소 및 수목전지 작업 신속화

⑨ 배전선로 연장과 신설 시 보호협조 검토의 AI 적용으로 신속한 보호협조 재검토와 해당 보호기기의 재배치 및 정정실행

(3) 부하측(수용가측)의 순시정전 대책

① 단상 제어회로전원에 DPI(Dip Proofing Inverter)를 사용한다.

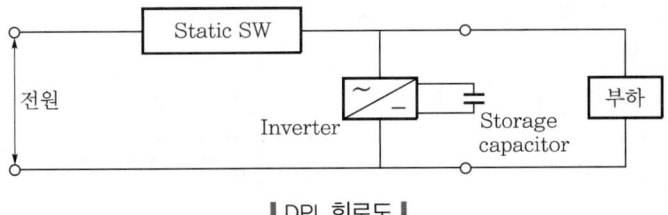

∥ DPI 회로도 ∥

② UPS(Static, Dynamic, Flywheel형) 사용

③ STS(Static Transfer Switch) : 고속 ALTS로 $\frac{1}{4}$ cycle 이내 전원 절체(본선, 예비선수전, 비상발전기 전원)

④ 분산형 전원측에는 DER-AVM 설치 의무화

⑤ 수용가용 주변압기의 열화진단 및 고장 예상기기의 예방진단과 교체 실시

⑥ 기타 고려사항

　ㄱ 지연개방형 전자 접촉기 사용

　ㄴ Hot strike 안정기 채용 HID램프 사용

　ㄷ 자동 재시동 및 정전보상기능이 있는 전류형 인버터를 사용한 가변속 Drive

　ㄹ 적정한 기동방식 선정한 전동기 사용

　ㅁ UVR 오동작 대책 적용

　ㅂ 제어회로 Time delay의 Sequence 변경을 검토할 것

---

reference

고객 관점의 전기품질 9대 지수(customer-oriented indices)와 특성

(1) 전기품질 9대 지수

① 계통 평균 정전빈도수 지수

　ㄱ 영어원문 : System Average Interruption Frequency Index ; SAIFI

　　[일정 지역 내의 고객 1호당 발생하는 정전횟수(순간 정전 제외)]

　ㄴ 표현식 : $\text{SAIFI} = \dfrac{\text{정전을 경험한 고객수}}{\text{계통 내의 총고객수}} = \dfrac{\sum \lambda_i N_i}{\sum N_i}$

② 고객 평균 정전빈도수 지수

　ㄱ 영어원문 : Customer Average Interruption Frequency Index ; CAIFI

　ㄴ 표현식 : $\text{CAIFI} = \dfrac{\text{정전을 경험한 고객수}}{\text{적어도 한 번이라도 정전을 경험한 고객수}}$

③ 계통 평균 정전시간지수

　ㄱ 영어원문 : System Average Interruption Duration Index ; SAIDI

　　[일정 지역 내의 고객 1호당 발생하는 정전시간(순간 정전 제외)]

　ㄴ 표현식 : $\text{SAIDI} = \dfrac{\text{모든 고객의 정전지속시간 합}}{\text{계통 내의 총고객수}} = \dfrac{\sum U_i N_i}{\sum N_i}$

④ 고객 평균 정전지속시간 지수

　ㄱ 영어원문 : Customer Average Interruption Duration Index ; CAIDI

　　[정전발생 고객 1호당 정전시간(순간 정전 제외)]

　ㄴ 표현식 : $\text{CAIDI} = \dfrac{\text{모든 고객의 정전지속시간의 합}}{\text{정전을 경험한 모든 고객수}} = \dfrac{\sum U_i N_i}{\sum \lambda_i N_i}$

⑤ 평균 서비스 가용률(비가용률) 지수

　㉠ 영어원문 : Average Service Availability(Unavailability) Index ; ASAI
　　[일정 기간 동안 전력수요 시간 대비 전력 공급시간(1년)]

　㉡ 표현식 : $ASAI = \dfrac{\text{고객의 서비스 가용시간}}{\text{고객이 필요로 하는 시간}} = \dfrac{\sum 8760 N_i - \sum U_i N_i}{\sum N_i \times 8760}$

　　여기서, 8760 : 1년에 대한 시간[h]

⑥ 평균 서비스 비가용률 지수

　㉠ 영어원문 : Average Service Unavailability Index ; ASUI

　㉡ 표현식 : $ASUI = \dfrac{\text{고객의 서비스 가용시간}}{\text{고객이 필요로 하는 시간}} = \dfrac{\sum U_i N_i}{\sum N_i \times 8760}$

⑦ 평균 순간 정전 빈도수

　㉠ 영어원문 : Momentary Average Interruption Frequency Index ; MAIFI
　　(일정 지역 내의 고객 1호당 발생하는 순간 정전횟수)

　㉡ 표현식 : $MAIFI = \dfrac{\text{순간 정전을 경험한 고객수}}{\text{계통 내 총고객수}} = \dfrac{\sum N_i \lambda_i^{momentary}}{\sum N_i}$

⑧ 평균 계통정전 빈도수

　㉠ 영어원문 : Average System Interruption Frequency Index ; ASIFI

　㉡ 표현식 : $ASIFI = \dfrac{\text{정전을 경험한 고객의 피상전력}}{\text{계통 내 고객의 총피상전력}} = \dfrac{\sum \lambda_i S_i}{\sum S_i}$

⑨ 평균 계통정전 지속시간

　㉠ 영어원문 : Average System Interruption Duration Index ; ASIDI

　㉡ 표현식 : $ASIDI = \dfrac{\text{고객의 서비스 비가용시간}}{\text{계통 내 고객의 총피상전력}} = \dfrac{\sum U_i S_i}{\sum S_i}$

(2) 고객관점의 지수(customer-oriented indices)의 특성

① 고객관점의 지수평가에서 중요한 변수는 각 부하점의 고객 전체수 혹은 정전을 경험한 고객수이다.

② CAIFI 지수는 분모에서만 SAIFI와 다른데, 어떤 주어진 기간에 대한 계통상태를 다른 주어진 기간 동안의 계통상태와 비교할 때 특히 유용하므로, CAIFI, SAIFI는 특정 배전계통에서 연대기적 신뢰도 추세를 얻고자 하는데 사용한다.

③ CAIDI와 SAIDI 및 SAIFI의 관계 : $CAIDI = \dfrac{SAIDI}{SAIFI}$

④ MAIFI 외의 모든 지수는 지속정전(sustained interruption)을 다루고 있으며 순간 정전과 지속 정전은 약 1분에서 5분을 경계로 나눈다.

⑤ 순간 정전은 지속시간이 짧은 관계로 순간 정전 지속시간 지수는 사용하지 않는다.

⑥ ASIFI와 ASID는 고객의 수를 사용하는 대신 고객의 피상전력을 이용하며 부하점의 부하크기를 중요시하는 지수이다.

⑦ 전 세계적으로 통용되는 전력공급 서비스 기준은 SAIFI, CAIFI, SAIDI, CAIDI를 사용한다.

070 전력의 공급신뢰도 및 품질을 나타내는 지표 ① SAIFI, ② SAIDI, ③ SARFI % V, ④ THD, ⑤ TDD를 설명하시오.

data 발송배전기술사 21-125-1-11 / 발송배전기술사 출제예상문제

답안 1. SAIFI(호당정전횟수, System Average Interruption Frequency Index)

$$호당정전횟수(SAIFI) = \frac{\sum N_y}{N_t} \, [회/호]$$

여기서, N_y : 정전 y에 의해 정전된 수용가수 , N_t : 총수용가수(통상 기말의 수용가수)

2. SAIDI(System Average Interruption Duration Index)

(1) 정의

전력공급 총고객의 연간 고객 1호당 평균 정전시간

(2) 표현식

$$호당정전시간(SAIDI) = \frac{\sum R_y N_y}{N_t} \, [min/호]$$

여기서, R_y : 정전 y의 지속시간[min]

3. SARFI % V(System Average Interruption Frequency Index, 순간 전압변동지수)

(1) SARFIX 지수는 송·배전 계통의 사고기록 및 수용가 기기의 특성, 가능한 순간 전압강하 발생조건 등을 바탕으로 추정될 수 있고, 정확한 평가를 위해서 지속적 모니터링이 필요하다.

(2) SARFIX 지수는 순간 전압강하의 지속시간에 따라 SIARFIX, SMARFIX, STARFIX로 구분한다.

(3) SIARFIX는 단일 개소에서 모니터링 기간 동안에 한계전압 % V보다 상승하거나 저하된 순시(instantaneous) 전압 상승 및 전압 강하를 대상으로 총수용가수 N_t에 대해, 이를 위반하는 수용가수 N_i의 비율로 표현한다.

(4) 표현식

$$\mathrm{SARFI}\ \%V = \frac{N_i}{N_t}$$

여기서, $\%V$: 전압한계(140, 120, 110, 90, 80, 70, 50, 10)

4. THD(종합고조파 왜형률)

(1) 정의

기본파 전압(또는 전류)에 대한 고조파 전압(또는 전류) 실효치의 비

(2) 전압 THD/전류 THD

① 고조파 발생의 정도를 나타내는 데 사용

② 전압 THD : $V_{\mathrm{THD}} = \dfrac{\sqrt{\sum\limits_{n=2}^{n} V_n{}^2}}{V_1} \times 100[\%]$

③ 전류 THD : $I_{\mathrm{THD}} = \dfrac{\sqrt{\sum\limits_{n=2}^{n} I_n{}^2}}{I_1} \times 100[\%]$

여기서, V_1 : 기본파 전압, I_1 : 기본파 전류

V_2, V_3, V_4 …… V_n : 2・3・4 …… n차 고조파 전압

I_2, I_3, I_4 …… I_n : 2・3・4 …… n차 고조파 전압

5. TDD

(1) TDD 정의

기본파 전류(혹은 전압)의 최댓값에 대한 고조파(전압) 전류의 실효치의 비로써 백분율로 나타내며, 고조파의 크기를 나타내는 데 사용

(2) 표현식

$$I_{\mathrm{TDD}} = \frac{\sqrt{I_2{}^2 + I_3{}^2 + I_4{}^2 + \cdots\cdots}}{I_P(15분\ 또는\ 30분의\ 피크치)} \times 100[\%]$$

071 전력품질의 정의와 평가지표에 대하여 설명하시오.

071-1 최근 정보화기기 및 컴퓨터 등 극히 짧은 시간에 나타나는 파형변화와 전압변화에 민감한 기기들의 보급증가에 따른 전력품질 문제가 대두되고 있다. 전력품질의 정의와 전력품질 정도를 나타내는 평가지표 및 대책에 대하여 설명하시오.

data 발송배전기술사 19-119-3-2·19-118-2-4 / 발송배전기술사, 건축전기설비기술사, 전기안전기술사 출제예상문제

답안 **1. 전력품질의 정의**

(1) 전력품질(electric power quality 또는 단순히 power quality)은 전압, 주파수, 파형 등이 얼마나 안정되어 있는지를 보여주는 척도이다.

(2) 전력품질이 우수하다는 것은 규정된 범위 내에서 전압이 안정되어 있고, 정격 주파수에 가깝게 교류주파수를 보내고 있으며, 정현파와 같이 부드러운 곡선 형태의 파형으로 송전한다는 것을 의미한다.

(3) 공급의 신뢰도 파형의 품질 및 정보의 제공을 포함하는 서비스 품질을 의미한다.

(4) 양질의 전력품질이란 다음의 세 가지로 정의된다.
① 정주파수
② 정전압
③ 무정전

(5) 전기품질

전력회사의 관점에서는 전기공급신뢰도를 뜻하며 사용자측면에서는 설비의 운전정지나 오동작 또는 고장을 일으키는 전압·전류·주파수 등에 관련된 전력의 상태로 정의된다.

(6) 과거에는 주파수, 전압, 정전시간이 전기품질의 주요한 지표였으나 현재는 다음 사항을 고려하고 있다.
① 과도특성(transient characteristic)
② 단주기 변동(short duration variation)
③ 장주기 변동(long duration variation)
④ 파형 왜곡
⑤ 전압 불평형

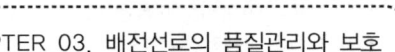

⑥ 전압 변동(flicker)

⑦ 주파수 변동

2. 전기품질 평가지표(IEEE에서 규정한 전기품질의 표준화)

(1) 과도특성(transient characteristic)

Category		일반유형	구분	크기
임펄스	나노 Sec	5ns 상승	< 50ns	–
	마이크로 Sec	$1\mu s$ 상승	50ns ~ 1ms	–
	밀리 Sec	0.1ms 상승	> 1ms	–
진동	저주파수	< 5kHz	0.3 ~ 50ms	0 ~ 4pu
	중간주파수	5 ~ 500kHz	20ms	0 ~ 8pu
	고주파수	0.5 ~ 5MHz	5ms	0 ~ 4pu

(2) 단주기 변동(short duration variation)

Category		구분(duration)	크기
순시 (instantaneous)	순간 전압강하(sag)	0.5 ~ 30cycle	0.1 ~ 0.9pu
	순간 전압상승(swell)	0.5 ~ 30cycle	1.1 ~ 1.8pu
순간 (momentary)	정전(interruption)	0.5cycle ~ 3s	< 0.1pu
	순간 전압강하 Sag	30cycle ~ 3s	0.1 ~ 0.9pu
	순간 전압상승 Swell	30cycle ~ 3s	1.1 ~ 1.8pu
일시 (temporary)	Interruption	3s ~ 1min	< 0.1pu
	Sag	3s ~ 1min	0.1 ~ 0.9pu
	Swell	3s ~ 1min	1.1 ~ 1.8pu

(3) 장주기 변동(long duration variation)

Category	구분(duration)	크기
영구정전(sustained interruption)	> 1min	0.0pu
저전압(under voltage)	> 1min	0.8 ~ 0.9pu
과전압(over voltage)	> 1min	1.1 ~ 1.2pu

(4) 파형 왜곡

항목	일반유형	구분	크기
DC 오프셋	–	정상상태	0 ~ 0.1%
고조파(harmonics)	0 ~ 100차 고조파	정상상태	0 ~ 20%
차수간 고조파(inter harmonics)	0 ~ 6kHz	정상상태	0 ~ 2%
나칭(notching)	–	정상상태	–
노이즈	–	정상상태	0 ~ 1%

(5) 전압불평형

    ① 구분 : 정상상태

    ② 크기 : 0.5 ~ 2%

(6) 전압변동(flicker)

    ① 일반유형 : 25Hz 미만일 것

    ② 구분 : 간헐적

    ③ 크기 : 0.1 ~ 7%

(7) 주파수 변동

    10s 미만일 것

3. 전기사업법령에서 정한 전기의 품질기준

(1) 기준 전압

    ① 110±6V

    ② 220±13V

    ③ 380±38V

(2) 산자부의 전력계통 품질유지기준

    ① 765kV : 765±5%(726 ~ 800kV)

    ② 345kV : 345±5%(328 ~ 362kV)

    ③ 154kV : 154±10%(139 ~ 169kV)

    ④ 70kV 계통 : 70kV + 3.6%, −10%(63 ~ 72.5kV)

    ⑤ 22.9kV 계통의 전압조정장치를 수동으로 운전하는 경우에는 아래의 부하대
       별 전압조정목표에 따른다.

        ㉠ 경부하 시 : 22.0kV

        ㉡ 중부하 시 : 22.9kV

        ㉢ 첨두부하 시 : 23.9kV

(3) 기준 주파수

    ① 상시 : 60±0.2Hz(우리나라는 0.1Hz로 유지하고 있음)

    ② 비상시 : 60±2 ~ 2.5Hz = 57.5 ~ 62.0Hz

4. 전력품질 대책

아래 그림과 같이 원인별 해당 기기를 구분하여 적용한다.

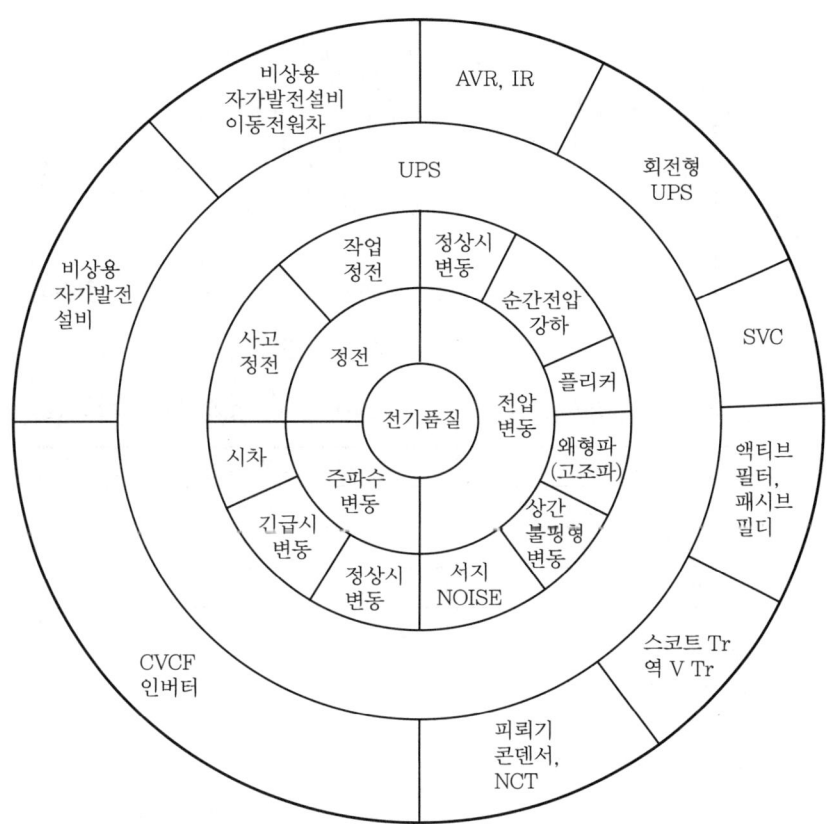

---

072 배전계통에서 발생하는 순시전압강하에 대하여 설명하시오.

(data) 발송배전기술사 20-122-4-6, 건축전기설비기술사 17-111-3-1 / 발송배전기술사, 건축전기설비기술사, 전기안전기술사 출제예상문제

답안 **1. 개요**

(1) 순시전압강하(sag)의 의미

① 계통사고, 기타 원인으로 차단기가 개방되어 고장점 제거까지의 짧은 시간동안 발생하는 전압 저하 현상(IEC : Dip, IEEE : Sag로 표현)

② IEEE(Std. 1159-2009)에서의 정의 : 0.5cycle에서 1분 동안 전력계통의 전압이 실횻값(rms)으로 0.1 ~ 0.9pu 이내로 감소하는 것

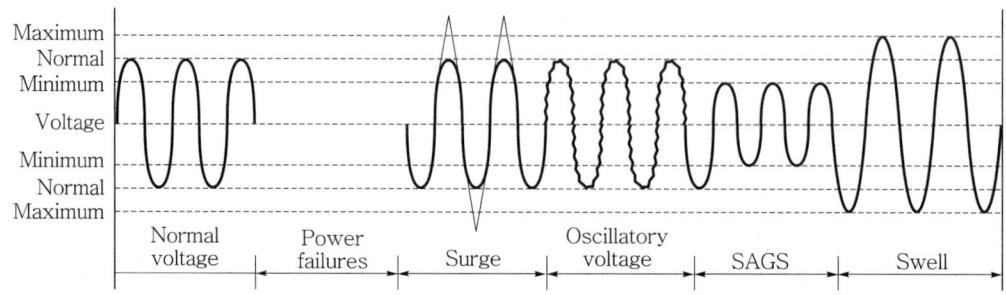

▌순시전압강하▐

③ 순시전압강하(sag)의 구분 : 아래와 같이 3가지로 구분된다.

Category	지속시간	전압범위
순시(instantaneous)	0.5 ~ 30cycle	0.1 ~ 0.9pu
순간(momentary)	30cycle ~ 3s	0.1 ~ 0.9pu
일시(temporary)	3s ~ 1min	0.1 ~ 0.9pu

(2) 관련 국제기준

IEC 61000-4-11, SEMI F-47, $ITIc$ 등

2. 순시전압강하의 원인

(1) 계통사고(단락, 지락, 낙뢰 등)에 의한 재폐로 동작

(2) 과부하, 부적정한 선로굵기, 장거리 선로에 기인

(3) 대용량 전동기 기동, 아크로, 용접기 가동

(4) 개폐서지, 고조파, 상간 전압 불평형 등

3. 순시전압강하가 부하에 미치는 영향

▌기기별 변동범위 및 영향▐

부하(기기)	전압저하율[%]	지속시간[ms]	미치는 영향
FA, OA기기	10 ~ 20 이상	3 ~ 20	메모리 소실, 오동작, 정지
전자개폐기	50 이상	5 ~ 20	여자소실, 전동기 정기
가변속 Drive	20 이상	5 ~ 20	위상제어 실패, 전동기 정지
HID 램프	20 ~ 30 이상	50 ~ 1000	Lamp 소등(재점등 수분 소요), Flicker 현상
UVR	20 ~ 30 이상	1000	계전기(오)동작, 정전사고

4. 순간 전압강하의 억제대책

(1) 전압강하 기본개념

① 관련 식 : $\Delta V \fallingdotseq X_s \cdot \Delta Q$

여기서, X_s : 전원리액턴스

ΔQ : 지상 무효전력 변동분

② 전압강하 감소대책 : ΔQ, ΔV, X_s를 감소

(2) 지상 무효전력의 보상(ΔQ) 감소

① 단락, 전동기 기동 등 지상 무효전력의 감소로 전압강하 보상

② AVC(Active Voltage Conditioner)

③ SVC, SVG

④ DVR(Dynamic Voltage Restorer)

(3) TR Tap 조정

① 대형 변압기의 OLTC 운전

② 소형 변압기의 탭조정으로 ΔV를 감소

③ S-DVR(Step-DVR)

(4) 계통 %임피던스(X_s) 조정 감소

① 송전선로의 복도체 사용

② 전압변동에 문제가 되는 모선에서 전원측으로 직렬콘덴서 삽입

③ 3권선 보상변압기에 의한 방법

(5) 순시정전 및 전압강하 보상장치 채용

SVG, SVC, BESS, SMES 등 적용

(6) 수용가측 기기

① 단상 제어회로전원에 DPI(Dip Proofing Inverter)를 사용한다.

comment Plant 현장의 제어전원측 Sag 대책

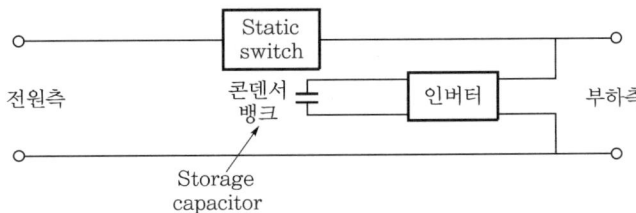

　　ⓐ 부하와 직렬로 Static switch, 병렬로 Inverter 연결(주로 MCC bade pannel 내 전원측에 설치)

　　ⓑ Inverter를 통하여 콘덴서에 에너지를 충전하고 순간 정전 시 방전되도록 연결

　　ⓒ 동작원리
　　　　• 정상적일 때는 Static switch를 통해 부하에 직접 전력공급(inverter는 Off됨)
　　　　• 순간 전압강하가 일어나면 Static switch는 Off되고, $600\mu s$ 이내에 Inverter가 구형파 전력을 공급한다.
　　　　• 전압이 회복되고 Inverter를 통한 전압과 전원이 동기가 되면 Inverter는 Off 되고, Static switch를 통하여 전력이 공급되며 이때 콘덴서는 1초 이내에 재충전된다.

　　ⓓ 급전방식 : 상시상용 급전방식

② UPS(Static, Dynamic, Flywheel형) 사용

③ STS(Static Transfer Switch) : 고속 ALTS로 $\frac{1}{4}$ cycle 이내 전원 절체(본선, 예비선수전, 비상발전기 전원)

④ 기타 고려사항
　　ⓐ 지연개방형 전자접촉기 사용
　　ⓑ Hot strike 안정기 채용 HID 램프 사용
　　ⓒ 자동 재시동 및 정전보상기능이 있는 전류형 인버터를 사용한 가변속 Drive
　　ⓓ 적정한 기동방식 선정한 전동기 사용
　　ⓔ UVR 오동작 대책 적용
　　ⓕ 제어회로 Time delay의 Sequence 변경을 검토할 것

073 수용가측면에서의 Flicker 대책을 설명하시오.

data 발송배전기술사 16-110-1-12 / 발송배전기술사, 건축전기설비기술사, 전기안전기술사, 전기응용
기술사 출제예상문제

답안 1. 플리커(voltage flicker)

(1) 정의

전압의 동요가 빛을 깜박거리게 한다는 것에서부터 시작되었고, 전압변동과 플리
커는 종종 혼용되고 있으며, 이러한 전압변동을 나타내기 위해 전압플리커란
용어를 일반적인 어휘로 사용하고 있다.

(2) 발생원인

① 수용가 계통의 전압동요

② 단상 유도전동기의 기동

③ 전기용접기, 아크로 등

2. 관리기준

(1) 기준

구분	허용기준치	비고
예측 계산 시	2.5% 이하	최대 전압 강하율로 표시
실측 시	0.45V 이하	ΔV_{10}로 표시하며, 1시간 평균치

(2) 기준을 정하는 사유

같은 크기의 전압변동이라도 깜박임의 감은 변동주기에 따라 달라지므로 모두
10Hz로 환산한 전압변동을 플리커의 기준으로 한다.

(3) 검토대상

2.5% 이상인 경우 별도의 대책이 필요하다. 전기로를 신·증설하는 수용가

(4) 크기 및 예측방법

① 10Hz를 환산한 전압변동 ΔV_{10}을 크기의 척도로 사용한다.

② ΔV_{10}이란(플리커가 1%라는 것), 교류전압이 99V에서 100V까지 1초 동안
10회 변화하는 것(10Hz : 사람 눈에 가장 민감한 주파수)이며, 정현파 모양으
로 변화하는 경우로서, $\Delta V_{10} = 1\%$를 말한다.

③ 표현식 : 전압변동을 주파수 분석했을 때 f[Hz]의 전압변동이 ΔV_n이면, 그 표현식은 $\Delta V_{10} = \sqrt{\sum_f (a_n \cdot \Delta V_n)^2}$ 이다.

여기서, a_n : 깜박임 시감도계수, ΔV_n : 기주파수의 전압변동의 크기

④ 예측방법

$$\Delta V_{\max} = \frac{Q_{\max}}{P_s} \times 100 [\%]$$

$$Q_{\max} = \frac{P_n}{X_s + X_T + X_l}$$

여기서, $\Delta V_{\max}$: 규제지점의 최대 전압강하율[%]

$\quad\quad Q_{\max}$: 전기로가 단락 시 최대 무효전력[MVar]

$\quad\quad P_s$: 규제지점의 전원측 단락용량[MVA]

$\quad\quad P_n$: 전기로용 변압기의 정격용량[MVA]

$\quad\quad X_s,\ X_T,\ X_l$: 전원측 임피던스, 변압기 임피던스, 전기로 회로 임피던스

⑤ 전기로가 여러 대일 경우의 최대 전압강하율

$$\Delta V_{\max} = \sqrt{V_{1\max}{}^2 + V_{2\max}{}^2 + \cdots + V_{n\max}{}^2}\ [\%]$$

⑥ 수용가 제출서류

㉠ 소유선로 평면도(긍장, 선종, 규격, 조수 등)

㉡ 구내 단선결선도

㉢ 수전용 변압기 정격

㉣ 전기로용 변압기 정격

㉤ 전기로용 리액터 정격

㉥ 전기로 정격 등

3. 영향

(1) 정밀기기의 오동작

(2) TV 등 모니터의 화면 불량

(3) 명시도 저하 및 불쾌한 감정유발로 다음 그림과 같은 현상을 유발한다. 특히 전압 플리커는 수~10cycle 정도가 가장 민감하게 느껴진다.

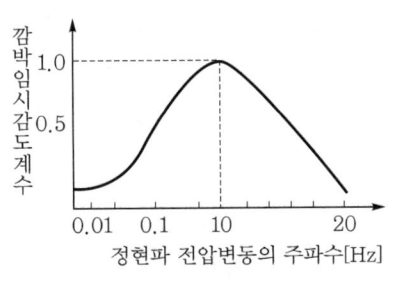

‖ 깜박임 시감도계수 ‖

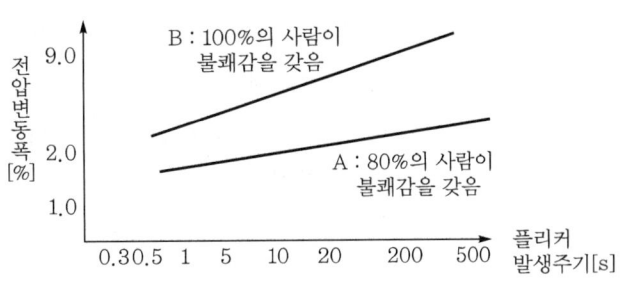

‖ 플리커의 불유쾌 한계곡선 ‖

4. 플리커 경감대책

(1) 전력공급측 측면

① 저압 배전선의 대책

ㄱ 플리커를 발생하는 동요부하는 별도의 변압기로 공급

ㄴ 내부임피던스가 작은 변압기로 공급

ㄷ 저압 배전선 규격의 상위용량(기준보다) 적용

ㄹ 저압 뱅킹방식, 저압 Network 방식 채용

② 고압 배전선에 대한 대책

ㄱ 전선의 굵기를 크게 함(전선규격 상위 적용)

ㄴ 전용선 공급

ㄷ Loop 배전방식으로 공급

ㄹ 직렬콘덴서 설치

ㅁ 전압의 승압

(2) 수용가측 대책

① 전원계통의 유도성 리액턴스 성분을 보상

ㄱ 직렬콘덴서 설치

ㄴ 3권선 변압기 사용

② 전압강하를 보상하는 방법 : $\Delta e = I(R\cos\theta + X\sin\theta)$

ㄱ 상기 식의 X의 보상으로 $Q-V$ Control 시행

ㄴ Booster 방식

ㄷ 상호 보상 Reactor 방식

③ 단주기 전압변동에 대한 무효전력 변동분 흡수

ㄱ 동기조상기와 Reactor 채용

ⓛ SVC의 적용(TSC 방식, TCR 방식) : 특히 SVC의 응답특성은 0.02s로 Flicker 대책용으로 매우 효율적

④ 플리커 부하전류의 변동분 억제를 위한 다음 방법을 적용한다.

㉠ 직렬리액터 방식

ⓛ 직렬리액터 가포화 방식

074 배전계통에서 플리커(flicker)와 고조파의 원인 및 대책에 대하여 설명하시오.

data 발송배전기술사 20-120-3-1 / 발송배전기술사, 건축전기설비기술사, 전기안전기술사, 전기응용 기술사 출제예상문제

답안 **1. 배전계통에서 플리커(flicker)의 원인 및 대책**

(1) 정의

전압의 동요가 빛을 깜박거리게 한다는 것에서부터 시작되었고, 전압변동과 플리커는 종종 혼용되고 있으며, 이러한 전압변동을 나타내기 위해 전압플리커란 용어를 일반적인 어휘로 사용하고 있다.

(2) 크기 및 예측방법

① 10Hz를 환산한 전압변동 ΔV_{10}을 크기의 척도로 사용

② ΔV_{10}이란(플리커가 1%라는 것), 교류전압이 99V에서 100V까지 1초 동안 10회 변화하는 것(10Hz : 사람 눈에 가장 민감한 주파수)이며, 정현파 모양으로 변화하는 경우로서, $\Delta V_{10} = 1\%$를 말한다.

③ **표현식** : 전압변동을 주파수 분석했을 때 f[Hz]의 전압변동이 ΔV_f이면, 그 표현식은 $\Delta V_{10} = \sqrt{\sum_f (a_n \cdot \Delta V_f)^2}$ 이다.

여기서, a_n : 깜박임 시감도 계수, ΔV_f : 기주파수의 전압변동의 크기

(3) 발생원인

① 수용가 계통의 전압동요

② 단상 유도전동기의 기동

③ 전기용접기, 아크로 등

(4) 배전계통에서 플리커 경감대책

① 저압 배전선의 대책

㉠ 플리커를 발생하는 동요부하는 별도의 변압기로 공급

㉡ 내부임피던스가 작은 변압기로 공급

㉢ 저압 배전선 규격의 상위용량(기준보다) 적용

㉣ 저압 뱅킹방식, 저압 Network 방식채용

② 고압 배전선에 대한 대책

㉠ 전선의 굵기를 크게 함(전선규격 상위 적용)

㉡ 전용선 공급

㉢ Loop 배전방식으로 공급

㉣ 직렬콘덴서 설치

㉤ 전압의 승압

2. 배전계통에서 고조파의 원인 및 대책

(1) 정의

고조파(harmonics)란 기본파의 정수배를 갖는 전압·전류를 말하며 일반적으로 제50고조파까지이다. 그 이상은 고주파(high frequency) 혹은 Noise로 구분된다.

(2) 전력계통에서 논의되는 고조파는 제5고조파에서 제37고조파까지이다.

(3) 전기공급 규정상 고조파 허용치

① THD란 다음 식 같이 고조파 전압실효치와 기본파 실효치의 비로서, 백분율로 나타내며, 고조파 발생의 정도를 나타내는 데 사용된다.

$$V_{\text{THD}} = \frac{\sqrt{\sum_{n=2}^{n} V_n^2}}{V_1}$$

여기서, V_1 : 기본파 전압

V_2, V_3, V_4 …… V_n : 2·3 …… n차 고조파 전압

② 등가방해전류(EDC : Equivalent Disturbing Current)란 전력계통에서 발생한 고조파 전류가 인접한 통신선에 영향을 주는 고조파 전류의 한계를 말한다.

$$EDC = \sqrt{\sum_{n=1}^{n} S_n^2 I_n^2}$$

여기서, S_n : 통신유도계수, I_n : 영상고조파 전류

전압	계통	지중선로가 있는 S/S에서 공급하는 고객		가공선로가 있는 S/S에서 공급하는 고객	
	항목	전압왜형률[%]	등가방해전류[A]	전압왜형률[%]	등가방해전류[A]
66kV 이하		3.0 이하	–	3.0 이하	–
154kV 이상		1.5 이하	3.8 이하	1.5 이하	–

(4) 고조파 전류의 크기

$$I_n = K_n \cdot \frac{I_1}{n}$$

여기서, K_n : 고조파 저감계수, I_1 : 기본파 전류, n : 발생고조파 차수

(5) 고조파 발생원인

① **변환장치(주원인)** : 변환장치(정류기, 인버터) 내의 전력전자에 의한 고조파는 2차 부하측의 DC, AC 변환 시 구형파가 전원으로 유입되어서 발생한다.

② **Arc로** : 3상 단락, 2상 단락, Arc 끊김과 같은 극단적인 변동의 Arc로 사용이 반복될 때 발생되며, 제3고조파가 현저하고, 변압기를 △ 결선해도 흡수되지 않는다.

③ **회전기** : 회전기 내의 Slot에 의한 Slot harmonics라 하며, 고차조파가 주가 되며 발생량은 작다.

④ **변압기** : 변압기의 자화특성(히스테리시스현상)으로 여자전류에 고조파가 발생되며(제3·5고조파) 특히 변압기 최초 투입 및 재투입 시 과도돌입전류(제2 고조파가 가장 많음)에 의해 일시적으로 발생한다. 이중 제3고조파는 Tr 내에 △ 결선을 두어 흡수된다.

⑤ **과도현상** : 전압의 순시동요, 계통 Surge, 개폐 Surge 등에 의한 일시적 현상에 의해 발생한다.

⑥ **X_c와 X_L의 공진** : 직접적인 발생원인은 아니나, X_c와 X_L의 직·병렬 공진시 전력용 콘덴서로 유입된 고조파의 확대현상을 초래한다.

⑦ **송전선의 코로나** : 전선의 전위경도 교류 21kV/cm 이상 시 코로나가 발생되며, 교류전압의 반파마다 전압의 최대치 부근에서 고조파가 발생된다.

⑧ 일반전기 사업자측의 송출전압이 규정전압보다 과할 경우 발생된다.

(6) 고조파 대책

① **계통측의 대책**

㉠ 단락용량 증대

㉡ 공급선로 전용화

ⓒ 계통절체

ⓔ 배전선 선간 전압의 평형화

ⓜ 보호계전기의 디지털화

② **수용가측의 대책**

ⓐ 변환기의 다펄스화 : 고조파 전류크기$\left(I_n = K_n \cdot \dfrac{I_1}{n}\right)$는 n에 반비례

→ 펄스수를 늘려 고조파 저감

ⓛ PWM 방식 채택

ⓒ 변압기의 △결선

ⓔ ACL, DCL 설치

ⓜ 위상변위

ⓗ Active filter 설치

ⓢ Passive filter

ⓞ 피보호기기 대책

- 직렬리액터 설치
- 변압기 설계 시 K-factor 개념 적용
- 용량 증대 : 고조파전류에 견딜 수 있도록 자체 내량 증대
- 중성선 NCE(Neutral Current Elimination) 설치 등

---

075 전기품질과 관련한 다음 사항을 설명하시오.

1. 플리커의 시감도곡선, 불유쾌 한계곡선, 크기, 기준, 경감대책
2. 순간 전압강하 발생원인, 영향, 경감대책

(**data**) 발송배전기술사 22-126-4-6 / 발송배전기술사, 건축전기설비기술사, 전기안전기술사, 전기응용 기술사 출제예상문제

(**comment**) 배점 25점으로 다소 무리가 있는 50점용 문제이나 향후 각각 출제가 예상된다.

(**답안**) 1. 플리커

(1) 플리커의 시감도곡선, 불유쾌 한계곡선

① Flicker란 전압의 동요가 빛을 깜박거리게 한다는 것에서부터 시작되었으며, 전압변동과 플리커는 종종 혼용되고 있는데, 이러한 전압변동을 나타내기 위해 전압플리커란 용어를 일반적인 어휘로 사용하고 있다.

② 발생원인

　　㉠ 수용가 계통의 전압동요

　　㉡ 단상 유도전동기의 기동

　　㉢ 전기용접기, 아크로 등

③ 플리커의 시감도곡선, 불유쾌 한계곡선

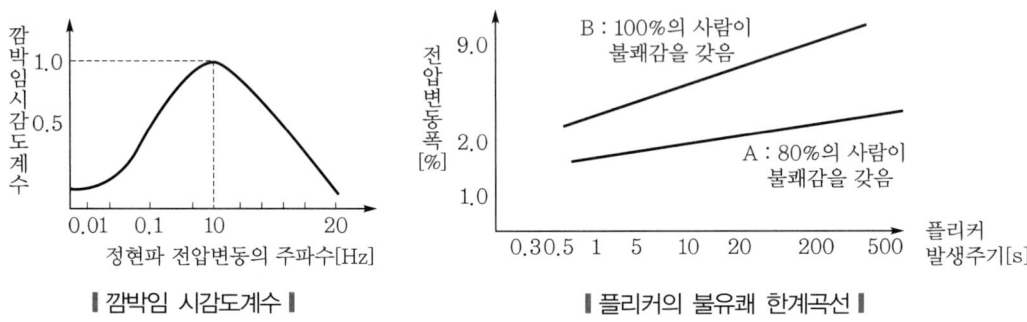

‖ 깜박임 시감도계수 ‖　　　　　‖ 플리커의 불유쾌 한계곡선 ‖

(2) 크기 및 예측방법

① 10Hz를 환산한 전압변동 ΔV_{10}을 크기의 척도로 사용한다.

② ΔV_{10}이란(플리커가 1%라는 것), 교류전압이 99V에서 100V까지 1초 동안 10회 변화하는 것(10Hz : 사람 눈에 가장 민감한 주파수)이며, 정현파 모양으로 변화하는 경우로서, $\Delta V_{10} = 1\%$를 말한다.

③ **표현식** : 전압변동을 주파수 분석했을 때 f[Hz]의 전압변동이 ΔV_n이면, 그 표현식은 $\Delta V_{10} = \sqrt{\sum_f (a_n \cdot \Delta V_n)^2}$ 이다.

　　여기서, a_n : 깜박임 시감도계수, ΔV_n : 기주파수의 전압변동의 크기

(3) 플리커 기준

① 기준

구분	허용기준치	비고
예측 계산 시	2.5% 이하	최대 전압강하율로 표시
실측 시	0.45V 이하	ΔV_{10}로 표시하며, 1시간 평균치

② **플리커 기준을 정하는 사유** : 같은 크기의 전압변동이라도 깜박임의 감은 변동 주기에 따라 달라지므로 모두 10Hz로 환산한 전압변동을 플리커의 기준으로 한다.

③ **검토대상** : 2.5% 이상인 경우 별도 대책이 필요하다. 전기로를 신·증설하는 수용가

(4) 배전계통에서 플리커 경감대책

① 저압 배전선의 대책

ⓐ 플리커를 발생하는 동요부하는 별도의 변압기로 공급

ⓑ 내부임피던스가 작은 변압기로 공급

ⓒ 저압 배전선 규격의 상위용량(기준보다) 적용

ⓓ 저압 뱅킹방식, 저압 Network 방식 채용

② 고압 배전선에 대한 대책

ⓐ 전선의 굵기를 크게 함(전선규격 상위적용)

ⓑ 직렬콘덴서 설치

ⓒ Loop 배전방식으로 공급

ⓓ 전용선 공급

ⓔ 전압의 승압

2. 순간 전압강하

(1) 순간 전압강하의 발생원인

① Voltage sag 정의 : 정격주파수에서 30cycle에서 3s의 지속시간으로 전압·전류 실효치의 0.1 ~ 0.9pu 정도의 전압강하를 말한다.

② 순간 전압강하(sag)의 구분 : 아래와 같이 3가지로 구분된다.

Category	지속시간	전압범위
순시(instantaneous)	0.5 ~ 30cycle	0.1 ~ 0.9pu
순간(momentary)	30cycle ~ 3s	0.1 ~ 0.9pu
일시(temporary)	3s ~ 1min	0.1 ~ 0.9pu

③ 순간 전압강하의 원인

ⓐ 전력공급측

• 사고발생 후 보호계전기가 동작하여 고장제거 이전 : 계통사고(단락, 지락, 낙뢰 등)에 의한 변전소 재폐로 동작, Recloser 동작

• 배전선로에 일시적 지락

• 개폐서지, 고조파, 상간 전압불평형 등

ⓑ 수용가측

• 절연열화에 의한 단락·지락 사고

• 계통 Impedance가 높게 구성된 경우(부적정한 선로굵기, 장거리 선로에 기인)

• 대용량 전동기 기동

- 변압기 여자돌입전류 발생
- 아크로, 용접기 가동

(2) 순간 전압강하 영향(기기별 변동범위 및 영향)

부하(기기)	전압저하율[%]	지속시간[ms]	미치는 영향
FA, OA 기기	10 ~ 20 이상	3 ~ 20	메모리 소실, 오동작, 정지
전자개폐기	50 이상	5 ~ 20	여자소실, 전동기 정지
가변속 Drive	20 이상	5 ~ 20	위상제어 실패, 전동기 정지
HID 램프	20 ~ 30 이상	50 ~ 1000	Lamp 소등(재점등 수분 소요), Flicker 현상
UVR	20 ~ 30 이상	1000	계전기(오)동작, 정전사고

(3) 순간 전압강하의 억제대책

* Chapter 03 - 문제 072의 답안 '4.' 내용을 참조한다.

---

076 종합고조파 왜형률(THD : Total Harmonics Distortion)과 등가방해전류(EDC : Equivalent Disturbing Current)를 설명하시오.

data 발송배전기술사 19-119-1-5 / 발송배전기술사, 건축전기설비기술사, 전기안전기술사, 전기응용 기술사 출제예상문제

답안 **1. 종합고조파 왜형률(THD)**

(1) 정의

기본파 전압(또는 전류)에 대한 고조파 전압(또는 전류) 실효치의 비

(2) 전압 THD

① 고조파 발생의 정도를 나타내는 데 사용한다.

② 식 : $V_{THD} = \dfrac{\sqrt{\sum\limits_{n=2}^{n} V_n^{\,2}}}{V_1} \times 100[\%]$

여기서, V_1 : 기본파 전압

$V_2,\ V_3,\ V_4 \cdots\cdots V_n$: $2 \cdot 3 \cdot 4 \cdots\cdots n$차 고조파 전압

③ 한전 송전계통에 있어 고조파 관리기준

전압	계통	지중선로가 있는 S/S에서 공급하는 고객		가공선로가 있는 S/S에서 공급하는 고객	
	항목	V–THD 전압왜형률[%]	EDC 등가방해전류[A]	V–THD 전압왜형률[%]	EDC 등가방해전류[A]
66kV 이하		3.0 이하	–	3.0 이하	–
154kV 이상		1.5 이하	3.8 이하	1.5 이하	–

(3) 전류 THD

① 표현식 : $I_{\mathrm{THD}} = \dfrac{\sqrt{\sum_{n=2}^{n} I_n^2}}{I_1} \times 100\,[\%]$

② UPS와 전자식 안정기의 전류 THD 관리기준

구분	UPS		전자식 안정기	
	입력	출력	저 고주파 함유형	고 고주파 함유형
I–THD	15% 이하	5% 이하	20% 이하	30% 이하

2. 등가방해전류(EDC : Equivalent Disturbing Current)

(1) 개념

전력계통에서 발생한 고조파 전류가 인접한 통신선에 영향을 주는 고조파 전류의 한계

(2) 표현식

$$EDC = \sqrt{\sum_{n=1}^{n} S_n^2 I_n^2} \le 3.8\mathrm{A} \ (154\mathrm{kV} \ 이상에서는 \ 3.8\mathrm{A})$$

여기서, S_n : 통신유도계수(800kHz에서는 1), I_n : 영상고조파 전류

---

reference

IEEE Std. 519에 의한 TDD(Total Demand Distortion)

(1) TDD의 정의

기본파 전류(혹은 전압)의 최댓값에 대한 고조파(전압) 전류의 실효치의 비로서, 백분율로 나타내며, 고조파의 크기를 나타내는 데 사용한다.

(2) 표현식

$$I_{TDD} = \frac{\sqrt{I_2^2 + I_3^2 + I_4^2 \cdots\cdots}}{I_P(15분 \ 또는 \ 30분의 \ 피크치)} \times 100\,[\%]$$

076-1 고조파전류에 의한 장해를 설명하시오.

(data) 발송배전기술사 19-117-1-13 / 발송배전기술사 출제예상문제

(comment) 이 기회에 고조파를 이 문제로 통합적으로 암기할 것

답안 **1. 개요**

(1) 정의

고조파(harmonics)란 기본파의 정수배를 갖는 전압, 전류를 말하며 일반적으로 제50고조파까지이다. 그 이상은 고주파(high frequency) 혹은 Noise로 구분된다.

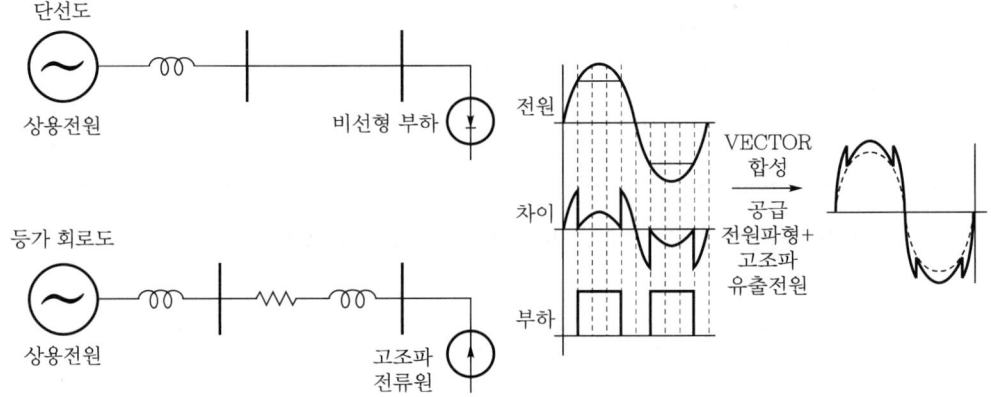

‖ 고조파 전류발생에 의한 비선형 부하에 기인한 전류의 파형 ‖

(2) 전력계통에서 논의되는 고조파는 제5고조파에서 제37고조파까지이다.

2. 고조파에 의한 장해

영향요인		주요 현상	
고조파에 의한 과전류 (계통에 미치는 영향)	전류 실효값 증대	저항, 유전손실 증가	기기 과열
	전류 증대	철손 증가, 이상음, 진동	
	변전소 계전기 오동작	전력계통의 예기치 않은 정전 유발 : 고조파로 22.9kV-Y 배전선로의 중성선 선전류가 과전류되어 지락고장이 아닌 경우에도 유도형 OCGR이 동작하면 지락사고인 것처럼 정전현상 유발	
고조파에 의한 전압파형 변형	등가회로 위상 변형	사이리스터, 트라이액(TRIAC) 등의 위상제어 오동작 또는 불안정	
	전압파고값 저하	전압부족으로 인한 오동작, 부동작	
고조파에 의한 유도피해	유도 노이즈	전자회로 오동작, 잡음	

3. 대책

(1) 계통측의 대책

① 단락용량 증대

② 공급선로 전용화

③ 계통절체

④ 배전선 선간 전압의 평형화

⑤ HVDC 적용 시 다펄스변환장치를 적용함(6펄스 방식보다는 12펄스 방식 적용)

⑥ 보호계전기의 디지털화

(2) 수용가측의 대책

① 변환기의 다펄스화

고조파 전류크기 $\left(I_n = K_n \cdot \dfrac{I_1}{n}\right)$ 는 n 에 반비례 → 펄스수를 늘려 고조파 저감

② PWM방식 채택

③ 변압기의 △ 결선

④ ACL, DCL 설치

⑤ 위상변위

⑥ Active Filter 설치

⑦ Passive Filter

⑧ 피보호기기 대책

㉠ 직렬리액터 설치

㉡ 변압기 설계 시 'K' factor 개념 적용

㉢ 용량증대 : 고조파전류에 견딜 수 있도록 자체 내량 증대

㉣ 중성선 NCE(Neutral Current Elimination) 설치 등

077 중성선에 흐르는 제3고조파 전류로 인한 영향과 대책에 대하여 설명하시오.

data 발송배전기술사 16-110-3-6 / 발송배전기술사, 건축전기설비기술사, 전기안전기술사, 전기응용
기술사 출제예상문제

답안 1. 영상고조파의 개념

(1) 3배수의 고조파가 중성선을 통해 흐르게 되면 영상분 전류의 합이 영이 되지
않고 $3I_0$가 흐르게 되며 이 전류를 영상분 고조파라고 한다.

(2) 영상분 고조파는 제3고조파 이외에서 제6고조파, 제9고조파 등과 같이 기본파의
3배수의 고조파는 모두 영상분 고조파가 된다.

(3) 영상분 고조파가 흐르면 변압기와 중성선 등에 영향을 주게 된다.

2. 영상분 고조파의 발생원리

(1) 전류파형이 3상 평형일 때는 abc상에 흐르는 전류는

$I_{a1} = I_m \sin\omega t$

$I_{b1} = I_m \sin(\omega t - 120°)$

$I_{c1} = I_m \sin(\omega t - 240°)$

$I_{a1} + I_{b1} + I_{c1} = I_m[\sin\omega t + \sin(\omega t - 120°) + I_m\sin(\omega t - 240°)] = 0$

이 되어 벡터합이 0이 되므로 중선선에 전류가 흐를 수 없다.

(2) 3배수의 고조파의 경우

$I_{a3} = I_m \sin3\omega t$

$I_{b3} = I_m \sin(3\omega t - 3 \times 120°) = I_m \sin(3\omega t - 360°) = I_m \sin3\omega t$

$I_{c3} = I_m \sin(3\omega t - 3 \times 240°) = I_m \sin(3\omega t - 720°) = I_m \sin3\omega t$

$I_{a3} + I_{b3} + I_{c3} = 3I_m\sin3\omega t = 3I_0 \neq 0$

로 되어 중성점에서 3고조파 전류의 합은 0이 되지 않고 $3I_0$가 된다.

(3) 이 $3I_0$의 전류가 중선선을 통해 흐르게 되는데 이를 영상분 고조파라고 한다.

(4) 영상분 고조파는 제3고조파 이외에서 제6고조파, 제9고조파 등과 같이 기본파의
3배수의 고조파는 모두 영상분 고조파가 된다.

(5) 요약 설명

① 평형상태에서 L_1, L_2, L_3상은 120°의 위상차를 가지고 있어 그 중성선의 벡터
의 합은 $I_{L_1} + I_{L_2} + I_{L_3} = 0$이다.

② 그러나 L_1, L_2, L_3상에 제3고조파가 흐르는 경우 제3고조파는 위상이 같기 때문에 중성선에는 스칼라의 합이 흐르게 되어 전류가 확대된다.

(6) 제3고조파와 기본파의 파형을 그려보면 다음과 같다.

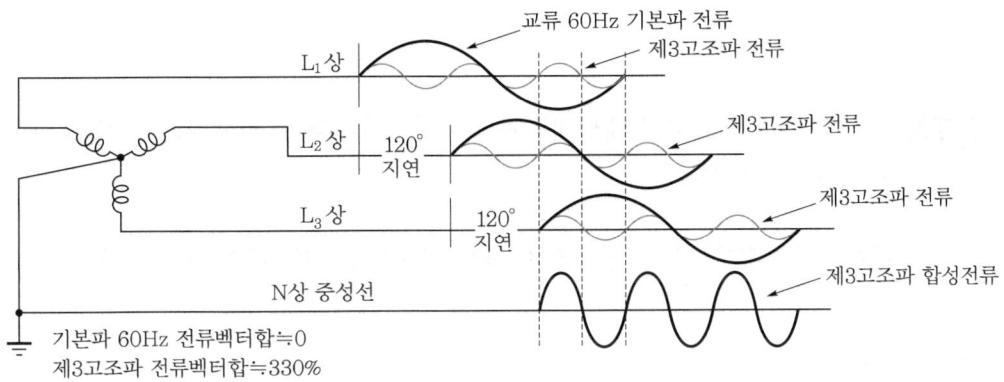

3. 영상고조파 전류성분의 영향

(1) 변압기에 수는 영향

① 비선형 부하에서 발생되는 고조파는 전원측으로 유출되므로 유출되는 영상분 고조파는 변압기 1차로 변환되어 △권선 내를 순환하게 되는데, 이 순환전류는 변압기 내부에서 열을 발생시키므로 변압기가 과열된다.

② 대형건물에서는 OA기기들을 많이 사용하게 되는데 OA기기들은 대부분 단상 정류기를 사용하므로 고조파가 많이 발생하여 변압기를 과열시키는 경우가 많다.

(2) 중성선에 주는 영향

① 중성선의 굵기는 일반적으로 다른 상에 비해 같거나 또는 가는 선을 사용하는데 중성선에 영상분 전류가 많이 흐르게 되면 중성선이 과열될 우려가 있다.

② 제3고조파는 기본파의 3배인 180Hz의 주파수 성분을 가지기 때문에 표피효과에 의해서 케이블의 유효단면적을 감소시켜 실효저항이 증가하므로 발열현상이 더욱 심해지게 된다.

(3) 중성점 전위에 미치는 영향

① 중성선에 제3고조파 전류가 흐르면 중성점과 대지 간의 전위는 중성성에 흐르는 전류×중성선의 임피던스만큼 올라가게 된다.

② 중성선의 기본파에 대한 임피던스를 $Z = R + jX$라고 하면 제3고조파에 대해서는 리액턴스가 3배가 되므로 중성점의 전위는 다음과 같다.

$$V_N = 3I_0 \times (R + j\,3X)[\mathrm{V}]$$

1105

(4) 역률 저하

무효전력 증가로 인한 역률 저하

---

078 비선형 부하가 연결된 배전계통에서 중성선의 과부하 발생원인 및 역률 저하현상에 대하여 설명하시오.

data 발송배전기술사 23-130-4-2 / 발송배전기술사, 건축전기설비기술사, 전기안전기술사, 전기응용 기술사 출제예상문제

답안 1. 개요

(1) 고조파의 정의

고조파(harmonics)란 기본파의 정수배를 갖는 전압·전류를 말하며 일반적으로 제50고조파까지이다. 그 이상은 고주파(high frequency) 혹은 Noise로 구분된다.

(2) 전력계통에서 논의되는 고조파는 제2고조파에서 제37고조파까지이다.

2. 비선형 부하가 연결된 배전계통에서 중성선의 과부하 발생원인

comment 내용이 많으므로 밑줄 친 것 위주로 기록하면 된다.

(1) 영상고조파의 개념

① 3배수의 고조파가 중성선을 통해 흐르게 되면 영상분 전류의 합이 '0'이 되지 않고 $3I_0$가 흐르게 되며 이 전류를 영상분 고조파라고 한다.

② 영상분 고조파는 제3고조파 이외에서 제6고조파, 제9고조파 등과 같이 기본파의 3배수의 고조파는 모두 영상분 고조파가 된다.

③ 영상분 고조파가 흐르면 변압기와 중성선 등에 영향을 주게 된다.

(2) 영상분 고조파의 발생원리

① 전류파형이 3상 평형일 때는 abc상에 흐르는 전류는

$$I_{a1} = I_m \sin\omega t$$

$$I_{b1} = I_m \sin(\omega t - 120°)$$

$$I_{c1} = I_m \sin(\omega t - 240°)$$

$$I_{a1} + I_{b1} + I_{c1} = I_m [\sin\omega t + \sin(\omega t - 120°) + I_m \sin(\omega t - 240°)] = 0$$

이 되어 벡터합이 0이 되므로 중선선에 전류가 흐를 수 없다.

② 그러나 3배수의 고조파의 경우는

$$I_{a3} = I_m \sin 3\omega t$$

$$I_{b3} = I_m \sin(3\omega t - 3 \times 120°) = I_m \sin(3\omega t - 360°) = I_m \sin 3\omega t$$

$$I_{c3} = I_m \sin(3\omega t - 3 \times 240°) = I_m \sin(3\omega t - 720°) = I_m \sin 3\omega t$$

$$I_{a3} + I_{b3} + I_{c3} = 3I_m \sin 3\omega t = 3I_0 \neq 0$$

로 되어 중성점에서 3고조파 전류의 합은 0이 되지 않고 $3I_0$가 된다.

③ 이 $3I_0$의 전류가 중선선을 통해 흐르게 되는데 이를 영상분 고조파라고 한다.

④ 영상분 고조파는 제3고조파 이외에서 제6고조파, 제9고조파 등과 같이 기본파의 3배수의 고조파는 모두 영상분 고조파가 된다.

⑤ **요약 설명**

㉠ 평형상태에서 L_1, L_2, L_3상은 120°의 위상차를 가지고 있어 그 중성선의 벡터의 합은 $I_{L_1} + I_{L_2} + I_{L_3} = 0$이다.

㉡ 그러나 L_1, L_2, L_3상에 제3고조파가 흐르는 경우 제3고조파는 위상이 같기 때문에 중성선에는 스칼라의 합이 흐르게 되어 전류가 확대되어 과부하가 된다.

⑥ 제3고조파와 기본파의 파형을 그려보면 다음과 같다.

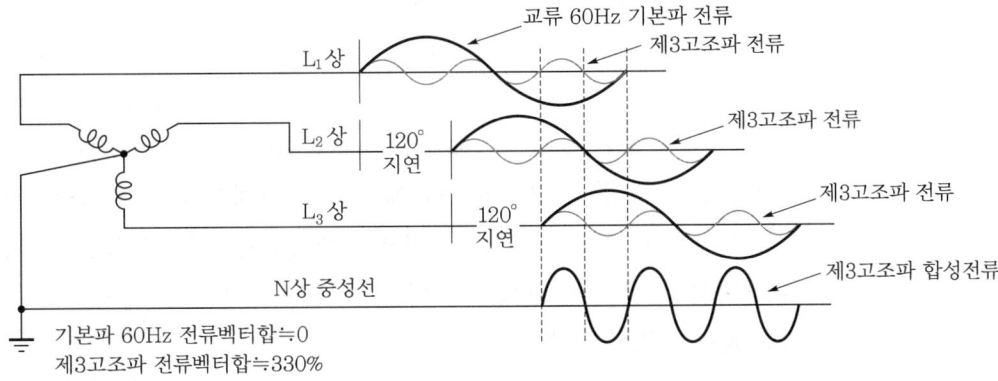

(3) 영상고조파 전류성분의 영향

① 변압기에 주는 영향

㉠ 비선형 부하에서 발생되는 고조파는 전원측으로 유출되므로 유출되는 영상분 고조파는 변압기 1차로 변환되어 △권선 내를 순환하게 되는데, 이 순환전류는 변압기 내부에서 열을 발생시키므로 변압기가 과열된다.

ⓛ 대형건물에서는 OA기기들을 많이 사용하게 되는데 OA기기들은 대부분 단상 정류기를 사용하므로 고조파가 많이 발생하여 변압기를 과열시키는 경우가 많다.

② 중성선에 주는 영향

㉠ 중성선의 굵기는 일반적으로 다른 상에 비해 같거나 또는 가는 선을 사용하는데 중성선에 영상분 전류가 많이 흐르게 되면 중성선이 과열될 우려가 있다.

㉡ 제3고조파는 기본파의 3배인 180Hz의 주파수 성분을 가지기 때문에 표피효과에 의해서 케이블의 유효단면적을 감소시켜 실효저항이 증가하므로 발열현상이 더욱 심해지게 된다.

③ 중성점 전위에 미치는 영향

㉠ 중성선에 제3고조파 전류가 흐르면 중성점과 대지 간의 전위는 중성선에 흐르는 전류×중성선의 임피던스만큼 올라가게 된다.

㉡ 중성선의 기본파에 대한 임피던스를 $Z = R + jX$라고 하면 제3고조파에 대해서는 리액턴스가 3배가 되므로 중성점의 전위는 다음과 같다.

$$V_N = 3I_0 \times (R + j3X)[\text{V}]$$

(4) 중성선에 흐르는 영상분 고조파 발생부하의 대책

① 간선의 굵기 및 기구의 용량 선정기준에 의하면, 중성선의 굵기에 대하여 고조파가 발생하는 장소에서는 중성선의 굵기는 전압선과 동일하게 한다.

② IEC 60364에 의하면, 중성도체에 부하감소 없이 전류가 흐르는 경우에는 회로의 허용전류 결정 시 고조파 전류에 대한 환산계수를 고려하도록 하고 있다.

③ 중성선 전류가 상전류보다 높을 것으로 생각되는 경우, 중성선 전류를 고려하여 케이블의 규격을 정해야 한다.

④ 기타 방법에 의한 대책

㉠ NCE의 적정 적용

㉡ 제3고조파 Blocking filter

㉢ PWM 방식 도입

㉣ 1Line Reactor 설치

㉤ 능동필터, 다상화 장치 적용 등

⑤ 변환장치의 다(多) 펄스화

3. 비선형 부하로 인한 역률 저하현상

전류고조파 왜형률과 역률의 상관관계는 다음과 같다.

(1) 전류고조파 왜형률

$$I_{THD} = \frac{\sqrt{\sum\limits_{n=2}^{n} I_n^2}}{I_1}$$

(2) 부하의 역률과 기본파의 전류관계

① 기본파 전류는 $I_1 = \dfrac{P[\text{kW}]}{\sqrt{3}\, V\cos\theta}$ 이다.

② 역률 저하 시 기본파 전류는 증가됨

→ 고조파 전류왜형률(I_{THD})은 감소됨

③ 역률 상승 시 기본파 전류는 감소됨

→ 고조파 전류왜형률(I_{THD})은 상승됨

(3) 비선형 부하로 인한 역률

① 고조파가 함유된 비선형 부하의 전류실횻값을 나타내면

$$I = \sqrt{I_P^2 + I_Q^2 + I_H^2}$$

여기서, 유효전력은 기본파 성분만 있는 경우로,

$$P = VI_1\cos\phi_1 = VI_P$$

② 비선형 부하에 대한 왜곡전력은 3차원적 해석을 적용한다.

③ 이때, 기본파에 대한 역률은 $PF = \dfrac{P}{S_1} = \dfrac{P}{\sqrt{P^2 + Q^2}}$ 이다.

④ 고조파가 비선형 부하의 왜곡전력의 역률은 다음과 같다.

$$PF_2 = \frac{P}{S_2} = \frac{P}{\sqrt{P^2 + Q^2 + H^2}}$$

여기서, P : 유효전력[kW], Q : 무효전력[kVar]

H : 고조파 전류·전압에 의한 왜곡전력

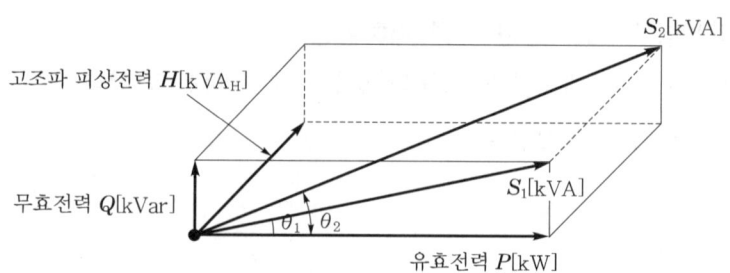

고조파 피상전력 H[kVA$_H$]

무효전력 Q[kVar]

S_2[kVA]

S_1[kVA]

유효전력 P[kW]

θ_1 θ_2

┃ 고조파 부하로 인한 공간 Vector로 보는 역률 ┃

⑤ 따라서, 고조파에 의한 왜곡전력이 크면 위의 식에서 S_2가 증가되고 역률은 감소된다.

079 기본파에 제3고조파가 유입된 경우 고조파에 의한 역률 저하현상을 수식으로 설명하시오. (단, 제3고조파 전류(I_3)는 기본파 전류(I_1)의 $I_3 = 0.36I_1$로 함)

data 발송배전기술사 20-121-1-5 / 발송배전기술사, 건축전기설비기술사, 전기안전기술사, 전기응용기술사 출제예상문제

답안 고조파가 있는 경우의 역률변화

기본파 부하(선형 부하)의 개념도	비선형 부하의 개념도
Q S P	Q S H P

(1) 기본파 부하(선형 부하) 역률식

$$S = \sqrt{P^2 + Q^2}$$

$$p.f = \frac{\text{kW}}{\text{kVA}} = \frac{P}{S} = \cos\theta_1$$

(2) 고조파가 있는 경우(비선형 부하)의 역률식

$$S = \sqrt{P^2 + Q^2 + H^2}$$

$$p.f = \frac{\text{kW}}{\text{kVA}} = \frac{P}{S} = \cos\theta_H$$

(3) 고조파 시 역률수식

$$\cos\theta_H = \frac{V_s I_1 \cos\theta_1}{V_s I_H} = \frac{I_1 \cos\theta_1}{\sqrt{I_1^2 + I_2^2 + \cdots\cdots I_n^2}} = \frac{\cos\theta_1}{\sqrt{1 + \left(\frac{\sqrt{\sum_{n=2}^{n} I_n^2}}{I_1}\right)^2}}$$

$$= \frac{1}{\sqrt{1 + I_{THD}^2}} \times \cos\theta_1 = 고조파\ 역률 \times 기본파\ 역률 = DPF \times PF$$

(4) 고조파로 인한 전체 역률 계산

① $$\cos\theta_H = \frac{I_1 \cos\theta_1}{\sqrt{I_1^2 + I_3^2}} = \frac{\cos\theta_1}{\sqrt{1 + \left(\frac{\sqrt{I_3^2}}{I_1}\right)^2}} = \frac{1}{\sqrt{1 + \left(\frac{(0.36 I_1)^2}{I_1^2}\right)^2}} \times \cos\theta_1$$

$$= \frac{1}{\sqrt{1 + 0.36^2}} \cos\theta_1 = 0.94\cos\theta_1$$

② 기본파의 94%로 역률이 저하된다.

---

080 전력계통에서 고조파와 역률관계를 설명하시오.

(data) 건축전기설비기술사 24-132-1-6, 발송배전기술사 22-128-1-7 / 발송배전기술사, 건축전기설비기술사, 전기안전기술사, 전기응용기술사 출제예상문제

(comment) 건축전기설비기술사 2024년 132회에도 동일 문항으로 출제됨

답안 1. 고조파 왜형률(THD)의 정의

(1) 고조파의 정의

① 고조파(harmonics)란 기본파의 정수배를 갖는 전압·전류를 말하며 일반적으로 제50고조파까지이다.

② 기본주파수의 정수배의 주파수를 갖는 전압·전류의 제3·5·7·9·11 ······ 고조파의 홀수 고조파가 현저하다.

③ 그 이상은 고주파(high frequency) 혹은 Noise로 구분된다.

(2) 전력계통에서 논의되는 고조파는 제2고조파에서 제37고조파까지이다.

2. 전류고조파 왜형률과 역률의 상관관계

(1) 전류고조파 왜형률

$$I_{\text{THD}} = \frac{\sqrt{\sum_{n=2}^{n} I_n^2}}{I_1}$$

(2) 부하의 역률과 기본파의 전류관계

① 기본파 전류는 $I_1 = \dfrac{P[\text{kW}]}{\sqrt{3}\,V\cos\theta}$ 이다.

② 역률 저하 시 기본파 전류는 증가됨

→ 고조파 전류왜형률(I_{THD})은 감소됨

③ 역률 상승 시 기본파 전류는 감소됨

→ 고조파 전류왜형률(I_{THD})은 상승됨

(3) 전류고조파 왜형률과 역률의 상관관계

① 고조파가 함유된 비선형 부하의 전류 실횻값을 나타내면

$$I = \sqrt{I_P^2 + I_Q^2 + I_H^2}$$

여기서, 유효전력은 기본파 성분만 있을 경우로, $P = VI_1\cos\phi_1 = VI_P$

② 비선형 부하에 대한 왜곡전력은 3차원적 해석을 적용한다.

③ 이때, 기본파에 대한 역률은 $PF = \dfrac{P}{S_1} = \dfrac{P}{\sqrt{P^2 + Q^2}}$ 이다.

④ 고조파가 비선형 부하의 왜곡전력의 역률은 다음과 같다.

$$PF_2 = \frac{P}{S_2} = \frac{P}{\sqrt{P^2 + Q^2 + H^2}}$$

여기서, P : 유효전력[kW]

Q : 무효전력[kVar]

H : 고조파 전류·전압에 의한 왜곡전력

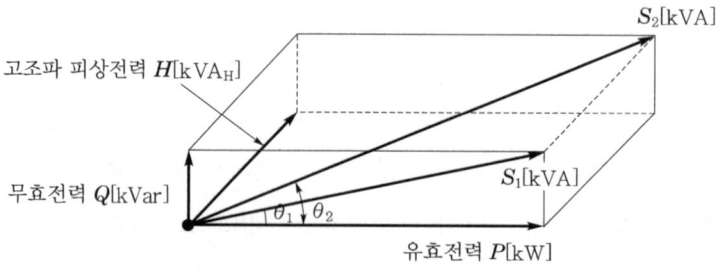

| 고조파 부하로 인한 공간 Vector로 보는 역률 |

⑤ 따라서, 고조파에 의한 왜곡전력이 크면 위의 식에서 S_2가 증가되고 역률은 감소된다.

081 전기공급약관에서 정하는 고조파에 대한 허용치를 설명하고, 3상이 평형인 상태에서 이 평형전류에 포함된 제5고조파 전류가 역상분임을 증명하시오.

data 발송배전기술사 22-127-4-4 / 발송배전기술사, 건축전기설비기술사, 전기안전기술사, 전기응용기술사 출제예상문제

답안 1. 고조파 허용치(전기공급약관 시행 세칙 제26조)

(1) 공급전압 66kV 이상인 경우(차수 h는 49차까지)

3의 배수가 아닌 기수고조파		3의 배수인 기수고조파		우수고조파	
차수(h)	고조파 전압[%]	차수(h)	고조파 전압[%]	차수(h)	고조파 전압[%]
5	1.8	3	1.5	2	0.6
7	1.5	9	0.5	4	0.3
11	1.1	15	0.1	6	0.2

(2) 공급전압이 22900V 이하인 경우

배전계통의 THD(종합고조파 왜형률)는 5% 이하일 것

3의 배수가 아닌 기수고조파		3의 배수인 기수고조파		우수고조파	
차수(h)	고조파 전압[%]	차수(h)	고조파 전압[%]	차수(h)	고조파 전압[%]
5	3.8	3	3.1	2	1.3
7	3.1	9	0.9	4	0.6
11	2.2	21	0.2	6	0.3

2. 송전용 전기설비 성능기준(송·배전 이용규정 [별표 3])

전압	계통	지중선로가 있는 S/S에서 공급하는 고객		가공선로가 있는 S/S에서 공급하는 고객	
	항목	V-THD 전압왜형률[%]	EDC 등가방해전류[A]	V-THD 전압왜형률[%]	EDC 등가방해전류[A]
66kV 이하		3.0 이하	–	3.0 이하	–
154kV 이상		1.5 이하	3.8 이하	1.5 이하	–

3. 제5고조파 전류가 역상분임의 증명

(1) 상별 기본파 전압과 상별 제5고조파 전압

상별 기본파 전압		상별 제5고조파 전압
$E_{a1} = E_m \sin(\omega t)$	$\rightarrow$	$E_{a5} = E_{m5} \sin 5(\omega t)$
$E_{b1} = E_m \sin(\omega t - 120°)$	$\rightarrow$	$E_{b5} = E_{m5} \sin 5(\omega t - 120°) = E_{m5} \sin(5\omega t + 120°)$
$E_{c1} = E_m \sin(\omega t + 120°)$	$\rightarrow$	$E_{c5} = E_{m5} \sin 5(\omega t + 120°) = E_{m5} \sin(5\omega t - 120°)$

(2) 위의 표와 같이 제5고조파의 위상은 속도는 5배 빠르나 위상이 기본파와 반대이다.

(3) 따라서, 벡터도를 작성하면 아래 그림과 같다.

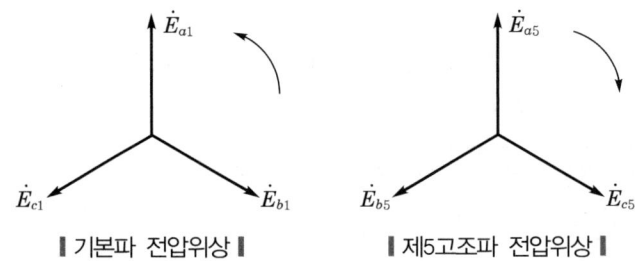

| 기본파 전압위상 |　　　　　| 제5고조파 전압위상 |

(4) 그러므로 위의 오른쪽 그림의 벡터도와 같이 제5고조파는 역상임을 알 수 있다.

---

082 고조파가 전력용 변압기에 미치는 영향과 대책에 대하여 설명하시오.

(data) 발송배전기술사 20-121-4-3 / 발송배전기술사, 건축전기설비기술사, 전기안전기술사, 전기응용
기술사 출제예상문제

답안 1. 개요

(1) 고조파를 나타내는 방법에는 여러 가지가 있으나 주로 UL의 K-factor 또는 ANSI C57-110의 F_{HL}(harmonic loss factor)을 사용한다.

(2) 비선형 부하들에 의한 고조파의 영향에 대하여 변압기가 과열현상 없이 전원을 안정적으로 공급할 수 있는 능력을 K-factor라 한다.

2. 변압기에 대한 고조파 적용

(1) 고조파 적용 계산 관계식

$$F_{HL} = \frac{\sum \left(\dfrac{I_h}{I_1}\right) \cdot h^2}{\sum \left(\dfrac{I_h}{I_1}\right)^2}$$

$$K\text{-factor} = \sum I_h[\mathrm{pu}]^2 \cdot h^2 = \left(\sum \frac{I_h{}^2}{I_R{}^2}\right) \times F_{HL}$$

(2) 변압기 손실

① 무부하손실

② 부하손실(P_{LL})

　㉠ 저항손(P) : 부하전류의 실횻값이 증가할 경우 I^2R에 따라 증가한다.

　㉡ 와류손(P_{EC}) : 전류 및 주파수 제곱에 비례한다.

　㉢ 표유부하손(P_{OSL}) : 전류 제곱에 지수함수적으로 변한다.

　　즉, $P_{LL} = P + P_{EC} + P_{OSL}[\mathrm{W}]$

3. 변압기에 미치는 영향

(1) 변압기 출력 감소

① 변압기 출력 감소율(3상 부하)

$$THDF = \sqrt{\frac{P_{LL-R}[\mathrm{pu}]}{P_{LL}[\mathrm{pu}]} \times 100}\,[\%]$$

여기서, THDF : Transformer Harmonics Derating Factor

② 변압기 손실식을 저항손실에 대한 Per unit으로 나타내면 다음과 같다.

　㉠ $P_{LL-R}[\mathrm{pu}] = 1 + P_{EC-R}[\mathrm{pu}] + P_{OSL-R}[\mathrm{pu}]$

　㉡ $P_{LL}[\mathrm{pu}] = 1 + K_{factor} \times P_{EC-R}[\mathrm{pu}]$

　　여기서, P_{EC-R} : 와류손

③ K-factor 적용 예

　㉠ 조건 : 테이블에서 K-factor가 13일 경우(mold TR(1000kVA) : Eddy Current Loss=14%[pu])에서 $THDF$는 다음과 같다.

$$THDF = \sqrt{\frac{1+0.14}{1+13\times0.14} \times 100}\,[\%] = 64\%$$

　㉡ 변압기용량이 64%로 감소한다(1000kVA에서 640kVA로 됨).

(2) 변압기의 동손 및 부하전류 증가

① 동손 증가율 : $\varepsilon_c = \left(\dfrac{W_c}{W_{c1}} \right) \times 100\,[\%]$

여기서, W_c : 고조파 유입 시 동손

② 부하전류 증가율 : $K_P = \dfrac{I_e}{I_1}$

여기서, I_e : 고조파 포함 실횻값 전류

I_1 : 기본파 전류

③ 영향 : 변압기 동손 증가로 전력 손실 및 온도 상승, 용량 감소를 초래한다.

(3) 변압기 철손 증가

① 철손증가율 : $\varepsilon_1 = \dfrac{W_i}{W_{i1}} \times 100\,[\%]$

② 영향

㉠ 고조파 전류에 의해 히스테리시스 손실 및 와전류 손실이 증가한다.

㉡ 철손 증가로 절연유 및 권선의 온도 상승을 초래한다.

(4) 변압기의 권선온도 상승

$$\Delta \theta_0 = \Delta \theta_1 \times \left(\dfrac{I_e}{I_1} \right)^{1.6}$$

여기서, θ_1 : 기본파의 온도

I_e : 고조파가 포함된 전류

I_1 : 기본파 전류

(5) 변압기 과열 및 이상소음 발생

4. 변압기에서의 고조파 대책

(1) 고조파 부하가 많을 경우 고조파 전류의 중첩, 표피효과에 의한 저항 증가에 따라 크게 증가하므로 용량을 크게 하거나(2 ~ 2.5배) 또는 TR 발주 시 K-factor를 반드시 고려한다.

(2) K-factor와 $THDF$(THDF : Transformer Harmonics Derating Factor) 관계 및 변압기 용량관계를 고려한 변압기 용량을 검토하되 발주자에게 경제성을 상세히 설명할 것(2배 가격임)

(3) 2차 결선을 델타로 검토하되 부하측의 전압방식과 접지방식 및 보호협조에 적정한 변압기 결선방식을 선정할 것

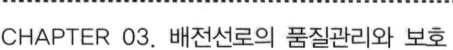

(4) 2차 결선을 델타로 결정할 경우에는 고조파의 악영향을 고려한 여유용량으로 선정할 것

(5) 고조파 발생 부하군에 대해서는 계통을 분리하여 별도 관리하는 것이 필요함

(6) 중성선 NCE(Neutral Current Elimination) 설치 등

---

083 *K*-factor 변압기에 대하여 설명하고, *K*-factor와 변압기 고조파 저감계수(THDF : Transformer Harmonics Derating Factor)의 관계를 설명하시오.

(data) 발송배전기술사 21-124-3-6 / 발송배전기술사, 건축전기설비기술사, 전기안전기술사, 전기응용 기술사 출제예상문제

답안 **1.** *K*-factor 변압기의 개념

(1) 비선형 부하에 의한 고조파 발생은 손실의 증가 및 변압기용량을 감소시키므로 발생되는 고조파의 영향을 고려하여 변압기용량을 계산하여야 한다.

(2) *K*-factor TR의 의미

부하전류에 포함된 고조파 전류의 영향을 고려하여 IEEE(ANSI/IEEEC57)에 의한 *K*-factor를 계산한 후 권선 및 철심의 내구성, 절연내력 등을 보강하여 설계한 변압기

예 정류기용 변압기(*K*-factor TR)

(3) 변압기의 *K*-factor

비선형 부하에 의해 고조파의 영향을 받는 변압기가 과열현상 없이 부하에 전력을 안정적으로 공급할 수 있는 능력을 수치화한 것

2. *K*-factor 값 및 공식

(1) *K*-factor 값과 부하특성의 관계

K-factor 값	부하특성
1	순수한 선형 부하, 찌그러짐 현상이 없음
7	3상 부하 중 50% 비선형 부하 50% 선형 부하
13	3상의 비선형 부하
20	단상과 3상의 비선형 부하
30	단상의 비선형 부하

(2) K-factor 공식

$$K\text{-factor}=\frac{P_{eh}}{P_{ef}}=\frac{\sum_{h=1}^{max}(I_h^{\;2}\cdot h^2)}{I_1^{\;2}}>1$$

여기서, P_{eh} : 기본파와 고조파 전류가 동시 통전 시의 와류손

P_{ef} : 기본파 전류만 통전 시의 와류손, I_1 : 기본파 전류

h : 고조파의 차수, I_h : 해당 고조파 차수의 전류

3. K-factor TR의 특징

(1) 손실과 권선의 온도보상을 고려한 변압기이다.

① 권선의 도체에서 발생되는 와전류손은 전류주파수의 제곱에 비례하여 증가한다. 즉, 와전류손실 $P_e = k_e\,(t\;k_f B_m)^2[\mathrm{W/m}^3]$

② 고조파 전류에 따라 변압기의 최대 정격용량이 감소되는 비율만큼 변압기의 온도상승 내량을 증가시켜 설계한다.

(2) 절연내력이 증가된 변압기이다.

① 정류회로에서 방향전환 순간에 매우 심한 Notching 및 Oscillation(진동) 발생

② 발생된 Surge는 변압기의 저압 권선 절연손상을 발생시키므로 절연보강이 필요

③ 따라서, 정류기용 변압기는 절연내력을 증가한 K-factor 변압기의 사용이 필요함

(3) 철손과 이상소음이 억제된 변압기이다.

① 고조파는 변압기 철심자속파형을 왜곡 및 소음의 증가와 철심 내부의 와류손 증가를 유발시킨다.

② 고조파에 의하여 변압기 철심 내부의 자속밀도가 증가하게 된다.

③ 따라서, K-factor 변압기는 철심의 단면적을 크게 한 것이므로 적용을 검토한다.

(4) 일반변압기보다 약 1.8배 이상 고가용으로 발주처에서 적용하기를 난감해 할 수 있어, 설계 시 부하의 특성과 변압기 고장 시 받을 심각한 피해 및 근무환경을 충분히 설명하여 설계 시부터 적극 반영해야 할 것(시공 시에 변경은 발주처 승인보류 확률이 높음)

(5) 전위권선사용으로 효과가 다음과 같다.

① 와전류손 감소

② 점적을 향상

③ 소선의 길이를 균일하게 하고 소선 간 전위차 제거

(6) Delta 권선 두께 증가

Delta 권선에 영상분 고조파 순환

(7) Y권선의 중성점 접속부 굵기를 상권선의 300%로 설계한다.

(8) %Z가 작은 변압기 설계

즉, $P_s = \dfrac{100}{\%Z} \times P_n$에서 고조파에 의한 전압강하 경감($\Delta v = I \cdot Z$이므로) 효과

(9) 고조파에 의한 피크치 증가로 115%까지의 과전압이 발생하므로 절연성능을 증가시켜야 한다.

4. K-factor TR과 일반 TR의 다른 점

(1) 권선을 연속적으로 연가시켜 고조파 상쇄효과를 발휘한다.

(2) Delta 권선측

표준 변압기보다 권선을 더 굵게 한다. 왜냐하면, 3배수 고조파가 Delta 권선을 순환함에 따른 권선의 과열을 방지한다.

(3) Y 권선측

중성점 접속부의 굵기를 상권선의 300%로 설계적용으로 3배수 고조파에 의한 중성점 접속부의 과열을 방지한다.

(4) %Z를 표준변압기보다 낮은 값 선정으로 동손을 저감시킨다.

5. K-factor와 $THDF$(THDF : Transformer Harmonics Derating Factor) 관계 및 변압기용량 결정 예

[조건]

K-factor가 13인 비선형 부하에 3상 750kVA, 3상 1000kVA 몰드변압기 (단, 와류손의 비율은 변압기 손실의 5.5%임)

(1) *THDF*

고조파로 인해 변압기 출력이 감소되는 요율

$$THDF = \sqrt{\frac{P_{LL-R}[\text{pu}]}{P_{LL}}} = \sqrt{\frac{1 + P_{EC-R}[\text{pu}]}{1 + K - factor \cdot P_{EC-R}[\text{pu}]}}$$

여기서, P_{LL-R} : 정격에서 부하손

P_{LL} : 고조파 전류를 감안한 부하손

P_{EC-R} : 와류손

(2) 반비례 관계이다.

즉, $THDF = \sqrt{\frac{1 + P_{EC-R}[\text{pu}]}{1 + K - factor \cdot P_{EC-R}[\text{pu}]}}$ 에서 알 수 있다.

(3) 단상 부하의 *THDF*

① 단상 부하 정현파의 $THDF = 1.0$

② 단상 부하 고조파의 $THDF = \frac{\sqrt{2}\,S}{I_{peak}} < 1$로서 감소한다.

③ 100% 단상 비선형 부하이면, *K*-factor는 증가, *THDF*는 감소한다.

(4) 3상 부하의 *THDF*

$$THDF = \sqrt{\frac{P_{LL-R}[\text{pu}]}{P_{LL}}} = \sqrt{\frac{1 + P_{EC-R}[\text{pu}]}{1 + K - factor \cdot P_{EC-R}[\text{pu}]}}$$

여기서, P_{LL-R} : 정격에서 부하손

P_{LL} : 고조파 전류를 감안한 부하손

P_{EC-R} : 와류손

(5) *THDF* 감소 시 변압기용량은 증가한다.

(6) *K*-factor 적용 예

① *K*-factor가 13인 비선형 부하에 3상 750kVA 몰드변압기이므로(와류손 5.5% 발생)

$$THDF = \sqrt{\frac{1 + 0.055}{1 + 13 \times 0.055}} \times 100[\%] = 78.48\%$$

② 750kVA 변압기로 사용할 때에는 $THDF$를 고려하여

$750 \times 0.7843 = 589\,\text{kVA}$의 부하에만 전력공급 가능

③ 1000kVA 변압기로 사용할 때에는 $THDF$를 고려하여

$1000 \times 0.7843 = 780\,\text{kVA}$의 부하에만 전력공급 가능

(7) 결론적으로 변압기용량 선정

① 식에서 용량이 78.48% 감소로 750kVA 변압기용량은

$$T_R = \frac{1}{THDF} \times P_L = \frac{1}{0.7843} \times 750 = 956.3\,\text{kVA}$$이므로 약간의 여유를 두어

1000kVA를 선정한다.

② 설계 시에는 1000kVA 부하에 사용할 때에는 $THDF$를 고려하여

$$\frac{1000}{0.783} = 1275\,\text{kVA}$$ 용량 이상의 변압기가 필요하다.

---

084 고조파가 전력용 변압기에 미치는 영향과 대책에 대하여 설명하시오.

(data) 발송배전기술사 24-132-1-11 / 발송배전기술사, 건축전기설비기술사, 전기응용기술사, 전기안전기술사 출제예상문제

답안 1. 고조파가 전력용 변압기에 미치는 영향

＊Chapter 03 – 문제 082의 답안 '3.' 내용을 참조한다.

2. 변압기에서의 고조파 대책

＊Chapter 03 – 문제 082의 답안 '4.' 내용을 참조한다.

085 고조파 전류가 콘덴서 회로에 미치는 영향과 대책에 대하여 설명하시오.

data 발송배전기술사 17-113-3-5 / 발송배전기술사, 건축전기설비기술사, 전기안전기술사, 전기응용 기술사 출제예상문제

답안 **1. 콘덴서 고조파의 발생원인**

콘덴서 회로의 고조파 확대 메커니즘

(1) 고조파 발생회로

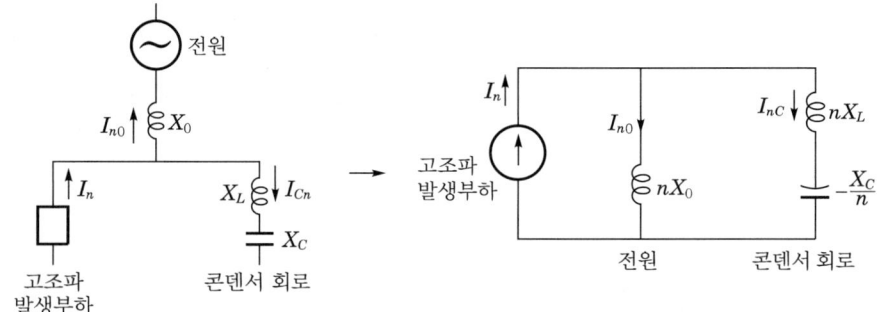

‖ 콘덴서 회로 구성도 ‖   ‖ 등가회로 ‖

(2) 고조파 전류의 분류

① 전원측에 흐르는 고조파 전류 : $I_{n0} = \dfrac{nX_L - \dfrac{X_C}{n}}{nX_0 + \left(nX_L - \dfrac{X_C}{n}\right)} \times I_n$ 가 흐름

② 콘덴서 회로측에 흐르는 고조파 전류 : $I_{nc} = \dfrac{nX_0}{nX_0 + \left(nX_L - \dfrac{X_C}{n}\right)} \times I_n$ 가 흐름

여기서, X_0, X_C : 전원의 기본파 리액턴스, 콘덴서의 기본파 리액턴스
X_L : 직렬리액턴스의 기본파 리액턴스

(3) 용량성 회로 패턴인 경우$\left(nX_L - \dfrac{X_C}{n} < 0\text{일 때}\right)$

전원측에 유입되는 n차 고조파 전류가 확대되고, 그림의 중앙 전원측에 모선전압의 왜곡이 증대됨

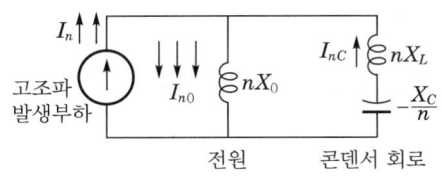

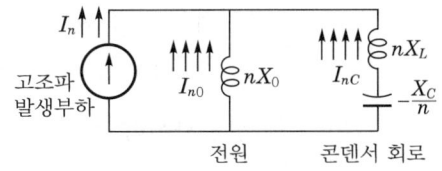

‖ 용량성 회로 패턴의 고조파 증대 ‖   ‖ 병렬공진회로 패턴의 고조파 증대 ‖

(4) 병렬공진회로 패턴일 경우$\left(n X_0 ≒ \left| n X_L - \dfrac{X_C}{n} \right| 일 때\right)$

병렬공진이 되고 n차 고조파는 극단적으로 확대되어 계통 전체에 고조파 왜곡현상이 발생한다. 반드시 이 구성을 피할 것

2. 고조파가 콘덴서에 미치는 영향(콘덴서에 미치는 영향)

(1) 선로의 용량성 및 유도성 임피던스에 의해 공진현상 발생 시

① 콘덴서 용량성 때문에 고조파 전압 및 전류가 계통 전체로 왜곡현상이 확대됨

② 공진현상으로 고조파 전류에 의해 회로의 임피던스를 감소시켜 과대한 전류가 유입되어 과열, 소손, 진동, 이상소음 발생

(2) 경부하 시 콘덴서가 투입된 경우

① 진상 역률이 되어 모선전압이 상승

② 변압기가 과여자되면서 고조파 전압이 상승하여 콘덴서 고장

③ 다른 기기의 손실 및 오동작을 초래함

(3) 일반적인 회로에서 콘덴서 설치 시

① 변압기 철심의 자기포화특성과 고조파 발생부하 등에 의해 발생된 고조파가 회로의 전압·전류를 왜곡시킴

② 선로의 용량성 및 유도성 임피던스에 의해 공진현상이 발생하면 콘덴서용량 때문에 고조파 전압 및 전류가 더욱 확대됨

(4) 고조파 전압은 변압기의 과열, 소음 증대와 콘덴서 회로에 이상전류를 발생시키고, 고조파 전류는 계전기류에 오동작을 일으킴

(5) 콘덴서 전류의 실효치 증가

① 제5고조파가 발생하며 전원측으로 유출될 경우

㉠ X_C(용량성 임피던스)는 $X_C = \dfrac{1}{2\pi f c} \propto \dfrac{1}{f}$ 로 $\dfrac{1}{5}$ 배로 감소

㉡ X_L(유도성 임피던스)는 $X_L = 2\pi f L \propto f$ 로 5배로 증가

즉, 고조파 전류는 임피던스가 낮은 콘덴서로 유입되어 과열의 원인이 됨

② 콘덴서 유입전류

$$= \sqrt{(콘덴서에 \ 흐른 \ 정격전류로서 \ 기본파 \ 전류)^2 + (고조파 \ 전류)^2}$$

(6) 콘덴서 단자전압 상승

① 고조파가 유입 시 콘덴서 단자전압 $V = V_1 \left(1 + \sum_{n=2}^{n} \frac{1}{n} \cdot \frac{I_n}{I_1} \right)$

② 콘덴서 내부소자가 직렬리액터 내부 층간절연 및 대지절연 파괴가 우려됨

(7) 콘덴서 실효용량 증가

① 고조파가 유입 시 콘덴서 실효용량 $Q = Q_1 \left[1 + \sum_{n=2}^{n} \frac{1}{n} \left(\frac{I_n}{I_1} \right)^2 \right]$

② 유전체 손실이 증가하고, 내부소자의 온도 상승이 커져 콘덴서 열화를 촉진

(8) 고조파 전류에 의해 손실이 증가한다.

3. 대책

(1) 직렬리액터 유무에 따른 최대 사용전류를 아래 표와 같이 제한시킨다.

전압 구분	최대 사용전류	
	직렬리액터가 없는 경우	직렬리액터가 있는 경우
저압 회로용	130% 이하	120% 이하
고압 회로용	고조파 포함 135% 이하	고조파 포함 120% 이하
특고압 회로용	고조파 포함 135% 이하	고조파 포함 120% 이하

(2) 직렬리액터가 있는 경우

① 전압 왜곡률을 3.5% 이하가 되게 할 것

② 저압측에 설치하는 경우 자동역률장치를 설치함

(3) 전력용 콘덴서의 사용을 최대한 억제하고, 유도전동기 대신에 동기전동기를 사용

(4) 고조파 발생원의 변환장치의 다펄스화

고조파 전류의 크기는 $I_n = K_m \cdot \dfrac{I_1}{n}$ 이므로 n의 증가

즉, 다펄스화로 고조파 전류는 감소

(5) 리액터의 용량 증대

계통을 항상 유도성으로 만들어 고조파 확대현상 방지

(6) 고조파 확대현상 방지

직렬공진 및 병렬공진에 의한 고조파 확대 방지

(7) 변압기 △결선

제3고조파 순환소멸

(8) 필터 설치

① 수동형 필터 : LC 필터는 특저고조파 성분에 대하여 저임피던스로 되어 고조
파 전류를 끌어 들임으로써 전원측의 고조파 양을 줄임

② 능동형 필터 : 기본파와 비선형 부하(고조파 발생부하)의 파형과 보상된 전류
파형

---

086 전력계통에는 전압 및 역률개선 목적으로 콘덴서를 설치하는데, 콘덴서 회로에 고조파
전류 유입 시 전력설비에 미치는 영향과 대책에 대하여 설명하시오.

(data) 발송배전기술사 24-133-3-3 / 발송배전기술사, 건축전기설비기술사, 전기안전기술사, 전기응용
기술사 출제예상문제

[답안] 1. 고조파로 인한 콘덴서의 공진현상

(1) 고조파 발생회로와 유도성 회로

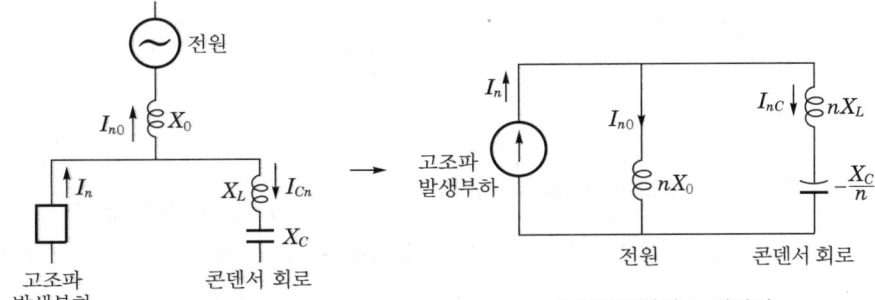

▌콘덴서 회로 구성도 ▌   ▌직렬공진회로 패턴의
고조파 증대 등가회로 ▌

① 고조파 전류의 분류

㉠ 전원측에 흐르는 고조파 전류 $I_{n0} = \dfrac{nX_L - \dfrac{X_C}{n}}{nX_0 + \left(nX_L - \dfrac{X_C}{n}\right)} \times I_n$가 흐름

ⓒ 콘덴서 회로측에 흐르는 고조파 전류 $I_{nc} = \cfrac{nX_0}{nX_0 + \left(nX_L - \cfrac{X_C}{n}\right)} \times I_n$ 가

흐름

여기서, X_0, X_C : 전원의 기본파 리액턴스, 콘덴서의 기본파 리액턴스

X_L : 직렬리액턴스의 기본파 리액턴스

② 일반적 조건 : $nX_L - \cfrac{X_C}{n} > 0$ 이면 유도성 회로가 되며, 바람직한 패턴이다.

(2) 콘덴서 회로의 고조파로 인한 직렬공진현상

① 직렬공진 경우의 합성임피던스 $X = X_L - X_C$ 는 최소로 되어 전류 $\left(I = \cfrac{V}{Z}\right)$ 는

최대로 발생하여 $X = 0$ 이면, $I = \infty$ 로 된다(실제로 선로의 저항분이 있어 무

한대가 아님).

② $I = \cfrac{V}{Z} = \cfrac{V}{nX_L - X_C/n}$ 에서 전류가 최대가 되려면 $nX_L = \cfrac{X_C}{n}$ 임

(3) 콘덴서 회로의 병렬공진으로 인한 고조파 확대 메커니즘과 영향

① 고조파 발생회로

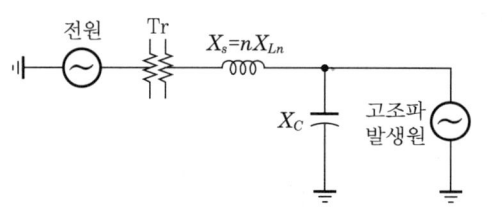

| 고조파 발생회로 구성도 |

| 병렬공진회로 패턴의 고조파 증대 등가회로 |

여기서, I_n : 고조파 전류원(비선형 부하)에 의한 n차 고조파 전류

i_{n0} : 전원에 유입되는 고조파 전류

i_{nC} : 콘덴서에 유입되는 고조파 전류

② 병렬공진 회로패턴일 경우 $\left(nX_0 \doteqdot \left| nX_L - \cfrac{X_C}{n} \right| 일 때\right)$: 병렬공진이 되고

n차 고조파는 극단적으로 확대되어 계통 전체에 고조파 왜곡현상이 발생한

다. 반드시 이 구성을 피할 것

2. 고조파 전류 유입 시 전력설비에 미치는 영향

(1) 직렬공진 영향

① 큰 고조파 전류(왜냐하면 직렬공진 시 임피던스는 최소가 되므로)로 인한 콘덴서 회로 및 직렬공진회로에 접속된 변압기의 단자전압 상승

② 계통의 손실 증대 및 열화심화 등

(2) 병렬공진할 경우 및 고조파로 인한 배전계통에 미치는 영향

① 이론상 $I = \dfrac{E}{X}$ 에서 $X = \infty$ 이므로 전류 $I = 0$ 이 되어 콘덴서에 에너지 충·방전 현상이 나타남

② 이로 인한, 고조파 전류의 확대현상으로 인덕턴스와 콘덴서 간에는 큰 고조파 전류가 나타나서 특정 고조파 전압이 높아짐

③ 표피효과 증대로 실효저항 증가가 있고 배전선로의 손실 증대가 나타남

④ 변압기에서의 영향 : 변압기 손실(철손) 증가

㉠ 히스테리시스손 : $P_h = kfB_m^{\,2}$

㉡ 와류손 : $P_e = k(tfB_m)^2$

여기서, t : 철심두께

B_m : 최대 자속밀도

㉢ 따라서, 출력 감소, 효율 저하

⑤ 콘덴서에 미치는 영향

㉠ 단자전압 상승

㉡ 콘덴서 실효용량 증가

㉢ 콘덴서 과열

⑥ 통신선로의 유도장해 증가

⑦ 실횻값 전류 증가 → 과열

⑧ 배전선로의 중성선에서의 영향

㉠ 중성선 과열

㉡ 중성점 대지전위 상승

㉢ 배전용 변전소의 OCGR 오동작

⑨ 그 결과 배전선로의 이상 과전압, 열화촉진 등의 원인이 됨

⑩ 콘덴서회로의 병렬공진으로 인한 전원측 발전기의 영향

㉠ 병렬공진 시 전원측으로 비정현파 전압이 인가됨

　　　　ⓛ 회전자의 댐퍼권선 과열

　　　　ⓒ 고정자의 철손 증가와 발열 증가, 표피현상 증가

　　　　ⓔ 결과적으로 발전기 과열발생과 출력의 저하

　　⑪ 전동기의 과열

3. 고조파 전류 유입 시 전력설비 대책

(1) 콘덴서측의 대책

　① 고조파에 대하여 콘덴서측 회로가 유도성 회로가 되게 직렬리액터를 설치

　② 제5고조파 억제용과 제3고조파 직렬리액터 용량 : $5\omega L \geq \dfrac{1}{5\omega C}$ 에서 $\omega L \geq$

　　$\dfrac{1}{25\omega C}$ 이므로 여유를 두어 기본파에서 콘덴서용량의 6% 정도로 설치하고,

　　제3고조파 억제용으로는 13% 리액터를 선정한다.

　③ 설계 공진차수와 공진주파수

　　$nX_L = \dfrac{X_c}{n}$ 이므로 $n = \sqrt{\dfrac{X_c}{X_L}} = \sqrt{\dfrac{100}{6}} = 4.1$ 차

　　즉, 4.1차에서 공진하므로 $60\,\mathrm{Hz} \times 4.1$ 배 $= 246\,\mathrm{Hz}$

　④ 기본파에서 직렬리액터 회로의 리액턴스 : $jX_L - jX_C = j6 - j100 = -j94$ 로 용
　　량성

　⑤ 제5고조파에서 직렬리액터 회로의 리액턴스 : $jX_L - jX_C = j6 \times 5 - j\left(\dfrac{100}{5}\right) = j10$
　　으로 유도성

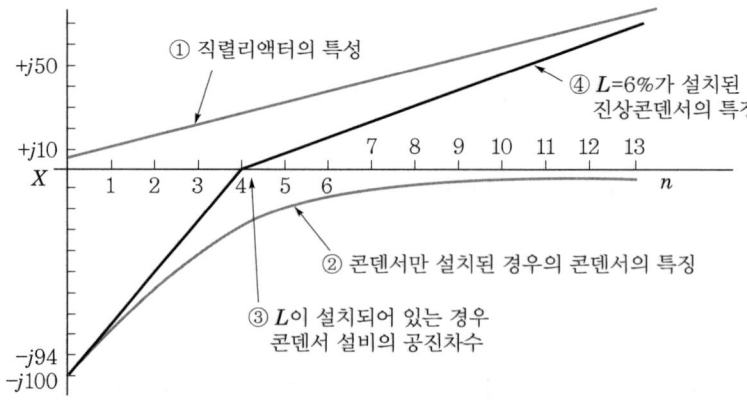

| 직렬리액터를 사용한 콘덴서설비의 임피던스 특성 |

　⑥ 이때, Filter로 설계 시 고조파에 대한 내량(견디는 정도)을 검토할 것

1128

⑦ 자동역률조정장치(APFR)를 설치하여 고조파로 용량성이 되지 않게 할 것

(2) 기타 부분의 고조파 저감대책

계통측 대책	발생기기 대책	피보호기기 대책
• 단락용량 증대 • 공급선로 전용화 • 계통절체 • 위상변위(phase shift) • Active filter • Passive filter	• 변환기의 다펄스화 • PWM 방식도입 • 인버터 등에 리액터 설치 (ACL, DCL) 설치 • IGBT	• 직렬 Reactor 설치 • 'K' factor 적용 • 용량 증대 • 중성선 NCE 적용

087 능동형 전기품질 보상기에 대하여 설명하시오.

data 발송배전기술사 17-112-1-4 / 발송배전기술사, 건축전기설비기술사, 전기안전기술사, 전기응용 기술사 출제예상문제

답안 1. UPS

(1) UPS는 전원에서 발생하는 각종 장애(전압변동, 주파수변동, 전압파형의 왜곡, 노이즈, 순간 정전)로부터 기기를 보호하고 양질의 전원으로 바꾸어서 중요 부하에 정전 없이 주어진 방전시간 동안 연속적으로 공급해 주는 정지형 CVCF 전원장치이다.

(2) UPS의 기본구성도(constant voltage frequence)

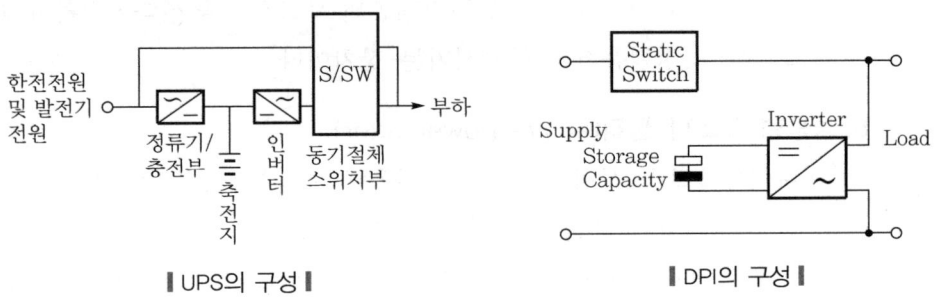

‖ UPS의 구성 ‖   ‖ DPI의 구성 ‖

2. DPI(Voltage Dip Proofing Inverters)

(1) DPI는 순간적인 전원장애로 인한 전력공급 중단을 방지하는 순간 전압강하보상기

(2) 저압 전원계통의 Main에 대책기기 설치

(3) 제어전원에서의 대책으로 적합함

(4) DPI의 동작특성

① 정상적일 때 Static switch를 통하여 부하에 직접 전력공급(inverter는 off점)

② 순간 전압 저하가 발생하면 Static switch는 Off하고 $600\mu s$ 이내에 Inverter 가 구형파 전력공급

③ 전압이 회복되고 Inverter를 통한 전압과 전원이 동기되면 Inverter는 Off되 고 Static switch를 통하여 전력이 공급

④ 콘덴서는 1초 이내에 재충전이 됨

(5) 구성

① 부하와 직렬로 Static switch, 병렬로 Inverter 연결

② Inverter 통하여 콘덴서에 에너지를 충전하고 방전되도록 연결

3. 순간 전압보상기(DVR : Dynamic Voltage Restorer)

DVR은 대용량 부하의 투입이나 인접선로의 사고로 발생하는 전압의 순간적인 급강 하(voltage sag) 또는 급상승(voltage swell)으로부터 민감한 부하를 보호하여 수용 가의 전력품질을 개선시키는 장치

4. 정지형 무효전력 보상기(SVC : Static Var Compensator)

(1) 부하에 유효전력을 전달하는 과정에서 Reactive power는 불필요한 손실을 발생 시키며, 전력공급계통설비의 전력 수송효율을 저하시켜 송전능력을 제한하게 된다.

(2) SVC는 TCR 또는 TSC 구조를 취하고 있는 SVC를 선로에 병렬로 연결하여 사이 리스터를 고속 스위칭하여 전력계통의 무효전력을 신속·정확하게 연속적으로 보상하여 전력품질을 향상시키는 장치이다.

5. 능동형 고조파 필터(active power filter)

(1) 다이오드 또는 사이리스터 등을 사용하는 전력전자설비의 비선형 부하에서 발생 하는 고조파 피해를 감소시키기 위한 것임

(2) 수용가측에 설치하여 수용가측에서 발생된 고조파를 전력계통에 유입하지 않게 병렬로 연결하여 발생된 고조파 성분과 크기는 같고, 극성이 반대인 전류를 통전 시켜 전원측으로 고조파 성분의 전류가 넘어오지 않게 고조파를 제거하는 장치

SECTION **02** 배전선로 보호

088 배전선로에서 사용되는 COS(Cut Out Switch)의 종류를 용단과정에 따라 분류하고 적용 시 고려해야 할 사항에 대하여 설명하시오.

data 발송배전기술사 22-127-1-9 / 발송배전기술사, 건축전기설비기술사, 전기안전기술사, 전기응용 기술사 출제예상문제

comment 전기안전기술사 2011년 95회 1교시 8번과 동일한 문제와 답이다.

답안 **1. 개요**

배전선로의 보호장치로 사용하고 있는 선로용 퓨즈의 구성은 기기장치인 Cut Out Switch(COS)와 용단부분인 퓨즈 링크로 구분되어 있으며, 배전선로에서 후비보호 장치와 협조하여 단상 분기를 보호하는 경제적인 기기이다.

2. COS의 용단과정에 의한 분류

(1) 단일소자형

퓨즈 링크를 1개만 내장

(2) 방출형

퓨즈 링크가 용단되면서 발생하는 아크열에 의해 퓨즈 홀더(fuse holder) 내벽에 서 절연성 가스가 발생되고, 이 가스는 팽창·방출되면서 아크를 소멸하여 고장 을 제거하게 된다.

(3) 개방표시형

퓨즈 링크가 용단되면, 퓨즈 홀더가 본체에서 개방되어 지상에서 식별이 가능 하다.

3. COS의 적용 시 고려사항

(1) 충격 내전압 = 선로의 BIL

(2) 차단정격전류 > 설치점 최대 고장전류

(3) 연속정격전류 > 설치점 최대 부하전류

(4) 공칭정격전압 > 선로공칭전압

(5) 차단정격에서 비대칭 전류치를 적용 시

COS의 비대칭 전류 > 설치점 최대 고장전류×비대칭계수

089 배전계통에서 사용하는 고압 차단기를 소호매질에 따라 분류하고, 차단기별 동작 원리와 특징에 대하여 설명하시오.

data 발송배전기술사 20-121-2-3 / 발송배전기술사, 전기안전기술사 출제예상문제

답안 **1. 차단기 개요**

(1) 차단기는 평상시 부하전류를 안전하게 통전하고, 사고 시 전로를 신속 차단하는 기기이다.

(2) 차단기의 구성요소

① 주회로부 : 통전부, 절연부, 소호장치

② 기구부 : 프레임 및 연동기계기구

③ 보조장치 : 제어장치, 인터록장치, 인출장치

(3) 각종 개폐기 기능도 치단기에는 있다.

(4) 차단과 회로분리 기능비교

구분	사고차단		회로분리	
	과부하	단락	무부하	부하
Fuse		○	○	
CB	○	○	○	○
DS			○	

2. 배전계통 차단기 및 개폐기 적용 구분

NO	명칭	배전용			적용
		변전소	배전선로	수용가	(● : 2022년 현재 실제 적용 중인 설비임)
①	VCB(진공차단기) ●			○	특고압용 차단기(26kV까지)
②	COS(컷 아웃 스위치)		○	○	특고압용 개폐기(26kV까지)
③	PF(전력퓨즈)			○	특고압용 개폐기(26kV까지)
④	G/S(가공용 배전용 가스차단기) 혹은 G/A(배전자동화용 가공용 배전용 가스차단기) ●		○		특고압용 개폐기(26kV까지) : 가공배전용
⑤	PAD S/W(25.8kV 가스절연 부하개폐기(지중용))		○		특고압용 개폐기(26kV까지) : 지중배전용
⑥	EFI (폴리머 절연고장구간차단기)		○		특고압용 개폐기(26kV까지) : 배전계통에 연계되는 신재생설비에 많이 적용

NO	명칭	배전용			적용 (● : 2022년 현재 실제 적용중인 설비임)
		변전소	배전선로	수용가	
⑦	GCB(가스차단기) ●	○	○	○	특고압용 차단기(모든 특고압까지)
⑧	DS(단로기)	○		○	특고압용 개폐기(모든 특고압까지)
⑨	ABCB(압축공기차단기)			−	거의 사용하지 않음 특고압용 차단기(26kV까지)
⑩	MBB(자기차단기)			−	거의 사용하지 않음 고압용 차단기(26kV까지)
⑪	OCB(유입차단기)			−	거의 사용하지 않음 특고압용 차단기(모든 특고압까지)

3. 배전계통에 적용되는 소호매질에 따른 차단기의 분류와 특징

comment 인텍전기 홍보자료 인용

(1) 25.8kV 폴리머 절연 고장구간차단기(가공용) : EFI

① 22.9kV 가공배전선로에 사용되는 1-Trip 차단기

② 고압 고객 설비고장으로 인한 선로 파급사고를 근원적으로 예방하기 위해 차단용량을 12.5kA로 상향시킨 제품

③ **소호물질** : 본체부는 SF_6 가스 대신 에폭시 몰드 절연방식을 적용

④ 에폭시의 우수한 절연성능으로 인해 일반지역은 물론 염진해 오손지역에도 적용

⑤ 조작방식으로 Spring charging 방식을 사용하며 단순 개폐제어방식 또는 FRTU 일체형 Digital 제어방식을 채용할 수 있는 자동화용 제품임

⑥ 주로 신재생에너지설비에 연계점에 많이 적용함

(2) 25.8kV 폴리머 절연 방향성 리클로저

① 방향성 리클로저는 태양광, 풍력, 소수력 발전 등 분산전원과 연계된 선로에서, 전원측 고장 발생 시 역방향 고장전류로 인한 오동작을 방지함

② 고장전류의 크기 및 방향을 판단하여 동작하는 방향성 계전요소가 탑재되어 있으며, 계통 전원측에 설치 운용

③ **소호물질** : 진공 차단방식 및 에폭시 절연방식

④ SF_6 가스를 전혀 사용하지 않아 보다 친환경적이며, 가스 누설 또는 보충 등으로 인한 유지·보수가 필요하지 않음

⑤ 에폭시의 우수한 절연성능으로 인해 일반지역은 물론 염진해 오손지역에도 적용이 가능

⑥ 조작방식으로는 Magnetic actuator를 사용함으로써 본체부의 부품을 간소화시켜 유지·보수가 편리하고 10000회의 개폐동작성능이 보증

⑦ 제어부는 방향성 계전요소가 포함된 FRTU 일체형 Digital 방식을 채용

(3) 25.8kV 폴리머 절연 리클로저

① 22.9kV-Y 가공배전선로에 사용되는 재폐로 차단기로, 진공차단방식을 채용

② **소호물질** : 진공차단방식 및 에폭시 절연방식

③ 에폭시 절연제품으로, SF_6 가스를 전혀 사용하지 않아 보다 친환경적이며, 가스 누설 또는 보충 등으로 인한 유지·보수가 필요하지 않음

④ 에폭시의 우수한 절연성능으로 인해 일반지역은 물론 염진해 오손지역에도 적용이 가능

⑤ 조작방식으로는 Magnetic actuator를 사용함으로써 본체부의 부품을 간소화시켜 유지·보수가 편리하고 10000회의 개폐동작성능이 있음

⑥ 제어부는 방향성 계전요소가 포함된 FRTU 일체형 Digital 방식을 채용

(4) 25.8kV 에폭시절연 방향성 다회로 차단기(지중용)

① 22.9kV 지중선로의 간선, 분기 및 수용가 인입점에 설치하여 신속한 고장 분리와 정전구간을 최소화하기 위한 지중용 다회로 차단기

② **소호** : 상 분리형 고체 절연, 진공차단방식

③ 가스 누설 및 보충을 위한 점검이 필요없는 무보수 구조

④ 에폭시의 우수한 절연성능으로 인해 일반지역은 물론 염진해 오손지역에도 적용이 가능

⑤ 조작방식으로는 부품을 최소화한 Magnetic actuator를 사용하여 긴 수명을 보장, 접지부는 기존의 진공차단부 대신 식물유 절연형 접점방식을 적용함으로써 절연성능을 강화한 것임

⑥ 제어부에는 방향성 계전요소를 포함시켜 태양광, 풍력, 소수력 발전 등 분산전원과 연계된 선로에서, 차단기의 전원측 고장발생 시 역방향 고장전류로 인한 오동작을 방지하도록 설계되어 있음

(5) 25.8kV Closed-loop 시스템용 에폭시절연 다회로 차단기(지중용)

① 지중 배전선로 2개를 폐루프(closed-loop)로 구성하여, 운전 중 선로사고 발생 시 방향성 계전기 통신으로 고장전류를 3cycle 이내에 분리하여 건전구간을 무정전으로 운전할 수 있게 한 방식임

② 상 분리형 고체 절연, 진공 차단방식

③ 가스 누설 및 보충을 위한 점검이 필요 없는 무보수 구조

④ 에폭시의 우수한 절연성능으로 인해 일반지역은 물론 염진해 오손지역에도 적용이 가능

⑤ 조작방식으로는 부품을 최소화한 Magnetic actuator를 사용하여 긴 수명을 보장

⑥ 접지부는 기존의 진공 차단부 대신 식물유 절연형 접점방식을 적용함으로써 절연성능을 강화함

(6) 25.8kV 에폭시 절연 다회로 차단기(RMU, 풍력발전)

① 22.9kV 지중 선로의 간선, 분기 및 수용가 인입점에 설치하여 신속한 고장 분리와 정전구간을 최소화하기 위한 지중용 다회로 차단기

② 상 분리형 고체 절연, 진공 차단방식으로 가스 누설 및 보충을 위한 점검이 필요없는 무보수 구조

③ 에폭시의 우수한 절연성능으로 인해 일반지역은 물론 염진해 오손지역에도 적용이 가능

④ 조작방식으로는 부품을 최소화한 Magnetic actuator를 사용하여 긴 수명을 보장하고, 접지부는 기존의 진공 차단부 대신 식물유 절연형 접점방식을 적용으로 절연성능을 강화시킴

⑤ 제어부에는 방향성 계전요소를 포함시켜 태양광, 풍력, 소수력 발전 등 분산 전원과 연계된 선로에서, 차단기의 전원측 고장 발생 시, 역방향 고장전류로 인한 오동작을 방지함

(7) 가스차단기(GCB)

① **적용** : 배전용 변전소 구내

② **소호물질 및 원리**

　㉠ SF_6 가스의 열화학적 특성과 전기적 부특성 이용하여 전자 흡착

　㉡ Halogen 물질의 전기적 부특성 : $F > Cl > Br > I$

　　∴ GCB 사용

③ **열화학 작용** : ARC 발생열로 SF_6 열해리되면 내부 중심부의 온도가 상승하면서 아크에 집중되는데 이럴 때 아크 단면적 감소 효과로 아크는 감소됨

④ **전기적 부특성이 있음** : SF_6 양이온의 부특성에 의해 아크전자를 흡수하여 아크 소멸

⑤ SF_6 가스 특징

구분	물리화학적 특성	전기적 특성
장점	• 불활성 가스로 안정적 • 무색, 무취, 무해, 불연성 • 열전달성 우수 : 공기의 1.6배 • 열적 안정성 우수 : 500℃에 분해	• 아크가 안정적 • 절연회복이 빠름 • 절연내력 우수 : 공기의 3배 • 소호성능 우수 : 공기의 100배(아크시정수가 작아 대전류 차단에 유리) • 전자친화력이 큼
단점	• 오존층 파괴물질 : 이산화탄소의 23900배 • 아크로 분해물 생성 : 분해가스가 다량의 수분과 반응 시 절연재료와 금속 표면을 산화시켜 열화로 위험성 증대 • 비중이 큼 : 공기 5배 • -60℃ 저온 가압하에 액화	• 가스 압력관리 및 수분관리 필요 • 불평등 전계에서 절연내력 저하됨 • 섬락전압이 전극 표면상태 영향을 줌

(8) 진공차단기(VCB)

① **적용** : 22.9kV로 수전받는 자가용 수용가 설비

② **소호원리**

　㉠ 진공 중의 높은 절연내력과 아크의 급속한 확산 이용

　㉡ 파센의 법칙에서 압력 저하 시 분자의 평균자유행정시간 증가로 충돌횟수 감소

　㉢ 10^{-2}torr 이하에서 절연내력이 급속히 증가

(9) 기타

배전계통에 OCB, MCB, ABCB는 실제 현장에서 거의 사용하지 않아 생략함

---

reference

22.9kV 배전선로용 부하개폐기

(1) 25.8kV Eco 부하개폐기(가공용)

① 22.9kV 가공배전선로용 개폐기

② 기존 SF_6 가스절연방식 대신 에폭시 절연방식 및 진공차단방식을 채용

③ 가스 누설 또는 보충 등으로 인한 유지보수가 불요한 구조

④ 본체부는 수직형 부싱형태로 절연누설거리를 대폭 상향시켰고, 에폭시의 우수한 절연성능으로 인해 일반지역은 물론 염진해 오손지역에도 적용이 가능

⑤ HV 커미셔닝 연결방식은 기존 구출선 대신 클램프형 접속방식을 적용하여 설치 시 편의성을 증대시킴

⑥ 조작방식으로 Spring toggle 방식을 채택하며, 수동형 또는 모터 장착 및 FRTU 일체형 Digital 제어방식을 채용하여 자동형으로 사용 가능

(2) 25.8kV 가스절연 부하개폐기(가공용)

① 22.9kV 가공배전선로용 개폐기로 수동형 또는 자동형 조작방식을 적용

② 조작방식으로는 Spring toggle 방식을 사용, Puffer 방식으로 Arc를 소호함

③ 부싱의 재질은 에폭시와 실리콘으로 구성

④ 가스방출장치 및 압력 Lock 장치 적용으로 인해 내부 단락사고로 인한 압력팽창 시 폭발을 방지함

⑤ 자동형 제어부의 경우 FRTU 일체형 Digital 계전기를 사용함

(3) 25.8kV 가스절연 부하개폐기(지중용)

① 25.8kV 가스절연 부하개폐기(5·6회로 자동 및 수동형)

㉠ 5·6회로 지중용 개폐기는 25.8kV 지중 배전선로의 간선, 분기용으로 사용되는 부하개폐기

㉡ 4회로 개폐기 2대의 기능을 1대의 개폐기로 조합한 Compact화된 제품

㉢ 부하선로를 최대 4회로까지 운영하여 특고압 수용가 밀집지역 회선 증설 시 추가개폐기 설치 없이 적용이 가능

㉣ 설치공간 축소와 설치비용을 획기적으로 절감할 수 있는 제품

② 25.8kV 가스절연 부하개폐기(4회로 자동형)

㉠ 지중용 개폐기는 25.8kV 지중배전선로의 간선, 분기용으로 사용되는 부하개폐기

㉡ 4W 4S로 부름 : 전원은 1번 단자, 부하측은 2빈 단자, 수용부하는 3번 단자, 수용부하는 4번 단자로 접속

③ 25.8kV 가스절연 부하개폐기(3회로 자동형)

㉠ 지중용 개폐기는 25.8kV 지중 배전선로의 분기용으로 사용되는 부하개폐기

㉡ 3W 3S로 부름 : 전원은 1번 단자, 부하측은 2번 단자, 수용부하는 3번 단자

(4) 25.8kV 에폭시 몰드절연 부하개폐기(지중용)

① 22.9kV 지중배전선로 분기, 구분용으로 사용되는 에폭시 절연부하개폐기

② 본체 차단부와 접지부를 고체 절연 일체형 구조로 Molding한 신개념 제품

③ 기존 SF_6 가스 대신 에폭시 몰드 절연방식과 진공차단방식을 적용

④ 가스로 인한 폭발의 위험성을 완전히 제거(서울 시내에서 과거 폭발사고남)

⑤ 가스 누설 또는 보충 등으로 인한 유지·보수가 필요하지 않음

⑥ 에폭시의 우수한 절연성능으로 인해 일반지역은 물론 염진해 오손지역에도 적용 가능

⑦ 조작방식은 기존 가스 절연방식과 동일하게 본체부 투입-개방 및 접지부 투입-개방을 자유롭게 할 수 있는 구조

⑧ 접지스위치는 진공 차단부가 아닌 식물유 절연방식을 적용하여 접지부 고장문제점을 완전히 해소시킴

(5) 25.8kV 지중매입형 에폭시 절연 부하개폐기

① 22.9kV 지중배전선로 분리, 구분용 에폭시 절연개폐기를 지하에 설치

② 도시미관 개선, 행인 도보공간 확보, 차량 충돌사고 등을 미연에 방지해주는 제품

③ 본체, 제어, 메커니즘부 등 모든 중요부위가 실링처리되어, 홍수 시 개폐기 본체가 완전 침수된 상태에서 현장 또는 원격으로 자동 및 수동 운전이 가능

④ 상 분리형 고체 절연, 진공 차단방식으로 가스 누설 및 보충을 위한 점검이 필요 없는 무보수 구조

⑤ 에폭시의 우수한 절연성능으로 인해 일반지역은 물론 염진해 오손지역에도 적용 가능

⑥ 조작방식으로는 부품을 최소화한 Magnetic actuator를 사용하여 긴 수명을 보장

⑦ 접지부는 기존의 진공 차단부 대신 식물유 절연형 접점방식을 적용시켜 절연성능을 강화함

090 특고압 배전계통의 정전사고 원인 및 전력공급 신뢰도 향상을 위한 정전사고 예방대책에 대하여 설명하시오.

data 발송배전기술사 23-129-4-4 / 발송배전기술사, 전기안전기술사 출제예상문제

답안 1. 특고압 배전계통의 정전사고 원인

(1) 원인별

① 외물 접촉 사고 – 1선 지락 80%

② 자연열화

③ 제작불량

④ 날씨(풍우)

⑤ 사고파급(10%)

(2) 설비별

① 전선류, 애자류, 지중선로 증가

② 변압기

③ 계통측 요인

ㄱ 사고파급

ㄴ 수요 불균형

ㄷ 전압 주파수 기준 초과

ㄹ 분산전원

ㅁ 보호계전 오동작

2. 전력공급 신뢰도 향상을 위한 정전사고 예방대책

(1) 뇌해사고 방지대책

가공지선 + 피뢰기 + 뇌관측장치

(2) 염해 방지대책

옥내화, 세정, 경과지 선정, 절연강화

(3) 타 물체 접촉 방지대책

절연전선 가선, 충전부 절연, 조류접촉 고장 대책 시행

(4) 풍우, 수해 대책

지지물 고강도화, 태풍설비 설계기준 적용한 설비 설계와 관리

(5) 전력유통 설비 체질강화

　　수요관리, 신규변전소 건설, 환상망구성

(6) 노후 배전설비 교체

(7) 케이블의 온라인 예방 진단 기술 적용

(8) 수용가 수전설비 파급사고 방지

　　ASS + REC 보호협조

(9) 다중 연계 방식 적용

(10) 배전계통 신뢰도 관리

(11) 배전자동화 + 배전관리시스템 구축

---

091 배전선로 보호기기 중 아래 사항에 대하여 설명하시오.

1. 선로용 퓨즈(line fuse) 구성요소별 적용 시 고려사항, 설치위치
2. 자동 재폐로 차단기(recloser)의 원리, 동작상태의 분류 및 동작순서(순시동작 2회, 지연동작 2회)

(**data**) 발송배전기술사 17-113-3-2 / 발송배전기술사 출제예상문제

답안 1. 배전선로의 구성

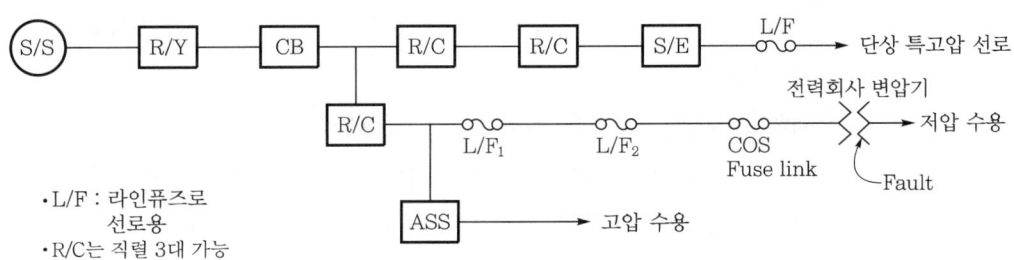

- L/F : 라인퓨즈로 선로용
- R/C는 직렬 3대 가능

2. 선로용(line) 퓨즈 구성요소별 적용 시 고려사항, 설치위치

외부 기기장치 컷아웃스위치(Cut Out Switch)와 내부의 퓨즈 링크(fuse line)로 구성

(1) COS 적용 시 고려사항

　① 공칭정격 전압 > 선로공칭전압

　② 연속정격 전류 > 설치점 최대 부하전류

　③ 차단정격 전류 > 설치점 최대 고장전류

　④ 충격내전압 = 선로의 BIL

　⑤ 차단정격에서 비대칭 전류치를 적용 시

　　COS의 비대칭 전류 > 설치점 최대 고장전류×비대칭 계수

(2) 선로용 퓨즈 적용 시 고려사항

　① 퓨즈 정격전류 > 설치점 최대 부하전류

　② 퓨즈 최소 동작전류 < 보호구간 최소 고장전류

　③ 전후, 후비의 타 보호장치 와의 상호협조 검토

(3) 설치위치

　① 단상 분기선로에서 직렬로 2대까지 설치

　② 연속 정격전류 = 정격전류×1.5(150%)

　③ 최소 동작전류 = 정격전류×2.0(200%)

3. 자동 재폐로 차단기 원리, 동작상태 분류 및 동작순서(순시동작 2회, 지연동작 2회)

(1) 자동 재폐로 차단기 원리

　① 차단기 부하측 고장 발생 시 고속도 자동차단, 재폐로 동작을 최대 4회(재폐로 3회)까지 반복, 순간고장을 제거하거나, 고장구간을 분리하여 건전구간 송전

　② 순시·지연 동작을 조합하여 사용할수 있으며, 반드시 순시동작이 지연동작에 선행

　③ **재폐로 시간** : 순시 동작 후 2초, 지연동작 후 15초

　④ 자동 재폐로 차단기가 영구개방 되면(lockout), 배전선로는 영구고장 상태이며, 이 경우 차단기 설치지점의 부하측을 선로 순시하여 고장을 제거한 후 차단기투입

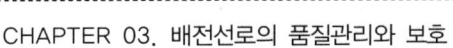

(2) 동작상태의 분류

① 차단동작(trip)

㉠ 순시동작 : 고속도 차단으로 순간 고장 제거

㉡ 지연동작 : 순시동작 시 제거되지 않은 순간 고장 제거

② 재폐로 동작(reclose)

㉠ 순시·지연 동작을 행하고 일정 시간 지연 후 자동적으로 다시 투입되는 동작

㉡ 전자식 제어방식에서는 재폐로 시간을 임의로 조정 가능

③ 영구개방 동작(lockout) : 차단기가 미리 정정된 동작순서에 의해 순시·지연·재폐로 동작을 행한 후 영구개방 상태를 말하며, 자동적으로 재투입되지 않음

④ 복구동작(reset)

㉠ 영구고장이 아닌 순간 고장 발생 시 차단기가 영구 개방되지 않고 재폐로 성공으로 송전상태가 지속되는 경우 최초의 상태로 복귀되어, 새로운 고장발생에 대비하는 동작

㉡ 복귀조건

• 자동 재폐로 차단기가 투입상태

• 부하측 정상상태 : 유입전류 < 최소 동작전류

㉢ 복귀시간 : 30초로 정정(가장 큰 재폐로시간보다 길어야 됨)

(3) 동작순서(2F 2D)

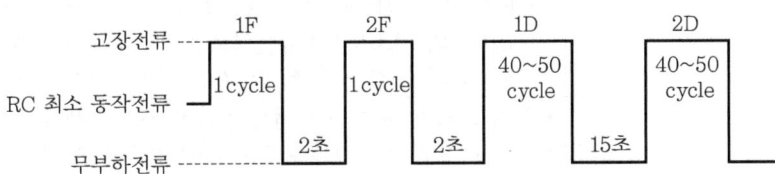

① 2F : 2번의 순시동작(차단)

② 2D : 2번의 지연동작(차단)

③ 재폐로 시간 2초, 2초, 15초

092 우리나라 22.9kV-Y 배전선로의 보호협조와 관련하여 다음을 설명하시오.

1. 보호협조방법 3가지
2. 배전용 리클로저의 구간협조장치(Sequence Coordination Accessory)
3. IEC-VI(Very Inverse) 보호협조 커브의 장점

data 발송배전기술사 23-130-1-1 / 발송배전기술사 출제예상문제

답안 **1. 보호협조방법 3가지**

(1) 보호협조 구성도(예)

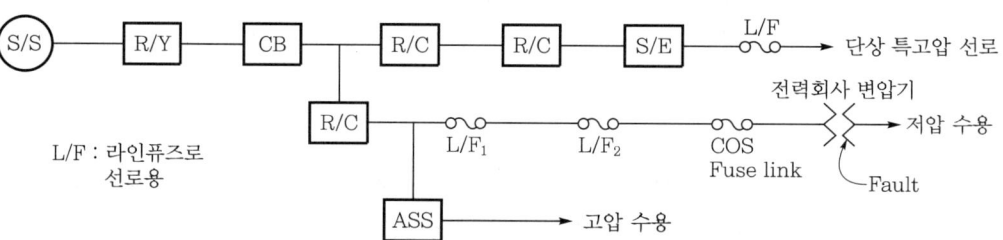

(2) 배전선로 보호기기의 보호협조 구성방법

협조구성	방법
변전소 R/y와 R/C의 협조	• R/y ~ R/C의 동작시간 여유 : R/y 동작시간-R/C 동작누적시간 > 10cycle • R/y 복귀시간을 감안할 것
R/C ~ R/C의 협조	• 후비 R/C의 동작시간 및 동작회수 전위 R/C이 동작시간 및 동작회수 • R/C간 협조가능 시간차 : 전자식 R/C인 경우 2.7-3.5cycle • 방법 - R/C간의 동작 시퀀스를 동일하게 하고, 최소 동작전류를 달리 하는 법 - R/C간의 최소동작전류를 동일하게 하고, 동작시퀀스를 달리 하는 법 - R/C간의 동작 시퀀스 및 최소 동작전류를 달리 하는 방법
R/C ~ S/E의 협조	• 후비 R/C의 최소 동작전류 < S/E 보호구간의 최소 고장전류 • S/E의 최소 동작전류＝후비 R/C의 최소 동작전류×0.8 • S/E의 계수 횟수＝후비 R/C의 총동작횟수-1 • S/E의 기억(복귀시간) > 후비 R/C의 총소요시간(TAT)

2. 배전용 리클로저의 구간협조장치(sequence coordination accessory)

┃ 리클로저의 구간협조장치 유무 ┃

(1) 용도

A3 구간에 고장 시 A2 구간의 순간정전을 최소화하기 위한 장치

(2) 동작설명

① 장치가 없을 경우 : A3 구간에 고장 시 A1 구간의 후비 R1이 고장으로 인식하지 않아 순간정전이 A2 구간에도 발생한다.

② 장치가 있을 경우 : A3 구간에 고장 시 A1 구간의 후비 R1은 후비 R2와 보호협조로 고장으로 인식하여 A2 구간에는 순간정전이 발생하지 않는다.

3. IEC-VI(Very Inverse) 보호협조 커브의 장점

(1) 기존방식의 보호협조 $T-C$ 곡선의 N 커버의 중첩을 개선시킨다.

(2) 리클로저 3대까지 사용 가능하다.

(3) 한전변전소와 수용가 변전소의 IEC 계전기는 동일한 커브로 적용 가능하다.

(4) 표준 규격화로 보호협조가 용이하다.

---

093 배전선로 보호와 관련하여 다음을 설명하시오.

1. 자동재폐로 차단기(Recloser) 기능

2. 자동재폐로 차단기(Recloser)의 4가지 동작유형

3. 자동재폐로 차단기(Recloser)와 변전소 차단기(Circuit Breaker)의 보호협조

data 발송배전기술사 23-131-2-4 / 발송배전기술사 출제예상문제

답안 **1. 자동재폐로 차단기(recloser) 기능**

(1) 고장전류의 차단기능

설치지점의 부하 측 고장발생 시 고장전류를 감지하여 지정된 시간에 과전류를 스스로 고속도로 차단하는 기능이다.

(2) 정정기능과 재폐로 동작기능

① 순시(fast)기능 : 일시 고장 확인 기능

② 지연(delay)기능 : 선로용 Fuse가 동작하도록 충분한 고장전류를 형성

③ 재폐로 동작

㉠ F+D 기능으로 1회 이상의 지연동작을 반드시 포함할 것

ⓒ 고장구간에 재가압한다.

ⓒ 지중화 지역에서는 재폐로 동작은 1회만 할 것

④ TC 곡선 변경기능

㉠ Time multiplier/dial(시상수 곱) 기능 : TC 곡선의 위 아래 수평이동

㉡ Time adder/dealy(지연시간) 기능 : TC 곡선에 일정 시간을 더할 수 있는 기능

㉢ Min Response Time(최소 응답시간) 기능 : 설정시간보다 짧게 동작하는 것의 방지기능

(3) 구간 협조기능

전위 차단기(리클로저 1)의 재폐로 동작 시 후위 차단기(리클로저 2)의 순간 정전을 방지하는 기능이다.

(4) 순시고장 시 차단 – 재폐로 동작을 되풀이하여 순간고장을 제거할 수 있는 기회를 제공하여 배전선로의 정전을 예방할 수 있다.

(5) 돌입전류 억제기능(X배수, pick-up 배수)

① 변압기 돌입전류에 의한 리클로저의 오동작 방지기능

② 정정값 : $I_S \times X > I_m \times 10$(돌입전류)

여기서, I_S : 최소 동작전류, X : 정정배수, I_m : 최대 부하전류

(6) 대전류 Lock Out 장치가 있어 영구고장 시 재투입 방지기능

일시 고장 시 차단기는 Setting 횟수만큼 동작 후 영구개방(lock out)되어 고장구간을 분리하여 정전구역을 최소화시키는 기능이다.

(7) 보호협조기능

다음의 배전선로구간에서 설치되어 보호협조가 가능하다.

① 변전소 CB ~ R/C

② R/C ~ R/C

③ R/C ~ S/E

④ R/C ~ ASS/PF/COS

⑤ 직렬로 3개까지 설치 가능한 전류 감지식 과전류 보호장치이다.

(8) 수목접촉 등의 이물접촉 고장과 같은 순간고장이 많이 발생하는 야외지역의 긴 긍장선로에서 차단기의 사용효율을 높일 수 있다.

2. 자동재폐로 차단기(recloser)의 4가지 동작유형

(1) 차단동작(trip)

① 순시동작 : 고속도 차단으로 순간고장 제거

② 지연동작 : 순시동작 시 제거되지 않은 순간고장 제거

(2) 재폐로동작(reclose)

① 순시·지연 동작을 행하고 일정 시간 지연 후 자동적으로 다시 투입되는 동작

② 전자식 제어방식에서는 재폐로 시간을 임의로 조정 가능

(3) 영구개방동작(lock out)

차단기가 미리 정정된 동작순서에 의해 순시·지연·재폐로 동작을 행한 후 영구개방상태를 말하며 자동적으로 재투입되지 않는다.

(4) 복귀동작(reset)

① 영구고장이 아닌 순간고장 발생 시 차단기가 영구 개방되지 않고 재폐로 성공으로 송전상태가 지속되는 경우 최초의 상태로 복귀되어 새로운 고장발생에 대비하는 동작이다.

② 복귀조건

    ㉠ 자동재폐로 차단기 투입상태

    ㉡ 부하측 정상상태 : 유입전류 < 최소 동작전류

③ 복귀시간 : 30초로 정정(가장 큰 재폐로 시간보다 길어야 됨)

(5) 동작순서

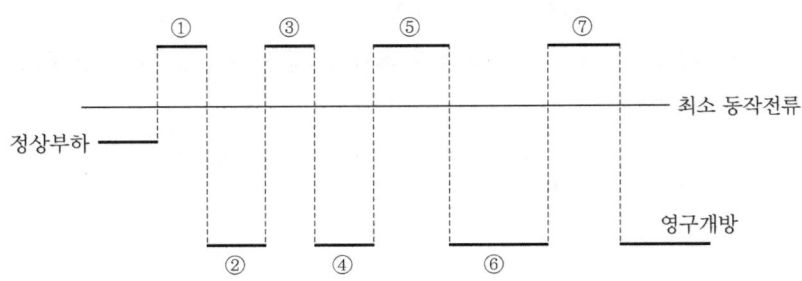

① 첫 번째 차단동작(순시동작)	② 첫 번째 재폐로 시작
③ 두 번째 차단동작(순시동작)	④ 두 번째 재폐로 시작
⑤ 세 번째 차단동작(지연동작)	⑥ 세 번째 재폐로 시작
⑦ 네 번째 차단동작(지연동작)	

❙ Recloser의 2F 2D 동작순서(2F 2D : 2회 순시동작, 2회 지연동작) ❙

3. 자동재폐로 차단기(recloser)와 변전소 차단기(circuit breaker)의 보호협조

(1) 변전소 재폐로 운전기준상 재폐로 횟수

구분	전체 가공	지중 30% 미만	지중 30% 이상	전체 지중
지상기기 미보강	한시 2회	순시 1회	순시 1회	재폐로 없음
지상기기 보강	한시 2회	한시 2회	한시 1회	재폐로 없음

(2) 한시동작(과부하 보호를 목적으로 함)

① 변전소의 OCR 최소 동작전류 : $1.5I_L$(즉, 150% 과부하 보호)

② R/C 최소 동작전류 : $2.8\,rI_L$

여기서, r : 리클로저 부하율 2.8

③ 정정조건 : $2.8\,rI_L < 1.5I_L$

따라서, $r = 0.54$

즉, 리클로저 설치지점의 부하가 배전선로 부하의 54% 이하일 것

(3) 순시보호(사고보호를 목적으로 함)

① 리클로저의 순시동작보다 변전소 순시계전기가 느리게 동작할 것

㉠ R/y ~ R/C의 동작시간 여유

: [(R/y 동작시간 – R/C 동작시간)] > 10cycle

㉡ R/y 복귀시간을 감안할 것

② 정정조건 : (R/C 설치점의 최대 고장전류×배수) < 변전소 순시계전기 최소 동작전류

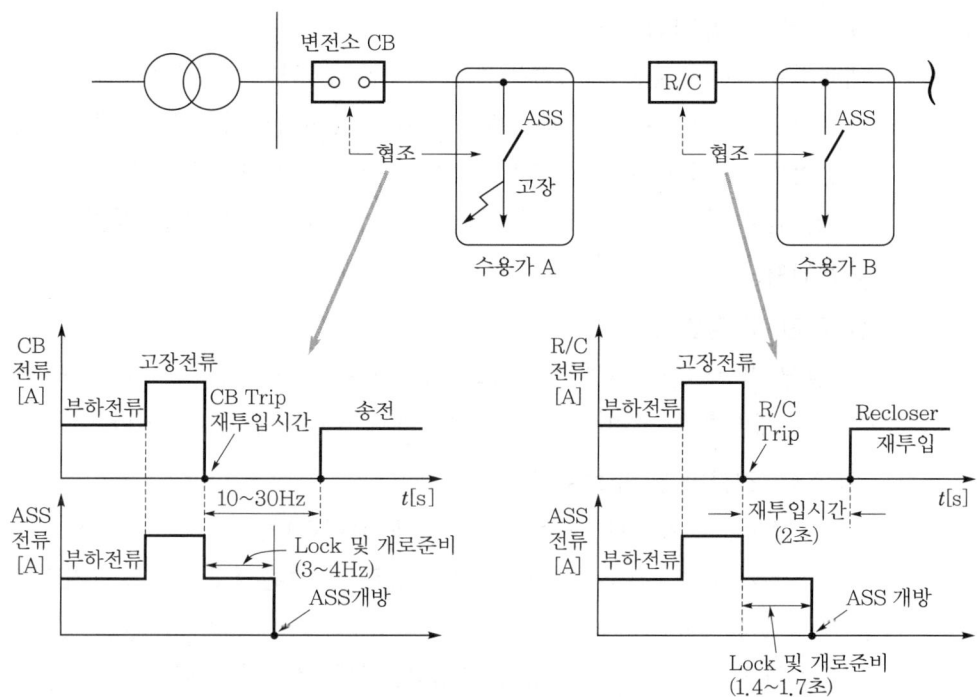

┃ 변전소 CB ASS 간 계통도 및 동작협조도 ┃　　┃ R/C와 ~ ASS 간 계통도 및 동작협조도 ┃

---

094 최근 배전선로, 대용량 수용가의 책임분계점에 설치되는 GIS(Gas 절연부하개폐기 : Gas Insulation Load Switch)의 특성과 기능에 대하여 설명하시오.

(data) 전기안전기술사 11-93-2-4 / 발송배전기술사, 전기안전기술사 출제예상문제

답안 1. 개요

　(1) 제어함 조작형 SF$_6$ Gas 절연부하개폐기는 22.9kV-Y 배전선로에 설치되는 고신뢰성 개폐기이다.

　(2) 선로의 타 보호기인 후비보호장치와 보호협조하여 고장선로, 개폐기 및 선로상태를 검출할 수 있는 기기이다.

　(3) 현장 또는 원방에서 통신수단에 의해 개폐기 및 선로상태 검출과 전기적으로 투입, 개방할 수 있는 전동제어형 가스절연 부하개폐기이다.

2. Gas 부하개폐기의 특징

개폐기는 수동, 자동 제어겸용으로 사용할 수 있으며 선로의 전류와 각 상전압을 표시할 수 있다. 또한, 개폐기에 내장된 전압변성장치에 의해 제어전원 및 배터리 충전전류를 공급하며 FRU(피드 리모터 유닛) 등과 협조하여 통신수단에 의해 개폐기 및 선로 상태 등의 정보를 제공하고 원격제어할 수 있는 장치로 배전자동화에 응용된다.

(1) 차단 및 절연성능

절연 및 소호성능이 우수한 SF₆ 가스를 이용하여 높은 절연 회복성에 의해 재점호, 재발호가 없어 이상적인 부하개폐성능을 얻을 수 있다.

(2) 소형, 경량화 및 무보수 구조

① 소형, 경량으로 장주 설치작업에 용이하다.

② 용기가 스테인리스라서 부식에 강하고, 오손지구에서도 장기간 사용이 가능하다.

③ 완전 밀봉구조라서 빗방울 등의 침투 우려가 없다.

(3) 높은 안정성

① 무해, 불연성의 SF₆ 가스를 이용하여 안정성이 우수하고, 화재의 위험성이 없다.

② 개폐기 내부에 이상이 발생하여 내부 압력이 급격히 상승한 경우 방압장치가 동작하여 용기의 폭발 및 내부부품의 비산, 낙하 등을 방지하므로 도심지 및 빌딩 등에 사용 가능하다.

(4) Trip Free 기능

개폐기는 강제 구동 투입시키고 있는 상태에서도 전기적 조작에 의해 개방시키면 전동 트립되는 Trip Free 기능을 갖고 있다.

3. Gas 부하개폐기의 기능

(1) 각 상 및 지락고장 검출기능

① 각 상 및 지락에 최소 동작전류 정정치 이상의 고장전류가 발생하면 고장전류를 검출하는 기능이다.

② 상별 고장상태를 표시하는 기능이다.

③ 고장상태를 외부로 보낼 수 있는 고장신호 접점을 제공하고 있다.

(2) 돌입전류억제

① 타 부하측 또는 전원측 선로의 고장 시 후비보호장치와 협조하여 후비보호장치가 개방되기 전 고장 유무를 판단하여 동작한다.

② 이로써 선로 재가압 시 발생하는 돌입전류로부터 고장표시기의 오동작을 방지할 수 있는 기능이 있다.

(3) 각 상 및 중성선 전류와 전압 표시기능

선로의 각 상 및 중성선 전류와 전압을 내장한 CT와 VT를 통해 검출하여 선로의 전류와 전압을 제어함에서 LCD 디스플레이를 통해 각 상별을 선택하여 확인할 수 있다.

(4) 활선 표시기능

① 제어함에서 1·2차측의 활선표시등이 점등됨으로써 활선 확인이 가능하다.

② 개폐기 본체에 R측, A측이 표시되어 육안으로 활선상태를 쉽게 확인할 수 있다.

---

095 배전자동화 시스템의 주요 기능에 대하여 설명하시오.

(data) 발송배전기술사 24-132-1-10 / 발송배전기술사 출제예상문제
(comment) 발송배전기술사 2015년 105회 기출문항이 9년 만에 다시 나왔다.

답안 1. 정의

배전자동화란 광범위하게 산재되어 있는 배전설비를 컴퓨터와 On-Line 정보통신망을 이용하여 중앙제어장치를 통해 원격감시제어 및 계통운용 업무를 현대화한 것으로, DAS(Distribution Automatic System)를 말한다.

2. 기능 및 특성, 효과

기능	특성	효과
선로개폐감시제어	• 개폐기 상태 감시 • 사고 시 구분절체 • 작업정전 시 부하절체	• 정전구간 축소 • 정전시간 축소 • 안전사고 방지 및 생력화
배전관리 정보 자동 수집	• Feeder 부하계측 • 전압변동계측 • 단선 검출	• 과부하 사고 예방 • 배전손실 저감
자동원격검침	전력량계 자동검침	검침업무의 생력화
부하 집중제어	• 냉난방 부하제어 • Peak cut용	• 부하 Peak 상승 지연 • 전원설비 투자 지연

3. DAS의 목적

(1) 양질의 전력공급 및 공급신뢰도 향상

(2) 운전효율 극대화

(3) 계통운용의 현대화

(4) 설비투자의 감소 및 생력화

---

096 아래의 22.9kV 배전선로보호장치 정정기준에 대하여 설명하시오.

1. 변전소계전기(relay)

2. 자동재폐로차단기(recloser)

3. 선로용 퓨즈(fuse)

(data) 발송배전기술사 20-120-4-2 / 발송배전기술사 출제예상문제

답안 1. 22.9kV 배전선로의 배전용 변전소계전기(relay) 정정기준

(comment) 시험장에서는 표만 그려도 된다.

구분		정정기준
순시 TAP	OCR(50)	전위 R/C 설치점 3상 단락전류×1.5 이상
	OCGR(50G)	전위 R/C 설치점 최대 1선 지락전류×1.4 이상
한시 TAP	OCR(51)	• 최대 부하전류×1.5 이상 • 보호구간 최소 2상 단락전류/1.5 이하
	OCGR(51G)	• 최대 부하전류×0.3 이상 • 보호구간 최소 1선 지락/1.5 이하
한시 LEVER	OCR	• 변전소 인출점 3상 단락전류에서 0.5초 이하 동작 • 배전선로와 보호협조가 곤란할 경우 0.6초 이하로 완화
	OCGR	변전소 인출점 최대 1선 지락 고장에서 0.5초 이하 동작

(1) 과전류계전기(OCR) : [50/51] → 단락보호

① 과전류계전기(51 한시요소부) → 한시정정

ㄱ 최대 부하전류(I_m) : 순시적으로 최대 부하전류가 불평형 시 최대 상전류

ㄴ 최소 고장전류 : 한시요소의 15% 이상

ㄷ 한시정정 : 전위(=상위=전방) 선로보호장치와 보호협조 곤란 시에는 0.6초까지 완화 가능

ㄹ 특수부하 : 시동전류 및 시동시간도 고려할 것

ⓜ 정정 후 재가압 시 : 돌입전류 억제조건을 말함

- 한시 TAP×1.7에서 2.5초 이상(즉, 2.5초 이내에는 부동작할 것)
- $I_m \times 1.5 \times 1.7 = 2.5 I_m$에서 2.5초 이내 동안 부동작 조건을 말함

    ⓗ 보호협조 시간차(T) = $B + O + N$ = 0.4~0.5초

여기서, T : 계전기 간의 시간 협조차

        B : 전방차단기의 동작시간

        O : 고장전류가 차단된 후 지락보호계전기 원판이 관성으로 회전

             하는 시간

        N : 안전시간(여유시간)

② 과전류계전기(50 순시요소부) → 순시정정

    ㉠ 전위보호장치가 없는 경우

- 순시요소 최소 TAP에 정정
- 특수부하 단독공급 시 부하시동전류, 시간에 부동작될 것

    ㉡ 전위보호장치가 있는 경우

- 전위보호장치에 순시요소가 있는 경우
  - 이때 전위보호장치는 OCR 또는 리클로저를 말함
  - 전위구간 3상 단락전류의 150%
- 전위보호장치에 순시요소가 없는 경우
  - 이때 전위보호장치는 퓨즈, 섹셔널라이저임
  - 전위구간 최소 단락전류에 동작
- 전위장치가 재폐로 기능이 있으면 부동작할 것
- 전위장치가 재폐로 기능이 없으면 최소 단락전류에 순시동작

(2) 지락과전류계전기(OCGR) : [50/51G] → 지락보호

① 지락과전류계전기(51G) → 한시정정

    ㉠ 최대 부하전류 : 순간적 최대 부하전류 불평형 시 최대 상전류를 말함

    ㉡ TAP : 불평형 억제 최소 TAP으로 정정

    ㉢ 한시 TAP : 보호구간 최소 1선 지락전류의 1/1.5배 이하로 정정

    ㉣ 보호협조 : 전방선로 보호장치와 협조하여 정정할 것

    ⓜ 한시동작 : 자기구간의 최소 1선 지락전류에서 2초 이내 동작할 것

② 지락과전류계전기(50G) → 순시정정

    ㉠ 전위보호장치가 없는 경우 : 순시요소 최소 TAP에 정정

ⓛ 전위보호장치가 있는 경우

- 전위보호장치에 순시요소가 있는 경우
  - 이때 전위보호장치는 OCGR 또는 리클로저를 말함
  - 전위구간 1선 지락전류의 140%
- 전위보호장치에 순시요소가 없는 경우
  - 이때 전위보호장치는 퓨즈, 섹셔널라이저를 말함
  - 전위구간 최소 지락전류에 동작
- 전위장치가 재폐로 기능이 있으면 부동작할 것
- 전위장치가 재폐로 기능이 없으면 최소 단락전류에 순시동작

2. 자동재폐로차단기(recloser)의 정정기준

구분		정정기준
최소 동작전류	상	• 최대 부하전류 2.8배 이상 4배 이하 • 후비보호기기 상 최소 동작전류 정정치 이하
	지락	• 최대 부하전류×0.3 이상 • R/C 부하측 최대 단상 분기 최대 부하전류 이상 • 보호구간 최소 1선 지락전류 0.5배 이하 • 후비보호기기 지락 최소 동작전류 정정치 이하
재폐로 시간		• 변전소 계전기가 아날로그일 경우 : Relay 원판 복귀시간 이상 • R/C 본체가 투입 준비할 수 있는 시간 이상 • 상과 지락의 재폐로 시간 일시
복귀시간		30초
X배수	상	설치점 최대 부하전류×10/상 최소 동작전류 이상
	지락	설치점 최대 부하전류×10/지락 최소 동작전류 이상

3. 선로용 Fuse 정정기준

(1) 설치점 최대 부하전류 이상

(2) 보호구간 최소 1선 지락전류×0.5 이상

(3) 후비보호기기가 R/C일 경우 다음 조건을 만족할 것

① R/C 순시동작시간×승률 < Fuse 최소 용융시간

② R/C 지연동작시간 > Fuse 최대 고장제거시간

(4) 후비보호기기가 선로용 Fuse일 경우는 아래 조건을 만족시킬 것

후비 Fuse 최소 용융시간×0.75 > 전위 Fuse 최대 고장제거시간

4. 배전보호장치의 보호협조

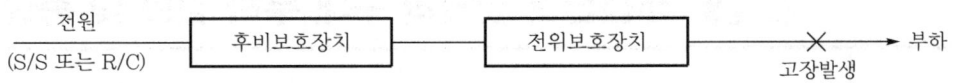

(1) 보호장치 조합

변전소 보호계전기 + R/C(자동재폐로차단기) + R/C(자동재폐로차단기) + 선로용 퓨즈

(2) 기본고려사항

① 보호장치 정격전압 > 배전계통 전압

② 보호장치 정격전류 > 설치점 최대 부하전류

③ 보호장치 최대 차단정격 > 설치점 최대 고장전류

④ 보호장치 BIL > 배전계통 BIL

⑤ 보호장치 최소 동작전류 < 보호구간 최소 고장전류

(3) 분산전원에 따른 보호협조의 재검토가 필요하고, 양방향 리클로저가 설치되어야 한다.

(4) 지중배전선로 증가에 따른 보호협조 재검토 필요

매년 한전 배전사업소 보호협조 담당자가 준공공사를 전부 파악하여 보호협조 정정을 시행한다.

SECTION **03** 배전선로 진단과 구내 부하 검토 및 총괄관리

097 케이블 DC 내전압시험과 비교해서 AC 내전압시험의 일종인 VLF(Very Low Frequency) 시험의 필요성을 설명하고, VLF 내전압시험, VLF TD(tanδ) 시험, VLF PD(부분방전) 시험법에 대하여 각각 설명하시오.

data 발송배전기술사 18-115-4-2 / 발송배전기술사 출제예상문제

답안 1. 개요

VLF(Very Low Frequency)는 사용주파수(60Hz)보다 매우 낮은 주파수인 초저주파수(0.01 ~ 1Hz)를 인가하여 XLPE Cable의 절연내력 또는 열화의 정도를 진단하는 데 사용하는 전원을 말한다.

2. VLF 시험의 필요성(특징)

(1) 소형·경량으로 시험장치 Size 축소화가 가능하고 이동 용이

① XLPE Cable의 열화진단 중 유전정접 측정은 상용주파수 60Hz 이용 시 장비의 대형화로 인하여 제조사 현장에서만 진단이 가능했으나 VLF(0.01 ~ 1Hz)를 이용한다.

② 진단할 경우 장비를 $\dfrac{1}{600}$까지 축소할 수 있으므로 Cable 설치 사용현장에서 진단 측정이 가능하다.

$$\text{충전용량 기본식} : Q = V I_c = \omega C V^2 = 2\pi f C V^2 [\text{kVA}]$$

여기서, V : 시험전압[kV]

C : 케이블의 정전용량[F/km]

f : 사용전원주파수[Hz]

③ 시험장치전원을 60Hz → 0.1Hz로 변경 시 충전용량 비교

㉠ 피시험 Cable 규격 : CNCV 325mm^2 10km → 정전용량 0.3μF/km

㉡ 내전압(인가전압) : 20kV

④ 비교 계산

구분	60Hz 전원 사용 시 필요충전용량	VLF 0.1Hz 전원 사용 시 충전용량
계산	$Q_{60} = 2\pi \times 60 \times 0.3 \times 10^{-6} \times 10 \times 20^2$ $= 452\,kVA$	$Q_{60} = 2\pi \times 0.1 \times 0.3 \times 10^{-6} \times 10 \times 20^2$ $= 0.75\,kVA$
결론	60Hz 시험장치를 $0.75/452 = \dfrac{1}{600}$ 로 소형화 가능	

(2) 우수한 현장 적용성

① 다기능 : 여러 데이터를 한 장비로 측정 가능[$\tan\delta$(유전정접)과 부분방전을 동시에 측정 가능]

② 시험용 전원 불필요

③ 경량 장비로 높은 DC 내전압 인가

(3) 교류인가로 공간전하 축적 없음

3. VLF 내전압시험

(1) 0.1Hz 정현파 전압을 상전압의 3배 크기로 케이블에 일정 시간 동안(30분) 인가하여 절연파괴 발생 여부를 확인하는 방법이다.

(2) 내전압시험방법의 종류

장비 안에 아래 기능이 내장되어 있다.

① 코사인 파형을 이용한 시험

② 사인파형(정형파)을 이용한 시험

③ Bipolar Rectangular 파형을 이용한 시험

④ 정·부극성 DC 내전압시험

(3) PD 모니터링 + VLF 내전압시험

VLF 내전압 및 PD를 순차적으로 점검하여 케이블의 절연파괴 발생 여부와 접속점의 부분방전을 확인하는 방법이다.

4. VLF PD(부분방전) 시험

(1) VLF 전원을 케이블에 인가한 후 불량점에서 발생하는 부분방전의 크기(전류량)를 측정하는 방법이며 현장에서 사용할 전원은 0.1Hz 전원(DC 전원에 가까움)이다.

(2) VLF 전원에서의 부분방전개시전압이 상용주파개시전압보다 2배 정도이다.

(3) 특성

① 절연체 내부의 이물질, 공극(void) 등에서 전계차에 따른 미소 부분 방전량을 측정하는 방법이다.

② 외부 Noise(background noise)에 매우 취약하여 차폐실에서 측정해야 한다.

③ 현장 설치된 케이블을 VLF 장비로 시험할 경우 현실적으로 많은 오차를 동반한다.

④ 측정방법

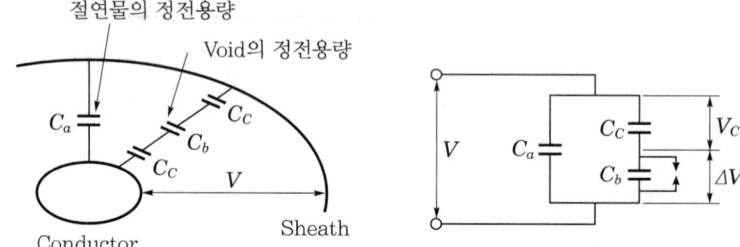

∥ PD 측정 개념도 ∥

위 그림에서 전압 V를 인가하면 분압된 전압을 V_c, ΔV라면

$$\Delta V = \frac{Q}{C_b} = \frac{1}{C_b} \times \left(\frac{C_b C_c}{C_b + C_c} \right) \times V = \left(\frac{C_c}{C_b + C_c} \right) \times V$$

⑤ 상태판정

∥ 부분방전시험 상태판정기준 ∥

구분	기준	판정
22.9kV	2000pC 미만	정상
	2000 ~ 5000pC	요주의
	5000pC 이상	이상
154kV	1000pC 미만	정상
	1000pC 이상	요주의

(4) PD 시험 시 유의사항

① 케이블을 PD 시험 시 계통전압의 2배 이하로, 보통 1.7배 정도에서 시험한다.

② 정격전압의 3배 이상의 고전압에서 시험은 절대 불가하다.

(5) 장점

① 부분방전의 발생 위치 및 크기를 검출할 수 있다.

② 측정데이터가 그래프로 표현되어 케이블시스템의 절연상태를 등급으로 구분 판정이 가능하다.

5. VLF TD(tanδ) 시험

기본원리는 Cable에 전원을 인가 시 전압위상의 변화량을 측정하는 방식이다.

(1) tanδ(유전정접)

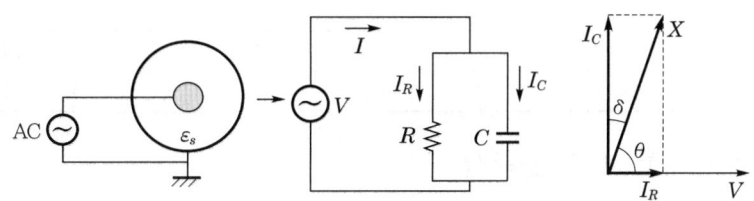

┃ 등가회로도와 Vector diagram ┃

① 케이블의 도체와 Sheath 사이는 그림과 같이 절연저항 R과 정전용량 C의 병렬 결합으로 볼 수 있다.

② 케이블의 도체와 Sheath 사이에 교류전압 인가 시 흐르는 전류는 절연저항에 의한 누설전류 I_R와 정전용량에 의한 충전전류 I_C의 벡터적 합성전류이다.

③ I_R은 전압 V와 동상이며, I_C는 전압보다 90° 앞선다.

④ 벡터도에서 θ를 유전손실각이라 하며 유전체손실은 $W_d = VI_R = VI\cos\theta$ [W]이다.

⑤ 유전정접 : $\tan\delta = \dfrac{I_R}{I_C} = \dfrac{\dfrac{V}{R}}{\omega CV} = \dfrac{1}{\omega CR}$

위 식에서 누설전류 I_R이 클수록, δ가 클수록, $\tan\delta$가 클수록 절연물이 불량에 가깝다는 것을 알 수 있다.

(2) 특성

① tanδ값에 의해 케이블의 열화 여부를 판정한다.

② 절연저항이 감소되어 손실전류가 증가하고 tanδ값이 큰 값으로 열화진행이 더 가속된다.

③ 수트리, 전기트리, 부분방전에 의해서 절연열화는 절연체의 손실로 나타나서 tanδ값은 증가하므로 절연체 내부의 이상징후를 판정한다.

(3) 상태판정

┃ tanδ 측정에 따른 상태판정 ┃

tanδ	판정	진단
0.5% 미만	양호	–
0.5 ~ 5%	요주의	수트리 발생
5% 이상	불량	수트리 진전, 내전압 극히 저하

6. VLF 시험방법의 장단점

(1) 장점

① 주기적인 극성의 교번으로 공간 전하(space charge)가 축적 안 됨

② DC 내전압에 비해 경량의 장비로 높은 시험전압 인가 가능

③ 유전정접, 부분방전, 누설전류, 손실계수 등 여러 가지 스펙트럼 분석으로 열화진단 및 판정 용이

④ 타 시험에 비해 결선이 간단하고 이동과 현장측정이 용이

⑤ 별도의 큰 시험용 전원 불필요

(2) 단점

① 측정 및 진단에 숙련도 필요

② 주파수를 0.01Hz 수준으로 낮출 경우 공간전하 축적시간의 필요 및 축적 가능성

③ 사선 상태에서만 측정 가능

④ 차폐 Sheath가 있는 케이블만 측정 가능

⑤ 장비 가격이 비교적 고가

098 고압 유도전동기의 보호방식에 대하여 설명하시오.

data 발송배전기술사 24-132-1-13 / 발송배전기술사, 건축전기설비기술사, 전기응용기술사, 전기안전기술사 출제예상문제

답안 고압 유도전동기 보호방식

(1) 단락 보호

① 과전류계전기(50/51)의 순시요소를 이용한다.

② 순시요소 정정 시 유의사항 : 전동기 기동 시 수~수십배의 돌입전류와 시동전류에 동작하지 않도록 한다.

③ 3상 유도전동기(농형)의 시동 특성

용도	시동토크[%]	시동전류[%]
일반용	100~150	450~650
시동토크가 큰 것	150~200	500~700

(2) 과부하 보호

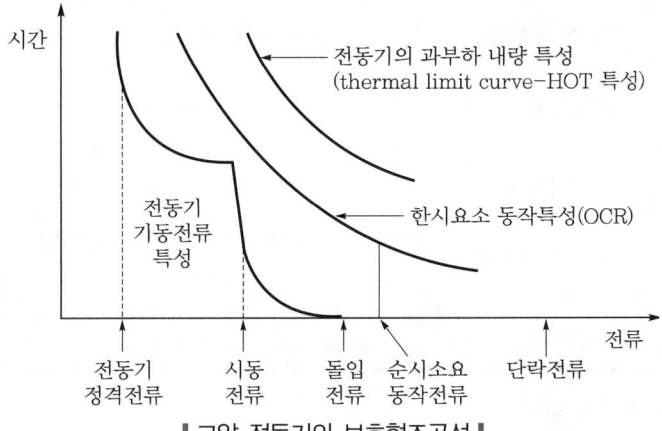

∥ 고압 전동기의 보호협조곡선 ∥

① 피보호 유도전동기의 과부하 내량 특성과 잘 협조되는 강반한시형(정한시)의 과전류계전기를 사용한다.

② 계전기의 동작시간을 전동기의 Thermal limit curve 이하로 정정한다.

③ 과부하 보호와 단락 보호는 보통 1개의 계전기 내에(50/51) 포함된 순시요소와 한시요소를 사용한다.

(3) 2개의 순시요소를 이용한 고압 유도전동기의 단락 및 과부하 보호장치의 회로 구성

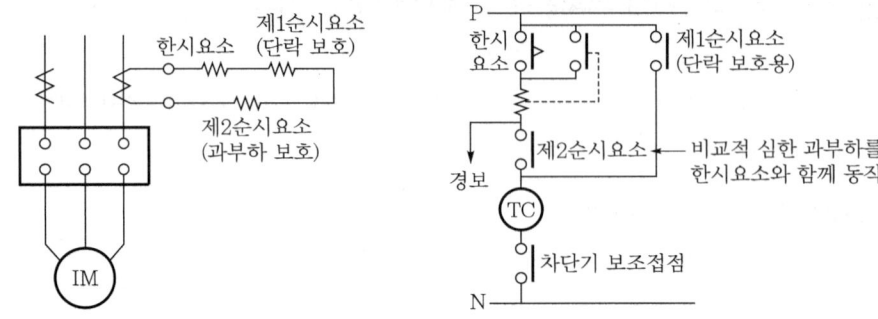

‖ 고압 전동기의 회로 구성 ‖

① 한시요소 : 정격전류의 115% 정도에서 동작하여 경보한다.

② 제2순시요소 : 정격전류의 200 ~ 250%에 정정하여 비교적 심한 과부하를 구분하여 한시요소와 함께 동작하여 전동기 Trip한다.

③ 제1순시요소 : 단락 보호용으로 기동 시 돌입전류에 응동하지 않도록 충분히 높게 정정한다.

(4) 지락 보호

중성점 접지방식		보호계전기 적용	변성기 적용
			CT
직접접지		순시요소부 OCR	ZCT, CT×3개의 잔류회로
저항 접지	저저항접지	순시요소부 OCR	ZCT, CT×3개의 잔류회로
	고저항접지	방향성 지락 과전류계전기(DOCGR) 및 OVGR	ZCT
비접지		DOCGR의 최대 감도 위상각은 전류가 60도 정도 앞선 것 사용	–

(5) 저전압 보호

① 부족 전압계전기(UVR : 27)를 사용한다.

② 계통 전압의 75 ~ 90%로 정정한다.

③ 송전계통의 사고 등으로 인한 순간적인 전압강하에 동작하지 않도록 반한시형의 계전기를 사용한다.

(6) 기타의 보호

① 불평형 전류에 의한 손상 방지

　　㉠ 전류 불평형 계전기 : 각 상 전류의 크기 직접 비교

　　㉡ 역상 과전류계전기 : 역상 필터 사용

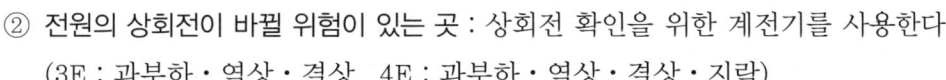

② 전원의 상회전이 바뀔 위험이 있는 곳 : 상회전 확인을 위한 계전기를 사용한다 (3E : 과부하·역상·결상, 4E : 과부하·역상·결상·지락).

③ 대형 모터 보호

　㉠ 기동전류가 대단히 커서 단락 고장전류와 함께 순시 과전류계전기로 보호 가 곤란한 경우가 있다.

　㉡ 이 경우 단락 보호에 순시 과전류계전기 대신 차동계전기를 사용한다.

(7) 계전기 정정 시 유의사항

① 순시요소정정은 전동기의 시동전류(500 ~ 700%), 돌입전류(수 ~ 수십배)에 동작하지 않도록 정정한다.

② 전동기의 돌입전류 : 직류분이 포함되고 제1파에서는 시동전류의 130 ~ 150%, 제2파에서는 110 ~ 120%, 지속시간은 3 ~ 4Hz 정도이다.

③ 과전류계전기의 한시요소정정 : 정격전류의 150% 정정한다.

④ 계전기의 동작시간 : 전동기의 Thermal limit curve 이하로 정정한다(일반적 으로 hot 상태 기준).

⑤ 순시 과전류계전기의 정정은 보통 단상 단락전류의 0.7배 이하로 하며 상위 Relay의 정정시간과 보호협조한다.

---

099 한국전기설비규정(KEC)에서 배선규격을 결정하는 요소 중 전선의 단면적 결정요소에 대하여 설명하고 전선의 허용전류선정 시 고려사항에 대하여 설명하시오.

(data) 발송배전기술사 24-133-1-13 / 발송배전기술사, 건축전기설비기술사, 전기안전기술사, 전기응용기술사 출제예상문제

답안 **1. 배선규격을 결정하는 요소 중 전선의 단면적 결정요소**

(1) 허용전류

① 간선이 안전하게 흐를 수 있는 최대 전류이다.

② 통상 허용전류라고 할 때는 연속 시 허용전류를 말한다.

(2) 전압강하

허용전압 강하율[수용가 설비 인입구 ~ 기기까지의 전압강하(KEC 232.3.9에 의함)]

‖ 수용가 설비의 전압강하 ‖

(단위 : %)

설비의 유형	조명	기타
A - 저압으로 수전하는 경우	3	5
B - 고압 이상으로 수전하는 경우[*)]	6	8

*) 가능한 한 최종회로 내의 전압강하가 A유형의 값을 넘지 않도록 하는 것이 바람직하다.
사용자의 배선설비가 100m를 넘는 부분의 전압강하는 미터당 0.005% 증가할 수 있으나 이러한 증가분은 0.5%를 넘지 않아야 한다.

(3) 기계적 강도

① 단락의 경우

㉠ 열적 용량 : 통전에 의해 도체에 발생된 줄열은 도체의 온도를 상승시킴과 동시에 외기 온도와의 차이는 절연물을 통해서 외부로 발산된다.

그러나 수초 이하의 단락전류는 모두 도체온도를 상승시키는 데 소비된다.

㉡ 단락전자력 : $F = K \times 2.04 \times 10^{-8} \times \dfrac{I_m{}^2}{D} [\text{kg/m}]$

여기서, K : 0.866(케이블 배열에 따른 정수 : 0.809 ~ 0.866)

I_m : 전류 피크값[A]

D : 케이블 중심거리[m]

즉, 두 개의 도체에 전류가 흐르면 전자력에 의하여 상호 힘이 작용하며, 전류가 같은 방향으로 흐르면 흡입력, 반대 방향이면 반발력이다.

② 신축

㉠ 케이블에 전류가 흐르면 도체는 발열하여 팽창계수에 따른 신축이 생긴다 (주위 온도, 통전전류의 크기에 따라).

㉡ 이 현상은 케이블 피복의 마모와 접속부의 이완 등을 초래할 수 있으며, 버스덕트의 신축을 대비하여 적당한 개소에 익스팬션(expansion) 부분을 만들어야 한다.

③ **진동** : 건물의 진동에 의한 공진방지를 위하여 Cleat, Spring hanger 등으로 고정한다.

④ 자중

⑤ **발열** : 지지 금구류 및 케이블 근접 부재에서 발열이 된다.

(4) 기타

① 장래의 증설 부하여유율

② 고조파 전류의 함유분

③ 연결점의 허용온도

④ 부하의 수용률

⑤ 열방산 조건 등 고려

(5) 경제성

전선소요량이 많은 경우는 알루미늄 도체를 많이 적용한다(산업공장 등).

2. 허용전류(전력 케이블) 선정 시 고려사항

(1) 개념

① 도체의 허용전류의 근본 개념 : 전류에 의한 발열과 주변여건에 의한 방열관계에서 절연물 허용온도 이하에서 유지되는 전류값이 되어야 하는 것이다.

② 케이블 및 절연전선의 허용전류의 결정요소 : 도체재료, 절연재료 설치방법, 주위온도 및 시설방법(회로수, 이격) 등을 고려하여 결정한다.

(2) 허용전류의 선정 및 고려사항

① 허용전류 산정식

$I = A \times S^m - B \times S^n$ (이 식은 허용전류표를 이용한 식)

여기서, I : 허용전류[A]

$\quad$ S : 도체의 공칭단면적[mm^2]

$\quad$ A, B : 케이블의 종류와 설치방법에 따른 계수

$\quad$ m, n : 케이블 종류와 설치방법에 따른 지수(대개의 경우 첫 번째 항만 적용)

② 10가지 설치방법(A1 ~ G)에 따라 해당하는 허용전류를 선정한다.

IEC 60364에 제시된 허용전류표를 참조하여 선정한다.

┃ 시설상태별 허용전류를 구하기 위한 공사방법의 선정 ┃

* KEC 핸드북 표 A230-1-1

공사방법	배선 설치방법
A1	단열벽 속의 전선관에 절연전선/단심 케이블 설치(단열벽 : 도체의 발생열을 축적하는 가장 열악한 상태로서, 허용전류가 가장 적음)
A2	단열이 된 벽 내의 전선관에 공사한 다심 케이블
B1	목재 또는 석재의 벽면에 부착한 전선관 내부 또는 그 벽면으로부터 바깥지름의 0.3배 미만의 간격으로 배관된 전선관 내부의 절연도체 또는 단심 케이블
B2	목재 또는 석재의 벽면에 부착한 전선관 안 또는 그 벽면으로부터 전선관 바깥지름의 0.3배 미만의 간격으로 배관된 전선관 안의 다심 케이블

공사방법	배선 설치방법
C	단심 또는 다심 케이블 : 목재별 또는 석재벽에 고정 또는 벽면과 케이블 지름의 0.3배 미만의 간격으로 설치된 경우
E 또는 F	단심 또는 다심 케이블 : 수직 또는 수평으로 설치되는 천공형 트레이에 포설
G	애자지지 나도체 또는 절연도체

comment 요약정리된 내용이다.

③ 주위온도, 보정계수 검토 및 적용

    ㉠ 주위온도

- 기준 : 공기 중 30℃, 지중매입 20℃ 기준
- 기준 온도 이상 시 허용전류 감소
- 태양방사에 의한 온도 상승은 추가 검토(IEC 60287 참조)

    ㉡ 보정계수 적용 시 검토사항 : 토양의 열저항률

- 기준 열저항률 : 2.5km/W
- 열저항률이 기준보다 높으면 허용전류가 감소

④ 복수회로(회로수)에 대한 보정계수 검토 및 적용

(3) 적용되는 허용전류 구분

comment 이 부분을 요약하여 고득점(향후 이 자세로도 배점 25점 예상)을 획득하기 바란다.

① **연속 시 허용전류(= 상시 허용전류)** : 상시 허용전류는 장시간에 걸쳐서 통전할 수 있는 전류이며, 주위 조건이 완전히 포화 안정되어 있다고 생각하고 구한다.

$$I = K_1 \sqrt{\frac{T_1 - T_2 - T_d - T_s}{nrR_{th}}}$$

여기서, I : 연속 시 허용전류[A]

      K_1 : 다조 포설에 있어서의 전류 저감률

      T_1 : 상시 허용온도(도체 최고 허용온도)[℃]

      T_2 : 주위온도(기저온도)[℃]

      T_d : 유전체 손실에 의한 온도 상승[℃]

      T_s : 햇빛에 의한 온도 상승[℃]

      n : 심선수

      r : 상시 허용온도(T_1)에서의 교류도체 실효저항[Ω/cm]

      R_{th} : 케이블의 전열저항[℃ · cm/W]

② 단락 시 허용전류

㉠ 정의

- 단락 시 허용전류란 단락사고 시 매우 짧은 시간 동안 큰 전류가 흐르게 될 때 전선 케이블의 허용전류를 말한다.
- 단락·지락 등의 고장전류가 흐르는 시간이 2초 이하로 매우 짧은 시간인 경우이며, 이 전류에 의한 케이블은 발생열 전량 모두 도체 속에 축적되어 있고, 절연체에는 지장이 없다고 보고 다음 식에 의해 구할 수 있다.

$$I = \sqrt{\frac{QA}{\alpha r_1 t_s} \cdot l_n \frac{\frac{1}{\alpha} - 20 + T_4}{\frac{1}{\alpha} - 20 + T_3}} \, [\text{A}]$$

여기서, I : 단락 시 허용전류[A]

Q : 도체의 단위체적당 열용량[cal/cm³·℃]

A : 도체의 단면적[cm²]

α : 20℃에 있어서의 도체 저항온도계수

r_1 : 20℃에 있어서의 교류 도체 실효저항[Ω/cm]

t_s : 단락전류의 지속시간[s]

T_4 : 단락 시 도체 최고 허용온도[℃]

T_3 : 단락 전의 도체 최고 허용온도[℃]

㉡ 단락 시 허용전류 계산 간략식(절연체-XLPE의 경우)

- 동도체(Cu)일 때 $I = 143\dfrac{A}{\sqrt{t_s}}$ [A]

- 알루미늄 도체 $I = 94\dfrac{A}{\sqrt{t_s}}$ [A]

여기서, A : 단면적, t_s : 고장지속시간

③ 단시간 허용전류(순시허용전류) : 단시간 허용전류는 일반적으로 짧은 시간 동안 부득이 연속허용전류 이상의 과부하전류를 통전하는 경우 또는 전동기의 시동 시 등 시동전류와 같이 단시간 과부하전류를 통전하는 경우에 고려한다.

$$I = \sqrt{\frac{T_2 - T_1}{nr_2\left\{R_{\text{in}}(1 - e^{-\alpha_1 t}) + R_{\text{out}}(1 - e^{\alpha_2 t})\right\}} + I_1^2 \cdot \frac{r}{r_2}} \, [\text{A}]$$

여기서, T_1 : 연속 시 허용온도 또는 과부하전류가 흐르기 전 도체온도[℃]

T_2 : 단시간 허용온도[℃]

R_{in} : 케이블부의 열저항[℃·cm/W]

R_{out} : 관로 및 토양부의 열저항[℃·cm/W]

α_1 : 케이블 부분 온도 상승의 시정수의 역수[1/h]

α_2 : 관로 및 흙부분 온도 상승 시정수의 역수[1/h]

t : 과부하 연속시간[h]

I_1 : 연속 시 허용전류[A]

n : 심선수

r : 연속 시 허용온도에 있어서의 도체 실효저항[Ω/cm]

r_2 : 단시간 허용온도에 있어서의 도체 실효저항[Ω/cm]

(4) 간헐부하 허용전류

일시적으로 통전하고 정지하는 사이클을 반복할 때 도체가 발열하며 이를 고려한 허용전류이다.

$$I = I_0 \sum \text{[A]}, \quad \sum = \sqrt{\dfrac{1 - e^{-\frac{t_1 + t_2}{K}}}{1 - e^{-\frac{t_1}{K}}}}$$

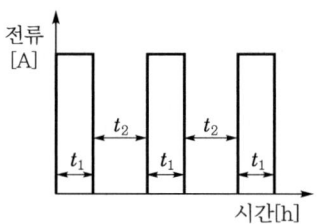

여기서, I : 간헐 부하 시 허용전류

I_0 : 연속허용전류

$\sum$: 간헐부하계수

t_1 : 통전시간[h]

t_2 : 정지시간[h]

K : 열시정수[h]

100 태양광발전의 보급 확대에 따른 배전계통운영자(DSO : Distribution System Operator)의 출현배경, 정의 및 역할에 대하여 설명하시오.

data 발송배전기술사 23-129-2-2 / 발송배전기술사 출제예상문제

답안 **1. DSO 출현 배경**

(1) 분산전원 증가로 인한 전력계통의 변화가 초래됨에 따른 양방향 전력조류 운영과 전력거래의 필요성이 대두되고 있다.

(2) 최근 분산자원이 급격하게 증가하면서 그동안 송전망 중심의 계통운영에서 배전망과 연계하는 자원에 대한 관리가 필요해진다.

(3) 이를 위해 DSO(Distribution System Operator ; 배전계통운영자) 역할의 중요성이 대두되고 있다.

(4) 정부도 배전망에 연계되는 분산에너지의 증가에 따라 배전망을 스마트하게 관리하는 배전망운영자와 이를 감독하는 감독체계가 필요하다고 인식하고 있다.

(5) 에너지 프로슈머, 통합관리자가 출현함에 따른 전력거래 플랫폼 도입이 필요하다. 이때, 플랫폼은 RES(재생에너지), DSO, TSO, ISO(독립계통운용자), PX(전력거래소), DER(분산형 전원), ICT(정보통신기술)가 통합된 시스템이다.

(6) 배전계통의 유연성 부족, 분산형 전원자원(DER)의 계통연계 및 계통의 수용성 증가가 필요(즉, 신재생에너지를 배전계통에 연결시켜 상용화함으로써 수용받을 능력 증가가 요구되므로)하다.

(7) 정부는 배전망에 연계되는 태양광·풍력 등 분산에너지의 효율적인 관리를 위해 '배전감독기구'의 설립이 필요하다.

2. 정의

DSO(Distribution System Operator ; 배전계통운영자)란 '여러 종류의 분산전원 자원들을 배전계통에 연계 시 급전지시, 출력제한 등 계통 내 배전망 관리와 제어를 위한 운영자'를 말한다.

3. 필요기능

기능	주요 내용
시스템 운영협력	• 해당 지역의 제약을 관리하기 위해 지역적인 관리작업을 수행 • 송전계통운영자(Transmission System Operator ; TSO)와 협력하여 보조서비스 조달 및 손실 최소화를 달성
네트워크 운영	• 안전한 계통운영을 위해 위험을 식별하고 관리하여 배전계통의 운영 전체 시스템의 최적화를 위해 TSO와 긴밀히 협력 • 고객들의 최적 의사결정을 위해 현재 배전계통 제약이 있는 위치를 표시하기 위한 지도(map) 제공
서비스 및 시장 활성화	• TSO-DSO 협력 인터페이스는 배전수준의 용량 상품개발, 지역 계통 서비스 시장 개발을 가능하게 함 • 분산에너지자원이 밸런싱 서비스에 접근 허용 • DSO와 TSO는 조정된 전력조달, 데이터플랫폼, 가격신호를 통해 지역시장을 촉진

4. DSO의 역할

(1) 분산형 전원의 전압관리, 혼잡관리, 부하관리로 배전계통 유연성 증가

(2) 분산자원의 최적 관리, 급전명령을 준수하도록 하여 계통 혼잡회피로 배전망 투자 비용 감소

(3) TSO(송전계통운영자)와의 협력으로 전력계통운영 효율성 증가

(4) 데이터 활용을 통한 재생에너지 보급 증가

(5) 다음 표와 같이 배전계통의 안정도 증가방법 중 한 방법으로 그 역할을 수행한다.

‖ 배전계통의 안정도 증가방안 ‖

구분	주요 확보방안	계통효과
공급측 유연성 자원	화력발전의 성능개선	화력발전 성능(반응속도, 용량 등)을 개선하여 변동성 대응
	재생에너지 발전 예측개선 및 인버터 유연운전	재생에너지의 변동성 저감
수요측 유연성 자원	AI를 활용한 수요관리기술로 수요반응제도 개선	• 수요반응 효율 개선 • 수요반응 활성화
	DSO 및 VPP 도입	배전단 DER(ESS, DR, 재생에너지)을 최적 운영으로 유연성 공급
에너지저장 및 변환장치	대규모 ESS 도입	• ESS 제어로 계통 안정화 기여 • 초과 공급전력의 저장 및 활용
	수소경제 활성화 및 시장연계	섹터 커플링 경제성 확보 미활성화
그리드 인프라	국가 간 계통 및 시장연계	유연자원 공유 및 신뢰도 향상
	HVDC 등 신송전 기술 도입	재생에너지 수용성 증대

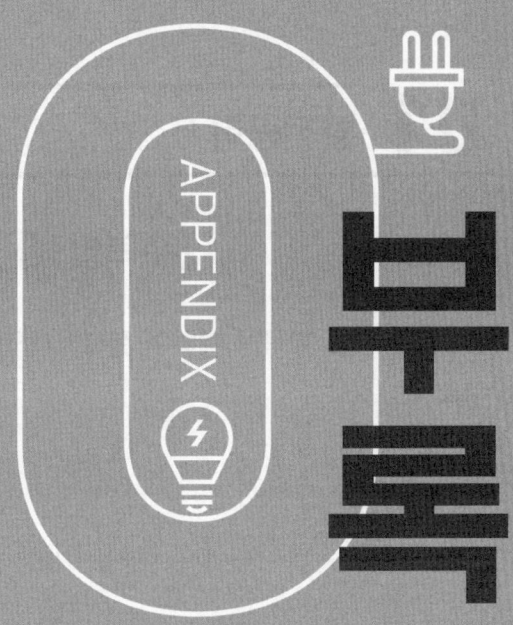

APPENDIX

부록

최근 기출문제 해설

PART **01** 발전공학

[수력발전]

001 수차발전기의 다음 항목에 대하여 설명하시오.
1. 무구속 속도
2. 최대 속도
3. 무부하 속도

data 발송배전기술사 24-134-3-1 / 발송배전기술사 출제예상문제

답안 1. 무구속 속도

(1) 무구속 속도가 발생하는 원인 및 정의

① 수차 운전 중 갑자기 부하 급감 시 조속기가 동작해서 유량을 감소시키도록 니들밸브, 안내날개가 폐쇄될 때까지 압력과잉으로 되어 수차의 회전수는 상승한다.

② 회전수 상승에 따라 러너 내에서 유수의 마찰손실이나 수차 및 발전기의 기계적 손실 증가로 일정한 최고 속도에 도달하면 그 이상 상승이 없다. → 이와 같은 지정된 유효낙차에서 발전기의 부하를 차단할 경우 수차의 회전수 상승 한도를 말한다(즉, 포화 이유 : 손실(마찰손, 풍손)에 의한 속도제한 발생).

③ 부하차단 시에도 유속은 순간 차단이 불가하다.

(2) 수차가 정격출력으로 운전 중 갑자기 무부하가 되었을 때 상승할 수 있는 최고 속도를 나타낸다.

(3) 수차 형식별 무구속 속도의 크기

카플란 > 프로펠러 > 프란신스 > 펠턴

(4) 수차 종류별 무구속 속도의 범위

수차의 종류	정격회전수에 대한 무구속 속도[%]	비속도[Ns]	비고
펠톤수차	150 ~ 200	12 ~ 23	사용낙차 H가 기준낙차 H_0보다 높은 경우 무구속 속도는 $\left(\dfrac{H}{H_0}\right)^{\frac{1}{2}}$에 비례하여 증가
프란시스수차	160 ~ 220	50 ~ 305	
사류수차	180 ~ 230	120 ~ 300	
프로펠러수차	200 ~ 250	200 ~ 900	
카플란수차	210 ~ 240	200 ~ 900	

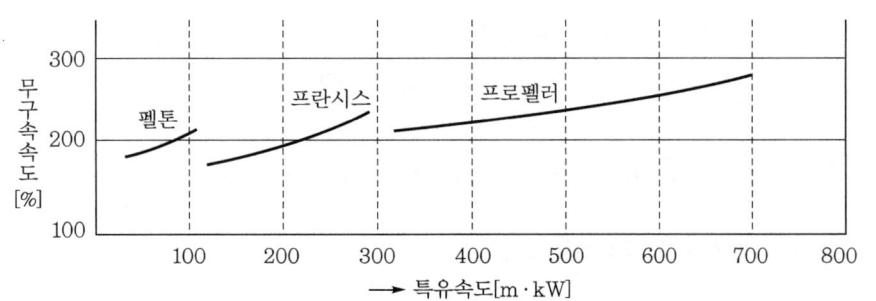

┃무구속 속도와 특유 속도 ┃

(5) 무구속 속도에 영향을 미치는 요소

　① 수차 종류

　② 낙차 : 낙차 H의 $\sqrt{H}$에 비례함

　③ 수구개도

　④ 비속도 : 비속도가 높을수록 높은 경향

2. 수차발전기의 최대 속도

(1) 최대 속도의 정의

부하의 변동으로 수차의 속도가 조정되어 새로운 상태에 도달되어 속도가 안정될 때까지의 사이에 과도적으로 도달하게 될 때의 속도로, 속도 변동률을 고려한 속도이다.

(2) 속도변동률(speed variation)과 최대 속도의 관계

　① 일반적으로 다음과 같은 식으로 표시되는 δ_m을 속도변동률이라고 한다.

　② 표현식 : $\delta_m = \dfrac{N_m - N_n}{N_n} \times 100 [\%]$

　　∴ $N_m = N_n(1 + \delta_m)$

　　　여기서, N_m : 최대 회전속도[rpm], N_n : 정격 회전속도[rpm]

　　　　δ_m : 속도변동률(보통 30% 정도)

(3) 영향요인

터빈의 종류, 물의 유량, 낙차, 설계 및 재료, 정격출력

(4) 비속도와 수차의 정격회전수 관계

　① 비속도(= 특유속도, specific speed)

$$N_S = N_n \frac{P^{\frac{1}{2}}}{H^{\frac{5}{4}}} [\text{m} \cdot \text{kW}]$$

여기서, N_n : 수차의 정격회전수[rpm]

P : 수차의 정격회전수에서의 정격출력[kW]

H : 유효낙차[m]

② 수차의 일반적인 정격회전수 : $100 \sim 750$rpm

3. 수차발전기의 무부하 속도

(1) 정의

발전기가 부하 없이 회전할 때의 속도로, 공회전 속도를 말한다.

(2) 속도조정률(δ)과 무부하 속도(N_0)의 관계

① $\delta = \dfrac{N_0 - N_N}{N_N} \times 100\,[\%]$

$$\therefore\ N_0 = N_N\left(1 + \frac{\delta}{100}\right)$$

② 보통 수차발전기의 속도조정률은 $3 \sim 5\%$이다.

③ 따라서, $N_0 = N_n(1 + \delta)\,[\text{rpm}]$

(3) 무부하 속도에 영향을 주는 요소

터빈 종류, 설계사양(기계적 구조, 기어비 등), 유량과 낙차

[화력발전]

002 주파수 조정용 발전소의 다음 항목에 대하여 설명하시오.

1. 구비조건
2. 화력이 수력보다 유리한 점
3. 화력이 수력보다 불리한 점
4. 소요 조정용량 결정 시 고려사항

data 발송배전기술사 24-134-1-2 / 발송배전기술사 출제예상문제

답안 1. 주파수 조정용 발전소의 구비조건

(1) 조정 가능한 범위가 크고, 빈번한 부하변동에 신속히 응동할 수 있을 것

(2) 연간을 통해서 AFC를 적용할 수 있을 것

(3) 조정 가능한 범위 내에서 효율이 크게 달라지지 않을 것

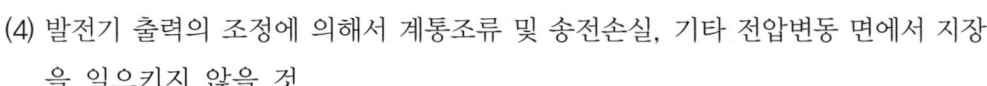

(4) 발전기 출력의 조정에 의해서 계통조류 및 송전손실, 기타 전압변동 면에서 지장을 일으키지 않을 것

(5) 기기, 계통운용 등에 지장을 초래하지 않아야 함

2. 화력이 수력보다 유리한 점

(1) 부하 중심점 부근에 건설되는 것이 보통이므로 조정에 의한 손실이 작음

(2) 수력은 자류조건에 의한 제약이 있으나, 조정용량의 제약이 없음

3. 화력이 수력보다 불리한 점

(1) AFC 조정 허용 부하변동폭이 작다(정격용량의 5 ~ 10%).

(2) 빈번한 부하의 변동에 대한 열응력 때문에 기계적 장해를 받아 내용연수 저하

(3) 정기점검 때문에 정지기간이 길다.

(4) 저부하 시 효율 저하가 크다.

4. 소요 조정용량 결정 시 고려사항

(1) 필요용량

① 주파수 대상으로 하는 부하변동에 상당한 만큼의 조정용량이 필요

② 실제 부하변동의 표준편차 σ_L의 2 ~ 3배인 P_R로 한다.

　　㉠ 부하변동의 95.4%를 조정할 경우 : $P_R = 2 \times 2\sigma_L = 4\sigma_L$

　　㉡ 부하변동의 99.7%를 조정할 경우 : $P_R = 2 \times 3\sigma_L = 6\sigma_L$

(2) 소요 조정용량 결정 시 고려사항

① 부하 변동폭

② 조속기 상태

③ AFC 등 제어장치의 동작특성

④ 조정용 발전소 수

⑤ 주파수 허용오차

⑥ 주파수 조정용 발전소에서의 주파수 조정대상

　　㉠ 비교적 부하가 안정되고 있는 시기에 발생하는 미소한 부하변동

　　㉡ 주기로 10~15분 정도 이하의 단주기 부하변동을 대상으로 한 조정용량

⑦ 기타 계통조건 감안

5. 조정용 발전소의 정의 및 종류

(1) 정의

주파수 조정용 발전소란 전력수요와 공급이 일치하지 않을 경우 주파수는 표준치를 벗어나므로, 주파수를 표준치에 맞추기 위해 필요한 발전량을 조절하기 위하여 지정된 발전소를 말한다.

(2) 종류

① 수력발전

② 양수발전

③ 중간부하 화력발전

④ ESS

---

003 발전기의 가능 출력곡선과 발전기 출력한계를 결정하는 요인에 대하여 설명하시오.

(data) 발송배전기술사 24-134-2-1 / 발송배전기술사 출제예상문제

답안 1. 개요

발전기를 구성하는 도체, 절연체는 온도 상승의 한도가 있어, 발전기운전은 온도 상승 한도범위 내에서 제한된다. 이것을 나타내는 가능출력곡선은 운전영역한계를 종축은 무효분, 횡축은 유효분으로 표시하고 있다.

2. 발전기 운전영역한계 결정요인

(1) 전류 제한

전기자전류, 계자전류의 정격 제한

(2) 안정도 제한

다른 발전기와 동기화력이 정(正)일 것 $\left(\dfrac{dP}{d\delta} > 0\right)$

(3) 여자기 제한

잔류전압 제한

(4) 보호장치 제한

과전류, 과전압, 저여자 등의 발전기 보호장치 제한

(5) 누설자속에 의한 단부철심 과열

　　터빈발전기의 진상운전전압

(6) 회전자 직경, 길이 제한

　　원심력에 의한 기계적 강도 제한

(7) 단락비 및 냉각방식에 의한 제한

　　단락비 대소 여부, 수소냉각 여부

3. 가능출력곡선과 발전기 운전영역의 근거식

(1) 발전기 운전영역 고찰 근거식

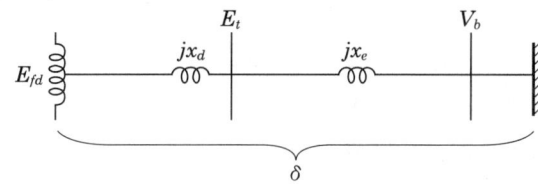

여기서, x_d : 동기 리액턴스
E_{fd} : 발전기 배후전압
x_e : 선로 및 변압기의 등가 리액턴스
δ : 상차각
V_b : 무한대 모신진입

┃1기 무한대 계통 ┃

① 정태안정도 곡선 : $P = \dfrac{E_{fd} \cdot V_b}{x_d + x_e} \sin\delta$

② 정태안정 극한상태는 $\delta = 90°$ 이므로 $\dfrac{dP}{d\delta} = 0$ 에서부터

$$P = \frac{E_{fd} \cdot V_b}{x_d + x_e} \sin\delta$$

$$Q = \frac{x_e}{(x_d + x_e)^2} E_{fd}^2 - \frac{x_d}{(x_d + x_e)^2} V_b^2$$

③ 위 식과 같이 무효전력은 2차 함수로 되어서 E_{fd} 를 소거하면

$$\left(\text{즉, } E_{fd} = \frac{P(x_d + x_e)}{V_b} \text{를 대입} \right)$$

$Q = \dfrac{x_e}{V_b} \times P^2 - \dfrac{x_d}{(x_d + x_e)^2} V_b^2$ 으로 유효전력 P의 2차 함수로 표현된다.

④ 다시 식을 정리하면, $P^2 + \left\{ Q - \dfrac{E_t^2}{2} \left(\dfrac{1}{x_e} - \dfrac{1}{x_d} \right) \right\}^2 = \left\{ \dfrac{E_t^2}{2} \left(\dfrac{1}{x_e} + \dfrac{1}{x_d} \right) \right\}^2$

　　㉠ 원점 : $\left(0, \dfrac{1}{2} \left(\dfrac{1}{x_e} - \dfrac{1}{x_d} \right) E_t^2 \right)$ (단, E_t : 발전기 단자전압)

　　㉡ 반지름 : $\dfrac{1}{2} \left(\dfrac{1}{x_e} + \dfrac{1}{x_d} \right) E_t^2$

　　따라서, 이를 도시하면 다음 그림과 같은 원과 반지름이 된다.

(2) 가능출력곡선

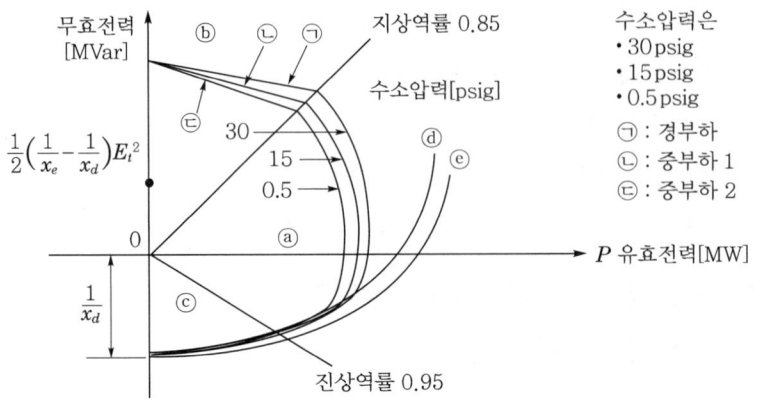

‖ 터빈발전기의 가능출력곡선 ‖

- $15\,\text{psig} \times 0.0689476\,\text{MPa/psig} = 1.034\,\text{MPa}$
- $30\,\text{psig} \times 0.0689476\,\text{MPa/psig} = 2.068\,\text{MPa}$

(3) 운전영역의 곡선 해석

　① 곡선 ⓐ : 발전기 출력에 의한 제한되는 범위 → 전기자권선의 온도 상승에 의한 제한

　② 곡선 ⓑ : 계자권선의 온도 상승에 의한 제한

　③ 곡선 ⓒ : 고정자 단부의 온도 상승에 의한 한계 → 진상 운전영역 범위

　④ 곡선 ⓓ : 정태안정도에 의해 제한되는 범위

　⑤ 곡선 ⓔ : 동태안정도의 한계

곡선 ⓐ의 변화는 수소냉각식의 경우에서 수소압력의 대소에 따라 위의 그림과 같이 변화됨을 표현할 수 있다.

4. 발전기 운전영역의 한계(제한요소, 제한값이 주어지는 요인) 중 열적 제한요인

(1) 발전기출력에 의해 제한되는 범위 : 곡선 ⓐ의 경우

　① 정격역률 부근의 운전에서는 전기자전류의 크기에 의한 전기자권선의 온도 상승이 문제가 된다.

　② 따라서, 역률의 범위상 지상 0.85 ~ 진상 0.95로 하여 발전기출력을 제한한다.

(2) 발전기의 지상 무효출력에 의해 제한되는 범위 : 곡선 ⓑ의 경우

　① 발전기의 정격역률(대개 0.85) 이하의 지상 영역에서는 지상 무효전류에 의한 발전기의 감자작용으로 발전기전압이 저감되면 이를 보상하기 위해 계자전류 증가 → 계자권선 온도 상승 → 발전기 지상 무효전력을 제한해야 된다.

② 또 계자전류를 공급하는 여자기의 출력에 의해서도 제한된다.

(3) 발전기의 진상 무효출력에 의해 제한되는 범위 : 곡선 ⓒ의 경우

① 역률이 95%를 넘는 진상 영역에서는 계자전류가 감소하므로 고정자 단자로부터의 누설자속이 통하는 자로(磁路)의 포화가 없어져서 누설자속이 증가한다.

② 이 누설자속이 고정자에 대해 동기속도로 회전하므로 고정자 단부에 와류손 및 히스테리시스손이 발생하여 고정자 단부의 온도 상승이 발생된다.

③ 따라서, 이 온도 상승에 의하여 발전기의 진상 무효출력은 제한받는다.

comment 독자 스스로 목차 정도는 기록하면서 학습하기 바란다.

---

004 전력계통의 저주파 진동에 대하여 설명하시오.

data 발송배전기술사 24-134-1-8 / 발송배전기술사 출제예상문제

답안 1. 저주파 진동(low frequency oscillation)의 정의

일반적으로 특정의 전력계통 운전조건에서 지속적으로 발생하는 0.1 ~ 0.2Hz 정도의 시간 동안 동요한다.

2. 저주파 진동이 발생하는 이유

(1) 전력수요 급증에 의한 발전기 단위용량의 증가 등 전력설비의 확장으로 인해 계통규모가 대형화되어 계통 리액턴스가 증가하게 되고, 이로 인하여 전력계통의 안정도 여유가 감소하게 된다.

(2) 이를 보상하기 위해 발전기 전압의 변동이 신속하게 이뤄질 수 있는 고성능 여자기를 대형 발전기에 채용하여 전력계통의 안정도 여유를 증가시키고 있다.

(3) 그러나 이런 속응 여자기의 채용은 동기화 토크(synchronizing torque)를 증가시키는 효과가 있어 과도안정도(transient stability)의 개선에는 유리하나 제동 토크(damping torque)를 감소(negative damping)시킴으로써 작은 외란에도 발전기의 동요가 지속되는 이른바 저주파 진동현상(low frequency oscillations)을 유발하게 된다.

3. 저주파 동요의 구분 및 대책

(1) 구분

광역 진동모드(inter-area oscillation mode)와 지역모드(local oscillation mode)로 구분된다.

(2) 대책

저주파 동요를 억제하는 가장 경제적인 방법 중의 하나로 발전기에 PSS(Power System Stabilizer : 전력계통 안정화장치)를 설치하고 최적 튜닝하여 운용하다.

[분산형 전원]

005 한국전기설비규정(KEC)에 따른 풍력발전기 운전 중 발생하는 이상 상태의 종류 및 영향에 대하여 설명하시오.

(data) 발송배전기술사 24-134-1-9 / 발송배전기술사, 건축전기설비기술사, 전기응용기술사, 전기안전 기술사 출제예상문제

답안 1. 풍력발전기 운전 중 발생하는 이상 상태의 종류

(1) 「전기설비 기술기준」 제170조(풍력터빈의 정지장치)에 따른 풍력터빈 정지장치는 다음 표와 같이 자동으로 정지하는 장치를 시설하는 것

(2) '자동정지'란 풍력터빈의 설비보호를 위한 보호장치의 작동으로 인하여 자동적으로 풍력터빈을 정지시키는 것이다.

이상상태	자동정지장치	비고
풍력터빈의 회전속도가 비정상적 상승	○	
풍력터빈의 컷 아웃 풍속	○	
풍력터빈의 베어링 온도가 과도하게 상승	○	정격출력이 500kW 이상인 원동기(풍력터빈은 시가지 등 인가가 밀집해 있는 지역에 시설된 경우 100kW 이상)

이상상태	자동정지장치	비고
풍력터빈 운전 중 나셀진동이 과도한 증가	○	시가지 등 인가가 밀집해 있는 지역에 시설된 것으로 정격출력 10kW 이상의 풍력터빈
제어용 압유장치의 유압이 과도하게 저하된 경우	○	용량 100kVA 이상의 풍력발전소를 대상으로 함
압축공기장치의 공기압이 과도하게 저하된 경우	○	용량 100kVA 이상의 풍력발전소를 대상으로 함
전동식 제어장치의 전원전압이 과도하게 저하된 경우	○	

2. 이상 상태 발생에 따른 영향

이상 상태의 종류	영향
풍력터빈의 회전속도가 비정상적 상승	기계적인 하중이 증가하여 화재의 위험 및 기계적 스트레스가 발생
풍력터빈의 컷 아웃 풍속	하중의 증가로 인해 기계적 스트레스 및 고장 문제를 야기
풍력터빈의 베어링 온도가 과도하게 상승	기기의 손상 뿐만 아니라 화재의 위험
풍력터빈 운전 중 나셀진동이 과도한 증가	기계적 스트레스가 발생될 수 있으며 이로 인해 풍력발전기의 수명이 단축되거나 혹은 기기의 손상이 발생
제어용 압유장치의 유압이 과도하게 저하된 경우	기계적인 하중이 증가하여 화재의 위험 및 기계적 스트레스가 발생
압축공기장치의 공기압이 과도하게 저하된 경우	공기압의 저하는 운전 중 나타날 수 있는 현상으로, 제어기의 정상적 동작 방해 우려
전동식 제어장치의 전원전압이 과도하게 저하된 경우	계통의 정전 또는 사고(지락, 단락), 전원설비의 차단기 동작 및 설비의 사고 (지락, 단락) 등에 의해 나타날 수 있음

006 전기설비기술기준에 따른 풍력터빈의 구조 중 풍력발전기 터빈의 시설조건을 10가지 쓰시오.

data 발송배전기술사 24-134-1-10 / 발송배전기술사, 건축전기설비기술사, 전기응용기술사, 전기안전기술사 출제예상문제

답안 전기설비기술기준에 의한 풍력터빈 구조의 시설기준

(1) 부하를 차단하였을 때에도 최대 속도에 대하여 구조상 안전할 것

(2) 풍압에 대하여 구조상 안전할 것

(3) 운전 중 풍력터빈에 손상을 주는 진동이 없도록 할 것

(4) 설계허용 최대 풍속에 있어서 취급자의 의도와 다르게 풍력터빈이 기동하지 않도록 할 것

(5) 운전 중에 다른 시설물, 식물 등에 접촉하지 않도록 할 것

(6) 풍력터빈의 점검 또는 수리를 위하여 회전부의 정지 및 고정할 수 있는 구조일 것

(7) 한랭지에 시설하는 경우 눈·비에 의한 착빙을 고려할 것

(8) 분진 등에 의한 소모를 고려할 것

(9) 지진에 대하여 안전할 것

(10) 해상 및 해안가에 시설하는 경우 염분 및 파랑하중에 대한 영향을 고려할 것

007 연료전지의 다음 항목에 대하여 설명하시오.

1. 구성요소
2. 발전원리
3. 종류별 특징

data 발송배전기술사 24-134-2-5 / 발송배전기술사, 건축전기설비기술사, 전기응용기술사, 전기안전기술사 출제예상문제

답안 1. 구성요소

연료전지는 연료가스를 분해하고 수소를 제조하며, 이것을 증기 중의 산소의 화학반응으로 직접 전기를 얻는 것으로서, 3가지 요소로 이루어진다.

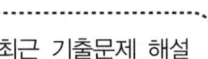

(1) 천연가스, 나프타 등의 연료에서 개질기를 사용해서 수소를 제조하는 부분

(2) 수소와 공기 중의 산소에서 전해액의 양면으로부터 집어넣어서 반응시켜 직류 전류를 발생하는 부분

(3) 직류 전력을 교류 전력으로 변환하는 부분(인버터)

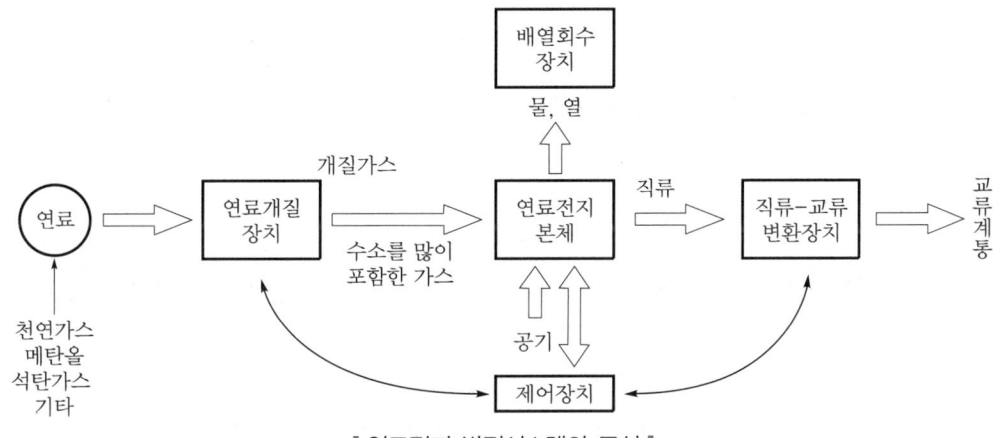

┃ 연료전지 발전시스템의 구성 ┃

2. 연료전지의 발전원리

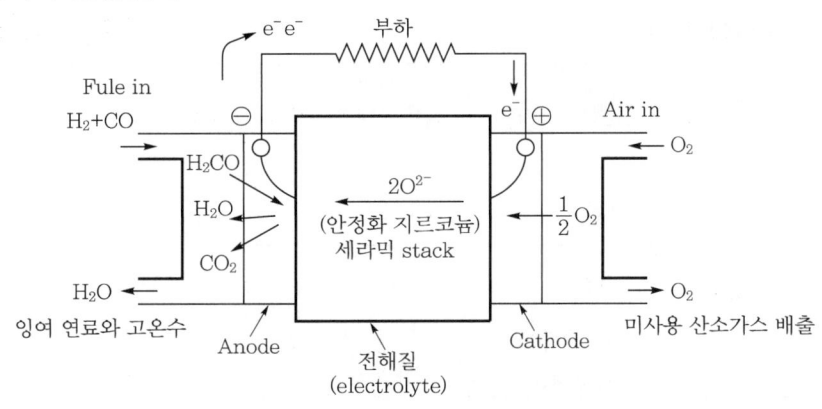

┃ SOFC 작동원리 ┃

(1) SOFC의 공기극에서는 산소가 전선으로 전달된 전자와의 환원반응으로 인해 산소이온이 되어 고체산화물 전해질(8% YSZ) 내부로 이동한다.

(2) 연료극에서 수소는 산소이온과 산화반응을 통해 열(heat)과 물(H_2O)을 생성한다.

(3) 탄화수소 연료의 경우 이산화탄소(CO_2) 또는 일산화탄소(CO)를 만든다.

즉, 스팀 개질장치에서는 $CH_4 + H_2O \rightarrow 3H_2 + CO$로 수소와 일산화탄소 발생 후 $CO + H_2O \rightarrow H_2 + CO_2$ 생성한다.

(4) 그리고 전자(e^-)가 회로를 통해 양극으로 이동하여 전류를 흐르게 한다.

(5) 연료극 반응(anode)에서는 산소이온과 수소가 반응하여

$H_2 + O^{--} \rightarrow H_2O + 2e$가 되어 $E_1 = 0.83V$가 발생한다.

(6) 공기극 반응(cathode)에서는 산소가 산소이온이 되어 YSZ 전해질 속으로 들어가 반응한다.

$$\frac{1}{2}O_2 + 2e \rightarrow O^{--}, \quad E_1 = 0.40V$$

(7) 전체 반응 시 Cell당 발생전압

$$H_2 + \frac{1}{2}O_2 \rightarrow 2H_2O$$

$$E = E_1 + E_2 = 0.83 + 0.4 = 1.23V$$

(8) 기본 작동원리란 산소 이온전도성 전해질과 그 양면에 위치한 공기극(양극) 및 연료극(음극)으로 이루어져 있어, 공기극에서 산소의 환원반응에 의해 생성된 산소이온이 전해질을 통해 연료극으로 이동, 다시 연료극에 공급된 수소와 반응함으로써 물을 생성할 경우 연료극에서 전자가 생성되고 공기극은 전자를 소모하므로 두 전극을 서로 연결하여 전류를 발생시키는 것이다.

3. 종류별 특징

구분	1세대형 (인산형, PAFC)	제2세대형 (용융탄산염형, MCFC)	제3세대형 (고체 전해질형, SOFC)	제4세대형 (고체 고분자형, PEMFC)
전해질	인산수용액 H_3PO_4	리튬-나트륨계 탄산염 리튬-칼륨계 탄산염	지르코니아계 세라믹스 (지르코니아 ZrO_2 산화칼슘의 혼합물 등)	고분자막
작동온도 [℃]	200	650 ~ 700	900 ~ 1000	70 ~ 90
연료	천연가스(개질) 메탄올(개질)	천연가스 석탄 가스화 가스	천연가스 석탄 가스화 가스	수소 메탄올(개질) 천연가스(개질)
발전효율	35 ~ 42% 정도	45 ~ 60%	45 ~ 65%	30 ~ 40% (개질가스 사용의 경우)
용도	• 분산배치형 • 수용가 근처	• 분산배치형 • 대용량 화력 대체형	• 수용가 근처 • 분산배치형	• 수용가 근처, 전기자동 차용 • 분산배치형
특징	실용화에 가장 가깝다.	• 고발전 효율 • 내부개질이 가능	• 고발전 효율 • 내부개질이 가능	• 저온에서 작동 • 고에너지 밀도 • 이동용 동력원 및 소용 량 전원에 적합

구분	1세대형 (인산형, PAFC)	제2세대형 (용융탄산염형, MCFC)	제3세대형 (고체 전해질형, SOFC)	제4세대형 (고체 고분자형, PEMFC)
현재의 개발 상황	• 5000kW 및 11000kW 급 플랜트의 운전시험 완료 • 실용화 단계 • 지역공급용 연료전지 로서 설치, 운전	• 1000kW급 파일럿 플 랜트 및 200kW급 내 부개질형 스택의 연구 개발 실시 중 • 소규모(100 ~ 250kW) 개발로 발전주식회사 에서 실증시험 중	• 기초 연구단계 • 향후 도심부에 적응 기 대성이 높음 • 시범용 고분자 전해질 형 연료전지의 전원에 의한 자동차는 실험 결 과 우수성의 입증으로 향후 자동차용에 응용 가능성이 매우 큼	• 수kW 가정용 • 수십kW 빌딩용 전원의 개발 실시 중 • 수kW의 모듈 개발 중

008 「신재생발전기 송전계통 연계 기술기준」에 따른 다음 항목에 대하여 설명하시오.

1. 계통연계 유지기준
2. 무효전력 공급능력
3. 유효·무효 전력 제어능력

data 발송배전기술사 24-134-3-6 / 발송배전기술사, 건축전기설비기술사, 전기응용기술사, 전기안전 기술사 출제예상문제

답안 1. 신재생발전기의 계통연계 유지기준

(1) 저전압 고장 시와 고장 발생 후 아래 그림의 저전압 연계유지 곡선 전압 이상 에서 안정적인 연계운전을 유지하여야 한다.

(2) 과전압 고장 시와 고장 발생 후 아래 그림의 과전압 연계유지 곡선 전압 이하에서 안정적인 연계운전을 유지하여야 한다.

(3) 또한, 전압 계통 연계유지 기능 기준의 수치는 다음 표와 같다.

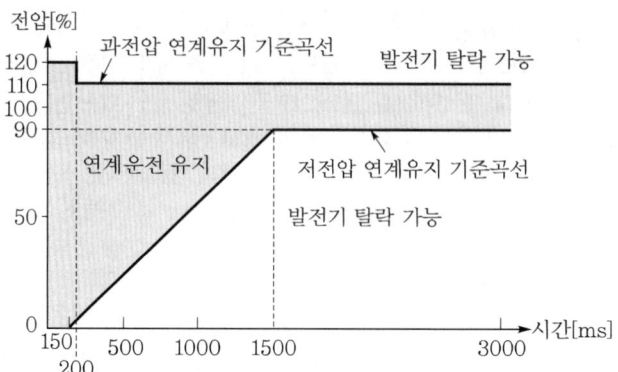

‖ LVRT 저전압 사고 시 연계유지 전압범위 요구조건 ‖

‖ 전압 계통 연계유지 기능 기준 ‖

항목	전압[%]	연계유지 최소 시간[ms]	전압[%]	연계유지 최소 시간[ms]
	0	150	50	900
저전압 연계유지	10	300	60	1050
전압기준	20	450	70	1200
	30	600	80	1350
	40	750	90	1500

항목	전압구간	연계유지 최소 시간[ms]
과전압 연계유지 전압기준	110% 초과 120% 이하	200

2. 무효전력 공급능력

(1) 신재생발전기는 운전전압범위($90 \sim 110\%$) 내에서 그림과 같이 유효전력 출력에 따른 무효전력 공급능력을 보유할 것

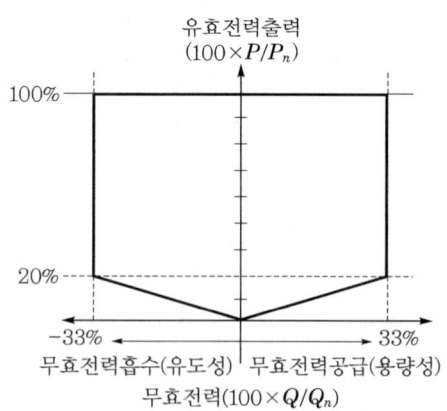

‖ 유효전력 출력에 따른 무효전력 공급범위 ‖

① 유효전력 100 ～ 20% 출력 시 : 유효전력 정격용량 대비 33%의 무효전력을 흡수 또는 공급

② 유효전력 20 ～ 0% 출력 시 : 유효전력 출력감소에 따라 선형적으로 공급능력 감소

③ 무효전력에 대한 정상상태 허용오차는 5% 이하여야 함

④ 신재생발전기가 자체적으로 그림에서 정한 무효전력을 공급하기 어려운 경우 순동무효전력 보상장치(STATCOM 또는 SVC)를 구비하여 무효전력을 공급할 것(이용계약 체결 시 순동무효전력 보상장치의 필요 여부 및 필요용량 산출 결과 제출)

(2) 조력발전기

뒤진 위상 0.95에서 앞선 위상 0.95의 범위에서 무효전력을 공급할 것

(3) 그 외의 전력변환장치 기반(풍력, 태양광 및 연료전지)이 아닌 신재생발전기는 송·배전용 전기설비 이용규정 [별표 8] 발전접속조건을 적용한다.

(4) 신재생발전사업자는 유효전력 출력에 따른 무효전력 공급능력에 대한 시험을 수행하고 결과를 한전에 제공해야 하며, 시험항목, 적부 판정기준 등은 [부록 1] 신재생발전기 시험기준 절차서를 따른다.

3. 유효·무효 전력 제어능력

(1) 유효전력 제어기준

① 유효전력의 출력은 계통운영자의 지시 후 5초 이내에 정격출력의 20%까지 출력감소가 가능하다. 단, 연료전지 발전기는 제외한다.

② 주파수 추종운전 설정범위에 있어야 하고 다음 제어성능을 구비할 것

　ㄱ 신재생발전기 인버터는 과·저 주파수 시 주파수 추종운전이 가능할 것

　ㄴ 주파수 변화에 따른 출력조정률 : 3 ～ 5%

　ㄷ 불감대 : 정격주파수의 0.06% 이내

③ 출력상한 조정 : 10분 평균값으로 측정된 유효전력 발전량이 규정된 값 이하

④ 유효전력출력 증감률 속도 : 정격의 10% 이내/분까지 제한 가능한 제어성능을 구비

⑤ 주파수 조정 및 유지범위는 58.5 ～ 61.5Hz 범위 내에서 연속운전이 가능해야 한다. 단, 계통주파수가 57.5 ～ 58.5Hz 범위에서는 최소한 20초 이상 운전 가능할 것

⑥ 신재생발전사업자는 유효전력 제어능력(출력의 증감 및 최댓값 제한, 주파수 추종)을 시험하고 결과를 한전에 제공할 것

(2) 무효전력 제어능력 성능유지

① 전압유지범위 내에서 연속운전이 가능

㉠ 765kV : 765±5%(726 ~ 800kV)

㉡ 345kV : 345±5%(328 ~ 362kV)

㉢ 154kV : 154±10%(139 ~ 169kV)

㉣ 22.9kV : 22.9kV − 9.2% ~ +3.9%(20.8 ~ 23.8kV)

② 신재생발전기는 다음의 세 가지 무효전력 제어방식을 구비할 것

㉠ 일정 무효전력 출력제어(MVar 제어모드)

㉡ 일정 역률제어(PF 제어모드)

㉢ 전압조정을 위한 무효전력제어(V-Q 제어모드)

(comment) 독자 스스로 목차 정도는 기록하면서 학습하기 바란다.

---

009 최근 발생하고 있는 ESS(Energy Storage System) 화재사고 원인 및 안전강화대책에 대하여 설명하시오.

(data) 발송배전기술사 24-134-4-2 / 발송배전기술사, 건축전기설비기술사, 전기응용기술사, 전기안전기술사 출제예상문제

답안 1. ESS(Energy Storage System) 화재사고 원인

(1) 열폭주로 인한 재발화 및 폭발위험

① 열폭주 원인

㉠ 전기적 원인 : 과충전, 과방전, 단락

㉡ 기계적 원인 : 응력, 압축, 충격

㉢ 열적 원인 : 열폭주, 열충격

② 열폭주 현상 메커니즘 : 리튬배터리는 보통 '열폭주'라는 현상을 통해 폭발한다.

㉠ 음극에서는 약 70 ~ 90도에서 발열반응이 발생하기 시작한다.

㉡ 양극에서는 130 ~ 150도에서 발열반응이 발생한다.

ⓒ 이때, 적절하게 냉각되지 않으면 온도가 지속적으로 상승하면서 열에너지 발생속도도 증가해 다음 그림과 같이 열폭주로 진행된다.

ⓓ 열폭주가 발생하면 분리막이 녹아 내부 단락이 발생하여 화재가 발생한다. 즉, 분리막이 녹으면 양극과 음극이 접촉해 단락으로 화재가 발생한다.

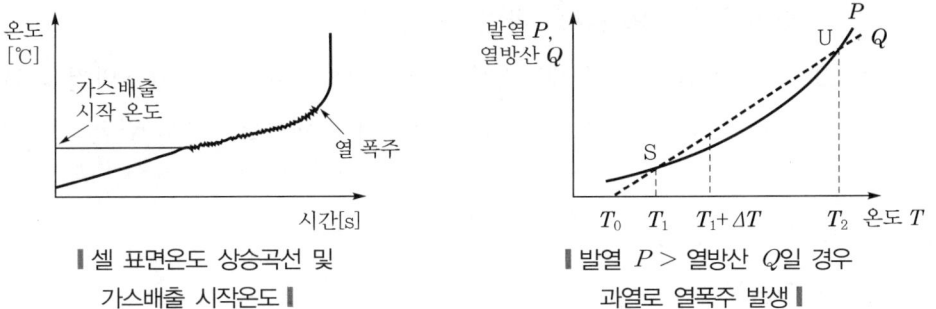

| 셀 표면온도 상승곡선 및 가스배출 시작온도 |　| 발열 P > 열방산 Q일 경우 과열로 열폭주 발생 |

(2) 배터리 보호시스템 미흡

① 전기적 위해요인 중 지락·단락에 의한 전기충격(과전압/과전류)이 배터리 시스템에 유입될 때 배터리 보호체계인 랙 퓨즈가 빠르게 단락전류를 차단하지 못하였다.

② 이로 인해 절연 성능이 저하된 직류 접촉기가 폭발하여 배터리 보호장치 내에 버스바와 배터리 보호장치의 외함에서 2차 단락사고가 발생하면서 배터리에서 화재가 발생한다.

(3) 운영환경관리 미흡

① 산지 및 해안가에 설치된 ESS의 경우 큰 일교차로 인한 결로와 다량의 먼지 등에 노출되기 쉬운 열악한 환경에서 운영된다.

② 배터리 모듈 내에 결로의 생성과 건조가 반복(dry band)되면서 먼지가 눌러 붙고 이로 인해 셀과 모듈 외함 간 접지부분에서 절연의 파괴로 화재 발생

③ 일부 회사의 배터리 모듈은 냉각팬을 사용하는 구조로 냉각팬이 먼지·수분의 이동경로가 될 수 있다.

④ 분진에 관한 배터리 관리기준은 존재하나 현장에서 지켜지지 못하는 경우가 다수있다.

(4) 설치 부주의

배터리 보관불량, 오결선 등 ESS 설치 부주의 시에 화재가 발생할 수 있다.

(5) 통합보호·관리체계 미흡

제작주체가 다른 EMS·PMS·BMS가 SI업체 주도로 유기적으로 연계·운영되지 못하는 등 ESS가 하나의 통합된 시스템으로 설계·보호되지 못했던 점이 사고예방, 화재 시 전체 시스템으로의 확산 방지 및 원활한 사고원인 조사 등에 있어서 문제요인임을 확인하였다.

(6) 일부 배터리셀에서 제조결함이 있는 상황에서 배터리 충·방전 범위가 넓고 만충 상태가 지속적으로 유지되는 경우 자체 내부단락으로 인한 화재발생 가능성이 높다.

(7) 분리막 손상

(8) 과충전

① 만약 2차 리튬 배터리가 과충전 상태이면, 리튬이온은 음극으로 이동하게 된다.

② 음극물질은 산화작용으로 안정성을 잃게 된다.

③ 산화과정에서 온도가 급속도로 증가되어 화재로 이어지거나 폭발적인 방전반응이 일어날 수 있다.

(9) 액체 전해질

① 액체 전해질은 발화 및 폭발 위험성이 크다.

② 일반적으로 전해질은 가연성 유기용제의 혼합물로 구성되어 있으며 누출 시 공기와 결합하여 폭발 혼합물을 형성할 수 있다.

(10) 물과의 접촉

① H_2O는 알칼리 금속의 강한 반응성으로 인해 각 원소로 분해가 되며, 수소가스가 발생한다.

② 수소–공기 혼합물의 폭발범위는 4 ~ 75%로 발화 위험성이 높으며, 점화 에너지가 매우 낮은 정전기나 전기스파크도 수소폭발의 점화원이 될 수가 있다.

(11) 지진과 진동의 영향에 의한 열폭주 현상 우려 등

2. 안전강화대책

개념설계를 적용한 종합적 설계와 시공 관리를 다음과 같이 수행할 것

(1) 시설장소의 요구사항(KEC 511.1)

① 전기저장장치의 이차전지, 제어반, 배전반의 시설은 기기 등을 조작 또는 보수·점검할 수 있는 충분한 공간을 확보하고 조명설비를 설치할 것

② 전기저장장치를 시설하는 장소는 폭발성 가스의 축적을 방지하기 위한 환기 시설을 갖추고 제조사가 권장하는 온도·습도·수분·분진 등 적정 운영환경 을 상시 유지할 것

③ 침수의 우려가 없도록 시설하여야 한다.

④ 전기저장장치 시설장소에는 외벽 등 확인하기 쉬운 위치에 '전기저장장치 시설장소' 표지를 하고, 일반인의 출입을 통제하기 위한 잠금장치 등을 설치 할 것

(2) 설비의 안전 요구사항(KEC 511.2)

① 충전부분은 노출되지 않도록 시설하여야 한다.

② 고장이나 외부 환경요인으로 인하여 비상상황 발생 또는 출력에 문제가 있을 경우 전기저장장치의 비상정지 스위치 등 안전하게 작동하기 위한 안전시스 템이 있을 것

③ 모든 부품은 충분한 내열성을 확보하여야 한나.

(3) 옥내 전로의 대지전압 제한(KEC 511.3)

주택의 전기저장장치의 축전지에 접속하는 부하측 옥내 배선 시설기준

① 옥내 전로의 대지전압은 직류 600V까지 적용할 수 있다.

② 전로에 지락이 생겼을 때 자동적으로 전로를 차단하는 장치를 시설할 것

③ 사람이 접촉할 우려가 없는 은폐된 장소에 금속관 배선 및 케이블 배선에 의하여 시설하거나(단, 합성수지관 배선은 불가) 사람이 접촉할 우려가 없도 록 케이블 배선에 의하여 시설하고 전선에 적당한 방호장치를 시설할 것

(4) 충전 및 방전 기능은 KEC 규정(511.2.8)에 의할 것

(5) 제어 및 보호장치를 KEC 규정(511.2.7)에 의하여 구비할 것

(6) 계측장치를 KEC 규정(511.2.10)에 의하여 구비할 것

(7) 접지 등의 시설

금속제 외함 및 지지대 등은 KEC 140(접지시스템)의 규정에 따라 접지공사를 하여야 한다.

(8) 적용 범위

20kWh를 초과하는 리튬·나트륨·레독스플로우 계열의 이차전지를 이용한 전 기저장장치의 경우 기술기준 제53조의3의 '적절한 보호 및 제어장치를 갖추고 폭발의 우려가 없도록 시설'하는 것은 511, 512에서 정한 사항을 말한다.

(9) 전용 건물에 시설하는 경우

① 전기저장장치 시설장소의 바닥, 천장(지붕), 벽면 재료는「건축물의 피난·방화구조 등의 기준에 관한 규칙」에 따른 불연재료이어야 한다. 단, 단열재는 준불연재료 또는 이와 동등 이상의 것을 사용할 수 있다.

② 전기저장장치 시설장소는 지표면을 기준으로 높이 22m 이내로 하고 해당 장소의 출구가 있는 바닥면을 기준으로 깊이 9m 이내로 하여야 한다.

③ 이차전지는 전력변환장치(PCS) 등의 다른 전기설비와 분리된 격실에 설치하고 다음에 따라야 한다.

㉠ 이차전지실의 벽면 재료 및 단열재는 '①'의 것과 같아야 한다.

㉡ 이차전지는 벽면으로부터 1m 이상 이격하여 설치하여야 한다.

㉢ 이차전지와 물리적으로 인접 시설해야 하는 제어장치 및 보조설비(공조설비 및 조명설비 등)는 이차전지실 내에 설치할 수 있다.

㉣ 이차전지실 내부에는 가연성 물질을 두지 않아야 한다.

④ 전기저장장치가 차량에 의해 충격을 받을 우려가 있는 장소에 시설되는 경우에는 충돌방지장치 등을 설치하여야 한다.

⑤ 전기저장장치 시설장소는 주변 시설(도로, 건물, 가연물질 등)로부터 1.5m 이상 이격하고 다른 건물의 출입구나 피난계단 등 이와 유사한 장소로부터는 3m 이상 이격하여야 한다.

(10) 전용 건물 이외의 장소에 시설하는 경우

① 전기저장장치를 일반인이 출입하는 건물의 부속공간에 시설(옥상에는 설치할 수 없음)하는 경우에는 전용 건물에 시설하는 경우에 따라 시설하여야 한다.

② 전기저장장치 시설장소는「건축물의 피난·방화구조 등의 기준에 관한 규칙」에 따른 내화구조이어야 한다.

③ 이차전지모듈의 직렬 연결체(즉, 이차전지랙)의 용량은 50kWh 이하로 하고 건물 내 시설 가능한 이차전지의 총용량은 600kWh 이하이어야 한다.

④ 이차전지랙과 랙 사이 및 랙과 벽면 사이는 각각 1m 이상 이격하여야 한다.

⑤ 이차전지실은 건물 내 다른 시설(수전설비, 가연물질 등)로부터 1.5m 이상 이격하고 각 실의 출입구나 피난계단 등 이와 유사한 장소로부터 3m 이상 이격할 것

⑥ 배선설비가 이차전지실 벽면을 관통하는 경우 관통부는 해당 구획부재의 내화성능을 저하시키지 않도록 충전(充塡)하여야 한다.

(11) 제어 및 보호장치 등

① 낙뢰 및 서지 등 과도·과전압으로부터 주요 설비를 보호하기 위해 직류 전로에 직류 서지보호장치(SPD)를 설치하여야 한다.

② 제조사가 정하는 정격이상의 과충전, 과방전, 과전압, 과전류, 지락전류 및 온도 상승, 냉각장치 고장, 통신 불량 등 긴급상황이 발생한 경우에는 관리자에게 경보하고 즉시 전기저장장치를 자동 및 수동으로 정지시킬 수 있는 비상정지장치를 설치할 것

③ 수동 조작을 위한 비상정지장치는 신속한 접근 및 조작이 가능한 장소에 설치할 것

④ 전기저장장치의 상시 운영정보 및 '②'의 긴급상황 관련 계측정보 등은 이차전지실 외부의 안전한 장소에 안전하게 전송되어 최소 1개월 이상 보관될 수 있을 것

⑤ 전기저장장치의 제어장치를 포함한 주요 설비 사이의 통신장애를 방지하기 위한 보호대책을 고려하여 시설할 것

⑥ 전기저장장치는 정격 이내의 최대 충전범위를 초과하여 충전하지 않도록 하여야 하고 만(滿)충전 후 추가 충전은 금지하여야 한다.

(12) 환기설비

① 환기설비는 구역 내에 모든 배터리를 동시에 충전하는 최악의 경우에도 구역 내 가연성 가스의 농도가 부피 기준 연소하한농도의 25%를 초과하지 않을 것

② 기계적인 환기설비는 공간의 바닥면적 기준 5.1L/sec/m^2 이상

③ 환기설비는 연속적으로 자동되거나 가스감지기에 의해 4.5.4에 따라 작동되어야 하며 수신기에서 감시 기능

④ 가스감지기 설치

　ㄱ 가스감지설비는 공간 내의 가연성 가스농도가 연소하한계(LFL)의 25%를 초과할 때 기계적인 환기설비를 작동시킬 수 있도록 설계

　ㄴ 환기설비는 구역 내의 가연성 가스농도가 연소하한계(LFL)의 25% 밑으로 떨어질 때까지 작동

　ㄷ 가스감지설비는 2시간 이상 동작이 가능하도록 예비전원을 설치할 것

　ㄹ 가스설비가 고장난 경우 중앙감시실 또는 상주자가 있는 장소로 이상신호 전송

(13) 적용 소화설비

① 연기 및 화재감지 설비 : 고신뢰도의 공기흡입형 감지기(ASD) 등

② 수계 소화설비

　　㉠ 스프링클러 소화설비를 설치하는 정우 최소 방사밀도는 $12.2LPM/m^2$ (12.2mm/min) 이상으로 하되, 실제 규모 화재시험에 따라서 변경 가능

　　㉡ 포소화설비를 설치하는 경우 포약제는 ESS의 Thermal runaway를 일으키는 온도와 가연물이 있는 경우 가연물의 자연발화온도보다 낮아지게 할 것

③ 가스계 소화설비(열폭주 : thermal runaway)

　　㉠ 전역방출방식의 가스계 소화설비는 가연물의 소화에 필요한 농도와 ESS의 배열 또는 배치형태를 고려하여 설계

　　㉡ 전역방출방식의 가스계 소화설비는 설계농도를 충분한 시간동안 유지하여 화재를 진압하고, ESS의 Thermal runaway를 일으키는 온도와 가연물이 있는 경우 가연물의 자연발화온도보다 낮아지게 할 것

PART 02 전력계통공학

[전력계통의 공급신뢰도와 운영]

001 전력계통에서 준수해야 할 「전력계통 신뢰도 및 전기품질 유지기준」에 따른 다음 항목에 대하여 설명하시오.
1. 계통주파수 조정 및 유지범위
2. 전압조정 목표
3. 전압유지 범위

(data) 발송배전기술사 24-134-1-1 / 발송배전기술사 출제예상문제

답안

1. 계통주파수 조정 및 유지범위(전력계통 신뢰도 및 전기품질 유지기준 제4조)

(1) 전력거래소는 전기사업자에게 발전력 및 전기저장장치의 유효전력 조정 등의 급전지시를 하여 다음의 계통주파수를 유지하여야 한다.

① 평상시 계통주파수를 60 ± 0.2Hz의 범위 이내로 유지하여야 한다.

② 최대 용량의 발전기 1기 고장 시 계통주파수를 최저 59.7Hz 이상으로 유지하여야 하고, 1분 이내에 59.8Hz로 회복하여야 한다.

③ 발전기 2기 고장이 발생하거나 고장파급방지장치에 의하여 발전기가 탈락 시 계통주파수를 최저 59.2Hz 이상 유지하여야 하고 1분 이내에 59.5Hz로, 10분 이내에 59.8Hz로 회복시켜야 한다.

(2) 비상상황의 경우에는 계통주파수를 62~57.5Hz 범위 내에서 유지할 수 있다.

2. 전압조정 목표(제5조)

(1) 개요

정상운전 시 전기사업자 및 전력거래소가 전력계통에서 유지하여야 할 전압목표치로 기준전압에 대한 기준을 정한 것이다.

(2) 전압조정 목표

① 765kV 계통 : 765 ± 20kV

② 345kV 계통 : $(353-17)$kV ~ $(353+7)$kV, 기준전압 353kV

③ 154kV 계통 : $(160-8)$kV ~ $(160+4)$kV

㉠ 중부하 시(오전 08시 ~ 익일 오전 01시) : 160 ± 4kV

   ⓛ 부하변동 시(오전 01 ~ 02시, 오전 07시 ~ 08시) : 157±4kV

   ⓒ 경부하 시(오전 02 ~ 07시, 주말·휴일) : 156±4kV

  ④ 70kV 계통 : $(69 - 3.5)kV \sim (69 + 2.0)kV$

  ⑤ 22.9kV 계통(배전 변전소)

   ㉠ 배전선 인출측 전압기준

   ⓛ 중부하 시 : 최대 계통 운전전압

   ⓒ 경부하 시 : 중부하 시와 경부하 시의 부하비율에 따라 결정

   ☯ 수동운전 시

    • 경부하 시 : 22kV

    • 중부하 시 : 22.9kV

    • 첨두부하 시 : 23.9kV

3. 전압유지 범위(제6조)

 (1) 개념

  전기사업자 및 전력거래소가 유지해야 할 계통의 최대·최소 전압으로 공칭전압의 범위에 대한 기준이다.

 (2) 전압유지 범위

  ① 765kV : 765±5%(726 ~ 800)kV

  ② 345kV : 345±5%(328 ~ 362)kV

  ③ 154kV : 154±10%(139 ~ 169)kV

  ④ 70kV : 70 + 3.6%, -10%(63 ~ 72.5)kV

comment 독자 스스로 목차 정도는 기록하면서 학습하기 바란다.

---

002 두 설비를 직렬과 병렬로 운전할 때, 사고 발생률과 평균 정전시간을 구하시오. (단, 두 설비의 사고 발생률과 평균 정전시간은 각각 λ_1, S_1과 λ_2, S_2)

 1. 직렬 설비의 사고 발생률과 평균 정전시간($\lambda_s S_s$)

 2. 병렬 설비의 사고 발생률과 평균 정전시간($\lambda_p S_p$)

data 발송배전기술사 24-134-1-4 / 발송배전기술사 출제예상문제

답안 $\lambda_s S_s$ 및 $\lambda_p S_p$ **산출방법**

(1) 각 설비가 직렬로 접속되어 있을 경우

① 신뢰도 : $\lambda_s S_s = \lambda_1 S_1 + \lambda_2 S_2$

② 사고확률 : $\lambda_s = \dfrac{\lambda_1 S_1 + \lambda_2 S_2}{S_s} = \lambda_1 + \lambda_2 \,(S_1 = S_2 = S_s)$

③ 정전시간 : $S_s = \dfrac{\lambda_1 S_1 + \lambda_2 S_2}{\lambda_s} = \dfrac{\lambda_1 S_1 + \lambda_2 S_2}{\lambda_1 + \lambda_2}$

　여기서, λ : 각 구성설비의 사고발생확률[f/yr]

　　　　　S : 평균정전시간[s 또는 h]

　　　　　$\lambda_s S_s$: 직렬계통의 합성정전횟수

　　　　　S_s : 직렬계통의 1회 평균정전시간

(2) 각 설비가 병렬로 접속되어 있을 경우

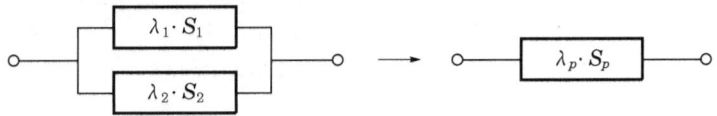

① 신뢰도 : $\lambda_p S_p = (\lambda_1 S_1) \times (\lambda_2 S_2)$

② 사고확률 : $\lambda_p = \dfrac{\lambda_p S_p}{S_p} = \dfrac{(\lambda_1 S_1) \times (\lambda_2 S_2)}{S_p} = \lambda_1 \lambda_2 (S_1 + S_2)$

$\left(S_p = \dfrac{적}{합} = \dfrac{S_1 S_2}{S_1 + S_2} \right)$

③ 정전시간 : $S_p = \dfrac{(\lambda_1 S_1)(\lambda_2 S_2)}{\lambda_p} = \dfrac{(\lambda_1 S_1)(\lambda_2 S_2)}{\lambda_1 \lambda_2 (S_1 + S_2)} = \dfrac{S_1 \cdot S_2}{S_1 + S_2}$

④ $S_1 = S_2$이면 $S_p = \dfrac{S_1 \cdot S_2}{S_1 + S_2} = \dfrac{S_1{}^2}{2S_1} = \dfrac{S_1}{2}$

　여기서, $\lambda_p \cdot S_p$: 병렬계통의 합성정전횟수

　　　　　S_p : 병렬계통의 1회 평균정전시간[min]

comment 독자 스스로 목차 정도는 기록하면서 학습하기 바란다.

003 무효전력 보상장치인 STATCOM(Static Synchronous Compensator)의 다음 항목에 대하여 설명하시오.

1. 제어 원리
2. 동기조상기, SVC 대비 장점
3. 적용 효과

data 발송배전기술사 24-134-1-5 / 발송배전기술사 출제예상문제

답안

1. 시스템 구조 및 원리

(1) 구조

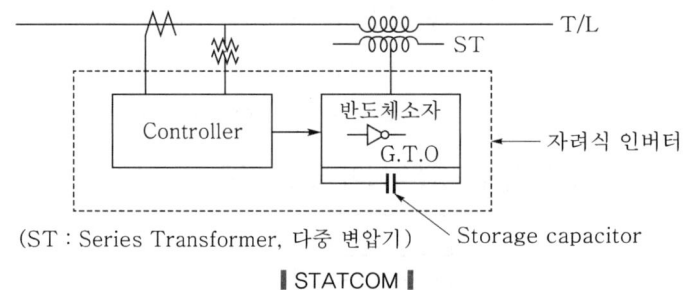

(ST : Series Transformer, 다중 변압기)

┃STATCOM┃

(2) 원리

① 정지형 동기조상기로 직류충전용 콘덴서로 구동되는 3상 자려식 인버터를 이용하여 무효전력 연속제어

② 출력전압의 위상과 계통전압의 위상이 동일하도록 한다.

　㉠ (출력전압 > 계통전압) → 진상전류 통과로 콘덴서 역할

　㉡ (출력전압 < 계통전압) → 지상전류 통과로 유도성 부하 역할

③ 출력전압이 교류계통전압보다 높으면 진상전류가 흘러서 STATCOM이 콘덴서 부하의 역할을 하며, 계통전압보다 낮으면 지상전류가 흘러서 유도성 부하의 역할을 하게 된다. 이때, 양 전압의 차이에 의해 전류치가 결정되고 보상 무효전력량이 결정된다.

④ 계통 선간전압이 평형인 경우 계통으로부터 STATCOM으로 유입되는 유효전력의 합계는 손실을 무시하면 항상 0이다.

⑤ STATCOM은 전력용 콘덴서나 리액터와 같은 에너지 저장요소를 필요로 하지 않으며, 사고 시 전압불평형 등으로 인한 고조파 발생분의 흡수를 위하여 평활용 콘덴서를 설치하는 것만으로 충분하다.

2. 동기조상기, SVC 대비 장점

(1) 동기조상기와 대비한 STARCOM의 장점

① 동기조상기의 단점

㉠ 동기조상기는 회전기이므로 보수가 곤란하다.

㉡ 동기조상기는 응답속도가 느리고 제어량도 이산적이다.

② 위 ①의 단점에 대한 STATCOM의 장점

㉠ 전압원 인버터 기술을 이용하여 고속 정밀한 전압 및 무효전력 제어가 가능하다.

㉡ 새로운 FACTS 기기의 한 종류인 STATCOM을 적용할 경우 제어시스템의 동작으로 무효전력을 선형적·연속적으로 제어가 가능하다. 이로써 전압 유지, 안정도 향상, 조류 제어를 하는 설비의 효과가 크다.

(2) SVC와 대비한 STATCOM의 장점

① STATCOM은 전력용 콘덴서나 리액터와 같은 에너지 지장요소를 필요로 하지 않는다.

② 사고 시 전압불평형 등으로 인한 고조파 발생분의 흡수를 위하여 평활용 콘덴서를 설치하는 것만으로 충분하다.

③ 설치면적이 작아(SVC의 70%) 도심형 345kV 변전소의 무효전력을 연속제어하며 전압안정도 유지가 가능하다.

3. 적용 효과

(1) 조작 신뢰도가 높고 진상·지상 무효전력 연속제어하는 기능이 있다.

(2) 응답특성이 빠르고 과도안정도 향상 기여로 송전용량이 증대되고, 에너지 저장능력이 있다.

(3) 제어 목적, 기능

전압안정도 향상, 전압 유지, 각안정도 향상, 조류 제어, 계통동요 억제

(4) 모선전압 보상

(5) X, V에 대한 직·병렬 보상

comment 독자 스스로 목차 정도는 기록하면서 학습하기 바란다.

PART **03 배전공학**

[배전계통 구성방식]

001 배전선로 분할 및 연계의 다음 항목에 대하여 설명하시오.
1. 배전선로의 분할 및 연계의 정의
2. 연계 개폐기 설치기준 및 고려사항
3. 3분할 3연계에 대한 배전선로 구성도

data 발송배전기술사 24-134-1-13 / 발송배전기술사 출제예상문제

답안 **1. 배전선로의 분할 및 연계의 정의**

(1) 배전선로의 분할

선로고장 발생 시 정전범위를 축소하기 위하여 구분개폐기로 적당한 구간을 구분하는 것

(2) 배전선로의 연계

분할 구간에 대하여 공급여력을 갖고 있는 인접 배전선과의 연계선을 통해 역송이 가능하도록 하는 것

2. 연계 개폐기 설치기준 및 고려사항

(1) 연계 개폐기 설치기준

① 배전선로의 전 부하의 $\dfrac{1}{6}$ 지점에 설치

② 선로의 부하중심점에 설치

③ 선로 말단에 설치

(2) 고려사항

① 부하증가율 : 장기수요 예측치나 부하증가 예측치를 기초로 한 것임

② 부하증가율에서 정한 평가기준의 적용률(평가기준은 부하증가율이 높은 적용률이 됨)

③ 사업대상 선로의 일시정전 건수 : 2년간의 정전 실적자료에 의함

④ 사업대상 선로의 순간정전 건수 : 2년간의 순간정전 실적자료에 의함

3. 3분할 3연계에 대한 배전선로 구성도

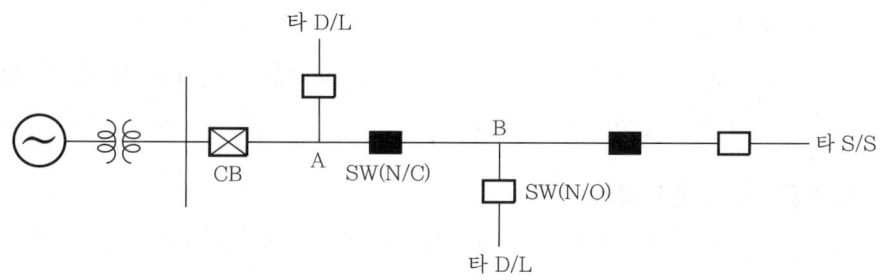

여기서, N/C : 상시 폐로(Normal Close)

N/O : 상시 Open

A : 배전선로의 전 부하의 $\frac{1}{6}$ 지점에 연계 개폐기 설치

B : 선로의 부하중심점에 연계 개폐기 설치

‖ 3분할 3연계에 대한 배전선로 구성도 ‖

---

002 신도시에 전력을 공급하기 위하여 배전선로를 신설할 경우 고려사항에 대하여 설명하시오.

data 발송배전기술사 24-134-4-1 / 발송배전기술사 출제예상문제

답안 **1. 개요**

(1) 배전설비구성은 도시 및 지역적 특성, 생활수준, 장기적인 환경변화에 따른 수요 증가, 다양한 사회적 요청에 따른 공급신뢰도 향상을 유지키 위해 적합한 배전계통의 구성과 구조 등이 결정되어야 한다.

(2) 특히 신도시의 지역적 특성을 검토하여 알맞은 검토사항을 결정해야 된다.

신도시의 지역적 특성은 다음과 같다.

① 도시의 모든 기능이 도시계획에 의하여 새로이 구성됨

② 주거지역과 기타 지역의 계획적인 분포, 배치로 부하예측이 가능함

③ 환경 조화성 전력설비의 설치가 요구됨

(3) 위와 같은 개념 하에 신도시의 배전선로 구성 시 고려사항

① 가중지역, 지중지역의 선정

② 부하밀도 조사

③ 배전방식

④ 전기방식

⑤ 배전선로의 보호방식

⑥ 배전용 변전소

⑦ 기타 – 첨두부하 대책, 에너지 Saving 대책, 심야전력, 배전자동화 대책 등을 다음과 같이 기술한다.

2. 가공 및 지중지역의 선정

(1) 통상 신도시는 계획 초기에 쾌적한 환경 확보 및 배전선로 경과지 상 차후 증설 감안한 지중공급을 우선으로 한다.

(2) 외곽지역은 경제성을 감안하여 가공지역으로 구성한다.

3. 부하밀도의 조사

(1) 해당 지구, 지역당 부하용량(예상치), 부하밀도를 조사한 후 부하예측을 한다.

(2) 부하예측은 문화, 향후 개발추이, 신도시 지구 내, 지역특성을 충분히 감안한다.

4. 배전방식의 결정

(1) 고압

업무중심지구는 Spot network 배전방식, 기타 지구는 다중 Loop 배전방식, 외곽지대는 가공의 Loop 구성방식으로 한다.

(2) 저압

방사상, 저압 뱅킹, 저압 레귤러 방식 중에 택하되, 공급신뢰도 측면에서 저압 Regular 방식 적용을 적극 검토한다.

5. 전기방식 및 배전전압의 결정

(1) 고압

$3\phi 4W$ 22.9kV–Y

(2) 저압

$1\phi 2W$ 220V, $3\phi 4W$ 220/380V

6. 배전선로 보호방식

(1) 전제조건

Infra-structure에 의해 설비(가스, 통신 등)와 공동구 형태로 구성되므로, 광케이블망이 전체 신도시에 구비된 것으로 봄

(2) 배전선로 보호방식

전용의 광케이블 망을 이용한, 배전자동화 System 도입으로 지중지역은 지중고

장 선로차단기, 가공지역은 R/C, S/E를 이용한 보호기기로, 적정한 Sequence (KEDOPRO 2.0 프로그램 이용) 선정

7. 배전용 변전소 및 위치 선정

(1) 주위환경과 환경친화적이어야 하므로 GIS화된 변전소를 구성한다.

(2) BANK 설정 시 차후 예상부하를 충분히 감안하되, 1BANK당 45/60MVA 기준으로, 배전선로 1BANK당 6개 D/L로 검토한다.

(3) 인출(D/L)구는 전력구를 이용하되, 반드시 부하 증가 예상을 감안한 충분한 공간을 확보해야 된다.

(4) 적정한 Factor의 설정

① 수용률 : $\dfrac{\text{최대 수용전력[kW]}}{\text{부하설비합계[kW]}} \times 100\%$이나, 통상적으로 30 ~ 35% 적용

② 부등률 : 배전선 상호 간 1.09, 배전용 변전소 상호 간은 1.03 적용

③ 부하율 : 고압 배전선, 55% 일반수용가 45% 적용

④ 변압기 용량 선정 $\geq \dfrac{\text{최대 부하[kW]}}{\text{부하율}} \times$ 수용률 $\propto$ 여유율

(5) 변전소 위치의 선정

대규모 신도시 건설 시 공급신뢰도 향상을 위하여 변전소의 분산배치를 고려하여 배전선로의 단위길이를 짧게 구성한다.

8. 기타 주요 검토사항

(1) 전력간선 굵기 선정

① 장래 부하에 대한 증설 여유 등을 고려하여 캘빈의 법칙에 의하여 경제성을 감안한 전선을 선정함

② 지중선로의 경우 간선과 분기선에 대한 기준을 다음과 같이 검토함

(2) Feeder수 결정

① 일반 배전방식 : 상시 운전용량 10000kVA, 비상시 운전용량 14000kVA를 1Feed당 기준으로 함

② 대용량 배전방식 : 상시 운전용량 15000kVA, 비상시 운전용량 20000kVA를 1Feed당 기준으로 함

③ 특히, 신도시 특성상 장래 예측부하를 충분히 감안한 회선수이어야 하고, 사고 시 사고 파급영향 등의 기술적인 면을 면밀히 검토해야 됨

(3) 환경조화형 배전설비의 구성

지상기기의 Compact화, 도색 등, 가공전주의 Color화 등으로 주위환경과 친화
적인 설비 구성이 요구됨

(4) 첨두부하대책의 고려

① 신도시 내 열병합 발전소 건설

② 타 계통과의 연계를 충분히 고려하여 첨두부하 대책을 강구함

(5) 심야전력의 이용 검토

대단위 APT 지구가 많을 것이므로 심야부하 창출이 가능하도록 관련 법규, 배전
구성방식 등을 검토함

(6) 배전 자동화 대책 검토

DSM 및 보호협조의 대책의 일환이기도 하며 자동화의 목적, 기능을 최대한 이용
할 수 있도록 통신기능과 함께 적극 검토해야 됨

[배전선로기기와 수용가 내부기기]

003 배전선로 지선(支線)의 다음 항목에 대하여 설명하시오.
1. 설치목적
2. 장력방향에 따른 형태별 분류
3. 사용목적에 따른 형태별 분류

data 발송배전기술사 24-134-2-2 / 발송배전기술사 출제예상문제

답안 1. 지선(支線, guy wire)

(1) 지지물의 절손, 도괴 및 경사 등을 방지하기 위하여 지지물과 지지물 간 또는
지지물과 지선근가 간을 연결하는 선을 말하며, 주로 아연도강연선이 사용된다.

(2) 지선은 사용목적이나 형태에 따라 보통지선, 수평지선, 공동지선, Y지선 및 궁지
선으로 분류한다.

(3) 전주에 작용하는 장력에 따라 인류지선, 각도지선, 양종지선 및 양횡지선으로
분류한다.

2. 장력방향에 따른 분류

(1) 횡지선

전선로와 직각방향으로 시설하는 것

(2) 종지선

전선로의 방향으로 시설하는 것

(3) 인류지선

전선로의 시작, 종단, 분기 또는 각도개소에서 전주를 중심으로 전선로의 반대방향으로 시설하는 것

(4) 각도지선

수평각도주에서 수평횡분력의 반대방향으로 시설하는 것

3. 사용목적에 따른 형태별 분류

(1) 보통지선

전주근원으로부터 전주길이의 약 $\frac{1}{2}$ 거리에 지선용 근가를 매설하여 설치하는 지선으로서, 일반적인 경우에 사용된다.

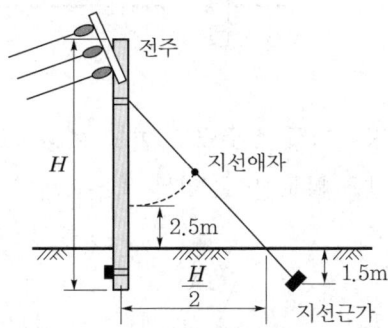

(2) 수평지선

① 토지의 상황이나 그 외 사유로 인하여 보통지선을 시설할 수 없을 때 전주와 전주 간 또는 전주와 지선주 간에 시설한 지선

② h의 구분

　㉠ 도로횡단 시 6m 이상

　㉡ 그 외는 3m 이상

　㉢ 노단은 4.5m 이상

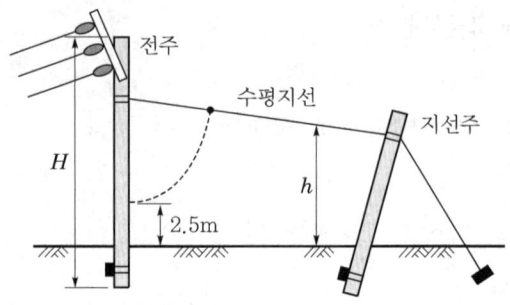

(3) 공동지선

두 개의 전주에 공동으로 시설하는 지선으로서, 전주 상호거리가 비교적 접근해 있을 경우에 시설

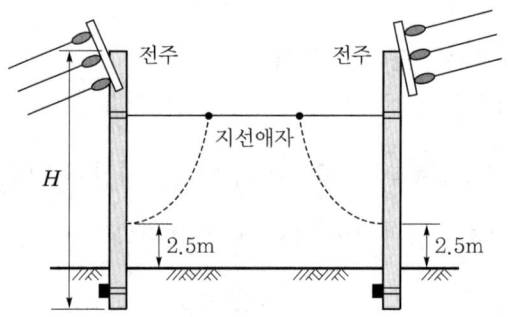

(4) Y지선

H주일 때 현장여건상 전주별로 별도 보통지선 설치가 곤란하거나 1개의 지선용 근가로 저항력을 확보할 수 있는 경우 1개의 지선 로드 및 근가로 2단의 지선을 부설하는 것

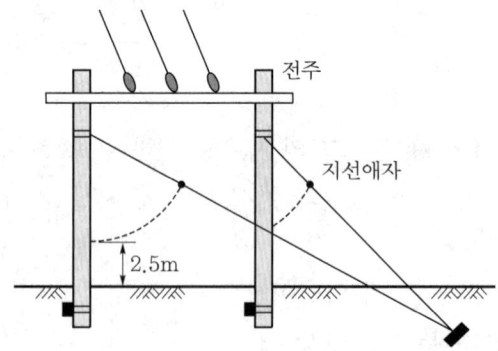

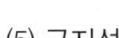

(5) 궁지선

비교적 장력이 작고 타 종류의 지선을 시설할 수 없는 경우에 적용하는 것으로, 지선용 근가를 전주 근원 가까이 매설하여 시설하며 시공방법에 따라 A형과 R형으로 구분한다.

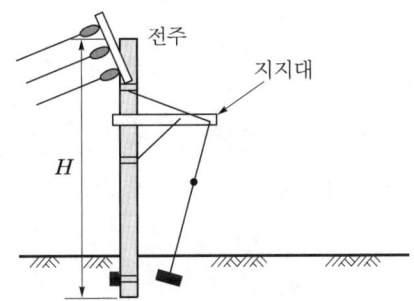

comment 독자 스스로 목차 정도는 기록하면서 학습하기 바란다.

[배전품질(지표/순시전압강하/플리커/고조파)]

004 배전계통에서 플리커(flicker)와 고조파의 원인 및 대책에 대하여 설명하시오.

data 발송배전기술사 24-134-3-5 / 발송배전기술사 출제예상문제

답안 **1. 배전계통에서 플리커(flicker)의 원인 및 대책**

(1) 정의

전압의 동요가 빛을 깜박거리게 한다는 것에서부터 시작되었고, 전압변동과 플리커는 종종 혼용되고 있으며, 이러한 전압변동을 나타내기 위해 전압플리커란 용어를 일반적인 어휘로 사용하고 있다.

(2) 크기 및 예측방법

① 10Hz를 환산한 전압변동 ΔV_{10}을 크기의 척도로 사용

② ΔV_{10}이란(플리커가 1%라는 것), 교류전압이 99V에서 100V까지 1초 동안 10회 변화하는 것(10Hz : 사람 눈에 가장 민감한 주파수)이며, 정현파 모양으로 변화하는 경우로서, $\Delta V_{10} = 1\%$를 말한다.

③ 표현식 : 전압변동을 주파수 분석했을 때 f[Hz]의 전압변동이 ΔV_f이면, 그

표현식은 $\Delta V_{10} = \sqrt{\sum_f (a_n \cdot \Delta V_f)^2}$ 이다.

여기서, a_n : 깜박임 시감도 계수

ΔV_f : 기주파수의 전압변동의 크기

(3) 발생원인

① 수용가 계통의 전압동요

② 단상 유도전동기의 기동

③ 전기용접기, 아크로 등

(4) 배전계통에서 플리커 경감대책

① 저압 배전선의 대책

㉠ 플리커를 발생하는 동요부하는 별도의 변압기로 공급

㉡ 내부임피던스가 작은 변압기로 공급

㉢ 저압 배전선 규격의 상위용량(기준보다) 적용

㉣ 저압 뱅킹방식, 저압 Network 방식채용

② 고압 배전선에 대한 대책

㉠ 전선의 굵기를 크게 함(전선규격 상위 적용)

㉡ 전용선 공급

㉢ Loop 배전방식으로 공급

㉣ 직렬콘덴서 설치

㉤ 전압의 승압

2. 배전계통에서 고조파의 원인 및 대책

(1) 정의

고조파(harmonics)란 기본파의 정수배를 갖는 전압·전류를 말하며 일반적으로
제50고조파까지이다. 그 이상은 고주파(high frequency) 혹은 Noise로 구분된다.

(2) 전력계통에서 논의되는 고조파는 제5고조파에서 제37고조파까지이다.

(3) 전기공급 규정상 고조파 허용치

① THD란 다음 식 같이 고조파 전압실효치와 기본파 실효치의 비로서, 백분율로
나타내며, 고조파 발생의 정도를 나타내는 데 사용된다.

$$V_{\mathrm{THD}} = \frac{\sqrt{\sum\limits_{n=2}^{n} V_n^{\,2}}}{V_1}$$

여기서, V_1 : 기본파 전압

V_2, V_3, $V_4 \cdots\cdots V_n$: $2 \cdot 3 \cdot 4 \cdots\cdots n$차 고조파 전압

② 등가방해전류(EDC : Equivalent Disturbing Current)란 전력계통에서 발생한 고조파 전류가 인접한 통신선에 영향을 주는 고조파 전류의 한계를 말한다.

$$EDC = \sqrt{\sum\limits_{n=1}^{n} S_n^{\,2} I_n^{\,2}}$$

여기서, S_n : 통신유도계수, I_n : 영상고조파 전류

전압	계통	지중선로가 있는 S/S에서 공급하는 고객		가공선로가 있는 S/S에서 공급하는 고객	
	항목	전압왜형률[%]	등가방해전류[A]	전압왜형률[%]	등가방해전류[A]
66kV 이하		3.0 이하	–	3.0 이하	–
154kV 이상		1.5 이하	3.8 이하	1.5 이하	–

(4) 고조파 전류의 크기

$$I_n = K_n \cdot \frac{I_1}{n}$$

여기서, K_n : 고조파 저감계수, I_1 : 기본파 전류, n : 발생고조파 차수

(5) 고조파 발생원인

① **변환장치(주원인)** : 변환장치(정류기, 인버터) 내의 전력전자에 의한 고조파는 2차 부하측의 DC, AC 변환 시 구형파가 전원으로 유입되어서 발생한다.

② **Arc로** : 3상 단락, 2상 단락, Arc 끊김과 같은 극단적인 변동의 Arc로 사용이 반복될 때 발생되며, 제3고조파가 현저하고, 변압기를 △ 결선해도 흡수되지 않는다.

③ **회전기** : 회전기 내의 Slot에 의한 Slot harmonics라 하며, 고차조파가 주가 되며 발생량은 작다.

④ **변압기** : 변압기의 자화특성(히스테리시스현상)으로 여자전류에 고조파가 발생되며(제3·5고조파) 특히 변압기 최초 투입 및 재투입 시 과도돌입전류(제2고조파가 가장 많음)에 의해 일시적으로 발생한다. 이중 제3고조파는 Tr 내에 △ 결선을 두어 흡수된다.

⑤ 과도현상 : 전압의 순시동요, 계통 Surge, 개폐 Surge 등에 의한 일시적 현상
  에 의해 발생한다.

⑥ X_c와 X_L의 공진 : 직접적인 발생원인은 아니나, X_c와 X_L의 직·병렬 공진
  시 전력용 콘덴서로 유입된 고조파의 확대현상을 초래한다.

⑦ 송전선의 코로나 : 전선의 전위경도 교류 21kV/cm 이상 시 코로나가 발생되
  며, 교류전압의 반파마다 전압의 최대치 부근에서 고조파가 발생된다.

⑧ 일반전기 사업자측의 송출전압이 규정전압보다 과할 경우 발생된다.

(6) 고조파 대책

① 계통측의 대책

  ㉠ 단락용량 증대

  ㉡ 공급선로 전용화

  ㉢ 계통절체

  ㉣ 배전선 선간 전압의 평형화

  ㉤ 보호계전기의 디지털화

② 수용가측의 대책

  ㉠ 변환기의 다펄스화 : 고조파 전류크기$\left(I_n = K_n \cdot \dfrac{I_1}{n}\right)$는 n에 반비례

    → 펄스수를 늘려 고조파 저감

  ㉡ PWM 방식 채택

  ㉢ 변압기의 △결선

  ㉣ ACL, DCL 설치

  ㉤ 위상변위

  ㉥ Active filter 설치

  ㉦ Passive filter

  ㉧ 피보호기기 대책

    • 직렬리액터 설치

    • 변압기 설계 시 K-factor 개념 적용

    • 용량 증대 : 고조파전류에 견딜 수 있도록 자체 내량 증대

    • 중성선 NCE(Neutral Current Elimination) 설치 등

  comment 독자 스스로 목차 정도는 기록하면서 학습하기 바란다.

005 배전선로 개폐장치의 다음 항목에 대하여 설명하시오.
1. 차단장치와 개폐장치의 정의
2. 개폐장치의 설치 목적
3. 가스절연 부하개폐기(G/S), 자동선로 구분개폐기(S/E), 고장구간 자동개폐기(ASS), 자동부하 전환개폐기(ALTS)의 배전선로 적용사항

(**data**) 발송배전기술사 24-134-4-6 / 발송배전기술사 출제예상문제

답안 1. 차단장치와 개폐장치의 정의

(1) 차단장치는 배전계통이 선간단락 또는 지락 고장 등으로 고장전류가 발생하였을 때 이 고장전류를 차단할 수 있는 능력을 갖고 있는 개폐장치를 말한다.

(2) 개폐장치는 선로가 정상적인 상태에 있을 때 선로 운영상 필요에 의해 부하전류 또는 충전전류를 차단할 수 있는 능력을 갖고 있는 장치를 말한다.

2. 개폐장치의 설치 목적

(1) 선로 고장 시 고장구간의 검출 용이

① 긍장이 긴 배전선로에서 고장이 발생하면 고장점을 찾는 것은 쉽지 않은 일이다.

② 특히, 변전소의 차단장치가 동작하면 선로의 고장점 색출범위가 넓기 때문에 고장점을 찾는 데 어려움이 있다.

③ 그러나 긍장이 긴 배전선로에 여러 개의 개폐장치를 적정한 곳에 설치 운영하면 고장점을 찾는 데 매우 도움이 된다.

④ 이런 경우 선로 긍장 중간쯤에 설치된 개폐기를 개로하고 변전소의 차단기를 투입한다.

⑤ 이때, 변전소의 차단장치가 차단되면 변전소와 개폐기 사이, 즉 전원측 선로에서 고장이 발생한 것이고 차단기가 차단되지 않으면 선로 중간 개폐기 이후에서 고장이 발생한 것이다.

⑥ 이와 같이 개폐기를 적정한 곳에 설치하면 고장점을 찾는 데 시간을 단축할 수 있고 또 정전구간도 축소할 수 있는 장점이 있다.

(2) 부하절환

선로 보강 또는 고장 수리공사 등 각종 공사에 따른 부하절환, 하계 및 동계 계절성 부하특징에 따라 개폐기를 조작함으로써 부하절환이 된다.

(3) 선로관련 작업의 정전구간 축소

선로 유지·보수, 고장 예방, 신규고객의 부하 공급 등 여러 가지 원인으로 공사가 이루어지는 경우 개폐장치를 조작하여 정전구간을 최소화하고 있다.

(4) 계통의 Loop 운전

변전소 뱅크의 전력공급용량 초과 또는 선로의 전력공급용량 초과 등의 원인이 발생할 경우 배전선로 간 연계(tie line)를 구성하고 있는 개폐기를 조작하여 변전소 뱅크 및 선로의 부하를 적절히 분배한다.

(5) 기타 부하 차단계획

① 전원측의 공급능력 부족 시 부하의 우선순위를 정하여 하순위 부하를 차단시킴으로써 주요 설비에 연속적인 전력공급이 되게 한다.

② 한전의 비상수급계획 수립절차에 의한다.

3. GS, 자동선로 구분개폐기(SE), 고장구간 자동개폐기(ASS), ALTS의 배전선로 적용 사항

종류	배전선로 적용 사항
가스절연 부하개폐기 (GS : Gas insulated load break switch for 25.8kV DL)	가공배전선로나 고객의 인입구에 설치되어 선로의 개폐, 구분 가능한 SF_6 가스절연방식의 부하개폐장치(배전 자동화된 경우는 사령실에서 원격조작함)
자동선로 구분개폐기 (SE : Sectionalizer)	부하의 분기점에 설치하여 선로고상 발생 시 선로의 다른 보호 기기와 협조하여 고장구간을 신속하게 개방하는 자동구간 개폐장치
고장구간 자동개폐기 (ASS : Auto Section Switch for 25.8kV)	가공배전선로에서 부하용량 8000kVA(가스 절연형) 또는 4000kVA(오일 절연형) 이하의 분기점 또는 고객 인입구에 설치하여 후비보호장치인 CB 또는 RC와 협조하여 고장구간을 자동으로 구분, 분리하는 고장구간 자동 개폐장치
자동부하 전환개폐기 (ALTS : Automatic Load Transfer Switch)	가공배전선로에서 주공급 선로의 정전사고 시 예비전원 선로로 자동 전환되는 3상 일괄 조작방식의 자동부하절환 개폐장치

저자소개

■ 양재학
• 중앙대학교 전기공학 학사, 한양대학교 전기공학 석사
[현재] (주)자람앤수엔지니어링 전무이사
[경력] 한국전력공사 송배전부장/(주)제일엔지니어링 전무이사/창조종합건축사 사무소 부장
[자격] 발송배전기술사/건축전기설비기술사/전기응용기술사/전기안전기술사/산업안전지도사

■ 김재구
• 중앙대학교 전기공학 학사
[현재] (주)제일엔지니어링 부사장
[경력] 두원공과대학교 전기공학과 겸임교수/호원대학교 전기공학과 겸임교수
[자격] 발송배전기술사/기술지도사

■ 구본우
• 중앙대학교 전기공학 학사
[현재] (주)진광건설엔지니어링 고문
[경력] 한국전력공사 전력계통 본부장
[자격] 전기안전기술사

■ 정일재
• 서울과학기술대학교 전기공학 학사
[현재] 주신엔지니어링 감리본부 전무
[경력] 한국전력공사 송배전부장/국가직무능력표준 NCS 편집위원
[자격] 전기안전기술사

■ 공영초
• 중앙대학교 전기공학 학사, 연세대학교 전기공학 석사
[현재] (주)한국코아엔지니어링 전무
[경력] 한국전력공사 송배전부장
　　　　대한민국산업현장교수(전기·전자)
[자격] 전기안전기술사

■ 김재봉
• 조선대학교 전기공학 학사
[현재] 부흥기술단 감리본부 전무
[경력] 한국전력공사 송배전차장/완도~제주 #3 HVDC 해저케이블 건설공사 책임감리
[자격] 전기안전기술사

▶ 인강으로 합격하는
발송배전기술사 상권
[기출+예상문제집]

2025. 7. 9. 초 판 1쇄 인쇄
2025. 7. 16. 초 판 1쇄 발행

지은이 | 양재학, 김재구, 구본우, 정일재, 공영초, 김재봉
펴낸이 | 이종춘
펴낸곳 | **BM** (주)도서출판 **성안당**

주소 | 04032 서울시 마포구 양화로 127 첨단빌딩 3층(출판기획 R&D 센터)
　　　10881 경기도 파주시 문발로 112 파주 출판 문화도시(제작 및 물류)
전화 | 02) 3142-0036
　　　031) 950-6300
팩스 | 031) 955-0510
등록 | 1973. 2. 1. 제406-2005-000046호
출판사 홈페이지 | **www.cyber.co.kr**
ISBN | 978-89-315-1369-1 (13560)
정가 | 85,000원

이 책을 만든 사람들
기획 | 최옥현
진행 | 박경희
교정·교열 | 이은화
전산편집 | 유해영
표지 디자인 | 박현정
홍보 | 김계향, 임진성, 김주승, 최정민
국제부 | 이선민, 조혜란
마케팅 | 구본철, 차정욱, 오영일, 나진호, 강호묵
마케팅 지원 | 장상범
제작 | 김유석

www.cyber.co.kr
성안당 Web 사이트